Química

Para as Ciências da Saúde

UMA INTRODUÇÃO À QUÌMICA GERAL, ORGÂNICA E BIOLÓGICA

EDITORA
MANOLE
LTDA

Segunda Edição

Química

Para as Ciências da Saúde

UMA INTRODUÇÃO À QUÌMICA GERAL, ORGÂNICA E BIOLÓGICA

David A. Ucko

Chefe da Divisão de Programas
Diretor Científico
Museu de Ciência e Indústria, Chicago

Universidade de Chicago

Dados Internacionais de Catalogação na Publicação (CIP)
(Câmara Brasileira do Livro, SP, Brasil)

Ucko, David A.
Química para as Ciências da Saúde: Uma Introdução à Química Geral, Orgânica e Biológica

David A. Ucko;

[tradução José Roberto Giglio]

São Paulo: Manole 1992.

ISBN 85-204-0057-4

1. Bioquímica
2. Química
3. Química orgânica
I. Título

92-0238 CDD-540

Índices para Catálogo Sistemático:
1. Química: Ciências Puras 540

As ilustrações das capas são exemplos de estruturas químicas geradas em computador. *Capa*: ATP (adenosina trifosfato), a molécula de armazenamento e transferência de energia. *Contracapa*, *esquerda*: porção da enzima digestiva alfa-quimotripsina mostrando um substrato no sítio ativo: *direita*: porção do DNA (ácido desoxirribonucléico), a molécula da informação genética. Os átomos estão codificados em cor segundo o elemento químico: carbono em branco, nitrogênio em azul, oxigênio em vermelho, fósforo em laranja. Fotos por cortesia de Tripos Associates, St-Louis: modelos moleculares SYBYL.

Tradução
José Roberto Giglio
Professor Titular do Departamento de Bioquímica da Faculdade de Medicina de Ribeirão Preto, Universidade de São Paulo

Produção Editorial
MIR Assessoria Editorial Ltda.

1ª edição brasileira: 1992

Direitos em língua portuguesa adquiridos pela:
Editora Manole Ltda.
Avenida Ceci, 672 – Tamboré
06460-120 – Barueri – SP – Brasil
Fone: (11) 4196-6000 – Fax: (11) 4196-6021
www.manole.com.br
info@manole.com.br

Impresso no Brasil
Printed in Brazil

Índice

Tabela Periódica

Número atômico — 11; Nome — Sódio; Símbolo — Na; 22,9898 — Peso atômico; 2 8 1 — Arranjo eletrônico

Indica elemento essencial à saúde (casas sombreadas)

Pesos atômicos baseados no Carbono-12
Pesos atômicos entre parênteses indicam o isótopo mais estável ou melhor conhecido

Período	Grupo IA (1)	IIA (2)	IIIB (3)	IVB (4)	VB (5)	VIB (6)	VIIB (7)	VIII (8)	VIII (9)	VIII (10)	IB (11)	IIB (12)	IIIA (13)	IVA (14)	VA (15)	VIA (16)	VIIA (17)	VIIIA (18)
1	1 Hidrogênio **H** 1,0079 1																	2 Hélio **He** 4,00260 2
2	3 Lítio **Li** 6,941 2 1	4 Berílio **Be** 9,01218 2 2											5 Bóro **B** 10,81 2 3	6 Carbono **C** 12,011 2 4	7 Nitrogênio **N** 14,0067 2 5	8 Oxigênio **O** 15,9994 2 6	9 Flúor **F** 18,9984 2 7	10 Neônio **Ne** 20,179 2 8
3	11 Sódio **Na** 22,9898 2 8 1	12 Magnésio **Mg** 24,305 2 8 2											13 Alumínio **Al** 26,9815 2 8 3	14 Silício **Si** 28,0855 2 8 4	15 Fósforo **P** 30,9738 2 8 5	16 Enxôfre **S** 32,06 2 8 6	17 Cloro **Cl** 35,453 2 8 7	18 Argônio **Ar** 39,948 2 8 8
4	19 Potássio **K** 39,0983 2 8 8 1	20 Cálcio **Ca** 40,08 2 8 8 2	21 Escândio **Sc** 44,9559 2 8 9 2	22 Titânio **Ti** 47,88 2 8 10 2	23 Vanádio **V** 50,9415 2 8 11 2	24 Crômio **Cr** 51,996 2 8 13 1	25 Manganês **Mn** 54,9380 2 8 13 2	26 Ferro **Fe** 55,847 2 8 14 2	27 Cobalto **Co** 58,9332 2 8 15 2	28 Níquel **Ni** 58,69 2 8 16 2	29 Cobre **Cu** 63,546 2 8 18 1	30 Zinco **Zn** 65,39 2 8 18 2	31 Gálio **Ga** 69,72 2 8 18 3	32 Germânio **Ge** 72,59 2 8 18 4	33 Arsênico **As** 74,9216 2 8 18 5	34 Selênio **Se** 78,96 2 8 18 6	35 Bromo **Br** 79,904 2 8 18 7	36 Criptônio **Kr** 83,80 2 8 18 8
5	37 Rubídio Rb 85,4678 2 8 18 8 1	38 Estrôncio Sr 87,62 2 8 18 8 2	39 Ítrio Y 88,9059 2 8 18 9 2	40 Zircônio Zr 91,224 2 8 18 10 2	41 Nióbio Nb 92,9064 2 8 18 12 1	42 Molibdênio Mo 95,94 2 8 18 13 1	43 Tecnécio Tc (98) 2 8 18 14 1	44 Rutênio Ru 101,07 2 8 18 15 1	45 Ródio Rh 102,906 2 8 18 16 1	46 Paládio Pd 106,42 2 8 18 18 0	47 Prata Ag 107,868 2 8 18 18 1	48 Cádmio Cd 112,41 2 8 18 18 2	49 Índio In 114,82 2 8 18 18 3	50 Estanho Sn 118,71 2 8 18 18 4	51 Antimônio Sb 121,75 2 8 18 18 5	52 Telúrio Te 127,60 2 8 18 18 6	53 Iôdo I 126,905 2 8 18 18 7	54 Xenônio Xe 131,29 2 8 18 18 8
6	55 Césio Cs 132,905 2 8 18 18 8 1	56 Bário Ba 137,33 2 8 18 18 8 2	57 Lantânio La* 138,906 2 8 18 18 9 2	72 Háfnio Hf 178,49 2 8 18 32 10 2	73 Tântalo Ta 180,948 2 8 18 32 11 2	74 Tungstênio W 183,85 2 8 18 32 12 2	75 Rênio Re 186,207 2 8 18 32 13 2	76 Ósmio Os 190,2 2 8 18 32 14 2	77 Irídio Ir 192,22 2 8 18 32 15 2	78 Platina Pt 195,08 2 8 18 32 17 1	79 Ouro Au 196,967 2 8 18 32 18 1	80 Mercúrio Hg 200,59 2 8 18 32 18 2	81 Tálio Tl 204,383 2 8 18 32 18 3	82 Chumbo Pb 207,2 2 8 18 32 18 4	83 Bismuto Bi 208,980 2 8 18 32 18 5	84 Polônio Po (209) 2 8 18 32 18 6	85 Astato At (210) 2 8 18 32 18 7	86 Radônio Rn (222) 2 8 18 32 18 8
7	87 Frâncio Fr (223) 2 8 18 32 18 8 1	88 Rádio Ra 226,025 2 8 18 32 18 8 2	89 Actínio Ac** 227,028 2 8 18 32 18 9 2	104 Unilquádio Unq (261) 2 8 18 32 32 10 2	105 Unilpêntio Unp (262) 2 8 18 32 32 11 2	106 Unilhéxio Unh (263) 2 8 18 32 32 12 2	107 Unilséptio Uns (262) 2 8 18 32 32 13 2	108 Unilóctio Uno 2 8 18 32 32 14 2	109 Unilênio Une 2 8 18 32 32 15 2									

*Série dos Lantanídeos 6	58 Cério Ce 140,12 2 8 18 20 8 2	59 Praseodímio Pr 140,908 2 8 18 21 8 2	60 Neodímio Nd 144,24 2 8 18 22 8 2	61 Promécio Pm (145) 2 8 18 23 8 2	62 Samário Sm 150,36 2 8 18 24 8 2	63 Európio Eu 151,96 2 8 18 25 8 2	64 Gadolínio Gd 157,25 2 8 18 25 9 2	65 Térbio Tb 158,925 2 8 18 27 8 2	66 Disprósio Dy 162,50 2 8 18 28 8 2	67 Hólmio Ho 164,930 2 8 18 29 8 2	68 Érbio Er 167,26 2 8 18 30 8 2	69 Túlio Tm 168,934 2 8 18 31 8 2	70 Itérbio Yb 173,04 2 8 18 32 8 2	71 Lutécio Lu 174,967 2 8 18 32 9 2
**Série dos Actinídeos 7	90 Tório Th 232,038 2 8 18 32 18 10 2	91 Protactínio Pa 231,036 2 8 18 32 20 9 2	92 Urânio U 238,029 2 8 18 32 21 9 2	93 Neptúnio Np 237,048 2 8 18 32 22 9 2	94 Plutônio Pu (244) 2 8 18 32 23 9 2	95 Americio Am (243) 2 8 18 32 25 8 2	96 Cúrio Cm (247) 2 8 18 32 25 9 2	97 Berquélio Bk (247) 2 8 18 32 26 9 2	98 Califórnio Cf (251) 2 8 18 32 28 8 2	99 Einstêinio Es (252) 2 8 18 32 29 8 2	100 Férmio Fm (257) 2 8 18 32 30 9 2	101 Mendelévio Md (258) 2 8 18 32 31 8 2	102 Nobélio No (259) 2 8 18 32 32 8 2	103 Laurêncio Lr (260) 2 8 18 32 32 9 2

Prefácio

A segunda edição de *"Living Chemistry"*, como a primeira, foi escrita para suprir as necessidades de estudantes ligados à área de saúde - tanto a sua como a dos outros. O texto foi originariamente escrito para um curso destinado aos estudantes unidos da área de saúde do Hostos Community College da City University de Nova York. Ele foi planejado para apresentar química relacionada à saúde numa maneira compreensível a estudantes com pouco ou nenhum conhecimento prévio de química. Ele tem sido usado também pelo autor num curso introdutório de química para estudantes de artes liberais orientadas para a saúde no Antioch College de Ohio. As revisões extensivas nesta edição foram feitas com base nesta experiência de ensino, no envolvimento presente do autor na tradução de idéias científicas complexas ao público através de exibições no Chicago's Museum of Science and Industry, e nas várias e úteis sugestões de instrutores, estudantes e revisores. O livro pode ser usado para uma variedade de cursos, apenas através da escolha dos capítulos e seções adequadas. A Tabela P-1 mostra uma possível seleção de tópicos para um curso curto.

O que é que faz esta nova edição especial? Ela retém os melhores aspectos da edição anterior, ao mesmo tempo acrescentando muitas novas feições e melhoramentos. Uma significativa, mas facilmente utilizável quantidade de informação, é apresentada numa maneira clara e lógica. A segunda edição tem 19 capítulos em vez de 23 e é reorganizada de tal maneira que as aplicações na saúde são introduzidas mais cedo como exemplos ilustrativos de princípios químicos ou estruturas moleculares. Centenas de exemplos atualizados da área de saúde aparecem através do texto para demonstrar a aplicação de conceitos químicos. Estes exemplos são extraídos da medicina, enfermagem, odontologia, química clínica, terapia respiratória, radiologia, farmacologia, nutrição e biologia (Veja a Tabela P-2).

Poucas conjeturas são feitas acerca do conhecimento prévio do estudante. Conceitos importantes e idéias são montados um após o outro e desenvolvidos do simples ao complexo. Por exemplo, nos capítulos sobre química geral, a sequência começa com o átomo e elementos, avança para a ligação química e moléculas, e depois para as reações químicas. Semelhantemente, nos capítulos sobre química orgânica e biológica, compostos de carbono e hidrogênio são estudados antes, seguidos pelos compostos orgânicos contendo outros elementos, classes de moléculas biologicamente significativas, e finalmente seu metabolismo. A linguagem é mantida tão simples quanto possível através do texto.

Cada capítulo contém ainda outros valiosos auxílios de aprendizagem para o estudante. *Objetivos* para cada seção informa o estudante sobre o que se espera. *Sumários de Capítulos* ajudam a reunir e reforçar as principais idéias. Além disso, há seções separadas sobre como estudar, como usar este livro e como superar angústias em torno de ciência e matemática.

Tabela P-1 Adaptabilidade

Este livro tem sido usado com sucesso tanto em cursos longos como curtos. Esta tabela apresenta uma possível seqüência de seções para um curso curto. Para *todos* os cursos, qualquer das Seções de Problemas e Tópicos Especiais, assim como quadros suplementares (Saúde em Notícia, Testes Clínicos, Faça-o Você Mesmo) podem ser omitidos sem perda de continuidade.

Capítulo	Seções Sugeridas
1	1.1 - 1.9
2	2.1 - 2.8
3	3.1 - 3.12
4	4.1 - 4.6
5	5.1 - 5.9
6	6.1 - 6.10
7	7.1 - 7.8
8	8.1 - 8.3, 8.5 - 8.8
9	9.1 - 9.10
10,11	10.1 - 10.8, 11.1 - 11.6
12,16	12.1 - 12.6, 16.1 -16.5, 16.8
13, 17	13.1 - 13.5, 13.9, 17.5 - 17.7
14,15,18	14.1, 14.3 - 14.6, 15.1 - 15.2, 18.1 - 18.2, 18.7 - 18.8
19	19.1 - 19.5, 19.7 - 19.9

Todos os capítulos têm agora quadros especiais destinados a gerar interesse adicional e a aumentar a motivação do estudante. ***Saúde em Notícia*** descreve aplicações e desenvolvimentos recentes em áreas como terapia por lítio, anticorpos monoclonais e obesidade. Os ***Testes Clínicos*** descrevem o uso e significado de medidas dos níveis, em fluidos corporais, de muitos dos compostos descritos no texto. As seções ***Faça-o Você Mesmo*** dão aos estudantes a chance de realizar atividades simples que ajudam a esclarecer e ilustrar conceitos abstratos.

Nove ***Seções de Problemas*** foram adicionadas aos capítulos sobre química geral. Estas seções opcionais explicam como resolver problemas numéricos que envolvem conversão de unidades, densidade, moles, estequiometria, leis dos gases, concentração de soluções, diluição, pH e titulação. Elas fazem uso do formato estruturado único introduzido com sucesso em *Basics for Chemistry* e são talhadas para estudantes sem nenhuma experiência prévia na resolução de problemas. ***Exemplos*** completamente trabalhados explicam todos os passos e ***Pratique Problema*** fornece reforço imediato. Apêndices sobre revisão aritmética, exponenciais, cálculos e revisão algébrica ajudam os estudantes com base fraca nestas áreas.

Os exercícios de fim de capítulo foram bastante aumentados em número e variedade. Há agora cerca de 1.500 exercícios. ***Exercícios sobre Casamento de Palavras-Chave*** testam o entendimento do estudante sobre termos importantes. ***Exercícios por Tópicos*** fornecem questões e problemas de revisão baseados em cada seção do livro. ***Exercícios adicionais*** fornecem prática adicional e questões mais desafiantes.

Muitos novos desenhos e fotografias foram adicionados para realçar as explicações no texto. Há cerca de 300 figuras na segunda edição. Além disso, cerca de 150 tabelas apresentam e sumarizam importantes ou interessantes informações.

Os seguintes suplementos são disponíveis para aumentar a eficácia do texto.

Experiments for Living Chemistry, Segunda Edição, fornece experiências de laboratório destinadas a ilustrar conceitos e aplicações do texto. Há três a cinco experimentos a escolher para cada capítulo.

Student Guide for Living Chemistry, Segunda Edição, fornece aos estudantes muitas questões e problemas práticos adicionais para mais conferir e reforçar seu entendimento. Um glossário está também incluído.

Instructor's Guide for Living Chemistry, Segunda Edição, fornece soluções completamente trabalhadas para todos os problemas do texto, exame de amostras e referências para materiais suplementares e demonstrações.

Eu gostaria de agradecer aos vários instrutores e revisores que ajudaram a fazer uma primeira edição bem sucedida ainda melhor através de suas sugestões e comentários. Finalmente, eu quero agradecer a Christine Brenkus por datilografar o manuscrito, ao pessoal da Academic Press pela sua assistência e, mais do que ninguém, à minha família por sua tolerância.

Tabela P-2 Tópicos em Saúde

Os seguintes tópicos, exemplos e aplicações neste livro serão de especial interesse a estudantes em programas de carreiras na área de saúde.

Medicina e Enfermagem

acidose e alcalose — Saúde em Notícia 7
abuso no álcool — Saúde em Notícia 10
banho com esponja a álcool — 5.10
aterosclerose e lipídios sangüíneos — 17.6
velocidade metabólica basal — 16.1
polímeros biocompatíveis — 11.6
tampões do sangue — 7.7
regulação da glicose sangüínea — Figuras 16-19, 16-20
eletrólitos corporais — 7.8
fluidos corporais — 6.9
agentes cancerígenos — 9.8
conversão de temperatura clínica — Tabela CT 1-1
diabetes mellitus — Saúde em Notícia 16
desbalanços eletrolíticos — Teste Clínico 7
febre — Teste Clínico 1
doenças genéticas — 19.9
engenharia genética — Saúde em Notícia 19
hemodiálise — Saúde em Notícia 6
hormônios:
peptídicos — 14.9; esteróides —13.10
bolsa de água quente — 1.8
hiperglicemia/hipoglicemia — 16.8
hipertermia/hipotermia — Teste Clínico 1
bolsa de gelo — 1.9
soluções isotônicas — 6.10
cetose e cetoacidose — 17.4
fluidoterapia parenteral — 7.8
peso específico de fluidos corporais/urinômetro — 1.6
vírus — 19.7
equilíbrio hídrico — Tabela 6-6

Higiene Dental/Assistência

acrílicos — 11.7
regulação do cálcio — 14.10
composição dos dentes — 14.10
amálgama dentária — 6.1
cáries dentárias — 14.10
uso dental de compostos orgânicos — Capítulos 11, 12
cera dental — 13.11
chapas de raios-x dos dentes — Saúde em Notícia 8
fluoração — 14.10
materiais para moldes — 12.6
Novocaína — 11.2
placa — 14.10
"quats" — Figuras 11-1, 11-2

Tecnologia para Laboratório Médico

análise clínica automatizada — Teste Clínico 4
ácidos carboxílicos sangüíneos — 10.7
testes de coagulação sangüínea — Teste Clínico 15
nitrogênio uréico sangüíneo (BUN) — Teste Clínico 11
problemas sobre diluição — Seção de Problemas 7
eletroforese — Teste Clínico 14
imunoensaio enzimático (EIA) — 15.8
equivalentes — Seção de Problemas 9
teste de glicose para diabetes — Teste Clínico 16
compostos nitrogenados não protéicos — Teste Clínico 18
osmolalidade — Teste Clínico 6
lipídios plasmáticos — Teste Clínico 17
preparando soluções — Seção de Problemas 6
radioimunoensaio (RIA)— Teste Clínico 8
cálcio sérico — Teste Clínico 3
colesterol sérico — Teste Clínico 13
eletrólitos séricos — Teste Clínico 7
enzimas séricas — Tabela 15-4
ferro sérico — Teste Clínico 2
fosfato sérico — Teste Clínico 3
proteínas séricas — Teste Clínico 14
hemoglobina da célula falciforme — Teste Clínico 19
espectroscopia — Teste Clínico 9
glicose urinária — Figura 10-5. Teste Clínico 12
cetonas urinárias — Teste Clínico 10
compostos nitrogenados urinários — Saúde em Notícia 11

(Continua)

Tabela P-2 *(Continuação)*

Terapia Respiratória
aerossol — 6.8
respiração — 5.4
lei das pressões parciais de Dalton — 5.8
difusão dos gases — 5.2
cálculos sobre leis dos gases — Seção de Problemas 5
anestésicos gasosos — 10.4
gases de uso medicinal — Tabela 5-2
lei de Graham — 5.2
hemoglobina — 14.7
lei de Henry — 6.5
terapia por umidificação — 6.8
terapia hiperbárica — Saúde em Notícia 5, 6.5
volumes e capacidades pulmonares — Figura CT 5-1
terapia por oxigênio — Saúde em Notícia 5
regulador de pressão — 5.3
testes de função pulmonar — Teste Clínico 5
respiração e trocas gasosas — 5.9
acidose e alcalose respiratória — Saúde em Notícia 7

Tecnologia Radiológica e Nuclear
meia-vida biológica — 8.5
imagem por CT (Tomografia Computadorizada) — Saúde em Notícia 8
efeitos da radiação sobre a saúde — 8.8
imagem de órgãos — 8.7
detecção de radiação —8.6
segurança contra radiação — 8.8
terapia por radiação — 8.7
geradores de radioisótopos — 8.3
radioisótopos usados em medicina — Tabela 8-3
protetor — 8.8
dosimetria termoluminescente (TLD) — 8.6
unidades de radiação — 8.6
radiação por raios-x e fotografias — Saúde em Notícia 8

Nutrição e Economia Doméstica
adoçantes artificiais — Saúde em Notícia 12
conteúdo em hidratos de carbono dos alimentos — Fig.16-6
pesos desejáveis — Tabela 17-4
proteína da dieta — 18.7
digestão — 15.5 a 15.7
necessidades energéticas — Tabela 17-5
aminoácidos essenciais — 18.5
exercício e calorias — Faça-o Você Mesmo 17
fermentação —12.7
valor calórico dos alimentos/calorímetro — Saúde em Notícia 4
intolerância à lactose — 12.5
lipídios e dieta — 17.7, Figuras 17-9, 17-10
metabolismo — Capítulos 16 a 18
minerais — Saúde em Notícia 1
balanço nitrogenado — 18.2
obesidade— Saúde em Notícia 17
subnutrição proteico- energética — Saúde em Notícia 18
RDAS (Recommended Daily Allowance) — Tabela 15-3
açúcar nos alimentos — Tabela 12-1
vitaminas — 15.3

Drogas
álcool — 10.3, Saúde em Notícia 10, Tabela 10-5
alcalóides — 11.5, Tabela 11-5
analgésicos e aspirina — 10.8, 11.3
anestésicos — 9.10, 10.4, Tabela 10.6
antiácidos — 7.5, Tabela 7-7
antibióticos e penicilina — 11.3
anti-histamínicos — 14.8
unidades do boticário — Saúde em Notícia 1
terapia do câncer — 15.8
desinfetantes — 14.6
terapia por drogas — 15.4
drogas enzimáticas — 15.8
alucinógenos — 11.5
imunoterapia — 14.8
drogas inorgânicas — Tabela 3-8
terapia por lítio — Saúde em Notícia 3
armário de remédios — Faça-o Você Mesmo 11
anticorpos monoclonais — Saúde em Notícia 14
analgésicos narcóticos — 11.5
contraceptivos orais — 13.10
peptídios — 14.9
prostaglandinas — Saúde em Notícia 13
radioisótopos — 8.3, 8.7, Tabela 8-3
hipnóticos sedativos — 11.4
esteróides — 13.10
estimulantes — 11.5
sulfas — 11.3
tintura — 10.3
vacinas — 14.8

Ao Estudante

As seguintes seções introdutórias o ajudarão a dar a saída com o pé direito. Elas descrevem como melhor se aproximar da química e como estudá-la. Muitos estudantes têm achado esta matéria útil. De fato, você provavelmente voltará a consultar estas seções depois de ter começado a usar este livro.

Superando o Medo da Ciência e da Matemática

Alguns estudantes têm medo de estudar química por causa de experiências ruins em cursos anteriores de matemática ou ciência (Veja Figura S-1).

O primeiro passo para superar este medo é reconhecer que ele existe. Depois você pode começar a lidar com ele. Você poderá discutir métodos de relaxamento com seu orientador. Este poderá sugerir que você freqüente alguma seção da escola, especializada em ajudar os estudantes a lidar com estes temores.

O passo seguinte é começar a aprender os fundamentos da ciência e matemática. A discussão seguinte e a Seção de Problemas devem ser especialmente úteis. Em muitos casos, aprender um novo assunto é como aprender a se engajar num esporte ou a tocar um instrumento musical.

Você ficará tenso no começo; você cometerá erros e provavelmente ficará desconcertado por causa deles. Mas através de prática constante, você desenvolverá novas habilidades e autoconfiança.

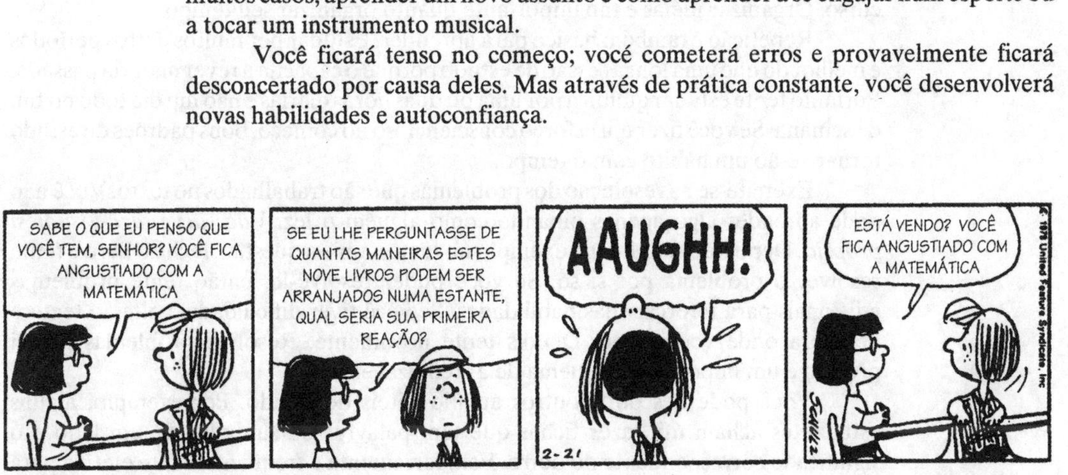

Figura S-1
Tipos criados por Charles M. Schultz. Direitos autorais © 1979 de United Feature Sindicate, Inc.

Enquanto você estiver aprendendo, não tenha receio de fazer perguntas que podem parecer elementares ou de dizer que você não entendeu alguma coisa. Estes são seus direitos como estudante. Peça ajuda ao seu instrutor, a colegas estudantes, e a amigos. Você poderá achar útil trabalhar num pequeno grupo com outros que têm problemas similares. Compartilhem suas frustrações e tolerem-se uns aos outros. Você poderá até manter um diário ou uma fita gravada de seus pensamentos. Isto poderá ajudá-lo a identificar maus hábitos de estudo e obstáculos ao progresso.

Tenha em mente que o presente conhecimento em ciência e matemática levou centenas de anos para se desenvolver. Não espere entendimento instantâneo.

Entretanto aprender estes assuntos não requer também nenhum talento especial. A fim de obter sucesso no seu estudo de química, você precisa somente desejar aprender e a vontade de trabalhar duro.

Estudando Química

Saber como estudar é a chave para aprender química. A maioria dos estudantes tem tempo limitado. Estudo efetivo envolve fazer o melhor uso deste tempo.

Organização é um importante fator do estudo. Selecione um tempo regular e use-o para estudar. Escolha uma hora quando você está mais alerta. Não tente estudar na cama antes de dormir. Estudar é trabalhar duro. Escolha um lugar isolado de trabalho com boa iluminação. Um sentar erecto junto a uma escrivaninha numa sala bem iluminada pode melhorar muito sua eficiência no estudo. Se sua sala é barulhenta e distrativa, você deve isolar-se numa biblioteca.

Concentre-se inteiramente naquilo que você estuda. Ouvir radio enquanto você estuda pode interferir em sua concentração e vai provavelmente demandar mais tempo de estudo. O objetivo do estudo é aprender o material para seu curso tão eficientemente quanto possível. Embora possa ser difícil, tente não pensar em problemas pessoais enquanto você estuda.

Estude para aprender idéias e não apenas para cobrir um certo número de páginas específicas. Enquanto você lê, pense sobre estas idéias, relacione-as com outras anteriormente estudadas e até com sua própria experiência. Enquanto você aprende nova matéria, tente organizá-la num padrão, adaptando-a à estrutura do curso. Organizar idéias é tão importante quanto organizar seu tempo.

Repetição é também básico para aprender. Estudar por muitos curtos períodos é melhor do que uma longa sessão de estudo porque o capacita a rever matéria passada. Portanto tente estudar química por uma ou duas horas diárias e não um dia todo no fim de semana. Se você fizer um esforço consciencioso no começo, bons padrões de estudo tornar-se-ão um hábito com o tempo.

Exercite-se na resolução dos problemas que são trabalhados no texto. Você não pode aprender algo apenas olhando como alguém o fez. *Você deve fazê-lo por si próprio.* Depois de estudar um exemplo no texto, copie a questão, feche o livro e tente resolver o problema por si só. Se você puder resolvê-lo, então tente problemas adicionais para reforçar suas habilidades. Se você tiver dificuldade, volte ao texto e descubra onde você errou. Depois tente novamente. Resolver problemas por si próprio é um importante esquema de aprendizagem.

Você pode descobrir outros auxílios úteis de estudo. Por exemplo, alguns estudantes acham útil fazer fichas que têm palavras ou símbolos de um lado e o significado correspondente do outro. Esta ferramenta é freqüentemente efetiva para o aprendizado de novos termos. Uma vez que a química usa sua própria linguagem, estas fichas podem ser de grande utilidade.

Finalmente, suas notas de aula constituem um importante auxílio para o estudo. Aprenda a tomar notas breves e siga a aula ao mesmo tempo. Reveja as notas depois da aula, enquanto elas estão ainda frescas na sua mente. Marque as partes que você não entende completamente. Depois peça ao instrutor alguma ajuda antes da próxima aula.

Estudando Este Livro de Texto

Assim como estudar química é uma habilidade, o mesmo é saber como obter o máximo de seu livro de química. Você deve primeiro aprender como este livro é organizado. Ele é dividido em 19 capítulos, cada um cobrindo um aspecto particular da química. Cada um dos capítulos é dividido ainda em seções, tais como esta que você está agora lendo. As seções contêm porções de informação relativamente pequenas e digeríveis. O índice no início deste livro fornece uma listagem conveniente de todos os capítulos e de suas seções. Seguindo os passos descritos aqui, em conjunto com as recomendações feitas na seção anterior, você poderá aprender química na base do capítulo a capítulo.

1. *Analise antes o capítulo.* Leia a introdução no começo do capítulo e o objetivo no começo de cada seção. Os objetivos descrevem as habilidades que você obterá quando tiver completado com sucesso seu estudo. Inspecione os cabeçalhos das seções e examine as páginas do capítulo. Leia também o sumário e passe os olhos pelos exercícios de fim de capítulo. O objetivo desta análise prévia é dar-lhe uma visão geral da matéria a ser coberta e sua organização. Fornecendo uma estrutura para o seu estudo, a preanálise lhe permite unir as peças mais rapidamente na medida em que você lê cada seção.
2. *Estude cada seção.* Este processo consiste de três partes, repetidas para cada seção.
   - **a.** *Transforme o cabeçalho da seção numa questão.* Por exemplo, se o cabeçalho é “Estudando este livro”, a questão em sua mente deve ser “Como eu estudo este livro?” Este procedimento dirige sua atenção de maneira que sua mente será ativamente envolvida na leitura da seção.
   - **b.** *Leia cuidadosamente a seção, respondendo a questão que você acabou de criar.* Enquanto você lê, procure palavras que você não conhece e anote na margem os pontos que você não compreende. Siga cuidadosamente todos os cálculos passo-a-passo. Num pedaço de papel repita cada Exemplo, a fim de testar seu entendimento da matéria. Releia a seção até que você esteja certo que a entende. Faça anotações na margem quando você tem questões, depois risque estas notas assim que você esclarecer as dificuldades. Se você ainda tiver questões, consulte seu instrutor ou outros estudantes, até que todas as suas questões sejam respondidas. Confira o objetivo no início da seção que você está estudando. Por exemplo, o objetivo para esta seção poderia ser “Descreva os aspectos deste livro de texto e como fazer o melhor uso dele”. Se você fez um bom trabalho, você terá ganho a habilidade ou habilidades descritas.
   - **c.** *Reveja a seção e selecione seus pontos de destaque.* Afaste o livro e responda de memória a questão que você originariamente criou a partir do cabeçalho da questão. Exponha os conceitos básicos da seção com suas próprias palavras, depois anote estes conceitos num caderno de notas. Abra o livro

novamente e repasse a seção, sublinhando uma ou duas frases-chave. (Não sublinhe muitas.) Se houver um Pratique Problema no fim da seção, resolva-o você mesmo e depois compare sua resposta com aquela fornecida. Se você tiver dificuldades, leia a seção novamente.

3. *Reveja o capítulo inteiro.* Depois que você completar cada sessão como descrito, reforce seu entendimento do capítulo com a revisão. Examine todas as notas que você tomou assim como as frases sublinhadas. Sem olhar no livro, exponha os conceitos de destaque do capítulo, seção por seção. Repasse os objetivos para ver se você está agora confiante que pode satisfazê-los. Estude o sumário do capítulo.
4. *Responda os exercícios do capítulo.* Se possível, faça os exercícios indicados sem tornar a olhar no capítulo. Depois, para desenvolver sua confiança, tente exercícios adicionais e confira suas respostas com aquelas dadas no Apêndice G. Faça o Exercício de Casamento de Palavras-Chave, e esteja certo que você entende as palavras e pode explicá-las.

Uma grande parte do procedimento de estudo descrito envolve reflexão: questionando na medida em que você lê, refletindo sobre e reexpondo idéias depois de lê-las. As reflexões ajudam o real entendimento da matéria. Para ter certeza que você retém este entendimento, reveja o capítulo periodicamente.

Este livro de texto contém ainda mais auxílios de aprendizagem. Examine os Apêndices, eles podem lhe dar informações úteis, incluindo uma revisão de matemática. Use o índice para procurar palavras ou conceitos. O *Student Guide* que acompanha este livro contém muitas outras questões e exemplos para prática posterior, assim como um Glossário de termos-chave extraídos do texto.

Capítulo 1

Matéria e Medida

O capítulo 1 vai introduzi-lo à química. Ele começará mostrando como a química está ligada à saúde. Este capítulo põe em destaque medidas básicas usadas para descrever as coisas ao nosso redor. As medidas desempenham um importante papel na expressão de dosagens de medicamentos, resultados clínico laboratoriais, temperatura de pacientes e muitos outros aspectos dos cuidados médicos.

1.1 Introdução à Química

Objetivo: Para demonstrar entendimento desta seção, você deverá ser capaz de definir química.

Química é a base da vida. De fato, enquanto você lê estas palavras, transformações químicas estão ocorrendo em seu corpo. Elas estão acontecendo nos seus olhos, cérebro, pulmões, sangue e em todos os outros lugares dentro de você. Além disto, você é feito de substâncias químicas. Sua pele, ossos, cabelo e tudo mais que é parte do seu corpo consiste de combinações de substâncias químicas.

Você já está familiarizado com química sob outros aspectos. Tudo o que você vê depende dela porque a química trata das substâncias, a matéria da qual as coisas são feitas. Por exemplo, a Figura 1-1 mostra algumas das inúmeras substâncias químicas que estão naturalmente presentes nos alimentos de um desjejum comum. Os nomes podem parecer estranhos a você, mas estas e outras substâncias químicas são parte de sua vida diária.

As transformações que as substâncias sofrem devem também ser familiares. Por exemplo, quando você queima um toro, você converte madeira, uma substância, em cinza, outra substância. No processo, você também produz calor e luz. Coisas semelhantes acontecem dentro do seu corpo. Você come alimentos e quimicamente os converte em outras substâncias. A energia que você necessita para viver é liberada durante este processo.

Química pode ser definida como *o estudo da composição, estrutura e propriedades das substâncias, e das transformações que elas sofrem.* Existem agora mais de 7.000.000 de substâncias químicas distintas conhecidas, e cerca de mais outras 350.000 são adicionadas à lista cada ano. Muitas destes milhões de substâncias químicas são raras, mas cerca de 65.000 estão no comércio comum.

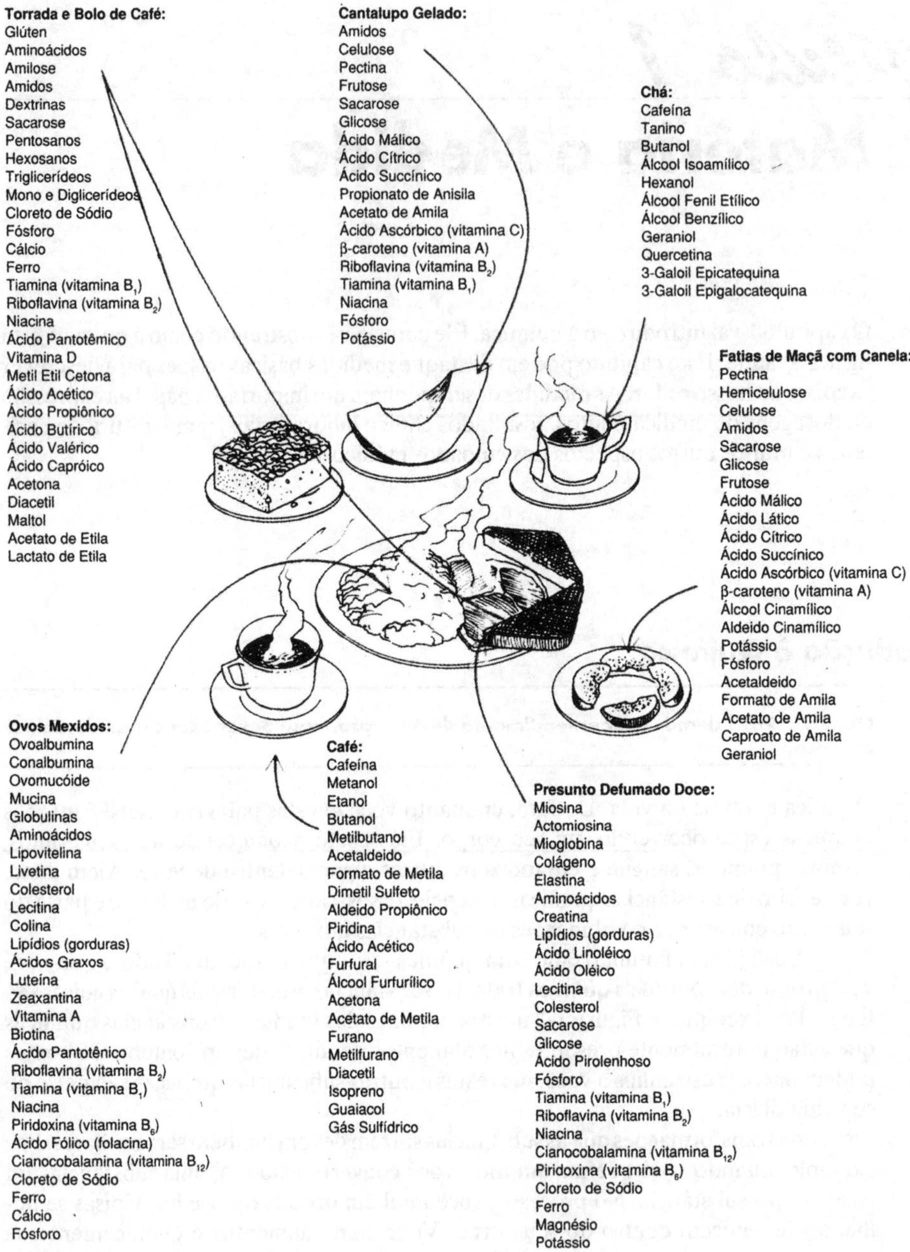

Figura 1-1
Desjejum químico. Os produtos químicos mostrados são alguns daqueles encontrados normalmente nesses alimentos. (Fonte: American Chemical Society.)

Química pode também ser definida em termos do que os químicos fazem. Os bioquímicos, por exemplo, estudam as substâncias encontradas nos seres vivos. Os químicos clínicos realizam testes para analisar as amostras retiradas de pacientes em hospitais e clínicas. A Tabela 1-1 dá outros exemplos de produtos e indústrias que dependem do trabalho dos químicos.

A química é parte da **ciência**. A palavra ciência vem da palavra latina que significa conhecimento. Hoje a palavra ciência refere-se à organização sistemática de fatos e idéias que descrevem nosso mundo. A química está intimamente relacionada com os outros ramos da ciência moderna. Ela depende em parte da física, que é o estudo das leis fundamentais da natureza. As leis científicas, como a lei da gravidade, são descrições gerais da ordem no universo. A biologia, estudo dos seres vivos, está baseada em princípios da química. A geologia, ou ciência da terra, está fundamentada tanto na química como na física. Assim, a ciência química mantém uma posição chave entre as outras ciências básicas.

A química tem várias origens. As civilizações antigas desenvolviam artes práticas, tais como trabalhos com metais, cerâmica, corantes e fabricação de vinho. Enquanto estas artes estavam sendo desenvolvidas no Oriente Médio há muitos milhares de anos, os antigos filósofos da Grécia, Índia e China tentaram pela primeira vez descrever a composição das substâncias. Estas duas atividades levaram à alquimia, que combinava experiência das artes práticas com filosofia e magia. Os alquimistas procuravam converter metais, como o chumbo, em ouro. Eles também tentaram fazer o elixir da vida", uma bebida mágica que preveniria a doença e prolongaria a vida. Embora os alquimistas falhassem nestas tentativas, eles desenvolveram técnicas laboratoriais e prepararam muitos produtos químicos que são comumente usados hoje. (Veja Figura 1-2)

A química moderna começou há pouco mais de 200 anos quando os cientistas começaram a fazer experimentos químicos. Um experimento consiste de observações e medidas realizadas sob condições controladas. Ele consiste em testar uma idéia numa maneira que leva a uma conclusão. Por exemplo, um experimento poderia consistir em estudar o efeito de uma substância química particular no camundongo. Nós iríamos então desejar estar seguros que cada camundongo recebeu as mesmas quantidades relativas de alimento, água e cuidados, de modo que quaisquer diferenças observadas seriam devidas à substância química em estudo.

Para explicar observações experimentais e planejar novos experimentos, os cientistas levantam hipóteses. Uma hipótese fornece a base para organizar fatos, como ilustrado na Figura 1-3. Usando idéias anteriores e conhecimento obtido de experimentos anteriores, por exemplo, um cientista pode propor a hipótese que certas substâncias químicas relacionadas causam câncer por afetar células do corpo de uma certa maneira. O cientista testaria esta hipótese fazendo experimentos em animais de laboratório e depois modificando a hipótese e planejando novos experimentos baseados nos resultados.

Tabela 1-1 Exemplos de Produtos Químicos e Indústrias

detergentes	produtos químicos industriais	refinação de pétroleo
drogas	metais	filmes fotográficos
eletrônica	energia nuclear	plásticos
fertilizantes	papel	borracha
processamento de alimentos	produtos de beleza	fibras têxteis
vidro e cerâmica	pesticidas	

Figura 1-2
Um laboratório alquímico. Os alquimistas tentaram produzir o "elixir da vida" e converter chumbo em ouro. (O *Alquimista*, por David Teniers Júnior. Consentimento para reprodução da Fisher Collection of Alchemical and Historical Pictures.)

Uma teoria científica é uma hipótese ou coleção de hipóteses que foi testada e confirmada muitas vezes sob uma ampla série de condições. Uma teoria explica uma porção da ordem básica da natureza. Ela deve uniformizar a experiência, ser tão simples quanto possível e permitir aos cientistas fazer prognósticos significativos. Os cientistas geralmente tentam encontrar apoio para suas próprias teorias e desaprovar teorias rivais fazendo experimentos. As teorias químicas apresentadas neste livro estão baseadas neste processo.

Não existe nenhum "método científico" único e para todos os fins. A ciência é um processo complexo e criativo baseado na interação entre teoria e experimento. Ela implica em ver as coisas de uma nova maneira e fazer conexões não pensadas antes. O progresso da ciência depende de muitos cientistas compartilhando entre si idéias e resultados para fornecer novas visões de nosso mundo. Como resultado deste processo contínuo, algumas das informações deste livro serão provavelmente mudadas ou substituídas nos anos vindouros.

1.2 Matéria e Medida

Objetivo: Para demonstrar entendimento desta seção, você deverá ser capaz de identificar os mais importantes prefixos do sistema métrico.

A química lida com a **matéria**. O conceito de matéria é tão básico que é difícil de definir. Nós sabemos, no entanto, que a matéria é a "coisa" que nos rodeia e compõe tudo no universo. É, de fato, tudo que ocupa espaço.

Ao descrever a matéria, os químicos devem especificar sua extensão ou quantidade. Para fazer isto, eles usam medidas. **Medida** é um número que descreve a quantidade de alguma coisa, comparando esta quantidade com algum padrão previamente assumido. Lord Kelvin, um cientista inglês do século XIX, dizia que "quando você pode medir aquilo de que está falando, e expressá-lo em números, você sabe alguma coisa sobre ele".

Figura 1-3
O processo da ciência. A ciência é um processo complexo e criativo que envolve a interação entre observação e medida (experimentos) e explicações propostas (hipóteses) (Adaptado de quadro autorizado pelo Museum of Science and Industry, Chicago.)

As medidas são baseadas num sistema de unidades. Estas unidades são os padrões dimensionais assumidos. Por exemplo, sempre que você compra um litro de leite você recebe a mesma quantidade, porque o litro é uma grandeza assumida e não muda.

O resultado de uma medida é sempre expresso em termos de um número e uma unidade. Por exemplo, podemos expressar o comprimento medido de um campo de futebol como sendo de 110 jardas.

110	jardas	
número	unidade	uma medida

Aqui, o número é 110, e a unidade é a jarda. Esta unidade particular, jarda, é parte do sistema de medidas inglês ou "usual", ainda largamente usado nos Estados Unidos. Povos da maioria de outros países, porém, e cientistas de todos os países, usam o sistema métrico

O **sistema métrico** é baseado no número dez. Cada unidade, para um dado tipo de medida, está relacionada às outras unidades por algum múltiplo exato de dez. Este sistema é conveniente porque o sistema decimal (descrito no Apêndice A.3) é também baseado no número dez. Não temos assim que memorizar números como 5.280 (o número de pés correspondente a uma milha no sistema inglês) a fim de converter uma unidade em outra no sistema métrico.

Cada medida no sistema métrico é expressa em termos de um padrão oficial chamado unidade base. Um prefixo, representado por uma letra ou símbolo, pode ser colocado na frente da unidade base para mudar sua grandeza num certo múltiplo de dez. A Tabela 1-2 mostra alguns destes prefixos. Os dois mais comuns são:

kilo = mil (1000) vezes **maior**

mili = mil vezes **menor** (1/1000 ou 0,001)

Centi, cem vezes menor, (1/100 ou 0,001) também é um prefixo (Veja Apêndice A.2 para uma revisão de frações).

Tabela 1-2 Prefixos do Sistema Métrico

	Prefixo	Símbolo	Significado
↑	giga	G	1.000.000.000 ou 10^9
	mega	M	1.000.000 ou 10^6
maior	kilo	k	1.000 ou 10^3
	hecto	h	100 ou 10^2
	deca	da	10 ou 10^1
unidade base			1 ou 10^0
	deci	d	0,1 ou 10^{-1}
	centi	c	0,01 ou 10^{-2}
menor	mili	m	0,001 ou 10^{-3}
	micro	μ	0,000001 ou 10^{-6}
	nano	n	0,000000001 ou 10^{-9}
↓	pico	p	0,000000000001 ou 10^{-12}

A moderna versão de unidades baseada no sistema métrico é conhecida como o Sistema Internacional de Unidades, abreviadamente SI. Nem todas as unidades base do SI são por ora largamente usadas em química nos Estados Unidos. Neste livro, nós damos destaque às unidades com as quais você topará mais freqüentemente. Quando as medidas forem expressas no sistema inglês, os valores do SI serão geralmente dados entre parênteses.

1.3 Massa

Objetivo: Para demonstrar entendimento desta seção, você deverá ser capaz de identificar unidades de massa no sistema métrico.

Massa é definida como a quantidade de matéria que um objeto contém. Tudo ao seu redor — este livro, sua roupa, até o ar — tem massa. Você pode também pensar em massa de outra maneira, baseando-se numa lei científica descoberta durante o século XVII por Sir Isaac Newton. Ele notou que quando um objeto está em repouso, um impulso ou um puxão é necessário para movê-lo. Newton verificou que a massa de um objeto em repouso é uma medida de sua tendência de permanecer em repouso. Quanto maior a massa de um objeto em repouso, maior é sua tendência de assim permanecer. Considere o que acontece quando você chuta uma lata vazia. Você pode mover facilmente a lata porque sua massa é pequena. Mas se você tentar este experimento com um tijolo, o resultado pode ser doloroso. Uma vez que um tijolo tem uma massa maior do que a de uma lata, um chute muito mais forte é necessário para movê-lo.

Nós usamos comumente a palavra peso quando na realidade queremos dizer massa. Peso é a atração gravitacional de um objeto pela Terra. O peso de um objeto pode mudar com a localização (altitude) do objeto, mas sua massa permanece sempre a mesma. Por exemplo, os astronautas têm a mesma massa na Lua e na Terra, mas pesam na Lua apenas um sexto do que pesam na Terra devido à menor atração gravitacional da Lua.

Uma balança é usada para medir a massa de um objeto. Como mostra a Figura 1-4, uma balança se parece muito com uma gangorra. A balança consiste de um braço equilibrado sobre uma aresta afiada (parte **a** na Figura 1-4). Quando um objeto de massa desconhecida é colocado num dos lados, o braço se desequilibra (parte **b**). Massas conhecidas são então adicionadas no outro lado até que o braço se equilibre novamente (parte **c**). A massa do objeto original é igual à soma das massas adicionais porque as massas de ambos os lados são iguais entre si quando o braço se equilibra. A Figura 1-4 (**d**) mostra uma balança comum de laboratório.

A unidade de massa no sistema métrico é o **grama**. Seu símbolo é g, mas ele é às vezes representado por gm (para evitar confusão com a unidade farmacêutica grão, cujo símbolo é gr; veja Saúde em Notícia 1). Um grama (1 g) é a massa de uma pequena quantidade de matéria, cerca de metade da massa de um "dime" (moeda norte-americana equivalente a 0.1 dólar ou 10 cents). O padrão oficial ou unidade base de massa é realmente uma unidade maior, o kilograma. Uma vez que kilo significa 1.000 vezes maior, um kilograma equivale a 1.000 gramas, ou 10^3g. (Veja Apêndice B se você não estiver familiarizado com números escritos em notação exponencial).

kilo 1.000 vezes		grama unidade de massa
1kg	=	1000 g (10^3 g)

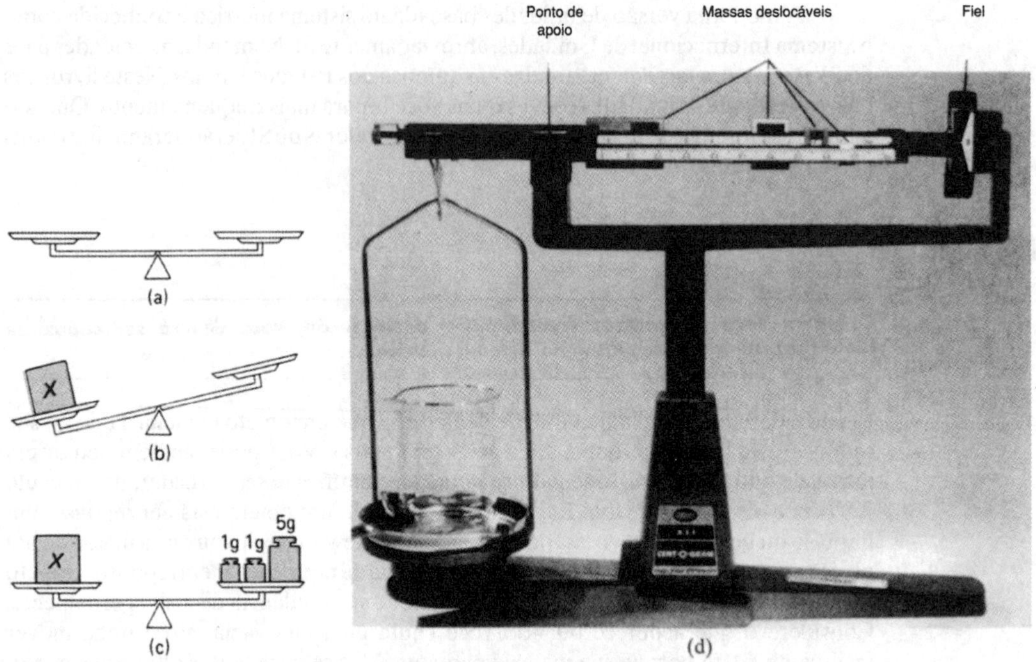

Figura 1-4
Operação de uma balança. (a) O braço é inicialmente equilibrado. (b) O objeto cuja massa será determinada (X) é colocado em um dos lados, desequilibrando o braço. (c) Massas conhecidas são adicionais no outro lado até o restabelecimento do equilíbrio. As massas em ambos os lados são iguais agora. A massa do objeto X é igual a 5g + 1g +1g = 7g. (d) Uma balança de laboratório. A massa do objeto no prato é determinada através do deslocamento de massas ao longo da escala até que o braço fique equilibrado. O bequer mostrado tem uma massa de 68,87g (Direitos autorais para foto Al Green).

O símbolo para kilograma, kg, deriva do símbolo para kilo, k, com o símbolo para grama, g.

Os norte-americanos medem geralmente "pesos" em libras, abreviadamente lb. Um objeto que pesa 1 libra na Terra tem uma massa de 454 g. Outra maneira de estabelecer esta relação é dizer que 1 kg pesa 2,20 lb. Os astronautas que caminharam sobre a lua vestiam vestes espaciais com massa aproximada de 150 kg cada. Na Terra, estas vestes espaciais pesavam 330 lb. Na lua, entretanto, elas pesavam apenas 55 lb, ou um sexto daquele valor. A Tabela 1-3 ilustra a relação entre massa e peso, comparando a massa em kilogramas e o peso em libras de partes do corpo humano.

Tabela 1-3 Massa e Peso de Componentes Corpóreos de uma Mulher de 120 Libras (55 kg)

Componente	Massa (kg)	Peso (lb)
Músculo	24	52
Gordura	8	17
Esqueleto	8	17
Pele	5	11
Sangue	4	10
Miscelânea	6	13
	55	120

Assim como grandes quantidades de massa são expressas em kilogramas, que são 1000 vezes maior do que o grama, quantidades menores são expressas em miligramas, ou milésimos de um grama. As pequenas quantidades de massas que nós usualmente medimos em laboratório são expressas em miligramas.

mili		grama
1/1000 vezes		unidade de massa
1mg	=	0,001 g (10^{-3}g)

O símbolo para miligrama, mg, é formado pela combinação do símbolo para mili, que é m, com o símbolo g para grama. Uma vez que miligrama é 1000 vezes menor do que o grama, há 1000 miligramas em 1 grama:

$$1000 \text{ mg} = 1\text{g}$$

A Tabela 1-4 sumariza a informação básica acerca destas unidades de massa mais comuns.

Tabela 1-4 Unidades Métricas de Massa

Unidade	Símbolo	Significado
kilograma	kg	1000 gramas ou 10^3g
grama	g	unidade base (454 gramas = 1 libra)
miligrama	mg	1/1000 (ou 0,001 ou 10^{-3}) grama; 1000 mg = 1g

1.4 Comprimento

Objetivo: Para demonstrar entendimento desta seção, você deverá ser capaz de identificar unidades de comprimento no sistema métrico.

Comprimento é uma medida da distância entre dois pontos. Nós usamos comprimento para expressar a extensão da matéria. A unidade métrica básica de comprimento é o **metro**, e seu símbolo é m. Em relação às unidades inglesas, 1 metro (m) é ligeiramente maior do que 3 pés (ft) ou 1 jarda (yd). A Tabela 1-5 dá mais exemplos de comprimentos aproximados expressos em metros.

Tabela 1-5 Comprimento Aproximados em Metros

Medida	Comprimento, altura, tamanho ou distância (metros)	
distância da Terra ao Sol	150.000.000.000 m	$1{,}5x10^{11}$m
diâmetro da Terra	13.000.000	$1{,}3x10^{7}$
altura do Monte Everest	10.000	$1{,}0x10^{4}$
altura do edifício Empire State	400	$4{,}0x10^{2}$
altura do homem	1,7	$1{,}7x10^{0}$
comprimento de uma barata	0,040	$4{,}0x10^{-2}$
tamanho de um grão de areia	0,00010	$1{,}0x10^{-4}$
tamanho de uma hemácia	0,0000065	$6{,}5x10^{-6}$
tamanho de um vírus da poliomielite	0,000000025	$2{,}5x10^{-8}$

Num trabalho científico, distancias muito pequenas devem freqüentemente ser medidas. Unidades menores do que o metro são portanto úteis. Uma destas unidades, o centímetro, simbolizado por cm, é 1/100 (0,01, ou 10^{-2}) do metro, uma vez que centi significa 100 vezes menor.

centi		metro
1/100 vezes		unidade de comprimento
1 cm	=	0,01 m (10^{-2} m)

Há 100 centímetros num metro:

$$100 \text{ cm} = 1 \text{ m}$$

Um centímetro é menos do que meia polegada, ou aproximadamente a largura de um pedaço de giz para quadro-negro.

Para distâncias ainda menores, usamos o milímetro. Assim como um miligrama é 1.000 vezes menor do que um grama, um milímetro, simbolizado mm, é 1.000 vezes menor do que um metro.

mili		metro
1/1000 vezes		unidade de comprimento
1 mm	=	0,001 m (10^{-3} m)

Um metro contém 1.000 milímetros:

$$1.000 \text{ mm} = 1\text{m}$$

Uma vez que o milímetro é 10 vezes menor do que o centímetro, há 10 milímetros em um centímetro:

$$10 \text{ mm} = 1 \text{ cm}$$

A Figura 1-5 compara uma porção de uma régua em polegadas com uma parte de uma régua métrica. Uma régua métrica é uma régua de 1 metro de comprimento usada para medir comprimentos métricos. Ela é dividida em 100 pequenas divisões, chamadas centímetros, cada uma delas dividida ainda em 10 divisões menores, chamadas milímetros. Note que 1 polegada (in) é ligeiramente maior do que 2,5 centímetros:

$$1 \text{ in} = 2{,}54 \text{ cm}$$

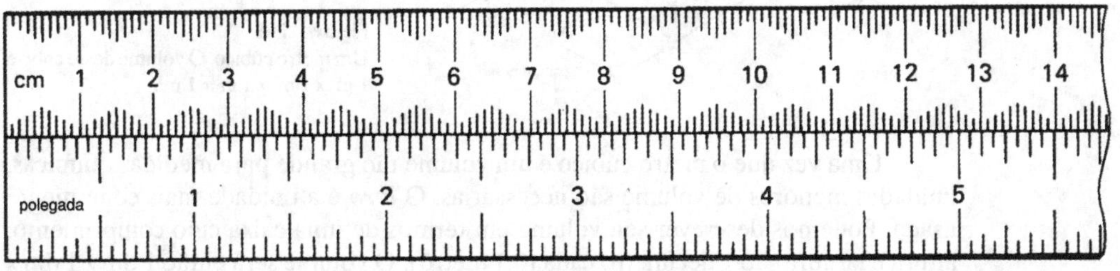

Figura 1-5
Porções de uma régua métrica e de uma régua em polegadas (tamanho real). As grandes divisões da régua métrica são centímetros (0,01 m); as divisões menores são milímetros (0,001 m). Note que 1 polegada corresponde a aproximadamente 2,5 cm.

A Tabela 1-6 sumariza as unidades métricas de comprimento mais comuns.

Tabela 1-6 Unidades Métricas de Comprimento

Unidade	Símbolo	Significado
metro	m	unidade base (igual a 39,37 polegadas)
centímetro	cm	1/100 (ou 0,01 ou 10^{-2}) metro; 100 cm = 1 m
milímetro	mm	1/1000 (ou 0,001 ou 10^{-3}) metro; 1000 mm = 1 m

1.5 Volume

Objetivo: Para demonstrar entendimento desta seção, você deverá ser capaz de identificar as unidades de volume no sistema métrico

A matéria ocupa espaço. **Volume** é uma medida da extensão do espaço ocupado. O volume de um objeto retangular como a caixa mostrada na Figura 1-6 é encontrado multiplicando-se seu comprimento por sua altura e por sua largura (volume = comprimento × altura × largura). Se cada uma destas dimensões for exatamente 1 metro, o volume da caixa será 1 m × 1 m × 1 m, ou 1 m^3, designado 1 metro cúbico. Este grande volume é mais do que duas vezes a capacidade do porta-malas de um carro de tamanho médio. O metro cúbico é a unidade SI de volume.

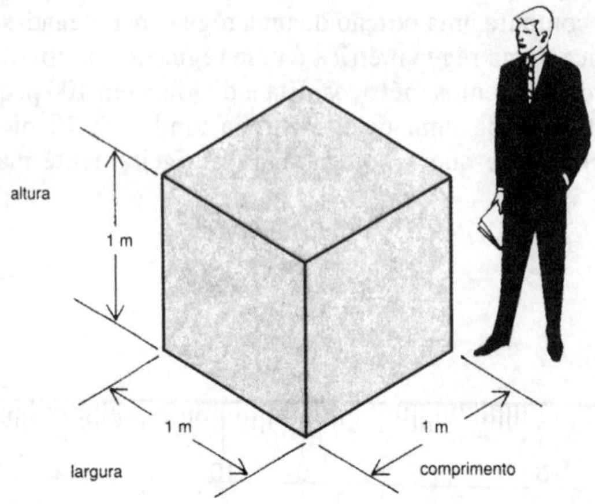

Figura 1-6
Um metro cúbico. O volume deste cubo é 1 m × 1 m × 1 m = 1 m^3.

Uma vez que o metro cúbico é um volume tão grande para medidas químicas, unidades menores de volume são necessárias. O *litro* é a unidade mais comumente usada. Podemos descrever seu volume em termos de uma caixa cujo comprimento, altura e largura são 1 decímetro cada (0.1 metro). O volume será então 1 dm × 1 dm × 1 dm, ou 1 dm^3, isto é, 1 decímetro cúbico. Este volume é chamado litro, e seu símbolo é L (ou l). Um litro é um pouco mais do que um "quart" (qt) do sistema inglês:

$$1\ dm^3 = 1\ L = 1.06\ qt$$

(Em termos de "quart", esta relação pode ser expressa assim: 1 qt = 0.946 L.)

Como 1 decímetro é igual a 10 centímetros, nós podemos imaginar o decímetro cúbico ou litro como uma caixa medindo 10 cm × 10 cm × 10 cm (veja Figura 1-7). O volume desta caixa será igual a 1.000 cm^3, ou 1.000 centímetros cúbicos. Assim, o centímetro cúbico é um milésimo de um litro e é também chamado *mililitro*. O símbolo para mililitro é mL (ou ml).

mili	litro
1/1000 vezes	unidade de volume
1 mL	= 0,001 L (10^{-3}L)

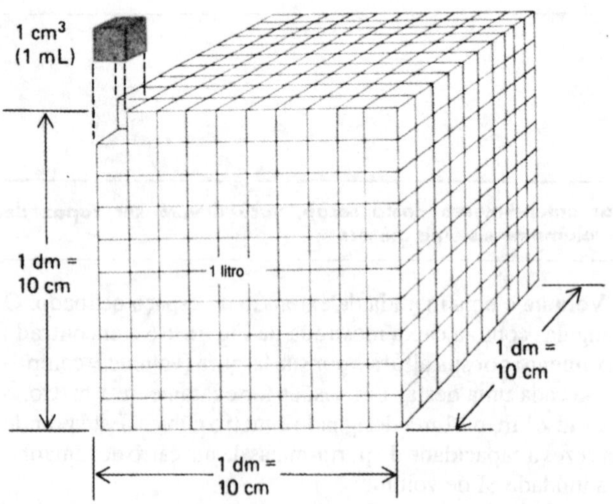

Figura 1-7
A relação entre um mililitro e um litro. Um litro (dm^3) contém 1.000 mililitros (cm^3). Note que 1 cm^3 = 1 cc = 1 mL.

Por exemplo, 1 mililitro de líquido preenche cerca de um quinto de uma colher de chá, e uma chícara de café tem um volume de cerca de 200 mL. As relações que acabamos de descrever podem ser representadas assim:

$$1\ L = 1\ dm^3 = 1.000\ cm^3 = 1.000\ mL$$

O centímetro cúbico (cm^3) e mililitro (mL) têm o mesmo volume, e este é 1.000 vezes menor do que o decímetro cúbico ou litro:

$$1\ cm^3 = 1\ mL$$

A Tabela 1-7 sumariza estas relações.

Tabela 1-7 Unidades Métricas de Volume

Unidade	Símbolo	Significado
metro cúbico	m^3	unidade base
decímetro cúbico	dm^3	1/1000 (ou 0,001 ou 10^{-3}) m^3
litro	L (ou l)	igual ao dm^3
centímetro cúbico	cm^3	1/1000 (ou 0,001 ou 10^{-3}) dm^3; 1000 cm^3 = 1 L
mililitro	mL (ou ml)	1/1000 (ou 0,001 ou 10^{-3}) L; igual ao cm^3; 1000 mL = 1 L

Volumes de líquidos podem ser medidos de várias maneiras. A Figura 1-8 mostra alguns dos aparelhos usados para medir líquidos.

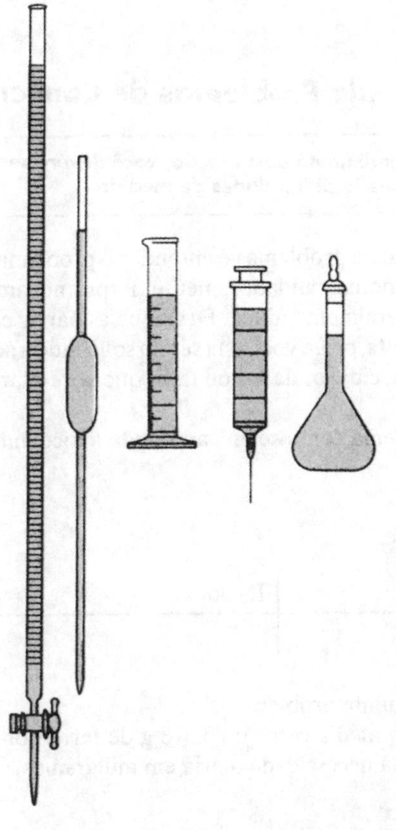

Figura 1-8
Vidraria volumétrica: bureta, pipeta, cilindro graduado, seringa, frasco volumétrico (da esquerda para a direita). Uma bureta é usada para dispensar pequenos volumes conhecidos de líquido. O fluxo de líquido é controlado por uma válvula tipo torneira na ponta da bureta. Uma pipeta é usada para fazer uma simples transferência de um volume medido de líquido de um frasco para outro. Um cilindro graduado é usado para medir o volume aproximado de um líquido antes de derramá-lo em outro frasco. Uma seringa, semelhante a uma pipeta, é usada para injetar um volume conhecido de líquido. Um frasco volumétrico comporta um volume fixo de líquido quando é preenchido até a marca no seu gargalo. Cada uma destas peças da vidraria é disponível em diferentes tamanhos, dependendo da finalidade de seu uso.

Faça-o Você Mesmo 1

BOLINHOS MÉTRICOS

1	ovo
235	mL de leite
60	mL de óleo para salada
330	g de farinha
60	g de açúcar
10	g de fermento em pó
5	g de sal

O sistema métrico não é ainda comumente usado nos Estados Unidos. Se, e quando usado, você poderá encontrar uma lista de ingredientes, tal como esta à esquerda, num livro de receitas.

Como fazer: Aqueça o forno a 200 °C. Lubrifique o fundo de 12 forminhas de tamanho médio (7 cm de diâmetro).

Bata o ovo e agite-o no leite e no óleo. Junte os outros ingredientes e misture até que a farinha fique apenas umedecida. A massa deve permanecer áspera.

Encha as forminhas até 2/3. Asse por 20 a 25 minutos, ou até que os bolinhos fiquem marrom dourados. Remova-os imediatamente das forminhas.

Embora as medidas métricas possam parecer estranhas a você (norte-americano), esta receita produz com perfeição bolinhos comuns.

Seção de Problemas 1 Resolvendo Problemas de Conversão

Objetivo: Para demostrar entendimento desta seção, você deverá ser capaz de monta e resolver problemas de conversão de unidades de medida.

O primeiro passo na resolução de problemas é entender o problema completamente Leia o problema de ponta-a-ponta, cuidadosamente. Expor novamente o problem: com suas próprias palavras geralmente ajuda. Destaque as partes chaves do mesmo Primeiro, identifique a **incógnita**, o que você está sendo solicitado a achar. Em seguida identifique a informação fornecida, os **dados** ou fatos que você usará para desvenda: a incógnita.

É útil delinear o problema como segue, anotando a incógnita e a informaçã(dada:

Incógnita	Dado

Por exemplo, considere o seguinte problema:

A mulher necessita em média cerca de 0,018 g de ferro por dia na sua dieta Como nós expressaríamos esta necessidade diária em miligramas?

O primeiro passo é mostrar que você entende claramente o problema. Neste caso, você pode expô-lo novamente assim:

"Converta 0,018 g em miligramas", e depois delineie-o como segue:

Incógnita	Dado
miligramas	0,018 g

Uma quantidade em gramas lhe é fornecida e você deve achar seu valor em miligramas.

Uma vez identificada a incógnita e a informação dada, você deve achar uma conexão entre elas. Tal **conexão** irá capacitá-lo a montar o problema para a solução.

Na maioria dos casos, a conexão é um **fator de conversão**, uma fração que tem diferentes unidades no numerador e denominador. Mas estas unidades devem ter uma relação especial entre si. Elas representam freqüentemente maneiras equivalentes de expressar a mesma coisa, como 100 "cents" e 1 dólar. Neste problema, o fator de conversão deve relacionar gramas (a informação dada) e miligramas (a incógnita). Sabendo que 1 grama é igual a 1.000 miligramas, você pode escrever um fator de conversão com as quantidades equivalentes 1g e 1.000 mg. Ele pode ser escrito de duas maneiras, dependendo de qual quantidade vai ao numerador e qual vai ao denominador:

$$\frac{1.000 \text{ mg}}{1 \text{ g}} \quad \text{ou} \quad \frac{1 \text{ g}}{1.000 \text{ mg}}$$

Depois que você encontrou a conexão necessária, junte-a ao delineamento do seu problema:

Incógnita	Dado	Conexão
miligramas	0,018 g	$\frac{1.000 \text{ mg}}{1\text{g}}$ ou $\frac{1\text{g}}{1.000 \text{ mg}}$

Uma vez relacionada a incógnita com a informação dada, você deve traduzir este entendimento numa fórmula matemática. Esta computação aritmética ou equação algébrica, chamada a montagem, fornecerá a solução. (Você talvez queira rever a aritmética no Apêndice A, números significativos e arredondamentos no Apêndice B, e álgebra no Apêndice C.)

Para problemas que usam um fator de conversão, monte o cálculo assim:

quantidade desconhecida = quantidade dada x fator de conversão

O fator de conversão permite-lhe transformar as unidades da quantidade dada em unidades da quantidade desconhecida. No nosso exemplo,

miligramas = 0,018 g × fator de conversão

Agora você deve determinar qual fator de conversão usar. Olhe para as duas possibilidades:

Correto	**Incorreto**
$\text{miligramas} = 0{,}018\text{ g} \times \dfrac{1000\text{ mg}}{1\text{g}}$	$\text{miligramas} = 0{,}018 \times \dfrac{1\text{ g}}{1000\text{ mg}}$

Na montagem correta, as unidades gramas em 0,018 g cancelarão as unidades gramas no denominador do fator de conversão. Assim, a resposta terá as unidades desejadas, miligramas:

$$0{,}018\,\cancel{g} \times \frac{1000\text{ mg}}{1\,\cancel{g}} = \frac{0{,}018 \times 1000\text{ mg}}{1} = 18\text{ mg}$$

Em geral, a unidade *desejada* deve estar no numerador do fator de conversão.

Uma das vantagens em usar fatores de conversão é o fornecimento automático de meios para conferir seu resultado. A resposta deve ter as unidades apropriadas, no caso, miligramas. Caso contrário, você terá montado o problema erradamente, ou então usou um fator de conversão incorreto, ou cancelou as unidades incorretamente.

Você deve também conferir o problema para ver se a resposta faz sentido: o valor em miligramas, 18 mg, deve ser 1.000 vezes maior do que aquele em gramas, 0.018 g, porque o miligrama é 1.000 vezes menor do que o grama. Em geral, quando a unidade se torna menor (mg é menor do que g), o número fica maior. Da mesma forma, quando a unidade fica maior, o número se torna menor.

Note que a única mudança que ocorreu neste problema foi um deslocamento da vírgula decimal e uma mudança nas unidades do valor dado. Este resultado ocorre porque as unidades métricas diferem entre si apenas por algum múltiplo de dez. Como você multiplicou por 1.000, a vírgula foi deslocada três casas para a direita.

Em virtude de as conversões métricas serem baseadas no significado dos prefixos das unidades, o método de conversão é semelhante para todos os tipos de unidade. Aqui está outro exemplo:

Se a mão de uma pessoa tem 17,0 cm de comprimento, qual é seu comprimento em metros?

Incógnita	Dado	Conexão
metros	17,0 cm	$\dfrac{100\text{ cm}}{1\text{ m}}$ ou $\dfrac{1\text{ m}}{100\text{ cm}}$

$$\text{metros} = 17{,}0\,\cancel{cm} \times \frac{1\text{ m}}{100\,\cancel{cm}} = \frac{17{,}0 \times 1\text{ m}}{100} = 0{,}170\text{ m}$$

Nos Estados Unidos, onde as unidades inglesas são ainda comumente usadas, é freqüentemente necessário converter unidades entre os sistemas métrico e inglês. Esta conversão envolve mais do que mudar simplesmente a posição da vírgula decimal. Nestes casos, você não pode utilizar um fator de conversão baseado nas definições dos prefixos métricos. Em vez disso, você deve consultar uma tabela, tal como a Tabela 1-8, que estabelece relações entre unidades nestes diferentes sistemas. O método para resolver o problema, entretanto, permanece o mesmo.

Considere o seguinte exemplo:

Uma garrafa contém 828 mL de um refrigerante. Qual é seu volume em "quarts" (ou quartos)?

Tabela 1-8 Unidades Inglesas e Seus Fatores de Conversão Métricos

	Unidades Inglesas		Fatores de Conversão Métricos[a] (Ingleses)
massa ou peso	1 libra (1 lb)	= 16 onças (oz)	$\frac{1\text{ lb}}{454\text{ g}}$ ou $\frac{454\text{ g}}{1\text{ lb}}$
volume	1 quarto (qt) 1 galão (gal)	= 2 pintas (pt) = 4 quartos (qt)	$\frac{1\text{ qt}}{946\text{ mL}}$ ou $\frac{946\text{ mL}}{1\text{ qt}}$
comprimento	1 pé (ft) 1 jarda (yd)	= 12 polegadas (in) = 3 pés (ft)	$\frac{1\text{ polegada}}{2{,}54\text{ cm}}$ ou $\frac{2{,}54\text{ cm}}{1\text{ polegada}}$

[a]Fatores de conversão alternativos são:

$$\frac{1\text{ kg}}{2{,}20\text{ lb}} \text{ ou } \frac{2{,}20\text{ lb}}{1\text{ kg}} \qquad \frac{1\text{ L}}{1{,}057\text{ qt}} \text{ ou } \frac{1{,}057\text{ qt}}{1\text{ L}} \qquad \frac{1\text{ m}}{39{,}37\text{ in}} \text{ ou } \frac{39{,}37\text{ in}}{1\text{ m}}$$

(massa ou peso) (volume) (comprimento)

A incógnita, quartos, pode ser achada a partir do volume dado em mililitros, usando a relação (da Tabela 1-8): 1 qt = 946 mL:

Incógnita	Dado	Conexão
quartos	828 mL	$\frac{1\text{qt}}{946\text{ mL}}$ ou $\frac{946\text{ mL}}{1\text{qt}}$

Você pode montar assim o problema pelo método do fator de conversão:

$$\frac{1\ \text{qt}}{946\ \text{mL}} \text{ ou } \frac{946\ \text{mL}}{1\ \text{qt}}$$

$$\text{quartos} = 828\ \text{mL} \times (\quad ? \quad)$$

Como você quer cancelar a unidade mL em 946 mL, o fator deve ter mL no denominador. Portanto, você deve escrever a equação assim:

$$\text{quartos} = 828\ \cancel{\text{mL}} \times \frac{1\ \text{qt}}{946\ \cancel{\text{mL}}} = \frac{828 \times 1\ \text{qt}}{946} = 0{,}875\ \text{qt}$$

Em alguns problemas, você terá que usar mais de um fator de conversão para mudar as unidades da quantidade dada nas unidades da resposta desejada. Você então precisará de vários fatores de conversão quando, por exemplo, está convertendo entre si duas unidades métricas diferentes que são, cada uma, um múltiplo da unidade base (tais como centímetros e milímetros). Conversões do sistema inglês ao métrico podem também exigir o uso de vários fatores de conversão. Por exemplo, suponha que você tenha 32 in de cintura e quer expressar esta medida em milímetros. O fator de conversão dado na Tabela 1-8 é 1 in/2,54 cm ou 2,54 cm/1 in. Como você quer expressar a resposta em milímetros, uma conversão adicional é requerida. Você deve converter centímetros em milímetros, usando a relação 1 cm = 10 mm.

O problema é então delineado assim:

Incógnita	Dado	Conexão
milímetros	32 in	$\frac{1\ \text{in}}{2{,}54\ \text{cm}}$ ou $\frac{2{,}54\ \text{cm}}{1\ \text{in}}$
		$\frac{1\ \text{cm}}{10\ \text{mm}}$ ou $\frac{10\ \text{mm}}{1\ \text{cm}}$

A montagem é a seguinte:

$$\frac{1\ \text{in}}{2{,}54\ \text{cm}} \text{ ou } \frac{2{,}54\ \text{cm}}{1\ \text{in}} \qquad \frac{1\ \text{cm}}{10\ \text{mm}} \text{ ou } \frac{10\ \text{mm}}{1\ \text{cm}}$$

$$\text{milímetros} = 32\ \text{in} \times (\quad ? \quad) \times (\quad ? \quad)$$

O primeiro fator deve conter polegadas no denominador para cancelar a unidade polegadas em 32 in:

$$\text{milímetros} = 32\ \cancel{\text{in}} \times \frac{2{,}54\ \text{cm}}{1\ \cancel{\text{in}}} \times (?)$$

O segundo fator deve conter centímetros no denominador para cancelar a unidaade centímetros em 2,54 cm:

$$\text{milímetros} = 32\,\cancel{\text{in}} \times \frac{2{,}54\,\cancel{\text{cm}}}{1\,\cancel{\text{in}}} \times \frac{10\,\text{mm}}{1\,\cancel{\text{cm}}}$$

$$= \frac{32 \times 2{,}54 \times 10\,\text{mm}}{1}$$

$$= 810\,\text{mm}$$

Pratique Problema

Um paciente deve receber 0,500 g de tetraciclina. Se cada cápsula contém 250 mg, quantas devem ser dadas ao paciente?

Resposta: 2 cápsulas

Pratique Problema

Um grande frasco de leite de magnésia contém 26 onças. Se uma dose = 15 mL, quantas doses o frasco contém aproximadamente? (Pista: 1 quarto = 32 onças.)

Resposta: 51 doses

Saúde em Notícia 1

O Sistema Farmacêutico ou do Boticário

Boticário é uma antiga palavra para farmacêutico, alguém que prepara e avia drogas. O sistema do boticário ou farmacêutico é parte do sistema inglês de unidades. Ele foi uma vez rotineiramente usado para medir pesos e volumes de drogas e soluções. Agora ele é largamente substituído pelo sistema métrico.

Como mostra a Tabela HN 1-1, há realmente três diferentes conjuntos de unidades para medir pesos no sistema inglês: "avoirdupois", farmacêutico, e "troy". As unidades "avoirdupois" são as mais usadas. As unidades "troy" são usadas para descrever os pesos de metais preciosos, tais como o ouro e a prata.

Tabela HN 1-1 Unidades de Medida para Pesos no Sistema Inglês

Unidades avoirdupois	Unidades farmacêuticas	Unidades troy	Peso em grãos	Massa em gramas
libra (16 onças)			7000	454
	libra (12 onças)	libra (12 onças)	5760	373
	onça (8 dracmas)	onça (20 "pennyweights)	480	31,1
onça (16 dracmas)			438	28,3
	dracma (3 escrópulos)		60,0	3,89
dracma (27-11/32 grãos)			27,3	1,77
		"pennyweight" (24 grãos)	24,0	1,55
	escrópulo (20 grãos)		20,0	1,30
grão	grão	grão	1,00	0,0648

Note que o grão, a menor unidade, é a única que é a mesma para os três conjuntos de unidades. Um comprimido de aspirina, por exemplo, contém 5 grãos de aspirina.

A lista a seguir contém unidades inglesas para medir volume. As quatro primeiras são comuns nos Estados Unidos, enquanto que as duas últimas são usadas apenas como unidades farmacêuticas.

Como você deve ter percebido, não há uma relação consistente entre subdivisões de unidades no sistema inglês. Unidades métricas, ao contrário, são consistentemente baseadas em múltiplos de dez, tornando mais simples a divisão das unidades básicas. Em parte por esta razão, o sistema métrico se tornou o sistema internacional de medidas para todos os cientistas.

Unidades Inglesas para volume	Volume em polegadas cúbicas	Volume em mililitros
galão (4 quartos)	231	3785
quarto (2 pintas)	57,8	946
pinta (16 onças fluidas)	28,9	473
onça fluida (8 dracmas fluidos)	1,80	29,6
dracma fluido (60 mínimas)	0,225	3,70
mínima	0,00376	0,0616

1.6 Densidade e Peso Específico

Objetivo: Para demonstrar entendimento desta seção, você deverá ser capaz de definir densidade e peso específico.

A relação entre massa e volume é uma importante propriedade das substâncias. Por exemplo, um kilograma de ferro ocupa um espaço muito pequeno; ele é um pouco menor do que o seu punho. Um kilograma de madeira, porém, é do tamanho aproximado de um cantalupo. A massa do ferro é mais concentrada, ou mais compacta, do que a massa da madeira. Em outras palavras, uma certa massa de ferro ocupa menor volume do que a mesma massa de madeira. A diferença em volume entre massas iguais de ferro e madeira está ilustrada na Figura 1-9.

A razão entre a massa de um objeto e seu volume é chamada de **densidade**. Densidade de sólidos e líquidos é geralmente expressa em gramas por centímetro cúbico, g/cm^3.

$$\text{densidade} = \frac{\text{massa (g)}}{\text{volume (cm}^3\text{)}}$$

Assim, como mostra a Tabela 1-9, o ferro (7,9 g/cm^3) é muito mais denso do que a madeira (0,50 g/cm^3). Como 1 cm^3 = 1 mL, você verá às vezes a densidade de líquidos escrita nas unidades equivalentes, g/mL. (A Figura 1-10 mostra uma interessante aplicação da densidade de líquidos.) Para gases, que têm uma relação massa/volume muito baixa, a densidade é freqüentemente expressa em g/L (ou g/dm^3).

O volume de muitas substâncias muda com a temperatura. Muitas substâncias expandem quando aquecidas e contraem quando esfriadas. Este efeito da temperatura é maior para os gases, muito menor para os líquidos e ainda menor para os sólidos. Como a densidade depende do volume de uma substância, seu valor mudará também com a temperatura.

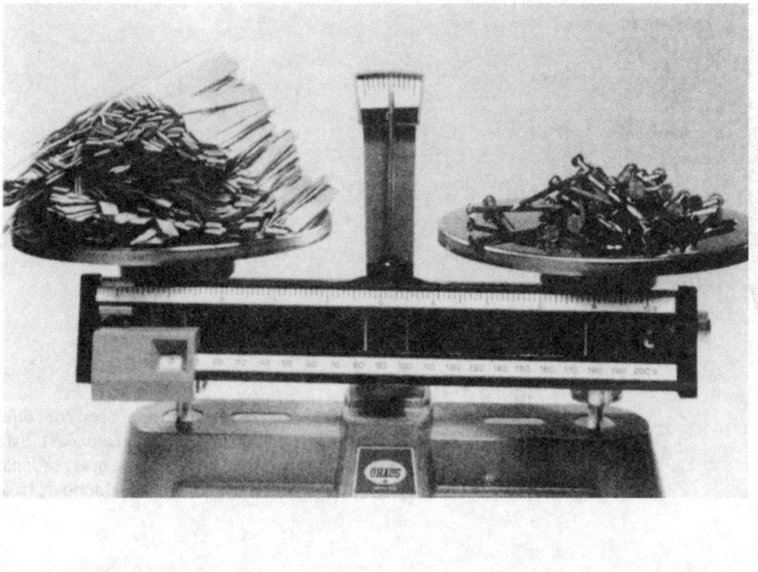

Figura 1.9
Madeira e ferro. As massas de madeira e ferro mostradas aqui são iguais. Como a madeira é menos densa do que o ferro, o volume de madeira é maior do que aquele do ferro. (Direitos autorais para foto Al Green.)

Tabela 1-9 Densidade de Substâncias Comuns

Substância	Densidade (g/cm³)[a]
ouro	19,3
mercúrio	13,5
chumbo	11,4
ferro	7,9
diamante	3,5
alumínio	2,7
água do mar	1,03
água pura	1,00
gelo	0,92
gasolina	0,70
madeira (pinha)	0,50
ar	0,0012

[a]A 20 °C, exceto para a água pura (3.98 °C) e gelo (0 °C).

A densidade da água é utilizada como base para uma escala relativa de densidades. A razão entre a densidade de uma substância e a da água é conhecida como **peso específico** da substância:

$$\text{peso específico} = \frac{\text{densidade da substância}}{\text{densidade da água}}$$

Pelo fato de representar a densidade de uma substância em relação à densidade da água, o peso específico é também conhecido como densidade relativa. Para trabalho preciso, as temperaturas correspondentes às duas densidades são dadas, uma vez que cada densidade varia com a temperatura.

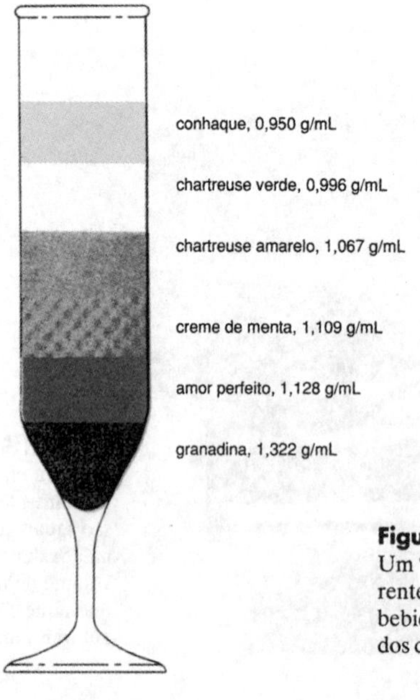

Figura 1-10
Um "pousse-café" (coquetel composto de vários licores, com diferentes cores e densidades, arranjado em diferentes camadas). Esta bebida contém seis diferentes licores. Os licores devem ser ordenados de acordo com suas densidades, o mais denso no fundo da taça.

Em geral, o valor usado para a água é 1,000 g/mL, sua densidade a 4 °C. Como a divisão por um não muda um número, o peso específico de uma substância tem o mesmo valor numérico de sua densidade (em g/mL ou g/cm³). Mas o peso específico não tem unidades, uma vez que as unidades no numerador e denominador da razão são as mesmas e portanto são canceladas. Por exemplo, uma amostra de urina pode ter uma densidade de 1,020 g/mL; seu peso específico é simplesmente 1,020:

$$\text{peso específico} = \frac{1{,}020\ \cancel{g/mL}}{1{,}000\ \cancel{g/mL}} = 1{,}020$$

Pesos específicos de fluidos orgânicos estão apresentados na Tabela 1-10.

Tabela 1-10 Pesos Específicos de Fluidos Orgânicos

Fluido Orgânico	Peso Específico
sangue, integral	1,052 – 1,064
plasma sangüíneo (células removidas)	1,024 – 1,030
fluido cerebrospinal	1,006 – 1,008
saliva	1,010 – 1,020
suor	1,001 – 1,006
urina	1,008 – 1,030

A medida do peso específico da urina é uma importante etapa da urinálise de rotina. Adultos normais produzem urina com um peso específico de 1,016 a 1,022 durante um período de 24 horas. O valor depende da quantidade de produtos de excreção e do volume da urina. Valores baixos (menores do que 1,009) podem ser resultado de disfunção renal ou injestão aumentada de fluidos. Valores altos (acima de 1,020) podem resultar de febre ou desidratação.

Figura 1-11
Um urinômetro. Este hidrômetro é usado para medir o peso específico de amostras de urina. A profundidade à qual o bulbo afunda depende do peso específico da amostra (Direitos autorais para foto Al Green.)

Urinômetro é um tipo especial de hidrômetro usado para medir o peso específico da urina (veja Figura 1-11). Hidrômetro é um bulbo de vidro com graduação no gargalo. O bulbo é colocado a flutuar no líquido a ser analisado. A operação do hidrômetro é baseada no princípio de Arquimedes, que estabelece que um objeto flutuante desloca um volume de líquido com massa igual à massa do objeto. Como o hidrômetro tem uma massa fixa, o volume do líquido deslocado, e portanto até que nível o bulbo afunda, depende do peso específico do líquido.

Seção de Problemas 2 Resolvendo Problemas sobre Densidade

Objetivo: Para demonstrar entendimento desta seção, você deverá ser capaz de determinar a densidade de uma substância ou usá-la como um fator de conversão.

A densidade pode ser facilmente calculada se a massa e volume são conhecidos. Considere o seguinte exemplo:

Uma pequena quantidade, 5,5 cm³, de benzeno líquido tem uma massa de 4,84 g. Determine a densidade do benzeno.

A incógnita, densidade, é facilmente calculada a partir da informação dada, massa e volume, usando a definição de densidade.

Incógnita	Dado	Conexão
densidade	4,84 g = massa 5,5 cm³ = volume	$\text{densidade} = \dfrac{\text{massa}}{\text{volume}}$

O passo chave é identificar qual quantidade é a massa e qual é o volume. Depois substitua assim:

$$\text{densidade} = \frac{\text{massa}}{\text{volume}} = \frac{4{,}84\ \text{g}}{5{,}5\ \text{cm}^3} = 0{,}88\ \text{g/cm}^3$$

A densidade pode ser usada como um fator de conversão. Se o volume é dado, você pode usar densidade para achar a massa. Se a massa é dada, você pode usar densidade para achar o volume. Considere este exemplo:

Uma moeda de ouro puro tem uma massa de 31,1 g. Qual é o seu volume?

A incógnita, volume, pode ser determinada usando-se a informação fornecida, 31,1 g, e a densidade do ouro, dada na Tabela 1-9.

Incógnita	Dado	Conexão
volume	31,1 g = massa	densidade = 19,3 g/cm³

Quando usada como fator de conversão, a densidade do ouro pode ser escrita assim:

$$\frac{19{,}3\ \text{g}}{1\ \text{cm}^3} \quad \text{ou} \quad \frac{1\ \text{cm}^3}{19{,}3\ \text{g}}$$

Monte agora o problema usando o método do fator de conversão:

$$\frac{19{,}3\ \text{g}}{1\ \text{cm}^3} \quad \text{ou} \quad \frac{1\ \text{cm}^3}{19{,}3\ \text{g}}$$

$$\text{volume} = 31{,}1\ \text{g} \times (\quad ? \quad)$$

O fator correto deve ter gramas no denominador para cancelar as unidades gramas em 31,3 g.

$$\text{volume} = 31{,}1\ \text{g} \times \frac{1\ \text{cm}^3}{19{,}3\ \text{g}}$$

$$= 1{,}61\ \text{cm}^3$$

Note que esta mesma montagem podia ter sido obtida rearranjando a expressão para densidade:

$$\text{volume} = \frac{\text{massa}}{\text{densidade}}$$

Pratique Problema

Uma solução de glicose tem uma densidade de 1,05 g/mL. Se um paciente precisa de 500 g de solução de glicose, que volume da solução é necessário?

Resposta: 476 mL

Pratique Problema

Uma amostra de urina tem um volume de 25,0 mL e uma massa de 27,2 g . Qual é seu peso específico?

Resposta: 1,09

1.7 Temperatura

Objetivo: Para demonstrar entendimento desta seção, você deverá ser capaz de comparar as escalas de temperatura Fahrenheit, Celsius e Kelvin.

Temperatura é uma medida de "quanto" alguma coisa é "quente" ou "fria". (Uma definição mais completa será dada no Capítulo 5.) Valores de temperatura são determinados por meio de um termômetro. Um típico termômetro de laboratório consiste de um tubo fino de vidro parcialmente cheio com mercúrio. Um aumento de temperatura no fundo do tubo faz o mercúrio expandir e portanto subir. Os termômetros são calibrados de modo que as alturas da coluna de mercúrio correspondem a certas temperaturas. A escala de temperatura é gravada no vidro. Exemplos de termômetros clínicos são mostrados na Figura 1-12.

Três diferentes escalas são comumente utilizadas para descrever temperatura: Fahrenheit (°F), Celsius (°C), e Kelvin (K). (A escala Celsius é a escala centígrada.) Elas são mostradas na Figura 1-13. Os pontos de referência de congelação e ebulição da água nos permite comparar os tamanhos dos graus de temperatura nas três escalas.

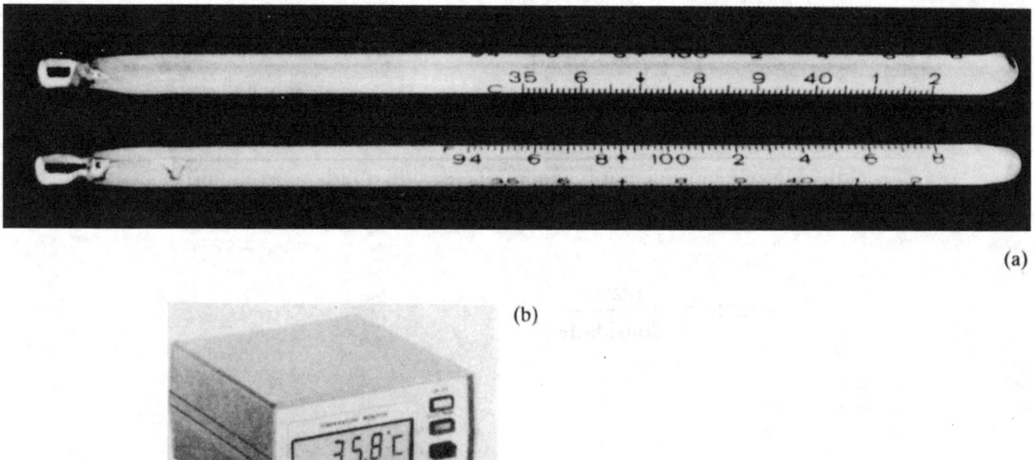

(a)

(b)

Figura 1-12
Termômetros: (a) de mercúrio, escala Celsius e Fahrenheit; (b) eletrônico; este dispositivo é ligado a uma sonda contendo um termistor, cuja propriedade elétrica (resistência) varia com a temperatura. De cima para baixo são mostradas sondas: epidérmica, retal, esofagiana, microssonda com agulha implantável e oral. [Foto (a) cortesia da American Hospital Company, American Hospital Supply Corporation. Foto (b) cortesia de Sensortek, Inc., Clifton, N.J.]

Na escala Kelvin, a água ferve a 373° e congela a 273°. Na escala Celsius, a água ferve a 100° e congela a 0°. Na escala Fahrenheit, a água ferve a 212° e congela a 32°. Note que há 100 graus entre os pontos de ebulição e congelamento nas escalas Kelvin e Celsius. Em contraste, note que há 180 graus entre estes pontos na escala Fahrenheit. Você pode então ver que o tamanho de um grau é o mesmo nas escalas Celsius e Kelvin, e que um grau nestas duas escalas é maior do que um grau na escala Fahrenheit. Cada grau nas escalas Celsius e Kelvin é 180°/100° = 1,8 vezes um grau na escala Fahrenheit.

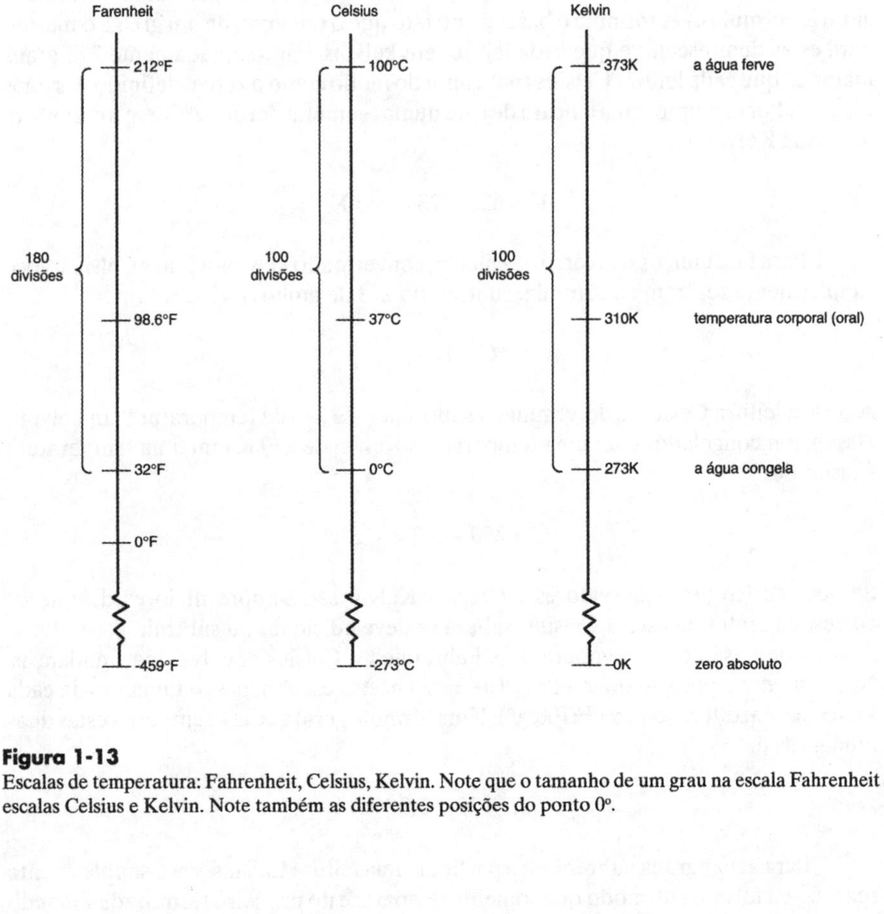

Figura 1-13
Escalas de temperatura: Fahrenheit, Celsius, Kelvin. Note que o tamanho de um grau na escala Fahrenheit é menor do que nas escalas Celsius e Kelvin. Note também as diferentes posições do ponto 0°.

Zero grau significa algo diferente em cada uma das três escalas. A escala Kelvin é a única que chama de zero a mais baixa temperatura possível. Nada pode ser mais frio do que 0 K. Esta temperatura é chamada de zero absoluto. Por esta razão, a escala Kelvin é às vezes chamada de escala absoluta de temperatura. Como a temperatura mais baixa possível é zero nesta escala, uma temperatura Kelvin nunca pode ser negativa. Graus na escala Kelvin são representados sem o sobrescrito símbolo para grau (°), e a palavra kelvin substitui agora o antigo termo "graus Kelvin." Esta escala é usada no sistema SI e é aquela que é usada para cálculos químicos.

Você usará rotineiramente a escala Celsius para medir temperatura no laboratório e no hospital, mas você pode executar cálculos usando a escala Kelvin. Portanto, você deverá ser capaz de converter unidades de temperatura de uma para outra. Para fazer esta conversão, você deverá usar uma equação matemática que dá a relação entre as escalas Celsius e Kelvin:

$$K = {}^{o}C + 273$$

Esta simples fórmula estabelece que para achar a temperatura Kelvin (K), você deve adicionar 273 à temperatura Celsius (°C). (Veja Apêndice C.3 para uma introdução geral às fórmulas.) A fórmula é baseada no fato que o tamanho de um grau é o mesmo para estas duas escalas e que cada leitura em kelvins é aproximadamente 273 graus maior do que cada leitura Celsius (por causa do modo como o zero é definido nas duas escalas). Por exemplo, uma chícara de café numa temperatura de 62°C tem uma leitura na escala Kelvin de

$$K = 62 + 273 = 335\ K$$

Para fazer um tipo inverso de cálculo, convertendo kelvins a graus Celsius, você simplesmente rearranja a fórmula, subtraindo 273 de ambos os lados:

$$^{o}C = K - 273$$

Agora, a leitura Celsius é determinada subtraindo-se 273 da temperatura em kelvins. Assim, um congelador com uma temperatura Kelvin de 250 K tem uma temperatura Celsius de

$$^{o}C = 250 - 273 = -23^{o}C$$

Se você se lembrar que valores na escala Kelvin são sempre maiores do que os correspondentes na escala Celsius, saberá se deve adicionar ou subtrair.

Conversão entre temperaturas Fahrenheit e Celsius envolve duas mudanças. Não somente a posição do 0° difere (de 32°F) nestas escalas, mas o tamanho de cada grau também difere (de 180°F/100 °C). Uma fórmula geral que leva em conta estas duas mudanças é:

$$^{o}F - 32 = 1{,}8\ (^{o}C)$$

Para achar graus Fahrenheit a partir de uma leitura Celsius, você simplesmente rearranja a fórmula de modo que somente °F aparece no primeiro termo, adicionando 32 a ambos os termos da equação:

$$^{o}F = 1{,}8\ (^{o}C) + 32$$

Você depois substitui à leitura Celsius. (Veja a Figura 1-14.) Por exemplo, substituindo 33°C (a temperatura num dia quente) na fórmula dá:

$$\begin{aligned} ^{o}F &= 1{,}8\ (33) + 32 \\ &= 59 + 32 \\ &= 91\ ^{o}F \end{aligned}$$

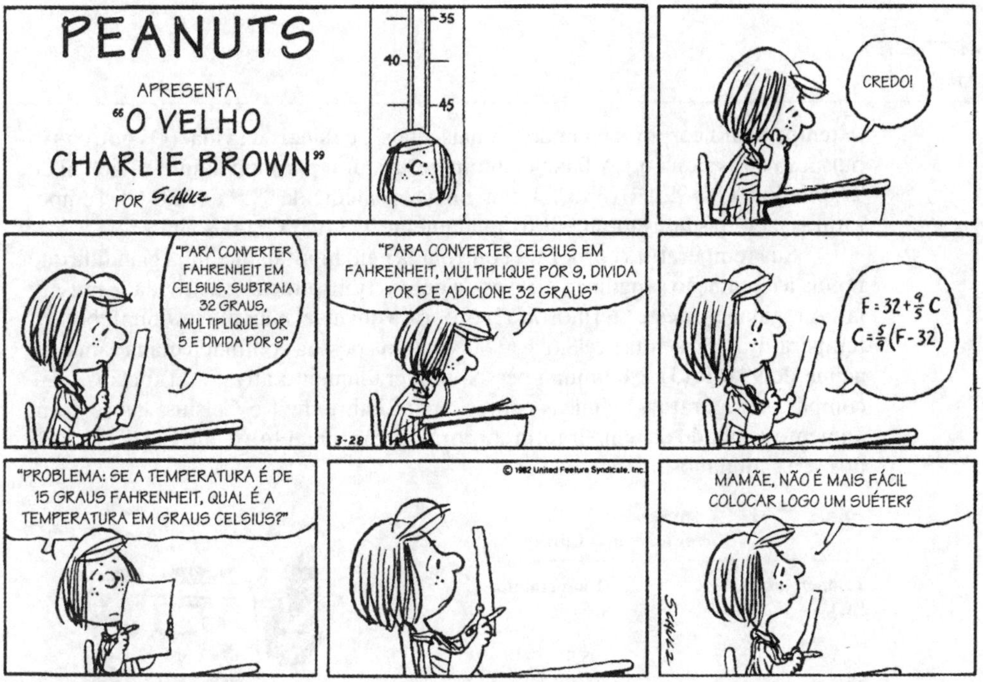

Figura 1-14
(Direitos autorais 1982, United Feature Syndicate, Inc.)

Para achar a temperatura Celsius a partir da leitura Fahrenheit, rearranje a fórmula dividindo ambos os termos por 1,8. Agora, °C aparece isolado num dos lados da equação:

$$^{\circ}C = \frac{^{\circ}F - 32}{1{,}8}$$

Assim, sua temperatura corporal normal (oral), 98,6°F, será convertida à escala Celsius como segue:

$$^{\circ}C = \frac{98{,}6 - 32}{1{,}8}$$

$$= \frac{66{,}6}{1{,}8}$$

$$= 37{,}0^{\circ}C$$

No capítulo 5, nós veremos como a temperatura está relacionada com o movimento das partículas na matéria.

Teste Clínico 1

Febre

A temperatura corporal é um dos "sinais vitais", os sinais da vida. (Os outros são pulsação e respiração.) A faixa de temperatura oral para um adulto sadio vai de 97,0°F (36,1°C) a 99,1°F (37,3°C), com um valor médio de 98,6°F (37,0°C). Temperaturas medidas no reto são aproximadamente 1°F (0,6°C) mais altas.

Sua temperatura corporal é controlada pelo hipotálamo, uma glândula que regula a circulação sangüínea através da pele, a transpiração e a atividade muscular. A regulagem deste "termostato" corporal a um nível mais alto produz febre, ou temperatura oral acima de 98,6 °F (37,0°C) numa pessoa confinada numa cama, ou acima de 99,0°F (37,2°C) numa pessoa moderadamente ativa. A Tabela CT 1-1 compara temperaturas clínicas expressas em Fahrenheit e Celsius. Febre é um aumento regulado da temperatura corporal, que raramente excede 106 °F (41,1°C) nos seres humanos.

Tabela CT 1-1 Conversão de Temperatura Clínica

Temperatura (°C)	Temperatura (°F)
35,5	95,9
36,0	96,8
36,5	97,7
37,0 (oral normal)	98,6
37,5 (retal normal)	99,5
38,0	100,4
38,5	101,3
39,0	102,2
39,5	103,1
40,0	104,0
40,5	104,9

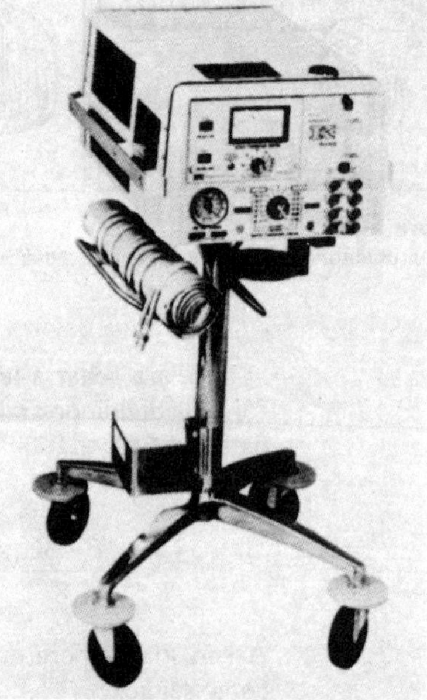

Figura CT 1-1
Unidade de controle de temperatura. Este aparelho é usado para aumentar ou abaixar a temperatura corporal de um paciente controlando a temperatura do fluido circulante num manguito. (Fonte: American Hospital Company, American Hospital Supply Corporation.)

Como um sinal de doença, a febre é parte do mecanismo de defesa do corpo. Em resposta à infecção por bactérias, as células brancas do sangue liberam uma substância química que age no cérebro para produzir febre. A temperatura corporal mais alta ajuda a destruir as bactérias invasoras (estimulando a produção de glóbulos brancos que combatem as bactérias, por exemplo).

A hipertermia é uma temperatura corporal bem aumentada, acima de 105 °F (41°C), que pode resultar de um ataque térmico. Temperaturas extremamente altas, particularmente acima de 110°F (43°C), podem ser fatais. A hipotermia, por outro lado, é uma temperatura corporal anormalmente baixa. Ela pode ser causada por exposição prolongada ao frio, perda severa de sangue, ou hipotireoidismo. Embora a hipotermia possa também ser fatal, temperaturas baixas — 89 °F (32°C) a 78°F (26°C) — são artificialmente induzidas para diminuir as necessidades de oxigênio durante certas intervenções cirúrgicas. (Veja Figura CT 1-1).

1.8 Energia e Calor

Objetivo: Para demonstrar entendimento desta seção, você deverá ser capaz de descrever a relação entre energia e calor.

A Química lida com a energia assim como com a matéria. **Energia** é um conceito científico básico estreitamente relacionado com a matéria. Energia é simplesmente a capacidade de realizar trabalho, de fazer a matéria se mover. Por exemplo, você deve usar energia para mover um objeto. A energia necessária depende da quantidade de trabalho realizado, o qual está baseado na dificuldade e na distância que você quer mover o objeto.

A energia existe em diferentes formas. Energia potencial é a energia que um objeto tem por causa da sua posição, condição ou composição. Por exemplo, uma mola de relógio enrolada tem energia potencial que é liberada enquanto ela se desenrola. Freqüentemente, quando energia acumulada é liberada, ela vira energia cinética. Energia cinética é a energia que um objeto tem por causa do seu movimento.

Os químicos têm interesse especial numa forma de energia chamada energia interna. Energia interna é a energia presente dentro da matéria, ao contrário da energia (cinética ou potencial) de um objeto como um todo. Esta forma de energia será discutida em capítulos seguintes.

A energia pode ser transformada de uma forma para outra, embora a quantidade total de enrgia permaneça a mesma. Esta observação geral é conhecida como lei da conservação da energia.

A unidade de energia no sistema SI é o **joule** (pronuncie jul), simbolizado por J. Um joule é mais propriamente uma pequena quantidade de energia. Por exemplo, seu coração usa cerca de 1 J para cada batimento. Um tostador elétrico pode usar 1000 J por segundo quando ligado. Para descrever maiores quantidades de energia, usa-se o kilojoule. O kilojoule, simbolizado por kJ, é 1000 vezes maior do que o joule.

Você está provavelmente familiarizado com outra unidade de energia, a caloria, simbolizada por cal. A caloria é mais de quatro vezes maior do que o joule. Um joule é portanto cerca de um quarto de uma caloria.

$$1 \text{ J} = 0{,}239 \text{ cal}$$

(ou, em termos de caloria, 1 cal = 4,18 J.) A kilocaloria, simbolizada por kcal, é uma unidade 1000 vezes maior do que a caloria:

$$1 \text{ kcal} = 1000 \text{ cal}$$

Os nutricionistas descrevem o valor energético dos alimentos usando kilocalorias, exceto que eles se referem à kilocaloria como uma Caloria (Cal) com C maiúsculo. (Infelizmente, a unidade é freqüentemente escrita cal, quando Cal ou kcal deve ser usado.) Por exemplo, a injestão calórica recomendada para mulheres com idade entre 19 e 22 anos é de 2100 Cal (2100 kcal) por dia. Em termos de joules, a quantidade de energia é de 8800 kJ.

A energia pode ser transferida por meio de trabalho ou calor. Trabalho envolve movimento de um objeto, empurrando ou puxando. Calor, por outro lado, é a energia transferida de um objeto mais quente para outro mais frio. Por exemplo, se você tocar num forno quente, a energia é transferida do forno para seu dedo, provavelmente causando uma queimadura. A energia é sempre transferida de um objeto numa temperatura mais alta (o forno) para outro em temperatura mais baixa (seu dedo), quando os objetos se tocam.

Calor, assim como trabalho, podem ser medidos em unidades de energia tais como o joule e a caloria. De fato, a caloria é definida como a quantidade de energia necessária para aumentar a temperatura de um grama de água de 1 grau Celsius (de 14,5°C a 15,5°C). Conversões entre joules e calorias podem ser efetuadas rapidamente usando-se um fator de conversão na relação: 1 J = 0,239 cal (1 cal = 4,18 J).

Por exemplo, a quantidade de energia necessária para fundir 1 grama de gelo é de 80 cal. O seguinte cálculo mostra que a mesma quantidade de energia será em joules:

$$\text{joules} = 80\ \cancel{\text{cal}} \times \frac{1\text{J}}{0{,}239\ \cancel{\text{cal}}}$$

$$= 330\ \text{J}$$

A transferência de energia como calor para, ou de uma substância geralmente muda sua temperatura. Alguns materiais, como o metal de uma frigideira, necessitam relativamente pouco calor para aumentar sua temperatura. Massas semelhantes de outras substâncias, como a água, necessitam uma quantidade muito maior de calor para sofrer a mesma variação de temperatura. A **capacidade calorífica** de uma substância relaciona a variação de temperatura desta substância com a quantidade de calor que ela absorve:

$$\text{capacidade calorífica} = \frac{\text{calor absorvido}}{\text{variação da temperatura}}$$

Um líquido com alta capacidade calorífica requer uma quantidade de energia relativamente grande para sofrer um aumento em sua temperatura. De todos os líquidos comuns, a água tem a maior capacidade calorífica.

A capacidade calorífica é também expressa em termos de quantidade de calor necessária para aumentar de um grau Celsius a temperatura de 1 grama da substância. A capacidade calorífica por grama de substância é chamada de **calor específico** (ou capacidade calorífica específica). Como a caloria é definida como a quantidade de energia necessária para aumentar a temperatura de 1 grama de água de 1 grau Celsius (de 14,5°C a 15,5°C), a capacidade calorífica específica da água é simplesmente 1,00 cal/(g)(°C), ou 4,18 J/(g)(°C). Estas unidades são assim lidas: calorias (ou joules) por grama por grau Celsius.

A seguinte equação mostra a relação entre variação de calor e de temperatura sob forma matemática:

$$q = c \times m \times \Delta T$$

Aqui, q é a quantidade de energia (em calorias ou joules), c é o calor específico, m é a massa (em gramas), e DT é a variação de temperatura (em graus Celsius ou kelvins). Assim, a quantidade de energia necessária para aumentar de 1,00°C a temperatura de 1,00 grama de água é

$$q = 1{,}00 \frac{\text{cal}}{(\cancel{\text{g}})(\cancel{°\text{C}})} \times 1{,}00\ \cancel{\text{g}} \times 1{,}00\ \cancel{°\text{C}}$$

$$= 1{,}00\ \text{cal}$$

A água tem um calor específico maior do que o da maioria das outras substâncias. De fato, o calor específico da água é duas vezes o de muitos líquidos e mais de dez vezes o de muitos sólidos. O alto calor específico da água ajuda a manter sua temperatura corporal. Como grandes quantidades relativas de energia calorífica são necessárias para variar a temperatura da água, seu corpo (que é cerca de 60% água) mantém uma temperatura razoavelmente constante. Pela mesma razão, a gigantesca quantidade de água na superfície da Terra impede grandes variações de temperatura entre a noite e o dia. A água é usada em bolsas de água quente como um pacote de calor por razão semelhante. Ela muda de temperatura relativamente devagar, fornecendo calor por longo tempo enquanto gradualmente esfria.

1.9 Estados da Matéria

Objetivo: Para demonstrar entendimento desta seção, você deverá ser capaz de descrever os três estados da matéria e identificar exemplos de cada um.

Como mostra a Figura 1-15, a matéria existe em três formas ou estados: sólido, líquido e gasoso. (Um quarto possível estado, chamado plasma, está relacionado com o estado gasoso e existe somente sob condições especiais.) A Tabela 1-11 sumariza as mais importantes propriedades dos três estados da matéria.

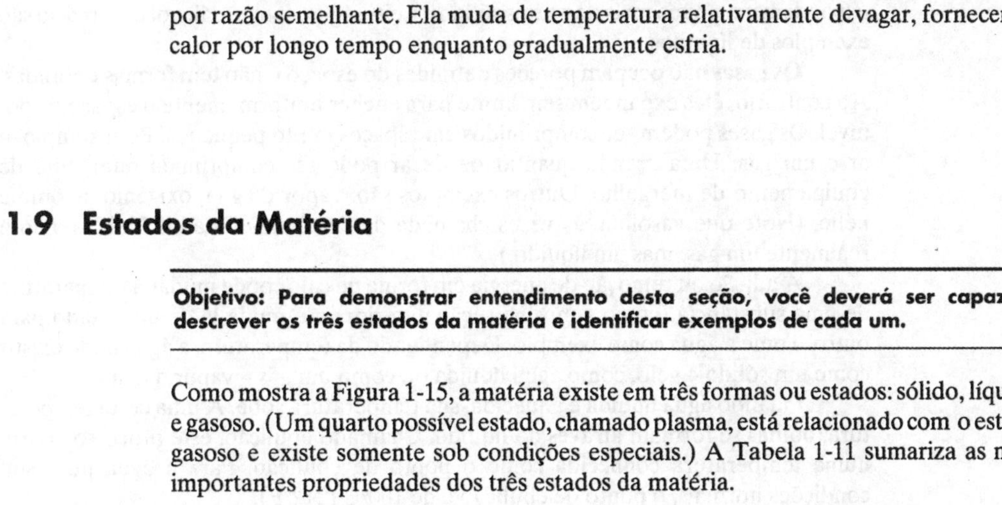

Figura 1-15
Os três estados da matéria. Os sólidos têm um volume e forma definidos. Os líquidos também têm um volume definido, mas não uma forma definida. Os gases não têm nem volume e nem forma definidos.

Tabela 1-11 Os Três Estados da Matéria e Suas Propriedades

Propriedades	Sólidos	Líquidos	Gases
forma	definida	não definida	não definida
volume	definido	definido	expande sem limite
massa	definida	definida	definida
compressibilidade	não compressível	não compressível	pode ser comprimido
efeito do calor	ínfima expansão	pequena expansão	grande expansão

Os sólidos ocupam porções definidas do espaço. Eles geralmente têm formas rígidas que resistem a variações. Os sólidos só podem ser comprimidos (pressionados em menor espaço) ligeiramente. Eles também expandem somente ligeiramente quando aquecidos. Exemplos de sólidos são: madeira, rocha, osso, ouro e sal de cozinha.

Os líquidos também ocupam porções fixas do espaço, mas êles não têm formas rígidas pois tomam a forma dos seus recipientes, enchendo-os a partir do fundo. Os líquidos podem ser comprimidos apenas ligeiramente e, quando aquecidos, êles expandem um pouco mais do que os sólidos. Leite, água, sangue, álcool e mercúrio são exemplos de líquidos.

Os gases não ocupam porções definidas do espaço e não têm formas definidas. Ao contrário, êles expandem sem limite para encher uniformemente o espaço disponível. Os gases podem ser comprimidos em espaços muito pequenos. Por exemplo, o ar é um gás. Uma grande quantidade de ar pode ser comprimida num tubo de equipamento de mergulho. Outros exemplos são: vapor d'água, oxigênio, neônio e hélio. (Note que gasolina, às vezes chamada de "gas" nos Estados Unidos, não é realmente um gás, mas um líquido.)

A adição ou remoção de energia em forma de calor pode mudar a temperatura de uma substância (como vimos na seção anterior) ou mudá-la de um estado para outro. Tome a água como exemplo. Dependendo da temperatura, a água pode existir como um sólido – gelo, como água líquida ou como um gás – vapor d'água.

Quando água líquida é aquecida, sua temperatura sobe. A uma certa temperatura, bolhas se formam através do líquido. Chamado ebulição, este processo ocorre numa temperatura conhecida como o ponto de ebulição. Para a água pura sob condições normais, o ponto de ebulição é de 100°C (212°F).

A quantidade de calor requerida para mudar 1 grama de uma substância do estado líquido para o gasoso no ponto de ebulição é o calor de vaporização. Para a água êle é igual a 540 cal/g (2258 J/g). Assim, mesmo após a água ter atingido 100 °C, 540 cal adicionais são requeridas para converter cada grama de água fervente em vapor. Este fato explica porque tanto calor é necessário para vaporizar a água.

O alto calor de vaporização também explica porque você pode ser severamente queimado pelo vapor d'água. Esta mesma quantidade de calor, 540 cal/g, é liberada quando o vapor condensa e volta a água líquida. O calor de condensação, a energia liberada no processo inverso, deve ser igual ao calor de vaporização, conforme exigido pela lei da conservação da energia. Naturalmente, o vapor é menos denso do que a água fervente, de modo que a quantidade que você poderia contactar num acidente seria menor. Mas cada grama causa uma queimadura muito mais séria por causa da energia calorífica extra que o vapor contém.

Se energia calorífica suficiente for fornecida a um sólido, como gelo, o sólido fundirá e passará a líquido numa certa temperatura. Esta temperatura, o ponto de fusão, é 0 °C (32°F) para a água. A quantidade de calor necessária para converter 1 grama de uma substância de sólido a líquido no ponto de fusão é o calor de fusão. Este valor para a água é de 80 cal/g, maior do que o valor para muitos outros sólidos. Uma bolsa de gelo atua absorvendo calor do meio enquanto o gelo funde. Cada grama de gelo absorve 80 cal (333 J), esfriando a parte do corpo onde a bolsa é colocada. O processo oposto, conversão de um líquido a um sólido, deve devolver a mesma quantidade de calor (novamente pela lei da conservaçao da energia). Portanto, o calor de cristalização da água, que é liberado quando o gelo se forma, é de 80 cal/g.

A Figura 1-16 sumariza as vias pelas quais a conversão ocorre entre os três estados da matéria, usando água como exemplo. Calor é necessário para o processo da fusão, convertendo sólido em líquido, e vaporização, convertendo líquido em gás. Calor é liberado pelos processos inversos, cristalização e condensação.

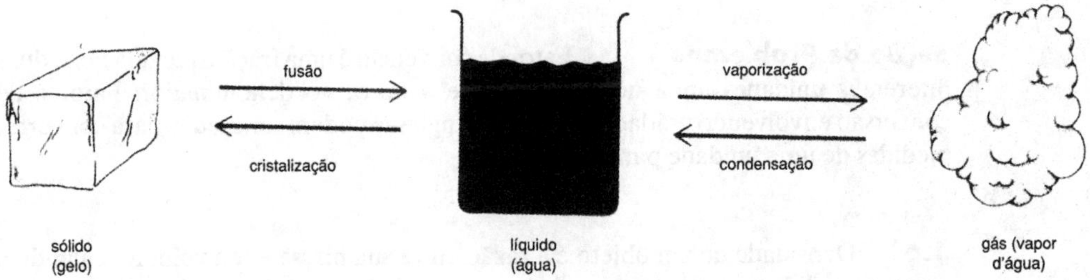

Figura 1-16
A conversão entre os três estados da matéria. Calor é requerido para a fusão e vaporização; calor é liberado na condensação e cristalização.

SUMÁRIO

1.1 Química pode ser definida como o estudo da composição, estrutura e propriedades das substâncias, e as mudanças que elas sofrem. A química é parte da ciência, fatos e idéias organizados que descrevem nosso mundo. A química moderna começou há cerca de 200 anos quando os cientistas começaram a fazer experimentos químicos.

1.2 Medidas em química são feitas no sistema métrico, baseado no número dez. Cada unidade do padrão de medida é relacionada às outras unidades por algum múltiplo de dez. Os prefixos métricos mais importantes são "kilo", 1000 vezes maior do que outra unidade, e "mili", 1000 vezes menor.

1.3 Massa de um objeto é a quantidade de matéria que êle contém. Cada substância ao seu redor consiste de matéria e tem uma massa. A massa no sistema métrico é medida em termos de gramas, cujo símbolo é g. Maiores quantidades de massa são medidas em kilogramas: um kilograma (kg) é igual a 1000 gramas. O miligrama (mg), um milésimo (1/1000) do grama, é usado para medir pequenas quantidades de matéria.

1.4 Comprimento é uma medida da distância entre dois pontos. No sistema métrico, a unidade base para medida de comprimento é o metro (m), o qual é ligeiramente maior do que uma jarda (3 pés). O centímetro (cm) é 1/100 (0,01) do metro, e o milímetro (mm) é 1/1000 (0,001) do metro.

1.5 Volume é uma medida da extensão do espaço ocupado pela matéria. O volume pode ser medido em centímetros cúbicos (cm^3) ou litros (L). Um litro tem um volume de 1000 centímetros cúbicos, e é pouco maior do que um quarto. O mililitro (mL), 1000 vezes menor do que um litro, equivale a um cm^3.

Seção de Problemas 1 Fator de conversão é uma fração que relaciona duas diferentes unidades, uma no numerador e a outra no denominador. Fatores de conversão envolvendo unidades métricas e inglesas podem ser usados para converter medidas de uma unidade para outra.

1.6 Densidade de um objeto é a razão entre sua massa e seu volume. Quando a massa é medida em gramas e o volume em centímetros cúbicos, a densidade tem as unidades gramas por centímetro cúbico (g/cm^3). Peso específico é a razão entre a densidade de uma substância e a da água.

Seção de Problemas 2 Fatores de conversão envolvendo massa, volume e densidade podem ser usados para resolver problemas baseados nestas grandezas.

1.7 A temperatura mede "quanto" uma substância é "quente" ou "fria". Três diferentes escalas são comumente usadas: Celsius (°C), Fahrenheit (°F) e Kelvin (K). O tamanho de cada grau Celsius é o mesmo de um grau Kelvin, mas os ponto zero de cada escala estão numa temperatura diferente. O grau Fahrenheit é somente cinco nonos de um grau Celsius ou Kelvin.

1.8 Energia é a capacidade de realizar trabalho. O joule é a unidade métrica para energia. Calor é energia transferida de um objeto mais quente para outro mais frio. Capacidade calorífica é a razão entre o calor absorvido por uma substância e a variação de sua temperatura.

1.9 A matéria geralmente existe em três possíveis formas ou estados. Os sólidos têm um volume definido e uma forma rígida. Os líquidos têm um volume constante mas não uma forma fixa. Os gases não têm nem volume e nem forma definidos: eles expandem sem limite para encher o espaço que os contém. Acrescentando ou removendo energia na forma de calor pode-se tanto mudar a temperatura de uma substância como passá-la de um estado para outro.

Exercícios

Exercício sobre Casamento de Palavras Chaves

Para cada termo à esquerda, escolha a frase da coluna à direita que mais se aproxima do seu significado.

1. ciência	a. unidade de massa
2. sistema métrico	b. capacidade de realizar trabalho
3. química	c. unidade de comprimento
4. joule	d. tem massa
5. litro	e. massa/volume
6. matéria	f. quantidade de matéria
7. densidade	g. fatos e idéias organizados
8. medida	h. "quanto" é quente ou frio
9. metro	i. estudo da matéria
10. peso específico	j. unidade de volume
11. grama	k. unidade de energia
12. sólido	l. razão entre densidades
13. temperatura	m. número e unidade
14. energia	n. estado da matéria
15. massa	o. baseado no número dez

Exercícios por Tópicos

Introdução à Química (1.1)

16. O que é que faz da química uma ciência?
17. Com suas próprias palavras, descreva o campo da química
18. Qual é a relação entre teorias e experimentos?

Matéria e Medida (1.2)

19. Em que o sistema métrico difere do sistema inglês?
20. Se um "buck" é uma nota de um dólar e algo custa três "kilobucks", quantos dólares custa?
21. Quais são as duas partes de todos os experimentos?

Massa (1.3)

22. Qual é a diferença entre massa e peso?
23. Como você mede a massa?
24. Por quê um astronauta pesa menos na Lua do que na Terra?
25. Disponha em ordem crescente de massas: 10 gramas, 0,1 grama, 0,1 kilograma, 100 miligramas.

Comprimento (1.4)

26. O que é mais longo — uma régua graduada de um metro ou uma de uma jarda?
27. Disponha em ordem crescente de comprimento: 100 milímetros, 10000 metros, 1000 centímetros, 0,01 metro.

Volume (1.5)

28. Qual dos seguintes itens é diferente dos demais: 1000 centímetros cúbicos, 1000 metros cúbicos, 1 litro, 1000 mililitros?
29. Disponha em ordem decrescente de volumes: 0,01 litro, 100 centímetros cúbicos, 0,1 metro cúbico, 1 mililitro.
30. Que aparelho você usaria para transferir um volume único de líquido de um recipiente para outro?

Resolvendo Problemas de Conversão (Seção de Problemas 1)

31. O que é fator de conversão?
32. Como você pode dizer se um fator de conversão está invertido num arranjo?

33. Se uma onça de cereal contém 3,0 g de proteína, quantos miligramas de proteína ela contém?
34. O mais leve homem adulto tinha uma massa de 2134 g. Converta esta massa em miligramas.
35. Se uma garrafa contém 250 mL, qual é seu volume em litros?
36. Um gorila africano têm, em média, uma massa de 163 kg. Qual é sua massa em gramas?
37. O homem adulto têm, em média, uma massa de 68,04 kg. Converta esta massa em peso em libras.
38. Um clips para papel têm 3,3 cm. Expresse este comprimento em milímetros.
39. Faça as seguintes conversões:
    a. 15,2 mg em kilogramas
    b. 35,1 mm em centímetros
    c. 65 mL em microlitros
    d. 0,075 kg em microgramas
40. Um paciente deve receber uma injeção de 750 μL de uma droga. Qual é o volume em mililitros?
41. O homem mais pesado do mundo pesava 1069 lb. Expresse sua massa em kilogramas.
42. Converta:
    a. 16 lb em kilogramas
    b. 5 qt em mililitros
    c. 17 in em metros
    d. 600 mL em quartos
43. O menor tamanho de cinto é de 13 in. Expresse este valor em milímetros.
44. Qual é o comprimento em jardas de uma corrida de 100 m?
45. Um cozinheiro quer derramar 1,5 L de massa numa cuba de 2 quartos. Vai caber?
46. Uma amostra de urina contém 115 mL. Qual é seu volume em quartos?

Densidade e Peso Específico (1.6)

47. O que têm maior massa: 1 centímetro cúbico de ouro ou 10 centímetro cúbicos de madeira? (Consulte a Tabela 1-9).
48. Em que o peso específico difere da densidade?
49. Por que as temperaturas são mencionadas nos valores precisos de densidade?
50. Como funciona um urinômetro?
51. Qual é a substância mais densa na Tabela 1-9?

Resolvendo Problemas de Densidade (Seção de Problemas 2)

(Consulte a Tabela 1-9)

52. Uma amostra de urina tem uma massa de 108 g e um volume de 100 mL. Qual é sua densidade e seu peso específico?
53. Qual é a massa de 50,0 cm^3 de ouro?
54. Um paciente deve receber 250 g de uma solução cuja densidade é de 1,05 g/mL. Que volume é requerido?
55. Que volume 500 g de pinho ocupam?
56. Qual é a massa de 1 litro de ar?
57. Se 500 mL de leite têm uma massa de 515 g, determine a densidade do leite.
58. Um processo requer 300 g de álcool, a densidade do qual é 0,791 g/cm^3. Que volume é necessário?
59. Determine a densidade do açúcar sabendo que 50,0 cm^3 têm uma massa de 79,5 g.
60. Qual é a massa em gramas de 15,5 cm^3 de mercúrio?
61. Se o álcool têm uma densidade de 0,789 g/cm^3 a 20°C, qual é seu peso específico?
62. Se uma amostra de urina de 150 mL têm um peso específico de 1,085, qual é a massa da amostra?

Temperatura (1.7)

63. Na escala Celsius, quais são as temperaturas oral e retal normais?
64. Se a temperatura de um paciente é de 38,3°C, qual é seu valor em graus Fahrenheit?
65. Realize as seguintes conversões:
    a. 36,1°C em °F
    b. 99,7°F em °C
    c. 39,2°C em °F
    d. 102,9°F em °C
66. Como funciona um termômetro de mercúrio?
67. Uma vítima de gripe tem uma febre de 101,5°F. Converta esta temperatura em graus Celsius.
68. A temperatura corporal humana mais baixa registrada é de 16°C. Expresse esta temperatura em graus Fahrenheit.
69. Determine a temperatura em kelvins e graus Fahrenheit de um copo de água a 18°C.
70. Qual temperatura é mais alta, 16 °C ou 55°F?
71. Durante uma nevasca, um termômetro marca –10°F. Determine a temperatura Celsius.

Energia e Calor (1.8)

72. Diga se cada um dos seguintes itens tem principalmente energia cinética ou potencial:
   a. carro em movimento
   b. rocha num penhasco
   c. brinquedo com corda enrolada
   d. bola rolando
73. Como o calor está relacionado com a temperatura?
74. Uma colher de sopa de manteiga de amendoim tem 95 kcal. Qual é seu conteúdo energético em kilojoules?
75. Qual é a diferença entre capacidade calorífica e calor específico?
76. Um metal requer 45 cal para aumentar de 10°C a temperatura de 51 g do mesmo. Determine seu calor específico.
77. Descreva uma aplicação, para a saúde, do alto calor específico da água.

Estados da Matéria (1.9)

78. Identifique os seguintes itens como sólido, líquido ou gás (em temperatura ambiente): água, comprimido de aspirina, oxigênio, álcool.
79. Como você pode dizer se uma substância é um sólido, líquido ou gás?
80. Em que estado a matéria:
   a. tem forma definida?
   b. pode ser comprimida?
   c. enche um recipiente a partir do fundo?
   d. expande muito pelo aquecimento?
81. Por que se usa gelo em bolsas frias?
82. Como as seguintes quantidades estão relacionadas: calor de fusão, calor de condensação, calor de cristalização e calor de vaporização?

Exercícios Adicionais

83. Disponha em ordem crescente de tamanho: micro-, kilo-, centi-, mega-, deci-.
84. Em cada caso abaixo, qual é maior?
   a. 10000 g ou 1 kg
   b. 0,010 L ou 1 mL
   c. 100 m ou 1000 cm
85. Usando a Tabela 1-3, identifique qual componente do corpo tem a maior massa.
86. Quantas vezes um kilômetro é maior do que um nanômetro.
87. O que contém mais líquido: um quarto de sangue ou um litro de sangue?
88. Por que as unidades de volume são expressas como cubos: cm^3, m^3, etc.?
89. Qual das medidas abaixo não é igual às demais: 100 mm, 0,10 m, 10000 υm, 10 cm?
90. Quais das seguintes unidades — cm, cm^3, kJ, m, mL, g, dm^3, cal, nm - são usadas para expressar
   a. massa?
   b. energia?
   c. comprimento?
   d. volume?
91. A quantos metros corresponde uma corrida de 10 km?
92. Complete:
   a. 4 cm =_____m
   b. 0,043 g =_____mg
   c. 15,5 m =______mm
   d. 328 mL =_____L
   e. 0,98 kg =_____g
93. Uma partícula de fumaça de tabaco tem um diâmetro de 0,50 υm. Converta este valor em centímetros.
94. Uma análise laboratorial revela 87 mg de glicose. Quantas gramas estavam presentes?
95. A mais rápida perda de peso registrada foi de 325 lb em oito meses. Compute esta perda em kilogramas.
96. O que tem mais valor, uma pepita de ouro pesando 2 oz, ou outra com uma massa de 50 g?
97. Por que peso específico não tem unidades?
98. Faça as seguintes conversões:
   a. 15 °F = __ °C = __ K
   b. __ °F = 29 °C = __ K
   c. __ °F = __ °C = 325 K
   d. −30 °F = __ °C = __ K
   e. __ °F = −10 °C = __ K
99. Um ovo tem um valor energético de 334 kJ. Determine esse valor em kilocalorias.
100. Quantos kilojoules são necessários para aquecer 425 g de água de 15,1°C até 79,2°C?
101. Por que uma bolsa de água quente permanece quente por um longo tempo.

Capítulo 2

Composição da Matéria

O capítulo 2 introduz o átomo, unidade básica da qual tudo é feito. Seu corpo contém muito mais átomos do que o número estimado de estrelas em todo o universo! Para estudar como o nosso corpo funciona, nós precisamos primeiro entender sua unidade básica, o átomo.

2.1 Átomos

Objetivo: Para demonstrar entendimento desta seção, você deverá ser capaz de definir átomo e identificar os três tipos de partículas subatômicas.

A idéia de que a matéria consiste de partículas foi estabelecida há mais de 2000 anos pelos antigos filósofos gregos Democritus e Leucippus. Eles propuseram que a matéria não é contínua, mas consiste de minúsculas unidades que não podem ser divididas em partículas menores. Os gregos chamaram essas unidades de **átomos**. De fato, a palavra átomo vem da palavra grega que significa indivisível. Havia entretanto pouca evidência experimental para sustentar a idéia do átomo até começos do século dezenove. Naquela época, John Dalton, um professor quacre na Inglaterra, propôs os conceitos básicos da teoria atômica moderna. Somente no século vinte porém a estrutura interna do átomo foi revelada. O conceito de átomo agora é fundamental à química.

De acordo com a teoria atômica, *toda a matéria, quer sólida, líquida ou gasosa, é composta de partículas chamadas átomos.* Os átomos são as unidades básicas da natureza. Mais de 100 espécies de átomos quimicamente diferentes são conhecidos. Assim, como as 26 letras do alfabeto criam toda a língua inglesa, este limitado número de átomos formam todas as substâncias materiais. *Química é o estudo dos átomos - como estas unidades básicas se combinam e como as substâncias, feitas de átomos, são transformadas em outras substâncias.*

Um átomo é extremamente minúsculo. Ele é muito pequeno para ser visto a olho nu e muito leve para ser pesado numa balança. Se nós quiséssemos juntar átomos suficientes para pesar uma fração de miligrama, precisaríamos de um bilhão de vezes um bilhão deles. O número de átomos na cabeça de um alfinete é milhares de vezes maior do que o número de pessoas na Terra.

Sabemos agora que o incrivelmente minúsculo átomo é constituído de partes ainda menores, as partículas subatômicas. Os átomos consistem de combinações definidas de três tipos de partículas subatômicas: **prótons** (p), **nêutrons** (n) e **elétrons** (e). Os menores átomos contêm somente algumas partículas subâtomicas. Os maiores consistem de mais de 100 de cada.

Apesar do seu pequeno tamanho, a maior parte do átomo é espaço vazio. Seus prótons e nêutrons estão compactados num cerne denso chamado **núcleo**. O núcleo é somente 1/10000 do tamanho (diâmetro) do átomo global. Os elétrons estão fora, e podem estar muito longe do núcleo. Para dar a você uma idéia da distância possível entre o núcleo e os elétrons de um átomo, imagine que o período no fim desta sentença é o núcleo de um átomo. Os elétrons deste átomo ocupariam um espaço tão grande quanto a sala onde você está. Se todo o espaço vazio na matéria fosse de alguma maneira esprimido para fora dela, um volume do tamanho de uma caixa de fósforos pesaria mais de dois bilhões de toneladas!

2.2 Carga

Objetivo: Para demonstrar entendimento desta seção, você deverá ser capaz de identificar as cargas das partículas subatômicas.

Uma propriedade essencial das partículas subatômicas é sua **carga elétrica**. As cargas foram descobertas pelos antigos gregos quando viram que o âmbar (*eléctron* em grego) adquiria a capacidade de atrair objetos quando friccionado com tecido ou pele. Mais tarde, pares adicionais de objetos mostraram-se capazes de ficar carregados quando friccionados um contra o outro. Você deve ter notado este efeito quando passou um pente pelo seu cabelo num dia seco. Seu cabelo fica carregado e de pé. O pente atrai fiapos de tecido e pequenos pedaços de papel.

No século dezoito, Benjamin Franklin fez experimentos com a carga elétrica e viu os objetos carregados serem atraídos ou repelidos por outros objetos carregados. Ele explicou estas observações da seguinte maneira. Disse que a carga deve ser uma propriedade fundamental da natureza que existe em duas formas, que ele chamou de **positiva** (+) e **negativa** (–). Como mostra a Figura 2-1, as cargas interagem quando se aproximam. Cargas iguais, ambas positivas ou ambas negativas (a e b na Figura 2-1), tentam se afastar uma da outra. Cargas opostas, positiva e negativa (c na Figura 2-1), tentam se aproximar uma da outra. Em outras palavras, *cargas iguais se repelem, cargas desiguais se atraem.*

Cargas podem se somar ou anular. Por exemplo, se colocarmos cinco cargas positivas juntas, elas agem cinco vezes mais intensamente do que uma única. Se, por outro lado, colocarmos uma carga positiva e uma negativa igual, o resultado a distância é como se não houvesse nenhuma carga. Combinando duas cargas opostas é como somar +1 e –1 para obter 0, ou dar um passo à frente e depois um passo para trás para terminar onde você começou. Um objeto com número igual de cargas positivas e negativas é dito **neutro**.

Experimentos revelam que o próton está positivamente (+) carregado e o elétron negativamente (–) carregado. As intensidades de suas cargas são as mesmas; somente os sinais são diferentes. O nêutron é neutro, não possuindo carga positiva ou negativa. Uma das mais importantes propriedades do átomo é que *o número de prótons num átomo é exatamente igual ao número de elétrons*. Isto significa que o número de cargas positivas num átomo é igual ao número de cargas negativas. Assim, todos os átomos são neutros, mesmo consistindo de partículas carregadas. (No Capítulo 3, veremos como átomos neutros podem perder ou ganhar elétrons para se tornarem átomos carregados, chamados íons.)

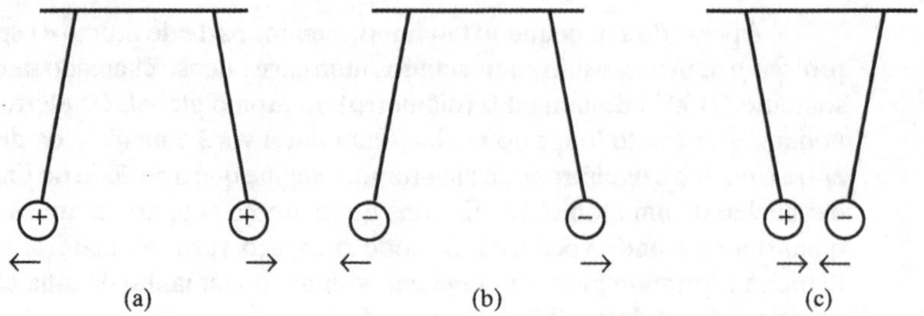

Figura 2-1
Cargas elétricas. Cargas iguais, ambas positivas (a) ou negativas (b) se repelem. Cargas opostas, positivas e negativas (c), se atraem.

Todos os tipos de matéria contêm prótons positivos e elétrons negativos arranjados de modo que as atrações e repulsões se equivalem. Se assim não fosse, nós iríamos sentir grandes forças elétricas. Por exemplo, se você e um colega tivessem cada um 1% mais elétrons do que prótons e ficassem à distância de um braço um do outro, a força elétrica entre vocês seria suficientemente grande para levantar a Terra toda!

2.3 Massa

Objetivo: Para demonstrar entendimento desta seção, você deverá ser capaz de comparar as massas das partículas subatômicas.

A massa de um próton e a massa de um nêutron são aproximadamente iguais, como mostra a Tabela 2-1. Cada um tem uma massa ligeiramente maior do que 10^{-24} g, isto é,

0,000000000000000000000001 g

Tabela 2-1 Massas de Partículas Subatômicas

Partícula	Massa (g)	Massa (amu)	Massa relativa[a]
próton	$1{,}673 \times 10^{-24}$	1,007	1
nêutron	$1{,}675 \times 10^{-24}$	1,008	1
elétron	$9{,}110 \times 10^{-28}$	$5{,}486 \times 10^{-4}$	1/1836

[a]Comparada com a massa do próton.

O elétron é ainda mais leve. Sua massa é cerca de 2000 vezes menor daquela do próton ou nêutron. As massas relativas das partículas subatômicas, mostradas na terceira coluna da Tabela 2-1, são determinadas tomando a razão de cada massa pela massa do próton. Massa relativa mostra quanto uma massa é maior do que a outra.

Pelo fato de os elétrons terem tão pequena massa quando comparados aos prótons e nêutrons, sua massa é geralmente ignorada em cálculos de massa atômica. A massa de um átomo é determinada quase completamente pela massa dos prótons e nêutrons concentrada no seu núcleo. Em termos de massa nós podemos imaginar um átomo como um elefante rodeado de moscas: o elefante representa o núcleo e as moscas os elétrons.

Os químicos preferem evitar usar os pequenos números que representam os valores reais de massa em gramas das partículas subatômicas. Em vez disso, eles usam uma escala relativa de massas para medidas atômicas. Esta escala é baseada em comparações com outra pequena massa que é usada como padrão. Esta massa de referência é um átomo particular (carbono) que tem seis prótons e seis nêutrons no seu núcleo.

A **unidade de massa atômica** é definida como um doze avos (1/12) da massa deste átomo de referência (Veja Fig. 2-2).

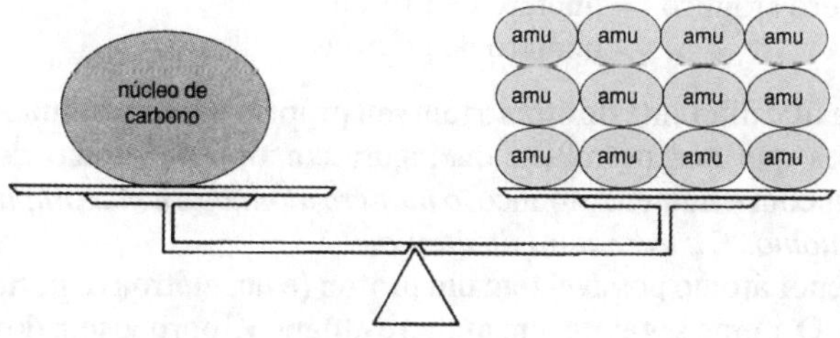

Figura 2-2 Unidade de massa atômica (amu). A amu é um dozeavos da massa do núcleo do carbono que contém seis prótons e seis nêutrons. A massa de um átomo pode ser convenientemente expressa usando unidades de massa atômica.

O símbolo para a unidade de massa atômica é amu. Assim, a massa do átomo de referência (carbono) pode ser expressa por 12 amu. [Uma vez que a massa real medida deste átomo é de $1{,}993 \times 10^{-23}$ g, uma amu é equivalente à massa de $(1/12) \times (1{,}993 \times 10^{-23}\ \text{g}) = 1{,}661 \times 10^{-24}$ g.] O próton e o nêutron têm uma massa aproximada de 1 amu cada, como indicado na coluna do meio da Tabela 2-1.

A unidade de massa atômica expressa as massas relativas dos átomos. Um átomo com uma massa de 50 amu teria 25 vezes a massa de um átomo de 2 amu, por exemplo. Além disso, uma vez que o próton e o nêutron têm massas de 1 amu cada, a massa de um átomo em amu indica o número total de prótons e nêutrons no núcleo do átomo.

A Tabela 2-2 sumariza as propriedades das partículas subatômicas.

Tabela 2-2 Sumário das Partículas Subatômicas

Partícula	Símbolo	Carga	Massa aproximada (amu)
próton	p	+1	1
nêutron	n	0	1
elétron	e	–1	0

2.4 Número Atômico e Número de Massa

Objetivo: Para demonstrar entendimento desta seção, você deverá ser capaz de definir e encontrar um dos seguintes valores — número atômico (ou número de prótons ou elétrons), número de massa e número de nêutrons — sendo dados dois quaisquer desses valores.

O número de prótons no núcleo de um átomo é chamado **número atômico** do átomo. Como todos os átomos têm um número de prótons igual ao de elétrons, o número atômico é também igual ao número de elétrons fora do núcleo do átomo. (No Capítulo 3, veremos que os átomos podem ganhar ou perder elétrons, mas que o número de prótons não muda).

número atômico = número de prótons
= número de elétrons

Cada tipo diferente de átomo tem seu próprio número atômico. Pelo fato de as propriedades que nos permitem distinguir um tipo de átomo do outro estarem relacionadas com o número atômico, *o número atômico é a mais importante identificação de um átomo. É a assinatura do átomo.*

O menor átomo possível tem um próton (e um elétron) e portanto seu número atômico é 1. O átomo seguinte tem número atômico 2 porque tem dois prótons (e dois elétrons). Cada tipo seguinte de átomo tem um próton adicional no seu núcleo (e um elétron adicional fora do seu núcleo). O número de nêutrons também cresce mas não afeta o número atômico. O número atômico das diferentes espécies de átomos variam presentemente de 1 a 109. O maior átomo conhecido, com número atômico 109, tem 109 prótons (e 109 elétrons).

O **número de massa** de um átomo é achado somando-se o número de prótons e nêutrons do seu núcleo. O número de massa ignora a pequena contribuição dos elétrons à massa de um átomo.

número de massa = número de prótons + número de nêutrons

Por exemplo, o número de massa de um átomo com seis prótons e seis nêutrons é igual a 6 + 6, ou 12. Como cada próton e cada nêutron têm a massa aproximada de 1 amu, o número 12 representa a massa aproximada do átomo em termos de unidades de massa atômica.

Podemos também achar o número de nêutrons num átomo conhecendo seu número de massa e número atômico. Nós apenas subtraímos o número atômico, que é o número de prótons, do número de massa:

número de nêutrons = número de massa – número atômico (número de prótons)

Assim, se sabemos que o número de massa de um átomo é 12 e que seu número atômico é 6, o número de nêutrons é 12 – 6, ou 6.

A Tabela 2-3 lista exemplos de átomos. Ela dá seu número atômico, número de massa e composição em termos de prótons, nêutrons e elétrons. Usando as equações dadas nesta seção e a relação:

número atômico = número de prótons = número de elétrons

você deverá ser capaz de, cobrindo uma coluna desta tabela, inserir as informações que faltam.

Tabela 2-3 Exemplos de Composições Atômicas

Número atômico	Número de massa	Número de prótons	Número de nêutrons	Número de elétrons
4	9	4	5	4
11	23	11	12	11
17	35	17	18	17
26	56	26	30	26
78	195	78	117	78

Exemplo

Um átomo tem 12 prótons e 13 nêutrons. Qual é seu número de massa?

Incógnita	Dado	Conexão
nº de massa	12p 13n	nº de massa = nº de protons + nº de neutrons

número de massa = 12 + 13 = 25

Exemplo

Um átomo tem número atômico = 20 e um número de massa = 42. Ache seu número de nêutrons.

Incógnita	Dado	Conexão
número de nêutrons	número atômico = 20 número de massa = 42	número de nêutrons = número de massa – número atômico

número de nêutrons = 42 – 20 = 22

Pratique Problema

Ache o número de massa de um átomo que tem número atômico = 35 e 39 nêutrons.
Resposta: 74

Pratique Problema

Quantos nêutrons estão presentes num átomo que tem número de massa = 125 e número atômico = 61?
Resposta: 64

2.5 Elementos

Objetivo: Para demonstrar entendimento desta seção, você deverá ser capaz de definir elemento e escrever os nomes e símbolos dos elementos mais comuns.

Elementos são substâncias que contêm átomos do mesmo tipo. Isto é, todos os átomos de um elemento têm o mesmo número atômico (o mesmo número de prótons). Por exemplo, o elemento ouro consiste de muitos átomos com número atômico 79. Podemos ver elementos como prata, ferro ou ouro, mas não podemos ver seus átomos individuais. *O átomo é a menor parte de um elemento que ainda tem as propriedades daquele elemento*. Por exemplo, se você pudesse pegar um pedaço de ouro e cortá-lo em pedaços cada vez menores, o menor pedaço que ainda se comportaria como ouro seria um único átomo de ouro.

Uma vez que os átomos existentes têm números atômicos de 1 a 109, existem 109 diferentes elementos. Destes, 90 podem ser encontrados na natureza. Os outros são feitos artificialmente, como explicado no Capítulo 8. Alguns exemplos de elementos são mostrados na Figura 2-3. À medida que mais experimentos são feitos, novos elementos com números atômicos maiores podem ser adicionados na atual lista de 109.

Cada elemento pode ser representado por um símbolo, uma maneira abreviada de representar seu nome. Tal símbolo consiste de uma, duas ou três letras. A primeira letra é sempre maiúscula. Se o símbolo tiver duas ou três letras, as outras sempre são escritas com letras minúsculas. A distinção é muito importante como você pode ver comparando os seguintes símbolos:

Co	Cobalto:	um elemento
CO	Monóxido de carbono:	uma combinação de dois elementos,: carbono e oxigênio.

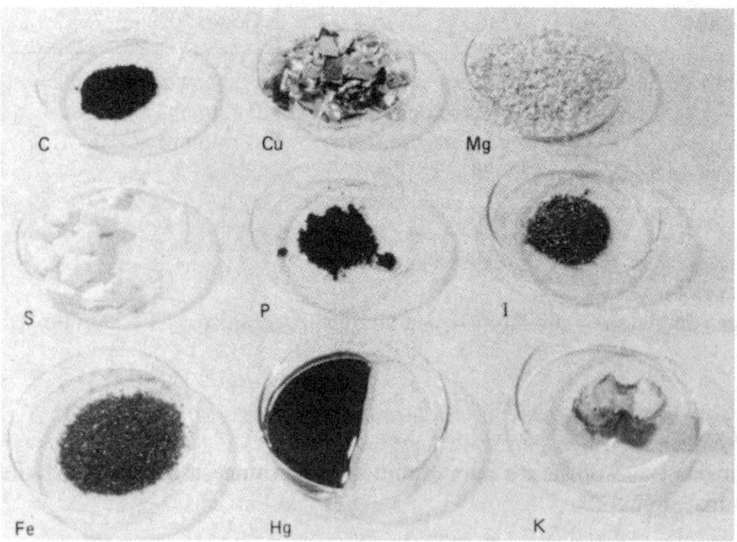

Figura 2-3
Elementos. São mostradas aqui amostras de nove elementos comuns. Da esquerda para a direita, série de cima: carbono (C), cobre (Cu), magnésio (Mg); série do centro: enxofre (S), fósforo (P), iodo (I); série de baixo: ferro (Fe), mercúrio (Hg), potássio (K). (Direitos autorais para foto Al Green).

A Tabela 2-4 contém os nomes e símbolos dos 40 elementos mais comuns. Uma vez que você irá deparar com estes elementos freqüentemente, ser-lhe-á útil memorizar seus nomes e símbolos. (Você poderá usar fichas para esta tarefa.) Um símbolo que facilmente confunde é P. P simboliza o fósforo e não o potássio. O símbolo para o potássio é K. Outro exemplo é o S. S simboliza o enxofre e não o sódio, cujo símbolo é Na.

Tabela 2-4 Quarenta Elementos Comuns

Nome	Símbolo	Nome	Símbolo
Aluminio	Al	Hélio	He
Argônio	Ar	Hidrogênio	H
Arsênico	As	Iodo	I
Bário	Ba	Lítio	Li
Berílio	Be	Magnésio	Mg
Boro	B	Manganês	Mn
Bromo	Br	Mercúrio	Hg
Cálcio	Ca	Neônio	Ne
Carbono	C	Níquel	Ni
Chumbo	Pb	Nitrogênio	N
Cloro	Cl	Ouro	Au
Cobalto	Co	Oxigênio	O
Cobre	Cu	Platina	Pt
Crômio	Cr	Plutônio	Pu
Enxofre	S	Potássio	K
Estanho	Sn	Prata	Ag
Estrôncio	Sr	Silício	Si
Ferro	Fe	Sódio	Na
Flúor	F	Urânio	U
Fósforo	P	Zinco	Zn

Alguns dos símbolos com aparência estranha estão baseados no nome do elemento numa língua que não a inglesa, como mostrado na Tabela 2-5.

Tabela 2-5 Origens dos Nomes de Alguns Elementos

Nome atual	Símbolo	Nome original	Língua original
chumbo	Pb	*plumbum*	latim
cobre	Cu	*cuprum*	latim
estanho	Sn	*stannum*	latim
mercúrio	Hg	*hydrargyros*	grego
ouro	Au	*aurum*	latim
potássio	K	*kalium*	latim
prata	A	*argentum*	latim
sódio	Na	*natrium*	latim
tungstênio	W	*wolfram*	alemão

Estas raízes ainda aparecem na terminologia médica. Por exemplo, hipernatremia é uma condição na qual há excesso de sódio no sangue, e hipercalemia indica excesso de potássio. (No nosso corpo, estes elementos existem não como átomos, mas como íons, que serão discutidos no Capítulo 3.) Alguns dos antigos símbolos que foram usados para representar os elementos estão ilustrados na Figura 2-4.

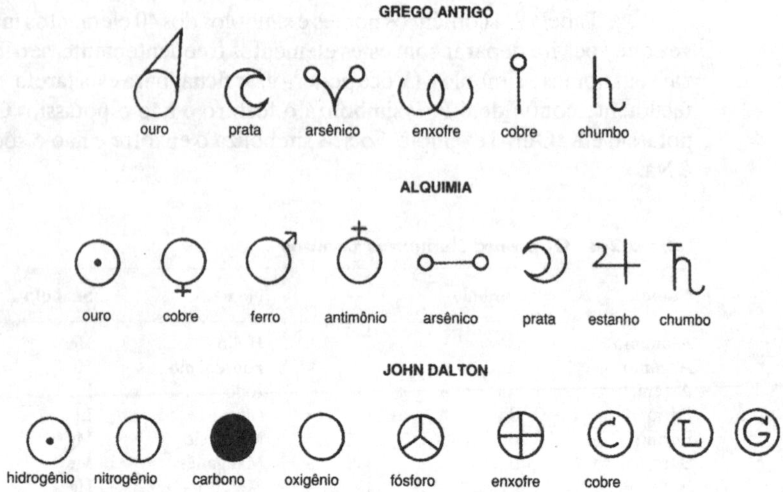

Figura 2-4
Símbolos antigos para os elementos. Os símbolos que usamos são muito diferentes daqueles usados pelos antigos gregos, pelos alquimistas ou por John Dalton.

Elementos mais pesados do que o plutônio (94) não são absolutamente encontrados na natureza e precisam ser produzidos artificialmente. Alguns desses elementos produzidos artificialmente foram designados segundo o lugar de sua descoberta, tais como califórnio (98), ou segundo cientistas famosos, como einstênio (99). Em anos recentes, conflitos surgiram entre cientistas dos Estados Unidos e da União Soviética sobre quem descobriu determinados elementos. Por exemplo, cientistas de ambos os países reivindicam a descoberta do elemento 104. Os cientistas soviéticos deram ao elemento um nome russo, kurchatóvio, enquanto que os americanos chamaram-no rutherfórdio (segundo James Rutherford).

Para evitar este problema, um método sistemático para nomear os elementos além do número 103 foi proposto. Ele consiste em nomear o elemento de acordo com seu número atômico, usando os seguintes termos:

0 nil (n)	5 pent (p)
1 un (u)	6 hex (h)
2 bi (b)	7 sept (s)
3 tri (t)	8 oct (o)
4 quad (q)	9 en (e)

Os nomes são formados combinando-se os termos apropriados que representam o número atômico com o sufixo "-io". Assim, para o elemento 104, o nome e símbolo são:

un	nil	quád	io	Unq
1	0	4	sufixo	símbolo

Saúde em Notícia 2

ELEMENTOS IMPORTANTES À SAÚDE

Somente um número relativamente pequeno de elementos são essenciais à saúde. Eles são mostrados nos quadros sombreados da tabela periódica no verso da capa deste livro.

Os elementos importantes do corpo humano estão apresentados na Tabela HN 2-1.

Tabela HN 2-1 Elementos no Corpo Humano

Elemento	Símbolo	% de átomos[a]	% de massa
hidrogênio	H	6,3	9,5
oxigênio	O	25,5	65,0
carbono	C	9,5	18,5
nitrogênio	N	1,4	3,3
cálcio	Ca	0,31	1,5
fósforo	P	0,22	1,0
potássio	K	0,06	0,35
enxofre	S	0,05	0,25
cloro	Cl	0,03	0,20
sódio	Na	0,03	0,15
microelementos		0,01	0,25

[a]O total dá mais do que 100% por causa dos arredondamentos.

O hidrogênio, como gás, é o mais leve de todos os elementos. Átomos de hidrogênio são encontrados nos ácidos, na água e na maioria dos compostos orgânicos (compostos carbonados) do nosso corpo. O Capítulo 7 ("Ácidos, Bases e Sais") é dedicado a este importante elemento.

O oxigênio é o mais abundante elemento, em massa, na Terra. Como gás, ele forma cerca de 21% do volume de nossa atmosfera. Ele também forma 89% da massa da água (o hidrogênio contribui com os outros 11%). É essencial para a respiração e necessário para a obtenção de energia a partir do alimento que você come. O oxigênio é o único elemento que pode ser usado pelo corpo em sua forma elementar. Todos os outros elementos somente podem ser usados se previamente combinados com outros elementos.

O carbono é provavelmente o elemento mais fundamental porque toda a vida vegetal e animal está baseada nele. O carbono elementar é encontrado sob forma de grafite, diamante, carvão vegetal e hulha. Combinado com o oxigênio na forma de dióxido de carbono, é um produto de excreção do nosso corpo a partir de alimentos que contêm carbono, servindo de matéria-prima básica para as plantas no processo de fotossíntese. A partir do Capítulo 9, quase todas as substâncias discutidas neste livro serão baseadas no carbono.

O nitrogênio é um gás que forma quatro-quintos do nosso ar em volume. Como o nitrogênio gasoso participa do assim chamado ciclo do nitrogênio, ele é convertido a formas essenciais para a vida de todas as células vivas. É encontrado em proteínas, o material de construção dos tecido (descritas no Capítulo 14), e em enzimas, proteínas especiais que auxiliam as transformações químicas no seu corpo (descritas no Capítulo 15).

Fósforo, um não metal sólido, é um componente chave dos genes, do cérebro e do tecido nervoso. Seus átomos são necessários para a transferência de energia no corpo. Enxofre, um sólido amarelo na sua forma elementar, é necessário para a estrutura e função de muitas proteínas.

Estes seis elementos são os elementos fundamentais da vida e estão presentes em todos os seres vivos. São os blocos de construção para quase todas as substâncias químicas com as quais você irá deparar neste livro.

Os "minerais" da sua dieta contêm elementos necessários para a saúde e crescimento. Suas funções gerais são as de construir o esqueleto e tecidos moles, assim como regular atividades tais como batimento cardíaco, coagulação sangüínea e resposta nervosa. Seis são exigidos em quantidades relativamente grandes, acima de 100 mg por dia. São os "macrominerais": cálcio, fósforo, sódio, cloro, potássio e magnésio.

A Tabela HN 2-2 sumariza suas funções e lista alimentos nos quais eles são encontrados. Destes minerais, o cálcio está presente em maior quantidade em nosso corpo — 1 a 1,5 kg,

— concentrado nos dentes e ossos. Os minerais de outro grupo são necessários em quantidades bem menores, não mais do que alguns miligramas por dia.

Chamados microelementos, eles incluem ferro, manganês, cobre, iodo, zinco, cobalto, crômio, selênio, fluor, molibdênio, arsênico, níquel, silício, estanho e vanádio. O ferro, por exemplo, é necessário para transporte e utilização do oxigênio no corpo (veja Teste Clínico 2). O iodo é requerido para a adequada função da glândula tireóide, e o fluor ajuda a construir ossos e dentes fortes. A maioria dos outros microelementos parecem ser necessários para a atividade de enzimas através do corpo. (Como será descrito no Capítulo 3, esses elementos existem no corpo sob forma de átomos carregados chamados íons.)

Tabela HN2-2 Os "Macrominerais"[a]

Elemento	Símbolo	Função	Alimentos	Necessidades diárias
cálcio	Ca	estrutura de ossos e dentes, regula nervos, músculos e coagulação sangüínea	leite e derivados, vegetais de folhas verdes, frutas, cítricas, feijões.	800 mg
fósforo	P	estrutura de ossos e dentes, transferência de energia	carne bovina, aves, peixes, ovos, cereais integrais.	800 mg
sódio	Na	equilíbrio hídrico	carne bovina, peixes, aves, ovos, leite, alimentos industrializados	1 g
cloro	Cl	equilíbrio hídrico, digestão de alimentos no estômago	os mesmos que contêm sódio	1 g
potássio	K	balanço e volume de fluidos orgânicos	suco de tomate, frutas cítricas, bananas	1 g
magnésio	Mg	atividade enzimática	vegetais de folhas verdes	350 mg

[a]Estes elementos existem em forma de íons.

Teste Clínico 2

FERRO

O ferro é essencial para o transporte de oxigênio no corpo pela hemoglobina. É também um componente crucial de enzimas que realizam importantes processos no corpo. Parte dele é perdido rotineiramente pela excreção fecal, urinária e perspiração, e também através da menstruação ou gravidez.

Esta quantidade deve ser substituída por ferro dos alimentos. Os homens necessitam cerca de 10 mg por dia, enquanto que as mulheres requerem 18 mg, e mais ainda se elas estiverem grávidas. O fígado é a fonte mais rica em ferro. Outros alimentos ricos em ferro são: carne magra, espinafre, gema, cenouras e uvas. Embora a maior parte do ferro do corpo esteja contida nos glóbulos vermelhos, a medida da quantidade restante no soro sangüíneo pode ser usada para diagnosticar certas desordens. A faixa normal é de 60 mg a 200 mg de ferro por decilitro (0,1 L ou 100 mL) de soro sangüíneo.

Certas condições afetam a liberação de ferro da reserva, a formação ou destruição de glóbulos vermelhos, e outros fatores que podem levar o nível de ferro sérico acima ou abaixo desta faixa. Por exemplo, altos níveis podem resultar da anemia aplástica, hemolítica ou perniciosa, hepatite e envenenamento por chumbo. Baixos níveis podem resultar da anemia por deficiência de ferro, perda de sangue, infecção, queimaduras ou doença renal.

2.6 Isótopos e Peso Atômico

Objetivo: Para demonstrar entendimento desta seção, você deverá ser capaz de reconhecer exemplos de isótopos.

Todos os átomos de um elemento particular têm o mesmo número atômico e portanto o mesmo número de prótons (e também o mesmo número de elétrons). Eles podem, no entanto, ter diferentes números de nêutrons. Átomos de hidrogênio, por exemplo, todos têm um próton e um elétron. Mas átomos de hidrogênio podem ter zero, um ou dois nêutrons. Em outras palavras, todos os átomos de hidrogênio têm o mesmo númerom atômico, 1, mas podem ter número de massa igual a 1, 2 ou 3. Portanto, há três formas de hidrogênio, que diferem entre si somente no número de nêutrons no seu núcleo (veja Tabela 2-6). Assim, os átomos de um elemento particular podem existir em várias formas, cada uma com um diferente número de massa. Estas formas são chamadas **isótopos**. Isótopos são átomos do *mesmo elemento* que têm *diferentes números de massa.*

Tabela 2-6 Isótopos do Hidrogênio

	Número de massa do isótopo		
	1	**2 (deutério)**	**3 (trítio)**
número de prótons (número atômico)	1	1	1
número de nêutrons	0	1	2
número de elétrons	1	1	1
abundância natural	99,985%	0,015%	–[a]

[a]Este isótopo não ocorre naturalmente.

Pelo fato de os isótopos terem o mesmo número atômico (e portanto o mesmo número de prótons e elétrons), eles são quimicamente iguais. Sua única diferença está no número de nêutrons, o qual contribui somente para a massa do átomo. Como veremos, a identidade e propriedades químicas de um átomo são determinadas pelo seu número atômico e não pelo seu número de massa.

Dos 109 elementos conhecidos, a maioria existe na natureza como misturas de vários isótopos. Por exemplo, 99,985% de todos os átomos de hidrogênio têm um número de massa igual a 1, enquanto que 0,015% têm número de massa 2. (Este último isótopo é chamado deutério ou hidrogênio pesado.) Estas porcentagens descrevem o que chamamos de abundância natural de cada isótopo. Um terceiro isótopo do hidrogênio (chamado trítio) não é encontrado na natureza mas pode ser criado artificialmente.

Devido à existência dos isótopos, nós não podemos usar um simples número de massa para descrever a massa dos átomos de um elemento. Em vez disto, desde que os elementos consistem de isótopos que têm várias massas, devemos usar uma massa média que leva em conta a abundância natural relativa de cada isótopo. A média das massas atômicas dos isótopos de um elemento que ocorrem naturalmente é chamada **peso atômico** do elemento.

Pesos atômicos são expressos em unidades de massa atômica. Eles são baseados na comparação com o isótopo mais comum do elemento carbono (aquele com seis prótons e seis nêutrons), chamado carbono-12, ao qual é atribuída uma massa de exatamente 12 amu, como vimos. Como explicamos no Capítulo 1, os termos massa e peso têm diferentes significados. O uso de "peso" em pesos atômicos não é rigorosamente correto, mas é comumente usado. Um termo mais preciso, massa atômica relativa, não é ainda largamente utilizado.

Considere o elemento cloro. Ele consiste de dois isótopos, um com massa atômica de 34,969 amu e abundância natural de 75,53%, e outro com a massa de 36,947 amu e uma abundância de 24,47%. O peso atômico do cloro é determinado como segue:

$$\frac{75{,}53\ (34{,}969\ \text{amu}) + 24{,}47\ (36{,}947\ \text{amu})}{100} = 35{,}453\ \text{amu}$$

Este cálculo envolve a formação do que chamamos "média ponderal". O isótopo de massa 34,969 amu é multiplicado por 75,53 porque 75,53%, ou 75,53 átomos de cada 100 átomos de cloro, têm esta massa. Da mesma maneira, o isótopo de maior massa (36,947 amu) é multiplicado pela porcentagem de átomos que têm este valor. Dividindo por 100 obtemos então a massa atômica média, a qual chamamos peso atômico. Note que o resultado, 35,453 amu, está mais próximo ao valor 34,969 do que de 36,947 porque uma maior porcentagem de átomos de cloro tem uma massa de 34,969. Em geral, pelo fato de a maioria dos átomos ter isótopos, os pesos atômicos dos outros elementos podem ser determinados de modo semelhante.

2.7 Diagramas Atômicos Simplificados

Objetivo: Para demonstrar entendimento desta seção, você deverá ser capaz de desenhar diagramas simplificados de átomos.

Como veremos no Capítulo 3, as propriedades químicas de um elemento dependem do número e do arranjo dos elétrons fora do núcleo de seus átomos. Vários tipos de diagramas podem ser usados para mostrar o arranjo dos elétrons de um átomo. Todos êles são "irreais" no sentido de visualizar as abstratas equações matemáticas que descrevem as posições dos elétrons nos átomos. Apesar disto, esses diagramas são úteis ferramentas para imaginarmos os átomos e suas interações.

Na maneira mais simples de apresentar o átomo, os elétrons são distribuídos em uma ou mais "camadas" fora do núcleo. Estas camadas não representam posições exatas dos elétrons. Elas simplesmente fornecem uma maneira conveniente de identificar os elétrons a uma certa distância média do núcleo. Elétrons numa camada têm valores específicos de energia. Estes valores permitidos de energia são conhecidos como os **níveis de energia** dos elétrons no átomo. A energia de um nível particular depende da distância dos elétrons ao núcleo. Por exemplo, os elétrons mais próximos ao núcleo têm a mais baixa energia e estão ligados mais fortemente ao núcleo do átomo.

Cada nível no átomo pode conter apenas um número limitado de elétrons. O primeiro nível contém até dois elétrons. O segundo nível comporta até oito elétrons. O terceiro pode comportar tanto quanto 18 elétrons, e o quarto até 32. Em geral, o máximo número de elétrons num nível é igual a $2n^2$, ou $2 \times n \times n$, onde n é o número do nível (1, 2, 3, 4 etc). Por exemplo, o quarto nível (n = 4) pode conter até $2 \times (4)^2 = 2 \times (16) = 32$ elétrons.

Para átomos que têm não mais do que 18 elétrons, cada nível deve ser completamente preenchido antes que outros elétrons possam aparecer no nível seguinte. Assim, o primeiro nível deve conter seu máximo de dois elétrons antes que um elétron possa aparecer no segundo nível.

De acordo com esta maneira simplificada de representar elétrons em níveis, o mais abundante isótopo do hidrogênio (número atômico = 1; número de massa = 1) pode ser representado como

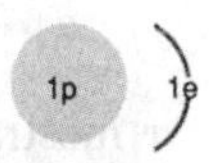

átomo de hidrogênio

O círculo representa o núcleo, que tem um próton e nenhum nêutron. Há um elétron fora do núcleo no primeiro nível. (Este diagrama, naturalmente, não está em escala.)

Uma maneira ainda mais simples de representar os elétrons num átomo é escrever aquilo que chamamos de **símbolo de Lewis** (segundo o químico americano Gilbert Lewis). Também conhecido como notação por pontilhação de elétrons, um símbolo de Lewis consiste do símbolo do elemento seguido de pontos (.) ou cruzes(x) que representam os elétrons externos. Por exemplo, o símbolo de Lewis para o hidrogênio é

$$H^{\bullet} \text{ ou } H^{x}$$

Não importa de que lado do símbolo o ponto é colocado. Todos os símbolos seguintes têm o mesmo significado:

$$H^{\bullet} \quad \dot{H} \quad {}^{\bullet}H \quad \underset{\bullet}{H}$$

O elemento seguinte, hélio, com número atômico 2, consiste de átomos que têm dois prótons e dois nêutrons no núcleo e dois elétrons no primeiro nível.

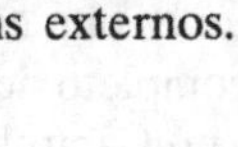

He:

átomo de hélio

O símbolo de Lewis contém agora dois pontos, que representam os dois elétrons do hélio. (Tópico Especial 1 mostra porque eles são representados como um par.)

Lítio, com número atômico 3, têm três prótons e três elétrons. O isótopo mais comum do lítio têm quatro nêutrons. O terceiro elétron deve ir para o segundo nível porque o primeiro nível pode comportar apenas dois elétrons.

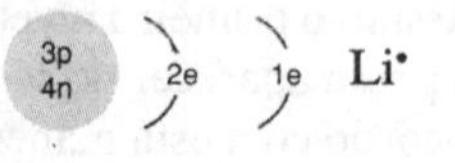

átomo de lítio

Pelo fato de o símbolo de Lewis mostrar apenas os elétrons mais externos, desenhamos apenas um ponto para o lítio. Ele representa aquele elétron no segundo nível. As letras Li no símbolo de Lewis representam agora tanto o núcleo como o nível interno completo de elétrons. Juntos, o núcleo e o nível interno completo são o cerne do átomo. Os elétrons mais externos, que são representados por pontos no símbolo de Lewis, são freqüentemente chamados de elétrons de valência. (Semelhantemente, a camada mais externa do átomo pode ser chamada de camada de valência.) Os elétrons mais externos são a base para as propriedades químicas e transformações, como veremos mais tarde.

A Figura 2-5 mostra diagramas atômicos para os isótopos mais abundantes do berílio, boro, carbono, nitrogênio, oxigênio, fluor e neônio. Com o neônio, número atômico 10, o segundo nível está completo. O símbolo de Lewis para o neônio contém oito pontos, que representam os oito elétrons no nível externo completo. Diz-se que o neônio têm um "octeto" completo de elétrons no seu nível mais externo. Veremos a importância deste arranjo no Capítulo 3.

O elemento seguinte, sódio, tem número atômico 11. O décimo-primeiro elétron está no terceiro nível porque os dois níveis internos estão completos.

As letras Na no símbolo de Lewis para o sódio representam um cerne que consiste do núcleo de sódio e dois níveis internos completamente preenchidos (o primeiro nível com dois elétrons e o segundo nível com oito elétrons). O ponto representa o elétron único do nível externo.

Os métodos apresentados nesta seção para dispor o arranjo eletrônico dentro dos átomos são simples e úteis, mas eles são bem simplificados. Uma mais precisa mas completa imagem do átomo está apresentada no Tópico Especial 1.

átomo de sódio

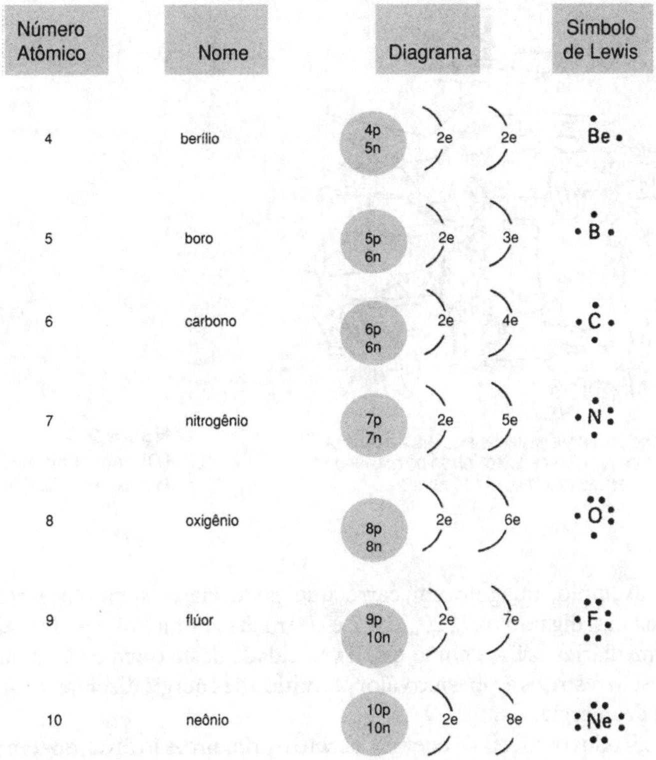

Figura 2-5
Diagramas atômicos simplificados e estruturas de Lewis do berílio ao neônio.

Tópico Especial 1 Visão Moderna do Átomo

Objetivo: Para demonstrar entendimento desta seção, você deverá ser capaz de descrever o significado e os tipos de orbitais eletrônicos.

De acordo com o físico e Premio Nobel Richard Feynman, o átomo "se comporta como nada que você jamais viu antes". Na década de 1920, um novo ramo da ciência, chamado mecânica quântica, desenvolveu-se para descrever o estranho mundo do átomo. (Veja Figura 2-6) O modelo do átomo que resulta da mecânica quântica é difícil de visualizar porque o comportamento das partículas atômicas está muito distante de nossa própria experiência. Não obstante, a mecânica quântica fornece a melhor teoria que temos agora para explicar a estrutura e o comportamento dos átomos.

A **teoria quântica** baseia-se na idéia que a *energia de um objeto pode ter somente valores definidos*, que são determinados pela natureza daquele objeto. Diz-se que as energias dos elétrons num átomo estão quantizadas, ou restritas a valores definidos.

"REALMENTE EU ME INICIEI NA MECÂNICA QUÂNTICA, MAS EM ALGUM PONTO AO LONGO DO CAMINHO ENVEREDEI PELO LADO ERRADO".

Figura 2-6
(Direitos autorais © 1976 por Sidney Harris/ American Scientist Magazine.)

(Por exemplo, imagine um carro que pode viajar somente a certas velocidades específicas, digamos 0, 8, 20, 35, 62 e 100 milhas/hr mas não pode viajar a velocidades intermediárias. Diz-se então que a velocidade deste carro está quantizada.) Elétrons que estão restritos ao mesmo valor permitido de energia dizemos que ocupam o mesmo nível de energia.

Todos os níveis de energia, exceto o primeiro, são divididos em partes chamadas subníveis. Os quatro mais abundantes subníveis são designados **s**, **p**, **d** e **f**. (A escolha destas letras é de importância histórica e não nos interessa agora.) Usaremos agora o termo nível energético principal para descrever o nível energético do qual o subnível é uma parte. Dentro de um nível energético principal, o subnível **s** têm a menor energia, seguido do subnível **p**, depois o subnível **d** e finalmente o subnível **f**.

De acordo com a mecânica quântica, nós nunca podemos saber as exatas posições dos elétrons num átomo num dado instante. Esta limitação fundamental é conhecida como o princípio da incerteza de Heisenberg. Podemos entretanto predizer a probabilidade de encontrar elétrons em certas posições. Os elétrons podem ser encontrados em regiões definidas do espaço ao redor do núcleo chamadas **orbitais**. Orbital é uma região na qual a probabilidade, ou chance, de se encontrar um elétron é alta. Cada um destes orbitais pode comportar até dois elétrons.

A Figura 2-7 usa pontos para representar a probabilidade de se encontrarem elétrons numa região ao redor do núcleo do átomo. É mais provável encontrarmos um elétron na região central do orbital mostrado, porque é aí que a densidade de pontos é maior. A posição de um único elétron em qualquer instante é desconhecida. Não sabemos também que caminho o elétron segue de um momento para o seguinte. O melhor que podemos fazer é mostrar, com uma "nuvem" eletrônica, onde o elétron mais provavelmente se localiza.

Você pode também imaginar uma nuvem eletrônica da seguinte maneira. Imagine que você possa tirar fotos, em diferentes tempos, de um elétron num átomo. Como o elétron está se movendo, a posição do elétron seria diferente em cada foto. Você poderia tirar um grande número destas fotos e reuní-las para montar um filme. Se você olhasse para este filme, viria uma imagem borrada do elétron. Esta imagem resulta do fato de o elétron estar espalhado através de todas as posições possíveis em volta do núcleo. Esta nuvem eletrônica é a maneira como apresentamos um orbital.

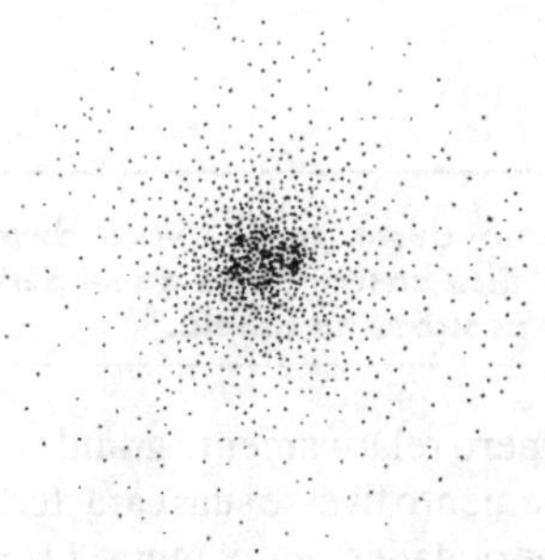

Figura 2-7
Nuvem eletrônica. A nuvem eletrônica mostra a chance de encontrarmos um elétron em posições particulares em volta do núcleo. A chance é maior onde os pontos do desenho estão mais juntos.

Elétrons que ocupam subníveis dos principais níveis energéticos de um átomo estão localizados em um ou mais orbitais. Estes orbitais são designados **s**, **p**, **d** e **f** como os subníveis. O orbital **s**, mostrado na Figura 2-8 (a), é uma nuvem eletrônica esférica. A Figura 2-8 (b) mostra os três orbitais **p**. Cada nuvem eletrônica **p** é semelhante a um haltere. Os três orbitais **p** diferem somente na direção um em relação ao outro, como mostrado. Além destes, há cinco orbitais **d** e sete orbitais **f**. Estes orbitais têm formas mais complicadas e não são ilustrados aqui. Cada orbital pode comportar até dois elétrons. (O par de pontos num símbolo de Lewis representa este par de elétrons num orbital.) Assim, o número máximo de elétrons em cada subnível é

s (1 orbital)	**p (3 orbitais)**	**d (5 orbitais)**	**f (7 orbitais)**
2 elétrons	6 elétrons	10 elétrons	14 elétrons

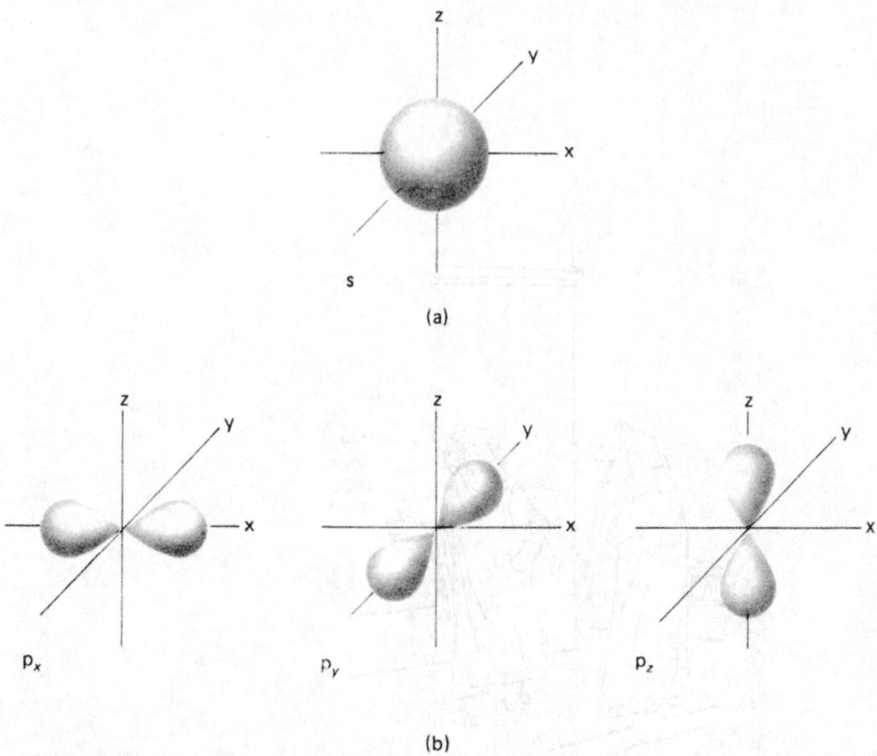

Figura 2-8
Orbitais atômicos. O orbital **s** (a) é esférico, enquanto que os orbitais **p** (b) têm forma de haltere. Cada orbital pode comportar até dois elétrons.

2.8 Tabela Periódica

Objetivo: Para demonstrar entendimento desta seção, você deverá ser capaz de descrever a organização da tabela periódica baseando-se na lei periódica e identificar metais e não metais com base nas suas posições na tabela.

No começo do século dezenove, um número relativamente grande de elementos tinha sido isolado e estudado. Embora cada elemento tivesse suas características individuais, muitos tinham nitidamente certas propriedades em comum. Os cientistas fizeram inúmeras tentativas para organizar os elementos conhecidos numa maneira que pudesse mostrar suas relações entre si. A Figura 2-9 mostra um dos mais antigos arranjos.

A maneira como arranjamos hoje os elementos é baseada largamente no trabalho do químico russo Dimitri Mendeléev. Por volta de 1869, Mendeléev e outros tinham descoberto que quando os 63 elementos então conhecidos eram listados por peso atômico, algumas propriedades eram repetidas de uma maneira regular ou periódica. O sistema de Mendeléev para classificar os elementos é chamado de **tabela periódica.** Uma tabela periódica mostra as relações entre os elementos revelando sua periodicidade, a tendência de suas propriedades de se repetirem em intervalos regulares, quando os elementos são arranjados em ordem crescente de número atômico.

"A TABELA PERIÓDICA"

Figura 2-9
(Direitos autorais © 1977 por Sidney Harris/ American Scientist Magazine.)

Faça-o Você Mesmo

ELÉTRONS SALTADORES

Cepos de lareira artificiais são feitos de serragem e cera. Eles também contêm substâncias que colorem a chama. O calor do fogo transfere energia aos elétrons dos átomos destas substâncias, fazendo com que os elétrons se desloquem para níveis energéticos mais altos. Quando estes elétrons "excitados" voltam a níveis energéticos inferiores, êles devolvem a energia absorvida sob forma de luz. Você pode produzir este efeito usando produtos químicos de fácil aquisição.

Como fazer: Para produzir chamas coloridas, escolha uma das substâncias na lista seguinte. Dissolva um pouco em água, mergulhe um cepo de madeira no líquido, e depois deixe secar o cepo antes de queimá-lo.

Substância	*Cor da chama*
sal de cozinha	amarela
borax	verde
"substituto do sal"	púrpura

Enquanto o cepo queima, a chama deve aparecer amarela, verde ou púrpura, dependendo de qual substância você usou.

Se preferir, você poderá, em vez disto, salpicar um pouco de sal de cozinha, borax ou "substituto do sal" diretamente nas chamas da lareira.

A tabela periódica permite organizar um grande número de fatos. Um químico observou que a tabela está "talvez tão próxima como podemos de colocar tudo o que sabemos sobre o universo num pedaço de papel". Além de ser um sistema de classificação, a tabela periódica é também uma ferramenta poderosa para predizer as relações entre os elementos. Por exemplo, a tabela original de Mendeléev tinha vários espaços vazios. Mendeléev foi capaz de predizer precisamente as propriedades de elementos até então desconhecidos, baseado nas posições dos espaços vazios na tabela.

A tabela moderna é baseada na **lei periódica**. *As propriedades dos elementos se repetem de uma maneira regular quando os elementos são arranjados em função de seus números atômicos crescentes.* Como descrito no capítulo anterior, a estrutura eletrônica dos átomos varia de forma regular com o número atômico. Não é portanto surpreendente que todas aquelas propriedades dos elementos que dependem da estrutura eletrônica tendem também a variar periodicamente com o número atômico.

A versão usual da tabela periódica é mostrada na Figura 2-10 (e no verso da capa deste livro). Cada elemento tem uma casa separada na tabela. O símbolo dos elementos, seus números atômicos e pesos atômicos são geralmente inseridos nas respectivas casas, como mostrado na Figura 2-11.

As filas horizontais que correm através da tabela são chamadas **períodos**. Cada período representa o preenchimento gradual de um nível energético com elétrons. Um período começa quando o primeiro elétron é adicionado a um novo (principal) nível energético. Como os níveis contêm diferentes números de elétrons, os períodos variam em comprimento.

As colunas verticais da tabela periódica são chamados **grupos** ou famílias. Cada grupo é designado como mostra a Figura 2-10. A Tabela 2-7 mostra os números propostos para os grupos além daqueles em uso atualmente. Quando os elementos são

IA (1)	IIA (2)	IIIB (3)	IVB (4)	VB (5)	VIB (6)	VIIB (7)	VIII (8)	VIII (9)	VIII (10)	IB (11)	IIB (12)	IIIA (13)	IVA (14)	VA (15)	VIA (16)	VIIA (17)	VIIIA (18)
1 H 1.0079																	2 He 4.00260
3 Li 6.941	4 Be 9.01218											5 B 10.81	6 C 12.011	7 N 14.0067	8 O 15.9994	9 F 18.9984	10 Ne 20.179
11 Na 22.9898	12 Mg 24.305											13 Al 26.9815	14 Si 28.0855	15 P 30.9738	16 S 32.06	17 Cl 35.453	18 Ar 39.948
19 K 39.0983	20 Ca 40.08	21 Sc 44.9559	22 Ti 47.88	23 V 50.9415	24 Cr 51.996	25 Mn 54.9380	26 Fe 55.847	27 Co 58.9332	28 Ni 58.69	29 Cu 63.546	30 Zn 65.39	31 Ga 69.72	32 Ge 72.59	33 As 74.9216	34 Se 78.96	35 Br 79.904	36 Kr 83.80
37 Rb 85.4678	38 Sr 87.62	39 Y 88.9059	40 Zr 91.224	41 Nb 92.9064	42 Mo 95.94	43 Tc (98)	44 Ru 101.07	45 Rh 102.906	46 Pd 106.42	47 Ag 107.868	48 Cd 112.41	49 In 114.82	50 Sn 118.71	51 Sb 121.75	52 Te 127.60	53 I 126.905	54 Xe 131.29
55 Cs 132.905	56 Ba 137.33	57 La* 138.906	72 Hf 178.49	73 Ta 180.948	74 W 183.85	75 Re 186.207	76 Os 190.2	77 Ir 192.22	78 Pt 195.08	79 Au 196.967	80 Hg 200.59	81 Tl 204.383	82 Pb 207.2	83 Bi 208.980	84 Po (209)	85 At (210)	86 Rn (222)
87 Fr (223)	88 Ra 226.025	89 Ac** 227.028	104 Unq (261)	105 Unp (262)	106 Unh (263)	107 Uns (262)	108 Uno	109 Une									

* Série dos lantanídeos	58 Ce 140.12	59 Pr 140.908	60 Nd 144.24	61 Pm (145)	62 Sm 150.36	63 Eu 151.96	64 Gd 157.25	65 Tb 158.925	66 Dy 162.50	67 Ho 164.930	68 Er 167.26	69 Tm 168.934	70 Yb 173.04	71 Lu 174.967
** Série dos actinídeos	90 Th 232.038	91 Pa 231.036	92 U 238.029	93 Np 237.048	94 Pu (244)	95 Am (243)	96 Cm (247)	97 Bk (247)	98 Cf (251)	99 Es (252)	100 Fm (257)	101 Md (258)	102 No (259)	103 Lr (260)

Figura 2-10
Tabela periódica dos elementos. A tabela é uma maneira gráfica de mostrar as relações entre os elementos.

arranjados por número atômico em períodos, como acabamos de descrever, suas propriedades se repetem de uma maneira regular. Os elementos de um grupo são aqueles que têm propriedades semelhantes.

O número e arranjo dos elétrons periféricos dos átomos de um elemento determinam em grande parte as propriedades daquele elemento. (A natureza desta relação ficará clara mais adiante.) Os elementos de um mesmo grupo são quimicamente semelhantes porque êles têm o mesmo arranjo de elétrons periféricos. Por exemplo, os elementos do grupo VIII A (18) - hélio, nêonio, argônio, criptônio, xenônio e radônio — são gases cujas propriedades estão intimamente relacionadas. Cada um destes elementos (exceto o hélio) consiste de átomos com oito elétrons no nível mais

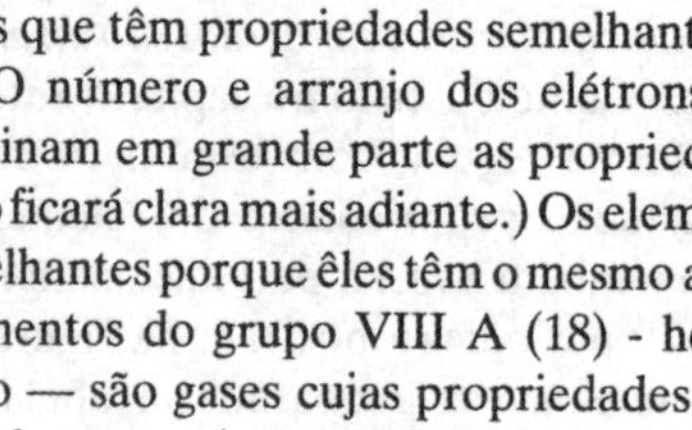

Figura 2-11
Informação na tabela periódica. Cada casa indica o número atômico, símbolo e peso atômico (amu) de um elemento. Os números podem aparecer em qualquer lugar dentro da casa do elemento.

Tabela 2-7 Comparação entre Números de Grupos na Tabela Periódica

Americanos[a]	IA	IIA	IIIB	IVB	VB	VIB	VIIB	——	VIII——		IB	IIB	IIIA	IVA	VA	VIA	VIIA	VIIIA
Europeus[a]	IA	IIA	IIIA	IVA	VA	VIA	VIIA	——	VIIIA——		IB	IIB	IIIB	IVB	VB	VIB	VIIB	0
Propostos[b]	1	2	3	4	5	6	7	8	9	10	11	12	13	14	15	16	17	18

[a] Às vezes escritos com números arábicos em lugar dos números romanos.

[b] Note que o segundo dígito dos novos números de grupo corresponde aos antigos números de grupos; por exemplo, os halogênios, grupo 17, eram grupo VII (A ou B).

externo. Alguns dos grupos têm nomes especiais, por exemplo, metais alcalinos (I A ou 1), metais alcalino terrosos (II A ou 2), halogênios (VII A ou 17) e gases nobres (VIII A ou 18).

Na Figura 2-10, note a linha em ziguezague que se parece como uma escada correndo em diagonal através do lado direito da tabela periódica. Esta linha separa os elementos em duas grandes categorias. Os elementos à esquerda da linha são **metais**, e os elementos à direita são **não metais**. Observe que cerca de três-quartos de todos os elementos são metais. A Tabela 2-8 sumariza as mais importantes diferenças entre metais e não metais. Os elementos vizinhos à linha em ambos os lados são chamados **semimetais** (ou metalóides). Semimetais atuam às vezes como metais e às vezes como não metais, ou podem ter propriedades intermediárias.

Os elementos se tornam mais metálicos, isto é, têm as propriedades dos metais, à medida que você se desloca de cima para baixo num grupo e da direita para a esquerda através de um período. Assim, os elementos mais metálicos são encontrados no lado esquerdo inferior da tabela periódica. O césio é o elemento natural mais metálico (o frâncio não ocorre naturalmente). Atuando no lado oposto, as propriedades não metálicas aumentam à medida que você se desloca de baixo para cima num grupo e da esquerda para a direita através de um período. Assim, o flúor é o mais não metálico dos elementos. Note que os gases nobres são elementos especiais no sentido de não agirem como não metais típicos. Ainda, embora o hidrogênio apareça no grupo I A (1), êle não se comporta realmente como um metal. É uma exceção devido ao seu pequeno tamanho e único elétron. Ele deveria realmente estar num grupo isolado. (O hidrogênio é freqüentemente classificado como um não metal.) Como veremos no próximo capítulo, a posição de um elemento na tabela periódica indica como seus átomos interagem com os átomos de outros elementos.

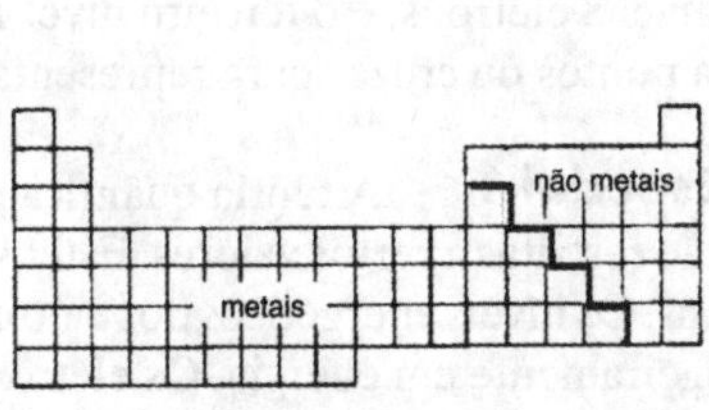

Tabela 2-8 Comparação de Metais e Não Metais

Metais	Não metais
incluem a maioria dos elementos	somente 17 elementos
todos sólidos em temperatura ambiente (exceto o Hg)	sólidos, líquido (apenas o Br), e gases
aspecto brilhante	aspecto opaco
facilmente maleáveis	quebradiços (para os sólidos)
bons condutores de calor	mau condutores de calor
bons condutores de eletricidade	mau condutores de eletricidade

Sumário

2.1 Toda a matéria é composta de átomos, as unidades básicas da natureza. Química é o estudo destes átomos, como eles se combinam e como as substâncias, feitas de átomos, são transformadas em outras substâncias. Cada átomo consiste de uma certa combinação de prótons (p), nêutrons (n) e elétrons (e). Os prótons e nêutrons estão compactados num denso cerne central chamado núcleo.

2.2 Uma propriedade fundamental da matéria chamada carga existe em duas formas: positiva (+) e negativa (–). Cargas iguais, ambas positivas ou ambas negativas, se repelem; cargas opostas se atraem. O próton tem uma carga positiva, o elétron tem uma carga negativa, e o nêutron não tem nenhuma carga (neutro). Todos os átomos são neutros porque contêm o mesmo número de prótons positivos e elétrons negativos.

2.3 A massa do próton é aproximadamente igual à do nêutron. O elétron porém tem uma massa cerca de 2000 vezes menor do que aquela do próton ou do nêutron. A unidade de massa atômica (amu) é a base para a escala de massas relativas. O próton e o nêutron têm a massa aproximada de 1 amu cada.

2.4 O número atômico é igual ao número de prótons num átomo. É a mais importante identificação de um átomo. Número de massa é a soma do número de prótons e de nêutrons num átomo.

2.5 Elemento é uma substância que contém átomos com o mesmo número atômico. Há 109 elementos conhecidos. Cada elemento é representado por um símbolo consistindo de uma, duas ou três letras.

2.6 Isótopos são átomos do mesmo elemento que têm diferentes números de massa. O peso atômico de um elemento é a média das massas atômicas de seus isótopos como encontrados na natureza.

2.7 Os elétrons são arranjados em níveis de energia que contêm somente um certo número de elétrons. Por exemplo, o primeiro nível pode comportar dois elétrons, o segundo nível 8 elétrons, e o terceiro nível 18 elétrons. O símbolo de Lewis para um átomo usa pontos ou cruzes para representar o número de elétrons periféricos.

Tópico Especial 1 A teoria quântica propõe que as energias dos elétrons num átomo estão restritas a certos valores. Estes valores são dados pelos níveis energéticos dos elétrons. Os níveis energéticos dos elétrons realmente consistem de subníveis que diferem ligeiramente em energia. Os elétrons estão localizados em orbitais. Orbitais são regiões do espaço ao redor do núcleo do átomo na qual a chance de se encontrar um elétron é alta. Os quatro tipos principais de orbitais são designados **s**, **p**, **d** e **f**.

2.8 Todos os elementos químicos podem ser dispostos num modo especial, chamado tabela periódica. Ela é baseada na lei periódica. As propriedades dos elementos se repetem de uma maneira regular (periódica) quando os elementos são dispostos em função de seus números atômicos. As filas horizontais são chamadas períodos, e as colunas verticais são os grupos ou famílias. A maioria dos elementos são metais; outros são não metais ou semimetais (metalóides). Os elementos de um grupo têm propriedades semelhantes porque têm o mesmo número de elétrons em seu nível mais externo.

EXERCÍCIOS

Exercício sobre Casamento de Palavras Chave

Para cada termo à esquerda, escolha a frase da coluna à direita que mais se aproxima do seu significado.

1. átomo	a. grupo VIII A (18)
2. próton	b. parte central do átomo.
3. elétron	c. amu
4. nêutron	d. prótons+nêutrons
5. núcleo	e. coleção de átomos
6. carga	f. massa ponderada dos isótopos
7. unidade de massa atômica	g. comporta 2 a 36 elétrons
8. número atômico	h. carga +1
9. número de massa	i. carga –1
10. elemento	j. 0, +, ou –
11. isótopo	k. partícula neutra
12. peso atômico	l. unidade básica da matéria
13. nível energético	m. mostra elétrons periféricos
14. símbolo de Lewis	n. valores de energia restritos
15. gases nobres	o. carbono é um
16. teoria quântica	p. a maioria é brilhante
17. orbital	q. número de prótons
18. metal	r. mesmo elemento, massa diferente
19. não metal	s. nuvem eletrônica
20. período	t. família de elementos
21. grupo	u. fila horizontal

Exercícios por Tópicos

Átomos (2.1)

22. O que é exatamente um átomo?
23. Descreva as partículas subatômicas.
24. Por que é difícil estudar o átomo?

Carga (2.2)

25. Qual é a carga do:
    a. elétron
    b. nêutron
    c. próton
26. Se os átomos contêm partículas carregadas, como podem eles ser neutros?
27. Qual é a relação entre o número de prótons e o número de elétrons num átomo?

Massa (2.3)

28. Por que os elétrons são ignorados quando calculamos massas atômicas?
29. O que é uma amu?
30. Qual é a razão para medir massa em amu?

Número Atômico e Número de Massa (2.4)

31. Qual dos termos não se ajusta na seguinte lista: número de prótons, número atômico, número de elétrons, número de nêutrons?
32. Qual é a diferença entre número atômico e número de massa?
33. Um átomo tem 15 prótons e 17 nêutrons. Qual é seu número atômico e seu número de massa.

34. Se um átomo tem um número de massa 36 e número atômico 17, quantos nêutrons contém?

35. Complete a seguinte tabela:

	Nº atômico	*Nº de massa*	*Nº de prótons*	*Nº de nêutrons*	*Nº de elétrons*
a.	9	19	___	___	___
b	___	___	16	18	___
c.	___	52	25	___	___
d.	___	___	___	38	35
e.	90	___	___	92	___
f.	___	68	___	___	33
g.	___	81	40	___	___
h.	27	___	___	28	___

Elementos (2.5)

36. O que é elemento?
37. O que todos os átomos de um elemento têm em comum?
38. Escreva o símbolo do
    a. alumínio
    b. chumbo
    c. prata
    d. oxigênio
    e. potássio
39. Dê o nome dos seguintes elementos:
    a. Ar
    b. C
    c. S
    d. Hg
    e. Cu
40. Case o nome e símbolo destes elementos:

a. fósforo	1. Mg
b. ferro	2. N
c. sódio	3. Na
d. magnésio	4. P
e. nitrogênio	5. Fe

Isótopos e Peso Atômico (2.6)

41. Que semelhança há entre os isótopos de um elemento? Em que eles diferem?
42. Em que o peso atômico difere da massa atômica?
43. Que pares de átomos são isótopos?

	A	B	C	D
nº de massa	53	53	52	52
nº atômico	25	24	24	25

44. Por que a maioria dos pesos atômicos não é de números inteiros?
45. O lítio tem dois isótopos, um com massa 6,015 que é 7,42% abundante, e outro com massa 7,016 que é 92,58% abundante. Qual é o peso atômico do lítio?
46. Um átomo tem número atômico 18 e número de massa 38. Dê o número de prótons e nêutrons num possível isótopo desse átomo.

Diagramas Atômicos Simplificados (2.7)

47. Desenhe um diagrama eletrônico para o magnésio.
48. Escreva os símbolos de Lewis para
    a. carbono
    b. bromo
    c. potássio
    d. fósforo
    e. argônio
49. Desenhe um diagrama eletrônico para o lítio e para o sódio. Em que estes dois diagramas são semelhantes?
50. O que são elétrons de valência?
51. Quantos elétrons periféricos há num átomo de
    a. flúor?
    b. hidrogênio?
    c. alumínio?
    d. neônio?
    e. silício?

Visão Moderna do Átomo (Tópico Especial 1)

52. Qual é a base da teoria quântica?
53. O que significa algo estar quantizado? Dê um exemplo.
54. Qual é a relação entre camadas eletrônicas e níveis de energia?
55. Qual é a relação entre níveis energéticos principais e subníveis energéticos?
56. O que é um orbital?
57. Por que os orbitais são representados por nuvens de probabilidade?
58. Complete a seguinte tabela:

	Subnível	*Nº de orbitais*	*Nº de elétrons*
a.	s	___	___
b.	p	___	___
c.	d	___	___
d.	f	___	___

Tabela Periódica (2.8)

59. O que é lei periódica? Por que é ela importante?
60. Por que períodos têm diferentes comprimentos?
61. Qual é o significado de um período?
62. Qual é o significado de um grupo?
63. Identifique cada um dos seguintes elementos como metal, não metal ou semimetal:
    a. nitrogênio
    b. arsênico
    c. argônio
    d. cálcio
    e. urânio
64. Em que os metais diferem dos não metais?

Exercícios Adicionais

65. A seguinte tabela contém informações sobre cinco diferentes átomos.
    Complete a tabela.

	Nº de prótons	*Nº de nêutrons*	*Nº de elétrons*	*Nº atômico*	*Nº de massa*
a.	32	——	——	——	73
b.	——	14	14	——	——
c.	——	——	——	28	59
d.	48	64	——	——	——
e.	——	115	——	77	——

66. Identifique os elementos do Exercício 65.
67. Que número é o mais importante para identificar um átomo?
68. Calcule a massa real em gramas de um átomo com massa relativa de 10 amu.
69. Case o nome e símbolo para estes elementos:

a. Si	1. plutônio
b. Sn	2. ouro
c. Au	3. estanho
d. Pu	4. zinco
e. Zn	5. silício

70. O nêonio tem três isótopos. Um isótopo tem massa igual a 19,992 amu e é 90,92% abundante, um tem massa igual a 20,994 amu e é 0,257% abundante, e um tem massa igual a 21,991 amu e é 8,82% abundante. Qual é o peso atômico do nêonio?
71. Com os dados abaixo, calcule o peso atômico do enxofre e ferro.

Enxofre		*Ferro*	
Massa	*Abundância*	*Massa*	*Abundância*
31,972	95,00%	53,940	5,82%
32,971	0,76%	55,935	91,66%
33,968	4,22%	56,935	2,19%
		57,933	0,33%

72. Quais dos seguintes átomos são isótopos entre si? Explique.

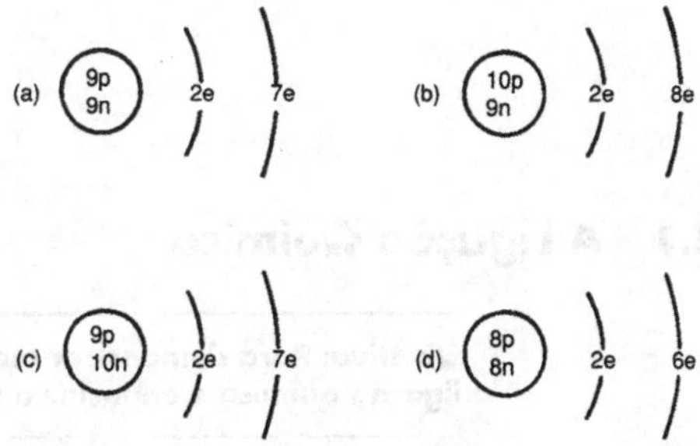

73. Escreva os símbolos dos seguintes elementos: enxofre, sódio, carbono, cloro, ferro, potássio, prata, fósforo, nitrogênio, magnésio.
74. Escreva os nomes dos elementos cujos símbolos são: O, Al, He, Ca, Cu, Hg, Li, Ne, Au, Br.
75. Dê um exemplo de um:
    a. elemento alcalino terroso
    b. halogênio
    c. elemento do terceiro período
    d. gás nobre
    e. elemento alcalino

Capítulo 3

A Ligação Química

A maioria das substâncias não são os elementos que estudamos no Capítulo 2. São principalmente combinações dos átomos daqueles elementos. O Capítulo 3 mostra como os átomos se unem de vários modos, tornando possível os muitos milhares de diferentes combinações que estão dentro de você e ao seu redor.

3.1 A Ligação Química

Objetivo: Para demonstrar entendimento desta seção, você deverá ser capaz de definir ligação química e enunciar a regra do octeto.

Quando dois átomos se combinam, formam aquilo que chamamos uma **ligação química**. Ligação é uma força que mantém os átomos unidos. Uma antiga noção de ligação química era a de que os átomos tinham ganchos que podiam se prender a outros átomos. Sabemos agora que elétrons, antes que ganchos reais, desempenham a função chave na ligação química.

Para formar uma ligação química, os átomos devem se aproximar um do outro. Seu mais íntimo contato é feito por elétrons dos níveis mais externos. É por esta razão que *os elétrons mais externos determinam o comportamento químico de um átomo.*

Como veremos mais tarde neste capítulo os elétrons compartilham, perdem ou ganham elétrons para formar ligações químicas.

A natureza dos átomos envolvidos determina qual destas três possibilidades ocorrerá. Na maioria dos casos, o *resultado do compartilhamento, perda ou ganho de elétrons é produzir átomos que têm níveis energéticos externos igual aos dos gases nobres.* Nestes elementos, o nível energético externo contém geralmente oito elétrons (dois no subnível **s** e seis no subnível **p**). Este resultado final é a base para a **regra do octeto**. A regra do octeto estabelece que os átomos tendem a se combinar de tal modo que cada um adquire um nível mais externo contendo *oito elétrons* depois de formar a ligação química.

Faça-o Você Mesmo 3

Colando

A ligação química é uma espécie de "cola" atômica, embora as colas não necessariamente mantenham os materiais unidos por ligações químicas. Em vez disto, a atração pode ser criada por *forças de van der Waals.* Estas forças fracas existem entre átomos que estão muito próximos entre si.

Quando você quebra alguma coisa, você sabe que os dois pedaços não se unirão novamente por si só. As superfícies ásperas impedem os átomos das partes separadas de se aproximarem suficientemente para formar ligações de van der Waals. Um adesivo, porém, pode fluir entre as superfícies ásperas, fazer contato íntimo, e formar ligações de van der Waals com cada superfície. O adesivo depois endurece, por ação química ou por evaporação de um líquido. Tornando-se um sólido, ele mantém unidas as superfícies dos materiais.

Você pode fazer um adesivo simples em casa. Ele é chamado "pasta", no sentido de uma mistura de farinha e água. (A mesma palavra é o nome de um alimento familiar italiano que é também uma mistura de farinha e água).

Como fazer: Misture 4 colheres de sopa de farinha de trigo com 6 colheres de sopa de água. Ferva 1 1/2 xícara de água e adicione nela a mistura acima. Continue fervendo por 5 minutos, sempre agitando para remover grumos.

Este simples, mas não muito forte, adesivo é útil para trabalho infantil em papel e para reparos caseiros.

3.2 A Ligação Covalente

Objetivo: Para demonstrar entendimento desta seção, você deverá ser capaz de descrever o que ocorre quando uma ligação covalente se forma.

A ligação química mais simples é formada por dois átomos de hidrogênio. Cada átomo de H consiste de um próton e um elétron. Quando dois destes átomos se aproximam entre si, os elétrons negativos são atraídos pelos núcleos positivos de ambos os átomos, como monstra a Figura 3-1. *Esta atração mútua de diferentes núcleos pelos mesmos elétrons é a base para a formação de uma ligação química entre átomos.* Para dois átomos que formam uma ligação química, a atração combinada do primeiro elétron pelo segundo núcleo e do segundo elétron pelo primeiro núcleo é maior do que a repulsão entre os dois elétrons e entre os dois núcleos. Em outras palavras, as forças de atração entre as cargas opostas superam as forças de repulsão entre as cargas iguais.

A Figura 3-2 mostra a formação de uma ligação entre dois átomos de hidrogênio. Cada átomo contribui com seu elétron para a ligação. Este tipo de interação, na qual os átomos compartilham elétrons, é chamada de **ligação covalente**. A ligação covalente é o tipo mais comum de ligação química. Ela geralmente se forma somente entre átomos de não metais, como veremos mais tarde.

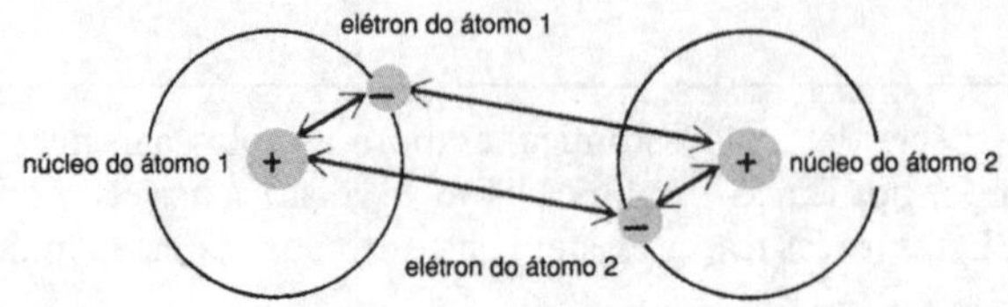

Figura 3-1
A base para a ligação química. Núcleos atômicos diferentes atraem os mesmos elétrons

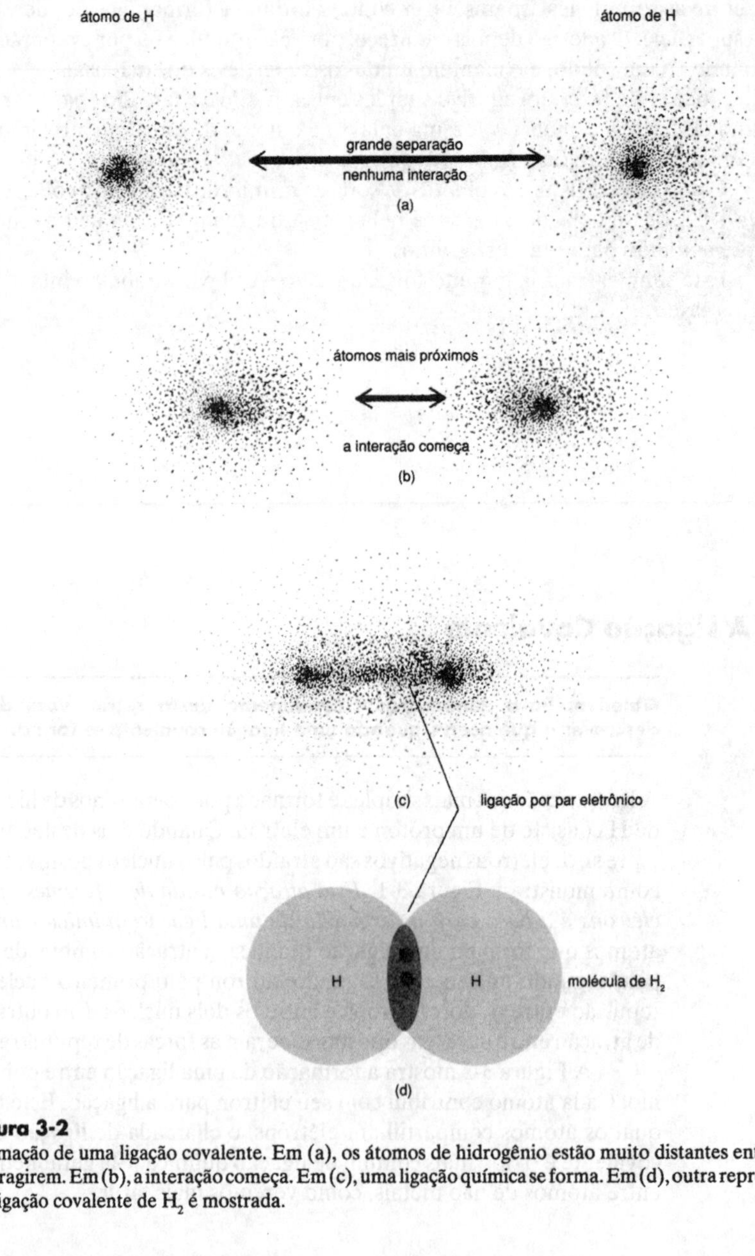

Figura 3-2
Formação de uma ligação covalente. Em (a), os átomos de hidrogênio estão muito distantes entre si para interagirem. Em (b), a interação começa. Em (c), uma ligação química se forma. Em (d), outra representação da ligação covalente de H_2 é mostrada.

Através da ligação covalente, cada átomo de hidrogênio passa a "usar" um elétron do outro átomo, assim como o seu próprio, obtendo assim um nível externo preenchido com dois elétrons. Ambos os átomos de hidrogênio têm agora o arranjo eletrônico do gás nobre hélio. O par compartilhado de elétrons na ligação entre dois átomos de hidrogênio pode ser ilustrado usando-se os símbolos de Lewis:

H:H ou H$\dot{\times}$H

Cruzes (x) e pontos (•) são freqüentemente utilizados em conjunto para indicar que os elétrons da ligação vieram de diferentes átomos, embora na realidade todos os elétrons sejam iguais.

A seguinte analogia pode ajudá-lo a entender a formação de uma ligação covalente. Suponhamos que duas pessoas estejam lendo seus livros, sentadas ao lado de lâmpadas em lados opostos de uma sala. Se estes leitores se aproximam e põem as duas lâmpadas entre si, ambos receberão mais luz do que se ficassem separados. As luzes das duas lâmpadas irão se sobrepor, e cada leitor receberá luz de ambas as lâmpadas.

Numa ligação covalente, dois núcleos compartilham um par de elétrons da mesma maneira como os dois leitores compartilham um par de lâmpadas. E, assim como os leitores não podem dizer que luz vem de cada lâmpada porque a luz de ambas é a mesma, os elétrons são equivalentes numa ligação química. Todos os elétrons são iguais, mesmo que eles originariamente possam ter vindo de átomos diferentes.

Como mostra a Figura 3-2, a imbricação dos átomos de hidrogênio aumenta a densidade eletrônica entre os núcleos (de um modo semelhante ao aumento de densidade "luminosa" quando os dois leitores aproximaram as lâmpadas). Os elétrons têm agora uma maior probabilidade de serem localizados em algum lugar entre os núcleos positivos. Este arranjo tem uma energia mais baixa e é mais estável do que dois átomos de hidrogênio separados.

3.3 Moléculas

Objetivo: Para demonstrar entendimento desta seção, você deverá ser capaz de desenhar estruturas de Lewis para elementos diatômicos.

A unidade química formada por ligação covalente de dois ou mais átomos é chamada **molécula**. As propriedades de uma molécula são diferentes daquelas dos átomos individuais que compõem a molécula. As moléculas variam em tamanho desde uma combinação de apenas dois átomos até mais de dezenas de milhares de átomos. As moléculas muito grandes são chamadas macromoléculas, uma vez que "macro" significa grande. A química tem sido descrita como a *ciência das moléculas* já que tantas substâncias são compostas destas unidades.

O número e espécie de átomos numa molécula são dados pela **fórmula química** da mesma. Uma molécula de hidrogênio é representada pela fórmula H_2 (leia H-dois).

H_2 fórmula química

espécie de átomo ↗ ↖ número de átomos

O subscrito 2, colocado no lado direito inferior do símbolo do elemento, mostra que dois átomos de hidrogênio estão presentes na molécula. *Não* escrevemos a fórmula como 2H porque esta notação significa dois átomos *separados* de hidrogênio. Sempre usamos um subscrito no lado direito quando mais de um átomo de um dado elemento é parte da molécula.

O tipo mais simples de molécula é chamado molécula **diatômica** porque ela consiste de apenas dois átomos ("di" significa dois) interligados. O elemento hidrogênio é normalmente encontrado na natureza como molécula diatômica, H_2, e não como átomo isolado. Como mostra a Tabela 3-1, há seis outros elementos não metálicos que também existem normalmente como moléculas diatômicas. Note que todos estes pares de átomos covalentemente ligados têm fórmulas que consistem do símbolo do elemento com o subscrito 2 no lado direito inferior. Estas moléculas são chamadas diidrogênio, dinitrogênio, dioxigênio, e assim por diante. Elas são comumente identificadas como hidrogênio, nitrogênio e oxigênio moleculares.

Olhe para as estruturas de Lewis de elementos diatômicos mostrados na Tabela 3-1. Como o hidrogênio, os halogênios (Grupo VIIA ou 17) adquirem o arranjo eletrônico dos gases nobres compartilhando um par de elétrons, vindos um de cada átomo. Cada uma dessas ligações covalentes é chamada **ligação simples** porque ela consiste de um único par de elétrons compartilhado pelos núcleos dos dois átomos. A ligação simples nestas moléculas pode ser representada por um traço (—). (Os elétrons não compartilhados não são às vezes mostrados.)

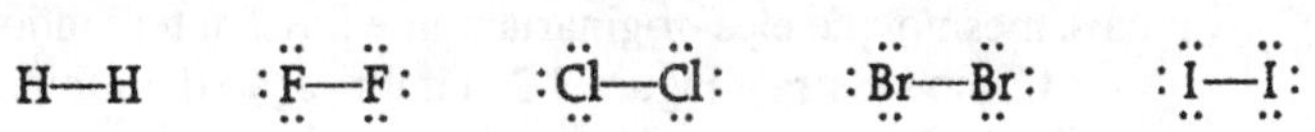

ligações simples

Na molécula do hidrogênio, cada átomo de hidrogênio adquire um nível externo completo de dois elétrons. Nas moléculas dos halogênios, cada átomo de halogênio forma um octeto completo, um nível externo com oito elétrons.

Tabela 3-1 Os Elementos Diatômicos

Elemento	Fórmula	Estrutura	Tipo de Ligação
hidrogênio	H_2	H×H	simples
flúor	F_2	:F̤̈×F̤̈x	simples
cloro	Cl_2	:C̤̈l×C̤̈lx	simples
bromo	Br_2	:B̤̈r×B̤̈rx	simples
iodo	I_2	:Ï̤×Ï̤x	simples
oxigênio	O_2	[a]	dupla
nitrogênio	N_2	:N⋮×N×	tripla

[a]Não pode ser representada corretamente por uma estrutura de Lewis.

Oxigênio, no Grupo VIA ou (16), tem seis elétrons periféricos por átomo e necessita dois elétrons mais para completar oito elétrons como um gás nobre. Para obter estes elétrons, o oxigênio pode compartilhar dois pares de elétrons com um segundo átomo de oxigênio. Cada átomo de oxigênio contribui com dois alétrons. A ligação covalente formada pelo compartilhamento de dois pares de elétrons é chamada **dupla ligação**. Uma dupla ligação pode ser representada por um duplo traço (=).

Ö=Ö molécula de oxigênio

dupla ligação

Embora a estrutura de Lewis para O_2 pareça correta, ela não reflete o achado experimental segundo o qual a molécula de oxigênio tem dois elétrons desemparelhados. Uma descrição mais complexa dos elétrons nas moléculas (teoria dos orbitais moleculares) é necessária para explicar esta propriedade.

O nitrogênio, Grupo VA (15), tem cinco elétrons periféricos por átomo. Ele requer, portanto,três elétrons mais para completar oito elétrons. O átomo de nitrogênio obtém estes três elétrons através de uma **tripla ligação** com um outro átomo de nitrogênio. Uma tripla ligação consiste de três pares de elétrons compartilhados pelos núcleos dos dois átomos. Olhe para a Tabela 3-1 e verifique que cada átomo de nitrogênio numa molécula de nitrogênio tem oito elétrons, um octeto completo. (Note que quando estruturas de Lewis são desenhadas, a localização dos pontos que representam os elétrons pode ser deslocada em volta do símbolo atômico, mas seu número total não pode ser alterado.) Três traços podem ser usados para representar uma tripla ligação.

:N≡N: molécula de nitrogênio

tripla ligação

Chamamos as duplas e triplas ligações de ligações múltiplas.

3.4 A Ligação Covalente Polar

Objetivo: Para demonstrar entendimento desta seção, você deverá ser capaz de definir composto e diferenciar ligação covalente polar de não polar.

Como vimos, átomos idênticos de certos elementos podem se combinar para formar moléculas daquele elemento. Por exemplo, na Seção 3.3 vimos elementos que existem sob forma de moléculas diatômicas. Quando porém átomos de dois ou mais diferentes elementos se combinam formando ligações químicas, o resultado são as moléculas de um **composto**. Compostos químicos têm propriedades específicas que diferem daquela dos elementos cujos átomos eles contêm.

A matéria como um todo consiste de elementos (que contêm uma espécie de átomo), compostos (que contêm combinações de diferentes espécies de átomos) ou misturas de elementos e compostos.

Numa molécula de um elemento diatômico, os elétrons são compartilhados igualmente entre os átomos. Este tipo de ligação é conhecido como **ligação covalente apolar**. Nas moléculas de um composto, porém, a ligação é diferente porque os elétrons não estão geralmente compartilhados igualmente. Por exemplo, átomos de hidrogênio e cloro se combinam para formar uma molécula de cloreto de hidrogênio, HCl.

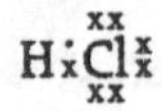

cloreto de hidrogênio

Eletronegatividade é uma medida da capacidade de um átomo de atrair para si os elétrons de uma ligação covalente. A eletronegatividade depende tanto do número de prótons do núcleo de um átomo como do tamanho do átomo.

A Figura 3-3 mostra valores de eletronegatividade dos elementos.

Na tabela periódica, ao longo de um período da esquerda para a direita, a eletronegatividade aumenta porque o núcleo se torna cada vez mais carregado positivamente. Através de um grupo, de cima para baixo, ela decresce porque os elétrons mais externos estão muito distantes do núcleo do átomo. Assim, os elementos mais eletronegativos são os não metais no lado direito superior da tabela periódica. O flúor é o elemento mais eletronegativo, seguido pelo oxigênio, nitrogênio e cloro.

H 2.2																	He
Li 1.0	Be 1.5											B 2.0	C 2.5	N 3.1	O 3.5	F 4.1	Ne
Na 1.0	Mg 1.2											Al 1.5	Si 1.7	P 2.1	S 2.4	Cl 2.8	Ar
K 0.9	Ca 1.0	Sc 1.2	Ti 1.3	V 1.5	Cr 1.6	Mn 1.6	Fe 1.6	Co 1.7	Ni 1.8	Cu 1.8	Zn 1.7	Ga 1.8	Ge 2.0	As 2.2	Se 2.5	Br 2.7	Kr
Rb 0.9	Sr 1.0	Y 1.1	Zr 1.2	Nb 1.2	Mo 1.3	Tc 1.4	Ru 1.4	Rh 1.5	Pd 1.4	Ag 1.4	Cd 1.5	In 1.5	Sn 1.7	Sb 1.8	Te 2.0	I 2.2	Xe
Cs 0.9	Ba 1.0	La 1.1	Hf 1.2	Ta 1.3	W 1.4	Re 1.5	Os 1.5	Ir 1.6	Pt 1.4	Au 1.4	Hg 1.4	Tl 1.4	Pb 1.6	Bi 1.7	Po 1.8	At 2.0	Rn
Fr 0.9	Ra 1.0	Ac 1.0															

Lantanídeos: 1,0-1,2
Actinídeos: 1,0-1,2

Figura 3-3
Eletronegatividades dos elementos. Eletronegatividade é uma medida da capacidade de um átomo de atrair elétrons de uma ligação covalente. Quanto maior o número, maior a eletronegatividade.

Assim, o cloro é mais eletronegativo do que o hidrogênio. Ele tem uma maior atração pelo par de elétrons da ligação covalente com o hidrogênio. O átomo de cloro exerce uma maior atração pelos elétrons da ligação do que o hidrogênio. É como se duas pessoas numa cama estivessem compartilhando o mesmo lençol; a pessoa mais forte é capaz de puxar mais o lençol para um lado da cama durante a maior parte do tempo.

Este tipo de compartilhamento desigual de elétrons é chamado **ligação covalente polar**. Os elétrons gastam mais da metade do tempo mais intimamente associados ao átomo que tem a maior eletronegatividade. Assim, uma parte da molécula tem um excesso médio de elétrons e se torna ligeiramente negativa em carga quando comparada com a outra parte. (Estas regiões de carga positiva e negativa são chamadas "pólos" elétricos.) Como o cloro é mais eletronegativo do que o hidrogênio, o lado do cloro na molécula de HCl usufrui mais dos elétrons e é parcialmente negativo. Usamos o símbolo δ para denotar negatividade parcial (a letra grega δ, delta, significa parcial). O lado hidrogênio da molécula de HCl torna-se então parcialmente positivo, δ+. Seu elétron negativo está sendo puxado pelo átomo de cloro, deixando o átomo de hidrogênio com um excesso líquido de carga positiva.

$$\overset{\delta+}{H}-\overset{\delta-}{Cl} \qquad \text{ligação covalente polar}$$

Quanto maior a diferença em eletronegatividade entre os átomos de uma ligação, mais polar será a ligação. Uma molécula covalente polar é, porém, neutra como um todo, independentemente de quanto a carga é desigualmente distribuída dentro dela.

A ligação covalente polar numa molécula de cloreto de hidrogênio (HCl) forma o que chamamos de um dipolo. Dipolo é um par de cargas iguais mas opostas, separadas por uma pequena distância. Representamos um dipolo traçando uma seta direcionada do terminal positivo do dipolo para o negativo.

$$\overset{+\!\!\longrightarrow}{H—Cl}$$

O cloreto de hidrogênio (HCl) é chamado uma molécula *polar* porque ela contém um dipolo. Moléculas são chamadas *não polares* se não tiverem um dipolo. Moléculas não polares contêm ligações covalentes não polares ou então ligações covalentes polares que se cancelam. Por exemplo, a molécula do tetracloreto de carbono contém quatro ligações *polares* carbono-cloro:

$$\begin{array}{c} CL \\ \uparrow \\ Cl \leftarrow C \rightarrow Cl \\ \downarrow \\ Cl \end{array}$$

A estrutura tridimensional desta molécula é tal que os quatro dipolos se cancelam, deixando a molécula toda não polar. [Esta molécula tem uma forma semelhante ao metano, mostrado na Figura 3-4 (b).]

3.5 Poder de Combinação

Objetivo: Para demonstrar entendimento desta seção, você deverá ser capaz de explicar os poderes de combinação dos não metais comuns.

A maioria das moléculas consistem de mais de dois átomos cada uma. Vimos que um átomo de nitrogênio forma uma tripla ligação com outro átomo de nitrogênio na molécula N_2. Mas um átomo de nitrogênio pode também formar simples ligações com três outros átomos. Por exemplo, na amônia, o átomo de nitrogênio forma simples ligações com três átomos de hidrogênio. [Veja a Figura 3-4 (a)]. Escrevemos a fórmula desta molécula NH_3 (leia N-H-três). Esta fórmula mostra que a molécula contém quatro átomos: um de nitrogênio e três de hidrogênio. NH_3 é uma forma abreviada de escrever N_1H_3. O subscrito 1 é subentendido quando não escrito do lado direito do símbolo do átomo.

A estrutura de Lewis para a molécula da amônia é

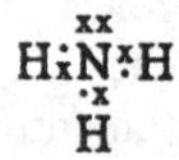

amônia

Cada átomo de hidrogênio contribui com seu elétron unitário para uma ligação com o átomo de nitrogênio. Os átomos de hidrogênio têm agora níveis externos completos de dois elétrons cada, como o hélio, e o átomo de nitrogênio tem um octeto completo, como o neônio.

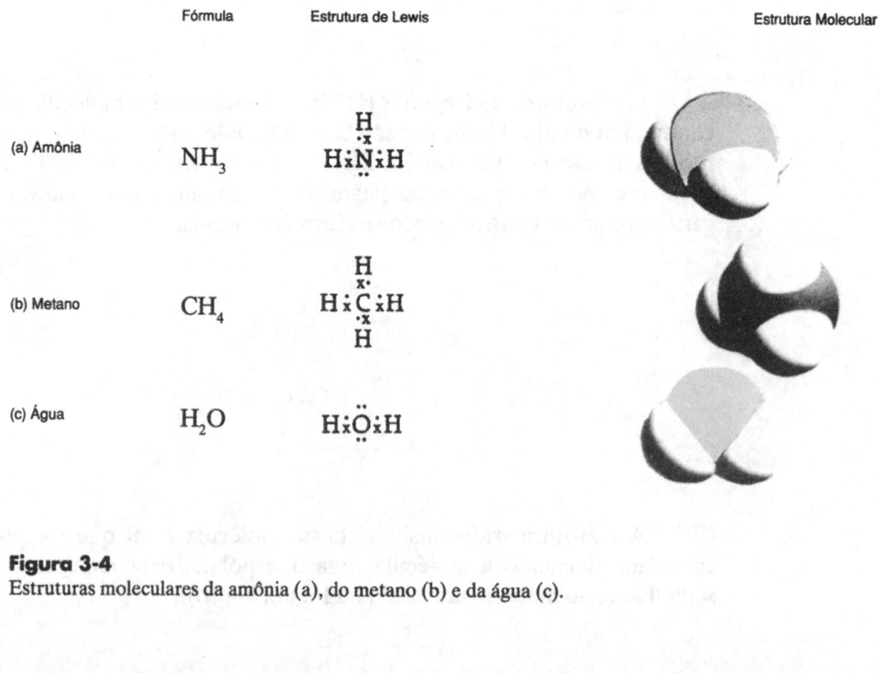

Figura 3-4
Estruturas moleculares da amônia (a), do metano (b) e da água (c).

O carbono tem quatro elétrons em seu nível mais externo e necessita portanto mais quatro para completar os oito elétrons. Para obtê-los, o carbono pode formar quatro ligações covalentes. Por exemplo, o metano, CH_4 (leia C-H-quatro), consiste de um átomo de carbono com simples ligações para quatro átomos de hidrogênio. [Veja Figura 3-4 (b).]

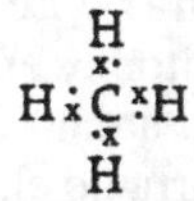
metano

O nível mais externo do oxigênio contém seis elétrons. Para obter mais dois elétrons, o oxigênio pode formar duas simples ligações com outros átomos, como ele faz na água, H_2O (leia H-dois-O).[Veja a Figura 3-4 (c).] O oxigênio pode também obter dois elétrons formando uma dupla ligação como no dióxido de carbono, CO_2 (leia C-O-dois).

água

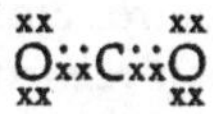
dióxido de carbono

Note que no dióxido de carbono, o átomo de carbono completa seu octeto de elétrons formando duas duplas ligações em vez de quatro simples.

O número de ligações covalentes simples que um átomo pode formar é chamado **poder de combinação**, ou valência. Como o carbono deve formar quatro ligações para obter um nível externo (de valência) de oito elétrons, seu poder de combinação é quatro. Semelhantemente, o nitrogênio tem poder de combinação três, e o oxigênio dois. O flúor, juntamente com os outros halogênios e o hidrogênio, tem poder de combinação um. A Tabela 3-2 resume esta informação.

Note que, com exceção do hidrogênio, o poder de combinação dos átomos de não metais comuns é igual a 8 menos o número de grupo. Por exemplo, o poder de combinação do nitrogênio, Grupo V A, é 8 – 5 = 3. (Em relação ao novo sistema, o poder de combinação é 18 menos o número de grupo; para o nitrogênio teremos 18 – 15 = 3.) Esta diferença representa o número de elétrons que o átomo de não metal deve ganhar para alcançar um octeto completo como um elemento tipo gás nobre. Assim, o *poder de combinação de um átomo é determinado pelo número dos elétrons periféricos,* o qual reflete o número de grupo do elemento.

Tabela 3-2 Poder de Combinação de Átomos Comuns

1	2	3	4
H	O	N	C
F	S	P	
Cl			
Br			
I			

3.6 Desenhando Estruturas de Lewis

Objetivo: Para demonstrar entendimento desta seção, você deverá ser capaz de desenhar estruturas de Lewis para moléculas de compostos covalentes.

A fim de desenhar a estrutura de Lewis para uma molécula, devemos conhecer os poderes de combinação dos átomos envolvidos. Como explicado na seção anterior, o poder de combinação de um átomo de não metal depende do número de elétrons necessários para se obter o arranjo eletrônico de um elemento tipo gás nobre.

Muitas moléculas covalentes simples têm um átomo central ao qual outros estão ligados. Por exemplo, o átomo central no metano é o carbono, o átomo central na amônia é o nitrogênio, e o átomo central na água é o oxigênio. O átomo central é geralmente fácil de se identificar em moléculas simples porque ele aparece somente uma vez na fórmula química: CH_4, NH_3, H_2O. Além disto, o átomo central é geralmente o átomo com o maior poder de combinação. O hidrogênio e os halogênios geralmente não podem servir de átomos centrais porque formam apenas uma ligação para preencher seus níveis mais externos.

Uma vez identificado o átomo central da molécula, desenhamos a estrutura de Lewis colocando os outros átomos em volta dele para completar o octeto do átomo central, assim como os níveis externos dos átomos ao redor. Por exemplo, no tricloreto de fósforo, PCl_3, o fósforo é o átomo central. Ele está no Grupo VA (15) e tem cinco elétrons periféricos:

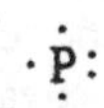

fósforo

O fósforo tem um poder de combinação igual a três porque necessita três elétrons mais para chegar aos oito elétrons. Ele portanto forma três ligações. Cada átomo de cloro deve formar uma simples ligação com o átomo central de fósforo.

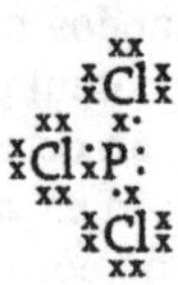

PCl_3

Note que, formando estas ligações, os átomos de cloro ganharam um elétron cada. E cada um tem agora um octeto completo.

As seguintes regras ajudá-lo-ão a conferir uma estrutura de Lewis contando os elétrons.

1. O número total de elétrons deve ser igual à soma dos elétrons periféricos dos átomos envolvidos.

No caso do PCl_3, há cinco elétrons provenientes do átomo de fósforo e sete de cada átomo de cloro. O número total de elétrons na estrutura deve ser 5 + 3 (7) = 5 + 21 =26.

2. Cada átomo deve ter um nível externo de oito elétrons (exceto o H e o He, que necessitam apenas dois elétrons).

Na estrutura que desenhamos para o PCl_3, cada átomo tem oito elétrons em volta de si.

Algumas moléculas requerem a formação de duplas ou triplas ligações para completar os octetos de todos os seu átomos. Por exemplo, o dióxido de carbono, CO_2, contém duas duplas ligações. Aqui o carbono, o átomo central, tem quatro elétrons periféricos e deve ganhar quatro elétrons adicionais através das ligações. Para ganhá-los, o carbono deve compartilhar dois elétrons de cada um dos dois átomos de oxigênio. Portanto, o carbono forma uma dupla ligação com cada átomo de oxigênio.

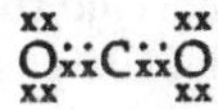 CO_2

Os átomos de oxigênio têm seis elétrons periféricos. Formando uma dupla ligação com o carbono, cada átomo de oxigênio "ganha" dois elétrons e completa seu nível externo. Note que o número total de elétrons, 16, está correto. O carbono fornece quatro elétrons e cada oxigênio fornece seis: 4 + 2 (6) = 16. Além disto, cada átomo de carbono e de oxigênio tem agora oito elétrons.

Exemplo

Desenhe a estrutura de Lewis para o tetracloreto de carbono, CCl_4.

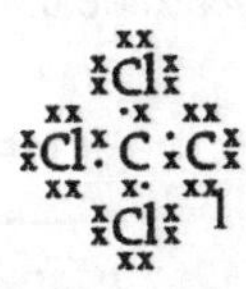

Como mostram os exemplos seguintes, é possível a dois átomos servirem juntos como átomos centrais.

Exemplo

Desenhe a estrutura de Lewis para o peróxido de hidrogênio, H_2O_2.

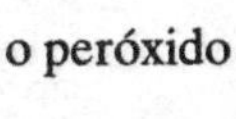

Exemplo

Desenhe a estrutura de Lewis para o etileno, C_2H_4.

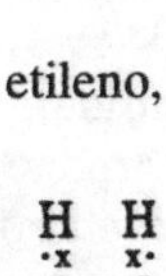

3.7 Dando Nomes aos Compostos Covalentes

Objetivo: Para demonstrar entendimento desta seção, você deverá ser capaz de escrever os nomes e fórmulas de compostos covalentes.

Compostos químicos que contêm somente dois elementos são chamados **compostos binários**. Quando escrevemos o nome ou a fórmula de um composto binário covalente, colocamos geralmente os dois elementos em ordem crescente de eletronegatividade. O nome ou símbolo do elemento mais eletronegativo é escrito por último. A ordem dos elementos é mostrada pela seguinte seqüência:

$$\underrightarrow{\text{B Si C Sb As P N H Se S I Br Cl O F}}$$
ordem dos elementos em compostos binários covalentes

A raiz do segundo elemento (mais eletronegativo) é escrita, seguida do sufixo *eto* (exceto para o oxigênio, cujo sufixo é *ido*), da preposição *de* e do nome completo do primeiro elemento (menos eletronegativo). Além disto, um prefixo que indica o número de átomos é utilizado antecedendo cada parte do nome:

Prefixo	Significado
mono-	um
di-	dois
tri-	três
tetra-	quatro
penta-	cinco
hexa-	seis

Raízes comuns são dadas na Tabela 3-3. Geralmente o prefixo *mono-* é omitido para o primeiro elemento de um nome.

Tabela 3-3 Raízes de Elementos Comuns

Elemento	Raiz
hidrogênio	hidr-
carbono	carb-
nitrogênio	nitr-
fósforo	fosf-
oxigênio	ox-
enxofre	sulf-
flúor	fluor-
cloro	clor-
bromo	brom-
iodo	iod-

Por exemplo, considere o CO_2, que consiste de um átomo de carbono e dois átomos de oxigênio. O carbono é menos eletronegativo (ele aparece antes do oxigênio na série) e é escrito por inteiro. A raiz do oxigênio é *ox-* . O prefixo *di* é usado para indicar dois átomos de oxigênio, e o sufixo *-ido* é acrescentado. O nome completo é dióxido de carbono.

carbono	di	ox	ido
1° elemento	dois átomos	raiz do 2° elemento	sufixo

Outros exemplos são

Fórmula	Nome
CO	monóxido de carbono
NO_2	dióxido de nitrogênio
SO_3	trióxido de enxofre
CCl_4	tetracloreto de carbono
PBr_5	pentabrometo de fósforo
XeF_6	hexafluoreto de xenônio

Exemplo

Escreva a fórmula e nome da molécula covalente com a seguinte composição: (a) 1 átomo de enxofre, 2 átomos de cloro; (b) 2 átomos de fósforo, 5 átomos de oxigênio; (c) 1 átomo de carbono, 4 átomos de iodo; (d) 2 átomos de boro, 3 átomos de enxofre; (e) 3 átomos de fósforo, 5 átomos de nitrogênio.

	Fórmula	*Nome*
a.	SCl_2	dicloreto de enxofre
b.	P_2O_5	pentóxido de difósforo
c.	CI_4	tetraiodeto de carbono
d.	B_2S_3	trissulfeto de diboro
e.	P_3N_5	pentanitreto de trifósforo

3.8 Íons

Objetivo: Para demonstrar entendimento desta seção, você deverá ser capaz de definir e predizer as cargas de cátions e ânions com base no seu número de grupo.

Todas as moléculas consideradas até agora consistem de átomos *não* metálicos ligados covalentemente entre si. Mas quando *metais* formam ligações com não metais, a diferença é tão grande que se torna difícil descrever a ligação simplesmente como compartilhamento de elétrons. Os metais têm eletronegatividade muito baixa e apenas alguns elétrons periféricos. Eles têm pouca atração por elétrons periféricos e, de fato, facilmente os perdem. Os não metais, pelo contrário, têm eletronegatividade muito maior; eles tendem a atrair elétrons para si. Quando um metal interage com um não metal, esta grande diferença em eletronegatividade resulta na *transferência de elétrons periféricos* do átomo do metal para o átomo do não metal. A Figura 3-5 mostra como o tipo de ligação varia com o número de grupo na tabela periódica.

Podemos imaginar esta ligação como um caso extremo de ligação polar covalente. Quanto maior a diferença em eletronegatividade entre os dois átomos, mais polar, e geralmente mais forte, será a ligação. Quando a diferença em eletronegatividade é pequena, como acontece com dois não metais, a ligação covalente ocorre. Quando a diferença em eletronegatividade é grande como acontece entre um átomo de metal e um de não metal, forma-se uma **ligação iônica.**

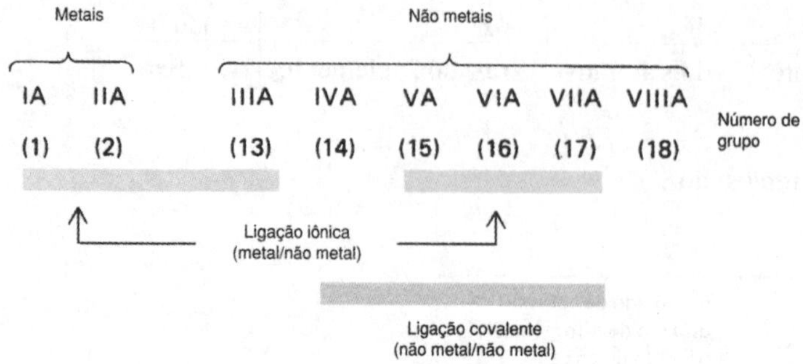

Figura 3-5
Tipos de ligação. As ligações químicas formadas entre não metais são na maioria co-valentes. Ligações entre metais e não metais são na maioria iônicas.

Voltando à analogia da Seção 3.4 de duas pessoas compartilhando um lençol, podemos dizer que a pessoa mais forte puxou agora o lençol inteiro para um lado da cama! (Veja Figura 3-6)

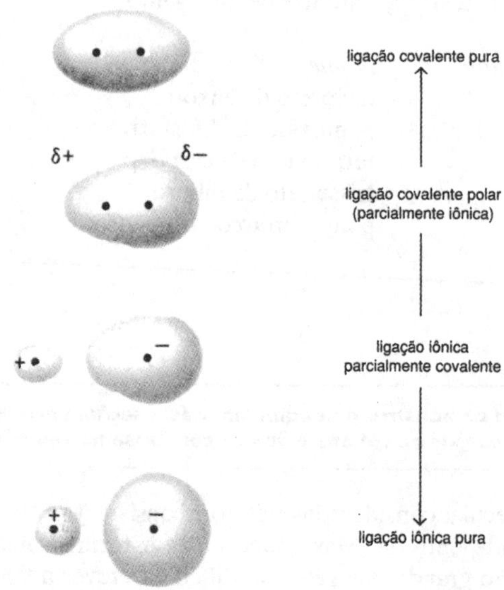

Figura 3-6
Escala de tipos de ligações químicas. Representados aqui estão dois extremos, ligação covalente pura e ligação iônica pura, assim como dois casos intermediários. A maioria das ligações podem ser imaginadas como um desses dois tipos intermediários.

Considere o seguinte exemplo. Lítio, um metal do Grupo IA (1), tem um elétron periférico. O flúor, um não metal do Grupo VIIA (17), tem sete elétrons periféricos. Se átomos destes dois elementos interagirem, o lítio transferirá seu elétron periférico solitário para o flúor, o qual tem uma eletronegatividade muito maior. Perdendo seu elétron externo solitário, o lítio adquire o arranjo de nível energético completo do hélio. O flúor, ganhando um elétron, adquire o arranjo de nível energético completo do neônio. O número de elétrons em cada átomo mudou, mas o número de prótons permanece o mesmo. Portanto, o número de prótons positivos em cada átomo não mais se iguala ao número de elétrons negativos, e os dois átomos não são mais neutros. Estes átomos eletricamente carregados são chamados **íons**.

Usando diagramas, podemos mostrar a formação de um íon de lítio e de um íon fluoreto como segue:

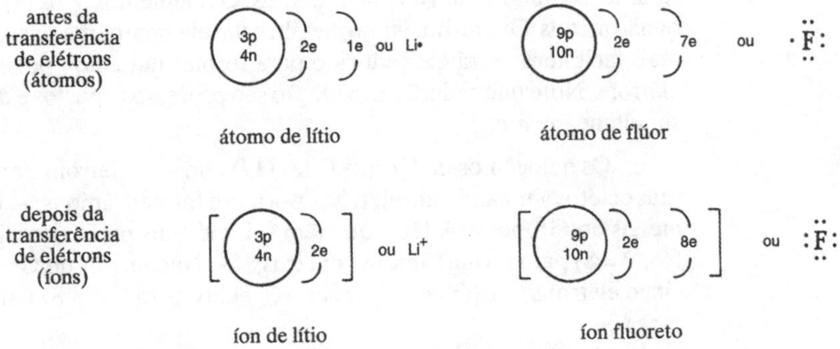

O íon de lítio tem carga 1+ porque tem três prótons, mas apenas dois elétrons:

prótons:	3+	
elétrons:	2–	Li^+, íon de lítio
carga total:	1+	

O íon fluoreto tem carga 1– porque tem nove prótons e dez elétrons:

prótons:	9+	
elétrons:	10–	F^-, íon fluoreto
carga total:	1–	

Note que o nome de um íon negativo simples como o íon fluoreto é formado usando-se a terminação -eto na raiz do elemento.

Um íon positivamente carregado, como Li^+, é chamado **cátion**. Um cátion consiste de um núcleo positivo rodeado por insuficientes elétrons para neutralizar as cargas de todos os seus prótons. Os cátions são formados por um processo chamado **oxidação** que significa a perda de um ou mais elétrons. Os elementos mais facilmente oxidados são os metais. Quanto mais metálico um elemento (menor sua eletronegatividade), mais facilmente seus átomos serão oxidados para se formarem cátions.

Os metais do Grupo IA (1), tais como o lítio, têm apenas um elétron periférico para perder. Portanto eles formam cátions com carga 1+. Semelhantemente, os metais do Grupo IIA (2) formam íons com carga 2+ pela perda de seus dois elétrons periféricos. Os metais do Grupo IIIA (13) formam íons com carga 3+ pela perda de seus três elétrons periféricos.

Número de grupo	**Nº de elétrons periféricos**	**Carga do cátion**	**Exemplo**
IA(1)	1	1+	Na^+
IIA(2)	2	2+	Ca^{2+}
IIIA(3)	3	3+	Al^{3+}

Um íon negativamente carregado, como F^-, é chamado **ânion**. Um ânion consiste de um núcleo positivo rodeado por elétrons mais do que os suficientes para neutralizar a carga de seus prótons. Os ânions são formados por **redução**, o que significa o ganho de um ou mais elétrons. Os elementos mais facilmente reduzidos são os não metais. Quanto mais não metálico um elemento (maior sua eletronegatividade), mais facilmente será ele reduzido para formar um ânion por ganho de um ou mais elétrons. Note que redução e oxidação são processos opostos e devem sempre ocorrer simultaneamente.

Os halogênios do Grupo VIIA (17) têm sete elétrons periféricos. Eles formam seus octetos ganhando um elétron e portanto formam ânions 1–. Da mesma forma, não metais do Grupo VIA (16), que têm seis elétrons periféricos, ganham dois elétrons (6 + 2 = 8) para formar ânions com carga 2–. Não metais do Grupo VA (15), que têm cinco elétrons periféricos, ganham três elétrons (5 + 3 = 8) para formar ânions com carga 3–.

Os ânions, assim como os cátions, têm o arranjo eletrônico completo dos gases nobres. Eles são carregados, porém, porque não possuem o mesmo número de prótons dos átomos de gases nobres. Eles têm número de prótons diferente do número de elétrons.

Número de grupo	Número de elétrons periféricos	Elétrons necessários para completar o nível	Carga do ânion	Exemplo
VA (15)	5	3	3–	N^{3-}
VIA (16)	6	2	2–	O^{2-}
VIIA (17)	7	1	1–	Cl^-

Teste Clínico 3

ÍONS DE CÁLCIO E FOSFATO

Íons de cálcio, Ca^{2+}, e íons fosfato, PO_4^{3-}, são essenciais para a formação de ossos e dentes, assim como para outros processos importantes. Uma pequena parte do suprimento de ambos no corpo está no sangue. As quantidades presentes são controladas pela glândula paratireóide e pelo rim. Normalmente, cada 100 mL de soro sangüíneo contém 8,5 a 10,5 mg de cálcio e 3,0 a 4,5 mg de fosfato.

O nível sangüíneo destes íons pode ser usado para detectar doença óssea, desordens da paratireóide, e outras condições. Por exemplo, doença renal resulta em hipocalcemia (cálcio diminuído) e hiperfosfatemia (fosfato aumentado). Freqüentemente, como neste caso, quando o nível de um destes dois íons decresce, o outro aumenta. Esta conexão resulta das funções relacionadas destes íons no corpo.

Saúde em Notícia 3

TERAPIA POR ÍON DE LÍTIO

Carbonato de lítio, Li_2CO_3, é um composto iônico relativamente simples. Seu comportamento porém no corpo humano é complexo e ainda algo misterioso. Muitas vezes chamado simplesmente de "lítio", o Li_2CO_3 é considerado a droga mais efetiva para o tratamento de um tipo de doença mental chamada doença maníaco-depressiva. De acordo com um médico, "o lítio poderia bem ser a mais bela conquista da psiquiatria".

As pessoas que sofrem desta doença tendem a ficar fortemente superativas ou profundamente deprimidas por semanas ou meses a fio. A mania é caracterizada por excitação, elação, superatividade e loquacidade. Por outro lado, a pessoa se sente desanimada durante os períodos de depressão, e tudo parece requerer tremendo esforço. Uma pessoa muito deprimida poderia até tentar suicídio.

Outras drogas usadas anteriormente para o tratamento da depressão maníaca são compostos orgânicos complexos. (Compostos orgânicos são apresentados no Capítulo 9.) O carbonato de lítio não é apenas um composto muito mais simples do que essas drogas, mas também funciona melhor e produz menos efeitos colaterais. Ele acalma o paciente durante a crise maníaca e parece ajudar a controlar as flutuações de ânimo. Em contraste com outras drogas que agem no sistema nervoso central, o lítio tem pouco efeito em pessoas normais.

A maneira como esta droga atua no corpo não é ainda bem conhecida. Sabemos que sinais são transmitidos no sistema nervoso através de um processo que depende de um balanço entre os íons de sódio e de potássio. Os íons de lítio, provenientes do carbonato de lítio, podem também afetar o modo como as células nervosas se comunicam. A terapia por lítio ajuda 70% das pessoas tratadas. Ela pode porém produzir sérios efeitos colaterais, e deve ser administrada sob rigorosa supervisão de um médico. O lítio representa um dos pontos altos no uso de drogas para tratamento de doenças mentais.

Usada há mais de 10 anos, a terapia por lítio já poupou cerca de quatro bilhões de dólares, com base no custo de tempo de trabalho perdido e no custo de métodos anteriores de tratamento.

3.9 A Ligação Iônica

Objetivo: Para demonstrar entendimento desta seção, você deverá ser capaz de ilustrar a formação de ligações iônicas usando diagramas simplificados.

Uma ligação iônica resulta da atração entre íons de cargas opostas, chamadas cátions e ânions. Como ilustrado aqui, a formação de uma ligação iônica pode ser imaginada como ocorrendo em duas etapas:

1. transferência de elétrons
2. atração de íons

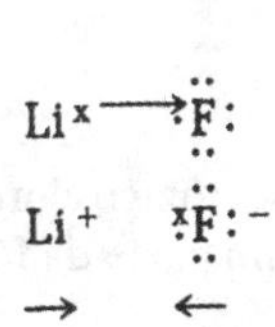

Mesmo sendo transferido de um átomo de metal para um de não metal, um elétron ainda fica relativamente próximo ao núcleo do átomo de metal. Na formação da ligação, os elétrons se redistribuem de maneira a ficarem mais pertos do átomo mais eletronegativo. Entretanto, pelo fato de cargas opostas se atraírem mutuamente os elétrons ficam realmente próximos aos núcleos de cada um dos átomos envolvidos na ligação. (Veja a Figura 3-7)

A substância formada por lítio e flúor é um composto iônico contendo cátions Li^+ e ânions F^- em igual número. Sua fórmula é LiF. O composto como um todo é neutro porque as cargas positivas dos cátions neutralizam exatamente as cargas negativas dos ânions. *Quer iônicos ou covalentes, todos os compostos, como todos os átomos, são eletricamente neutros.*

Vejamos outro exemplo. A formação de uma ligação iônica entre sódio e cloro começa também com a transferência de um elétron do metal para o não metal mais eletronegativo:

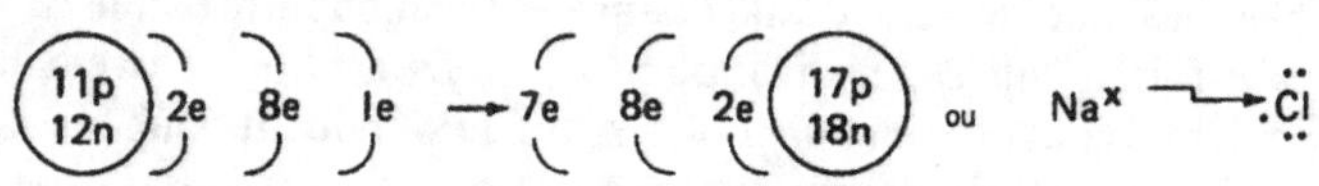

átomo de sódio átomo de cloro

O sódio é oxidado, perdendo seu elétron periférico solitário para formar o íon de sódio:

$$Na^{\times} \Rightarrow Na^+$$

átomo de sódio íon de sódio

O cloro é reduzido, ganhando o elétron do sódio para formar o íon cloreto:

$$\cdot\ddot{\underset{\cdot\cdot}{Cl}}: \Rightarrow \overset{\times}{\cdot}\ddot{\underset{\cdot\cdot}{Cl}}:^-$$

átomo de cloro íon de cloro

O cátion Na^+ e o ânion Cl^- têm cargas opostas e portanto se atraem mutuamente:

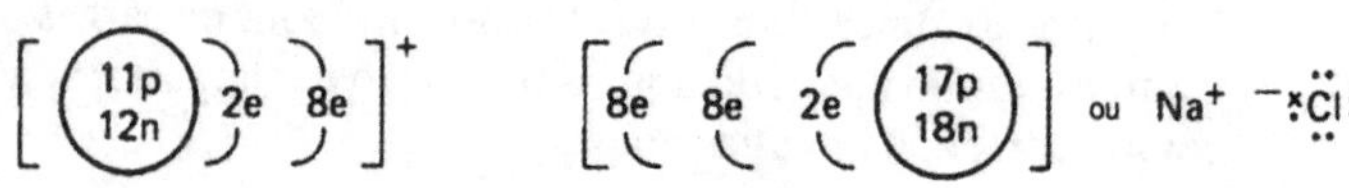

O composto iônico cloreto de sódio, NaCl, é o resultado. Note que não escrevemos as cargas como parte da fórmula de um composto neutro.

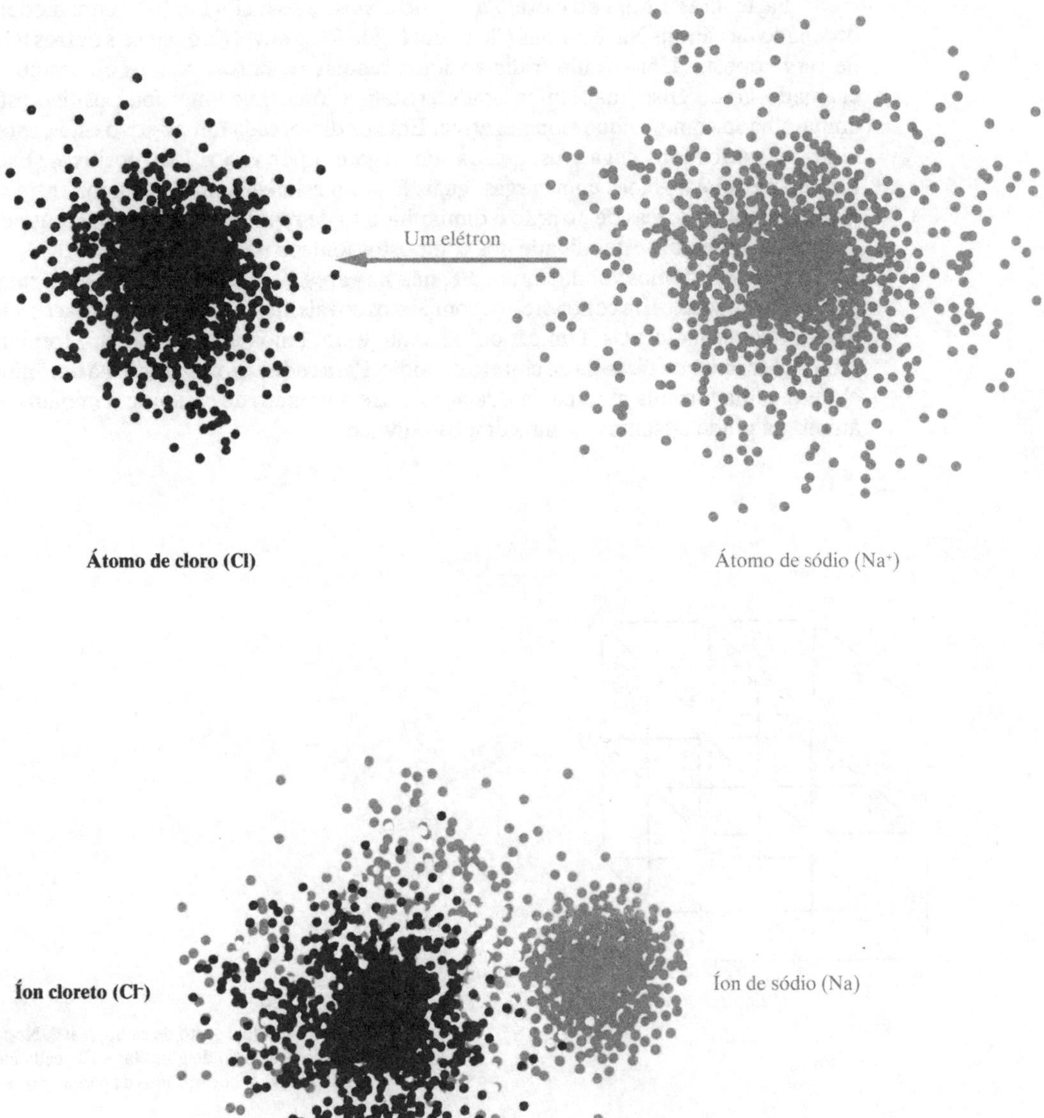

Figura 3-7
A ligação iônica. Como um ou mais elétrons são transferidos de átomos metálicos para não metálicos, íons com cargas opostas se formam. A atração entre estes íons originam a ligação iônica. Os pontos neste diagrama representam possíveis posições dos elétrons. (Cortesia do Museum of Science and Industry, Chicago.)

Parte da estrutura do cloreto de sódio é mostrado na Figura 3-8. É um modelo ordenado de cátions Na^+ e ânions Cl^- no qual cada íon é envolvido por seis outros íons de carga oposta. Um arranjo tridimensional regular repetitivo de íons ou átomos é chamado grade cristalina. Numa grade cristalina iônica, nenhum íon positivo está emparelhado com qualquer íon negativo. Em vez disso, cada íon positivo está envolvido por vários íons negativos, e cada íon negativo por vários íons positivos. Este arranjo permite aos íons com cargas iguais ficarem relativamente afastados entre si. Aumentando as forças de atração e diminuindo as de repulsão entre os íons, a grade cristalina aumenta a estabilidade dos compostos iônicos.

Como podemos ver na Figura 3-8, não há pares distintos de íons, ou moléculas de cloreto de sódio. Em contraste aos compostos covalentes, os compostos iônicos não existem como moléculas. Um cátion de sódio e um ânion cloreto, porém, formam juntos uma **unidade fórmula** de cloreto de sódio. Para cada cátion de sódio há um ânion cloreto. Uma fórmula mínima dá a relação entre o número de cátions e o número de ânions na grade cristalina de um composto iônico.

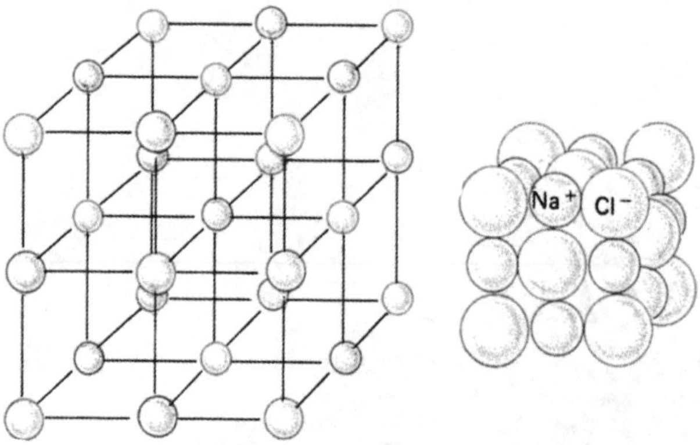

(a) (b)

Figura 3-8
Duas vistas do cloreto de sódio, NaCl. Neste arranjo ordenado de íons Na^+ e Cl^-, cada íon está envolvido por seis íons de carga oposta.

O nome comum do cloreto de sódio é sal de cozinha. As propriedades deste composto diferem muito das propriedades dos dois elementos que o compõem. O sódio é um metal brilhante que "queima" espontaneamente quando jogado na água (Veja a Figura 3-9). O cloro é um gás venenoso que foi usado para guerra química durante a 1ª Guerra Mundial. Apesar disto nós salpicamos cloreto de sódio nos alimentos! Está claro que quando os átomos perdem ou ganham elétrons para formar íons, uma grande mudança ocorre em suas propriedades. Portanto, é extremamente importante distinguir entre um átomo neutro e um íon. Quando lidando com um íon, *esteja sempre certo de especificar sua carga.*

Nos exemplos de formação de compostos iônicos discutidos até aqui, somente um elétron foi transferido de um átomo para o outro. Mas compostos iônicos podem também ser formados pela transferência de mais de um elétron. Por exemplo, os elementos magnésio e cloro podem formar um composto iônico.

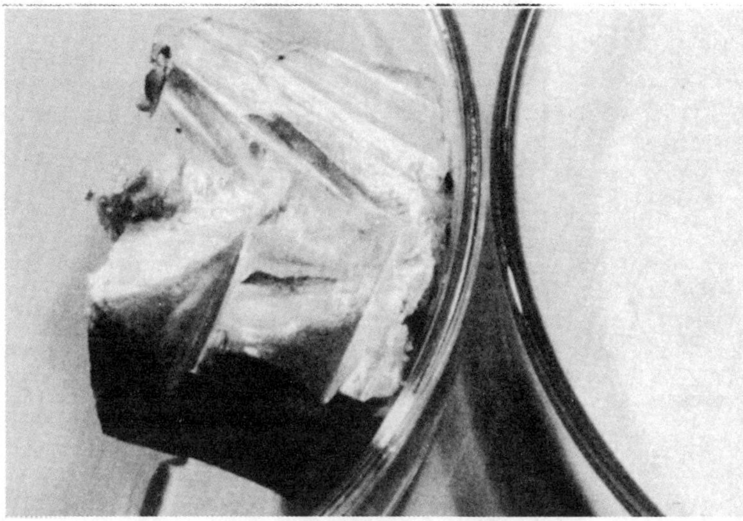

Figura 3-9
Sódio metálico e cloreto de sódio. Sódio metálico, Na (à esquerda), e Na^+ no cloreto de sódio, NaCl (à direita), são muito diferentes, apesar de Na e Na^+ diferirem em apenas um elétron. (Direitos autorais para foto Al Green.)

O magnésio (Grupo IIA ou 2) deve perder dois elétrons periféricos, e o cloro (Grupo VIIA ou 17) pode aceitar apenas um. Portanto, dois átomos de cloro são necessários para cada átomo de magnésio. O átomo de magnésio doa um elétron para cada átomo de cloro, como mostra a Figura 3-10. O composto resultante é o cloreto de magnésio, $MgCl_2$. Usando o mesmo raciocínio, você deverá ser capaz de entender como o sódio e o oxigênio formam o composto óxido de sódio, Na_2O, mostrado na Figura 3-11.

Nesta seção nós discutimos ligações iônicas "puras", envolvendo transferência completa de elétrons. Em seções anteriores estudamos a ligação covalente "pura". A maioria das ligações em compostos está realmente entre esses dois extremos. Ligação covalente polar, por exemplo, pode ser imaginada como uma mistura de ligação covalente e ligação iônica.

A Figura 3-12 apresenta um sumário da composição da matéria baseado nos conceitos discutidos até aqui. Toda espécie de matéria é composta de átomos quer em forma de um elemento ou de um composto. Os elementos são constituídos de átomos com o mesmo número atômico. Os compostos são constituídos de dois ou mais elementos. Os compostos podem consistir de moléculas ou de arranjos regulares de íons com cargas opostas. Toda a matéria que nos rodeia, assim como a matéria em nossos corpos, é constituída de elementos e compostos.

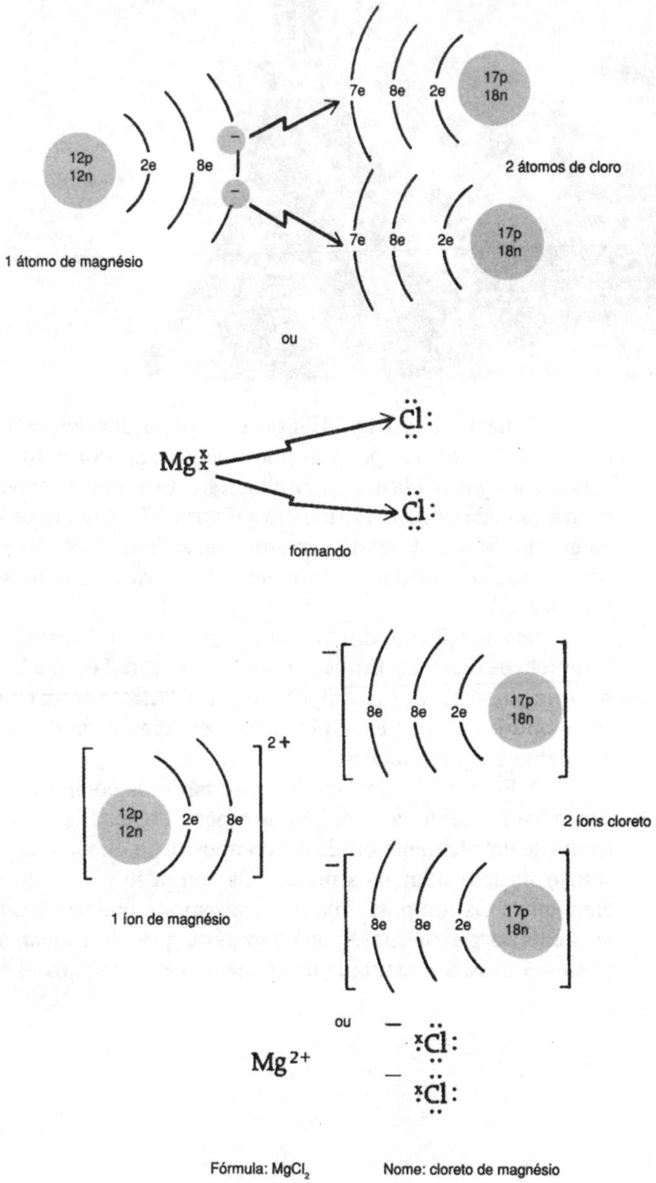

Figura 3-10
Formação do cloreto de magnésio, $MgCl_2$. Um átomo de magnésio transfere seus elétrons periféricos a dois átomos de cloro. O composto iônico resultante contém um íon de magnésio (Mg^{2+}) e dois íons cloreto (Cl^-) na unidade fórmula.

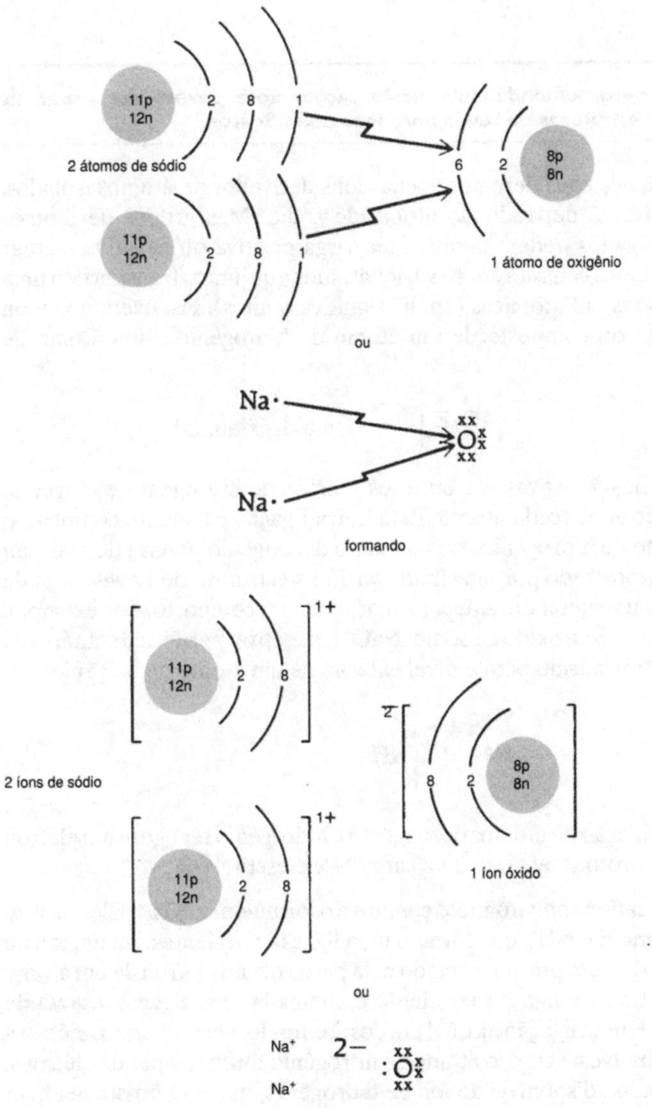

Figura 3-11
Formação do óxido de sódio, Na_2O. Cada um de dois átomos de sódio transfere um elétron periférico a um átomo de oxigênio. O composto iônico resultante contém dois íons de sódio (Na^+) e um íon óxido (O^{2-}) na unidade fórmula.

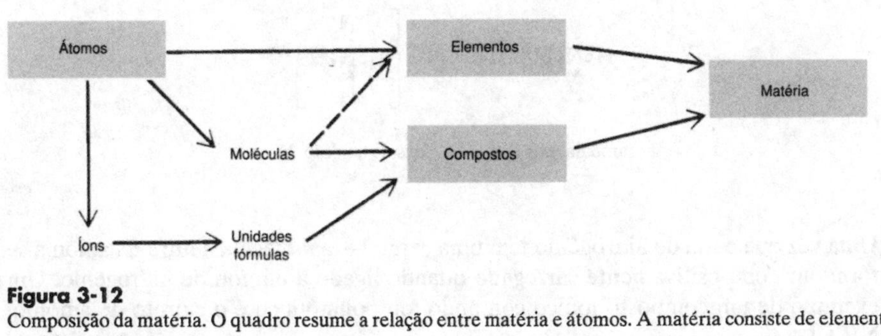

Figura 3-12
Composição da matéria. O quadro resume a relação entre matéria e átomos. A matéria consiste de elementos e compostos, que são feitos de átomos.

3.10 Íons Poliatômicos

Objetivo: Para demonstrar entendimento desta seção, você deverá ser capaz de identificar e desenhar estruturas de Lewis para íons poliatômicos.

Nas seções anteriores, nós consideramos apenas íons derivados de átomos isolados. Por exemplo, o íon Na^+ é derivado do átomo de sódio. Mas grupos de átomos covalentemente interligados podem também ter carga positiva ou negativa e atuar como íons. Pelo fato de eles consistirem de vários átomos que juntos transportam uma carga, são chamados **íons poliatômicos** ("poli" significa muitos). Por exemplo, o íon hidróxido, OH^-, é um íon composto de um átomo de hidrogênio e um átomo de oxigênio.

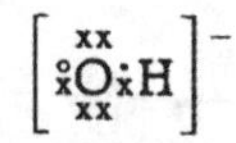

íon hidróxido, OH^-

Há uma única ligação covalente entre os átomos de hidrogênio e oxigênio, consistindo de um elétron de cada átomo. Esta única ligação covalente completa o nível externo do átomo de hidrogênio, mas o átomo de oxigênio precisa de mais um elétron. Este elétron (mostrado por um círculo vazio na estrutura de Lewis) vem da oxidação do átomo de um metal durante a formação de um composto. Por exemplo, na formação do composto hidróxido de sódio, NaOH, o elétron periférico solitário de um átomo de sódio é transferido para o nível externo de um átomo de oxigênio:

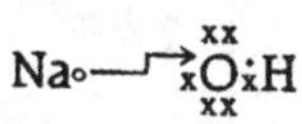

Pelo fato de esta combinação de átomos de oxigênio e hidrogênio ter agora um elétron a mais em relação aos prótons, ela tem uma carga 1– e é escrita OH^-.

Um dos poucos cátions poliatômicos comuns é o íon amônio, NH_4^+. Ele consiste de uma molécula de amônia, NH_3, que formou uma ligação covalente com um íon de hidrogênio, H^+. (o íon H^+ é um próton formado pela perda de um elétron de um átomo de hidrogênio.) Este tipo de ligação covalente é chamada uma **ligação covalente coordenada ou dativa**. É uma ligação na qual um dos átomos fornece *ambos* os elétrons a serem compartilhados. Neste caso, o átomo de nitrogênio torna seu par de elétrons, ainda não compartilhado, disponível ao íon de hidrogênio, que não possui nenhum elétron.

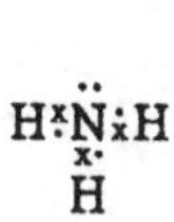

amônia, NH_3

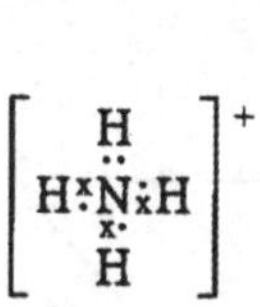

íons de amônio, NH_4^+

Uma vez que o íon de hidrogênio tem uma carga 1+, a molécula neutra da amônia se torna um íon positivamente carregado quando ligado a um íon de hidrogênio. Um exemplo de um composto iônico contendo íon poliatômico é o cloreto de amônio, NH_4Cl.

Certos íons poliatômicos relacionados diferem entre si somente na sua carga e números de hidrogênios. Exemplos são o íon carbonato, CO_3^{2-}, e o hidrogênio-carbonato, HCO_3^-, comumente chamado de íon bicarbonato. O íon hidrogênio carbonato tem uma carga negativa menos do que o íon carbonato porque contém uma carga positiva adicional, um íon de hidrogênio, H^+, como segue:

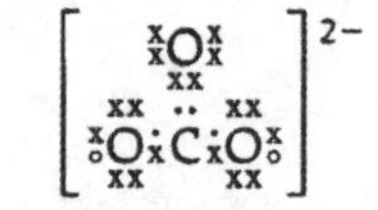

íon carbonato CO_3^{2-}

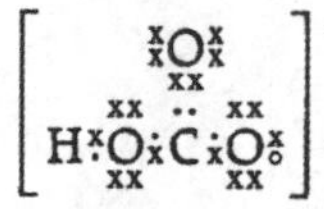

íon hidrogênio-carbonato (bicarbonato) HCO_3^-

Outro grupo de íons poliatômicos relacionados é

PO_4^{3-}	íon fosfato
HPO_4^{2-}	íon hidrogenofosfato
$H_2PO_4^-$	íon diidrogenofosfato

Mais exemplos de íons poliatômicos são mostrados na Tabela 3-4. Em cada caso, as ligações dentro do grupo de átomos são covalentes, mas a unidade como um todo é um íon. Mais exemplos de íons poliatômicos são apresentados na seção seguinte.

3.11 Dando Nomes aos Compostos Iônicos

Objetivo: Para demonstrar entendimento desta seção, você deverá ser capaz de escrever os nomes ou fórmulas de compostos iônicos.

O símbolo de um cátion ou um ânion é simplesmente o símbolo do elemento com a carga apropriada mostrada como sobrescrito no lado direito. Cátions formados de um único átomo têm o mesmo nome dos átomos dos quais êles se originam: Por exemplo, Na^+ é chamado íon de sódio ou cátion de sódio. Ânions originados de um único átomo são designados substituindo o final do nome do elemento pelo sufixo *-eto*. Assim, Cl^- que é originado do elemento cloro, é chamado íon cloreto ou ânion cloreto. A Tabela 3-5 lista os cátions e ânions mais simples. Você pode usar esta tabela para dar nome a muitos compostos iônicos. Note que o íon O^{2-} faz exceção e é designado óxido. O mesmo ocorre com OH^-, designado hidróxido.

Tabela 3-4 Exemplos de Íons Poliatômicos

Estrutura	Fórmula	Nome
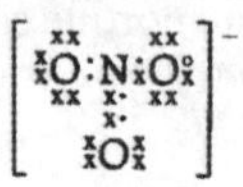	NO_3^-	íon nitrato
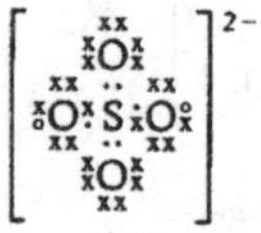	SO_4^{2-}	íon sulfato
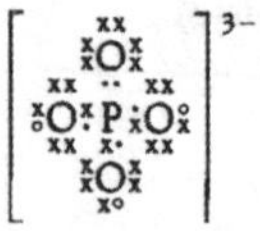	PO_4^{3-}	íon fosfato

Como ocorre com os compostos covalentes, as fórmulas e nomes dos compostos iônicos são escritos colocando-se o elemento mais eletronegativo no fim. Assim, o cátion é escrito antes, seguido pelo ânion. O cloreto de sódio, NaCl, é um exemplo típico.

sódio	clor	eto
nome do cátion	raiz do ânion	sufixo do ânion

Lembrando que o oxigênio faz exceção nessa nomenclatura, outros exemplos são: óxido de magnésio, MgO; sulfeto de potássio, K_2S; brometo de cálcio, $CaBr_2$; cloreto de alumínio, $AlCl_3$.

Podemos atribuir aos átomos **números de oxidação**, que refletem o modo como as cargas estão distribuídas entre os átomos numa molécula ou fórmula mínima. No caso de simples cátions metálicos, o número de oxidação do metal é igual à carga do íon. Por exemplo, o número de oxidação do íon de sódio, Na^+, é +1. Diz-se que este número representa o estado de oxidação do elemento.

Tabela 3-5 Nomes de Íons Simples

Cátion		Ânion	
Símbolo	Nome	Símbolo	Nome
H^+	íon de hidrogênio	F^-	íon fluoreto
Li^+	íon de lítio	Cl^-	íon cloreto
Na^+	íon de sódio	Br^-	íon brometo
K^+	íon de potássio	I^-	íon iodeto
Mg^{2+}	íon de magnésio	O^{2-}	íon hidróxido
Ca^{2+}	íon de cálcio	S^{2-}	íon sulfeto
Al^{3+}	íon de alumínio	N^{3-}	íon nitreto

Muitos metais de transição — Grupos IIIB (3) até IIB (12) — têm mais de um estado de oxidação. Para o composto ser adequadamente identificado, o número de oxidação deve ser escrito sob forma de algarismo romano depois do nome do metal. (Os primeiros seis algarismos romanos são I, II, III, IV, V, VI.). Por exemplo, o nome cloreto de ferro está incompleto. Ele poderia significar $FeCl_2$, cloreto de ferro (II), ou $FeCl_3$, cloreto de ferro (III). (Não precisamos de algarismos romanos para íons do Grupo IA (1), IIA (2) ou IIIA (13) porque cada um tem apenas um estado de oxidação possível.) Certos elementos comuns, como o ferro, têm apenas dois estados de oxidação destacáveis, e um sistema de nomenclatura mais antigo usa as terminações *–oso* e *–ico* para distinguir estes estados. Naquele sistema, ferro (II), Fe^{2+} é o íon *ferroso*, e ferro (III), Fe^{3+}, o íon *férrico*. Em geral, o estado mais baixo termina em *–oso* e o mais alto em *-ico*. Outros exemplos deste sistema são dados na Tabela 3-6. Os nomes e fórmulas de compostos típicos envolvendo elementos que têm mais de um estado de oxidação são

Fórmula	Nome	
SnF_2	fluoreto de estanho (II)	[fluoreto estanoso]
SnF_4	fluoreto de estanho (IV)	[fluoreto estânico]
Hg_2O	óxido de mercúrio (I)	[óxido mercuroso]
HgO	óxido de mercúrio (II)	[óxido mercúrico]
CuBr	brometo de cobre(I)	[brometo cuproso]
$CuBr_2$	brometo de cobre(II)	[brometo cúprico]

Tabela 3-6 Átomos Que Formam Vários Íons

Elemento	Íon	Nome formal	Nome trivial
ferro	Fe^{2+}	íon de ferro (II)	íon ferroso
	Fe^{3+}	íon de ferro (III)	íon férrico
cobre	Cu^{+}	íon de cobre (I)	íon cuproso
	Cu^{2+}	íon de cobre (II)	íon cúprico
estanho	Sn^{2+}	íon de estanho (II)	íon estanoso
	Sn^{4+}	íon de estanho (IV)	íon estânico
mercúrio	Hg^{+}[a]	íon de mercúrio (I)	íon mercuroso
	Hg^{2+}	íon de mercúrio (II)	íon mercúrico

[a]Ocorre como Hg_2^{2+}.

Íons poliatômicos, tais como os listados na Tabela 3-7, têm freqüentemente a terminação *–ato*. Muitos íons poliatômicos consistem de átomos de oxigênio ligados a um átomo central. O átomo central é usualmente um não metal, tal como o nitrogênio no íon nitrato, NO_3^-, ou o enxofre no íons sulfato, SO_4^{2-}. Freqüentemente, outros íons poliatômicos existem com um átomo de oxigênio a menos. Os nomes destes íons terminam em *-ito*, como em nitrito e sulfito.

íon sulfato	SO_4^{2-}	íon nitrato	NO_3^-
íon sulfito	SO_3^{2-}	íon nitrito	NO_2^-

Tabela 3-7 Íons Poliatômicos Comuns

Carga	Nome	Fórmula
	íon acetato	$C_2H_3O_2^-$
	íon cianeto	CN^-
	íon diidrogenofosfato	$H_2PO_4^-$
1-	íon hidrogenocarbonato (bicarbonato)	HCO_3^-
	íon hidróxido	OH^-
	íon nitrato	NO_3^-
	íon nitrito	NO_2^-
	íon permanganato	MnO_4^-
	íon peróxido	O_2^{2-}
2-	íon sulfato	SO_4^{2-}
	íon sulfito	SO_3^{2-}
3-	íon fosfato	PO_4^{3-}
1+	íon amônio	NH_4^+

Às vezes formas adicionais são possíveis. O prefixo *per-* é colocado na forma *-ato* se mais um átomo de oxigênio é ligado. O prefixo *-hipo* é colocado na forma *-ito* se houver um átomo de oxigênio menos. Estas formas são ilustradas nas séries seguintes:

Íon	Nome
ClO_4^-	íon perclorato
ClO_3^-	íon clorato
ClO_2^-	íon clorito
ClO^-	íon hipoclorito

Alguns íons poliatômicos têm nomes terminados em *-ido*, como hidróxido, OH^- e peróxido, O_2^{2-}. Cátions poliatômicos como amônio, NH_4^+, terminam em *-onium*. Note que as fórmulas dos íons poliatômicos são geralmente escritas com os átomos em ordem crescente de eletronegatividade.

Nomes e fórmulas de compostos contendo íons poliatômicos são escritos da mesma maneira como os nomes e fórmulas de compostos iônicos simples. Escrevemos o cátion e depois o ânion. Para evitar confusão quando os compostos contêm mais de um mesmo íon poliatômico na fórmula mínima, colocamos o íon entre parênteses antes de escrever seu subscrito.

Assim, hidróxido de cálcio é escrito

$Ca(OH)_2$ ← dois íons hidróxido

para mostrar que ele contém um íon cálcio e dois íons hidróxido (leia C–a–O–H duas vezes). Se em vez disto escrevêssemos $CaOH_2$, o subscrito 2 estaria se referindo apenas ao átomo mais próximo, hidrogênio, e não ao oxigênio. Mas colocando os parênteses envolvendo o íon hidróxido, fazemos com que o subscrito se aplique a todo o grupo, OH, e não a apenas uma parte dele.

Às vezes há subscritos dentro dos parênteses. Por exemplo, a fórmula do nitrato de alumínio é $Al(NO_3)_3$. A fórmula mínima deste composto consiste de um íon de alumínio, Al^{3+}, e três íons nitrato, NO_3^-.

Exemplos de compostos iônicos e suas fórmulas são os seguintes:

Nome	Fórmula	Composição
carbonato de amônio	$(NH_4)_2CO_3$	2 íons amônio 1 íon carbonato
permanganato de potássio	$KMnO_4$	1 íon potássio 1 íon permanganato
sulfato de alumínio	$Al_2(SO_4)_3$	2 íons aluminio 3 íons sulfato
acetato de magnésio	$Mg(C_2H_3O_2)_2$	1 íon magnésio 2 íons acetato

Exemplo

Escreva a fórmula e o nome dos compostos formados pelos seguintes íons: (a) 1 íon cálcio, 2 íons fluoreto; (b) 1 íon platina (IV), 4 íons brometo; (c) 1 íon bário, 2 íons nitrato; (d) 3 íons cálcio, 2 íons fosfato; (e) 1 íon cobalto (II), 2 íons hidróxido.

	Fórmula	*Nome*
a.	CaF_2	fluoreto de cálcio
b.	$PtBr_4$	brometo de platina (IV)
c.	$Ba(NO_3)_2$	nitrato de bário
d.	$Ca_3(PO_4)_2$	fosfato de cálcio
e.	$Co(OH)_2$	hidróxido de cobalto (II)

3.12 Escrevendo Fórmulas de Compostos Iônicos

Objetivo: Para demonstrar entendimento desta seção, você deverá ser capaz de predizer as fórmula de compostos iônicos, dados os elementos ou íons dos quais eles se formam.

Uma maneira fácil de escrever fórmulas de compostos iônicos é baseada nas cargas de seus íons. Como todos os compostos são neutros, uma fórmula mínima deve conter números iguais de cargas positivas e negativas. Por exemplo, considere novamente a formação de um composto de sódio e cloro. O cátion proveniente do sódio é Na^+ e o ânion do cloro é Cl^-. Para ser neutro, o composto cloreto de sódio deve conter um Na^+ para cada Cl^-. Portanto, a fórmula é NaCl.

Podemos determinar a fórmula do composto formado de magnésio e cloro de modo semelhante. O magnésio está no Grupo IIA (2) e perde dois elétrons para formar o íon Mg^{2+}. O cloro, no Grupo VIIA (17), forma o íon Cl^-. Duas cargas negativas são necessárias para neutralizar as duas cargas positivas de cada íon de magnésio. Assim, a fórmula mínima deve conter um íon Mg^{2+} e dois íons Cl^-. Então escrevemos a fórmula do cloreto de magnésio $MgCl_2$.

Em geral, o processo para escrever a fórmula de um composto iônico consiste das três etapas seguintes:

1. Escreva os símbolos dos íons envolvidos.
2. Multiplique um ou mais dos íons pelo menor número inteiro possível para obter o mesmo número de cargas positivas e negativas.
3. Escreva estes números (em valores mínimos) como subscritos da fórmula.

Exemplo
Escreva a fórmula do composto formado por alumínio e iodo.

1. Al^{3+} (o alumínio está no Grupo IIIA ou 13) — I^- (o iodo está no Grupo VIIA ou 17)
2. 1 (Al^{3+}), um íon de alumínio — 3 (I^-), três íons iodeto
   As três cargas positivas neutralizam as três negativas.
3. AlI_3, iodeto de alumínio.

Exemplo
Escreva a fórmula do composto formado por cálcio e nitrogênio.

1. Ca^{2+} (o cálcio está no Grupo IIA ou 2) — N^{3-} (o nitrogênio está no Grupo VA ou 15)
2. 3 (Ca^{2+}), três íons de cálcio — 2 (N^{3-}), dois íons nitreto

Nota: Você deve multiplicar ambos os íons para contrabalançar suas cargas; o mínimo múltiplo comum de 2 e 3 é 6. As seis cargas positivas neutralizam as seis cargas negativas.

3. Ca_3N_2, nitreto de cálcio

Contrabalançando as cargas positivas e negativas, estaremos certos de que *o número de elétrons perdidos por uma espécie do átomo é igual ao número ganho pela outra espécie.* Este princípio é a base para todos os processos que envolvem oxidação e redução.

Exemplo
Escreva a fórmula e nome do composto iônico formado pelos seguintes átomos:

a. potássio e enxofre
1. K^+ — S^{2-}
2. 2 (K^+) — 1 (S^{2-})
   duas cargas + contrabalançam 2 cargas –
3. K_2S, sulfeto de potássio

b. estrôncio e cloro
1. Sr^{2+} — Cl^-
2. 1 (Sr^{2+}) — 2 (Cl^-)
   duas cargas + contrabalançam 2 cargas –
3. $SrCl_2$, cloreto de estrôncio

c. alumínio e enxofre
1. Al^{3+} — S^{2-}
2. 2 (Al^{3+}) — 3 (S^{2-})
   seis cargas + contrabalançam 6 cargas –
3. Al_2S_3, sulfeto de alumínio

d. lítio e nitrogênio
1. Li^+ — N^{3-}
2. 3 (Li^+) — 1 (N^{3-})
   três cargas + contrabalançam três cargas –
3. Li_3N, nitreto de lítio

Exemplo

Escreva a fórmula e o nome dos compostos iônicos formados pelos seguintes íons:

a. íon amônio e íon brometo

1. NH_4^+ Br^-
2. $1(NH_4^+)$ $1 (Br^-)$
 uma carga + contrabalança uma carga –
3. NH_4Br, brometo de amônio

b. íon de magnésio e íon nitrato

1. Mg^{2+} NO_3^-
2. $1 (Mg^{2+})$ $2 (NO_3^-)$
 duas cargas + contrabalançam 2 cargas –
3. $Mg(NO_3)_2$, nitrato de magnésio

c. íon de molibdênio (VI) e íon fluoreto

1. Mo^{6+} F^-
2. $1 (Mo^{6+})$ $6 F^-$
 seis cargas + contrabalançam 6 cargas –
3. MoF_6, fluoreto de molibdênio (VI)

d. íon de cobalto(II) e íon fosfato

1. Co^{2+} PO_4^{3-}
2. $3 (Co^{2+})$ $2 (PO_4^{3-})$
 seis cargas + contrabalançam 6 cargas –
3. $Co_3(PO_4)_2$, fosfato de cobalto (II)

A Tabela 3-8 dá os nomes e fórmulas de compostos iônicos adicionais, ao lado de suas aplicações em relação à saúde.

Tabela 3-8 Exemplos de Compostos Iônicos

Nome	Fórmula	Uso Médico
acetato de alumínio	$Al(C_2H_3O_2)_3$	maquilagem úmida para a pele, adstringente (solução de Burrow)
carbonato de amônio	$(NH_4)_2CO_3$	sais aromáticos
cloreto de amônio	NH_4Cl	diurético (auxilia a formação de urina), expectorante (liquefaz a secreção brônquica).
sulfato de bário	$BaSO_4$	facilita o exame de raios-x de órgãos internos
carbonato de cálcio	$CaCO_3$	antiácido
sulfato de cálcio	$CaSO_4$	moldes de gesso
sulfato de ferro (II)	$FeSO_4$	tratamento de anemia por deficiência de ferro
sulfato de magnésio (sal de Epsom)	$MgSO_4$	laxante
iodeto de potássio	KI	expectorante, fungicida
nitrato de potássio	KNO_3	diurético, antisséptico
permanganato de potássio	$KMnO_4$	oxidante, antiinfeccioso
nitrato de prata	$AgNO_3$	antisséptico, previne infecção
bicarbonato de sódio (bicarbonato)	$NaHCO_3$	antiácido
brometo de sódio	NaBr	sedativo
cloreto de sódio	NaCl	solução salina usual
fluoreto de sódio	NaF	aplicação dentária
iodeto de sódio	NaI	tratamento para deficiência de iodo em anomalias da tireóide
óxido de zinco	ZnO	adstringente e protetor (em loção de calamina, ungüentos)

SUMÁRIO

3.1 O número de elétrons periféricos num átomo determina o comportamento químico daquele átomo. De acordo com a regra do octeto, os elementos tendem a se combinar de tal modo que cada átomo adquire oito elétrons no seu nível eletrônico externo como no átomo de um gás nobre. A força que mantém os átomos unidos quando se combinam é chamada ligação química.

3.2 Uma ligação química covalente resulta do compartilhamento de elétrons por dois átomos. Ela é baseada na atração mútua de dois núcleos para o mesmo par de elétrons.

3.3 Molécula é a unidade formada pela ligação covalente de dois ou mais átomos. O tipo mais simples de molécula covalente é chamada diatômica porque ela consiste de dois átomos apenas. Sete elementos não metálicos existem na natureza como moléculas diatômicas (H_2, N_2, O_2, F_2, Cl_2, Br_2, I_2). Ligações múltiplas consistem de dois ou mais pares de elétrons compartilhados por dois átomos.

3.4 Um composto resulta da ligação dos átomos de dois ou mais diferentes elementos. Devido à diferença em eletronegatividade dos átomos numa molécula, ligações polares se formam. Ligações covalentes polares envolvem compartilhamento desigual de elétrons.

3.5 O número de ligações covalentes que um átomo pode formar representa seu poder de combinação. O poder de combinação da maioria dos não metais comuns é igual a 8 menos o número de grupo (18 se usarmos os novos números de grupo). Alguns destes poderes de combinação são C,4; N,3; O,2; e halogênios, 1.

3.6 É importante saber o poder de combinação de um átomo a fim de entender as estruturas de Lewis das moléculas. O átomo central na estrutura de Lewis é representado primeiro, e então os átomos restantes são colocados em volta dele de modo que todos os átomos da molécula adquiram níveis externos completos.

3.7 Compostos covalentes que contêm dois elementos são chamados compostos binários. Ao escrever o nome ou a fórmula de um composto binário, disponha os dois elementos em ordem crescente de eletronegatividade. Prefixos são usados para indicar o número de átomos, e a terminação é -eto.

3.8 Íon é um átomo eletricamente carregado. Íons simples se formam pela transferência de elétrons periféricos de átomos de metais para átomos de não metais. Os átomos de metais perdem elétrons (sofrem oxidação) para formar íons positivos, chamados cátions. Os átomos de não metais ganham elétrons (sofrem redução) para formar íons negativos, chamados ânions.

3.9 Ligações iônicas resultam da atração entre cátions e ânions com cargas opostas. Um composto iônico é neutro porque as cargas positivas dos cátions contrabalançam exatamente as cargas negativas do ânion. Fórmula mínima é a menor unidade repetitiva de um composto iônico.

3.10 Íon poliatômico é um grupo de átomos covalentemente interligados que têm uma carga positiva ou negativa. A maioria dos íons poliatômicos são ânions.

3.11 Para os compostos iônicos, a fórmula do cátion é escrita antes, seguida pela fórmula do ânion. No nome do composto, a ordem é inversa. Para compostos de metais de transição (e outros elementos que podem formar mais de um íon), o número de oxidação do metal deve ser indicado.

3.12 Fórmulas de compostos iônicos podem ser escritas com base nas cargas dos íons presentes. A fórmula mínima deve conter números iguais de cargas positivas e negativas.

EXERCÍCIOS

Exercício sobre Casamento de Palavras Chave

Para cada termo à esquerda, escolha a frase da coluna à direita que mais se aproxima do seu significado.

1. ligação química	a. compartilhamento de elétrons
2. regra do octeto	b. formado por diferentes elementos
3. ligação covalente	c. indica os átomos na molécula
4. molécula	d. distribuição eletrônica desigual
5. fórmula	e. átomo carregado
6. eletronegatividade	f. "cola" atômica
7. composto	g. ganho de elétrons
8. polar	h. combinação de átomos
9. poder de combinação	i. íon negativo
10. íon	j. atração de íons
11. cátion	k. oito elétrons no nível externo
12. ânion	l. relaciona ânions e cátions
13. oxidação	m. grupo de átomos com carga
14. redução	n. atração de elétrons
15. ligação iônica	o. íon positivo
16. fórmula mínima	p. perda de elétrons
17. íon poliatômico	q. número de ligações possíveis

Exercícios por Tópicos

A Ligação Química (3.1)

18. Que força é a base para a ligação química?
19. O que determina o comportamento químico de um átomo?
20. O que é regra do octeto?

A Ligação Covalente (3.2)

21. Descreva a formação de uma ligação covalente.
22. Como a densidade eletrônica em volta de um átomo de hidrogênio muda quando ele forma uma ligação covalente com outro átomo de hidrogênio?

Molécula (3.3)

23. Qual é a diferença em significado entre os símbolos 2N e N_2?
24. O que é molécula? e molécula diatômica?
25. Que elementos normalmente existem como moléculas diatômicas?
26. Por que uma tripla ligação existe em N_2 mas apenas uma simples ligação em F_2?
27. Que informação é dada pela fórmula de uma molécula?

A Ligação Covalente Polar (3.4)

28. Descreva como a eletronegatividade varia na tabela periódica.
29. Que elementos são os mais eletronegativos?
30. Em que um composto difere de um elemento?
31. Em que uma ligação covalente não polar difere de uma ligação covalente polar?
32. Explique como uma molécula pode ter ligações covalentes polares embora sendo não polar como um todo.
33. Descreva a ligação no HCl.

Poder de Combinação (3.5)

34. O que o poder de combinação de um átomo representa?
35. Como o poder de combinação está relacionado com o número de grupo?
36. Por que o nitrogênio tem poder de combinação igual a três?
37. Que poder de combinação você esperaria para cada um dos seguintes elementos?

    a. fósforo
    b. iodo
    c. silício
    d. enxofre
    e. boro

Desenhando Estruturas de Lewis (3.6)

38. Por que o conhecimento do poder de combinação dos átomos é útil para desenhar estruturas de Lewis?
39. Desenhe a estrutura de Lewis do clorofórmio, $CHCl_3$.
40. Desenhe a estrutura de Lewis do etano, C_2H_6.
41. Cianeto de hidrogênio, HCN, é um gás venenoso. Desenhe sua estrutura de Lewis.
42. Sulfeto de hidrogênio tem cheiro de ovos podres. Desenhe sua estrutura de Lewis.

Dando Nomes aos Compostos Covalentes (3.7)

43. Escreva o nome e fórmula do composto formado por
    a. um átomo de P e cinco átomos de Cl
    b. um átomo de Si e quatro átomos de I
    c. dois átomos de I e cinco átomos de O
44. Dê o nome dos seguintes compostos:
    a. H_2S
    b. SO_2
    c. BF_3
    d. XeO_3
    e. P_3N_5
45. Escreva a fórmula do
    a. tribrometo de fósforo
    b. trióxido de diarsênico
    c. hexacloreto de diboro
    d. dióxido de silício
    e. monóxido de carbono
46. Qual é o nome de cada um dos seguintes compostos?
    a. P_2S_5
    b. S_2Cl_2
    c. BP
    d. CS_2
    e. NI_3

Íons (3.8)

47. Em que um íon difere de um átomo?
48. Explique como um metal reage com um não metal.
49. Qual é a diferença entre um cátion e um ânion?
50. Um íon tem 12 prótons, 12 nêutrons e 10 elétrons. Qual é sua carga?
51. O que você acha que é maior: (a) um cátion ou o átomo neutro do qual ele se forma? (b) um ânion ou o átomo neutro do qual ele se forma? Explique
52. Compare as configurações eletrônicas de
    a. Na e Na^+
    b. Cl e Cl^-
    c. Mg e Mg^{2+}
    d. O e O^{2-}
    e. Al e Al^{3+}

Ligação Iônica (3.9)

53. O que é ligação iônica? Como ela se forma?
54. Em que uma ligação iônica é semelhante e em que é diferente de uma ligação covalente?
55. Por que compostos iônicos são neutros, mesmo contendo partículas carregadas?
56. Como compostos iônicos existem no estado sólido?
57. O que é unidade fórmula?
58. Use diagramas para mostrar a formação do
    a. fluoreto de cálcio, CaF_2, a partir de cálcio e flúor
    b. nitreto de lítio, Li_3N, a partir de lítio e nitrogênio
    c. óxido de magnésio, MgO, a partir de magnésio e oxigênio

Íons Poliatômicos (3.10)

59. O que é íon poliatômico? Em que ele difere de um íon simples?
60. Está correta a seguinte estrutura de Lewis para o íon carbonato, Co_3^{2-}? Explique.

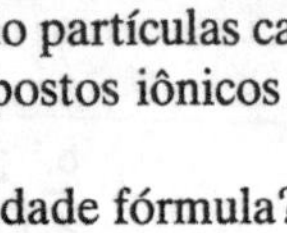

61. Desenhe a estrutura de Lewis para o íon perclorato, ClO_4^-.

Dando Nomes a Compostos Iônicos (3.11)

62. Escreva o nome e fórmula do composto formado por
    a. um íon Al^{3+} e três íons Cl^-
    b. um íon Ca^{2+} e dois íons F^-
    c. três íons Mg^{2+} e dois íons N^{3-}
    d. dois íons Li^+ e um íon S^{2-}
63. Dê o nome dos seguintes compostos:
    a. CaO
    b. KI
    c. AlF_3
    d. BaS
    e. Li_3N

64. Escreva o nome e fórmula do composto formado por
   a. um íon Pb(II) e dois íons Cl^-
   b. dois íons Cu(I) e um íon O^{2-}
   c. um íon Mo(VI) e seis íons Br^-
65. Dê o nome do:
   a. FeI_2
   b. AgBr
   c. $HgCl_2$
   d. CoF_3
   e. PbO
66. Escreva o nome e fórmula do composto formado por
   a. um íon Ba^{2+} e um íon CO_3^{2-}
   b. dois íons Cs^+ e um íon SO_4^{2-}
   c. três íons Li^+ e um íon PO_4^{3-}
   d. um íon Hg(II) e dois íons CN^-
67. Dê o nome dos seguintes compostos:
   a. Ag_2CO_3
   b. $(NH_4)_2SO_4$
   c. $Zn(NO_3)_2$
   d. $AlPO_4$
   e. $Fe(HCO_3)_3$
68. Para cada composto do Exercício 67, identifique o número de íons de cada tipo presentes.
69. Dê nome aos seguintes compostos e descreva sua composição:
   a. $NaHSO_4$
   b. $Cu_3(PO_4)_2$
   c. $LiC_2H_3O_2$
   d. NH_4NO_2
   e. $Pt(CN)_4$

Escrevendo Fórmulas de Compostos Iônicos (3.12)

70. Escreva a fórmula e nome do composto formado por
   a. íon sódio e íon oxalato ($C_2O_4^{2-}$)
   b. íon magnésio e íon iodeto
   c. íon Al^{3+} e íon Cl^-
71. Escreva a fórmula e nome do composto formado por
   a. íon Fe(III) e íon Br^-
   b. íon Cr(VI) e íon F^-
   c. íon mercúrio e íon óxido
72. Escreva a fórmula e nome do composto formado por
   a. íon lítio e íon acetato
   b. íon Ca^{2+} e íon $H_2PO_4^-$
   c. íon amônio e íon sulfato
73. Escreva a fórmula e nome do composto formado por
   a. íon Ti(IV) e íon OH^-
   b. íon Ag(I) e íon CO_3^{2-}
   c. íon Zn(II) e íon PO_4^{3-}

Exercícios Adicionais

74. Que fatores afetam o tipo de ligação entre dois átomos?
75. Resuma as diferenças entre ligação iônica, covalente polar e covalente não polar.
76. Prediga o tipo de ligação formada entre cada um dos seguintes pares de elementos:
   a. sódio e enxofre
   b. nitrogênio e bromo
   c. cálcio e oxigênio
   d. fósforo e iodo
   e. carbono e oxigênio
77. Classifique cada item a seguir como um elemento, composto ou mistura:
   a. sulfeto de zinco
   b. sangue
   c. selênio
   d. água do mar
   e. fluoreto de sódio
78. Explique porque o carbono tem poder de combinação igual a quatro
79. O acetileno, C_2H_2, é um gás usado como combustível. Desenhe sua estrutura de Lewis.
80. Por que metais formam cátions e não metais formam ânions?
81. Compare os processos de oxidação e redução. Por que devem êles ocorrer simultaneamente?
82. Muitos cátions e ânions têm as estruturas eletrônicas dos gases nobres. Por que são eles reativos enquanto que os gases nobres não o são?
83. Prediga o íon formado dos seguintes elementos:
   a. enxofre
   b. césio
   c. bromo
   d. estrôncio
   e. alumínio
84. Por que não podemos falar em molécula de cloreto de sódio?
85. Desenhe a estrutura de Lewis do íon hidrogenossulfeto, HS^-.
86. Por que os elementos do Grupo VIA (16) formam íons com carga 2–?

87. O que é ligação covalente coordenada?
88. Desenhe estruturas de Lewis para:
    a. OF_2
    b. BeH_2
    c. SeF_4
    d. H_2SO_4
    e. $AsCl_5$
89. Classifique as ligações que se formariam entre os seguintes pares de elementos como principalmente covalente não polar, covalente polar, ou iônica.
    a. Na e O
    b. O e O
    c. H e O
    d. S e O
    e. Sr e Br
90. Se uma ligação covalente se forma entre átomos de dois elementos diferentes, por que é essa ligação geralmente polar?
91. Desenhe as estruturas de Lewis para cada um destes íons:
    a. O^{2-}
    b. BF^{4-}
    c. HSO_4^-
    d. I^-
    e. ClO^-
92. Um íon tem 30 prótons, 35 nêutrons e 28 elétrons. Qual é
    a. seu número atômico?
    b. seu número de massa?
    c. sua carga?
93. O silício e o flúor formam um composto. Desenhando uma estrutura de Lewis, determine a fórmula do composto.
94. O carbonato de amônio é usado em alguns sais aromáticos. Escreva a fórmula deste composto.
95. O composto ClO_2 é usado como alvejante. Qual é seu nome?
96. Escreva a fórmula do sulfato de ferro (III), um composto usado como pigmento (colore outros materiais).
97. Dê o nome do composto com fórmula H_3PO_2.
98. O hexassulfeto de tetrafósforo é usado em química orgânica para síntese de outros compostos. Escreva sua fórmula.
99. Escreva a fórmula do óxido de zinco (II), uma substância encontrada na loção de calamina.
100. Dê o nome dos seguintes compostos:
    a. $KClO_3$
    b. P_2S_5
    c. XeO_3
    d. $Cu(CN)_2$
    e. SF_6
    f. $KHSO_4$
    g. BPO_4
    h. $Ca(C_2H_3O_2)_2$
    i. $AgNO_2$
    j. UCl_4
101. Escreva a fórmula do
    a. difluoreto de oxigênio
    b. fosfeto de cobre(II)
    c. cianeto de zinco(II)
    d. nitreto de prata(I)
    e. hidrogenocarbonato de potássio
    f. hidróxido de cálcio
    g. pentafluoreto de bromo
102. Dê o nome dos seguintes compostos:
    a. Na_3N
    b. Li_2O
    c. I_2O_5
    d. BCl_3
    e. $Ca(NO_2)_2$
103. Escreva a fórmula do
    a. monocloreto de iodo
    b. periodato de sódio
    c. nitreto de amônio
    d. sulfato mercuroso
    e. fluoreto de bismuto(III)
104. O ingrediente ativo do alvejante líquido é o NaClO. Qual é o nome desse composto?
105. O que é ligação covalente coordenada?
106. Em cada espaço abaixo, escreva a fórmula do composto formado pelos íons correspondentes.

		íon cloreto	íon fosfato	íon carbonato	íon acetato
a.	íon alumínio				
b.	íon cálcio				
c.	íon amônio				
d.	íon vanádio (IV)				

107. Escreva o nome do
   a. $Ca(C_2H_3O_2)_2$
   b. $(NH_4)_2SO_3$
   c. $CsNO_3$
   d. $Al(HCO_3)_3$
   e. $NaMnO_4$

108. Como mostra o quadro abaixo, alguns compostos têm nomes triviais que diferem de seus nomes químicos. Em cada caso, escreva o nome químico:

Nome Trivial	*Fórmula*
a. galena	PbS
b. potassa	K_2CO_3
c. cal extinta	$Ca(OH)_2$
d. sal amoníaco	NH_4Cl
e. gás hilariante	N_2O
f. lixívia	$NaOH$
g. "bicarbonato"	$NaHCO_3$

109. Escreva as fórmulas dos seguintes compostos:
   a. cloreto de rutênio(III)
   b. nitrato de platina(I)
   c. acetato de molibdênio(IV)
   d. carbonato de crômio(III)
   e. sulfato de manganês(V)

110. A cabeça de um palito de fósforo contém $KClO_3$ e Sb_2S_3. Escreva os nomes destes dois elementos.

111. Complete o quadro abaixo com as fórmulas apropriadas em cada fileira:

	S^{2-}	CN^-	PO_4^{3-}	SO_4^{2-}	NO_3^-
a. Ba^{2+}					
b. Fe^{3+}					
c. NH_4^+					
d. Pb^{4+}					
e. Co^{6+}					

112. Dê os nomes dos compostos do Exercício 111.

Capítulo 4

Compostos e Transformação Química

Milhares de transformações químicas estão ocorrendo em você enquanto lê estas palavras. O Capítulo 4 fornece a base para a compreensão de seus aspectos comuns.

4.1 Peso Molecular e Peso Fórmula

Objetivo: Para demonstrar entendimento desta seção, você deverá ser capaz de calcular o peso molecular ou peso fórmula de um composto.

A menor porção de um composto que ainda mantém as propriedades daquele composto é a molécula (para compostos covalentes) ou a unidade fórmula (para compostos iônicos). É muito útil você poder calcular a massa destas ínfimas unidades dos compostos. A massa de uma molécula é chamada **peso molecular**. A massa de uma unidade fórmula é chamada **peso fórmula**. Aqui, assim como no caso do peso atômico, usamos o termo peso quando na realidade nos referimos à *massa*. (O termo mais preciso massa molecular relativa, que é definida como a massa média relativa correspondente à fórmula de um composto, é raramente usado). Embora nem todos os compostos existam como moléculas, o termo peso molecular é às vezes usado tanto para moléculas como para unidades fórmulas.

Peso molecular de um composto é *a soma dos pesos atômicos de todos os átomos presentes em sua molécula.* Semelhantemente, o peso fórmula de um composto é a soma dos pesos atômicos de todos os íons presentes na unidade fórmula. A capacidade de ler uma fórmula química corretamente é a parte mais importante para achar estes pesos. A Tabela 4-1 ilustra como interpretar a fórmula de um composto em termos de átomos. Como você sabe dos capítulos anteriores, o subscrito no lado direito inferior do símbolo de cada elemento dá o número daquele tipo de átomo presente.

Lembre-se que, quando um subscrito é escrito logo após um grupo de átomos entre parênteses, todos os átomos dentro do parênteses são multiplicados por aquele subscrito. Assim, no sulfato de alumínio, $Al_2(SO_4)_3$, há 3 × 1 enxofre, ou 3 átomos de enxofre, e 3 × 4 oxigênios, ou 12 átomos de oxigênio presentes, além dos 2 átomos de alumínio. Ao determinar pesos fórmulas, nós não distinguimos entre átomos e íons porque a massa de um elétron (a diferença entre um átomo e um elétron) é muito pequena.

Tabela 4-1 Composição de Compostos Baseada nas Fórmulas

Fórmula	Composição[a]
H_2O	2 átomos de hidrogênio, 1 átomo de oxigênio
$C_6H_{12}O_6$	6 átomos de carbono, 12 átomos de hidrogênio, 6 átomos de oxigênio
Na_3PO_4	3 átomos de sódio, 1 átomo de fósforo, 4 átomos de oxigênio
$Al_2(SO_4)_3$	2 átomos de alumínio, 3 átomos de enxofre, 12 átomos de oxigênio
$(NH_4)_2CO_3$	2 átomos de nitrogênio, 8 átomos de hidrogênio, 1 átomo de carbono, 3 átomos de oxigênio

[a]Os átomos podem existir em forma de íons.

Exemplo

Descreva a composição de uma molécula de uréia, $CO(NH_2)_2$. (A uréia é um produto residual do corpo, excretado na urina.)

$CO(NH_2)_2$ contém

1 átomo de carbono	2 átomos de nitrogênio
1 átomo de oxigênio	4 átomos de nitrogênio

Uma vez sabendo como ler uma fórmula química, é fácil calcular o peso molecular ou peso fórmula. Nós simplesmente somamos os pesos atômicos de cada um dos átomos presentes em uma unidade do composto. Esses valores podem ser obtidos quer da tabela periódica quer de uma tabela de pesos atômicos. Por exemplo, podemos calcular o peso molecular da água H_2O simplesmente somando os pesos atômicos de dois átomos de hidrogênio e um átomo de oxigênio:

$$2\ \cancel{\text{átomos de H}} \times \frac{1{,}01\ \text{amu}}{1\ \cancel{\text{átomo de H}}} = 2{,}02\ \text{amu}$$

$$1\ \cancel{\text{átomo de O}} \times \frac{16{,}0\ \text{amu}}{1\ \cancel{\text{átomo de O}}} = 16{,}0\ \text{amu}$$

peso molecular da água = 18,0 amu

Aqui está um composto mais complicado, acetato de alumínio, $Al(C_2H_3O_2)_3$. (Este composto faz parte da solução de Burrow, um adstringente que contrai o tecido.)

$Al(C_2H_3O_2)_3$ total (amu)	*Número de átomos*		*Peso atômico*		*Massa (amu)*
1 átomo de alumínio	1 ~~átomo de Al~~	x	$\frac{27{,}0 \text{ amu}}{1 \text{ átomo de Al}}$	=	27,0 amu
6 átomos de carbono	6 ~~átomos de C~~	x	$\frac{12.0 \text{ amu}}{1 \text{ átomo de C}}$	=	72,0 amu
9 átomos de hidrogênio	9 ~~átomos de H~~	x	$\frac{1.01 \text{ amu}}{1 \text{ átomo de H}}$	=	9,09 amu
6 átomos de oxigênio	6 ~~átomos de O~~	x	$\frac{16.0 \text{ amu}}{1 \text{ átomo de O}}$	=	96,0 amu
	peso fórmula do $Al(C_2H_3O_2)_3$			=	204,1 amu

Pratique problema

Calcule o peso atômico, peso molecular ou peso fórmula, das seguintes substâncias.

a. $K_4P_2O_7$
b. U
c. C_6H_6O
d. $Na_3Fe(C_2O_4)_3$
e. $B_{10}H_9BrC_2H_2$

Respostas: a. 330,4 amu b. 238,0 amu c. 94,1 amu d. 388,8 amu e. 223,0 amu

4.2 O Mol

Objetivo: Para demonstrar entendimento desta seção, você deverá ser capaz de explicar o siginificado do termo mol.

A massa de uma única molécula ou unidade fórmula não pode ser medida numa balança, uma vez que a massa de cada átomo é muito pequena. A menor massa que uma balança comum de laboratório pode medir é de cerca de um miligrama. Os átomos mais pesados pesam apenas 10^{-19} mg. Para pesar átomos ou grupos de átomos, devemos portanto pegar um número extremamente grande deles e medi-los em conjunto. É como se estivéssemos pesando penas numa escala usada para pesar caminhões; elas são tão leves que muitas delas seriam necessárias antes que a balança começasse a registrar. Os químicos portanto trabalham com uma grande coleção de átomos ou moléculas.

O **mol** é uma unidade especial que descreve esta grande coleção. Um mol de qualquer substância contém um *certo número de partículas ou unidades* que é sempre o mesmo, assim como uma dúzia sempre significa 12 peças. Um mol de qualquer substância contém o seguinte número de partículas daquela substância: 602.000.000.000.000.000.000.000 ou $6{,}02 \times 10^{23}$ partículas. Este gigantesco número de partículas é conhecido como "número de Avogadro", segundo Amadeo Avogadro, um químico italiano. O nome oficial desta quantidade é agora a **constante de Avogadro**. (A "constante" é uma quantidade cujo valor não muda.) Para dar uma idéia de como este número é grande, imagine que você pudesse empilhar um mol das folhas mais finas de papel. A pilha de papel iria da Terra até uma estrela vizinha!

Um mol de qualquer substância contém sempre o número de Avogadro de unidades daquela substância, mas a massa ou peso de um mol varia, dependendo da massa da unidade individual. Pense num mol de penas e um mol de bolinhas de gude. O número de cada um é o mesmo (a constante de Avogadro), mas o mol de bolinhas pesa muito mais porque cada bolinha é mais pesada do que uma pena. Da mesma maneira, um mol de átomos de oxigênio e um mol de átomos de hidrogênio contêm, cada um, o número de Avogadro de átomos, mas o mol de átomos de oxigênio pesa 16 vezes mais do que o mol de átomos de hidrogênio. A razão é, naturalmente, que cada átomo de oxigênio (16,0 amu) pesa 16 vezes mais do que um átomo de hidrogênio (1,01 amu) devido ao grande número de prótons e nêutrons no núcleo do oxigênio. (Veja Figura 4-1.)

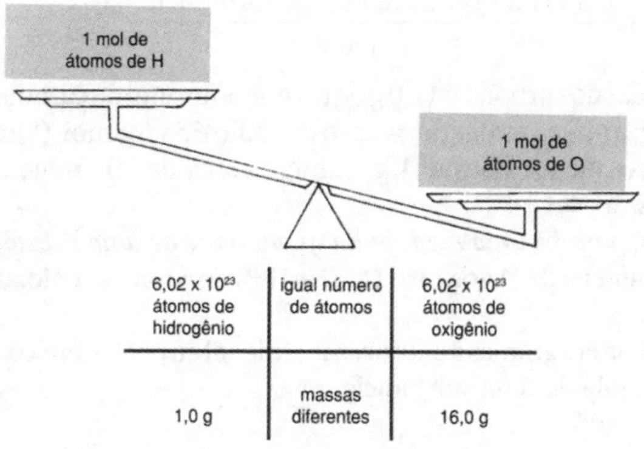

Figura 4-1
Um mol de átomos de H e um mol de átomos de O. Ambos contêm o mesmo número de átomos, mas o mol de átomos de O tem uma massa 16 vezes maior do que o mol de átomos de hidrogênio.

A constante de Avogadro é a base para o mol porque ela possibilita o cálculo da massa ou peso de um mol com muita facilidade. O número de Avogadro de átomos de um elemento tem uma massa em gramas que é exatamente igual ao seu peso atômico (em amu). Por exemplo, o peso atômico do oxigênio é 16,0 amu. Um mol de átomos de oxigênio portanto tem uma massa de 16,0 g (veja Figura 4-1). Ele contém $6{,}02 \times 10^{23}$ átomos de oxigênio, cada um com massa de 16,0 amu.

Um átomo ou molécula individual, cuja massa é dada em amu, não pode ser medido em laboratório. Pelo fato de um mol de uma substância conter tantos átomos ou moléculas, porém, sua massa em gramas é fácil de se medir no laboratório. A Figura 4-2 mostra um mol de carbono, C, e um mol de glicose, $C_6H_{12}O_6$. Cada um contém o mesmo gigantesco número de partículas, a constante de Avogadro. O mol de glicose tem uma massa muito maior porque cada "partícula" de glicose (molécula de glicose) tem uma massa maior do que cada "partícula" de carbono (átomo de carbono).

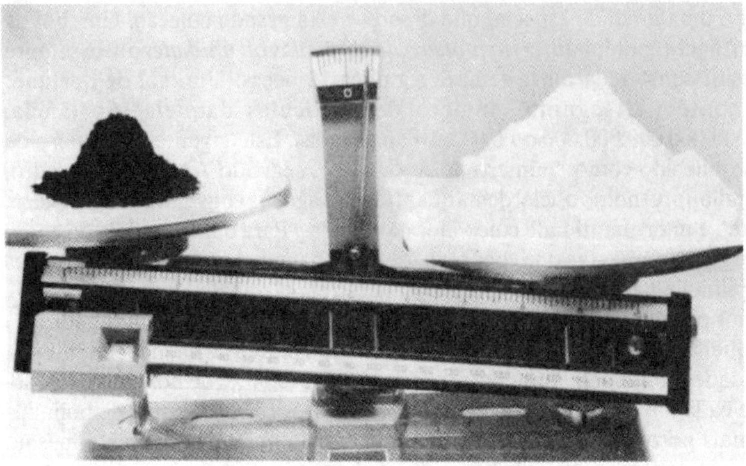

Figura 4-2
Um mol de átomos de carbono e um mol de moléculas de glicose. Um mol de átomos de carbono, C, à esquerda, tem uma massa de 12 g. Um mol de moléculas de glicose, $C_6H_{12}O_6$, à direita, tem uma massa de 180 g. O número de átomos de carbono, porém, é exatamente igual ao número de moléculas de glicose: $6{,}02 \times 10^{23}$. (Direitos autorais para foto Al Green).

A Tabela 4-2 compara as massas de um mol de diferentes substâncias. A última coluna dá a massa em gramas de um mol de cada substância. Esta quantidade é chamada **massa molar**, ou peso molar, daquela substância. É o peso atômico, molecular ou fórmula, expresso em gramas. Como fator de conversão, ele pode ser assim escrito

$$\text{massa molar} = \frac{\text{massa (g) de um mol de substância}}{\text{um mol}}$$

Assim, a massa molar do carbono é 12,0 g de carbono/um mol de carbono ou 12,0 g/mol. Semelhantemente, a massa molar do cloreto de sódio é 58,5 g/mol. (Uma pitada de sal, que tem uma massa menor do que 1 g, contém cerca de 10^{-3} moles, isto é, 6×10^{20} unidades fórmulas de NaCl).

Em resumo, *o mol é uma medida da quantidade de uma substância.* Um mol

1. contém o número de Avogadro ($6{,}02 \times 10^{23}$) de átomos, unidades fórmulas ou moléculas, e
2. tem uma massa em gramas numericamente igual ao peso atômico, peso molecular ou peso fórmula de uma substância.

Tabela 4-2 Massa de Um Mol de Várias Substâncias

Átomo	Peso Atômico	Massa de um mol
C	12,0 amu	12,0 g
Fe	55,8 amu	55,8 g
Hg	200,6 amu	200,6 g
Molécula	**Peso molecular**	**Massa de um mol**
NH_3	17,0 amu	17,0 g
CO_2	44,0 amu	44,0 g
$C_6H_{12}O_6$	180,1 amu	180,1 g
Unidade fórmula	**Peso fórmula**	**Massa de um mol**
NaCl	58,5 amu	58,5 g
$KMnO_4$	158,0 amu	158,0 g
$AgNO_3$	169,9 amu	169,9 g

Pequenas quantidades de uma substância podem ser descritas em termos do mol se nós acrescentarmos prefixos métricos apropriados. Milimol, por exemplo, significa uma quantidade igual a 1/1000 de um mol (10^{-3} mol).

Seção de Problema 3 Problemas sobre Mol

Objetivo: Para demonstrar entendimento desta seção, você deverá ser capaz de resolver problemas de conversão entre moles e gramas de uma substância.

O mol é muito útil em cálculos que envolvem quantidades de substâncias químicas. Mas para realizar processos loboratoriais, devemos freqüentemente converter primeiro moles em gramas. Os químicos raramente usam exatamente um mol de uma substância. Em vez disto, eles devem ser capazes de medir algum múltiplo ou uma fração de um mol e converter esta quantidade em gramas. Por exemplo, sendo um mol de cloreto de sódio igual a 58,5 g, dois moles serão 2,00 moles × 58,5 g/mol = 117 g, três moles serão 3,00 moles × 58,5 g/mol = 176 g, e assim por diante. De modo semelhante, meio mol será 0,500 mol × 58,5 g/mol = 29,3 g, um quarto de mol será 0,250 mol × 58,5 g/mol = 14,6 g, e assim por diante. Em cada caso, para achar o número de gramas, simplesmente multiplicamos o número de moles pela massa molar, que é a massa de um mol:

$$\text{número de gramas} = \text{número de moles} \times \frac{\text{massa (g) de um mol de substância}}{\text{um mol}}$$

A massa molar é então usada com um fator de conversão no seguinte exemplo.

Exemplo

Ache a massa em gramas de 0,100 mol de glicose, $C_6H_{12}O_6$, o açúcar do seu sangue.

$$6\ \cancel{\text{átomos de C}} \times \frac{12{,}0\ \text{amu}}{1\ \cancel{\text{átomo de C}}} = 72{,}0\ \text{amu}$$

$$12\ \cancel{\text{átomos de H}} \times \frac{1{,}01\ \text{amu}}{1\ \cancel{\text{átomo de H}}} = 12{,}1\ \text{amu}$$

$$6\ \cancel{\text{átomos de O}} \times \frac{16{,}0\ \text{amu}}{1\ \cancel{\text{átomo de O}}} = 96{,}0\ \text{amu}$$

peso molecular da glicose = 180,1 amu
massa de 1 mol de glicose = 180,1 g

Incógnita	Dado	Conexão
gramas de glicose	0,100 mol de glicose	$\frac{1 \text{ mol de glicose}}{180{,}1 \text{ g de glicose}}$ ou $\frac{180{,}1 \text{ g de glicose}}{1 \text{ mol de glicose}}$

$$\text{gramas de glicose} = 0{,}100\ \cancel{\text{mol de glicose}} \times \frac{180{,}1 \text{ g de glicose}}{1\ \cancel{\text{mol de glicose}}} = 18{,}0 \text{ g de glicose}$$

Nestes problemas, a primeira etapa sempre envolve o conhecimento da massa molar expressa em gramas através do cálculo do peso molecular ou peso fórmula. Usamos depois a massa molar como um fator de conversão, tendo certeza que as unidades se cancelam adequadamente. Lembre-se sempre de conferir seus cálculos para ter certeza que eles fazem sentido. Neste exemplo, você foi solicitado a achar a massa em gramas de 0,100 mol de glicose. A quantidade pedida é muito menos do que um mol. Sua resposta, então, deve ser muito menos do que 180 g, a massa de um mol.

O cálculo inverso, convertendo a massa em gramas de uma substância à correspondente quantidade em moles, é igualmente importante. Às vezes, um químico pode preparar uma certa massa de um composto e necessitar depois conhecer a quantidade em moles. O procedimento é semelhante ao que realizamos na seção anterior. Novamente, devemos achar o peso molecular ou peso fórmula da substância, que por sua vez nos dá a massa molar, a massa em gramas de um mol. Neste caso, porém, multiplicamos o número de gramas dado pelo fator de conversão que relaciona gramas e moles:

$$\text{número de moles} = \text{número de gramas} \times \frac{\text{um mol}}{\text{massa (g) de um mol}}$$

Exemplo

Uma amostra de sangue contém 0,0021 g de colesterol, $C_{27}H_{46}O$. Quantos moles de colesterol estão presentes nesta amostra?

$$27 \text{ átomos de C} \times \frac{12{,}0 \text{ amu}}{1\ \cancel{\text{átomo de C}}} = 324 \text{ amu}$$

$$46 \text{ átomos de H} \times \frac{1{,}01 \text{ amu}}{1\ \cancel{\text{átomo de H}}} = 46{,}5 \text{ amu}$$

$$1 \text{ átomo de O} \times \frac{16{,}0 \text{ amu}}{1\ \cancel{\text{átomo de O}}} = 16{,}0 \text{ amu}$$

peso molecular do colesterol = 387 amu
massa de 1 mol de colesterol = 387 g

Incógnita	Dado	Conexão
moles de colesterol	0,0021 g de colesterol	$\frac{\text{1 mol de colesterol}}{\text{387 g de colesterol}}$ ou $\frac{\text{387 g de colesterol}}{\text{1 mol de colesterol}}$

$$\text{moles de colesterol} = 0{,}0021\ \cancel{\text{g de colesterol}} \times \frac{\text{1 mole de colesterol}}{387\ \cancel{\text{g de colesterol}}}$$

$$= 5{,}43 \times 10^{-6} \text{ moles de colesterol}$$

Ao montar o cálculo, devemos ter cuidado em usar o fator de conversão correto. Neste caso, 1 mol está no numerador, e a massa em gramas de um mol está no denominador. Podemos conferir nosso fator de conversão para estarmos certos de que as unidades gramas se cancelam, deixando moles como unidades da resposta. Como sempre, conferimos para verificar se a resposta faz sentido. Neste caso, temos 0,0021 g de colesterol. Como sua massa molar é de 387 g, vemos que a quantidade calculada deve ser muito menos do que um mol.

Pratique Problema
Ache a massa em gramas de 2,15 moles de perclorato de potássio, $KClO_4$.
Resposta: 298 g

Pratique Problema
Qual é a massa em gramas de 0,867 mol de cloreto de metilmercúrio(II), CH_3HgCl?
Resposta: 218 g

Pratique Problema
Que quantidade em moles de carbonato de estrôncio, $SrCO_3$, está presente em 480 g?
Resposta: 3,25 moles

Pratique Problema
Converta 135 g de cianeto de mercúrio(II), $Hg(CN)_2$, em moles deste composto.
Resposta: 0,534 mol

4.3 Reações Químicas

Objetivo: Para demonstrar entendimento desta seção, você deverá ser capaz de descrever a relação entre formação de um composto e transformação química.

Quando limalha de ferro é adicionada a enxofre em pó, em temperatura ambiente, o resultado é uma mistura de ferro e enxofre. Uma vez misturados, o ferro e o enxofre podem ser fisicamente separados. Por exemplo, como mostra a Figura 4-3 (a), o ferro pode ser separado da mistura por um ímã, deixando atrás apenas o enxofre. Numa **mistura**, as propriedades de cada substância permanecem as mesmas; ferro ainda atua como ferro, e enxofre como enxofre.

Se porém, misturarmos ferro com enxofre e depois aquecermos a mistura, uma **transformação química** ocorre. Uma nova substância que tem propriedades diferentes tanto do ferro como do enxofre se forma. O ímã não pode separar mais o ferro do enxofre, como mostra a Figura 4-3 (b). Ligações químicas se formaram entre os átomos destes dois elementos. Como resultado, uma única e nova substância está agora presente em vez de duas. Esta nova substância é um composto, sulfeto de ferro (II).

Resultando em uma nova substância, uma reação química produz modificação nas propriedades ou características químicas, tal como densidade. É porém também possível modificar propriedades físicas sem uma transformação química. Esta situação é simplesmente uma transformação física. Por exemplo, se aquecermos água, vemos uma mudança nas propriedades físicas — o líquido borbulha e o vapor se forma. A composição química e identidade da água permanecem porém as mesmas, e nenhuma transformação química ocorre. Ao contrário de uma transformação química, uma transformação física não produz uma nova substância.

Uma **reação química**, processo de transformação química, é causada *pela produção ou quebra de ligações químicas.* As reações ocorrem quando átomos ou moléculas se chocam entre si na maneira certa e com suficiente energia para possibilitar as ligações químicas existentes de se quebrarem ou novas ligações de se formarem. Durante uma reação química, os átomos se rearranjam em novas combinações. Você já está familiarizado com algumas reações químicas. O enferrujamento, a queima da madeira e a digestão dos alimentos, todos envolvem reações químicas.

(a) (b)

Figura 4-3
Ferro e enxofre. Em (a), estes dois elementos existem como mistura, e o ímã pode separar o ferro do enxofre. Em (b), os elementos se combinaram num composto, sulfeto de ferro. O ferro não pode mais ser removido com um ímã. (Direitos autorais para foto Al Green.)

Todos os compostos são formados por reações químicas. O mesmo composto pode ser formado por reações químicas diferentes. Mas independentemente de como um composto particular é produzido, sua composição é sempre a mesma. Esta observação é resumida pela **lei das proporções definidas**. Um dado composto sempre contém seus elementos componentes nas mesmas proporções em peso. Esta lei pode ser explicada pela teoria atômica. Um composto consiste de moléculas ou unidades fórmulas, que são combinações fixas de átomos ou íons, unidos por ligações formadas através de uma reação química. Por exemplo, o composto água consiste de moléculas H_2O. Não importa como a água é feita ou onde ela é encontrada; ela sempre contém dois átomos de hidrogênio e um átomo de oxigênio.

As misturas, por outro lado, consistem de substâncias que não reagiram entre si. Não há ligações químicas formadas entre os componentes de uma mistura, e a composição da mistura portanto não é fixa. A Tabela 4-3 resume as diferenças entre compostos e misturas.

Tabela 4-3 Comparação de Compostos e Misturas

Compostos	Mistura
uma espécie de substância	duas ou mais espécies de substâncias
composição definida	composição varia
propriedades individuais dos componentes perdidas	propriedades individuais dos componentes mantidas
componentes não podem ser fisicamente separados	componentes podem ser fisicamente separados

Teste Clínico 4

ANÁLISE QUÍMICA AUTOMATIZADA

As reações químicas fornecem a base para testes clínicos laboratoriais. Muitos testes são realizados com amostras de sangue ou urina. Eles ajudam a fazer ou confirmar diagnósticos, a avaliar a evolução clínica e monitorizar ou controlar a terapia.

Vários testes químicos clínicos são usualmente realizados ao mesmo tempo, uma vez que poucos testes isolados são diagnósticos para uma só desordem. Valores normais e anormais de resultados de testes podem indicar uma certa condição e dirigir a atenção para um particular órgão ou sistema. Uma típica bateria de testes mede os níveis sangüíneos de cálcio, fósforo, creatinina, ácido úrico, colesterol, proteína total, albumina, glicose, desidrogenase lática, bilirrubina total, fosfatase alcalina e glutâmico oxalacético transaminase sérica.

A análise clínica automatizada torna possível realizar testes simultâneos rapidamente em amostras muito pequenas. Por exemplo, o SMA (Sequencial Multiple Analyzer) Technicon controlado por computador pode realizar 20 testes com amostras de 450 μL de sangue a uma velocidade de 150 amostras por hora. Usando um método chamado análise de fluxo contínuo, o sistema bomba as amostras separadas por bolhas de ar através de tubos para analisadores que medem os componentes. O analisador pode acrescentar um reagente, uma substância que reage com o componente sangüíneo em teste. Quando o produto final é colorido, um aparelho chamado colorímetro é usado para medir sua concentração através da absorção da luz.

4.4 Equações Químicas

Objetivo: Para demonstrar entendimento desta seção, você deverá ser capaz de identificar os reagentes e produtos numa equação química e estabelecer suas relações de massa.

Equação química é uma representação abreviada de uma reação química. Usando as fórmulas das substâncias envolvidas na reação, a equação química representa a transformação química que ocorre. Podemos imaginar equações químicas como sentenças químicas. Nós as escrevemos seguindo certas regras, exatamente como fazemos quando escrevemos sentenças em Português (veja a Figura 4-4).

A equação para a reação de ferro e enxofre é

$$\underset{\text{reagentes}}{Fe + S} \rightarrow \underset{\text{produto}}{FeS}$$

As substâncias iniciais, ou **reagentes**, são separadas da nova substância, o **produto,** por uma seta. A seta mostra a direção da transformação química apontando dos reagentes para os produtos. Uma equação é lida na direção da seta, que é usualmente da esquerda para a direita. Quando mais de uma substância aparece ao mesmo lado da seta, elas são separadas por um sinal de mais (+). Por exemplo, na nossa equação, os dois reagentes, Fe e S, estão separados por um sinal de mais. Podemos ler a equação de amostragem de várias maneiras, tais como

Ferro e enxofre **reagem para** formar sulfeto de ferro(II).
Ferro **mais** enxofre **produzem** sulfeto de ferro(II).
Ferro **mais** enxofre **fornecem** sulfeto de ferro(II).

Figura 4-4
(*Peanuts* por Charles M. Schultz. Direitos autorais © 1980 por United Feature Syndicate, Inc.)

A Tabela 4-4 apresenta outros símbolos encontrados em equações químicas.

Tabela 4-4 Símbolos Usados em Equações Químicas

Símbolo	Significado
+	mais; separa as substâncias
$\rightarrow$	forma, produz, fornece: aponta dos reagentes aos produtos
$\rightleftarrows$	reação reversível: processa-se em ambas as direções
$\uparrow$	gás formado, como em $H_2\uparrow$
$\downarrow$	sólido formado, como em $AgCl\downarrow$
(s)	existe como sólido, como em Zn(s)
(*l*)	existe como líquido, como em $Br_2(l)$
(*g*)	existe como gás, como em $CO_2(g)$
(*aq*)	aquoso, dissolvido em água, como em $Na^+(aq)$
Δ	calor

Em qualquer reação química, a massa total dos reagentes deve igualar a massa total dos produtos. Portanto, na reação de ferro com enxofre, a massa do ferro mais a massa do enxofre com o qual ele reage é igual à massa do sulfeto de ferro produzido. (Veja a Figura 4-5).

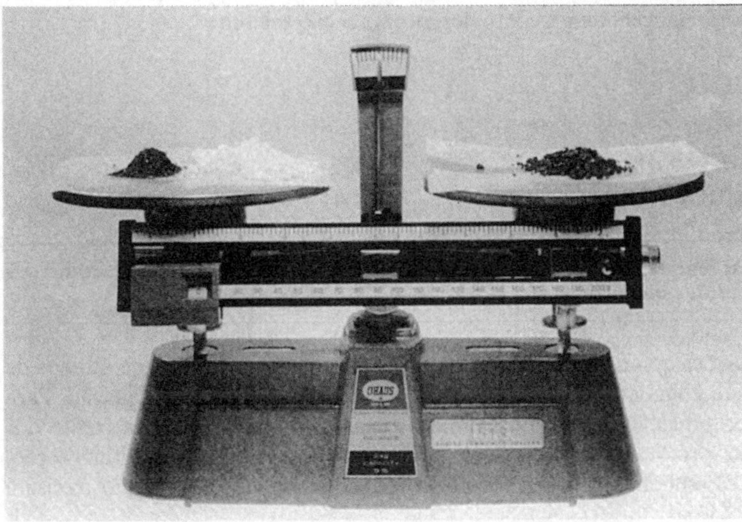

Figura 4-5
Conservação da massa. Numa reação química, a massa dos reagentes é igual à massa dos produtos. Aqui mostra-se que a massa dos reagentes ferro e enxofre (lado esquerdo) é igual à massa do produto, sulfeto de ferro (lado direito). (Direitos autorais para cópia Al Green.)

Uma reação química que rearranjou os átomos, mas deixou a quantidade total de massa inalterada, ocorreu. Em outras palavras, *a matéria não foi nem criada e nem destruída*, mas apenas modificada para formas diferentes. Esta relação é a **lei da conservação da massa**, observada pela primeira vez pelo químico francês Antoine Lavoisier no fim do século dezoito. (Como discutido no Capítulo 8, a energia deve também ser considerada nas reações nucleares.)

Em termos de átomos, a lei da conservação da massa significa que *o número total de átomos de cada espécie nos reagentes deve ser igual ao número total de átomos de cada espécie nos produtos.* Em outras palavras, o número de átomos de cada elemento deve ser o mesmo antes e após a reação. Um átomo de um elemento não pode ser convertido em um átomo de outro elemento por uma reação química porque os núcleos não são afetados. As reações químicas são baseadas na interação dos *elétrons* dos átomos.

Na equação ferro-enxofre,

Fe + S	→	FeS
Reagentes		Produtos
1 átomo de ferro		1 unidade fórmula
mais		contendo 1 átomo de ferro
1 átomo de enxofre		e 1 átomo de enxofre

o número de átomos de ferro é o mesmo em ambos os lados da equação. Um átomo de ferro aparece à esquerda, e um aparece à direita, combinado com enxofre. (Para fins de contagem, nenhuma distinção é feita entre átomos e íons.) Semelhantemente, um átomo de enxofre está presente em cada lado da equação. Diz-se que esta equação está **balanceada** — está escrita de tal modo que obedece à lei da conservação da massa. A equação seguinte não está balanceada:

$$H_2 + O_2 \rightarrow H_2O \text{ não balanceada}$$

Um átomo de oxigênio parece ter desaparecido na reação como está escrito aqui. Como um átomo não pode ser destruído numa reação química, a equação deve ser modificada por balanceamento, como descrito na seção seguinte.

4.5 Balanceando Equações Químicas

Objetivo: Para demonstrar entendimento desta seção, você deverá ser capaz de balancear equações químicas.

Todas as equações químicas devem ser balanceadas. Isto é, o número de átomos de cada espécie de elemento deve ser o mesmo em ambos os lados da equação. Para balancear uma equação, colocamos números chamados *coeficientes* na frente dos reagentes e dos produtos. Na equação do ferro e enxofre que vimos na última seção, coeficientes 1 são subentendidos existirem na frente de cada substância e não precisam ser escritos.

$1\,Fe + 1\,S \rightarrow 1\,FeS$ é escrito $Fe + S \rightarrow FeS$

Coeficientes diferentes de 1 devem porém sempre ser escritos.

Geralmente, a maneira mais fácil para determinar que números usar como coeficientes numa equação, é a do ensaio e erro. Entretanto, as seguintes regras são úteis:

1. Comece com os átomos do elemento que aparece em menor número de fórmulas em ambos os lados da equação. Se cada elemento aparece no mesmo número de fórmulas, então não importa por onde você começa.

Por exemplo, na equação,

$C_6H_{12} \rightarrow C_6H_6 + H_2$ não balanceada

comece balanceando os átomos de carbono. O carbono aparece em apenas uma fórmula em cada lado da equação.

2. Coloque coeficientes na frente dos reagentes e produtos contendo o elemento escolhido a fim de igualar o número total de seus átomos em ambos os lados da equação.

Por exemplo, a equação amostra é balanceada colocando-se o coeficiente 3 na frente de H_2 (os átomos de carbono já estão balanceados):

$C_6H_{12} \rightarrow C_6H_6 + 3\,H_2$ balanceada

Considere agora a seguinte equação:

$H_2 + O_2 \rightarrow H_2O$ não balanceada

Ela é balanceada colocando-se um 2 na frente do H_2 (hidrogênio) e um 2 na frente de H_2O (água):

$2\,H_2 + O_2 \rightarrow 2\,H_2O$ balanceada

Há agora quatro átomos de hidrogênio e dois átomos de oxigênio em cada lado da equação. Note que a colocação de um coeficiente na frente da fórmula multiplica cada átomo naquela fórmula pelo valor do coeficiente.

Para um estudante iniciante, poderia fazer sentido balancear a equação mudando-se a fórmula da água:

$H_2 + O_2 \rightarrow H_2O_2$ equação incorreta

Mas esta equação não representa mais a mesma reação. O produto da reação é agora peróxido de hidrogênio e não água. Portanto, a seguinte regra é muito importante: Quando você recebe uma equação para balancear, *nunca altere quaisquer fórmulas* mudando os subscritos.

Enquanto aprende como balancear equações, você poderá colocar cada fórmula de uma equação não balanceada num quadro para ajudá-lo a se lembrar desta regra. Depois balanceie a equação colocando os coeficientes apropriados na frente.

$$2\,\boxed{H_2} + \boxed{O_2} \rightarrow 2\,\boxed{H_2O} \qquad \text{balanceada}$$

3. Se a equação não estiver ainda balanceada, continue o processo escolhendo átomos de outro elemento e ajustando seus coeficientes. Geralmente, quando os átomos de muito elementos devem ser balanceados, é melhor balancear antes todos os átomos exceto os de hidrogênio e oxigênio. Balanceie depois os átomos de hidrogênio e, finalmente, os de oxigênio.

Vamos agora usar nossas três regras para balancear a seguinte equação. A glicose (conhecida como açúcar do sangue), $C_6H_{12}O_6$, é oxidada pelo oxigênio (na quebra dos hidratos de carbono no corpo) para formar dióxido de carbono e água. A equação global é

$$\underset{\text{glicose}}{C_6H_{12}O_6} + \underset{\text{oxigênio}}{O_2} \rightarrow \underset{\text{dióxido de carbono}}{CO_2} + \underset{\text{água}}{H_2O} \qquad \text{não balanceada}$$

Esta equação não está balanceada porque há diferentes números de átomos de carbono, hidrogênio e oxigênio em cada lado da equação.

Reagentes	*Produtos*
6 átomos de carbono	1 átomo de carbono
12 átomos de hidrogênio	2 átomos de hidrogênio
8 átomos de oxigênio	3 átomos de oxigênio

Como esta lei viola a lei da conservação da massa, a equação está incorreta como escrito. Portanto, devemos balanceá-la como segue.

Os átomos que aparecem em menor número de fórmulas são o carbono e o hidrogênio. Cada um deles está em apenas dois compostos na equação. O oxigênio, pelo contrário, aparece em todos os quatro compostos na equação e deve ser deixado por último. Começaremos com o carbono. Há seis átomos de carbono no lado esquerdo da equação e somente um no lado direito. Portanto, colocamos o coeficiente 6 na frente de CO_2 no lado direito da equação:

$$C_6H_{12}O_6 + O_2 \rightarrow 6\,CO_2 + H_2O \qquad \text{não balanceada}$$

Reagentes	*Produtos*
6 átomos de carbono	6 átomos de carbono
12 átomos de hidrogênio	2 átomos de hidrogênio
8 átomos de oxigênio	13 átomos de oxigênio

Há agora números iguais de átomos de carbono em cada lado da equação: seis na molécula de glicose e seis nas seis moléculas de dióxido de carbono. Note que o coeficiente 6 multiplica a fórmula inteira que segue. Assim, $6\,CO_2$ significam 6 átomos de carbono e $6 \times 2 = 12$ átomos de oxigênio. O coeficiente 6 porém não se aplica à H_2O porque ela já é um outro composto, separado do dióxido de carbono por um sinal de mais (+).

A seguir balanceamos os átomos de hidrogênio. Há 12 átomos de hidrogênio no lado esquerdo da equação e somente 2 no lado direito. Balanceamos os átomos de hidrogênio colocando o coeficiente 6 na frente de H_2O no lado direito da equação:

$C_6H_{12}O_6 + O_2 \rightarrow 6\ CO_2 + 6\ H_2O$ não balanceada

Reagentes	*Produtos*
6 átomos de carbono	6 átomos de carbono
12 átomos de hidrogênio	12 átomos de hidrogênio
8 átomos de oxigênio	18 átomos de oxigênio

Há agora números iguais de átomos de hidrogênio em cada lado: 12 na glicose e 12 nas seis moléculas de H_2O (porque $6 \times 2 = 12$).

Finalmente, balanceamos os átomos de oxigênio colocando o coeficiente 6 na frente de O_2:

$C_6H_{12}O_6 + 6\ O_2 \rightarrow 6\ CO_2 + 6\ H_2O$ balanceada

Reagentes	*Produtos*
6 átomos de carbono	6 átomos de carbono
12 átomos de hidrogênio	12 átomos de hidrogênio
18 átomos de oxigênio	18 átomos de oxigênio

Os 18 átomos de oxigênio no lado esquerdo (6 na glicose e 12 nas seis moléculas de O_2) balanceiam os 18 átomos de oxigênio no lado direito (12 nas seis moléculas de CO_2 e 6 nas seis moléculas de H_2O). Como ilustra a Figura 4-6, a equação está agora completamente balanceada. Há o mesmo número de átomos de cada espécie (carbono, hidrogênio e oxigênio) nos reagentes e nos produtos.

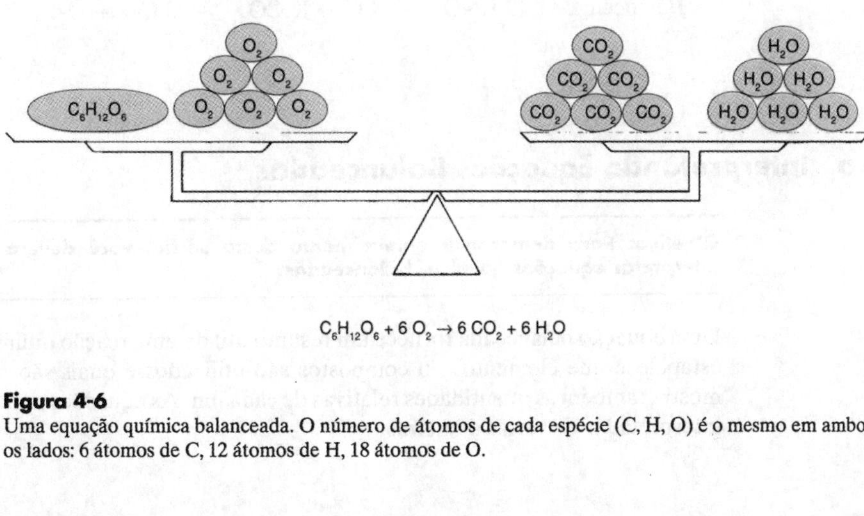

Figura 4-6
Uma equação química balanceada. O número de átomos de cada espécie (C, H, O) é o mesmo em ambos os lados: 6 átomos de C, 12 átomos de H, 18 átomos de O.

Os coeficientes de uma equação balanceada devem estar nos termos numéricos inteiros mais baixos. Por exemplo, cada uma destas equações está balanceada:

$$2\,H_2 + O_2 \rightarrow 2\,H_2O$$
$$4\,H_2 + 2\,O_2 \rightarrow 4\,H_2O$$
$$18\,H_2 + 9\,O_2 \rightarrow 18\,H_2O$$

Somente a primeira equação porém contém os valores numéricos inteiros mais baixos. Equações balanceadas devem ser escritas na maneira mais simples e clara possível, e portanto a primeira equação é a melhor.

Exemplo

Balanceie as seguintes equações.

a. $HF + SiO_2 \rightarrow SiF_4 + H_2O$

HF	SiO₂	SiF₄	H₂O
fluoreto de hidrogênio	dióxido de silício	fluoreto de silício	água

Balanceie o F: $4\,HF + SiO_2 \rightarrow SiF_4 + H_2O$

Balanceie o H: $4\,HF + SiO_2 \rightarrow SiF_4 + 2\,H_2O$ balanceada

b. $Al + H_2O \rightarrow Al_2O_3 + H_2$

Al	H₂O	Al₂O₃	H₂
alumínio	água	óxido de alumínio	hidrogênio

Balanceie o Al: $2\,Al + H_2O \rightarrow Al_2O_3 + H_2$

Balanceie o O: $2\,Al + 3\,H_2O \rightarrow Al_2O_3 + H_2$

Balanceie o H: $2\,Al + 3\,H_2O \rightarrow Al_2O_3 + 3\,H_2$ balanceada

c. $KNO_3 + C \rightarrow K_2CO_3 + CO + N_2$

KNO₃	C	K₂CO₃	CO	N₂
nitrato de potássio	carbono	carbonato de potássio	monóxido de carbono	nitrogênio

Balanceie o K: (e o N) $2\,KNO_3 + C \rightarrow K_2CO_3 + CO + N_2$

Balanceie o O: $2\,KNO_3 + C \rightarrow K_2CO_3 + 3\,CO + N_2$

Balanceie o C: $2\,KNO_3 + 4\,C \rightarrow K_2CO_3 + 3\,CO + N_2$ balanceada

4.6 Interpretando Equações Balanceadas

Objetivo: Para demonstrar entendimento desta seção, você deverá ser capaz de interpretar equações químicas balanceadas.

Uma equação balanceada fornece um resumo útil de uma reação química. Ela não só estabelece que elementos ou compostos são utilizados e quais são formados, mas mostra também as quantidades relativas de cada um. As equações podem ser lidas ou interpretadas de várias maneiras.

A maneira mais óbvia de interpretar uma equação é em termos de átomos, moléculas ou unidades fórmulas. Por exemplo

$$C_6H_{12}O_6 + 6\ O_2 \rightarrow 6\ CO_2 + 6\ H_2O$$

Uma molécula de glicose mais seis moléculas de oxigênio
formam
seis moléculas de dióxido de carbono mais seis moléculas de água.

Qualquer coisa que podemos dizer sobre os números relativos de átomos, moléculas ou unidades fórmula numa reação pode também ser dita sobre os números relativos de moles.

Este princípio é extremamente importante porque moles são quantidades práticas que podem ser facilmente medidas no laboratório e usadas em cálculos (veja Seção de Problema 4). O princípio é baseado no fato que um mol é exatamente uma grande coleção de átomos, moléculas ou unidades fórmula, e que um mol de qualquer substância contém o mesmo número de partículas. Assim, se duas moléculas de hidrogênio reagem com uma molécula de oxigênio numa reação específica, também deve ser verdade que dois *moles* de moléculas de hidrogênio reagem com um *mol* de moléculas de oxigênio. As quantidades relativas de hidrogênio e oxigênio que reagem são as mesmas (dois para um neste caso) quer falemos de moléculas ou moles. Apenas o número total de moléculas consideradas aumentou. Quando interpretamos uma equação em moles, precisamos ter cuidado para dizer exatamente o que queremos. Por exemplo, "um mol de hidrogênio" pode significar duas coisas diferentes. Pode significar um mol de átomos de hidrogênio, H, ou um mol de moléculas de hidrogênio, H_2. Para evitar este problema, devemos sempre especificar o tipo de partícula envolvida, como mostrado nestes exemplos:

$$N_2 + 3\ H_2 \rightarrow 2\ NH_3$$

Um mol de moléculas de nitrogênio mais três moles de moléculas de hidrogênio
formam
dois moles de moléculas de amônia.

Como acabamos de ver, os coeficientes de uma equação balanceada relacionam o número de moles de substâncias usadas na reação com o número de moles de substâncias formadas.

Por exemplo, no processo Haber para a produção de amônia, $N_2 + 3\ H_2 \rightarrow 2\ NH_3$, um mol de N_2 e três moles de H_2 reagem para produzir dois moles de NH_3. Esta equação também significa que cada 28 g de N_2 reagem com 6 g de H_2 para formar 34 g de NH_3, como mostrado abaixo.

$$N_2 \quad + \quad 3\ H_2 \rightarrow 2\ NH_3$$

$$1\ \cancel{\text{mol de N}_2} \times \frac{28\text{ g de N}_2}{1\ \cancel{\text{mol de N}_2}} = 28\text{ g de N}_2$$

$$3\ \cancel{\text{moles de H}_2} \times \frac{2\text{ g de H}_2}{1\ \cancel{\text{mol de H}_2}} = 6\text{ g de H}_2$$

$$2\ \cancel{\text{moles de NH}_3} \times \frac{17\text{ g de NH}_3}{1\ \cancel{\text{mol de NH}_3}} = 34\text{ g de NH}_3$$

Note que este método de interpretar a equação demonstra a lei da conservação da massa:

massa dos reagentes	=	massa dos produtos
28 g + 6 g	=	34 g

Reações de nitrogênio e hidrogênio sempre envolvem exatamente estas quantidades *relativas*, embora os número reais de gramas envolvidas possa diferir de caso a caso. Em outras palavras, independentemente de quantos moles de moléculas de nitrogênio reagem, três vezes mais moléculas de hidrogênio são consumidas, e duas vezes mais moléculas de amônia são produzidas.

Seção de Problema 4 Cálculos Baseados em Equações

Objetivo: Para demonstrar entendimento desta seção, você deverá ser capaz de calcular quantidades de reagentes e produtos baseadas em equações químicas.

Todos os cálculos sobre reações são baseados nas relações entre os números de moles dos reagentes e produtos. Estas relações são dadas pelos coeficientes da equação balanceada.

O tipo mais simples de problema consiste em encontrar o número de moles de uma substância presente numa reação quando temos o número de moles de outra substância. Ambas podem ser reagentes, ambas podem ser produtos, ou uma pode ser reagente e a outra produto. Para resolver estes problemas tipo *mol a mol*, precisamos de um fator de conversão baseado nos números relativos de moles envolvidos. Obtemos fatores de conversão a partir dos coeficientes da equação balanceada. Por exemplo, na síntese da amônia, $N_2 + 3\,H_2 \rightarrow 2\,NH_3$, possíveis fatores de conversão são

$$\frac{1 \text{ mol de } N_2}{3 \text{ moles de } H_2} \quad \text{ou} \quad \frac{3 \text{ moles de } H_2}{1 \text{ mol de } N_2}$$

$$\frac{1 \text{ mol de } N_2}{2 \text{ moles de } NH_3} \quad \text{ou} \quad \frac{2 \text{ moles de } NH_3}{1 \text{ mol de } N_2}$$

$$\frac{3 \text{ moles de } H_2}{2 \text{ moles de } NH_3} \quad \text{ou} \quad \frac{2 \text{ moles de } NH_3}{3 \text{ moles de } H_2}$$

O primeiro par de fatores relaciona as quantidades de N_2 e H_2. O segundo par relaciona as quantidades de N_2 e NH_3, e o terceiro par relaciona as quantidades de H_2 e NH_3. Note que você pode usar *qualquer* dupla de componentes numa equação balanceada para formar um fator de conversão.

Fatores de conversão para problemas do tipo mol a mol são chamados **razões molares**. São frações que relacionam o número de moles de duas substâncias na reação. Que razão molar nós usamos depende do que está sendo pedido. Por exemplo, suponha que lhe está sendo pedido achar o número de moles de amônia que pode ser produzido a partir de 250 moles de nitrogênio. Neste caso, devemos escolher a razão molar que relaciona moles de amônia com moles de nitrogênio.

Esboçamos então o problema assim:

Incógnita	Dado	Conexão
moles de NH_3	250 moles de N_2	$\frac{1 \text{ mol de } N_2}{2 \text{ moles de } NH_3}$ ou $\frac{2 \text{ moles de } NH_3}{1 \text{ mol de } N_2}$

A conexão é derivada dos coeficientes apropriados da equação balanceada, os quais, neste caso, são os coeficientes do nitrogênio e da amônia.

$$1\,N_2 + 3\,H_2 \rightarrow 2\,NH_3$$

O problema é então montado pelo método do fator de convesão. O fator de conversão, uma das razões molares, é escrito de modo que os moles de N_2 se cancelam, obtendo-se uma resposta em moles de NH_3. Como cada mol de N_2 dá dois moles de NH_3, 250 moles de N_2 darão 500 moles de NH_3.

$$\text{moles de } NH_3 = 250 \cancel{\text{ moles de } N_2} \times \frac{2 \text{ moles de } NH_3}{1 \cancel{\text{ mol de } N_2}} = 500 \text{ moles de } NH_3$$

Um tipo de problema ligeiramente mais complicado consiste em encontrar a massa de uma substância quando o número de moles de outra substância é dado. Em tais problemas tipo *mol-massa*, é necessário não somente converter o número de moles de uma substância em moles da outra, como fazemos em problemas tipo mol a mol, mas também converter moles em gramas. Portanto, necessitamos de dois fatores de conversão: uma razão molar e um fator que relaciona moles com gramas.

Por exemplo, suponha que precisamos saber quantos gramas de amônia podem ser sintetizados a partir de 100 moles de hidrogênio. Novamente usamos a equação para a síntese de amônia:

$$N_2 + 3\,H_2 \rightarrow 2\,NH_3.$$

Este problema é assim esboçado:

Incógnita	Dado	Conexão
gramas de NH_3	100 moles de H_2	$\frac{3 \text{ moles de } H_2}{2 \text{ moles de } NH_3}$ ou $\frac{2 \text{ moles de } NH_3}{3 \text{ moles de } H_2}$
		$\frac{1 \text{ mol de } NH_3}{17{,}0 \text{ g de } NH_3}$ ou $\frac{17{,}0 \text{ g de } NH_3}{1 \text{ mol de } NH_3}$

Como você deve se lembrar da Seção 4.2, um mol de uma substância tem uma massa igual ao peso atômico, peso molecular ou peso fórmula daquela substância, escrito em gramas. Portanto, o fator de conversão relacionando moles com gramas está baseado no peso molecular da amônia (17,0 amu):

$$NH_3{:}\quad 1 \text{ átomo de N} \times \frac{14{,}0 \text{ amu}}{1 \text{ átomo de N}} = 14{,}0 \text{ amu}$$

$$3 \text{ átomos de H} \times \frac{1{,}01 \text{ amu}}{1 \text{ átomo de H}} = 3{,}03 \text{ amu}$$

$$\text{Peso molecular da } NH_3 = 17{,}0 \text{ amu}$$

A massa molar da amônia é portanto igual a 17,0 g/mol.

O problema tipo mol a massa é então montado como segue:

$$\text{gramas de } NH_3 = 100 \text{ moles de } H_2 \times \frac{2 \text{ moles de } NH_3}{3 \text{ moles de } H_2} \times \frac{17{,}0 \text{ g de } NH_3}{1 \text{ mol de } NH_3}$$

O primeiro fator de conversão, a razão molar 2 moles de NH_3/3 moles de H_2, converte os 100 moles de hidrogênio dados no correspondente número de moles de amônia. O segundo fator de conversão, a massa molar de NH_3, converte depois o número de moles de amônia na correspondente massa em gramas.

$$\text{moles de } H_2 \xrightarrow[\text{fator}]{\text{primeiro}} \text{moles de } NH_3 \xrightarrow[\text{fator}]{\text{segundo}} \text{gramas de } NH_3$$

Cada fator de conversão deve ser arranjado de modo que as unidades se cancelam adequadamente. Em outras palavras, o fator deve ter no denominador as mesmas unidades presentes no numerador do termo à sua esquerda. O resultado do cálculo é $1{,}13 \times 10^3$ g de NH_3 ou 1,13 kg de NH_3.

A maioria das reações envolvem conversões de massa a massa. Num problema tipo *massa a massa*, temos a massa de uma substância na reação e queremos achar a massa de outra substância. Problemas tipo massa a massa são comuns porque a quantidade de um reagente ou produto é usualmente determinada pela medida de sua massa.

Três fatores de conversão são necessários para resolver um problema tipo massa a massa. Não somente devem os números de moles das duas substâncias serem relacionados, como também devem os moles de ambas as substâncias serem convertidos a gramas.

Considere o seguinte exemplo:

Dada a equação
$N_2 + 3\,H_2 \rightarrow 2\,NH_3$
ache o número de gramas de amônia produzida a partir de 200 g de N_2.

Este problema é esboçado como segue:

Incógnita	Dado	Conexão
gramas de NH_3	200 g de N_2	$\frac{1 \text{ mol de } N_2}{2 \text{ moles de } NH_3}$ ou $\frac{2 \text{ moles de } NH_3}{1 \text{ mol de } N_2}$
		$\frac{1 \text{ mol de } N_2}{28,0 \text{ g de } N_2}$ ou $\frac{28,0 \text{ g de } N_2}{1 \text{ mol de } N_2}$
		$\frac{1 \text{ mol de } NH_3}{17,0 \text{ g de } NH_3}$ ou $\frac{17,0 \text{ g de } NH_3}{1 \text{ mol de } NH_3}$

Note que um fator de conversão adicional é requerido para este problema porque os gramas de N_2 devem ser convertidos a moles antes de poderem ser relacionados a moles de NH_3.

O problema é montado assim:

gramas de NH_3 =

$$200 \text{ g } \cancel{\text{de } N_2} \times \frac{1 \cancel{\text{ mol de } N_2}}{28,0 \text{ g } \cancel{\text{de } N_2}} \times \frac{2 \cancel{\text{ moles de } NH_3}}{\cancel{1 \text{ mol de } N_2}} \times \frac{17,0 \text{ g de } NH_3}{1 \cancel{\text{ mol de } NH_3}}$$

= 243 g de NH_3

O primeiro fator de conversão converte gramas de N_2 a moles de N_2, baseado na massa de um mol de N_2. O segundo fator converte moles de N_2 a um número equivalente de moles de NH_3, usando os coeficientes da equação balanceada. O terceiro fator então expressa a massa em gramas deste número de moles de NH_3.

$$\text{gramas de } N_2 \xrightarrow[\text{fator}]{\text{primeiro}} \text{moles de } N_2 \xrightarrow[\text{fator}]{\text{segundo}} \text{moles de } NH_3 \xrightarrow[\text{fator}]{\text{terceiro}} \text{gramas de } NH_3$$

O fator de conversão chave neste e em outros problemas sobre reações é a razão molar. É esta razão que contém a informação necessária sobre as quantidades relativas de substâncias envolvidas numa reação. Os outros fatores de conversão envolvem simplesmente transformações de moles a gramas ou de gramas a moles. A Figura 4-7 resume o processo.

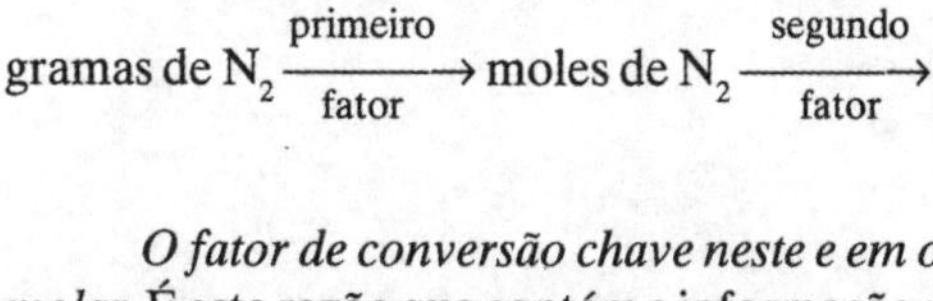

Figura 4-7
Cálculos baseados nas equações. O quadro resume conversões possíveis em problemas baseados nas quantidades envolvidas nas reações químicas. A razão molar é a relação chave

Pratique Problema

A seguinte equação representa a decomposição do hidrogenocarbonato de sódio (bicarbonato de sódio):

$$2\,NaHCO_3 \rightarrow Na_2CO_3 + CO_2 + H_2O$$

Quantos moles de dióxido de carbono podem se formar a partir de 1,74 moles de hidrogenocarbonato de sódio?

Resposta: 0,870 mol de CO_2

Pratique Problema

O sulfeto de hidrogênio pode ser manufaturado através do seguinte processo:

$$4\,S(s) + CH_4(g) + 2\,H_2O(l) \rightarrow 4\,H_2S(g) + CO_2(g)$$

Quantos moles de sulfeto de hidrogênio podem ser produzidos a partir de 120 g de metano, CH_4?

Resposta: 30,0 moles de H_2S

Pratique Problema

Magnetita, um minério de ferro, é formado no interior da Terra pelo seguinte processo:

$$3\,FeO(s) + CO_2(s) \rightarrow Fe_3O_4(s) + CO(g)$$

Que massa em gramas de dióxido de carbono é necessária para reagir com 625 g de óxido de ferro(II)?

Resposta: 127 g de CO_2.

4.7 Tipos de Reações

Objetivo: Para demonstrar entendimento desta seção, você deverá ser capaz de classificar reações de acordo com o tipo.

A maioria das reações podem ser classificadas em um de quatro principais tipos.

Reações de combinação (síntese) são reações nas quais dois ou mais reagentes se combinam para formar um produto. A formação de óxido de ferro(III) (ferrugem) a partir de ferro e oxigênio é um exemplo de uma reação de combinação. Neste caso, dois elementos, um metal e um não metal, se combinam para formar um composto iônico:

$$\underset{\text{ferro}}{4\,Fe} + \underset{\text{oxigênio}}{3O_2} \rightarrow \underset{\text{óxido de ferro(III)}}{2\,Fe_2O_3}$$

Uma reação semelhante, porém mais dramática, é a combinação de magnésio com oxigênio em certas lâmpadas para "flash":

$$\underset{\text{magnésio}}{2\,Mg} + \underset{\text{oxigênio}}{O_2} \rightarrow \underset{\text{óxido de magnésio}}{2\,MgO}$$

A síntese da amônia é outro exemplo de uma reação de combinação. Neste caso, dois elementos não metálicos se combinam para formar um composto covalente:

$$\underset{\text{nitrogênio}}{N_2} + \underset{\text{hidrogênio}}{3\,H_2} \rightarrow \underset{\text{amônia}}{NH_3}$$

Compostos podem se combinar. Por exemplo, os compostos amônia e cloreto de hidrogênio podem reagir para formar cloreto de amônio, mostrado na Figura 4-8 (a).

$$\underset{\text{amônia}}{NH_3} + \underset{\text{cloreto de hidrogênio}}{HCl} \rightarrow \underset{\text{cloreto de amônio}}{NH_4Cl}$$

Polimerização é um tipo especial de reação de combinação na qual muitas pequenas moléculas, do mesmo ou de diferentes tipos, se unem para produzir uma enorme molécula chamada um polímero. Plásticos, "nylon", amido, proteínas e o material genético, DNA, são todos polímeros. A polimerização será discutida no Capítulo 11.

Reações de decomposição são reações que consistem na quebra de um composto em compostos mais simples ou elementos. Compostos binários simples (compostos de dois elementos) podem ser decompostos em seus elementos. A água, por esemplo, é decomposta em moléculas de hidrogênio e oxigênio por uma corrente elétrica. Este processo, chamado eletrólise, é mostrado na Figura 4-8 (b).

$$\underset{\text{água}}{2\,H_2O} \xrightarrow[\text{elétrica}]{\text{corrente}} \underset{\text{hidrogênio}}{2\,H_2} + \underset{\text{oxigênio}}{O_2}$$

Alguns compostos se decompõem para produzir compostos mais simples. O hidrogenocarbonato de cálcio, presente na "água dura", produz carbonato de cálcio, água e dióxido de carbono, quando aquecido. O carbonato de cálcio sólido forma uma crosta dura em chaleiras e panelas.

$$\underset{\text{hidrogenocarbonato de cálcio}}{Ca(HCO_3)_2} \xrightarrow{\Delta} \underset{\text{carbonato de cálcio}}{CaCO_3} + \underset{\text{água}}{H_2O} + \underset{\text{dióxido de carbono}}{CO_2}$$

Reações de simples troca (substituição) são reações nas quais um elemento toma o lugar de outro num composto. Por exemplo, se jogarmos uma moeda de cobre em água contendo nitrato de prata, $AgNO_3$, a moeda fica coberta com prata brilhante. O cobre substitui a prata na reação:

$$\underset{\text{cobre}}{Cu} + \underset{\text{nitrato de prata}}{2\,AgNO_3} \rightarrow \underset{\text{prata}}{2\,Ag} + \underset{\text{nitrato de cobre}}{Cu(NO_3)_2}$$

Não metais também sofrem este tipo de reação.

Por exemplo, o cloro se combina com o sódio do NaBr e libera bromo, Br_2, na seguinte reação:

$2\,NaBr$	+	Cl_2	$\rightarrow$	$2\,NaCl$	+	Br_2
brometo de sódio		cloro		cloreto de sódio		bromo

Em geral, um elemento mais "ativo" substitui um menos "ativo" de um composto numa reação de substituição.

A Figura 4-8 (c) mostra outro exemplo.

Reações de dupla troca (metátese) são reações nas quais dois reagentes trocam íons para formar dois novos compostos. Estas reações freqüentemente "se completam", isto é, elas continuam até que um ou mais dos reagentes se esgotam. Para uma reação se completar, um dos produtos deve ser eliminado da reação, como ilustrado nos exemplos seguintes.

Na Figura 4-8 (d), sulfato de sódio reage com cloreto de bário em água para formar cloreto de sódio e um precipitado branco de sulfato de bário. O precipitado é o sólido que assenta no fundo do cilindro na fotografia. Ele remove íons de bário e íons sulfato da solução.

Na_2SO_4	+	$BaCl_2$	$\rightarrow$	$BaSO_4\downarrow$	+	$2\,NaCl$
sulfato de sódio		cloreto de bário		sulfato de bário		cloreto de sódio

O íon sulfato, originariamente parte do sulfato de sódio, está agora presente na forma de precipitado de sulfato de bário, que não se dissolve na água. Outro exemplo de dupla troca é a reação de sulfeto de potássio com brometo de hidrogênio:

K_2S	+	$2\,HBr$	$\rightarrow$	$2\,KBr$	+	$H_2S\uparrow$
sulfeto de potássio		ácido bromídrico		brometo de potássio		sulfeto de hidrogênio

Como mostrado, um dos compostos formados por "parceiros cambiáveis" é o sulfeto de hidrogênio. Como o sulfeto de hidrogênio é um gás, ele pode escapar do sistema e a reação pode se completar.

Ainda outro exemplo é a reação de hidróxido de magnésio (leite de magnésia) com ácido clorídrico (o ácido do estômago) para formar cloreto de magnésio e água:

$Mg(OH)_2$	+	$2\,HCl$	$\rightarrow$	$MgCl_2$	+	$2\,H_2O$
hidróxido de magnésio		ácido clorídrico		cloreto de magnésio		água

A troca que ocorre aqui se torna clara se imaginarmos a fórmula da água como HOH. Uma vez que a água não é um composto iônico, sua formação como um dos produtos remove efetivamente íons de hidrogênio e íons de hidróxido da reação. Este tipo de reação, entre uma base e um ácido, é chamado neutralização e será discutido no Capítulo 7.

Em cada um destes três exemplos de reações de dupla troca, um conjunto de íons foi eliminado da reação, quer como um precipitado, um gás ou um composto covalente. (O capítulo 6 discutirá por que certos compostos se dissolvem e outros não).

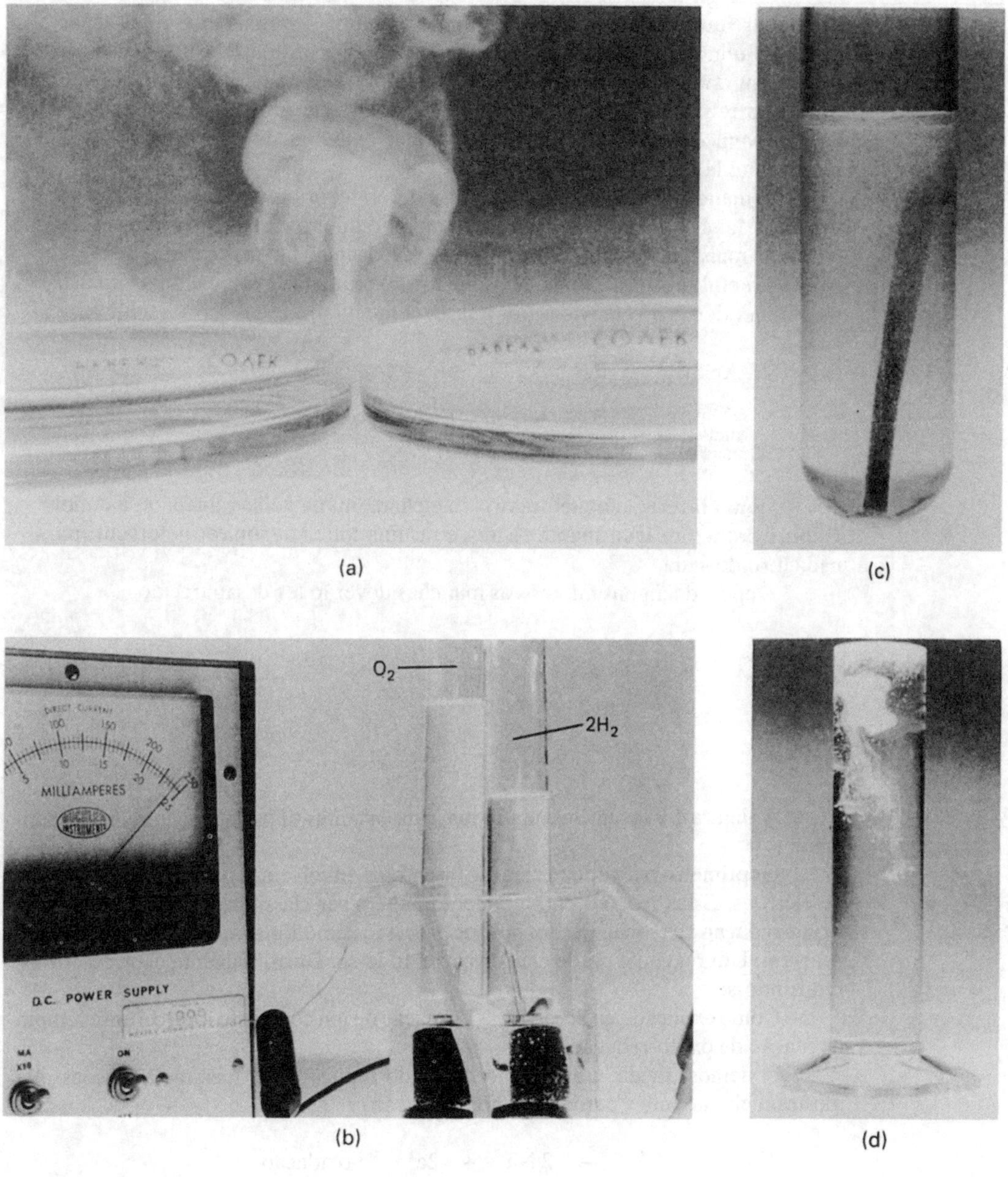

Figura 4-8
Exemplos de reações químicas. (a) Síntese: $NH_3(g) + HCl(g) \rightarrow NH_4Cl(s)$; (b) decomposição: $2H_2O(l) \rightarrow 2H_2(g) + O_2(g)$; (c) simples troca ou substituição: $Fe(s) + 2HCl(aq) \rightarrow FeCl_2(aq) + H_2(g)$; (d) dupla troca ou metástase: $BaCl_2(aq) + Na_2SO_4(aq) \rightarrow BaSO_4(s) + 2NaCl(aq)$. (Copyright das fotos, Al Green.)

Faça-o Você Mesmo 4

REMOVENDO MANCHAS

O deslustre de metais é uma reação química comum. O metal perde o seu aspecto brilhante quando os átomos da superfície reagem com outras substâncias para formar um revestimento embaçado. Por exemplo, a prata perde o lustre ao reagir com enxofre para formar um revestimento escuro de sulfeto de prata, Ag_2S. O enxofre vem de certos alimentos, tais como ovos, ou de traços de sulfeto de hidrogênio, H_2S, do ar.

A mancha pode ser removida raspando-a com um abrasivo (um material áspero). Mas a química fornece métodos mais brandos para tal. Um caminho é usar um metal mais ativo para reagir com o material da mancha numa reação de simples troca. O metal substitui a substância que formou a mancha. Por exemplo, manchas na prata podem ser removidas por reação com alumínio:

$$3\,Ag_2S(s) + 2\,Al(s) \rightarrow Al_2S_3(s) + 6\,Ag(s)$$

sulfeto de prata (mancha)	alumínio	sulfeto de alumínio	prata

Como fazer: Coloque prataria manchada numa velha panela de alumínio. Cubra a prata com água quente e acrescente uma colher de sopa de detergente para cada litro de água.

Depois de alguns minutos as manchas deverão ter desaparecido.

A Figura 4-9 resume os quatro mais importantes tipos de reação acima discutidos.

Os primeiros três tipos de reação discutidos envolvem geralmente transferência de elétrons. Estas reações então podem também ser classificadas como **reações de óxido-redução** ou **reações redox**, porque processos simultâneos de oxidação e redução ocorrem. Um reagente perde elétrons, oxidando-se. Outro reagente ganha elétrons, reduzindo-se.

Como explicado na Seção 3.8, a formação de um composto iônico é um exemplo de reação de óxido-redução.

Podemos dividir uma reação de óxido-redução em duas meia-reações que mostram claramente a perda e ganho de elétrons:

$$\begin{array}{lll} 2\,Na & \rightarrow 2\,Na^+ + 2e^- & \text{oxidação} \\ Cl_2 + 2e^- & \rightarrow 2\,Cl^- & \text{redução} \\ \hline 2\,Na + Cl_2 & \rightarrow 2\,NaCl & \end{array}$$

O cátion é formado por oxidação e o ânion por redução. Note que neste caso, e em todas as reações de óxido-redução, *o número de elétrons perdidos por um reagente é igual ao número de elétrons ganhos pelo outro.*

A substância que perde elétrons, sódio neste caso, é chamada um **agente redutor** porque ela fornece elétrons à outra substância, causando redução. Outros agentes de redução comuns incluem o hidrogênio, H_2, que é usado para reduzir compostos que contêm carbono, e o tiossulfato de sódio, $Na_2S_2O_3$, que é usado em fotografia. Em geral, agentes redutores doam elétrons a outras moléculas ou íons.

Ao mesmo tempo em que uma substância está perdendo elétrons, uma outra deve estar ganhando. Na reação do cloreto de sódio, o cloro recebe o elétron do sódio, preenchendo seu octeto. Está portanto sendo reduzido. O cloro é chamado um **agente oxidante** porque oxida o sódio tomando seu elétron. Alguns agentes oxidantes são usados medicinalmente como antissépticos; eles incluem o peróxido de hidrogênio, H_2O_2; o permanganato de potássio, $KMnO_4$, o iodo, I_2, e o hipoclorito de sódio, NaOCl. Um dos melhores agentes oxidantes é o oxigênio, O_2; de fato ele é a base para o termo "oxidação". Você aprenderá nos capítulos seguintes como o oxigênio que você respira é vital para a quebra dos alimentos e outros processos de oxidação no nosso corpo.

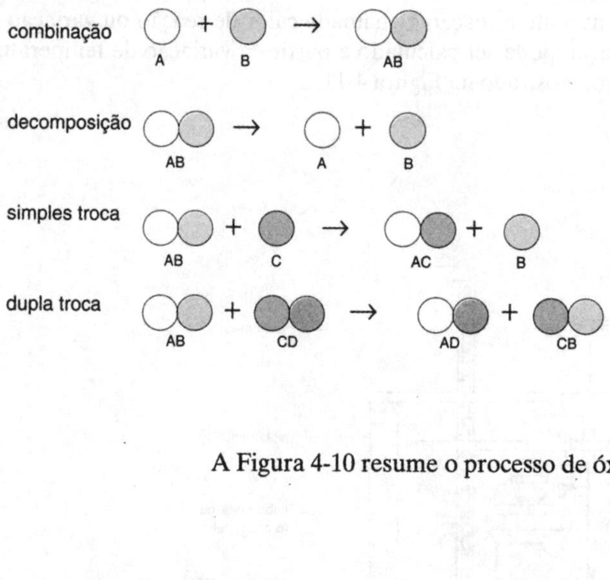

Figura 4-9
Tipos de reações químicas. As letras A, B, C, e D são símbolos gerais para os elementos envolvidos.

A Figura 4-10 resume o processo de óxido-redução.

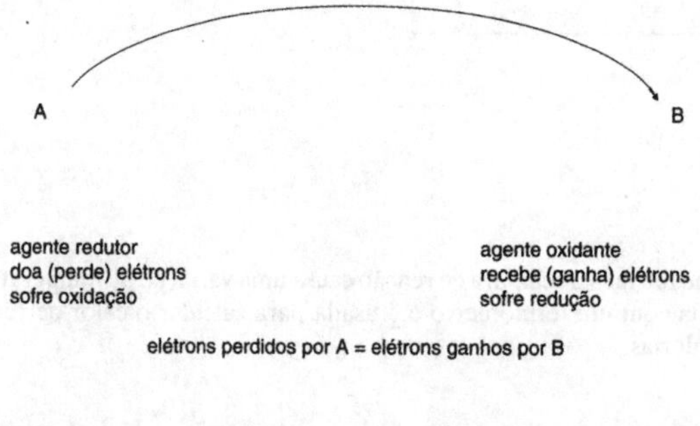

Figura 4-10
Resumo do processo de óxido-redução. Aqui um elétron é transferido da substância A para a substância B.

4.8 Transformações de Energia nas Reações

Objetivo: Para demonstrar entendimento desta seção, você deverá ser capaz de explicar a relação entre transformações químicas e energéticas.

Reações químicas envolvem transformações de energia. Energia química é uma forma de energia interna, que mencionamos na Seção 1.8. Ela é "armazenada" nas ligações das moléculas e nos retículos iônicos e se origina das energias potencial e cinética dos elétrons. Quando ligações se rompem e outras se formam nas reações químicas, os elétrons se rearranjam. Como resultado, energia pode ser liberada ou absorvida sob forma de luz, eletricidade ou calor. Por exemplo, as plantas absorvem energia luminosa durante a fotossíntese. Reações químicas que criam energia são usadas em pilhas secas e em baterias de automóveis. Por outro lado, algumas reações químicas requerem eletricidade. As reações de eletrólise tais como a quebra das moléculas de água descrita anteriormente, requerem energia elétrica.

A maioria das reações químicas envolvem transformações de energia térmica. Energia térmica é a forma de energia relacionada com a temperatura e é transferida sob forma de calor. Se calor é liberado durante a reação, esta é chamada **exotérmica**. Se calor é absorvido, a reação é chamada **endotérmica**. A quantidade de energia transferida como calor durante a reação é chamada calor de reação ou variação de entalpia. O calor de reação pode ser calculado a partir da variação de temperatura medida num calorímetro, mostrado na Figura 4-11.

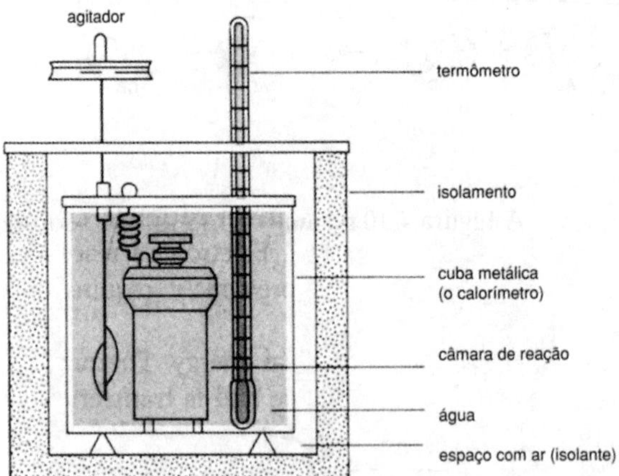

Figura 4-11
Um calorímetro. A transformação térmica na câmara de reação causa uma variação de temperatura na água ao redor. Esta variação é medida com um termômetro e é usada para calcular o calor de reação, que é expresso em kilojoules ou kilocalorias.

As reações químicas mais prováveis de ocorrer são aquelas exotérmicas e que produzem moléculas menores. As reações são geralmente exotérmicas quando os produtos contêm ligações mais fortes do que os reagentes. (Ligações mais fortes se formam quando existe uma maior diferença de eletronegatividade entre os átomos envolvidos.) Ligações mais fortes tornam o produto mais pobre em energia e mais estável do que os reagentes. A energia "excedente" é geralmente liberada como calor.

A combustão, por exemplo, é um importante processo químico que envolve a oxidação de uma substância, tal como a queima de um combustível. Esta reação de combinação é extremamente exotérmica, produzindo uma grande quantidade de calor. Por exemplo, a combustão do octano, um componente da gasolina, libera 1302 kcal/mol (5452 kJ/mol) de energia sob forma de calor.

$$\underset{\text{octano}}{2\,C_8H_{18}} + \underset{\text{oxigênio}}{25\,O_2} \rightarrow \underset{\text{dióxido de carbono}}{16\,CO_2} + \underset{\text{água}}{18\,H_2O} + \text{calor}$$

Saúde em Notícia 4

CALOR DE COMBUSTÃO

Combustível é uma substância que produz energia numa reação controlada. O tipo mais comum de reação produtora de energia é a combustão. Na combustão, o calor é produzido pela oxidação exotérmica de um combustível. Por exemplo, os combustíveis mais comuns, que contêm átomos de carbono e hidrogênio, formam dióxido de carbono, CO_2, e água, H_2O, quando completamente queimados no ar.

Combustíveis fósseis — petróleo, hulha e gás natural — originaram-se da decomposição de restos animais e vegetais há milhões de anos. Combustíveis artificiais podem ser produzidos a partir destes naturais. A gasolina é derivada do petróleo, e gás sintético natural pode ser feito a partir de hulha.

A energia liberada quando uma certa quantidade de combustível é queimada é conhecida como calor de combustão. É expressa em kilocalorias (ou kilojoules) liberadas por grama de combustível. Alguns calores de combustão representativos são dados na tabela seguinte. Eles foram determinados queimando-se o combustível num calorímetro, tal como o mostrado na Figura 4-11.

	Calor de combustão	
Combustível	**kcal/g**	**kJ/g**
hulha	7,6	32
gasolina	11,5	48
hidrogênio	33,9	142
álcool metílico	5,3	22
gás natural	11,7	49
petróleo	10,8	45
madeira	4,3	18

Como veremos em capítulos seguintes, os alimentos são o combustível para nossos corpos. Os hidratos de carbono e as proteínas têm um valor calórico de cerca de 4 kcal/g, enquanto que as gorduras fornecem 9 kcal/g. Portanto, uma determinada quantidade de gordura fornecerá cerca de duas vezes mais energia ("calorias") do que uma mesma massa de hidrato de carbono ou proteína.

Tais reações de combustão não somente são exotérmicas, mas produzem geralmente dióxido de carbono e água, portanto moléculas menores do que as do combustível de partida. Reações de combustão ocorrem no nosso corpo quando o alimento é "queimado". As moléculas dos alimentos são oxidadas numa série de reações "sem chama" que será descrita em capítulos seguintes. Saúde em Notícia 4 compara o valor calórico de diferentes substâncias.

Reações que são endotérmicas e produzem moléculas mais complexas não ocorrem por si só. Elas podem ser forçadas a ocorrer, porém, se uma fonte de energia externa estiver disponível. Por exemplo, durante a fotossíntese em plantas verdes, a energia luminosa do sol força a formação de glicose a partir de dióxido de carbono e água.

$$\underset{\text{dióxido de carbono}}{6\,CO_2} + \underset{\text{água}}{6\,H_2O} \xrightarrow{\text{energia}} \underset{\text{glicose}}{C_6H_{12}O_6} + \underset{\text{oxigênio}}{6\,O_2}$$

Aqui, 686 kcal (2870 kJ) de energia solar são armazenadas nas ligações recém-formadas por mol de molécula de glicose. Dependemos de energia luminosa do sol porque devemos comer plantas, ou animais que comem plantas, para obter suprimento de energia.

Em todos os casos que envolvem transformações de energia durante uma reação química, energia não pode ser criada e nem destruída, mas somente convertida a diferentes formas. A quantidade total é a mesma no começo e no fim da reação. Esta observação geral é conhecida como **lei da conservação da energia**, que mencionamos na Seção 1.8.

4.9 Velocidade de Reação

Objetivo: Para demonstrar entendimento desta seção, você deverá ser capaz de descrever os fatores que influenciam a velocidade de uma reação química.

A **velocidade** de uma reação descreve a rapidez com que uma transformação química ocorre. É uma grandeza experimental determinada pela medida do desaparecimento de reagente ou aparecimento de produto num período de tempo.

A natureza dos reagentes é o fator mais importante para determinar a velocidade na qual eles reagem. Afinal, a velocidade na qual as ligações se formam e se quebram depende da natureza das ligações e da natureza das moléculas nas quais estas ligações estão localizadas. Algumas substâncias reagem muito rapidamente, tais como um comprimido de antiácido com um ácido. Outras podem reagir lentamente, ou nada absolutamente.

A velocidade depende também de quanto dos reagentes está presente: quanto maior a concentração, maior o número de colisões entre as moléculas, e mais rápida a reação. Além disto, quanto de um reagente está disponível para reagir pode depender do tamanho de suas partículas. Por exemplo, carvão em pó reage com oxigênio muito mais rapidamente (e às vezes explosivamente) do que pedaços de carvão por causa de sua maior área de superfície exposta.

A temperatura também afeta a velocidade de uma reação. Para cada aumento de 10ºC de temperatura, a velocidade aproximadamente dobra para muitas reações. Quanto maior a temperatura, mais energia cinética têm as moléculas. Como resultado, as colisões suplantarão com mais probabilidade as repulsões entre as moléculas para resultar em reações. As reações que ocorrem no corpo se aceleram então quando um paciente está com febre. De modo semelhante, elas se tornam mais lentas quando a temperatura é baixada durante a hipotermia. Pela mesma razão, guardamos leite na geladeira para tornar mais lentas as reações envolvidas no azedamento.

Às vezes podemos mudar a velocidade de uma reação adicionando um **catalisador**. Catalisador é uma substância que aumenta a velocidade de uma reação sem ser consumido pela reação. O catalisador toma parte na reação mas pode ser recuperado intacto no final da mesma. Diz-se que a reação foi catalisada ou sofreu catálise.

Os catalisadores encontrados nos sistemas vivos são chamados **enzimas**. As enzimas consistem de moléculas muito grandes chamadas proteínas (descritas no Capítulo 14). Sem enzimas, as reações em nosso corpo ocorreriam demasiadamente devagar para manter a vida. As enzimas são altamente específicas para certos reagentes. Por exemplo, uma enzima chamada amilase quebra o amido. A amilase, porém, não pode digerir a celulose, apesar de a estrutura molecular da celulose ser muito semelhante à do amido. Milhares de diferentes enzimas estão presentes em nosso corpo, e cada uma destas enzimas catalisa sua (s) específica (s) reação ou reações. (As Enzimas serão discutidas mais adiante, no Capítulo 15).

4.10 Reações Reversíveis e Equilíbrio

Objetivo: Para demonstrar entendimento desta seção, você deverá ser capaz de descrever o processo do equilíbrio químico.

A maioria das reações químicas ocorre devido à colisão de átomos e moléculas. Quando os reagentes se chocam entre si com suficiente energia, novas ligações químicas se formam. Por exemplo, considere a síntese da amônia, NH_3, a partir de nitrogênio, N_2, e hidrogênio, H_2. À medida que a quantidade de amônia aumenta, a reação inversa se torna mais viável. As moléculas de amônia podem colidir e se decompor novamente em moléculas de nitrogênio e hidrogênio. A equação que representa esta reação **reversível** é assim escrita:

$$N_2 + 3\,H_2 \rightleftarrows 2\,NH_3$$

$$\text{reagentes} \underset{\text{inversa}}{\overset{\text{direta}}{\rightleftarrows}} \text{produto}$$

As setas duplas mostram que tanto uma reação direta (formando NH_3) como uma inversa (formando N_2 e H_2) ocorre.

Além das reações que se completam (tal como a descrita na Seção 4.7), a maioria das reações são reversíveis em vários níveis. Se apenas os reagentes estão presentes no início de uma reação reversível, suas moléculas colidem entre si e reagem para formar um produto. Assim que a reação progride, cada vez mais moléculas do produto estarão presentes. A menos que estas moléculas sejam removidas (como um gás ou um precipitado, por exemplo), elas, por sua vez, colidirão umas com as outras e algumas reagirão para produzir os reagentes novamente. Eventualmente, a velocidade desta reação inversa ficará igual à velocidade da reação direta. Quando estas duas velocidades ficarem iguais, diz-se que a reação atingiu o **equilíbrio químico**. (veja a Figura 4-12).

No equilíbrio químico, *as reações direta e inversa ocorrem na mesma velocidade*, e não há mais produção líquida de produtos. Qualquer novo produto que se forma é compensado pela retroconversão da mesma quantidade do produto a reagente. Neste estágio, pode parecer que nenhuma reação está ocorrendo, porque as concentrações de reagentes e produtos na mistura em equilíbrio não mudam. Mas as reações direta e inversa estão ainda ocorrendo. Por causa da atividade contínua, o equilíbrio químico é designado equilíbrio dinâmico.

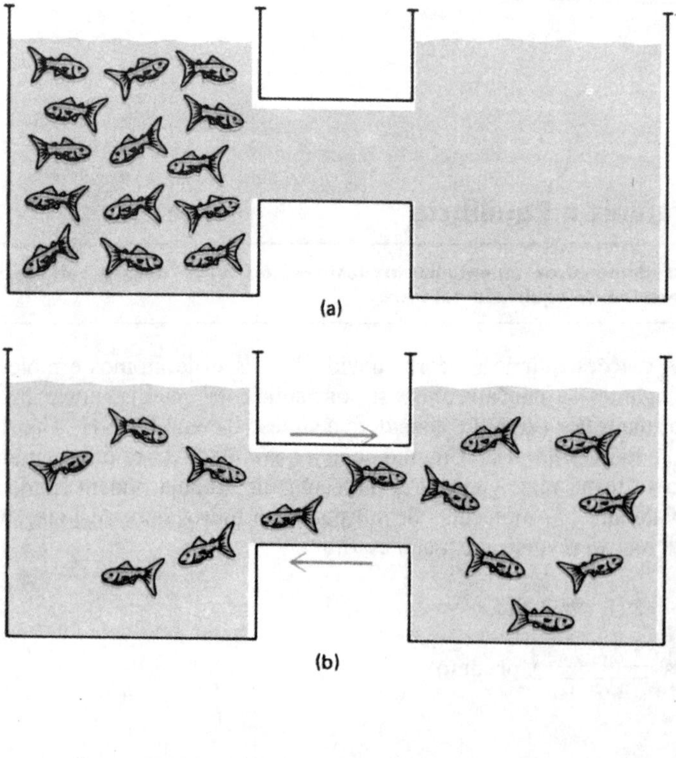

Figura 4-12
Equilíbrio. Se os peixes (a) estão livres para se moverem entre os dois tanques, o equilíbrio (b) fica logo estabelecido. A velocidade dos peixes que se deslocam para a esquerda é igual à velocidade dos que se movem para a direita no equilíbrio.

Quando uma reação alcança o equilíbrio, as quantidades finais de reagentes e produtos geralmente *não são iguais*. Por exemplo, se começarmos a síntese da amônia com um mol de N_2 e três moles de H_2 (a 350ºC), encontraremos 0,3 mol de N_2, 0,9 mol de H_2 e 1,4 mol de NH_3 no equilíbrio. Equilíbrio significa que as *velocidades* de formação de reagentes e produtos são as mesmas.

Até que ponto uma reação reversível vai em direção à formação de produtos a partir dos reagentes é indicado pela sua **constante de equilíbrio**, simbolizada por K. Uma reação cuja constante de equilíbrio é muito pequena (muito menor do que um) produzirá pouco produto. Um grande valor de K (muito maior do que um) significa que a maior parte do reagente foi convertida em produto no equilíbrio. Por exemplo, a síntese da amônia tem uma constante de equilíbrio igual a 9,0 (a 350ºC), o que indica que uma grande fração das moléculas dos reagentes foi convertida em moléculas do produto.

Muitas reações no nosso corpo são reversíveis e estão próximas do equilíbrio. Há porém reações irreversíveis chave que ajudam a "direcionar" as reversíveis. Freqüentemente elas "removem" os produtos de reações reversíveis reagindo com eles e impedindo os produtos de novamente formar reagentes.

SUMÁRIO

4.1 Peso molecular é a massa de uma molécula em amu. Peso fórmula é a massa de uma unidade fórmula. Portanto, o peso molecular ou o peso fórmula é a soma dos pesos atômicos de todos os átomos (ou íons) presentes numa molécula ou unidade fórmula.

4.2 Mol é uma unidade que mede a quantidade de uma substância. Um mol contém o número de Avogadro ($6{,}02 \times 10^{23}$) de átomos, unidades fórmulas ou moléculas. Ele tem uma massa em gramas numericamente igual ao peso atômico, peso fórmula ou peso molecular da substância.

Seção de Problemas 3 Para converter moles a gramas, multiplicamos o número de moles dado pela massa molar (gramas/um mol) da substância. Para converter gramas a moles, multiplicamos o número de gramas dado por um fator de conversão que relaciona moles a gramas (um mol/gramas). Estas conversões são a base da maioria dos cálculos químicos e do trabalho laboratorial.

4.3 Uma transformação química resulta na formação de uma nova substância. Reação química é um processo de transformação química na qual ligações químicas são quebradas e novas ligações são formadas. As reações ocorrem quando átomos ou moléculas colidem, fazendo com que os átomos se rearranjam em novas combinações.

4.4 Equação química é uma representação abreviada de uma reação química. Numa equação química, as substâncias de partida, chamadas reagentes, são separadas das novas substâncias, chamadas produtos, por uma seta. A seta mostra a direção da transformação química.

4.5 Todas as equações químicas devem ser balanceadas. Numa equação balanceada, o número de átomos de cada espécie de elemento é o mesmo em ambos os lados da equação. Para balancear uma equação, colocamos coeficientes na frente dos reagentes e produtos.

4.6 Uma equação balanceada fornece um resumo útil de uma reação química. Ela não somente revela que elementos ou compostos são utilizados e formados, mas também as quantidades relativas de cada um. As equações podem ser interpretadas quer em termos de número de átomos, moléculas ou unidades fórmulas, quer em termos de número de moles.

Seção de Problema 4 Podemos usar uma equação química balanceada para achar o número de moles ou gramas de um reagente ou produto. O cálculo é baseado em razões molares, frações que relacionam o número de moles de duas substâncias na reação, as quais podem ser usadas como fatores de conversão.

4.7 As reações químicas podem ser classificadas de várias maneiras. Há quatro principais tipos de reação: combinação (síntese), decomposição, simples troca (substituição) e dupla troca (metátese). Estas reações podem também ser reações de óxido-redução, ou redox, que envolvem transferência de elétrons.

4.8 Reações químicas envolvem transformações de energia. Reações exotérmicas liberam calor. Reações endotérmicas absorvem calor. As reações mais prováveis de ocorrerem são aquelas que liberam calor e produzem moléculas mais simples.

4.9 A velocidade de uma reação descreve com que "rapidez" uma transformação química ocorre. Ela depende da natureza dos reagentes, sua concentração e da temperatura. Os catalisadores aumentam a velocidade de reação.

4.10 As reações químicas são freqüentemente reversíveis. As moléculas dos produtos podem se recombinar para formar novamente os reagentes. O equilíbrio químico existe quando a reação direta e a inversa ocorrem com a mesma velocidade.

EXERCÍCIOS

Exercício sobre Casamento de Palavras Chave

Para cada termo à esquerda, escolha a frase da coluna à direita que mais se aproxima do seu significado.

1. reação química	a. acelera a reação
2. mol	b. substância de partida
3. equação química	c. substância produzida
4. reagente	d. processo de transformação química
5. produto	e. matéria não criada nem destruída
6. catalisador	f. quantidade de substância
7. lei da conservação da massa	g. partículas por mol
8. reação de óxido-reação (redox)	h. representação abreviada de uma reação
9. constante de Avogadro	i. transferência de elétrons
10. peso molecular	j. velocidades direta e inversa iguais
11. velocidade de reação	k. massa de uma molécula
12. equilíbrio químico	l. velocidade de uma reação
13. exotérmico	m. calor liberado

Exercícios por Tópicos

Peso Fórmula ou Molecular de Compostos (4.1)

14. Liste o número de átomos de cada tipo no
    a. $K_2Cr_2O_7$
    b. $Fe(NH_4)(SO_4)_2$
    c. $N(CH_3)_3$
    d. $Zn(C_2H_3O_2)_2$
15. Qual é o peso molecular do DDT, cuja fórmula é $C_{14}H_9Cl_5$?
16. Determine o peso molecular do antibiótico penicilina G, cuja fórmula é $C_{16}H_{18}N_2O_4S$.
17. Calcule os pesos fórmulas ou moleculares dos compostos do Exercício 14.
18. Determine o peso fórmula ou molecular do
    a. Li_3PO_4
    b. $Al_2(SO_4)_3$
    c. C_2H_5OH
    d. $Ca(NO_3)_2$
    e. $NaHCO_3$

O Mol (4.2)

19 O que a unidade mol mede?
20. O que a constante de Avogadro representa?
21. Por que um mol de uma substância pode ter uma massa diferente de um mol de outra substância.
22. Qual é a massa molar do
    a. Ouro, Au
    b. Dióxido de enxofre, SO_2
    c. Nitrato de cálcio, $Ca(NO_3)_2$
23. Qual é a massa molar da aspirina, $C_9H_8O_4$?
24. Calcule a massa de um mol de
    a. Na_3PO_4
    b. C_5H_5N
    c. $Sr(C_2H_3O_2)_2$

Problemas sobre Mol (Seção de Problema 3)

25. Que massa de níquel contém 0,0138 mol do metal?
26. Converta a gramas:
    a. 5,5 moles de $Pb(NO_3)_2$
    b. 0,236 mol de KH_2PO_4
    c. 1,48 mol de $NaClO_4$
27. Uma garrafa contém 0,890 mol de álcool para "fricção" (álcool isopropílico), C_3H_8O. Que massa de álcool ela contém?
28. Determine a massa das seguintes quantidades de permanganato de potássio, $KMnO_4$:
    a. 10,0 moles
    b. 0,450 mol
    c. $1{,}55 \times 10^{-3}$ mol
29. Determine a massa em gramas de
    a. 9,75 moles de $C_8H_{16}O_2$
    b. $5{,}4 \times 10^{-3}$ mol de $HgCl_2$
    c. 0,153 mol de $Ca(C_2H_3O_2)_2$
30. Nitroglicerina, usada medicinalmente para pacientes cardíacos e na manufatura de explosivos, tem a fórmula $C_3H_5N_3O_9$. Determine a massa de 5,22 moles deste composto.
31. Determine o número de moles de cloreto de amônio nas seguintes massas do mesmo:
    a. 50,0 g
    b. 5,0 g
    c. 294 g
    d. $1{,}00 \times 10^{-2}$ g
32. Quantos moles de nicotina, $C_{10}H_{14}N_2$, estão presentes em 10,4 g deste composto venenoso?
33. Se você pesar 75,0 g de "hipossulfito" (tiossulfato de sódio, $Na_2S_2O_3$) para uma solução fotográfica, qual é a quantidade em moles?
34. Converta a moles:
    a. 20,0 g de $Mg(OH)_2$
    b. 3,80 g de C_6H_6
    c. 410 g de $Al_2(SO_4)_3$
35. Determine o número de moles em
    a. 17,0 g de H_3PO_4
    b. 0,983 g de $KAl(SO_4)_2$
    c. $7{,}31 \times 10^{-2}$ g de CH_4O
36. Determine o número de moles em
    a. 13,5 g de I_2
    b. 0,995 g de ácido fosfórico, H_3PO_4

Reações Químicas (4.3)

37. Em que um composto difere de uma mistura? e de um elemento?
38. O que ocorre numa reação química?
39. Usando a teoria atômica, explique a base para a lei das proporções definidas.
40. Por que a presença de uma transformação física por si só não é suficiente para identificar uma reação química?
41. Por que o ferro não pode ser removido do sulfeto de ferro (II) por um ímã?

Equações Químicas (4.4)

42. Por que são úteis as equações químicas?
43. Traduza em palavras as seguintes equações:
    a. $S + O_2 \rightarrow SO_2$
    b. $AgNO_3 + NaOH \rightarrow AgCl + NaNO_3$
    c. $HCl + NaOH \rightarrow NaCl + H_2O$
44. Usando a teoria atômica, explique a base para a conservação da massa numa reação química.
45. O que você quer dizer quando afirma que uma equação está balanceada?
46. Um químico começa com 25,0 g de reagentes mas termina com 15,2 g de produtos. Será que ele violou a lei da conservação da massa? O que poderia ter acontecido?

Balanceando Equações Químicas (4.5)

47. Diga se cada uma das seguintes equações está balanceada:
    a. $C_3H_8 + O_2 \rightarrow 3\ CO_2 + H_2O$
    b. $AgNO_3 + H_2SO_4 \rightarrow Ag_2SO_4 + HNO_3$
    c. $SO_3 + H_2O \rightarrow H_2SO_4$
    d. $H_3PO_4 + NaOH \rightarrow Na_3PO_4 + H_2O$
48. Balanceie as equações do Exercício 47 que não estão ainda balanceadas
49. Balanceie as seguintes equações:
    a. $Al + Cl_2 \rightarrow AlCl_3$
    b. $N_2 + H_2 \rightarrow NH_3$
    c. $Na + H_2O \rightarrow NaOH + H_2$
    d. $NO + O_2 \rightarrow NO_2$
50. Balanceie estas equações:
    a. $C + SO_2 \rightarrow CS_2 + CO$
    b. $ZnS + O_2 \rightarrow ZnO + SO_2$
    c. $Na_3PO_4 + CaCl_2 \rightarrow Ca_3(PO_4)_2 + NaCl$
    d. $Al_2(SO_4)_3 + Ba(NO_3)_2 \rightarrow BaSO_4 + Al(NO_3)_3$
51. Por que são os coeficientes os únicos números que podemos mudar ao balancear uma equação?

Interpretando Equações Balanceadas (4.6)

52. Interprete em termos de moléculas as equações balanceadas dos Exercícios 47 e 49.
53. Interprete em termos de moles as equações balanceadas do exercício 49.
54. Interprete em termos de moles as equações balanceadas do Exercício 50.
55. Por que uma equação pode ser interpretada tanto em termos de moléculas como em moles?

Cálculos Baseados em Equações (Seção de Problema 4)

56. Quando o magnésio queima no ar, a maior parte é convertida em óxido de magnésio. Uma pequena quantidade forma nitreto de magnésio pela seguinte equação:
    $3\ Mg(s) + N_2(g) \rightarrow Mg_3N_2(s)$
    a. Se 0,153 mol de Mg_3N_2 se forma, quantos moles de Mg reagiram com N_2?
    b. Quantos moles de nitrogênio são necessários para reagir com 18,9 moles de magnésio?
57. Sulfeto de alumínio reage com água de acordo com a seguinte equação:
    $Al_2S_3(s) + 6\ H_2O(l) \rightarrow 2\ Al(OH)_3(s) + 3\ H_2S(g)$
    a. Quantos moles de H_2S se formam se 1,75 moles de $Al(OH)_3$ são produzidos?
    b. Determine o número de moles de Al_2S_3 necessários para reagir com 9,3 moles de H_2O.
58. Excesso de cloro pode ser removido de água clorada passando-a através de carvão vegetal (C):
    $2\ Cl_2(aq) + C(s) + 2\ H_2O(l) \rightarrow CO_2(g) + 4\ HCl(aq)$
    a. Quantos gramas de carvão são necessários para remover 10,5 moles de Cl_2?
    b. Quantos moles de HCl se formam a partir de 96,2 g de Cl_2?
59. Pentóxido de fósforo, na verdade P_4O_{10}, é usado como agente desidratante porque reage com água, formando ácido fosfórico:
    $P_4O_{10}(s) + 6\ H_2O(l) \rightarrow 4\ H_3PO_4(aq)$
    a. Quantos moles de água podem ser removidos por 255 g de P_4O_{10}?
    b. Quantos gramas de H_3PO_4 se formam a partir de 12,3 moles de H_2O?
60. Sulfeto de hidrogênio, liberado durante a refinação de petróleo, pode ser captado reagindo-o com oxigênio:
    $2\ H_2S(g) + O_2(g) \rightarrow 2\ S(s) + 2\ H_2O(l)$
    a. Quantos kilogramas de oxigênio são necessários para reagir com 350 kg de H_2S?
    b. Quantos gramas de enxofre são formados a partir de $3{,}1 \times 10^4$ g de H_2S?
61. A seguinte reação ocorre na produção de chumbo metálico a partir de seu minério:
    $PbS(s) + 2\ PbO(s) \rightarrow 3\ Pb(s) + SO_2(g)$

a. Quantos gramas de SO_2 se formam se 625 g de chumbo são produzidos?

b. Quantos gramas de Pb são produzidos a partir de 12,2 kg de PbO?

62. Brometo de hidrogênio pode ser produzido pela reação de brometo de sódio com ácido fosfórico:

$3\ NaBr(s) + H_3PO_4(aq) \rightarrow 3\ HBr(aq) + Na_3PO_4(aq)$

a. Quantos gramas de H_3PO_4 são necessários para produzir 39,1 g de HBr?

b. Que massa de Na_3PO_4 se forma a partir de 2,2 g de NaBr?

Tipos de Reações Químicas (4.7)

63. Identifique as equações do Exercício 47 pelo seu tipo.
64. Identifique as equações do Exercício 49 pelo seu tipo.
65. Identifique as equações do Exercício 50 pelo seu tipo.
66. O que é uma reação redox?
67. O que ocorre numa reação de dupla troca?

Transformações de Energia nas Reações (4.8)

68. Como a energia está relacionada com as reações químicas?
69. Em que uma reação exotérmica difere de uma endotérmica?
70. Descreva as transformações de energia envolvidas numa reação de combustão.
71. Que tipos de transformações químicas são mais prováveis de ocorrer?
72. O que o calor de combustão mede?

Velocidade de Reação (4.9)

73. O que significa velocidade de reação?
74. Discuta os fatores que afetam a velocidade de reação.
75. Qual é o papel de um catalisador?
76. Qual é a função das enzimas nos seres vivos?
77. Cite três coisas que você poderia fazer para acelerar uma reação.

Reações Reversíveis e Equilíbrio (4.10)

78. O que é uma reação reversível?
79. O que acontece no equilíbrio químico? O que fica constante e o que muda?
80. Devem as quantidades de reagentes e produtos ser as mesmas no equilíbrio? Explique
81. Descreva com suas palavras a seguinte equação química:

$2\ SO_3 \rightleftarrows 2\ SO_2 + O_2$

Exercícios Adicionais

82. Qual é o peso fórmula ou molecular do
    a. $C_{21}H_{30}O_4$
    b. K_2SiF_6
    c. $V(CO)_6$
    d. $UO_2(C_2H_3O_2)_2$
    e. $C_{16}H_{21}NO_3$
    f. $Cu(C_3H_5O_3)_2$
    g. $Ba(ClO_3)_2$
    h. $CH_3CH_2CO_2H$
    i. $Ag_2S_2O_3$
    j. $Ti_2(C_2O_4)_3$
83. Calcule a massa em gramas de
    a. 2,98 moles de $PbSO_4$
    b. 0,312 mol de K_2PtCl_6
    c. $1{,}00 \times 10^{-3}$ mol de PH_3
    d. 15,2 moles de $Hg(CN)_2$
    e. 0,0159 mol de $C_8H_{11}NO_2$
    f. 2,215 moles de $Bi_2(C_2O_4)_3$
    g. $2{,}02 \times 10^2$ moles de NaH_2PO_2
    h. 0,98 mol de C_8H_9Br
    i. 18,2 moles de KH_2AsO_4
    j. 7,9 moles de $Mg(NH_2)_2$
84. Determine o número de moles de cada substância em
    a. 152 g de $C_{18}H_{34}O_2$
    b. 51,3 g de $KNaHPO_4$
    c. 1,99 g de $Pb(NO_2)_2$
    d. 532 g de $C_9H_{13}N_3O$
    e. 19,2 g de $AgMnO_4$
    f. 210 g de $C_9H_{10}O_4$
    g. 6,12 moles de KSCN
    h. $1{,}83 \times 10^{-3}$ g de $C_6H_{12}O_6$
    i. 17,3 g de $Ba(H_2PO_2)_2$
    j. $6{,}2 \times 10^4$ g de $Al_2(S_2O_3)_3$
85. Qual é a massa de um átomo de carbono?
86. Qual substância está presente em maior quantidade (mais unidades fórmulas), 100 g de KCl ou 100 g de NaI? Explique.
87. Qual é a maior quantidade de substância em moles, 3,5 g de CO_2 ou 3,5 g de NaCl?
88. A quantidade nutricional diária recomendada de ferro é de 18 mg para um adulto. Quantos átomos de ferro são então necessários por dia?
89. Se alguém lhe entrega uma substância, como você poderá saber se se trata de um composto ou de uma mistura?
90. Traduza em palavras:

$CO_2(g) \rightarrow C(s) + O_2(g)$

91. Balanceie as seguintes equações:
   a. $Al + O_2 \rightarrow Al_2O_3$
   b. $Ca + H_3PO_4 \rightarrow Ca_3(PO_4)_2 + H_2$
   c. $Na_2SO_3 + O_2 \rightarrow Na_2SO_4$
   d. $C_6H_{12}O_6$ (glicose) $\xrightarrow{\text{catalisador}}$ C_2H_5OH (álcool etílico) + CO_2
   e. $Na_2CO_3 + HCl \rightarrow NaCl + H_2O + CO_2$
   f. $NH_3 + O_2 \rightarrow NO + H_2O$
   g. $Al_2(SO_4)_3 + NaOH \rightarrow Al(OH)_3\downarrow + Na_2SO_4$
   h. $FeS_2 + O_2 \rightarrow Fe_2O_3 + SO_2$
   i. $Mg(OH)_2 + H_3PO_4 \rightarrow Mg_3(PO_4)_2 + H_2O$
   j. C_2H_2 (acetileno) + $O_2 \rightarrow CO_2 + H_2O$
92. Interprete em termos de moles as equações balanceadas do Exercício 91.
93. Classifique cada uma das equações do Exercício 91 de acordo com o tipo de reação.
94. Escreva e balanceie as seguintes equações:
   a. carbonato de sódio + ácido sulfúrico → sulfato de cálcio + dióxido de carbono + água
   b. iodeto de potássio + ácido fosfórico → iodeto de hidrogênio + fosfato de potássio
   c. óxido de sódio + dióxido de enxofre + oxigênio → sulfato de sódio
   d. cloreto de bário + fosfato de lítio → fosfato de bário + cloreto de lítio
95. Um composto estável de cobre(I) pode ser produzido pela reação do íon de Cu(II) com o íon iodeto:
   $2\,CuSO_4(aq) + 4\,KI(aq) \rightarrow 2\,CuI(s) + I_2(s) + 2\,K_2SO_4(aq)$
   a. Quantos gramas de KI são necessários para produzir 120 g de CuI?
   b. Que massa de I_2 se forma a partir de 0,153 g de $CuSO_4$?
96. Alumínio metálico reduz Sn^{4+} a Sn^{2+}, como na reação:
   $3\,SnCl_4(aq) + 2\,Al(s) \rightarrow 3\,SnCl_2(aq) + 2\,AlCl_3(aq)$
   a. Quantos gramas de $SnCl_2$ podem ser obtidos a partir de 13,6 g de Al?
   b. Quantos gramas de $SnCl_4$ são necessários para reagir com 231 g de Al?
97. A seguinte reação é usada para gerar eletricidade numa bateria de automóvel:
   $Pb(s) + PbO_2(s) + 2\,H_2SO_4(aq) \rightarrow PbSO_4(s) + 2\,H_2O(l)$
   a. Qual é a massa de chumbo metálico utilizada quando 2,05 g de $PbSO_4$ se formam?
   b. Que massa de água se forma?
   c. Que massa de óxido de chumbo é consumida?
   d. Que massa de sulfato de chumbo se forma a partir de 15,5 g de PbO_2?

Capítulo 5

Gases

O Capítulo 5 apresenta o estado gasoso, que mencionamos brevemente no Capítulo 1. Os gases são essenciais à vida. O oxigênio, em particular, é continuamente necessário para as reações produtoras de energia nas células de nosso corpo. Outro gás, o dióxido de carbono, é um produto residual daquele processo. Neste capítulo, examinaremos as propriedades destes e de outros gases.

5.1 Teoria Cinética dos Gases

Objetivo: Para demonstrar entendimento desta seção, você deverá ser capaz de explicar a teoria cinético-molecular.

Embora as moléculas de gases nos envolvam, não percebemos sua presença porque geralmente não as podemos ver ou sentir. Apesar disto, estamos familiarizados com muitas das propriedades dos gases. Eles não têm nem forma e nem volume definidos. Os gases podem expandir sem limite e podem ser comprimidos a volumes muito pequenos.

Podemos explicar as propriedades dos gases reconhecendo que eles consistem de átomos ou moléculas isoladas. Por exemplo, considere a capacidade dos gases de serem comprimidos. Esta propriedade pode ser explicada se imaginarmos as moléculas gasosas distantes umas das outras. De fato, mais de 99,9% do volume ocupado pelos gases no ar consistem de espaço vazio. Em média, uma molécula gasosa viaja mais de 1000 vezes seu próprio diâmetro antes de se chocar com outra molécula. Além disto, o fato de os gases não terem uma forma ou volume definidos pode também ser explicado pela falta de atração entre suas moléculas. As moléculas têm liberdade de movimento.

Em contraste, as moléculas de um líquido ou sólido estão muito mais próximas entre si do que as moléculas de um gás, como mostra a Figura 5-1. Em outras palavras, líquidos e sólidos são mais densos do que gases. Esta maior densidade significa que a mesma quantidade de matéria ocupa um volume consideravelmente menor. Por exemplo, 1 grama de água ocupa mais do que 1 litro como gás, mas ocupa somente cerca de 1 centímetro cúbico como líquido ou sólido. Pelo fato de haver menos espaço vazio num líquido ou sólido do que num gás, as propriedades de líquidos e sólidos dependem, mais do que para os gases, da natureza de suas moléculas individuais e da maneira como elas interagem. Os átomos, íons ou moléculas se movem menos livremente num líquido do que num gás. E num sólido, eles vibram em torno de posições relativamente fixas, que estão muito próximas entre si. Intensas forças de atração, que estão ausentes nos gases, conservam as partículas em posição e dão aos sólidos sua forma rígida.

Na segunda metade do século dezenove, os cientistas reuniram as explicações das propriedades observadas dos gases na **teoria cinético-molecular**. A palavra cinética refere-se a movimento. A teoria cinético-molecular trata do movimento das moléculas de um gás. Ela estabelece que o comportamento de um gás pode ser explicado com base nos seguintes postulados. (Postulados são afirmações consideradas corretas sem prova.) Aceitamos estes postulados porque a teoria construída sobre eles explica com sucesso as propriedades dos gases.

1. As moléculas de um gás são extremamente pequenas e estão distantes umas das outras. A maior parte do volume ocupado por um gás consiste de espaço vazio.
2. As moléculas de um gás estão constantemente se movendo em linha reta em direções ao acaso ou imprevisíveis.
3. As moléculas gasosas colidem umas com as outras e com as paredes do recipiente, produzindo a pressão exercida pelo gás.
4. As colisões das moléculas gasosas são perfeitamente elásticas; isto é, nenhuma energia cinética é perdida durante as colisões.
5. As moléculas gasosas não se atraem ou se repelem entre si.

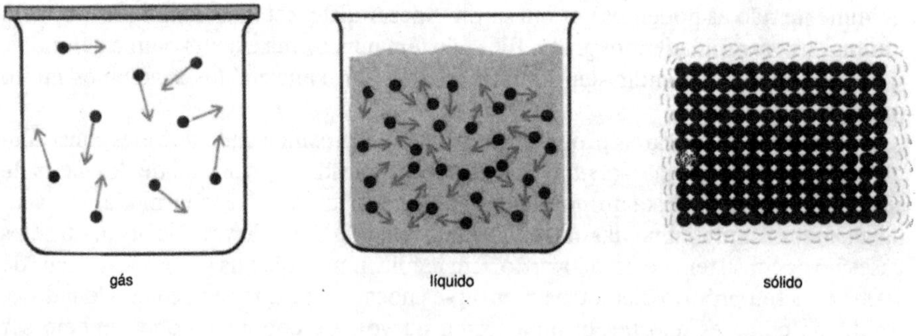

Figura 5-1
Comparando um gás, um líquido e um sólido. Num gás, os átomos ou moléculas estão distantes entre si e se movem livremente. Num líquido, os átomos ou moléculas estão muito mais próximos, mas ainda se movem livremente. Num sólido, os átomos ou moléculas estão ainda mais próximos e vibram em posições fixas

Um gás que obedece a estes cinco postulados perfeitamente é chamado um **gás ideal**. Um gás ideal não existe realmente porque nenhum gás obedece aos cinco postulados perfeitamente. Os gases reais diferem porém apenas ligeiramente do modelo de gás ideal. Portanto, a teoria cinético-molecular e o conceito de gás ideal são ainda úteis.

A teoria cinético-molecular é a base para a maneira como imaginamos os gases. Um gás consiste de moléculas movendo-se ao acaso que estão bastante distanciadas entre si e constantemente em movimento. *Temperatura é uma medida do movimento das moléculas.* Um objeto tem uma energia cinética que depende de sua massa e do quadrado de sua velocidade:

$$\text{energia cinética} = {}^1/_2\, mv^2$$

onde *m* é a massa e *v* a velocidade. A temperatura (introduzida na Seção 1.7), quando expressa em kelvins, está diretamente relacionada com a energia cinética. Quanto mais rapidamente as moléculas de um gás estão se movendo, mais alta a temperatura. Por exemplo, em temperatura ambiente a velocidade média das moléculas de oxigênio no ar está acima de 1000 milhas/hora. Quando um gás é aquecido, suas moléculas adquirem velocidade e energia adicionais, e portanto a temperatura aumenta. Por outro lado, o esfriamento de um gás torna mais lento o movimento das moléculas do gás, fazendo cair a temperatura.

5.2 Difusão: Lei de Graham

Objetivo: Para demonstrar entendimento desta seção, você deverá ser capaz de explicar os fatores que determinam a velocidade de difusão de um gás.

Difusão, o "espalhamento" de um gás, resulta do movimento ao acaso das moléculas gasosas. Por exemplo, quando as moléculas gasosas escapam de um frasco de perfume elas podem ser sentidas através de uma sala dentro de pouco tempo. Pelo fato de terem maior liberdade de movimento, as moléculas gasosas difundem muito mais rapidamente do que as moléculas de um líquido. O aumento da temperatura aumenta a velocidade de difusão porque as moléculas têm mais energia e se movem mais rapidamente. (Veja a Figura 5-2.)

A difusão ocorre de uma região de alta concentração, onde há muitas moléculas, para uma região de baixa concentração, onde há poucas. Depois de algum tempo, as moléculas estarão igualmente distribuídas; a concentração será a mesma em qualquer ponto. Como veremos logo mais, a difusão dos gases é muito importante no nosso corpo.

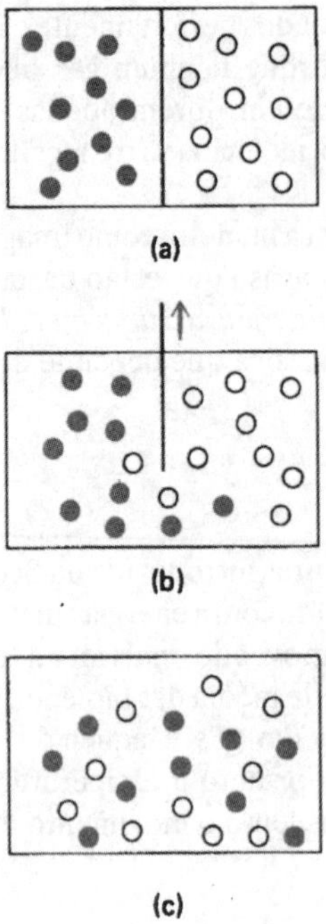

Figura 5-2
Difusão. (a) Dois gases estão separados por uma barreira. (b) Assim que a barreira é removida, cada gás difunde para o lado oposto. (c) Os gases formam agora uma mistura uniforme.

A velocidade de difusão de um gás depende da massa de suas moléculas. Quanto menor a massa, mais rapidamente a difusão ocorre. A relação matemática, conhecida como lei de Graham, estabelece que: A velocidade de difusão é inversamente proporcional à raiz quadrada do peso molecular do gás.

$$\text{velocidade de difusão do gás} \propto \frac{1}{\sqrt{\text{peso molecular}}}$$

(O símbolo $\propto$ significa "é proporcional a".)

Esta relação resulta do fato que as moléculas de todas as substâncias têm a mesma energia cinética média numa dada temperatura.

Podemos comparar as velocidades de difusão de dois gases se soubermos seu peso molecular. A relação é dada pela seguinte equação:

$$\frac{\text{velocidade (gás 1)}}{\text{velocidade (gás 2)}} = \sqrt{\frac{\text{peso molecular (gás 2)}}{\text{peso molecular (gás 1)}}}$$

Por exemplo, o oxigênio, O_2, com um peso molecular de 32 amu, difunde mais rapidamente do que o dióxido de carbono, CO_2, que tem um peso molecular de 44 amu:

$$\frac{\text{velocidade do } O_2}{\text{velocidade do } CO_2} = \frac{\sqrt{44 \text{ amu}}}{\sqrt{32 \text{ amu}}}$$

$$= \sqrt{1{,}375} = 1{,}17$$

$$\text{velocidade do } O_2 = 1{,}17 \text{ velocidade do } CO_2$$

5.3 Pressão de um Gás

Objetivo: Para demonstrar entendimento desta seção, você deverá ser capaz de definir e interpretar unidades de pressão e de pressão atmosférica.

Quando moléculas gasosas colidem com as paredes de seu recipiente, elas exercem uma força. Esta força, dividida pela área sobre a qual ela está aplicada, é conhecida como **pressão**, *P*.

$$P = \text{pressão} = \frac{\text{força}}{\text{área}}$$

A atmosfera ao redor da Terra contém cerca de 10^{18} toneladas de ar. Devido à gravidade da Terra, o peso do ar cria a **pressão atmosférica**. Esta pressão decresce com o aumento da altitude porque menos da atmosfera estará fazendo pressão de cima para baixo. Ela também varia com as condições climáticas.

A pressão atmosférica pode ser medida usando-se um barômetro, tal como o mostrado na Figura 5-3. Este tipo particular é chamado barômetro de Torricelli, segundo o cientista do século dezessete Evangelista Torricelli.

Podemos fazer um barômetro de Torricelli enchendo inicialmente com mercúrio um longo tubo de vidro fechado numa das extremidades. Tapamos a extremidade aberta para impedir que o mercúrio se derrame e depois mergulhamos esta extremidade de cabeça para baixo numa cuba com mercúrio. Algum mercúrio poderá fluir para fora do tubo. O mercúrio que resta no tubo ficará sustentado pela pressão da atmosfera sobre o mercúrio na cuba.

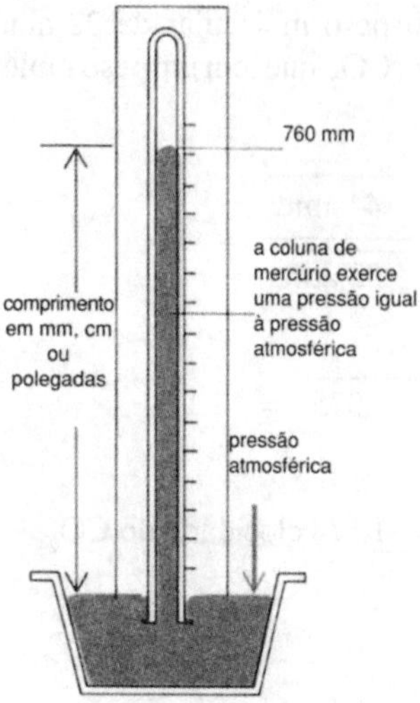

Figura 5-3
Um barômetro de Torricelli. O barômetro é construído enchendo-se um longo tubo de vidro com mercúrio e mergulhando-o de cabeça para baixo numa cuba com mercúrio. A altura da coluna de mercúrio é uma medida direta da pressão atmosférica exercida sobre a superfície do mercúrio da cuba.

Neste barômetro, a pressão atmosférica média ao nível do mar sustentará uma coluna de mercúrio (a 0ºC) de 760 mm de altura. Esta pressão é chamada uma atmosfera, abreviadamente 1 atm. Valores de pressão podem ser expressos em milímetros de mercúrio (mm Hg), também chamados torr, segundo Torricelli. Assim, 1 atm, 760 mm Hg e 760 torr descrevem igualmente a pressão média da atmosfera ao nível do mar. Em relatórios climáticos, a pressão atmosférica pode ser expressa em polegadas de mercúrio; 1 atm = 29,9 in Hg.

A unidade SI para pressão é o pascal, Pa. Um torr é equivalente a 133,3 Pa. A pressão atmosférica média ao nível do mar é de 101,3 kPa (101,3 kilopascals). Pressão é às vezes ainda expressa em outra unidade, libras por polegada quadrada, lb/in^2, abreviadamente psi (*p*ounds per *s*quare *i*nch). A pressão média da atmosfera ao nível do mar é de 14,7 psi. A pressão dos pneus é usualmente expressa em psi. Por exemplo, um pneu típico de automóvel inflado até "30 lb" contém ar a uma pressão de cerca de 45 psi, que é cerca de 30 psi maior do que a pressão atmosférica (14,7 psi). A Tabela 5-1 resume as várias unidades usadas para expressar valores de pressão.

Quando um gás é comprado para uso laboratorial ou hospitalar, ele vem geralmente acondicionado em um pesado cilindro ou tanque metálico sob pressão extremamente alta (cerca de 2000 psi ou 136 atm). Um regulador, tal como o mostrado na Figura 5-4, é ligado ao cilindro para reduzir esta grande pressão a um menor valor no qual o gás pode ser usado (cerca de 50 psi). Este regulador tem dois manômetros. Um manômetro mostra a pressão no cilindro, e o outro dá a pressão reduzida do gás que sai do regulador. A Tabela 5-2 lista vários gases comercialmente disponíveis que são usados medicinalmente.

Tabela 5-1 Unidades de Pressão

Unidade	Símbolo	Valores para a pressão atmosférica média ao nível do mar
atmosfera	atm	1 atm
centímetros de mercúrio	cm Hg	76 cm Hg
polegadas de mercúrio	in Hg	29,9 in Hg
milímetros de mercúrio	mm Hg (torr)	760 mm Hg (760 torr)
pascals	Pa	101,3 kPa
libras por polegada quadrada	psi (lb/in^2)	14,7 psi

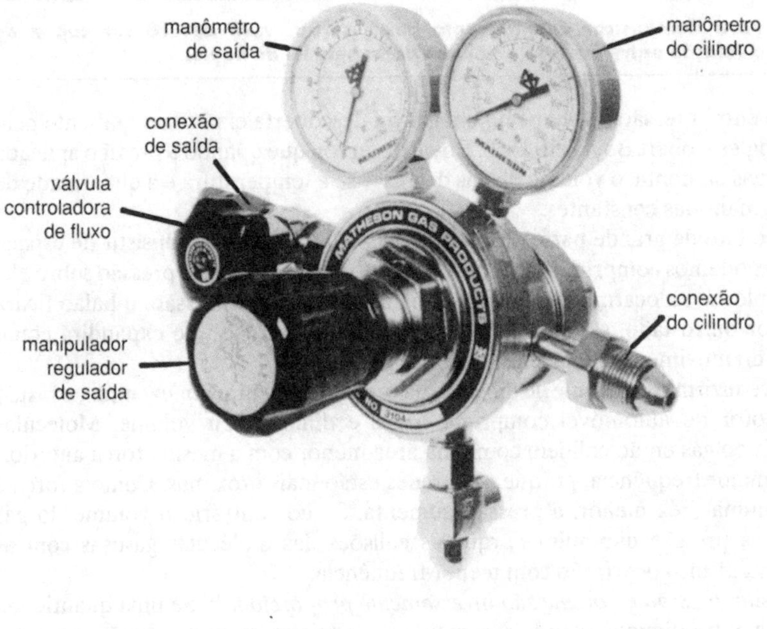

Figura 5-4
Um regulador de pressão de gás. O manômetro do lado direito indica a pressão do gás no cilindro. O manômetro da esquerda indica a pressão reduzida, que é controlada pela válvula controladora de fluxo. (Na medida em que gás é retirado do cilindro, a pressão é reduzida.) (Foto por cortesia de Matheson Gas Products, Inc., Secaucus, NJ 07094).

Tabela 5-2 Gases Utilizados Medicinalmente

Nome	Fórmula	Código de cor do recipiente	Uso médico	Propriedades
dióxido de carbono	CO_2	cinza	estimulante respiratório	inodoro
dióxido de carbono (5%) mais oxigênio (95%)	CO_2+O_2 mistura	cinza/verde	estimulante respiratório	inodoro
ciclopropano	C_3H_6	alaranjado	anestésico	odor pungente, inflamável
etileno	C_2H_6	vermelho ou violeta	anestésico	odor adocicado, inflamável
hélio	He	marrom	baixa densidade substituto do nitrogênio	inodoro
hélio (80%) mais oxigênio (20%)	$He+O_2$ mistura	marrom/verde ou branco/marrom	substituto de baixa densidade do ar	inodoro
óxido nitroso	N_2O	azul	anestésico ("gás hilariante")	odor adocicado, explosivo (com ar)
oxigênio	O_2	verde ou branco	tratamento da hipóxia	inodoro, fortemente oxidante

5.4 Pressão e Volume: Lei de Boyle

Objetivo: Para demonstrar entendimento desta seção, você deverá ser capaz de descrever a relação entre pressão e volume dada pela lei de Boyle.

A relação entre pressão e volume de um gás foi descoberta experimentalmente pelo químico inglês Robert Boyle em 1660. Boyle observou que quando a pressão aplicada sobre um gás aumenta, o volume do gás decresce se a temperatura e a quantidade de gás forem mantidas constantes.

Pelo fato de grande parte do volume ocupado por um gás consistir de espaço vazio, nós podemos comprimir o gás num volume menor aplicando pressão sobre ele. Por exemplo, se colocarmos um balão numa câmara de alta pressão, o balão ficará menor. Por outro lado, se diminuirmos a pressão de um gás, ele expandirá como resultado do movimento molecular.

Se reduzirmos o volume de um gás, sua pressão aumenta. Por exemplo, o pistão de um motor de automóvel comprime o gás e diminui seu volume. Moléculas individuais do gás então colidem com uma área menor com a mesma força anterior, mas com maior freqüência, porque as paredes estão mais próximas. Como a força é exercida numa área menor, a pressão aumenta. Se ao contrário o volume do gás aumentar, a pressão diminuirá porque as colisões das moléculas gasosas com as paredes (ou pistão) ocorrerão com menor freqüência.

Assim, *pressão* e *volume são inversamente proporcionais*. Se uma quantidade aumenta, a outra diminui quando a quantidade e a temperatura do gás são mantidas constantes. Esta relação é conhecida como lei de Boyle. (Veja a Figura 5-5.) O Apêndice C.4 mostra esta relação em forma de gráfico.

Matematicamente, a lei de Boyle pode ser expressa em diferentes maneiras. Por exemplo, usando P para pressão e V para volume,

$$P \propto \frac{1}{V} \quad \text{ou} \quad V \propto \frac{1}{P}$$

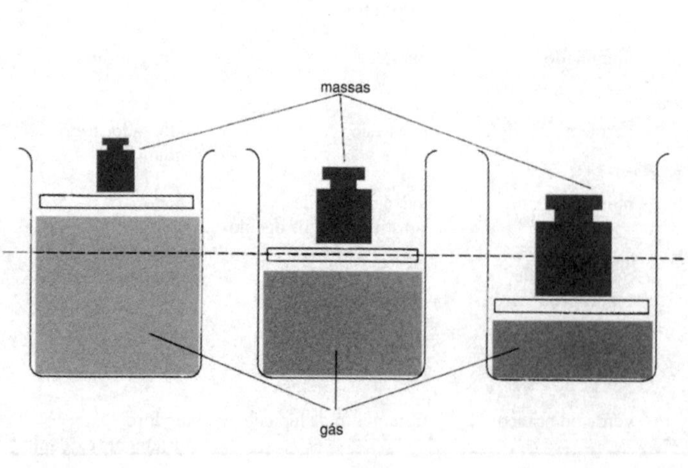

Figura 5-5
Pressão e volume. Enquanto a pressão produzida pela massa aumenta, o volume do gás diminui (em temperatura constante).

Estas duas relações equivalentes mostram em termos matemáticos que a pressão e o volume são inversamente proporcionais. Outra maneira de representar a lei de Boyle é dizer que quando tentamos mudar a pressão ou o volume, ambos realmente mudam de modo que o produto $P \times V$ permanece o mesmo.

$$P \times V = \text{constante}$$

Por exemplo, se o volume dobra, a pressão se torna a metade do seu valor original porque o produto $P \times V$ deve ficar constante. Assim, quando a quantidade de gás e a temperatura são fixadas, a seguinte relação se estabelece para qualquer mudança na pressão e no volume:

$$P\text{ (inicial)} \times V\text{ (inicial)} = P\text{ (final)} \times V\text{ (final)}$$

Esta equação pode também ser escrita

$$P_1V_1 = P_2V_2$$

onde P_1 e V_1 são os valores iniciais, e P_2 e V_2 os finais.

Como mostra a Figura 5-6, o processo da respiração ilustra a relação pressão-volume dada pela lei de Boyle. Quando você inspira, um movimento do seu diafragma para baixo aumenta o volume de sua cavidade torácica. Esta mudança em volume faz com que a pressão interna diminua cerca de 3 torr abaixo da pressão atmosférica normal (uma pressão "negativa"). Pelo fato de o ar estar com uma pressão mais alta fora do corpo, ele é empurrado para os pulmões. Note que um gás sempre se move de uma região de mais alta pressão para outra de mais baixa pressão. Quando você expira, o diafragma volta para sua posição de repouso, e sua cavidade torácica volta ao seu tamanho normal. Este decréscimo em volume aumenta a pressão do ar dentro dos pulmões, também cerca de 3 torr (agora uma pressão "positiva"), forçando-o para a atmosfera. Você normalmente inala e exala cerca de 500 mL de ar (o "volume de maré") por este processo 12 vezes por minuto.

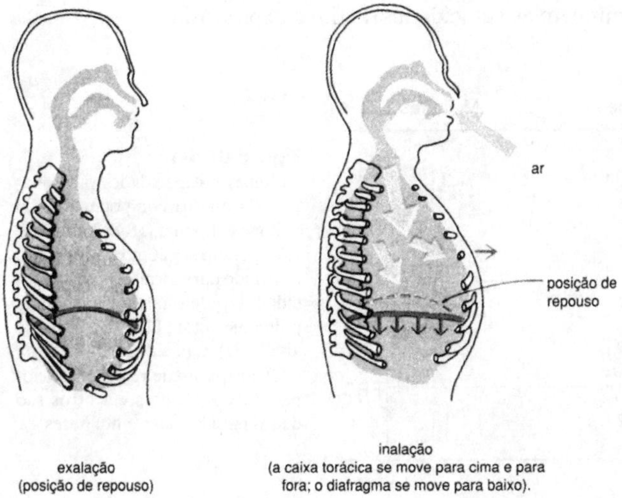

Figura 5-6
Respiração. O movimento da caixa torácica e do diafragma muda o volume da cavidade torácica e portanto muda a pressão interna. Durante a inalação, o volume aumenta e a pressão diminui. A pressão atmosférica é então mais alta do que a interna, e o ar pode fluir para os pulmões.

Teste Clínico 5

FUNÇÃO PULMONAR

Os testes mais simples de função pulmonar são medidas de volumes dos pulmões. Há quatro componentes do volume pulmonar, como mostra a Figura CT 5-1. São eles

volume de maré, TV: volume do ar inspirado ou expirado durante cada respiração

volume de reserva inspiratório, IRV: volume de ar que pode ser inspirado *acima* do TV

volume de reserva expiratório, ERV: volume de ar que pode ser expirado *abaixo* do TV

volume residual, RV: volume de ar remanescente no final de uma máxima expiração

Estes volumes podem ser combinados para descrever quatro capacidades pulmonares, também indicadas na Figura CT 5-1:

capacidade pulmonar total, TLC: volume contido após inspiração máxima (TV + IRV + ERV + RV)

capacidade vital, VC: volume que pode ser expirado após respiração inspiratória máxima (TV + IRV + EVR)

capacidade inspiratória , IC: volume que pode ser inspirado a partir do nível expiratório de repouso (TV + IRV)

capacidade residual funcional, FRC: volume remanescente no nível expiratório de repouso (ERV + RV)

Um expirômetro é usado para fazer medidas de volume pulmonar. Ele determina os volumes de ar captados e expelidos pelos pulmões.

Mudanças nos volumes e capacidades pulmonares são características de certas desordens pulmonares. Por exemplo, defeitos ventilatórios restritivos são condições típicas de edema pulmonar que aumenta a rigidez pulmonar. Eles diminuem a capacidade vital, a capacidade residual funcional e a capacidade pulmonar total. Defeitos ventilatórios obstrutivos, tais como ocorrem no enfisema, asma e bronquite, aumentam a resistência aérea. Eles aumentam a capacidade residual funcional e diminuem as velocidades de fluxo expiratório.

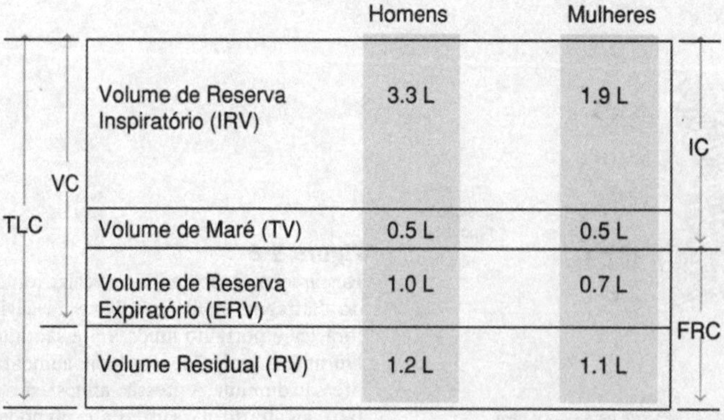

Figura CT 5-1 Volumes e capacidades pulmonares. Os quatro componenetes do volume pulmonar (IRV, TV, ERV, RV) podem ser combinados como mostrado para formar quatro capacidades pulmonares: capacidade pulmonar total (TLC), capacidade vital (VC), capacidade inspiratória (IC) e capacidade residual funcional (FRC). Valores em litros são dados para homens e mulheres.

5.5 Pressão e Temperatura: Lei de Gay-Lussac

Objetivo: Para demonstrar emtendimento desta seção, você deverá ser capaz de descrever a relação entre pressão e temperatura.

A pressão de um gás depende de sua temperatura assim como de seu volume. Quando o volume de uma quantidade fixa de gás é mantido constante, como mostra a Figura 5-7, *sua pressão é diretamente proporcional à temperatura (T) em kelvins*:

$$P \propto T\,(\text{kelvins})$$

Um aumento da temperatura não é mais do que um aumento da energia cinética média das moléculas. Uma vez tendo mais energia cinética, elas se movem mais rapidamente. As moléculas colidem com as paredes do recipiente com mais freqüência e mais força, aumentando a pressão do gás. Assim que a temperatura decresce, as moléculas têm menos energia e a pressão que elas exercem também decresce. A volume constante, então, a pressão e temperatura de uma quantidade fixa de gás mudam da mesma maneira. Ambas sobem ou ambas descem. Esta lei dos gases é usualmente creditada ao cientista francês do século dezenove Joseph Louis Gay-Lussac.

A relação entre pressão e temperatura é algo para você se lembrar se você dirige carro. A pressão num pneu de automóvel é cerca de 30 psi maior do que a pressão atmosférica. Um pneu pode ter esta pressão quando você dá a saída, mas após várias horas dirigindo, o pneu pode ficar bem quente. A pressão dentro dele aumentará e pode atingir 35 psi. Não precisa ficar alarmado, porque os pneus são projetados para agüentar este aumento de pressão. Você não deve porém reduzir a pressão de um pneu quente de volta a 30 psi. Se você fizer isto, a pressão cairá para menos de 30 psi quando o pneu esfriar. Dirigir quando o pneu está subinflado pode danificá-lo.

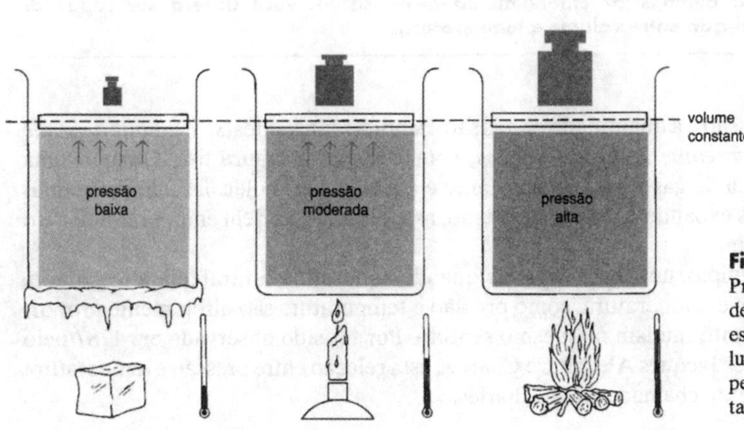

Figura 5-7
Pressão e temperatura. A temperatura de um gás em kelvins e sua pressão estão diretamente relacionadas (a volume constante). Assim, quando a temperatura aumenta, a pressão do gás também aumenta.

A relação (direta) entre pressão e temperatura difere da relação (inversa) entre pressão e volume. Sendo a pressão diretamente proporcional à temperatura, uma mudança na primeira causará uma mudança equivalente na outra. Em outras palavras, a razão P/T permanece a mesma para um gás a volume constante.

$$\frac{P}{T} = \text{constante}$$

Podemos representar esta relação sob forma de proporção:

$$\frac{P\,(\text{inicial})}{T\,(\text{inicial})} = \frac{P\,(\text{final})}{T\,(\text{final})} \quad \text{ou} \quad \frac{P_1}{T_1} = \frac{P_2}{T_2}$$

Para esta relação entre pressão e temperatura ser válida o volume e quantidade de gás devem ficar constantes. Além disto, a temperatura tem que ser expressa em kelvins. Somente a temperatura expressa em kelvins é proporcional à energia e portanto proporcional à pressão exercida pelas moléculas.

A relação direta entre pressão e temperatura é a razão pela qual aquelas latinhas tipo "spray" trazem o aviso "Não incinere". Aquecer uma lata tipo "spray" pode aumentar a pressão do gás e explodir a lata. Pela mesma razão, cilindros de gás comprimido geralmente não devem ficar em locais onde a temperatura pode atingir 50ºC ou mais.

5.6 Volume e Temperatura: Lei de Charles

Objetivo: Para demonstrar entendimento desta seção, você deverá ser capaz de descrever a relação entre volume e temperatura.

Quando a pressão e a quantidade de gás são mantidas constantes, *seu volume depende diretamente da temperatura em kelvins*, como mostra a Figura 5-8. Quando uma quantidade fixa de gás a pressão constante é aquecida, as moléculas adquirem mais energia e o gás expande. Se o gás é esfriado, as moléculas perdem energia cinética e o volume diminui.

Por exemplo, um balão expande quando aquecido e contrai quando esfriado. Assim, volume e temperatura, como pressão e temperatura são diretamente proporcionais e portanto mudam no mesmo sentido. Por ter sido observada em 1787 pelo cientista francês Jacques Alexandre Charles, esta relação entre pressão e temperatura é freqüentemente chamada lei de Charles.

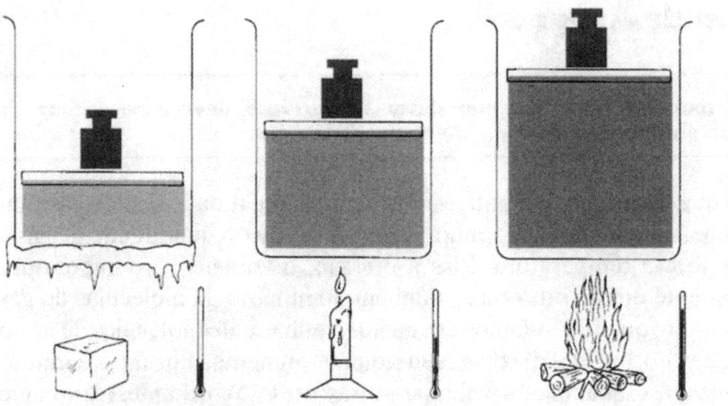

Figura 5-8
Volume e temperatura. A temperatura de um gás em kelvins e seu volume estão diretamente relacionados (a pressão constante). Assim, aumentando-se a temperatura, o volume do gás aumenta.

A pressão constante, o volume de um gás é diretamente proporcional à temperatura Kelvin:

$$V \propto T \text{ (kelvins)}$$

Sendo o volume proporcional à temperatura, a razão V/T permanece constante.

$$\frac{V}{T} = \text{constante}$$

Para uma mudança no volume ou na temperatura a pressão e quantidade de gás constantes, a seguinte equação se aplica:

$$\frac{V\text{ (inicial)}}{T\text{ (inicial)}} = \frac{V\text{ (final)}}{T\text{ (final)}} \quad \text{ou} \quad \frac{V_1}{T_1} = \frac{V_2}{T_2}$$

A relação direta entre volume e temperatura em kelvins para um gás a pressão constante é a base para os termômetros a gás, tal como mostra a Figura 5-9. A posição do tapulho de mercúrio indica o volume do gás dentro do termômetro. À medida que a temperatura do gás armazenado aumenta, seu volume se expande, empurrando o mercúrio em direção à extremidade aberta do tubo. Se a temperatura cai, o gás se contrai e o mercúrio novamente desce. O termômetro pode ser calibrado marcando-se as posições do mercúrio em várias temperaturas conhecidas.

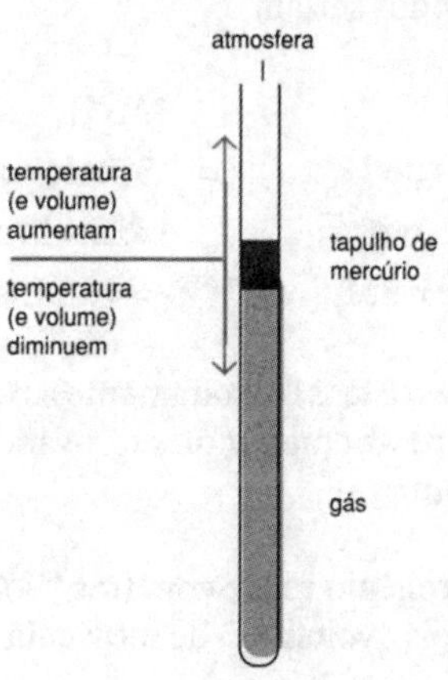

Figura 5-9
Um termômetro a gás. A operação deste termômetro é baseada na relação direta entre volume e temperatura. A posição do tapulho de mercúrio depende do volume, e portanto da temperatura do gás armazenado.

5.7 Volume e Moles: Lei de Avogadro

Objetivo: Para demonstrar entendimento desta seção, você deverá ser capaz de descrever a relação entre a quantidade e o volume de um gás.

Todas as relações que discutimos até aqui tratam de uma quantidade fixa de gás. Em outras palavras, intencionalmente ignoramos as relações entre a quantidade de gás e a pressão, o volume e a temperatura. Mas a pressão, o volume e a temperatura dependem não somente um do outro, mas também do número de moléculas do gás presentes. Por exemplo, quando inflamos um balão, o número de moléculas de ar no balão aumenta. Como o balão é flexível, seu volume aumenta. Portanto, como o número de moléculas gasosas aumenta (a temperatura e pressão constantes), o volume do gás no balão aumenta e o balão expande. Semelhantemente, quando moléculas escapam do balão, seu volume diminui.

O volume de um gás pode ser medido mais facilmente do que sua massa. Como resultado, esta relação entre o volume e a quantidade de gás é especialmente importante. A temperatura e pressão constantes, *o volume de um gás é diretamente proporcional ao número de moles (n) do gás presente:*

$$V \propto n$$

Esta relação, conhecida como lei de Avogadro, significa que volumes iguais de todos os gases (na mesma T e P) contêm o mesmo número de moléculas. Assim, a uma temperatura e pressão particulares, um mol de qualquer gás tem um volume definido e fixo.

Os valores 273 K (O °C) e 1 atm (760 torr; 101,3 kPa) foram escolhidos como **temperatura e pressão padrões**, abreviadamente c.n.p.t. (condições *n*ormais de *p*ressão e temperatura). Nestas condições padrões, as $6{,}02 \times 10^{23}$ moléculas de um mol de qualquer gás ocupam um volume de 22,4 litros (dm^3), que é aproximadamente o volume de três bolas de "basket". Este valor é chamado **volume molar** nas c.n.p.t. Assim, *o volume de um mol (volume molar) de qualquer gás nas c.n.p.t. é de 22,4 L.*

O volume molar nas c.n.p.t. pode ser usado para relacionar o volume de um gás em litros (ou decímetros cúbicos) com a quantidade do gás em moles (ou em gramas se o peso molecular for conhecido).

Assim, equações químicas envolvendo reações de gases podem ser interpretadas em termos de volumes em vez de moles. Por exemplo, se amônia fosse preparada de N_2 e H_2 nas c.n.p.t., os volumes envolvidos seriam

N_2	+	$3\,H_2$	→	$2\,NH_3$
1 $\cancel{mol}$ de N_2		3 $\cancel{moles}$ de H_2		2 $\cancel{moles}$ de NH_3
× 22,4 L/$\cancel{mol}$		× 22,4 L/$\cancel{mol}$		× 22,4 L/$\cancel{mol}$
= 22,4 L de N_2		= 67,2 L de H_2		= 44,8 L de NH_3

Note as relações entre os volumes dos gases. Elas são exatamente as mesmas daquelas entre os moles. (Note que esta relação entre volume e moles *só* é válida para os gases.) Você portanto pode ler esta equação assim:

> Um "volume" de moléculas de nitrogênio reage com três "volumes" de moléculas de hidrogênio para formar dois "volumes" de moléculas de amônia.

Faça-o Você Mesmo 5

VAMOS INFLAR O BALÃO

Balão é uma bolsa de gás. Os balões que puderam ser usados para viagens a grandes altitudes foram inventados no fim do século dezoito. Eles sobem porque o gás no seu interior é menos denso do que o ar ao redor.

Um pequeno aquecedor a gás pode ser usado para aumentar a temperatura do ar num balão aberto na base. Chamamos este balão de balão a ar quente. O ar aprisionado expande quando sua temperatura aumenta. Aumentando-se o volume do gás, sua densidade diminui e o balão sobe. Um aquecedor a gás é desnecessário em balões de hidrogênio ou de hélio porque o hidrogênio e o hélio já são menos densos do que o nitrogênio e o oxigênio do ar ao redor.

Podemos usar um balão de brinquedo para demonstrar algumas das propriedades de um gás.

Como fazer: Infle um balão. Você pode explicar porque seu tamanho aumentou?

Coloque o balão inflado no refrigerador por alguns minutos. Por que ele murcha?

O balão irá ficar gradualmente menor em temperatura ambiente, mesmo se seu bico estiver perfeitamente fechado. Você pode explicar esta observação usando a teoria cinético-molecular?

Seção de Problema 5 Problemas sobre as Leis dos Gases

Objetivo: Para demonstrar entendimento desta seção, você deverá ser capaz de resolver problemas que envolvem pressão, volume, temperatura e quantidade de gás.

As leis dos gases descritas nas Seções 5.3, 5.4, 5.5 e 5.6 estão resumidas nas primeiras quatro linhas da Tabela 5-3. Novamente usamos o subscrito 1 para representar um valor inicial e o subscrito 2 para um valor final. Estas relações podem ser usadas diretamente para resolver problemas. Considere o seguinte exemplo.

Tabela 5-3 Resumo das Leis dos Gases

Lei	Constante	Nome
$P_1V_1 = P_2V_2$	T, n	Lei de Boye
$\frac{P_1}{T_1} = \frac{P_2}{T_2}$	V, n	Lei de Gay-Lussac
$\frac{V_1}{T_1} = \frac{V_2}{T_2}$	P, n	Lei de Charles
$\frac{V_1}{n_1} = \frac{V_2}{n_2}$	T, p	Lei de Avogadro
$\frac{P_1V_1}{T_1} = \frac{P_2V_2}{T_2}$	n	lei combinada dos gases
$PV = nRT$	R	lei dos gases perfeitos

Uma amostra de oxigênio tem uma pressão inicial de 2,0 atm. Seu volume é mudado de 5,0 L para 10,0 L, a temperatura constante. Qual é a pressão final?

Verificando que quantidades são fornecidas, você pode determinar que relação usar. Neste caso, o volume foi mudado e você deve achar a pressão final. O problema portanto pode ser esboçado usando-se a lei de Boyle.

Incógnita	Dados	Conexão
P_2	$P_1 = 2{,}0$ atm $V_1 = 5{,}0$ L $V_2 = 10{,}0$ L	$P_1V_1 = P_2V_2$

A etapa chave para resolver tal problema é a identificação adequada das variáveis. P_1 é a pressão inicial, 2,0 atm. P_2, a pressão final, é desconhecida. V_1, o volume inicial, é 5,0 L e V_2, o volume final, é 10,0 L. A montagem então fica assim

$$P_1V_1 = P_2V_2$$

$$(2{,}0 \text{ atm})(5{,}0 \text{ L}) = P_2(10{,}0 \text{ L})$$

$$\frac{(2{,}0 \text{ atm})(5{,}0 \text{ L})}{(10{,}0 \text{ L})} = P_2$$

$$1{,}0 \text{ atm} = P_2$$

A pressão final do gás, 1,0 atm, é a metade da pressão original porque o volume dobrou. Este problema pode ser resolvido também pelo uso do método do fator de conversão.

Arranjamos a equação $P_1V_1 = P_2V_2$ como segue:

$$P_2 = P_1 \times \frac{V_1}{V_2}$$

Esta equação mostra que a pressão final (P_2) é calculada multiplicando-se a pressão inicial (P_1) por um fator de conversão que é baseado na razão dos volumes (V_1/V_2). Ao contrário dos outros fatores de conversão que já usamos, porém, o fator V_1/V_2 tem as mesmas unidades no numerador e denominador. Assim, o cancelamento de unidades não pode ser usado para assegurar que o fator de conversão está montado adequadamente. A única maneira de testar a montagem é certificar-se que se o volume aumenta, como neste caso, a razão deve ser menor do que um. Quando esta razão é menor do que um (5,0 L/10,0 L), a nova pressão será menor do que a original.

Aqui estão alguns exemplos adicionais.

Exemplo

Uma amostra de dióxido de carbono originariamente a 620, torr (Nota: veja significado da representação 620, no Apêndice B.2) e 35,0°C é aquecida a 96,5°C, a volume constante. Qual é a pressão final?

Incógnita	Dados	Conexão
P_2	P_1 = 620, torr t_1 = 35,0°C t_2 = 96,5°C	$\frac{P_1}{T_1} = \frac{P_2}{T_2}$

Nota: As temperaturas neste problema são dadas em graus Celsius e devem primeiro ser convertidas a *kelvins*. Representamos as duas temperaturas em graus Celsius por t_1 e t_2, e as temperaturas em kelvins por T_1 e T_2. Calculamos então T_1 e T_2 assim:

$$\begin{aligned} K &= °C + 273 \\ T_1 &= t_1 + 273 = 35{,}0 + 273 = 308\text{ K} \\ T_2 &= t_2 + 273 = 96{,}5 + 273 = 370,\text{ K} \end{aligned}$$

Agora o problema pode ser resolvido:

$$\frac{P_1}{T_1} = \frac{P_2}{T_2}$$

$$\frac{620,\text{ torr}}{308\text{ K}} = \frac{P_2}{370,\text{ K}}$$

$$(308\text{ K})P_2 = (620,\text{ torr})\,(370,\text{ K})$$

$$P_2 = \frac{(620,\text{ torr})\,(370,\not{\text{K}})}{308\not{\text{K}}}$$

$$= 744\text{ torr}$$

Método do fator de conversão:

$$P_2 = 620,\text{ torr} \times \frac{370,\text{ K}}{308\text{ K}} = 744\text{ torr}$$

Exemplo

Uma amostra de 10,2 L de etano aumenta em volume até 35,2 L quando a temperatura é levada a 89,4 °C a pressão constante. Qual era a temperatura original do gás?

Incógnita	Dados	Conexão
T_1	$V_1 = 10,2\text{ L}$ $V_2 = 35,2\text{ L}$ $t_2 = 89,4\text{ °C}$	$\frac{V_1}{T_1} = \frac{V_2}{T_2}$

$$T_2 = t_2 + 273 = 89,4 + 273 = 362\text{ K}$$

$$\frac{V_1}{T_1} = \frac{V_2}{T_2}$$

$$\frac{10,2\text{ L}}{T_1} = \frac{35,2\text{ L}}{362\text{ K}}$$

$$T_1(35,2\text{ L}) = (10,2\text{ L})(362\text{ K})$$

$$T_1 = \frac{(10,2\text{ L})(362\text{ K})}{35,2\text{ L}}$$

$$= 105\text{ K} = -168\text{°C}$$

Método do fator de conversão:

$$T_1 = 362\text{ K} \times \frac{10,2\text{ L}}{35,2\text{ L}} = 105\text{ K} = -168\text{°C}$$

Exemplo

Qual é o volume ocupado por 3,65 moles de argônio nas c.n.p.t.?

Incógnita	Dados	Conexão
litros de Ar	3,65 moles de Ar	$\frac{22,4\text{ L de Ar}}{1\text{ mol de Ar}}$ ou $\frac{1\text{ mol de Ar}}{22,4\text{ L de Ar}}$

$$\text{litros de Ar} = 3,65\text{ moles de Ar} \times \frac{22,4\text{ L de Ar}}{1\text{ mol de Ar}} = 81,8\text{ L de Ar}$$

As relações entre pressão, volume e temperatura podem ser combinadas numa única equação, que chamamos **lei combinada dos gases**:

$$\frac{P\text{ (inicial)} \times V\text{ (inicial)}}{T\text{ (inicial)}} = \frac{P\text{ (final)} \times V\text{ (final)}}{T\text{ (final)}}$$

Usando novamente o subscrito 1 para as condições iniciais e 2 para as finais, a lei combinada dos gases pode ser escrita assim:

$$\frac{P_1V_1}{T_1} = \frac{P_2V_2}{T_2}$$

A lei combinada dos gases é verdadeira enquanto a quantidade de gás permanecer constante e outras mudanças estiverem ocorrendo. Ela pode ser usada em problemas onde mais de uma mudança ocorre, como no seguinte exemplo.

Exemplo

Um gás tem um volume de 2,31 L a 430, K e 6,02 kPa. Qual era a pressão do gás quando ele ocupava 1,65 L a 328 K?

Incógnita	Dados	Conexão
P_1	$V_1 = 1{,}65$ $T_1 = 328$ K $P_2 = 6{,}02$ kPa $V_2 = 2{,}31$ L $T_2 = 430,$ K	$\frac{P_1V_1}{T_1} = \frac{P_2V_2}{T_2}$

$$\frac{P_1V_1}{T_1} = \frac{P_2V_2}{T_2}$$

$$\frac{P_1\,(1{,}65\text{ L})}{328\text{ K}} = \frac{(6{,}02\text{ kPa})(2{,}31\text{ L})}{430,\text{ K}}$$

$$P_1\,(1{,}65\text{ L})(430,\text{ K}) = (328\text{ K})(6{,}02\text{ kPa})(2{,}31\text{ L})$$

$$P_1 = \frac{(328\text{ K})(6{,}02\text{ kPa})(2{,}31\text{ L})}{(1{,}65\text{ L})(430,\text{ K})}$$

$$= 6{,}43\text{ kPa}$$

Note que este problema pode ser resolvido também pelo método do fator de conversão, usando-se um fator de conversão para a mudança de volume e um segundo para a mudança de temperatura.

$$P_1 = 6{,}02\ \text{kPa} \times \frac{2{,}31\ \cancel{L}}{1{,}65\ \cancel{L}} \times \frac{328\ \cancel{K}}{430,\ \cancel{K}} = 6{,}43\ \text{kPa}$$

Outra importante relação é a **lei dos gases perfeitos**. Ela lhe permite calcular qualquer uma das quatro quantidades — *P*, *T*, *V* ou *n* — quando as outras três são conhecidas. A lei dos gases perfeitos é representada pela seguinte equação, onde *R* é a "constante dos gases":

$$PV = nRT$$

A equação estabelece que a pressão multiplicada pelo volume de um gás é igual ao número de moles do gás multiplicado pela constante dos gases e pela temperatura (em kelvins). O valor de *R* depende somente das unidades de pressão e volume usadas no cálculo:

Unidade de P	*Unidade de V*	*Valor de R*
atm	L	$0{,}0821 \frac{(\text{atm})(\text{L})}{(\text{mol})(\text{K})}$
kPa	dm^3 (igual a L)	$8{,}31 \frac{(\text{kPa})(\text{dm}^3)}{(\text{mol})(\text{K})}$

Para usar a lei dos gases perfeitos, você rearranja a equação para encontrar o valor desejado.

Valores conhecidos	*Valores que podem ser calculados*
P, V, T	$n = \frac{PV}{RT}$
V, T, n	$P = \frac{nRT}{V}$
P, T, n	$V = \frac{nRT}{P}$
P, V, n	$\text{T} = \frac{PV}{nR}$

Considere este exemplo.

Exemplo
Uma amostra de monóxido de carbono contém 2,50 moles e tem uma pressão de 0,890 atm a 298 K. Qual é o seu volume?

Incógnita	Dados	Conexão
V, litros de CO	P = 0,890 atm T = 298 K n = 2,50 moles	$PV = nRT$

$$V = \frac{nRT}{P}$$

$$V = \frac{(2{,}50\ \text{moles})(0{,}0821\ \frac{\text{atm L}}{\text{mol K}})(298\text{K})}{0{,}890\ \text{atm}}$$

$$= 68{,}6\ \text{L de CO}$$

Pratique Problema

Gás ciclopropano, originariamente a 453 K, é esfriado a 189 K a volume constante. Sua pressão é agora 1,09 atm. Qual era sua pressão inicial?
Resposta: 2,61 atm

Pratique Problema

Qual é o volume nas c.n.p.t. de 10,5 g de N_2?
Resposta: 8,40 L de N_2

Pratique Problema

Uma amostra de H_2 tem um volume de 350 dm³ a 25,0°C e 1,25 atm. Calcule sua temperatura em graus Celsius se o volume passar a 480 dm³ a 1,10 atm.
Resposta: 87°C

Pratique Problema

Qual é a pressão em atmosferas de 0,250 mol de NH_3 se o volume for 0,950 L a 310 K?
Resposta: 6,70 atm.

5.8 Pressões Parciais: Lei de Dalton

Objetivo: Para demonstrar entendimento desta seção, você deverá ser capaz de relacionar a pressão total com as pressões parciais dos componentes de uma mistura gasosa.

O ar é uma mistura de gases. Mais de 78% desta mistura é nitrogênio, N_2, que é inofensivo e relativamente não reativo. O oxigênio, O_2, representa cerca de 21% do ar e é essencial à vida. O gás nobre argônio, Ar, é aproximadamente 1% do volume total de ar. O dióxido de carbono, CO_2, que nós exalamos, está presente numa concentração de 0,03% apenas. Um grande número de outros gases estão presentes em quantidades ainda menores no ar límpido e seco.

No ar, e em qualquer outra mistura de gases, cada gás ocupa o volume total. A pressão de cada gás contribui para a pressão total (P) da mistura. A pressão exercida por cada gás é chamada sua **pressão parcial** (p). *A pressão total é simplesmente a soma das pressões parciais de todos os gases presentes.* Esta relação é conhecida como a lei das pressões parciais de Dalton (designada segundo John Dalton). Pressões parciais dos gases presentes no ar são dadas na Tabela 5-4. Como mostrado, a soma destas pressões parciais são iguais à pressão total da atmosfera (1 atm, 760 torr, ou 101,3 kPa ao nível do mar).

$$P_{atm} = p_{N2} + p_{O2} + p_{Ar} + pC_{O2} + p_{gases\ residuais}$$

Quanto maior a quantidade de um determinado gás numa mistura, maior será sua pressão parcial. Em outras palavras, quanto mais moléculas de um gás presentes, mais pressão é exercida por aquele gás. Assim, pelo fato de o nitrogênio formar a maior parte do ar, a maior contribuição para a pressão atmosférica vem do nitrogênio. (Veja a Tabela 5-4).

A pressão parcial do oxigênio no ar, a pressão atmosférica normal, é de 159 torr. Portanto, uma pessoa pode se sentir absolutamente confortável numa atmosfera de oxigênio puro se a pressão for mantida a cerca de 159 torr. Pilotos de grandes altitudes numa cabine não pressurizada sentem-se confortáveis respirando oxigênio puro a 40000 pés de altura porque a pressão atmosférica lá é cerca de 150 torr.

Mergulhadores de águas profundas respiram ar sob pressão elevada. Por exemplo, em profundidades de 120 pés, eles respiram ar a uma pressão cinco vezes a normal. Se ar normal fosse usado no reservatório, a pressão parcial do oxigênio seria de 750 torr, ou cerca de 1 atm, naquela profundidade. Esta alta pressão de oxigênio pode danificar os alvéolos pulmonares e capilares sangüíneos. Por isso, mergulhadores de águas profundas respiram uma mistura que é 96% nitrogênio e apenas 4% oxigênio. A pressão parcial do oxigênio é muito menor em tal mistura.

Como veremos no Capítulo 6, nitrogênio sob pressão elevada pode se mostrar perigoso e por isso hélio é usado freqüentemente como substituto.

Tabela 5-4 Gases na Atmosfera

Gás	Porcentagem (em volume)	Pressão parcial (atm)	Pressão parcial (torr)	Pressão parcial (kPa)
nitrogênio	78,084	0,78084	593,44	79,119
oxigênio	20,946	0,20946	159,19	21,224
argônio	0,934	0,00934	7,09	0,945
dióxido de carbono	0,033	0,00033	0,25	0,033
gases residuais[a]	0,003	0,00003	0,03	0,004
total		1,00000	760,00	101,325

[a]Neônio, hélio, metano, criptônio, hidrogênio, óxido nitroso, monóxido de carbono, xenônio, ozone, amônia, dióxido de nitrogênio, óxido nítrico, dióxido de enxofre, sulfeto de hidrogênio.

5.9 Respiração

Objetivo: Para demonstrar entendimento desta seção, você deverá ser capaz de explicar as trocas gasosas durante a respiração.

Respiração é a troca de gases no corpo. Oxigênio, O_2, é fornecido aos tecidos, onde ele é necessário para reações que fornecem energia nas células. (Este processo é descrito em detalhe no Capítulo 16). Dióxido de carbono, CO_2, um produto residual daquelas reações, é removido. *Estas trocas gasosas ocorrem por difusão e são determinadas por diferenças de pressões parciais* Cada gás se desloca de uma região de pressão mais elevada para outra de pressão mais baixa. Em outras palavras, ele se difunde de onde há mais molécula daquele gás para onde há menos.

As primeiras trocas gasosas ocorrem nos alvéolos, células pulmonares que conduzem o ar.

A Tabela 5-5 compara as pressões parciais do ar inalado (inspirado) e exalado (expirado). O oxigênio se desloca do ar (159 torr) para o sangue dos alvéolos pulmonares (100 torr). Por outro lado, o dióxido de carbono se desloca no sentido oposto, dos pulmões para a atmosfera.

O segundo conjunto de trocas gasosas ocorre em todas as células do corpo. Como mostra a Figura 5-10, sangue venoso fluindo através dos capilares dos alvéolos tem uma baixa po_2 (40 torr) e capta moléculas de oxigênio. O sangue oxigenado tem uma alta p_{O2} (100 torr). As artérias transportam-no para os tecidos, onde a p_{O2} é mais baixa (40 torr). Lá o oxigênio se difunde para as células, e o dióxido de carbono se difunde para o sangue. As veias transportam este sangue, que tem agora uma menor p_{O2} e maior p_{CO2}, de volta aos pulmões. A maior parte do dióxido de carbono transportado a partir dos tecidos está sob forma de íon bicarbonato, HCO_3^-, no sangue.

O transportador do oxigênio nas hemácias é a proteína hemoglobina. (As proteínas são discutidas mais adiante no Capítulo 14).

Ligando-se ao oxigênio, a hemoglobina permite ao sangue transportar 70 vezes mais oxigênio do que aquele que poderia simplesmente se dissolver. Cada 100 mL de sangue, que contém 13 g a 17 g de hemoglobina, pode reter 20 mL de O_2. Assim, a cada minuto cerca de 1 litro de oxigênio é bombeado pelo coração para os tecidos.

Tabela 5-5 Pressões Parciais dos Gases Respiratórios

	Pressão parcial (torr)		
	Ar inspirado	Ar alveolar	Ar expirado
O_2	159	100	116
CO_2	0.3	40	32
N_2	596	573	565
H_2O	4,7	47	47

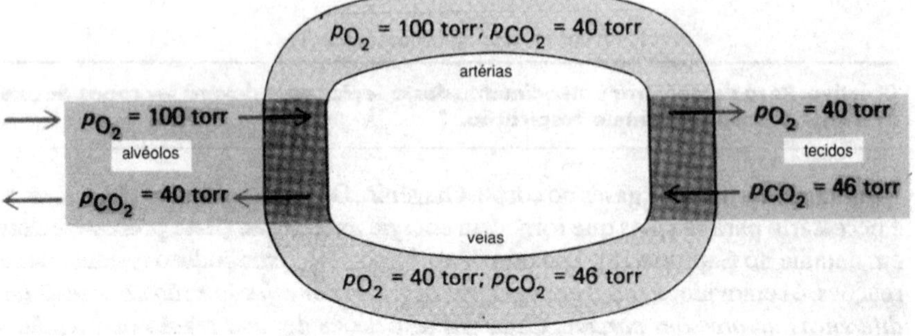

Figura 5-10
Transporte de oxigênio e dióxido de carbono no corpo. Oxigênio é captado pelo sangue nos pulmões e liberado nos tecidos; dióxido de carbono se move em sentido oposto. Ambos os gases se deslocam de regiões de pressão parcial mais alta para aquelas de pressão parcial mais baixa.

Saúde em Notícia 5

TERAPIA POR OXIGÊNIO

Oxigênio é necessário para os tecidos do corpo. Hipóxia, insuficiente oxigênio, pode rapidamente resultar em coma e danos irreversíveis. O cérebro é especialmente sensível porque ele usa cerca de 20% do oxigênio total do seu corpo.

Oxigênio é administrado ao paciente para tratamento de hipóxia. O objetivo é levar a pressão parcial de O_2 do sangue arterial para a faixa de 70 a 180 torr. Várias técnicas são disponíveis. A cânula nasal é um tubo com pontas que são inseridas nas narinas. Ela fornece concentrações de 24% a 35% de O_2, a até 4 L/min. A simples máscara facial descartável fornece concentrações mais altas, 30% a 55% de O_2, a 6 até 10 L/min. Em casos extremos de inalação de fumaça e edema pulmonar, 100% de O_2 podem ser fornecidos usando-se uma máscara respiratória unidirecional com uma bolsa reservatório. (Com esta máscara, o paciente inspira O_2 puro da bolsa e expira através de aberturas de exalação.)

Em alguns casos, terapia hiperbárica, que envolve exposição ao oxigênio a pressões acima da pressão atmosférica, é necessária. O paciente é colocado numa câmara selada que contém oxigênio puro a pressões de 2 a 2,5 atm por períodos de até 5 horas. A alta pressão parcial de oxigênio resultante aumenta a quantidade de oxigênio dissolvido no sangue. Terapia hiperbárica por oxigênio alivia a hipóxia em casos de envenenamento por monóxido de carbono. Ela é também usada para inibir crescimento bacteriano como na gangrena gasosa, para aumentar a eficácia de tratamentos por radiação, e para tratamento do aeroembolismo (como descrito no Capítulo 6).

A terapia por oxigênio envolve alguns riscos. Quando administrado por longos períodos, o oxigênio tem efeitos tóxicos. Concentrações muito altas de oxigênio podem resultar em colapso dos alvéolos (atelectasia). Administração de oxigênio a crianças prematuras tem resultado em cegueira (fibrose retrolental). Em todos os casos, o oxigênio aumenta o perigo de incêndio, uma vez que ele alimenta a combustão (embora ele próprio não queime). Por esta razão, fumar ou provocar faíscas durante a administração de oxigênio deve ser evitado.

5.10 Vaporização de Líquidos

Objetivo: Para demonstrar entendimento desta seção, você deverá ser capaz de relacionar vaporização com as propriedades dos líquidos e gases.

Os líquidos têm propriedades que se situam entre aquelas dos gases e dos sólidos. As moléculas de um líquido estão milhares de vezes mais próximas entre si do que as moléculas de um gás. Elas não estão tão próximas, porém, como os átomos, íons ou moléculas de um sólido. Devido a forças de atração entre as moléculas, um líquido tem limites definidos e volume definido. Como os sólidos, os líquidos não podem ser comprimidos muito porque as moléculas já estão bem próximas entre si. Mas como num gás, as moléculas de um líquido estão ainda em rápido movimento, colidindo ou deslizando uma sobre as outras. Um líquido portanto flui e por isto não mantém uma forma definida. Difusão ocorre nos líquidos, embora não tão rapidamente como nos gases. O estado líquido é o meio ideal para reações químicas se realizarem porque as moléculas ou íons reagentes se movem a vontade, mas estão suficientemente perto um do outro para colidirem com freqüência. É neste estado que a maioria das reações do nosso corpo ocorre.

Pelo fato de as moléculas de um líquido estarem em movimento constante, algumas podem ter suficiente energia cinética para escaparem da superfície e se tornarem moléculas gasosas. Este processo é chamado **vaporização**, ou, quando ela ocorre a partir de um recipiente aberto, evaporação. A forma gasosa de uma substância que normalmente existe como um líquido ou sólido é conhecida como o **vapor** daquela substância. Por exemplo, quando água líquida vaporiza, forma-se vapor d'água.

A pressão exercida pelo vapor de uma substância reflete a atração entre as moléculas no estado líquido. Por exemplo, uma forte atração torna difícil às moléculas escaparem do líquido, resultando numa baixa pressão de vapor. A água tem uma baixa pressão de vapor porque a atração entre as moléculas de água torna difícil sua saída da superfície.

Num líquido, como num gás, a temperatura é uma medida da energia cinética das moléculas. A velocidade de vaporização portanto depende da temperatura. A temperaturas mais altas, as moléculas têm mais energia e podem escapar mais facilmente do líquido para formar vapor.

Quando você faz muito exercício, a temperatura do seu corpo aumenta e você transpira. As moléculas de água que têm a maior energia cinética escapam, evaporando-se de sua pele. Cerca de 540 cal (2258 J) de calor são perdidas pelo corpo por grama de água que evapora. As moléculas que ficam na sua pele sob forma de água líquida têm menos energia cinética, em média, do que as moléculas que escapam. Uma vez que as moléculas de água remanescentes têm menos energia cinética, a temperatura da água está mais baixa. Portanto, calor foi removido e seu corpo se sente mais frio.

Esfriamento mais rápido do corpo pode ser conseguido através de um banho com esponja a álcool. O álcool evapora mais rapidamente do que a água porque as forças de atração entre suas moléculas são menores. Assim, o álcool evapora mais rapidamente e remove calor do corpo mais depressa do que a transpiração. Esfriamento ainda mais rápido é obtido pelo uso de um "spray" de cloreto de etila sob pressão. As gotículas do líquido atingem a pele e evaporam imediatamente. O poder de resfriamento do "spray" de cloreto de etila é usado pelos dermatologistas para congelar a pele. Eles congelam as verrugas e cistos antes de removê-los a fim de evitar sangramento e aliviar a dor.

Alguns preparados contêm álcool ou outros líquidos que têm pressões de vapor relativamente altas. Estes preparados devem portanto ser conservados em recipientes hermeticamente fechados. Caso contrário, a evaporação do líquido irá mudar a "força" do medicamento, ou sua concentração.

SUMÁRIO

5.1 A teoria cinético-molecular trata do movimento das moléculas ou átomos de um gás. As moléculas gasosas estão constantemente se movimentando ao acaso, chocando-se entre si e contra as paredes do recipiente. A temperatura de um gás é uma medida da energia cinética de suas moléculas.

5.2 Os gases se difundem ou se espalham para preencher qualquer volume. Este processo ocorre de uma região de alta concentração do gás para uma de baixa concentração. Quanto menor a massa das moléculas, maior sua velocidade de difusão (lei de Graham).

5.3 A colisão de moléculas gasosas contra uma superfície cria pressão. A atmosfera da Terra exerce uma pressão chamada pressão atmosférica. A pressão atmosférica média ao nível do mar é igual a 1 atm ou 760 torr.

5.4 De acordo com a lei de Boyle, a pressão e o volume de um gás são inversamente proporcionais (para uma quantidade constante de gás numa temperatura fixa). Se um destes valores cresce, o outro diminui. Assim, o produto da pressão pelo volume permanece constante.

5.5 De acordo com a lei de Gay-Lussac, a pressão e a temperatura (para uma quantidade fixa de gás a volume constante) são diretamente proporcionais. Uma mudança numa variável causa uma mudança equivalente na outra. Assim, a razão entre pressão e temperatura permanece constante. A temperatura precisa ser expressa em kelvins para que esta relação seja válida.

5.6 De acordo com a lei de Charles, o volume e a temperatura em kelvins (para uma quantidade fixa de gás a pressão constante) são também diretamente proporcionais. A razão entre volume e temperatura permanece a mesma quando uma destas duas variáveis é mudada.

5.7 De acordo com a lei de Avogadro, o volume é diretamente proporcional ao número de moles do gás presente. O volume molar de qualquer gás nas c.n.p.t. (0 °C e 1 atm) é de 22,4 L.

Seção de Problema 5 As relações entre pressão, volume, temperatura e moles de um gás podem ser usadas para se determinar uma destas variáveis quando as outras são dadas. As relações entre pressão, volume e temperatura podem ser escritas numa simples equação, chamada lei combinada dos gases, $(P_1V_1/T_1 = (P_2V_2)/T_2$. A lei dos gases ideais, $PV = nRT$, relaciona as quatro variáveis, pressão, volume, número de moles e temperatura; R é a constante dos gases.

5.8 O ar é uma mistura de gases que consiste aproximadamente de 78% de N_2 e 21% de O_2. Numa mistura de gases, a pressão total é igual à soma das pressões parciais de todos os gases presentes (lei de Dalton).

5.9 A respiração depende de diferenças em pressões parciais. O oxigênio e o dióxido de carbono difundem de regiões de alta pressão parcial para regiões de baixa pressão parcial. Assim, nos pulmões, o oxigênio se desloca do ar para os alvéolos, enquanto que o dióxido de carbono flui no sentido oposto. Transferências semelhantes ocorrem entre o ar alveolar e o sangue que circula através dos capilares pulmonares, e entre o sangue e os tecidos.

5.10 Um líquido se vaporiza quando suas moléculas escapam da superfície. Vapor é a forma gasosa de uma substância que é normalmente um líquido (ou um sólido).

EXERCÍCIOS

Exercício sobre Casamento de Palavras Chave

Para cada termo à esquerda, escolha a frase da coluna à direita que mais se aproxima do seu significado.

1. teoria cinético-molecular	a. trocas gasosas
2. pressão	b. pressão de um gás numa mistura
3. c.n.p.t.	c. 273 K e 1 atm
4. respiração	d. baseada no movimento ao acaso de moléculas
5. pressão parcial	e. definida como força/área
6. volume molar	f. 22,4 L

Exercícios por Tópicos

Teoria Cinético-Molecular (5.1)

7. Resuma a teoria cinético-molecular.
8. O que é gás ideal?
9. O que significa temperatura de um gás?

Difusão (5.2)

10. Explique a difusão em termos moleculares.
11. Descreva como a concentração de um gás está relacionada com a direção da difusão.
12. Uma mistura gasosa contém oxigênio, O_2, e ciclopropano, C_3H_6. Que gás difunde mais depressa? Por quê?
13. Calcule a velocidade do gás mais rápido, comparado com o mais lento, no Exercício 12.

Pressão (5.3)

14. Qual é a explicação molecular para a pressão de um gás?
15. O que é que causa a pressão atmosférica?
16. Descreva a operação de um barômetro de Torricelli.
17. Um gás num cilindro tem uma pressão de 120, atm. Converta este valor em
    a. kPa
    b. torr
    c. psi
18. Um barômetro marca 750 torr. Converta este valor em
    a. atm
    b. kPa
19. De acordo com um boletim climático, a pressão atmosférica num certo dia era de 28,5 in Hg. Expresse este valor em
    a. atm
    b. kPa

Pressão e Volume: Lei de Boyle (5.4)

20. O que ocorre com o volume de um gás quando a pressão sobre ele aumenta? Por quê?
21. O que ocorre com o volume de 10 litros de um gás se a pressão for dobrada? reduzida à metade?
22. Explique como a respiração depende da lei de Boyle.

Pressão e Temperatura: Lei de Gay-Lussac (5.5)

23. Como estão relacionadas pressão e temperatura?
24. Se a temperatura de um gás em
    (a) kelvins e em
    (b) graus Celsius for dobrada, a pressão também dobra?
25. Por que as latinhas tipo "spray" contêm um aviso para não serem incineradas?

26. O que ocorre com a pressão do pneu de um automóvel em tempo frio? Explique.

Volume e Temperatura: Lei de Charles (5.6)

27. Descreva o efeito do aumento de temperatura de um gás a pressão constante.
28. Se a temperatura de 20 L de argônio é reduzida de 300 K a 150 K, o que ocorre com o volume?
29. Como funciona um termômetro a gás?

Volume e Moles: Lei de Avogadro (5.7)

30. Descreva em termos de moléculas de gás o que ocorre quando você "estoura" um balão.
31. O que significa c.n.p.t.?
32. Por que o volume molar é o mesmo para todos os gases?
33. O dióxido de enxofre pode ser captado em chaminés por reação com carbonato de cálcio:
$$2\ SO_2(g) + 2\ CaCO_3(s) + O_2(g) \rightarrow 2\ CaSO_4(s) + 2\ CO_2(g)$$
Quantos litros de oxigênio são consumidos por 50, L de SO_2?

Problemas sobre Leis dos Gases (Seção de Problema 5)

34. Uma amostra de óxido nitroso tinha originariamente uma pressão de 620, torr e um volume de 10,5 L. Se a pressão for agora 875 torr, qual é o volume?
35. Uma quantidade fixa de hélio tinha um volume inicial de 400, mL e um volume final de 920, mL. Se a pressão inicial era de 1,35 atm, determine a pressão final.
36. Um gás tem uma pressão de 720, torr a 250, K. Determine sua pressão a 322 K.
37. O etileno tem uma pressão de 1,32 atm a 25,5°C. A que temperatura é sua pressão igual a 1,00 atm?
38. Uma amostra de etano a 280, K tem um volume de 1,56 L. Determine seu volume a 380, K.
39. Uma amostra de oxigênio com um volume de 730, cm^3 é esfriada de 90,°C a –10,°C. Determine seu novo volume.
40. Uma amostra de dióxido de carbono tem um volume de 820, mL a 20°C e 1,05 atm. Determine seu volume a 65°C e 1,11 atm.
41. Num cilindro de gás, cloreto de hidrogênio tem uma pressão de 135 atm a 20°C. Se todo o gás for liberado, ele ocupará 327 L a 15°C e 1,00 atm. Qual é o volume do cilindro?
42. Qual é o volume de 6,25 moles de éter se sua pressão é 1,21 atm a 20 °C?
43. A –5,12 °C, 52 g de H_2 ocupam 933 mL. Qual é sua pressão?

Pressões Parciais: Lei de Dalton (5.8)

44. Descreva a composição do ar.
45. As pressões parciais dos componetnes de uma mistura gasosa são: Ar, 120, torr; CO_2, 290, torr; Xe, 50, torr; e N_2, 430, torr. Qual é a pressão total desta mistura?
46. Numa mistura hélio-oxigênio com pressão de 828 torr, o hélio tem uma pressão parcial de 655 torr. Qual é a pressão parcial do oxigênio?
47. Por que o reservatório de gás dos mergulhadores contém uma concentração de oxigênio menor do que a da atmosfera?

Respiração (5.9)

48. Que trocas gasosas ocorrem durante a respiração?
49. O que determina o sentido das trocas gasosas na respiração?
50. Descreva como o oxigênio do ar acaba chegando nas células do seu corpo.

Vaporização de Líquidos (5.10)

51. Em que um líquido difere de um gás em termos de moléculas?
52. Como um líquido vaporiza?
53. Por que aumento de temperatura aumenta a velocidade de vaporização?
54. Por que a transpiração faz com que você esfrie?

Exercícios Adicionais

55. Explique por que cada postulado da teoria cinético-molecular é razoável.
56. Explique, em termos moleculares, por que o aumento de temperatura faz com que a pressão de um gás aumente (a volume constante).
57. Um locutor de rádio diz, "A temperatura média ontem era de 15°C, mas hoje alcançará 30°C, duas vezes mais quente". É correta esta afirmação? Explique.
58. Amostras dos elementos oxigênio e radônio estão ambas a 35°C. Em que gás as moléculas estão se movendo mais depressa? Explique sua resposta.

59. Um barômetro de laboratório marca 745 torr. Expresse esta pressão em
 a. psi
 b. mm Hg
 c. in Hg
 d. Pa
 e. atm
60. Amônia e cloro reagem da seguinte maneira:

 $3\ Cl_2(g) + 8\ NH_3(g) \rightarrow 6\ NH_4Cl(s) + N_2(g)$

 Quantos litros de amônia nas c.n.p.t. são necessários para reagir com 6,5 L de Cl_2?
61. Determine o peso molecular de um gás se sua densidade é de 0,88 g/L nas c.n.p.t.
62. Qual é a densidade do XeF_2 nas c.n.p.t.?
63. Dióxido de carbono pode ser gerado da reação entre carbonato de cálcio e ácido clorídrico:

 $CaCO_3(s) + 2\ HCl(aq) \rightarrow CaCl_2(aq) + CO_2(g) + H_2O(l)$

 Que volume de CO_2 nas c.n.p.t. pode ser obtido a partir de 50,0 g de $CaCO_3$?
64. O manômetro de um tanque de aço marca 298 torr a 25 °C. A que temperatura marcaria ele 1000, torr?
65. O volume de uma lâmpada de 100 watts é de 130, cm³. Se a lâmpada contém $3{,}0 \times 10^{-3}$ moles de N_2, qual é a pressão dentro dela a 20,°C?
66. Um trem contendo $1{,}28 \times 10^6$ lb de cloro líquido foi envolvido num acidente. Se todo o cloro fosse convertido em gás a 740, torr e 15°C, que volume ocuparia?
67. Dióxido de carbono reage com magnésio através da seguinte equação (que impede o uso de extintores tipo CO_2 em incêndios de magnésio):

 $CO_2(g) + 2\ Mg(s) \rightarrow 2\ MgO(s) + C(s).$

 Quantos gramas de MgO serão formados a partir de 625 mL de CO_2 nas c.n.p.t.?
68. Ciclopropano a 719 torr e 25,1 °C é aquecido a 100,0°C. Qual é sua pressão?
69. Uma amostra de óxido nitroso ocupa 1,98 L a 5,2°C e 0,88 atm. Qual é seu volume a 45°C e 0,75 atm?
70. Ache a temperatura de uma amostra de oxigênio se 0,21 kg ocupa 18,2 L a 0,621 atm.
71. Qual é o volume de 6,92 g de hélio nas c.n.p.t.?
72. Um gás a 21,0 psi ocupa 18,1 dm³. Qual é seu volume a 15,1 psi?
73. A que temperatura 88 g de N_2 terão um volume de 12,5 L a uma pressão de 1,10 atm?
74. Converta 0,899 atm a
 a. kPa
 b. torr
 c. psi
 d. cm Hg
 e. in Hg
75. Converta 782 torr a
 a. atm
 b. mm Hg
 c. psi
 d. in Hg
 e. kPa
76. Um gás a 87 °C e 150, kPa é esfriado a –12°C. Qual é sua pressão nesta temperatura?
77. Um gás expandiu a 6,20 L quando a pressão caiu de 160, kPa a 135 kPa. Qual era seu volume original?
78. Cinquenta gramas de ciclopropano decresceram em volume de 821 cm³ para 358 cm³. Se a pressão final é de 0,79 atm, qual era a pressão inicial?
79. Se um gás se expande de 25,2 mL para 89,7 mL quando a temperatura é aumentada para 125°C, qual era sua temperatura original?
80. Hélio gasoso ocupa 15,3 L depois que sua temperatura decresce de 456 K a 251 K. Qual era seu volume inicial?
81. A –5,00°C, 125 mL de argônio têm uma pressão de 110,2 kPa. Se o gás expande a 393 mL a 38,2°C, qual será então sua pressão?
82. A 58,1°C, 530, cm³ de cloro têm uma pressão de 645 torr. A que temperatura terá o cloro um volume de 892 cm³ e uma pressão de 720 torr?
83. Que volume, nas c.n.p.t., é ocupado por 0,875 mol de fluor?
84. Quantos moles estão presentes em 18,3 L de amônia nas c.n.p.t.?
85. Que volume, nas c.n.p.t., são ocupados por 12,2 g de xenônio?
86. Amônia pode ser convertida em uréia, $CO(NH_2)_2$, para uso como fertilizante:

 $2\ NH_3(g) + CO_2(g) \rightarrow CO(NH_2)_2(s) + H_2O(l)$

 a. Quantos litros de CO_2, nas c.n.p.t., são necessários para reagir com 751 L de NH_3?
 b. Quantos gramas de NH_3 seriam necessários para reagir com 2,73 L de CO_2?
87. Uma amostra de gás que ocupa 270, mL a 740, torr e 98°C tem uma massa de 0,276 g. É ela álcool metílico, CH_3OH, ou álcool etílico, C_2H_5OH?

Capítulo 6

Soluções

Seu corpo contém mais água do que qualquer outra substância. Ela constitui mais da metade do seu peso. As moléculas tanto dentro como fora das suas células estão de alguma maneira associadas com moléculas de água. No Capítulo 6, estudaremos as propriedades das misturas formadas por água e outras substâncias.

6.1 Tipos de Soluções

Objetivo: Para demonstrar entendimento desta seção, você deverá ser capaz de identificar os dois componentes de uma solução.

Solução é uma *mistura* uniforme de átomos, íons ou moléculas de duas ou mais substâncias. Freqüentemente, uma das substâncias numa solução é um líquido. Os componentes de uma solução podem ser misturados em várias proporções, como os componentes de todas as misturas.

A composição e propriedades de cada porção de uma dada solução são idênticas àquelas de qualquer outra porção. Por exemplo, quando o açúcar se dissolve em água, suas moléculas se espalham e se misturam completamente com a água. Cada gota da solução contém açúcar e água nas mesmas proporções.

Pelo fato de uma solução ser um tipo de mistura, seus componentes podem ser fisicamente separados. Por exemplo, podemos separar os componentes da solução de açúcar acima vaporizando a água por fervura. Os componentes de uma solução não se separam por si só porém, e nem podem ser separados por filtração.

Estas propriedades podem ser entendidas se imaginarmos uma solução como um arranjo ao acaso de minúsculas partículas: átomos, íons ou pequenas moléculas. As partículas de uma solução são pequenas demais para serem puxadas pela gravidade e sedimentarem, e também para serem retiradas por papel de filtro. Além disto, soluções líquidas e gasosas são geralmente transparentes. Podemos ver através delas porque as partículas são pequenas demais para bloquearem a transmissão de luz através da solução.

Uma solução consiste de dois componentes principais. O *soluto* é a substância dissolvida, o *solvente* é a substância que dissolve. Dizemos que uma solução se forma dissolvendo-se um soluto num solvente, como mostra a Figura 6-1. O soluto pode também ser definido como a substância presente em menor quantidade na solução. O solvente é a substância presente em maior quantidade; é o componente mais abundante da solução. Muitas soluções contêm água como solvente e são chamadas soluções *aquosas* (de "aqua", que significa água). Exemplos de soluções aquosas comuns são o xarope (açúcar dissolvido em água) e a amônia doméstica (amônia gasosa em água).

Como você pode ver na Tabela 6-1, as soluções podem ser preparadas de várias maneiras. Tanto o soluto como o solvente podem ser um elemento ou um composto, e eles podem estar presentes como sólidos, líquidos ou gases (com as exceções assinaladas na tabela). O nome liga é dado a soluções sólidas feitas pela mistura de átomos de diferentes metais. Se um dos metais for o mercúrio, a liga é chamada amálgama. Por exemplo, amálgama dentária é uma liga de mercúrio misturado com prata (69%), estanho (26%), cobre (4%) e zinco (1%). Alguns outros tipos de soluções têm também nomes especiais. Solução salina é uma solução de cloreto de sódio em água; tintura é uma solução na qual o solvente é o álcool. Por exemplo, tintura de iodo, que tem sido usada como antisséptico, contém iodo dissolvido numa mistura de álcool e água.

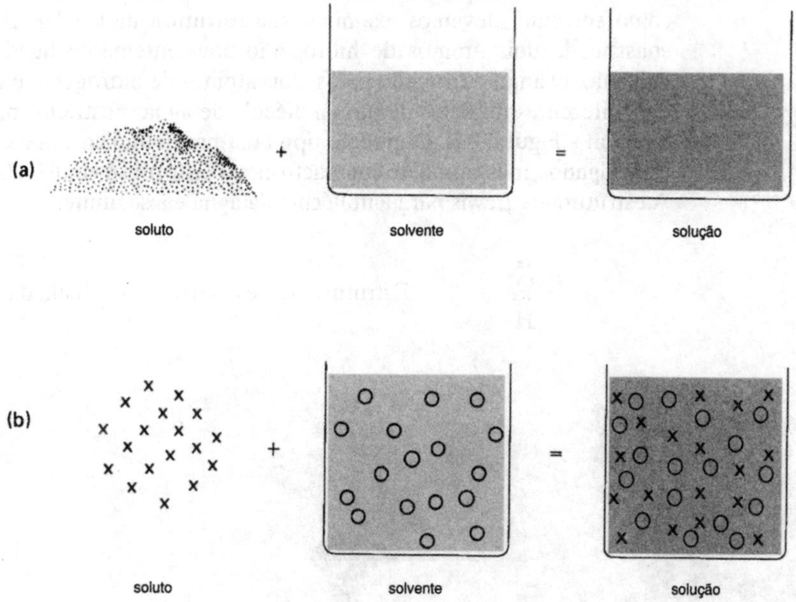

Figura 6-1
Preparação de uma solução. (a) A solução é feita dissolvendo-se um soluto num solvente. (b) visão "molecular": "x" representa moléculas do soluto e "o" representa moléculas do solvente.

Tabela 6-1 Exemplos de Soluções

	Solvente sólido	Solvente líquido	Solvente gasoso
Soluto sólido	bronze (zinco em cobre, uma liga)	solução salina (cloreto de sódio em água)	[a]
Soluto líquido	amálgama (mercúrio em prata)	licor (álcool em água)	[a]
Soluto gasoso	hidrogênio em platina metálica	água gaseificada (dióxido de carbono em água)	ar (oxigênio em nitrogênio)

[a]Para formar solução com solvente gasoso, o soluto deve geralmente estar também no estado gasoso.

6.2 Água

Objetivo: Para demonstrar entendimento desta seção, você deverá ser capaz de descrever a estrutura da molécula da água.

O solvente mais importante é a água, H_2O. Para compreendermos suas propriedades como solvente, devemos examinar sua estrutura molecular. A molécula da água consiste de dois átomos de hidrogênio covalentemente ligados a um átomo de oxigênio. O ângulo formado pelos dois átomos de hidrogênio é de 105°. Examine os dois diferentes modelos de uma molécula de água mostrados na Figura 6-2 (reveja também a Figura 3-4). O modelo tipo bola-bastão indica a maneira como os átomos estão ligados, mas o modelo compacto mostra a forma da molécula com mais precisão. A estrutura de Lewis para a molécula da água é a seguinte:

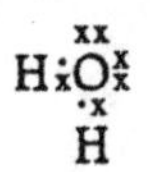

Estrutura de Lewis para a molécula da água

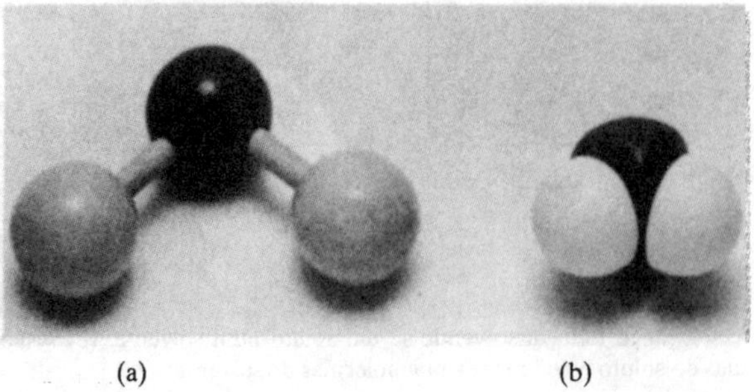

(a) (b)

Figura 6-2
Água, H_2O. O modelo tipo bola-bastão (a) mostra a maneira como os átomos estão ligados. O modelo compacto (b) mostra a forma da molécula mais realisticamente. (Direitos autorais para foto Al Green.)

Pelo fato de o oxigênio ser mais eletronegativo do que o hidrogênio, os elétrons das ligações são puxados em direção ao átomo de oxigênio. Estas ligações covalentes polares criam uma distribuição desigual de cargas elétricas dentro da molécula. As extremidades da molécula da água que contêm hidrogênio têm uma carga parcial positiva (δ+, leia "delta mais") porque há uma diminuição relativa de elétrons nestas extremidades da molécula. A extremidade da molécula que contém o oxigênio tem um excesso de elétrons e portanto uma carga parcial negativa (δ–, leia "delta menos"). Esta separação de cargas dentro da molécula torna a molécula da água polar, como discutimos na Seção 3.4. A molécula como um todo permanece porém neutra.

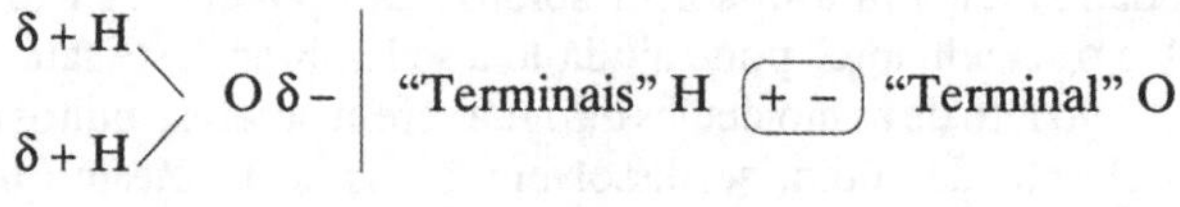

natureza polar de uma molécula de água

Uma vez que cargas opostas se atraem, o terminal oxigênio parcialmente negativo de uma molécula de água atrairá o terminal positivo de outra molécula de água. Esta fraca mas importante força de atração é chamada de **ponte de hidrogênio**. Como mostra a Figura 6-3, os átomos de hidrogênio formam uma ponte entre duas moléculas de água. O átomo de hidrogênio fica ligado a um átomo de oxigênio por uma ligação covalente e a um segundo átomo de oxigênio por uma ponte de hidrogênio (mostrada pela linha pontilhada).

Pontes de hidrogênio são muito mais fracas do que ligações covalentes. A energia da ligação O-H de uma ponte de hidrogênio é de apenas 7 kcal/mol (29 kJ/mol); a energia da ligação O-H covalente é de 111 kcal/mol (464 kJ/mol). Apesar disto, cada molécula de água forma pontes de hidrogênio com três ou quatro outras moléculas, e estas fracas forças de atração influenciam grandemente as propriedades da água líquida. Pontes de hidrogênio não ocorrem na maioria dos outros líquidos. A capacidade das moléculas de água de se unirem entre si através de pontes de hidrogênio dá à água propriedades especiais. Por exemplo, a água tem um ponto de ebulição relativamente alto por causa das pontes de hidrogênio. Para a água líquida virar gás, as pontes de hidrogênio entre as moléculas de água devem ser rompidas. Assim, energia adicional, e portanto uma temperatura mais alta, é necessária para ferver a água quando a comparamos com um líquido cujas moléculas não formam pontes de hidrogênio. As pontes de hidrogênio influenciam também muitas outras propriedades da água, incluindo seu papel como solvente.

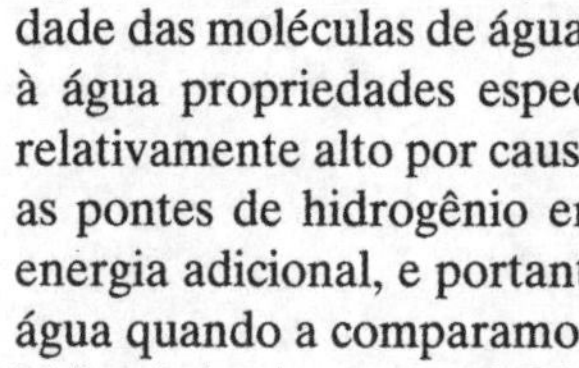

Figura 6-3
Pontes de hidrogênio entre moléculas de água. O átomo de hidrogênio de uma molécula de água é fracamente atraído pelo átomo de oxigênio de outra molécula de água.

6.3 O Processo da Dissolução

Objetivo: Para demonstrar entendimento desta seção, você deverá ser capaz de explicar como uma substância iônica se dissolve na água.

Quando um soluto se dissolve num solvente, os átomos, íons ou moléculas individuais que constituem o soluto ficam separados uns dos outros por moléculas do solvente. [veja a Figura 6-1 (b)]. Para que esta separação ocorra, as partículas do soluto precisam ser atraídas de alguma maneira pelas partículas do solvente. Geralmente, *um soluto se dissolve num solvente que tem estrutura semelhante a ele.* Por exemplo, solventes polares como a água tendem a atrair e dissolver solutos polares ou iônicos, e solventes não polares tendem a dissolver solutos não polares. A expressão "O semelhante dissolve o semelhante" pode ajudá-lo a se lembrar deste fato.

Pelo fato de as moléculas da água serem polares, muitos compostos iônicos, tais como cloreto de sódio, se dissolvem na água. O mesmo ocorre com compostos covalentes polares como o açúcar, a amônia e o cloreto de hidrogênio. A maioria das moléculas orgânicas, incluindo aquelas dos óleos e graxas, são não polares. Portanto, elas não se dissolvem na água; elas se dissolvem em solventes orgânicos não polares, como a gasolina.

A Figura 6-4 mostra como um composto iônico se dissolve na água. As moléculas de água polares atraem os íons do composto, fazendo com que eles se separem ou se dissociem.

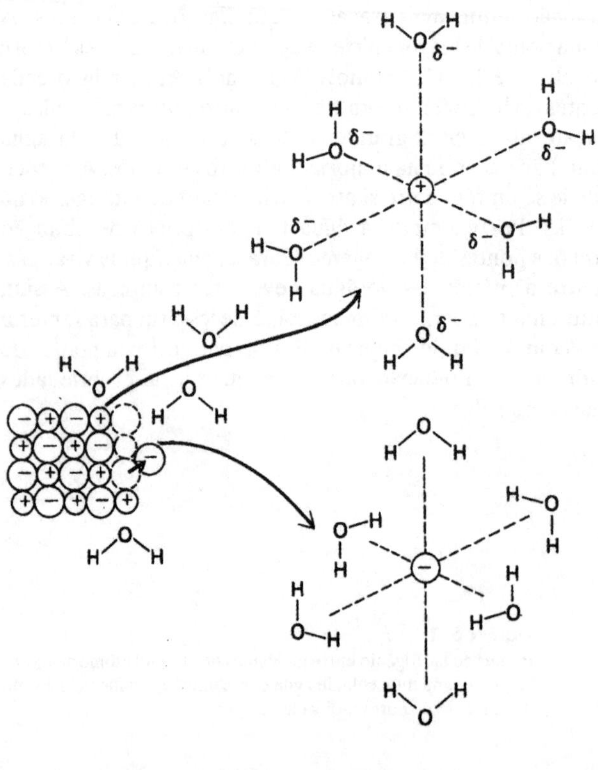

Figura 6-4
Um sólido iônico dissolvendo-se em água. Os íons se dissociam enquanto ficam envolvidos por moléculas de água.

Este processo é chamado de **dissociação**. A dissociação ocorre quando as moléculas de água separam os íons positivos dos negativos. Numa solução de um soluto iônico em água, os cátions do soluto ficam envoltos em moléculas de água com seus átomos de oxigênio negativamente carregados virados para os cátions. Os ânions também ficam envoltos em moléculas de água, mas as moléculas de água têm seus átomos de hidrogênio virados para os ânions. Esta atração entre os íons e as moléculas polares da água é chamada de hidratação. Cada íon hidratado fica envolvido por aproximadamente seis moléculas de água. O termo geral para a atração e envolvimento de partículas de soluto por moléculas do solvente é solvatação.

Compostos covalentes polares, como o cloreto de hidrogênio, se dissolvem em água num processo chamado de **ionização**. Ionização é um tipo de dissociação na qual íons são realmente *criados* quando as moléculas de água separam os átomos das moléculas do soluto. Por exemplo, íons de hidrogênio, H^+, e íons cloreto, Cl^-, resultam da ionização do HCl quando ele se dissolve em água. Depois da ionização, estes íons são hidratados ou envolvidos por moléculas de água.

Substâncias que produzem íons quando se dissolvem em água são chamadas de **eletrólitos**. Pelo fato de os íons se moverem livremente através da água, soluções de eletrólitos podem transmitir carga elétrica e portanto conduzir eletricidadc. Substâncias como cloreto de sódio e cloreto de hidrogênio que se separam completamente em íons conduzem bem a eletricidade e são consideradas eletrólitos fortes. Substâncias que produzem menos íons em solução e portanto conduzem mal a eletricidade são chamadas de eletrólitos *fracos*. Substâncias que não produzem nenhum tipo de íon quando dissolvidas em água são chamadas de *não eletrólitos*. Uma solução de um não eletrólito, como açúcar em água, não conduz eletricidade absolutamente (veja a Figura 6-5.) Em medicina, o termo eletrólito se refere especificamente aos cátions Na^+, K^+, Ca^{2+}, Mg^{2+}, e aos ânios Cl^-, HCO_3^-, HPO_4^{2-}, além dos íons derivados de ácidos orgânicos e proteínas, presentes nos fluidos do nosso organismo. (Veja Seção 7.8.)

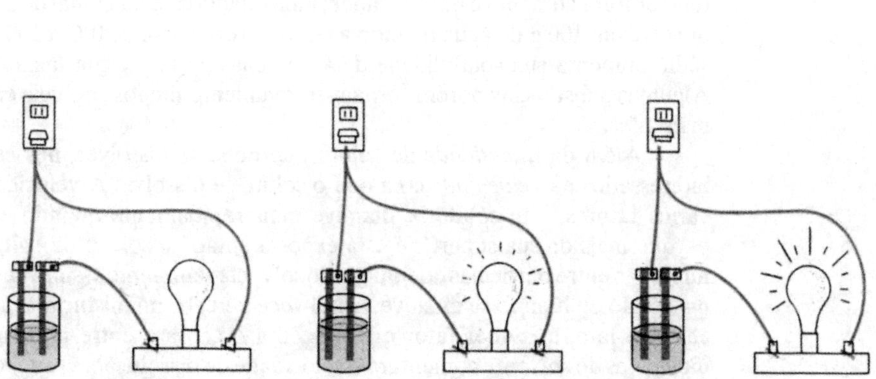

Figura 6-5
Condutividade. Solução de um não eletrólito (a) não conduz eletricidade porque nenhum íon está presente. Na solução de um eletrólito fraco (b) e de um eletrólito forte (c), a presença de íons permite que a eletricidade seja conduzida.

6.4 Solubilidade e Saturação

Objetivo: Para demonstrar entendimento desta seção, você deverá ser capaz de explicar os fatores que afetam a solubilidade.

Solubilidade de um soluto é a massa do soluto que pode ser dissolvida numa certa quantidade de solvente numa dada temperatura. A solubilidade é usualmente expressa em gramas de soluto por 100 mL (100 cm^3) ou por 100 g de solvente numa dada temperatura. Por exemplo, a solubilidade do cloreto de sódio em água é de 36 g por 100 g de H_2O a 20°C.

A interação entre um soluto e um solvente determina quanto soluto pode se dissolver. Assim, num solvente particular como a água, a natureza do soluto é um fator chave para determinar a solubilidade. Os solutos cujas moléculas são fortemente atraídas por moléculas de água tendem a se dissolver prontamente neste solvente. Por esta razão alguns compostos como açúcar comum (sacarose) são muito solúveis na água. A sacarose tem uma solubilidade de 204 g por 100 g de H_2O a 20°C. (Note que podemos portanto preparar uma solução de sacarose que contém uma massa de sacarose maior do que a da água!) Outros compostos, como cloreto de sódio, são também solúveis em água, mas em extensão um pouco menor.

Certos compostos são considerados apenas *ligeiramente* solúveis. Hidróxido de cálcio, $Ca(OH)_2$, por exemplo, tem uma solubilidade em água de apenas 0,17 g por 100 g de H_2O a 20°C. Finalmente, alguns compostos se dissolvem em grau extremamente pequeno. Por exemplo, a solubilidade do cloreto de prata, AgCl, em água , é de 0,0001 g por 100 g de H_2O a 20°C. Este composto é considerado *escassamente* solúvel, ou *insolúvel* em água, uma vez que para fins práticos, ele dificilmente se dissolve completamente neste solvente. As partículas de um composto insolúvel têm uma maior atração entre si do que aquela pelas moléculas do solvente.

A solubilidade da maioria dos sólidos nos líquidos aumenta com a temperatura. (O aumento varia muito.) Por exemplo, você sabe que mais açúcar se dissolve em água quente do que em água fria. O aumento da solubilidade do açúcar à medida que a temperatura aumenta é muito grande; uma quantidade adicional de 308 g de açúcar se dissolve em 100 g de água quando a temperatura passa de 0°C a 100°C. O cloreto de sódio aumenta sua solubilidade de 4 g apenas nesta mesma faixa de temperatura. Algumas substâncias porém tornam-se realmente menos solúveis em temperaturas mais altas.

Além da *quantidade* de soluto que pode se dissolver, nós estamos também interessados na *velocidade* com que o soluto se dissolve. A velocidade depende de vários fatores. Um sólido se dissolve mais rapidamente quando está pulverizado porque mais da sua superfície está exposta então ao solvente. Agitação aumenta a interação entre partículas do soluto e do solvente e aumenta assim a velocidade na qual um sólido ou líquido se dissolve, como você percebe ao misturar açúcar com café ou chá. De fato, qualquer fator que aumenta o contato entre partículas de soluto e moléculas do solvente aumentará a velocidade de dissolução. O aquecimento faz com que as moléculas se movam mais rapidamente e tem um efeito semelhante. Note que o aquecimento afeta a quantidade de soluto que se dissolve assim como a velocidade da dissolução.

A maioria dos solutos são solúveis apenas até um certo limite. Por exemplo, quando adicionamos gradualmente açúcar em água, eventualmente atingimos um ponto em que nenhum açúcar mais parece se dissolver. Neste ponto, existe um equilíbrio. A velocidade na qual o açúcar se dissolve na água é exatamente igual à velocidade na qual ele volta da solução para formar açúcar sólido. (Esta situação dinâmica é semelhante ao equilíbrio químico descrito na Seção 4.10.) Diz-se que a solução está **saturada**. (Veja a Figura 6-6.) Uma solução saturada contém a quantidade máxima de soluto dissolvido possível em condições normais numa dada temperatura. A quantidade de soluto necessário para preparar uma solução saturada depende da solubilidade do soluto no solvente.

Uma solução saturada não contém necessariamente uma grande quantidade de soluto. Se um soluto é apenas ligeiramente solúvel, pouco dele irá dissolver-se, e podemos portanto preparar uma solução saturada com relativamente pouco soluto. Por exemplo, uma solução saturada de hidróxido de cálcio a 20°C contém apenas 0,165 g de $Ca(OH)_2$ por 100 g de água.

Quando uma solução contém menos soluto do que o necessário para o equilíbrio, diz-se que ela é **não saturada**. Mais soluto pode portanto ser dissolvido numa solução não saturada. Por exemplo, uma solução preparada com 20 g de cloreto de sódio em 100 g de água a 20°C é não saturada. A solução fica saturada somente quando a massa de cloreto de sódio alcança 36 g para 100 g de água nesta temperatura. Uma solução pode conter uma grande quantidade de soluto e ser ainda não saturada se a solubilidade do soluto for grande.

Sob certas condições, podemos preparar uma solução que contém mais soluto do que o necessário para formar uma solução saturada numa dada temperatura. Tal solução é chamada **supersaturada**. Uma solução supersaturada pode ser preparada fazendo-se primeiro uma solução saturada e depois baixando-se sua temperatura lentamente (assumindo-se que a solubilidade do soluto diminui com o esfriamento). Se a temperatura for diminuída bem lentamente, excesso de soluto pode permanecer dissolvido. Outro método é preparar uma solução saturada e depois deixar um pouco do solvente evaporar. O mel, por exemplo, é uma solução supersaturada de açúcares (frutose e glicose) em água que se forma numa colmeia por evaporação da água de uma solução saturada. Uma solução supersaturada é instável. O excesso de soluto pode cristalizar, deixando atrás uma solução saturada. Você já pode ter notado açúcar sólido cristalizado num pote de mel.

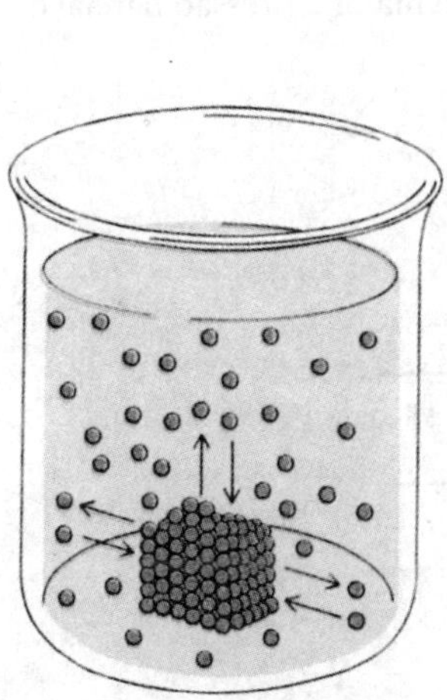

Figura 6-6
Uma solução saturada. A velocidade com que o soluto sólido se dissolve é igual à velocidade de cristalização do soluto a partir da solução.

6.5 Solubilidade de Líquidos e Gases

Objetivo: Para demonstrar entendimento desta seção, você deverá ser capaz de descrever os fatores que afetam a solubilidade de líquidos e gases.

Líquidos que se misturam completamente entre si para formar uma solução em qualquer proporção são chamados de **miscíveis**. Líquidos miscíveis têm geralmente estruturas moleculares semelhantes. Moléculas de água e álcool, por exemplo, são polares e se atraem mutuamente. (De fato, elas são capazes de formar pontes de hidrogênio entre suas moléculas.) Portanto, os dois líquidos se misturam rapidamente e são miscíveis. Água e gasolina têm estruturas muito diferentes. A gasolina é não polar e portanto não se mistura com a água, que é polar. Água e gasolina são então **imiscíveis**. Líquidos imiscíveis se dispõem em camadas de acordo com sua densidade. Por exemplo, quando água e gasolina são misturadas, a gasolina menos densa forma uma camada separada sobre a água mais densa. Este processo ocorre num derramamento de óleo. Vinagre e óleo de cozinha são também exemplos de líquidos imiscíveis.

Os gases podem se misturar em quaisquer proporções para formar soluções. O ar é uma solução que contém o soluto oxigênio (acompanhado de muitos outros solutos em quantidades menores) dissolvido em nitrogênio. A composição normal do ar é cerca de 21% de oxigênio e 78% de nitrogênio em volume, como vimos no Cap.5.

A solubilidade de gases em líquidos varia consideravelmente e depende de vários fatores. Um fator é a interação entre moléculas do gás e moléculas do líquido. Uma forte atração entre estas moléculas aumenta a solubilidade. Por exemplo, a amônia é polar e portanto muito solúvel na água. A Tabela 6-2 compara as solubilidades de vários gases comuns em água. A solubilidade de gases em líquidos depende também da pressão e da temperatura. Em temperatura constante, *a solubilidade de um gás é diretamente proporcional à pressão deste gás sobre o líquido*. Esta relação é conhecida como lei de Henry (segundo o químico inglês William Henry). Por exemplo, soda, ou água carbonatada, é fabricada dissolvendo-se dióxido de carbono em água sob alta pressão. A soda eventualmente fica "choca" depois que a garrafa ou a lata forem abertas. Ela perde carbonatação porque o dióxido de carbono que foi forçado na solução sob alta pressão pode escapar agora para a atmosfera (onde sua pressão parcial é de apenas 0,0001 atm aproximadamente). A lei de Henry é importante na administração de gases anestésicos: quanto maior a pressão parcial do anestésico, maior sua solubilidade no sangue.

Tabela 6-2 Solubilidade de Gases na Água

Gás	Solubilidade (g) em 100 g de H_2O a 0 °C e 1 atm
NH_3	89,5
HCl	82,3
SO_2	22,8
Cl_2	1,46
CO_2	0,335
O_2	$6{,}95 \times 10^{-3}$
N_2	$2{,}94 \times 10^{-3}$

Choque da descompressão, ou aeroembolismo, é um risco do mergulho submarino baseado na solubilidade de gases no sangue. Quando um mergulhador submerge, a pressão aumenta 1 atm para cada 10 m de profundidade. Um mergulhador, a uma profundidade de 50 m, por exemplo, estaria suportando uma pressão 5 atm maior do que a pressão na superfície da água. Nestas altas pressões, maior quantidade da mistura gasosa que o mergulhador respira se dissolve no sangue. (Com exceção do oxigênio, nenhum dos gases numa mistura para respiração de mergulhador pode ser usado ou decomposto pelo nosso corpo e permanece portanto no sangue.) Se o mergulhador vem à superfície muito rapidamente, a brusca queda de pressão faz com que os gases dissolvidos "borbulhem" para fora da solução no sangue, tal como as bolhas de CO_2 sobem à superfície de um refrigerante quando a garrafa é aberta. As bolhas de gás podem causar dor nas juntas do mergulhador, cãibras musculares, paralisia e morte eventual. Felizmente, a aeroembolia pode ser tratada colocando-se a vítima numa câmara hiperbárica, na qual a pressão é aumentada acima de 1 atm para redissolver as bolhas de gás (Figura 6-7). A pressão na câmara é depois gradualmente diminuída até a pressão atmosférica normal ser novamente atingida. A diminuição gradual da pressão permite ao gás escapar do sangue lentamente, sem formar bolhas perigosas.

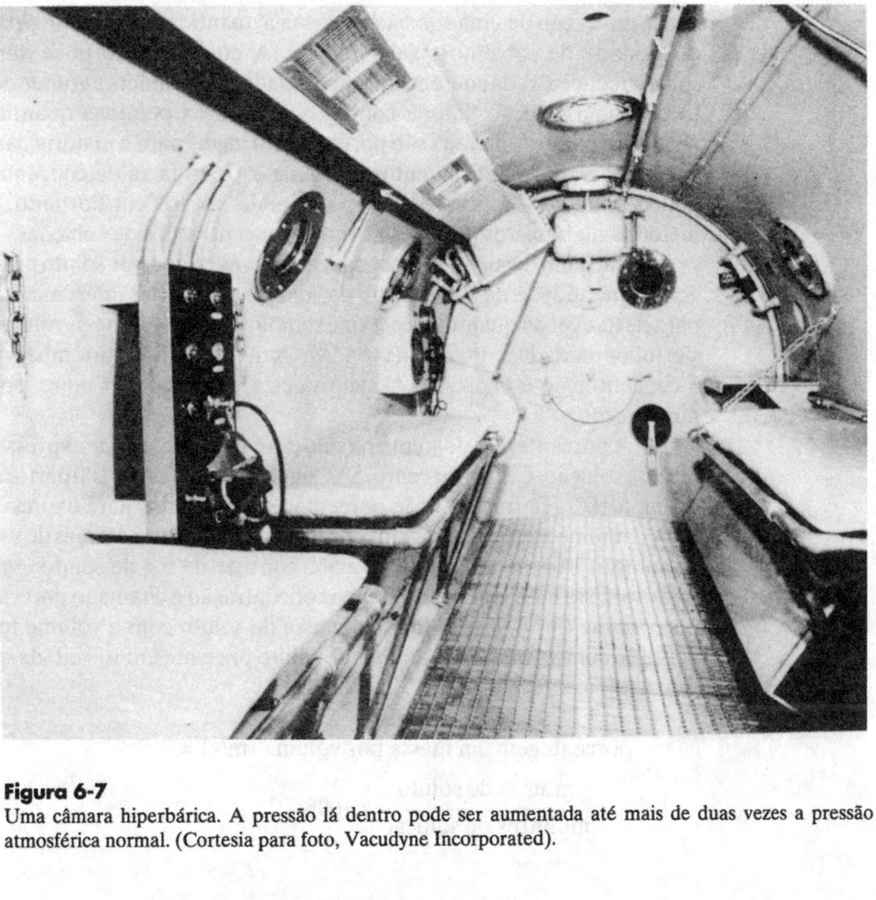

Figura 6-7
Uma câmara hiperbárica. A pressão lá dentro pode ser aumentada até mais de duas vezes a pressão atmosférica normal. (Cortesia para foto, Vacudyne Incorporated).

Ao contrário da maioria dos sólidos, os gases são menos solúveis nos líquidos a temperaturas mais altas. Eles são menos solúveis porque o aumento da temperatura aumenta o número de moléculas de gás que têm energia cinética suficiente para escapar da superfície do líquido. Assim, um dos problemas de poluição causados pela liberação de calor em águas naturais é uma diminuição na quantidade de oxigênio dissolvido que é necessário para sustentar a vida na água. Esfriando-se um líquido, por outro lado, aumenta-se a solubilidade de um gás. Quando a temperatura é diminuída, menor número de moléculas gasosas tem energia cinética suficiente para escapar do líquido. Portanto, uma garrafa aberta de soda, por exemplo, retém mais CO_2 se ela for conservada num refrigerador do que se for abandonada em temperatura ambiente.

6.6 Concentração de Soluções: Porcentagem

Objetivo: Para demonstrar entendimento desta seção, você deverá ser capaz de interpretar a composição de uma solução pela sua porcentagem em peso e em volume.

A **concentração** de uma solução expressa a quantidade de soluto presente numa dada quantidade de solvente ou de solução. A concentração pode variar muito. Uma solução concentrada contém uma quantidade relativamente grande de soluto, enquanto que uma solução diluída contém apenas uma pequena quantidade. Os termos "concentrada" e "diluída" são porém muito vagos para a maioria das finalidades. Por exemplo, alguns medicamentos têm uma estreita faixa de concentração útil. Muito pouco pode ser ineficaz e demasiado pode ser tóxico. Portanto, precisamos usar métodos mais exatos para descrever as concentrações de soluções.

Cada um destes métodos especifica a quantidade de soluto presente comparada com a quantidade de solvente ou da solução total. Eles diferem nas unidades usadas para descrever as quantidades. Por exemplo, massa (gramas), volume (litros) e moles são todos unidades comumente usadas. Os métodos diferem também na maneira como a concentração é expressa. A maioria está baseada quer numa porcentagem, quer numa razão.

A porcentagem de soluto na solução é uma maneira de expressar a concentração de uma solução. Cinco por cento, 5%, significa 5 partes em 100 partes e pode ser escrito assim: 5/100. Há três tipos de porcentagens utilizadas para expressar concentração. Mais comumente, porcentagem representa o número de gramas de soluto para 100 mL de solução. Assim, uma solução a 5% consiste de 5 g de soluto em cada 100 mL de solução. Este método de expressar a concentração é chamado **porcentagem em massa por volume** (m/v). Ele compara a massa de soluto com o volume total da solução, é definido como a massa em gramas de soluto presente em 100 mL de solução e pode ser calculado assim:

$$\text{porcentagem em massa por volume (m/v)} = \frac{\text{gramas de soluto}}{\text{mililitros de solução}} \times 100\%$$

(Note que porcentagem em massa por volume não é uma verdadeira porcentagem porque é baseada na razão de duas diferentes espécies de quantidades, massa e volume.) Assim uma solução a 5% (m/v) de dextrose usada para alimentação endovenosa contém 5 g de dextrose (glicose) para 100 mL de solução. Sua preparação é mostrada na Figura 6-8.

$$\text{dextrose a 5\% (m/v)} = \frac{\text{5 g de dextrose}}{\text{100 mL de solução}} \times 100\%$$

Uma vez que 100 mL de solução contêm 5 g de soluto, podemos determinar a quantidade presente em qualquer outro volume da mesma solução usando esta razão como fator de conversão, como descrito na Seção de Problemas 6.

A concentração de soluções aquosas comerciais são freqüentemente dadas em porcentagem em **massa** por **massa** (m/m) ou **porcentagem em massa**. Massa por cento indica *a massa em gramas de soluto presente em 100 g de solução*. Ela pode ser calculada assim:

$$\text{massa por cento (m/m)} = \frac{\text{gramas de soluto}}{\text{gramas de solução}} \times 100\%$$

Uma solução de ácido nítrico a 70% (m/m), por exemplo, contém 70 g de HNO_3 em cada 100 g de solução.

$$HNO_3 \text{ a 70\% (m/m)} = \frac{\text{70 g de } HNO_3}{\text{100 g de solução}} \times 100\%$$

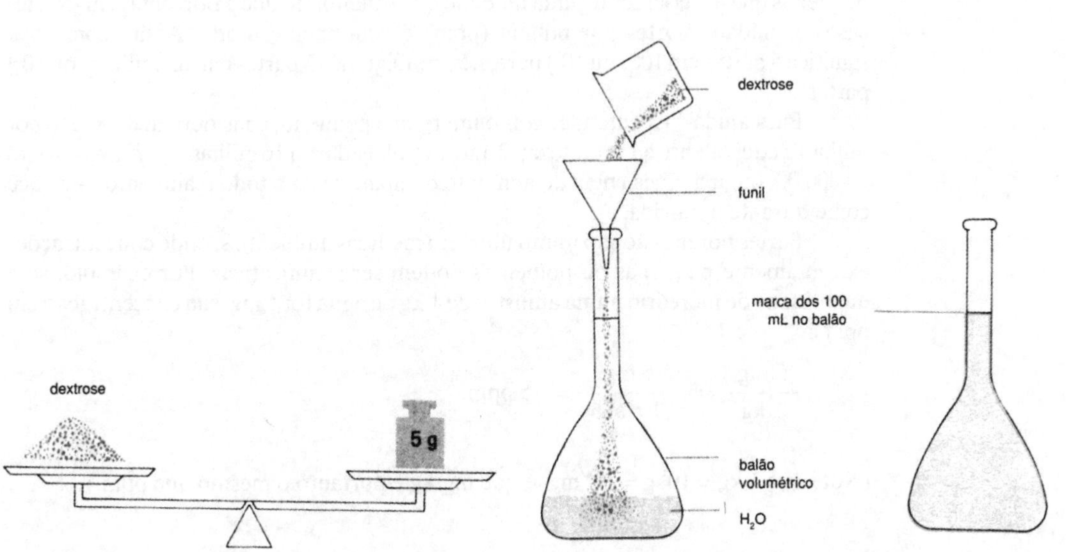

Figura 6-8
Preparação de 100 mL de solução de dextrose a 5%. (a) 5 g de dextrose são pesados. (b) a dextrose sólida é colocada num balão volumétrico de 100 mL contendo um pouco de água. (c) Depois que o sólido se dissolve, água é acrescentada até a marca dos 100 mL.

Lembre-se que 100 g de solução não são o mesmo que 100 g de solvente. A massa da solução inclui tanto a massa do soluto como a massa do solvente. Ainda, com exceção de soluções aquosas muito diluídas, 100 g de solução são diferentes de 100 mL de solução, e só são iguais se a solução tem uma densidade de 1,00 g/mL

Porcentagem em volume a volume (v/v) ou porcentagem em volume é usada para expressar a concentração de uma solução que consiste de líquidos apenas. É o volume em mililitros de soluto presente em 100 mL de solução, e pode ser calculado assim:

$$\text{porcentagem em volume a volume (v/v)} = \frac{\text{mililitros de soluto}}{\text{mililitros de solução}} \times 100\%$$

Por exemplo, uma solução de álcool etílico a 70% (v/v) usada como antisséptica e desinfetante consiste de 70 mL de álcool etílico numa solução cujo volume total é de 100 mL.

$$\text{álcool a 70\% (v/v)} = \frac{\text{70 mL de álcool}}{\text{100 mL de solução}} \times 100\%$$

Você poderia esperar que esta solução contivesse 30 mL de água, mas realmente ela contém um pouco mais. As moléculas de álcool e água são semelhantes e se atraem mutuamente, embora fracamente. Por causa desta atração, o volume global de álcool e água é realmente menor do que a soma dos dois volumes. Assim, uma solução em porcentagem volume a volume deve ser preparada medindo-se o volume do soluto e depois adicionando-se suficiente solvente para alcançar o volume final desejado.

Porcentagem significa partes por cem, quer as partes sejam dadas em termos de massa ou volume. Às vezes as concentrações que desejamos expressar são tão pequenas que precisamos de uma unidade que é menor do que a porcentagem. Nestes casos a unidade **partes por milhão** (ppm) é comumente usada. Assim como 5% significa 5 partes em 100 (ou 10^2) partes, 5 ppm significa 5 partes em um milhão (ou 10^6) partes.

Para ajudá-lo a entender como um ppm é pequeno, considere que 1 parte por milhão é equivalente a 1 minuto em 2 anos, 1 polegada em 16 milhas, 1 centavo em Cr$ 10.000,00, ou uma boca cheia de alimento comparada com todo o alimento que você come durante uma vida.

Partes por milhão são muito úteis em medidas ambientais, onde concentrações extremamente pequenas de poluentes podem ser significativas. Por exemplo, se a quantidade de mercúrio numa amostra de 1 kg de água for 5 mg, sua concentração em ppm é

$$\frac{5\text{ mg}}{1\text{ kg}} = \frac{5\cancel{\text{ mg}}}{10^6\cancel{\text{ mg}}} = 5\text{ ppm}$$

(Note que 1 kg = 10^3 g = 10^6 mg e que mg/kg é portanto o mesmo que ppm.)

6.7 Concentração de Soluções: Molaridade

Objetivo: Para demonstrar entendimento desta seção, você deverá ser capaz de interpretar a concentração de uma solução em termos de sua molaridade.

Embora seja fácil expressar a concentração de soluções em porcentagem, nem sempre é útil fazê-lo assim. Por exemplo, tanto uma solução a 5% (m/v) de cloreto de sódio como uma solução a 5% (m/v) de dextrose contêm a mesma massa de soluto (5 g por 100 mL de solução). Elas não contêm porém o mesmo número de *moles* de soluto, uma vez que estes dois componentes têm diferentes pesos fórmulas. Assim, sendo os moles muito importantes para a execução de cálculos que envolvem reações químicas em solução, os químicos freqüentemente usam uma unidade de concentração que é baseada no número de moles de soluto numa solução. Esta unidade, chamada **molaridade** e abreviada pela letra maiúscula *M*, é definida como o número de moles de soluto por litro (ou decímetro cúbico) de solução.

$$\text{molaridade } (M) = \frac{\text{moles de soluto}}{\text{litro (dm}^3\text{) de solução}}$$

Assim, uma solução 5,00 molar (ou 5,00 *M*) de cloreto de sódio contém 5,00 moles (292,5 g) de NaCl por litro de solução. Note que uma vez que a massa de cloreto de sódio em 100 mL desta solução é de 29,2 g, a concentração em porcentagem (m/v) é igual a 29,2%.

Uma solução 5,00 *M* de qualquer outro soluto, como dextrose por exemplo, terá também 5,00 moles de soluto por litro. A *massa* de soluto será porém diferente, uma vez que o peso fórmula da dextrose é diferente daquele do NaCl. A massa de dextrose em 100 mL desta solução 5,00 *M* é de 90,0 g. Sua concentração em porcentagem (m/v) será 90,0%. Pelo fato de o peso fórmula da dextrose ser muito maior do que aquele do NaCl, uma massa maior é requerida para preparar uma solução de mesma molaridade. Cada solução porém contém o mesmo número de moles e portanto o mesmo número de unidades fórmulas de soluto.

Para achar a molaridade de uma solução, simplesmente *dividimos o número de moles de soluto pelo volume da solução em litros*. Por exemplo, a molaridade de uma solução que contém 0,600 mol de soluto em 2,00 litros de solução é

$$\text{molaridade} = \frac{\text{moles de soluto}}{\text{litros de solução}} = \frac{0{,}600 \text{ mol de soluto}}{2{,}00 \text{ litros de solução}}$$

$$= \frac{0{,}300 \text{ mol de soluto}}{1{,}00 \text{ litro de solução}} = 0{,}300\ M$$

Cálculos adicionais de molaridade são apresentados na Seção de Problemas 6.

Molalidade (*m*) é uma unidade de concentração estreitamente relacionada à molaridade. Ela também trata dos moles de soluto numa solução. Molalidade é definida como o número de moles de soluto *por kilograma* (1000 g) *de solvente*, e não por litro de solução como na molaridade.

$$\text{molalidade } (m) = \frac{\text{número de moles de soluto}}{\text{kilograma de solvente}}$$

Note que representamos a molalidade por *m* minúsculo, enquanto que a molaridade é representada por *M* maiúsculo.

Por exemplo, uma solução aquosa 5,00 *m* de cloreto de sódio contém 5,00 moles de NaCl por kilograma de água. Para soluções aquosas diluídas, as concentrações expressas em molaridade e molalidade são aproximadamente iguais, uma vez que 1 kg de água tem um volume de cerca de 1 litro. Para soluções mais concentradas, e para soluções em solventes cuja densidade difere de 1 g/mL, a molalidade e a molaridade *não* são iguais. Uma solução 5,00 *M* de NaCl, por exemplo, tem uma molalidade igual a 5,61*m*.

A molalidade é útil para descrever concentrações em soluções cuja temperatura pode variar. Ao contrário da molaridade, a molalidade não envolve volume, o qual varia com a temperatura. Portando, concentração expressa em molalidade é independente da temperatura. Osmolalidade, uma unidade relacionada para expressar concentração, será descrita no Teste Clínico 6.

Teste Clínico 6

OSMOLALIDADE

Osmolalidade é uma unidade de concentração relacionada com a molalidade. Ela é baseada não nos moles de soluto mas nos moles de partículas por kilograma de solvente, os quais são o fator determinante da osmose, que será descrita na Seção 6.10. Por exemplo, um mol de cloreto de sódio produz aproximadamente dois moles de partículas (íons Na^+ e íons Cl^-) em solução. A concentração de uma solução aquosa um molal de NaCl pode ser expressa como 1 mol de NaCl/kg de H_2O. Sua osmolalidade, o número de osmoles (Osm) por kilograma de solvente, é aproximadamente 2 Osm/kg. Como a molalidade é aproximadamente igual à molaridade para uma solução diluída, a osmolalidade é às vezes expressa como osmolaridade.

Determinações de osmolalidade são feitas em amostra de soro sangüíneo e de urina. Elas ajudam a diagnosticar desordens de fluidos do nosso corpo e freqüentemente são solicitadas para avaliação de terapia por diálise e administração endovenosa de fluidos. Um baixo valor indica uma quantidade de água maior do que a usual em relação às partículas dissolvidas. Um alto valor indica condição inversa, uma quantidade de água relativamente menor. As determinações são feitas num instrumento chamado osmômetro, que mede o ponto de fusão ou pressão de vapor da amostra. (Estas propriedades coligativas, como a pressão osmótica, dependem do número de partículas em solução, mas são fáceis de serem medidas.) A osmolalidade do soro pode também ser calculada a partir de medidas do sódio, glicose e BUN (nitrogênio uréico sangüíneo) sangüíneos, uma vez que Na^+, glicose e uréia são as principais partículas responsáveis pela osmolalidade. Uma diferença entre valores medidos e calculados fornece informação diagnóstica adicional.

Pelo fato de os valores clínicos serem pequenos, eles são expressos não em osmoles por kilograma mas em miliosmoles por kilograma. Um miliosmol (mOm) é um milésimo de um osmol. A osmolalidade normal do soro sangüíneo é de 290 mOm/kg. Em unidades SI, milimoles (mmol) de partículas são usados no lugar de miliosmoles. Assim, a osmolalidade do soro seria expressa como 290 mmol/kg.

Desidratação, diabetes mellitus e ingestão de álcool aumentam a osmolalidade sérica. Doença das adrenais e estado pós-operatório abaixam-na.

A osmolalidade da urina tem uma faixa normal ampla: 500 a 1200 mOm/kg (mmol/kg). Ela mede a capacidade diluidora e concentradora dos rins e é um monitor da função renal mais preciso do que o peso específico.

Seção de Problemas 6 Problemas sobre Soluções

Objetivo: Para demonstrar entendimento desta seção, você deverá ser capaz de resolver problemas baseados na concentração de soluções.

A Tabela 6-3 resume as unidades mais importantes para expressar a concentração de soluções. Considere o seguinte exemplo.

Tabela 6-3 Unidades de Concentração

Unidade	Significado	Cálculo
% (m/v)	$\frac{\text{g (soluto)}}{\text{100 mL (solução)}}$	$\frac{\text{gramas de soluto}}{\text{mililitros de solução}} \times 100\%$
% (m/m)	$\frac{\text{g (soluto)}}{\text{100 g (solução)}}$	$\frac{\text{gramas de soluto}}{\text{gramas de solução}} \times 100\%$
% (v/v)	$\frac{\text{mL (soluto)}}{\text{100 mL (solução)}}$	$\frac{\text{mililitros de soluto}}{\text{mililitros de solução}} \times 100\%$
molaridade (M)	$\frac{\text{moles (soluto)}}{\text{L (solução)}}$	$\frac{\text{moles de soluto}}{\text{litros de solução}}$
molalidade (m)	$\frac{\text{moles (soluto)}}{\text{kg (solvente)}}$	$\frac{\text{moles de soluto}}{\text{kilogramas de solvente}}$

Exemplo

Uma garrafa de coca-cola (0,473 L) contém 36,9 g de sacarose, $C_{12}H_{22}O_{11}$. Qual é a molaridade desta solução?

Além da informação dada, nós vamos precisar da massa molar da sacarose, 342,3 g/mol, que é usada para converter gramas de sacarose em moles.

Incógnita	Dados	Conexão
molaridade	36,9 g de sacarose 0,473 L de solução	$\text{molaridade} = \frac{\text{moles de soluto}}{\text{litros da solução}}$ $\frac{\text{1 mol de sacarose}}{\text{342,3 g de sacarose}}$ ou $\frac{\text{342,3 g de sacarose}}{\text{1 mol de sacarose}}$

Agora o problema pode ser resolvido, usando-se a massa molar como fator de conversão para transformar gramas por litro em moles por litro.

$$\text{molaridade} = \frac{36{,}9\ \text{g}\ \cancel{\text{de sacarose}}}{0{,}473\ \text{L de solução}} \times \frac{1\ \text{mol de sacarose}}{342{,}3\ \text{g}\ \cancel{\text{de sacarose}}}$$

$$= \frac{0{,}228\ \text{mol de sacarose}}{1\ \text{litro de solução}} = \text{sacarose } 0{,}228\ M$$

Exemplo

Que massa de nitrato de prata, $AgNO_3$, é necessária para preparar 500, mL de uma solução a 0,40% (m/v)?

Aqui você deve apenas se lembrar do significado de porcentagem peso por volume: 0,40% (m/v) significa 0,40 g por 100 mL de solução.

Incógnita	Dado	Conexão
gramas de $AgNO_3$	500, mL de solução	$\frac{0{,}40\ \text{g de } AgNO_3}{100,\ \text{mL de solução}}$
		ou $\frac{100,\ \text{mL de solução}}{0{,}40\ \text{g de } AgNO_3}$

$$\text{gramas de } AgNO_3 = 500,\ \cancel{\text{mL de solução}} \times \frac{0{,}40\ \text{g de } AgNO_3}{100,\ \cancel{\text{mL de solução}}}$$

$$= 2{,}0\ \text{g de AgNO3}$$

O mesmo tipo de problema pode ser resolvido usando-se molaridade como fator de conversão. Novamente, a massa molar deve ser usada.

Exemplo

Que massa de sulfato de cobre(II) é necessária para preparar 1,50 L de um solução 0,690 M?

Incógnita	Dados	Conexão
g de $CuSO_4$	1,50 L de solução	$\frac{0{,}690\ \text{mol de } CuSO_4}{1\ \text{litro de solução}}$ ou $\frac{1\ \text{litro de solução}}{0{,}690\ \text{mol de } CuSO_4}$
		$\frac{1\ \text{mol de } CuSO_4}{159{,}6\ \text{g de } CuSO_4}$ ou $\frac{159{,}6\ \text{g de } CuSO_4}{1\ \text{mol de } CuSO_4}$

$$\text{g de } CuSO_4 = 1{,}50\ \cancel{\text{L de solução}} \times \frac{0{,}690\ \cancel{\text{mol de } CuSO_4}}{1\ \cancel{\text{L de solução}}} \times \frac{159{,}6\ \text{g de } CuSO_4}{1\ \cancel{\text{mol de } CuSO_4}}$$

$$= 165\ \text{g de } CuSO_4$$

Outro tipo de problema envolve a determinação de quanto de uma dada solução contém uma desejada quantidade de soluto. Este problema é também resolvido usando-se a concentração como fator de conversão.

Exemplo

Que massa de uma solução aquosa de ácido fosfórico a 85,0% (m/m) contém 20,0 g de H_3PO_4?

Incógnita	Dado	Conexão
gramas de solução	20,0 g de H_3PO_4	$\frac{85{,}0 \text{ g de } H_3PO_4}{100, \text{ g de solução}}$ ou $\frac{100, \text{ g de solução}}{85{,}0 \text{ g de } H_3PO_4}$

$$\text{gramas de solução} = 20{,}0 \text{ g de } H_3PO_4 \times \frac{100, \text{ g de solução}}{85{,}0 \text{ g de } H_3PO_4}$$

$$= 23{,}5 \text{ g de solução}$$

Pratique Problema

Que massa de soluto é necessária para preparar 10, g de uma solução a 28% (m/m) de hidróxido de sódio?
Resposta: 2,8 g de NaOH

Pratique Problema

Que massa de cloreto de amônio, NH_4Cl, é necessária para preparar 750, mL de uma solução 0,333 *M*?
Resposta: 13,4 g de NH_4Cl

Pratique Problema

Solução salina normal é uma solução aquosa de cloreto de sódio que é usada em medicina porque sua composição coincide com aquela dos fluidos do organismo. Sua concentração é 0,90% (m/v). Qual é a molaridade desta solução?
Resposta: 0,15 *M*

Seção de Problemas 7 Diluição de Soluções

Objetivo: Para demonstrar entendimento desta seção, você deverá ser capaz de resolver problemas que envolvem diluição de soluções.

Soluções são freqüentemente preparadas por diluição de uma solução já existente de concentração conhecida. Usando-se uma pipeta, uma porção desta solução (chamada uma alíquota) é transferida do frasco reservatório para outro frasco. Depois solvente é adicionado a este último para reduzir a concentração inicial até o valor desejado. É freqüentemente mais fácil preparar soluções desta maneira do que partir do zero. Quando diluímos uma solução evitamos o ato de pesar e dissolver a necessária quantidade do soluto.

Cálculos de diluição são baseados no fato que o número de moles de soluto retirados da solução original e o número de moles na solução diluída são os mesmos. Mais solvente está presente na solução final, mas a solução diluída final contém ainda a quantidade exata de soluto que foi transferida da solução original. Assim,

$$\underset{\text{solução original}}{\text{moles de soluto (iniciais)}} = \underset{\text{solução diluída}}{\text{moles de soluto (finais)}}$$

Uma vez que muitas concentrações de soluções são dadas em molaridade, esta equação usualmente é expressa da seguinte maneira:

$$\frac{\text{moles de soluto}}{\text{litro de solução}} \text{(iniciais)} \times \text{litros de solução (iniciais)}$$

$$= \frac{\text{moles de soluto}}{\text{litro de solução}} \text{(finais)} \times \text{litros de solução (finais)}$$

Em forma abreviada, esta relação é escrita

$$M_1 \times V_1 = M_2 \times V_2$$

onde M_1 e V_1 são os valores iniciais de molaridade e volume, e M_2 e V_2 são os valores finais. (As unidades para V_1 e V_2 devem ser as mesmas, mas não precisam ser expressas em litros.) Uma equação semelhante pode ser escrita para concentrações expressas em % (m/v) ou % (v/v) desde que a quantidade de soluto permaneça a mesma durante a diluição, independentemente de como ele é expresso.

Considere a diluição de ácido clorídrico, HCl, que é disponível sob forma de uma solução aquosa 12 M. Para achar o volume desta solução original necessário para preparar 2,00 L de HCl 0,50 M, montamos o problema como segue:

Incógnita	Dados	Conexão
V_1, volume de HCl 12 M	12 $M = M_1$ 0,50 $M = M_2$ 2,00 L $= V_2$	$M_1 \times V_1 = M_2 \times V_2$

A molaridade da solução original concentrada é M_1. O volume necessário desta solução, V_1, é desconhecido. A molaridade, M_2, e o volume, V_2, da solução diluída são dados. Substituímos então as três variáveis conhecidas na equação e determinamos V_1:

$$M_1 \times V_1 = M_2 \times V_2$$
$$12\,M \times V_1 = 0{,}50\,M \times 2{,}00\ \text{L}$$

$$V_1 = \frac{0{,}50\,\cancel{M} \times 2{,}00\ \text{L}}{12\,\cancel{M}}$$

Note que este problema pode também ser montado usando-se um fator de conversão baseado nas molaridades original e final:

$$V_1 = V_2 \times \frac{M_2}{M_1} = 2{,}00\ \text{L} \times \frac{0{,}50\,\cancel{M}}{12\,M}$$

A equação pode também ser escrita por extenso, com notação indicando qual solução é concentrada (conc) e qual é diluída (dil):

$$V_1 = 2{,}00\ \cancel{\text{L (dil)}} \times \frac{0{,}50\ \cancel{\text{mol de HCl}}}{1\ \cancel{\text{L (dil)}}} \times \frac{1\ \text{L (conc)}}{12\ \cancel{\text{moles de HCl}}}$$

Se usarmos este método, eliminamos o problema de ter a mesma unidade no numerador e no denominador do fator de conversão.

Para estar certo de que o problema está montado corretamente para ambos os métodos, verifique se o resultado faz sentido. O volume da solução diluída (V_2) deve ser maior do que o volume da solução original concentrada (V_1) porque adicionamos solvente a V_1 para obter V_2. Portanto, a razão das molaridades (0,50 *M*)/(12 *M*) deve estar correta, uma vez que ela diminui o valor de V_2. Podemos agora calcular a resposta, 83 mL. Assim, podemos preparar uma solução 0,50 *M* diluindo 83 mL de HCl 12 *M* até um volume de 2,00 L.

Exemplo

Uma alíquota de 10,0 mL de NH_3 15 *M* é diluída a 250, mL com água. Qual é a molaridade da solução diluída?

Incógnita	Dados	Conexão
M_2	15 *M* = M_1 10,0 mL = V_1 250, mL = V_2	$M_1 \times V_1 = M_2 \times V_2$

$$M_1 \times V_1 = M_2 \times V_2$$

$$(15\ M) \times (10{,}0\ \text{mL}) = M_2 \times (250,\ \text{mL})$$

$$\frac{(15\ M) \times (10{,}0\ \cancel{\text{mL}})}{250,\ \cancel{\text{mL}}} = M_2$$

$$NH_3\ 0{,}60\ M = M_2$$

Ou, pelo método do fator de conversão,

$$M_2 = 15\ M \times \frac{10{,}0\ \cancel{\text{mL}}}{250,\ \cancel{\text{mL}}} = NH_3\ 0{,}60\ M$$

Pratique Problema

Que volume de H_2SO_4 18 *M* é necessário para preparar 500, mL de uma solução 0,150 *M*?

Resposta: 4,2 mL

Pratique Problema

Se 25,0 mL de NaH_2PO_4 3,60 *M* são diluídos a 1,00 L, qual é a molaridade da nova solução?

Resposta: NaH_2PO_4 0,0900 *M*

6.8 Colóides

Objetivo: Para demonstrar entendimento desta seção, você deverá ser capaz de descrever em que um colóide difere de uma solução.

Já vimos que soluções são misturas de pequenas moléculas, átomos ou íons. Colóides, ou soluções coloidais, por outro lado, são misturas de grandes partículas (tais como as macromoléculas) que variam em tamanho de 1 a 1000 nm de diâmetro. Diz-se que uma substância num colóide está dispersa ou distribuída em outra substância, chamada meio dispergente. As partículas coloidais são análogas ao soluto, e o meio dispergente é análogo ao solvente. A Tabela 6-4 apresenta exemplos comuns de colóides. Muitos dos fluidos em nosso corpo são colóides porque contêm proteínas e outras grandes moléculas dispersas na água.

Tabela 6-4 Exemplos de Colóides

Substância dispersa	Em meio sólido	Em meio líquido	Em meio gasoso
sólido	vidro rubi (sol)	geléia (gel) tinta nanquim (sol)	poeira (aerossol)
líquido	queijo (emulsão)	maionese (emulsão)	neblina (aerossol)
gás	espuma de borracha(espuma)	creme de "chantilly" (espuma)	nenhum[a]

[a]Misturas de gases formam soluções verdadeiras.

Os colóides recebem vários nomes, dependendo do tipo de partícula envolvida e do meio dispergente. Por exemplo, um sol é uma dispersão de um sólido num líquido ou sólido. Plasma sangüíneo, que contém grandes moléculas biológicas dispersas num meio aquoso, é exemplo de um sol.

Gel é um tipo de sol na qual as partículas estão arranjadas ao acaso para formar uma estrutura aberta e semi-rígida. Exemplos são as sobremesas de gelatina e de geléias.

Uma *emulsão* consiste de um líquido disperso em outro líquido ou num sólido. Leite homogeneizado é uma emulsão de gotículas gordurosas (manteiga) que foram esfaceladas e dispersas em água. Um agente emulsificante é às vezes necessário para impedir que os componentes se separem. No leite, a proteína caseína é o agente emulsificante. Como veremos no Capítulo 13, sabões e detergentes emulsificam substâncias graxas na água.

Espuma é um gás disperso num líquido ou sólido. Creme "chantilly" que consiste de ar num creme, é uma espuma.

Aerossol é um líquido ou sólido disperso num gás. Neblina, que consiste de minúsculas gotículas de água no ar, é um aerossol. Na terapia por umidificação, um nebulizador produz um aerossol de água que é conduzido para as vias respiratórias do paciente. Os frascos tipo "spray" usados para dispersar alguns produtos comerciais produzem também aerossóis.

Figura 6-9
O efeito Tyndall. O feixe de luz é visível na solução coloidal (à direita), mas não na solução verdadeira (à esquerda), porque somente as partículas coloidais são suficientemente grandes para dispersar a luz. (Direitos autorais para foto Al Green).

Embora as partículas coloidais sejam maiores do que as partículas de uma solução verdadeira, elas são ainda muito pequenas para serem vistas. Elas são porém suficientemente grandes para refletir e dispersar a luz. Este efeito de dispersão é chamado efeito Tyndall e é mostrado na Figura 6-9.

O trajeto de um feixe de luz fica assim visível quando a luz passa através de um colóide. Você provavelmente já viu este efeito numa sala de cinema quando o feixe de luz passa através de ar que possui poeira ou fumaça. Por causa do efeito Tyndall, os colóides aparecem ora nebulosos, translúcidos (como água de sabão), ora opacos (como maionese). As soluções verdadeiras, por outro lado, contêm partículas muito pequenas para dispersar a luz e são portanto transparentes.

Quando observamos um colóide iluminado pela lateral num microscópio, vemos pontos de luz dispersa movimentando-se rapidamente. Este movimento ao acaso em ziguezague, chamado movimento browniano, resulta de colisões das partículas coloidais com moléculas do meio dispergente. Este efeito é semelhante ao movimento ao acaso das moléculas de um gás.

Faça-o Você Mesmo 6

UMA EMULSÃO COMESTÍVEL

Óleo e água não se misturam. Se você agitar vigorosamente um óleo em água, o óleo se dispersa em minúsculas gotículas. Em pouco tempo, as gotículas de óleo se unem para formar uma camada que bóia sobre a água.

Se você adicionar um agente emulsificante, estes dois líquidos imiscíveis podem formar um tipo de colóide chamado emulsão. O agente emulsificante consiste de moléculas que possuem regiões polares e não polares. Ele mantém o óleo disperso na água e impede as gotículas de óleo de se unirem. Gema de ovo é um bom agente emulsificante.

Como fazer: Você pode fazer uma emulsão comestível colocando um ovo, duas colheres de sopa de vinagre ou suco de limão, e 1/4 de colher de chá de mostarda seca num liquidificador. Comece a agitação em velocidade bem pequena. Com o liquidificador ligado, adicione lentamente uma xícara de óleo para salada. Depois de um minuto você deverá ter uma emulsão cremosa e estável chamada maionese.

Uma partícula coloidal pode atrair ou adsorver outras substâncias. A partícula coloidal carrega consigo partículas menores, tal como um cachorro poderia carregar pulgas. Esta capacidade de adsorver outras substâncias ajuda a impedir que as partículas coloidais se sedimentem. Por exemplo, um tipo de colóide chamado *liofóbico*, contém partículas inorgânicas como enxofre ou metais. Estas partículas coloidais ficam eletricamente carregadas ao adsorverem íons sobre suas superfícies. A repulsão entre cargas iguais impede então estas partículas de se unirem para formar partículas maiores que se sedimentariam por gravidade. Outro tipo de colóide, chamado *liofílico*, contém grandes moléculas orgânicas como proteínas ou amido. Estas partículas coloidais adsorvem um filme de moléculas (geralmente água), formando uma camada protetora que ajuda a impedir as moléculas orgânicas de se unirem e sedimentarem.

Suspensões são misturas de partículas ainda maiores do que as partículas dos colóides. As partículas de uma suspensão são suficientemente grandes para serem vistas a olho nu. As suspensões são heterogêneas (sua composição não é uniforme), sedimentam quando deixadas em repouso, e podem ser separadas pelo uso de papel de filtro. Leite de magnésia e loção de calamina são exemplos de suspensões. A Tabela 6-5 compara algumas propriedades das soluções, dos colóides e das suspensões.

Tabela 6-5 Propriedades de Soluções, Colóides e Suspensões

Propriedade	Solução	Colóide	Suspensão
natureza das moléculas	átomos, íons ou pequenas moléculas	grandes partículas ou grupos de moléculas	moléculas bem grandes e visíveis
efeito da luz	transparente	translúcido ou opaco; efeito Tyndall	translúcida ou opaca; efeito Tyndall
efeito da gravidade	não sedimenta	não sedimenta	sedimenta rapidamente
uniformidade	homogênea	menos homogêneo do que a solução	heterogênea
separabilidade	não pode ser separada por filtração	pode ser separado somente por membranas especiais	pode ser separada por filtro de papel

6.9 Fluidos Corporais

Objetivo: Para demonstrar entendimento desta seção, você deverá ser capaz de descrever a distribuição e a função dos fluidos corporais.

A água é o principal solvente e meio dispergente do nosso corpo. A água corporal total, dada em porcentagem do peso corporal, é cerca de 50% nas mulheres e 60% nos homens. (O valor exato depende da idade e do conteúdo em gordura.) Dos 40 L de água aproximados de um adulto, dois terços são fluido intracelular, do interior dos bilhões de células corporais. O terço restante é fluido extracelular, de fora das células. A maior parte deste fluido extracelular é fluido intersticial, encontrado nos espaços entre as células. O plasma sangüíneo, que é a porção fluida do sangue, perfaz cerca de um quarto do fluido extracelular. (Veja a Figura 6-10.)

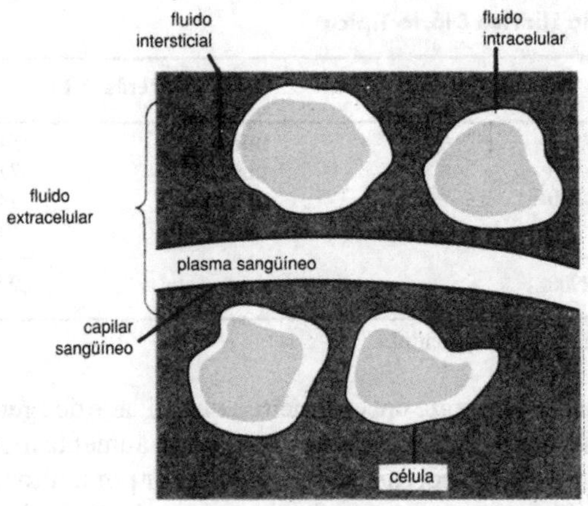

Figura 6-10
Fluidos corporais. O fluido intracelular está localizado dentro das células. O fluido extracelular consiste principalmente do plasma sangüíneo e do fluido intersticial, localizado nos espaços entre as células.

A função essencial destes fluidos é a manutenção das células corporais. O fluido intracelular é aquele no qual as reações químicas do corpo ocorrem. Ele contém os nutrientes de que cada célula precisa. Estes nutrientes são trazidos para as células pelos fluidos extracelulares, primeiramente pelo plasma e depois através do fluido intersticial. Os resíduos são removidos pelas células pelo processo inverso. Os fluidos extracelulares transportam também outras substâncias através do corpo.

Pelo fato de o fluido intracelular estar espalhado em porções muito pequenas, ele é difícil de ser examinado. O fluido extracelular porém é muito mais acessível e fornece também importantes informações sobre a saúde do nosso corpo. O plasma sangüíneo, o principal fluido de transporte, fornece a amostra mais direta da química do corpo. (Soro sangüíneo, a porção líquida do sangue coagulado, é também usado.) Seus 5L a 6L de sangue contêm glóbulos vermelhos (eritrócitos ou hemácias) que transportam o oxigênio, glóbulos brancos (leucócitos) que ajudam a proteger nosso corpo de organismos invasores, e plaquetas (trombócitos) que participam da coagulação sangüínea. Também presentes estão proteínas, especialmente albumina, e muitas outras moléculas e íons.

Urina é o fluido separado do plasma sangüíneo pelo rim, o mais importante órgão de secreção do nosso corpo. Na secreção, um fluido extracelular se forma a partir do plasma ou do fluido intersticial por um processo que requer energia. Outras secreções comuns são a saliva, as lágrimas, o suor, o humor aquoso, o fluido cerebrospinal e os sucos digestivos. Os 600 mL a 2500 mL de urina produzidos por dia contêm os resíduos a serem eliminados do corpo.

Quando seu corpo funciona normalmente, o volume do fluido corporal permanece relativamente constante. A quantidade de água ingerida é igual ao volume perdido. Este equilíbrio é ilustrado na Tabela 6-6. A maior parte da água entra no corpo como líquido puro ou como parte das bebidas. Um volume menor está contido no alimento que você come. Além disto, alguma água é produzida como subproduto do processo pelo qual as moléculas do alimento são degradadas no corpo.

A maior parte da água em excesso é eliminada sob forma de urina. “Perda imperceptível de água” ocorre por difusão através da pele e evaporação a partir dos pulmões. Ambos os processos ocorrem sem você estar ciente da mudança. As fezes normais também eliminam um pequeno volume de água a cada dia.

Tabela 6-6 Equilíbrio Hídrico Diário Típico[a]

Entrada (mL)		Perda (mL)	
líquidos	1700	urina	1540
alimentos	900	pele	770
metabolismo	300	pulmões	490
		fezes	100
entrada total	2900	perda total	2900

[a]Para um adulto de 75 kg aproximadamente.

Em tempo quente e durante um exercício, a quantidade de água perdida através da pele sob forma da solução salina, que chamamos suor, aumenta muito, até 3500 mL/hora por curtos períodos. Esta perda não pode continuar por muito tempo sem sérios prejuízos. O desequilíbrio resultante, conhecido como *depleção de volume*, envolve uma diminuição tanto de água como de íons de sódio. Ela pode resultar de vômito, diarréias ou doença renal além do suor excessivo. O termo "desidratação" refere-se à perda de água. Em qualquer caso, redução da água corpórea além de 20% pode ser fatal.

O choque é um caso especial de perda de fluido que pode resultar de sangramento interno ou externo. Nesta condição, o fluxo de sangue aos tecidos é reduzido ao nível no qual a vida não pode mais ser mantida. Outras condições, tais como subnutrição ou doença renal e hepática, causa um acúmulo de fluidos nos espaços teciduais. Este acúmulo anormal de fluido, chamado *edema*, resulta em inchaço dos tecidos corporais.

6.10 Osmose

Objetivo: Para demonstrar entendimento desta seção, você deverá ser capaz de descrever o processo de osmose e sua função em nosso corpo.

A concentração em solutos dos fluidos corporais afeta a distribuição de água dentro do corpo. Os fluidos são separados por membranas que regulam o fluxo de materiais para dentro e para fora das células e dos compartimentos do corpo. Estas membranas são semipermeáveis, isto significando que apenas certas substâncias são capazes de atravessá-las. Por exemplo, uréia pode passar através da membrana celular, enquanto que o íon de sódio e glicose não podem. A água é sempre livre para difundir através destas membranas.

Quando os fluidos dos lados opostos de uma membrana semipermeável diferem em concentração, a água se move de um fluido para o outro. Esta difusão de moléculas do solvente através de uma membrana semipermeável é chamada de **osmose**. *Moléculas de solvente se movem da solução mais diluída* (que tem mais solvente) *para a solução mais concentrada* (que tem menos solvente). O processo é mostrado na Figura 6-11. A osmose continua até que a solução mais concentrada fique diluída o suficiente para que moléculas do solvente passem através da membrana em sentidos opostos com velocidades iguais.

Pressão osmótica é a pressão adicional sobre uma solução que seria necessária para interromper o fluxo de solvente durante a osmose. Ela é uma **propriedade coligativa**, o que significa que depende do *número* de partículas do solvente em solução (e não de sua natureza química). Assim, a pressão osmótica é maior para uma solução de um eletrólito do que para a de um não eletrólito cuja concentração (em molalidade) é idêntica. Volte ao Teste Clínico 6 para uma discussão sobre osmolalidade, uma medida do número total de partículas em solução.

A osmose é crucial aos seres vivos porque é a força motriz para o movimento da água através das membranas. Nas raízes das plantas e árvores, por exemplo, as pressões osmóticas podem atingir 50 atm ou mais. A pressão osmótica normal do sangue e de outros fluidos corporais é de cerca de 5600 torr (746 kPa ou 7,4 atm) quando comparada à da água pura.

Os glóbulos vermelhos, assim como outras células, são afetados por diferenças em pressão osmótica. Se duas soluções com a mesma pressão osmótica estiverem separadas por uma membrana semipermeável não haverá nenhum fluxo "líquido" (resultante) de água de uma para a outra. Estas soluções são *isotônicas*. Uma solução de cloreto de sódio a 0,9% (m/v) ou 0,15 *M* é isotônica com a "solução" dentro de um glóbulo vermelho. [Uma solução de dextrose a 5% (m/v) é também isotônica]. Quando estas células são colocadas em tal solução salina "normal" elas mantêm o mesmo tamanho porque a água não difunde preferencialmente num sentido através da membrana [veja a Figura 6-12 (a).] Em tratamento de saúde, o termo "isotônico" quase sempre significa a mesma pressão osmótica dos fluidos corporais.

Quando duas soluções têm concentrações diferentes (expressas em osmolalidade, descrita no Teste Clínico 6), a água se move através da membrana. Ela flui da solução menos concentrada, *hipotônica*, para a mais concentrada, *hipertônica*. Se os glóbulos vermelhos são colocados em água pura (a "solução" mais diluída possível), as moléculas de água difundem para dentro das células, como mostra a Figura 6-12 (b), fazendo com que estas inchem e estourem. Este processo é chamado de hemólise; ele ocorreria se um paciente recebesse água injetada endovenosamente no lugar de solução salina normal. Você pode comparar esta mudança em volume com o que ocorre quando você mergulha uma ameixa seca na água. Os açúcares da ameixa são solutos e fazem com que a água entre na ameixa inchando-a ou estourando-a.

Se as hemácias estiverem numa solução hipertônica, tal como uma solução de cloreto de sódio a 5%, a osmose ocorreria no sentido oposto. A água se difunde para

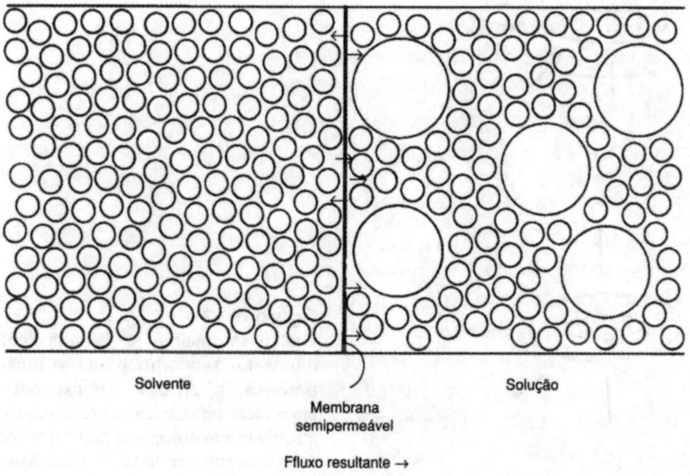

Figura 6-11
Osmose. As moléculas do solvente tendem a se difundirem através da membrana em direção à solução mais concentrada.

fora das células, resultando em enrugamento e encolhimento [Veja a Figura 6-12 (c).] Este efeito ocorre no processo da salga ("pickle"), quando pepinos, por exemplo, são colocados em salmoura, uma solução concentrada de sal.

Em tratamento de saúde, "hipotônico" significa especialmente uma pressão osmótica mais baixa, e "hipertônica", uma mais alta, do que a dos fluidos corporais. É importante que as células corporais não sejam expostas nem a soluções hipertônicas e nem a hipotônicas, a menos que haja razões médicas especiais. Um tal exemplo é o uso de soluções nutrientes hipertônicas para alimentação endovenosa a longo termo para impedir formação de fluidos corporais.

Em contraste à osmose, a **diálise** se refere à difusão de partículas do *soluto* através de uma membrana semipermeável (ou de diálise). (As moléculas do solvente podem também difundir através da membrana). A diálise separa pequenas moléculas e íons das grandes moléculas que formam os colóides. Por exemplo, uma mistura de cloreto de sódio e amido pode ser separada por diálise. Se esta mistura aquosa estiver separada de água pura por meio de uma membrana apropriada, os íons de sódio e de cloro difundir-se-ão para a água. As grandes moléculas de amido não podem passar através da membrana e ficarão retidas. Esta técnica é a base para a hemodiálise, um método para "filtrar" o sangue que é descrito em Saúde em Notícia 6.

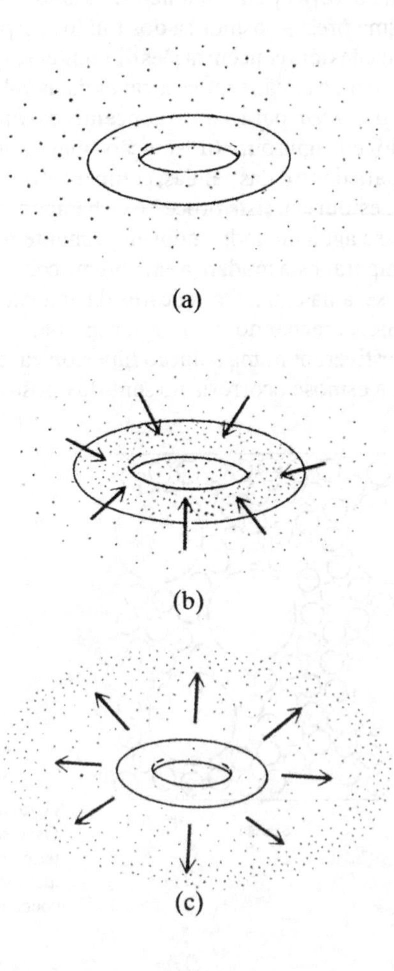

(a)

(b)

(c)

Figura 6-12
Glóbulos vermelhos. (a) Nenhuma mudança no tamanho numa solução isotônica. (b) As células se expandem em solução hipotônica. (c) As células se encolhem em solução hipertônica. As setas indicam o sentido do fluxo da água.

Saúde em Notícia 6

HEMODIÁLISE E DIÁLISE PERITONEAL

Um rim sadio filtra o sangue, removendo os produtos residuais das reações do organismo. Disfunção renal leva à uremia, retenção no sangue de substâncias normalmente eliminadas na urina. Esta condição pode ser fatal.

A hemodiálise remove estas substâncias tóxicas deixando-as difundir para fora do sangue através de diálise. O estoque de sangue do paciente é conectado por tubulação a uma "máquina tipo rim artificial". Este dispositivo contém uma membrana semipermeável, tal como celofane, sob forma de serpentina ou folhas paralelas. O sangue flui por um lado da membrana enquanto que uma solução de diálise contacta o outro lado. Produtos residuais do sangue, tais como uréia e creatinina, difundem para esta solução, que é depois descartada. O paciente recebe usualmente um tratamento de 4 a 8 horas, três vezes por semana. A estimativa de 5 anos de sobrevivência é de 60% aproximadamente para um tal paciente. (Veja a Figura HN6-1.) Na diálise peritoneal, o próprio peritônio (revestimento da membrana da cavidade abdominal) do paciente serve como membrana semipermeável. Dois litros de solução estéril de diálise são adicionados através de um cateter plástico. Na diálise ambulatorial peritoneal contínua (CAPD), a solução permanece no corpo por 20 minutos. Os produtos residuais difundem através do peritônio, do sangue para a solução de diálise, a qual é removida. Quatro trocas como esta por dia são geralmente suficientes.

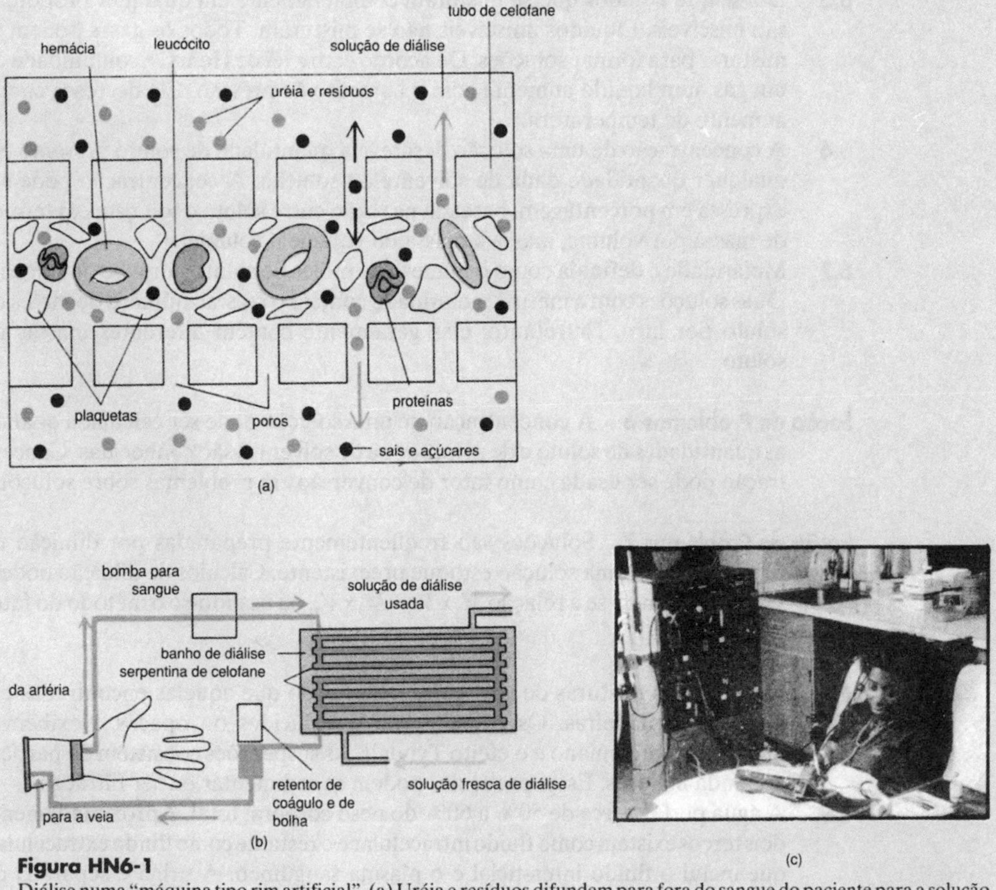

Figura HN6-1

Diálise numa "máquina tipo rim artificial". (a) Uréia e resíduos difundem para fora do sangue do paciente para a solução de diálise. O diagrama (b) e a foto (c) mostram uma máquina rim artificial. (Direitos autorais para foto Arthur Sirdofsky/Medichrome.)

SUMÁRIO

6.1 Solução é uma mistura homogênea. Soluto é a substância que é misturada ou dissolvida, e solvente é a substância na qual a dissolução ocorre. As soluções podem ser preparadas a partir de sólidos, líquidos ou gases.

6.2 A molécula da água é polar. O terminal oxigênio tem uma carga parcial negativa e os terminais hidrogênio têm uma carga parcial positiva. As moléculas de água se atraem mutuamente através de pontes de hidrogênio.

6.3 Quando um soluto se dissolve num solvente, suas partículas se separam uma das outras. Compostos iônicos sólidos sofrem dissociação em água, e compostos covalentes polares se ionizam. Substâncias que produzem íons em água são chamadas eletrólitos.

6.4 A solubilidade de um soluto é a massa deste soluto que pode ser dissolvida numa certa quantidade de solvente numa determinada temperatura. A natureza do próprio soluto é um fator chave para determinar sua solubilidade. Uma solução está saturada quando contém a quantidade máxima possível de soluto dissolvido sob condições normais numa determinada temperatura.

6.5 Diz-se que líquidos que se misturam completamente em qualquer proporção são miscíveis. Líquidos imiscíveis não se misturam. Todos os gases podem se misturar para formar soluções. De acordo com a lei de Henry, a solubilidade de um gás num líquido aumenta com o aumento de pressão. Ela decresce com o aumento de temperatura.

6.6 A concentração de uma solução descreve a quantidade de soluto presente em qualquer quantidade dada de solvente ou solução. A concentração pode ser expressa em porcentagem, baseada na razão entre soluto e solução, em termos de massa por volume, massa a massa ou volume a volume.

6.7 Molaridade é definida como o número de moles de soluto por litro de solução. Duas soluções com a mesma molaridade contêm o mesmo número de moles de soluto por litro. Entretanto, elas geralmente contêm diferentes massas de soluto.

Seção de Problemas 6 A concentração de uma solução pode ser calculada quando as quantidades de soluto e de solução (ou de solvente) são conhecidas. Concentração pode ser usada como fator de conversão em problemas sobre soluções.

Seção de Problemas 7 Soluções são freqüentemente preparadas por diluição de uma porção de uma solução estoque preexistente. Cálculos de diluição podem ser feitos usando-se a relação $M_1 \times V_1 = M_2 \times V_2$, ou usando-se o método do fator de conversão.

6.8 Colóides são misturas de partículas maiores do que aquelas encontradas em soluções verdadeiras. Os colóides são translúcidos ou opacos e exibem o movimento browniano e o efeito Tyndall. As suspensões consistem de partículas ainda maiores. Estas partículas podem se sedimentar ou ser filtradas.

6.9 A água perfaz cerca de 50% a 60% do peso corporal total. Aproximadamente dois terços existem como fluido intracelular e o restante como fluido extracelular, que inclui o fluido intersticial e o plasma sangüíneo. A urina é separada do plasma sangüíneo pelos rins. Quando seu corpo funciona normalmente, o volume do fluido corporal permanece constante.

6.10 Osmose é a difusão de moléculas de solvente através de uma membrana semipermeável no sentido da solução mais concentrada. Pressão osmótica é a pressão que deve ser aplicada sobre uma solução para impedir o movimento do solvente. Ela depende da concentração de partículas em solução. Duas soluções são isotônicas se têm a mesma pressão osmótica. As hemácias hemolisam numa solução hipotônica (menos concentrada) e se tornam crenadas numa solução hipertônica (mais concentrada). Diálise é a difusão de soluto através de uma membrana semipermeável.

EXERCÍCIOS

Exercício sobre Casamento de Palavras Chave

Para cada termo à esquerda, escolha a frase da coluna à direita que mais se aproxima do seu significado.

1. solução	a. separação de íons
2. soluto	b. massa que pode ser dissolvida numa dada temperatura
3. solvente	c. existe equilíbrio
4. dissociação	d. líquidos solúveis
5. ionização	e. g de soluto por 100 mL de solução
6. eletrólito	f. substância dissolvida
7. solubilidade	g. mL de soluto por 100 mL de solução
8. saturada	h. moles por litro de solução
9. insaturada	i. mistura homogênea
10. supersaturada	j. mg/L
11. miscível	k. fluxo de soluto através da membrana
12. imiscível	l. mais pode ser dissolvido
13. concentração	m. fluxo de solvente através de membrana
14. % (m/v)	n. realiza a dissolução
15. % (m/m)	o. sedimenta com o tempo
16. % (v/v)	p. dispersão
17. partes por milhão	q. estado instável
18. molaridade	r. depende do número de partículas
19. molalidade	s. formação de íons
20. diálise	t. moles por kg de solvente
21. propriedades coligativas	u. líquidos insolúveis
22. osmose	v. g de soluto por 100 g de solução
23. colóide	w. sua solução conduz eletricidade
24. suspensão	x. "força" da solução

Exercícios por Tópico

Tipos de Soluções (6.1)

25. O que é solução? Descreva suas propriedades.
26. Como você sabe qual é o soluto e qual é o solvente em uma solução?
27. Dê um exemplo de uma solução (diferente daquele dado na Tabela 6-1) de
    a. um sólido num líquido
    b. um líquido num líquido
    c. um sólido num sólido

Água (6.2)

28. Por que é a molécula da água polar?
29. O que você entende por "ponte de hidrogênio"?

Processo de Dissolução (6.3)

30. Por que é a água um bom solvente para muitos solutos?
31. Descreva como KBr pode se dissolver na água.
32. O que é um eletrólito? um eletrólito forte? um eletrólito fraco? um não eletrólito?

Solubilidade e Saturação (6.4)

33. Que fatores determinam a solubilidade de um sólido num líquido?
34. Qual é a solubilidade de um composto se 10, g se dissolvem em 55 g de água?
35. A solubilidade do nitrato de sódio é de 92,1 g por 100 mL de H_2O a 25 °C. Quantos gramas dissolver-se-ão em 2,5 L?
36. Que fatores influenciam a velocidade na qual uma substância se dissolve?
37. O que é solução saturada?
38. Pode uma solução insaturada conter uma grande quantidade de soluto? Explique.
39. Como pode você testar uma solução para verificar se ela está saturada?

Solubilidade de Líquidos e Gases (6.5)

40. O que são líquidos miscíveis?
41. Por que é o ar considerado solução?
42. Por que efervesce a soda quando você abre a garrafa?
43. Por que menos gás se dissolve em temperaturas mais altas?

Concentração de Soluções: Porcentagem (6.6)

44. O que mede a concentração de uma solução?
45. Por que é importante conhecer a concentração de uma solução?
46. Qual é a diferença entre uma solução de glicose a 5% (m/v) e uma solução de glicose a 5% (m/m)?
47. O que é ppm?
48. Descreva a composição de cada uma das seguintes soluções aquosas:
    a. KI a 1,3% (m/v)
    b. acetona a 0,75% (v/v)
    c. NaOH a 50% (m/m)
49. Como prepararia você 100 mL de $AgNO_3$ a 2,5% (m/v)?

Concentração de Soluções: Molaridade (6.7)

50. Em que o termo "molaridade" difere de "mol"?
51. Se duas soluções de mesmo volume têm a mesma molaridade, devem elas conter a mesma massa de soluto? e número de moles de soluto?
52. Em que a molalidade difere da molaridade?
53. Como você prepararia 1 litro de NH_4Cl 0,66 *M*?

Problemas sobre Soluções (Seção de Problemas 6)

54. Quantos gramas de cloreto de potássio são necessários para preparar 500, mL de
    a. uma solução a 0,25% (m/v)?
    b. uma solução a 1,60% (m/v)?
55. Que massa de amônia está presente em 1,00 kg de uma solução a 29,0% (m/m)?
56. Que massa de uma solução de ácido clorídrico a 37,3% (m/m) é necessária para fornecer 25,0 g de HCl?
57. De que volume de álcool você necessita para preparar 750, mL de uma solução aquosa a 2,10% (v/v)?
58. Uma amostra de 5 kg de água contém $7,2 \times 10^{-3}$ g de chumbo. Expresse esta concentração em
    a. ppm
    b. % (m/m)
59. Dois litros de solução contêm 12,5 ppm de mercúrio. Quantos gramas de Hg estão presentes?
60. Calcule o número de gramas de $KMnO_4$ necessário para preparar
    a. 5,0 L de uma solução a 0,12% (m/v)
    b. 25,0 g de uma solução a 1,5% (m/m)
    c. 125 mL de uma solução a 10, ppm
61. Uma solução de iodeto de potássio contém 62,5 g de KI em 500, mL. Determine a molaridade desta solução.
62. Qual é a molaridade de uma solução de sulfato de sódio a 1,2% (m/v)?
63. Quantos gramas de nitrato de lítio são necessários para preparar
    a. 1,75 L de uma solução 0,020 *M*?
    b. 750, mL de uma solução 1,65 *M*?

64. De que massa de cloreto de césio você necessita para preparar
a. 25 mL de uma solução 3,3 *M*?
b. 1,10 L de uma solução $6,7 \times 10^{-3}$ *M*?
65. Que volume de uma solução 0,10 *M* de $KMnO_4$ contém 5,0 g de $KMnO_4$?
66. Qual é a diferença, em massa de soluto, entre volumes iguais de uma solução 5,0 *M* e uma 5,0 *m* de cloreto de amônio?

Diluição de Soluções (Seção de Problemas 7)

67. Que volume de uma solução 2,0 *M* de sulfato de cobre (II) é necessário para preparar 500, mL de uma solução 0,100 *M*?
68. Se 25 mL de água são adicionados a 100, mL de uma solução aquosa 1,2 *M*, qual é a nova concentração?
69. De quantos mililitros de HNO_3 16 *M* você necessita para preparar 1,00 L de uma solução 1,0 *M*?
70. Quanta água você deve adicionar a 100, mL de uma solução de acetato de sódio 0,55 *M* para transformá-la em 0,45 *M*?
71. Como você pode preparar 400, mL de uma solução de nitrato de prata 0,95 *M* partindo de uma solução estoque 3,0 *M*?

Colóides (6.8)

72. Em que um colóide (solução coloidal) difere de uma solução verdadeira?
73. O que é um gel? sol? emulsão? espuma? aerossol?
74. Descreva o efeito Tyndall e o efeito browniano.
75. Por que as partículas coloidais não sedimentam?
76. Em que uma suspensão difere de um colóide?

Fluidos Corporais (6.9)

77. Por que é o fluido extracelular examinado no laboratório clínico?
78. Descreva brevemente o papel da água no nosso corpo.
79. O que é urina?
80. Descreva o equilírio hídrico do nosso corpo.

Osmose (6.10)

81. O que é osmose?
82. Descreva o que aconteceria se uma solução de glicose a 2% (m/v) fosse separada de água pura por uma membrana semipermeável.
83. Descreva o que acontece se hemácias são colocadas numa solução aquosa de cloreto de sódio a
a. 1,5% (m/v)
b. 0,9% (m/v)
c. 0,3% (m/v)
84. Explique suas respostas ao Exercício 83.
85. Em que a diálise difere da osmose?
86. O que é propriedade coligativa?
87. O que aconteceria se uma solução de glicose 0,1 *m* e uma solução de NaCl 0,1 *m* fossem separadas por uma membrana semipermeável? Explique.

Exercícios Adicionais

88. Se alguém lhe entregar uma mistura, o que você pode fazer para descobrir se é ela uma solução, um colóide ou uma suspensão?
89. Em que a ionização difere da dissociação?
90. Como a saturação está relacionada com a solubilidade?
91. Por que o mel às vezes cristaliza no pote? O que você pode fazer para impedir isto?
92. Se óleo e vinagre são imiscíveis, como é que eles podem ser "combinados" num tempero para salada?
93. Descreva a causa e o tratamento para o choque da descompressão (aeroembolia).
94. Quantos gramas de $MgSO_4$ são necessários para preparar
a. 125 mL de uma solução a 1,3% (m/v)
b. 4,0 g de uma solução a 0,95% (m/m)?
c. 1,5 L de uma solução a 20 ppm?
95. Que massa de NH_4Cl é necessária para preparar
a. 2,3 L de uma solução 0,111 *M*?
b. 50, mL de uma solução 2,0 *M*?
c. 3,0 L de uma solução $7,5 \times 10^{-2}$ *M*?
96. Que volume de uma solução de HCl 0,75 *M* é necessário para preparar 50,0 g de H_2 na reação
$Zn(s) + 2\,HCl(aq) \rightarrow H_2(g) + ZnCl_2(s)$?
97. Que volume de uma solução a 50,0% (m/v) é necessário para preparar 125 mL de uma solução de NH_4Cl 0,15 *M* ?
98. Uma solução 1 m*M* (milimolar) contém um milimol de soluto por litro de solução. Quantos gramas de $FeSO_4$ são necessários para preparar 500, mL de uma solução 0,82 m*M* ?
99. Que volume de água é necessário para converter 100, mL de uma solução de glicose a 7,50% (m/v) a uma solução a 1,50% (m/v) ?

Capítulo 7

Ácidos, Bases e Sais

O capítulo 7 trata de tipos especiais de soluções chamadas ácidos e bases. Para entender o equilíbrio ácido-base no organismo, precisamos entender as propriedades gerais destas soluções. Além disto, os produtos da reação entre ácidos e bases — os sais — desempenham também um importante papel no nosso equilíbrio eletrolítico.

7.1 Ácidos

Objetivo: Para demonstrar entendimento desta seção, você deverá ser capaz de definir e identificar ácidos.

No capítulo anterior sobre soluções, assumimos que a água existia inteiramente como moléculas H_2O. Esta hipótese não é estritamente correta. A própria água se ioniza, mas apenas muito ligeiramente. Uma molécula de água pode se ionizar para produzir um íon de hidrogênio, H^+, e um íon hidroxila, OH^- :

$$\underset{\text{água}}{H_2O(l)} \rightleftarrows \underset{\text{íon de hidrogênio}}{H^+(aq)} + \underset{\text{íon hidroxila (hidróxido)}}{OH^-(aq)} \quad \text{auto-ionização da água}$$

A seta dupla mostra que tanto a reação para a direita (formando H^+ e OH^-) como a inversa (formando H_2O) ocorrem (veja a Seção 4.10). Quando esta reação reversível atinge o equilíbrio, a quantidade de íons formados é muito menor do que a quantidade de água não ionizada. Na água pura, em temperatura ambiente, tanto a concentração de íons H^+ como a concentração de íons OH^- é apenas $1{,}0 \times 10^{-7}\,M$. Assim, há apenas um H^+ e um OH^- para cada 554 milhões de moléculas H_2O. Quando porém certas substâncias chamadas ácidos e bases se dissolvem na água, o número de íons H^+ e íons OH^- muda.

O químico sueco Svante Arrhenius estudou a dissociação de eletrólitos. Em 1884, ele definiu **ácido** como um eletrólito que fornece íons H^+. As moléculas dos ácidos podem ter um ou mais átomos de hidrogênio que são liberados por ionização na água. Por exemplo, o cloreto de hidrogênio ioniza na água de acordo com a seguinte equação:

$$HCl(g) \xrightarrow{\text{na água}} H^+(aq) + Cl^-(aq)$$

cloreto de hidrogênio — íon de hidrogênio — íon cloreto

O cloreto de hidrogênio é um ácido porque ele adiciona íons H^+ à água. Desta maneira, ele muda o equilíbrio entre os íons H^+ e OH^- que existe na água pura. A solução agora contém um excesso de íons H^+. O número de íons H^+ se torna maior do que o número de íons OH^- em solução.

O íon de hidrogênio, H^+, *é simplesmente um próton.* É o núcleo positivo de um átomo de hidrogênio que perdeu seu único elétron. Por causa de sua carga positiva e pequeno tamanho, esta partícula subatômica reativa não pode existir por si só em solução aquosa. Ela se hidrata, isto é, fica envolvida pelos átomos de oxigênio parcialmente negativos das moléculas de água. Um íon H^+ hidratado é chamado **íon hidrônio**, e sua fórmula é H_3O^+. Esta fórmula representa a combinação de H^+ com H_2O. Assim, a equação para a auto-ionização da água pode ser escrita

$$2\,H_2O \rightleftarrows H_3O^+ + OH^-$$

água — íon hidrônio — íon hidroxila

As propriedades de ácidos em soluções aquosas resultam da presença deste íon, quer ele seja representado por H^+ ou H_3O^+.

Podemos reescrever a equação para a ionização do cloreto de hidrogênio em água para mostrar a formação do íon hidrônio:

$$HCl(g) + H_2O(l) \rightarrow H_3O^+(aq) + Cl^-(aq)$$

cloreto de hidrogênio — água — íon hidrônio — íon cloreto

Podemos ver mais claramente o que ocorre se usarmos estruturas de Lewis:

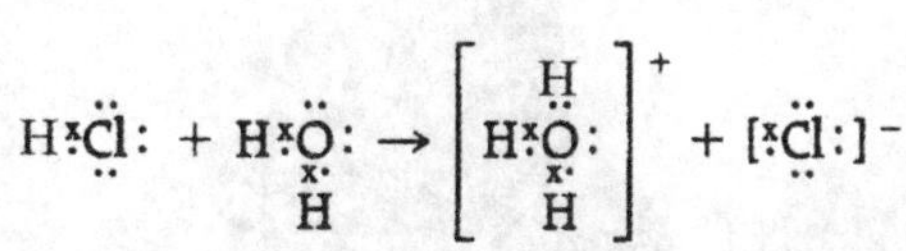

Vemos que a ionização de ácidos é realmente uma reação entre um ácido e a água. Um próton (mostrado em cor) é transferido da molécula do ácido para a molécula da água, produzindo um próton hidratado, o íon hidrônio. O resto da molécula do ácido é agora um íon negativamente carregado, Cl^-, uma vez que ele leva o elétron que foi abandonado pelo átomo de hidrogênio.

Este processo é a base para a definição de ácidos estabelecida em 1923 pelo químico dinamarquês J.N.Brönsted e pelo químico inglês J.M.Lowry. De acordo com a definição de Brönsted-Lowry, ácido é um *doador de prótons*, uma substância que pode transferir um próton para outra substância. A definição de ácido de Brönsted-Lowry (ou simplesmente Brönsted) é mais ampla do que aquela de Arrhenius, uma vez que ela pode ser aplicada a reações que envolvem solventes diferentes da água.

Ácido *poliprótico* é um ácido cujas moléculas são capazes de doar mais do que um íon H^+. Ácidos polipróticos se ionizam em várias etapas, fornecendo um íon H^+ por vez. Por exemplo ácido sulfúrico, H_2SO_4, é um ácido poliprótico. Ele é chamado diprótico porque pode doar dois prótons. Ele se ioniza em duas etapas:

$$H_2SO_4(aq) + H_2O(l) \rightarrow H_3O^+(aq) + HSO_4^-(aq)$$

$H_2SO_4(aq)$	$H_2O(l)$	$H_3O^+(aq)$	$HSO_4^-(aq)$
ácido sulfúrico	água	íon hidrônio	íon hidrogenos–sulfato

$$HSO_4^-(aq) + H_2O(l) \rightleftarrows H_3O^+(aq) + SO_4^{2-}(aq)$$

$HSO_4^-(aq)$	$H_2O(l)$	$H_3O^+(aq)$	$SO_4^{2-}(aq)$
íon hidrogenos-sulfato	água	íon hidrônio	íon sulfato

Na primeira etapa, um próton é transferido à água, produzindo um íon hidrônio e o íon hidrogenossulfato, HSO_4^-. Na segunda etapa, que ocorre em menor extensão, o íon hidrogenossulfato doa seu próton remanescente à água, formando um segundo íon hidrônio e o íon sulfato. O ácido fosfórico, H_3PO_4, é um ácido triprótico,. porque pode se ionizar em três etapas. A extensão da ionização porém decresce fortemente em cada etapa subseqüente. De fato, o terceiro H^+ não se ioniza em grau apreciável em solução aquosa. Veja a Figura 7-1 como outro exemplo.

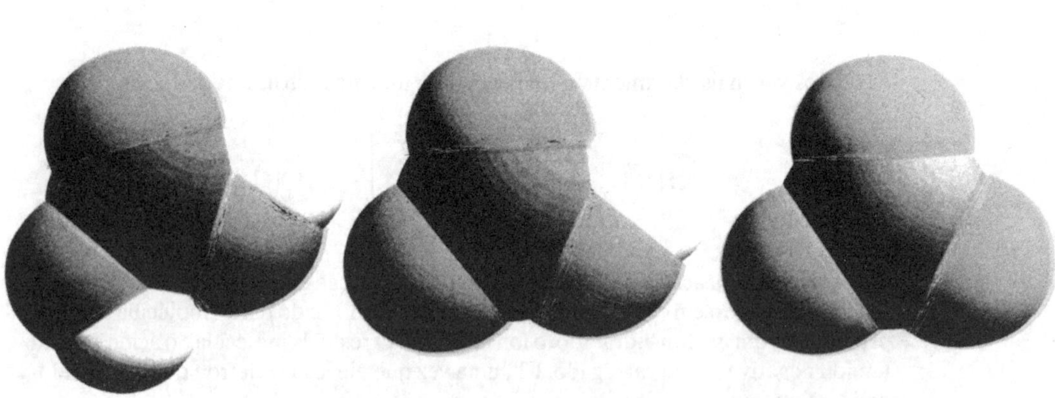

(a) H_2CO_3 (b) HCO_3 (c) CO_3^{2-}

Figura 7-1

Estruturas do (a) ácido carbônico, H_2CO_3, (b) íon hidrogenocarbonato, HCO_3^-, e (c) íon carbonato, CO_3^{2-}. Os íons hidrogenocarbonatos se formam da ionização do ácido carbônico. Uma quantidade muito pequena de íons carbonatos se forma da ionização subseqüente dos íons hidrogenocarbonatos.

7.2 Nomes e Propriedades dos Ácidos

Objetivo: Para demonstrar entendimento desta seção, você deverá ser capaz de dar nomes a ácidos comuns e descrever suas propriedades.

Quando um ácido cede um próton, um ânion se forma. Por exemplo, quando HCl perde seu íon H^+, o ânion Cl^- resulta. Os ácidos são designados com base no ânion resultante. Para os ácidos cujos ânions terminam em *-eto* (como cloreto), o ácido é designado como um composto binário. Assim, HCl é designado cloreto de hidrogênio. Quando ácidos binários são dissolvidos em água, outro nome é usado. Este nome é formado juntando-se o sufixo *-ídrico* à raiz do ânion. Na caso do HCl, o nome é ácido clorídrico.

HCl	ácido	*clor*	*ídrico*
		raiz	sufixo (*eto* para o ânion)

Como descrito na Seção 3.11, os nomes dos ânions que contêm oxigênio terminam geralmente em *–ato* ou *–ito*. Para os íons cujos nomes terminam em *–ato*, como íon nitrato, o ácido é designado adicionando-se o sufixo *–ico* à raiz.

HNO_3	ácido	*nítr*	*ico*
		raiz	sufixo (*ato* para o ânion)

Se o ânion terminar em *–ito*, como íon nitrito, o sufixo do ácido será *-oso*

HNO_2	ácido	*nitr*	*oso*
		raiz	sufixo (*ito* para o ânion)

Exemplos adicionais de nomes de Ácidos são dados na Tabela 7-1.

Pelo fato de todas as soluções de ácidos em água conterem íons H_3O^+ em excesso, elas têm certas propriedades em comum. Por exemplo, estas soluções têm sabor azedo como vinagre (que contém ácido acético) ou limão (que contém ácido cítrico). Soluções ácidas também mudam a cor de certos corantes. Por exemplo, o chá contém corantes que ficam mais pálidos quando adicionamos suco de limão. Na forma concentrada, os ácidos são corrosivos. Este termo significa que eles podem dissolver substâncias que tocam. Podem portanto causar sérios danos se derramados sobre sua pele.

Tabela 7-1 Nomes de Ácidos Comuns

I. Ácidos cujos ânions terminam em -eto			
Ânion		**Ácido**	
íon cloreto	Cl^-	cloreto de hidrogênio (ácido clorídrico)	HCl
íon cianeto	CN^-	cianeto de hidrogênio (ácido cianídrico)	HCN
íon fluoreto	F^-	fluoreto de hidrogênio (ácido fluorídrico)	HF
íon sulfeto	S^{2-}	sulfeto de hidrogênio (ácido sulfídrico)	H_2S
II. Ácidos cujos ânions terminam em –ato			
Ânion		**Ácido**	
íon acetato	$C_2H_3O_2^-$	ácido acético	$HC_2H_3O_2$
íon carbonato	CO_3^{2-}	ácido carbônico	H_2CO_3
íon nitrato	NO_3^-	ácido nítrico	HNO_3
íon fosfato	PO_4^{3-}	ácido fosfórico	H_3PO_4
íon sulfato	SO_4^{2-}	ácido sulfúrico	H_2SO_4
III. Ácidos cujos ânions terminam em -ito			
Ânion		**Ácido**	
íon nitrito	NO_2^-	ácido nitroso	HNO_2
íon sulfito	SO_3^{2-}	ácido sulfuroso	H_2SO_3

A força de um ácido depende da sua tendência em doar prótons. Um ácido forte reage prontamente com água. Isto é, quase todas as moléculas do ácido transferem seus prótons às moléculas da água. Em solução diluída de ácido clorídrico, por exemplo, quase todas as moléculas de HCl existem como íons H_3O^+ e Cl^-. Num ácido fraco, por outro lado, somente uma porção das moléculas doam seus prótons. Em ácido acético diluído, por exemplo cerca de 99% das moléculas permanecem na forma não ionizada, $HC_2H_3O_2$. Somente 1% doa seus prótons para a água para formar H_3O^+ e $C_2H_3O_2^-$. Quanto mais forte for um ácido numa dada concentração, maior será a concentração de íons H_3O^+ na solução. (A Seção 7.4 explicará como expressar esta concentração).

Os ácidos reagem tipicamente com certos metais, oxidando o metal, e liberando gás hidrogênio.

$$\underset{\text{zinco}}{Zn(s)} + 2\,\underset{\text{íon hidrônio}}{H_3O^+(aq)} \rightarrow \underset{\text{íon de zinco}}{Zn^{2+}(aq)} + \underset{\text{hidrogênio}}{H_2(g)} + 2\,\underset{\text{água}}{H_2O(l)}$$

Os ácidos reagem também com óxidos e hidróxidos de metais. Um exemplo é a reação de óxido de ferro (II) com ácido:

$$\underset{\text{óxido de ferro(II)}}{FeO(s)} + 2\,\underset{\text{íon hidrônio}}{H_3O^+(aq)} \rightarrow \underset{\text{íon de ferro(II)}}{Fe^{2+}(aq)} + 3\,\underset{\text{água}}{H_2O(l)}$$

A Tabela 7-2 contém informações sobre as formas concentradas de ácidos comercialmente disponíveis. Ácido acético puro, $HC_2H_3O_2$, é chamado ácido acético glacial porque ele se solidifica em forma de um sólido semelhante ao gelo a 17°C. Ao contrário dos outros ácidos da Tabela 7-2, o ácido acético contém átomos de carbono e é chamado um ácido orgânico. Embora sua molécula contenha quatro átomos de hidrogênio, somente um pode ser ionizado. Os outros três permanecem firmemente ligados ao átomo de carbono. O vinagre é composto basicamente de ácido acético diluído a 5%.

Os ácidos restantes da Tabela 7-2, chamados ácidos minerais, são inorgânicos. O ácido clorídrico, HCl, consiste do bastante solúvel gás cloreto de hidrogênio dissolvido em água. Seu estômago secreta este ácido numa concentração de 0,5% (0,1 *M*) para auxiliar a digestão dos alimentos. O ácido nítrico, HNO_3, é um ácido forte corrosivo que libera vapores. Soluções de ácido nítrico podem ficar amarelas porque contêm produtos de decomposição como o NO_2. Se você acidentalmente derramar sobre si um pouco de HNO_3, sua pele ficará amarela devido a uma reação química com as moléculas de proteína da pele. (Se isto ocorrer, lave imediatamente com água.)

Tabela 7-2 Propriedades de Alguns Ácidos Comerciais

Nome	Fórmula	Peso molecular (amu)	%(m/m)	Peso Específico	Molaridade
ácido acético	$HC_2H_3O_2$	60,1	99,8%	1,05	17,4
ácido clorídrico	HCl	36,5	37	1,19	12,0
ácido nítrico	HNO_3	63,0	70%	1,42	15,9
ácido fosfórico	H_3PO_4	98,0	85%	1,70	14,7
ácido sulfúrico	H_2SO_4	98,0	96%	1,84	18,0

Ácido fosfórico, H_3PO_4, também chamado ortofosfórico, é um líquido xaroposo espesso em forma concentrada. Em solução, ele se ioniza para produzir quatro íons em quantidades decrescentes: H_3O^+, $H_2PO_4^-$, HPO_4^{2-} e PO_4^{3-}. O ácido sulfúrico, H_2SO_4, é viscoso (flui lentamente) e muito corrosivo. É um dos mais úteis compostos e é conhecido como o "burro de carga" da indústria química.

7.3 Bases

Objetivo: Para demonstrar entendimento desta seção, você deverá ser capaz de definir base e descrever suas propriedades.

Arrhenius definiu **base** (também chamada álcali) como um eletrólito que fornece íons OH^-. Assim, um composto iônico hidrossolúvel cujo ânion é OH^- é uma base. Hidróxido de sódio por exemplo, se dissocia em água assim:

$$NaOH(s) \xrightarrow{\text{na água}} Na^+(aq) + OH^-(aq)$$

hidróxido de sódio — íon de sódio — íon hidroxila (hidróxido)

O hidróxido de sódio é portanto uma base. Ele se dissocia em íons hidroxila que tornam a solução resultante básica ou alcalina. A natureza do cátion não faz muita diferença.

De acordo com a definição mais geral de Brönsted-Lowry, base é um *receptor de prótons*. Um ácido pode transferir seu próton para uma base. Por exemplo, o íon hidroxila é uma base pela definição de Brönsted-Lowry porque ele aceita um próton para formar água:

$$OH^-(aq) + H^+(aq) \rightarrow H_2O(l)$$

íon hidroxila — íon de hidrogênio — água

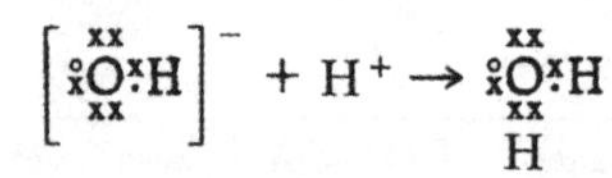

Outros tipos de compostos, como a amônia, NH_3, são bases mesmo embora suas moléculas não contenham íons hidroxila. Tais compostos também aumentam a concentração de OH^- da água porque eles reagem com água para produzir íons hidroxilas. Por exemplo, a amônia reage com água como segue:

$$NH_3(g) + H_2O(l) \rightleftarrows NH_4^+(aq) + OH^-(aq)$$

amônia — água — íon amônio — íon hidroxila

A amônia é uma base de acordo com a definição de Brönsted-Lowry, uma vez que ela pode aceitar um próton para formar o íon amônio, NH_4^+:

$$NH_3(aq) + H^+(aq) \rightleftarrows NH_4^+(aq)$$

amônia — íon de hidrogênio — íon amônio

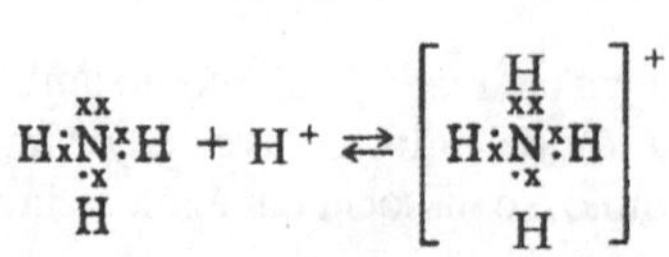

A fim de aceitar um próton, uma base deve possuir um par solitário de elétrons disponível para ser compartilhado. Tanto OH^- como NH_3 têm tais pares não compartilhados de elétrons, como podemos ver de suas estruturas de Lewis. (NH_3 tem um par solitário, e OH^- tem três pares solitários de elétrons.) A força de uma base depende de sua tendência em aceitar um próton. Por exemplo, o íon OH^- rapidamente aceita um próton e é portanto uma base forte. Tanto o hidróxido de potássio, KOH, como o hidróxido de sódio, NaOH, produzem grande número de íons OH^- na água. Estas duas bases são muito solúveis e se dissociam quase completamente em soluções diluídas. Soluções concentradas destas bases devem ser conservadas em frascos plásticos porque elas lentamente reagem com o vidro.

Hidróxido de cálcio, $Ca(OH)_2$, e hidróxido de magnésio, $Mg(OH)_2$, também se dissociam em água quase completamente, para produzir íons OH^-. A solubilidade destes dois compostos é porém baixa. Assim, somente um número relativamente pequeno de unidades fórmulas podem se dissolver e se dissociar em água. Como resultado, a concentração de íons OH^- em solução é pequena. Água de cal é o nome às vezes usado para uma solução de $Ca(OH)_2$. Ela tem sido usada como adstringente e antiácido. Leite de magnésia, um antiácido e laxante, é o nome dado para uma dispersão aquosa de $Mg(OH)_2$ a 7-8,5%.

A amônia, NH_3, por outro lado, é muito solúvel em água. As moléculas de amônia porém têm relativamente pouca tendência em aceitar prótons. Portanto, quando a amônia é dissolvida na água, muito poucos íons OH^- (e íons NH_4^+) são produzidos. A maioria das moléculas permanecem como NH_3. Por esta razão, as soluções de amônia são fracamente básicas. Amônia aquosa, $NH_3(aq)$, uma solução de $NH_3(g)$ dissolvido em água, é frequentemente chamada de "hidróxido de amônio". Embora uma pequena fração de íons NH_4^+ e íons OH^- estejam presentes nesta solução, nenhuma molécula de NH_4OH não dissociada porém existe realmente. [Lembre-se das diferenças entre amônia gasosa, $NH_3(g)$, amônia aquosa, $NH_3(aq)$ e íon amônio, $NH_4^+(aq)$.] A amônia é o segundo produto químico industrial mais produzido. Ela está presente numa mistura chamada "inalador de amônia", usado para despertar pessoas desmaiadas (veja a Figura 7-2.)

Em geral, soluções de bases têm sabor amargo e são escorregadias ao tato. Bases fortes são cáusticas. Este termo significa que elas podem corroer ou de qualquer modo destruir o tecido vivo. A capacidade das bases de reagirem com gorduras e óleos torna-as útil como agentes de limpeza.

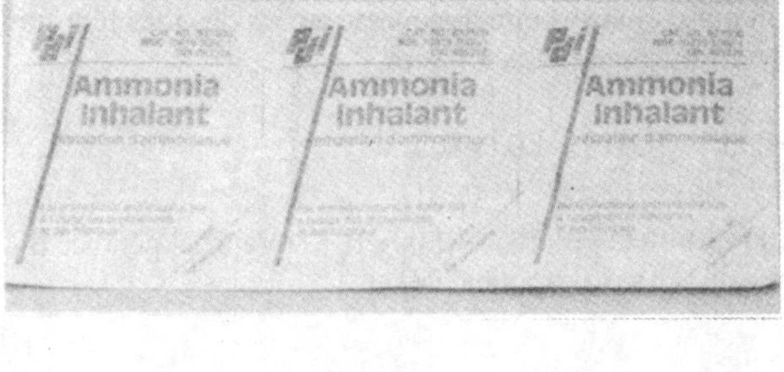

Figura 7-2
Inalador de amônia. Este inalador nasal é usado para evitar ou tratar desmaios. Ele contém 15% de amônia dissolvida em álcool isopropílico a 20%. (Fonte: American Hospital Company, American Hospital Supply Corporation.)

Por exemplo, produtos usados para limpar encanamentos de pias entupidas podem conter a base hidróxido de sódio. O hidróxido de sódio converte as graxas em material solúvel e fluido que é removido por lavagem. Produtos de limpeza que contêm bases são perigosos se derramados sobre sua pele ou respingados em seu olho. Propriedades adicionais de soluções de bases comercialmente disponíveis são dadas na Tabela 7-3.

Tabela 7-3 Propriedades de Algumas Bases Comerciais

Nome	Fórmula	Peso (amu)	% (peso)	Peso específico	Molaridade
amônia	NH_3	17,0	29	0,90	14,8
hidróxido de potássio	KOH	56,1	45	1,46	11,7
hidróxido de sódio	NaOH	40,0	50	1,53	19,1

7.4 pH de Ácidos e Bases

Objetivo: Para demonstrar entendimento desta seção, você deverá ser capaz de interpretar o pH de um solução em termos de concentração de H^+.

A acidez e a basicidade (ou alcalinidade) de uma solução aquosa dependem dos números relativos de íons H^+ e OH^- presentes. A água pura contém H_2O molecular e quantidades pequenas, porém iguais, de íons H^+ e OH^-.

Quando um ácido, ou uma base, é adicionado à água, eles produzem íons H^+ ou OH^- adicionais. Quanto mais forte um ácido numa dada concentração, maior o excesso resultante de íons H^+ em solução. Quanto mais forte uma base numa dada concentração, maior o excesso resultante de íons OH^- em solução. Na água, o produto da concentração dos íons hidrônios (em moles/litro) pela concentração dos íons hidroxilas (em moles/litro) é sempre igual a $1{,}00\text{x}10^{-14}$ (a 25°C). Este número muito pequeno, chamado produto iônico da água, é a constante de equilíbrio para a reação de dissociação da água. Podemos então excrever

$$[H_3O^+] \times [OH^-] = 1{,}00 \times 10^{-14}$$

Os colchetes representam as concentrações expressas em moles por litro. Note que na água pura, uma vez que as concentrações dos íons hidrônios e hidroxilas são iguais, a concentração de cada íon será

$$[H_3O^+] = [OH^-] = 1{,}00 \times 10^{-7}$$

porque $(1{,}00 \times 10^{-7}) \times (1{,}00 \times 10^{-7}) = 1{,}00 \times 10^{-14}$. (Veja o Apêndice B.4 para uma revisão de cálculos com notação exponencial).

Quando as concentrações de H_3O^+ e de OH^- *não* forem iguais, a solução será ácida ou alcalina. Se a concentração de H_3O^+ ou de OH^- for conhecida, a outra concentração poderá ser determinada partindo-se do fato que seu produto é igual a $1{,}00 \times 10^{-14}$. Suponha que você saiba que a concentração de H_3O^+ é igual a 10^{-4} moles/litro, e que você queira saber a concentração de OH^-. Ela pode assim ser calculada:

$$[H_3\,O^+] \times [OH^-] = 10^{-14}$$

$$10^{-14} \times [OH^-] = 10^{-14}$$

$$[OH^-] = \frac{10^{-14}}{10^{-4}}$$

$$[OH^-] = 10^{-10}$$

A concentração tanto de íons H_3O^+ como de íons OH^- numa solução aquosa varia usualmente de um (10^0) até 10^{-14} moles/litro. Podemos porém evitar o uso de números com expoentes negativos usando valores de **pH**, os quais expressam as concentrações dos íons H_3O^+ sob forma de números pequenos e positivos. O *pH de uma solução é uma medida da concentração de seus íons H_3O^+*, como mostrado na Tabela 7-4. Note que pH é sempre escrito com p minúsculo e H maiúsculo. (Note também que o produto $[H_3\,O^+] \times [OH^-]$ em cada linha da tabela é sempre igual a 1,00 $\times 10^{-14}$.

Tabela 7-4 A Escala de pH

pH	H_3O^+ Concentração de íons (moles/litro)			OH⁻ Concentração de íons (moles/litro)			Descrição geral
0	10^0	= 1,		10^{-14}	= 0,000 000 000 000 01		fortemente ácida
1	10^{-1}	= 0,1		10^{-13}	= 0,000 000 000 000 1		
2	10^{-2}	= 0,01		10^{-12}	= 0,000 000 000 001		
3	10^{-3}	= 0,001	ácido	10^{-11}	= 0,000 000 000 01		levemente ácida
4	10^{-4}	= 0,000 1	(excesso de	10^{-10}	= 0,000 000 000 1		
5	10^{-5}	= 0,000 01	íons H_3O^+)	10^{-9}	= 0,000 000 001		
6	10^{-6}	= 0,000 001		10^{-8}	= 0,000 000 01		
7	10^{-7}	= 0,000 000 1		10^{-7}	= 0,000 000 1		neutra
8	10^{-8}	= 0,000 000 01		10^{-6}	= 0,000 001		
9	10^{-9}	= 0,000 000 001		10^{-5}	= 0,000 01	base	
10	10^{-10}	= 0,000 000 000 1		10^{-4}	= 0,000 1	(excesso de	
11	10^{-11}	= 0,000 000 000 01		10^{-3}	= 0,001	íons OH^-)	levemente básica
12	10^{-12}	= 0,000 000 000 001		10^{-2}	= 0,01		
13	10^{-13}	= 0,000 000 000 000 1		10^{-1}	= 0,1		
14	10^{-14}	= 0,000 000 000 000 01		10^0	= 1,		fortemente básica

A escala usual de pH vai de 0 a 14. O ponto médio da escala, pH 7, representa o pH da água pura, que é *neutra*. Ela não é nem ácida e nem básica porque as concentrações de íons H_3O^+ e OH^- são iguais (cada uma é 10^{-7} moles/litro). Uma solução ácida tem uma concentração de íons OH^- menor do que a água pura. Seu pH é menor do que 7. *Quanto mais íons H_3O^+ estão presentes, mais ácida é a solução e menor é o seu pH.* A Tabela 7-5 dá o pH de algumas soluções comuns, e a Tabela 7-6 mostra os intervalos de pH de fluidos corporais.

Tabela 7-5 pH de Algumas Soluções Comuns

Solução	pH
ácido clorídrico (0,1 *M*)	1,1
ácido fosfórico (0,33 *M*)	1,5
ácido cítrico (suco de limão)	2,2
ácido acético (vinagre)	2,9
ácido carbônico (soda, saturada)	3,8
suco de tomate	4,2
café	5,0
água da chuva	6,2
leite	6,5
água pura	7,0
bicarbonato de sódio (0,1 *M*)	8,4
hidróxido de magnésio (leite de magnésia, saturada)	10,5
amônia (0,1 *M*)	11,1
hidróxido de cálcio (saturado)	12,4
hidróxido de sódio (0,1 *M*)	13,0

Para cada variação de uma unidade de pH, a concentração muda segundo um fator de dez. Por exemplo, uma solução com pH 2 tem uma concentração de íons H_3O^+ que é dez vezes maior do que aquela de uma solução com pH 3. Como mostram as Tabelas 7-5 e 7-6, os valores de pH não precisam ser números inteiros. Por exemplo, um pH igual a 1,5 significa que a concentração de íons H_3O^+ está entre 10^{-1} moles/litro (ou pH = 1) e 10^{-2} moles/litro (ou pH = 2). A Seção de Problemas 8 mostra como converter valores de pH em concentrações de íons H_3O^+.

No laboratório, podemos determinar o pH de uma solução de várias maneiras. Alguns corantes, chamados **indicadores**, mudam de cor num intervalo específico de pH, usualmente de 2 unidades de pH, como mostra a Figura 7-3. Por exemplo, o papel de tornassol contém um corante que muda de vermelho a azul na região de pH 4,4 a 8,3. Este indicador é vermelho em soluções ácidas com pH menor do que 4,4, e azul em soluções básicas com pH maior do que 8,3. Vários indicadores podem ser misturados de tal modo que as cores combinadas mudam gradualmente com o pH. Comparando a cor do indicador com uma escala de cor impressa, podemos estimar o pH com aproximação de vários décimos de unidade.

Tabela 7-6 Intervalos de pH de Fluidos Corporais

Fluido	Intervalo de pH
líquido amniótico	6,9 – 7,4
bile (vesícula)	5,6 – 8,0
sangue	7,35 – 7,45
líquido cerebrospinal	7,3 – 7,4
suco gástrico	1,6 – 1,8
sucos intestinais	6,3 – 8,0
leite	6,4 – 7,6
suco pancreático	7,5 – 8,8
saliva	5,8 – 7,1
sêmem	7,2 – 8,0
fezes	7,0 – 7,5
suor	4,0 – 6,8
lágrimas	7,0 – 7,4
urina	4,6 – 8,0
secreção vaginal	3,4 – 4,2

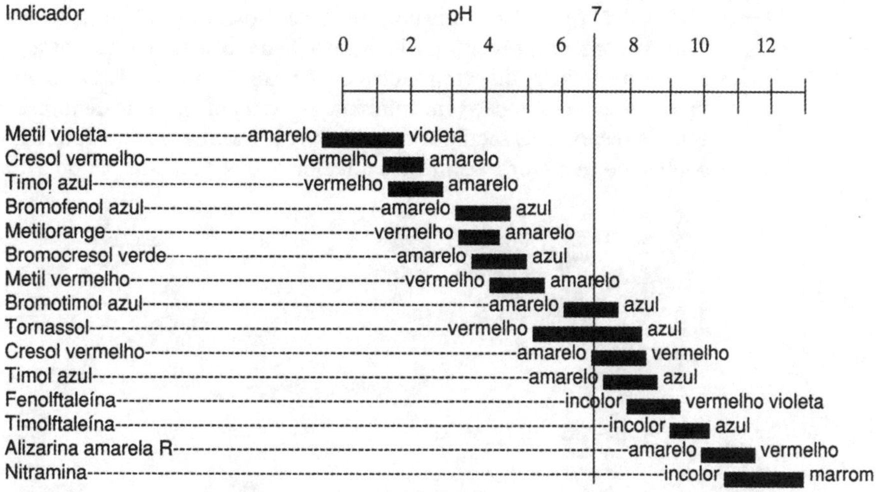

Figura 7-3

Indicadores de pH. Os indicadores mudam de cor nos intervalos de pH mostrados. Por exemplo, a fenolftaleína muda de incolor para vermelho-violeta quando o pH sobe de 8 para 10.

Faça-o Você Mesmo 7
PREPARE UM INDICADOR

Indicador de pH é um composto cuja cor depende do pH da solução que o contém. Geralmente, os indicadores são moléculas orgânicas complexas. O tornassol é provavelmente o melhor exemplo conhecido de um indicador. É um corante obtido de um tipo de planta chamada líquen. (Um líquen é uma combinação de um fungo e uma alga convivente. Os líquens são encontrados em rochas e troncos de árvores.)

Seguindo o processo descrito aqui, você pode preparar um indicador de pH em casa a partir de repolho roxo.

Como fazer: Corte uma porção de repolho roxo em pequenos pedaços. Coloque os pedaços numa panela e adicione água fervendo. Mexendo ocasionalmente, deixe esta mistura em repouso por meia hora aproximadamente. Depois derrame o líquido numa jarra.

Este líquido é seu indicador. Ele é vermelho em soluções ácidas e azul a verde em soluções básicas. Adicione algumas gotas do indicador a alguns mililitros de cada um dos seguintes líquidos: amônia, chá, suco de fruta, refrigerante, xampu. (A mudança de cor do indicador é melhor vista em soluções incolores.) Observe a cor do indicador em cada caso. Você deve agora poder dizer se cada uma destas soluções domésticas comuns é ácida ou básica.

Um "pHmetro" (leia peagâmetro), mostrado na Figura 7-4, mede o pH de uma solução com mais precisão. Ele faz uso de um dispositivo sensorial especial chamado eletrodo de vidro, que responde à concentração de íons H_3O^+. O eletrodo de vidro é mergulhado na solução (em combinação com um eletrodo de referência) e o medidor acusa a resposta. O medidor deve sempre ser calibrado antes com uma solução de pH conhecido. A Figura 7-5 mostra um eletrodo para medir pH de estômago.

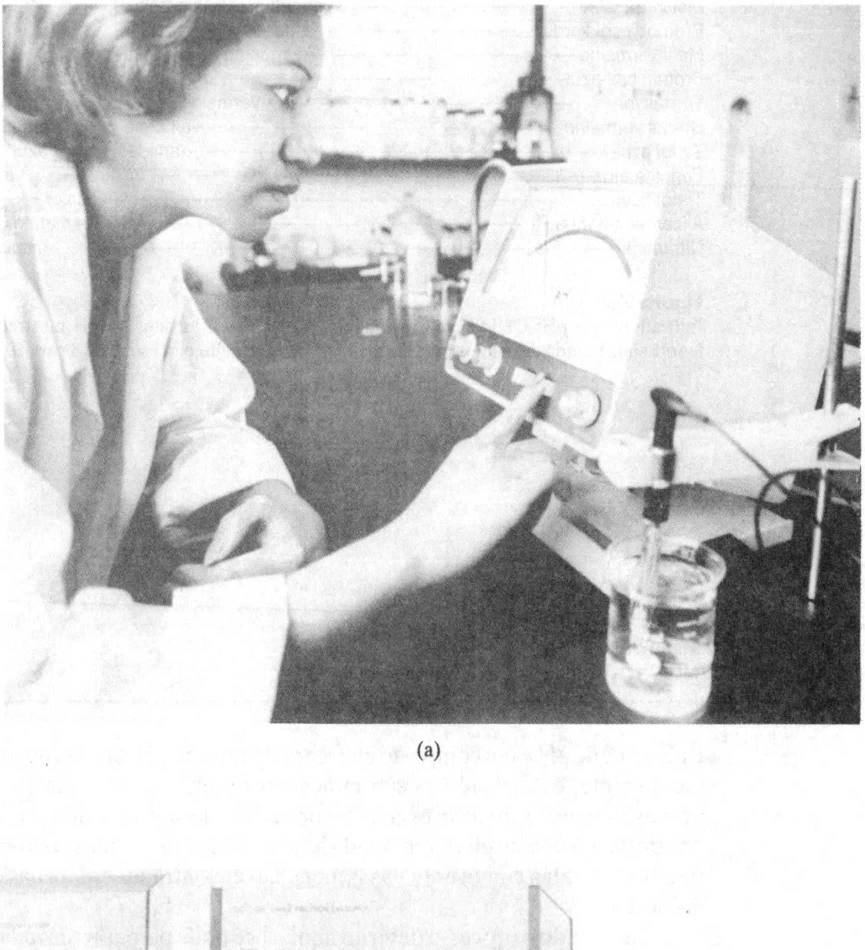

(a)

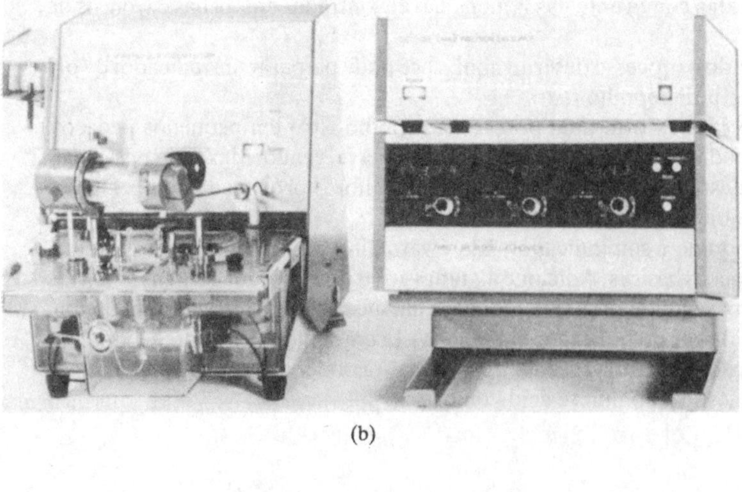

(b)

Figura 7-4
pHmetro. A escala do medidor é calibrada para fornecer a concentração de íons H_3O^+ em unidades de pH. (a) pHmetro de laboratório. (Direitos autorais para foto Al Green.) (b) pHmetro clínico para sangue. Este instrumento determina o pH assim como as pressões parciais de dióxido de carbono e oxigênio de uma amostra de sangue de 130 μL. (Foto por cortesia de Radiometer A/S.)

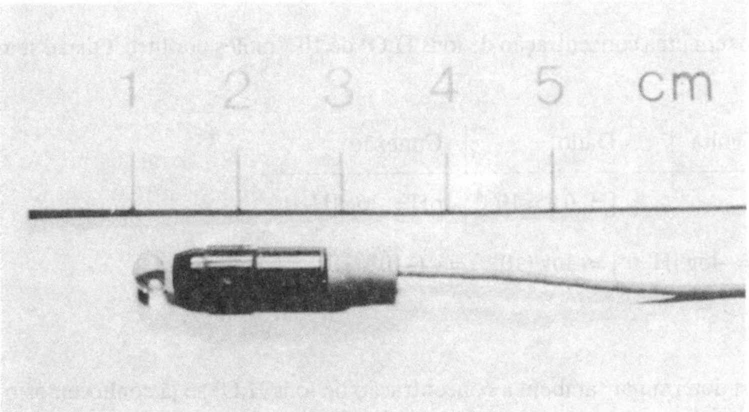

Figura 7-5
Eletrodo para medida de pH do estômago. Este eletrodo é suficientemente pequeno para medir o pH do conteúdo gástrico. Ele é introduzido através do nariz ou da boca do paciente. (Cortesia de Radiometer A/S.)

Seção de Problemas 8 pH e Concentração de Íons Hidrônios

Objetivo: Para demonstrar entendimento desta seção, você deverá ser capaz de converter valores de pH em concentrações de íons H_3O^+.

O pH de uma solução é dado pela seguinte fórmula:

$$pH = \log \frac{1}{[H_3O^+]} = -\log [H_3O^+]$$

pH é o logarítmo negativo da concentração de íons H_3O^+ em moles/litro. Logarítmo (log) de um número é a potência à qual o número dez deve ser elevado para se igualar ao número dado. A lista seguinte dá alguns exemplos de números e seus logarítmos:

Número	*Logarítmo do número*
$10^{-2} = 0{,}01$	$\log (10^{-2}) = -2$
$10^{-1} = 0{,}1$	$\log (10^{-1}) = -1$
$10^{0} = 1$	$\log (10^{0}) = 0$
$10^{1} = 10$	$\log (10^{1}) = 1$
$10^{2} = 100$	$\log (10^{2}) = 2$

Por exemplo, suponha que a concentração de H_3O^+ seja 0,001 *M*. Para se igualar a 0,001, o número 10 deve ser elevado à potência –3. O log de 0,001 é portanto –3.

A concentração de H_3O^+ é quase sempre menor do que 1 (ou 10^0) moles/L. O log de uma concentração dada por um expoente negativo de dez é negativo. Para tornar os valores de pH positivos, o pH foi definido como o logarítmo *negativo* da concentração. Quando colocamos um sinal de menos na frente de um logarítmo, mudamos o valor negativo para positivo porque (–) x (–) = (+).

Portanto, valores de pH são quase sempre positivos. Por exemplo, o pH da água neutra, onde $[H_3O^+] = 10^{-7}$, é igual a $-\log (10^{-7}) = -(-7) = 7$.

Exemplo

Uma solução tem uma concentração de íons H_3O^+ de 10^{-10} moles por litro. Qual é seu pH?

Incógnita	Dado	Conexão
pH	$[H_3 0^+] = 10^{-10}$	$pH= -\log [H_3 0^+]$

$pH = -\log [H_3 0^+] = -\log (10^{-10}) = -(-10) = 10$

Nós podemos determinar também a concentração de íons H_3O^+ se já conhecemos o pH. Para fazer isto, reescrevemos a definição de pH em termos de concentração de H_3O^+.

$$[H_3 0^+] = 10^{-pH}$$

Usando esta equação, podemos ver que uma solução com pH 3, por exemplo, deve ter uma concentração de H_3O^+ igual a 10^{-3} moles/litro.

Para cálculos de pH usando uma tabela de logarítmos, veja o Apêndice E.

Exemplo

Qual é a concentração de H_3O^+ de uma solução cujo pH é 8?

Incógnita	Dado	Conexão
$[H_3 0^+]$	pH=8	$[H_3 0^+]=10^{-pH}$

$[H_3 0^+] = 10^{-pH}$
$[H_3 0^+] = 10^{-8}$ moles/litro

Pratique Problema

Qual é o pH de uma solução com (a)$[H_3O^+] = 10^{-9}$ *M* e (b) $[OH^-] = 10^{-9}$ *M*

Respostas: (a) pH 9 (b) pH 5

Pratique Problema

Qual é a concentração de H_3O^+ de uma solução cujo pH é (a) 3, (b) 13 e (c) 8?

Respostas: (a) 10^{-3} *M* (b) 10^{-13} *M* (c) 10^{-8} *M*

7.5 Neutralização

Objetivo: Para demonstrar entendimento desta seção, você deverá ser capaz de predizer qual é o sal formado na neutralização de um ácido por uma base e escrever uma equação balanceada para a reação.

Neutralização é o nome dado à reação entre um ácido forte e uma base. Em água, a reação de neutralização entre um ácido forte e uma base consiste na reação entre um íon hidrônio e um íon hidroxila **(hidróxido)**.

$$\underset{\text{íon hidrônio}}{H_3O^+(aq)} \quad + \quad \underset{\text{íon hidroxila}}{OH^-(aq)} \quad \rightarrow \quad \underset{\text{água}}{2\,H_2O(l)}$$

Duas moléculas neutras de água se formam a partir de um íon H_3O^+ e um íon OH^- da solução. Podemos dizer que cada íon OH^- cancela ou neutraliza exatamente o efeito de um íon H_3O^+. Por esta razão, certas bases, tais como hidróxido de magnésio (sob forma de leite de magnésia), são usadas como antiácidos. Elas neutralizam o excesso de ácido clorídrico do estômago sem danificar o aparelho digestivo. A Tabela 7-7 dá a composição de alguns antiácidos comerciais.

Tabela 7-7 Composição de Antiácidos Comerciais

Nome comercial	Principal antiácido
Alka-seltzer	$NaHCO_3$
Bromo-seltzer	$NaHCO_3$
Di-gel	$Al(OH)_3$, $Mg(OH)_2$
Eno	$NaHCO_3$
Gelusil	$Al(OH)_3$, $Mg_2Si_3O_8$
Maalox	$Al(OH)_3$, $Mg(OH)_2$
Mylanta	$Al(OH)_3$, $Mg(OH)_2$
Pepto-Bismol (comprimido)	$CaCO_3$
Leite de Magnésia de Phillips	$Mg(OH)_2$
Rolaids	$NaAl(OH)_2CO_3$
Tums	$CaCO_3$

Em termos da definição de ácido e base de Brönsted-Lowry, neutralização em meio aquoso é a transferência de um próton de um íon H_3O^+ para um íon OH^-.

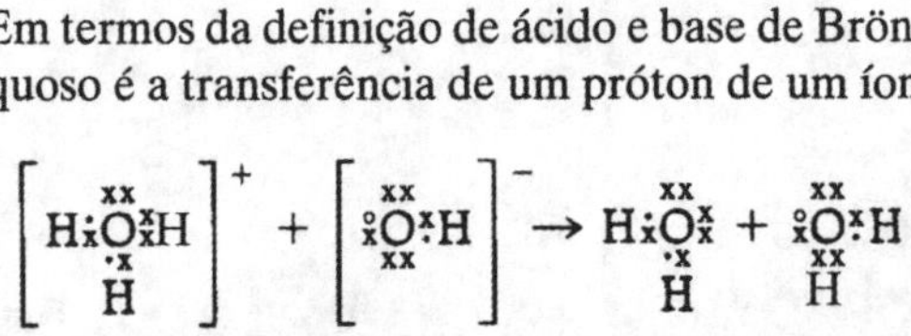

íon hidrônio — íon hidróxido — água — água

Neste exemplo, que mostra a reação de um íon H_3O^+ com um íon OH^-, "ambos" os produtos são moléculas de água. Pelo fato de as moléculas de água se dissociarem tão fracamente, a reação efetivamente "se completa". (Note que a reação de neutralização é inversa à auto-ionização da água.) Uma vez que um íon H_3O^+ e um íon OH^- reagem entre si para formar duas moléculas de água, eles perdem sua identidade individual e não podem mais agir como ácido e base.

Quando um ácido e uma base reagem, eles formam geralmente outro produto além da água. Este produto é chamado **sal**. Por exemplo, se hidróxido de sódio reagir com uma quantidade equivalente de ácido clorídrico e a solução final for evaporada, o sal, cloreto de sódio, permanece:

$$\underset{\text{base}}{NaOH} + \underset{\text{ácido}}{HCl} \rightarrow \underset{\text{sal}}{NaCl} + \underset{\text{água}}{H_2O}$$

Sal é um composto iônico que contém um cátion diferente do íon H^+ e um ânion diferente do íon OH^-. O sal produzido por neutralização consiste de um cátion da base e um ânion do ácido. No sal cloreto de sódio, o cátion, Na^+, vem da base, NaOH, e o ânion, Cl^-, vem do ácido, HCl.

Na	Cl
cátion da base (NaOH)	ânion do ácido (HCl)

A Tabela 7-8 mostra exemplos de outros sais formados por neutralização.

Tabel 7-8 Formação de Sais

Base	Ácido	Fórmula do sal	Nome do sal
NaOH	H_2SO_4	Na_2SO_4	sulfato de sódio
KOH	H_3PO_4	K_3PO_4	fosfato de potássio
$Mg(OH)_2$	$HC_2H_3O_2$	$Mg(C_2H_3O_2)_2$	acetato de magnésio
$Ca(OH)_2$	HCl	$CaCl_2$	cloreto de cálcio
$Al(OH)_3$	HNO_3	$Al(NO_3)_3$	nitrato de alumínio

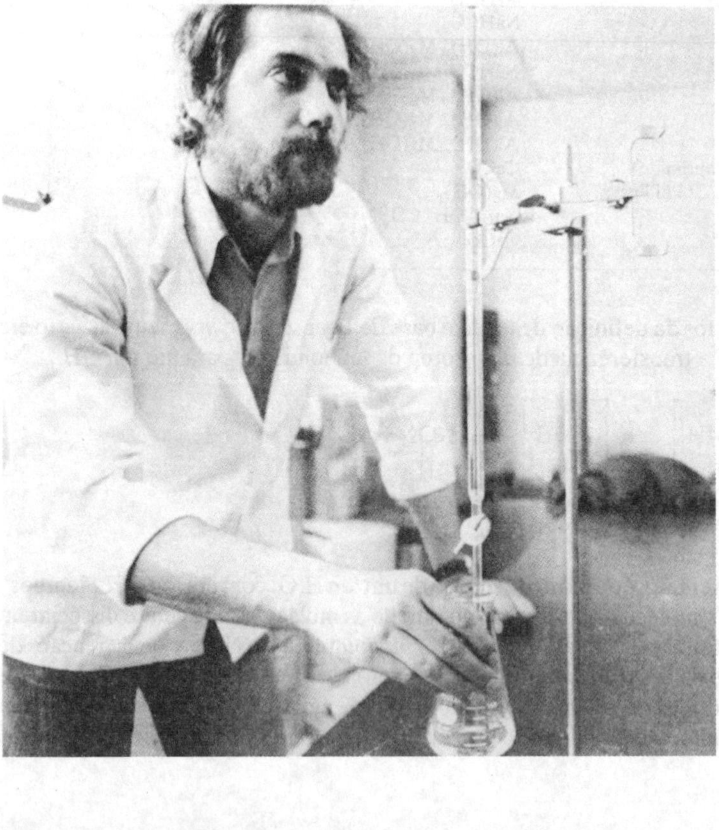

Figura 7-6
Titulação. Neste processo, uma concentração desconhecida de ácido é determinada adicionando-se uma base de concentração conhecida até que o ácido seja neutralizado. Semelhantemente, uma concentração desconhecida de base pode ser determinada adicionando-se (ou titulando-a com) um ácido de concentração conhecida. (Direitos autorais para foto Al Green).

A reação de neutralização é a base de um processo chamado **titulação**. Titulação é o processo pelo qual se faz um ácido reagir gradualmente com uma base (ou vice-versa) a fim de se determinar a concentração de um deles. Por exemplo, se a solução de concentração desconhecida é um ácido, adicionamos uma base de concentração conhecida lentamente até que todo o ácido tenha sido neutralizado. A base é usualmente adicionada com o uso de uma bureta. (Veja a Figura 7-6). Um indicador "dá o sinal" quando todos os íons H_3O^+ foram já neutralizados pelos íons OH^- adicionados. O pH sobe rapidamente neste ponto, quando a base adicionada converte rapidamente a solução ácida a básica. Como mostra a Seção de Problemas 9, podemos depois calcular a concentração desconhecida a partir do volume da base que foi usada para neutralizar o ácido.

Seção de Problemas 9 Titulação

Objetivo: Para demonstrar entendimento desta seção, você deverá ser capaz de calcular a concentração de um ácido ou base a partir de uma titulação.

Suponha que você queira determinar a concentração de ácido acético numa amostra de vinagre através de uma titulação. Enchemos uma bureta com uma solução de base de concentração conhecida, digamos NaOH 0,500 *M*. A bureta nos permite dispensar precisamente volumes variáveis de solução. Colocamos um volume medido de vinagre, digamos 10,0 mL, num frasco, e adicionamos algumas gotas da solução de um indicador apropriado (tal como fenolftaleína). Depois adicionamos lentamente base da bureta para o frasco de vinagre até que o indicador mude de cor. Neste ponto, todo o ácido acético do vinagre foi neutralizado. Podemos então ler na bureta que volume de base foi adicionado. O cálculo da concentração de ácido é baseado na *razão molar* de ácido para base da equação de neutralização balanceada.

$$\underset{\text{ácido acético}}{HC_2H_3O_2(aq)} + \underset{\text{hidróxido de sódio}}{NaOH(aq)} \rightarrow \underset{\text{água}}{H_2O(l)} + \underset{\text{acetato de sódio}}{NaC_2H_3O_2(aq)}$$

Neste caso, um mol de ácido reage com um mol de base. Usando razão molar, podemos determinar o número de moles de ácido presentes no vinagre, assim como a molaridade do vinagre (ou solução de ácido acético), baseado no volume de base que usamos.

Suponha que precisamos de 17,1 mL de NaOH 0,500 *M* para neutralizar o ácido acético do vinagre. Delineamos o problema como segue:

Incógnita	Dados	Conexão
molaridade do $HC_2H_3O_2$	NaOH 0,500 *M* 17,1 mL da solução de NaOH 10,0 mL da solução de $HC_2H_3O_2$	$\frac{1L}{10^3 mL}$ ou $\frac{10^3 mL}{1L}$ $\frac{1 \text{ mol de } HC_2H_3O_2}{1 \text{ mol de NaOH}}$ ou $\frac{1 \text{ mol de NaOH}}{1 \text{ mol de } HC_2H_3O_2}$ $\text{molaridade} = \frac{\text{moles de soluto}}{\text{litro de solução}}$

Inicialmente determinamos o número de moles de ácido acético que foram neutralizados pela base.

$$\text{moles de } HC_2H_3O_2 = 17{,}1 \text{ ml } \cancel{\text{solução de NaOH}} \times \frac{1 \cancel{L}}{10^3 \cancel{mL}} \times$$

$$\frac{0{,}500 \text{ mol de } \cancel{NaOH}}{\cancel{\text{litro de solução de NaOH}}} \times \frac{1 \text{ mol de } HC_2H_3O_2}{1 \text{ mol de NaOH}}$$

$$= 8{,}55 \times 10^{-3} \text{ moles de } HC_2H_3O_2$$

A molaridade da solução de ácido acético é então facilmente calculada porque sabemos que $8{,}55 \times 10^{-3}$ moles de ácido acético estavam presentes em 10,0 mL de vinagre. Ela é então:

$$\frac{8{,}55 \times 10^{-3} \text{ moles}}{10{,}0 \cancel{mL}} \times \frac{1000 \cancel{mL}}{1 \text{ L}} = 8{,}55 \times 10^{-1} \text{ moles/L} = 0{,}855\ M$$

Nas reações de neutralização, os números de moles de ácido e base que reagem não são necessariamente iguais. Ácidos polipróticos têm mais de um átomo de hidrogênio, por molécula, que podem reagir. Além disto, algumas bases têm mais de um íon OH^- em suas unidades fórmulas. Por exemplo, um mol de ácido sulfúrico, H_2SO_4, pode fornecer dois moles de íons de hidrogênio quando reage com uma base. Semelhantemente, um mol de hidróxido de cálcio, $Ca(OH)_2$, pode fornecer dois moles de íons OH^-.

Para levar em conta este fator, um método alternativo para expressar concentração é às vezes usado. Em vez de lidar com moles do composto, consideramos o número de moles de H^+ (ou de H_3O^+) ou de OH^- *disponível* para reagir. Referimo-nos ao número de moles de H^+ (ou de H_3O^+) ou de OH^- que são fornecidos pelo ácido ou base como o número de **equivalentes** (equiv). Por exemplo, o ácido sulfúrico tem dois prótons por molécula de H_2SO_4 e portanto dois equivalentes por mol. "Peso" *equivalente (ou equivalente grama) de um composto é a massa molar do composto multiplicada por um fator de conversão baseado no número de equivalentes que ele produz por mol.*

$$\text{peso equivalente do } H_2SO = \frac{98{,}08 \text{ g de } H_2SO_4}{1 \cancel{\text{mol de } H_2SO_4}} \times \frac{1 \cancel{\text{mol de } H_2SO_4}}{2 \text{ equivalentes}}$$

$$= 49{,}04 \text{ g de } H_2SO_4 \text{ por equivalente}$$

Portanto, 49,04 g de H_2SO_4 fornecem um mol de íons H^+ (H_3O^+). Um mol de ácido sulfúrico, 98,08 g, pode fornecer dois moles de íons H_3O^+, ou dois equiv.

Para as bases, o procedimento é semelhante. O "peso" equivalente de uma base é igual à massa em gramas que fornece um mol de íons OH^-. Achamos o peso equivalente multiplicando a massa molar por um fator de conversão baseado no número de íons OH^- que a base fornece. No hidróxido de cálcio $Ca(OH)_2$, por exemplo, há dois íons OH^- e portanto dois equivalentes de OH^- por mol ou unidade fórmula.

$$\text{peso equivalente do } Ca(OH)_2 = \frac{74{,}10 \text{ g de } Ca(OH)_2}{1 \cancel{\text{mol de } Ca(OH)_2}} \times \frac{1 \cancel{\text{mol de } Ca(OH)_2}}{2 \text{ equivalentes}}$$

$$= 37{,}05 \text{ g de } Ca(OH)_2 \text{ por equivalente}$$

Uma vez determinado o peso equivalente de uma solução, a concentração pode ser expressa em **normalidade**, o número de equivalentes de ácido ou base por litro de solução.

$$\text{normalidade } (N) = \frac{\text{número de equivalentes de soluto}}{\text{um litro (dm}^3\text{) de solução}}$$

Ela é calculada dividindo-se o número de equivalentes de soluto pelo número de litros da solução. A normalidade é semelhante à molaridade exceto que equivalentes são usados em vez de moles. Uma solução um normal (1 *N*) contém um equivalente por litro; uma solução 2 *N* contém dois equivalentes por litro, e assim por diante. A normalidade de um ácido ou base em solução é sempre igual ou maior do que a sua molaridade, uma vez que um mol de um composto representa sempre pelo menos um equivalente. Uma solução 1 *M* de HCl é também 1 *N* porque um mol deste ácido fornece um equivalente de íons H_3O^+. Mas uma solução 1 *M* de H_2SO_4 é 2 *N* porque cada mol deste ácido fornece dois equivalentes de íons H_3O^+.

Exemplo

Que massa de hidróxido de magnésio é necessária para preparar 1,50 L de uma solução 0,260 *N*?

Incógnita	Dados	Conexão
gramas de $Mg(OH)_2$	1,50 L de solução	$\frac{1 \text{ mol de } Mg(OH)_2}{58{,}3 \text{ g de } Mg(OH)_2}$ ou $\frac{58{,}3 \text{ g de } Mg(OH)_2}{1 \text{ mol de } Mg(OH)_2}$
	$\frac{0{,}260 \text{ equiv}}{1 \text{ L de solução}}$	$\frac{2 \text{ equiv}}{1 \text{ mol de } Mg(OH)_2}$ ou $\frac{1 \text{ mol de } Mg(OH)_2}{2 \text{ equiv}}$

$$\text{gramas de } Mg(OH)_2 = 1{,}50 \text{ L } \cancel{\text{de solução}} \times \frac{0{,}260 \cancel{\text{equiv}}}{1 \cancel{\text{L solução}}} \times \frac{1 \cancel{\text{mol de } Mg(OH)_2}}{2 \cancel{\text{equiv}}}$$

$$\times \frac{58{,}3 \text{ g de } Mg(OH)_2}{1 \cancel{\text{mol de } Mg(OH)_2}} = 11{,}4 \text{ g de } Mg(OH)_2$$

A normalidade pode ser usada em cálculos de titulação. No final de uma titulação, *o número de equivalentes de ácido deve ser igual ao número de equivalentes de base,* porque o número de moles de H_3O^+ é igual ao de OH^- numa solução neutra. Portanto, a relação entre a normalidade do ácido e a normalidade da base é a seguinte:

$$\text{equivalentes de ácido} = \text{equivalentes de base}$$

$$\begin{pmatrix}\text{normalidade}\\ \text{do ácido}\end{pmatrix} \times \begin{pmatrix}\text{volume do}\\ \text{ácido}\end{pmatrix} = \begin{pmatrix}\text{normalidade}\\ \text{da base}\end{pmatrix} \times \begin{pmatrix}\text{volume}\\ \text{da base}\end{pmatrix}$$

$$N_A \times V_A = N_B \times V_B$$

O seguinte exemplo é o mesmo daquele trabalhado no início desta seção, exceto que ele é agora resolvido usando-se normalidade.

Exemplo

Uma amostra de vinagre é titulada para se determinar a concentração de ácido acético. Se 17,1 mL de NaOH 0,500 *M* são necessários para neutralizar completamente 10,0 mL do vinagre, qual é a normalidade do vinagre?

Incógnita	Dados	Conexão
N_A	10,0 mL = V_A 0,500 equiv/L = N_B 17,1 mL = V_B	$N_A \times V_A = N_B \times V_B$

$$N_A \times V_A = N_B \times V_B$$

$$N_A \times 10{,}0\text{ mL} = 0{,}500\text{ equiv/L} \times 17{,}1\text{ mL}$$

$$N_A = \frac{0{,}500\text{ equiv/L} \times 17{,}1\text{ mL}}{10{,}0\text{ mL}} = 0{,}855\text{ equiv/L} = 0{,}855\ N$$

Note que os volumes não precisam ser convertidos de mL a L, uma vez que estas unidades se cancelam no cálculo.

Pratique Problema

Leite de magnésia contém a base $Mg(OH)_2$. Qual é sua molaridade se 45,1 mL de HCl 1,60 *M* são necessários para titular 25,0 mL de leite de magnésia?

$$2\,HCl(aq) + Mg(OH)_2(aq) \rightarrow 2\,H_2O(l) + MgCl_2(aq)$$

Resposta: 1,44 g de $Mg(OH)_2$

7.6 Hidrólise

Objetivo: Para demonstrar entendimento desta seção, você deverá ser capaz de predizer o efeito de um sal no pH da água.

Embora a reação de um ácido com uma base seja chamada "neutralização", a solução resultante não é necessariamente neutra. Uma solução de um sal produzido por neutralização pode ter um pH diferente de 7 se qualquer dos íons do sal puder reagir com a água. Considere o acetato de sódio, $NaC_2H_3O_2$, o sal oriundo da neutralização de hidróxido de sódio com ácido acético. Quando se dissolve na água, ele se dissocia completamente, uma vez que é um composto iônico solúvel. A solução consiste de íons de sódio, Na^+, e íons acetato, $C_2H_3O_2^-$. Os íons acetato podem reagir com a água para formar ácido acético e íons OH^-. (Os íons de sódio permanecem inalterados uma vez que não reagem com nenhum dos íons ou moléculas.)

$$\underset{\text{íon acetato}}{C_2H_3O_2^-(aq)} + \underset{\text{água}}{H_2O(l)} \rightleftarrows \underset{\text{ácido acético}}{HC_2H_3O_2(aq)} + \underset{\text{íon hidróxido}}{OH^-(aq)}$$

Esta reação é chamada **hidrólise** ("hidro" significa "água" e "lise" significa "separar") porque uma molécula de água divide o sal e fica ela mesma ionizada. Um próton de uma molécula de água fica ligado ao íon acetato, liberando um íon OH^-. A solução fica assim básica e tem um pH acima de 7. Embora a solução contenha também $HC_2H_3O_2$, ela *não é ácida* porque o ácido acético é um ácido fraco que se dissocia apenas levemente. O número de íons H_3O^+ é muito menor do que o número de íons OH^- em solução.

Por outro lado, considere o cloreto de amônio, NH_4Cl, o sal oriundo da neutralização da amônia com ácido clorídrico. Quando este sal se dissolve na água, ele se dissocia em íons amônios e íons cloretos. Os íons amônio reagem com água para produzir amônia.(Os íons cloreto não sofrem nenhuma reação e permanecem inalterados.)

$$\underset{\text{íon amônio}}{NH_4^+(aq)} + \underset{\text{água}}{H_2O(l)} \rightleftarrows \underset{\text{amônia}}{NH_3(aq)} + \underset{\text{íon hidrônio}}{H_3O^+(aq)}$$

Uma vez que o íon hidrônio também se forma, a solução se torna ácida, com um pH menor do que 7. Embora amônia esteja presente, ela é tão fracamente básica que ela não afeta o pH tanto quanto o íon hidrônio. A hidrólise ocorre em soluções salinas sempre que um dos íons do sal pode reagir com a água para produzir um ácido fraco (como o ácido acético) ou uma base fraca (como a amônia). A Tabela 7-9 lista alguns íons comuns e seu efeito no pH.

Tabela 7-9 Efeito de Alguns Íons no pH

Formam soluções ácidas	Formam soluções neutras	Formam soluções básicas
HSO_4^-	Cl^-	CO_3^{2-}
$H_2PO_4^-$	Br^-	HCO_3^-
NH_4^+	I^-	PO_4^{3-}
cátions metálicos (Zn^{2+}, Cu^{2+} etc)	SO_4^{2-}	$C_2H_3O_2^-$

Por causa da hidrólise, uma titulação ácido-base não produz necessariamente uma solução neutra. Por exemplo, a titulação de ácido acético, um ácido fraco, com hidróxido de sódio pode ser representada pela seguinte equação:

$$\underset{\text{ácido acético}}{HC_2H_3O_2(aq)} + \underset{\text{hidróxido de sódio}}{NaOH(aq)} \rightarrow \underset{\text{acetato de sódio}}{NaC_2H_3O_2(aq)} + \underset{\text{água}}{H_2O(l)}$$

No ponto de neutralização, a solução não contém mais o ácido acético ou o hidróxido de sódio originais. Ela contém somente acetato de sódio e água. Mas pelo fato de os íons acetato sofrerem hidrólise, a solução é realmente básica na neutralização.

7.7 Tampões

Objetivo: Para demonstrar entendimento desta seção, você deverá ser capaz de explicar como um tampão mantém o pH de uma solução.

Para o corpo humano funcionar adequadamente, o pH de seus fluidos deve ser mantido dentro de certos limites bem próximos. Por exemplo, o pH do sangue deve ficar entre 7,35 e 7,45. Semelhantemente, o pH de soluções envolvidas em reações industriais e processos laboratoriais deve freqüentemente ser mantida constante.

O pH de uma solução pode ser mantido próximo a um certo valor por um **tampão**. Tampão é uma solução cujo pH varia apenas muito levemente quando quantidades moderadas de ácido ou base são adicionadas. A Tabela seguinte compara os efeitos no pH da adição de 0,01 mol de HCl e 0,01 mol de NaOH a um litro de água pura e a um litro de um tampão típico. Tanto a água pura como o tampão estão inicialmente em pH 7,0.

Solução testada	pH inicial	pH depois de adicionar 0,01 mol de HCl	pH depois de adicionar 0,01 mol de NaOH
água pura	7,0	2,0	12,0
tampão	7,0	6,8	7,2

Como podemos ver, há uma grande diferença! Após adicionar 0,01 mol de íons H_3O^+ (do HCl 0,01 *M*) à água e ao tampão, o pH da água decresce 5,0 unidades, enquanto que o pH do tampão decresce apenas 0,2 unidade. Quando 0,01 mol de íons OH^- (do NaOH 0,01 *M*) é adicionado, o pH de um litro de água pura sobe 5,0 unidades, mas o pH do tampão sobe apenas 0,2 unidade.

Um tampão mantém um pH quase constante porque neutraliza pequenas quantidades de ácido ou base adicionadas à solução. O tampão pode consistir de um ácido fraco e seu ânion, tal como ácido acético e íon acetato. Ou também de uma base fraca e seu cátion correspondente, tal como amônia e íon amônio. No seu corpo, o pH é mantido ao redor de 7,4 por vários pares de tampões. Estes tampões impedem a acidose, um pH sangüíneo abaixo de 7,35, assim como a alcalose, um pH acima de 7,45. O principal tampão do plasma sangüíneo consiste de ácido carbônico, H_2CO_3 (esta fórmula representa o dióxido de carbono em água, $H_2O + CO_2$) e íon hidrogenocarbonato (bicarbonato), HCO_3^-. Se uma base entra no sangue, íons OH^- reagem com a parte ácida do tampão.

$$\underset{\text{íons hidróxido}}{OH^-(aq)} + \underset{\text{ácido carbônico}}{H_2CO_3(aq)} \rightarrow \underset{\text{água}}{H_2O(l)} + \underset{\text{íon bicarbonato}}{HCO_3^-(aq)}$$

A base é assim neutralizada enquanto forma mais íons bicarbonato e água. Se ácido entra no sangue, íons H_3O^+ reagem com íons bicarbonato, convertendo-os a ácido carbônico.

$$\underset{\text{íon hidrônio}}{H_3O^+(aq)} + \underset{\text{íon bicarbonato}}{HCO_3^-(aq)} \rightarrow \underset{\text{água}}{H_2O(l)} + \underset{\text{ácido carbônico}}{H_2CO_3(aq)}$$

Uma vez que o ácido carbônico é tão fracamente ionizado, os íons hidrônio são efetivamente removidos da solução. Um tampão sempre contém duas partes, de modo que ele pode neutralizar tanto um ácido como uma base, como acabamos de ver. A concentração do íon H_3O^+ livre (ou o do íon OH^- livre) permanece praticamente constante e portanto o pH também. Note que a reação de qualquer das formas do tampão a converte na outra forma.

O pH do sangue é determinado pelas quantidades relativas de cada par dos componentes tamponantes. Por exemplo, a razão entre HCO_3^- e H_2CO_3 é normalmente de 20 para 1. (Veja a Figura 7-7.) O sistema respiratório afeta a parte H_2CO_3, uma vez que sua concentração depende da pressão parcial de CO_2 (p_{CO2}) nos pulmões.

$$\underset{\text{dióxido de carbono}}{CO_2(g)} + \underset{\text{água}}{H_2O(l)} \rightleftarrows \underset{\text{ácido carbônico}}{H_2CO_3(aq)} \rightleftarrows \underset{\text{íon hidrônio}}{H_3O^+} + \underset{\text{íon bicarbonato}}{HCO_3^-}$$

Por exemplo, prendendo sua respiração, você aumenta a p_{CO2} nos seus pulmões. Como resultado, mais ácido carbônico entra no sangue. (Se você prendesse sua respiração por 5 minutos — não faça isto! — o pH sangüíneo cairia a 6,3.) O corpo usa um mecanismo semelhante para compensar a adição de base ao sangue. Enquanto a base reage com ácido carbônico, mais H_2CO_3 se forma a partir de CO_2 nos pulmões. A Figura 7-8 ilustra este processo. Ela também mostra que a adição de ácido ao sangue pode ser compensada pela exalação de mais CO_2.

Os rins controlam a parte HCO_3^- do tampão. Saúde em Notícia 7 descreve o que ocorre quando os pulmões e os rins são incapazes de manter o pH do sangue dentro de seus limites normais.

Sistemas tampão adicionais ajudam a manter constante o pH de outros fluidos corporais. Dentro das células, o sistema tampão "fosfato" é o mais importante. Os dois componentes são o íon hidrogenofosfato, HPO_4^-, e o íon diidrogenofosfato, $H_2PO_4^-$ Eles reagem com ácidos e bases da seguinte maneira:

$$\underset{\text{íon hidróxido}}{OH^-(aq)} + \underset{\text{íon diidrogeno-fosfato}}{H_2PO_4^-(aq)} \rightleftarrows \underset{\text{íon hidrogeno-fosfato}}{HPO_4^{2-}(aq)} + \underset{\text{água}}{H_2O(l)}$$

$$\underset{\text{íon hidrônio}}{H_3O^+(aq)} + \underset{\text{íon hidrogeno-fosfato}}{HPO_4^{2-}(aq)} \rightleftarrows \underset{\text{íon diidrogeno-fosfato}}{H_2PO_4^-(aq)} + \underset{\text{água}}{H_2O(l)}$$

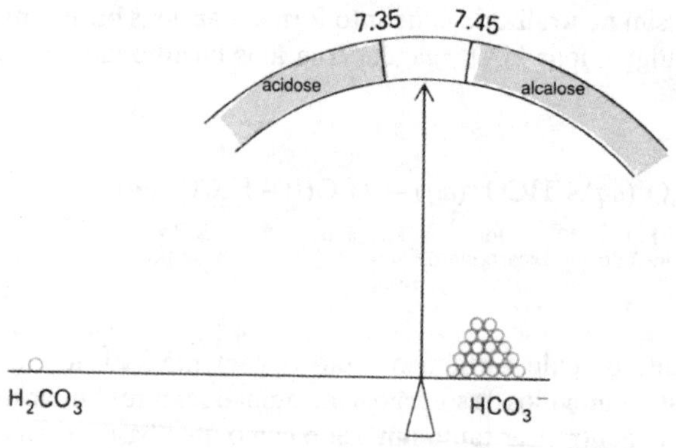

Figura 7-7
pH sangüíneo. As quantidades de H_2CO_3 e de HCO_3^- devem estar balanceadas para que o pH do sangue esteja dentro dos limites normais.

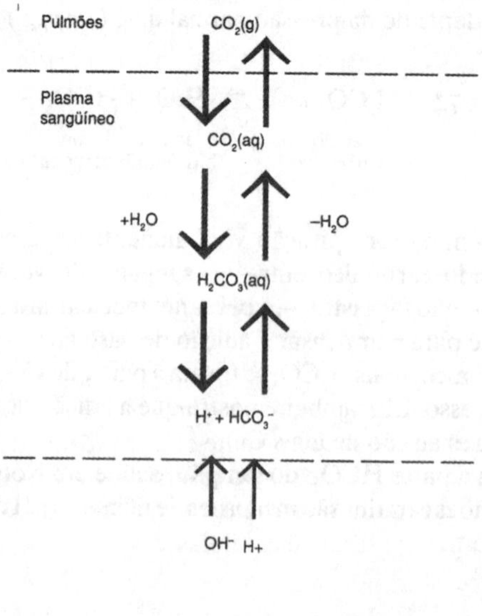

Figura 7-8
Principais sistemas tampão do sangue. Os principais sistemas tampão do sangue consistem de ácido carbônico, H_2CO_3, e íon hidrogenocarbonato (bicarbonato), HCO_3^-. Quando H^+ é adicionado ao sangue, ele converte HCO_3^- em H_2CO_3, aumentando o nível de CO_2 no sangue e fazendo com que mais CO_2 seja exalado. Quando OH^- entra no sangue, ele converte H_2CO_3 em HCO_3^-, baixando a concentração de H_2CO_3 e fazendo com que mais CO_2 dos pulmões se dissolva no sangue.

Saúde em Notícia 7

ACIDOSE E ALCALOSE

O pH dos fluidos corporais deve permanecer dentro de limites próximos. Morte pode resultar de aumentos ou diminuições relativamente pequenos de pH. A razão para nossa sensibilidade ao pH depende das enzimas que catalisam as reações químicas do corpo. Sua atividade cai rapidamente quando o pH muda. Uma vez que as enzimas desempenham papel tão crucial, sua inativação pode ser fatal.

Os tampões do plasma sangüíneo são as primeiras defesas do corpo contra mudanças do pH interno. Como descrito na Seção 7.7, seu papel é manter o pH sangüíneo dentro dos limites 7,35 a 7,45. Se o pH do sangue de uma pessoa cai abaixo de 7,35, diz-se que ela está com *acidose*, ou baixo pH sangüíneo. A acidose causa desorientação, coma e finalmente morte. Se o pH sobe além de 7,45, diz-se que ela está com *alcalose*, ou alto pH sangüíneo. A alcalose pode causar respiração fraca e irregular, cãibras musculares e convulsões. A acidose e a alcalose podem ser "respiratórias", resultando de mudanças na concentração de H_2CO_3, ou "metabólicas", resultando de mudanças na concentração de HCO_3^-.

A acidose respiratória ocorre às vezes em pessoas com pneumonia, enfisema, poliomielite, ou em pacientes anestesiados, porque estas condições podem interferir na respiração. Seu nível de H_2CO_3 sobe porque CO_2 suficiente não é exalado. O sistema nervoso responde à acidose tentando aumentar a velocidade e a intensidade da respiração a fim de diminuir a p_{CO2}.

A alcalose respiratória resulta do outro extremo-hiperventilação, ou respiração aumentada. Neste caso, muito CO_2 é perdido pelos pulmões. A p_{CO2} cai e a concentração de H_2CO_3 é reduzida abaixo do valor normal.

Um ataque de ansiedade ou histeria pode às vezes fazer com que uma pessoa respire muito rapidamente. Nestas condições, o pH sangüíneo pode subir a 7,6 ou 7,7 dentro de minutos. O sistema nervoso responde à alcalose baixando a velocidade de respiração para aumentar a p_{CO2} e a concentração de H_2CO_3.

Como mencionado, a acidose e a alcalose podem resultar de mudanças na concentração de HCO_3^-. Acidose metabólica, ou baixa concentração de HCO_3^-, pode resultar de desidratação severa ou de diabetes mellitus não tratada. Alcalose metabólica, ou alta concentração de HCO_3^-, pode resultar de vômito ou "overdose" de antiácidos.

A tabela seguinte resume as mudanças que ocorrem em cada uma destas quatro condições.

Condição	Distúrbio	pH
acidose respiratória	p^{CO2} sobe	diminui
alcalose respiratória	p^{CO2} cai	aumenta
acidose metabólica	HCO_3^- diminui	diminui
alcalose metabólica	HCO_3^- aumenta	aumenta

Para diagnosticar a condição ácido-base de um paciente, uma amostra de sangue arterial é retirada. Medidas de pH, p_{CO2} e $CO_2(H_2CO_3)$ total são então realizadas.

7.8 Eletrólitos Corporais

Objetivo: Para demonstrar entendimento desta seção, você deverá ser capaz de descrever o papel e a relação de cátions e ânions do nosso corpo.

Os sais presentes no corpo existem em solução sob forma de íons. Eles são chamados eletrólitos porque são capazes de conduzir corrente elétrica (como descrito na Seção 6.3). Os principais eletrólitos e suas funções estão resumidas na Tabela 7-10. Eles são essenciais para a manutenção do equilíbrio hídrico e o equilíbrio ácido-base do corpo, assim como para o funcionamento normal das células.

Tabela 7-10 Funções dos Principais Eletrólitos

Íon	Função
Na^+	cátion extracelular primário; mantém a pressão osmótica e o equilíbrio hídrico no sangue e nos espaços teciduais; necessário para a atividade de nervos e músculos.
K^+	cátion intracelular primário; mantém a pressão osmótica nas células; necessário para a atividade de nervos e músculos.
Ca^{2+}	forma a estrutura de ossos e dentes; necessário para a coagulação sangüínea e a atividade muscular.
Mg^{2+}	necessário para a atividade enzimática e para o sistema neuromuscular.
Cl^-	ânion extracelular primário; necessário para a secreção de HCl gástrico; participa do transporte sangüíneo de O_2 e CO_2.
HPO_4^{2-}	ânion intracelular primário; presente nos ossos com o Ca^{2+}; tampão ácido-base.
HCO_3^-	requerido como tampão para manter o equilíbrio ácido-base do sangue.
SO_4^{2-}	presente nas células com as proteínas.

A concentração de eletrólitos pode ser descrita de duas diferentes maneiras. A primeira expressa simplesmente a quantidade em solução em termos de molaridade. Por exemplo, o nível sangüíneo normal de sódio é de 135 a 145 mmoles/L. Um método mais antigo leva em conta as cargas dos íons. Ele expressa suas concentrações em termos de equivalentes (que usamos para descrever concentrações de ácidos e bases na Seção de Problemas 9: Titulação). "Peso" equivalente de um íon é sua massa molecular dividida pela carga do íon (ignorando o sinal da carga). Para íons com uma única carga, tais como Na^+ ou Cl^-, o peso equivalente é igual à massa de um mol. Para íons com duas cargas, como Ca^{2+} ou SO_4^{2-}, o peso equivalente é igual à metade da massa de um mol do íon. Pelo fato de quantidades relativamente pequenas de íons estarem presentes no corpo, o milequivalente (mEq), 1/1000 de um equivalente, é usado. Assim, a concentração de sódio seria expressa como 135 a 145 mEq/L. O uso de milequivalentes está sendo gradualmente substituído pelo uso da unidade SI, o milimol (mmol).

A Tabela 7-11 lista a composição em eletrólitos dos principais fluidos corporais. Note que no interior das células, o íon de potássio, K^+, é o cátion mais abundante e o hidrogeno fosfato, HPO_4^{2-}, é o ânion mais abundante. Os fluidos extracelulares tem composições eletrolíticas bem diferentes. O íon de sódio, Na^+, é o cátion mais abundante, e o íon cloreto, Cl^-, o ânion mais abundante destes fluidos.

Tabela 7-11 Composição Eletrolítica de Fluidos Corporais

	Intracelular mEq/litro)	Intersticial (mEq/litro)	Plama (mEq/litro)
Cátion			
Na^+	15	147	142
K^+	150	4	5
Ca^2+	2	2,5	5
Mg^{2+}	27	1	2
cátions totais	194	155,5	154
Ânion			
Cl^-	1	114	105
HCO_3^-	10	30	24
HPO_4^{2-}	100	2	2
SO_4^{2-}	20	1	1
ácidos orgânicos	0	7,5	6
proteínas	63	0	16
ânions totais	194	155,5	154

Note também na Tabela 7-11 que o número de milequivalentes de cátions é igual ao número de milequivalentes de ânions em cada fluido (como é requerido para a neutralidade elétrica). O equilíbrio eletrolítico entre os vários íons positivos e negativos é crucial à saúde. Como descrito no Teste Clínico 7, desequilíbrio eletrolítico pode resultar de deficiência ou excesso de um ou mais destes íons. Um desequilíbrio eletrolítico, que está freqüentemente associado com um desequilíbrio hídrico, pode levar a sérias conseqüênciais.

Teste Clínico 7

ELETRÓLITOS SÉRICOS

Os exames de eletrólitos do soro sangüíneo mais comumente solicitados são: sódio, Na^+; potássio, K^+; "dióxido de carbono" (HCO_3^-); e cloreto, Cl^-. Estes íons são os que mais variam em estados doentios e portanto são muito úteis. Como suas concentrações afetam a pressão osmótica, os níveis eletrolíticos no corpo estão intimamente relacionados com o equilíbrio de fluidos do corpo.

O *íon de sódio* em particular, o principal cátion extracelular, é um bom monitor do equilíbrio hídrico entre sangue e células teciduais. O *íon de potássio*, sua contrapartida dentro das células, não pode ser medido diretamente. Sua concentração no sangue é muito menor do que dentro das células mas, apesar disto, útil para indicar colapso renal e outras condições. *Dióxido de carbono* e seu eletrólito relacionado, HCO_3^-, estão intimamente ligados ao pH sangüíneo. De fato, a concentração de HCO_3^- é usualmente calculada a partir dos valores medidos de pH e p_{CO2}. Dióxido de carbono total consiste de CO_2 dissolvido, HCO_3^- e H_2CO_3. Os *íons cloretos* equilibram as cargas positivas dos íons de sódio no líquido extracelular. Eles estão ligados ao equilíbrio ácido-base através do "intercâmbio de íons cloretos". Sempre que HCO_3^- difunde para o sangue para ser levado das células, um íon Cl^- difunde no sentido oposto para manter as cargas constantes.

A seguinte tabela lista as condições que podem resultar dos excessos ou deficiências destes eletrólitos.

Desequilíbrios Eletrolíticos

		Causas do Desequilíbrio	
Eletrólito	**Limites normais mEq/L (mmoles/L)**	**Excesso**	**Deficiência**
sódio, Na^+	135-145	*hipernatremia*: excreção urinária aumentada (diurese); excesso de perda de água	*hiponatremia*: desidratação; acidose diabética; vômito; diarréia
potássio, K^+	3,5-5,0	*hipercalemia*: colapso renal; acidose	*hipocalemia*: condições gastrointestinais
bicarbonato ("dióxido de carbono"), HCO_3^-	24-30	*hipercapnia*: alcalose; hipoventilação	*hipocapnia*: acidose; hiperventilação; desidratação
cloreto, Cl^-	100-106	*hipercloremia*: anemia; condições cardíacas; desidratação	*hipocloremia*: infecção aguda; queimaduras; hipoventilação

Fluidoterapia parenteral é a manutenção do equilíbrio eletrolítico ou substituição de eletrólitos perdidos em pacientes que não podem ingerir fluidos normalmente. As necessidades diárias rotineiras podem ser atingidas por administração endovenosa de 1 litro de dextrose a 10% mais 20 mEq de KCl por 12 horas, seguida por 1 litro de dextrose a 5% (em salina a 0,45%) mais 20 mEq de KCl durante as 12 horas seguintes. Soluções de reposição de eletrólitos e água perdidos durante cirurgias, traumas, queimaduras ou choque contêm níveis mais altos de eletrólitos. Sua composição é semelhante ao fluido extracelular que elas estão destinadas a substituir.

SUMÁRIO

7.1 Ácido é um doador de prótons — ele pode transferir um próton para outra substância. Sendo o próton um íon de hidrogênio, um ácido aumenta a concentração hidrogeniônica da água. O íon de hidrogênio hidratado é chamado íon hidrônio.

7.2 Soluções de ácidos em água têm propriedades semelhantes porque todas elas contêm excesso de íons H_3O^+. Por exemplo, soluções ácidas têm sabor azedo, mudam a cor de corantes e reagem com certos metais. A força de um ácido depende de sua tendência em doar prótons. Os ácidos são designados com base nos seus ânions.

7.3 Base é um receptor de próton. É a substância para a qual um ácido transfere seu próton. Na água, as bases aumentam a concentração de íons hidroxila (hidróxido), OH^-. Soluções de bases têm sabor amargo e são escorregadias ao tato. As bases mais importantes são os hidróxidos do Grupo IA (1) e do Grupo IIA (2) e a amônia.

7.4 O pH de uma solução é uma medida da concentração de seus íons hidrônios. Uma solução neutra tem um pH igual a 7. Em solução aquosa, os ácidos têm pH menor do que 7 e as bases maior do que 7. Quanto mais forte um ácido, mais efetivamente ele baixa o pH da água. Quanto mais forte uma base, mais efetivamente ela aumenta o pH da água. Os indicadores revelam o pH porque sofrem uma mudança de cor.

Seção de Problemas 8 pH é definido como o logarítmo negativo da concentração de íons hidrônios em moles por litro. Ele pode ser calculado a partir da concentração dos íons H_3O^+ em moles/litro. Semelhantemente, a concentração dos íons H_3O^+ pode ser calculada a partir do pH.

7.5 Neutralização é a reação de um ácido com uma base. Na água, a neutralização consiste da reação entre os íons H_3O^+ e os íons OH^- para formar água neutra. Sal é um composto iônico formado por neutralização. Ele contém um cátion da base e um ânion do ácido.

Seção de Problemas 9 Titulação é o processo de reação entre um ácido e uma base para determinar a concentração de um deles. Por exemplo, se desejamos determinar a concentração de um ácido, adicionamos uma base de concentração conhecida. Podemos calcular a concentração do ácido a partir do volume usado de ácido e da concentração e volume conhecidos da base adicionada. Normalidade, o número de equivalentes de soluto por litro de solução pode ser usado para cálculos de titulação: $N_A V_A = N_B V_B$.

7.6 Hidrólise é a reação de um sal com água em que as moléculas de água dividem o sal e se ionizam. A hidrólise pode produzir íons de hidrogênio (hidrônio) livres, tornando a solução ácida, ou íons hidroxilas (hidróxido) livres, tornando a solução básica.

7.7 Uma solução tampão consiste de um ácido fraco e seu ânion, ou de uma base fraca e seu cátion. O pH de um tampão muda apenas levemente por adição de pequenas quantidades de ácidos ou bases.

7.8 Os sais presentes em nosso corpo existem como íons e são portanto chamados eletrólitos. Os eletrólitos mais importantes são: Na^+, K^+, Ca^{2+}, Mg^{2+}, Cl^-, HCO_3^-, HPO_4^{2-} e SO_4^{2-}. Eles são essenciais para a manutenção do equilíbrio de fluidos e do equilíbrio ácido-base, assim como para o funcionamento normal das células. O número de miliequivalentes de todos os cátions é igual ao número de miliequivalentes de todos os ânions dos fluidos corporais.

EXERCÍCIOS

Exercício sobre Casamento de Palavras-Chave

Para cada termo à esquerda, escolha a frase da coluna à direita que mais se aproxima do seu significado.

1. ácido	a. 1×10^{-14}
2. íon hidrônio	b. medida da concentração de H_3O^+
3. base	c. sais do nosso corpo
4. eletrólitos	d. equivalentes por litro
5. produto iônico	e. receptor de prótons
6. pH	f. reação ácido-base
7. indicador	g. usada para se achar a concentração
8. neutralização	h. formado durante a neutralização
9. sal	i. muda o pH do valor 7
10. titulação	j. mantém o pH realtivamente constante
11. hidrólise	k. doador de prótons
12. tampão	l. muda de cor com o pH
13. normalidade	m. próton hidratado

Exercícios por Tópicos

Ácidos (7.1)

14. Compare as definições de ácido de Arrhenius e de Brönsted-Lowry.
15. O que é que torna o íon de hidrogênio tão especial?
16. Em que forma o íon de hidrogênio existe em solução aquosa?
17. Escreva equações para a ionização do (a) ácido nítrico e (b) ácido fosfórico.
18. O que você entende por auto-ionização da água?

Nomes e Propriedades dos Ácidos (7.2)

19. Dê nome aos seguintes ácidos:
    a. $HC_2H_3O_2$
    b. HNO_2
    c. $HClO_4$
20. Escreva a fórmula do
    a. ácido sulfúrico
    b. ácido fosfórico
    c. ácido hipocloroso
21. Escreva a fórmula e o nome do ácido que contém o íon oxalato, $C_2O_4^{2-}$.
22. Escreva o nome e a fórmula do ácido cujo ânion é o borato, BO_3^{3-}.

23. Dê o nome ao:
    a. HIO_4
    b. H_2Se
    c. HBr
24. Descreva uma propriedade física e uma propriedade química dos ácidos.
25. De que fator depende a força de um ácido?
26. Dê nome ao ácido que
    a. está no vinagre
    b. é o "burro de carga" da indústria química
    c. é o ácido do estômago
    d. torna a pele amarela

Bases (7.3)

27. Compare as definições de base de Arrhenius e de Brönsted-Lowry.
28. Por que é a amônia uma base?
29. Como estão os ácidos e as bases relacionados pela definição de Brönsted?
30. Dê uma propriedade física e uma propriedade química das bases.
31. Por que devem as soluções concentradas de NaOH ser estocadas em frascos plásticos?

pH de Ácidos e Bases (7.4)

32. O que determina a acidez ou basicidade de uma solução?
33. Se a concentração de íons H_3O^+ de uma solução é de 1×10^{-4} *M* (a 25°C), qual é a concentração de íons OH^-.
34. Por que é útil a escala de pH?
35. O que é indicador?

pH e Concentração de Íons Hidrônios (Seção de Problemas 8)

36. Qual é o pH quando a concentração de íons H_3O^+ é
    a. 10^{-9}
    b. 10^{-3}
    c. 10^{-7}
    d. 10^{-1}
    e. 10^{-5}
37. Quais das soluções do Exercício 36 são ácidas?
38. Qual é a concentração dos íons H_3O^+ e OH^- numa solução cujo pH é
    a. 4
    b. 8
    c. 13
39. Calcule o pH de uma solução cuja concentração dos íons H_3O^+ é
    a. $3{,}5 \times 10^{-8}$ *M*
    b. $7{,}1 \times 10^{-3}$ *M*
    c. $5{,}0 \times 10^{-5}$ *M*
    (Veja o Apêndice E.)
40. Calcule a concentração dos íons H_3O^+ de uma solução cujo pH é (Veja o Apêndice E.)
    a. 2,3
    b. 13,5
    c. 6,7
41. Uma solução de carbonato de sódio 0,1 *M* tem um pH igual a 11,5. Calcule a concentração dos íons H_3O^+ desta solução. (Veja o Apêndice E.)

Neutralização (7.5)

42. O que ocorre numa reação de neutralização?
43. Como um antiácido funciona?
44. Complete e balanceie as seguintes equações:
    a. $HF + LiOH \rightarrow ?$
    b. $H_2SO_4 + Ca(OH)_2 \rightarrow ?$
    c. $HNO_3 + KOH \rightarrow ?$
45. Qual é o ácido e a base a partir dos quais os seguintes sais são preparados?
    a. NH_4Br
    b. $CsNO_3$
    c. $Ca(C_2H_3O_2)_2$

Titulação (Seção de Problemas 9)

46. Por que são titulações realizadas?
47. Qual é a molaridade de uma solução de ácido nítrico, HNO_3, se 25,0 mL são neutralizados por 15,2 mL de NaOH 0,112 *M*?
48. Numa titulação, 50,0 mL de hidróxido de cálcio são neutralizados por 32,5 mL de HCl 0,531 *M*. Calcule a molaridade da base.
49. Se 10,0 mL de HCl são neutralizados por 28,3 mL de KOH 0,496 *M* numa titulação, qual é a molaridade do ácido?
50. Qual é o peso equivalente do
    a. HNO_3
    b. $Ba(OH)_2$
51. Que massa de hidróxido de cálcio é necessária para preparar 500, mL de uma solução 0,15 *N*?
52. Calcule a normalidade do
    a. H_2SO_4 0,10 *M*
    b. KOH 2,1 *M*
53. Uma amostra de 10,0 mL de ácido é titulada com 21,3 mL de base 0,105 *N*. Calcule a normalidade do ácido.

54. Se 17,9 mL de ácido sulfúrico 0,253 *N* são necessários para titular 25,0 mL de uma solução de hidróxido de sódio, qual é a normalidade da base?

Hidrólise (7.6)

55. O que ocorre na hidrólise?
56. Prediga se uma solução contendo os seguintes sais seria ácida, básica ou neutra.
a. $NaClO_4$
b. KH_2PO_4
c. $MgCl_2$
57. Escreva uma equação para a hidrólise do carbonato de sódio. Explique por que a solução é ácida ou básica.
58. Complete e balanceie as seguintes equações:
a. $PO_4^{3-} + H_2O \rightarrow ?$
b. $CN^- + H_2O \rightarrow ?$

Tampões (7.7)

59. Quais são os componentes de um tampão?
60. Como funciona um tampão?
61. Quais dos seguintes sistemas agiriam como tampão? Explique.
a. $HCl + NaCl$
b. $H_2SO_4 + NaHSO_4$
c. $NaOH + HCl$
d. $H_2S + Na_2S$
e. $H_2CO_3 + K_2CO_3$
62. Como o sangue mantém um pH relativamente constante?

Eletrólitos Corporais (7.8)

63. Qual é o cátion mais abundante e o ânion mais abundante do plasma sangüíneo? do líquido intracelular? do líquido intersticial?
64. O que significa o termo equilíbrio eletrolítico?
65. Qual é o peso equivalente do
a. K^+ ?
b. SO_4^{2-} ?
c. Mg^{2+} ?
d. HPO_4^{2-} ?
66. Por que é usada a fluidoterapia parenteral?

Exercícios Adicionais

67. Qual é a diferença entre um ácio orgânico e um ácido mineral? Dê um exemplo de cada tipo.
68. Usando a Figura 7-3, diga qual indicador você escolheria para medir uma mudança de pH que ocorre ao redor de pH 5.
69. Calcule o pH de uma solução cuja concentração de íons OH^- é
a. 10^{-2} *M*
b. 10^{-7} *M*
c. 10^{-9} *M*
70. Como pode você testar a força de um ácido?
71. O pH do "cafezinho" é 5,0. Qual é a sua concentração de íons H_3O^+ e OH^- ?
72. Se 17,9 mL de uma solução de NaOH são necessários para titular 2,15 g de ácido benzóico, $HC_7H_5O_2$, qual é a molaridade da base?
73. Usando a Tabela 7-2, determine quantos mililitros de ácido nítrico concentrado são necessários para preparar 2,0 L de uma solução 0,514 *M*.
74. Se pOH é definido como $-\log [OH^-]$, calcule o pOH de uma solução cuja concentração de íons OH^- é $8,3 \times 10^{-4}$ *M*.
75. Uma solução contém 10,0 g de KOH em 500, mL. Calcule seu pH.
76. Qual é a concentração de OH^- no HCl 0,010 *M*?
77. Qual é o pH da solução do Exercício 76?
78. Escreva as equações para a completa ionização do ácido carbônico, H_2CO_3, em água.
79. Prediga se soluções dos seguintes compostos seriam ácidas, básicas ou neutras:
a. K_2CO_3
b. $CaCl_2$
c. $NaHSO_3$
d. $AgNO_3$
e. Li_3PO_4
80. Suco de tomate tem um pH de 4,2 e suco de limão tem um pH de 2,2. Quantas vezes maior é a concentração de H_3O^+ no suco de limão?
81. Se 23,65 mL de uma solução de HCl neutralizam 25,00 mL de uma solução de NaOH 0,1037 *M*, qual é a molaridade do HCl?
82. Complete as seguintes equações:
a. $HSO_3^- + OH^- \rightarrow ?$
b. $HSO_3^- + H_3O^+ \rightarrow ?$
83. Calcule a molaridade do
a. H_2CO_3 0,020 *N*
b. $Mg(OH)_2$ $5,0 \times 10^{-3}$ *N*

Capítulo 8

Química Nuclear

Nos capítulos anteriores estudamos propriedades químicas e reações químicas. Elas dependem do número e do arranjo dos elétrons periféricos do átomo. As reações nucleares, por outro lado, envolvem os prótons e os nêutrons do interior do núcleo dos átomos. A química nuclear, estudo das transformações dos núcleos dos átomos, é apresentada neste capítulo. Descrevemos a radiação, que é produzida por alterações nucleares, e discutimos seus usos tanto para o diagnóstico como para o tratamento de doenças.

8.1 Radiatividade

Objetivo: Para demonstrar entendimento desta seção, você deverá ser capaz de descrever os tipos de radiação emitidos por átomos radiativos.

Os núcleos de certos átomos são instáveis. Quando estes núcleos explodem, liberam partículas e energia, que chamamos de **radiação nuclear**. Os núcleos que emitem radiação são chamados núcleos radiativos. O processo de explosão ou desintegração nuclear pelo qual os núcleos emitem radiação é conhecido como **radiatividade**.

A radiatividade foi observada pela primeira vez pelo cientista francês Henri Becquerel em 1896 quando acidentalmente colocou um sal de urânio ao lado de um pedaço de filme fotográfico coberto. Para sua grande surpresa, o filme ficou exposto sem que nenhuma luz o tivessem atingido. Becquerel concluiu que o urânio tinha emitido uma forma invisível de energia que expusera o filme. Esta energia era uma forma de radiação nuclear.

A estabilidade de um núcleo, sua tendência a não explodir, depende da razão de seus nêutrons e prótons, assim como do número total destes. Núcleos com pequenas massas são os mais estáveis quando o número de nêutrons é igual ao de prótons. Núcleos com grandes massas porém requerem aproximadamente 1,5 nêutrons por próton para sua estabilidade. Por exemplo, um átomo estável de mercúrio tem 80 prótons e 120 nêutrons em seu núcleo. Todos os núcleos radiativos com números de massa acima de 209 são instáveis e explodem até atingir uma razão nêutron-próton estável. Neste processo, eles emitem um ou mais dos três tipos de radiação a seguir.

Radiação alfa, designada segundo e simbolizada pela primeira letra do alfabeto grego (α). Ela consiste de partículas de baixa energia, carregadas positivamente, chamadas partículas alfa. Cada partícula contém dois nêutrons e dois prótons. As partículas são idênticas a núcleos de átomos de hélio. Cada uma tem uma massa de 4 amu e carga 2+. Por causa de sua carga, tamanho relativamente grande e baixa energia, elas podem ser facilmente barradas até por um fino pedaço de papel ou pela camada de células mortas de sua pele. As partículas alfa são porém perigosas se permitidas de entrarem no corpo por inalação ou ingestão.

Radiação beta, designada segundo a segunda letra grega (β), também consiste de partículas. As partículas beta são simples elétrons, emitidos com alta velocidade e alta energia pelos núcleos. (A Seção 8.3 explica este processo.) Elas tem uma carga igual a 1– e uma massa muito pequena (1/1827 amu). Comparada com a massa do núcleo, a massa do elétron é tão pequena que é usualmente ignorada. As partículas beta penetram os materiais mais profundamente do que as partículas alfa. Elas podem penetrar na pele, causando queimaduras, mas são barradas antes de atingir órgãos internos (a menos que inaladas ou ingeridas).

Radiação gama, designada segundo a terceira letra grega (γ), difere das radiações alfa e beta por não consistir de partículas materiais. Os raios gama não têm massa e nem carga, mas são uma forma de radiação eletromagnética, como os raios-X. (Veja a Figura 8-1.) Podemos imaginar os raios gama como fótons de alta energia, ou "partículas" de energia. Eles são milhões de vezes mais energéticos do que os fótons da radiação visível. Podem passar, até certo ponto, através da maioria dos materiais,

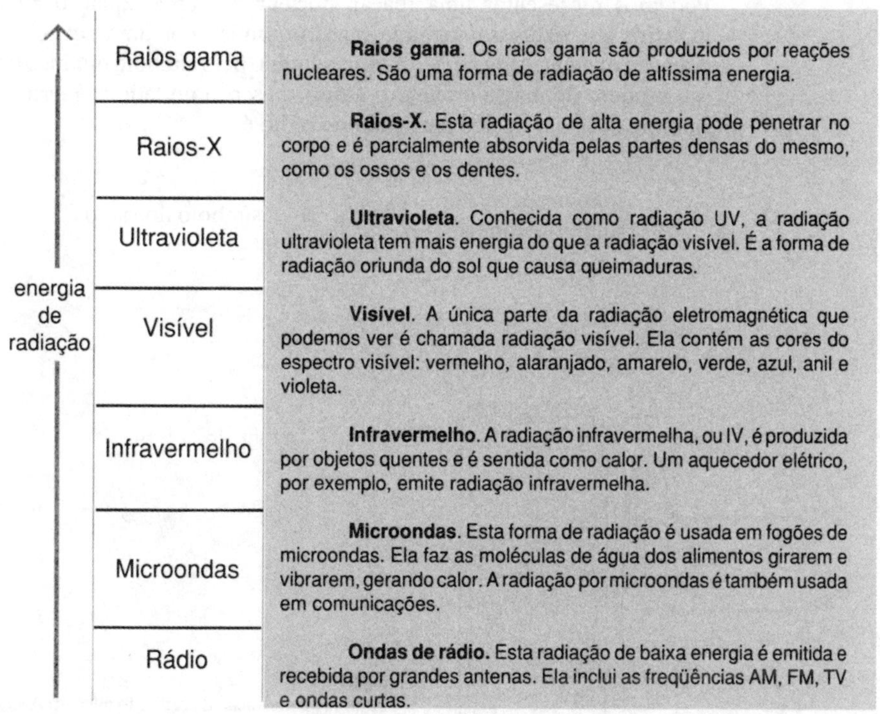

Figura 8-1
A radiação eletromagnética. Esta forma de energia transmitida é chamada de eletromagnética porque consiste de campos elétricos e magnéticos. Todas as formas viajam à velocidade da luz, que é de $3{,}0 \times 10^8$ m/segundo no vácuo.

incluindo chumbo ou concreto. A radiação gama pode portanto penetrar e passar através do corpo humano, causando dano, como descrito na Seção 8.8.

Algumas propriedades das radiações (α, β, γ) estão resumidas na Tabela 8-1. Sua capacidade de penetração está ilustrada na Figura 8-2.

Tabela 8-1 Propriedades das Radiações

Nome	Símbolo	Composição	Massa (amu)	Carga	Poder de penetração
alfa	α	núcleos de hélio (2 prótons e 2 nêutrons)	4	2^+	baixo
beta	β	elétron	1/1827	1–	moderado
gama	γ	onda de energia	0	0	muito alto

8.2 Reações Nucleares

Objetivo: Para demonstrar entendimento desta seção, você deverá ser capaz de interpretar e completar as equações nucleares.

Podemos representar uma reação nuclear por uma equação nuclear, da mesma maneira que expressamos uma reação química por uma equação química. Numa equação nuclear, cada núcleo é representado pelo símbolo químico do elemento, com seu número de massa e número atômico escrito no lado esquerdo. Por exemplo, o símbolo para um núcleo particular de rádio é

$$\begin{array}{l} \text{número de massa} \rightarrow \\ \text{número atômico} \rightarrow \end{array} {}^{226}_{88}\text{Ra} \leftarrow \text{símbolo do rádio}$$

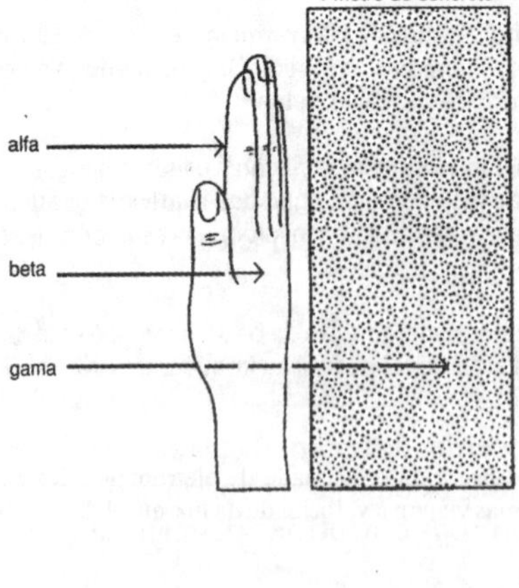

Figura 8-2
Poder de penetração da radiação nuclear. A radiação alfa é barrada pela pele; a radiação beta penetra na pele mas pára antes de atingir os órgãos vitais; a radiação gama penetra e passa através do corpo.

O sobrescrito é o número de massa do núcleo, e o subscrito é o número atômico. Como vimos no Capítulo 2, o número atômico de um elemento é igual ao número de prótons do núcleo de um átomo daquele elemento. Todos os núcleos de um dado elemento têm o mesmo número de prótons. Por exemplo, todos os átomos de rádio têm 88 prótons no núcleo. Uma vez escrito o símbolo do elemento, Ra, não precisamos escrever o número atômico porque este é fixo. Nós porém freqüentemente o incluímos como um auxiliar para seguir as reações nucleares.

O número de massa, a soma dos prótons e nêutrons do núcleo, não pode jamais ser omitido. Núcleos do mesmo elemento podem conter diferentes números de nêutrons e portanto diferentes números de massa. Como vimos anteriormente, tais núcleos são chamados isótopos do elemento. Por exemplo, o rádio tem 16 isótopos. Aqui estão eles

$$^{213}_{88}Ra \quad ^{214}_{88}Ra \quad ^{215}_{88}Ra \quad ^{216}_{88}Ra \quad ^{217}_{88}Ra \quad ^{219}_{88}Ra \quad ^{220}_{88}Ra \quad ^{221}_{88}Ra$$

$$^{222}_{88}Ra \quad ^{223}_{88}Ra \quad ^{224}_{88}Ra \quad ^{225}_{88}Ra \quad ^{226}_{88}Ra \quad ^{227}_{88}Ra \quad ^{228}_{88}Ra \quad ^{230}_{88}Ra$$

Como acabamos de mencionar, o número atômico, 88, pode ser omitido destes símbolos. Um isótopo é designado pelo seu número de massa. Por exemplo, $^{226}_{88}Ra$ é chamado rádio-226.

As três diferentes formas de radiação nuclear são representadas nas equações da seguinte maneira:

partícula alfa $^{4}_{2}He$ ou $^{4}_{2}\alpha$

partícula beta $^{0}_{-1}e$ ou $^{0}_{-1}\beta$

raio gama $^{0}_{0}\gamma$ ou γ

Pelo fato de a partícula alfa ser idêntica ao núcleo de um átomo de hélio, ela pode ser representada pelo símbolo He. Semelhantemente, sendo a partícula beta um elétron, ela pode ser representada pelo símbolo e. O número atômico de uma partícula nuclear é simplesmente sua carga. Por exemplo, uma vez que a carga de um elétron é –1, damos à partícula beta o subscrito –1. Como os raios gama não têm nem massa e nem carga, eles não são usualmente mostrados em equações nucleares. Quando prótons e nêutrons tomam parte em reações nucleares, eles são representados das seguintes maneiras:

próton $^{1}_{1}H$ ou $^{1}_{1}p$

nêutron $^{1}_{0}n$

Agora estamos prontos para escrever equações de reações nucleares. A desintegração do rádio para formar radônio é uma típica reação nuclear.

$$\underset{\text{rádio}}{^{226}_{88}Ra} \rightarrow \underset{\text{radônio}}{^{222}_{86}Rn} + \underset{\text{partícula alfa}}{^{4}_{2}He}$$

O rádio forma outro elemento, radônio, perdendo uma partícula alfa. Nesta reação, e em todas as outras reações nucleares, os prótons e nêutrons são rearranjados como nas reações químicas. Mas o número total de prótons e nêutrons permanece o mesmo.

Portanto, *a soma dos números de massa deve ser a mesma em ambos os lados da equação.*

$$\text{soma dos números de massa dos reagentes} = \text{soma dos números de massa dos produtos}$$

$$226 \text{ amu} = 222 \text{ amu} + 4 \text{ amu}$$

A soma das cargas (ou números atômicos) devem também ser as mesmas em ambos os lados da equação.

$$\text{soma das cargas dos reagentes} = \text{soma das cargas dos produtos}$$
$$88 = 86 + 2$$

Tendo em mente estas regras sobre a soma das massas e das cargas, podemos descobrir um reagente ou produto que está faltando numa equação nuclear. Por exemplo, se sabemos que o urânio-238 se desintegra emitindo uma partícula alfa, o núcleo produto pode ser rapidamente encontrado.

$${}^{238}_{92}U \rightarrow ? + {}^{4}_{2}He$$

Uma vez que a massa do reagente é 238, a massa dos produtos deve ser também 238. Como a partícula alfa tem uma massa igual a 4, o núcleo formado deve ter um número de massa de 238 – 4 = 234. Semelhantemente, uma vez que a carga do reagente é 92, a carga dos produtos deve somar 92. Como a partícula alfa tem uma carga 2+, o núcleo procurado deve ter uma carga (ou número atômico) de 92–2 = 90.

Examinando a tabela periódica (veja contracapa anterior), verificamos que o elemento tório tem um núcleo com número atômico 90. Portanto, o produto deve ser o tório, e a equação completa é

$$\underset{\text{urânio–238}}{{}^{238}_{92}U} \rightarrow \underset{\text{tório–234}}{{}^{234}_{90}Th} + \underset{\text{partícula alfa}}{{}^{4}_{2}He}$$

Exemplo

Complete cada uma das equações identificando o reagente ou produto que falta.

	Massa ausente	*Carga ausente*	*Partícula ausente*
a. ${}^{14}_{6}C \rightarrow ? + {}^{0}_{-1}e$	14	7+	${}^{14}_{7}N$
b. ${}^{14}_{7}N + {}^{4}_{2}He \rightarrow ? + {}^{1}_{1}H$	17	8+	${}^{17}_{8}O$
c. ${}^{207}_{84}Po \rightarrow {}^{203}_{82}Pb + ?$	4	2+	${}^{4}_{2}He$
d. $? + {}^{2}_{1}H \rightarrow {}^{55}_{26}Fe + 2{}^{1}_{0}n$	55	25+	${}^{55}_{25}Mn$

Pratique Problema

Qual é o produto ausente na seguinte equação nuclear:

$$^{235}_{92}U + ^{1}_{0}n \rightarrow ^{139}_{56}Ba + ? + 3^{1}_{0}n$$

Resposta: $^{94}_{36}Kr$

Faça-o Você Mesmo 8

DETECTANDO INCÊNDIOS ATRAVÉS DA RADIAÇÃO

Detectores de incêndios são dispositivos que disparam um alarme durante os estágios iniciais de um incêndio. Eles salvam muitas vidas a cada ano detectando incêndios suficientemente cedo para permitir às pessoas escaparem. Um tipo de detector contém uma ínfima quantidade do elemento radiativo amerício-241. Este elemento se desintegra da seguinte maneira:

$$\underset{\text{amerício-241}}{^{241}_{95}Am} \rightarrow \underset{\text{netúnio-237}}{^{237}_{93}Np} + \underset{\text{partícula alfa}}{^{4}_{2}He}$$

A radiação resultante ioniza o ar dentro e ao redor do detector, tornando-o condutor de eletricidade. Uma pequena bateria dentro do detector serve como fonte de eletricidade. Quando partículas de fumaça entram no detector, elas bloqueiam o fluxo de corrente elétrica. Esta redução da corrente dispara o alarme.

Pelo fato de haver quantidade tão pequena do radioisótopo num detector, há pouco dano por radiação. Se uma pessoa ficasse a cerca de 25 cm do mesmo 8 horas por dia durante um ano inteiro, receberia somente 0,5 milirem anualmente. Esta quantidade de radiação é cerca de 1/10 da quantidade que um passageiro de avião recebe em raios cósmicos durante uma viagem de ida e volta entre Nova York e Los Angeles. O amerício usado em detectores é um produto residual de processos nucleares realizados em Oak Ridge National Laboratory, Tennessee.

Como fazer: Teste o detector de incêndio em sua casa. Cuidadosamente segure uma vela acesa sob o mesmo. A que distância mínima deve ficar a vela a fim de disparar o alarme? Deve haver fumaça visível para ativar o detector? Experimente com a fumaça de uma vela recém-apagada.

8.3 Radiatividade Natural e Artificial

Objetivo: Para demonstrar entendimento desta seção, você deverá ser capaz de descrever as propriedades e preparação de núcleos radiativos.

Muitos elementos pesados e de fato *todos os isótopos dos elementos mais pesados do que o bismuto,* $^{209}_{83}$*Bi, são radiativos*. A forma radiativa de um elemento é conhecida como um **radioisótopo**. A presença de 84 ou mais prótons num núcleo tende a torná-lo instável independentemente do número de nêutrons presentes. Os elementos além do urânio, assim como o tecnécio (43) e o promécio (61), são tão radiativos que quaisquer quantidades presentes quando a Terra se formou desintegraram-se desde então. Mesmo alguns elementos estáveis como o potássio têm isótopos radiativos que ocorrem naturalmente. De fato, a presença de cerca de um mol de núcleos de K no seu corpo torna-o muito pouco radiativo. Dos 347 diferentes núcleos encontrados na natureza, 67 são radiativos e 280 são estáveis.

Um núcleo instável, ou radiativo, desintegra-se em etapas até formar um núcleo estável. Tal série de reações nucleares é conhecida como série de desintegração radiativa. A Figura 8-3 ilustra a série que começa com o urânio-238. Outras séries começam com o urânio-235 e o tório-232. Em cada etapa destas séries, um núcleo "mãe" expontaneamente se desintegra para formar núcleos "filha", que também se desintegram, até finalmente um núcleo estável se formar.

Cada desintegração em uma série é acompanhada pela emissão de uma partícula alfa, ou beta, e às vezes também por radiação gama. Como os núcleos contêm prótons e nêutrons, é relativamente fácil entender como um núcleo instável pode liberar uma partícula alfa consistindo de dois prótons e dois nêutrons. Este processo conhecido como desintegração alfa, foi ilustrado na seção anterior com a desintegração do rádio para formar o elemento mais leve radônio. Como porém os núcleos não contêm nenhum elétron, é mais difícil entender como uma partícula beta (um elétron) pode ser emitida pelo núcleo. Conclui-se que um nêutron é convertido em um próton e um elétron durante a desintegração beta: $^{1}_{0}n \rightarrow {}^{1}_{1}p + {}^{0}_{1}e$. Neste caso, um elétron é liberado e o número atômico do núcleo aumenta de uma unidade. Um exemplo de desintegração beta é a conversão de chumbo-214 a bismuto-214:

$$^{214}_{82}Pb \rightarrow {}^{214}_{83}Bi + {}^{0}_{-1}e$$

chumbo-214 bismuto-214 elétron

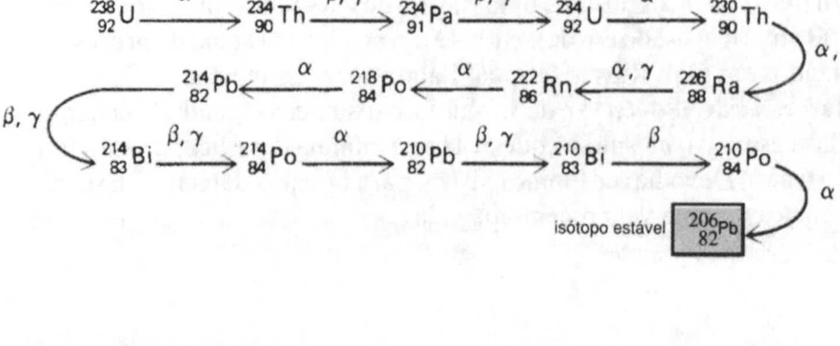

Figura 8-3
Série de desintegração do urânio. Os símbolos acima das setas indicam os tipos de radiação emitidos em cada etapa.

Na série de desintegração do urânio-238, um total de oito partículas alfa e seis partículas beta são liberadas, resultando finalmente na formação do estável chumbo-206:

$$\underset{\text{urânio-238}}{{}^{238}_{92}\text{U}} \rightarrow \underset{\text{chumbo-206}}{{}^{206}_{82}\text{Pb}} + \underset{\text{partícula alfa}}{8\,{}^{4}_{2}\text{He}} + \underset{\text{elétron}}{6\,{}^{0}_{-1}\text{e}}$$

Além daqueles que ocorrem naturalmente, mais de 1500 isótopos radiativos foram produzidos artificialmente. (De fato, sabe-se que cada elemento tem pelo menos um isótopo radiativo, natural ou artificial.) Um dos mais comuns métodos para se fabricar radioisótopos é o bombardeamento, o choque de um núcleo com uma partícula de alta energia. Se um núcleo estável é bombardeado com nêutrons, um radioisótopo pode se formar (Veja a Figura 8-4). Tal reação, conhecida como captura ou ativação por nêutrons, é usada para se fabricar cobalto-60 radiativo:

$$\underset{\text{cobalto-59}}{{}^{59}_{27}\text{Co}} + \underset{\text{nêutron}}{{}^{1}_{0}\text{n}} \rightarrow \underset{\text{cobalto-60}}{{}^{60}_{27}\text{Co}}$$

Nem todo o cobalto-59 é convertido a cobalto-60 nesta reação. Portanto, depois da reação nós ficamos com uma mistura de cobalto-59 estável e cobalto-60 radiativo. É muito difícil separar as duas formas de cobalto porque elas são quimicamente indistinguíveis. Portanto, a forma estável é chamada de transportadora porque ela transporta, ou contém, o radioisótopo após a captura do nêutron.

Bombardeando-se um núcleo com partículas subatômicas, ou com núcleos menores, é também possível transformar um núcleo em núcleo de outro elemento. Este tipo de reação, chamado de transmutação artificial, está ilustrado na Figura 8-5. A transmutação artificial, um dos objetivos dos alquimistas, só se tornou possível depois do desenvolvimento de reatores nucleares e aceleradores. Reatores nucleares podem produzir nêutrons e outra partículas; aceleradores são gigantescas máquinas que podem fornecer às partículas carregadas uma grande energia. Um exemplo de transmutação é a produção de fósforo-32 radiativo a partir de enxofre-32 estável:

$$\underset{\text{enxofre-32}}{{}^{32}_{16}\text{S}} + \underset{\text{nêutron}}{{}^{1}_{0}\text{n}} \rightarrow \underset{\text{fósforo-32}}{{}^{32}_{15}\text{P}} + \underset{\text{hidrogênio}}{{}^{1}_{1}\text{H}}$$

"E EU QUE PENSAVA QUE O TÓRIO LIBERASSE UM RAIO GAMA APÓS ABSORVER UM NÊUTRON"!

Figura 8-4
(*Desenvolvimento de Pesquisa Industrial*, Outubro de 1973.)

Novamente, nem todos os núcleos de enxofre são convertidos a fósforo-32 nesta reação. Em reações de transmutação, porém, o produto é um elemento diferente do elemento de partida e pode portanto ser prontamente separado. Tal radioisótopo é chamado livre de transportador.

Como mostra a Tabela 8-2, os elementos além do urânio, chamados elementos transurânicos, podem ser produzidos por bombardeamento com uma variedade de partículas. Estas partículas vão de nêutrons até núcleos tão grandes como os do oxigênio-18. Muitos elementos transurânicos foram pela primeira vez produzidos no Lawrence Radiation Laboratory da Universidade da Califórnia.

Tabela 8-2 Formação de Elementos Transurânicos

Número Atômico	Nome	Como o elemento se forma
93	neptúnio	${}^{238}_{92}U + {}^{1}_{0}n \rightarrow {}^{239}_{93}Np + {}^{0}_{-1}e$
94	plutônio	${}^{238}_{92}U + {}^{2}_{1}H \rightarrow {}^{238}_{93}Np + 2{}^{1}_{0}n$
		${}^{238}_{93}Np \rightarrow {}^{238}_{94}Pu + {}^{0}_{-1}e$
95	amerício	${}^{239}_{94}Pu + {}^{1}_{0}n \rightarrow {}^{240}_{95}Am + {}^{0}_{-1}e$
96	cúrio	${}^{239}_{94}Pu + {}^{4}_{2}He \rightarrow {}^{242}_{96}Cm + {}^{1}_{0}n$
97	berquélio	${}^{241}_{95}Am + {}^{4}_{2}He \rightarrow {}^{243}_{97}Bk + 2{}^{1}_{0}n$
98	califórnio	${}^{242}_{96}Cm + {}^{4}_{2}He \rightarrow {}^{245}_{98}Cf + {}^{1}_{0}n$
99	einsteinio	${}^{238}_{92}U + 15{}^{1}_{0}n \rightarrow {}^{253}_{99}Es + 7{}^{0}_{-1}e$
100	férmio	${}^{238}_{92}U + 17{}^{1}_{0}n \rightarrow {}^{255}_{100}Fm + 8{}^{0}_{-1}e$
101	mendelévio	${}^{253}_{99}Es + {}^{4}_{2}He \rightarrow {}^{256}_{101}Md + {}^{1}_{0}n$
102	nobélio	${}^{246}_{96}Cm + {}^{12}_{6}C \rightarrow {}^{254}_{102}No + 4{}^{1}_{0}n$
103	laurêncio	${}^{252}_{98}Cf + {}^{10}_{5}B \rightarrow {}^{257}_{103}Lr + 5{}^{1}_{0}n$
104	unnilquádio	${}^{249}_{98}Cf + {}^{12}_{6}C \rightarrow {}^{257}_{104}Unq + 4{}^{1}_{0}n$
105	unnilpêntio	${}^{249}_{98}Cf + {}^{15}_{7}N \rightarrow {}^{260}_{105}Unp + 4{}^{1}_{0}n$
106	unnilhéxio	${}^{249}_{98}Cf + {}^{18}_{8}O \rightarrow {}^{263}_{106}Unh + 4{}^{1}_{0}n$

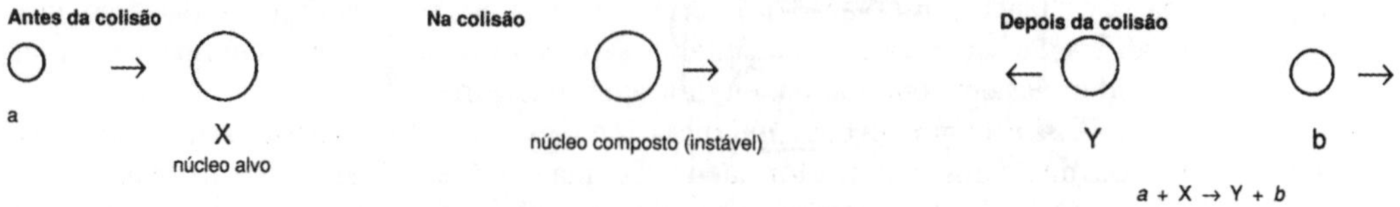

Figura 8-5
Uma reação nuclear: $a + X \rightarrow Y + b$. Nesta reação, *a* partícula *a* colide com o núcleo *X*, formando o núcleo *Y* e a partícula *b*.

Um método conveniente de gerar radioisótopos num centro de saúde ou laboratório é através de um gerador, como mostra a Figura 8-6. Ele consiste de uma coluna blindada cheia de alumina (óxido de alumínio) que absorve um isótopo comercialmente preparado. Este núcleo "mãe" se desintegra continuamente, formando seu núcleo "filha", o isótopo de interesse. A "filha" pode ser facilmente separada da coluna quando necessário por eluição, isto é,"lavando-a" ou "ordenhando-a" da resina. Exemplos são a geração de tecnécio-99m a partir de molibdênio-99 e índio-113m a partir de estanho-113. (O "m" indica metaestável, significando que o isótopo está num estado "excitado" que se desintegra relativamente depressa.)

8.4 Energia Nuclear

Objetivo: Para demonstrar entendimento desta seção, você deverá ser capaz de descrever a relação entre matéria, energia e estabilidade nuclear.

Se compararmos a massa de um núcleo com a massa de seus componentes, veremos que o núcleo é ligeiramente mais leve do que a soma de suas partes. A massa "que falta" tornou-se energia, a energia de ligação que mantém o núcleo unido. Foi Albert Einstein, no começo deste século, quem explicou como tal conversão foi possível. Ele propôs que a massa pode ser convertida em energia, ou energia pode ser convertida em massa, numa reação nuclear. Assim, *energia e massa podem ser consideradas como equivalentes.* São apenas diferentes formas da mesma quantidade.

A relação matemática entre massa e energia é dada pela famosa equação de Einstein:

$$E = mc^2$$

Nesta equação, E representa a energia em joules, m é a massa em kilogramas, e c é a velocidade da luz, $3{,}0 \times 10^8$ m/seg. Por exemplo, a conversão completa de 1 grama de matéria em energia daria 9×10^{13} J, uma gigantesca quantidade de energia. A conversão de matéria em energia produz muito mais energia, para uma determinada massa de combustível, do que qualquer outra fonte.

Em qualquer processo que envolve conversão entre massa e energia, *a quantidade total de massa mais energia permanece constante.* Esta lei da conservação é mais geral do que as duas leis que consideramos anteriormente. A lei da conservação da massa e a lei da conservação da energia podem ainda ser usadas separadamente para modificações químicas, com resultados satisfatórios, mas massa e energia devem ser consideradas em conjunto em modificações nucleares.

Assim como reações químicas tendem a formar compostos mais estáveis, reações nucleares tendem a formar núcleos mais estáveis. O ferro-56 tem o mais estável núcleo. Quando elementos mais pesados ou mais leves são convertidos em elementos de massa intermediária como o ferro, energia é liberada porque o núcleo produzido é mais estável.

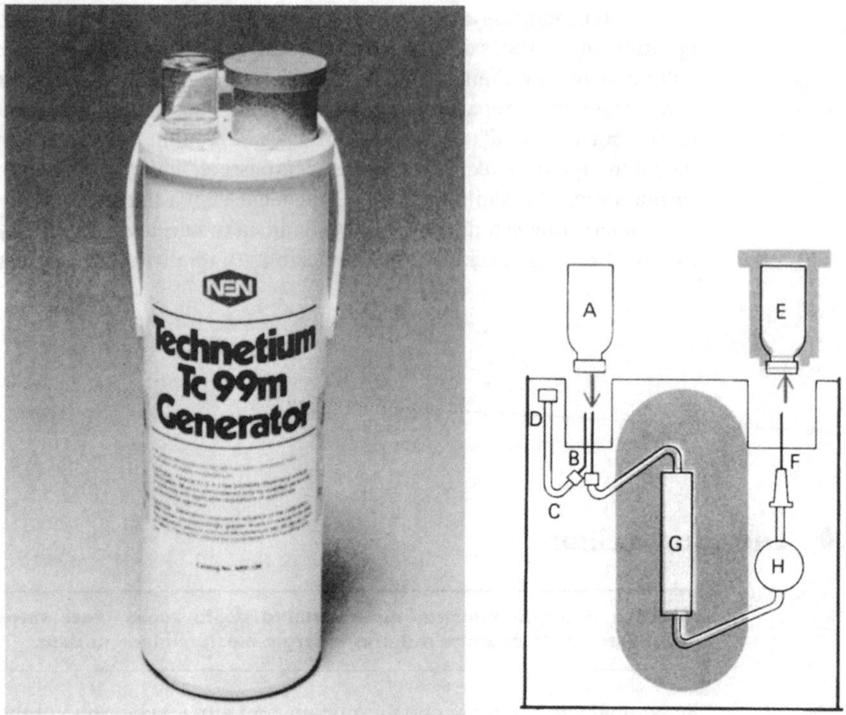

(a) (b)

Figura 8-6

(a) Fotografia de um gerador usado para produzir amostras de tecnécio-99m. (b) Um frasquinho de saída A, contendo 20 mL de solução salina isotônica é ligado a uma agulha dupla B e drenado por meio do tubo C, ao qual está adaptado um filtro D de algodão. A eluição começa automaticamente quando um frasquinho E blindado vazio é ligado à agulha F. Assim que a salina é removida do frasquinho de saída A, ela passa através da coluna blindada G carregada com o elemento "mãe" molibdênio-99. O tecnécio-99m é seletivamente eluído e o eluato passa então através do filtro H e da agulha F para o frasquinho coletor E. (Foto e desenho por cortesia da New England Nuclear.)

Fissão é o processo de "rompimento" de um núcleo pesado em dois ou mais fragmentos menores. O urânio-235, por exemplo, é um dos núcleos relativamente mais físseis. Ele primeiro absorve um nêutron bombardeador para formar um núcleo instável, urânio-236. Este núcleo instável então se rompe em dois mais estáveis, além de dois ou três nêutrons. Por exemplo, o urânio-236 pode se desintegrar em núcleos de bário e criptônio:

$$\underset{\text{urânio-235}}{{}^{235}_{92}U} + \underset{\text{nêutron}}{{}^{1}_{0}n} \rightarrow \underset{\text{urânio-236}}{[{}^{236}_{92}U]} \rightarrow \underset{\text{criptônio-90}}{{}^{90}_{36}Kr} + \underset{\text{bário-144}}{{}^{144}_{56}Ba} + \underset{\text{nêutrons}}{2\,{}^{1}_{0}n}$$

Os colchetes nesta equação indicam que o urânio-236 é instável.

Somente um nêutron começa a reação, mas mais de um nêutron é produzido. (O número exato depende dos produtos da fissão formados.) Estes nêutrons adicionais podem reagir com outros átomos de urânio-235, que por sua vez formam mais nêutrons que reagem ainda com outros núcleos, e assim por diante (Figura 8-8).

A menor massa de material físsil que permite a reação em cadeia de prosseguir é conhecida como crítica. Se a fissão não for controlada, como numa bomba atômica, ela poderá produzir uma gigantesca quantidade de energia num muito curto espaço de tempo, causando uma explosão nuclear.

Num reator nuclear, tal como mostra a Figura 8-8 a fissão é controlada por substâncias que absorvem nêutrons. Portanto, a energia é liberada lentamente sob forma de calor, e o calor converte a água em vapor que é usado para gerar eletricidade. A fissão de cerca de um-terço de grama de urânio-235 (obtido de 25 Kg de minério de urânio) produz a mesma quantidade de energia da queima de uma tonelada de carvâo. Os produtos da fissão em reatores nucleares são freqüentemente radioisótopos úteis. Outros produtos radiativos porém não têm uso prático, e a sua remoção a longo prazo é um problema complexo ainda não completamente resolvido.

Fusão nuclear é um segundo método para liberar as grandes quantidades de energia presentes nos núcleos dos átomos. Na fusão, núcleos menores são combinados para formar um núcleo maior e mais estável. A formação deste núcleo mais estável libera energia. Para superar as repulsões entre os núcleos que colidem, temperaturas extremamente altas (milhões de kelvins) são requeridas. Portanto, a fusão é uma reação termonuclear.

A energia solar é gerada por fusão. Os núcleos dos átomos de hidrogênio do sol se combinam para formar núcleos de hélio liberando energia. Os cientistas não encontraram ainda uma maneira prática de utilizar a fusão num reator nuclear, mas ela representa uma fonte potencial de enorme energia. A reação que provavelmente será usada é a fusão de dois isótopos do hidrogênio: deutério, ${}^{2}_{1}H$, e trítio, ${}^{3}_{1}H$.

$$\underset{\text{deutério}}{{}^{2}_{1}H} + \underset{\text{trítio}}{{}^{3}_{1}H} \rightarrow \underset{\text{hélio}}{{}^{4}_{2}He} + \underset{\text{nêutron}}{{}^{1}_{0}n}$$

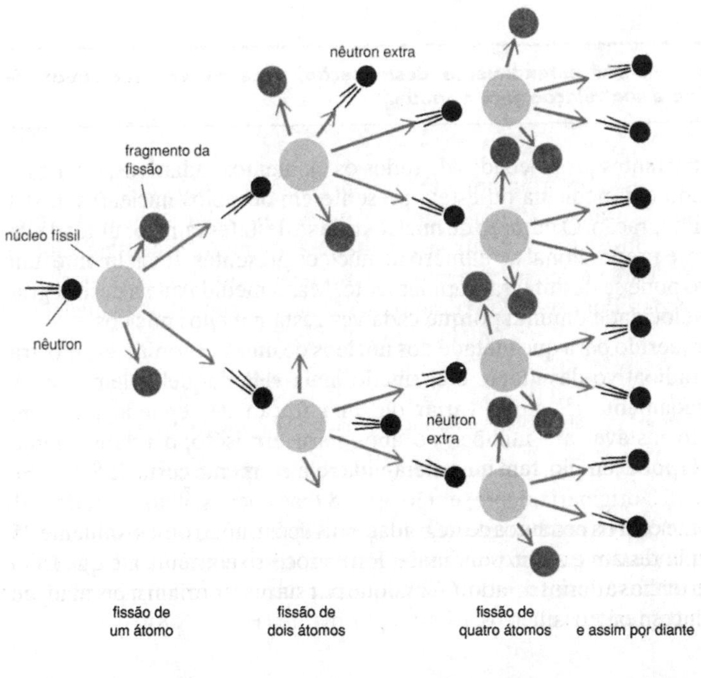

Figura 8-7
Uma reação em cadeia. Cada reação da fissão libera nêutrons, que desencadeiam mais reações de fissão.

Esta reação é a mesma que ocorre quando uma bomba de hidrogênio explode. Numa bomba-H, a reação de fissão é a fonte da alta temperatura inicial necessária para a reação de fusão. Uma abordagem diferente deve obiviamente ser usada se pretendermos utilizar a fusão num reator nuclear. Pesquisas estão atualmente em andamento para gerar e manter a alta temperatura requerida sob condições controladas.

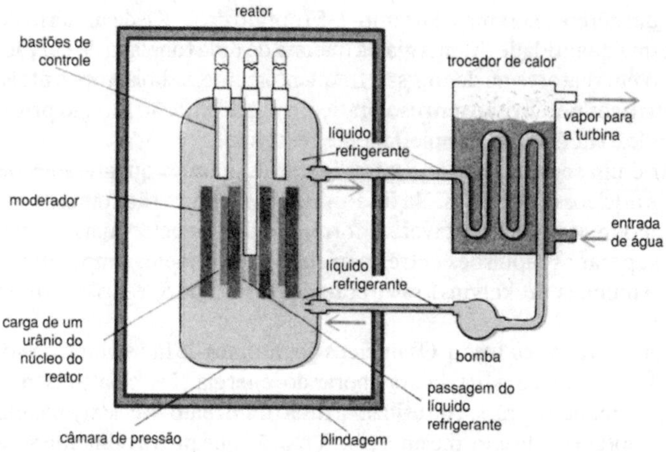

Figura 8-8
Um reator nuclear. O líquido refrigerante é aquecido pelo combustível nuclear do reator. Num trocador de calor, este líquido aquecido converte água em vapor. O vapor move uma turbina que é usada para gerar eletricidade.

8.5 Meia-vida

Objetivo: Para demonstrar entendimento desta seção, você deverá ser capaz de descrever meia-vida e sua relação com a saúde.

Uma das mais importantes propriedades de todos os elementos radiativos, quer este elemento seja usado em medicina ou esteja presente em despojos nucleares, é sua velocidade de desintegração. O número de núcleos que se desintegram por unidade de tempo é diretamente proporcional ao número de núcleos presentes. Inicialmente, um elemento radiativo pode se desintegrar rapidamente. Mas à medida que a desintegração prossegue, a velocidade diminui porque cada vez restam menos núcleos.

O tempo requerido para que metade dos núcleos de uma determinada amostra de um elemento radioativo desintegre é chamado **meia-vida** daquele elemento. A meia-vida, abreviadamente $t_{1/2}$, pode variar de uma fração de segundo para um radioisótopo muito instável até milhões de anos para um isótopo relativamente estável.O iodo-131, por exemplo, tem uma meia-vida relativamente curta de 8 dias. Se 100 µg estão presentes originariamente, então após 8 dias apenas 50 µg de iodo-131 restarão (juntamente com os produtos de degradação). Após outros 8 dias, somente 25 µg de iodo-131 ainda restam e assim por diante. Este processo continua até que todo o isótopo radiativo tenha se desintegrado. (A maior parte da massa original permanece em forma de produtos residuais.)

Com o passar de cada meia-vida, como mostra a Figura 8-9, metade dos núcleos instáveis remanescentes se desintegram, formando os produtos residuais. A Tabela 8-3 mostra os períodos de meia-vida dos núcleos de elementos radiativos usados em medicina.

Tabela 8-3 Radioisótopos Usados em Medicina

Nome	Meia-vida Física	Meia-vida Biológica	Radiação emitida	Produto residual	Usos
crômio-51	28 dias	616 dias	γ	^{51}V	estudos de hemácias
cobalto-60	5,3 anos	9,5 dias	β, γ	^{60}Ni	terapia do câncer teste de anemia perniciosa
flúor-18	109 min	800 dias	γ	^{18}O	mapeamento ósseo
gálio-67	78 horas	6 dias	γ	^{67}Zn	mapeamento corporal
ouro-198	2,7 dias	120 dias	β, γ	^{198}Hg	mapeamento de baço e fígado
índio-113m	100 min	48 dias	γ	^{113}In	mapeamento de baço
iodo-125	60 dias	138 dias	γ	^{125}Te	estudos da tireóide e do volume sangüíneo
iodo-131	8 dias	138 dias	β, γ	^{131}Xe	estudos da tireóide e dos pulmões
ferro-59	45 dias	42 dias	β, γ	^{59}Co	captação de ferro e estudos de "clearance" (depuração)
fósforo-32	14 dias	19 dias	β	^{32}S	tratamento de desordens sangüíneas
selênio-75	120 dias	11 dias	β, γ	^{75}As	mapeamento de pâncreas e paratireóides
tecnécio-99m	6 horas	1 dia	γ	^{99}Ru	mapeamento de cérebro, fígado, rins e coração
tálio-201	73 horas	5 dias	γ	^{201}Hg	mapeamento do coração
xenônio-133	5 dias	—	β, γ	^{133}Cs	estudos dos pulmões

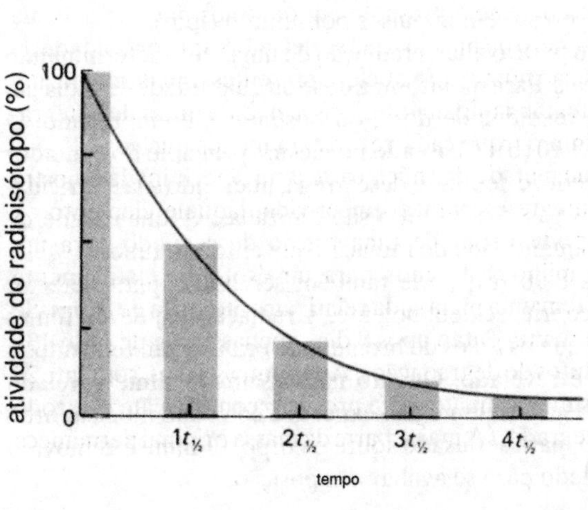

Figura 8-9
A desintegração de um radioisótopo. Após cada meia-vida, a radioatividade decresce até a metade.

Os radioisótopos são às vezes usados internamente para diagnóstico médico (como descrito na Seção 8.7). Somente radioisótopos com períodos de meia-vida curtos são porém assim utilizados, porque quanto menos tempo estiver radiatividade presente no corpo, menos dano ela poderá causar. Os efeitos de um isótopo sobre a saúde dependem não somente da intensidade de sua radiação e da extensão de sua meia-vida física, mas também da velocidade na qual ele é expelido do corpo. Esta velocidade é descrita pela sua meia-vida *biológica*. A meia-vida biológica é determinada pela parte do corpo na qual um isótopo se acumula e a velocidade na qual ele substitui átomos não radiativos. Por exemplo, o estrôncio-90 é liberado em explosões nucleares. Ele é um isótopo perigoso porque pode substituir o cálcio e ficar concentrado nos ossos. Aqui sua meia-vida biológica é de aproximadamente 50 anos. Uma vez que a meia vida física, $t_{1/2}$, deste isótopo é longa, 21 anos, uma criança que absorve este isótopo carrega um pouco dele no seu corpo por um longo tempo, aumentando a possibilidade de danos oriundos da radiação que ele emite.

8.6 Detecção e Unidades de Radiação

Objetivo: Para demonstrar entendimento desta seção, você deverá ser capaz de descrever como a radiação é detectada e medida.

A radiação pode ser detectada e medida de várias maneiras. Um instrumento comum usado para avaliar a radiação de uma área é o contador de Geiger-Müller, ou contador Geiger, mostrado na Figura 8-10 (a). Ele contém um tubo contendo gás a baixa pressão, o qual é conectado a uma bateria. A radiação que entra pela janela frontal do tubo ioniza o gás. O gás ionizado conduz eletricidade produzida pela bateria, e a corrente resultante é amplificada e indicada num mostrador ou por um som intermitente. As partículas beta são facilmente detectadas com um contador Geiger. O número de partículas detectadas pode ser expresso em impulsos por minuto (ipm).

O contador Geiger é usado para avaliar a radiação de uma área, determinando sua intensidade em diferentes locais. Para monitorar a dose ou quantidade de radiação recebida por um indivíduo, um medidor de dose, ou dosímetro, é empregado. O dosímetro por ionização [Figura 8-10 (b)] é baseado no mesmo princípio do contador Geiger. Ele é inicialmente carregado, e depois se descarrega, liberando sua eletricidade acumulada quando moléculas gasosas do tubo são ionizadas. A quantidade de descarga está relacionada com a quantidade de radiação que entra no tubo.

Filme fotográfico [Figura 8-10 (c)] pode também ser usado para detectar radiação. Como Becquerel descobriu acidentalmente, a radiação expõe os filmes fotográficos. A radiação faz com que os grãos de brometo de prata sejam reduzidos a prata metálica quando o filme é revelado. Quanto mais escuro o filme revelado aparecer, mais radiação ele recebeu. Um filme não exposto é colocado num suporte, o "crachá" com filme fotográfico, para ser usado sobre o corpo. O filme é removido pelo menos mensalmente e revelado para se avaliar a exposição.

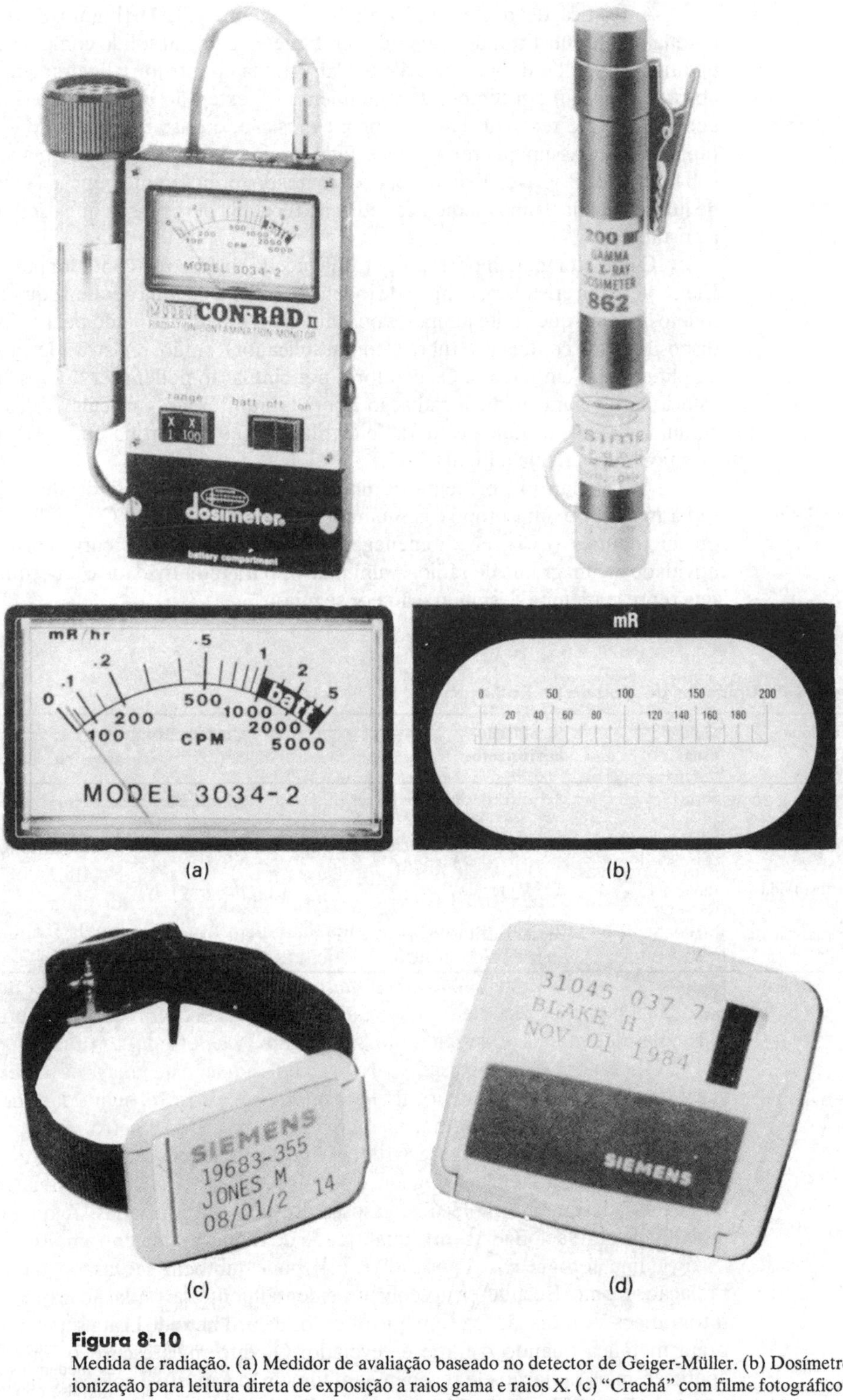

Figura 8-10
Medida de radiação. (a) Medidor de avaliação baseado no detector de Geiger-Müller. (b) Dosímetro por ionização para leitura direta de exposição a raios gama e raios X. (c) "Crachá" com filme fotográfico e (d) "Crachá" em dosímetro termoluminescente (TLD) para registrar exposição semanal, mensal ou trimestral.[Cortesia de Dosimeter Corp. (a, b) e Siemens Gammasonics (c, d).]

A técnica de dosimetria termoluminescente (TLD) [Figura 8-10 (d)] está gradualmente substituindo o método por filme. Um cristal sólido como o de fluoreto de lítio, LiF, ou de fluoreto de cálcio, CaF_2, muda de estrutura ligeiramente quando absorve radiação em temperatura ambiente. A extensão da mudança depende da energia que ele recebeu. Para medir a exposição, o cristal é removido e aquecido rapidamente. Assim que retorna ao estado original, ele devolve a energia acumulada sob forma de luz visível. Este processo é chamado termoluminescência. A quantidade de luz produzida é uma medida da radiação recebida pela pessoa que usou o detector a cristal.

O detector mais importante para diagnóstico médico é o contador por cintilação. Ele contém um cristal, tal como o de iodeto de sódio com uma pequena quantidade de iodeto de tálio, que emite lampejos ou cintilações quando atingido pela radiação. Um dispositivo de contagem (tubo fotomultiplicador) então registra eletricamente e amplifica estas cintilações. Os detetores por cintilação podem ser usados em sondas estacionárias para medir a radiação liberada num órgão particular. Eles são mais comumente usados numa câmera de cintilação, que descortina uma grande área ao mesmo tempo. (Veja a Figura 8-11.)

A Tabela 8-4 apresenta as unidades usadas para medida de radiação. A radiatividade de um isótopo é comumente expressa em **curies** (Ci), millicuries (mCi) ou microcuries (μCi), em homenagem a Marie Curie. Um curie corresponde à atividade de um grama de rádio. A unidade SI para radiatividade é o becquerel (Bq), que representa uma desintegração por segundo.

Tabela 8-4 Unidades de Medida de Radiação

Quantidade medida	Unidade usual	Significado equivalente	Unidade SI
radiatividade	curie (Ci)	$3{,}7 \times 10^{10}$ desintegrações/seg	$3{,}7 \times 10^{10}$ becquereis (Bq)
exposição	roentgen (R)	2×10^{9} pares iônicos/cm^3 ar seco	$2{,}58 \times 10^{-4}$ coulombs/kg ar (C/kg)
dose absorvida	rad	10^{-5} J/g tecido	10^{-2} gray (Gy)
dose equivalente	rem	mesmo efeito biológico de 1 R	10^{-2} sievert (sv)

Figura 8-11
Mapeamento de um órgão em andamento. Os detetores medem os raios gama emitidos pelo radioisótopo nos rins do paciente e geram uma imagem do órgão.

Saúde em Notícia 8

RADIAÇÃO POR RAIOS-X E FOTOGRAFIA

Embora não produzidos por radiatividade, os raios-X são uma forma de radiação eletromagnética semelhante aos raios gama. Eles são gerados quando um feixe de elétrons se choca contra uma placa metálica num tubo a "vácuo" (a baixa pressão). Os raios-X passam facilmente através de tecido macio como sua carne, mas são parcialmente absorvidos pelas partes mais densas de seu corpo como os ossos e os dentes. Assim, se um pedaço de filme fotográfico for colocado atrás da parte do corpo que recebe o feixe de raios-X, uma imagem é criada.

O filme fotográfico consiste de um forro plástico que contém uma emulsão de brometo de prata em gelatina. O brometo de prata é sensível à radiação. Os raios-X atingem alguns dos grãos de AgBr, transformando-os e formando uma imagem latente (escondida). Este processo, exposição, ocorre apenas nas partes do filme que a radiação pode alcançar. A luz visível causa o mesmo tipo de mudança

O desenvolvimento do filme envolve redução, conversão da forma modificada dos grãos de AgBr expostos para uma forma preta de prata metálica. O filme contém agora prata e está portanto escuro nas regiões onde a radiação passou através do tecido e para a emulsão. Ele está claro onde a radiação foi absorvida pelo osso ou dente. O filme é portanto um negativo: a imagem é o inverso do quadro real.

Após ser revelado, o filme pode ser mergulhado num "banho interruptor" (ácido acético diluído) a fim de impedir que toda sua prata seja reduzida e que todo o quadro fique preto. A próxima etapa é fixar a imagem. Este processo remove todo o brometo de prata inalterado para se ter certeza de que a luz não mais exporá o filme. O agente fixador é o íon tiossulfato, $S_2O_3^{2-}$. (Soluções de tiossulfato de sódio são conhecidas como "hipo".) O brometo de prata normalmente insolúvel forma um sal de prata solúvel nesta solução, removendo-a do filme. Ele não tem nenhum efeito na imagem de prata. O filme está pronto para ser examinado depois de ser lavado com água e dependurado para secar.

Fotografias por raios-X são usadas para localizar fraturas ósseas assim como cáries dentárias. A parte cariada do dente é mais macia e absorve menos os raios-X, revelando-se como uma região mais escura no filme, como se vê na Figura HN 8-1 (a). Para observar órgãos internos, como estômago e intestinos, você deve administrar antes uma suspensão de sulfato de bário, $BaSO_4$, em água. Este forra as paredes do trato gastrintestinal, fazendo-as aparecer mais claras no filme porque os raios-X não podem atravessar a camada de sulfato da bário. A Figura HN 8-1 (b) revela um tumor bloqueando o cólon. Valores de exposição a raios-X em diferentes tipos de exame estão listados na Tabela HN 8-1.

Tabela HN 8-1 Exposições Típicas a Raios-X

Tipo de exame	Dose (mrem)
série gastrintestinal, inferior	875
pelvimetria	595
mamografia	500
pielograma endovenoso	420
coluna vertebral, inferior	347
abdômen	147
crânio	78
perna, superior	21
tórax	10
dental, boca inteira	9

Numa nova técnica chamada tomografia computadorizada, ou CT, detetores fazem medidas múltiplas de pincéis de feixes de raios-X que passam através do corpo. Um computador depois gera uma imagem da "fatia" do corpo em estudo. Um exemplo de um exame por CT é mostrado na Figura HN 8-2. Pelo fato de o cérebro ter sido tão difícil de examinar, a tomografia computadorizada revolucionou a neurologia. Exames de CT localizam com precisão tumores cerebrais e outras anormalidades porque suas densidades diferem daquelas do tecido normal ao redor. Esta técnica por raios-X é também usada para se estudar o fígado, pâncreas, rins, tórax e outras partes do nosso corpo.

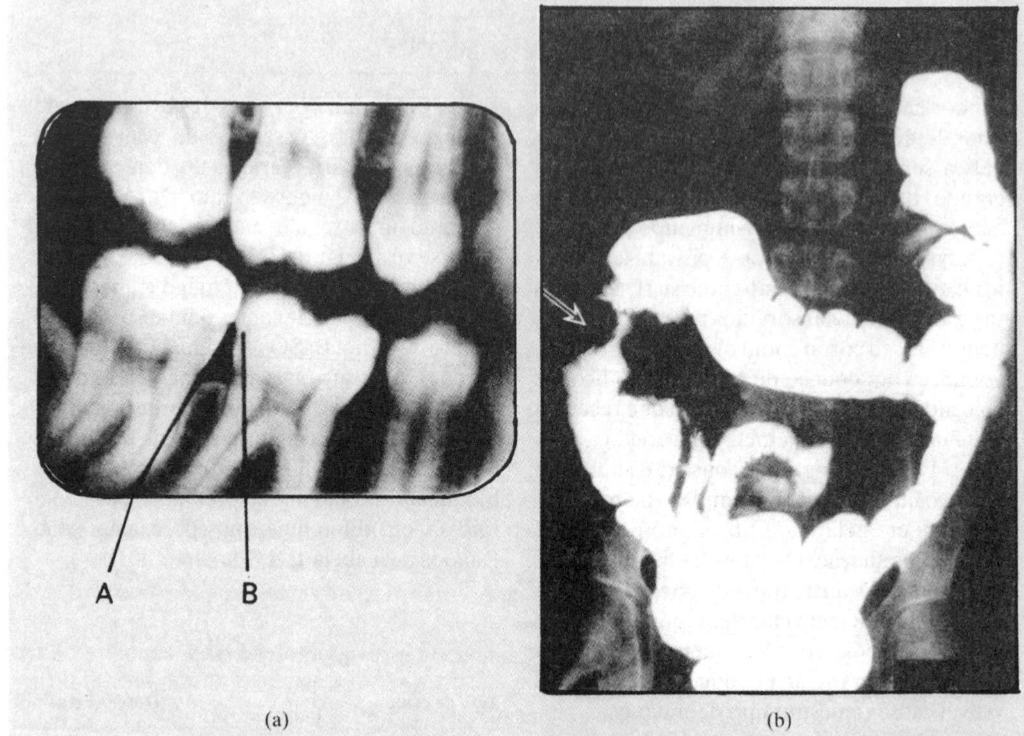

Figura HN 8-1
Chapas de raios-X (a) Um dente com cárie sob uma velha obturação (A) e um dente com cárie sem obturação (B). (b) Um cólon preenchido com sulfato de bário por clister mostrando a presença de um tumor (seta). [Foto por cortesia de Alan D. Price, D.M.D., P.A.; (b) cortesia da American Cancer Society.]

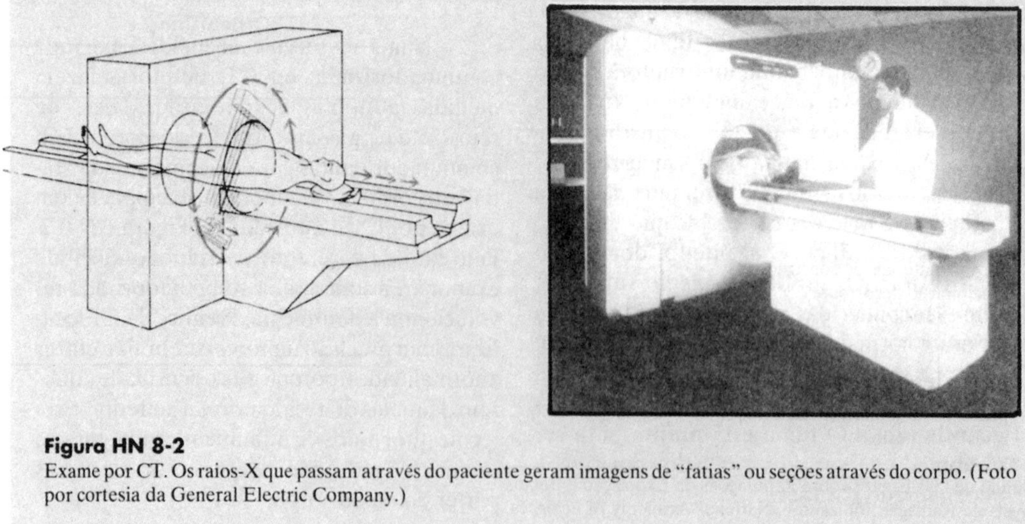

Figura HN 8-2
Exame por CT. Os raios-X que passam através do paciente geram imagens de "fatias" ou seções através do corpo. (Foto por cortesia da General Electric Company.)

Os raios gama (assim como os raios-X) são medidos em **roentgens** (R). Um roentgen de radiação produz dois bilhões de pares iônicos em 1 cm^3 de ar seco nas c.n.p.t. Os contadores Geiger são freqüentemente calibrados para dar leitura em milliroentgens por hora (mR/hr).

A dose de radiação realmente absorvida pelos seres vivos pode ser expressa em **rads**, que significa *dose de radiação absorvida*. Um rad corresponde à absorção de uma determinada ínfima quantidade de energia (10^{-5} J) por grama de tecido que recebeu a radiação. A unidade SI é o gray (Gy), dado em joules por kilograma. Uma dose de 600 rads (6 Gy) é mortal para a maioria das pessoas.

Equivalente dose é uma medida da quantidade de radiação absorvida numa escala comum para diferentes tipos de radiação. Cada tipo de radiação recebe um "fator de qualidade" baseado em seu efeito biológico no tecido. Por exemplo, uma partícula alfa tem um fator de 10, comparado a um fator de 1 para a partícula beta, porque a maior massa e maior carga de uma partícula alfa torna seu efeito no tecido vivo maior. O equivalente dose é igual à dose absorvida em rads multiplicada pelo fator de qualidade e outros quaisquer fatores modificadores que tendem a aumentar ou diminuir a destruição de tecido. Ele é expresso em **rems**, os equivalentes em roentgens para o homem. Um rem é a quantidade de radiação absorvida que tem o mesmo efeito biológico da absorção de 1 R ou 1 rad. A unidade SI do equivalente dose é o sievert (sv). Uma dose limite recomendada para o público em geral é de não mais de 0,5 rem (ou 0,005 sv) por ano. A Tabela 8-5 apresenta os valores aproximados das doses em milirems por ano oriundas de várias fontes.

A toxicidade da radiação pode ser expressa em **dose letal**, simbolizada por LD_{50}^{30} (ou LD 50/30). É a dose que mata 50% dos seres vivos expostos dentro de 30 dias. Valores típicos para vários organismos são dados na Tabela 8-6.

Tabela 8-5 Fontes de Exposição a Radiação nos Estados Unidos[a]

Fonte	Valores médios de dose (mrem/ano)
Meio ambiente	
raios cósmicos	28
radioisótopos naturais:	
no ar, água, alimentos	28
no solo e nas rochas	26
em materiais de construção	5
precipitação decorrente de testes bélicos	5
energia nuclear	0,3
Médica	
raios-X médicos	77
produtos radiofarmacêuticos	14
raios-X dentários	1

[a]Tirado de "Os Efeitos sobre Populações da Exposição a Baixos Níveis de Radiação Ionizante", National Academy of Sciences, 1980.

Tabela 8-6 Doses Letais para Vários Organismos

Organismo	LD_{50}^{30} (R)
protozoários	3.000.000
vírus	100.000 – 200.000
bactérias	5.000 – 13.000
algas	4.000 – 8.500
peixe dourado	750
ratos	600
macacos	450
camundongos	400
seres humanos	400
coelhos	300

8.7 Usos Médicos da Radiação

Objetivo: Para demonstrar entendimento desta seção, você deverá ser capaz de descrever como a radiação é usada para diagnóstico médico e para terapia.

Um radioisótopo se comporta quimicamente como a forma estável do mesmo elemento, mas sua presença e localização pode ser detectada por um detector de radiação. Portanto, é possível seguir, ou traçar, um radioisótopo enquanto ele participa das reações químicas ou processos biológicos normais. Por exemplo, microgramas do radioisótopo iodo-131 podem ser usados como marcador para se estudar a glândula tireóide no pescoço. O iodo normalmente se acumula numa tireóide sadia em quantidade definida e numa certa velocidade. Quando o iodo-131 é administrado a um paciente, este radioisótopo acumular-se-á também na tireóide. A quantidade de iodo-131 que se acumula e a velocidade na qual ele entra na tireóide pode ser determinada colocando-se um detector de radiação no pescoço do paciente e contando-se os raios gama emitidos. Se o iodo-131 se acumula numa quantidade não usual e numa velocidade anormal, o paciente pode ter uma desordem na tireóide. Por exemplo, no hipertireoidismo, a glândula tireóide está hiperativa. Como resultado, ela absorve iodo mais rapidamente do que uma tireóide normal

A radiação pode ser usada para tirar "fotos" do interior de vários objetos e do corpo humano. No exame de um órgão, um radioisótopo é administrado a um paciente e então fotografias são tiradas com um detector por cintilação. Por exemplo, o iodo-131 (100 μCi) sob forma de um "drink" ou tecnécio-99m (1 a 5 mCi) endovenoso podem ser usados para se obter um exame de tireóide. A imagem resultante revela a distribuição do radioisótopo no órgão, como mostra a Figura 8-12 (a). Se uma parte da tireóide não se revela, ela não absorveu o isótopo, indicando que ela pode estar doente.

Num exame de tireóide, uma "mancha fria", a falta de radiatividade numa região da glândula, pode revelar uma condição patológica, ou doentia, da glândula. Num exame de cérebro, uma anormalidade é mostrada pela presença de uma "mancha quente". A radiação está se revelando onde nada devia estar presente, como mostra a Figura 8-12 (b). O tecnécio-99m (10 mCi) é administrado sob forma de sal, pertecnecato de sódio, $Na^{99m}TcO_4$. Num indivíduo normal, a "barreira hematoencefálica" impede os compostos iônicos do sangue de penetrarem no cérebro. Em certas condições, porém, como no caso de um tumor ou de um vaso sangüíneo bloqueado num derrame cerebral, esta barreira "vaza". O radioisótopo entra no cérebro e localiza a parte doentia ou danificada do cérebro fazendo com que ela se revele num mapeamento daquela região.

O fígado e o baço podem também ser perscrutados usando-se tecnécio-99m (1 a 3 mCi) administrado endovenosamente sob forma de um colóide de tecnécio e enxofre ($^{99m}Tc_2S_7$ e enxofre). Em doenças como cirrose ou hepatite, as partes danificadas destes órgãos não captam o colóide radiativo e aparecem como "manchas frias" no exame. O tecnécio-99m pode também ser usado para estudo da função renal, e o pâncreas pode ser perscrutado usando-se selênio-75 radiativo. A Tabela 8-3 resume estas aplicações.

Além dos órgãos, fluidos corporais podem ser estudados usando-se radioisótopos. O tecnécio-99m (10 a 20 mCi), administrado endovenosamente, permite a monitorização do fluxo sangüíneo, revelando defeitos do coração. A velocidade de desaparecimento de hemácias pode ser determinada usando-se crômio-51. As células são removidas do sangue, "etiquetadas" com este radioisótopo, e depois reinjetadas no paciente. O tempo de vida normal destas células marcada é de 30 dias antes de serem destruídas.

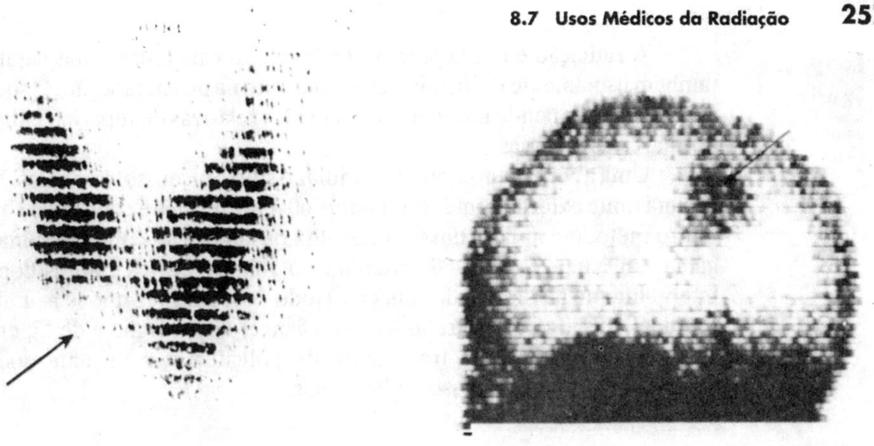

(a) (b)

Figura 8-12
No mapeamento de tireóide (a), o local canceroso (indicado pela seta) revela-se como uma mancha "fria" porque não há nenhum isótopo radiativo naquela região. No exame de cérebro (b), um tumor se revela como uma área "quente" depois que o radioisótopo é administrado. [Foto (a) cortesia da "Clinical Scintillation Imaging", L.M.Freeman and P.M. Johnson, Editores. (Nova York: Grune & Stratton, 1975); Cortesia do Dr. G. V. Taplin.]

Um encurtamento deste período indica uma condição patológica. O fluido cerebrospinal, que circunda o cérebro e a medula, pode ser marcado com iodo-131 (100 μCi) por punção medular. Um bloqueio indica hidrocefalia, formação de fluido no crânio, também chamado "água no cérebro".

O funcionamento dos pulmões pode ser estudado por um exame de perfusão. Pequenas partículas são "etiquetadas" com iodo-131 (250 μCi) ou tecnécio-99m (5 mCi) e injetadas na veia. As partículas radiativas vão aos pulmões, onde são aprisionadas. Se houver um coágulo, uma massa semi-sólida, ou outra condição patológica, nenhum sangue flui para aquela região. Portanto, ela não pode ficar radiativa e aparecer num mapeamento de pulmão.

Certos testes são realizados com radioisótopos fora do corpo, usando-se uma amostra obtida do paciente. Por exemplo, o volume de sangue do corpo pode ser determinado injetando-se hemácias marcadas com crômio-51 (como numa estimativa do tempo de vida) ou partículas "etiquetadas" com iodo-131 ou tecnécio-99m. Depois de 5 a 10 minutos, uma amostra de sangue de volume conhecido é retirada e sua radiatividade medida. O volume sangüíneo, indicado em mililitros por kilograma de massa corporal, é relacionado com o número de impulsos: quanto maior o volume, menor a radiatividade da amostra. O valor normal varia de 70 a 90 mL/kg. O Teste Clínico 8 descreve o uso de radioisótopos em testes diagnósticos.

A mais importante aplicação da radiatividade no tratamento de uma doença está relacionada com a terapia do câncer. Câncer, nome comum para tumores malignos ou neoplasmas, refere-se ao desenvolvimento de tecido novo formado de células que crescem sem controle normal. Estas células não especializadas se apoderam dos nutrientes necessários para as células normais , em conseqüência matando-as. Além disto, as células cancerosas podem sofrer metástase, isto é, se espalham para outras partes do corpo.

A radiação é usada para destruir células cancerosas, mas células normais são também usualmente destruídas, como descrito na próxima seção. O sucesso da terapia por radiação depende muito das velocidades relativas de reparo tecidual entre células normais e cancerosas.

Uma abordagem comum é irradiar o sítio canceroso com raios-X ou raios gama de uma fonte externa contendo cobalto-60. Esta técnica é conhecida como teleterapia. Outro método é aplicar um tubo, agulha ou superfície contendo uma fonte de raios gama, tal como cobalto-60, próxima ao tumor. Certos radioisótopos são usados internalmente na terapia do câncer. O iodo-131, uma vez que se acumula na glândula tireóide, é usado para o tratamento de câncer deste órgão e de hipertireoidismo. O fósforo-32 é usado para tratamento de policitemia vera, uma doença sangüínea maligna que produz excesso de hemácias.

Teste Clínico 8

RADIOIMUNOENSAIO (RIA)

Radioimunoensaio (RIA) é usado para se medir a concentração, nos fluidos corporais, de moléculas presentes em concentrações muito baixas (μg/mL ou pg/mL). É mais freqüentemente usado para se determinar as concentrações de hormônios e drogas em amostras de sangue.

Esta técnica requer uma versão radiativamente marcada do composto a ser analisado. Ela é feita adicionando-se tritium (hidrogênio-3) ou iodo-125 às moléculas. Uma quantidade conhecida destas moléculas marcadas e a amostra não radiativa são adicionadas a uma quantidade fixa de anticorpo. (Anticorpos são moléculas protéicas descritas na Seção 14.8) As moléculas da amostra e as moléculas radiativas competem para se ligarem às moléculas do anticorpo. À medida que a quantidade do composto a ser analisado aumenta, o número de moléculas radiativas que se ligam às moléculas do anticorpo diminuem.

As moléculas não ligadas são então separadas das ligadas ao anticorpo. Através de sua radiatividade, as moléculas marcadas que estão livres e as que estão ligadas são "contadas". A concentração do composto em análise pode então ser determinada a partir das quantidades relativas do composto radiativo não ligado e ligado.

Rosalyn S. Yalow, uma das criadoras do RIA, ganhou um prêmio Nobel em 1977. A sensibilidade da técnica que ela criou pode ser comparada à detecção de um cubinho de açúcar dissolvido num enorme lago.

8.8 Efeitos da Radiação sobre a Saúde

Objetivo: Para demonstrar entendimento desta seção, você deverá ser capaz de descrever os efeitos da radiação a curto e longo prazos sobre a saúde humana.

As partículas alfa, beta e os raios gama são conhecidos como radiações ionizantes. Quando a radiação ionizante passa através da matéria, ela interage com as moléculas, criando íons e fragmentos moleculares de alta energia chamados radicais livres. Radicais livres são muito reativos e causam subseqüentes modificações químicas que são prejudiciais às células vivas. As células mais sensíveis à radiação ionizante incluem aquelas do tecido linfático, medula, membranas mucosas intestinais, gônadas e lentes dos olhos.

Os efeitos da exposição dependem da radiação, dose total, tempo de exposição e porção do corpo exposto. Os danos são muito severos para uma grande dose recebida num curto tempo para a maior parte do corpo. Uma exposição total de 600 rads é fatal, mas milhares de rads recebidos por um longo período num pequeno volume durante a terapia do câncer podem ser tolerados.

O primeiro sinal de dano por radiação aparece nas células que se dividem mais rapidamente, como o tecido medular formador de sangue e o tecido linfático. Exposição excessiva é portanto inicialmente manifestada sob forma de uma diminuição do número de leucócitos. Este efeito aumenta o perigo de infecção do indivíduo exposto, uma vez que sua resistência é assim reduzida. Além disto, as plaquetas sangüíneas e as hemácias também decrescem em número, resultando em anemia e tendência aumentada de sangramento (hemorragia). Pelo fato de as células intestinais serem afetadas, sintomas gastrintestinais se desenvolvem. Náusea, diarréia e vômito podem ocorrer, seguidos por severa desidratação, volume plasmático reduzido, colapso vascular e morte se uma dose muito alta foi recebida. Sintomas cerebrais como sonolência, tremores e convulsões também ocorrem em casos severos de exposição à radiação.

Efeitos retardados de uma dose intermediária, ou de exposição repetida à uma baixa dose, pode incluir fertilidade diminuída, anemia, perda de cabelo, e ulceração da pele. Efeitos posteriores, como câncer e catarata, podem ocorrer muitos anos após a exposição. Por exemplo, os sobreviventes da bomba atômica de Hiroshima durante a 2ª Guerra Mundial tiveram mais tarde uma alta incidência de câncer sangüíneo (leucemia).

O material hereditário DNA (discutido mais além no Capítulo 19) é muito sensível à radiação. A exposição aumenta o número de alterações, chamadas mutações, nas moléculas de DNA. Pelo fato de estas moléculas transportarem informação de uma geração para a seguinte, os efeitos das mutações são de grande espectro e geralmente prejudiciais ou mesmo letais para a futura prole.

É impossível evitar-se inteiramente exposição à radiação. Pequenas quantidades de radiação, chamada radicação de fundo, estão constantemente presentes ao nosso redor. Radiação de alta energia do espaço exterior, chamada de raios cósmicos, contribue para a radiação de fundo. A radiação de fundo é também produzida pelos radioisótopos que ocorrem naturalmente nos minerais e nos materiais de construção que contêm estes materiais. Como mostra a Tabela 8-5, a radiação de fundo é a maior fonte de exposição à radiação para a maioria das pessoas. A radiação usada no diagnóstico médico é a seguinte e é a maior fonte de exposição à radiação artificial.

De acordo com a Comissão Internacional de Proteção Radiológica, o público em geral não deveria receber mais do que 0,5 rem (500 mrem) em 1 ano, ou uma média de 100 mrem por ano. Para aqueles que são expostos à radiação em sua profissão, a dose limite é de 5 rem por ano. (Estas recomendações são criticadas por alguns pesquisadores que acham que não há nenhum limite de "segurança" para a exposição à radiação.) A dose anual média nos Estados Unidos é de 200 mrem aproximadamente.

A exposição à radiação depende da distância à fonte de radiação. A intensidade da radiação segue uma lei tipo "inverso do quadrado": ela é inversamente proporcional ao quadrado da distância à fonte. Se você ficar a 3 pés de distância, a exposição é diminuída a $1/(3)^2$ ou 1/9 da intensidade correspondente a 1 pé de distância. Cada vez que você dobra sua distância à fonte, a intensidade é reduzida a um-quarto do seu valor anterior.

Como mencionado, a extensão da exposição determina também o perigo da radiação. Quanto menor o período de tempo que você ou o paciente se expõe, menor a dose absorvida. Radioisótopos usados internalmente são escolhidos porque possuem períodos de meia-vida curtos e portanto se tornam não radiativos num curto período de tempo. As famílias de pacientes "radiativos" têm horas limitadas para visita para impedir exposição excessiva. (Suas doses limites anuais são 0,5 rem se abaixo de 45 anos de idade ou 5 rems se acima de 45 anos, que ultrapassa a idade normal de gravidez).

Blindagem fornece proteção contra a radiação. Seu efeito depende da densidade e espessura do material de blindagem e da energia da radiação. Partículas alfa são absorvidas por uma folha de papel, e partículas beta por 1/4 de polegada de plástico ou 1 polegada de madeira. Os raios gama são muito mais penetrantes e requerem barreiras de chumbo ou concreto. A chamada meia-espessura de chumbo, a espessura em milímetros necessária para absorver metada da radiação emitida, está listada na Tabela 8-7 para radioisótopos comumente usados.

Tabela 8-7 Valores de Meia-Espessura de Chumbo para Radioisótopos Comuns

Radioisótopo	Meia espessura de chumbo (mm)
tecnécio-99m	0,25
crômio-51	1,8
índio-113m	2,7
iodo-131	6,0

O maior perigo resulta de radioisótopos tomados internalmente por acidente. Você não deve comer, beber ou fumar em áreas onde materiais radiativos são manipulados. Estas áreas devem ser marcadas pelo desenho padronizado com 3 palhetas em cor púrpura ou magenta (carmesim brilhante) num fundo amarelo (Figura 8-13). O sinal indica "Cuidado" seguido por uma de três descrições dependendo da exposição na área em uma hora: "Materiais Radiativos" (0,6 a 5 mR), "Área de Radiação" (5 a 100 mR) ou "Área de Alta Radiação" (mais de 100 mR). Você deve usar roupas e luvas de proteção se você manipula material radiativo. Refugos radiativos devem ser descartados em recipientes especiais. Finalmente, se estiver regularmente em contato com radiatividade, você deverá ter "Crachá" ou dosímetro conferido pelo menos mensalmente, assim como realizar contagem de glóbulos sangüíneos a cada 3 meses para monitorar sua exposição à radiação.

Figura 8-13
O símbolo de advertência para a radiação. (Cortesia de Nuclear Associates, Inc.)

SUMÁRIO

8.1 Os núcleos de certos átomos são instáveis. Eles se desintegram e emitem alguma combinação de partículas alfa, partículas beta e raios gama. Esta desintegração de núcleos instáveis é chamada radiatividade.

8.2 As reações nucleares podem ser representadas por equações nucleares. A soma dos números de massa e a soma das cargas (números atômicos) devem ser as mesmas em ambos os lados da equação.

8.3 Todos os isótopos conhecidos de elementos mais pesados do que o bismuto ($^{209}_{83}Bi$) são radiativos. Núcleos radiativos tomam parte em séries de reações conhecidas como séries de desintegrações radiativas. Além disto, mais de 1.500 isótopos radiativos, chamados radioisótopos, foram já produzidos artificialmente.

8.4 Matéria e energia são equivalentes. Elas estão relacionadas pela equação $E = mc^2$. Em qualquer processo, a quantidade total de massa e energia permanece constante. Reações nucleares como a fissão e a fusão podem liberar grandes quantidades de energia.

8.5 A meia-vida, $t_{1/2}$, de um elemento radiativo é o tempo requerido para que metade de um dado número de núcleos se desintegre. Os períodos de meia-vida variam de menos de um segundo, para alguns isótopos radiativos, até milhões de anos para isótopos mais estáveis.

8.6 A radiação pode ser medida com um contador Geiger, um filme fotográfico, ou um detector de cintilação. Unidades comuns de radiação (e seus equivalentes SI) são o curie (ou becquerel), roentgen, rad (ou gray) e rem (ou sievert).

8.7 Um radioisótopo se comporta quimicamente como o mesmo elemento em sua forma estável, mas ele pode ser localizado no nosso corpo usando-se um detector de radiatividade. Dependendo do elemento e do método de administração, o radioisótopo se concentra em certos tipos de células ou órgãos, permitindo que eles sejam examinados. Radioisótopos para diagnóstico comumente usados são o tecnécio-99m e o iodo-131. A aplicação mais importante da radiatividade no tratamento de doenças está relacionada com a terapia do câncer.

8.8 As partículas alfa, partículas beta, raios gama e raios-X são radiações ionizantes. Quando passam através da matéria, interagem com as moléculas, criando fragmentos de alta energia chamados radicais livres, que causam modificações químicas prejudiciais às células. Exposição excessiva pode resultar em danos a curto e longo prazos.

EXERCÍCIOS

Exercício sobre Casamento de Palavras-Chave

Para cada termo à esquerda, escolha a frase da coluna à direita que mais se aproxima do seu significado.

1. radiatividade	a. forma núcleos maiores
2. radioisótopo	b. tempo de desintegração
3. meia-vida	c. isótopo radiativo
4. fissão	d. emissão de radiação
5. fusão	e. quebra de átomos
6. rad	f. equivalente dose
7. rem	g. mede a exposição
8. roentgen	h. dose absorvida
9. partícula beta	i. núcleo do hélio
10. raio gama	j. elétron
11. partícula alfa	k. radiação eletromagnética

Exercícios por Tópicos

Radiatividade (8.1)

12. O que é radiatividade? Que formas ela toma?
13. Descreva as principais diferenças entre radiação alfa, beta e gama.
14. Explique como um sal de urânio pode expor um pedaço de filme fotográfico coberto.
15. O que causa a radiatividade?

Reações Nucleares (8.2)

16. Complete as seguintes equações nucleares:
    a. ${}^{11}_{6}C \rightarrow {}^{7}_{4}Be + ?$
    b. ${}^{4}_{2}He + ? \rightarrow {}^{30}_{15}P + {}^{1}_{0}n$
    c. ${}^{9}_{4}Be + {}^{4}_{2}He \rightarrow ? + {}^{1}_{0}n$
    d. ${}^{87}_{36}Kr \rightarrow {}^{86}_{36}Kr + ?$
    e. ${}^{2}_{1}H + {}^{3}_{1}H \rightarrow ? + {}^{1}_{0}n$
    f. ${}^{235}_{92}U + {}^{1}_{0}n \rightarrow {}^{146}_{57}La + ? + 3\,{}^{0}_{-1}e + 3\,{}^{1}_{0}n$
    g. ${}^{7}_{3}Li + ? \rightarrow 2\,{}^{4}_{2}He$
17. Em que uma reação nuclear difere de uma reação química?

Radiatividade Natural e Artificial (8.3)

18. Que elementos têm apenas isótopos radioativos?
19. O que é uma série de desintegração radioativa?
20. Escreva equações para as seguintes conversões:
    a. ${}^{230}_{90}Th$ para ${}^{236}_{88}Ra$
    b. ${}^{214}_{83}Bi$ para ${}^{214}_{84}Po$
    c. ${}^{210}_{84}Po$ para ${}^{206}_{82}Pb$
21. Como são preparados os radioisótopos?
22. O que é transmutação?
23. Descreva o processo de captura de nêutron.

Energia Nuclear (8.4)

24. Como estão relacionadas a massa e a energia?
25. Por que foram satisfatórias, até o século vinte, leis independentes de conservação da massa e da energia?
26. Calcule a quantidade de
    a. energia equivalente a 3,2 kg de matéria
    b. massa equivalente a $9{,}2 \times 10^{6}$ J.
    Nota: $J = (kg)(m^{2})/(seg^{2})$
27. Por que é um núcleo mais leve do que a soma de suas partes?
28. Que núcleo é o mais estável?
29. Em que a fusão difere da fissão?
30. O que é uma reação em cadeia?

31. Descreva como a fissão pode ser usada para gerar eletricidade.

Meia-Vida (8.5)

32. O que a meia-vida de um núcleo mede?
33. O que significa um longo $t_{1/2}$?
34. Se 80 µg de fósforo–32 estão presentes inicialmente, que massa de ^{32}P resta depois de 56 dias? (Veja a Tabela 8-3)
35. Um paciente recebe 20 µg de tecnécio-99 às 8:00 horas. Que massa desta substância ainda não se desintegrou até às 20:00 horas do mesmo dia (Veja a Tabela 8-3)

Detecção da Radiação e Unidades (8.6)

36. Como um contador Geiger funciona?
37. Descreva dois outros meios para se detectar radiação além do contador Geiger.
38. O que mede cada uma destas unidades?
    a. rad
    b. curie
    c. gray
    d. roentgen
    e. rem

Usos Médicos da Radiação (8.7)

39. Por que são os radioisótopos tão úteis para se estudar o corpo?
40. O que é mapeamento de órgão?
41. Qual é a diferença entre uma mancha "quente" e uma mancha "fria"?
42. Como é a radiação usada para combater o câncer?
43. Explique por que somente certos radioisótopos são úteis em medicina?

Efeitos da Radiação sobre a Saúde (8.8)

44. O que é radiação ionizante?
45. Quais são os efeitos da exposição à radiação sobre o corpo a curto e a longo prazos?
46. O que você pode fazer para minimizar a exposição? Explique por que cada procedimento reduz a exposição.
47. Quais são as fontes da radiação de fundo?

Exercícios Adicionais

48. Que tipo de radiação
    a. tem a maior massa?
    b. tem uma carga negativa?
    c. tem a maior energia?
    d. tem carga positiva?
49. Por que é importante para um radioisótopo usado medicinalmente ter uma meia-vida curta?
50. O fato de um núcleo ser mais leve do que a soma de suas partes não viola a lei da conservação da massa? Explique.
51. Que fonte de radiação é responsável pela maior exposição à qual os seres vivos estão comumente sujeitos?
52. Se o urânio-235 é radiativo, por que está ele ainda presente na Terra?
53. Descreva estas equações em palavras:
    a. $^{246}_{96}Cm + ^{12}_{6}C \rightarrow ^{254}_{102}No + 4\ ^{-1}_{0}n$
    b. $^{238}_{92}U + 15\ ^{1}_{0}n \rightarrow ^{253}_{99}Es + 7\ ^{0}_{-1}e$
54. O que é um radioisótopo livre de transportador?
55. Complete as seguintes equações:
    a. $^{27}_{13}Al + ^{4}_{2}He \rightarrow ? + ^{1}_{0}n$
    b. $^{240}_{92}U \rightarrow ? + ^{0}_{-1}\beta$
56. Como o sol obtém sua tremenda energia?
57. O protactínio-234 tem uma meia-vida de apenas 1,18 minutos. Como é possível este isótopo ser encontrado naturalmente?
58. Escreva uma equação nuclear balanceada para:
    a. a captura de um nêutron por $^{14}_{7}N$ para formar $^{3}_{1}H$
    b. a emissão de oito partículas alfa e seis partículas beta pelo $^{238}_{92}U$
59. A massa atômica real do $^{40}_{20}Ca$ é 39,96259 amu. Sendo 1,008665 amu a massa de um nêutron e 1,007825 amu a massa de um próton, calcule a energia de ligação para este núcleo. Nota: 1 amu = 1,6605655 x 10^{-27} kg; J = (kg)(m)^2/(seg)^2.
60. Por que é possível produzir energia a partir da fissão do urânio mas não da fissão do oxigênio?
61. A última etapa da série de desintegração do urânio é a formação de $^{206}_{82}Pb$ e a emissão de uma partícula alfa. Escreva a equação nuclear para esta etapa.
62. Se as partículas alfa não penetram as camadas externas da pele, por que núcleos que emitem partículas alfa podem representar um perigo para a saúde?
63. Por que são muitas reações nucleares realizadas com aceleradores de partículas?

Capítulo 9

Química Orgânica — Hidrocarbonetos

Ao começar este capítulo, estaremos observando mais de perto a química dos compostos do elemento carbono. Estes compostos incluem aqueles que comemos, assim como aqueles que compõem a maior parte do nosso corpo. De fato, a matéria sólida das células vivas (excluindo-se o conteúdo em água) contém 50% a 60% de carbono em peso. O Capítulo 9 introduz os tipos mais simples de compostos de carbono, aqueles que contêm apenas carbono e hidrogênio.

9.1 O Átomo de Carbono

Objetivo: Para demonstrar entendimento desta seção, você deverá ser capaz de definir química orgânica e relacionar a estrutura eletrônica do átomo de carbono com as ligações que ele pode formar.

Até o século dezenove, os químicos pensavam que os compostos encontrados nos seres vivos podiam ser fabricados somente no tecido vivo e continham uma misteriosa "força vital". Os compostos encontrados nos seres vivos foram chamados compostos orgânicos. Mas em 1828, o químico alemão Friedrich Wöhler fez uma descoberta que mudou radicalmente a maneira de pensar dos químicos sobre os compostos orgânicos. Wöhler acidentalmente preparou uréia, um produto biológico de excreção presente na urina, por aquecimento do cianato de amônio, um composto inorgânico não encontrado nos seres vivos. Wöhler mostrou que compostos orgânicos podem ser preparados sinteticamente, no laboratório, e não precisam vir de seres vivos. Assim, a idéia que compostos orgânicos podiam ser fabricados somente em tecido vivo mostrou-se incorreta. Experimentos posteriores revelaram que a uréia e a maioria dos outros compostos dos sistemas vivos contêm átomos de carbono aos quais átomos de outros elementos estão covalentemente ligados.

Química Orgânica é agora simplesmente definida como o estudo das estruturas, propriedades e reações de compostos do carbono. Os compostos do carbono são chamados **compostos orgânicos**. O estudo dos compostos de todos os outros elementos é chamado *química inorgânica*. A maioria dos compostos que estudamos até aqui são inorgânicos. A Tabela 9-1 resume as diferenças entre compostos orgânicos e inorgânicos típicos. Note que os óxidos do carbono (CO, CO_2) e os carbonatos são considerados compostos inorgânicos, embora contenham átomos de carbono.

Tabela 9-1 Comparação Entre Compostos Orgânicos e Inorgânicos Típicos.

Compostos Orgânicos Típicos	Compostos Inorgânicos Típicos
baseados no carbono	baseados em elementos que não o carbono
predominância de ligações covalentes	predominância de ligações iônicas
número de átomos na molécula relativamente grande	relativamente poucos átomos na unidade fórmula
baixo ponto de ebulição e de fusão	alto ponto de ebulição e de fusão
baixa solubilidade em água	alta solubilidade em água
não eletrólitos	eletrólitos
inflamáveis	não inflamáveis

A estrutura eletrônica de um átomo de carbono pode ser representada de uma das seguintes maneiras:

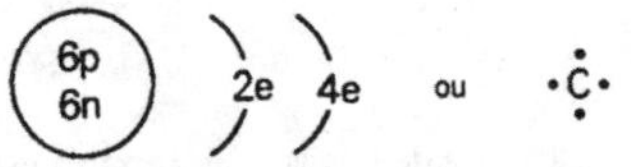

Cada uma destas representações mostra que o carbono tem quatro elétrons periféricos. Para preencher seu nível mais externo, o carbono deve receber quatro outros elétrons através de ligações covalentes. Assim, *o carbono forma compostos nos quais ele apresenta quatro ligações covalentes.* O carbono pode formar estas ligações em qualquer das combinações mostradas na Tabela 9-2. Um traço longo (—) indica uma ligação que consiste de um par compartilhado de elétrons, um do átomo de carbono e um de outro átomo. Com quatro elétrons externos seus, mais um elétron compartilhado de cada uma das quatro ligações, o carbono num composto forma um octeto completo, um nível externo de oito elétrons. Se você se lembrar que cada átomo de carbono deve sempre possuir *quatro* ligações covalentes ao seu redor, você não terá dificuldade em representar as estruturas dos compostos orgânicos. Como mostrado, estas ligações podem ser simples, duplas ou triplas.

O carbono forma vários milhões de diferentes compostos já conhecidos. Este número é maior do que o número de compostos formados por todos os outros elementos juntos. De fato, há cerca de 100 vezes mais compostos orgânicos do que inorgânicos. Uma razão para o grande número de compostos orgânicos é que os átomos de carbono podem formar ligações fortes com outros átomos de carbono. A capacidade do carbono em formar ligações consigo mesmo torna possível a formação de compostos que consistem de cadeias ou anéis de átomos de carbono interligados, assim como outras estruturas mais complexas.

Tabela 9-2 Possíveis Arranjos das Ligações de um Átomo de Carbono

Arranjo	Descrição	Número total de ligações
$-\overset{\vert}{\underset{\vert}{C}}-$	4 ligações simples	4
$-\overset{\Vert}{C}-$	2 ligações simples 1 ligação dupla	4
$=C=$	2 ligações duplas	4
$-C\equiv$	1 ligação simples 1 ligação tripla	4

Pelo fato de o carbono formar ligações covalentes fortes com outros não metais, como o hidrogênio, oxigênio e nitrogênio, os átomos destes elementos podem se ligar ao esqueleto carbônico. Esta grande versatilidade química permite ao carbono ser a base da vida.

Hidrocarbonetos são os compostos orgânicos mais simples. Eles consistem somente de átomos de carbono e hidrogênio. O hidrocarboneto mais simples é o metano, CH_4. Nesta molécula, um átomo de carbono está covalentemente ligado a quatro átomos de hidrogênio. A fórmula estrutural do metano é uma representação da molécula baseada na sua estrutura de Lewis:

metano

estrutura de Lewis fórmula estrutural

Cada traço da fórmula estrutural corresponde a um par de elétrons da estrutura de Lewis. A fórmula estrutural mostra como os átomos da molécula estão ligados. Ela não mostra porém a verdadeira forma tridimensional da molécula.

A Figura 9-1 mostra a forma real de uma molécula de metano. O modelo tipo bola-bastão (a) ilustra a ligação de uma maneira tridimensional. O modelo compacto (b) representa com mais precisão os tamanhos relativos e as distâncias entre os átomos. [Veja também a Figura 3-4 (b).] Se traçarmos as linhas que ligam os quatro átomos ao redor do carbono, formamos um tetraedro (c). Tetraedro é uma figura geométrica regular com quatro faces e seis arestas. Diz-se que as ligações formadas pelo carbono no metano e moléculas relacionadas são tetraédricas. Os ângulos entre as ligações numa molécula tetraédrica são de 109,5° cada. (Este arranjo geométrico permite aos quatro pares de elétrons em volta do carbono, num composto orgânico, se manterem tão longe quanto possível um do outro, reduzindo as repulsões entre suas cargas negativas.) Ainda que fórmulas estruturais planas não representem as formas reais das moléculas, elas são comumente usadas em química orgânica por causa de sua simplicidade. Experimente o Faça-o Você Mesmo 9.

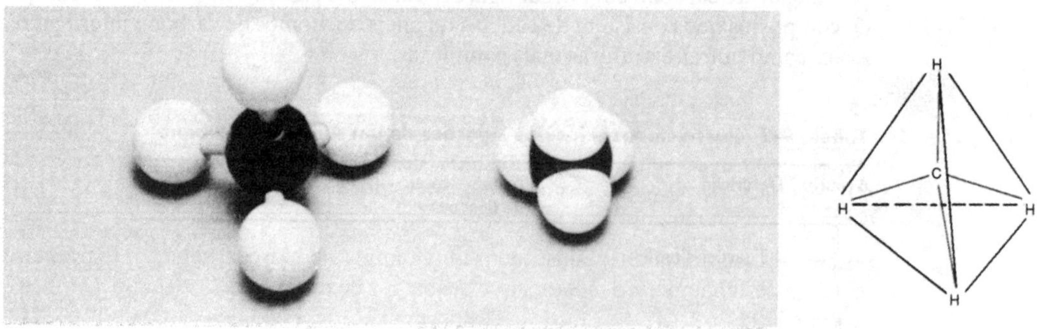

(a) (b) (c)

Figura 9-1
Metano, CH_4. Um modelo tipo bola-bastão (a) e um modelo compacto (b) desta molécula são mostrados. Se os átomos de hidrogênio forem conectados como em (c), um tetraedro se forma. Veja também a Figura 3-4 (b). (Direitos autorais para foto Al Green.)

Faça-o Você Mesmo 9

RECORTE DE CARBONO

As estruturas de moléculas orgânicas que mostramos neste livro ou que você desenha são bidimensionais. Elas não dão uma idéia completa da forma da molécula. Como veremos em capítulos posteriores, a estrutura tridimensional de uma molécula determina em grande parte suas propriedades.

Seguindo estas instruções, você pode fazer um modelo simples de um tetraedro, a forma básica formada pelas ligações dos átomos de carbono.

Como fazer: Trace a seguinte figura sobre um pedaço de papel ou papelão.

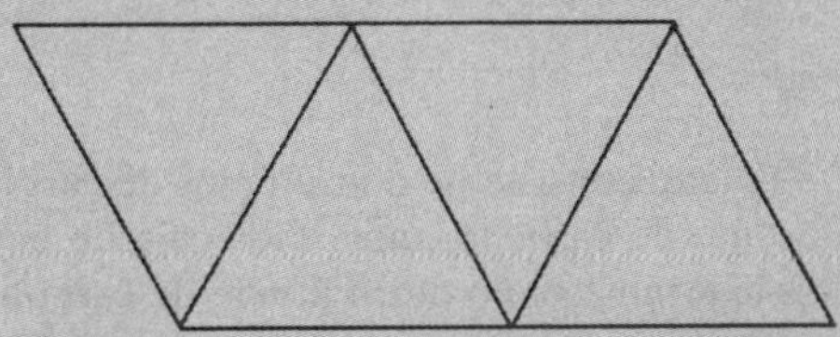

Note que ela consiste de quatro triângulos cujos lados são iguais.

Dobre nas três linhas para formar um tetraedro. Prenda as arestas com fita adesiva. O átomo de carbono está no centro, "dentro" do seu tetraedro. Suas quatro ligações partem do centro em direção aos vértices do tetraedro. Por exemplo, se houvesse um átomo de hidrogênio em cada vértice, a molécula seria o metano.

Para demonstrar a ligação carbono-carbono numa maneira muito simplificada, faça outro tetraedro. Segure ambos de modo que o vértice de um toque o vértice do seguinte. (Não há nenhum átomo de hidrogênio nos vértices que se tocam.) Este arranjo representa o etano com uma simples ligação entre os átomos de carbono. Agora segure seus tetraedros de modo que a aresta de um toque a aresta do outro. Esta molécula é o eteno (etileno) com uma ligação dupla carbono-carbono.

Finalmente, una seus tetraedros de modo que a face de um toque a face do segundo. Esta molécula é o etino (acetileno) com uma ligação tripla carbono-carbono.

9.2 Alcanos

Objetivo: Para demonstrar entendimento desta seção, você deverá ser capaz de representar e identificar os alcanos simples de cadeias não ramificadas.

Os **alcanos** (ou parafinas) constituem uma família de hidrocarbonetos. O primeiro membro desta família é o metano, que acabamos de descrever. O segundo membro é o etano, C_2H_6.

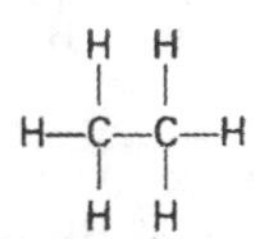

etano

estrutura de Lewis fórmula estrutural

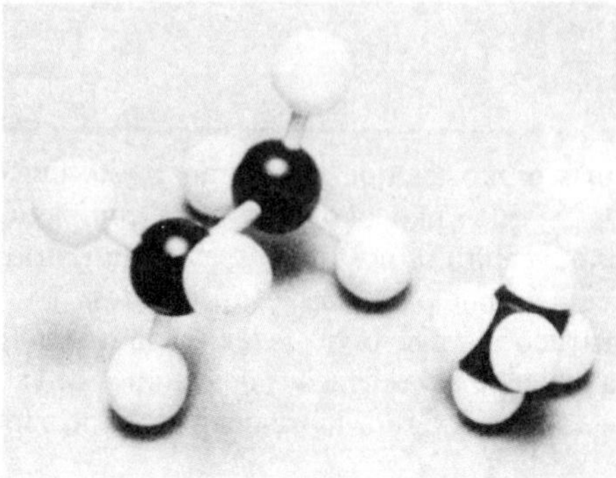

(a) (b)

Figura 9-2
Etano, CH_3CH_3. Um modelo tipo bola-bastão (a) e um modelo compacto (b) são mostrados. (Direitos autorais para foto al Green.)

O etano consiste de dois átomos de carbono unidos por uma ligação simples. Cada átomo de carbono numa molécula de etano compartilha um de seus quatro elétrons externos com o outro átomo de carbono. Cada átomo de carbono também compartilha os três elétrons de três átomos de hidrogênio. Assim, cada átomo de carbono tem um total de oito elétrons em seu nível externo. A Figura 9-2 apresenta dois modelos da molécula de etano.

A fórmula estrutural do etano pode ser simplificada escrevendo-se uma fórmula estrutural *condensada*:

$CH_3—CH_3$ ou CH_3CH_3 etano

Numa fórmula condensada, os símbolos dos átomos ligados a cada átomo de carbono são escritos à direita do símbolo do carbono. Por exemplo, a fórmula CH_3CH_3 significa que o primeiro átomo de carbono tem três átomos de hidrogênio ligados, e ele está ligado a outro átomo de carbono que tem também três átomos de hidrogênio. Se nenhum traço aparece entre os átomos, uma ligação simples é subentendida existir. (Em geral, traços representando ligações simples ao longo de uma linha horizontal são omitidos.) Fórmulas condensadas são a maneira mais comum de representar moléculas orgânicas porque elas são claras e fáceis de interpretar. A Figura 9-3 ilustra a vantagem de usarmos fórmulas estruturais condensadas.

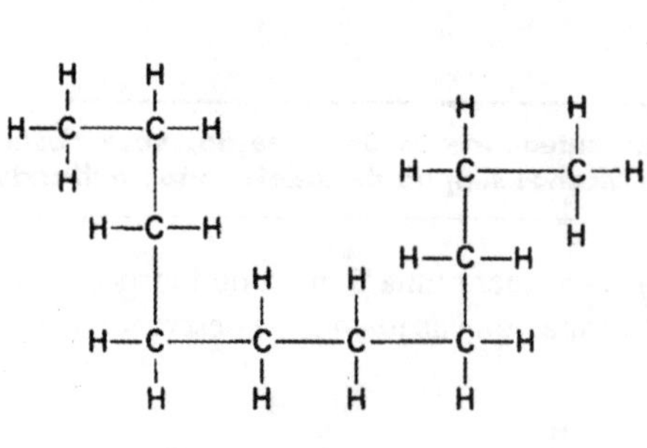

fórmula estrutural

$CH_3CH_2CH_2CH_2CH_2CH_2CH_2CH_2CH_2CH_3$

fórmula estrutural condensada

Figura 9-3
Fórmula estrutural e fórmula estrutural condensada. O uso da fórmula condensada simplifica muito a representação de estruturas de moléculas orgânicas.

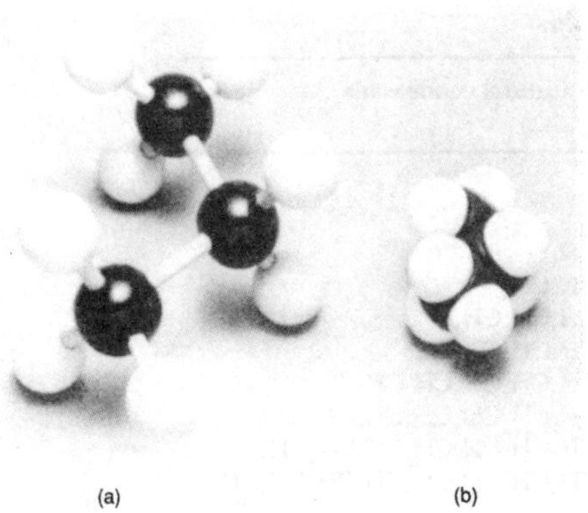

(a) (b)

Figura 9-4
Propano, $CH_3CH_2CH_3$. Um modelo tipo bola-bastão (a) e um modelo compacto (b) são mostrados. (Direitos autorais para a foto Al Green.)

O propano, C_3H_8, é o terceiro membro da família dos alcanos. Ele contém três átomos de carbono unidos por ligações simples.

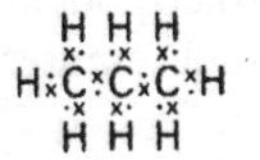

estrutura de Lewis

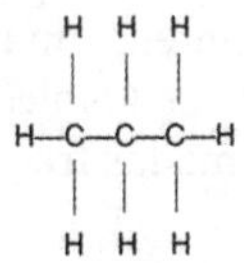

fórmula estrutural

propano

Note que o carbono central forma ligações covalentes com apenas dois átomos de hidrogênio porque ele já tem duas ligações covalentes, uma para cada um dos outros dois átomos de carbono. A fórmula condensada para o propano é

$$CH_3—CH_2—CH_3 \quad \text{ou} \quad CH_3CH_2CH_3 \qquad \text{propano}$$

Modelos desta molécula são mostrados na Figura 9-4. Note que representamos a molécula como uma "cadeia reta", embora ela seja dobrada por causa dos ângulos de ligação de 109,5° do carbono.

Há muito mais compostos na família dos alcanos. Os primeiros dez alcanos de cadeia "linear" (não ramificada) estão listados na Tabela 9-3. (Estes nomes e os números de carbonos correspondentes devem ser memorizados porque eles serão necessários para designar outros compostos orgânicos.)

Diz-se que as moléculas dos alcanos são *saturados*. Numa molécula saturada, cada átomo de carbono está ligado a quatro outros átomos por ligações covalentes simples; nenhuma ligação dupla ou tripla está presente entre os átomos de carbono. Os alcanos formam uma série homóloga, uma seqüência de moléculas nas quais cada uma difere da seguinte no mesmo número e tipo de átomos. Cada homólogo, ou membro da série, contém um $-CH_2-$ a mais do que a molécula de alcano que vem antes dele na série. Por exemplo, o propano, $CH_3CH_2CH_3$, contém um $-CH_2-$ a mais do que o etano, CH_3CH_3.

Tabela 9-3 Alcanos Simples

Nome	Fórmula molecular	Fórmula estrutural condensada
metano	CH_4	CH_4
etano	C_2H_6	CH_3CH_3
propano	C_3H_8	$CH_3CH_2CH_3$
butano	C_4H_{10}	$CH_3CH_2CH_2CH_3$
pentano	C_5H_{12}	$CH_3CH_2CH_2CH_2CH_3$
hexano	C_6H_{14}	$CH_3CH_2CH_2CH_2CH_2CH_3$
heptano	C_7H_{16}	$CH_3CH_2CH_2CH_2CH_2CH_2CH_3$
octano	C_8H_{18}	$CH_3CH_2CH_2CH_2CH_2CH_2CH_2CH_3$
nonano	C_9H_{20}	$CH_3CH_2CH_2CH_2CH_2CH_2CH_2CH_2CH_3$
decano	$C_{10}H_{22}$	$CH_3CH_2CH_2CH_2CH_2CH_2CH_2CH_2CH_2CH_3$

A fórmula geral para os alcanos é C_nH_{2n+2}. De acordo com esta fórmula, o número de átomos de hidrogênio num alcano é sempre dois a mais do que o dobro dos átomos de carbono. Assim, um alcano com 50 carbonos (n = 50) tem (2 × 50) + 2 = 100 + 2 = 102 átomos de hidrogênio. Sua fórmula molecular é $C_{50}H_{102}$. Como mostrado na Tabela 9-3, os nomes de todos os alcanos terminam em "-ano".

Misturas de alcanos são encontradas no petróleo e no gás natural. Ambos são produtos de pressão e calor prolongadas sobre matéria viva enterrada. O gás natural é 60% a 95% metano e contém pequenas quantidades de etano, propano, butano e pentano. O petróleo contém uma mistura mais complexa de alcanos, assim como outros compostos orgânicos. Os alcanos do petróleo podem ser separados por distilação em várias misturas, chamadas frações, que têm diferentes faixas de ebulição.

(a)

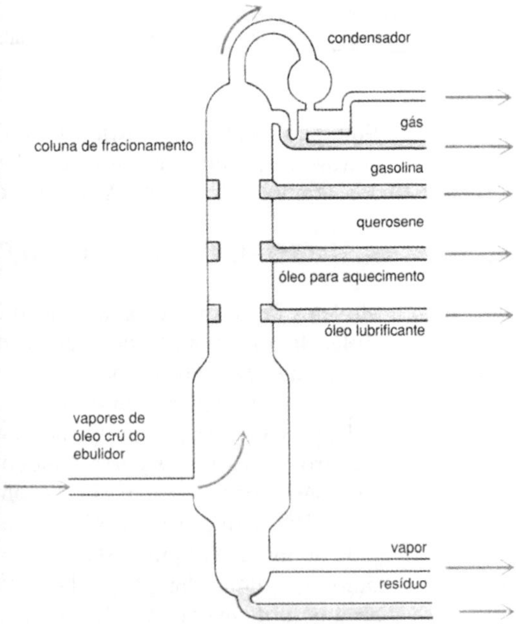

(b)

Figura 9-5
Refinação de petróleo. (a) O petróleto é separado em várias frações, com base em seus pontos de ebulição, numa torre de fracionamento. (Foto por cortesia da Mobil Oil Corporation.) (b) Os hidrocarbonetos com pontos de ebulição mais baixos são os mais voláteis e deslocam-se mais rapidamente para o alto da torre antes de serem coletados.

A Figura 9-5 mostra uma torre de fracionamento, o dispositivo usado para separar as frações por distilação.

A Tabela 9-4 lista algumas frações típicas do petróleo. Cada uma consiste de alcanos com números semelhantes de átomos de carbono. As propriedades físicas de um alcano dependem do número de átomos de carbono da molécula. Quando o número de átomos de carbono aumenta, o peso molecular aumenta, e muitas propriedades dos alcanos (tal como o ponto de ebulição) mudam. Assim, alcanos com números de átomos de carbono semelhantes têm propriedades semelhantes. Os alcanos de baixo peso molecular, como o metano, são gases; os intermediários, como o octano, são líquidos; alcanos de pesos moleculares mais altos são sólidos. Petrolato ou geléia de petróleo (Vaselina), uma mistura de alcanos sólidos e líquidos de altos pontos de ebulição, é usada como cobertura de proteção e base para pomadas. Mais de 80% dos produtos orgânicos dos Estados Unidos são manufaturados direta ou indiretamente a partir dos componentes do petróleo e do gás natural.

Tabela 9-4 Frações Típicas do Petróleo

Nº- de átomos de carbono	Classificação	Ponto de ebulição (°C)
1-5	gases naturais	abaixo de 40
6-10	gasolina	40-180
11-12	querosene	180-230
13-17	óleo combustível leve	230-305
18-25	óleo combustível pesado	305-405
26-38	lubrificantes	405-515
acima de 39	asfaltos	acima de 515

9.3 Isômeros e Radicais Alquila

Objetivo: Para demonstrar entendimento desta seção, você deverá ser capaz de reconhecer isômeros e radicais alquila.

Os hidrocarbonetos descritos até aqui consistem de cadeias *não ramificadas* de átomos de carbono. Nenhum átomo de carbono da cadeia é ligado a mais do que dois outros átomos de carbono. (Como observamos anteriormente, estas cadeias "lineares" (ou não ramificadas) são realmente dobradas.) Nem todos os hidrocarbonetos são cadeias não ramificadas. Alguns são porém cadeias *ramificadas*, nas quais um átomo de carbono é ligado a mais de dois outros átomos de carbono. As fórmulas estruturais a seguir representam quatro diferentes alcanos de cadeia ramificada:

(A) 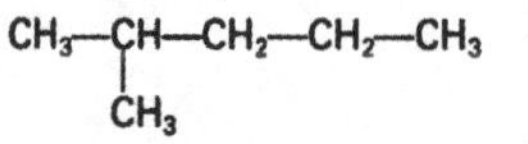

(B) 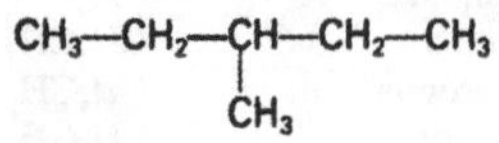

(C) 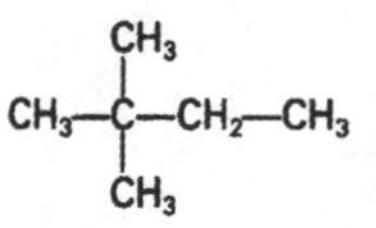

(D) 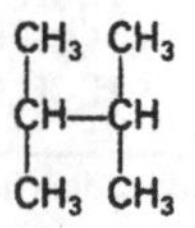

Note que quando a cadeia é ramificada, você não pode traçar uma linha através de todos os átomos de carbono da fórmula estrutural sem levantar seu lápis da página ou retraçar parte da linha. Cada uma destas quatro moléculas contém 6 átomos de carbono e 14 átomos de hidrogênio. Portanto, todas têm a fórmula molecular C_6H_{14}. Estes quatro alcanos de cadeia ramificada têm a mesma fórmula molecular do alcano de cadeia não ramificada chamada hexano:

(E) $CH_3CH_2CH_2CH_2CH_2CH_3$

Embora estas cinco moléculas tenham a mesma fórmula, C_6H_{14}, os átomos nestas moléculas não estão interligados da mesma maneira. Elas são isômeros, moléculas diferentes que têm a mesma fórmula molecular. Estas cinco moléculas são chamadas de **isômeros estruturais** (ou constitucionais) porque elas têm diferentes estruturas. Uma vez que suas estruturas moleculares diferem, suas propriedades também diferem. Por exemplo, os pontos de congelação destes cinco líquidos variam de –95 °C a –153 °C.

À medida que o número de átomos numa molécula aumenta, o número de isômeros possíveis também aumenta. Por exemplo, o alcano de 15 carbonos $C_{15}H_{32}$ tem cerca de 5000 isômeros. A existência de isômeros contribui para a tremenda variedade de compostos orgânicos.

As "ramificações" nas moléculas A, B, C e D são partes de alcanos. Cada uma é um **radical alquila**, um alcano no qual falta um átomo de hidrogênio (incluindo seu elétron). Um radical alquila é um fragmento molecular, não uma molécula real, e ele não pode existir por si só. O radical alquila mais simples é o radical metila. É uma molécula de metano na qual falta um átomo de hidrogênio.

radical metila

Note que o átomo de carbono no radical metila tem apenas sete elétrons periféricos. Ele deve formar outra ligação covalente para obter o arranjo de oito elétrons de gás nobre. O traço em aberto na fórmula estrutural indica que outro átomo deve ligar-se lá a fim de formar uma molécula. Por exemplo, as moléculas A e B têm cada uma um radical metila ligado a um dos carbonos da cadeia linear.

A Tabela 9-5 lista seis radicais alquila (isômeros não são mostrados). Os nomes dos radicais alquila terminam todos em "-ila". A primeira parte de cada nome vem do nome do alcano do qual o radical alquila é derivado. Por exemplo, o radical derivado do alcano de dois carbonos, chamado etano, é o radical etila.

Tabela 9-5 Radicais Alquila[a]

Nome	Fórmula
metila	CH_3—
etila	CH_3CH_2—
propila	$CH_3CH_2CH_2$—
butila	$CH_3CH_2CH_2CH_2$—
pentila (amila)	$CH_3CH_2CH_2CH_2CH_2$—
hexila	$CH_3CH_2CH_2CH_2CH_2CH_2$—

[a]Somente radicais de cadeia linear são mostrados

et	**ila**
derivado de	sufixo
etano	para os
(2 carbonos)	radicais alquila

O símbolo R é freqüentemente usado para representar qualquer radical alquila numa molécula. Assim, um alcano, que é um radical alquila mais um átomo de hidrogênio, pode ser representado por RH. Como veremos, muitos importantes compostos orgânicos contêm um ou mais radicais alquila como parte de suas moléculas.

9.4 Dando Nomes aos Alcanos de Cadeia Ramificada

Objetivo: Para demonstrar entendimento desta seção, você deverá ser capaz de designar alcanos de cadeia ramificada pelo sistema IUPAC.

Antes do final do século dezenove, os compostos orgânicos eram designados com base no modo como eram preparados ou derivados. Por exemplo, o ácido acético podia ser obtido a partir do vinagre e seu nome deriva de *acetum*, palavra latina que significa vinagre. Na medida em que mais compostos ficavam conhecidos, o número destes nomes "comuns" ficou incontrolável. Um sistema formal foi desenvolvido para designar compostos de uma maneira sistemática. Ele é conhecido como sistema IUPAC, baseado nas regras recomendadas pela *I*nternational *U*nion of *P*ure and *A*pplied *C*hemistry. Neste livro, os nomes da IUPAC serão geralmente usados, com os nomes comuns dados entre parênteses.

Os nomes para os alcanos dados na Seção 9.2 são parte do sistema IUPAC. Nesta seção, designaremos os isômeros mostrados na Seção 9.3. Todos eles parecem ser "hexanos" no sentido que suas fórmulas são C_6H_{14}. Eles não podem porém ser chamados todos de hexano porque cada um tem uma estrutura e propriedades diferentes. Para designá-los, usaremos as seguintes regras da IUPAC para alcanos de cadeia ramificada:

1. Descubra a cadeia *mais longa* de átomos de carbono. O nome do alcano é baseado no número de átomos de carbono desta cadeia.

   Exemplo: $\overset{1}{C}H_3—\overset{2}{C}H_2—\overset{3}{C}H_2—\overset{4}{C}H_2—\overset{5}{C}H_3$

   pentano

2. Começando com a ponta mais próxima da ramificação, numere os átomos de carbono da cadeia mais longa. Qualquer radical ligado a um átomo de carbono na cadeia é identificado por este número.

   Exemplo: $\overset{1}{C}H_3—\underset{\displaystyle CH_3}{\underset{|}{\overset{2}{C}H}}—\overset{3}{C}H_2—\overset{4}{C}H_2—\overset{5}{C}H_3$

   2-metilpentano

3. Quando mais de um radical estiver presente, numere cada um baseado no átomo de carbono no qual ele está ligado. Liste seus nomes em ordem alfabética, separados por hífens.

Exemplo: 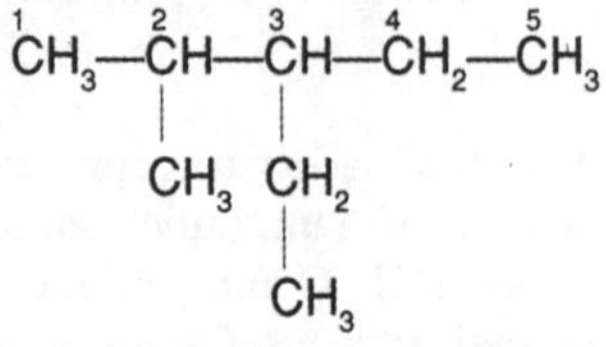

3-etil-2-metilpentano

4. Se os radicais ligados forem idênticos, use um prefixo (di-, tri-, tetra-, etc.) para indicar o número presente. Separe os números por vírgulas.

Exemplo: 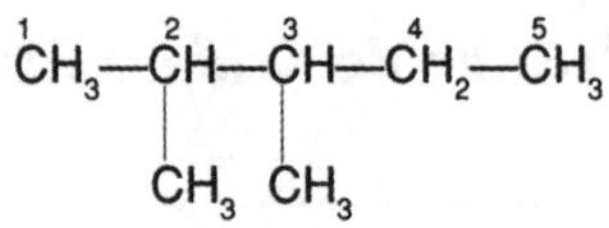

2,3-dimetilpentano

5. Quando mais de um radical estiver ligado ao mesmo átomo de carbono, repita o número.

Exemplo: 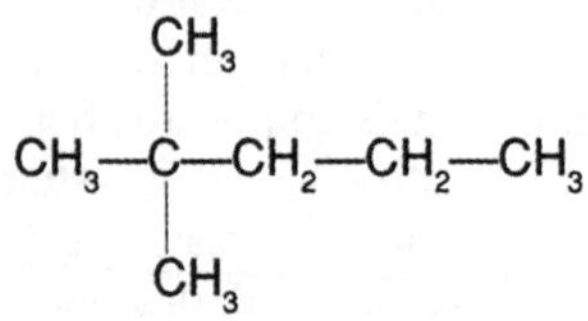

2,2-dimetilpentano

Vamos agora aplicar estas regras aos isômeros dos hexanos. A Figura 9-6 ilustra as estruturas destas moléculas.

(A)

Figura 9-6
Isômeros do hexano. Estas figuras geradas por computador representam as estruturas moleculares dos cinco isômeros de fórmula C_6H_{14}.

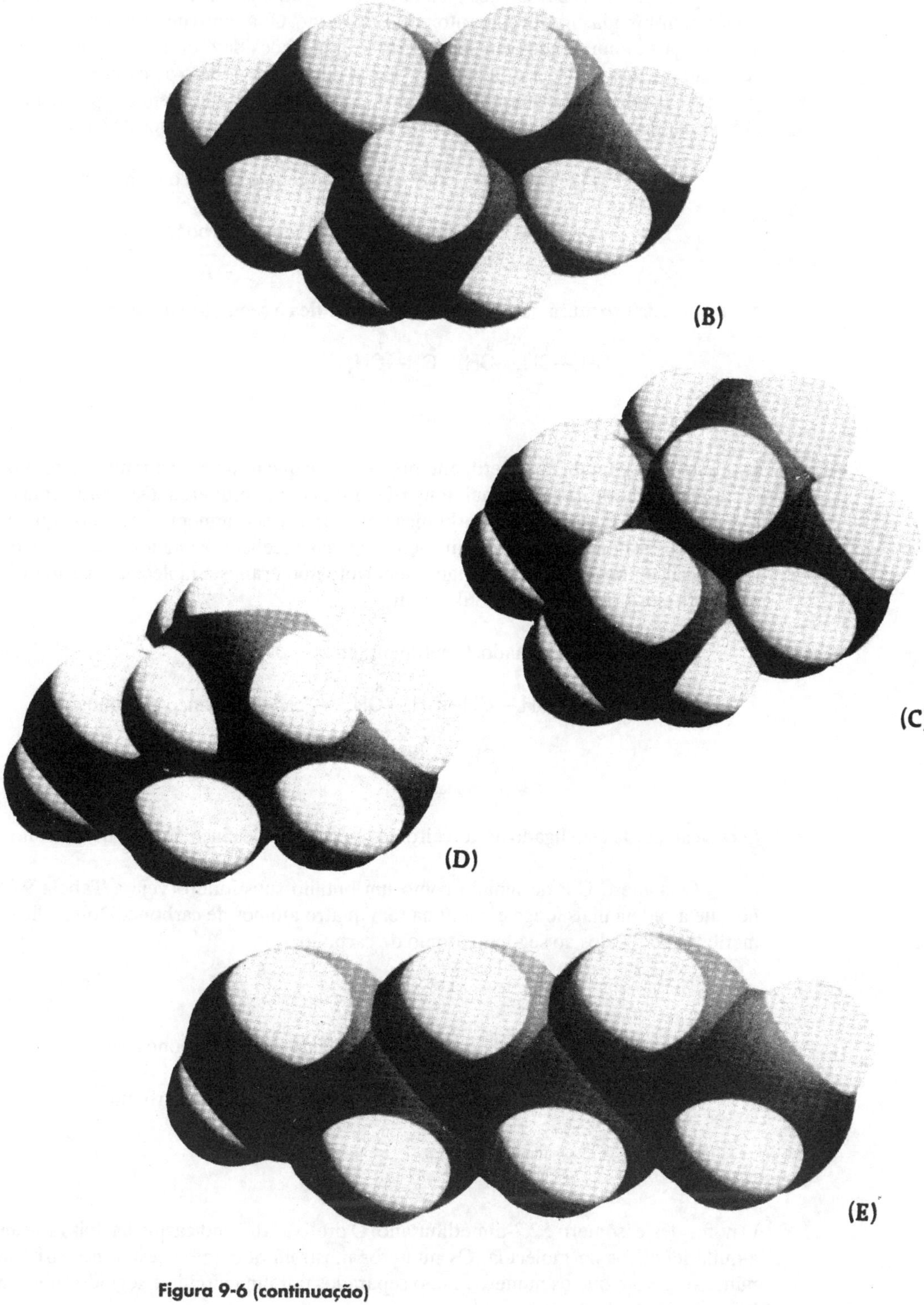

Figura 9-6 (continuação)

Os isômeros A e B são designados como pentanos substituídos porque a cadeia mais longa em cada um tem cinco átomos de carbono. Os átomos de carbono da cadeia mais longa são numerados em seqüência. Ramificações de átomos de carbono são designadas como radicais alquila e recebem o número do átomo de carbono ao qual elas estão ligadas. Por exemplo, o isômero A é chamado 2-metilpentano porque um radical metila está ligado ao segundo de uma cadeia de cinco átomos de carbono:

(A)

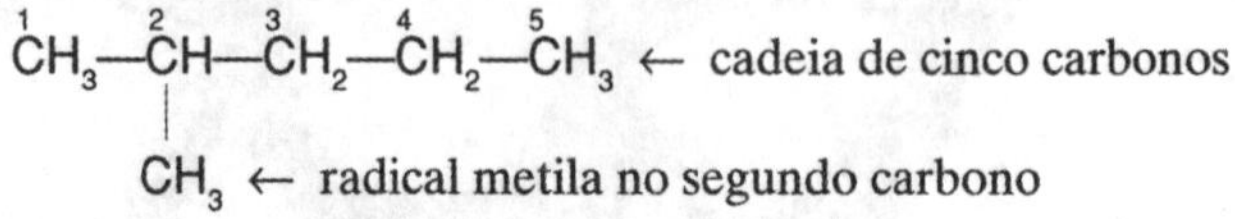

2-metilpentano

Note que esta estrutura para o isômero A é idêntica à seguinte estrutura:

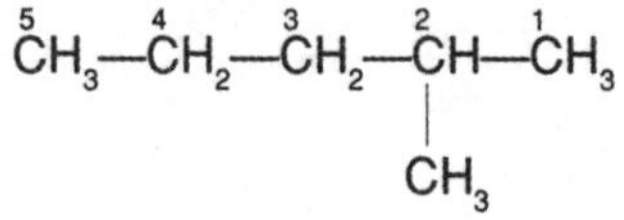

Esta estrutura é também 2-metilpentano, mas note que neste caso nós numeramos os átomos de carbono da cadeia mais longa da direita para a esquerda. De acordo com as regras da IUPAC, uma cadeia carbônica deve sempre ser numerada de modo que os átomos de carbono que têm ramificações ligadas recebam os *menores números* de identificação possíveis. Seria portanto incorreto numerar esta molécula da esquerda para a direita e designá-la 4-metilpentano.

O isômero B é chamado 3-metilpentano.

(B)

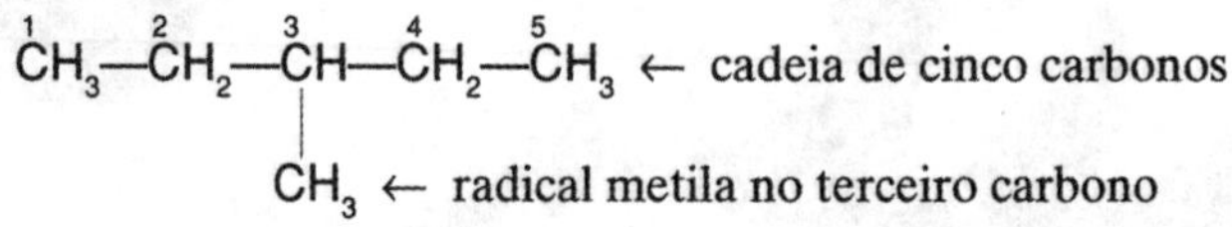

3-metilpentano

O radical metila está ligado ao terceiro de uma cadeia de cinco átomos de carbono.

O isômero C é designado como um butano substituído (veja a Tabela 9-3) porque a cadeia mais longa e contínua tem quatro átomos de carbono. Dois radicais metila estão ligados ao segundo átomo de carbono.

(C)

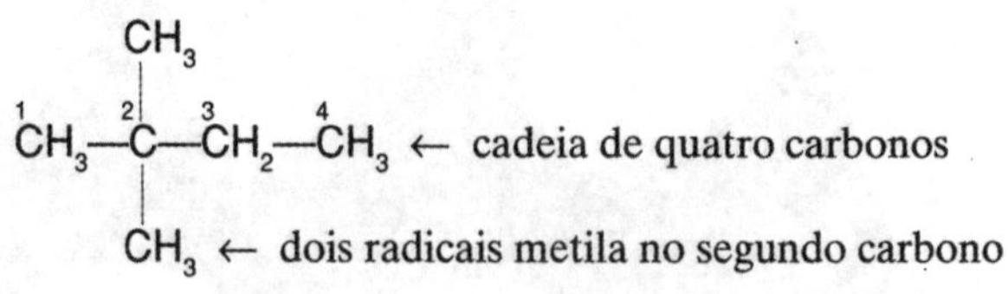

2,2-dimetilbutano

O nome deste isômero é 2,2-dimetilbutano. O prefixo "di-" indica que há dois radicais alquila idênticos na molécula. Os números mostram que ambos estão no carbono número 2. Note que os números estão separados por uma vírgula e seguidos por um hífen na frente do nome.

O nome para o isômero D é um pouco mais complicado. Se você delinear a cadeia carbônica mais longa possível (sem voltar ou levantar o lápis da página), você verá que ela tem quatro carbonos.

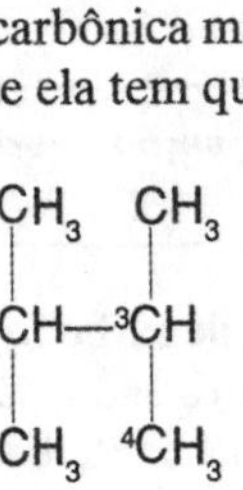

A fórmula estruturmula estrutural do isômero D pode ser reescrita de modo que a cadeia de quatro carbonos fique mais evidente:

(D) 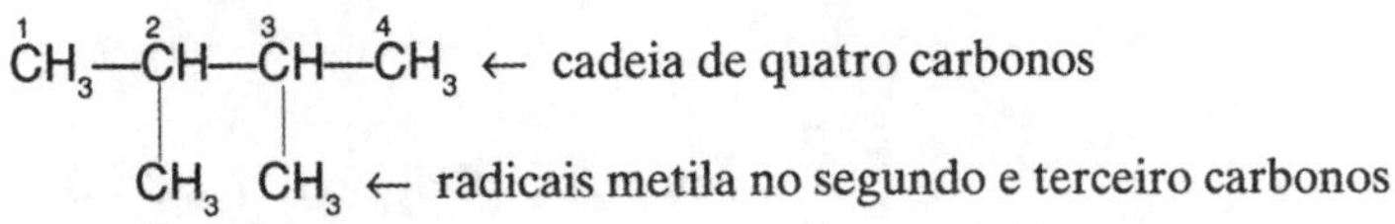

2,3-dimetilbutano

Note que as ligações entre os átomos não mudaram, mas somente a maneira como a estrutura é escrita.

A cadeia mais longa tem quatro átomos de carbono: um radical metila está ligado ao carbono 2, e o outro ao carbono 3. O isômero D é chamado 2,3-dimetilbutano.

O isômero E é simplesmente o hexano, uma vez que ele contém seis átomos de carbono numa cadeia linear. Seu nome comum é *normal* hexano, ou *n*-hexano, porque não há ramificações na cadeia carbônica.

(E) $\overset{1}{C}H_3-\overset{2}{C}H_2-\overset{3}{C}H_2-\overset{4}{C}H_2-\overset{5}{C}H_2-\overset{6}{C}H_3$ hexano

A Figura 9-7 ilustra várias de muitas maneiras como esta estrutura pode ser representada.

Note que todas elas representam o mesmo isômero de "cadeia linear" (E).

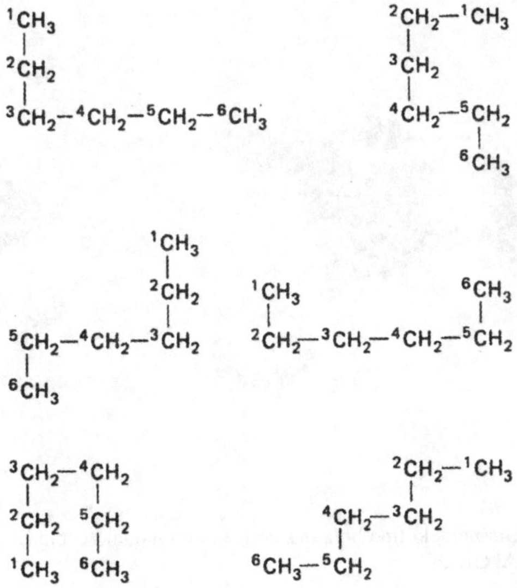

Figura 9-7
Hexano. Todas estas fórmulas estruturais condensadas são idênticas entre si. Elas representam um *único* isômero (E) porque os átomos estão ligados da mesma maneira em cada caso.

9.5 Alcenos e Alcinos

Objetivo: Para demonstrar entendimento desta seção, você deverá ser capaz de identificar os alcenos, os alcinos e seus isômeros.

Alcanos são hidrocarbonetos nos quais os átomos de carbono estão todos interligados por ligações simples. Alcenos e alcinos, por outro lado, são hidrocarbonetos que contêm ligações *múltiplas*. Um **alceno** (ou olefina) contém uma ligação *dupla* entre dois átomos de carbono. O alceno mais simples é o eteno, C_2H_4, cujo nome comum (ou trivial) é etileno. A Figura 9-8 mostra dois modelos de eteno. (Os ângulos formados pelas três ligações em volta do átomo de carbono são de 120° numa geometria chamada trigonal planar.)

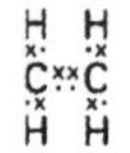 ou $CH_2{=}CH_2$ ou 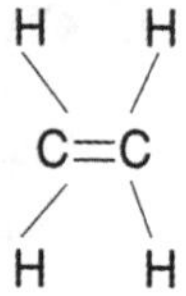 eteno (etileno)

Cada átomo de carbono recebe dois elétrons da ligação dupla com o outro átomo de carbono, mais dois elétrons das ligações simples com dois átomos de hidrogênio. O carbono obtém assim os quatro elétrons necessários para completar seu octeto.

O segundo membro da família dos alcenos é o propeno (ou propileno), C_3H_6:

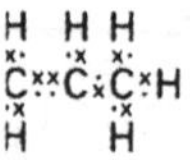 ou $CH_2{=}CH{-}CH_3$ propeno (propileno)

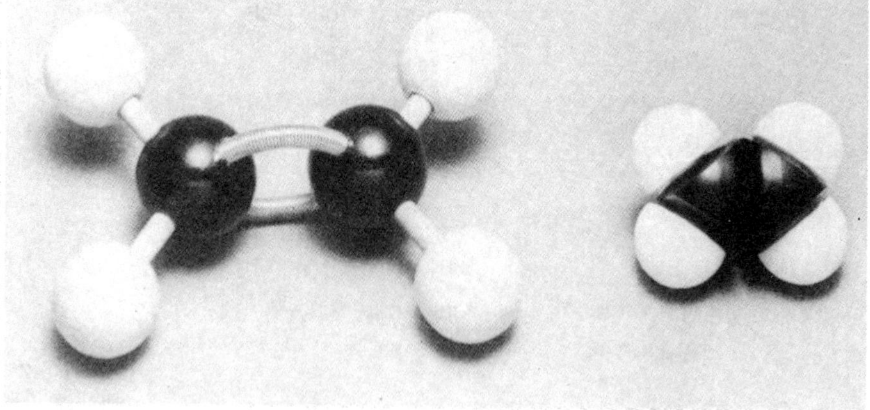

(a) (b)

Figura 9-8
Eteno (etileno), $CH_2{=}CH_2$. Um modelo tipo bola-bastão (a) e um modelo compacto (b) são mostrados. (Direitos autorais para foto Al Green.)

Alguns outros alcenos estão listados na Tabela 9-6. Todos têm uma ligação dupla entre dois átomos de carbono. Todos os nomes terminam em "eno". Algumas destas moléculas têm nomes comuns (dados entre parênteses) além dos seus nomes formais da IUPAC. A fórmula geral dos alcenos é C_nH_{2n}: o número de átomos de hidrogênio é o dobro do número de átomos de carbono da molécula.

Tabela 9-6 Alcenos Simples

Fórmula molecular	Nome[a]	Fórmula estrutural
C_2H_4	eteno (etileno)	$CH_2{=}CH_2$
C_3H_6	propeno (propileno)	$CH_2{=}CHCH_3$
C_4H_8	buteno (butileno)	$CH_2{=}CHCH_2CH_3$[b]
C_5H_{10}	penteno	$CH_2{=}CHCH_2CH_2CH_3$[b]
C_6H_{12}	hexeno	$CH_2{=}CHCH_2CH_2CH_2CH_3$[b]

[a]Nome comum entre parênteses
[b]Um dos vários isômeros possíveis

Os alcenos oferecem possibilidades adicionais para a formação de isômeros. Começando com o buteno (quatro carbonos), a ligação dupla pode aparecer em diferentes posições na molécula como mostrado abaixo:

$$\overset{1}{C}H_2{=}\overset{2}{C}H{-}\overset{3}{C}H_2{-}\overset{4}{C}H_3 \qquad \overset{1}{C}H_3{-}\overset{2}{C}H{=}\overset{3}{C}H{-}\overset{4}{C}H_3$$

1-buteno 2-buteno

O número do primeiro átomo de carbono envolvido na ligação dupla é sempre colocado no começo do nome do alceno. Por exemplo, o buteno isômero com uma ligação dupla na extremidade da cadeia (no carbono 1) é chamado 1-buteno. O isômero estrutural com uma ligação dupla no meio da cadeia é chamado 2-buteno. Note que a cadeia é numerada de modo que o átomo de carbono da ligação dupla tenha o menor número possível.

Outro tipo de isomerismo depende da posição relativa dos átomos em lados opostos da ligação dupla. Ao contrário dos isômeros estruturais, estes isômeros têm as mesmas conexões. Eles diferem porém na maneira como suas ligações são direcionadas no espaço e são conhecidos como **estereoisômeros.**

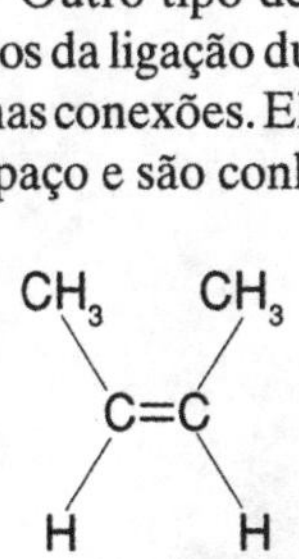
cis-2-buteno

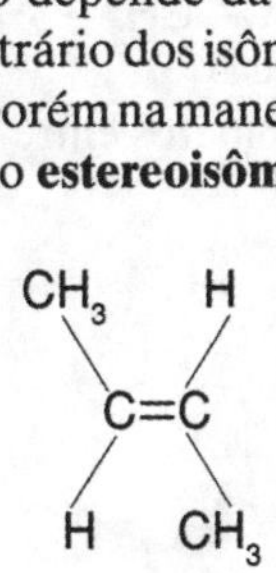
trans-2-buteno

A molécula com radicais alquila do mesmo lado é chamada isômero *cis. A* molécula com os radicais alquila em diagonal é chamada isômero *trans.* Isomeria *cis-trans,* ou geométrica, ocorre porque a ligação dupla é rígida.

Assim os átomos não podem rodar em volta de uma ligação dupla como o fazem em volta de uma ligação simples.

Os alcenos podem ter mais de uma ligação dupla na molécula. Por exemplo, um alceno com duas ligações é chamado *dieno.* A posição da ligação dupla é indicada por um número na frente do nome, como em 1,3-butadieno:

$$CH_2{=}CH{-}CH{=}CH_2$$

1,3 butadieno

Alcinos são hidrocarbonetos que contêm uma ligação *tripla* entre dois átomos de carbono. O alcino mais simples é o etino, C_2H_2. que é comumente chamado acetileno. Modelos do etino são mostrados na Figura 9-9. (Os ângulos formados pelas ligações dos dois átomos de carbono são de 180° numa geometria linear.)

H:C:::C:H ou CH≡CH ou HC≡CH etino (acetileno)

Os primeiros membros desta série estão listados na Tabela 9-7.

Tabela 9-7 Alcinos Simples

Fórmula molecular	Nome[a]	Fórmula estrutural
C_2H_2	etino (acetileno)	$CH{\equiv}CH$
C_3H_4	propino	$CH{\equiv}CCH_3$
C_4H_6	butino	$CH{\equiv}CCH_2CH_3$[b]
C_5H_8	pentino	$CH{\equiv}CCH_2CH_2CH_3$[b]
C_6H_{10}	hexino	$CH{\equiv}CCH_2CH_2CH_2CH_3$[b]

[a]Nome comum entre parênteses.
[b]Um dos vários isômeros possíveis.

A fórmula geral de um alcino é C_nH_{2n-2}: o número de átomos de hidrogênio é duas vezes o número de átomos de carbono menos 2. O sufixo que lhe diz que a molécula tem uma ligação tripla é "-ino". A primeira parte do nome, como antes, depende do número de átomos de carbono. Os alcinos têm isômeros estruturais; o número na frente descreve a localização da ligação tripla, como no 3-hexino:

$$\overset{1}{C}H_3{-}\overset{2}{C}H_2{-}\overset{3}{C}{\equiv}\overset{4}{C}{-}\overset{5}{C}H_2{-}\overset{6}{C}H_3$$

3-hexino

Não existem estereoisômeros entre os alcinos.

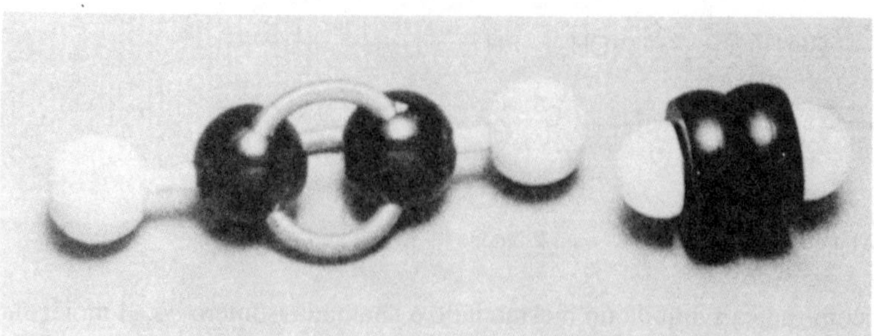

(a) (b)

Figura 9-9
Etino (acetileno), CH≡CH. Um modelo tipo bola-bastão (a) e um modelo compacto (b) são mostrados. (Direitos autorais para foto Al Green.)

A Tabela 9-8 compara os alcanos, alcenos e alcinos.

Tabela 9-8 Comparação entre Alcanos, Alcenos e Alcinos

Tipo	Característica	Fórmula geral	Sufixo IUPAC
alcano	—C—C— (ligações simples)	C_nH_{2n+2}	-ano
alceno	>C=C< (ligação dupla)	C_nH_{2n}	-eno
alcino	—C≡C— (ligação tripla)	C_nH_{2n-2}	- ino

9.6 Reações dos Alcanos, Alcenos e Alcinos

Objetivo: Para demonstrar entendimento desta seção, você deverá ser capaz de descrever algumas das importantes reações dadas pelos alcanos, alcenos e alcinos.

Os alcanos são chamados hidrocarbonetos **saturados** porque todas as ligações entre os átomos de carbono são simples e as posições remanescentes são "complementadas" com átomos de hidrogênio. Por esta razão, os alcanos são relativamente pouco reativos. Uma importante exceção é sua capacidade, comum a todos os hidrocarbonetos, de sofrer combustão. Eles podem reagir com oxigênio para formar dióxido de carbono e água. Como esta reação libera uma considerável quantidade de calor, os alcanos servem como bons combustíveis. Exemplos são o metano no gás natural, o propano no gás de butijão, o butano nos isqueiros, o octano e outros na gasolina, e os alcanos superiores no querosene das lanternas. Aqui estão reações típicas que representam combustão completa:

$$C_3H_8 + 5O_2 \rightarrow 3CO_2 + 4H_2O$$

propano, oxigênio, dióxido de carbono, água

combustão

$$2C_4H_{10} + 13O_2 \rightarrow 8CO_2 + 10H_2O$$

butano, oxigênio, dióxido de carbono, água

Combustão incompleta, resultante de um suprimento limitado de oxigênio, pode produzir monóxido de carbono, assim como carbono. Como será descrito na Seção 9.10, os alcanos podem reagir também com os halogênios (F_2, $C1_2$, Br, I_2).

Saúde em Notícia 9

TERPENOS

Produtos naturais são compostos orgânicos formados pelos seres vivos. Por milhares de anos, o homem tem isolado e usado produtos naturais vegetais. Exemplos são os "óleos essenciais", compostos oriundos de folhas, caules, flores ou ramos que possuem o odor ou aroma da planta. Eles têm sido usados na fabricação de perfumes e na medicina primitiva.

Os terpenos são os componentes mais importantes dos óleos essenciais. A maioria deles contém 10, 15, 20 ou 30 átomos de carbono. Eles são derivados de uma unidade de cinco átomos de carbono isopreno (2-metil-1, 3-butadieno):

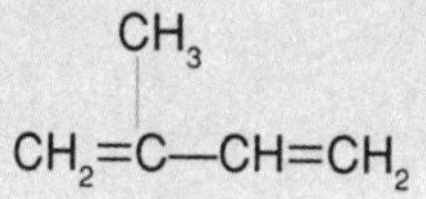

isopreno

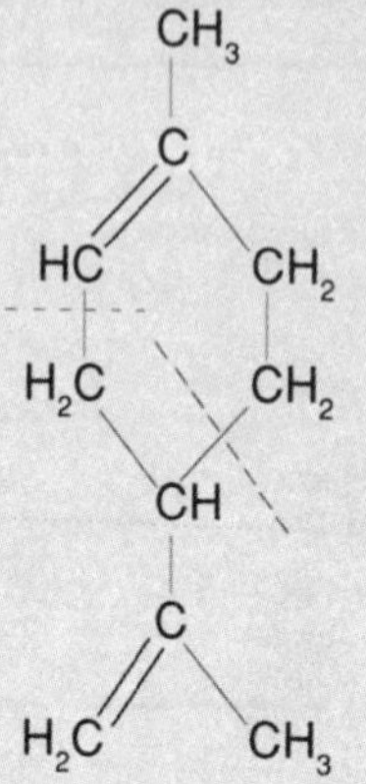

limoneno

O limoneno, obtido do óleo de limão ou laranja, é um exemplo de terpeno. Ele é formado de duas unidades de isopreno interligadas para formar um anel. Outros exemplos de terpenos incluem o selineno, obtido do óleo de aipo, o pineno, do óleo de terebentina, e o farneseno, do óleo de citronela.

A maioria dos terpenos são voláteis, isto é, eles evaporam facilmente. A exalação de terpenos pelas plantas e árvores é uma fonte natural de hidrocarbonetos na atmosfera. Exalações pelos automóveis são a maior fonte artificial. A neblina que às vezes se forma sobre áreas de densa vegetação é devida a reações dos terpenos no ar. Os hidrocarbonetos da atmosfera podem também ser convertidos nos irritantes compostos presentes na "neblina esfumaçada" ("smog").

Os carotenos são formados de oito unidades de isopreno. Eles estão presentes em quase todas as plantas verdes e podem ser convertidos em vitamina A no nosso corpo (veja a Seção 15.3). A vitamina A é essencial para uma visão e um crescimento normais.

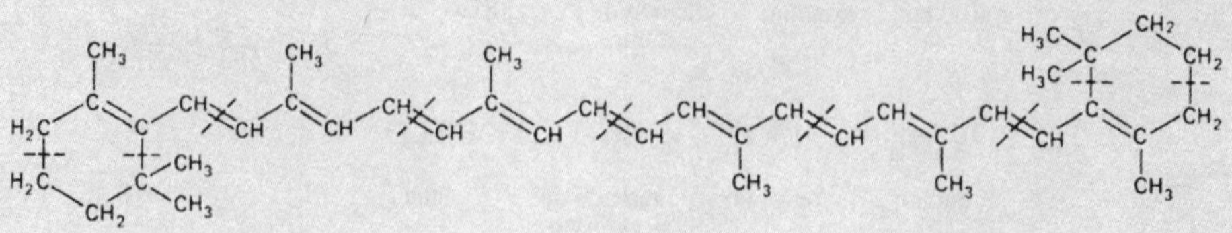

β-caroteno

Os alcenos e alcinos são muito mais reativos do que os alcanos. Eles são hidrocarbonetos **insaturados** porque suas moléculas contêm ligações duplas ou triplas. Estas ligações múltiplas permitem a incorporação de outros átomos à cadeia do hidrocarboneto através de uma reação conhecida como reação de **adição**. Devido em parte à utilidade desta reatividade, o eteno (etileno) é o composto orgânico industrial mais produzido. Mais de 12,5 bilhões de kg de eteno são manufaturados mundialmente por ano.

Hidrogenação é uma reação de adição que envolve hidrogênio, H_2. Os alcenos e os alcinos podem ser convertidos a alcanos por hidrogenação (na presença de um catalisador de níquel). Por exemplo,

$$\underset{\text{eteno}}{CH_2{=}CH_2} + \underset{\text{hidrogênio}}{H_2} \xrightarrow{Ni} \underset{\text{etano}}{CH_3CH_3}$$

hidrogenação

$$\underset{\text{etino}}{CH{\equiv}CH} + \underset{\text{hidrogênio}}{2H_2} \xrightarrow{Ni} \underset{\text{etano}}{CH_3CH_3}$$

Em cada caso, os elétrons de uma das ligações carbono-carbono são agora compartilhados com os átomos de hidrogênio adicionados. Assim, apenas uma ligação simples carbono-carbono resta. O alceno e o alcino insaturados foram convertidos a alcanos saturados. (No Capítulo 13, veremos que gorduras insaturadas podem ser convertidas a gorduras saturadas num processo semelhante).

Além do hidrogênio, muitas outras moléculas podem se adicionar a alcenos e alcinos. A reação, conhecida como "hidratação", será discutida no Capítulo 10. A reação das moléculas de alceno consigo mesmas será discutida no Capítulo 11. O polietileno é um importante produto deste tipo de reação de adição, chamada polimerização.

Poucas reações dos alcinos são de importância biológica natural no corpo. Algumas drogas porém, incluindo anticoncepcionais e antibióticos orais, contêm a ligação tripla carbono-carbono.

9.7 Hidrocarbonetos Cíclicos

Objetivo: Para demonstrar entendimento desta seção, você deverá ser capaz de identificar cicloalcanos.

Até agora, os hidrocarbonetos que estudamos consistem de cadeias de átomos de carbono "lineares" ou ramificadas. É possível também formar um anel de átomos de carbono. Este tipo de composto é um **hidrocarboneto cíclico**. O alcano cíclico, ou **cicloalcano**, mais simples tem três átomos de carbono. Uma vez que ele é um alcano como o propano, exceto que forma um anel, o nome é ciclopropano.

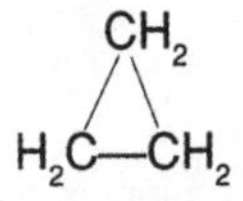

ciclopropano

Uma série inteira de cicloalcanos existe. Todos eles são designados colocando-se o prefixo "ciclo" na frente do nome do correspondente alcano de cadeia aberta. Cada um consiste de um anel de átomos de carbono com dois hidrogênios ligados em cada átomo, como mostra a Tabela 9-9.

Tabela 9-9 Cicloalcanos

Fórmula molecular	Nome	Fórmula estrutural
C_3H_6	ciclopropano	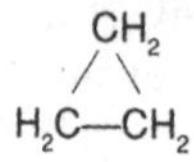
C_4H_8	ciclobutano	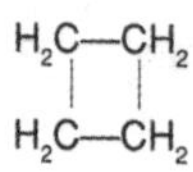
C_5H_{10}	ciclopentano	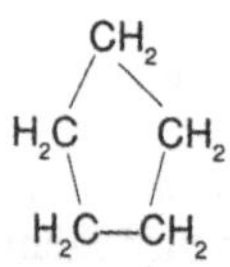
C_6H_{12}	ciclohexano	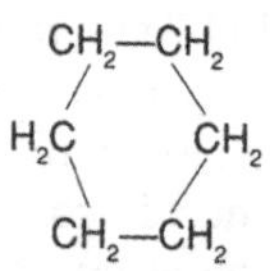

O ciclohexano, C_6H_{12}, é mostrado na Figura 9-10.

(a) (b) (c)

Figura 9-10
Modelos de ciclohexano, C_6H_{12}. (a) Tipo bola-bastão; (b) tipo compacto. (Direitos autorais para foto Al Green); (c) fórmula estrutural.

A forma de seu anel de seis membros é de interesse especial. Ela representa o tamanho e a forma de anel mais comum em moléculas orgânicas encontrados nos seres vivos. Como você pode ver na Figura 9-10, o anel não é plano mas "pregueado". Os átomos de carbono não são coplanares, aparecendo acima e abaixo do plano do anel. No conjunto, a forma da molécula se parece um tanto com uma "cadeira". Este arranjo tridimensional de átomos numa molécula, que resulta de rotações de grupos em volta de ligações simples, é conhecido como *conformação* da molécula. Em geral, uma molécula existe principalmente na sua conformação mais estável, tal como esta em "cadeira" para anéis de seis membros.

Os cicloalcanos, especialmente os menores, são reativos porque as ligações estão "tensas". Os ângulos internos são menores do que o ângulo normal de 109,5° do carbono tetraédrico. Portanto, o anel se rompe rapidamente quando outros átomos se ligam a cada um dos dois carbonos terminais. Por exemplo, o ciclopropano e o ciclobutano sofrem reações de adição com moléculas de hidrogênio para formar alcanos lineares:

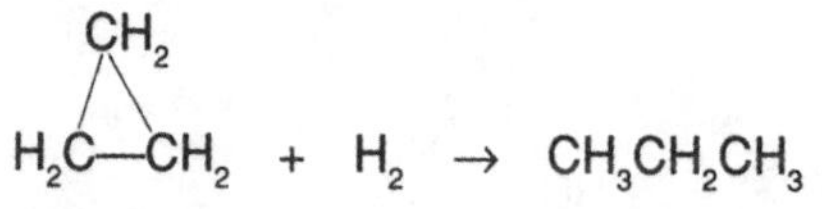

ciclopropano propano

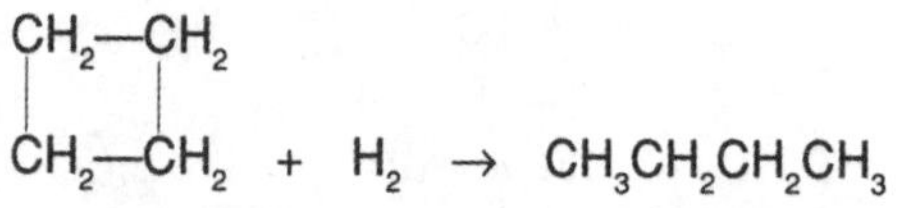

ciclobutano butano

O ciclopropano, um gás incolor de aroma adocicado, é um anestésico largamente usado que age rapidamente, mas que pode ser explosivo quando misturado com oxigênio.

Cicloalqueno é um hidrocarboneto cíclico com uma ou mais ligações duplas entre átomos de carbono do anel. Exemplos são o ciclopenteno, C_5H_8, e o ciclopenta*dieno*, C_5H_6, que tem duas ligações duplas:

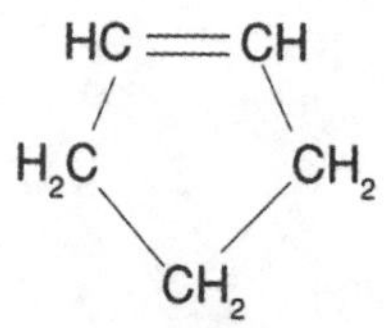

ciclopenteno

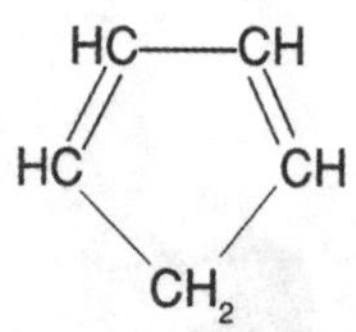

ciclopentadieno

9.8 Hidrocarbonetos Aromáticos

Objetivo: Para demonstrar entendimento desta seção, você deverá ser capaz de explicar em que os compostos aromáticos diferem dos compostos alifáticos.

Uma classe especial de hidrocarbonetos cíclicos contém o que se parece a primeira vista com ligações simples e duplas alternadas no mesmo anel de seis membros. Eles são conhecidos como **hidrocarbonetos aromáticos** ou **arenos**. O exemplo mais simples é o benzeno, C_6H_6. Esta molécula pode ser representada como abaixo mostrado (I), com três ligações duplas e três simples localizadas em posições alternadas num anel plano. Cada um dos seis átomos de carbono está também covalentemente ligado a um átomo de hidrogênio. Compare o modelo do benzeno na Figura 9-11 com os modelos do ciclohexano (Figura 9-10).

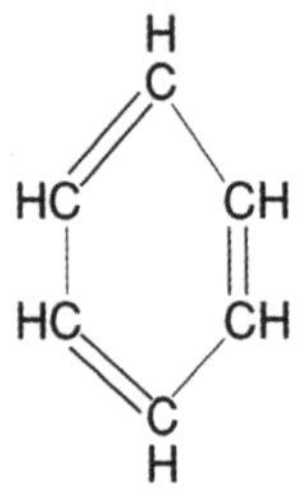

benzeno (I)

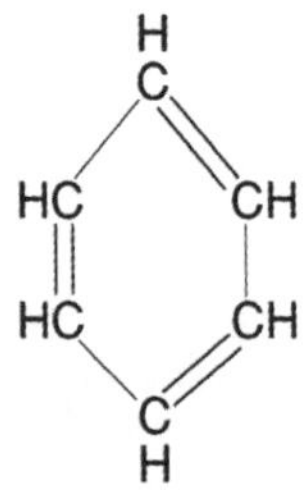

benzeno (II)

Você poderia esperar que este composto fosse considerado um cicloalceno. Mas ele tem propriedades bem incomuns e não reage da mesma maneira como os alcenos. Por exemplo, o benzeno não sofre as reações usuais de adição nas ligações duplas que vimos na Seção 9.6. Além disto, todas as ligações da molécula são quimicamente iguais, embora a estrutura I tenha ligações simples e duplas distintas.

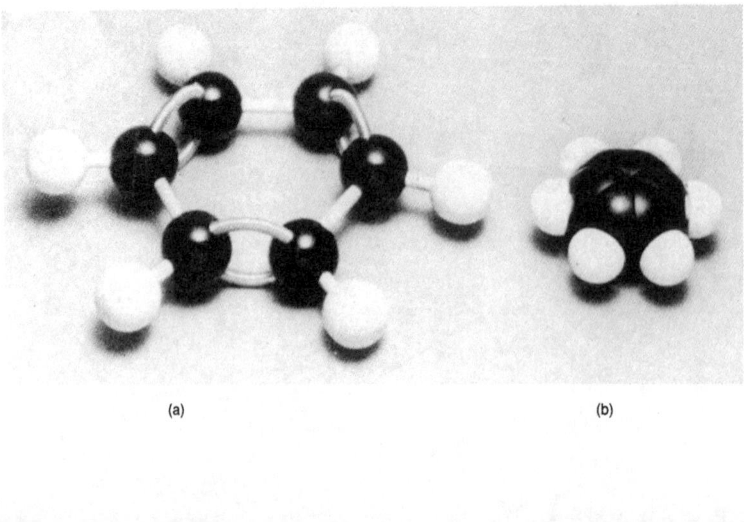

(a) (b)

Figura 9-11
Modelos do benzeno, C_6H_6. (a) Tipo bola-bastão; (b) Tipo compacto. Compare com a Figura 9-10. (Direitos autorais para foto Al Green.)

Compare as fórmulas I e II. Ambas representam o benzeno, mas as ligações duplas e simples foram deslocadas. A estrutura real do benzeno é uma combinação destas duas formas semelhantes. De certo modo, os elétrons das três ligações duplas podem ser imaginados como se estivessem espalhados (deslocados) sobre os seis átomos de carbono. Assim, cada ligação é agora mais do que uma ligação simples mas menos do que uma dupla: diz-se que ela tem *caráter parcial de ligação dupla.* Esta situação, que é característica de todos os compostos aromáticos, pode ser representada pelas fórmulas III e IV.

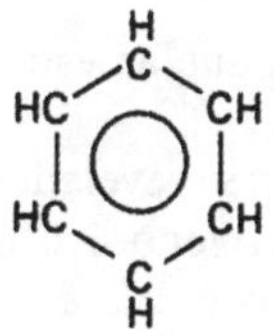

ou

III IV

Note que em IV nem os átomos de carbono e nem os de hidrogênio são representados. Um átomo de carbono está localizado em cada vértice, e um átomo de hidrogênio está ligado a ele. Neste livro e alhures, o anel benzênico é traçado com ligações duplas em posições fixas, como nas fórmulas V e VI, embora elas estejam realmente espalhadas sobre o hexágono inteiro dos átomos de carbono. O benzeno é uma molécula não polar, insolúvel em água. Como outros hidrocarbonetos, ele é extremamente inflamável mas queima com a chama fuliginosa característica de moléculas aromáticas. Os vapores de benzeno são tóxicos; inalação pode causar parada respiratória e morte.

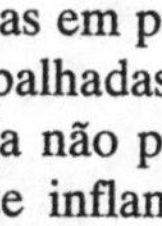

ou

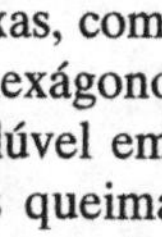

V VI

Os hidrocarbonetos aromáticos podem consistir de anéis "fundidos" entre si, isto é, tendo dois ou mais átomos de carbono em comum. Um exemplo com o qual você pode estar familiarizado é o naftaleno, $C_{10}H_8$, uma substância com a qual as "bolinhas de naftalina" são feitas:

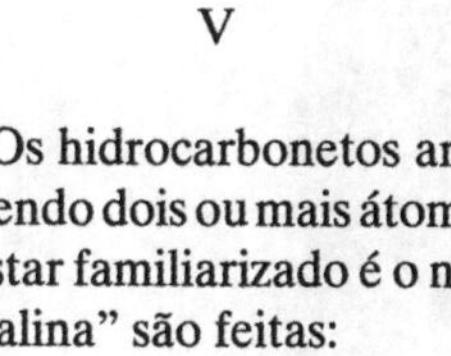

ou

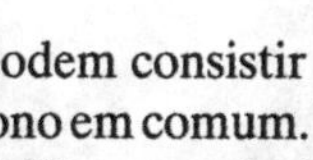

naftaleno

Ele é chamado **hidrocarboneto aromático polinuclear** (ou policíclico). Outros são feitos por fusão de três ou mais anéis benzênicos:

antraceno

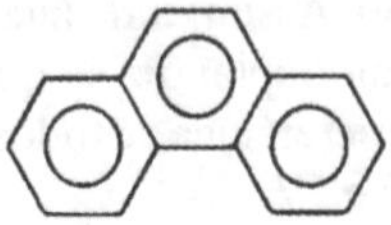

fenantreno

Nestas moléculas, os elétrons das ligações duplas estão espalhados sobre todo o sistema anelar aromático.

Muitos destes tipos de moléculas têm se revelado como cancerígenos, produtores de câncer. Um potente agente cancerígeno é o benzopireno, formado pela combustão incompleta do tabaco, hulha e óleo. Ele é encontrado no "alcatrão" da fumaça do cigarro e pode ser um fator na relação entre fumo e câncer de pulmão (Figura 9-12), câncer de laringe e da cavidade oral, e possivelmente câncer de bexiga e pâncreas. O benzopireno e outros hidrocarbonetos polinucleares estão também presentes em carnes fortemente grelhadas sobre carvão e em peixe defumado, assim como na atmosfera sobre grandes cidades, onde eles são poluentes do ar.

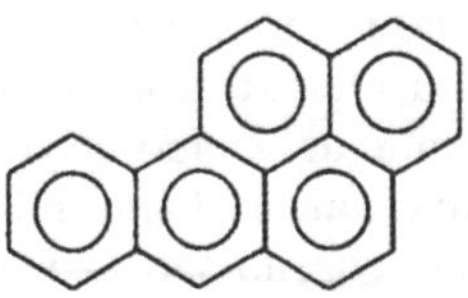

benzopireno

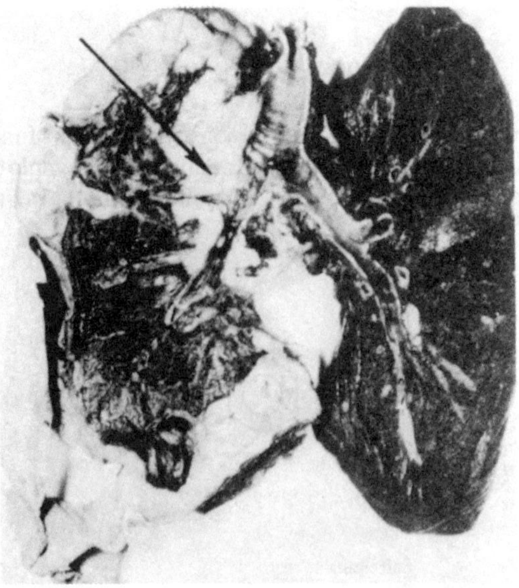

Figura 9-12
Pulmões de um fumante inveterado. Uma seta indica a área de câncer pulmonar. Compostos como o benzopireno da fumaça dos cigarros são reconhecidos como cancerígenos. (Foto por cortesia da American Cancer Society).

Os alcanos, alcenos e alcinos descritos em seções anteriores *não são aromáticos*. Em vez disto, eles são conhecidos como **compostos alifáticos**, quer existam como cadeias abertas ou anéis. A Figura 9-13 resume as relações entre estes diferentes tipos de hidrocarbonetos.

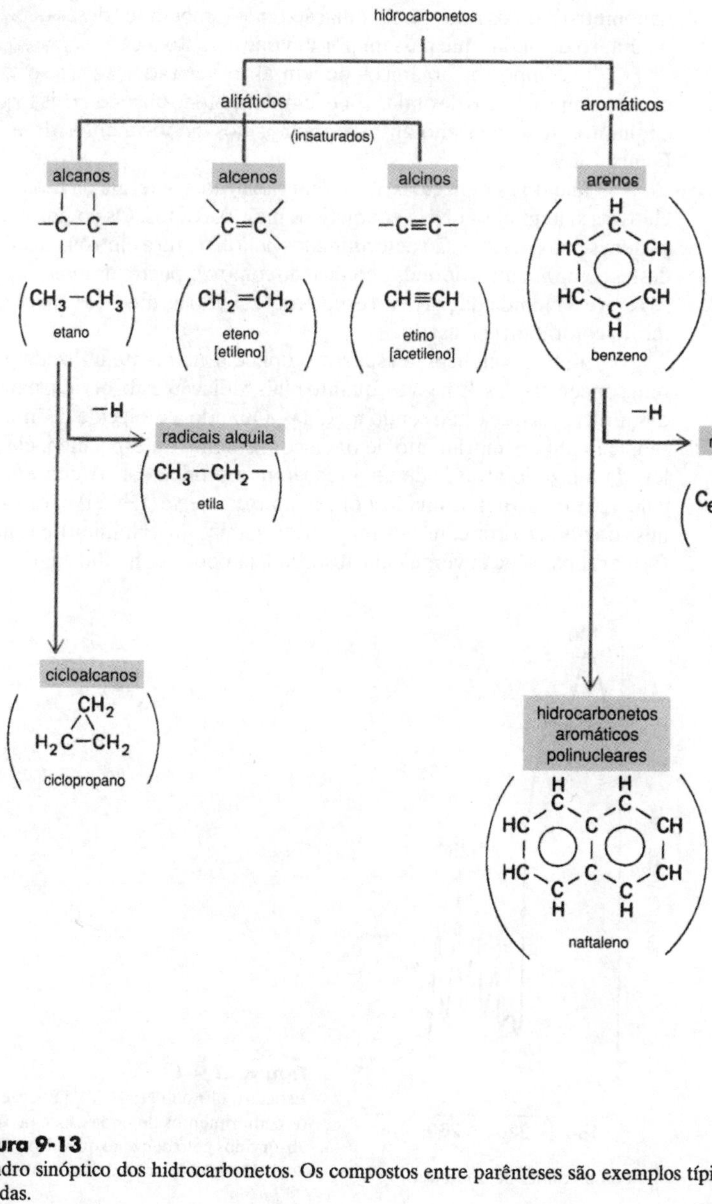

Figura 9-13
Quadro sinóptico dos hidrocarbonetos. Os compostos entre parênteses são exemplos típicos das classes listadas.

Teste Clínico 9

ESPECTROSCOPIA

Muitos compostos orgânicos têm uma importante propriedade que é usada comumente na análise clínica: eles absorvem luz visível ou outras formas de radiação. (Esta radiação, conhecida como radiação eletromagnética, foi descrita na Seção 8.1) A radiação pode ser imaginada como uma onda que se desloca e é descrita pelo seu comprimento de onda, a distância entre picos sucessivos da onda. Esta distância é de cerca de um metro para ondas de rádio, um micrômetro para a luz visível, e um nanômetro para os raios-X. A radiação pode também ser descrita pela sua freqüência, o número de ondas que passam por um dado ponto a cada segundo.

Os compostos orgânicos podem absorver radiação visível ou ultravioleta de certos comprimentos de onda. Por exemplo, o eteno absorve mais fortemente a 171 nm, enquanto que o benzeno absorve melhor nos comprimentos de onda mostrados na Figura CT 9-1.

Quando as moléculas absorvem radiação, a energia da radiação faz com que os elétrons saltem para níveis energéticos mais elevados. Os comprimentos de onda que podem ser absorvidos são determinados pela estrutura eletrônica da molécula. O perfil destes comprimentos de onda é conhecido como o espectro da molécula. A espectroscopia se refere à medida de parte do espectro. Quando as medidas envolvem a luz visível, o termo colorimetria é usado.

Em testes clínicos, a espectroscopia é usualmente utilizada para se determinarem concentrações. Em geral, quanto mais radiação é absorvida, maior a concentração das moléculas que estão sendo medidas. Quando a molécula de interesse não absorve radiação num comprimento de onda conveniente ou específico, ela pode às vezes ser levada a fazê-lo através de uma reação que produz cor. A concentração do produto colorido é então determinada. Por exemplo, um teste (Glytel) para a glicose consiste em misturar a amostra com um reagente orgânico (*o*-toluidina) em ácido acético para formar uma solução verde cuja absorbância pode ser medida a 630 nm.

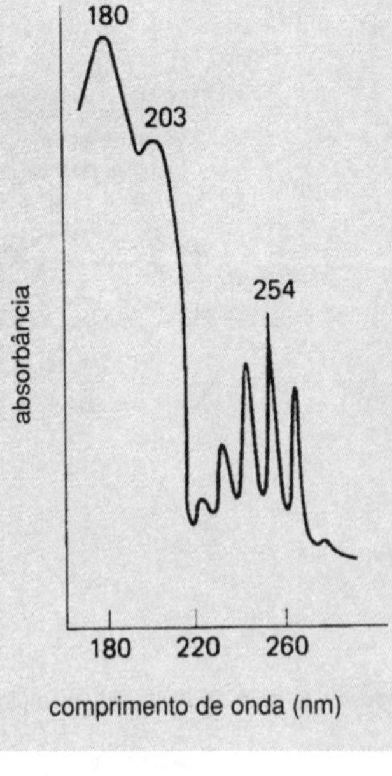

Figura CT 9-1
Espectro ultravioleta (UV) do benzeno. Os picos indicam os comprimentos de onda específicos da radiação que são absorvidos pelo benzeno quando seus elétrons são "excitados" de um nível mais baixo a outro mais alto de energia.

9.9 Reações de Hidrocarbonetos Aromáticos

Objetivo: Para demonstrar entendimento desta seção, você deverá ser capaz de descrever a relação entre a estrutura e as reações dos compostos aromáticos.

Como mencionado na Seção 9.8, o benzeno não sofre as típicas reações de adição dos alcenos por causa da estabilidade de seu sistema anelar. Em vez disto, os hidrogênios podem ser substituídos por outros átomos em reações chamadas de *substituição*. Por exemplo, a seguinte molécula, tolueno, é obtida por substituição de um átomo de hidrogênio por um radical metila no anel:

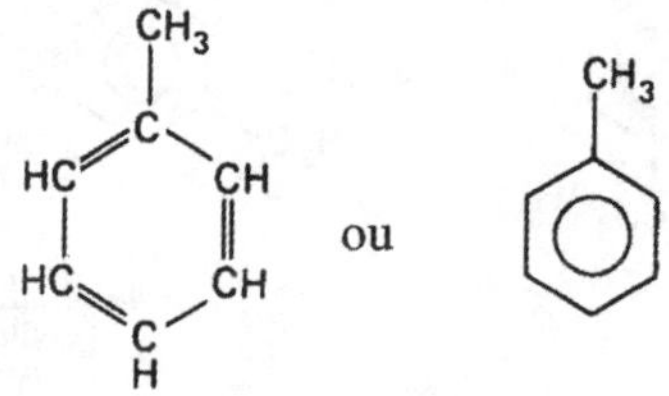

tolueno

(Tolueno, um ingrediente de certas colas que são "cheiradas" para produzir uma excitação tipo alcoólica, produz visão dupla, fala inarticulada e falta de coordenação, e pode resultar em estupor, coma e morte.) Note que, sendo todos os átomos de carbono iguais nos anéis benzênicos, não faz diferença onde você coloca o radical substituinte. A Tabela 9-10 lista exemplos de substituintes inorgânicos comuns.

Tabela 9-10 Substituintes Comuns em Compostos Orgânicos

Substituintes	Nome do átomo ou radical
—F	flúor
—Cl	cloro
—Br	bromo
—I	iodo
—OH	hidroxila
—SH	sulfidrila
—NH_2	amino
—NO_2	nitro
—SO_3H	ácido sulfônico

Quando substituímos dois átomos de hidrogênio do anel benzênico por outros átomos ou radicais, três diferentes isômeros são possíveis, como mostram as seguintes fórmulas estruturais para o dimetilbenzeno, comumente chamado xileno.

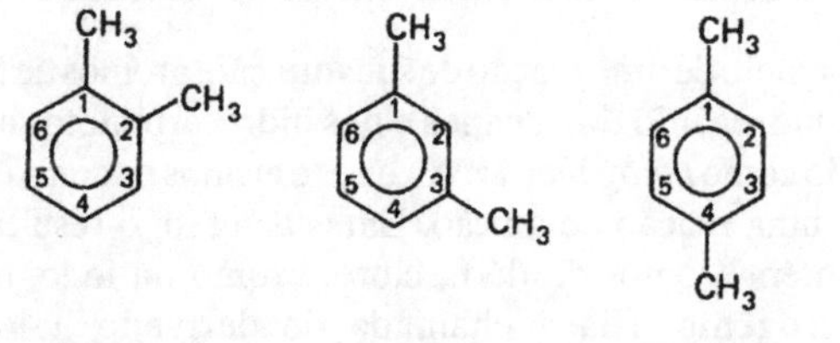

isômero orto (1,2) | isômero meta (1,3) | isômero para (1,4)

(Note que o anel é numerado para dar aos substituintes os menores números possíveis). O primeiro isômero, 1,2-dimetilbenzeno, é chamado *orto*-xileno, abreviadamente *o*-xileno. Os dois radicais metila estão em carbonos consecutivos. O segundo, 1,3-dimetilbenzeno, é o *meta*-xileno, *m*-xileno. Os grupos metila estão em carbonos separados por um único átomo de carbono. A terceira possibilidade, 1,4-dimetilbenzeno, é o *para*-xileno, *p*-xileno. Esta molécula tem os dois substituintes diametralmente opostos através do anel. Não importa em que átomo de carbono você coloca os dois radicais, desde que eles tenham a correta orientação relativa. Assim, cada uma das seguintes estruturas é a mesma molécula:

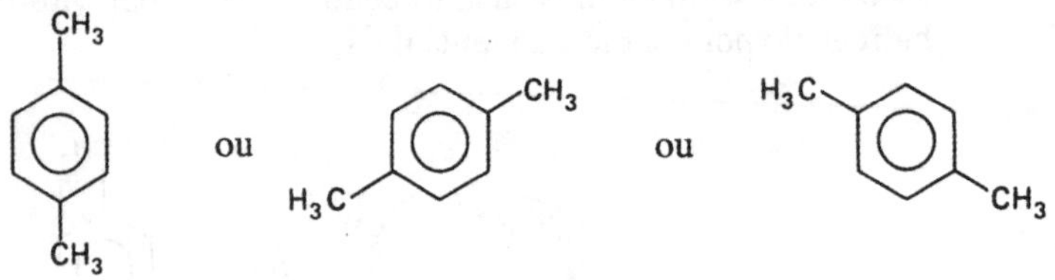

1,4-dimetilbenzeno
(*p*-xileno)

Os próprios hidrocarbonetos aromáticos podem servir como substituintes em outras moléculas, numa maneira semelhante àquela dos hidrocarbonetos alifáticos, como os alcanos. Por exemplo, remoção de um hidrogênio do benzeno produz o radical fenila:

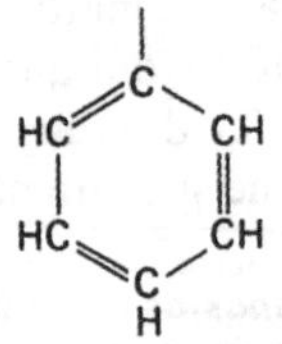

radical fenila

Este fragmento de um areno é um exemplo de **radical arila** (simbolizado por Ar). Como um radical alquila (R), ele não pode existir sozinho. Nos próximos capítulos, veremos os diferentes tipos de radicais aos quais os radicais arila podem ser ligados para formar um grande número de compostos.

9.10 Derivados Halogenados dos Hidrocarbonetos

Objetivo: Para demonstrar entendimento desta seção, você deverá ser capaz de identificar derivados halogenados de hidrocarbonetos.

Por meio de uma reação de substituição, átomos de halogênio podem substituir átomos de hidrogênio dos alcanos e dos hidrocarbonetos aromáticos. Este processo é conhecido como *halogenação*. Alcenos e alcinos podem receber átomos de halogênio através de uma reação de adição. Em cada caso, o resultado é uma molécula orgânica que contém átomos de flúor, cloro, bromo ou iodo, além dos átomos de carbono e de hidrogênio. Ela é chamada de derivado halogenado de hidrocarboneto, ou **hidrocarboneto halogenado**.

Por exemplo, os quatro derivados clorados do metano, CH_4, são mostrados na Tabela 9-11. Eles formam uma mistura quando o CH_4 reage com Cl_2 na presença de calor ou luz. (Uma molécula de HCl também é produzida para cada substituição de um átomo de hidrogênio por um átomo de cloro no metano.) As quantidades relativas formadas dependem das condições e das concentrações dos reagentes.

Tabela 9-11 Derivados Clorados do Metano

Fórmula	Estrutura de Lewis	Nome[a]
CH_3Cl	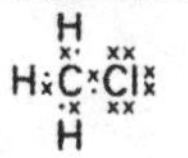	clorometano (cloreto de metila)
CH_2Cl_2		diclorometano (cloreto de metileno)
$CHCl_3$		triclorometano (clorofórmio)
CCl_4		tetraclorometano (tetracloreto de carbono)

[a]Nomes comuns entre parênteses.

Quando um halogênio é um substituinte num alcano, a molécula resultante é um **haloalcano**, ou **haleto de alquila**. Os derivados clorados são então chamados cloroalcanos, ou cloretos de alquila. Note que a ligação entre o carbono e o halogênio é *co alente*. Estes compostos não são cloretos iônicos como o NaCl.

Como indica a Tabela 9-11, os haloalcanos são designados como alcanos substituídos pelo sistema IUPAC. Para os derivados do metano, entretanto, os nomes comuns são largamente usados.

O clorometano, ou cloreto de metila, é usado como anestésico local (como o cloreto de etila). É um gás na pressão atmosférica, mas é conservado sob alta pressão como líquido. Quando borrifado sobre a pele em operações simples, ele evapora rapidamente, reduzindo a sensibilidade através de "congelamento" da superfície por remoção de energia calorífica.

O triclorometano, ou clorofórmio, foi no passado largamente usado como anestésico geral administrado por inalação, mas pode causar parada respiratória e circulatória. Ele é lentamente oxidado pelo oxigênio atmosférico ao gás venenoso fosgênio, $COCl_2$. O clorofórmio comercial contém cerca de 1% de álcool etílico para destruir qualquer fosgênio que possa se formar (convertendo-o a carbonato de etila e cloreto de hidrogênio).

O tetraclorometano, ou tetracloreto de carbono, é um líquido denso volátil. Embora seu uso seja agora limitado, é um excelente solvente para limpeza, uma vez que ele é não polar e dissolve gorduras, óleos e graxas. Como não queima, foi outrora usado para extingüir alguns tipos de fogo. (Fosgênio, tóxico, é um subproduto perigoso deste uso.) O tetracloreto de carbono não é mais largamente usado porque danifica os rins e o fígado.

Outros haletos de alquila de importância envolvem diferentes halogênios ligados ao átomo de carbono. Por exemplo, triiodometano, ou iodofórmio, CHI_3, é o equivalente iodado do clorofórmio. É um sólido amarelo pálido às vezes usado como antisséptico em pomadas ou em pó fino. Um hidrocarboneto halogenado com dois átomos de carbono é o halotano (2-bromo-2-cloro-1,1,1-trifluoretano), um inalador anestésico largamente usado:

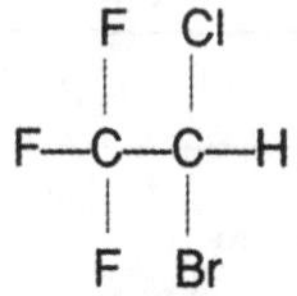

halotano

Os hidrocarbonetos aromáticos sofrem também reações de substituição com os halogênios. Um exemplo é a formação de clorobenzeno (cloreto de fenila) a partir de benzeno e cloro:

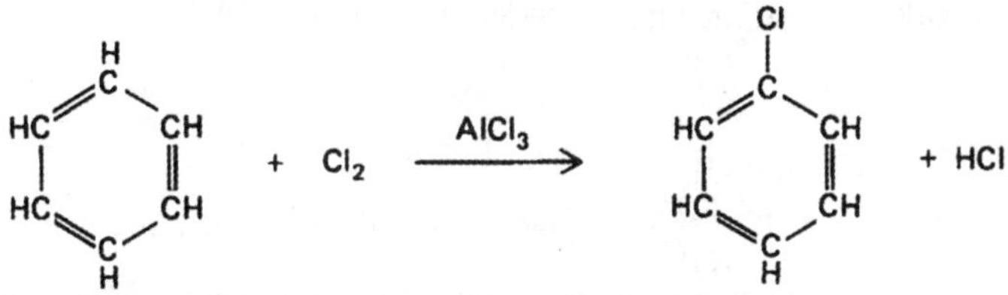

benzeno clorobenzeno

Um exemplo mais complicado de composto aromático halogenado é o DDT (*d*icloro*d*ifenil*t*ricloroetano), um inseticida que efetivamente mata o mosquito transmissor da malária. Seu uso foi agora proibido em muitas partes do mundo porque ele pode interromper o equilíbrio natural do meio-ambiente, envenenando peixes e enfraquecendo as cascas dos ovos das aves.

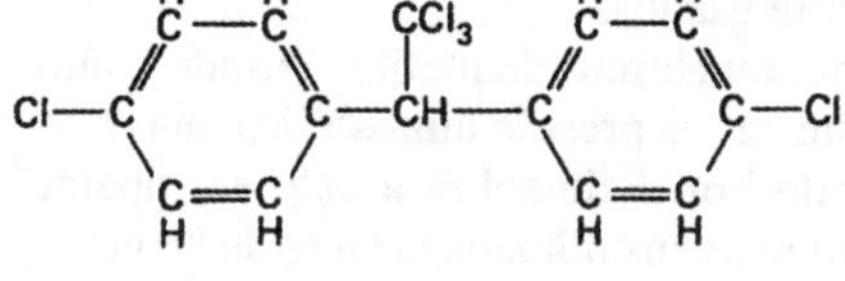

DDT

Um problema semelhante tem sido criado pelas PCBs, *b*ifenilas *p*oli*c*loradas. Estas moléculas relacionadas são bifenilas cloradas, que consistem de dois anéis aromáticos unidos por uma ligação carbono-carbono.

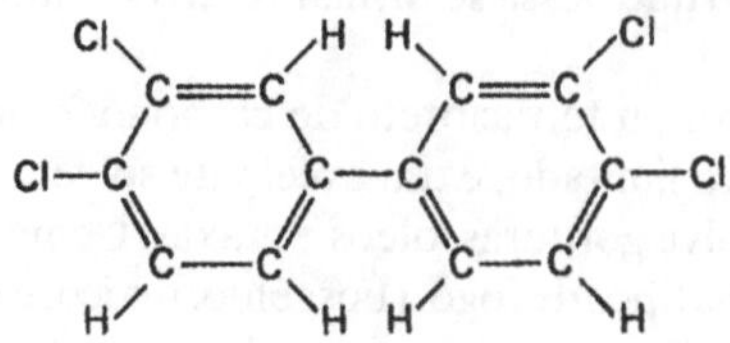

uma PCB

Antes de serem proibidas nos Estados Unidos, as PCBs eram usadas como líquidos refrigerantes e como fluidos isolantes em equipamento elétrico e outras aplicações. A estabilidade destes hidrocarbonetos aromáticos halogenados, que os levaram ao seu emprego industrial, contribui para os danos ambientais porque eles se decompõem muito lentamente.

Em contraste às reações de substituição dos alcanos e dos hidrocarbonetos aromáticos, os alcenos sofrem reações de adição com os halogênios. Por exemplo, a reação do eteno (etileno) com bromo produz 1,2-dibromoetano (dibrometo de etileno).

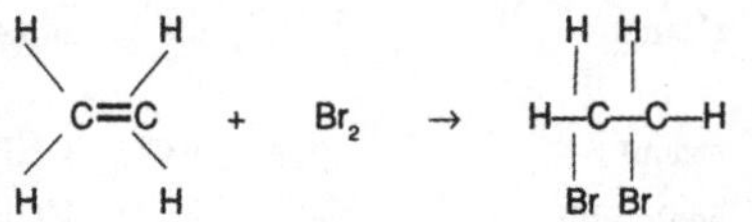

eteno (etileno) — bromo — 1,2-dibromoetano (dibrometo de etileno)

(Esta reação de halogenação é semelhante à reação descrita na Seção 9.6.) O átomo de halogênio a ser adicionado pode também ser parte de um haleto de hidrogênio, como o HBr. Então a reação produz um alcano com apenas um átomo de halogênio:

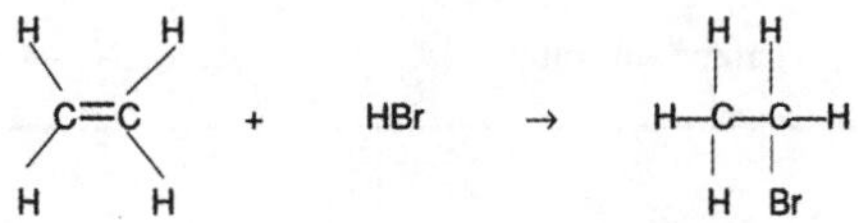

eteno (etileno) — brometo de hidrogênio — bromoetano (brometo de etila)

Para um alceno não simétrico (a ligação dupla não está no centro da molécula), somente um de dois possíveis produtos se forma rapidamente:

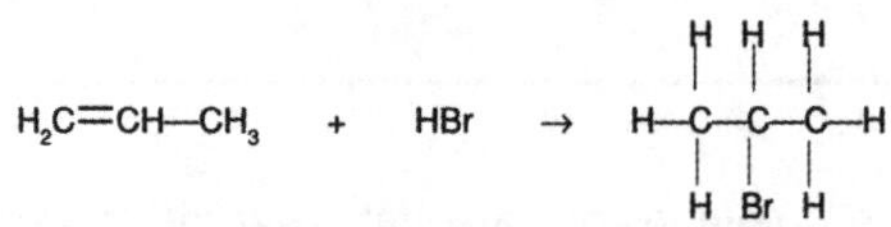

propeno — brometo de hidrogênio — 2-bromopropano

(O outro produto possível, que não se forma rapidamente, é o 1-bromopropano).

Aqui está outro exemplo:

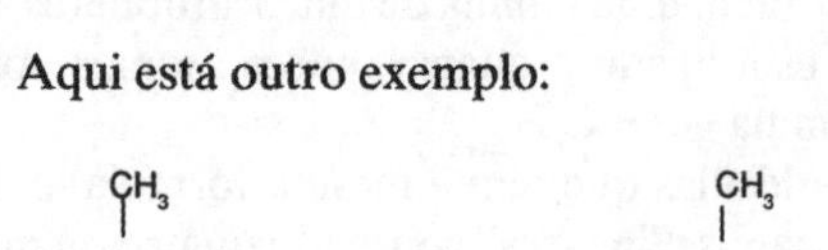

2-metilpropeno — cloreto de hidrogênio — 2-cloro-2-metilpropano

Note que o átomo de hidrogênio do haleto de hidrogênio se adiciona ao carbono da ligação dupla que já possui o maior número de hidrogênios.

Esta regra é conhecida como regra de Markovnikov.

A Tabela 9-12 resume as reações dos hidrocarbonetos discutidas neste capítulo.

Tabela 9-12 Sumário das Reações dos Hidrocarbonetos

Reagente	Reação	Produto	Equação geral
alcano	combustão	dióxido de carbono	hidrocarboneto + $O_2 \rightarrow CO_2 + H_2O$
	halogenação	haloalcano	$R{-}H + X_2 \rightarrow R{-}X + HX$
cicloalcano	abertura de anel pequeno	alcano	cicloalcano + $H_2 \rightarrow$ alcano
alceno	hidrogenação	alcano	$RCH{=}CHR' + H_2 \rightarrow RCH_2CH_2R'$
	halogenação	haloalcano	$RCH{=}CHR' + X_2 \rightarrow RCHXCHXR'$ (RCHCHR' com X em cada carbono)
	hidroalogenação	haloalcano	$RCH{=}CHR' + HX \rightarrow RCH_2CHXR'$ (RCH₂CHR' com X no segundo carbono)
alcino	hidrogenação	alcano	$RC{\equiv}CR' + 2\,H_2 \rightarrow RCH_2CH_2R'$
areno	substituição	areno substituído	$ArH + X_2 \rightarrow ArX + HX$

SUMÁRIO

9.1 O carbono forma compostos com quatro ligações covalentes. Ele pode formar vários milhões de diferentes compostos porque os átomos de carbono se ligam fortemente a outros átomos de carbono assim como a átomos de outros não metais. Química orgânica é o estudo dos compostos de carbono. Os hidrocarbonetos consistem somente de átomos de carbono e hidrogênio, e são os compostos orgânicos mais simples.

9.2 Os alcanos constituem uma família de hidrocarbonetos saturados. Cada carbono num alcano está ligado a quatro outros átomos por ligações simples. Os alcanos têm fórmula geral C_nH_{2n+2}.

9.3 Isômeros são moléculas que têm a mesma fórmula molecular mas diferentes estruturas. Os alcanos "lineares" contendo quatro ou mais átomos de carbono têm isômeros de cadeia ramificada. Radical alquila é um alcano no qual falta um átomo de hidrogênio. É um fragmento de molécula e pode existir apenas quando ligado a outro átomo.

9.4 Nomes sistemáticos para as moléculas orgânicas são baseados nas recomendações da International Union of Pure and Applied Chemistry (IUPAC). Alcanos de cadeia ramificada são designados com base na cadeia carbônica contínua mais longa. As ramificações são numeradas de acordo com o átomo de carbono ao qual elas estão ligadas.

9.5 Alcenos são hidrocarbonetos que têm uma ligação dupla entre dois átomos de carbono. A fórmula geral de um alceno é C_nH_{2n}. Os alcinos contêm uma ligação tripla entre dois átomos de carbono. A fórmula geral de um alcino é C_nH_{2n-2}.

9.6 Os alcanos são hidrocarbonetos saturados e relativamente pouco reativos. Uma importante exceção é a reação de combustão. Os alcenos e alcinos são hidrocarbonetos insaturados. Suas ligações múltiplas tornam os mesmos capazes de sofrerem reações de adição.

9.7 Num hidrocarboneto cíclico, os átomos de carbono estão unidos para formar um anel. Exemplos são o ciclopropano e o ciclo hexano.

9.8 Hidrocarbonetos aromáticos são moléculas cíclicas cujas ligações carbono-carbono são intermediárias entre as simples e as duplas. Os elétrons numa molécula aromática estão espalhados (deslocados) sobre todos os átomos do anel. Compostos aromáticos polinucleares (policíclicos) contêm vários anéis "fundidos".

9.9 Compostos aromáticos sofrem reações de substituição. Um átomo de hidrogênio ligado ao anel é substituído por outro átomo ou grupo de átomos. Moléculas aromáticas formam fragmentos conhecidos como radicais arila.

9.10 Os átomos de halogênio podem substituir átomos de hidrogênio nos alcanos para formar haloalcanos, ou haletos de alquila. Eles podem também substituir átomos de hidrogênio em moléculas aromáticas e podem ser adicionados a alcenos e alcinos. Exemplos de derivados halogenados de hidrocarbonetos são o clorofórmio, o freon, o halotano e o DDT.

EXERCÍCIOS

Exercício sobre Casamento de Palavras-Chave

Para cada termo à esquerda, escolha a frase da coluna à direita que mais se aproxima do seu significado.

1. química orgânica	a. ligação dupla carbono-carbono
2. hidrocarboneto	b. benzeno
3. alcano	c. derivado halogenado
4. radical metila	d. C e H apenas
5. isômero	e. ligação tripla carbono-carbono
6. alceno	f. sistema de nomenclatura
7. alcino	g. anel saturado
8. hidrocarboneto aromático	h. C_nH_{2n+2}
9. cicloalcano	i. falta um átomo de H
10. haleto de alquila	j. ligação dupla ou tripla
11. IUPAC	k. química do carbono
12. hidrocarboneto insaturado	l. mesma fórmula, estrutura diferente

Exercícios por Tópico

O Átomo de Carbono (9.1)

13. Por que os átomos de carbono formam quatro ligações?
14. Por que existem tantos compostos orgânicos?
15. Em que os compostos orgânicos diferem em geral dos inorgânicos?
16. O que são hidrocarbonetos?
17. Qual é a forma do metano?

Alcanos (9.2)

18. O que é um alcano?
19. Por que se diz que os alcanos são saturados?
20. Escreva a fórmula molecular de um alcano com
    a. 20 átomos de carbono
    b. 42 átomos de carbono
21. Represente a fórmula estrutural completa (não ramificada) do
    a) butano
    b) hexano

Isômeros e Radicais Alquila (9.3)

22. O que são isômeros estruturais? Em que eles são semelhantes ou diferentes?
23. Represente quantos isômeros você puder que têm a fórmula C_5H_{12}
24. Dê nome aos isômeros do Exercício 23.
25. Em que um radical alquila difere de um alcano?
26. Por que não pode um radical alquila existir sozinho?
27. Qual o nome do radical alquila derivado do octano? Represente uma estrutura possível.

Nomenclatura de Alcanos de Cadeia Ramificada (9.4)

28. Dê nome aos seguintes compostos:

a.

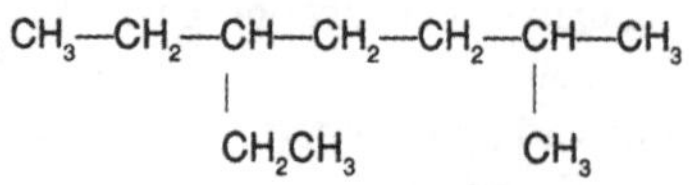

b.

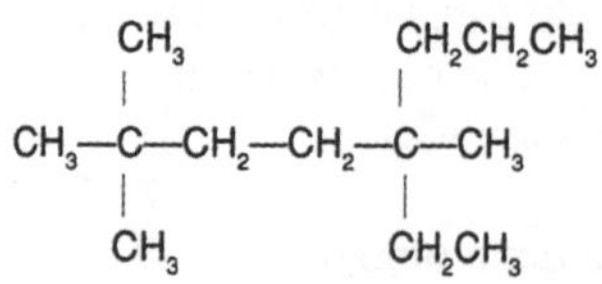

29. Dê nome aos isômeros que têm a fórmula C_7H_{16}.
30. Escreva a fórmula estrutural do
    a. 4-etil-2-metilhexano
    b. 3-etil-3-metilhexano
    c. 2,3,4-trimetilpentano
    d. 2,2,3,3,-tetrametilbutano
31. Dê nome aos seguintes compostos:

a.

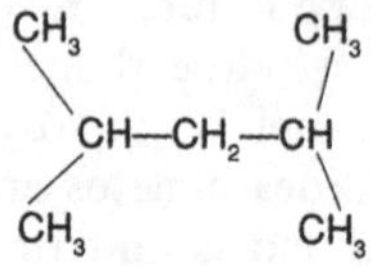

b.

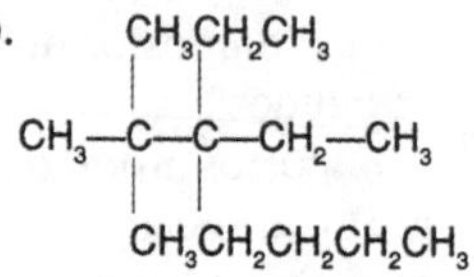

Alcenos e Alcinos (9.5)

32. Em que cada um dos seguintes grupos de compostos difere dos alcanos?
    a. alcenos
    b. alcinos
33. Escreva a fórmula molecular do
    a. alceno com 25 átomos de carbono
    b. alcino com 18 átomos de carbono
34. Identifique os seguintes compostos:
    a. C_5H_{10}
    b. $CH_3CH_2C{\equiv}CCH_2CH_2CH_3$
    c. $CH_3CH{=}CHCH_3$
35. Identifique os isômeros *cis* e *trans*:

a.

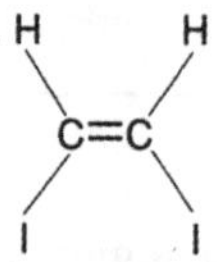

b.

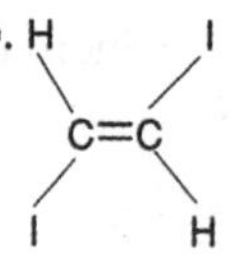

36. Escreva a fórmula estrutural do
    a. 2-hepteno
    b. 3-octino
    c. 3-hexeno

Reações dos Alcanos, Alcenos e Alcinos (9.6)

37. Qual é a diferença entre hidrocarboneto saturado e insaturado?
38. Por que os alcanos são bons combustíveis?

39. Escreva a equação de combustão completa do octano.
40. O que é uma reação de adição? Dê um exemplo.
41. Escreva a equação de hidrogenação do
   a. 2-penteno
   b. 3-hexino
42. O que é reação de hidratação?

Hidrocarbonetos Cíclicos (9.7)

43. Represente a estrutura do ciclooctano.
44. Por que anéis pequenos são reativos?
45. Descreva a estrutura do ciclohexano e do ciclohexeno.

Hidrocarbonetos Aromáticos (9.8)

46. O que são moléculas cíclicas?
47. Descreva as ligações no benzeno. Por que são elas incomuns?
48. Em que um hidrocarboneto aromático difere de um alifático?
49. O que é hidrocarboneto aromático polinuclear?
50. O que é reação de substituição?

Reações de Hidrocarbonetos Aromáticos (9.9)

51. Identifique cada composto abaixo como *orto*, *meta* ou *para*:

a. 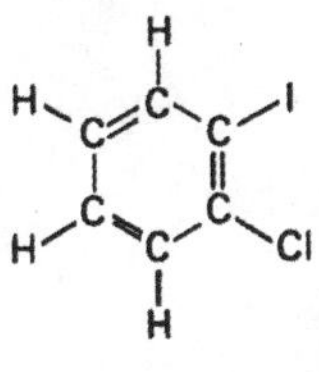

b. 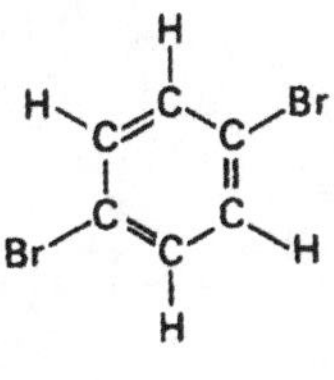

c. 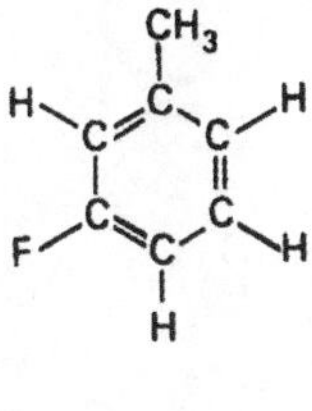

52. Represente a estrutura do
   a. *o*-diclorobenzeno
   b. *p*-diclorobenzeno
   c. *m*-diclorobenzeno

Derivados Halogenados de Hidrocarbonetos (9.10)

53. Dê o nome e a fórmula de um brometo de alquila.
54. Escreva a fórmula do
   a. iodeto de metila
   b. triiodometano
   c. iodobenzeno
55. Dê nome a:

a. CH_3CH_2Br b. 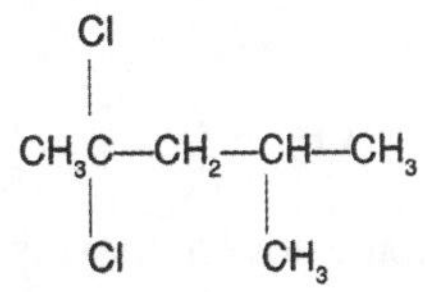

c. 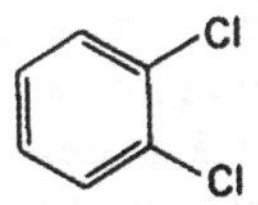

Exercícios Adicionais

56. Represente quantos isômeros você puder que têm a fórmula C_8H_{18}.
57. Dê o nome dos isômeros do Exercício 56.
58. Dê nome a:

a. 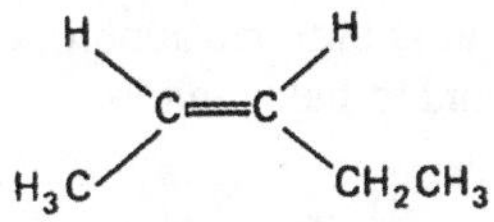

b. 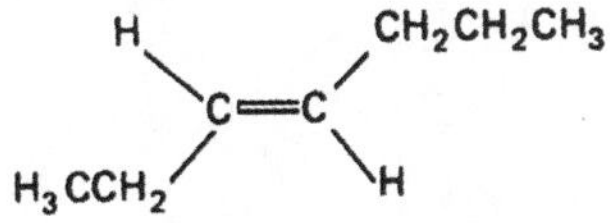

59. Represente a estrutura do
   a. *trans*-2-hepteno
   b. *cis*-3-hexeno
60. Dê nome aos seguintes dibromobenzenos.

a. 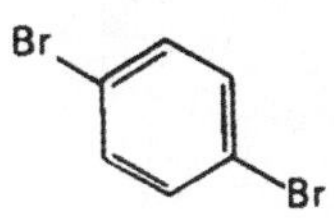

b. 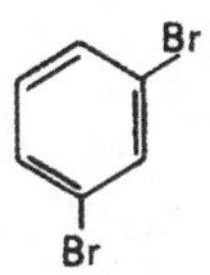

c. 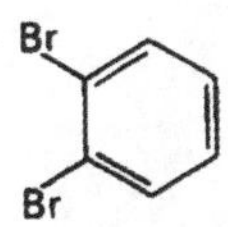

d. 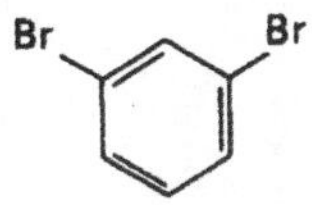

61. Represente todos os isômeros que poderiam resultar da substituição de um átomo de H por um átomo de Cl em cada um dos seguintes compostos:

a. $CH_3CH_2CH_2CH_2CH_3$

b. 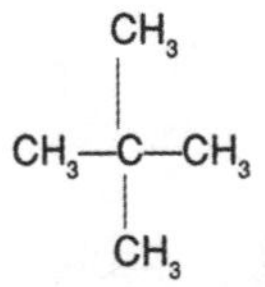

62. Dê nome aos compostos do Exercício 61.
63. Represente e dê nome a três isômeros que têm a fórmula $C_2H_2Cl_2$.
64. Se um alcano tem 60 átomos de carbono, quantos átomos de hidrogênio deve ter?
65. Represente o radical alquila ou arila formado do
    a. etano
    b. benzeno
66. Represente o produto da (a) hidrogenação e (b) hidratação do eteno.
67. Identifique cada uma das seguintes moléculas como um alcano, alceno, alcino, cicloalcano, haleto de alquila, hidrocarboneto aromático ou hidrocarboneto halogenado.

a. $CH_3CH_2CH_2Cl$

b. C_5H_8

c. 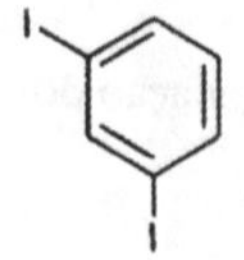

d. 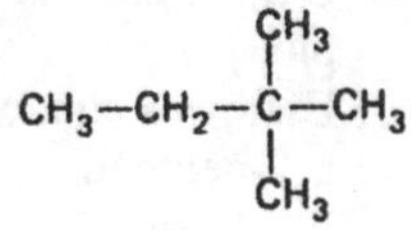

e. 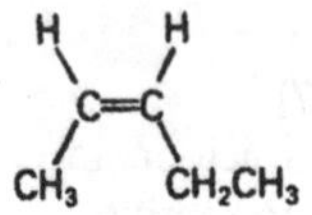

f. 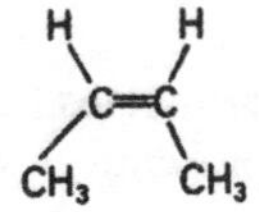

68. Dê nome aos compostos do Exercício 67.
69. Represente a estrutura do
    a. ciclopentano
    b. *o*-difluorbenzeno
    c. 2,3-dimetilhexano
    d. 1-propeno
    e. bromometano
70. Represente a estrutura e dê o nome do produto da reação de HCl com 2-penteno.

Capítulo 10

Compostos Orgânicos Oxigenados

Este capítulo introduz várias "famílias" de compostos orgânicos que contêm oxigênio. A presença de um ou mais átomos de oxigênio faz com que estes compostos difiram grandemente dos simples hidrocarbonetos descritos no Capítulo 9. Muitos destes compostos oxigenados desempenham importantes funções, quer como componentes normais da química do nosso corpo, quer como drogas.

10.1 Grupos Funcionais

Objetivo: Para demonstrar entendimento desta seção, você deverá ser capaz de descrever o significado dos grupos funcionais das moléculas orgânicas.

Os compostos orgânicos podem ser reunidos em "famílias" de compostos relacionados baseadas em sua estrutura química. Os membros de cada família têm em comum um certo arranjo de átomos chamado **grupo funcional**. Este grupo funcional usualmente está "onde a ação está", isto é, onde a maioria das reações químicas ocorrem. O átomo ou grupo de átomos de um grupo funcional sofre as mesmas reações químicas independentemente da natureza do resto da molécula. Por exemplo, os alcanos que descrevemos no Capítulo 9 são uma família cujo grupo funcional de identificação é a ligação carbono-carbono. Semelhantemente, o grupo funcional da família dos alcinos é a ligação tripla carbono-carbono, e o grupo funcional dos hidrocarbonetos halogenados é o átomo de halogênio. Quer localizado no início, meio ou fim da molécula, o grupo funcional determina suas propriedades químicas. Entretanto, quanto maior o tamanho do resto da molécula, o "esqueleto" carbônico, menor a influência do grupo funcional.

A Tabela 10-1 mostra os grupos funcionais mais comuns contendo oxigênio. A letra R na fórmula geral representa um radical alquila ligado ao grupo funcional. Como um radical alquila, um grupo funcional não pode existir sozinho. Ele deve estar ligado por uma ligação química a outro átomo.

Note que em geral alguns grupos funcionais (álcool, aldeído, ácido) aceitam apenas um radical alquila. Outros (éter, cetona, éster) devem formar ligações com dois radicais alquila.

Tabela 10-1 Famílias de Derivados do Oxigênio

Nome da família	Fórmula geral*	Grupo funcional
álcool	ROH	—OH
éter	ROR′	—O—
aldeído	O ‖ RCH	O ‖ —CH
cetona	O ‖ RCR′	O ‖ —C—
ácido carboxílico	O ‖ RCOH	O ‖ —C—OH
éster	O ‖ RCOR′	O ‖ —C—O—

* O radical R num aldeído, ácido e éster pode ser um átomo de H.

Os dois radicais alquila não precisam ser iguais. A plica (') em R' é usada para mostrar que um segundo radical alquila pode diferir de R, o primeiro radical alquila. A Figura 10-1 mostra exemplos destes grupos funcionais em moléculas que contêm três átomos de carbono.

Pelo fato de os átomos de oxigênio poderem existir num hidrocarboneto em tantas maneiras, um grande número de isômeros é possível. Por exemplo, considere estas duas moléculas cuja fórmula molecular é C_2H_6O.

Molécula	Estrutura	Ponto de ebulição (°C)
álcool etílico	CH_3CH_2—OH	78°
éter dimetílico	CH_3—O—CH_3	-25°

O primeiro composto é o álcool que ingerimos nas bebidas. O grupo funcional, -OH, está ligado a um radical etila. No segundo caso, dois radicais metila estão ligados ao grupo funcional, -O-, para formar um éter semelhante àquele usado como anestésico. Ambas as moléculas têm o mesmo número de átomos e portanto idênticas fórmulas moleculares. Elas são porém moléculas muito diferentes, com diferentes propriedades, como mostram seus pontos de ebulição. O álcool etílico é um líquido, enquanto que o éter dimetílico é um gás em temperatura ambiente. Assim, eles são isômeros estruturais, exatamente como vimos no caso dos hidrocarbonetos.

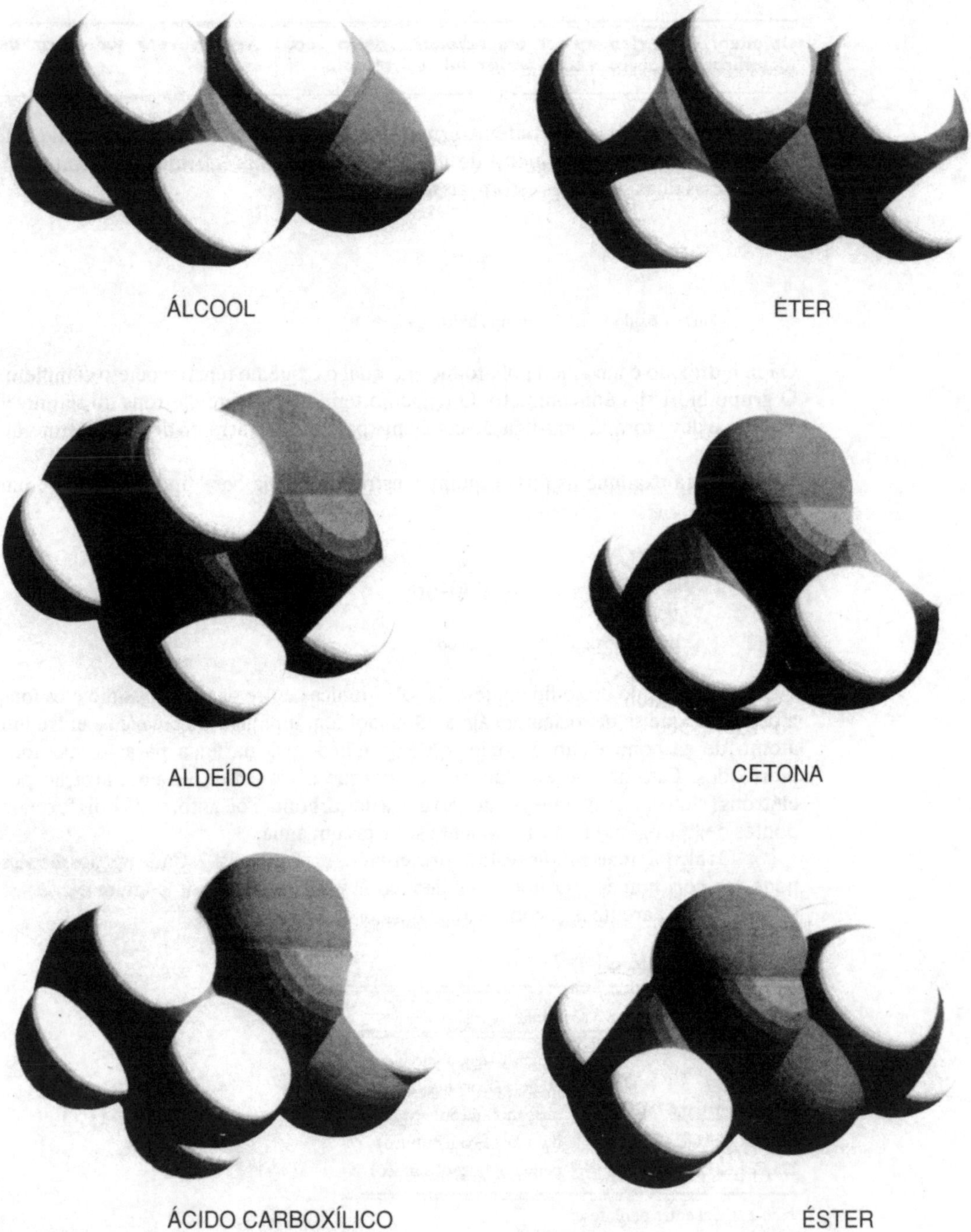

Figura 10-1
Grupos funcionais oxigenados. Cada uma destas moléculas contém três átomos de carbono e um diferente grupo funcional que contém o átomo de oxigênio.

10.2 Álcoois

Objetivo: Para demonstrar entendimento desta seção, você deverá ser capaz de identificar álcoois com base na fórmula estrutural.

Álcoois são moléculas que contêm o grupo hidroxila, –OH, ligado a um radical alquila. O grupo hidroxila difere muito do íon hidróxido que aprendemos no Capítulo 7. Examine as duas seguintes estruturas de Lewis:

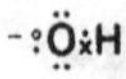

íon hidróxido

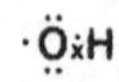

grupo hidroxila

O íon hidróxido é um ânion poliatômico no qual o oxigênio tem um octeto completo. O grupo hidroxila é incompleto. O oxigênio tem apenas sete elétrons no seu nível externo e deve formar uma ligação covalente para obter o arranjo de oito elétrons de gás nobre.

Agora examine as duas seguintes estruturas, uma base tipo hidróxido e um álcool:

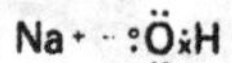

base tipo hidróxido

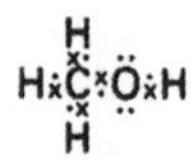

álcool

O hidróxido de sódio contém ligações iônicas entre os íons de sódio e os íons hidróxidos, que se dissociam na água. O álcool tem uma ligação *covalente* entre um átomo de carbono e um de oxigênio. Ele não ioniza na água para formar íons hidróxidos. Esta ligação é polar, porém, porque o oxigênio tem uma atração por elétrons (eletronegatividade) maior do que a do carbono. Portanto, os álcoois formam pontes de hidrogênio e são geralmente solúveis em água.

Os álcoois mais simples estão apresentados na Tabela 10-2. Cada um dos álcoois pode ter dois nomes, um nome sistemático IUPAC e um nome comum ou trivial (escrito entre parênteses), como vimos para os hidrocarbonetos.

Tabela 10-2 Álcoois

Fórmula	Nome[a]
CH_3OH	metanol (álcool metílico)
CH_3CH_2OH	etanol (álcool etílico)
$CH_3CH_2CH_2OH$[b]	propanol (álcool propílico)
$CH_3CH_2CH_2CH_2OH$[b]	butanol (álcool butílico)
$CH_3CH_2CH_2CH_2CH_2OH$[b]	pentanol (álcool amílico)

[a]Nome trivial entre parênteses.
[b]Um dos vários isômeros possíveis.

O nome IUPAC é formado por um sufixo que identifica o grupo, adicionado a uma raiz que indica o número de átomos de carbono. Neste sistema, o sufixo para os álcoois é "–ol". As raízes são derivadas do alcano correspondente sem o "o" final, como mostra a Tabela 10-3.

Assim, o álcool com um átomo de carbono, CH_3OH, é chamado metanol. O nome trivial consiste do nome do grupo funcional seguido do nome do hidrocarboneto correspondente com a terminação "ílico" em vez de "ano". Exemplo, a molécula formada por um radical metila e um grupo álcool é chamada álcool metílico.

Tabela 10-3 Raízes para os Nomes IUPAC

Número de carbonos	Raiz
1	metan–
2	etan–
3	propan–
4	butan–
5	pentan–
6	hexan–

Além dos álcoois de cadeia "linear" com um grupo hidroxila no último átomo de carbono, outros arranjos possíveis existem. O grupo –OH pode estar localizado num carbono intermediário, como na seguinte molécula:

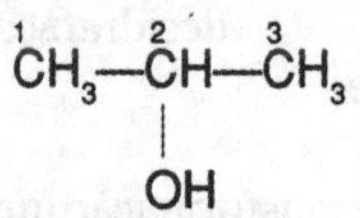

2-propanol (álcool isopropílico)

Seu nome IUPAC é 2-propanol. O número na frente indica o carbono ao qual o grupo hidroxila está ligado. O nome comum ou trivial da molécula é álcool isopropílico. Note que o grupo alcoólico está ligado a um carbono que tem dois outros átomos de carbono ligados a ele. Este tipo de carbono é chamado carbono "secundário", e o álcool é chamado álcool "secundário". Em contraste, os álcoois "primários" têm o grupo –OH ligado a um átomo de carbono que faz ligação com apenas outro átomo de carbono. Se o grupo –OH estiver ligado a um carbono ligado a três outros átomos de carbono, um álcool "terciário" resultará. (Veja a Tabela 10-4).

Tabela 10-4 Álcoois Primários, Secundários e Terciários

Tipo de átomo de carbono	Modelo de ligação	Exemplo
carbono primário (1º)	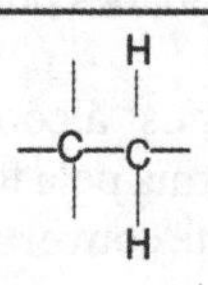	$CH_3CH_2CH_2CH_2OH$ 1-butanol (álcool *n*-butílico)
álcool secundário (2º)	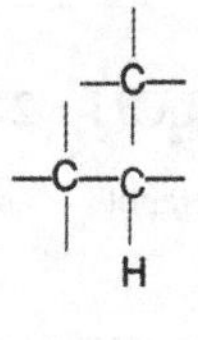	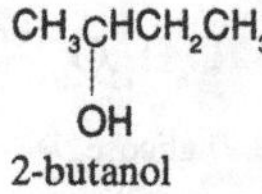 2-butanol (álcool *sec*-butílico)
álcool terciário (3º)	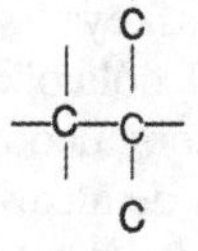	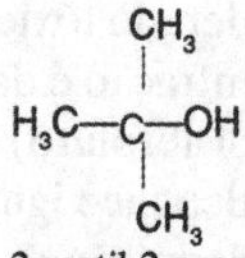 2-metil-2-propanol (álcool *tert*-butílico)

Os álcoois podem ser preparados a partir de alcenos por *hidratação*, adição de água (na presença de um ácido). Esta reação é semelhante à reação de halogenação descrita no Capítulo 9. Por exemplo, 2-propanol se forma pela adição de água ao propeno:

$$\underset{\text{propeno}}{CH_3CH{=}CH_2} + \underset{\text{água}}{H_2O} \xrightarrow{H^+} \underset{\text{2-propanol}}{CH_3\underset{\displaystyle OH}{\underset{|}{C}}HCH_3} \qquad \text{hidratação}$$

(Note que esta reação de adição segue a regra de Markovnikov, descrita na Seção 9.10). Sob condições apropriadas, a reação inversa pode ser possível. A remoção de água, formada de um grupo hidroxila e um átomo de hidrogênio de um átomo de carbono adjacente, é chamada *desidratação*. Assim, a desidratação do 2-propanol produz propeno:

$$\underset{\text{2-propanol}}{CH_3\underset{\displaystyle OH}{\underset{|}{C}}HCH_3} \xrightarrow[170°C]{H_2So_4con} \underset{\text{propeno}}{CH_3CH = CH_2} + \underset{\text{água}}{H_2O} \qquad \text{desidratação}$$

Em contraste à reação de adição, este tipo de transformação química é chamada reação de *eliminação* porque água é removida do álcool.

10.3 Exemplos de Álcoois

Objetivo: Para demonstrar entendimento desta seção, você deverá ser capaz de dar dois exemplos de álcoois e seus usos.

O álcool metílico, ou metanol, também conhecido como álcool de madeira, é venenoso. A ingestão de pequenas quantidades pode causar cegueira, paralisia e morte. Seus vapores são também nocivos.

Usualmente, quando dizemos "álcool", estamos nos referindo ao álcool etílico, ou etanol, CH_3CH_2OH. Ele se forma pela fermentação de grãos e frutos, um processo no qual açúcares são quimicamente convertidos em álcool etílico e dióxido de carbono (com a ajuda de enzimas).

$$\underset{\text{glicose}}{C_6H_{12}O_6} \xrightarrow{\text{enzimas}} 2\underset{\text{etanol}}{CH_3CH_2OH} + 2\,\underset{\text{dióxido de carbono}}{CO_2} \qquad \text{fermentação}$$

O etanol é o único álcool relativamente "seguro" para se beber, embora seja também considerado tóxico. Todos os "whiskeys", vinhos e cervejas contêm álcool etílico. Sua concentração é dada pelo "teor alcoólico". Uma vez que para o álcool etílico a 100% (álcool absoluto) é atribuído um teor alcoólico igual a 200, uma garrafa que indica um teor alcoólico igual a 80 tem 40% de álcool em água. Veja Saúde em Notícia 10 para uma descrição dos efeitos deste álcool sobre a saúde.

Sendo um bom solvente, o álcool etílico é usado para fazer preparações conhecidas como "tinturas". Misturado à água para formar uma solução a 50%–70%, ele é usado como desinfetante ou antisséptico. Quando usado apenas externamente, o álcool é usualmente "desnaturado". Álcool metílico ou outras substâncias venenosas difíceis de se removerem são adicionadas para desnaturar o etanol. (Deste modo, os governos forçam aqueles que querem ingerir álcool a adquirir o produto não desnaturado com alto imposto incidente.)

O álcool isopropílico (2-propanol) é o "álcool para fricção" em banhos de esponja. Ele age como adstringente, fazendo com que o tecido se contraia, endurecendo a pele e limitando as secreções. Sua evaporação causa abaixamento da temperatura da pele (Veja a Seção 5.10). A uma concentração de 70%, ele é usado como antisséptico (veja a Figura 10-2). O álcool isopropílico é tóxico e não pode ser usado internamente.

O grupo hidroxila pode também fazer parte de uma molécula aromática. Um grupo hidroxila num anel benzênico produz fenol, C_6H_5OH:

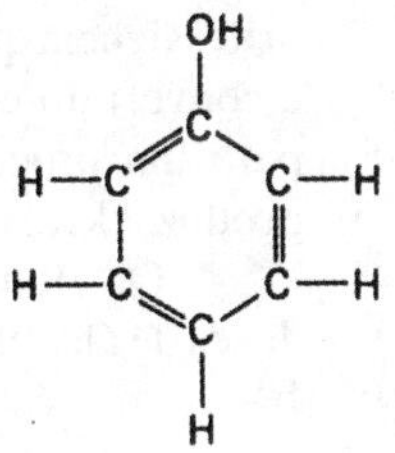

ou

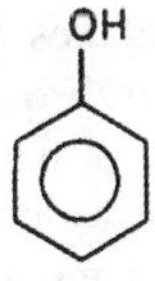

fenol

O fenol *não age* como um álcool típico. O hidrogênio deste grupo –OH é ligeiramente ácido e pode se ionizar:

$$C_6H_5OH + H_2O \rightleftarrows C_6H_5O^- + H_3O^+$$

Figura 10-2
Álcool isopropílico. Este álcool é usado em solução aquosa a 70% como desinfetante para a pele. (Fonte: American Hospital Company, American Hospital Supply Corporation.)

Saúde em Notícia 10

Álcool

O álcool etílico, ou etanol, CH_3CH_2OH, é um depressor do sistema nervoso central usado mais socialmente do que medicinalmente. Nos Estados Unidos, cerca de 80% dos homens e 67% das mulheres bebem pelo menos ocasionalmente. O consumo total médio por pessoa é aproximadamente de 3 galões de bebida de alto teor alcoólico, 23 galões de cerveja e 2 galões de vinho por ano. Mas algumas pessoas bebem mais do que outras. Cerca de 15 milhões de pessoas naquele país fazem uso abusivo crônico do álcool ou são alcoólatras. Elas são fisicamente dependentes da droga.

Grandes quantidades de álcool causam dano irreversível ao cérebro, sistema nervoso e coração, além de desligamento da vida familiar e do trabalho. Cirrose alcoólica de fígado é a quarta causa de morte na faixa etária dos 25 aos 45 anos nas grandes cidades dos Estados Unidos. O álcool é também um fator de destaque em assassinatos, suicídios e mortes nas auto-estradas.

O álcool é rapidamente absorvido, particularmente com estômago vazio - neste caso, a absorção é praticamente completa em uma hora. Ele é degradado no fígado, inicialmente pela enzima desidrogenase alcoólica. Esta reação, a conversão de etanol a acetaldeído, é a etapa lenta da degradação do álcool. Ela não é afetada por café, ar frio, chuveiro frio ou qualquer dos métodos tradicionais de "tornar sóbrio" alguém que bebeu demais. O acetaldeído é convertido em acetato e depois canalizado para um processo liberador de energia que produz 7 kcal por grama de álcool.

Os efeitos comportamentais de várias doses de álcool estão resumidos na Figura HN 10–1.

onças	Nível alcoólico sangüíneo	Efeito no comportamento
2	0,05	falsa sensação de bem-estar, visão reduzida, comportamento exagerado
4	0,10	tempo de reação prolongado e coordenação pobre, confusão
6	0,15	tempo de reação muito prolongado, intoxicação definida
8	0,20	depressão física e mental
8–12	0,20–0,30	confusão, fala indistinta
12–14	0,30–0,35	estupor
14–18	0,35–0,45	coma
acima de 18	acima de 0,45	morte

álcool a 40%–50%
(teor alcoólico 80–100)

Figura HN 10-1
Consumo de álcool. Mostrados aqui estão os níveis alcoólicos sangüíneos e os efeitos comportamentais da ingestão de várias quantidades de álcool.

O álcool sempre causa depressão do sistema nervoso central. O estímulo inicial aparente resulta da depressão dos centros de inibição do cérebro. Numa pessoa, a concentração alcoólica sangüínea (BAC) pode atingir, em média, cerca de 0,1% uma hora após a ingestão de 4 onças (1 copo) de álcool a 50%, 16 onças (4 copos) de vinho, ou 48 onças (4 garrafas) de cerveja.

Dirigir com um nível alcoólico acima deste valor é ilegal por causa da chance altamente aumentada de um acidente. O nível alcoólico sangüíneo volta a zero após cerca de 6 horas (Cerca de 2/3 onça de álcool a 50% são degradados por hora).

Uma "ressaca" resulta em parte dos sintomas de uma leve abstinência ao álcool, que podem incluir tremores, fadiga, vertigem, dor de cabeça, gastrite, acidose, fraqueza e desidratação. No caso de um alcoólatra, a desabituação é perigosa, causando delírio e alucinações, uma condição conhecida como "delirium tremens" ("DT"). Drogas usadas para tratamento de alcoólatras, como o disulfiram (Antabuse), impedem a oxidação do acetaldeído. Elas causam tontura, dor de cabeça, náusea, vômito e dificuldade respiratória se álcool for ingerido.

O National Institute on Alcohol Abuse and Alcoholism recomenda uma ingestão não superior a 1 1/2 onças de álcool por dia, somente com alimento e numa forma diluída. Esta quantidade representa 3 onças de um whiskey com teor alcoólico 100 ou 12 onças (meia garrafa) de vinho ou 36 onças (1 1/2 garrafa) de cerveja.

Assim, o fenol é também conhecido como ácido carbólico (não confunda com ácido carbônico H_2CO_3). O fenol é muito corrosivo, causando queimaduras severas à pele e aos tecidos. Uma solução a 2% é usada como germicida para desinfetar instrumentos médicos. Outros germicidas são comparados a este composto através de seus "coeficientes fenólicos".

Se dois grupos hidroxila aparecem na mesma molécula, ela é chamada um *diol*. Um exemplo importante é o etano–1,2–diol, ou etileno glicol. Os números no nome indicam as posições dos dois grupos hidroxila.

CH_2—CH_2
| |
OH OH

etano–1,2–diol (etileno glicol)

Misturado à água, este diol serve como anticongelante e agente refrigerante para todas as estações do ano em radiadores de automóveis. Baixando o ponto de fusão e aumentando o ponto de ebulição da água, ele aumenta a capacidade do sistema de resfriamento do carro.

Moléculas com três grupos alcoólicos são chamadas *triois*. Um exemplo importante é o propano–1,2,3–triol, ou mais comumente, glicerol ou glicerina.

CH_2—CH—CH_2
| | |
OH OH OH

propano–1,2,3–triol (glicerol)

O glicerol é um líquido incolor, viscoso (xaroposo), não tóxico e higroscópico (absorve água). É usado como agente amaciante em loções para a pele e membranas mucosas, e em supositórios para alívio da prisão de ventre. Como veremos no Capítulo 13, o glicerol forma parte da estrutura molecular das gorduras e óleos do seu corpo.

A Tabela 10-5 mostra exemplos adicionais de compostos que contêm o grupo funcional hidroxila.

Tabela 10-5 Exemplos Adicionais de Compostos que Contêm o Grupo Hidroxila

Nome	Fórmula Estrutural
mentol	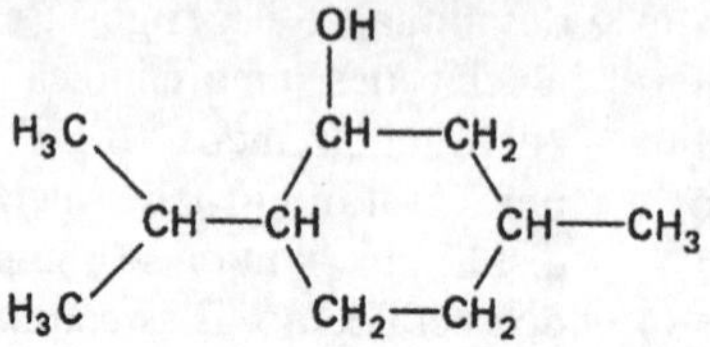
cresol	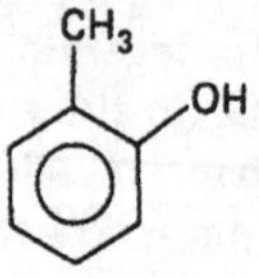 *o*-cresol 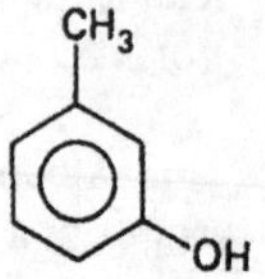 *m*-cresol 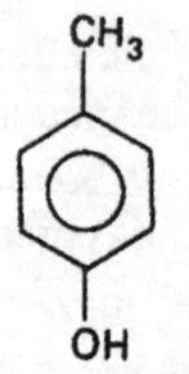 *p*-cresol
timol	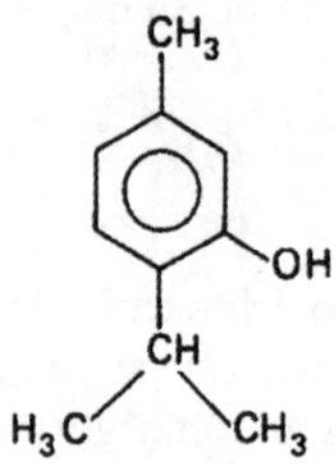
hidroxitolueno butilado (BHT)	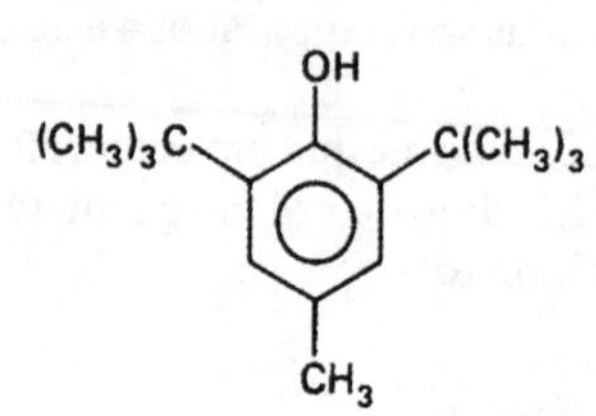
terpina mono-hidratada	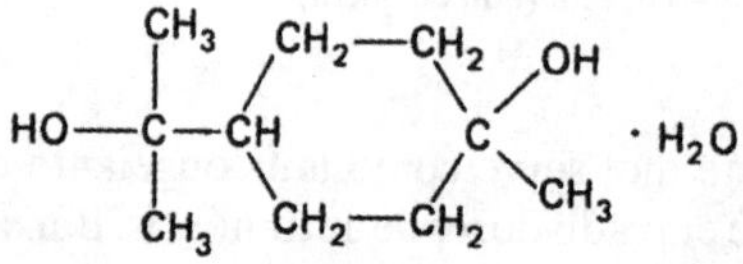
hexilresorcinol	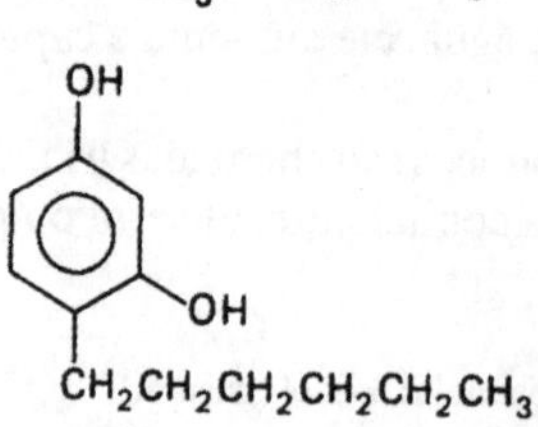
dietilestilbestrol (DES)	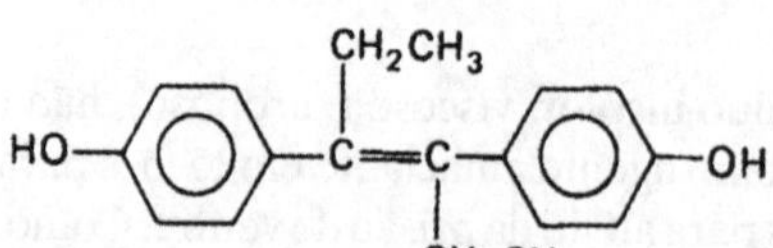

10.4 Éteres

Objetivo: Para demonstrar entendimento desta seção, você deverá ser capaz de identificar éteres através de suas fórmulas estruturais.

Éteres são moléculas orgânicas que contêm um átomo de oxigênio covalentemente ligado a dois radicais derivados de hidrocarbonetos. O mais simples é o éter dimetílico:

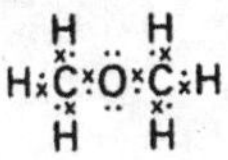

ou $CH_3—O—CH_3$

éter dimetílico

Os radicais ligados ao oxigênio podem ser iguais, como nesta molécula, ou diferentes, como no éter etil metílico:

$CH_3CH_2—O—CH_3$ éter etil metílico

Para os éteres, o nome trivial consiste da palavra "éter", seguido do nome dos dois radicais, em ordem alfabética, com a terminação "ico". A nomenclatura IUPAC é mais complicada e raramente usada para os éteres simples. Ela se baseia nos nomes do radical maior e do grupo alcóxido menor, isto é, um radical alquila mais um átomo de oxigênio. Assim, o éter etil metílico é chamado metoxietano neste sistema.

Os éteres podem ser sintetizados por desidratação de álcoois primários sob condições diferentes daquelas usadas para preparar alcenos. Por exemplo, o éter dietílico é o principal produto da seguinte reação:

$$2\ CH_3CH_2OH \xrightarrow[140°C]{H_2So_4} CH_3CH_2OCH_2CH_3 + H_2O$$

álcool etílico éter dietílico água

(A 180°C, o eteno é o principal produto formado.) Aqui está outro exemplo:

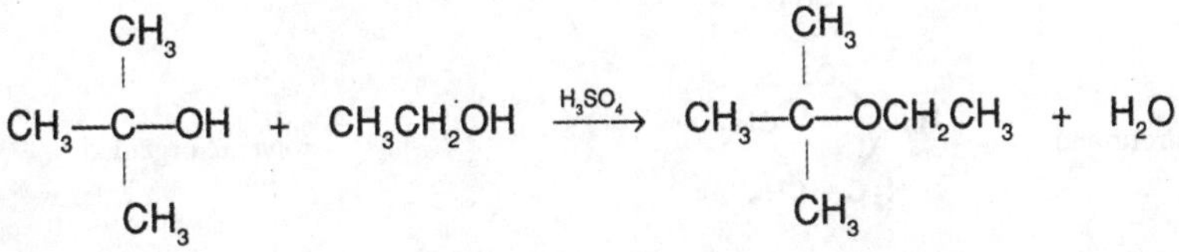

álcool tert-butílico álcool etílico éter etil *tert*-butílico água

Os éteres são relativamente estáveis quimicamente e não reagem geralmente com ácidos, bases ou metais ativos. Eles têm uma tendência porém de se oxidarem lentamente a peróxidos, compostos contendo o grupo funcional –O–O–. Como os peróxidos são geralmente muito explosivos, os éteres devem ser manipulados cuidadosamente.

Historicamente, o éter mais importante usado medicinalmente é o éter dietílico, também conhecido como éter etílico, ou simplesmente "éter":

$CH_3CH_2—O—CH_2CH_3$ éter dietílico ("éter")

É um anestésico fácil de administrar que relaxa efetivamente os músculos. Afeta apenas ligeiramente a pressão arterial, a pulsação e a respiração. Suas desvantagens porém são que ele pode causar irritação do trato respiratório e provoca efeitos secundários que incluem náusea e, ocasionalmente, pneumonia pós-cirúrgica. Além disto, o "éter" é um líquido volátil e seus vapores são muito inflamáveis. Estes vapores, sendo mais densos do que o ar, se acumulam sobre o piso e podem formar uma mistura explosiva com o ar. Vestimentas de nylon são proibidas na sala de cirurgia para impedir a formação de eletricidade estática que poderia provocar uma faísca que inflamaria os vapores.

Como mostra a Tabela 10-6, outros éteres são também usados como anestésicos gasosos. (Veja a Figura 10-3).

Tabela 10-6 Exemplos Adicionais de Éteres

Nome	Fórmula estrutural	Propriedades e Usos
éter divinílico (Vineteno)	$CH_2{=}CH{-}O{-}CH{=}CH_2$	anestésico, para intervenções rápidas; tóxico ao fígado e rins.
fluoroxeno	$CF_3CH_2{-}O{-}CH{=}CH_2$	anestésico, para intervenções rápidas, inflamável
metoxiflurano	$Cl_2CHCF_2{-}O{-}CH_3$	anestésico em obstetrícia e operações menores; ação e recuperação lentas.
eugenol	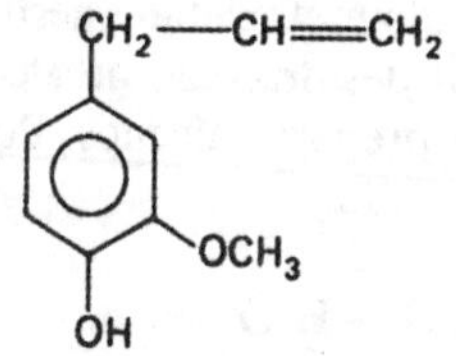	anestésico e antisséptico; usado em odontologia para alívio de dor de dente e para formar material de molde com ZnO.
mefenesina	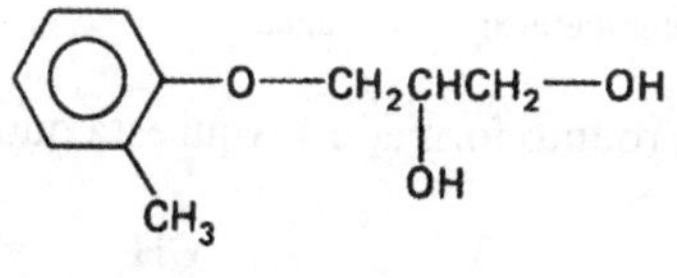	relaxante de músculo esquelético
tetraidrofurano	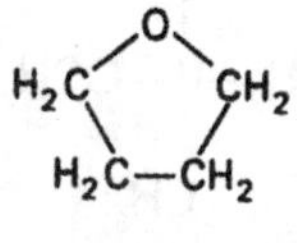	solvente orgânico
1,4-dioxano	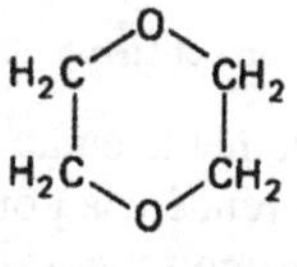	solvente orgânico
paraldeído	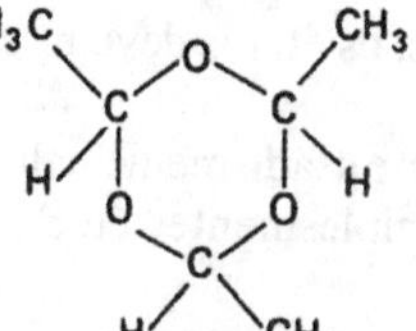	sedativo; deprime o sistema nervoso central; dessensibiliza as gengivas.

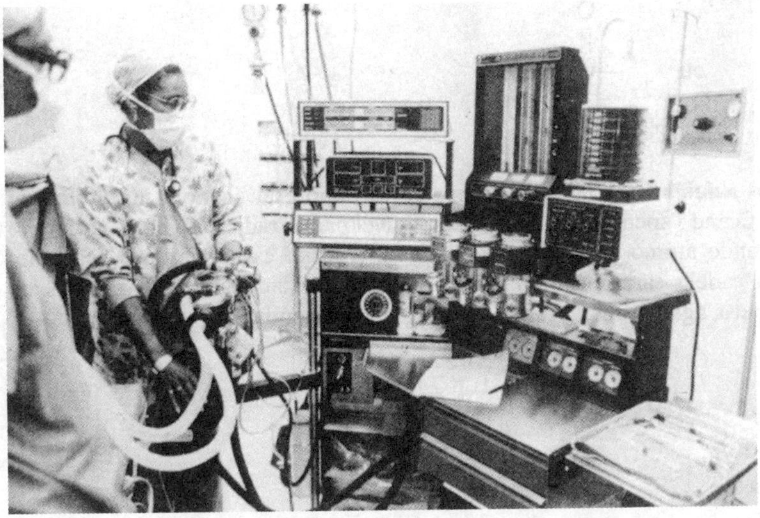

Figura 10-3
Anestesia. Muitos éteres são usados como anestésicos gasosos. (Foto por cortesia do Mount Sinai Hospital Medical Center of Chicago.)

Os éteres podem existir também como moléculas cíclicas. Anéis de três membros contendo dois átomos de carbono são chamados oxiranos, ou epóxidos. Um exemplo é o óxido de etileno:

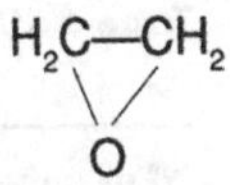

óxido de etileno (um epóxido)

Este éter tóxico é usado para esterilizar suprimentos hospitalares porque pode rapidamente penetrar em muitos materiais, sendo um germicida eficaz em baixa concentração. Os epóxidos constituem uma exceção à regra geral de inatividade dos éteres. Estas moléculas são extremamente reativas porque o anel de três membros está sob tensão (como no ciclopropano). Ele pode rapidamente se abrir, como na seguinte reação, o método industrial mais importante para preparar o etileno glicol:

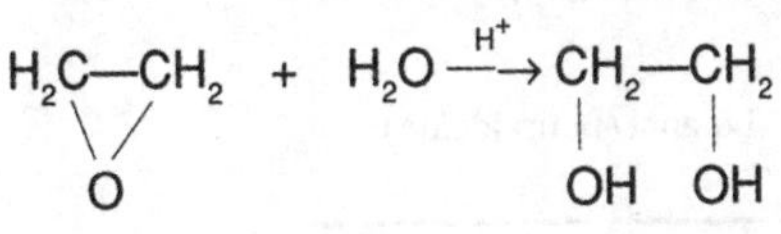

óxido de etileno　　água　　etileno glicol

10.5 Aldeídos

Objetivo: Para demonstrar entendimento desta seção, você deverá ser capaz de identificar aldeídos através de suas fórmulas estruturais.

Tanto aldeídos como cetonas têm um grupo funcional que consiste de um átomo de carbono fazendo ligação dupla com um átomo de oxigênio, formando um **grupo carbonila**.

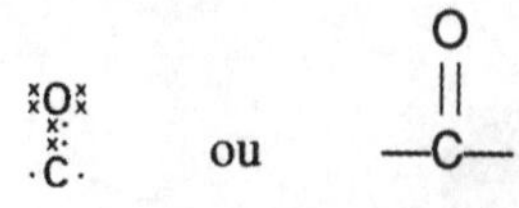

o grupo carbonila

No caso dos **aldeídos**, um lado do átomo de carbono está ligado a um átomo de hidrogênio, ficando apenas uma ligação disponível para o radical do hidrocarboneto (ou um segundo átomo de hidrogênio.) Assim, o grupo carbonila deve ficar num terminal da cadeia carbônica. As cetonas, por outro lado têm dois radicais de hidrocarboneto, ligados um de cada lado do grupo carbonila.

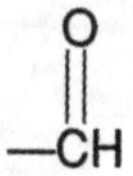

o grupo aldeído

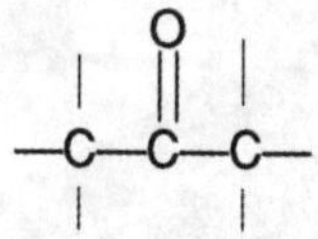

o grupo cetona (ceto)

Os aldeídos mais simples estão listados na Tabela 10-7. Os nomes IUPAC se baseiam nas raízes descritas na Seção 10.2 para os álcoois. A terminação para os aldeídos é “al”. Os nomes triviais (entre parênteses) terminam em “–aldeído”, e a primeira parte vem das raízes listadas na Tabela 10-8.

Tabela 10-7 Aldeídos

Fórmula	Nome[a]
$H\overset{\overset{O}{\|}}{C}H$	metanal (formaldeído)
$CH_3\overset{\overset{O}{\|}}{C}H$	etanal (acetaldeído)
$CH_3CH_2\overset{\overset{O}{\|}}{C}H$	propanal (propionaldeído)
$CH_3CH_2CH_2\overset{\overset{O}{\|}}{C}H$	butanal (butiraldeído)

[a]Nomes triviais entre parênteses.

Tabela 10-8 Raízes para Nomes Triviais

Nº de carbonos	Raiz
1	form–
2	acet–
3	propion–
4	butir–

O formaldeído, ou metanal, é o aldeído mais simples. É um gás incolor freqüentemente usado a 37% (m/v) em solução aquosa, chamada formalina. Nesta forma, ele é germicida e usado como desinfetante (veja a Figura 10-4) e é também um preservativo que endurece tecidos. Os vapores são irritantes para as membranas mucosas.

Os aldeídos podem existir como moléculas contendo outros grupos funcionais, como a acroleína, que tem uma ligação dupla. Este composto mau cheiroso se forma quando as gorduras são queimadas (da desidratação do glicerol).

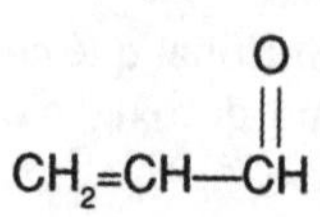

acroleína

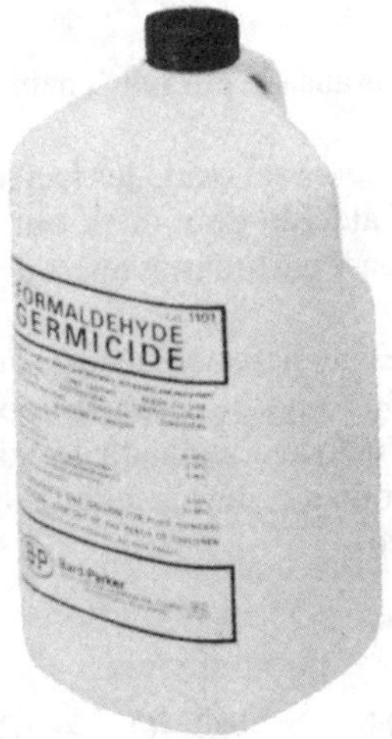

Figura 10-4
Formaldeído. Esta solução serve como desinfetante para instrumentos cirúrgicos. (Fonte: American Hospital Company, American Hospital Supply Corporation.)

Os aldeídos também existem como compostos aromáticos, como o benzaldeído, usado na fabricação de drogas, corantes, perfumes e aromatizantes. Um derivado do benzaldeído, a vanilina (3–metoxi–4–hidroxibenzaldeído), é usada como aromatizante odor baunilha.

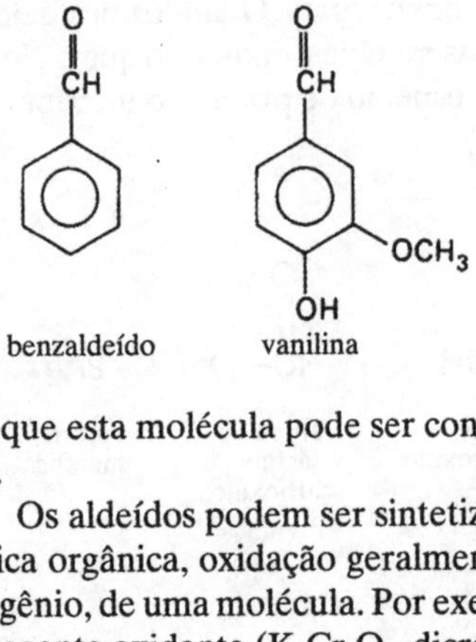

benzaldeído vanilina

Note que esta molécula pode ser considerada um aldeído aromático, um éter ou um fenol.

Os aldeídos podem ser sintetizados pela oxidação de um álcool primário. Em química orgânica, oxidação geralmente envolve adição de oxigênio, ou remoção de hidrogênio, de uma molécula. Por exemplo, o butanal é preparado a partir de butanol e um agente oxidante ($K_2Cr_2O_7$, dicromato de potássio):

$$CH_3CH_2CH_2CH_2OH \xrightarrow[H_2SO_4]{K_2Cr_2O_7} CH_3CH_2CH_2\overset{\overset{\displaystyle O}{\|}}{C}H$$

butanol butanal

A remoção de hidrogênio de um álcool produz um aldeído na seguinte reação:

$$CH_3CH_2OH \xrightarrow[300\,°C]{Cu} CH_3\overset{\overset{\displaystyle O}{\|}}{C}H + H_2$$

etanol (álcool etílico) etanal (acetaldeído) hidrogênio

Uma reação semelhante, catalisada por uma enzima, ocorre em células hepáticas humanas.

Uma vez que os aldeídos podem ser oxidados facilmente, eles são bons agentes *redutores*. A capacidade de um aldeído de reduzir outras substâncias, ficando ele próprio oxidado no processo, é a base para muitos testes de laboratório para esta classe de moléculas.

Por exemplo, a solução de Benedict e a solução de Fehling contêm o íon cúprico, Cu^{2+}. A adição de certos tipos de compostos com grupo aldeído a qualquer destas soluções azuis produz um precipitado avermelhado de óxido cuproso, Cu_2O. O cobre foi reduzido de Cu^{2+} a Cu^+ ganhando um elétron, enquanto que o aldeído foi oxidado (ao ânion de um ácido carboxílico).

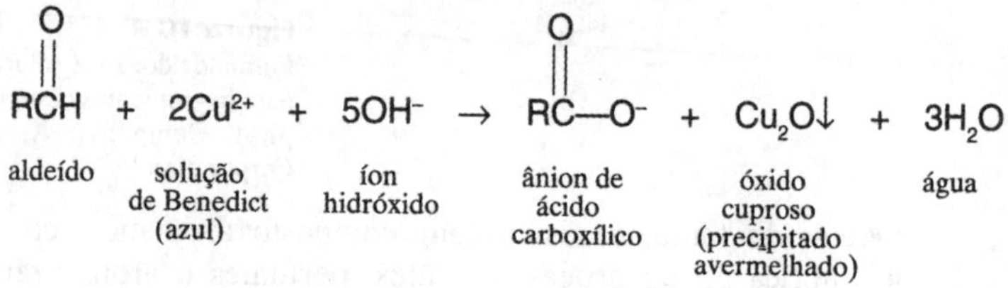

Outro tipo de teste baseado na capacidade de redução dos aldeídos usa a solução de Tollens, que contém íons de prata. Quando um aldeído é adicionado, a prata é reduzida de Ag^+ para sua forma metálica, enquanto que o aldeído sofre oxidação. O resultado é a formação de um "espelho de prata" no interior do tubo no qual o teste é realizado.

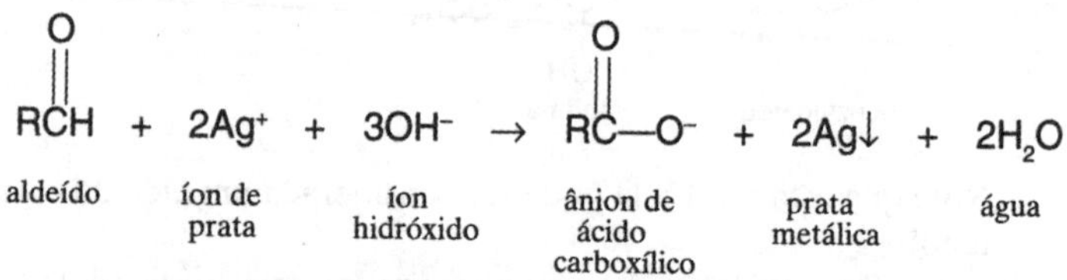

Estes testes podem ser usados para se verificar se uma grande quantidade de glicose está presente na urina. Como a glicose contém um grupo aldeído, ela dá teste "positivo" com qualquer uma destas soluções. Por exemplo, usando–se uma razão 1 para 10 de urina para solução de Benedict, uma cor verde indica cerca de 0,25% de glicose, amarelo-laranja indica cerca de 1% de glicose e vermelho-tijolo indica mais de 2% de glicose (veja a Figura 10-5 e o Capítulo 12 para discussão mais avançada).

Os aldeídos podem sofrer redução para formar álcoois.

Por exemplo, o acetaldeído pode ser reduzido pelo hidrogênio a etanol:

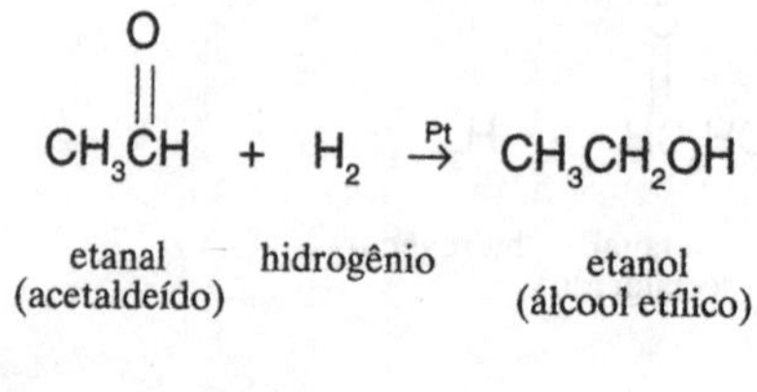

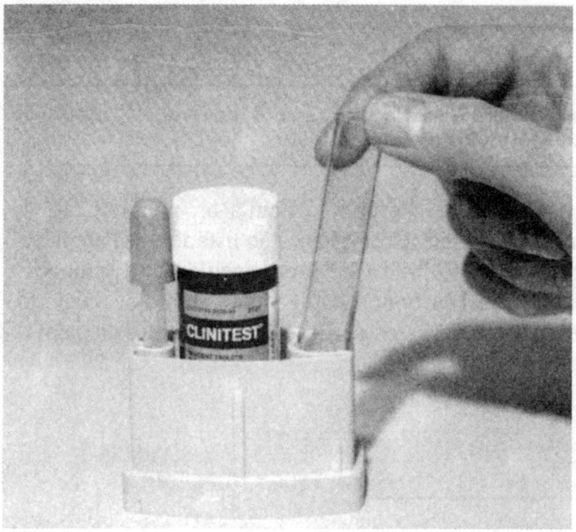

Figura 10-5
Pastilhas para análise clínica. A pastilha é adicionada a cinco gotas de urina e dez gotas de água. A mudança de cor indica a quantidade de glicose presente. (Cortesia da Ames Division, Miles Laboratories, Inc.)

Os aldeídos podem reagir também com álcoois. Considere a reação de propanal com metanol:

$$\underset{\text{um aldeído (propanal)}}{CH_3CH_2\overset{\overset{\displaystyle O}{\|}}{C}H} + \underset{\text{um álcool (metanol)}}{CH_3OH} \overset{H^+}{\rightleftarrows} \underset{\text{um hemiacetal (1-metoxipropanol)}}{CH_3CH_2\overset{\overset{\displaystyle OH}{|}}{\underset{\underset{\displaystyle H}{|}}{C}}{-}OCH_3}$$

O produto, chamado *hemiacetal*, contém um grupo funcional hidroxila e um éter.

Quando estudarmos a química dos hidratos de carbono, no Capitulo 12, passaremos por esta combinação.

Se outra molécula de álcool reagir com o hemiacetal, ele será convertido a um *acetal*:

$$\underset{\text{um hemiacetal (1-metoxipropanol)}}{CH_3CH_2\overset{\overset{\displaystyle OH}{|}}{\underset{\underset{\displaystyle H}{|}}{C}}{-}OCH_3} + \underset{\text{um álcool (metanol)}}{CH_3OH} \overset{H^+}{\rightleftarrows} \underset{\text{um acetal (1,1-dimetoxipropano)}}{CH_3CH_2\overset{\overset{\displaystyle OCH_3}{|}}{\underset{\underset{\displaystyle H}{|}}{C}}{-}OCH_3} + \underset{\text{água}}{H_2O}$$

O acetal contém dois grupos funcionais tipo éter ligados ao mesmo átomo de carbono.

10.6 Cetonas

Objetivo: Para demonstrar entendimento desta seção, você deverá ser capaz de identificar cetonas através de suas fórmulas estruturais.

Cetonas diferem dos aldeídos pelo fato de o grupo carbonila ter dois radicais de hidrocarboneto ligados ao átomo de carbono. Exemplos estão listados na Tabela 10-9. Os nomes formais consistem da raiz do hidrocarboneto seguida da terminação "–ona". Um número na frente indica qual carbono está ligado ao átomo de oxigênio. O nome trivial (entre parênteses) é formado pelos grupos alquila seguidos da palavra "cetona".

Tabela 10-9 Cetonas

Fórmula	Nome[a]
$CH_3\overset{O}{\overset{\|}{C}}CH_3$	propanona (dimetilcetona, acetona)
$CH_3\overset{O}{\overset{\|}{C}}CH_2CH_3$	butanona (etil metil cetona)
$CH_3CH_2\overset{O}{\overset{\|}{C}}CH_2CH_3$	3-pentanona (dietil cetona)
$CH_3\overset{O}{\overset{\|}{C}}CH_2CH_2CH_3$	2-pentanona (metil propil cetona)

[a]Nomes triviais entre parênteses.

A propanona, dimetil cetona, ou mais comumente acetona, a mais simples cetona, tem dois radicais metila ligados ao grupo carbonila. É geralmente encontrada no sangue em quantidades muito pequenas (como um dos três "corpos cetônicos" descritos no Teste Clínico 10). Grandes quantidades indicam degradação anormal de gorduras. Nestas condições, seu odor adocicado pode ser detectado quando o paciente expira ("hálito de acetona"). A acetona é também um excelente solvente (é miscível com a água) e é usada em removedores de esmalte de unha.

A cânfora é uma cetona na qual o grupo carbonila é parte de um hidrocarboneto cíclico substituído. É um antisséptico suave usado em linimentos.

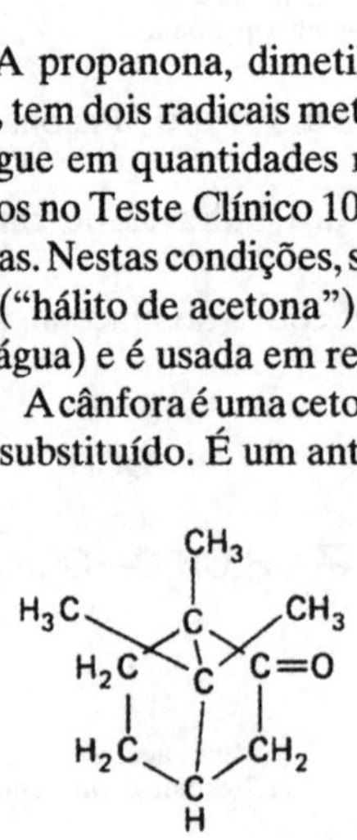

cânfora

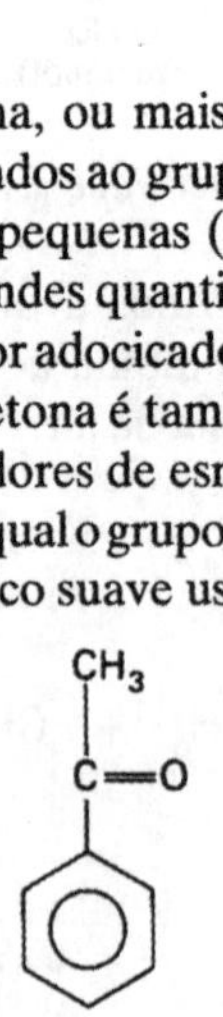

acetofenona

As cetonas aromáticas incluem a acetofenona (metil fenil cetona), que é um hipnótico, uma substância que induz sono.

As cetonas podem ser sintetizadas pela oxidação de álcoois secundários. Por exemplo, o 2–propanol pode ser convertido em acetona por um agente oxidante, como o ácido crômico, H_2CrO_4.

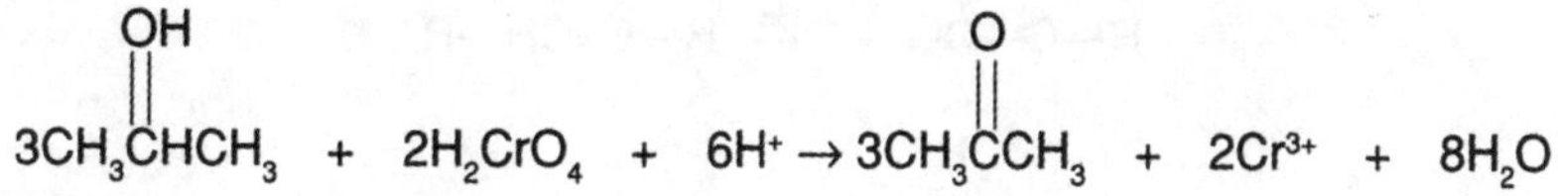

2–propanol | ácido crômico | íon de hidrogênio | acetona | íon de crômio(III) | água

As cetonas podem ser reduzidas novamente a álcoois. Assim, a acetona pode ser convertida a 2–propanol ao reagir com hidrogênio.

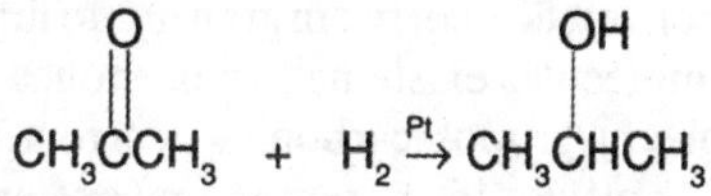

acetona | hidrogênio | 2–propanol

As interconversões cetona-álcool secundário mostradas aqui são semelhantes às interconversões aldeído-álcool primário descritas na seção anterior.

Assim como os aldeídos formam hemiacetais e acetais, as cetonas podem formar hemicetais e cetais. A reação de uma cetona e um álcool produz um *hemicetal*:

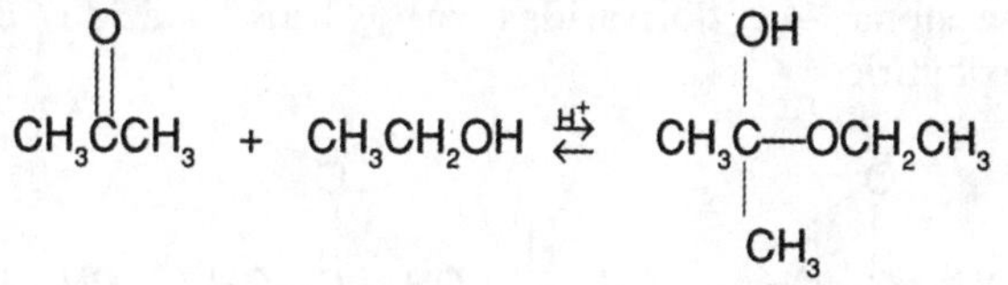

uma cetona (acetona) | um álcool (etanol) | um hemicetal (2–etoxi–2–propanol)

Um *cetal* pode se formar na reação subseqüente do hemicetal com um álcool:

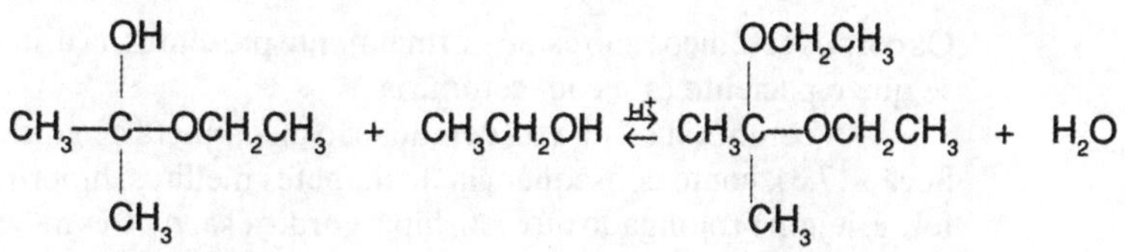

um hemicetal (2–etoxi–2–propanol) | um álcool (etanol) | um cetal (2,2–dietoxipropano) | água

Em geral, as cetonas são menos reativas do que os aldeídos. Por exemplo, ao contrário dos aldeídos, a maioria das cetonas não reagem com as soluções de Benedict, de Fehling e de Tollens. (As cetonas que reagem têm um grupo hidroxila adjacente ao grupo carbonila. Como veremos no Capítulo 12, algumas destas α-hidroxicetonas são moléculas de açúcares.)

As cetonas, assim como os aldeídos, podem formar um tipo especial de isômeros chamados tautômeros, que existem em equilíbrio entre si. A forma carbonila ou "ceto" pode se converter a um "enol" como segue:

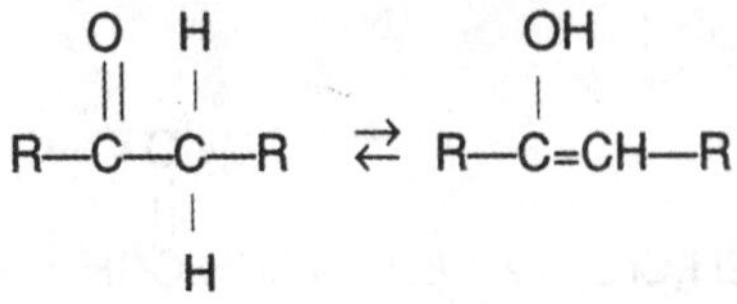

forma cetônica (cetona) — forma enólica (enol)

Note que estas duas formas diferem apenas quanto à posição de um átomo de hidrogênio e da ligação dupla. Na forma enólica, um hidrogênio do átomo de carbono adjacente ao grupo carbonila foi transferido ao oxigênio. Para a maioria dos aldeídos e cetonas comuns, esta interconversão ocorre em grau muito limitado. Na acetona, por exemplo, menos de 1% das moléculas existe na forma enólica. Algumas importantes reações químicas que envolvem grupos carbonila ocorrem porém através de um intermediário enólico. No Capítulo 16, veremos um exemplo na degradação de açúcares no nosso corpo.

Teste Clínico 10

CORPOS CETÔNICOS

"Corpos cetônicos" são três compostos com grupos carbonila. Compreendem uma cetona-acetona — e dois ácidos carboxílicos — ácido acetoacético e ácido β-hidroxibutírico:

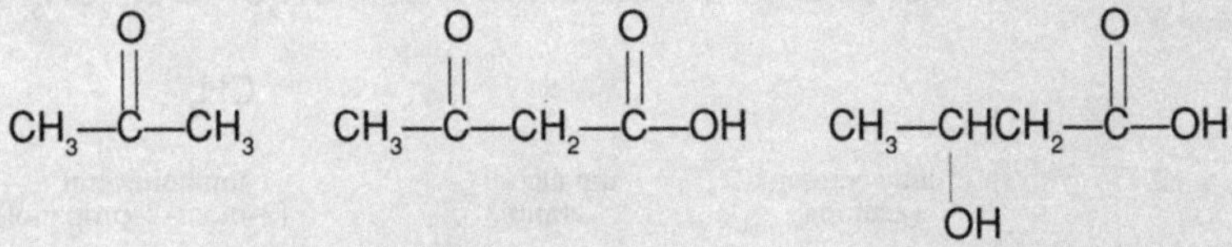

acetona — ácido acetoacético — ácido β-hidroxibutírico

Os corpos cetônicos não estão normalmente presentes na urina. Quando estão, diz-se que o paciente está com cetonúria.

A cetonúria resulta da degradação incompleta de gorduras no corpo (veja a Seção 17.3), como conseqüência de diabetes mellitus, hipertireoidismo, gravidez, febre, jejum prolongado ou dieta hipergordurosa. As três moléculas se formam nas seguintes quantidades relativas: 78% de ácido β-hidroxibutírico, 20% de ácido acetoacético e 2% de acetona. Qualquer um dos três compostos pode servir de base para um teste de cetonúria.

A maioria dos testes se baseia na pesquisa de acetona ou ácido acetoacético na amostra de urina. Eles produzem uma cor violeta a púrpura quando nitroferricianeto (nitroprussiato) de sódio $Na_2Fe(CN)_5NO$, é adicionado. O teste pode ser realizado adicionando-se uma solução deste composto ou usando-se uma vareta cuja superfície está parcialmente coberta por ele (tal como Chek-Stix, Multi-Stix, Ketostix e Labstix).

10.7 Ácidos Carboxílicos

Objetivo: Para demonstrar entendimento desta seção, você deverá ser capaz de identificar ácidos carboxílicos através de suas fórmulas estruturais.

A combinação de um grupo carbonila e um grupo hidroxila resulta num outro grupo funcional, o **grupo carboxílico** (ou carboxila).

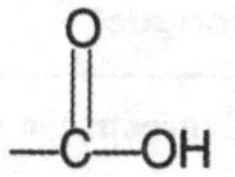 ou —COOH ou —CO_2H

o grupo carboxílico (carboxila)

O grupo carboxílico é *ácido* porque seu próton pode ser doado a outras substâncias. Moléculas que contêm a carboxila são chamadas **ácidos carboxílicos**, em contraste aos ácidos minerais como HCl ou H_2SO_4, que não contêm carbono.

A ligação entre os átomos de oxigênio e hidrogênio do grupo hidroxila é enfraquecida pela ligação dupla do átomo de oxigênio do grupo carbonila. Portanto, é possível a um ácido carboxílico doar seu próton a uma molécula de água, formando um ion hidrônio (H^+ hidratado):

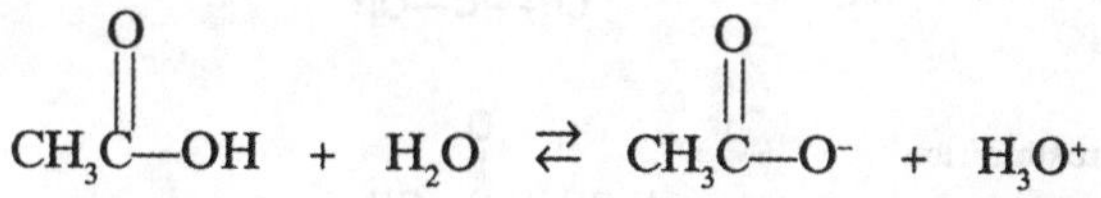

ácido acético água íon acetato íon hidrônio

Como vimos no Capítulo 7, para o ácido acético este processo ocorre em grau muito baixo. Geralmente apenas uma pequena porcentagem das moléculas se ionizam. Assim, os ácidos carboxílicos são todos ácidos *fracos*. Note que os átomos de hidrogênio ligados ao carbono não se ionizam.

Os exemplos mais simples estão listados na Tabela 10-10.

Tabela 10-10 Ácidos Carboxílicos

Fórmula	Nome [a]
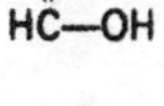	ácido metanóico (ácido fórmico)
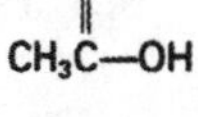	ácido etanóico (ácido acético)
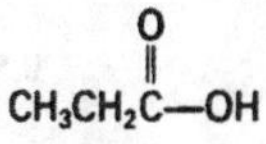	ácido propanóico (ácido propiônico)
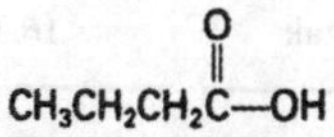	ácido butanóico (ácido butírico)

[a]Nome trivial entre parênteses.

O nome trivial (entre parênteses) vem da raiz trivial mais a terminação –ico, antecedido da palavra “ácido”. O nome IUPAC vem da raiz sistemática mais a terminação –óico, antecedida da palavra “ácido”. Em qualquer caso, o átomo de carbono da carboxila é contado como parte do número de átomos de carbono do hidrocarboneto. O ácido mais simples, metanóico ou fórmico, HCOOH, é uma substância irritante liberada na picada de alguns insetos. (De fato, o nome vem de *formica*, que significa formiga em latim). O ácido de dois carbonos, etanóico ou acético, CH_3COOH, é o ácido que temos representado por $HC_2H_3O_2$.

Tabela 10-11 Ácidos Carboxílicos Encontrados no Sangue[a]

Nome	Fórmula	Concentração sangüínea (mg/100 mL)[b]
ácido lático	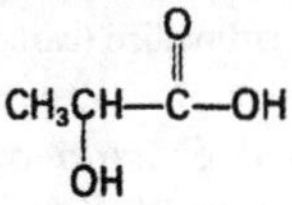	9,0
ácido cítrico	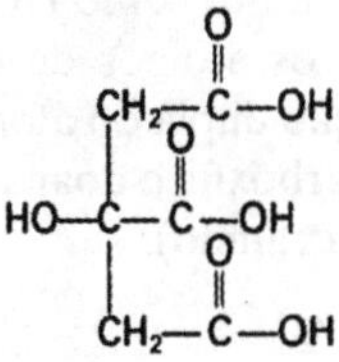	2,2
ácido β-hidroxibutírico	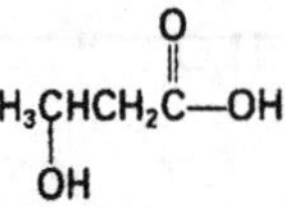	1,5
ácido pirúvico	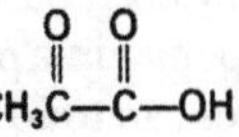	1,1
ácido acetoacético	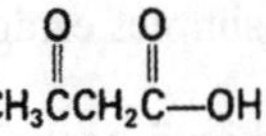	0,9
ácido α-cetoglutárico	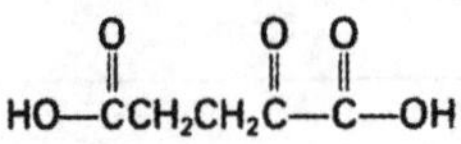	0,6
ácido succínico	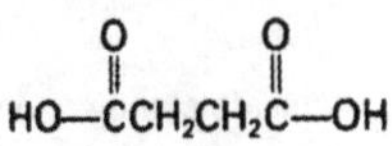	0,5
ácido málico	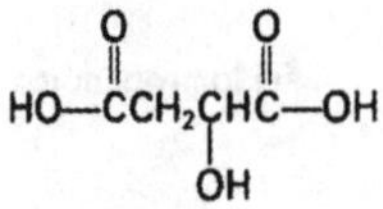	0,5
	Total:	16,3

[a]Formas ionizadas no pH fisiológico.
[b]Adulto normal em jejum.

Agora você deve entender porque um átomo de hidrogênio é escrito separadamente dos outros na fórmula. É este átomo de hidrogênio que pode se dissociar porque ele está ligado ao oxigênio, enquanto que os demais estão firmemente ligados a um átomo de carbono. Vinagre é uma forma diluída (cerca de 5%) de ácido acético em água.

Os ácidos carboxílicos encontrados no sangue estão listados na Tabela 10-11.

O ácido láctico, um ácido propanóico substituído, é produzido em seus músculos quando você faz exercício físico. Este ácido está também presente no leite azedo.

O ácido cítrico, encontrado nas frutas cítricas, desempenha papel importante na degradação de açúcares em seu corpo (o “ciclo do ácido cítrico”). É um ácido *tricarboxílico*, contendo três grupos carboxílicos, assim como um grupo hidroxila.

Os ácidos pirúvico, α-cetoglutárico e succínico vêm da degradação de açúcares. Ácido β-hidroxibutírico é o nome trivial para o ácido 3-hidroxibutanóico. (Note que alfa e beta, a primeira e segunda letras do alfabeto grego, são às vezes usadas para identificar o primeiro e segundo átomos de carbono adjacentes a um grupo funcional.) Tanto este ácido como o ácido acetoacético podem se encontrar em quantidades anormalmente elevadas, juntamente com acetona, no sangue de pessoas que estão ingerindo ou degradando gorduras demasiadamente. (Veja o Teste Clínico 10.) Os três últimos ácidos da Tabela 10-11 são ácidos *dicarboxílicos*. Todos eles têm dois grupos carboxílicos na molécula.

Uma categoria especial de ácido, os ácidos graxos, serão descritos mais amplamente no Capítulo 13 sobre lipídios. São ácidos de cadeia linear, usualmente com 12 a 20 átomos de carbono, contendo até quatro ligações duplas. Eles incluem o ácido esteárico. ($C_{17}H_{35}$–COOH), e o ácido palmítico ($C_{15}H_{31}$–COOH), ambos saturados, além do ácido oléico ($C_{17}H_{33}$–COOH) e o ácido linoléico ($C_{17}H_{31}$–COOH), insaturados.

O ácido aromático mais simples é o ácido benzóico, no qual um átomo de hidrogênio do anel benzênico foi substituído por um grupo carboxílico.

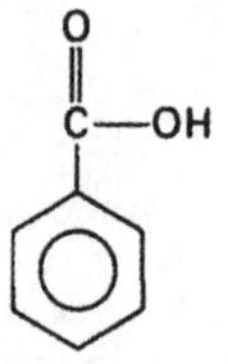

ácido benzóico

É um antisséptico e diurético (uma substância que aumenta o fluxo urinário).

O ácido salicílico (ácido *o*–hidroxibenzóico) pode ser considerado uma molécula de fenol com um grupo carboxílico, ou uma molécula de ácido benzóico com um grupo hidroxila:

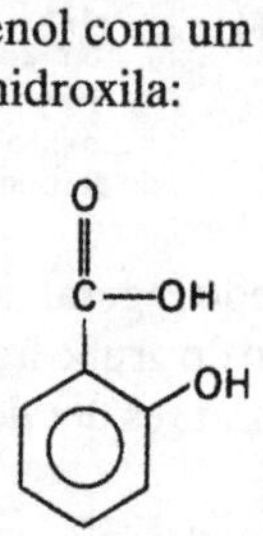

ácido salicílico

Os ácidos carboxílicos podem ser sintetizados por uma variedade de reações de oxidação. Por exemplo, eles podem ser produzidos a partir de álcoois primários com um agente oxidante (tal como permanganato de potássio, $KMnO_4$, ou ácido crômico, H_2CrO_4):

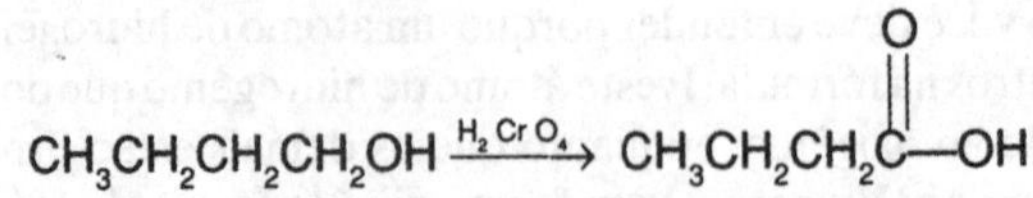

butanol ácido butanóico

A reação inversa, redução do ácido a um álcool primário, pode ser efetuada usando-se um agente redutor (hidreto de alumínio e lítio, $LiAlH_4$):

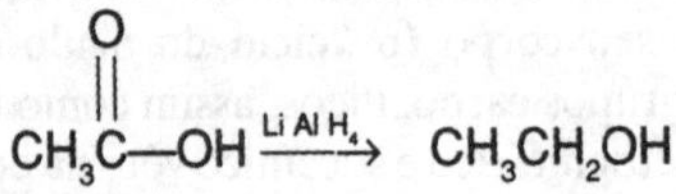

ácido acético etanol

Os aldeídos também podem ser oxidados a ácidos carboxílicos:

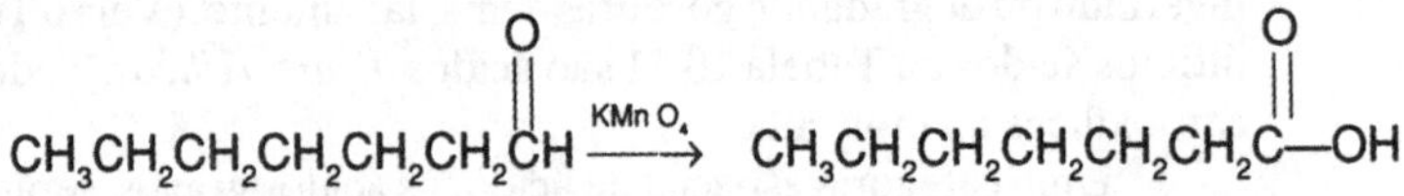

heptanal ácido heptanóico

As cetonas geralmente resistem à oxidação a ácidos, exceto sob condições enérgicas. Quando um alceno é oxidado, ele pode ser "clivado" para formar duas moléculas de ácido, como na seguinte reação de oxidação:

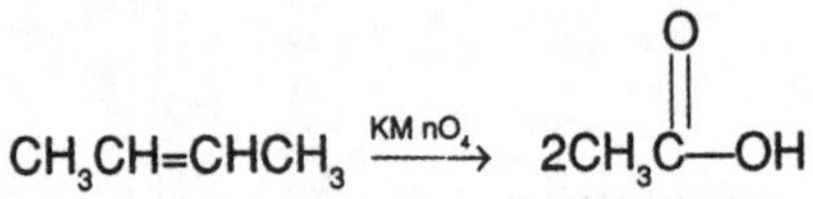

2–buteno ácido acético

Em certos tipos de ácidos carboxílicos, o grupo carboxílico pode sair sob forma de CO_2:

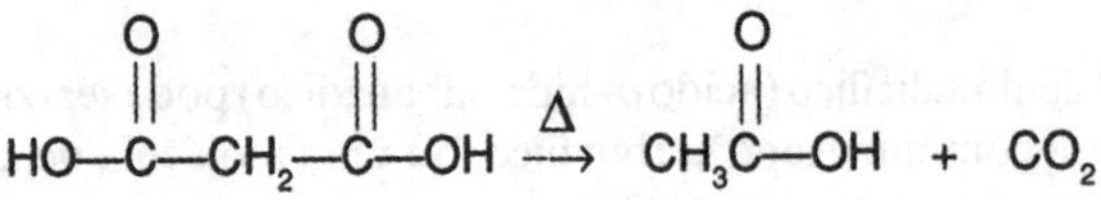

ácido malônico ácido acético dióxido de carbono

Esta reação, conhecida como descarboxilação, requer geralmente um grupo carbonila ou carboxila que esteja à distância de um carbono do grupo a ser clivado. (Aqui vemos que grupos funcionais nem sempre são independentes um do outro nas reações.)

Uma vez que ácidos carboxílicos são doadores de prótons, eles reagem com bases em reações de neutralização para formar sais e água. O sal produzido de um ácido e uma base consiste do cátion da base mais o ânion do ácido. Por exemplo, se ácido acético reage com hidróxido de sódio, água se forma juntamente com o sal de sódio do ácido acético:

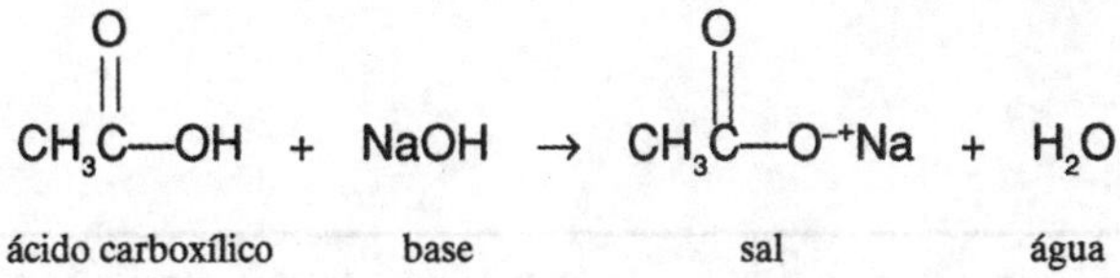

Os ânions dos ácidos contêm o **grupo carboxilato**, que é simplesmente o grupo carboxílico sem o íon de hidrogênio, H^+. Ele tem uma carga negativa porque o elétron do átomo de hidrogênio fica com o oxigênio.

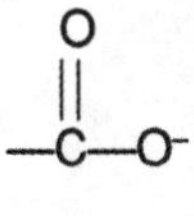

o grupo carboxilato

Ânions carboxilato são designados trocando-se a terminação -ico dos ácidos por -ato. Examine os exemplos da Tabela 10-12.

Tabela 10-12 Ânions Carboxilato

Fórmula	Nome	Formado de[a]
$HC(=O)-O^-$	íon metanoato (formato)	ácido metanóico (fórmico)
$CH_3C(=O)-O^-$	íon etanoato (acetato)	ácido etanóico (acético)
$CH_3CH_2C(=O)-O^-$	íon propanoato (propionato)	ácido propanóico (propiônico)
$CH_3CH_2CH_2C(=O)-O^-$	íon butanoato (butirato)	ácido butanóico (butírico)

[a] Nomes triviais entre parênteses.

O sal formado do ácido acético e hidróxido de sódio é portanto o acetato de sódio ou etanoato de sódio. Os nomes triviais de outros sais de ácidos carboxílicos estão listados na Tabela 10-13.

Tabela 10-13 Nomes Triviais de Sais de Sódio de Ácidos Carboxílicos

Ácido	Sal de sódio derivado	Uso
ácido benzóico	benzoato de sódio	conservante para pão (inibe leveduras e bactérias)
ácido cítrico	citrato de sódio	anticoagulante (impede a coagulação sangüínea)
ácido propiônico	propionato de sódio	conservante de alimentos (antimicrobiano)
ácido salicílico	salicilato de sódio	antipirético (reduz a febre), analgésico (alivia a dor)

10.8 Ésteres

Objetivo: Para demonstrar entendimento desta seção, você deverá ser capaz de identificar ésteres através de suas fórmulas estruturais.

A reação de um ácido carboxílico com um álcool produz um **éster**. Este tipo de molécula tem o seguinte grupo funcional:

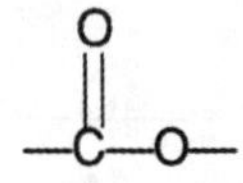

o grupo éster

Um exemplo de *esterificação*, a síntese de um éster, é a reação do ácido acético com o álcool metílico:

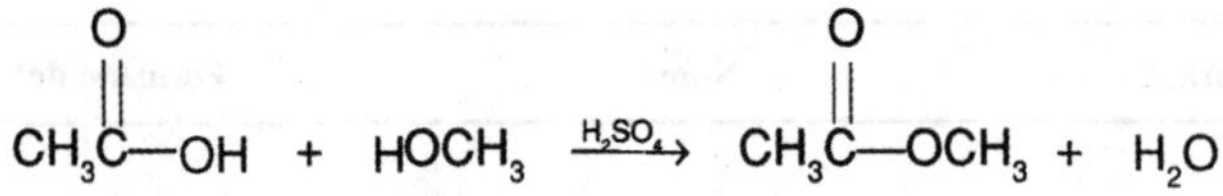

ácido álcool éster água

Note que uma molécula de água é removida para formar o éster.

O nome de um éster consiste de duas palavras mais a preposição "de". Primeiro vem o nome do íon carboxilato, seguido da preposição "de" e do nome do radical do hidrocarboneto. O nome completo do éster formado do ácido acético e álcool metílico é acetato de metila (ou etanoato de metila pelo sistema IUPAC).

Outros exemplos estão apresentados na Tabela 10-14. Em cada caso, o radical de hidrocarboneto ligado ao átomo de carbono do grupo éster vem do ácido, e o ligado ao átomo de oxigênio vem do álcool.

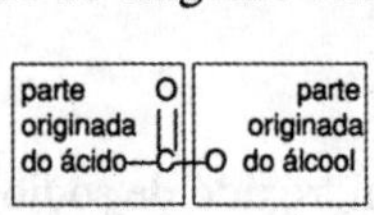

Os ésteres podem ser decompostos em ácido e álcool através de *hidrólise*, adição de água (na presença de um catalisador). Esta reação é exatamente o inverso da esterificação.

Por exemplo, acetato de etila pode ser hidrolizado a álcool e ácido acético:

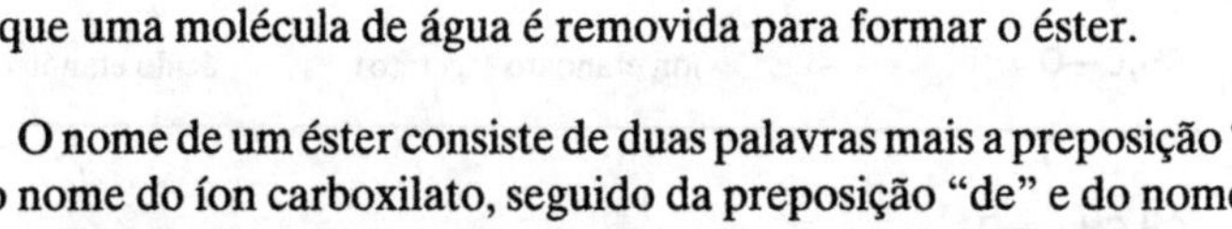

acetato de etila água ácido acético álcool etílico

A hidrólise de um éster é a reação inicial que ocorre quando gorduras e óleos são digeridos em nosso corpo.

Tabela 10-14 Nomes Triviais de Ésteres

Álcool	Ácido	Nome	Fórmula
álcool metílico	ácido fórmico	formato de metila	$\mathrm{H\overset{\overset{O}{\|}}{C}{-}OCH_3}$
álcool metílico	ácido propiônico	propionato de metila	$\mathrm{CH_3CH_2\overset{\overset{O}{\|}}{C}{-}OCH_3}$
álcool etílico	ácido fórmico	formato de etila	$\mathrm{H\overset{\overset{O}{\|}}{C}{-}OCH_2CH_3}$
álcool etílico	ácido acético	acetato de etila	$\mathrm{CH_3\overset{\overset{O}{\|}}{C}{-}OCH_2CH_3}$
álcool propílico	ácido acético	acetato de propila	$\mathrm{CH_3\overset{\overset{O}{\|}}{C}{-}OCH_2CH_2CH_3}$

Uma reação relacionada ocorre quando uma base forte, como hidróxido de sódio, é adicionada a um éster. Em vez da decomposição do éster para formar um ácido e um álcool, como ocorre na hidrólise, o sal do ácido se forma.

Esta reação, que não é reversível, é conhecida como *saponificação*. Assim, quando acetato de etila é saponificado com hidróxido de sódio, acetato de sódio e álcool etílico são produzidos:

$$\underset{\text{acetato de etila}}{\mathrm{CH_3\overset{\overset{O}{\|}}{C}{-}OCH_2CH_3}} + \underset{\text{base}}{\mathrm{Na\,OH}} \rightarrow \underset{\text{acetato de sódio}}{\mathrm{CH_3\overset{\overset{O}{\|}}{C}{-}O^{-+}Na}} + \underset{\text{álcool etílico}}{\mathrm{CH_3CH_2OH}}$$

A saponificação produz sabões quando o íon carboxilato vem de um ácido graxo de cadeia longa (como será descrito na Seção 13.4).

Ésteres são comercialmente importantes como fragrâncias e aromatizantes. A Tabela 10-15 lista alguns dos mais importantes.

Tabela 10-15 Aromas dos Ésteres

Aroma	Éster
damasco	butirato de amila
banana	acetato de amila
laranja	acetato de octila
pêra	acetato de isoamila
abacaxi	butirato de etila
framboesa	formato de isobutila
rum	formato de etila

Anéis aromáticos podem fazer parte de um éster, quer no lado alcoólico, quer no lado ácido da molécula.

Por exemplo, o ácido benzóico reage com álcool metílico para formar benzoato de metila, que tem o odor de feno recém ceifado:

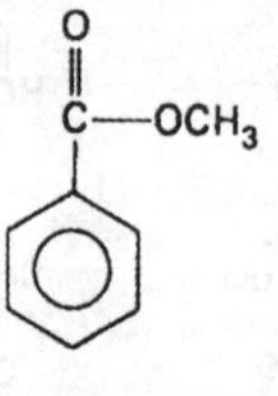

benzoato de metila

Quando o ácido salicílico é esterificado com álcool metílico, salicilato de metila é produzido. Este éster é conhecido como "óleo de gualtéria" e é encontrado em muitos linimentos para alívio de dores musculares e das juntas.

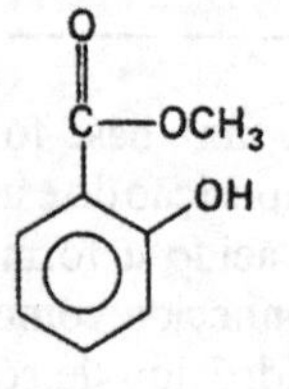

salicilato de metila

Ácido acetilsalicílico é o éster formado de ácido salicílico e ácido acético. Neste caso, é a parte fenólica da molécula do ácido salicílico que é esterificada. Este éster é a aspirina.

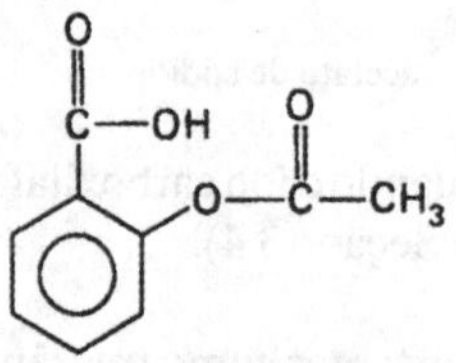

ácido acetilsalicílico
(aspirina)

A aspirina tem múltiplos efeitos no nosso corpo. É um analgésico, o que significa que alivia a dor. A aspirina é mais eficaz para dor de cabeça suave a moderada, para neuralgia (dor num nervo), dor muscular, em juntas e de dente. Ela também age como antipirético, baixando temperaturas corporais elevadas, e como agente antiinflamatório, reduzindo o rubor, calor e inchaço que acompanha a inflamação, resposta tecidual local ao ferimento. Seus efeitos resultam da capacidade de inibir a síntese de prostaglandinas (veja Saúde em Notícia 13), que transmite sinais químicos no nosso corpo.

A Figura 10-6 resume os derivados oxigenados dos hidrocarbonetos descritos aqui e em seções anteriores deste capítulo.

A Tabela 10-16 resume suas reações químicas.

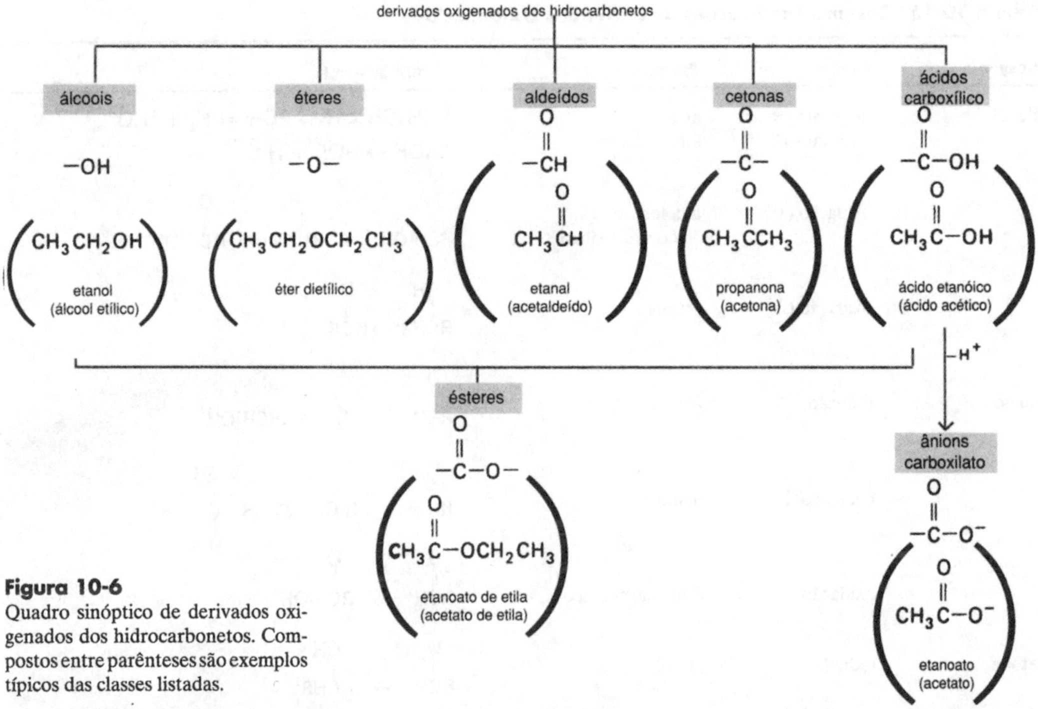

Figura 10-6
Quadro sinóptico de derivados oxigenados dos hidrocarbonetos. Compostos entre parênteses são exemplos típicos das classes listadas.

Faça-o Você Mesmo 10

ESTÁ NAS CARTAS

Assim como memorizar nomes e símbolos dos elementos é importante para aprender química inorgânica, memorizar grupos funcionais é importante para aprender química orgânica. Conhecimento do grupo funcional é necessário para você entender as propriedades de um composto, assim como para lhe dar nome. Examinando uma fórmula estrutural, você deverá ser imediatamente capaz de dizer se ela representa um alcano, alceno ou alcino, um álcool ou éter, um aldeído ou cetona, um ácido carboxílico ou um éster.

Como fazer: Escreva cada um dos seguintes nomes num lado de uma ficha de arquivo, um nome por ficha: alcano,alceno, alcino, cicloalcano, hidrocarboneto aromático, hidrocarboneto halogenado, álcool, éter, aldeído, cetona, ácido carboxílico, éster, derivado sulfurado. No lado oposto de cada ficha, escreva a fórmula de um exemplo daquela função. Talvez você queira repetir este processo com mais fichas usando os mesmos nomes mas diferentes exemplos.

Você tem agora um conjunto de "cartões relâmpagos". Coloque as fichas empilhadas com os lados das fórmulas para cima. Apanhe-as uma a uma e identifique o grupo funcional, conferindo o verso em cada caso. Repita até que você possa fazer isto com facilidade.

Como exercício adicional, você queira talvez escrever o nome do composto no lado onde você escreveu o nome do grupo funcional. Então você poderá usar as fichas para aprender a nomenclatura assim como as fórmulas destes compostos orgânicos.

Tabela 10-16 Resumo das Reações de Derivados Oxigenados

Reagente	Reação	Produto	Equação geral
álcool	desidratação	alceno	$RCH_2CH_2OH \rightarrow RCH{=}CH_2 + H_2O$
	desidratação	éter	$2ROH \rightarrow ROR + H_2O$
	oxidação (1º)	aldeído ou ácido carboxílico	$RCH_2OH \rightarrow R\overset{O}{\overset{\|}{C}}H$ ou $R\overset{O}{\overset{\|}{C}}{-}OH$
	oxidação (2º)	cetona	$R\overset{OH}{\overset{\|}{C}}HR' \rightarrow R\overset{O}{\overset{\|}{C}}R'$
aldeído	redução	álcool	$R\overset{O}{\overset{\|}{C}}H + H_2 \rightarrow RCH_2OH$
	com álcool	hemiacetal	$R\overset{O}{\overset{\|}{C}}H + R'OH \rightleftarrows R{-}\underset{H}{\underset{\|}{\overset{OH}{\overset{\|}{C}}}}{-}OR'$
	oxidação	ácido carboxílico	$R\overset{O}{\overset{\|}{C}}H \rightarrow R\overset{O}{\overset{\|}{C}}{-}OH$
cetona	redução	álcool	$R\overset{O}{\overset{\|}{C}}R' \rightarrow R\overset{OH}{\overset{\|}{C}}HR'$
	com álcool	hemicetal	$R\overset{O}{\overset{\|}{C}}R' + R''OH \rightarrow R{-}\underset{R'}{\underset{\|}{\overset{OH}{\overset{\|}{C}}}}{-}OR''$
ácido carboxílico	neutralização	íon carboxilato	$R\overset{O}{\overset{\|}{C}}{-}OH + OH^- \rightarrow R\overset{O}{\overset{\|}{C}}{-}O^- + H_2O$
	redução	álcool (1º)	$R\overset{O}{\overset{\|}{C}}{-}OH \rightarrow ROH$
	esterificação	éster	$R\overset{O}{\overset{\|}{C}}{-}OH + R'OH \rightleftarrows R\overset{O}{\overset{\|}{C}}{-}OR' + H_2O$
éster	hidrólise	ácido + álcool	$R\overset{O}{\overset{\|}{C}}{-}OR' + H_2O \rightleftarrows R\overset{O}{\overset{\|}{C}}{-}OH + R'OH$
	saponificação	íon carboxilato + álcool	$R\overset{O}{\overset{\|}{C}}{-}OR' + OH^- \rightarrow R\overset{O}{\overset{\|}{C}}{-}O^- + R'OH$

10.9 Compostos Orgânicos Sulfurados

Objetivo: Para demonstrar entendimento desta seção, você deverá ser capaz de identificar derivados sulfurados de hidrocarbonetos.

O enxofre está no mesmo grupo do oxigênio na tabela periódica. Ele também tem seis elétrons no nível mais externo. Portanto, *muitos compostos orgânicos sulfurados se parecem com os derivados oxigenados* que acabamos de estudar.

O equivalente de um álcool é um tiol, também chamado tioálcool ou mercaptana. O exemplo mais simples é o metanotiol (ou metil mercaptana), CH_3SH. Note que esta fórmula é a mesma daquela do metanol, ou álcool metílico, CH_3OH, exceto que um átomo de enxofre toma o lugar do oxigênio. Estes compostos, particularmente os com baixos pesos moleculares, têm cheiro desagradável. O metanotiol é parcialmente responsável pelo odor das fezes, enquanto que os butanotióis formam parte da temida defesa da jaritataca (mamífero americano).

Uma importante reação do grupo -SH ou sulfidrila é a formação de dissulfetos a partir da oxidação de dois tióis:

$$2CH_3\text{—}SH \;+\; H_2O_2 \rightarrow CH_3\text{—}S\text{—}S\text{—}CH_3 \;+\; 2H_2O$$

um tiol — agente oxidante (peróxido de hidrogênio) — um dissulfeto — água

Este tipo de reação é importante porque ajuda a manter a estrutura das proteínas, como veremos mais tarde. A reação inversa, a de um dissulfeto com um agente redutor, pode converter o dissulfeto novamente a tiol.

Um tioéter tem um átomo de enxofre fazendo ponte com dois radicais de hidrocarboneto. Por exemplo, o análogo do éter dietílico é chamado sulfeto de dietila, ou etiltioetano.

$$CH_3\,CH_2\text{—}S\text{—}CH_2\,CH_3$$

etiltioetano

Estes e outros tipos de derivados sulfurados são mostrados na Tabela 10-17. Sempre que você vir "tio–" ou "sulf–" num nome, você deverá reconhecer que o composto contém um grupo funcional a base de enxofre.

Certos compostos orgânicos sulfurados têm cores características e são usados como corantes. Por exemplo, o fenol vermelho ou fenolsulfonftaleína é base para um teste de função renal.

Tabela 10-17 Derivados Sulfurados

Tipo	Fórmula	Exemplo	Nome
tiol	RSH	CH_3SH	metanotiol (metil mercaptana)
tioéter	RSR′	CH_3SCH_3	metiltiometano (sulfeto de dimetila)
tiocetona	RC(=S)R′	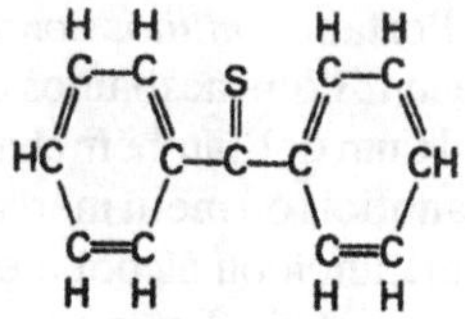	tiobenzofenona
tioácido	RC(=O)SH	CH_3—C(=O)—SH	ácido tioacético
sulfóxido	RS(=O)R′	CH_3—S(=O)—CH_3	sulfóxido de dimetila (DMSO)
ácido sulfônico	RS(=O)(=O)OH	CH_3—S(=O)(=O)—OH	ácido metanossulfônico
sulfona	RS(=O)(=O)R′	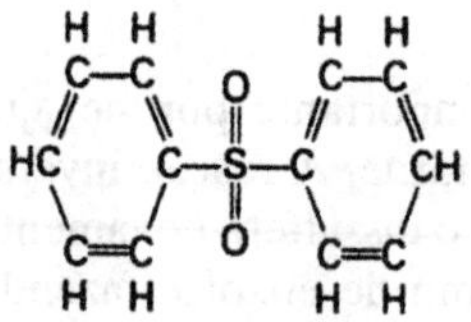	difenil sulfona

SUMÁRIO

10.1 Os compostos orgânicos podem ser agrupados em famílias com base em arranjos comuns de átomos chamados grupos funcionais. O grupo funcional, principalmente, determina as propriedades da molécula. O oxigênio faz parte de vários grupos funcionais importantes.

10.2 Os álcoois contêm o grupo hidroxila, –OH, ligado a um radical alquila. O grupo hidroxila está ligado por uma ligação covalente e difere do ânion hidróxido. Os álcoois podem ser preparados a partir de alcenos por uma reação de hidratação.

10.3 O álcool mais simples é o metanol, ou álcool metílico, CH_3OH. O composto conhecido simsplesmente como "álcool" é geralmente o etanol, ou álcool etílico, CH_3CH_2OH. Álcool para fricção" é o 2–propanol, ou álcool isopropílico. Os álcoois podem ter dois grupos hidroxila, como no etileno glicol, ou três, como no glicerol.

10.4 Éteres são moléculas orgânicas que contêm um átomo de oxigênio covalentemente ligado a dois radicais de hidrocarbonetos. O éter dietílico, ou simplesmente "éter", $CH_3CH_2OCH_2CH_3$, é um importante anestésico. Oxirano, ou epóxido, tal como o óxido de etileno, é um éter cíclico. Os éteres são relativamente estáveis quimicamente mas podem se oxidar formando peróxidos explosivos.

10.5 Os aldeídos contêm um grupo carbonila

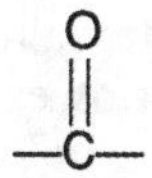

ligado a um átomo de hidrogênio de um lado e um radical de hidrocarboneto (ou outro átomo de hidrogênio) do outro. O metanal, ou formaldeído

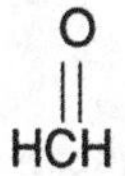

é o aldeído mais simples. Os testes para aldeídos, que fazem uso das soluções ou reagentes de Benedict, Fehling ou Tollens, são baseados na capacidade dos aldeídos de reagirem como agentes redutores, ficando oxidados (a ácidos ou seus ânions) no processo.

10.6 As cetonas têm um grupo carbonila ligado de ambos os lados a radicais de hidrocarbonetos, como na propanona (dimetil cetona, ou mais comumente, acetona). As cetonas são geralmente menos reativas do que os aldeídos.

10.7 Os ácidos contêm o grupo carboxílico

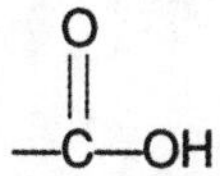

uma combinação de carbonila com hidroxila. Os compostos que contêm este grupo, ácidos carboxílicos, são ácidos fracos porque os íons de hidrogênio são liberados em pequena quantidade por ionização. Os membros mais simples desta classe são os ácidos metanóico (fórmico) e etanóico (acético). O sal produzido por reação de neutralização de um ácido carboxílico e uma base contém o íon carboxilato:

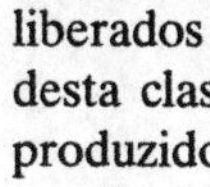

A reação de ácido acético e hidróxido de sódio, por exemplo, forma acetato de sódio e água.

10.8 A reação de um ácido carboxílico e um álcool produz um éster, que contém o grupo funcional

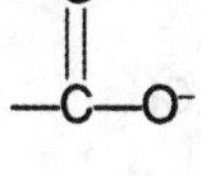

O hidrocarboneto ligado ao carbono vem do ácido, enquanto que o grupo ligado ao oxigênio vem do álcool. O éster resultante do álcool metílico (metanol) e ácido acético (ácido etanóico) é o acetato de metila (etanoato de metila). Os ésteres podem ser hidrolisados, isto é, decompostos novamente em ácido e álcool, por uma reação com água. Os ésteres são importantes como aromatizantes e fragrâncias (perfumes). A aspirina é o éster chamado ácido acetilsalicílico.

10.9 Uma vez que o enxofre está na mesma família do oxigênio na tabela periódica, muitos dos seus derivados são semelhantes aos derivados oxigenados. Por exemplo, os tióis (mercaptanas) são os equivalentes sulfurados dos álcoois. Os tioéteres, tiocetonas e tioácidos são alguns outros exemplos de derivados sulfurados de hidrocarbonetos.

EXERCÍCIOS

Exercícios sobre Casamento de Palavras-Chave

Para cada termo à esquerda, escolha a estrutura direita que mais se aproxima do seu significado.

1. álcool
2. éter
3. aldeído
4. cetona
5. ácido carboxílico
6. grupo carboxilato
7. éster
8. grupo sulfidrila

a. $R\overset{\overset{\text{O}}{\|}}{C}H$

b. — SH

c. ROH

d. $—\overset{\overset{\text{O}}{\|}}{C}—O^-$

e. $R\overset{\overset{\text{O}}{\|}}{C}OR'$

f. $R\overset{\overset{\text{O}}{\|}}{C}R'$

g. ROR'

h. $R\overset{\overset{\text{O}}{\|}}{C}OH$

Exercícios por Tópicos

Grupos Funcionais (10.1)

9. O que é grupo funcional?
10. Por que é útil organizar as moléculas pelos seus grupos funcionais?
11. O que determina se um grupo funcional pode aceitar uma ou duas ligações?
12. Quantas ligações cada grupo funcional abaixo forma?
    a. éter
    b. álcool
    c. aldeído
    d. éster
    e. cetona

Álcoois (10.2)

13. Em que o grupo hidroxila difere do íon hidróxido?
14. Dê o nome IUPAC a
    a. $HOCH_2CH_2CH_3$
    b. $CH_3CH_2CH_2\underset{\underset{\text{OH}}{|}}{C}HCH_2CH_3$
15. Identifique os álcoois no Exercício 14 como primários, secundários ou terciários.
16. Represente a estrutura do
    a. 1-butanol
    b. 3-hexanol
17. Que alceno é produzido pela desidratação do propanol?

Exemplos de Álcoois (10.3)

18. Dê dois exemplos de álcoois e seus usos médicos.

19. Que álcool é usado em tinturas?
20. O que é álcool desnaturado?
21. Dê exemplo de um álcool com (a) dois grupos hidroxilas e (b) três grupos hidroxilas.
22. Dê exemplo de um álcool aromático.

Éteres (10.4)

23. Em que um éter difere de um álcool?
24. Dê dois exemplos de éteres e seus usos médicos.
25. Quais são as vantagens e desvantagens do uso do éter dietílico como anestésico?
26. Por que é perigoso estocar éteres por longo tempo?
27. Dê nome a:

a. $CH_3CH_2CH_2OCH_2CH_2CH_3$

b. 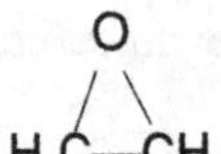

28. Represente a estrutura do:
a. éter difenílico
b. éter metil etílico

Aldeídos

29. Em que a estrutura de um aldeído difere daquela de uma cetona?
30. Por que são os aldeídos agentes redutores?
31. Como funciona o teste de Benedict?
32. Dê nome a:

a. $CH_3CH_2CH_2\overset{\overset{\displaystyle O}{\|}}{C}H$

b. $H\overset{\overset{\displaystyle O}{\|}}{C}CH_2CH_3$

33. Represente a estrutura do:
a. formaldeído
b. hexanal

Cetonas (10.6)

34. Identifique como aldeído ou cetona:

a. $CH_3CH_2\overset{\overset{\displaystyle O}{\|}}{C}H$

b. $CH_3CH_2\overset{\overset{\displaystyle O}{\|}}{C}CH_3$

c. $CH_3CH_2\overset{\overset{\displaystyle O}{\|}}{C}CH_2CH_3$

d. $H\overset{\overset{\displaystyle O}{\|}}{C}CH_3$

e. $CH_3\overset{\overset{\displaystyle O}{\|}}{C}CH_2CH_2CH_2CH_3$

35. Dê nome aos compostos do Exercício 34.
36. Represente a estrutura da:
a. 2-pentanona
b. metil etil cetona
37. Em que a forma cetônica de uma cetona difere da sua forma enólica?

Ácidos Carboxílicos (10.7)

38. Escreva uma equação para a ionização do ácido butanóico em água.
39. Que ácido carboxílico está presente no sangue em maior quantidade?
40. Em que os ácidos carboxílicos diferem dos ácidos minerais?
41. Escreva uma equação para as seguintes reações:
a. ácido haxanóico e hidróxido de potássio
b. hidróxido de cálcio e ácido propanóico
42. Em que um grupo carboxilato difere de um grupo carboxílico?
43. Dê nome a:

a. $CH_3CH_2CH_2CH_2\overset{\overset{\displaystyle O}{\|}}{C}—OH$

b. $CH_3CH_2\overset{\overset{\displaystyle O}{\|}}{C}—O$

44. Represente a estrutura do:
a. ácido etanóico
b. íon butanoato
45. Dê nome ao sal formado pela reação de:
a. hidróxido de sódio e ácido pentanóico
b. ácido acético e hidróxido de magnésio

Ésteres (10.8)

46. Escreva uma equação para as seguintes reações:
    a. etanol e ácido fórmico
    b. ácido propanóico e butanol
47. Dê nome aos compostos formados no exercício 46.
48. Represente as seguintes estruturas:
    a. butanoato de etila
    b. acetato de hexila
49. Escreva uma equação para a (a) hidrólise e (b) saponificação de cada composto do Exercício 48.
50. Dê nome a:

a. $CH_3CH_2\overset{\overset{O}{\|}}{C}{-}OCH_3$

b. $CH_3CH_2CH_2O\overset{\overset{O}{\|}}{C}CH_3$

Compostos Orgânicos Sulfurados (10.9)

51. Por que derivados sulfurados de hidrocarbonetos têm estruturas semelhantes às dos derivados oxigenados?
52. Dê um exemplo de um derivado sulfurado semelhante a:
    a. cetona
    b. álcool
    c. ácido carboxílico
53. Como um dissulfeto se forma?
54. Dê a categoria do derivado sulfurado:

a. $CH_3CH_2\overset{\overset{O}{\|}}{C}SH$

b. $CH_3CH_2SCH_2CH_2CH_3$

c. $CH_3CH_2\underset{\underset{O}{\|}}{\overset{\overset{O}{\|}}{S}}OH$

d. $HSCH_2CH_3$

e. $CH_3\overset{\overset{S}{\|}}{C}CH_2CH_3$

Exercícios Adicionais

55. Como podem os álcoois e éteres ser considerados derivados da molécula da água, H_2O?
56. Por que são tão reativos os epóxidos?
57. Em que um acetal difere de um hemiacetal?
58. Explique como funciona o teste de Tollens.
59. Represente as formas cetônica e enólica da 2-butanona.
60. O ácido acético tem quatro átomos de hidrogênio. Por que apenas um deles se ioniza?
61. Escreva uma equação para a reação do ácido pentanóico com:
    a. hidróxido de césio
    b. butanol
62. Dê nome aos compostos formados no Exercício 61.
63. Represente a estrutura da aspirina.
64. Identifique a função dos seguintes compostos (álcool, éter etc.):

a. $CH_3\overset{\overset{O}{\|}}{C}H$

b. $CH_3CH_2CH_2H$

c. $CH_3\overset{\overset{O}{\|}}{C}{-}OCH_2CH_3$

d. $H\overset{\overset{O}{\|}}{C}{-}OH$

e. $CH_3\overset{\overset{O}{\|}}{C}CH_2CH_3$

f. $CH_3CH_2OCH_2CH_2CH_3$

65. Dê nome aos compostos do Exercício 64.
66. Represente a estrutura do (da):
    a. hexanoato de metila
    b. 2-butanona
    c. 3-pentanol
    d. propanal
    e. ácido fórmico
    f. éter etil propílico

Capítulo 11

Compostos Orgânicos Nitrogenados e Polímeros

Depois dos átomos de hidrogênio, oxigênio e carbono, os átomos de nitrogênio são os mais abundantes no nosso corpo. Como vimos no caso do oxigênio no Capítulo 10, os átomos de nitrogênio podem fazer parte de vários grupos funcionais ligados aos hidrocarbonetos. Descreveremos agora importantes exemplos neste capítulo. O Capítulo 11 discute também os polímeros, grandes moléculas que são cruciais à indústria química assim como a vida.

11.1 Aminas

Objetivo: Para demonstrar entendimento desta seção, você deverá ser capaz de identificar aminas através de suas fórmulas estruturais.

Aminas são moléculas de amônia substituída e podem ser consideradas como derivados orgânicos do NH_3. Seu grupo funcional é o átomo de nitrogênio. Elas são obtidas pela substituição de um, dois ou três hidrogênios do NH_3 por radicais alquila. Quando um hidrogênio é substituído, uma amina *primária* resulta. Dois são substituídos numa amina *secundária* e três numa amina *terciária*. Por exemplo, substituindo-se os átomos de hidrogênio por radicais metila obtêm-se as seguintes aminas:

CH_3NH_2	$(CH_3)_2NH$	$(CH_3)_3N$
ou	ou	ou

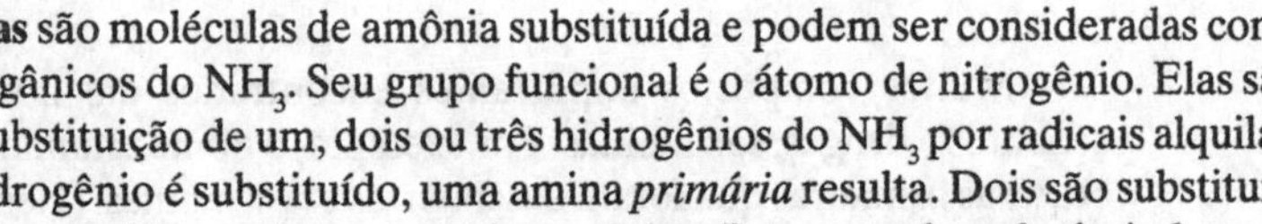

uma amina primária (metilamina)	uma amina secundária (dimetilamina)	uma amina terciária (trimetilamina)

(Estes termos são os mesmos que usamos na Tabela 10-4 para descrever o número de átomos de carbono ligados ao carbono que contém os grupos hidroxilas num álcool.) Os nomes destas aminas são escritos numa só palavra terminada em "amina". Quando os radicais de hidrocarbonetos são os mesmos, o prefixo "di-" ou "tri-" mostra se dois ou três dos átomos de hidrogênio da amônia foram substituídos, respectivamente. Outro exemplos simples estão listados na Tabela 11-1.

Tabela 11-1 Aminas

Fórmula	Nome
$CH_3CH_2NH_2$	etilamina
$(CH_3CH_2)_2NH$	dietilamina
$(CH_3CH_2)NHCH_3$	etilmetilamina
$(CH_3CH_2)_3N$	trietilamina

Vários átomos de nitrogênio podem aparecer na mesma molécula, como na etilenodiamina.

$$NH_2CH_2CH_2NH_2$$

etilenodiamina

Aminas aromáticas contêm o átomo de nitrogênio ligado a um anel aromático. O exemplo mais simples é a fenilamina, mais comumente chamada de anilina.

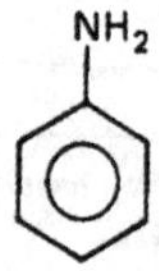

anilina

Muitos compostos importantes encontrados em nosso corpo, assim como nutrientes e drogas, são aminas. Por exemplo, o nome vitamina vem de "vital amina", porque as primeiras que foram descobertas eram aminas. (Nem todas as vitaminas são aminas; veja a Seção 15.3 para discussão mais avançada.) Os componentes das moléculas de proteínas contêm o grupo funcional amina e o grupo carboxílico ligados ao mesmo átomo de carbono. Eles são conhecidos como aminoácidos e serão discutidos na Seção 14.1. O exemplo mais simples é a glicina:

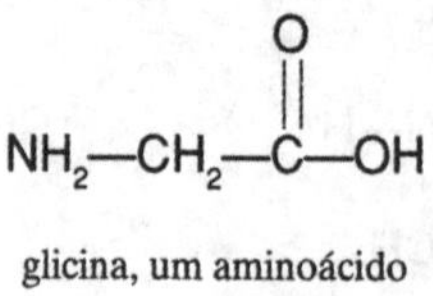

glicina, um aminoácido

Outros exemplos de importantes aminas biológicas são a epinefrina (adrenalina) e a norepinefrina (noradrenalina). A epinefrina aumenta a pressão sangüínea, a força da contração cardíaca, e a pulsação. É o agente químico tipo "luta ou fuga" que é secretado em momentos de tensão.

Tabela 11-2 Exemplos Adicionais de Aminas

Nome	Fórmula estrutural	Finalidades e Usos
ácido etileno-diaminotetra acético (EDTA)	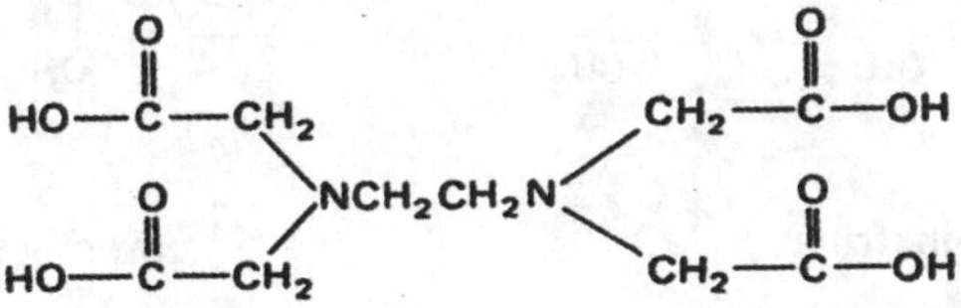	"aprisiona" metais tóxicos como o chumbo (o íon metálico se liga aos átomos de N e O)
ácido *p*-amino benzóico (PABA)	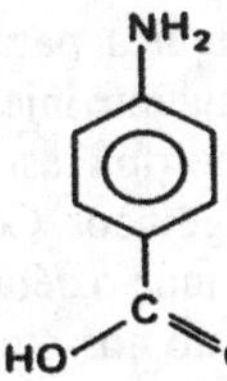	absorve radiação ultravioleta, usado em preparações "bronzeadoras".
fenilefrina (Neo-Sinefrin	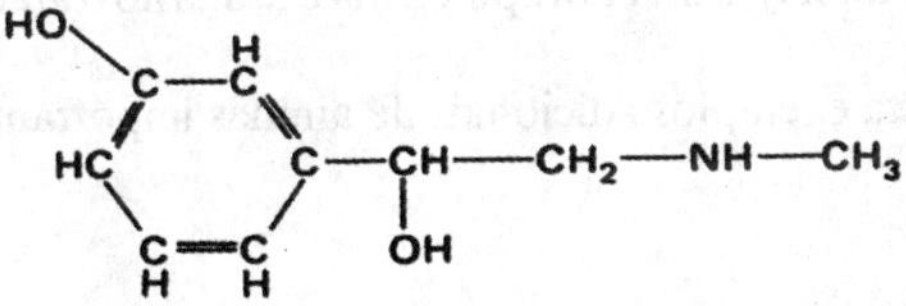	descongestionante, alivia a congestão nasal; vasoconstritor.
isoproterenol (Isuprel)	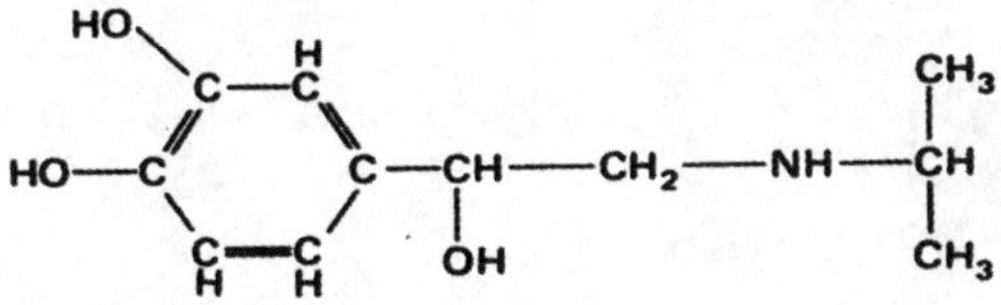	broncodilatador, abre as passagens brônquicas na asma; vasoconstritor.
anfetamina (benzedrina)	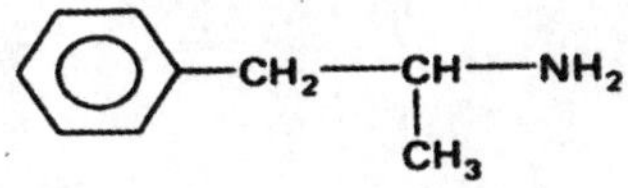	estimulante, aumenta a atividade do sistema nervoso; eleva o ânimo, reduz a fadiga e o apetite; pode criar dependência.
procaína	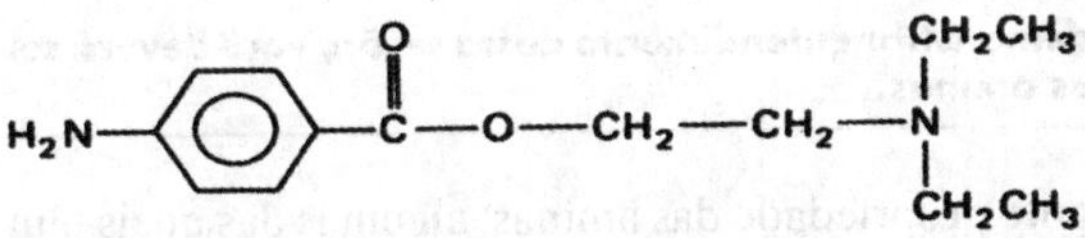	anestésico: local, bloqueador de nervos e espinal
lidocaína	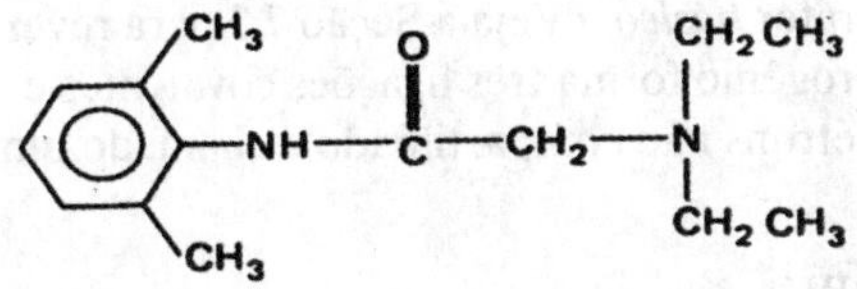	anestésico: local, bloqueador de nervos, epidural, espinal, regional
benzocaína	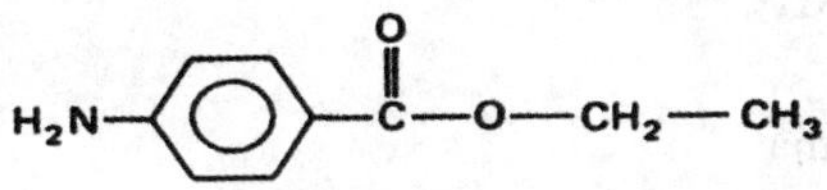	anestésico local para pele e membranas mucosas
metadona	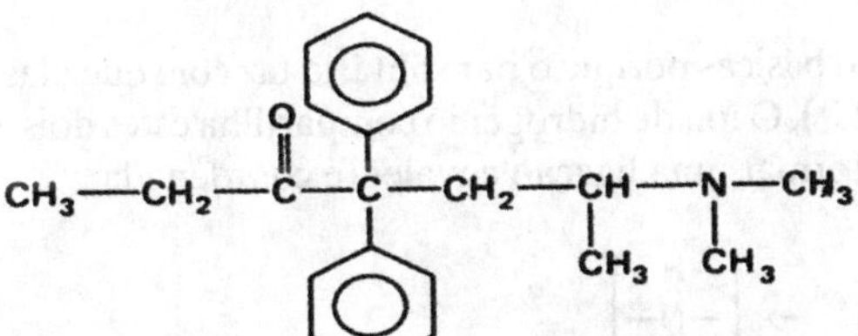	substituto da heroína usado para abstinência à droga; analgésico.

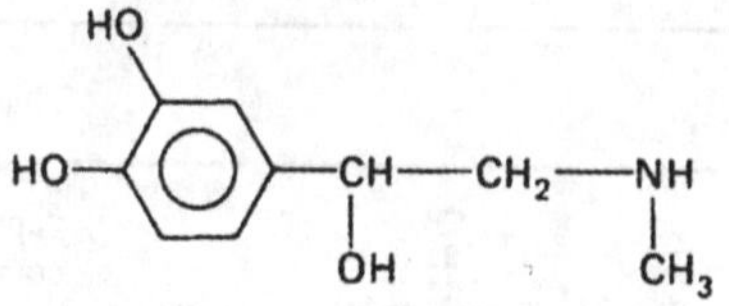

epinefrina

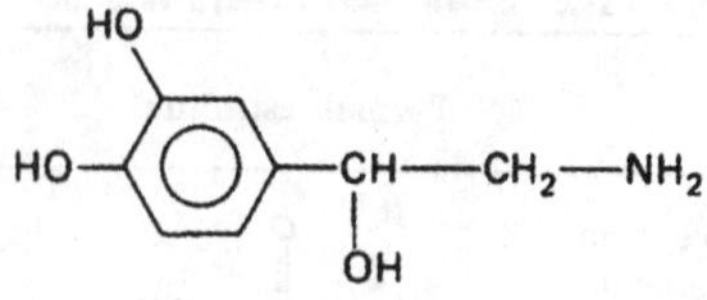

norepinefrina

A epinefrina é administrada em casos de asma brônquica para abrir os canais pulmonares e, em parada cardíaca aguda, como um estimulante injetado diretamente no coração. Quando dada com um anestésico local, a epinefrina restringe a difusão da droga a partir do sítio de injeção contraindo os vasos sangüíneos. Como a epinefrina, a norepinefrina aumenta a pressão sangüínea, mas não muda o débito e a freqüência cardíacos. Ela desempenha um papel muito importante no nosso corpo conduzindo impulsos nas terminações nervosas. A norepinefrina é usada no tratamento do choque.

A Tabela 11-2 lista exemplos adicionais de aminas importantes.

11.2 Reações das Aminas

Objetivo: Para demonstrar entendimento desta seção, você deverá ser capaz de explicar a basicidade das aminas.

A mais importante propriedade das aminas, algumas das quais têm um desagradável cheiro de peixe, é o seu caráter *básico*. (Veja a Seção 7.3 para rever as bases). Como na amônia, o átomo de nitrogênio forma três ligações covalentes e tem dois elétrons disponíveis. Este par de elétrons não compartilhado é chamado um par solitário.

par solitário

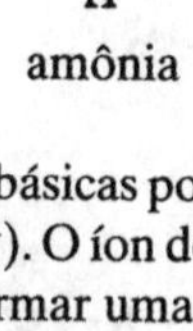

amônia

As aminas são básicas porque o par solitário faz com que elas sejam capazes de aceitar um próton (H^+). O íon de hidrogênio compartilha estes dois elétrons do átomo de nitrogênio para formar uma ligação covalente coordenada:

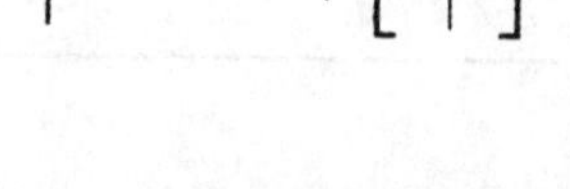

Uma vez que ganhou um próton, a molécula da amina está agora positivamente carregada. O cátion que se forma é designado substituindo-se a terminação "amina" por "amônio", antecedido pela palavra "íon". Assim, quando a metilamina é protonada, ela forma o íon metilamônio. Mais exemplos estão listados na Tabela 11-3.

Tabela 11-3 Exemplos de Íons Formados por Protonação de Aminas

Amina	Cátion formado	Fórmula
etilamina	íon etilamônio	$CH_3CH_2NH_3^+$
dietilamina	íon dietilamônio	$(CH_3CH_2)_2NH_2^+$
etilmetilamina	íon etilmetilamônio	$(CH_3CH_2)\overset{+}{N}H_2CH_3$
trietilamina	íon trietilamônio	$(CH_3CH_2)_3NH^+$

Pelo fato de serem básicas, as aminas reagem com qualquer substância capaz de doar um próton, incluindo a água:

$$CH_3NH_2 + H_2O \rightleftarrows CH_3NH_3^+ + OH^-$$

metilamina — água — íon metil-amônio — íon hidróxido

Este processo ocorre somente em pequeno grau, da mesma maneira como íons amônio e íons hidróxido são formados em pequenas quantidades pela reação da amônia com água:

$$NH_3 + H_2O \rightleftarrows NH_4^+ + OH^-$$

As aminas reagem com ácidos minerais para formar sais de amônio, como segue:

$$CH_3NH_2 + HCl \rightarrow CH_3NH_3^+Cl^-$$

metilamina — ácido clorídrico — cloreto de metilamônio

Os sais formados a partir de aminas são designados como qualquer outro composto iônico. O nome do cátion, neste caso um íon de amônio substituído, é colocado após o nome do ânion. Pelo fato de estes sais serem muito mais solúveis em água do que as aminas originais, muitas drogas contendo nitrogênio são administradas sob forma do seu sal de amônio. Por exemplo, o anestésico local Novocaína é o cloridrato de procaína. Compare esta forma do composto com aquela mostrada na Tabela 11-2.

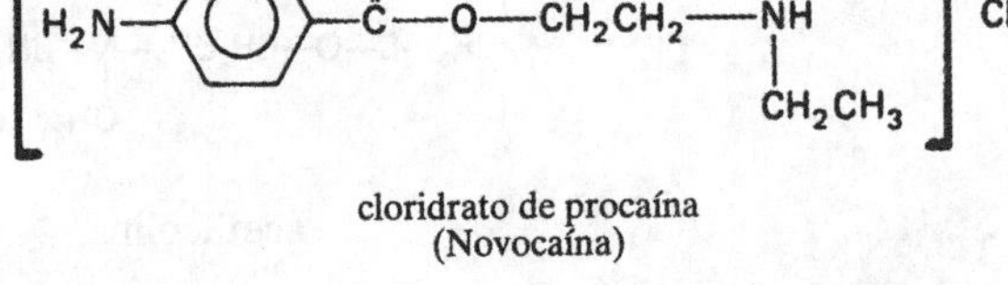

cloridrato de procaína
(Novocaína)

Sais derivados de aminas, como os sais de amônio, hidrolisam-se para formar soluções ácidas.

Outra importante reação das aminas ocorre com haletos de alquila. Neste caso, o radical de hidrocarboneto do haleto de alquila passa a ocupar a quarta posição no átomo de nitrogênio, formando um sal quaternário de amônio:

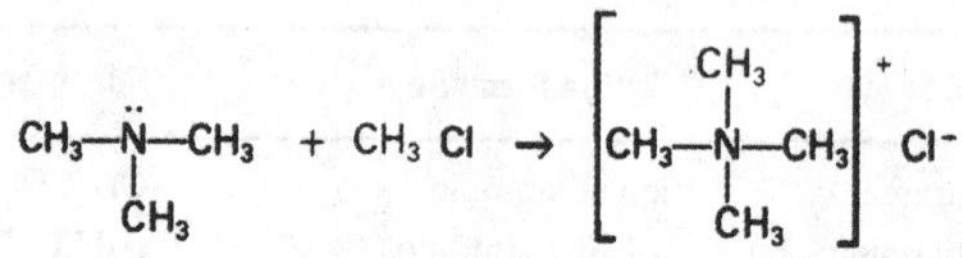

trimetilamina — cloreto de metila — cloreto de tetrametilamônio

Ele é chamado quaternário porque há quatro átomos de carbono ao redor do átomo de nitrogênio. Membros desta classe de compostos são às vezes chamados de "quats". Um exemplo, o cloreto de benzalcônio (Cloreto de Zefiran), é usado em soluções para desinfecção de pele, limpeza de membranas mucosas e esterilização de instrumentos (veja a Figura 11-1).

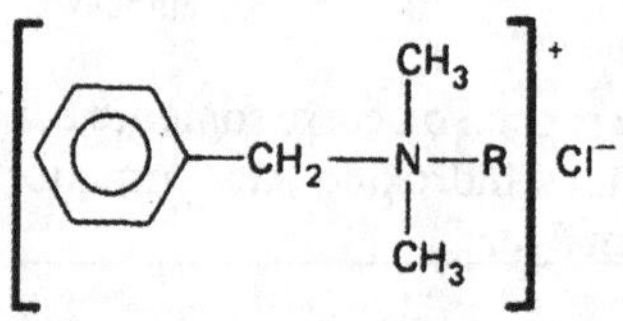

cloreto de benzalcônio
(R = mistura de radicais alquila de C_8H_{17} a $C_{18}H_{37}$)

A colina é uma importante base quaternária de amônio que ocorre naturalmente:

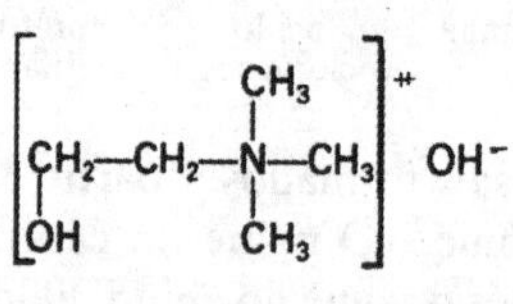

colina

A acetilcolina, um éster da colina, é uma molécula relacionada. Esta molécula é vital para a transmissão de impulsos no nosso corpo.

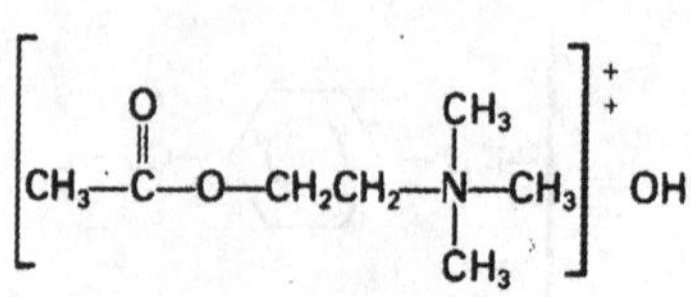

acetilcolina

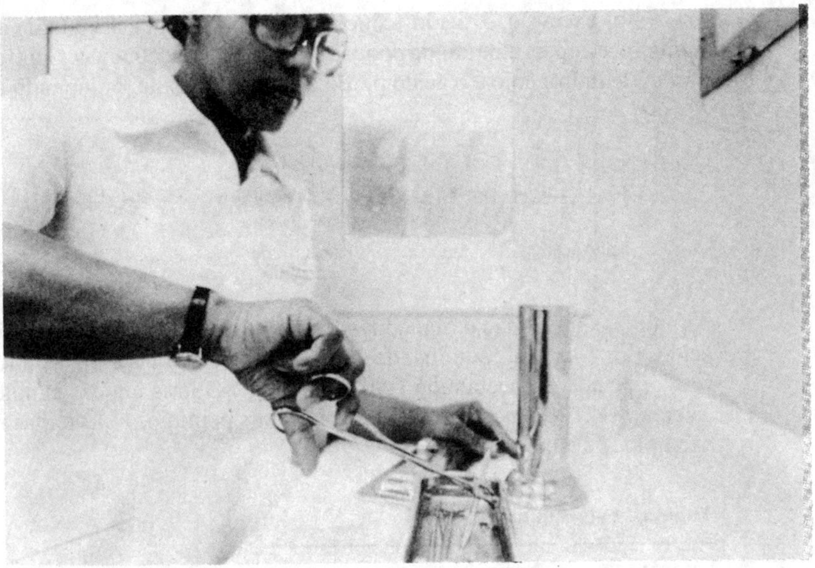

(a)

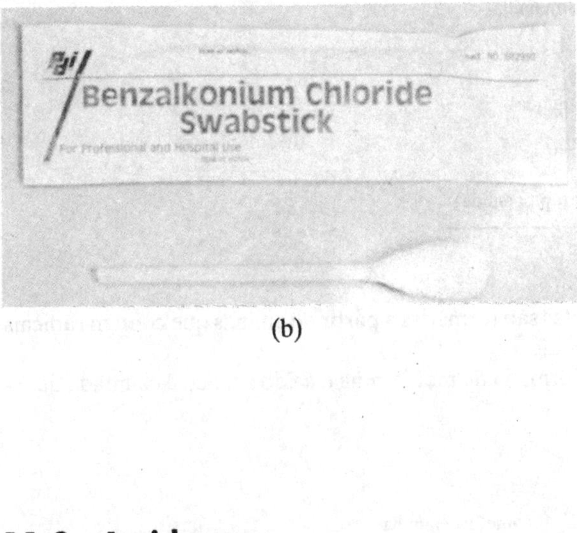

(b)

Figura 11-1
Cloreto de benzalcônio. Este "quat" é usado em solução para esterilizar instrumentos (a) e limpar áreas de aplicação de injeção e cateter (b). [Direitos autorais para foto (a) Al Green; foto (b) por cortesia da American Hospital Company, American Hospital Supply Corporation.]

11.3 Amidas

Objetivo: Para demonstrar entendimento desta seção, você deverá ser capaz de identificar amidas através de suas fórmulas estruturais.

A família das **amidas** entre os compostos nitrogenados se forma pela combinação de uma amina com um ácido carboxílico. As amidas contêm o seguinte grupo funcional:

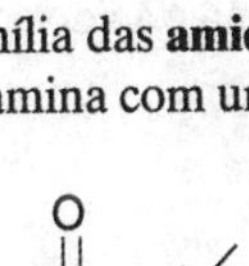

o grupo amida

Por exemplo, se ácido acético reage com amônia, acetato de amônio se forma primeiro, e depois uma amida pode se formar por aquecimento. O nitrogênio perde um átomo de hidrogênio e o ácido perde o grupo hidroxila, originando água:

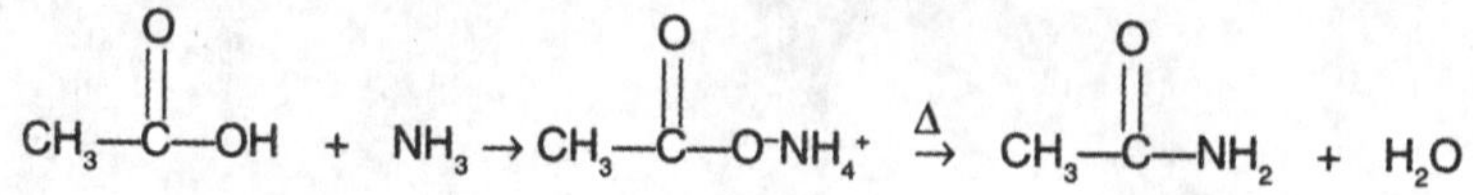

ácido acético — amônia — acetato de amônio — amida — água

As amidas simples são designadas substituindo-se a terminação "-ico" ou "-óico" dos ácidos por "-amida", eliminando-se a palavra "ácido". Assim, a amida formada pela reação acima é a acetamida (ou etanamida). Outras amidas simples aparecem na Tabela 11-4. Veremos no Capítulo 14 que os peptídios e proteínas são importantes exemplos de amidas.

Tabela 11-4 Amidas

Fórmula	Nome[a]
$HC(=O)-NH_2$	metanamida (formamida)
$CH_3C(=O)-NH_2$	etanamida (acetamida)
$CH_3CH_2C(=O)-NH_2$	propanamida (propionamida)

[a]Nome trivial entre parênteses.

Amidas mais complicadas são formadas a partir de aminas que contêm radicais de hidrocarbonetos no nitrogênio.

Por exemplo, a amida formada de metilamina e ácido acético é chamada de *N*-metilacetamida:

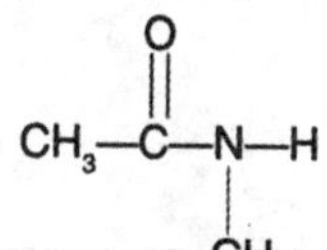

N-metilacetamida

O *N* na frente do nome indica que o nitrogênio da acetamida tem um radical metila. Semelhantemente, a amida derivada da dimetilamina e ácido acético é chamada *N,N*-dimetilacetamida:

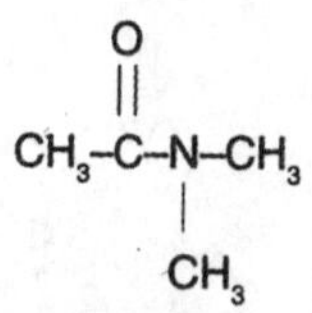

N,N-dimetilacetamida

Uma das mais importantes amidas simples é a uréia:

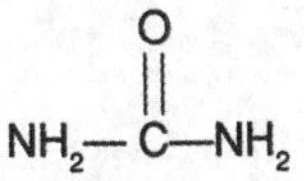

uréia

É um produto final da degradação de moléculas nitrogenadas no nosso corpo. Como você pode ver, ela é realmente uma diamida, uma vez que duas moléculas de amônia estão ligadas a um grupo carbonila central. Saúde em Notícia 11 descreve outros compostos orgânicos nitrogenados da urina, e o Teste Clínico 11 descreve o teste para o nitrogênio uréico sangüíneo (BUN).

Uma amida aromática, acetanilida, se forma a partir de ácido acético e anilina. A amida relacionada, acetaminofen (*p*-hidroxiacetanilida), é um substituto da aspirina vendido com nomes comerciais como Tylenol. Como a aspirina, ela também age como analgésico e antipirético, mas é desprovida de ação antiinflamatória.

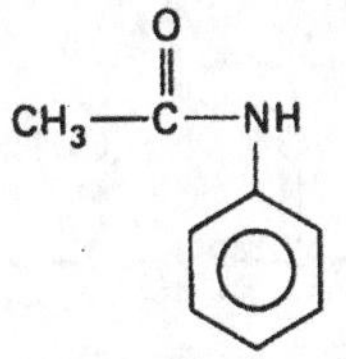

acetanilida

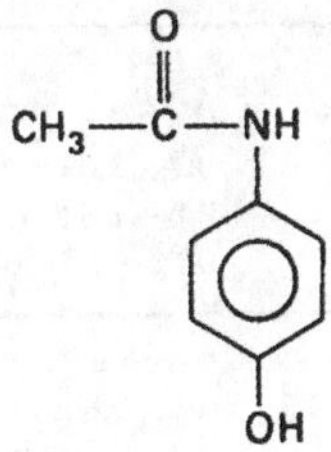

acetaminofen

Uma classe especial de amidas se forma pela combinação de uma amina, não com um grupo carboxílico, mas com um grupo sulfônico:

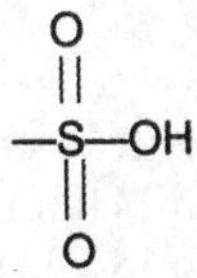

grupo sulfônico

Esta classe, as sulfonamidas, tem o seguinte grupo funcional:

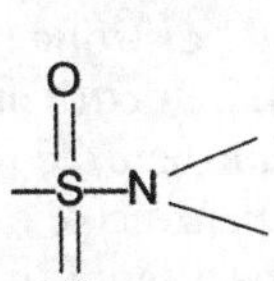

grupo sulfonamida

As sulfas, todas com a seguinte fórmula geral, são importantes exemplos de sulfonamidas. (A ação destas drogas está descrita no Capítulo 15).

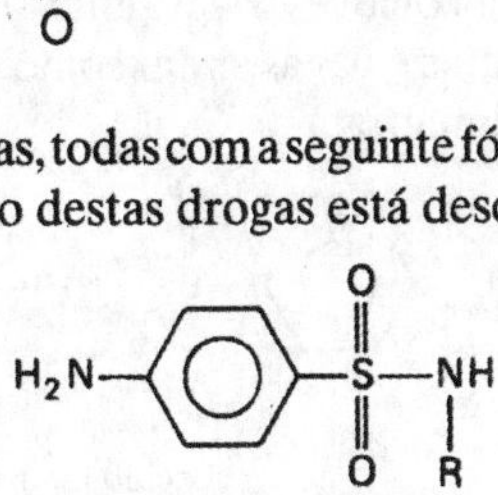

sulfa (R = grupo alquila)

Saúde em Notícia 11

COMPOSTOS NITROGENADOS URINÁRIOS

Os rins reabsorvem do plasma sangüíneo a maioria das moléculas necessárias para o nosso corpo, incluindo 99% da água e dos nutrientes. Os íons e moléculas secretados são

	Componentes	Quantidade em 24 horas
cátions:	sódio	2,4 g
	potássio	1,5 – 2,0 g
	amônio	0,4 – 1,0 g de N
	magnésio	0,1 – 0,2 g
	cálcio	0,1 – 0,3 g
	ferro	0,2 mg
	hidrogênio	traços
ânions:	cloreto	9 – 16 g
	bicarbonato	0 – 3 g
	fosfato	0,7 – 1,6 g de P
	sulfato	0,6 – 1,8 g de S
	sulfato orgânico	0,06 – 0,2 g de S
moléculas nitrogenadas orgânicas:	uréia	6 – 18 g de N
	creatinina	0,3 – 0,8 g de N
	peptídios	0,3 – 0,7 g de N
	ácido úrico	0,08 – 0,2 g de N
	aminoácidos	0,08 – 0,15 g de N
	ácido hipúrico	0,04 – 0,08 g de N

Os cátions mais abundantes nos alimentos, Na^+ e K^+, são os mais abundantes na urina. O ânion mais abundante é o Cl^-. O fósforo aparece principalmente como íon hidrogenofosfato, HPO_4^{2-}, e o enxofre como íon sulfato, SO_4^{2-} ou sulfato orgânico.

O excesso de nitrogênio é eliminado principalmente sob forma de uréia e várias moléculas orgânicas.

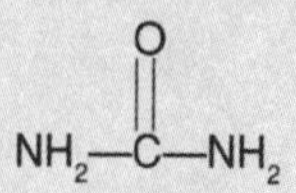

uréia

A uréia é o produto final da degradação de aminoácidos. A quantidade excretada depende da quantidade de proteína de sua dieta.

O ácido úrico é produto de excreção da degradação de purinas. As doenças gota, leucemia, policitemia e hepatite resultam numa excreção aumentada desta molécula.

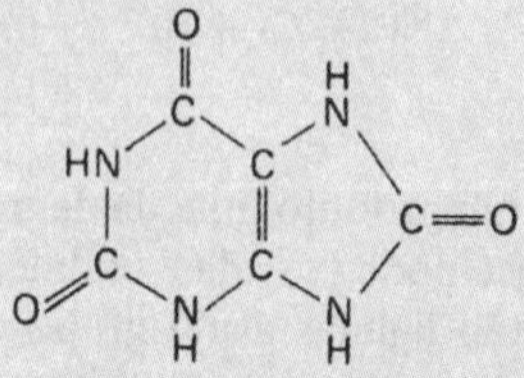

ácido úrico

A creatina e a creatinina (a amida cíclica da creatina) são moléculas relacionadas encontradas nos tecidos musculares. Creatinina, constituinte normal da urina, é o produto final do metabolismo da creatina. A quantidade de creatinina da urina é uma medida de sua massa muscular.

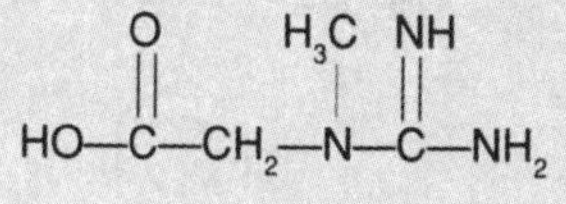

creatina

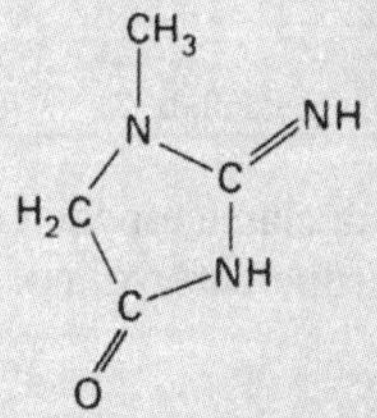

creatinina

(O "coeficiente de creatinina", miligramas excretados em 24 horas por kilograma de peso corporal, é de 18 a 32 nos homens, e 10 a 25 nas mulheres). A creatina é excretada em maiores quantidades do que a creatinina durante desgaste muscular decorrente de jejum, febre, diabetes e distrofia muscular.

O ácido hipúrico (benzoilglicina, a amida formada de ácido benzóico e glicina) é a forma como o ácido benzóico é excretado. (O ácido benzóico está presente em alimentos como frutas e bagas assim como em conservantes de alimentos.)

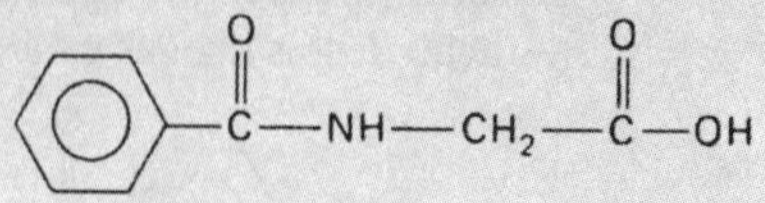

ácido hipúrico

Teste Clínico 11

NITROGÊNIO URÉICO SANGÜÍNEO (BUN)

Quando os rins não funcionam adequadamente, os compostos nitrogenados que devem ser eliminados permanecem no sangue. A concentração destas moléculas no sangue pode portanto ser usada para se avaliar a função renal. Os valores são também afetados pelo equilíbrio de fluidos corporais e pela dieta.

A medida da concentração de uréia no sangue total, no soro ou no plasma é conhecida como nitrogênio uréico sangüíneo ou BUN (Blood Urea Nitrogen). Uma vez que o nitrogênio da uréia é mais fácil de se analisar do que a própria uréia, os resultados são expressos em termos de nitrogênio uréico. Os valores normais do BUN variam de 6 mg a 20 mg de nitrogênio uréico por 100 mL de sangue (equivalentes a 13 mg a 43 mg de uréia).

Valores elevados do BUN resultam de disfunção renal, como no caso de nefrite ou de um tumor maligno. Fluxo reduzido de sangue aos rins causado por colapso cardíaco congestivo, depleção de água ou choque aumentam também os valores do BUN. Além disto, obstrução urinária ou degradação protéica elevada aumentam as concentrações do BUN. Por outro lado, valores diminuídos do BUN resultam de dano hepático severo, utilização aumentada de proteína pelo organismo durante a gravidez ou na infância, e em certas condições alimentares. A concentração do BUN pode servir também como indicador de eficácia da hemodiálise.

Medida de creatinina sérica é freqüentemente realizada juntamente com o BUN num exame de função renal. Sua concentração reflete a eficácia da filtração e excreção renal. Valores normais vão de 0,6 mg a 1,5 mg para 100 mL de sangue. Valores elevados indicam doença renal. A razão entre BUN e creatinina fornece informação diagnóstica útil.

Amidas cíclicas são chamadas lactamas. Os antibióticos penicilínicos são exemplos de compostos que contêm um anel de lactama (Veja a Figura 11-2).

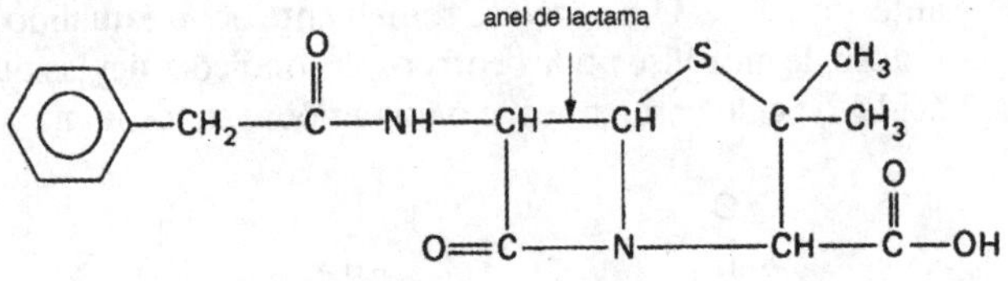

penicilina G
(benzil penicilina)

Antibióticos são drogas que matam microorganismos ou inibem seu crescimento. As penicilinas são os mais potentes antibióticos, eficazes contra certas bactérias (gram-positivas) tais como as que causam infecções estafilocócicas, estreptocócicas, pneumocócicas, meningocócicas e gonocócicas. Estes compostos inibem a síntese das paredes celulares bacterianas, fazendo com que a célula arrebente quando a água nela entrar.

Figura 11-2
Um bolor de penicilina. Uma forma mutante deste bolor verde, *Penicillin chrysogenum*, produz a maior parte do suprimento mundial do antibiótico penicilina. (Foto por cortesia de Pfizer, Inc.)

A penicilina G, ou benzil penicilina, é a mais importante forma deste antibiótico. Derivados mais recentes, que contêm grupos que não o anel benzênico, foram preparados para superar as desvantagens da penicilina G – sua degradação no estômago e fraca absorção depois da administração oral. Eles incluem a penicilina V (fenoximetil penicilina), a meticilina (2,6-dimetoxifenil penicilina) e a ampicilina (6-aminobenzil penicilina).

A mais importante reação das amidas é sua hidrólise, uma reação que produz amônia e o ácido carboxílico. Esta reação é o inverso da reação de síntese descrita anteriormente. Um processo semelhante ocorre quando as proteínas são digeridas. A reação de hidrólise pode ocorrer sob condições ácidas ou básicas. Em solução aquosa ácida, o ácido carboxílico e o íon amônio se formam:

$$\underset{\text{acetamida}}{CH_3-\overset{\overset{\displaystyle O}{\|}}{C}-NH_2} + \underset{\text{íon hidrônio}}{H_3O^+} \xrightarrow[\Delta]{H_2O} \underset{\text{ácido acético}}{CH_3-\overset{\overset{\displaystyle O}{\|}}{C}-OH} + \underset{\text{íon amônio}}{NH_4^+}$$

Em solução aquosa básica, o íon carboxilato e a amônia são os produtos:

$$\underset{\text{acetamida}}{CH_3-\overset{\overset{\displaystyle O}{\|}}{C}-NH_2} + \underset{\text{íon hidróxido}}{OH^-} \xrightarrow[\Delta]{H_2O} \underset{\text{íon acetato}}{CH_3-\overset{\overset{\displaystyle O}{\|}}{C}-O^-} + \underset{\text{amônia}}{NH_3}$$

11.4 Aminas Heterocíclicas

Objetivo: Para demonstrar entendimento desta seção, você deverá ser capaz de identificar heterociclos nitrogenados através de suas fórmulas estruturais.

Heterociclo é uma molécula cíclica que contém átomos de mais de um elemento no anel. Geralmente, o anel consiste de átomos de carbono com um ou mais átomos de oxigênio ou de nitrogênio. Por exemplo, os éteres cíclicos descritos na Seção 10.4 são heterociclos oxigenados. Heterociclos nitrogenados são usualmente aminas porque o átomo de nitrogênio está ligado a dois ou três átomos de carbono. Estas aminas são freqüentemente aromáticas, como os hidrocarbonetos descritos na Seção 9.8.

O pirrol é um heterociclo nitrogenado de cinco membros que tem propriedades aromáticas como o benzeno.

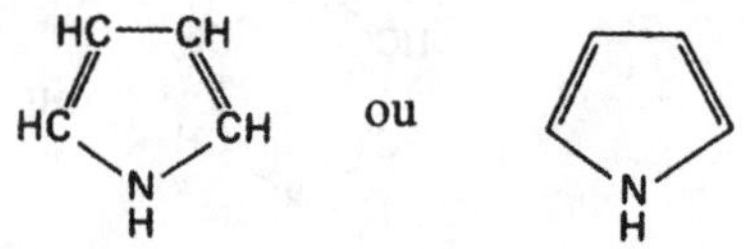

pirrol

Tanto a hemoglobina sangüínea como a clorofila das plantas contêm um sistema anelar porfirínico a base de quatro pirrois interligados:

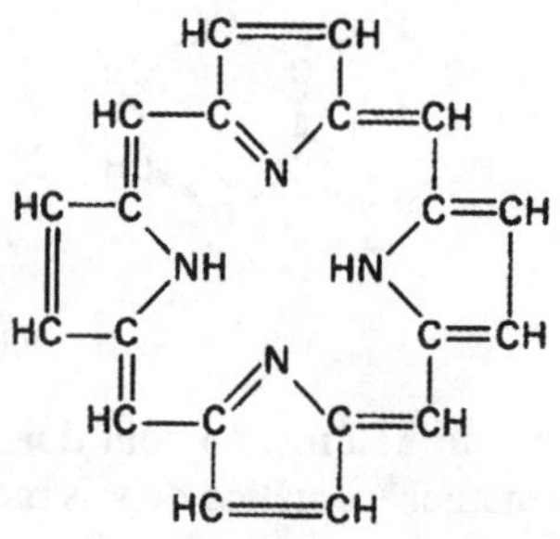

anel porfirínico

O imidazol é um importante anel de cinco membros com dois átomos de nitrogênio. Ele é parte do aminoácido histidina.

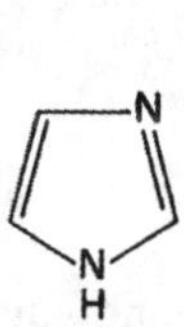

imidazol

Quando um anel benzênico se funde a um pirrol, o indol resulta:

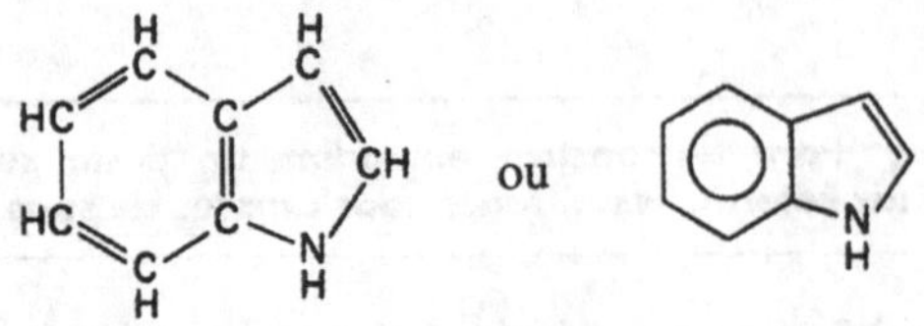

indol

Esta substância, juntamente com o escatol (indol com um radical metila), contribui para o odor das fezes.

A piridina é um heterociclo nitrogenado aromático de seis membros:

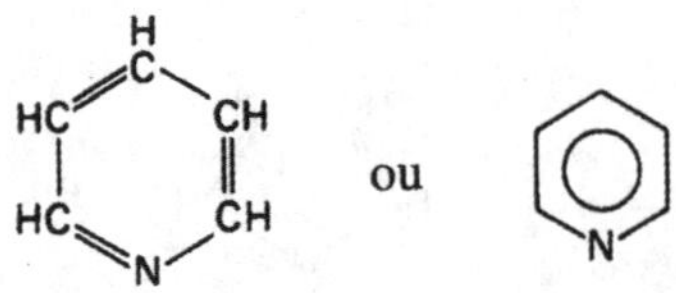

piridina

Quando este anel se funde a um anel benzênico, o heterociclo resultante é a quinolina:

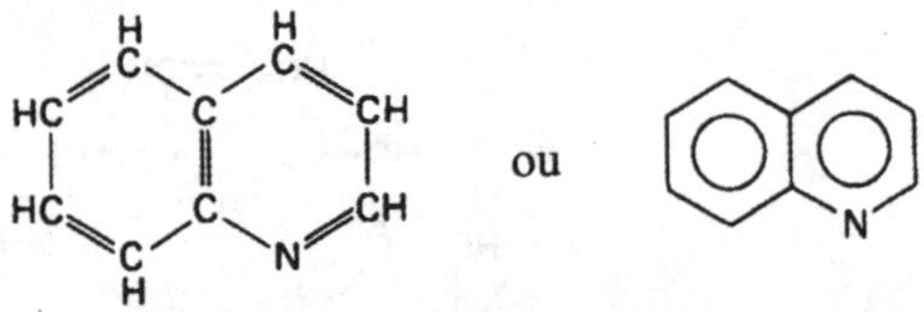

quinolina

Outro importante heterociclo com dois átomos de nitrogênio no mesmo anel é a pirimidina, um anel aromático de seis membros:

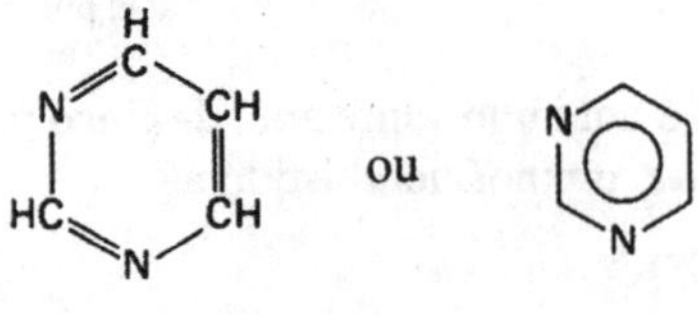

pirimidina

A purina se forma quando um anel imidazólico se funde à pirimidina. Pirimidina e purina são as partes nitrogenadas dos ácidos nucléicos (DNA e RNA), como veremos no Capítulo 19.

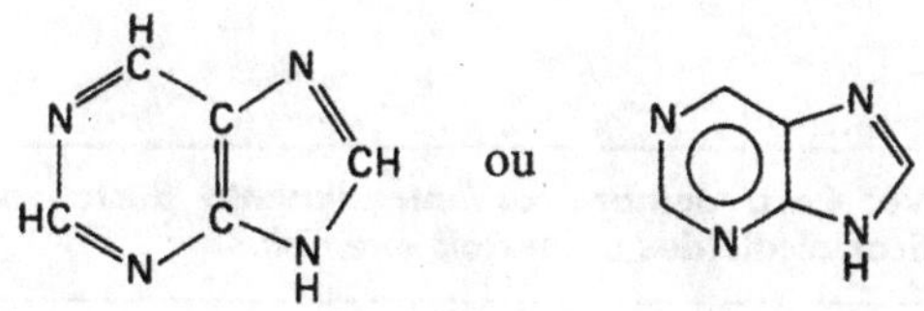

purina

Os heterociclos nitrogenados não precisam ser aromáticos, como no caso das aminas cíclicas piperidina e piperazina (um vermífugo que mata oxiúros e nematelmintos).

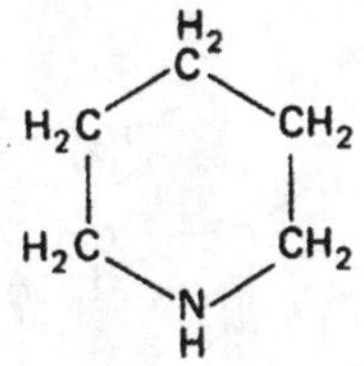

piperidina

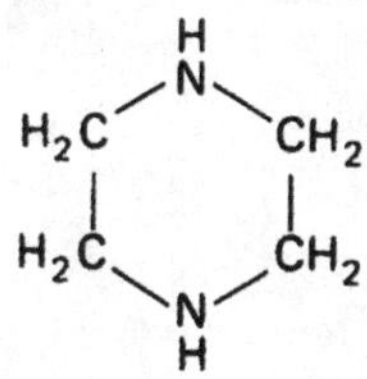

piperazina

Outros exemplos são os barbituratos. Eles são derivados do ácido barbitúrico, que é uma molécula alifática relacionada com a pirimidina. Estas drogas, como o fenobarbital, agem como hipnóticos (induzem sono) e sedativos, que podem viciar.

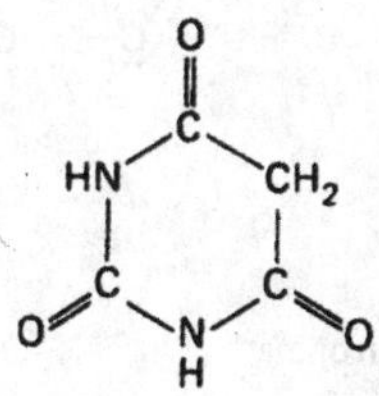

ácido barbitúrico

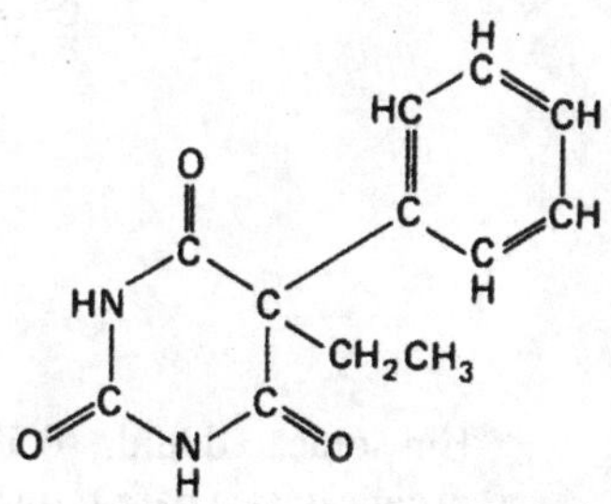

fenobarbital

11.5 Alcalóides

Objetivo: Para demonstrar entendimento desta seção, você deverá ser capaz de identificar alcalóides e dar dois exemplos.

Alcalóides são moléculas nitrogenadas encontradas nas raízes, folhas, córtex, frutos e bagas de plantas. Os átomos de nitrogênio são usualmente parte de um anel heterocíclico da molécula. Os alcalóides têm freqüentemente um sabor amargo e são fisiologicamente ativos. De fato, os alcalóides têm sido usados por milhares de anos por suas propriedades medicinais. Hoje as drogas a base de alcalóides servem como lenitivos, estimulantes, relaxantes musculares, sedativos, tranqüilizantes e anestésicos. (Veja a Tabela 11-5).

A nicotina é um alcalóide derivado da piridina. É encontrada nas folhas de tabaco e está portanto presente nos cigarros. A nicotina é um veneno e é usada como inseticida.

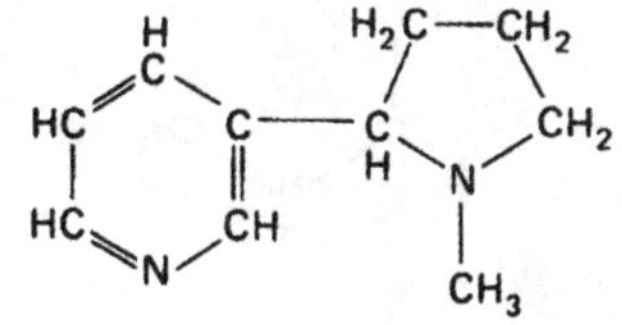

nicotina

Muitos alcalóides contêm o anel piperidínico. A atropina é um exemplo:

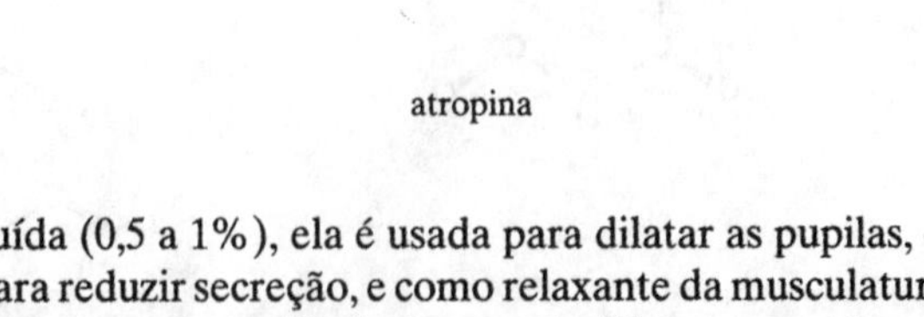

atropina

Em solução diluída (0,5 a 1%), ela é usada para dilatar as pupilas, como medicação preanestésica para reduzir secreção, e como relaxante da musculatura lisa. A cocaína, um estimulante que causa dependência, é outro alcalóide que contém o anel piperidínico.

O anel isoquinolínico é semelhante ao da quinolina, mas difere na posição do átomo de nitrogênio. É encontrado em alcalóides obtidos da papoula opiácea. (Veja a Figura 11–3.) A papaverina, por exemplo, relaxa os músculos:

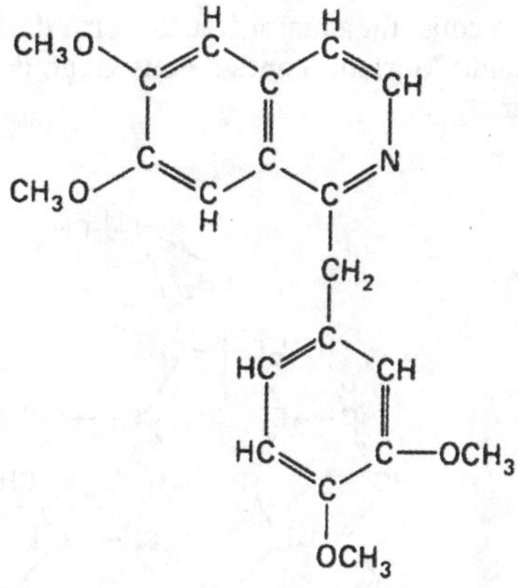

papaverina

Tabela 11-5 Exemplos de Alcalóides

Nome	Heterociclo	Efeito fisiológico
atropina	piperidina	relaxa músculos, reduz secreções, dilata pupilas
cafeína	purina	estimulante suave
cocaína	piperidina	anestésico
codeína	isoquinolina	lenitivo, alivia a tosse
colchicina	amida	alivia a gota
emetina	isoquinolina	mata amebas (amebicida)
morfina	isoquinolina	narcótico, sedativo, lenitivo
nicotina	piridina	tóxico
papaverina	isoquinolina	relaxante muscular
quinina	quinolina	antimalárico, reduz dor e febre
reserpina	indol	tranqüilizante, reduz hipertensão arterial
estricnina	indol	estimulante, tóxico

Figura 11-3
Papoulas opiáceas. (Foto por cortesia da U.S.Drug Enforcement Administration.)

A morfina constitui a maior fração, cerca de 10%, dos alcalóides da papoula. Designada segundo Morfeu, o antigo deus grego dos sonhos, é a droga mais eficaz contra dor severa.

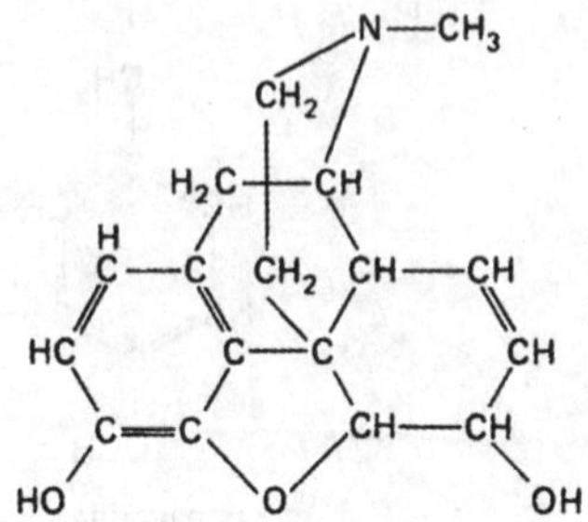

morfina

A morfina é um analgésico narcótico porque é um lenitivo que induz vício. A codeína, que é a metilmorfina, é outro alcalóide opiáceo. Embora seja um lenitivo menos potente, ela é o analgésico narcótico mais comumente usado e é também eficaz como repressor da tosse. Heroína, um derivado sintético da morfina (diacetilmorfina), vicia mais do que a morfina e é ilegal nos Estados Unidos e outros países.

Vários alcalóides têm como base o anel indólico. Exemplos são a estricnina, um estimulante do sistema nervoso central, e a reserpina, uma droga tranqüilizante que baixa a pressão arterial. O ácido lisérgico é um alcalóide relacionado produzido de um fungo (cravagem) que cresce no centeio. Alguns derivados do ácido lisérgico são usados no tratamento de enxaquecas. A dietilamida do ácido lisérgico, conhecida como LSD, é o mais potente alucinógeno. Os alucinógenos afetam a percepção de espaço e tempo, ânimo e memória, porque alteram os processos do raciocínio.

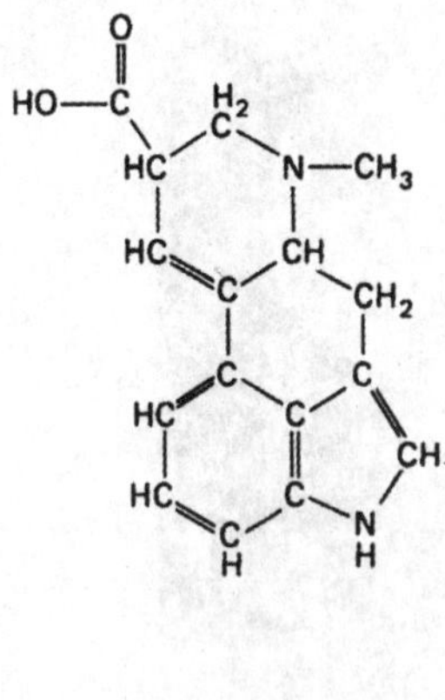

ácido lisérgico

Faça-o Você Mesmo 11

DROGAS E O ARMÁRIO DE MEDICAMENTOS

Drogas são substâncias químicas que afetam nosso corpo. Já vimos muitos exemplos nos Capítulos 9, 10 e 11. Elas são administradas internamente ou aplicadas externamente para fins de diagnóstico médico, prevenção ou cura de doenças, tratamento de sintomas ou controle de nascimento. As drogas que requerem receita médica são conhecidas como "éticas". As que podem ser compradas diretamente sem receita são chamadas de drogas "patenteadas".

Ambas as categorias de drogas estão provavelmente no armário de medicamentos de sua casa. Você deve rever seu conteúdo regularmente.

Como fazer: Examine as drogas do seu armário de medicamentos. Você deve descartar qualquer droga para a qual

1. o rótulo está faltando (mesmo que você ache que sabe o que ela é);
2. a razão para a prescrição médica não mais existe;
3. a data de vencimento foi ultrapassada.

Você deve verificar se o seu estoque de medicamentos preenche todas as necessidades para problemas médicos e emergências comuns. As seguintes drogas básicas são usualmente recomendadas:

analgésico/antipirético — aspirina ou acetaminofen
antiácido — para azia ou indigestão ocasional
antidiarréico — tal como Kaopectate
antipruriginoso — loção de calamina para aliviar a coceira
antisséptico — álcool isopropílico (a 70%)
descongestionante — fenilefrina (a 1/2%) em gotas ou "spray" nasal
laxativo — para alívio de prisão de ventre ocasional

Você deve também ter em mãos suprimentos básicos de pronto socorro (bandagem adesiva tipo "band aid" ou em rolo, coxins de gaze esterilizada, esparadrapo, tesoura, bandagem elástica, pinças, bolsa de gelo, almofada térmica e termômetro clínico). Você deve saber quando e como usar estes suprimentos e deve ter um manual de primeiros socorros disponível. Além disto, você deve conservar uma lista de números de telefone de emergência (médico, centro de controle de envenenamentos, farmacêutico, ambulância).

Tabela 11-6 Conteúdo em Cafeína de Algumas Bebidas

Bebida	Cafeína (mg/xícara)
café (comum)	135
café (solúvel)	95
café (descafeinado)	5
chá	80
coca-cola	50

A cafeína é um alcalóide bem conhecido com o sistema anelar purínico. Encontrada nos grãos de café e folhas de chá, é o estimulante do sistema nervoso central mais extensamente usado sem prescrição médica. A Tabela 11-6 lista o conteúdo em cafeína de bebidas comuns.

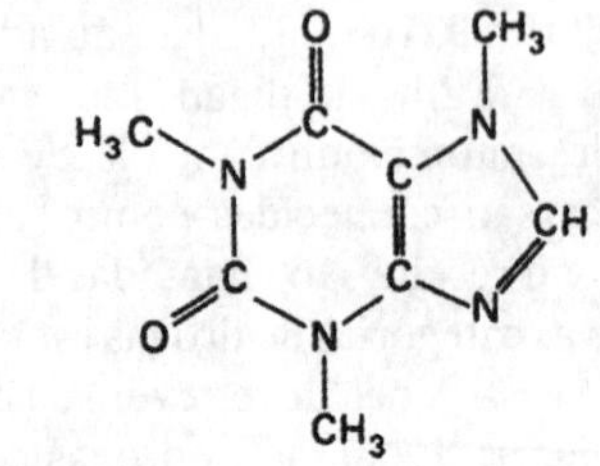

cafeína

A Tabela 11-7 lista vários outros derivados nitrogenados, e a Figura 11-4 apresenta um quadro sinóptico de compostos orgânicos nitrogenados.

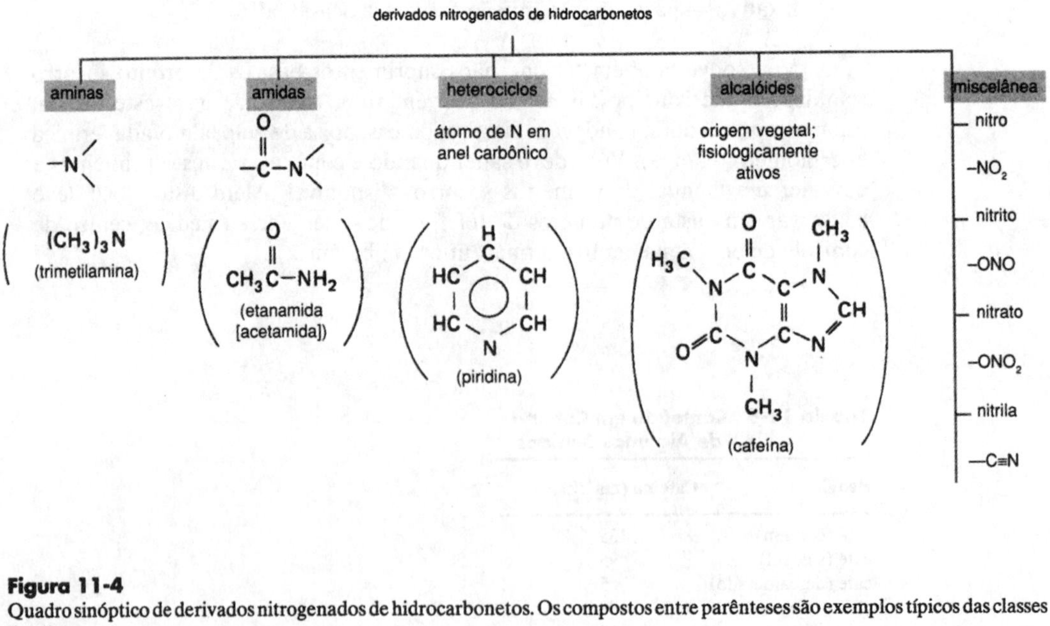

Figura 11-4
Quadro sinóptico de derivados nitrogenados de hidrocarbonetos. Os compostos entre parênteses são exemplos típicos das classes listadas.

Tabela 11-7 Outros Derivados Orgânicos Nitrogenados

Nome	Grupo funcional	Exemplo médico	Uso
nitro	$-NO_2$	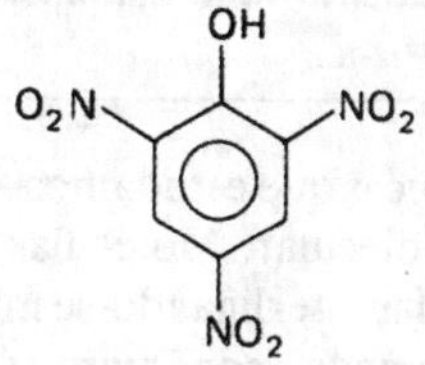 ácido pícrico	tratamento de queimaduras
nitrito	$-ONO$	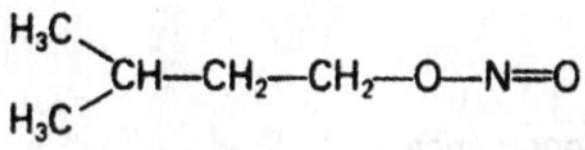 nitrito de isoamila	relaxa espasmo arterial
nitrato	$-ONO_2$	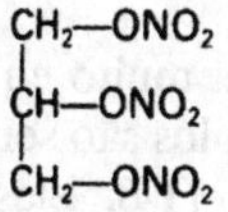 nitroglicerina	dilata artérias coronarianas na angina pectoris
N-óxido	$\overset{+}{N}-\overset{-}{O}$	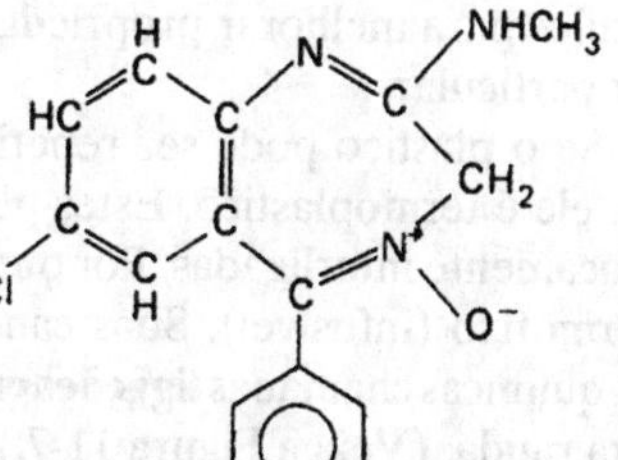 clordiazepóxido (Librium)	tranqüilizante

11.6 Polímeros Orgânicos

Objetivo: Para demonstrar entendimento desta seção, você deverá ser capaz de definir polímeros e plásticos.

As moléculas orgânicas que estudamos até aqui são todas relativamente pequenas em tamanho e peso molecular. Moléculas muito grandes, chamadas macromoléculas, podem ser produzidas interligando-se muitas destas pequenas moléculas. Cada unidade individual é chamada **monômero**. A molécula resultante é um **polímero**, como mostra a Figura 11-5. Você pode imaginar um polímero como um enorme trem, cada vagão sendo um monômero. Como veremos, muitas importantes moléculas do nosso corpo, como as proteínas, hidratos de carbono e ácidos nucléicos, são polímeros. Além disto, polímeros sintéticos industriais são de grande valor nos cuidados com a saúde.

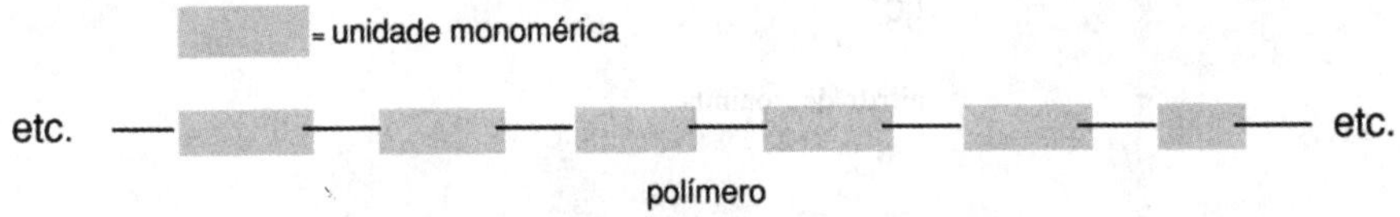

Figura 11-5 Representação de um polímero; a unidade repetitiva é o monômero.

Nos centros de saúde, muito equipamento do tipo descartável é usado uma única vez e rejeitado. Exemplos são seringas, tubos, frascos para drogas, e o equipamento mostrado na Figura 11-6. Eles oferecem as vantagens de conveniência e esterilidade. A maior parte destes suprimentos descartáveis são feitos de plástico. **Plástico** é um material a base de um polímero orgânico que amolece e flui numa forma desejada quando calor e pressão são aplicados. Quando estas condições são removidas, o plástico endurece e conserva sua forma. Além de conter um polímero, os plásticos contêm usualmente um agente plastificante para aumentar a flexibilidade e a resistência, veículos para melhorar propriedades como a dureza, e pigmentos para produzir uma cor particular.

Se o plástico pode ser repetidamente amolecido e remoldado pelo calor e pressão, ele é termoplástico. Estes plásticos contêm longas cadeias poliméricas que estão fracamente interligadas. Por outro lado, se o plástico não pode ser reamolecido, ele é termofixo (infusível). Suas cadeias poliméricas estão interligadas por muitas ligações químicas chamadas **ligações cruzadas**. Esta rede de ligações dá ao plástico uma estrutura rígida. (Veja a Figura 11-7.)

Elastômeros são polímeros semelhantes em estrutura aos polímeros termoplásticos. São borrachas ou substâncias elásticas semelhantes à borracha. Quando esticadas, as cadeias poliméricas se orientam. Quando liberadas, as cadeias voltam as estado original e o elastômero se contrai.

Os polímeros estão continuamente sendo usados como materiais de implante cirúrgico. Eles devem ser "biocompatíveis", o que significa que eles não podem induzir nenhuma reação indesejável, devem ser prontamente purificados, confeccionados e esterilizados, ter as propriedades necessárias e se manter inalterados no corpo. Por exemplo, os silicones são elastômeros extensivamente usados. Eles servem como substitutos de tecidos, juntas de dedos, dispositivos para liberação de drogas, e como implantes reconstrutivos. Exemplos de peças corporais sintéticas de substituição são mostrados na Figura 11-8.

Figura 11-6
Exemplos de suprimentos médicos descartáveis. (Direitos autorais para foto Al Green.)

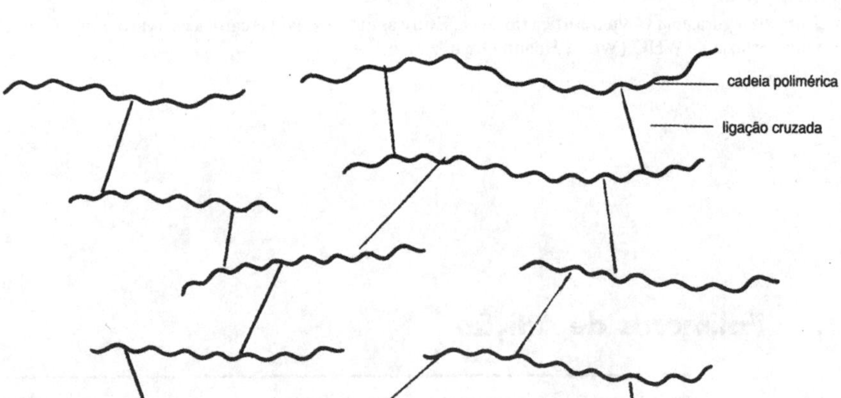

Figura 11-7
Ligações cruzadas - ligações químicas interligando cadeias poliméricas.

Figura 11-8
Um cirurgião segura uma válvula aórtica sintética. Esta e as outras válvulas cardíacas e vasos sangüíneos são feitos de plástico. [Foto por cortezia da WHO (World Health Organization.)]

11.7 Polímeros de Adição

Objetivo: Para demonstrar entendimento desta seção, você deverá ser capaz de identificar polímeros de adição e dar dois exemplos.

Muitos polímeros são produzidos por uma reação de adição. Moléculas monoméricas ficam interligadas por ligações químicas para formar uma longa cadeia carbônica. Cada monômero (exceto os das extremidades) forma duas ligações. Todos os átomos das moléculas do monômero passam a fazer parte do polímero quando estas se unem para se tornarem as unidades repetitivas da cadeia.

Como vimos no Capítulo 9, os alcenos rapidamente sofrem reações de adição. Muitos polímeros de adição começam com alcenos sob forma de monômeros. O tipo mais simples de polímero é formado pela adição de moléculas de etileno (eteno):

$CH_2{=}CH_2$ etileno

Uma das ligações da ligação dupla "se abre", permitindo que as moléculas do etileno se liguem formando ligações covalentes simples:

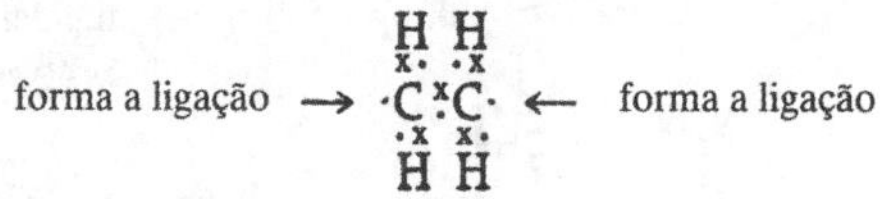

O produto formado pela interligação de vários milhares de tais unidades é o polietileno. Eis aqui um fragmento:

$$\text{+}CH_2{-}CH_2\text{+}\!\text{+}CH_2{-}CH_2\text{+}\!\text{+}CH_2{-}CH_2\text{+}\!\text{+}CH_2{-}CH_2\text{+} \quad \text{ou} \quad \text{+}CH_2{-}CH_2\text{+}_n$$

polietileno

(Os parênteses na cadeia polimérica são usados apenas para destacar os monômeros originais de etileno, e o n representa um grande número de tais unidades.) Este plástico é feito em duas formas, uma flexível e outra rígida. É o plástico produzido em maior volume e usado em frascos flexíveis, filmes, tubos e muitas outras aplicações. (Veja a Figura 11-9) A Tabela 11-8 dá exemplos de polímeros de adição comuns produzidos a partir de derivados do etileno.

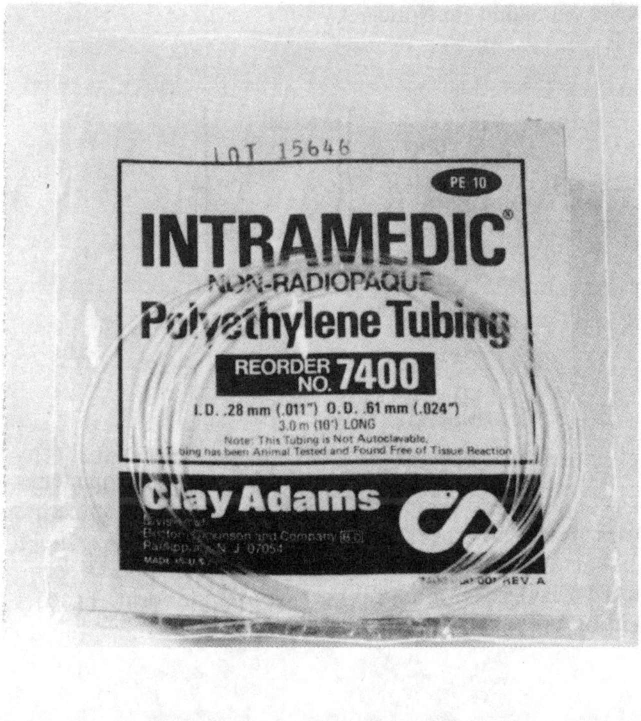

Figura 11-9
Polietileno. Este polímero produz tubos macios, flexíveis e quimicamente resistentes usados para terapia endovenosa e em cateteres para uso prolongado. (Fonte: American Hospital Company, American Hospital Supply Corporation.)

Tabela 11-8 Exemplos de Polímeros de Adição

Nome	Unidade repetitiva	Aplicações
polietileno	$-[CH_2-CH_2]-$	a maioria dos plásticos comuns; frascos flexíveis, filmes, tubos, etc.
cloreto de polivinila (PVC)	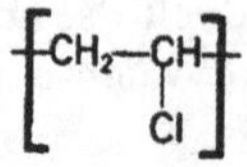	filme, isolamento elétrico, tubos, fibras
politetrafluoroetileno (Teflon, PTE)	$-[CF_2-CF_2]-$	frigideiras "não aderentes", vasos sangüíneos artificiais
poliestireno	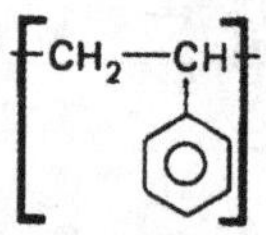	"kits" de modelos, Styrofoam
poliacrilonitrila (Orlon)	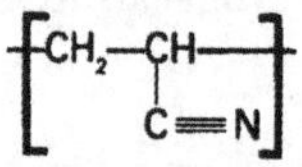	fibra para roupas
poli (metil metacrilato) (Plexiglass, Lucite)	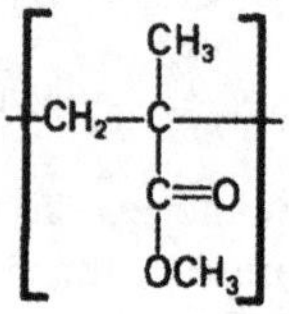	restaurações e cimentos dentários, lentes de contato e implantes

A borracha natural é um polímero de adição do isopreno (2–metil–1,3–butadieno), que foi descrito em Saúde em Notícia 9:

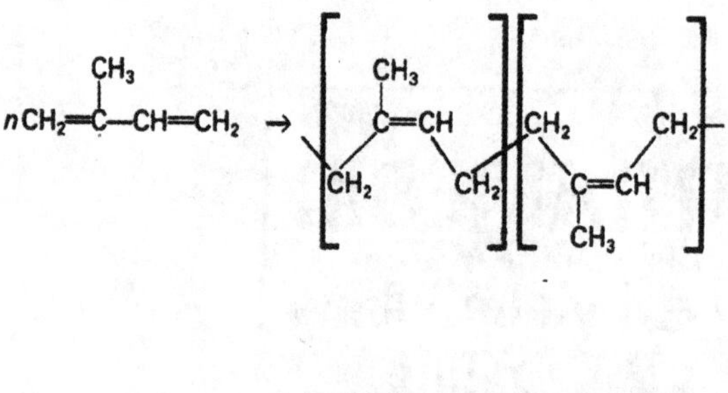

cis-1,4-poliisopreno
(borracha)

O polímero, *cis*-1,4-poliisopreno, é a forma natural. (A gutapercha, que tem a mesma composição mas propriedades diferentes, é o isômero *trans.*) As borrachas sintéticas podem ser fabricadas de isômeros relacionados. O neopreno, por exemplo, é o policloropreno, um polímero do cloropreno (2–cloro–1,3–butadieno). As borrachas são endurecidas pela vulcanização, a adição de enxofre, que forma ligações cruzadas entre as cadeias.

11.8 Polímeros de Condensação

Objetivo: Para demonstrar entendimento desta seção, você deverá ser capaz de identificar polímeros de condensação e dar dois exemplos.

Polímeros podem ser obtidos também a partir de uma reação de condensação. Neste tipo de reação, os monômeros são unidos através da eliminação de uma pequena molécula, como a da água ou de um álcool. Já vimos uma reação semelhante, a esterificação, na qual uma molécula de água é eliminada quando o éster se forma. Eliminação de água é conhecida como desidratação. Veremos em capítulos subseqüentes que importantes polímeros biológicos são polímeros de condensação formados através de desidratação. (Note que a hidrólise, adição de água, é o inverso da desidratação e quebra as ligações dos polímeros.) Os polímeros de condensação sintéticos mais comuns são os poliésteres e as poliamidas.

Os poliésteres são geralmente obtidos a partir de dois diferentes tipos de monômeros unidos por ligação éster. Um exemplo é o poli(etileno tereftalato), conhecido como Dracon e Mylar, que é formado de dimetil tereftalato e etileno glicol. Uma molécula de álcool metílico é retirada para cada ligação éster formada. O poliéster é usado para fabricar fibras e filmes.

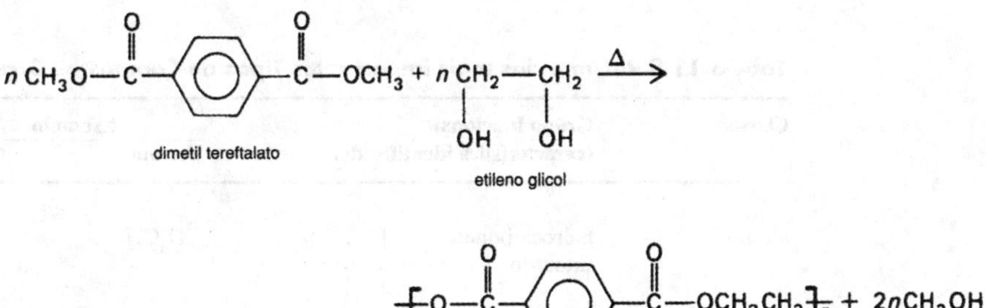

Quando transformado num tecido de malha entrelaçada, é usado como substituto de artérias, em processos reconstrutivos e em fixação tecidual.

Poliamidas sintéticas são produzidas pela reação de diaminas com ácidos dicarboxílicos. Por exemplo, uma forma de nylon resulta da reação de ácido adípico (um ácido dicarboxílico) e hexametilenodiamina. O nylon é transformado em fibras assim como em artigos moldados.

$$\underset{\text{ácido adípico}}{n\,HO-\overset{O}{\overset{\|}{C}}-CH_2CH_2CH_2CH_2-\overset{O}{\overset{\|}{C}}-OH} \;+\; \underset{\text{hexametilenodiamina}}{n\,NH_2CH_2CH_2CH_2CH_2CH_2CH_2NH_2} \rightarrow$$

$$\underset{\text{nylon}}{\left[\overset{O}{\overset{\|}{C}}\!\left(CH_2\right)_4-\overset{O}{\overset{\|}{C}}-NH\!\left(CH_2\right)_6\!-NH\right]_n} \;+\; \underset{\text{água}}{2n\,H_2O}$$

Veremos no Capítulo 14 que as proteínas são exemplos naturais de poliamidas construídas de aminoácidos.

As propriedades dos polímeros, incluindo os plásticos, variam muito. Elas dependem do tipo de monômero, da presença ou ausência de ligações cruzadas, e até da maneira como as cadeias estão arranjadas. Os polímeros vão das borrachas desorganizadas às fibras altamente orientadas, com os plásticos mais ou menos intermediários. Os cuidados específicos com os polímeros, especialmente plásticos, dependem da identificação do tipo com o qual você está trabalhando. Por exemplo, alguns plásticos como Teflon podem ser esterilizados por aquecimento porque são estáveis à temperatura da autoclave. Outros como o cloreto de polivinila, polietileno ou poliestireno, devem ser esterilizados por soluções desinfetantes, tais como haletos quaternários de amônio, porque eles se deformam rapidamente com o calor.

A Tabela 11-9 resume os grupos funcionais mais importantes e as classes de compostos que estudamos nos três últimos capítulos. A Figura 11-10 apresenta um resumo dos tipos de reações orgânicas mais importantes.

Nos próximos capítulos, aprenderemos acerca de importantes moléculas biológicas, incluindo os hidratos de carbono, proteínas e ácidos nucléicos. Elas contêm muitos dos grupos funcionais descritos aqui e podem existir como polímeros.

Tabela 11-9 Resumo dos mais Importantes Tipos de Compostos Orgânicos

Classe	Grupo funcional (característica identificadora)		Exemplo: Fórmula	Exemplo: Nome[a]
alcano	hidrocarboneto saturado	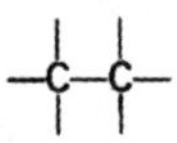	CH_3CH_3	etano
alceno	hidrocarboneto (ligação dupla)	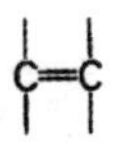	$CH_2{=}CH_2$	etileno
alcino	hidrocarboneto (ligação tripla)	—C≡C—	CH≡CH	etino (acetileno)
cicloalcano	hidrocarboneto saturado cíclico		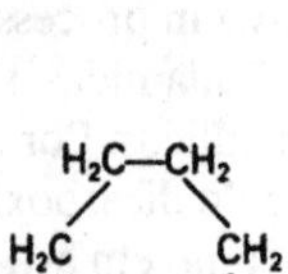	ciclohexano
hidrocarboneto aromático	sistema anelar benzênico		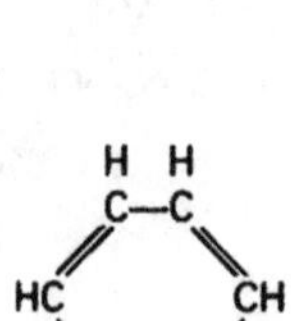	benzeno

Tabela 11-9 (Continuação)

Classe	Grupo funcional (característica identificadora)	Exemplo Fórmula	Nome[a]
haleto de alquila	átomo de halogênio	CH_3CH_2Cl	cloroetano (cloreto de etila)
álcool	grupo hidroxila —OH	CH_3CH_2OH	etanol (álcool etílico)
éter	átomo de oxigênio —O—	$CH_3CH_2OCH_2CH_3$	éter dietílico
aldeído	grupo carbonila com $—\overset{O}{\overset{\|}{C}}H$ um radical aquila	$CH_3\overset{O}{\overset{\|}{C}}H$	etanal (acetaldeído)
cetona	grupo carbonila com dois $—\overset{O}{\overset{\|}{C}}—$ radicais alquilas	$CH_3\overset{O}{\overset{\|}{C}}CH_3$	propanona (acetona, dimetil cetona)
ácido carboxílico	grupo carboxílico $—\overset{O}{\overset{\|}{C}}—OH$	$CH_3\overset{O}{\overset{\|}{C}}—OH$	ácido etanóico (ácido acético)
éster	grupo $—\overset{O}{\overset{\|}{C}}—O—$	$CH_3\overset{O}{\overset{\|}{C}}—OCH_3$	etanoato de metila (acetato de metila)
tiol	grupo sulfidrila —SH	CH_3CH_2SH	etanotiol (etil mercaptana)
amina	nitrogênio com um, dois ou três radicais alquila	$CH_3CH_2NH_2$	etilamina
amida	grupo $—\overset{O}{\overset{\|}{C}}—N$	$CH_3\overset{O}{\overset{\|}{C}}—NH_2$	etanamida (acetamida)
heterociclo nitrogenado	átomo de N substituindo carbono no anel	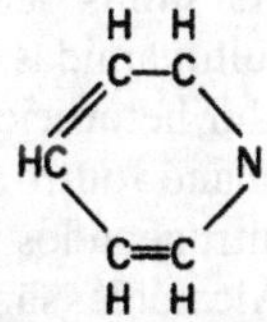	piridina

[a]Nome trivial entre parênteses.

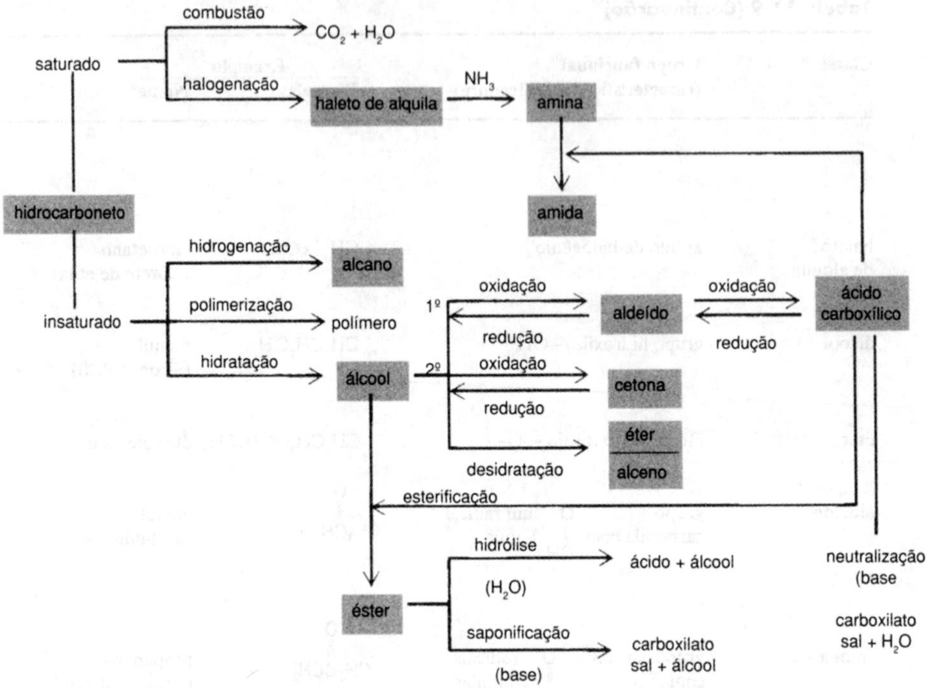

Figura 11-10
Quadro sinóptico das reações orgânicas.

SUMÁRIO

11.1 Aminas são moléculas de amônia substituída. Elas são obtidas por substituição de um, dois ou três átomos de hidrogênio da NH_3 por radicais de hidrocarbonetos. Exemplos são a metilamina, CH_3NH_2; a dimetilamina, $(CH_3)_2NH$; e a trimetilamina, $(CH_3)_3N$. Muitos compostos importantes encontrados em nosso corpo, como certos nutrientes e drogas, são aminas.

11.2 As aminas são básicas porque podem aceitar íons de hidrogênio para formar sais de amônio. Sais de amônio quaternários ou "quats" resultam da reação de aminas com haletos de alquila. Nestes compostos, quatro átomos de carbono envolvem o átomo de nitrogênio, em vez de um, dois ou três como usualmente.

11.3 As amidas se formam pela combinação de aminas (ou amônia) com ácidos carboxílicos. O exemplo mais simples é a formamida (metanamida), produzida a partir do ácido fórmico e amônia. A uréia é uma das amidas mais importantes. As sulfas são exemplos de uma classe de compostos conhecidos como sulfonamidas.

11.4 Um heterociclo, anel contendo duas ou mais espécies de átomos, se forma quando outro átomo substitui um carbono numa molécula cíclica. Os heterociclos nitrogenados incluem o pirrol, indol, piridina, quinolina, pirimidina e purina.

11.5 Alcalóides são moléculas nitrogenadas de origem vegetal. Eles geralmente têm um sistema anelar heterocíclico e são fisiologicamente ativos. Alguns alcalóides são: nicotina, papaverina, cafeína, atropina, cocaína e morfina.

11.6 Moléculas muito grandes podem ser obtidas interligando-se muitas unidades pequenas. Muitas das mais importantes substâncias do nosso corpo são estas macromoléculas, chamadas polímeros. Os plásticos são exemplos de polímeros sintéticos. Eles são sólidos na sua forma final, mas foram moldados através de fluxo sob calor e pressão.

11.7 Muitos polímeros são formados por reações de adição, nas quais todos os átomos do monômero tornam-se parte do polímero. Exemplos são o polietileno, cloreto de polivinila, politetrafluoroetileno (Teflon), poliestireno, poli(metil metacrilato) e borracha.

11.8 Polímeros de condensação se formam com a eliminação de átomos quando os monômeros se unem. Estas moléculas incluem os poliésteres (como o Dracon) e as poliamidas (como o nylon).

EXERCÍCIOS

Exercício sobre Casamento de Palavras-Chave

Para cada termo à esquerda, escolha a frase da coluna à direita que mais se aproxima do seu significado.

1. amina primária	a. origem vegetal
2. amina secundária	b. R_3N
3. amina terciária	c. flui para tomar forma
4. sal de amônio quaternário	d. RNH_2
5. amida	e. R_2NH
6. heterociclo	f. unidade repetitiva
7. alcalóide	g. R_4N^+
8. monômero	h. anel com átomos diferentes
9. polímero	i. $\overset{\displaystyle O}{\overset{\|\|}{RCNH_2}}$
10. plástico	j. macromolécula

Exercícios por Tópicos

Aminas (11.1)

11. Como as aminas se relacionam com a amônia?
12. Identifique como amina primária, secundária ou terciária:
   a. $CH_3CH_2NHCH_3$
   b. H_2NCH_3
   c. $(CH_3CH_2)_2NCH_2CH_2CH_3$
13. Dê nome às aminas do Exercício 12.
14. Represente a estrutura da
   a. trietilamina
   b. propilamina
   c. dietilmetilamina
15. Descreva dois usos médicos das aminas.

Reações de Aminas (11.2)

16. Por que são básicas as aminas?
17. Escreva uma equação para a reação da tributilamina com
   a. cloreto de metila
   b. água
   c. ácido clorídrico
18. Dê nome aos produtos das reações do Exercício 17.
19. O que são "quats"?
20. Por que são as drogas nitrogenadas freqüentemente utilizadas em forma de seu sal de amônio?

Amidas (11.3)

21. Qual é a diferença entre uma amida e uma amina?
22. Escreva uma equação para a reação do ácido propanóico e a amônia?
23. Dê nome ao composto formado no Exercício 22.
24. Represente a estrutura da:
    a. etanamida
    b. *N*-etiletanamida
25. O que é uma sulfonamida? Como são usadas as sulfonamidas?
26. Represente a estrutura da uréia.

Aminas Heterocíclicas (11.4)

27. O que é um heterociclo?
28. Dê um exemplo de um
    a. heterociclo nitrogenado
    b. heterociclo oxigenado
29. Dê um exemplo de um heterociclo nitrogenado que é um (a) anel aromático de 6 membros e (b) um anel alifático de 6 membros.
30. Que heterociclo é a base para o grupo heme?
31. Represente a estrutura
    a. do indol
    b. da purina

Alcalóides (11.5)

32. O que é um alcalóide?
33. Dê um exemplo de um alcalóide a base de
    a. piperidina
    b. indol
    c. purina
34. Descreva o efeito fisiológico da
    a. atropina
    b. papaverina
    c. cafeína
35. São todos os alcalóides administrados como drogas prescritas? Explique.

Polímeros Orgânicos (11.6)

36. Em que um polímero se compara a um monômero?
37. O que é um plástico?
38. Em que um material termoplástico difere de um termofixo?
39. O que é um elastômero?
40. Como as ligações cruzadas afetam as propriedades de um polímero?

Polímeros de Adição (11.7)

41. O que é polímero de adição?
42. Em que as ligações do polietileno diferem daquelas do etileno?
43. Represente a unidade repetitiva do
    a. PVC
    b. Teflon
    c. Orlon
44. O que é borracha natural?

Polímeros de Condensação (11.8)

45. O que é polímero de condensação?
46. Dê um exemplo de
    a. poliéster
    b. poliamida
47. Que molécula é eliminada na formação do nylon? Dacron?

Exercícios Adicionais

48. Descreva um exemplo de uso médico
    a. de uma amida
    b. de uma amina alifática
    c. de um heterociclo nitrogenado
49. Represente a estrutura da
    a. tripropilamina
    b. metanamida
    c. piridina
50. Identifique a família (função) à qual cada composto abaixo pertence:

a. 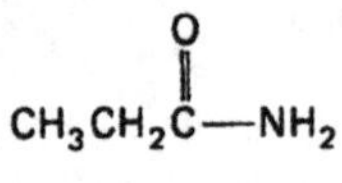

b. 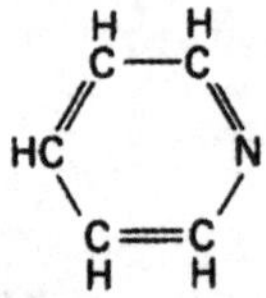

c. CH_3CH_2SH

d. CH_3Br

e. CH_3OCH_3

f. 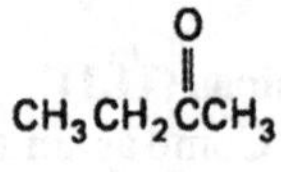

g. $CH_3CH{=}CH_2$

h. $(CH_3)_3N$

51. Dê nome aos compostos do Exercício 50.
52. Represente a estrutura
    a. da dimetilamina
    b. do etanal
    c. do eteno
    d. do 2-butino
    e. do metanoato de etila

53. Represente a estrutura
    a. da acetona
    b. do tolueno
    c. da anilina
    d. da uréia
    e. do pirrol
54. A que família (função) cada uma das moléculas abaixo pertence?

    a. $(CH_3CH_2CH_2)_2NH$

    b. $CH_3CH_2OCH_3$

    c. $CH_3CH_2C(=O)-OH$

    d. 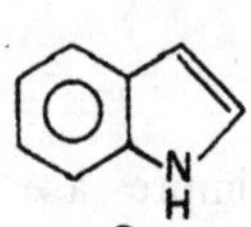

    e. 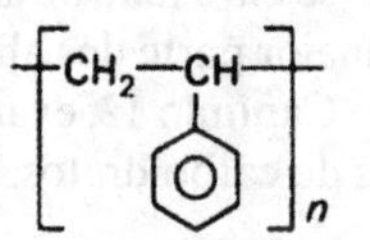

    f. $CH_3C(=O)-NH_2$

55. Dê nome aos compostos do Exercício 54.
56. Em que um polímero de condensação difere de um polímero de adição?
57. O que é material biocompatível?
58. A que família de compostos cada uma das drogas abaixo pertence?
    a. morfina
    b. penicilina
    c. sulfa
    d. epinefrina

Capítulo 12

Carboidratos

O papel do qual é feita esta página impressa é predominantemente carboidrato (celulose). O mesmo se diga da roupa que você está vestindo (se ela é feita de algodão) e a sala onde você está (se ela é construída de madeira). A maior parte dos alimentos que você come contém carboidratos (amido e açúcares). No Capítulo 12, examinaremos as estruturas e propriedades de importantes moléculas de carboidratos.

12.1 Tipos de Carboidratos

Objetivo: Para demonstrar entendimento desta seção, você deverá ser capaz de classificar os carboidratos de acordo com o seu tamanho molecular.

Carboidratos (ou hidratos de carbono) são uma classe de moléculas orgânicas que contém carbono, hidrogênio e oxigênio. Há algum tempo, pensava-se que eles eram hidratos de carbono — daí o nome carbohidrato. Embora muitas moléculas de carboidratos mostrem a razão de dois átomos de hidrogênio para um de oxigênio (como na H_2O) para cada átomo de carbono, esta definição não é correta. Os carboidratos são relacionados com os aldeídos ou com as cetonas e contêm ainda grupos hidroxilas. Assim, eles podem ser definidos como *poliidroxialdeídos* ou *poliidroxicetonas* e seus derivados, ou como substâncias que produzem estes compostos por hidrólise.

Os carboidratos são classificados de acordo com o seu tamanho molecular. Os carboidratos mais simples são chamados **monossacarídeos**. Os maiores são produtos de condensação chamados **polissacarídeos**. Eles contêm muitos monossacarídeos interligados através de uma reação de desidratação. Os polissacarídeos podem ser hidrolisados, degradados numa reação com água (na presença de ácido) para produzir monossacarídeos. Os monossacarídeos porém não podem desta forma ser convertidos em moléculas mais simples.

Entre os grandes polissacarídeos e os monossacarídeos unitários estão os **oligossacarídeos**. Eles contêm um pequeno número de unidades de monossacarídeos, geralmente de duas a dez, interligadas. Os oligossacarídeos mais importantes são os **dissacarídeos**, que consistem de duas unidades de monossacarídeos unidas por uma ligação química. Estas definições estão ilustradas na Figura 12-1.

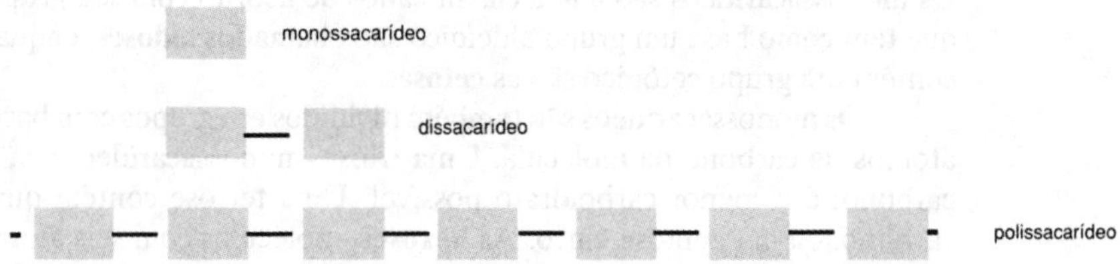

Figura 12-1
Representação de um monossacarídeo, um dissacarídeo e um polissacarídeo.

A Figura 12-2 mostra os carboidratos que discutiremos neste capítulo. Note que os nomes dos carboidratos mais simples (monossacarídeos e oligossacarídeos) terminam em "-ose". Exemplos com os quais você está familiarizado são a glicose (açúcar do sangue) e a sacarose (açúcar comum ou açúcar "de mesa"). Monossacarídeos e oligossacarídeos como estes, solúveis em água e usualmente de sabor doce, são chamados **açúcares**.

Os carboidratos são os componentes mais abundantes das plantas. Eles são produzidos pelas plantas verdes usando a energia do sol, num processo chamado fotossíntese. A energia é armazenada em suas ligações químicas. Ela é liberada quando comemos alimentos que contêm carboidratos e estes são "queimados" em nosso corpo. Este processo será o assunto do Capítulo 16. Os carboidratos servem também como componentes de tecidos de sustentação em plantas e em alguns animais.

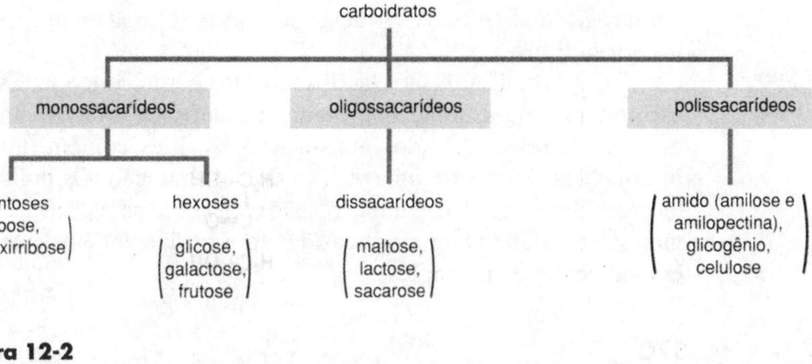

Figura 12-2
Quadro sinóptico dos carboidratos. Compostos entre parênteses são exemplos típicos das classes listadas.

12.2 Monossacarídeos

Objetivo: Para demonstrar entendimento desta seção, você deverá ser capaz de identificar monossacarídeos de acordo com o número de átomos de carbono e localização do grupo carbonila.

Os monossacarídeos são ainda classificados de acordo com seu grupo funcional. Os que têm como base um grupo aldeídico são chamados **aldoses**, enquanto que os que contêm um grupo cetônico são as **cetoses.**

Os monossacarídeos são também divididos em grupos com base no número de átomos de carbono da molécula. Uma triose, monossacarídeo com três átomos de carbono, é o menor carboidrato possível. Uma tetrose contém quatro átomos de carbono, e uma pentose cinco. As **hexoses**, moléculas com seis átomos de carbono, constituem um dos mais importantes grupos de monossacarídeos.

Estes dois sistemas de classificação podem ser combinados. Por exemplo, um monossacarídeo com cinco carbonos e um grupo cetônico é chamado uma cetopentose. Semelhantemente, uma aldose com seis átomos de carbono é uma aldohexose.

O gliceraldeído, um dos mais simples de todos os monossacarídeos, é uma aldotriose:

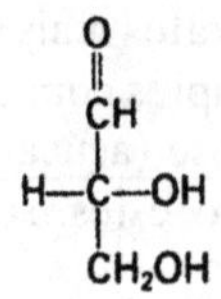

gliceraldeído

Ele é formado da degradação de hexoses no tecido muscular e contém três átomos de carbono, um dos quais é parte do grupo aldeídico. Cada um dos outros dois átomos de carbono está ligado a um grupo hidroxila. Você pode imaginar monossacarídeos maiores tipo aldose como derivados do gliceraldeído por alongamento da cadeia carbônica. Semelhantemente, você pode imaginar as cetoses como derivadas da cetotriose diidroxiacetona:

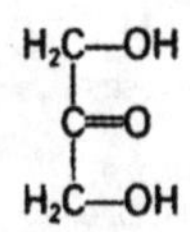

diidroxiacetona

As tetroses não são de significativa importância biológica. Duas pentoses, monossacarídeos de cinco carbonos, constituem parte de moléculas complexas dos seus genes nos ácidos nucléicos. As estruturas destas aldopentoses, ribose e desoxirribose, são as seguintes:

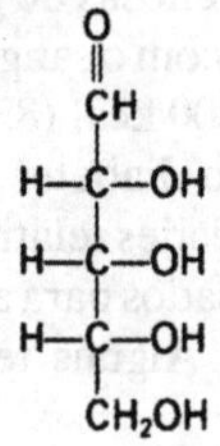

ribose

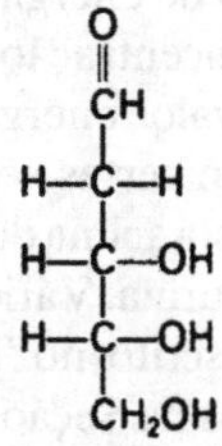

desoxirribose

O prefixo "desoxi-" na desoxirribose indica que a molécula contém um átomo de oxigênio a menos (no carbono 2), como você pode ver na sua fórmula estrutural.

12.3 Hexoses

Objetivo: Para demonstrar entendimento desta seção, você deverá ser capaz de representar a estrutura da glicose.

As hexoses são os monossacarídeos mais comuns e mais importantes. Entre eles, somente a glicose desempenha um papel de destaque. Também conhecida como dextrose ou açúcar do sangue, a glicose tem como fórmula $C_6H_{12}O_6$.

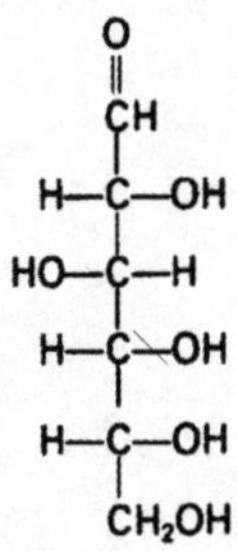

glicose

A glicose é o carboidrato encontrado em maior quantidade na sua corrente sanguínea, que a leva às células. A glicose constitui-se na maior fonte de energia para a vida. A concentração usual é de cerca de 90 mg de glicose por 100 mL de sangue. Glicose é administrada endovenosamente a pacientes que não podem ingerir alimentos. Como não requer digestão, ela pode ser usada imediatamente pelas células do corpo para obtenção de energia. Soluções endovenosas de glicose são geralmente administradas a uma concentração de 5%, isotônica com o sangue. (Veja a Seção 6.10.) Esta restrição limita o valor energético a cerca de 200 kcal (837 kJ) por litro de solução.

Em certas condições, como no diabetes mellitus, a quantidade de glicose no sangue está acima do normal. Quantidades relativamente grandes de glicose aparecem então na urina. Vários métodos são usados para analisar na urina a presença de glicose, como descrito no Teste Clínico 12. Alguns têm por base os testes para aldeídos discutidos na Seção 10.5.

Outra aldohexose, a galactose, é um isômero da glicose:

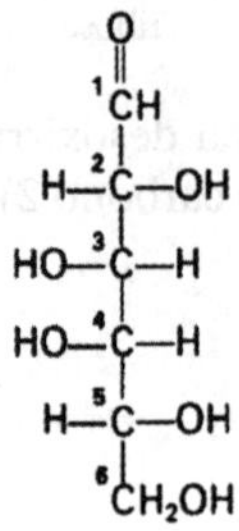

galactose

Galactose e glicose diferem somente no arranjo do átomo de hidrogênio e grupo hidroxila num único átomo de carbono, o carbono 4. O monossacarídeo galactose se forma a partir de glicose nas glândulas mamárias e é um componente (com a glicose) do dissacarídeo lactose do leite. Ela é às vezes chamada de cerebrose ou "açúcar do cérebro" porque é também componente de moléculas das membranas cerebrais. A galactose é também parte das "substâncias dos grupos sangüíneos", na superfície externa das hemácias, que determinam o tipo sangüíneo (A, B, AB ou O). A galactose é usada num teste de função hepática. Se o fígado for danificado, galactose administrada aparece inalterada na urina.

A cetohexose frutose, ou levulose, é outro isômero da glicose.

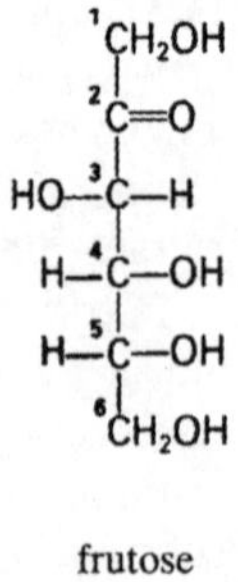

frutose

Também conhecida como açúcar das frutas, este monossacarídeo é o açúcar mais hidrossolúvel assim como o mais doce de todos. Ele pode ser usado para alimentação endovenosa em solução a 5% até 10%.

Teste Clínico 12

GLICOSE URINÁRIA

A análise do nível de glicose de uma amostra de urina é um dos testes clínicos mais comuns. Normalmente, os rins reabsorvem a maior parte da glicose sangüínea, e a urina contém apenas 15 mg de glicose para 100 mL da amostra.

Quando a glicose está em excesso no sangue, como no diabetes mellitus, os rins não conseguem retê-la.

A glicose "transborda" então para a urina, resultando em glicosúria, excesso de glicose na urina. (O termo geral inglês para excesso de açúcar na urina é "glycosuria", enquanto que excesso de glicose especificamente é chamado "glucosuria". Em português, melitúria significa excesso de açúcar urinário). A glicosúria pode também resultar de condições que diminuem a função renal.

Como vimos, os testes para glicose são baseados na presença do grupo aldeídico. Por exemplo, a reação de Benedict utiliza uma solução azul que contém o íon cúprico, Cu^{2+}. A glicose o reduz a íon cuproso, Cu^{+}, produzindo um precipitado de óxido cuproso, Cu_2O. Neste processo, a glicose é oxidada a um ácido carboxílico, ácido glicônico. (Esta reação é semelhante àquela que estudamos na Seção 10.5).

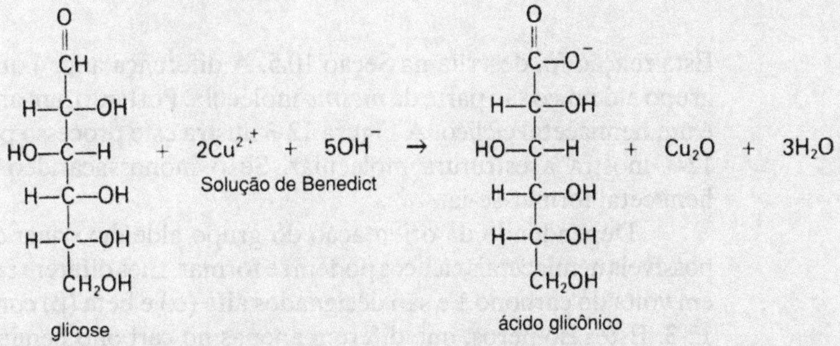

Esta mesma reação ocorre quando comprimidos tipo Clinitest são usados no lugar da solução de Benedict. A cor indica a concentração de glicose presente: verde indica traços (simbolizados por +) ; amarelo, até 0,5% (++); alaranjado, 0,5 a 1,5% (+++); vermelho, acima de 1,5% (++++). Se a urina contiver menos do que 0,2 g de glicose por 100 mL, nenhuma mudança será observada.

Nesta reação, a glicose atua como agente redutor e é portanto chamada de açúcar redutor (veja a Seção 12.7). Como listado na Tabela 12-3 (pg. 391), qualquer carboidrato de baixo peso molecular é considerado um açúcar redutor se ele apresenta uma forma em solução com um grupo aldeídico (ou às vezes cetônico) livre. Assim, outros açúcares podem dar um falso teste positivo para a glicose. Por exemplo, durante a lactação, após o parto, pequenas quantidades de lactose aparecem no sangue e urina da mulher. Como a lactose é um açúcar redutor, ela dá teste positivo com a solução de Benedict, tornando a análise de glicose enganosa.

A oxidação da glicose a ácido glicônico é base para outro tipo de teste, disponível comercialmente com os nomes Clinistix, Combistix e Labstix. A fita para o teste contém uma substância (a enzima glicose oxidase) que oxida qualquer glicose da amostra de urina a ácido glicônico. Peróxido de hidrogênio, H_2O_2, se forma neste processo. Ele reage então (na presença de outra enzima, peroxidase) com um corante, tal como *o*-toluidina, mudando sua cor para azul. A intensidade da cor é uma medida da concentração de glicose presente.

12.4 Formas Cíclicas dos Monossacarídeos

Objetivo: Para demonstrar entendimento desta seção, você deverá ser capaz de explicar a relação entre as formas aberta e fechada dos monossacarídeos.

Até aqui, representamos as estruturas de monossacarídeos como “cadeias abertas”. Estas representações são conhecidas como fórmulas de Fischer. A maioria das moléculas de monossacarídeos realmente não existe primariamente nesta forma, mas sim como “cadeia fechada” ou moléculas cíclicas. Numa aldose como a glicose, um dos grupos hidroxila (no carbono 5) reage com o grupo aldeídico. Como resultado desta reação, forma-se um hemiacetal, e o grupo carbonila não fica mais livre.

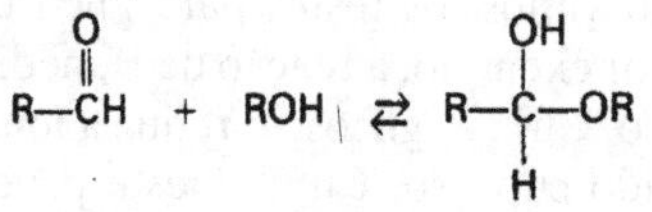

aldeído álcool hemiacetal

Esta reação foi descrita na Seção 10.5. A diferença aqui é que o grupo alcoólico e o grupo aldeídico são parte da *mesma* molécula. Portanto, um anel se forma, e o produto é um hemiacetal cíclico. A Figura 12-3 ilustra este processo para a glicose, e a Figura 12-4 mostra a estrutura molecular. Se o monossacarídeo fosse uma cetose, um hemicetal formar-se-ia.

Dependendo da orientação do grupo aldeídico quando o anel se fecha, dois possíveis hemiacetais cíclicos podem se formar. Èles diferem entre si apenas no arranjo em volta do carbono 1 e são designados alfa (α) e beta (β) como mostrados na Figura 12-3. Estes isômeros, que diferem apenas no carbono hemiacetálico, são chamados **anômeros**. Este átomo de carbono, que vem do grupo carbonila do aldeído, é conhecido como o carbono anomérico.

Quando um dos anômeros de um monossacarídeo é dissolvido em água, a outra forma logo aparece. Ela se forma por **mutarrotação**, a conversão entre os anômeros alfa e beta através da forma aberta da molécula.

$$\text{forma cíclica alfa} \rightleftarrows \text{forma aberta} \rightleftarrows \text{forma cíclica beta}$$

Como resultado deste processo, os anômeros alfa e beta existem em equilíbrio em solução. Para a glicose, cerca de 64% das moléculas estão na forma beta e 36% na forma alfa em solução. A quantidade da forma aberta da glicose em solução é muito pequena. Como explicado no Teste Clínico 12 porém, mesmo esta pequena quantidade torna possível testes para a glicose que têm por base um grupo aldeídico livre.

As estruturas anelares “planas” mostradas na Figura 12-3 são conhecidas como fórmulas de Haworth. Elas mostram as ligações entre os átomos no anel, mas não representam precisamente a forma da molécula. O anel de seis membros da glicose tem uma conformação “em cadeira” semelhante àquela que mostramos para o ciclohexano. (Veja a Figura 9-10.)

A Figura 12-5 compara esta estrutura conformacional com as fórmulas de Haworth e de Fischer para as formas cíclicas da glicose.

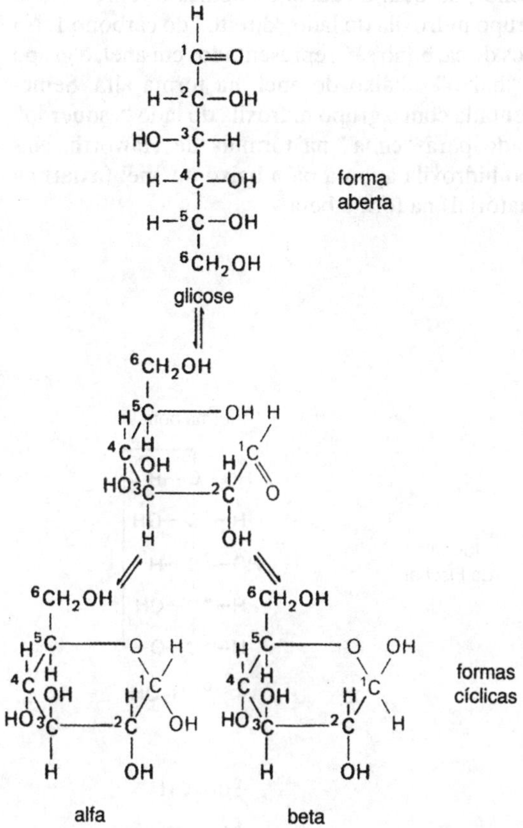

Figura 12-3
Formação de duas formas cíclicas da glicose. Estes hemiacetais diferem entre si somente no arranjo do grupo hidroxila e do átomo de hidrogênio do carbono 1. Os dois anômeros são designados alfa e beta, como mostrados.

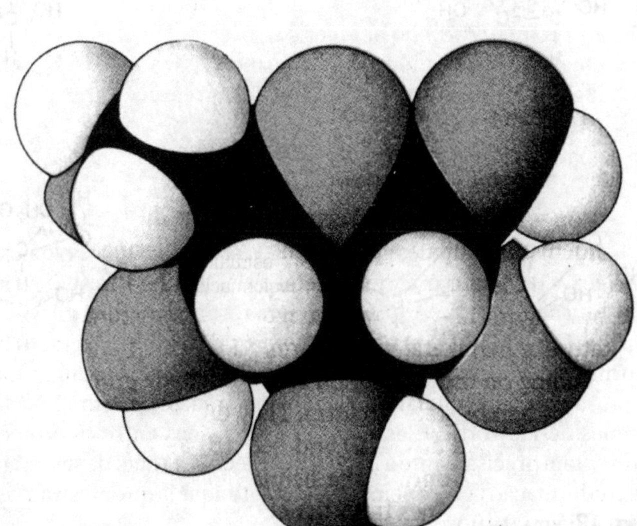

Figura 12-4
Uma forma cíclica da glicose

Note que na fórmula de Fischer, na qual a cadeia carbônica é representada verticalmente, a forma alfa tem o grupo hidroxila do lado "direito" do carbono 1. Na fórmula de Haworth, onde os átomos de carbono são representados em anel, o grupo hidroxila do carbono 1 está para "baixo", abaixo do anel, na forma alfa. Semelhantemente, a forma beta é representada com o grupo hidroxila do lado "esquerdo" na fórmula de Fischer e direcionado para "cima" na fórmula de Haworth. Nas estruturas conformacionais, o grupo hidroxila aponta para baixo do anel (axial) na forma alfa, e no plano do anel (equatorial) na forma beta.

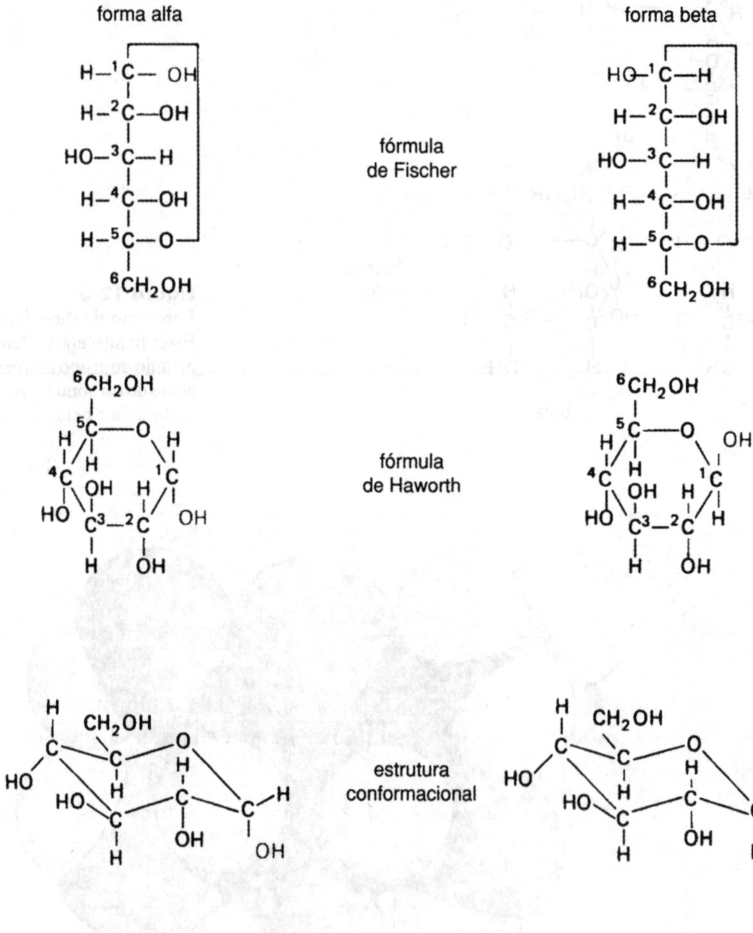

Figura 12-5

As formas cíclicas da glicose. Em solução, cerca de dois terços das moléculas existem na forma beta e um terço na forma alfa. A estrutura conformacional dá uma imagem mais realística da forma da molécula do que aquelas dadas pelas fórmulas de Fischer ou de Haworth.

Formando um anel de seis membros que contém um átomo de oxigênio e cinco de carbono, a glicose se assemelha ao heterociclo oxigenado pirano.

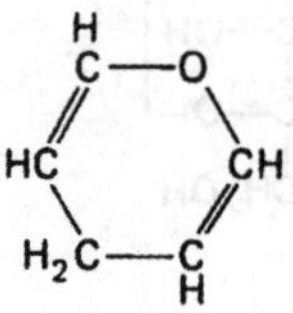

pirano

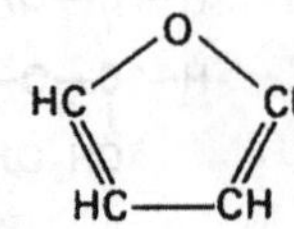

furano

Glicose e outros monossacarídeos que formam este anel são por isso conhecidos por **piranoses**. A forma cíclica da glicose é designada glicopiranose. Outros monossacarídeos formam anéis de cinco membros que se assemelham ao furano. Eles são chamados **furanoses**. Um exemplo importante, mostrado na Figura 12-6, é a ribose.

Abaixo são mostradas as formas fechadas das outras hexoses descritas na Seção 12.3: galactose e frutose.

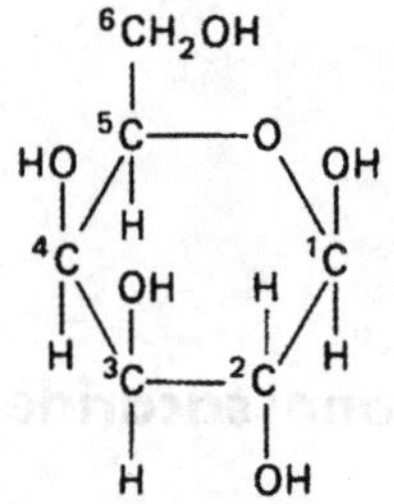

galactose

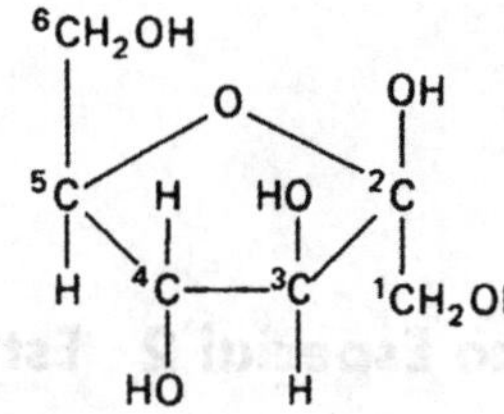

frutose

Note que a galactose é uma piranose, e a frutose é uma furanose. Além disto, a forma fechada da frutose é um exemplo de hemicetal, uma vez que sua forma aberta é uma cetose.

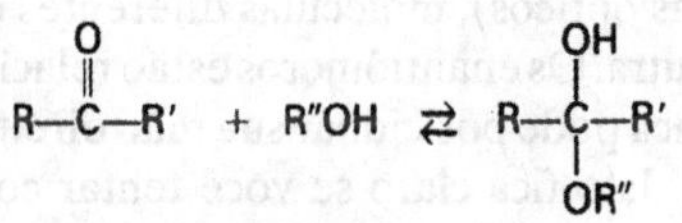

cetona álcool hemicetal

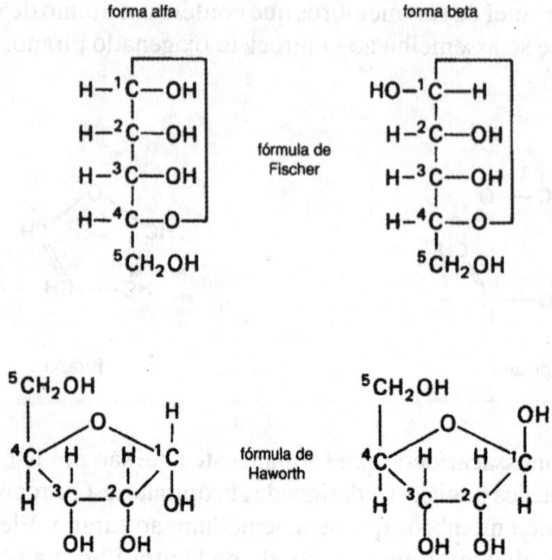

Figura 12-6
As formas cíclicas da ribose. Note a diferença na orientação do grupo hidroxila do carbono 1 entre as formas alfa e beta.

Tópico Especial 2 Estereoisômeros de Monossacarídeos

Objetivo: Para demonstrar entendimento desta seção, você deverá ser capaz de descrever a relação entre enantiômeros.

Nós já nos deparamos com vários tipos de isômeros, compostos diferentes com a mesma fórmula molecular. Isômeros estruturais, como propanol e isopropanol, têm seus átomos ligados em ordem diferente. Os estereoisômeros, como os isômeros *cis* e *trans* dos alcenos, têm o mesmo número, tipo e seqüência de ligações. Eles diferem somente no arranjo de seus átomos no espaço. O arranjo específico no espaço é definido como a configuração da molécula.

Os monossacarídeos existem como estereoisômeros denominados **enantiômeros** (antípodas ópticos), moléculas diferentes que se comportam como objeto e imagem uma da outra. Os enantiômeros estão relacionados como suas mãos direita e esquerda. Você nunca pode posicionar sua mão direita de modo que ela se pareça com uma mão esquerda. Isto fica claro se você tentar colocar uma luva da mão esquerda na mão direita. Entretanto, a imagem especular de sua mão direita se parece com sua mão esquerda. Os estereoisômeros que não são objeto e imagem, como os isômeros *cis* e *trans*, são conhecidos como diastereoisômeros.

Quando quatro diferentes grupos estão ligados a um átomo de carbono numa molécula, uma situação encontrada na maioria dos monossacarídeos, diz-se que a molécula é **quiral**, da palavra grega para mão. Aquele átomo de carbono forma um centro quiral. Há dois enantiômeros possíveis para cada centro quiral. Como mostra a Figura 12-7, o gliceraldeído tem um centro quiral (carbono 2). Dois enantiômeros existem para o gliceraldeído. O primeiro é imagem especular do segundo. *Eles não podem ser sobrepostos.* Você só poderia intercambiar estes enantiômeros quebrando e refazendo diferentemente ligações químicas em volta do carbono quiral.

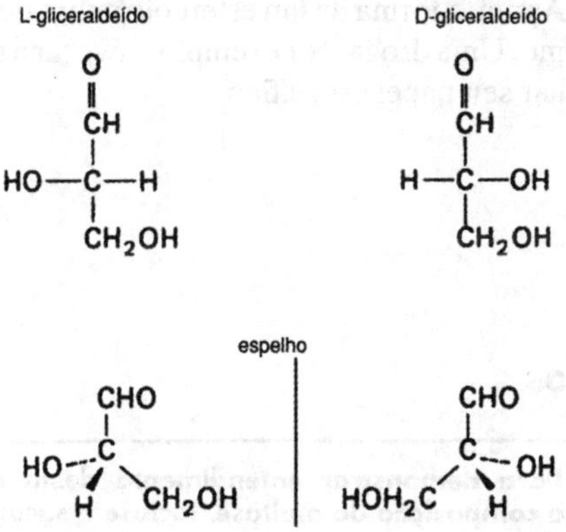

Figura 12-7
Os enantiômeros do gliceraldeído. As formas D e L são antípodas ópticos. Eles são objeto e imagem um do outro, como as mãos direita e esquerda.

Os dois possíveis arranjos no espaço, ou configurações, do gliceraldeído são chamados D e L. Outras moléculas são assim rotuladas comparando-se suas configurações, em volta de um átomo de carbono quiral, com o D-gliceraldeído e o L-gliceraldeído. A configuração para os monossacarídeos é baseada no átomo de carbono quiral mais distante do grupo carbonila. Se o grupo hidroxila estiver do lado "direito" na forma aberta, com o grupo carbonila para "cima", a configuração é D. *Os monossacarídeos comuns na natureza existem na forma D.* Assim, glicose deve ser escrita D-glicose.

Um sistema mais recente, chamado sistema R-S ou sistema de Cahn-Ingold-Prelog, é também usado para designar enantiômeros. Neste sistema, o enantiômero que chamamos D-gliceraldeído seria chamado S-gliceraldeído. O sistema D-L porém é ainda largamente usado na química de carboidratos por causa de sua tradição.

A luz interage com os enantiômeros numa maneira especial. Você pode imaginar a luz comum em termos de ondas vibrando em todas as direções. A luz polarizada, que é produzida quando a luz passa através de óculos de sol Polaroid, por exemplo, consiste de ondas vibrando num só plano, por exemplo só para cima e para baixo. Os enantiômeros têm a propriedade de poder rodar este plano de luz polarizada. Diz-se então que eles são opticamente ativos. As substâncias que rodam o plano no sentido horário são dextrógiras, simbolizadas por (+). Aqueles que rodam o plano no sentido anti-horário são levógiras, simbolizadas por (–). (Uma solução que contém quantidades iguais destas duas formas não mostra rotação óptica e é chamada de mistura racêmica.) Embora todos os monossacarídeos tenham configuração D, alguns produzem rotação da luz polarizada no sentido horário, simbolizada por D(+), e outros produzem rotação no sentido anti-horário, simbolizada por D(-). Note que a designação D ou L é baseada em certas regras, enquanto que a rotação óptica é determinada experimentalmente.

O fato de uma molécula ter configuração D ou L tem grande importância biológica. Como veremos no Capítulo 15, as enzimas do nosso corpo são muito específicas. Elas geralmente reconhecem apenas um enantiômero, uma das formas da molécula. Assim, a forma de um estereoisômero determina o efeito daquela molécula no organismo. Uma droga, por exemplo, deve ter a configuração adequada para poder desempenhar seu papel específico.

12.5 Dissacarídeos

Objetivo: Para demonstrar entendimento desta seção, você deverá ser capaz de descrever a composição da maltose, lactose e sacarose.

Os dissacarídeos consistem de duas unidades de monossacarídeos interligadas por um átomo de oxigênio, como mostrado para a maltose. A maltose consiste de duas unidades de glicose, assinaladas por A e B. O carbono 1, o átomo de carbono anomérico da glicose A (na sua forma alfa), está ligado ao carbono 4 da glicose B por uma "ponte" de oxigênio (ponte oxídica).

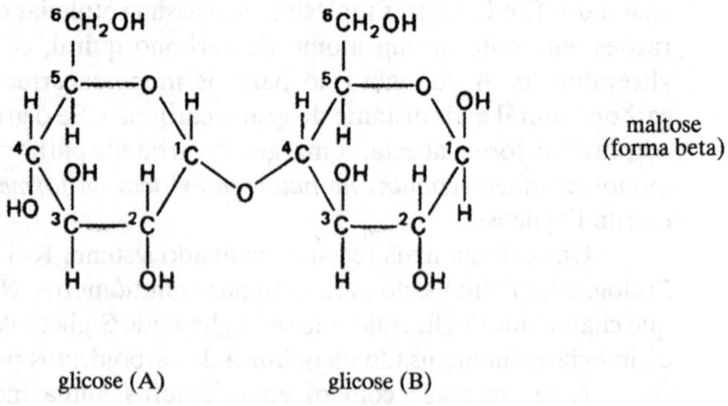

O hemiacetal (glicose A) foi convertido em um acetal através da reação com um grupo hidroxila da glicose B.

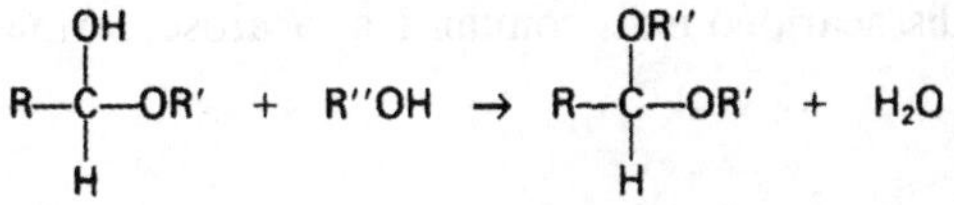

hemiacetal (A) álcool (B) acetal água

O acetal de um açúcar é chamado **glicosídeo**. A ligação entre as unidades de monossacarídeos é chamada **ligação glicosídica**. Uma molécula de água é eliminada para cada ligação glicosídica formada. Note que o carbono 1 da glicose A tem agora duas ligações tipo éter, em vez de apenas uma e um grupo hidroxila. O carbono anomérico da glicose B ainda existe como um hemiacetal, e o glicosídeo final é uma mistura das formas alfa e beta.

A maltose, ou açúcar do malte, não ocorre em abundância na natureza, embora seja encontrada em grãos em germinação. É o produto principal da hidrólise do amido, um polissacarídeo descrito na próxima seção. (No nosso corpo, a maltose é hidrolisada a glicose.) A maltose é usada em "fórmulas" para alimentação de crianças, assim como em outras bebidas.

Um segundo dissacarídeo, lactose ou açúcar do leite, consiste de glicose combinada com galactose. O hemiacetal, uma molécula de beta-galactose (carbono 1), reage com o grupo hidroxila de uma molécula de glicose (carbono 4) para formar uma ligação tipo acetal como na maltose. A lactose é encontrada quase que exclusivamente no leite. O leite humano contém cerca de duas vezes mais lactose do que o leite de vaca.

Para digerir a lactose, nosso corpo precisa de uma enzima particular (lactase). Esta enzima está presente nas crianças, e permanece ativa nos adultos descendentes de europeus nórdicos e alguns outros grupos étnicos. Entretanto, a maioria dos adultos descendentes de povos orientais, africanos, médio-orientais, indianos e mediterrânicos têm pouco da enzima e mostram graus variáveis de "intolerância à lactose". A lactose permanece indigesta e produz distúrbios gastrointestinais. A desordem é facilmente controlada restringindo-se alimentos que contêm lactose, especialmente leite, na dieta.

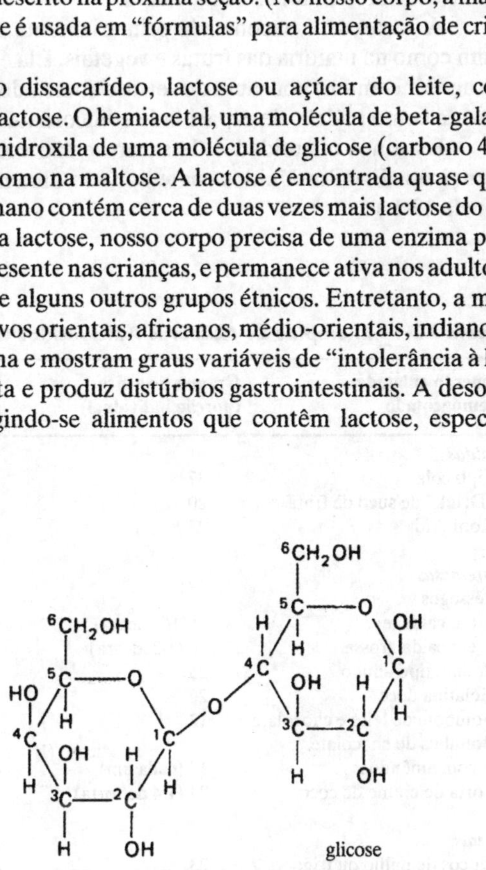

lactose (forma beta)

glicose

galactose

O dissacarídeo mais comum é a sacarose, formada da ligação entre glicose e frutose:

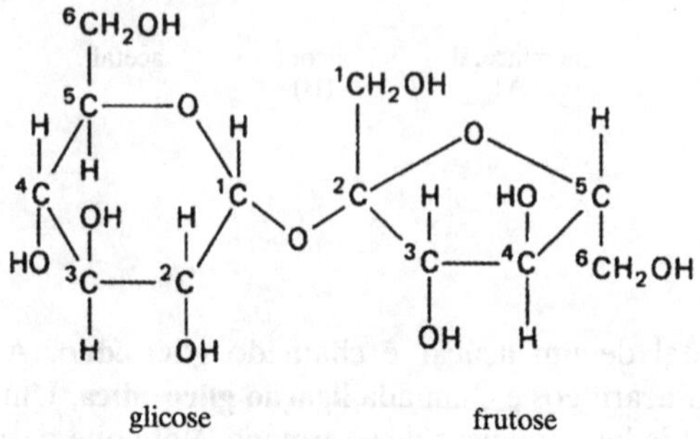

sacarose

O carbono que forma o hemiacetal da glicose (forma alfa) está ligado, através de um átomo de oxigênio, ao carbono que forma o hemicetal da frutose (forma beta). Assim, a ligação glicosídica envolve dois carbonos anoméricos, em vez de apenas um como na maltose e na lactose. Como resultado, nenhum dos anéis pode sofrer mutarrotação, e a sacarose não tem formas alfa e beta.

A sacarose é encontrada primariamente na cana-de-açúcar e na beterraba, assim como na maioria das frutas e vegetais. Ela é conhecida como "açúcar de mesa" (ou açúcar comum) por causa do seu uso como adoçante de uso doméstico. A sacarose é usada como padrão de capacidade edulcorante (Veja Saúde em Notícia 12).

Enormes quantidades de sacarose são consumidas. Cada homem, mulher e criança nos Estados Unidos come por ano uma média de 50 Kg de sacarose (veja a Tabela 12-1.)

Tabela 12-1 Exemplos de Açúcares Adicionados a Alimentos

Alimento enlatado ou empacotado	Gramas de açúcar (porção individual)	% do peso total	% de calorias
Bebidas			
Tipo cola	37	10	100
"Drink" de suco de fruta	20	12	85
Kool-Aid	25	11	98
Sobremesas			
Pêssegos			
em calda leve	9 (1/2 xícara)	7	48
em calda grossa	16 (1/2 xícara)	12	61
Pudim, tipo amido	25	18	50
Gelatina doce	26	18	97
Bombom de leite e chocolate	12	44	32
Bolinhos de chocolate com amêndoas	12 (cada um)	50	30
Torta de creme de coco	24 (1/4 de torta)	68	66
Cereais			
Flocos de milho ou trigo	23	7-11	11-15
Alimento pré-adoçado, aromatizado	8-14	29-44	26-45
100% Natural	6	19	15

Saúde em Notícia 12

AÇÚCAR E ADOÇANTES ARTIFICIAIS

O açúcar tem sempre sido parte de nossa dieta. Entretanto, a quantidade total de açúcar e a proporção de açúcar "adicionado" tem aumentado muito. Atualmente cerca de 20% das calorias da dieta nos Estados Unidos vêm do açúcar adicionado aos alimentos. Estas são chamadas calorias "vazias" uma vez que não fornecem qualquer valor nutricional além de energia. A maior parte do açúcar refinado produzido hoje é usado pela indústria de alimentos e bebidas. Há cinquenta anos, a maior parte ia diretamente para os lares.

A sacarose é obtida da cana-de-açúcar e da beterraba. Além disto, adoçantes obtidos do milho estão em uso crescente. Amido de milho é hidrolisado até glicose, produzindo o xarope de milho. Por meio de uma enzima (glicose isomerase), a glicose pode ser convertida a frutose, que é mais de duas vezes mais doce. O adoçante resultante, xarope de milho rico em frutose, está presente na maioria dos refrigerantes.

Adoçantes artificiais estimulam os mesmos bulbos gustativos do açúcar, mas fornecem poucas ou nenhuma caloria. Eles são especialmente importantes para indivíduos obesos e diabéticos. Os que estão agora no comércio são a sacarina e o aspartame:

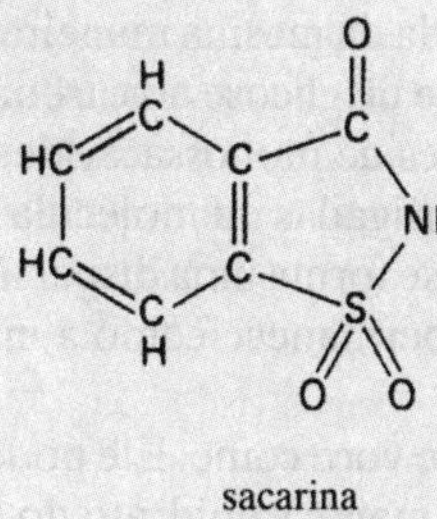

sacarina

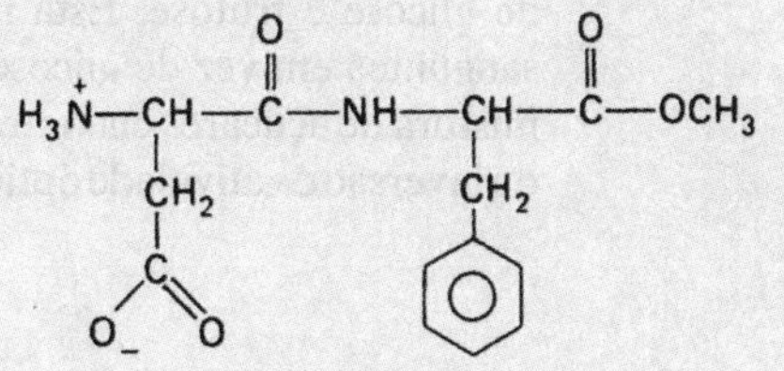

aspartame

Cerca de seis milhões de libras de sacarina são consumidas anualmente, a maior parte em refrigerantes para dieta. Exige-se que eles tragam um aviso que se constatou que a sacarina pode causar câncer em animais de laboratório.

O aspartame, mais recente, não é tão doce como a sacarina, mas não se provou sua ligação com câncer de bexiga e o mesmo não deixa sabor após a ingestão.

A lista abaixo fornece os fatores aproximados da capacidade edulcorante de açúcares e adoçantes comparada à da sacarose, para o qual se atribui valor 1.

Adoçante	Capacidade edulcorante relativa
sacarina	300
aspartame	200
frutose	1,7
mel	1,4
melado	1,1
sacarose	1
glicose	0,5
maltose	0,3
galactose	0,3
lactose	0,2

Muitos médicos acham que tão grande quantidade aumenta o risco de se desenvolver o diabetes mellitus, além de outras condições, tais como doença cardíaca. A sacarose também contribui para a cárie dentária, a deterioração ou desintegração da estrutura dentária.

Como todos os dissacarídeos, a sacarose não pode ser usada pelo nosso corpo se injetada endovenosamente. A hidrólise da sacarose, porém, quebra a ligação entre os dois monossacarídeos, formando "açúcar invertido", uma mistura de partes iguais de glicose e frutose. Esta mistura pode ser administrada diretamente na corrente sangüínea em vez de glicose (dextrose) sozinha. "Açúcar invertido" é semelhante à mistura de açúcares encontrada no mel. (O termo "açúcar invertido" vem da mudança ou inversão da atividade óptica quando o dissacarídeo é hidrolisado a monossacarídeos.)

12.6 Polissacarídeos

Objetivo: Para demonstrar entendimento desta seção, você deverá ser capaz de descrever a estrutura e a função do amido, glicogênio e celulose.

Polissacarídeos são polímeros de condensação que geralmente contêm centenas de moléculas de monossacarídeos interligadas por pontes oxídicas. Pesos moleculares típicos destas moléculas variam de milhares a milhões. Vários dos mais importantes carboidratos encontrados na natureza são polissacarídeos formados de unidades repetitivas de glicose.

O amido é uma mistura de dois tipos de polissacarídeos - um polímero de glicose de cadeia não ramificada (10% a 20%) chamado amilose e um polímero altamente ramificado (80% a 90%) chamado amilopectina, como ilustrado na Figura 12-8.

A amilose consiste de mais de 1000 moléculas de alfa glicose interligadas, com ligações entre o carbono 1 de uma unidade e o carbono 4 da unidade vizinha, como na maltose. A amilopectina é na maior parte interligada da mesma maneira, mas contém também ramificações do carbono 6 de uma unidade de glicose ao carbono 1 da outra. Estas ramificações ocorrem a cada 20 a 25 unidades de monossacarídeo ao longo da cadeia. Há centenas de tais grupos de cadeias interligadas na molécula do polímero. Quando você ferve uma batata, um pouco da amilose forma uma dispersão coloidal na água quente, tornando-a leitosa. A amilopectina permanece como a maior parte do amido que você come.

O amido é o carboidrato mais abundante que você come. Ele pode ser considerado a base de sua dieta, uma vez que você ingere mais carboidrato do que qualquer outro tipo de alimento. Grandes quantidades de amido são encontradas nos cereais (tais como trigo, centeio e milho), batatas e vegetais (legumes). Amido é a forma na qual muitas plantas armazenam energia obtida da luz solar. Quando você digere o amido, ele é decomposto por hidrólise em fragmentos menores conhecidos como dextrinas. Hidrólise subseqüente resulta em moléculas de maltose e finalmente glicose.

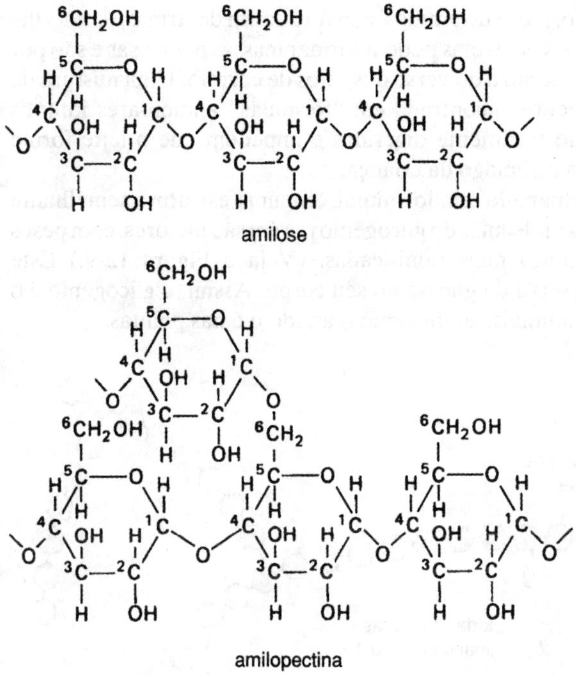

Figura 12-8
O amido é uma mistura de 10% a 20% de amilose e 80% a 90% de amilopectina. Como mostrado, a amilose é um polímero de cadeia não ramificada e a amilopectina contém ramificações.

Faça-o Você Mesmo 12

MOLHO SIMPLES DE AMIDO

Os molhos representam um aspecto crucial mas às vezes temido da arte culinária. Uma vez entendendo como os amidos engrossam um líquido, você terá mais facilidade em prepará-los. As moléculas do amido (amilose e amilopectina) nas farinhas de trigo, de milho, de araruta e de batata, estão localizadas em grânulos. Quando o amido é aquecido na água, as fracas atrações entre suas moléculas diminuem, permitindo que a água entre nos grânulos. O amido pode absorver até 25 vezes seu peso em água. Como resultado, a mistura engrossa. Os grânulos de amido inchados devem agora ser tratados delicadamente. Se eles se romperem, o molho ficará ralo.

Como fazer: Reúna os seguintes itens:

panela	1 xícara de água fria
jarra com tampa	3 colheres (de sopa) de farinha de trigo
batedor	

Coloque cerca de três quartos da água na panela e ferva. Despeje o resto na jarra e adicione a farinha. Tampe a jarra firmemente e agite-a bem. Esvazie o conteúdo da jarra na água fervendo, mexendo com o batedor. Reduza a chama e agite suavemente. O molho deve engrossar em alguns minutos.

Você agitou o amido na água fria para separar os grânulos antes que eles fossem adicionados à água quente. Se os grânulos não fossem previamente separados, eles iriam "empelotar". Numa "pelota", os grânulos externos absorvem água, mas os internos permanecem secos. Para você ver a diferença, adicione a farinha diretamente à água fervendo, sem agitá-la primeiro com água fria.

Quando você torra o pão, parte do amido é convertida em dextrinas, dando-lhe um sabor e textura diferentes. As dextrinas podem formar massas pegajosas e são por isso usadas em mucilagens, tais como a do verso dos selos de correio. Uma mistura de dextrinas e maltose é comumente encontrada em "fórmulas" alimentares infantis juntamente com leite. Elas são facilmente digeridas e impedem que o leite forme grandes e pesados coágulos no estômago da criança.

O glicogênio, também chamado amido animal, tem uma estrutura semelhante à da amilopectina do amido. As moléculas do glicogênio porém são maiores, com pesos moleculares de milhões, e muito mais ramificadas. (Veja a Figura 12-9.) Este polissacarídeo é a forma de reserva da glicose no seu corpo. Assim, o glicogênio é o polissacarídeo de reserva nos animais, assim como o amido o é nas plantas.

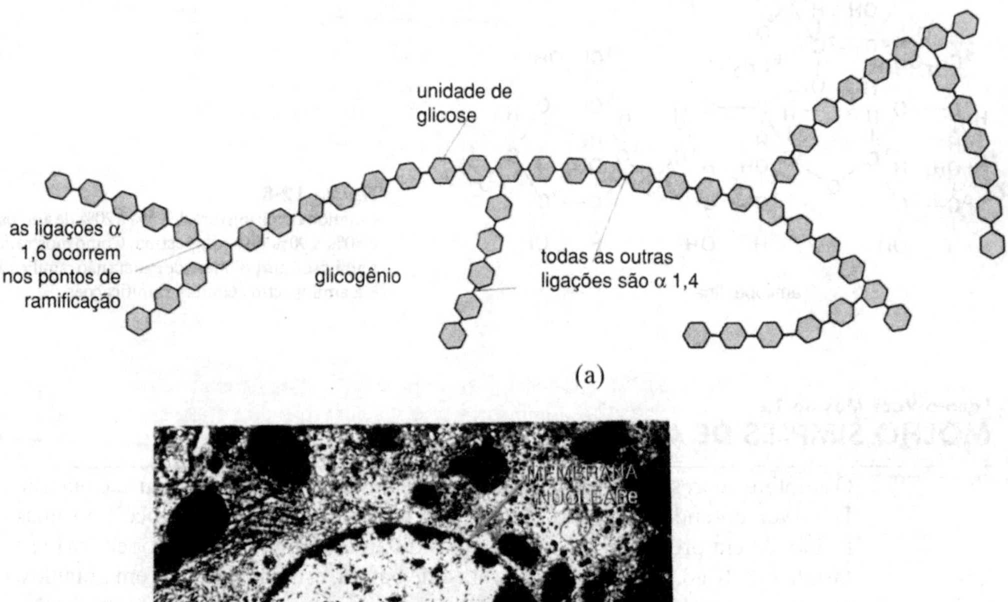

Figura 12-9
Glicogênio. (a) Os hexágonos neste diagrama representam as unidades de glicose no glicogênio. (b) As densas partículas dentro desta célula hepática são grânulos de glicogênio vistos através de um microscópio eletrônico. (Foto de Grant Heilman).

O glicogênio ocorre na maioria dos tecidos, mas é encontrado primariamente no fígado (onde ele pode constituir até 7% do peso úmido) e no tecido muscular esquelético. O glicogênio é utilizado quando necessário como fonte de energia. Depois que você come, parte da glicose produzida por digestão é convertida a glicogênio (num processo chamado glicogênese). Mais tarde, quando o nível de glicose na corrente sangüínea cai, o glicogênio é hidrolisado de volta a glicose (através de um processo chamado glicogenólise) para ser utilizado pelo organismo. Estes processos serão descritos no Capítulo 16. O glicogênio é bem adaptado para armazenamento porque seu grande tamanho o impede de difundir através das membranas celulares. Além disto, se as moléculas de glicose não fossem amarradas entre si sob forma de glicogênio, a pressão osmótica seria muito maior e faria com que a célula estourasse.

A celulose é a substância orgânica mais abundante na natureza. Ela contém mais de 50% de todos os átomos de carbono orgânico. A celulose está presente nas paredes celulares de proteção das plantas como seu principal componente estrutural.

Ao contrário do amido e glicogênio, que estão ligados através de ligações alfa, a celulose consiste de unidades de *beta*-glicose. Há 10000 ou mais por molécula, numa cadeia não ramificada, como mostra a Figura 12-10. Pelo fato de as unidades de glicose estarem unidas em sua forma beta, o polímero pode formar uma estrutura linear rígida. Esta estrutura torna a celulose fibrosa, resistente, e insolúvel em água. Em contraste, os polímeros de unidades alfa do amido e glicogênio podem se enrolar e formar densos grânulos, úteis para armazenamento mas não para suporte.

Também por causa das ligações beta, a celulose não pode ser digerida no seu corpo. Somente o cupim, a vaca e alguns outros animais podem digerir materiais a base de celulose para alimento porque eles contêm microorganismos que secretam a enzima necessária. Desde que você não a digere, a celulose forma parte do material indigerível da sua dieta. Sua presnça ajuda a estimular o movimento do alimento (peristalse ou peristaltismo) no trato intestinal e favorece a formação de fezes normais.

O algodão consiste quase que inteiramente deste polissacarídeo; a madeira é cerca de 40% a 50% celulose. Muitos produtos comercialmente importantes resultam do tratamento químico da celulose. Tecidos de "vinco permanente" são fabricados introduzindo-se ligações cruzadas entre as cadeias poliméricas da celulose e dando ao material a forma desejada. A fibra de rayon é produzida tratando-se a celulose com hidróxido de sódio e dissulfeto de carbono. O celofone é preparado em folhas num processo semelhante. Os nitratos de celulose, usados em produtos como celulóide para filmes fotográficos e explosivos, são obtidos por tratamento com ácido nítrico.

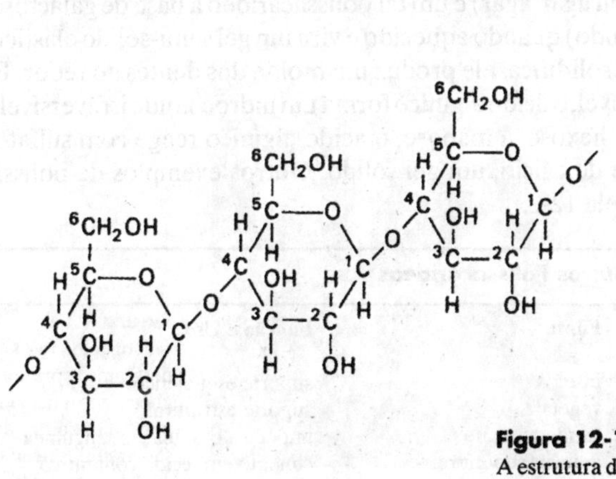

Figura 12-10
A estrutura da celulose (compare com a Figura 12-8). A celulose consiste de unidades de beta-glicose enquanto que o amido contém unidades de alfa-glicose.

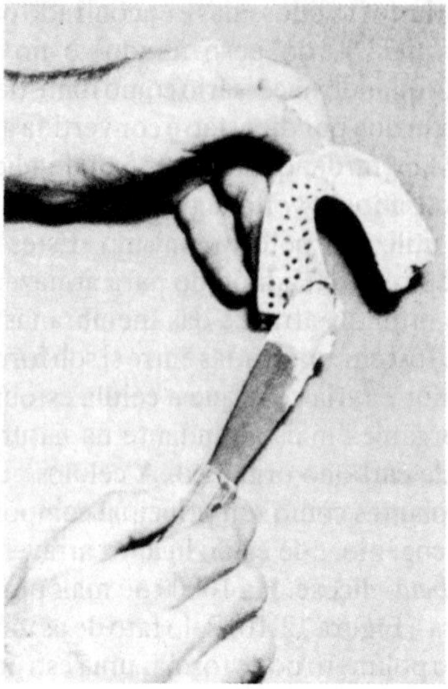

Figura 12-11
Material de hidrocolóide para moldagem (alginato). (Direitos autorais para foto Al Green.)

O colódio, material usado para formar um filme protetor sobre a pele, consiste de nitrato de celulose numa mistura de álcool e éter. O composto relacionado celulóide foi o primeiro plástico.

Dextranas são polissacarídeos ramificados fabricados a partir de glicose por certas bactérias. (Não confunda dextranas com dextrinas, que são produzidas da hidrólise do amido). As dextranas com pesos moleculares de 25000 a 75000 são usadas clinicamente em condições como choque ou perda sangüínea. As dextranas formam um colóide que aumenta o volume sangüíneo por osmose, o processo que descrevemos na Seção 6.10.

Dois polissacarídeos encontrados em algas são usados em odontologia como materiais de moldagem para dentaduras inteiras ou parciais (Figura 12-11). Eles são conhecidos como hidrocolóides, porque suas grandes moléculas formam colóides quando dispersas em água.

O ágar (ou ágar-ágar) é um tal polissacarídeo a base de galactose. Ele forma um sol (colóide líquido) quando aquecido e vira um gel semi-sólido elástico quando esfria. Enquanto o gel solidifica, ele produz um molde dos dentes ao redor. Em contraste ao processo reversível, o ácido algínico forma um hidrocolóide irreversível. Polissacarídeo a base de outra hexose, a manose, o ácido algínico reage com sulfato de cálcio para formar alginato de cálcio, um gel sólido. Outros exemplos de polissacarídeos estão listados na Tabela 12-2.

Tabela 12-2 Outros Polissacarídeos

Nome	Fonte	Função e Uso
quitina	insetos	suporte esquelético
goma arábica	vegetal	suporte estrutural
heparina	tecido humano	impede a coagulação sangüínea
ácido hialurônico	animais superiores	cimento em tecido conjuntivo
inulina	plantas	teste de função renal
pectina	plantas	cimento

12.7 Reações de Carboidratos

Objetivo: Para demonstrar entendimento desta seção, você deverá ser capaz de descrever as principais reações dos carboidratos.

Os carboidratos sofrem vários tipos de reações químicas, dependendo de qual grupo funcional está envolvido. Por exemplo, como descrito no Teste Clínico 12, o grupo aldeídico pode ser oxidado a grupo carboxílico pela solução de Benedict e outros meios. Açúcares como a glicose que podem ser oxidados desta maneira são **açúcares redutores**, uma vez que eles reduzem outras substâncias enquanto são oxidados. A Tabela 12-3 compara os carboidratos discutidos neste capítulo em termos de sua capacidade redutora. Note que *todos os açúcares com um grupo hidroxila no carbono anomérico* (na forma cíclica) *são açúcares redutores.* A sacarose é não redutora porque os carbonos anoméricos de ambos os monossacarídeos estão unidos por uma ligação glicosídica e não têm mais grupos hidroxila.

O grupo aldeídico pode também ser reduzido a álcool na presença de uma enzima, ou com hidrogênio e um catalisador metálico. Com glicose, o álcool resultante é o sorbitol.

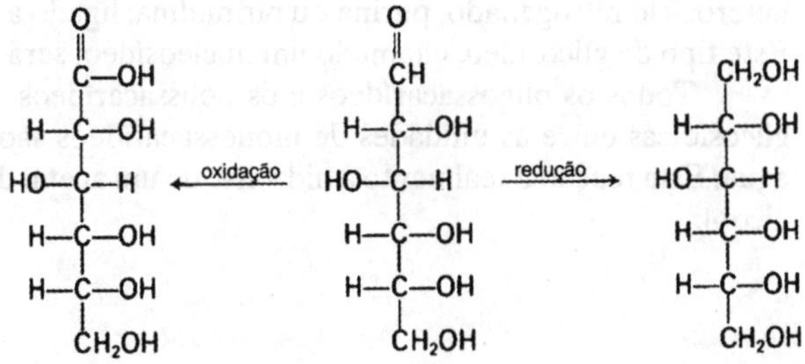

ácido glicônico glicose sorbitol

Na natureza, a maioria dos açúcares que não a glicose e a frutose encontra-se combinada com não açúcares, usualmente compostos com um grupo hidroxila ou com heterociclo nitrogenado. Estes acetais, formados pela reação com o grupo hemiacetal, são glicosídeos, como os dissacarídeos. Se o açúcar reagente for a glicose, o produto é chamado glicosídeo. Por exemplo, o metanol reage com glicose na presença de ácido para formar um metil glicosídeo no carbono 1.

Tabela 12-3 Capacidade Redutora de Carboidratos

Redutores (teste positivo com a solução de Benedict)	Não redutores (teste negativo com a solução de Benedict)
ribose	sacarose
glicose	amido
galactose	glicogênio
frutose	celulose
lactose	dextrana
maltose	

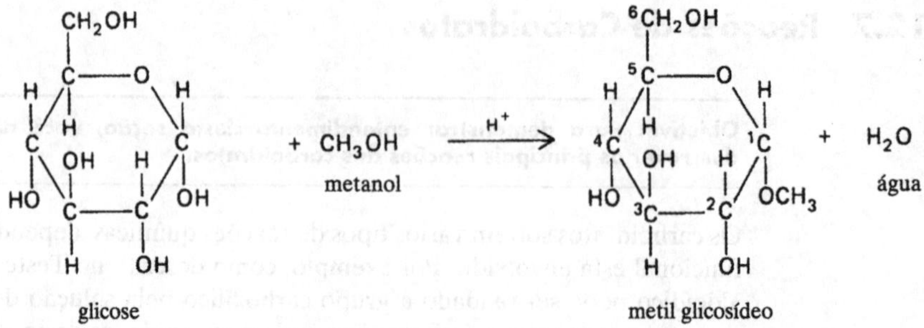

Como vimos, quando o "álcool" reagente é o grupo hidroxila de outro monossacarídeo, o glicosídeo resultante é um dissacarídeo. Um glicosídeo medicinalmente importante é a digitoxina, o principal componente da digitalis. Ela é usada para tratamento de parada cardíaca aumentando a força de contração do músculo cardíaco e diminuindo sua freqüência.

Quando um grupo amina substitui o grupo hidroxila no carbono anomérico, a molécula é chamada um *N*-glicosídeo. Por exemplo, os ácidos nucléicos contêm um heterociclo nitrogenado, purina ou pirimidina, ligado a uma ribose ou desoxirribose. Este tipo de glicosídeo, chamado um nucleosídeo, será discutido no Capítulo 19.

Todos os oligossacarídeos e os polissacarídeos sofrem hidrólise. As ligações glicosídicas entre as unidades de monossacarídeos são quebradas pela reação com água. Esta reação é realmente a hidrólise de um acetal de volta a um hemiacetal e um álcool:

$$R{-}C(OR'')(H){-}OR' + H_2O \rightleftarrows R{-}C(OH)(H){-}OR' + R''OH$$

acetal — hemiacetal — álcool

Por exemplo, a hidrólise do dissacarídeo sacarose pode ser representada assim:

$$(C_6H_{11}O_5)O(C_6H_{11}O_5) + H_2O \overset{H+}{\rightleftarrows} C_6H_{12}O_6 + C_6H_{12}O_6$$

sacarose (acetal) — glicose (hemiacetal) — frutose (álcool)

Você pode imaginar a sacarose como o acetal formado quando o monossacarídeo glicose reage como um hemiacetal (aldeído mais álcool) e o segundo monossacarídeo, frutose, reage como um álcool.

As reações anteriormente descritas ocorrem no carbono do grupo aldeídico. Outras importantes transformações envolvem somente os grupos hidroxila. Eles podem reagir com ácido fosfórico para formar ésteres fosfóricos, do mesmo modo como um álcool pode reagir com ácido carboxílico para formar os ésteres que estudamos na Seção 10.8. Por exemplo, uma etapa chave da degradação da glicose no nosso corpo é a sua fosforilação, a formação de um éster fosfórico, glicose 6-fosfato.

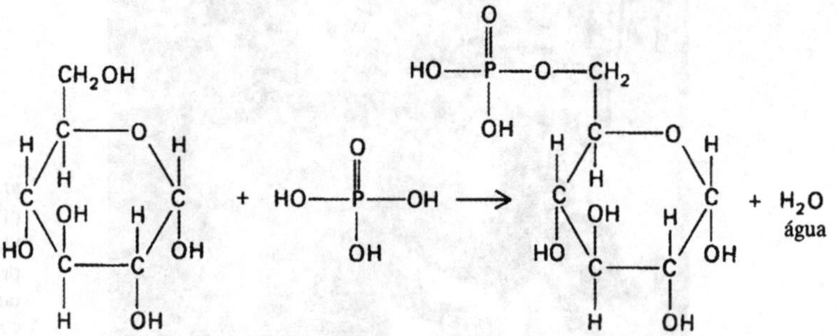

glicose ácido fosfórico glicose 6-fosfato

Fermentação é a decomposição de um carboidrato pelas enzimas de um organismo vivo. Se levedura é adicionada a certos açúcares, por exemplo, etanol (álcool etílico) e dióxido de carbono são gerados. A equação global para a fermentação da glicose é

$$\underset{\text{glicose}}{C_6H_{12}O_6} \xrightarrow{\text{enzimas}} \underset{\text{etanol}}{2\,CH_3CH_2OH} + \underset{\text{dióxido de carbono}}{2\,CO_2}$$

Desta maneira, vinho é feito de açúcares oriundos de uvas esmagadas e cerveja é feita daqueles de germe de malte. O processo da fermentação pode ocorrer até que o álcool do vinho atinja um nível de 14%. (Esta alta concentração alcoólica inibe a fermentação subseqüente.)

Os monossacarídeos como a glicose podem também ser degradados por um tipo diferente de fermentação em duas moléculas de ácido lático:

$$\underset{\text{glicose}}{C_6H_{12}O_6} \xrightarrow{\text{enzimas}} \underset{\text{ácido lático}}{2CH_3CH(OH)C(=O)\text{—}OH}$$

Queijo e chucrute, por exemplo, podem resultar da fermentação lática. Os antibióticos são também produzidos por fermentação, como mostra a Figura 12-12. Além de ocorrer em microorganismos, uma forma de fermentação ocorre em seu corpo numa seqüência de reações chamada glicólise (descrita no Capítulo 16).

Figura 12-12
O processo de fermentação. Antibióticos, como a penicilina, são produzidos por fermentação nos tanques aqui mostrados. (Foto por cortesia da Pfizer, Inc.)

SUMÁRIO

12.1 Carboidratos são moléculas orgânicas que contêm carbono, hidrogênio e oxigênio e podem ser definidas como poliidroxialdeídos ou poliidroxicetonas, ou como substâncias que produzem estes compostos por hidrólise, e seus derivados. Os carboidratos são classificados como monossacarídeos (unidades isoladas), dissacarídeos (duas unidades) ou polissacarídeos (muitas unidades). Carboidratos de baixo peso molecular que se dissolvem na água e têm sabor doce são conhecidos como açúcares.

12.2 Os monossacarídeos podem ainda ser classificados em aldoses e cetoses. Eles são também divididos em grupos dependendo do número de átomos de carbono. Gliceraldeído, o mais simples de todos os monossacarídeos, é uma aldotriose. Ele tem três carbonos, um dos quais é parte de um grupo aldeídico.

12.3 A hexose mais comum é a glicose, também conhecida como dextrose ou açúcar do sangue. É o carboidrato normalmente encontrado em sua corrente sangüínea que se constitui na maior fonte de energia para a vida. A glicose é administrada endovenosamente a pacientes que não podem receber alimento por boca. Galactose, outra aldohexose, e frutose, uma cetohexose, são isômeros da glicose, tendo também a fórmula $C_6H_{12}O_6$.

12.4 Os monossacarídeos podem existir em forma aberta e fechada. O "fechamento" da cadeia cria dois possíveis hemiacetais, identificados por alfa e beta. Estes isômeros, conhecidos por anômeros, diferem entre si apenas na orientação do grupo hidroxila num átomo de carbono. Em solução eles existem em equilíbrio com uma pequena quantidade da forma aberta.

Tópico Especial 2 Os carboidratos formam estereoisômeros chamados enantiômeros, moléculas que são imagens especulares uma da outra e não podem ser sobrepostas. Quando quatro diferentes grupos estão ligados a um átomo de carbono, diz-se que a molécula é quiral e pode ter dois possíveis enantiômeros. Os enantíômeros são opticamente ativos — eles podem rodar o plano da luz polarizada. A configuração de um isômero óptico tem grande significado biológico.

12.5 Os dissacarídeos são formados de dois monossacarídeos. Os dois anéis são interligados por um átomo de oxigênio, formando uma ligação tipo acetal. A maltose é feita de duas unidades de glicose. Lactose, ou açúcar do leite, é feita de glicose combinada com galactose. O dissacarídeo mais comum, sacarose, ou "açúcar de mesa", é formado de glicose e frutose. A hidrólise da sacarose forma o "açúcar invertido."

12.6 Polissacarídeos são polímeros que contêm geralmente centenas de moléculas de monossacarídeos interligadas por átomos de oxigênio fazendo ponte. Amido é uma mistura de dois polissacarídeos - amilose, de cadeia não ramificada, e amilopectina, de cadeia ramificada. É o carboidrato mais importante que você come e pode ser considerado a base de sua dieta. Glicogênio, a forma de reserva dos carboidratos em seu fígado e tecido muscular, tem uma estrutura semelhante à da amilopectina. Celulose, a substância orgânica mais abundante encontrada na antureza, contém mais de 50% de todos os átomos de carbono orgânico. Pelo fato de ela consistir de unidades de beta-glicose, ao contrário do amido e do glicogênio, que contêm unidades de alfa-glicose, a celulose não pode ser digerida pelos seres humanos. Ela forma parte do material indigerível da sua dieta.

12.7 Os carboidratos sofrem vários tipos de reações químicas dependendo de qual grupo funcional está envolvido. Os açúcares que podem ser oxidados pela solução de Benedict ou meios similares são conhecidos como açúcares redutores porque eles atuam como agentes redutores. Glicosídeos são açúcares derivados formados pela reação com o grupo hemiacetal. Fermentação é a decomposição de um carboidrato pelas enzimas de um organismo vivo.

EXERCÍCIOS

Exercício sobre Casamento de Palavras-Chave

Para cada termo à esquerda, escolha a frase da coluna à direita que mais se aproxima do seu significado.

1. carboidrato	a. macromolécula
2. monossacarídeo	b. tem seis carbonos
3. dissacarídeo	c. pequeno e solúvel em água
4. oligossacarídeo	d. une monossacarídeos
5. polissacarídeo	e. anel de seis membros
6. açúcar	f. poliidroxialdeído ou poliidroxicetona
7. aldose	g. difere no carbono hemiacetálico
8. cetose	h. duas unidades de monossacarídeos
9. hexose	i. tem o grupo aldeídico
10. piranose	j. unidade básica
11. anômeros	k. imagens especulares
12. ligação glicosídica	l. tem o grupo cetônico
13. açúcar redutor	m. duas a dez unidades
14. enantiômero	n. grupo aldeídico livre

Exercícios por Tópico

Tipos de Carboidrato (12.1)

15. Como você pode deduzir, a partir da estrutura, se uma molécula é um carboidrato?
16. Quantas "unidades" de carboidratos há num monossacarídeo? num polissacarídeo?
17. O que é açúcar?
18. Como você pode deduzir, a partir do nome de uma molécula, que ela pode ser um carboidrato?
19. Que funções desempenham os carboidratos na natureza?

Monossacarídeos (12.2)

20. Qual a diferença entre uma aldose e uma cetose?
21. Quantos átomos de carbono há numa hexose? numa pentose? numa triose?
22. Represente a estrutura de um monossacarídeo de três carbonos.
23. Quais são as duas pentoses biologicamente importantes? Em que elas se diferenciam?

Hexoses (12.3)

24. Por que a glicose é tão importante?
25. Represente a fórmula aberta da glicose.
26. Em que a glicose difere da galactose?
27. Dê um exemplo de uma cetohexose.
28. Por que a glicose pode ser administrada endovenosamente?
29. Qual monossacarídeo é conhecido como açúcar das frutas? açúcar do sangue? dextrose? levulose?

Formas Cíclicas dos Monossacarídeos (12.4)

30. Para a glicose represente sua (a) fórmula de Fischer e (b) fórmula de Haworth.
31. Por que a forma cíclica da glicose não tem mais o grupo funcional aldeídico?
32. O que são anômeros? Como são eles designados?
33. Se alfa-glicose pura for dissolvida em água, a beta-glicose logo aparecerá. Explique como isto é possível.
34. É a glicose uma furanose ou uma piranose? Explique.
35. Qual monossacarídeo comum existe como hemicetal?

Estereoisômeros dos Monossacarídeos (Tópico Especial 2)

36. Por que podem os carboidratos ter estereoisômeros?
37. O que são enantiômeros?
38. O que é átomo de carbono quiral?
39. Por que tem importância a forma enantiomérica de uma molécula?

Dissacarídeos (12.5)

40. Descreva a ligação glicosídica na
    a. sacarose
    b. lactose
    c. maltose
41. Qual dissacarídeo consiste de duas unidades de glicose? uma glicose e uma galactose? uma frutose e uma glicose?
42. Por que não é o leite um bom alimento para todas as pessoas, indistintamente?
43. O que é açúcar "invertido"?

Polissacarídeos (12.6)

44. Descreva a composição do amido.
45. Por que podemos digerir amido mas não celulose?
46. Qual é a composição do glicogênio?
47. Qual polissacarídeo é o composto orgânico mais abundante na natureza? Descreva sua função.

Reações de Carboidratos (12.7)

48. O que é açúcar "redutor"? Dê um exemplo.
49. Qual é o produto da (a) oxidação e (b) redução da glicose?
50. O que é glicosídeo? Dê um exemplo.
51. Descreva o processo da fermentação. Como é este processo usado comercialmente?
52. Quais são os produtos da hidrólise da lactose?

Exercícios Adicionais

53. Identifique cada um dos seguintes açúcares com base no número de carbonos e grupo funcional (tal como aldotriose):

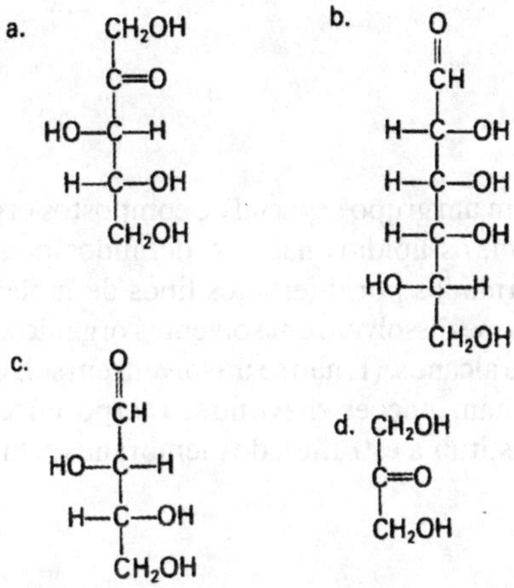

54. O que são materiais de hidrocolóide para moldagem?
55. Represente a forma cíclica da (a) desoxirribose e (b) frutose.
56. O que é a reação de Benedict? Como é ela usada clinicamente?
57. Qual é a diferença entre um enantiômero da glicose e um diastereoisômero da glicose?
58. Qual é o açúcar mais doce?
59. Dê um exemplo de um
    a. hemiacetal cíclico
    b. hemicetal cíclico
60. Dê um exemplo de um carboidrato que é
    a. aldeído
    b. hemiacetal
    c. acetal
    d. cetona
61. Escreva uma equação para a hidrólise da maltose.
62. Por que *não* é a sacarose um açúcar redutor?
63. Qual carboidrato
    a. forma as paredes celulares vegetais?
    b. está presente no leite?
    c. está em seu sangue?
    d. é a forma de armazenamento da glicose?
    e. está presente no DNA?
64. O que são dextrinas? dextranas?
65. Como é que a estrutura do glicogênio se adapta à sua função fisiológica?
66. Qual é a relação entre suas mãos direita e esquerda? Dê um exemplo de moléculas que têm a mesma relação.
67. O que são moléculas opticamente ativas?

Capítulo 13

Lipídios

Como os carboidratos, os **lipídios** constituem um grupo especial de compostos orgânicos. Ao contrário dos carboidratos, porém, os lipídios não são definidos pela sua estrutura molecular. Em vez disto, são formados por diferentes tipos de moléculas encontradas nas plantas e nos animais e que se dissolvem em solventes orgânicos não polares como o éter, clorofórmio, benzeno e alcanos. (E não se dissolvem em solventes polares como a água.) Os lipídios desempenham funções-chave no seu corpo, tais como servir como fonte e reserva de energia, constituir a estrutura de membranas celulares e agir como hormônios.

13.1 Triglicerídeos e Ácidos Graxos

Objetivo: Para demonstrar entendimento desta seção, você deverá ser capaz de descrever a estrutura de um triglicerídeo e de um ácido graxo.

Os **triglicerídeos, ou triacilgliceróis**, constituem os lipídios mais comuns. Eles são ésteres do álcool glicerol:

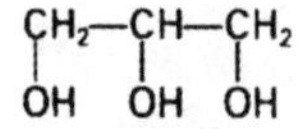

glicerol

Como este álcool contém três grupos hidroxila, ele pode reagir com três moléculas de ácidos carboxílicos. E a molécula resultante, tendo três ligações éster, é conhecida como um triéster.

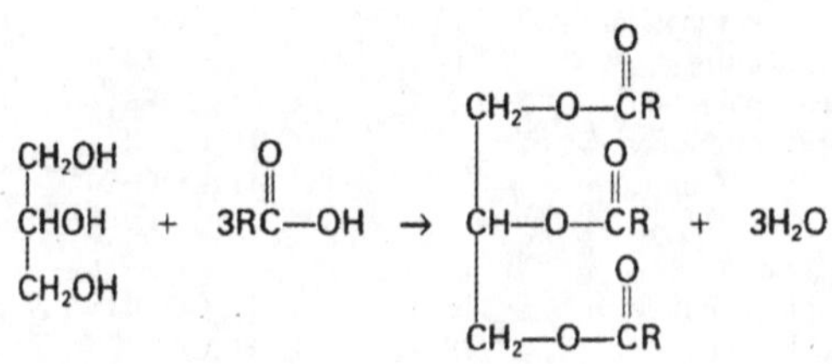

glicerol ácido carboxílico triacilglicerol água

Uma vez que o produto é um triéster do glicerol, ele pode ser chamado de triglicerídeo. Os termos "gordura" ou "óleo" são nomes comuns deste tipo de molécula. O nome químico correto é **triacilglicerol**. Este nome indica que três grupos acila foram adicionados ao glicerol.

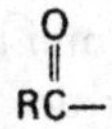

grupo acila

O grupo acila é uma combinação de um grupo alquila, R, com um grupo carbonila.

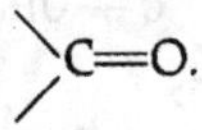

O grupo acila num triacilglicerol vem de um tipo especial de ácido carboxílico chamado **ácido graxo**. Os ácidos graxos contêm uma cadeia não ramificada de átomos de carbono com um grupo carboxílico numa ponta da molécula. Quase todos os ácidos graxos encontrados na natureza contêm um número *par* de átomos de carbono, incluindo o carbono do grupo carboxílico. Os ácidos graxos mais comuns contêm 14, 16 ou 18 átomos de carbono. Eles podem ser saturados, contendo apenas ligações simples entre os átomos de carbono, ou insaturados, com até quatro ligações duplas na molécula. A possibilidade de isômeros *cis* e *trans* existe nos ácidos graxos que contêm ligações duplas, mas apenas as formas *cis* são encontradas na natureza.

Tabela 13-1 Ácidos Graxos Comuns

Nome	Átomos de carbono[a]	Fórmula	Fonte
saturados			
ácido butírico	4	C_3H_7COOH	manteiga
ácido capróico	6	$C_5H_{11}COOH$	manteiga
ácido caprílico	8	$C_7H_{15}COOH$	óleo de coco
ácido cáprico	10	$C_9H_{19}COOH$	óleo de palma
ácido láurico	12	$C_{11}H_{23}COOH$	óleo de coco
ácido mirístico	14	$C_{13}H_{27}COOH$	óleo de noz-moscada
ácido palmítico	16	$C_{15}H_{31}COOH$	triglicerídeos
ácido esteárico	18	$C_{17}H_{35}COOH$	triglicerídeos
ácido araquídico	20	$C_{19}H_{39}COOH$	óleo de amendoim
insaturados			
ácido palmitoléico	16 (1)	$C_{15}H_{29}COOH$	manteiga
ácido oléico	18 (1)	$C_{17}H_{33}COOH$	óleo de oliva
ácido linoléico	18 (2)	$C_{17}H_{31}COOH$	óleo de linhaça
ácido linolênico	18 (3)	$C_{17}H_{29}COOH$	óleo de linhaça
ácido araquidônico	20 (4)	$C_{19}H_{31}COOH$	tecido nervoso

[a]Número de ligações duplas entre parênteses.

Saúde em Notícia 13

PROSTAGLANDINAS

As prostaglandinas constituem uma família de lipídios biologicamente ativos encontrados em todo nosso corpo em quantidades muito pequenas. Elas são formadas a partir do ácido araquidônico, um ácido graxo de 20 carbonos:

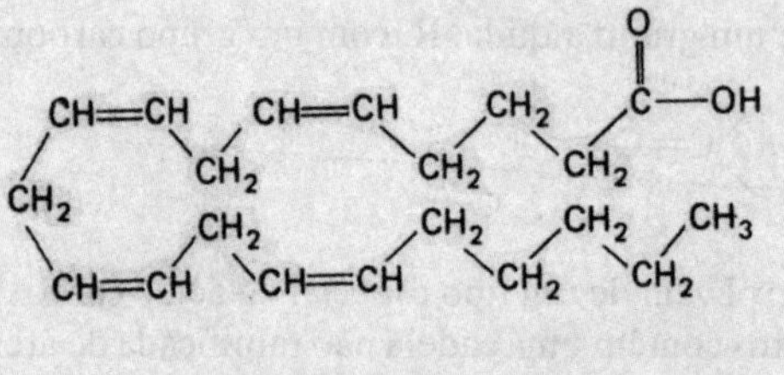

ácido araquidônico

As prostaglandinas são transmissores químicos de sinais tanto dentro como fora das células. Elas afetam quase todas as funções biológicas, incluindo o sistema cardiovascular, o sistema nervoso central, o sistema imune e o sistema endócrino. O nome "prostaglandina" foi dado na década de 1930 quando pequenas quantidades foram descobertas no esperma e erroneamente consideradas como originárias da próstata.

O Prêmio Nobel de 1982 em Fisiologia e Medicina foi conferido a Sune K. Bergström e Bengt I. Samuelsson do Instituto Karolinska, Estocolmo, e a John R. Vane da Wellcome Foundation, Inglaterra, por suas pesquisas sobre prostaglandinas. Eles identificaram muitos representantes das prostaglandinas, sua síntese e seus efeitos. Uma conseqüência foi um entendimento de como a aspirina atua: ela bloqueia a conversão de ácido araquidônico em certas prostaglandinas envolvidas na resposta inflamatória do organismo.

Mais de 30 prostaglandinas estão agora sendo testadas como drogas para uso animal e humano. As aplicações mais promissoras até agora parecem ser o tratamento de problemas de fertilidade, terapia gástrica e cardiovascular, e tratamento da asma brônquica. Uma droga já no mercado é a prostaglandina E_2 (PGE_2, Prostin E_2, Dinoprostone):

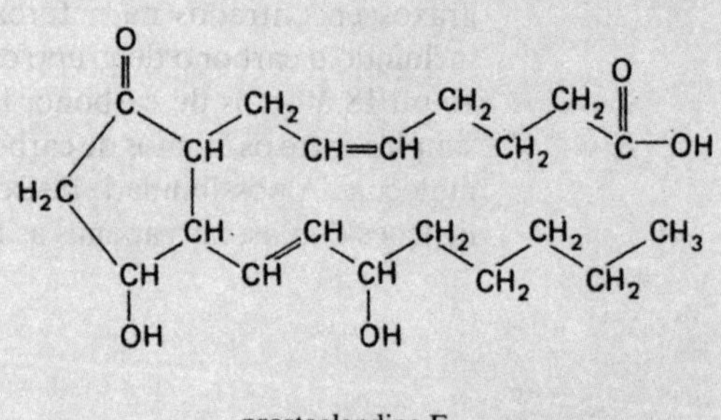

prostaglandina E_2

Ela é usada no controle de reprodução animal para induzir trabalho de parto provocando contrações uterinas. Através do mesmo mecanismo, esta prostaglandina é usada em mulheres para interromper a gravidez durante o segundo trimestre.

Ácidos graxos importantes estão listados na Tabela 13-1, e vários exemplos estão ilustrados na Figura 13-1.

Note que o grupo funcional do ácido carboxílico

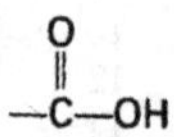

está abreviado na tabela como —COOH. O ácido palmítico e o ácido esteárico são os mais abundantes ácidos graxos saturados enquanto que o ácido oléico é o ácido graxo insaturado mais comum. (Um exemplo não listado na tabela, o ácido undecilênico, $CH_2=CH(CH_2)_8$—COOH, é usado para tratamento de infecções por fungos como o pé de atleta.) Dois ácidos graxos insaturados, linoléico e linolênico, são conhecidos como **ácidos graxos essenciais**. Você não os pode sintetizar em seu corpo e portanto deve incluí-los na sua dieta. Eles são necessários para a síntese de outras importantes moléculas do organismo, e sua ausência pode resultar em falta de crescimento das crianças.

saturados

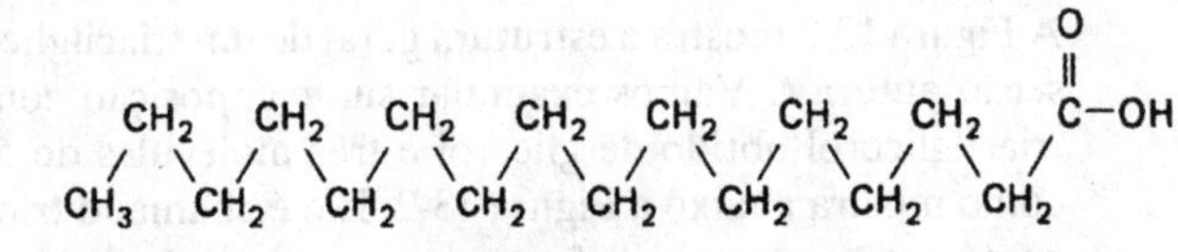

ácido palmítico
($C_{16}H_{32}O_2$)

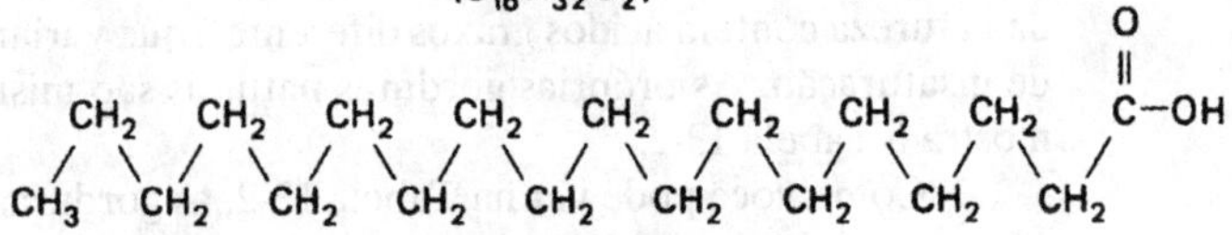

ácido esteárico
($C_{18}H_{36}O_2$)

insaturados

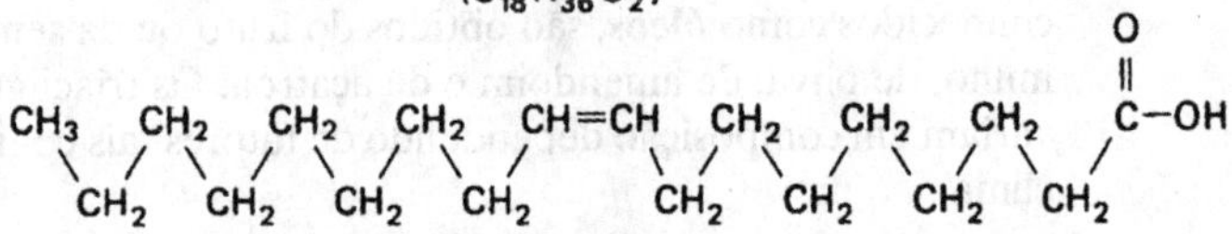

ácido oléico
($C_{18}H_{34}O_2$)

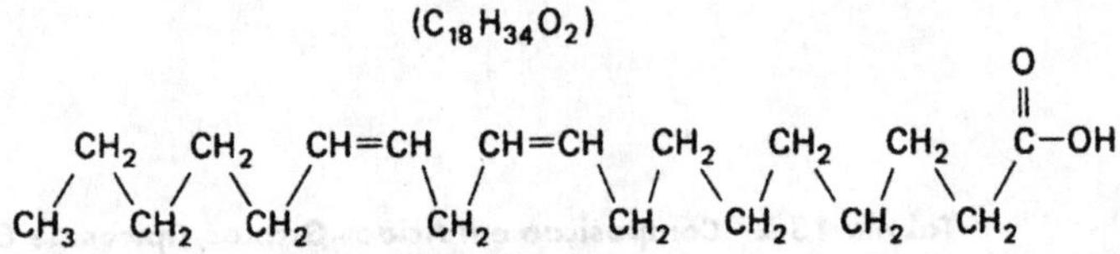

ácido linoléico
($C_{18}H_{32}O_2$)

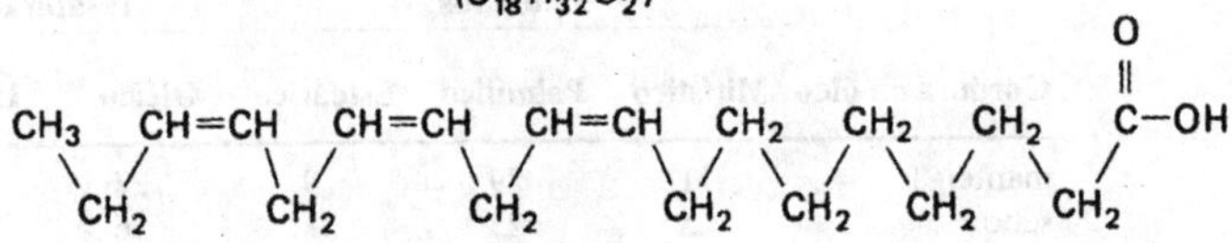

ácido linolênico
($C_{18}H_{30}O_2$)

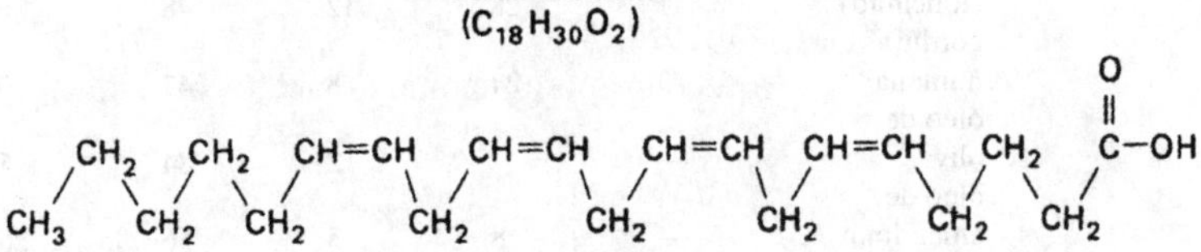

ácido araquidônico
($C_{20}H_{32}O_2$)

Figura 13-1
Fórmulas estruturais dos ácidos graxos mais abundantes. Os ácidos graxos insaturados existem na forma *cis*. Os ácidos linoléico e linolênico são conhecidos como ácidos graxos essenciais porque eles precisam ser obtidos da dieta.

13.2 Gorduras e Óleos

Objetivo: Para demonstrar entendimento desta seção, você deverá ser capaz de descrever em que um óleo difere de uma gordura.

A Figura 13-2 mostra a estrutura geral de um triacilglicerol como nós o discutimos na seção anterior. Vamos examinar sua composição com mais detalhes. Considere o triacilglicerol obtido de glicerol e três moléculas de ácido oléico por esterificação, como mostra abaixo a Figura 13-2. Ele é chamado trioleína (trioleilglicerol) porque contém três grupos acila formados a partir do ácido oléico. As três moléculas de ácido graxo não precisam ser iguais como neste caso. De fato, a maioria dos triacilgliceróis da natureza contém ácidos graxos diferentes, que variam em comprimento e em grau de insaturação. As próprias gorduras naturais são misturas de triacilgliceróis, como mostra a Tabela 13-2.

Como você pode ver na Tabela 13-2, as gorduras vêm tanto de fontes animais como vegetais. As gorduras animais incluem a manteiga do leite de vaca, a banha de porco e o sebo da carne bovina e caprina. Os triacilgliceróis vegetais, usualmente conhecidos como **óleos**, são obtidos do fruto ou da semente. Eles incluem o óleo de milho, de oliva, de amendoim e de açafroa. Os triacilgliceróis obtidos naturalmente variam em composição dependendo de fatores tais como dieta do animal ou planta e clima.

Tabela 13-2 Composição em Ácidos Graxos Típicos de Gorduras

	Composição em ácidos graxos (%)[a]						
	Saturados			Insaturados			
Gordura ou óleo	Mirístico	Palmítico	Esteárico	Oléico	Linoléico	Índice de iodo	Ponto de fusão (°C)
manteiga	11	29	9	27	4	36	32
sebo	5	25	31	36	4	40	42
banha (toucinho)	1	28	12	48	6	59	31
gordura humana	3	24	8	47	10	68	15
óleo de oliva	—	7	2	84	5	81	–6
óleo de amendoim	—	8	3	56	26	93	3
óleo de algodão	1	23	1	23	48	106	–1
óleo de milho	1	10	3	50	34	123	–20
óleo de soja	—	10	2	29	51	130	–16
óleo de açafroa	—	6	3	13	77	145	–18

[a] A porcentagem total pode não chegar a 100% devido à presença de pequenas quantidades de outros ácidos graxos ou a arredondamentos de números.

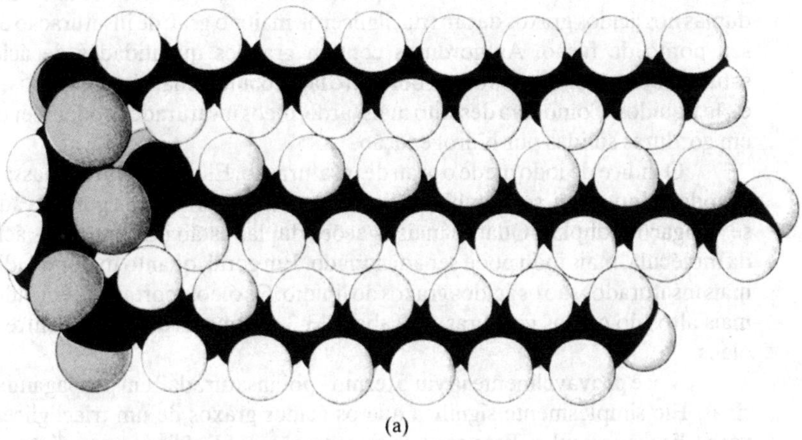

(a)

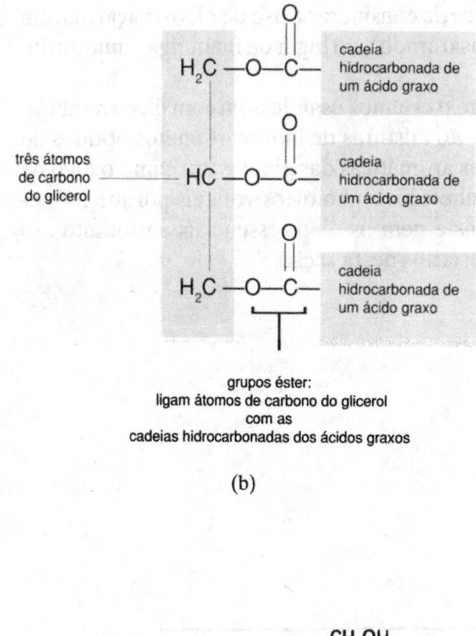

(b)

Figura 13-2
Um triacilglicerol (triglicerídeo). (a) Estrutura molecular de um triacilglicerol típico. (b) A molécula é um triéster formado de glicerol e três ácidos graxos.

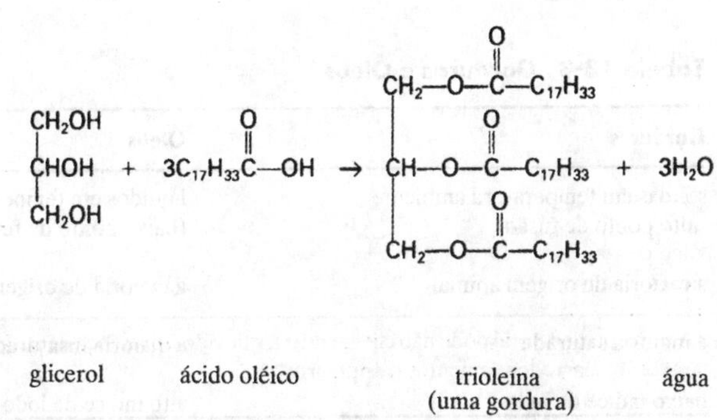

Observe na tabela que as *gorduras são sólidas* em temperatura ambiente (seus pontos de fusão são maiores de 20ºC). Por outro lado, os *óleos são líquidos* (a temperatura ambiente é mais alta do que seus pontos de fusão). Esta diferença entre gorduras e óleos resulta de sua composição em ácidos graxos. Quanto mais ligações duplas nos ácidos graxos de um triacilglicerol, maior o grau de insaturação e mais baixo seu ponto de fusão. As gorduras contêm grandes quantidades de ácidos graxos saturados e são sólidas. Os óleos, por outro lado, contêm mais ácidos graxos insaturados e são líquidos. Como será descrito mais tarde, óleos insaturados podem ser convertidos em gorduras sólidas por hidrogenação.

O índice de iodo mede o grau de insaturação. Ele representa a massa em gramas de iodo, I_2, que pode ser combinada quimicamente com 100 g de gordura adicionando-se às ligações duplas. Quanto mais ligações duplas estão presentes nos ácidos graxos da molécula, mais iodo pode ser adicionado. Em geral, quanto maior o índice de iodo, mais insaturados são os ácidos graxos do lipídio. Os óleos, portanto, têm índices de iodo mais altos do que as gorduras. A Tabela 13-3 resume as diferenças entre gorduras e óleos.

Você provavelmente já viu o termo "poliinsaturada" em propaganda de margarinas. Ele simplesmente significa que os ácidos graxos de um triacilglicerol contêm várias ligações duplas. Este grau de insaturação dos lipídios na sua dieta parece estar relacionada com o desenvolvimento de doenças cardíacas e certos tipos de câncer em idade avançada. Autoridades médicas de liderança, tais como a American Heart Association, recomendam substituir as gorduras saturadas por óleos insaturados sempre que possível. Nesta base, você poderia considerar o uso de óleo de açafroa, um óleo vegetal altamente insaturado (poliinsaturado), no lugar de manteiga, uma gordura saturada, na sua culinária.

Não confunda o termo "óleo" como o estamos usando aqui com óleos minerais ou com óleos essenciais. Óleos minerais são misturas de hidrocarbonetos obtidos do petróleo. Óleos essenciais são substâncias aromáticas das plantas, tal como o óleo de gaultéria. Estes líquidos são também conhecidos como óleos voláteis porque evaporam rapidamente. Nem os óleos minerais e nem os óleos essenciais entretanto são triacilgliceróis como os óleos vegetais descritos nesta seção.

Tabela 13-3 Gorduras e Óleos

Gorduras	Óleos
sólidas em temperatura ambiente (alto ponto de fusão)	líquidos em temperatura ambiente (baixo ponto de fusão)
a maioria de origem animal	a maioria de origem vegetal
a maioria saturada	a maioria insaturada
baixo índice de iodo	alto índice de iodo

13.3 Gordura Corporal

Objetivo: Para demonstrar entendimento desta seção, você deverá ser capaz de discutir o papel do depósito gorduroso no nosso corpo.

Quando você ingere alimentos que contêm mais calorias do que seu corpo irá utilizar, a maior parte da energia em excesso é armazenada como gordura. Ela fica concentrada em células gordurosas especiais (adipócitos), que ficam quase cheias de volumosas gotículas gordurosas. (Veja a Figura 13-3.) O tecido adiposo, que contém estas células, está localizado sob a pele, na cavidade abdominal, nas glândulas mamárias e ao redor de vários órgãos. A gordura armazenada é chamada de **depósito gorduroso.** Ele consiste principalmente de moléculas de triacilgliceróis que são aproximadamente um terço saturadas e dois terços insaturadas. (Uma composição típica de ácidos graxos é 47% de ácido oléico, 24% de palmítico, 10% de linoléico, 8% de esteárico, 5% de palmitoléico, 3% de mirístico, 3% de gadoléico e mais os ácidos erúcicos.)

A quantidade normal de gordura no organismo, como porcentagem da massa corporal total é de 14% a 20% nos homens e de 21% a 27% nas mulheres. Uma pessoa obesa tem uma proporção maior de gordura. Por exemplo, num paciente com uma massa de 100 kg, 40% da massa corporal pode ser gordura. O peso em excesso e a tensão cardíaca resultante do excesso de tecido adiposo causam uma expectativa de vida reduzida, em média, e um maior risco de doença cardíaca. Nos homens a gordura tende a se acumular na parte superior do corpo, e nas mulheres na parte inferior.

Figura 13-3
Células gordurosas. Estas células protuberantes consistem quase inteiramente de triglicerídeos líquidos. As células que parecem esvaziadas perderam parte de sua gordura para suprir necessidades energéticas. [Foto reproduzida de *Tissues and Organs: A Text-Atlas of Scanning Electron Microscopy* por Richard G. Kessel e Randy H. Kardon. W.H. Freeman and Company. Direitos autorais 1979.]

As gorduras constituem a maneira mais eficiente de armazenamento de energia no organismo. Elas produzem cerca de 9 kcal (38 kJ) por grama, aproximadamente duas vezes mais energia do que os carboidratos. As gorduras são armazenadas compactamente sem água, ao contrário do glicogênio, a forma de armazenamento dos carboidratos, e nosso corpo pode armazenar muito maiores quantidades de gordura do que de glicogênio. Embora o glicogênio armazenado possa ser o usado rapidamente, ele fornece apenas até um dia de suprimento energético. Por outro lado, a gordura numa pessoa obesa pode suprir energia por vários meses. Como veremos no Capítulo 17, a gordura corporal é "mobilizada" quando necessária e depois degradada para liberar sua energia acumulada.

Além de agir como suprimento energético de reserva concentrado, a gordura corporal desempenha outras funções. Ela fornece isolamento térmico, diminuindo a perda de calor através da pele e garantindo proteção contra o frio. Os depósitos de gordura ao redor dos órgãos ajudam a suportá-los e a prevenir lesões. Os triacilgliceróis que desempenham esta função têm ácidos graxos mais saturados e são portanto "mais duros" do que aqueles sob a pele.

13.4 Propriedades dos Triglicerídeos

Objetivo: Para demonstrar entendimento desta seção, você deverá ser capaz de escrever equações de hidrólise e saponificação de triacilgliceróis.

Triacilgliceróis puros não têm cor, odor ou sabor. As impurezas dão aos triacilgliceróis naturais estas propriedades. Eles são escorregadios ao tato e deixam uma mancha transparente no papel. São menos densos do que a água e insolúveis nela. Os triacilgliceróis podem formar uma emulsão porém, na presença de um agente emulsificador, tal como um detergente (veja a Seção 13.5). Este processo ocorre durante a digestão das gorduras, na qual os sais biliares agem para manter os glóbulos gordurosos dispersos.

A mais importante reação química dos triacilgliceróis é a hidrólise, a quebra da gordura ou óleo pela água (com um catalisador). Este processo é exatamente o inverso da esterificação, como podemos ver na hidrólise da trioleína:

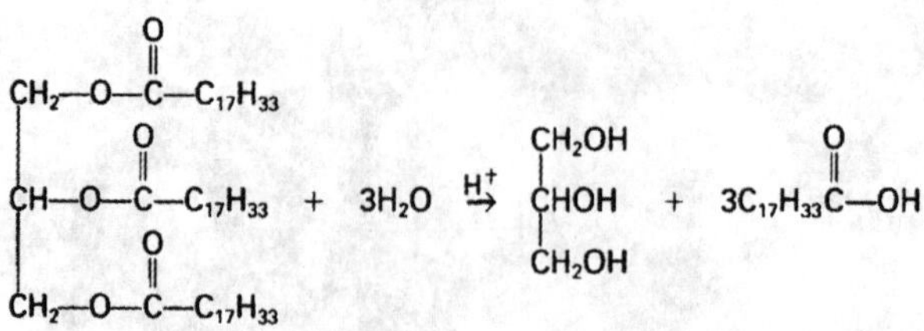

trioleína água glicerol ácido oléico

Glicerol e três moléculas de ácidos graxos são os produtos da hidrólise de um triacilglicerol. Hidrólise ocorre quando seu corpo degrada gorduras durante a digestão no intestino delgado.

Saponificação é reação relacionada com a hidrólise. Quando o triacilglicerol reage com uma base forte, a saponificação ocorre para formar glicerol e os sais dos três ácidos graxos. Oleato de potássio é formado deste modo:

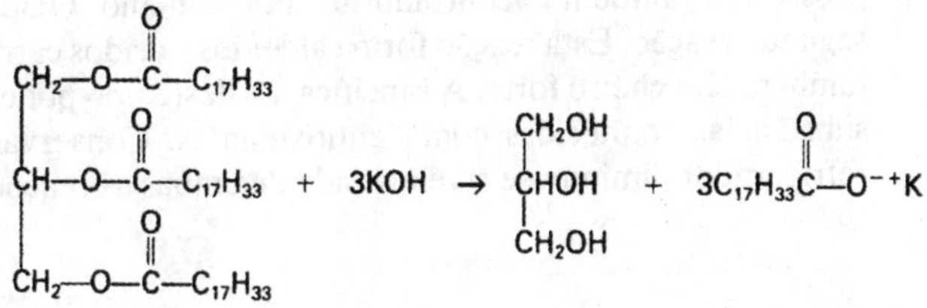

trioleína glicerol oleato de potássio

A massa em miligramas de hidróxido de potássio requerida para saponificar completamente 1 grama de gordura é chamada de índice de saponificação. Esta reação forma sabões, que são descritos na seção seguinte.

Pelo fato de os ácidos graxos insaturados nos triglicerídeos terem ligações duplas, eles sofrem reações de adição típicas dos alcenos. A reação de adição é uma alteração química que já conhecemos, uma vez que é a base para a determinação do índice de iodo. Não apenas iodo, mas também hidrogênio, H_2, pode se adicionar numa ligação dupla carbono-carbono, convertendo-a em ligação simples. Este processo, **hidrogenação**, ocorre a temperturas altas na presença de um catalisador. Sob condições controladas, um óleo vegetal pode ser parcialmente solidificado tornando-se menos insaturado. Por exemplo, a seguinte reação pode ocorrer:

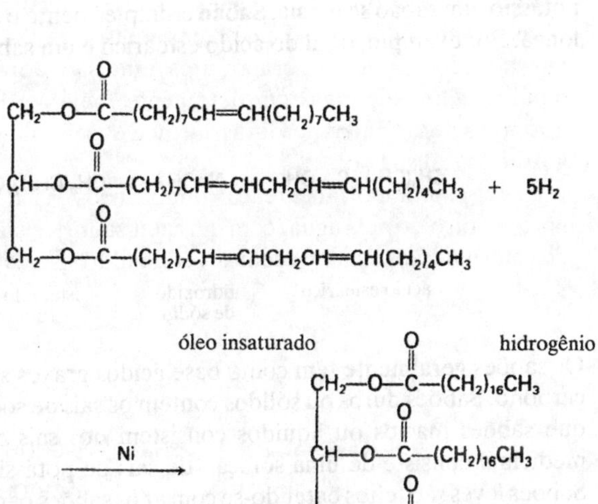

óleo insaturado hidrogênio

gordura saturada

Margarina é uma emulsão preparada batendo-se óleo vegetal parcialmente hidrogenado com 15% de leite em peso. Gorduras sólidas para bolo consistem de óleos vegetais que foram endurecidos consideravelmente por hidrogenação.

Quando deixados em contato com o ar, muitos triglicerídeos ficam rançosos, isto é, eles desenvolvem sabor e odor desagradáveis. Duas reações químicas causam esta mudança. Hidrólise das ligações éster, como já discutida, produz ácidos graxos livres, muitos dos quais têm cheiro forte. O ácido capróico, por exemplo, um produto possível, é também encontrado no suor humano. Oxidação de ligações duplas é a segunda reação. Esta reação forma aldeídos e ácidos carboxílicos de cadeia curta, que também têm cheiro forte. A rancificação deste tipo pode ser inibida pela presença de substâncias conhecidas como antioxidantes. Conservando-se a gordura fria num refrigerador diminue-se a velocidade de ambas as reações.

13.5 Sabões e Detergentes

Objetivo: Para demonstrar entendimento desta seção, você deverá ser capaz de relacionar a estrutura de um sabão ou detergente com suas propriedades.

Quando um ácido graxo reage com uma base forte como o hidróxido de sódio ou de potássio, um sabão se forma. **Sabão** é simplesmente o sal de um ácido graxo de cadeia longa. Por exemplo, o sal do ácido esteárico é um sabão:

$$\underset{\text{ácido esteárico}}{CH_3(CH_2)_{16}\overset{O}{\overset{\|}{C}}{-}OH} + \underset{\text{hidróxido de sódio}}{NaOH} \rightarrow \underset{\text{estearato de sódio (um sabão)}}{CH_3(CH_2)_{16}\overset{O}{\overset{\|}{C}}{-}O^{-}\,{}^{+}Na} + \underset{\text{água}}{H_2O}$$

Os sabões geralmente têm como base ácidos graxos saturados de 12 a 18 átomos de carbono. Sabões duros ou sólidos contêm os sais de sódio de ácidos graxos, enquanto que sabões macios ou líquidos consistem dos sais de potássio. Tintura de sabão medicinal consiste de uma solução de sais de potássio de ácidos graxos em álcool. Sabões leves são feitos batendo-se com ar os sabões para tornar sua densidade inferior à da água.

Um sabão, tal como o estearato de sódio, contém uma *ponta não polar*, a cadeia hidrocarbonada do ácido graxo, e uma *ponta polar*, o grupo carboxilato iônico:

$$\underbrace{CH_3CH_2CH_2CH_2CH_2CH_2CH_2CH_2CH_2CH_2CH_2CH_2CH_2CH_2CH_2CH_2CH_2}_{\text{não polar}}\underbrace{\overset{O}{\overset{\|}{C}}—O^{-}\,{}^{+}Na}_{\text{polar}}$$

estearato de sódio

Como "o semelhante dissolve o semelhante", a parte não polar da molécula pode dissolver a sujeira gordurosa presente em sua roupa ou pele. A ponta polar do sabão fica ligada a moléculas de água e "puxa" a sujeira para fora da superfície a limpar, suspendendo-a em água, como ilustrado na Figura 13-4. A Figura 13-5 mostra que os sabões dispersam moléculas não polares em água para formar uma emulsão (que descrevemos na Seção 6.8 sobre colóides). Assim, eles agem como agentes emulsificadores. Além disto, os sabões são agentes tensoativos que diminuem a tensão superficial da água, tornando a sujeira "molhável" e permitindo uma maior penetração e emulsificação.

Uma grande limitação do sabão é que ele forma coágulos insolúveis em vez de espuma na água "dura". O sabão reage com os íons de cálcio ou magnésio presentes para formar um precipitado que consiste do sal de cálcio ou magnésio do ácido graxo:

$$\underset{\text{sabão}}{2CH_3(CH_2)_{16}\overset{O}{\overset{\|}{C}}—O^{-}\,{}^{+}Na} + \underset{\text{íon de cálcio}}{Ca^{2+}} \rightarrow \underset{\text{sal de cálcio insolúvel}}{\left[CH_3(CH_2)_{16}\overset{O}{\overset{\|}{C}}—O^{-}\right]_2Ca\downarrow} + \underset{\text{íon de sódio}}{2Na^{+}}$$

Faça-o Você Mesmo 13

SABÃO

Sabão é feito por saponificação, a reação de um triacilglicerol com uma base. Há várias centenas de anos, os povos já faziam seu próprio sabão. Eles aqueciam gordura animal com uma base, que era feita passando-se água através de cinzas de madeira. Este processo tem provavelmente pelo menos 2000 anos de idade.

Como fazer: Para fazer sabão em sua cozinha, você necessitará de:

1/4 de xícara (60 mL) de bicarbonato de sódio
1/4 de xícara (60 mL) de óleo vegetal
1/4 de xícara (60 mL) de água

Num "pyrex" ou panela esmaltada (*não* metal), misture o óleo, bicarbonato e água. Sob aquecimento brando, agite a mistura (com uma colher de madeira ou de plástico) enquanto ela crepita. Tenha muito cuidado para evitar respingos ou ebulição forte.

Observe que a solução engrossa enquanto a água evapora. Continue a aquecer por alguns minutos, e coloque depois a panela de lado para esfriar.

Para experimentar o seu sabão, coloque uma colher de chá dele numa jarra. Adicione várias xícaras de água quente, rosqueie a tampa e agite. Forma-se espuma?

Para superar este problema, outros agentes de limpeza, diferentes dos sais de ácidos carboxílicos, foram desenvolvidos. Eles são conhecidos como **detergentes sintéticos**, ou abreviadamente "syndets".

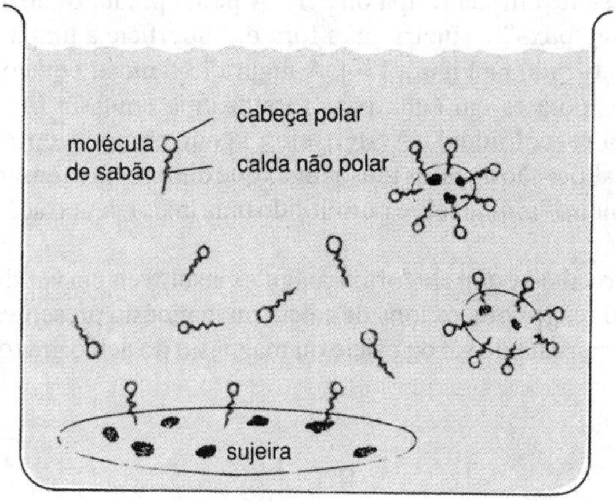

Figura 13-4
A ação do sabão. A "calda" não polar da molécula do sabão se dissolve na sujeira enquanto que a "cabeça" polar é hidrossolúvel e "puxa" a sujeira para fora da superfície a limpar.

Figura 13-5
Formação de uma emulsão a partir de um líquido polar e de um não polar. Antes (a esquerda) e após (a direita) a emulsificação por adição de sabão. (Direitos autorais para foto Al Green.)

Os detergentes sintéticos são agentes tensoativos que atuam da mesma maneira dos sabões, mas não formam sais insolúveis com os íons da água "dura". Exemplos são o dodecil sulfato de sódio e o dodecil benzenossulfonato de sódio (ambos derivados do ácido dodecílico ou láurico). Eles diferem dos sabões quanto à natureza do grupo iônico ligado à cadeia hidrocarbonada. A maioria dos detergentes são aniônicos, como aqueles que contêm os grupos negativos sulfato ou sulfonato:

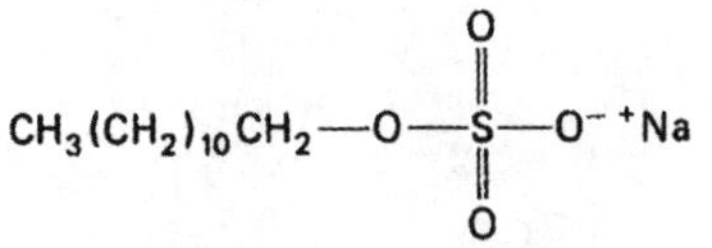

dodecil sulfato de sódio

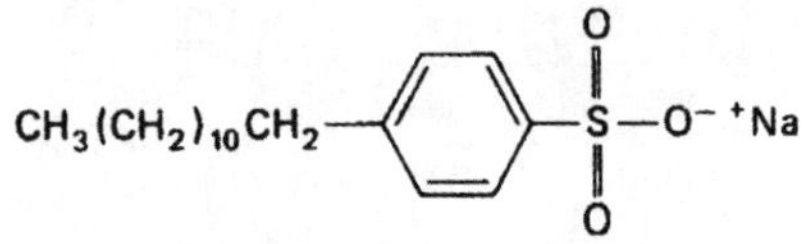

dodecil benzenossulfonato de sódio

Os detergentes catiônicos são sais de amônio quaternário positivamente carregados. Como vimos anteriormente, tais "quats" agem também como desinfetantes. Um exemplo é o cloreto de trimetil dodecil amônio:

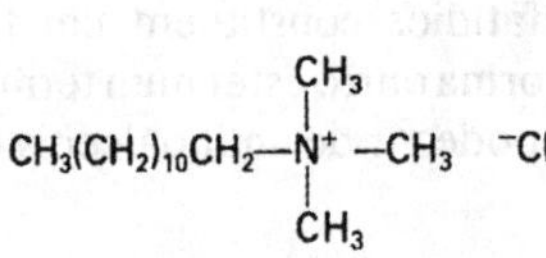

cloreto de trimetil dodecil amônio

Um terceiro tipo, detergentes não iônicos, não se ionizam, mas se dissolvem porque contêm grupos funcionais polares.

Embora os detergentes resolvam o problema de limpeza na água "dura", eles podem criar outros problemas, tal como poluição da água. Os primeiro detergentes tinham como base cadeias hidrocarbonadas ramificadas. Estas não eram "biodegradáveis", isto é, os microorganismos presentes na água não podiam quebrar as ligações carbono-carbono. O detergente não decomposto podia causar problemas nos sistemas de esgoto. Os mais recentes detergentes de cadeia não ramificada são biodegradáveis e não apresentam este problema.

Um segundo problema se relaciona com o uso de sais inorgânicos adicionados aos detergentes para ajudar a amaciar a água e conservar as partículas de sujeira em suspensão. O uso de fosfatos (tal como o pirofosfato de sódio, $Na_4P_2O_7$) para este fim pode resultar numa forma de poluição chamada eutroficação. Uma vez que o fósforo é um importante nutriente e pode estar presente em quantidade limitada num reservatório de água, a adição de fosfatos estimula o crescimento de algas. As algas aumentadas consomem o oxigênio dissolvido necessário para os peixes, matando-os e eventualmente criando um pântano. Os sais de fosfato estão agora proibidos em muitas áreas e sendo substituídos por outros sais como carbonato de sódio e silicato de sódio.

13.6 Fosfolipídios

Objetivo: Para demonstrar entendimento desta seção, você deverá ser capaz de identificar fosfolipídios através de suas fórmulas estruturais.

Fosfolipídios são lipídios que contêm fósforo na forma de radical fosfato. Por exemplo, os fosfoglicerídeos diferem dos triacilgliceróis por ter um dos grupos hidroxila do glicerol esterificado com ácido fosfórico, H_3PO_4, em vez de um ácido graxo. Os fosfoglicerídeos têm como base o ácido fosfatídico, éster fosfórico de um diacilglicerol.

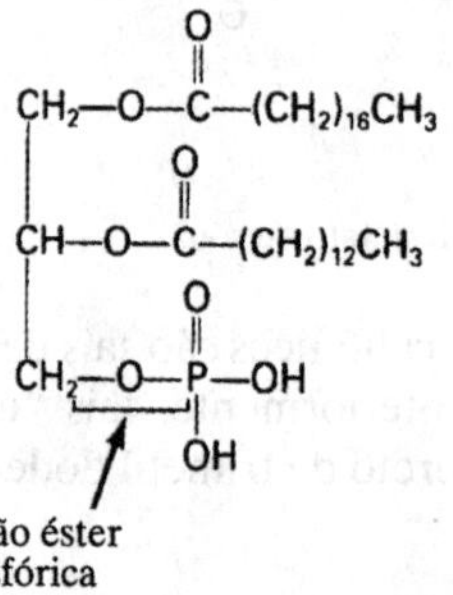

um ácido fosfatídico

Os fosfatídios constituem um tipo de fosfoglicerídeo no qual um radical nitrogenado forma outro éster num terminal livre do fosfato, como mostra a Figura 13-6. Tal radical pode vir de aminoálcoois como a colina ou a etanolamina:

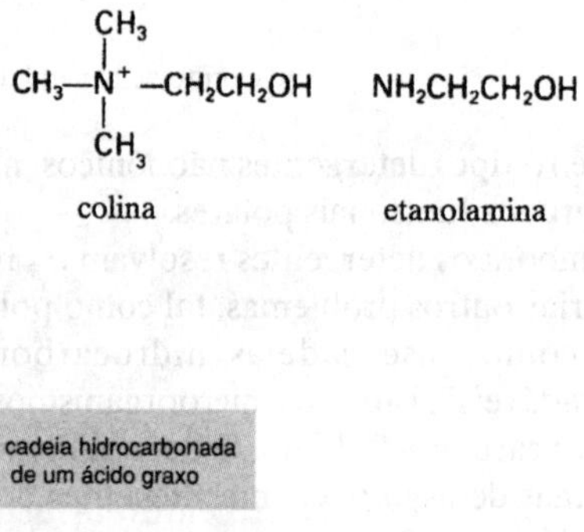

colina etanolamina

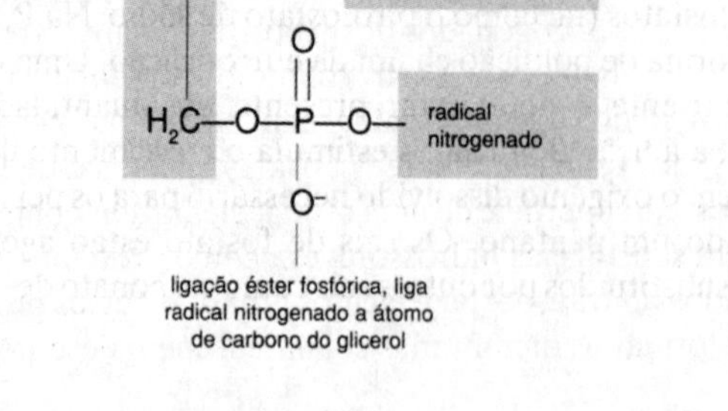

Figura 13-6
Um fosfoglicerídeo. Ele consiste de um éster fosfórico de um radical nitrogenado, ao lado de dois ácidos graxos ligados ao glicerol.

Os fosfatídios resultantes são chamados fosfatidilcolina (colina fosfoglicerídeo), ou lecitina, e fosfatidiletanolamina (etanolamina fosfoglicerídeo), ou cefalina.

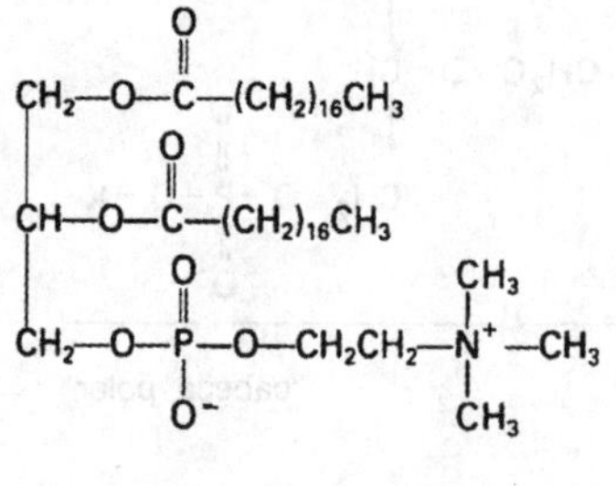

uma fosfatidilcolina
(lecitina)

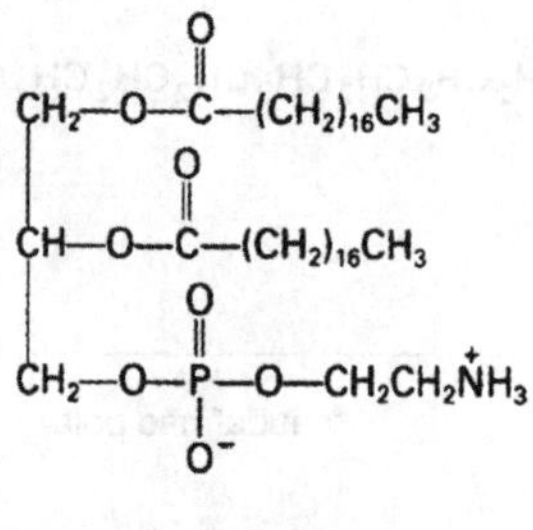

uma fosfatidiletanolamina
(cefalina)

Estes fosfatídios variam em composição, dependendo dos tipos de ácidos graxos ligados ao glicerol. Freqüentemente um é saturado e outro insaturado. Fosfatidilcolinas (lecitinas) são os fosfolipídios mais comuns dos seus tecidos. Os fosfatídios são encontrados em membranas celulares, cérebro, tecido nervoso e fígado.

Os **plasmalogênios** constituem outro tipo de fosfoglicerídeo. Em suas moléculas, um dos ésteres de ácido graxo foi substituído por uma ligação *éter* a um radical alquila de cadeia longa.

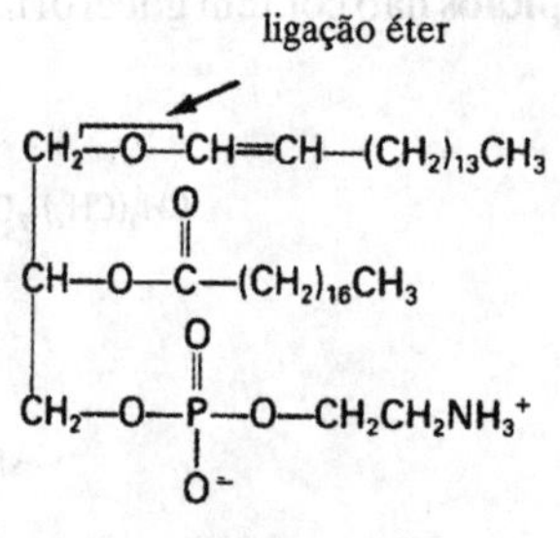

um plasmalogênio

Estes fosfoglicerídeos estão presentes em membranas do tecido nervoso e do coração.

Todos estes fosfolipídios se ionizam no pH do organismo. Os radicais fosfóricos ficam negativamente carregados quando perdem um íon de hidrogênio.

Além disto, os radicais nitrogenados ficam positivamente carregados neste pH. O resultado é mostrado na Figura 13-7. Os fosfolipídios contêm uma "cabeça" polar, que consiste de grupos iônicos, e uma calda não polar, que consiste de cadeias hidrocarbonadas. Eles são assim semelhantes aos detergentes e de fato agem como agentes emulsificadores. Na superfície de uma célula, eles fazem contato entre lipídios insolúveis em água com substâncias hidrossolúveis, como proteínas. Os fosfolipídios estão também envolvidos no transporte de ácidos graxos e outros processos, mas seu principal papel é o de formar as membranas celulares, como descrito na Seção 13.8.

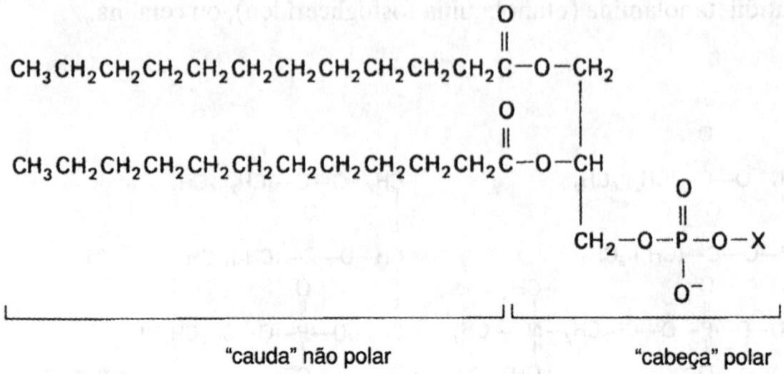

Figura 13-7
Estrutura de um fosfolipídio. A "cauda" não polar consiste das cadeias hidrocarbonadas dos ácidos graxos, e a "cabeça" polar contém o radical fosfato iônico (X = radical nitrogenado).

13.7 Esfingolipídios

Objetivo: Para demonstrar entendimento desta seção, você deverá ser capaz de identificar esfingolipídios através de suas fórmulas estruturais.

Os **esfingolipídios** não contêm glicerol mas têm como base o aminoálcool esfingosina:

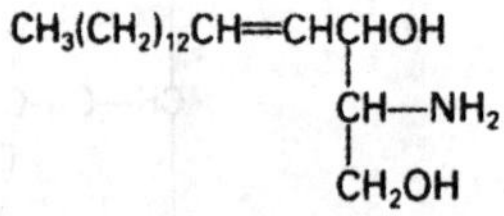

esfingosina

Um lipídio conhecido como ceramida resulta quando um ácido graxo reage com o grupo amina para formar uma amida:

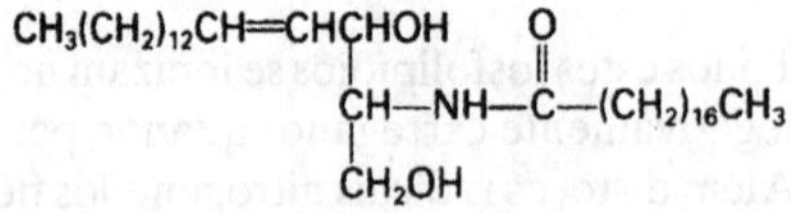

uma ceramida

Estas moléculas estão largamente distribuídas em pequenas quantidades em plantas e animais.

Os esfingolipídios mais importantes são as **esfingomielinas**. Elas contêm um éster fosfórico da colina ligado ao terminal alcoólico de uma ceramida.

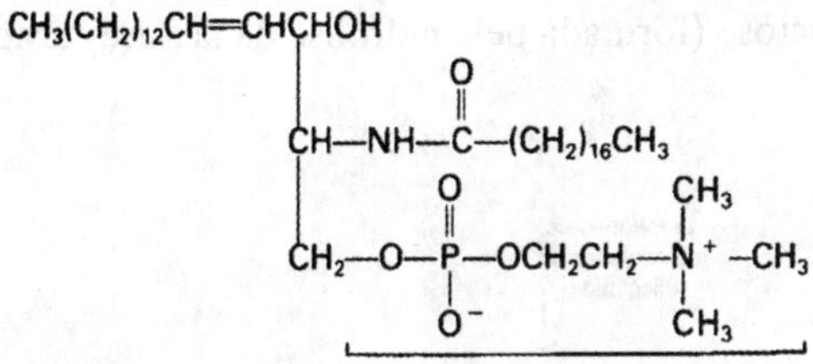

uma esfingomielina

éster fosfórico da colina

(Como contêm fósforo, as esfingomielinas podem também ser classificadas como fosfolipídios.) As esfingomielinas estão presentes na maioria das membranas de células animais. Elas são um importante componente da mielina, a camada protetora e isolante que envolve as células nervosas. Certas condições anormais, tal como a doença de Niemann-Pick e a doença de Gaucher, causam o acúmulo de esfingomielinas no sistema nervoso, e podem resultar em morte prematura.

Outro tipo de esfingolipídio contém um carboidrato ligado à esfingosina, como mostra a Figura 13-8. Estas moléculas são conhecidas como **glicoesfingolipídios**. Eles constituem um tipo especial de **glicolipídio**, um lipídio ligado a um açúcar. Um tipo de glicoesfingolipídio é conhecido como cerebrosídeo porque é encontrado no cérebro. Os cerebrosídeos contêm geralmente o monossacarídeo galactose combinado com a esfingosina e esta com um ácido graxo.

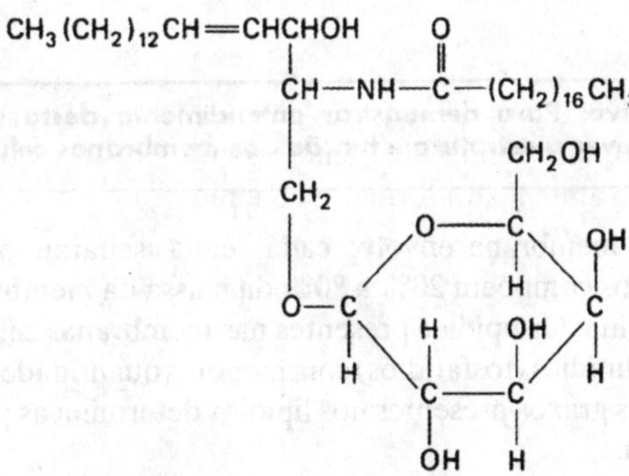

galactose

um cerebrosídeo

O leite é necessário às crianças não apenas pelo seu valor nutritivo mas também pela galactose (formada pela hidrólise da lactose) usada para a síntese de cerebrosídeos.

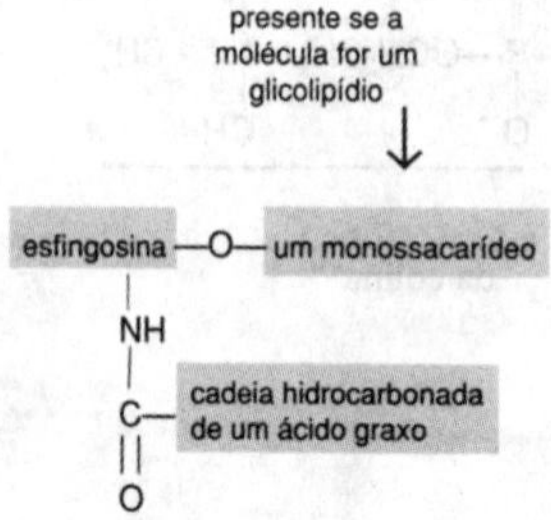

Figura 13-8
Um esfingolipídio. Um ácido graxo está ligado à esfingosina por uma ligação amida. Se a esfingosina contiver também um monossacarídeo, a molécula será um glicolipídio.

Gangliosídeos são glicofosfolipídios encontrados em quantidades significativas no tecido nervoso e no baço. Eles contêm um carboidrato mais longo ligado a uma ceramida a base de esfingosina.

13.8 Membranas Celulares

Objetivo: Para demonstrar entendimento desta seção, você deverá ser capaz de descrever a estrutura e função das membranas celulares.

Uma membrana envolve cada célula, separando seu interior do seu exterior. Os lipídios compõem 20% a 80% da massa da membrana. O restante é principalmente proteína. Os lipídios presentes nas membranas celulares animais são principalmente fosfolipídios (fosfatídios) com menores quantidades de esfingolipídios. A natureza dos ácidos graxos presentes nos lipídios determina as propriedades particulares da membrana.

As moléculas de fosfolipídios estão distribuídas em duas camadas como mostra a Figura 13-9. Este "sanduíche" ou bicamada tem as "caudas" não polares do fosfolipídio no interior, e as "cabeças" polares nas superfícies externas. Ela tem cerca de 6 nm a 9 nm de espessura. (Lembre-se que um nanômetro, nm, é um bilionésimo de um metro, ou 10^{-9} m.) (Veja a Figura 13-10.) Algumas moléculas de proteínas flutuam neste "mar" de lipídios, enquanto outras são submersas dentro dele como "icebergs"

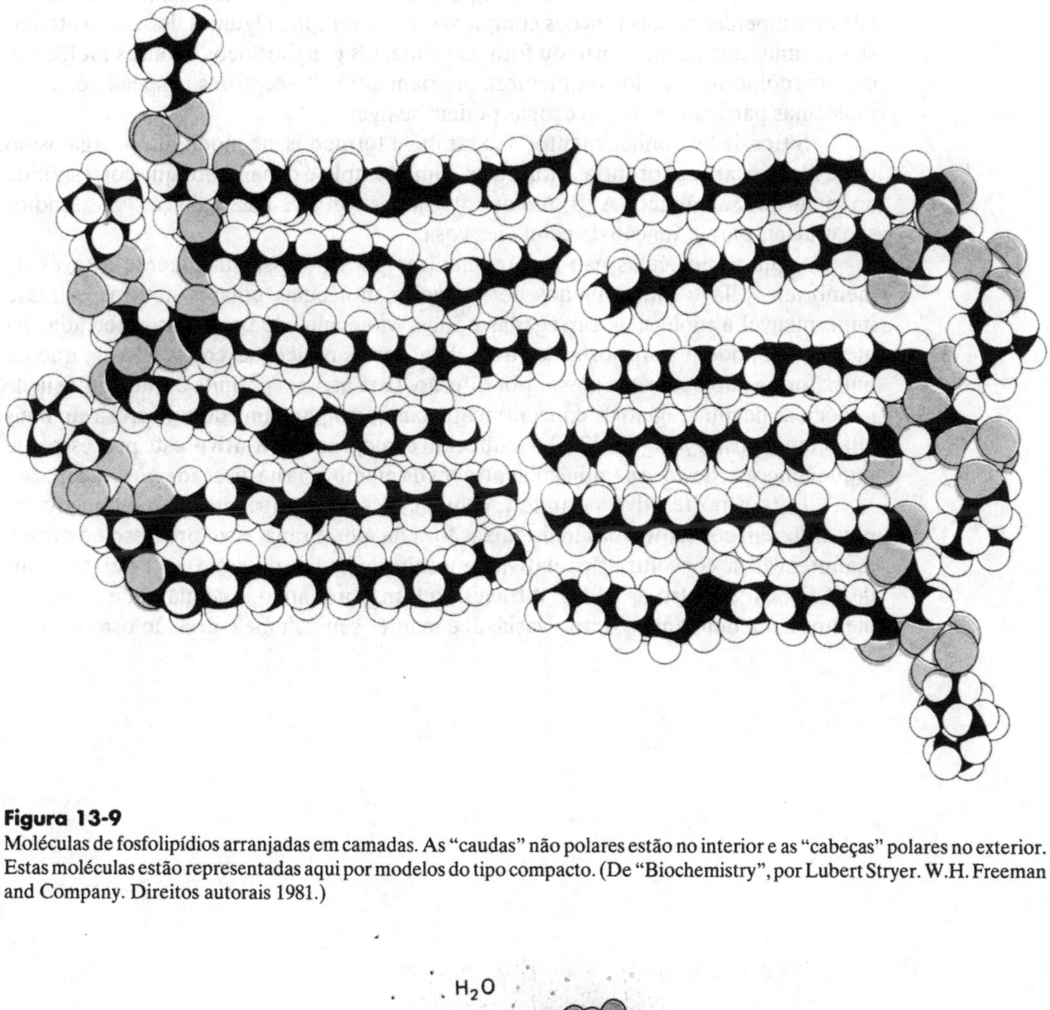

Figura 13-9
Moléculas de fosfolipídios arranjadas em camadas. As "caudas" não polares estão no interior e as "cabeças" polares no exterior. Estas moléculas estão representadas aqui por modelos do tipo compacto. (De "Biochemistry", por Lubert Stryer. W.H. Freeman and Company. Direitos autorais 1981.)

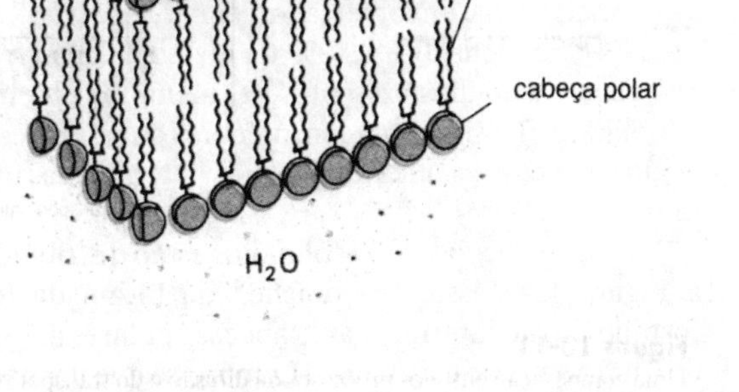

Figura 13-10
Modelo de estrutura de membrana. As moléculas de fosfolipídio formam uma bicamada lipídica ou "sanduíche"

A membrana é muito mais do que uma "pele" que mantém uma célula unida. Ela desempenha muitas funções complexas. Por exemplo, algumas de suas proteínas são enzimas que agem dentro ou fora da célula. Os gangliosídeos e outras moléculas com carboidratos ligados da membrana criam sítios "receptores" específicos onde moléculas particulares como drogas podem se ligar.

Sítios de "reconhecimento" são também formados, de modo que o organismo pode identificar suas próprias moléculas. Um exemplo é o marcador que corresponde ao seu grupo sangüíneo (A, B, AB ou O). Cargas elétricas nas "cabeças" dos lipídios são cruciais para a função da célula nervosa.

Água e moléculas não polares neutras podem passar facilmente através da membrana. Ela é muito menos permeável a moléculas polares neutras e quase impermeável a moléculas carregadas e íons. Moléculas de proteínas enterradas na membrana podem transportar, através dela, certas moléculas como glicose, que de outra forma não poderiam passar por difusão. Este arranjo permite a transferência de moléculas de uma região de concentração mais baixa para uma de concentração mais alta, como mostra a Figura 13-11. Conhecido como **transporte ativo**, este processo que requer energia, desloca as moléculas através da membrana na direção *oposta* à difusão.

O transporte ativo permite à celula concentrar nutrientes e "combustíveis" presentes em concentrações mais baixas fora da membrana. Este processo envolve a manutenção de concentração relativamente alta de íons de potássio, K^+, e baixa de íons de sódio, Na^+, dentro da célula. Através do transporte ativo, a célula pode se ajustar melhor a um ambiente externo variável e manter seu volume e pressão osmótica.

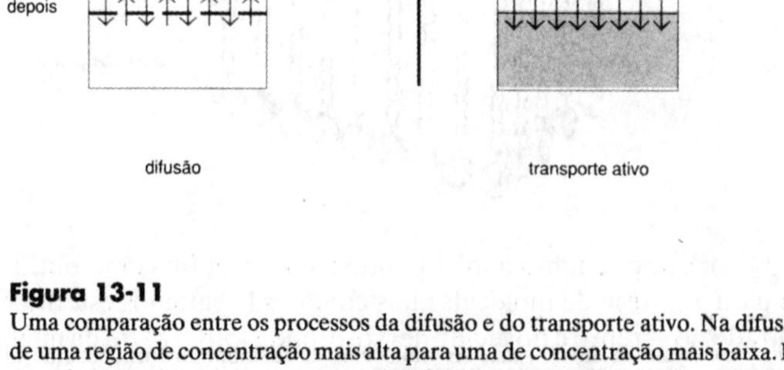

Figura 13-11
Uma comparação entre os processos da difusão e do transporte ativo. Na difusão, uma substância se move de uma região de concentração mais alta para uma de concentração mais baixa. No transporte ativo, energia é usada para criar ou manter uma região de alta concentração de uma substância.

13.9 Esteróides

Objetivo: Para demonstrar entendimento desta seção, você deverá ser capaz de representar a estrutura anelar dos esteróides e identificar exemplos de esteróides.

Os lipídios conhecidos como **esteróides** não são ésteres como as outras moléculas discutidas até aqui. Eles consistem de moléculas construídas em torno de um esqueleto de 17 átomos de carbono consistindo de quatro anéis hidrocarbonados fundidos (designados por A, B, C e D):

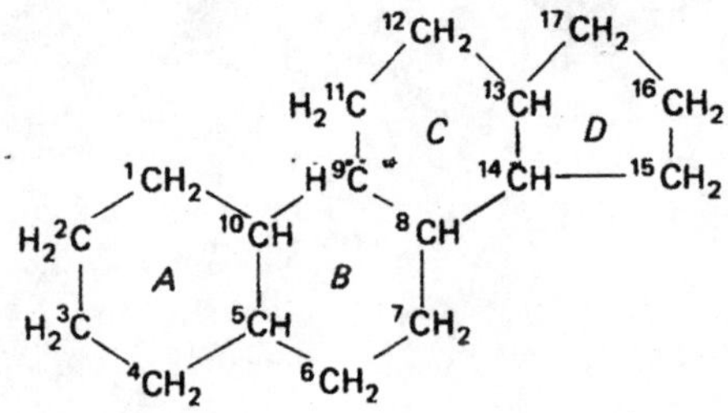

esqueleto dos esteróides

Os esteróides estão largamente difundidos em seu corpo. Quantidades muito pequenas mostram atividade biológica considerável. Pequenas variações na estrutura molecular de esteróides resultam em grandes diferenças nos seus efeitos. Os esteróides que ocorrem naturalmente incluem o colesterol, os sais biliares, e muitos hormônios, reguladores dos processos químicos.

Os esteróis, esteróides que contêm um grupo hidroxila, são os esteróides mais abundantes. O esterol mais importante é o colesterol. (Veja a Figura 13-12).

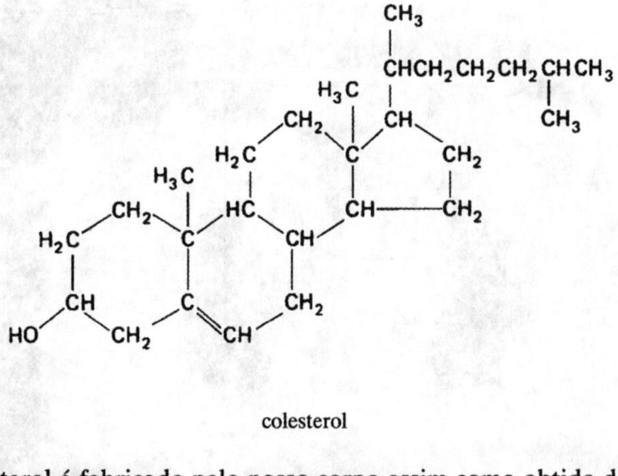

colesterol

O colesterol é fabricado pelo nosso corpo assim como obtido da dieta. Ele é usado para a síntese de moléculas tais como os hormônios esteróides. Este lipídio é encontrado no cérebro e no tecido nervoso, onde forma parte da mielina, a membrana estável que reveste as células nervosas.

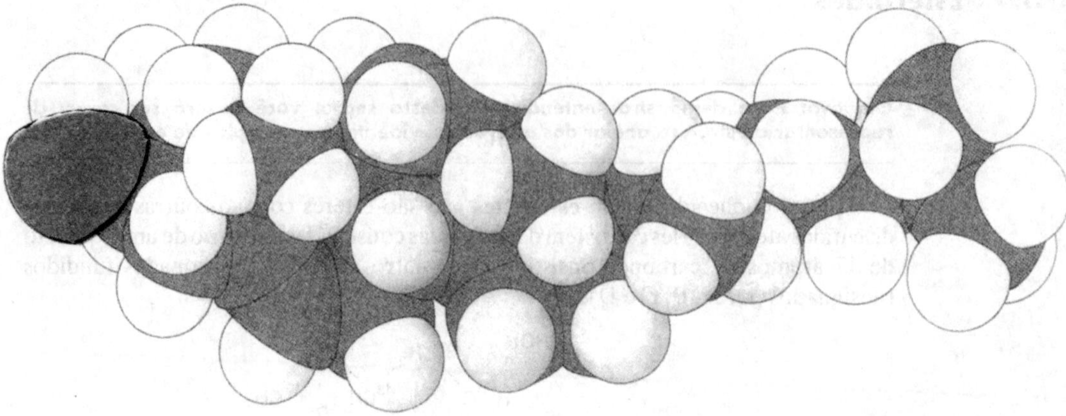

Figura 13-12
Estrutura molecular do colesterol.

Doença cardíaca e hipertensão arterial podem resultar de depósitos de colesterol no interior das paredes das artérias. Esta condição, aterosclerose, é uma forma de arteriosclerose, ou "endurecimento das artérias" (Figura 13-13). Evidências mostram que o nível de colesterol no sangue, e portanto a quantidade depositada, está relacionada com a quantidade de gorduras saturadas que você ingere. (Veja o Teste Clínico 13.)

O colesterol está também presente nos cálculos biliares, depósitos anormais oriundos da bile na vesícula (Figura 13-14).

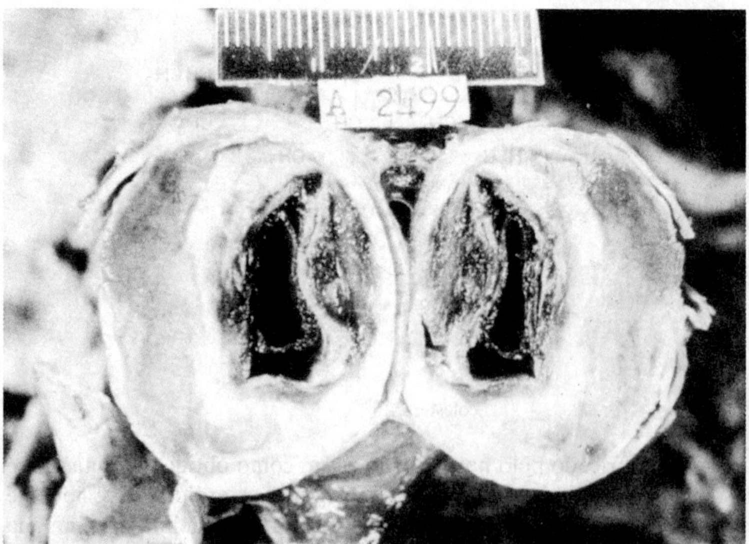

Figura 13-13
Uma artéria aterosclerótica, vista total. A Figura 17-7 mostra a formação de depósitos de colesterol dentro das artérias. (Direitos autorais 1984 por Martin M. Rotker/Taurus Photos.)

A bile é um líquido produzido pelo fígado e armazenado na vesícula biliar. Quando a bile é hidrolisada, o esteróide obtido mais abundante é o ácido cólico:

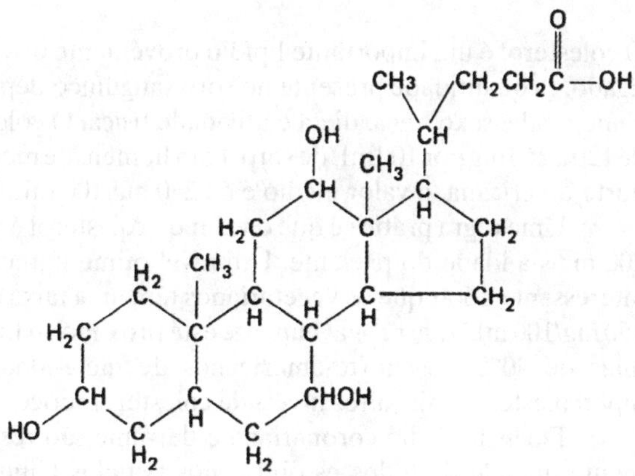

ácido cólico

Sob forma de sais biliares, ele ajuda a digestão emulsificando os lipídios, como descrito no Capítulo 15.

A vitamina D, também descrita no Capítulo 15, é produzida na pele a partir de um esteróide que é quase idêntico ao colesterol (7-dehidrocolesterol) através de reações promovidas pela luz solar. Digitalis, uma droga que fortifica o músculo cardíaco, tem como base um outro esteróide, a digitoxigenina.

Os esteróides que atuam como hormônios são discutidos na seção seguinte.

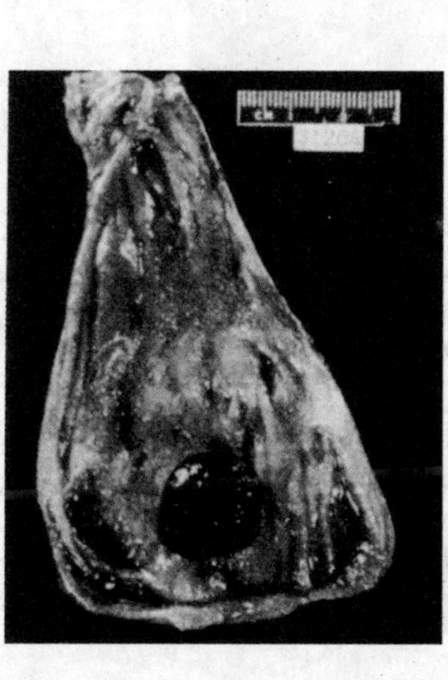

Figura 13-14
Cálculo numa vesícula biliar. Este depósito contém uma grande quantidade de colesterol. (Direitos autorais 1984 por Martin M. Rotker/Taurus Photos.)

Teste Clínico 13

COLESTEROL SÉRICO

O colesterol é um importante lipídio proveniente dos alimentos e produzido pelo fígado. A quantidade presente no soro sangüíneo depende de muitos fatores, tais como idade, sexo, raça, dieta e atividade física. O colesterol total varia em média de 120 a 260 mg por 100 mL de soro. Para homens de meia-idade numa dieta "típica" norte-americana, o valor médio é de 240 mg/100 mL.

Uma regra prática é que o valor do colesterol é anormal se for maior do que 200 mais a idade do paciente. Um nível ótimo parece ser bem menos de 200. É interessante notar que os vegetarianos têm uma faixa de colesterol sérico de 120 a 150 mg/100 mL, que provavelmente está próximo ao ideal. Com base neste padrão, mais de 90% dos norte-americanos de meia-idade do sexo masculino têm hipercolesterolemia, altos níveis de colesterol sérico.

Doença cárdio-coronariana e derrame são responsáveis por aproximadamente metade de todos os óbitos nos Estados Unidos. Em ambos os casos, os depósitos de colesterol se formam nas paredes das artérias, bloqueando-as e privando tecidos do sangue e oxigênio necessários. Estudos estatísticos mostram que a tendência para o desenvolvimento destas condições está relacionada diretamente com o nível de colesterol sérico. Por exemplo, os 8% de homens de meia-idade cujo nível está acima de 300 mg/100 mL, têm quatro vezes mais probabilidade de terem doença cárdio-coronariana do que os 8% cujo nível está abaixo de 170 mg/100 mL. Indivíduos com altos níveis de colesterol são aconselhados a diminuir a quantidade de gordura animal e de colesterol de sua dieta e podem ser submetidos a uma terapia por droga.

Hipercolesterolemia pode também resultar de doença pancreática, nefrose, obstrução biliar, hipotireoidismo ou gravidez. Valores baixos, hipocolesterolemia, podem ser causados por lesão hepática, subnutrição, hipertireoidismo ou anemia crônica.

13.10 Hormônios Esteróides

Objetivo: Para demonstrar entendimento desta seção, você deverá ser capaz de descrever o papel dos hormônios e identificar os hormônios esteróides.

Os **hormônios** são produzidos no nosso organismo por várias glândulas de secreção interna especiais que constituem o sistema endócrino (Figura 13-15). Em conjunto com o sistema nervoso, os hormônios, viajando através da corrente sangüínea, constituem um meio de transporte de informações de um órgão para outro. Eles integram as várias funções do corpo para criar um equilíbrio adequado, servindo como reguladores.

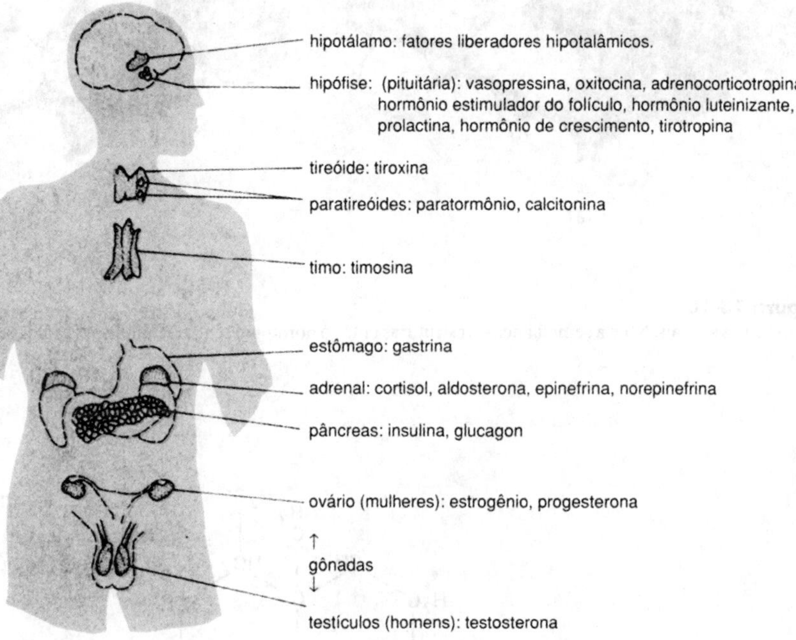

Figura 13-15
As glândulas endócrinas. Estas glândulas secretam hormônios que regulam as funções do organismo.

Os hormônios são secretados por uma glândula quando necessário para influenciar a velocidade de uma reação particular que ocorre em certas células. Geralmente, eles exercem seu efeito controlando a síntese de proteínas específicas. Eles têm um curto período de vida. O hormônio é liberado, transportado pelo sangue até o seu alvo, realiza seu trabalho, e é rapidamente inativado. Alguns hormônios são destruídos apenas alguns minutos depois de secretados por uma glândula endócrina.

Alguns dos hormônios são esteróides. Por exemplo, os hormônios sexuais masculinos e femininos têm estruturas esteróides relacionadas. (Veja a Figura 13-16.) Eles são produzidos pelas gônadas, testículos nos homens e ovários nas mulheres.

A testosterona é o principal hormônio masculino, ou andrógeno, secretado pelos testículos. É um esteróide de 19 carbonos produzido a partir do colesterol.

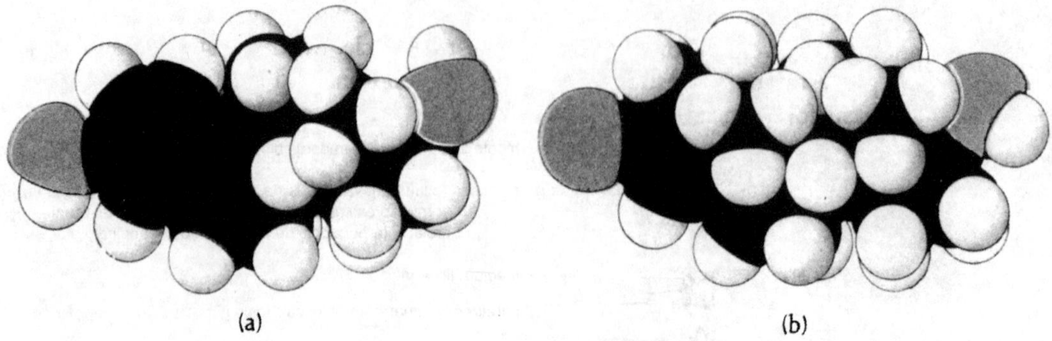

Figura 13-16
Hormônios sexuais. Note a semelhança de estruturas entre o hormônio sexual feminino estradiol (a) e o masculino testosterona (b).

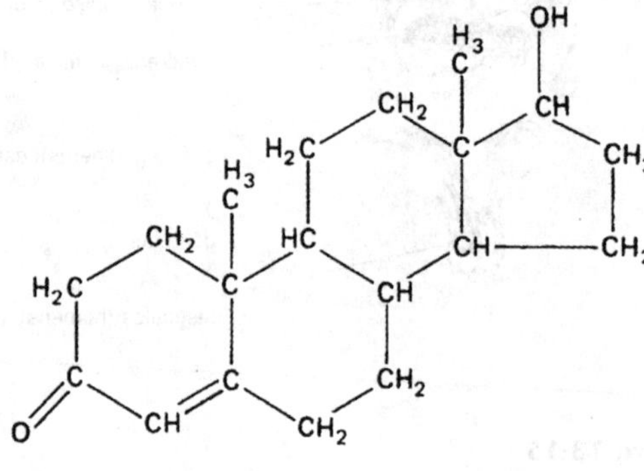

testosterona

A função da testosterona é de promover e manter os órgãos sexuais masculinos e os caracteres sexuais secundários. Ele também aumenta o crescimento dos músculos, fígado e rins estimulando a síntese de proteínas.

Os estrógenos, hormônios sexuais femininos, são esteróides de 18 carbonos que têm como base o estradiol, que é produzido nos ovários a partir da testosterona.

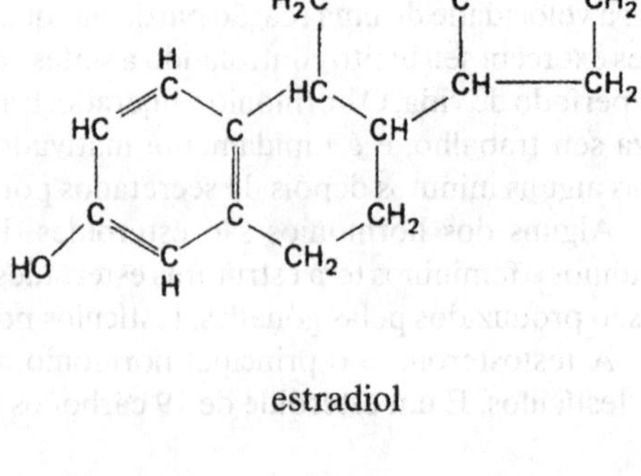

estradiol

Como você pode ver, as estruturas da testosterona e do estradiol são muito semelhantes, mas a diferença em seus efeitos é tremenda. A secreção de estrógenos produz os caracteres sexuais secundários das fêmeas, o crescimento de pêlos axilares e púbicos, e mudanças na forma do corpo, assim como formação óssea própria. Os estrógenos aumentam a síntese de proteínas, especialmente nos tecidos alvos, o útero, vagina e glândulas mamárias. Estes hormônios estão também envolvidos na regulação do ciclo menstrual e no comportamento sexual feminino.

A progesterona é um hormônio encontrado no ovário (corpus luteum), placenta e adrenais:

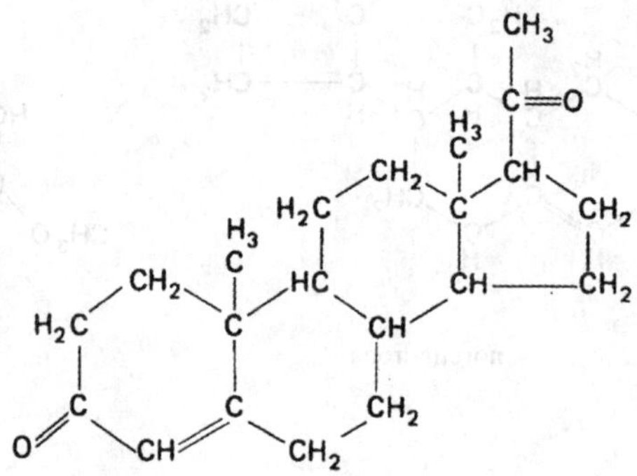

progesterona

Como mostra a Figura 13-17, ela é secretada durante a segunda metade do ciclo menstrual. O hormônio causa a formação de muco no ovário, que é necessário se um óvulo está para ser implantado. Secreção contínua é requerida durante a gravidez se o óvulo for fertilizado.

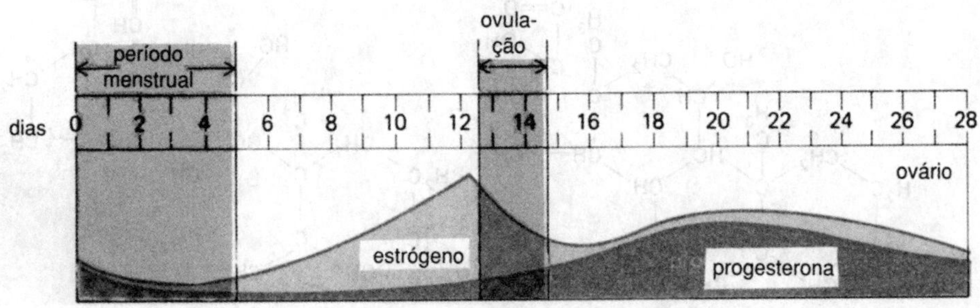

Figura 13-17
O ciclo ovariano. Os níveis hormonais variam como mostrado ao longo de 28 dias

A progesterona impede a ovulação (liberação do óvulo) quando dada durante o quinto ao vigésimo-quinto dia do ciclo menstrual. Esteróides sintéticos semelhantes à progesterona e ao estradiol, tais como a noretindrona e o mestranol, fornecem a base para as pílulas anti-concepcionais.

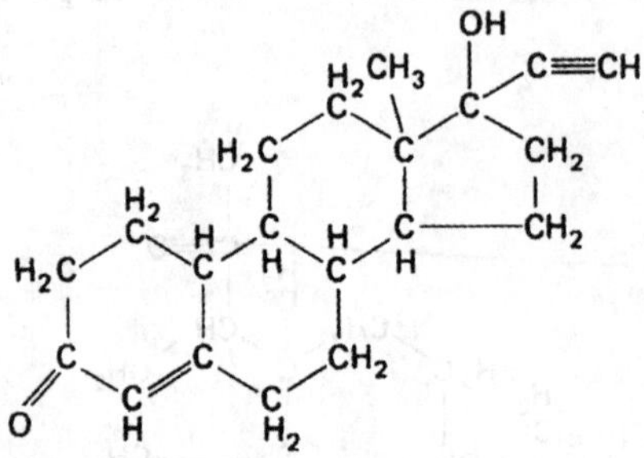

noretindrona

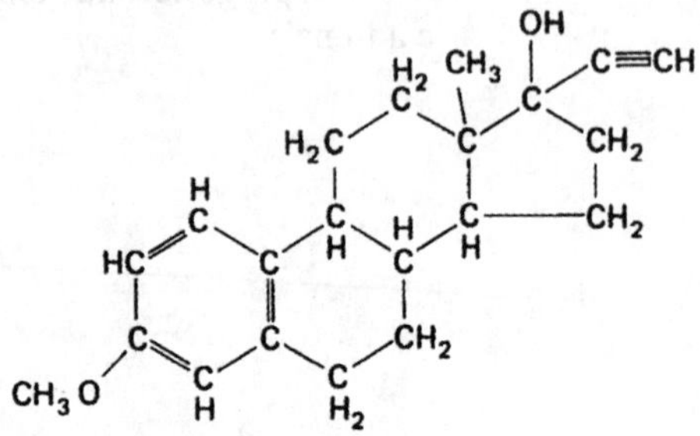

mestranol

Os anticoncepcionais orais são quase 100% efetivos na prevenção da concepção porque eles enganam o organismo, como se este estivesse secretando progesterona. Mas, além de outros possíveis efeitos colaterais, eles podem aumentar o risco de formação de coágulos sangüíneos.

Os hormônios do córtex adrenal são esteróides de 21 carbonos. Eles consistem de cortisol (hidrocortisona), corticosterona (que tem um grupo hidroxila a menos do que cortisol), e aldosterona:

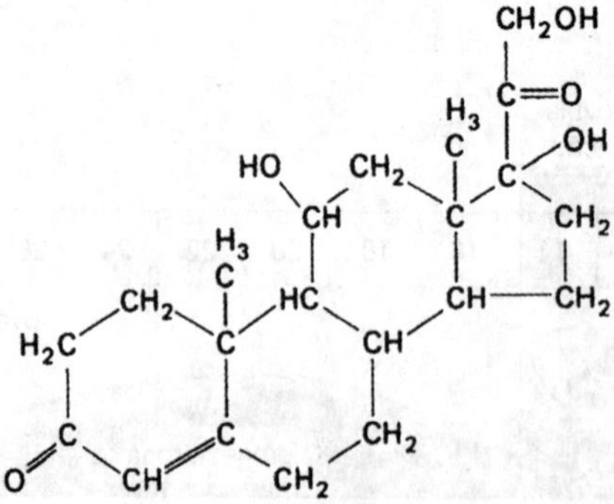

cortisol (hidrocortisona)

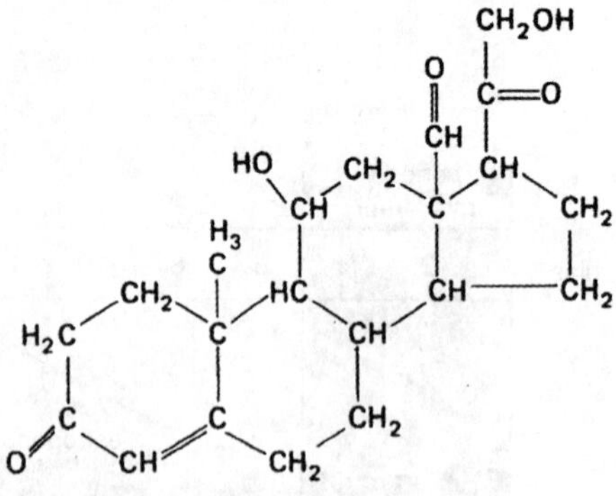

aldosterona

O cortisol é a principal secreção. Ele é responsável pelo aumento do nível da glicose sangüínea e pela quantidade de glicogênio hepático. O cortisol promove a síntese hepática de proteína e triacilgliceróis e provê resistência a estímulos prejudiciais como infecção, trauma ou hemorragia. A aldosterona tem efeitos semelhantes, mas serve principalmente para manter constante o equilíbrio eletrolítico do sangue. A secreção depende da quantidade de sódio na dieta, da quantidade de potássio no organismo, e do volume de plasma sangüíneo. A aldosterona é às vezes chamada de "mineralcorticóide" devido ao seu efeito na manutenção do equilíbrio mineral, em contraste ao cortisol, um "glicocorticóide", porque seu papel primordial envolve o equilíbrio da glicose.

Moléculas sintéticas semelhantes aos corticosteróides (tais como prednisona e prednisolona) são muitas vezes mais potentes do que os hormônios naturais e têm efeitos mais específicos. Algumas são usadas devido à sua capacidade de reduzir a inflamação, outras por reter íons de sódio, e finalmente outras por sua influência no metabolismo de carboidratos. Artrite, febre reumática, alergias, e doenças de pele são tratadas com estas drogas esteróides. Em todos os casos, a terapia por esteróides deve ser cuidadosamente monitorizada. Efeitos colaterais indesejáveis incluem aumento de peso, úlceras, edema, hipertensão, infecção, hiperglicemia e anormalidades psiquiátricas.

13.11 Ceras

Objetivo: Para demonstrar entendimento desta seção, você deverá ser capaz de descrever a estrutura e propriedades das ceras.

Ceras são ésteres de ácidos graxos de cadeia longa (14 a 36 átomos de carbono) com álcoois de cadeia longa (16 a 22 átomos de carbono). Por exemplo, o principal componente da cera de abelha é o éster formado pelo ácido palmítico e o álcool miricílico:

$$\underset{\text{ácido palmítico}}{CH_3(CH_2)_{14}\overset{\overset{\large O}{\|}}{C}{-}OH} + \underset{\text{álcool miricílico}}{CH_3(CH_2)_{28}CH_2OH} \longrightarrow$$

$$\underset{\text{palmitato de miricila}}{CH_3(CH_2)_{14}\overset{\overset{\large O}{\|}}{C}{-}O{-}CH_2(CH_2)_{28}CH_3} + \underset{\text{água}}{H_2O}$$

As ceras naturais, listadas na Tabela 13-4, são realmente misturas de ceras, contendo uma grande variedade destes ésteres superiores.

Tabela 13-4 Ceras Comuns

Nome	Fonte	Uso
cera de abelha	colméias	moldes dentários
cera de carnaúba	folhas de palma	cera para assoalho; polidor de mobília
cerume	cera do ouvido	protege o ouvido interno
lanolina	lã (carneiro)	base para pomadas e cremes
espermacete	cachalote	cosméticos, velas

As glândulas da pele dos animais secretam ceras que servem como camada protetora. Elas conservam a pele lubrificada, flexível e impermeável à água. As ceras protegem também os pêlos, a lã e a pele dos animais, e as penas das aves. A superfície brilhante que você vê em certas plantas, tal como o azevim, é devida a uma película de cera nas folhas. A cera dos ouvidos, ou cerume, constitui a camada protetora secretada por glândulas dos seus ouvidos.

Assim como os triacilgliceróis servem como principal forma de energia armazenada em animais, as ceras armazenam energia em certas formas de vida marinha tais como organismos do plancto. Estes organismos, e suas ceras, constituem um importante alimento para espécies maiores como salmões e baleias.

A lanolina, da lã, é a cera mais importante para fins médicos. Ela é constituída de uma mistura complexa de ésteres derivados de 33 diferentes álcoois e 36 diferentes ácidos graxos. A cera de abelha é usada em odontologia para fazer moldes. (Não confunda a parafina, mencionada anteriormente, com estas ceras — ela não é um lipídio, mas uma mistura de hidrocarbonetos.)

A Figura 13-18 apresenta um resumo dos lipídios descritos neste capítulo.

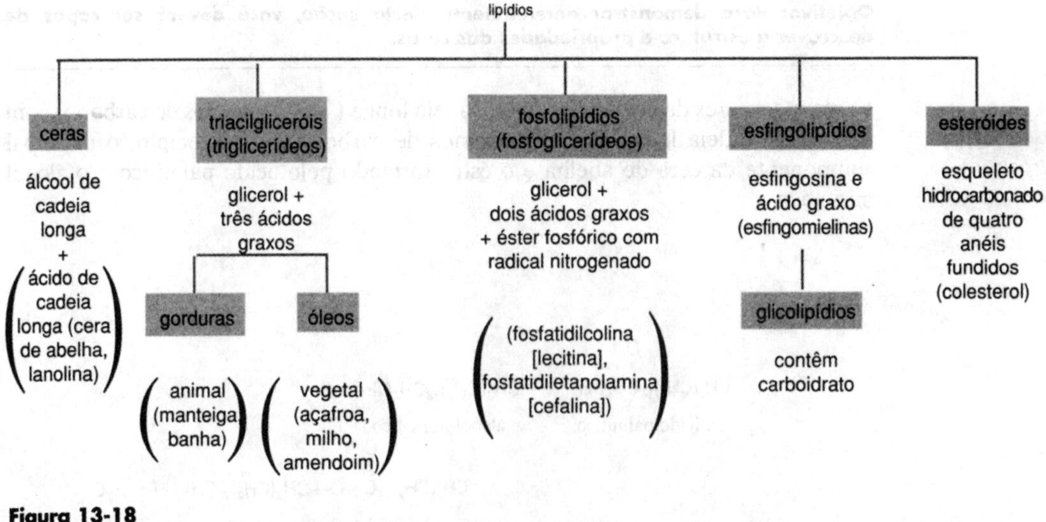

Figura 13-18
Quadro sinóptico dos lipídios. Compostos entre parênteses são exemplos típicos das classes listadas

SUMÁRIO

13.1 Os lipídios constituem um grupo misto de compostos orgânicos encontrados em plantas e animais. Eles se dissolvem em solventes orgânicos não polares como éter, clorofórmio e tetracloreto de carbono. Os lipídios chamados triacilgliceróis (triglicerídeos), são tipos especiais de ésteres formados por glicerol e a classe de ácidos carboxílicos chamada ácidos graxos. Estes ácidos consistem de uma cadeia não ramificada com número par de átomos de carbono e com zero a quatro ligações duplas. Os ácidos graxos essenciais, ácidos linoléico e linolênico, devem ser incluídos na dieta.

13.2 A maioria dos triacilgliceróis da natureza contém diferentes ácidos graxos, que variam em comprimento e grau de saturação. Gorduras saturadas são sólidas e encontradas principalmente em animais. Óleos, que são insaturados, contêm de uma a quatro ligações duplas, existem como líquidos e são encontrados principalmente em plantas.

13.3 Quando você ingere alimentos que contêm mais calorias do que as que são utilizadas pelo seu corpo, muito do excesso é armazenado como gordura em regiões chamadas tecido adiposo. Conhecido como depósito gorduroso, a gordura serve como uma reserva concentrada de energia. A gordura provê também isolamento e suporte interno para vários órgãos.

13.4 A reação química mais importante dos triacilgliceróis é a hidrólise, quebra da gordura ou óleo pela água, um processo que é o inverso da esterificação. Saponificação é uma reação relacionada na qual uma base forte reage com o triacilglicerol para formar glicerol e os sais dos ácidos graxos (sabões). Os óleos podem ser endurecidos, parcialmente convertidos em gorduras, por uma reação de adição chamada hidrogenação.

13.5 Quando um ácido graxo reage com uma base forte, um sabão se forma. Ele é simplesmente o sal tipo carboxilato do ácido graxo. Como ele consiste de uma parte polar e uma não polar, a molécula do sabão pode remover sujeira engordurada e suspendê-la na água sob forma de emulsão. Os detergentes, que contêm um grupo iônico diferente do grupo carboxilato, são efetivos em água "dura", ao contrário dos sabões.

13.6 Fosfolipídios são lipídios que contêm o grupo fosfórico. Os fosfoglicerídeos diferem das gorduras porque neles um dos grupos hidroxila do glicerol está esterificado com ácido fosfórico em lugar do ácido graxo. Um radical nitrogenado pode formar outro éster num terminal livre do fosfato, como na fosfatidilcolina (lecitina) e na fosfatidiletanolamina (cefalina). Estas moléculas têm partes polares e não polares como os detergentes.

13.7 Os esfingolipídios não contêm glicerol mas, em vez disto, o aminoálcool esfingosina. Os mais importantes esfingolipídios são as esfingomielinas. Os glicolipídios, tais como os glicoesfingolipídios contêm um carboidrato ligado.

13.8 A membrana que envolve a célula é formada por duas camadas de fosfolipídios sob forma de uma bicamada ou "sanduíche" com as "cabeças" polares para fora e as "caudas" não polares voltadas para o meio. Transporte ativo é um processo pelo qual moléculas tais como nutrientes e "combustíveis" são deslocadas através da membrana numa direção oposta àquela na qual a difusão ocorre.

13.9 A classe de lipídios conhecida como esteróides consiste de moléculas construídas em torno de um esqueleto com 17 átomos de carbono formando quatro anéis hidrocarbonados fundidos. O colesterol é um importante esteróide necessário para a síntese de outras moléculas do organismo. Doença cardíaca pode resultar de depósitos de colesterol no interior das paredes das artérias.

13.10 Hormônios são mensageiros químicos produzidos quando necessários pelas glândulas endócrinas. Eles servem como reguladores e são transportados pelo sangue para os seus órgãos alvo. Exemplos de hormônios esteróides são os hormônios sexuais (testosterona, estrógenos, progesterona) e os hormônios adrenocorticais (cortisol, aldosterona).

13.11 Ceras são ésteres formados por um ácido graxo e um álcool de alto peso molecular. Elas servem como revestimentos protetores em plantas e animais.

EXERCÍCIOS

Exercício sobre Casamento de Palavras-Chave

Para cada termo à esquerda, escolha a frase da coluna à direita que mais se aproxima do seu significado.

1. lipídio	a. inverso da saponificação
2. triacilglicerol	b. triacilglicerol animal
3. ácido graxo	c. sal de ácido carboxílico
4. gordura	d. forma de armazenamento de gordura
5. óleo	e. éster do ácido fosfórico
6. depósito gorduroso	f. lipídio com açúcar ligado
7. hidrólise	g. dissolve-se em solventes não polares
8. saponificação	h. bicamada fosfolipídica
9. sabão	i. desloca moléculas
10. fosfolipídio	j. gordura insaturada
11. esfingolipídio	k. forma sabão
12. glicolipídio	l. aminoálcool como base estrutural
13. membrana celular	m. triglicerídeo
14. transporte ativo	n. regulador químico
15. esteróide	o. revestimento protetor
16. hormônio	p. ácido graxo de cadeia longa
17. cera	q. quatro anéis fundidos

Exercícios por Tópicos

Triglicerídeos e Ácidos Graxos (13.1)

18. Descreva a estrutura química de um triacilglicerol.
19. Em que um ácido graxo difere de um simples ácido carboxílico?
20. O que são ácidos graxos essenciais?
21. O que é grupo acila?

Gorduras e Óleos (13.2)

22. Represente a estrutura química da triestearina.
23. Em que uma gordura difere de um óleo em termos de estrutura química? propriedades?
24. O que significa um triglicerídeo ter um alto índice de iodo?
25. Explique o significado do termo "poliinsaturado" quando aplicado a um óleo.
26. Descreva a diferença entre um óleo vegetal, um óleo mineral e um óleo essencial.

Gordura Corporal (13.3)

27. Qual é a principal função da gordura no organismo? Por que é ela apropriada para esta função?
28. O que é depósito gorduroso? Onde está localizado?
29. Por que nosso corpo precisa de gorduras além do glicogênio?
30. Por que você pode comer mais gorduras em clima frio?

Propriedades das Gorduras (13.4)

31. Formule uma equação para a (a) hidrólise e (b) saponificação da triestearina.

32. Formule uma equação para a completa hidrogenação da trioleína.
33. O que causa a rancificação? Como pode ser ela inibida?
34. Podem as gorduras saturadas sofrer hidrogenação? Explique.

Sabões e Detergentes (13.5)
35. O que é sabão? detergente?
36. Formule uma equação para a reação do ácido oléico com hidróxido de potássio.
37. Como atua um sabão?
38. Que vantagens têm os detergentes sobre os sabões?
39. Que problemas de poluição da água podem ser criados pelos detergentes?

Fosfolipídios (13.6)
40. Em que um fosfoglicerídeo difere de um triacilglicerol?
41. Em que os fosfolipídios são semelhantes aos detergentes?
42. O que é um fosfatídio? um plasmalogênio?
43. Em que a estrutura química das lecitinas difere daquela das cefalinas?

Esfingolipídios (13.7)
44. O que faz um esfingolipídio diferir de um triacilglicerol?
45. Descreva a estrutura química de uma esfingomielina.
46. Em que um cerebrosídeo difere de uma ceramida?
47. O que é glicoesfingolipídio?

Membranas Celulares (13.8)
48. Descreva a estrutura de uma membrana celular.
49. Que funções a membrana celular desempenha?
50. Em que o transporte ativo se compara à difusão?
51. Por que é o transporte ativo um processo importante?

Esteróides (13.9)
52. Descreva a estrutura química de um esteróide.
53. Qual é o esterol mais importante?
54. Qual é a função normal do colesterol no organismo?
55. Qual esteróide é uma vitamina? quais estão na bile? qual é usado pelo organismo para produzir hormônios?

Hormônios Esteróides (13.10)
56. O que é um hormônio?
57. Nomeie os hormônios esteróides.
58. Compare (a) a estrutura química com (b) os efeitos, no nosso corpo, da testosterona e do estradiol.
59. Descreva como a secreção hormonal muda durante o ciclo menstrual.
60. Descreva o papel dos hormônios do córtex adrenal.

Ceras (13.11)
61. O que é cera?
62. Que função as ceras desempenham na natureza?
63. Formule uma equação para a formação de cera a partir de álcool cetílico, $CH_3(CH_2)_{14}CH_2OH$, e ácido palmítico, $CH_3(CH_2)_{14}COOH$.

Exercícios Adicionais

64. Se alguém lhe entregar uma substância, o que pode você fazer para descobrir se se trata de um lipídio?
65. O que são prostaglandinas? Que função desempenham no organismo?
66. Quais são os fosfolipídios mais comuns em seus tecidos?
67. Qual é a relação entre gordura alimentar, colesterol e aterosclerose?
68. Como podem os óleos ser endurecidos?
69. Por que é a galactose necessária para o desenvolvimento cerebral das crianças?
70. Usando a Tabela 13-2, descreva a composição da gordura humana.
71. Seria possível às gorduras de seu corpo conter apenas ácidos graxos insaturados?
72. Por que age o sabão como agente emulsificador?
73. Qual é a composição da margarina?
74. Que tipo de lipídio
    a. forma as membranas celulares?
    b. produz depósito gorduroso?
    c. contém carboidrato?
    d. contém átomos de nitrogênio?
    e. envolve as células nervosas?
75. O que é terapia por esteróides?

Capítulo 14

Proteínas

As proteínas constituem nosso mais abundante polímero biológico. Elas perfazem mais da metade do peso seco de nossas células. Há vários milhares de diferentes proteínas, e cada uma desempenha uma função especial. As funções das proteínas são muito mais diversificadas do que aquelas dos carboidratos e lipídios. Elas provêem estrutura, realizam reações, protejem o organismo, atuam como reguladores, transportam substâncias e realizam outras funções. O Capítulo 14 apresenta a estrutura e função destas importantes moléculas.

14.1 Aminoácidos

Objetivo: Para demonstrar entendimento desta seção, você deverá ser capaz de identificar as características comuns aos 20 aminoácidos principais.

Aminoácidos são os blocos de construção das proteínas. Eles contêm tanto um grupo amina, $-NH_2$, como um carboxílico, —COOH, na mesma molécula. Como mostra a Figura 14-1, ambos os grupos estão ligados ao mesmo átomo de carbono, chamado carbono alfa. (Carbono alfa é aquele adjacente ao grupo funcional.) Os aminoácidos das proteínas são portanto conhecidos como alfa-aminoácidos. Além de um átomo de hidrogênio, outro átomo ou grupo de átomos se liga ao carbono alfa. Este quarto grupo, a **cadeia lateral**, é o que faz um aminoácido diferente do outro. Há 20 *principais aminoácidos* encontrados em proteínas, cada um com uma *cadeia lateral característica*.

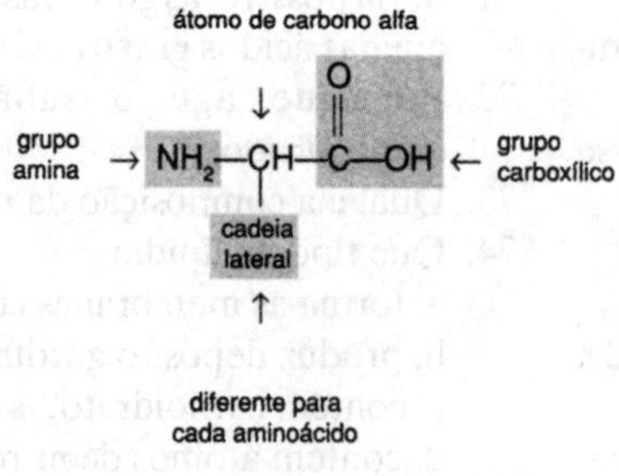

Figura 14-1
Um aminoácido. Cada um contém um grupo amina e um grupo carboxílico. A cadeia lateral faz um aminoácido diferente do outro.

O aminoácido mais simples, glicina, abreviadamente Gly, tem apenas um segundo átomo de hidrogênio ligado ao carbono alfa:

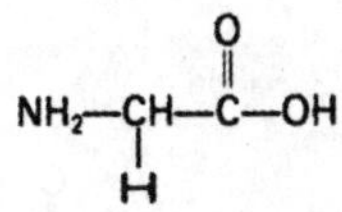

glicina (Gly)

Alguns dos outros aminoácidos contêm cadeias laterais hidrocarbonadas. São eles: a alanina (Ala), a valina (Val), a leucina (Leu) e a isoleucina (Ile):

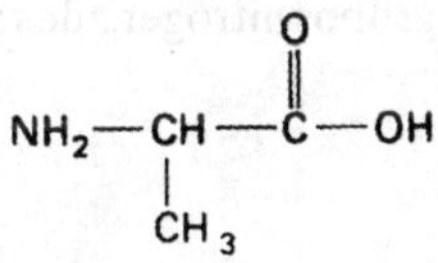

alanina (Ala)

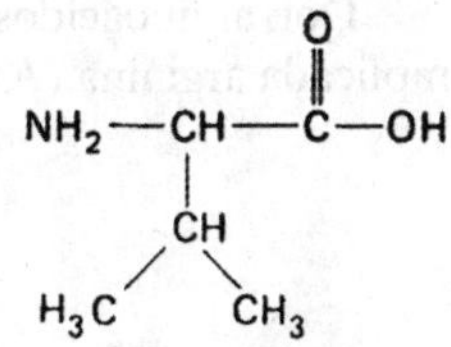

valina (Val)

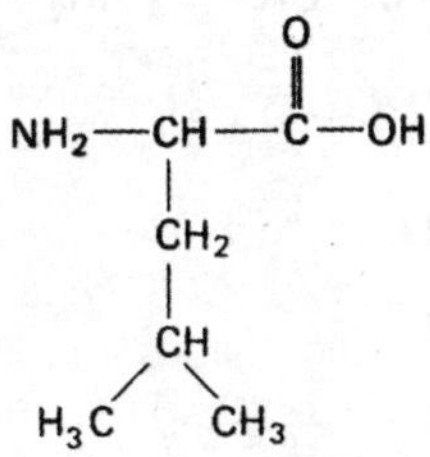

leucina (Leu)

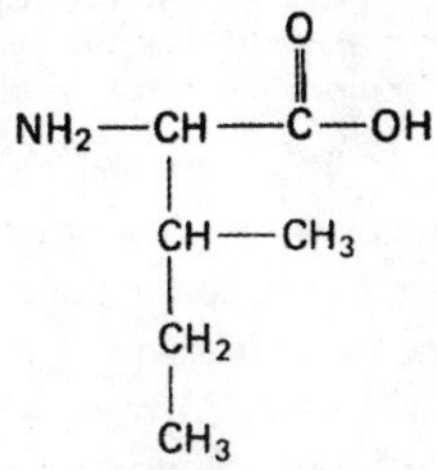

isoleucina (Ile)

Dois aminoácidos contêm um segundo grupo carboxílico — ácido aspártico (Asp) e ácido glutâmico (Glu):

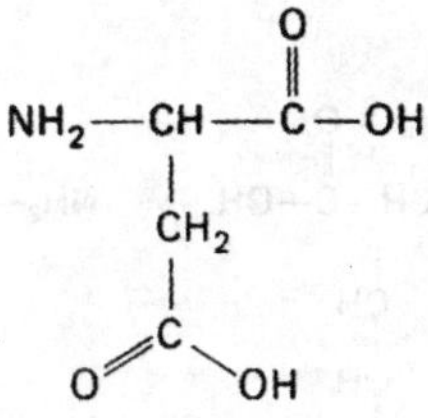

ácido aspártico (Asp)

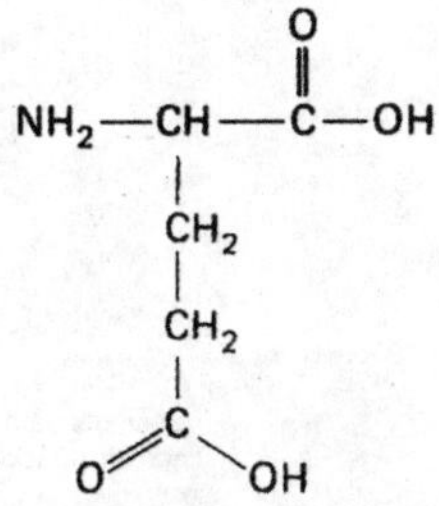

ácido glutâmico (Glu)

Talvez você esteja familiarizado com o sal de sódio do ácido glutâmico, glutamato monossódico, ou MSG. Ele é usado para realçar o sabor dos alimentos, mas um excesso pode causar a "síndrome do restaurante chinês", caracterizada por uma rigidez dos músculos da face e do pescoço, cefaléia e náuseas em algumas pessoas. As amidas formadas a partir destes dois ácidos são a asparagina (Asn) e a glutamina (Gln):

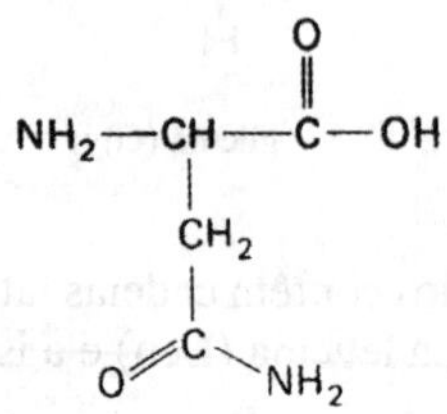
asparagina (Asn)

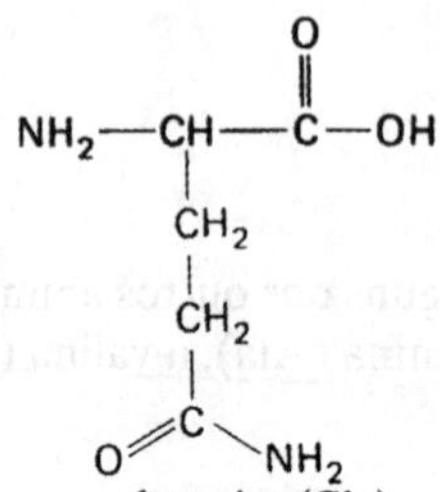
glutamina (Gln)

Dois aminoácidos com grupos nitrogenados adicionais são a lisina (Lys) e a mais complicada arginina (Arg):

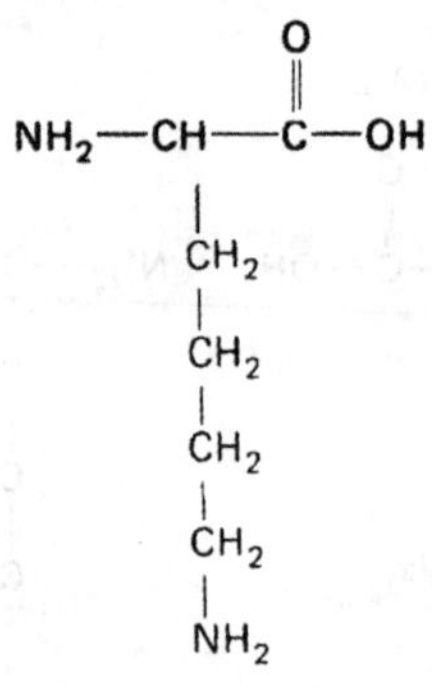
lisina (Lys)

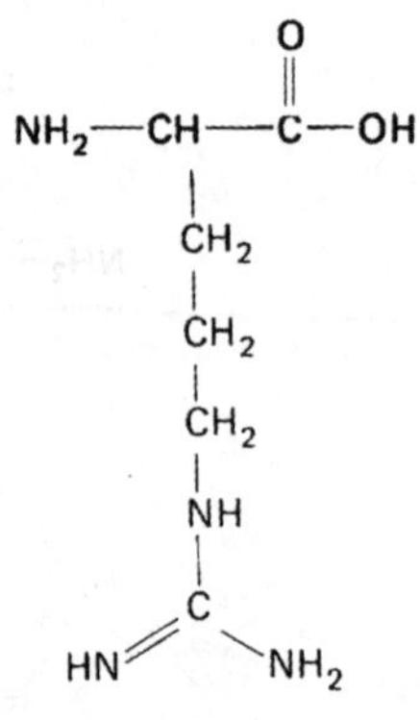
arginina (Arg)

Vários aminoácidos têm grupo hidroxila. Eles incluem a serina (Ser) e a treonina (Thr):

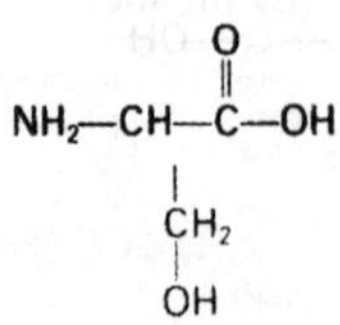
serina (Ser)

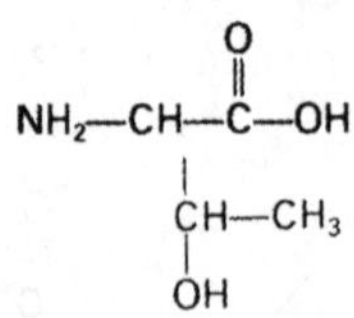
treonina (Thr)

Dos aminoácidos sulfurados, a cisteína (Cys) tem um grupo tiol, e a metionina (Met) tem um grupo tioéter:

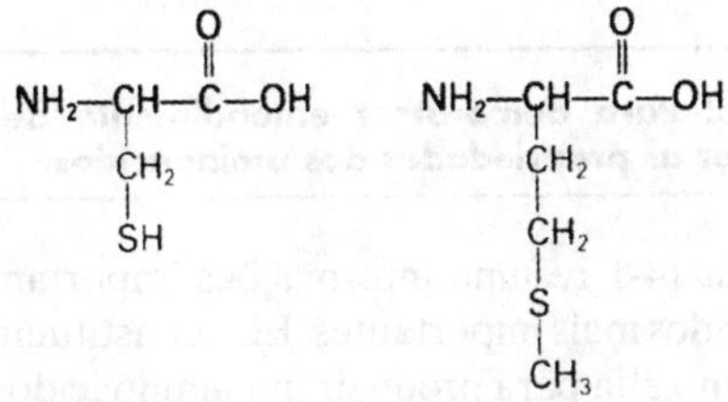

cisteína (Cys) metionina (Met)

Aminoácidos com o grupo aromático fenila são a fenilalanina (Phe), não polar, e a tirosina (Tyr), polar, esta contendo um grupo hidroxila no anel, como o fenol:

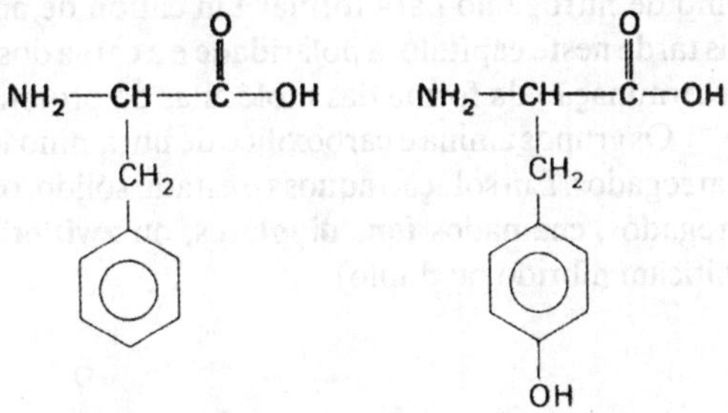

fenilalanina (Phe) tirosina (Tyr)

Os aminoácidos aromáticos que contêm heterociclos nitrogenados são a histidina (His), básica, e o triptofano (Trp). A histidina contém o anel imidazólico, e o triptofano contém o sistema indólico:

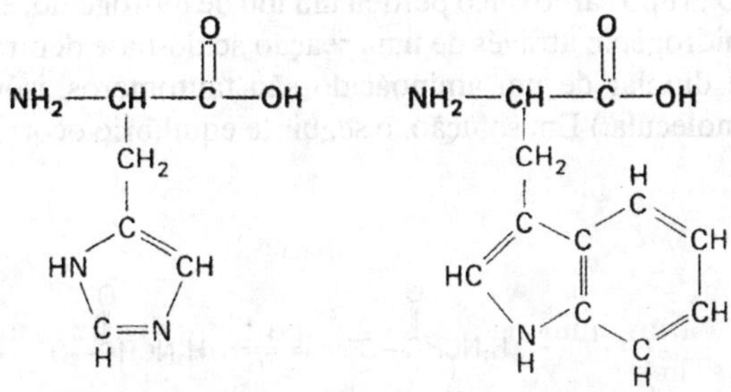

histidina (His) triptofano (Trp)

A prolina (Pro) apresenta um anel que inclui tanto o nitrogênio amínico como o carbono alfa:

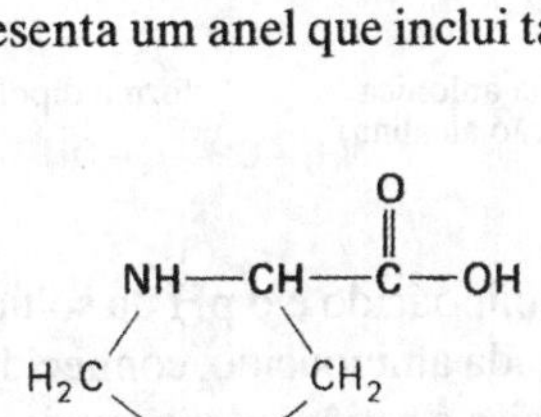

prolina (Pro)

14.2 Propriedades dos Aminoácidos

Objetivo: Para demonstrar entendimento desta seção, você deverá ser capaz de descrever as propriedades dos aminoácidos.

A Tabela 14-1 resume informações importantes acerca das cadeias laterais dos 20 aminoácidos mais importantes. Elas constituem os diferentes grupos ligados ao átomo de carbono alfa para produzir um aminoácido. A tabela indica se cada cadeia lateral é não polar ou polar (Veja a Seção 3.4). A tabela mostra também se os grupos polares são neutros ou eletricamente carregados. Uma carga negativa resulta da perda de um íon de hidrogênio pelo grupo carboxílico da cadeia lateral para formar o ânion carboxilato. Cargas positivas resultam do ganho de um íon do hidrogênio por um átomo de nitrogênio para formar um cátion de amônio substituído. Como veremos mais tarde neste capítulo, a polaridade e a carga dos aminoácidos são importantes para a determinação da forma das moléculas de proteínas.

Os grupos amina e carboxílico de um aminoácido livre são também eletricamente carregados. Em solução aquosa e estado sólido, os aminoácidos são íons duplamente carregados, chamados **íons dipolares**, ou **zwitterions** ("zwitter" vem de raízes que significam híbrido ou duplo).

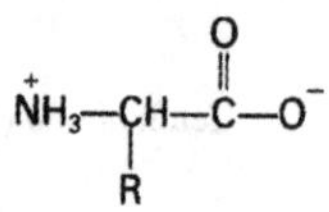

íon dipolar (zwitterion)

O grupo carboxílico perdeu um íon de hidrogênio, e o grupo amina ganhou um íon de hidrogênio através de uma reação ácido-base dentro da molécula. (As formas neutra e dipolar de um aminoácido são tautômeros, isômeros formados dentro de uma molécula.) Em solução, o seguinte equilíbrio ocorre:

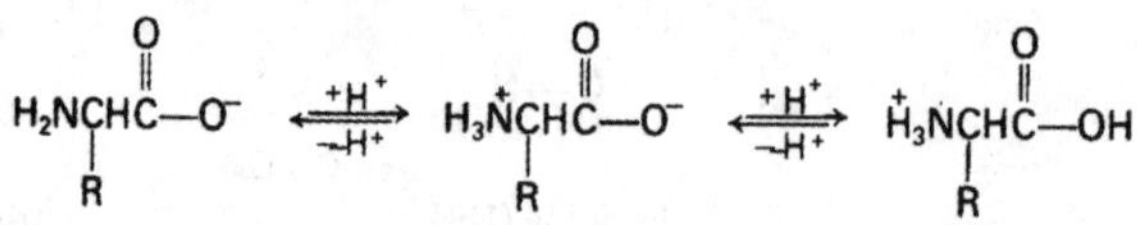

forma aniônica (solução alcalina) — forma dipolar — forma catiônica (solução ácida)

A natureza do aminoácido e o pH da solução determina a forma existente. A um pH particular para cada aminoácido, conhecido como ponto isoelétrico, as concentrações das formas aniônica e catiônica são iguais. Aqui, a concentração do íon dipolar atinge seu valor máximo. Este pH varia de 3 a 11 para os aminoácidos comuns. No pH dos fluidos corporais, os aminoácidos existem principalmente nas suas formas carregadas.

Tabela 14-1 Resumo sobre Amianoácidos

Aminoácido	Abreviatura	Cadeia lateral	Polaridade	Carga
alanina	Ala	$-CH_3$	não polar	neutra
arginina	Arg	$-CH_2CH_2CH_2NH-C(=NH)-NH_2$	polar	positiva
asparagina	Asn	$-CH_2C(=O)-NH_2$	polar	neutra
ácido aspártico	Asp	$-CH_2C(=O)-OH$	polar	negativa
cisteína	Cys	$-CH_2SH$	polar	neutra
ácido glutâmico	Glu	$-CH_2CH_2C(=O)-OH$	polar	negativa
glutamina	Gln	$-CH_2CH_2C(=O)-NH_2$	polar	neutra
glicina	Gly	$-H$	polar	neutra
histidina	His	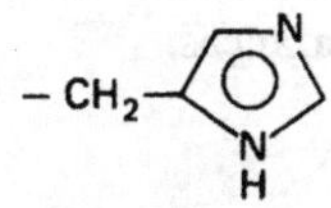	polar	positiva
isoleucina	Ile	$-CH(CH_3)CH_2CH_3$	não polar	neutra
leucina	Leu	$-CH_2CH(CH_3)_2$	não polar	neutra
lisina	Lys	$-CH_2CH_2CH_2CH_2NH_2$	polar	positiva
metionina	Met	$-CH_2CH_2SCH_3$	não polar	neutra
fenilalanina	Phe	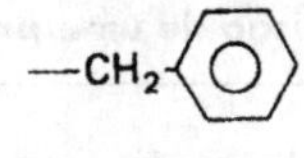	não polar	neutra
prolina	Pro	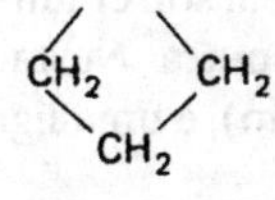	não polar	neutra
serina	Ser	$-CH_2OH$	polar	neutra
treonina	Thr	$-CH(OH)CH_3$	polar	neutra
triptofano	Trp	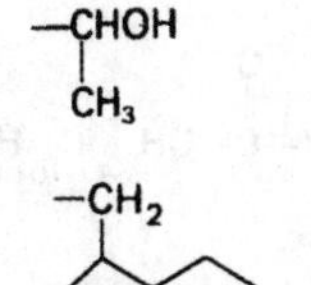	não polar	neutra
tirosina	Tyr	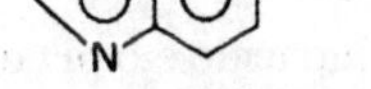	polar	neutra
valina	Val	$-CH(CH_3)_2$	não polar	neutra

Todos os aminoácidos, exceto a glicina, têm enantiômeros, isto é, estereoisômeros tipo imagem especular (veja o Tópico Especial 2, Capítulo 12). Cada aminoácido quiral do seu corpo tem a configuração L, que lhe é atribuída com base na semelhança com o arranjo dos grupos ao redor do carbono alfa no L-gliceraldeído.

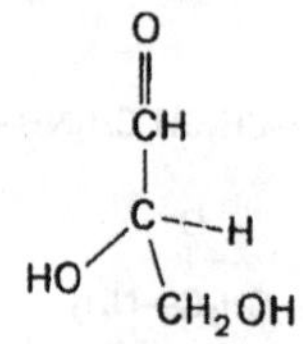

L-gliceraldeído

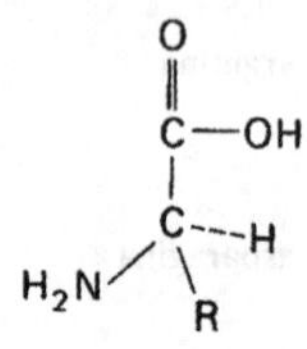

um L-aminoácido

As bactérias podem sintetizar aminoácidos com a configuração D; alguns deles são componentes de antibióticos.

Dez dos aminoácidos são conhecidos como aminoácidos essenciais. Estes aminoácidos não podem ser sintetizados pelo seu organismo mas são requeridos para o crescimento normal e a manutenção dos tecidos. Portanto, você deve incluí-los na sua dieta. Eles incluem: isoleucina, leucina, lisina, metionina, fenilalanina, treonina, triptofano e valina. A arginina pode ser sintetizada mas é requerida em maiores quantidades para um crescimento e desempenho normais. A histidina é um aminoácido essencial para as crianças.

14.3 Estrutura Primária das Proteínas

Objetivo: Para demonstrar entendimento desta seção, você deverá ser capaz de descrever a composição de uma proteína em termos de sua estrutura primária.

Os aminoácidos podem sofrer uma reação entre o grupo carboxílico de uma molécula e o grupo amina de outra. Nesta reação de condensação, uma molécula de água é liberada (desidratação), e uma ligação amida se forma. Um exemplo é a combinação de glicina e alanina:

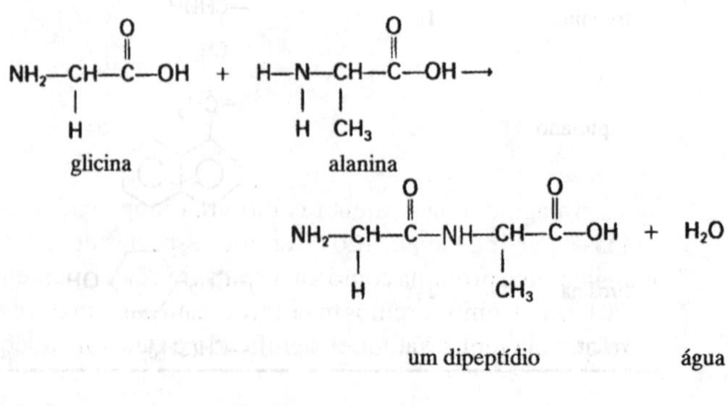

um dipeptídio água

A nova ligação que se forma está ilustrada na Figura 14-2. Esta ligação amida substituída é conhecida como **ligação peptídica**. A molécula resultante é chamada um *dipeptídio* porque consiste de dois aminoácidos.

Se este dipeptídio reage com um terceiro aminoácido, um tripeptídio se forma. Estas moléculas relativamente pequenas são conhecidas como oligopeptídios. Quando até 50 unidades se ligam desta maneira, elas formam um **polipeptídio**, ou poliamida, um polímero de condensação de aminoácidos unidos por ligações peptídicas (amida), como mostra a Figura 14-3. Estes pequenos polímeros são freqüentemente referidos simplesmente como "peptídios". As moléculas de **proteínas** consistem de polipeptídios grandes que ocorrem naturalmente. Em geral, se mais de 50 unidades (ou resíduos) de aminoácidos estão ligados ou se o peso molecular excede 5000, a molécula é chamada de proteína.

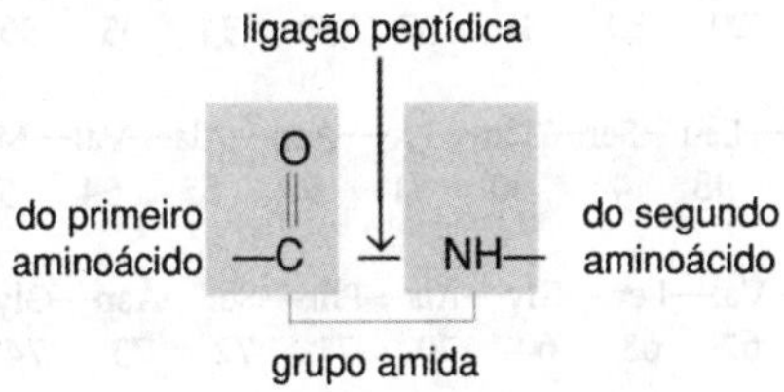

Figura 14-2
A ligação peptídica. Uma ligação amida se forma entre o terminal carboxílico de um aminoácido e o grupo amina de um segundo aminoácido. Uma molécula de água é liberada quando a ligação peptídica se forma.

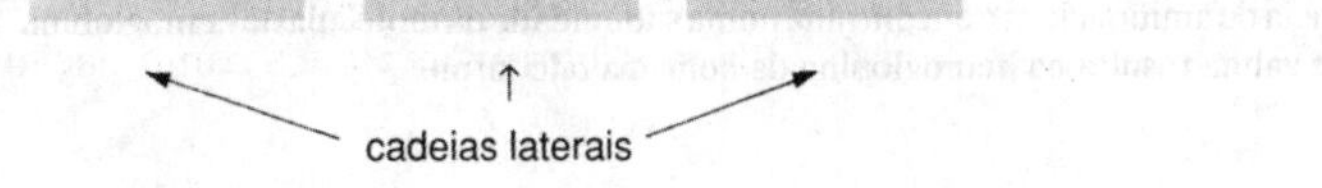

Figura 14-3
Uma porção de um polipeptídio. Muitos aminoácidos (três dos quais são mostrados aqui) são unidos por ligações peptídicas numa longa cadeia.

Imagine uma proteína como uma longa cadeia, ou várias cadeias, de contas unidas a partir de apenas 20 diferentes espécies de aminoácidos. Você também pode imaginar uma proteína como uma "palavra" extremamente longa escrita num alfabeto de 20 letras. Como veremos mais tarde, esta palavra deve ser "soletrada" corretamente para que ela tenha qualquer significado e funcione adequadamente no nosso corpo.

Cada proteína tem um arranjo definido e característico das unidades básicas de aminoácidos.

Estrutura primária de uma proteína é a *sequência* de seus aminoácidos. Ela lhe diz exatamente quais estão presentes e a ordem na qual eles estão unidos. Você pode imaginar a proteína como tendo uma "espinha dorsal" (cadeia principal) que consiste de átomos de nitrogênio, átomos de carbono alfa e grupos carbonila, formando uma cadeia com ramos que dela partem, as cadeias laterais. A estrutura primária descreve o comprimento da cadeia principal e o arranjo de suas cadeias laterais. Como exemplo, a estrutura primária de uma cadeia da hemoglobina é mostrada na Figura 14-4.

Val—His—Leu—Thr—Pro—Glu—Glu—Lys—Ser—Ala—Val—Thr—Ala—Leu—Trp—Gly—Lys—Val—Asp—
1 2 3 4 5 6 7 8 9 10 11 12 13 14 15 16 17 18 19

Val—Asp—Glu—Val—Gly—Gly—Glu—Ala—Leu—Gly—Arg—Leu—Leu—Val—Val—Tyr—Pro—Trp—Thr—
20 21 22 23 24 25 26 27 28 29 30 31 32 33 34 35 36 37 38

Glu—Arg—Phe—Phe—Glu—Ser—Phe—Gly—Asp—Leu—Ser—Thr—Pro—Asp—Ala—Val—Met—Gly—Asp—
39 40 41 42 43 44 45 46 47 48 49 50 51 52 53 54 55 56 57

Pro—Lys—Val—Lys—Ala—His—Gly—Lys—Lys—Val—Leu—Gly—Ala—Phe—Ser—Asp—Gly—Leu—Ala—
58 59 60 61 62 63 64 65 66 67 68 69 70 71 72 73 74 75 76

His—Leu—Asp—Asp—Leu—Lys—Gly—Thr—Phe—Ala—Thr—Leu—Ser—Glu—Leu—His—Cys—Asp—Lys—
77 78 79 80 81 82 83 84 85 86 87 88 89 90 91 92 93 94 95

Leu—His—Val—Asp—Pro—Glu—Asp—Phe—Arg—Leu—Leu—Gly—Asp—Val—Leu—Val—Cys—Val—Leu—
96 97 98 99 100 101 102 103 104 105 106 107 108 109 110 111 112 113 114

Ala—His—His—Phe—Gly—Lys—Glu—Phe—Thr—Pro—Pro—Val—Glu—Ala—Ala—Tyr—Glu—Lys—Val—
115 116 117 118 119 120 121 122 123 124 125 126 127 128 129 130 131 132 133

Val—Ala—Gly—Val—Ala—Asp—Ala—Leu—Ala—His—Lys—Tyr—His
134 135 136 137 138 139 140 141 142 143 144 145 146

Figura 14-4
Estrutura primária de uma proteína. Esta seqüência de aminoácidos é encontrada numa subunidade da molécula de hemoglobina. Substituição do aminoácido marcado (nº 6) por valina resulta na hemoglobina da hemácia falciforme.

A maioria das proteínas contém da 100 a 10000 unidades de aminoácidos. Seus pesos moleculares variam de cerca de 10000 até mais de um milhão. Devido ao seu grande tamanho, as proteínas são conhecidas como macromoléculas.

Uma vez que há 20 diferentes aminoácidos e as cadeias protéicas são longas, uma grande variação de combinações pode existir. Por exemplo, considere um tripeptídio formado por exemplo de valina, arginina e leucina. Os seguintes diferentes arranjos são possíveis: Val-Arg-Leu, Val-Leu-Arg, Arg-Val-Leu, Arg-Leu-Val, Leu-Val-Arg e Leu-Arg-Val (lendo do grupo amina terminal ao carboxílico terminal). Assim, seis isômeros podem se formar a partir de apenas três aminoácidos.

O número de combinações aumenta dramaticamente à medida que aumentamos a cadeia e usamos mais aminoácidos. Para uma pequena proteína (peso molecular 34000), o número de seqüências possíveis é de aproximadamente 10^{300}, um número quase ilimitado de combinações.

É a estrutura primária, a seqüência de aminoácidos das cadeias polipeptídicas, que determina a função de uma proteína no nosso corpo. A troca de um único aminoácido num total de muitas centenas pode alterar completamente as propriedades da proteína e afetar sua função biológica. Por exemplo, na anemia falciforme, a proteína hemoglobina das hemácias é defeituosa. Dos cerca de 150 aminoácidos de cada uma de duas de suas cadeias, apenas um (ácido glutâmico) foi substituído por outro aminoácido (valina) numa única posição. O sexto aminoácido na Figura 14-4 é o trocado. Como resultado, as hemácias tomam forma de foice e se tornam frágeis sob baixa pressão de oxigênio, causando hemólise e em conseqüência anemia. Esta condição será discutida com maiores detalhes no Capítulo 19.

14.4 Estrutura Secundária das Proteínas

Objetivo: Para demonstrar entendimento desta seção, você deverá ser capaz de comparar as duas principais formas de estrutura secundária das proteínas.

A **estrutura secundária** de uma proteína descreve as formas regulares tomadas por porções da cadeia principal da molécula. Estes arranjos resultam da formação de **pontes de hidrogênio**, devido à atração de um átomo de hidrogênio por outro átomo da mesma ou de outra molécula. (A formação de pontes de hidrogênio na água foi discutida na Seção 6.2.) Um átomo de hidrogênio parcialmente positivo ligado a um átomo eletronegativo é atraído por outro átomo eletronegativo parcialmente carregado. Considere este exemplo:

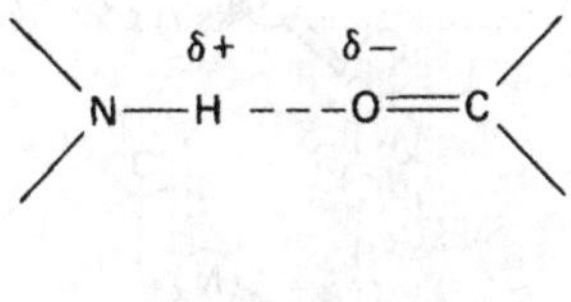

ponte de hidrogênio

A linha pontilhada entre o átomo de hidrogênio e oxigênio representa a ligação de hidrogênio. As ligações de hidrogênio são muito mais fracas do que as covalentes. Por exemplo, uma ligação covalente O—H é cerca de 20 vezes mais forte do que uma ligação O — H da ponte. Muitas destas ligações juntas porém podem gerar uma força de atração significativa.

A Figura 14-5 mostra como uma ponte de hidrogênio pode se formar entre diferentes aminoácidos. Este tipo de ponte pode gerar dois tipos de estrutura muito diferentes nas moléculas de proteínas.

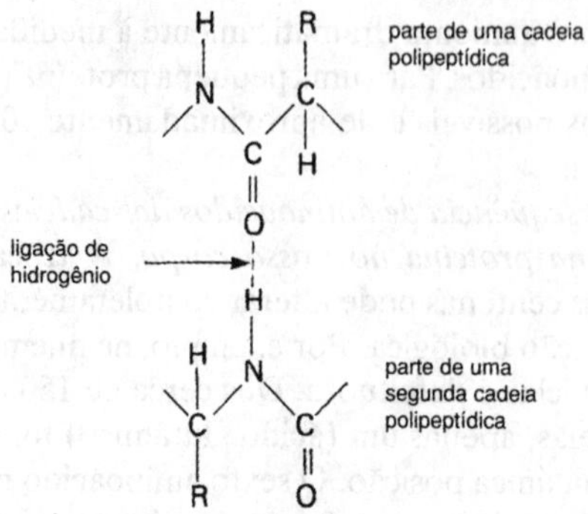

Figura 14-5
Uma ligação de hidrogênio unindo duas cadeias polipeptídicas. O hidrogênio ligado a um nitrogênio é atraído pelo oxigênio de um grupo carbonila.

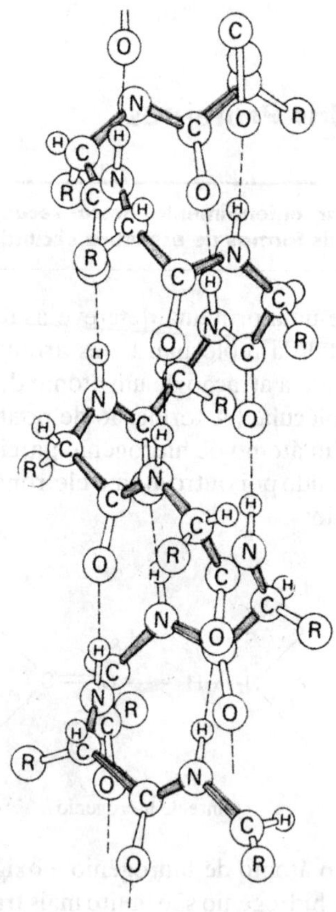

Figura 14-6
Alfa-hélice. As ligações dentro da cadeia principal estão em cor e as linhas interrompidas indicam as ligações de hidrogênio. (Reproduzido de Linus Pauling. *The Nature of the Chemical Bond*. Usado com permissão do editor, Cornell University Press.)

Como mostra a Figura 14-6, um tipo de estrutura secundária que pode resultar das pontes de hidrogênio é a **alfa-hélice**. Ela consiste do enrolamento de uma cadeia polipeptídica num arranjo em espiral. Como a rosca da maioria dos parafusos, a hélice é "dextro-orientada". Cada volta contém 3,6 aminoácidos. Ela é mantida por ligações de hidrogênio entre o átomo de hidrogênio de um grupo amina e o oxigênio de um grupo carbonila, quatro aminoácidos distantes ao longo da cadeia. A alfa-hélice é tanto flexível (pode ser curvada ou dobrada sem se romper) como elástica (capaz de recuperar a forma depois de se estirar). A Figura 14-7 mostra um segmento de alfa-hélice num polipeptídio formado de alanina.

Outro tipo de estrutura secundária resulta da formação de pontes de hidrogênio entre duas cadeias de proteína que correm paralelas entre si, como mostra a Figura 14-8. Este arranjo é chamado de **folha pregueada** (ou folha pregueada beta) por causa das dobras ou pregas resultantes na rede em forma de folha. A estrutura em folha pregueada é flexível mas não elástica. Alguns tipos de proteínas, tais como a seda, consistem primariamente de folhas pregueadas. A maioria das outras porém são mais complicadas, como descritas na seção seguinte.

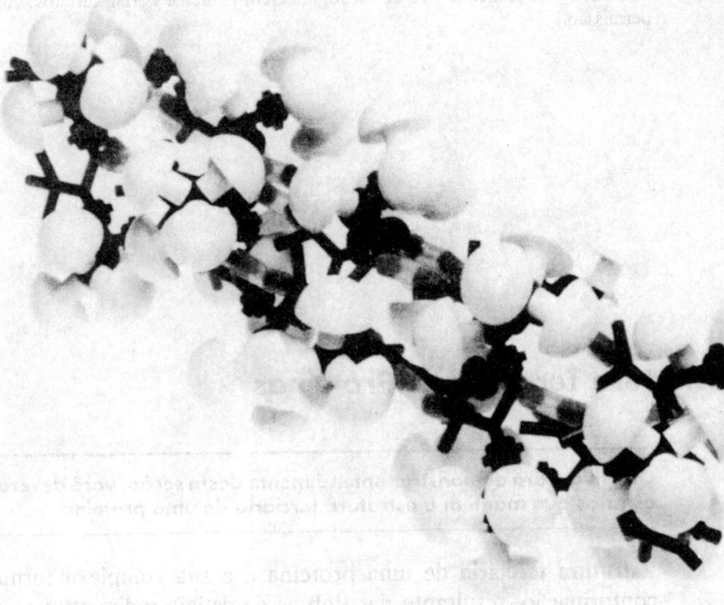

Figura 14-7
Polipeptídio de alanina. Note a formação da alfa-hélice por este peptídio, poli-L-alanina.

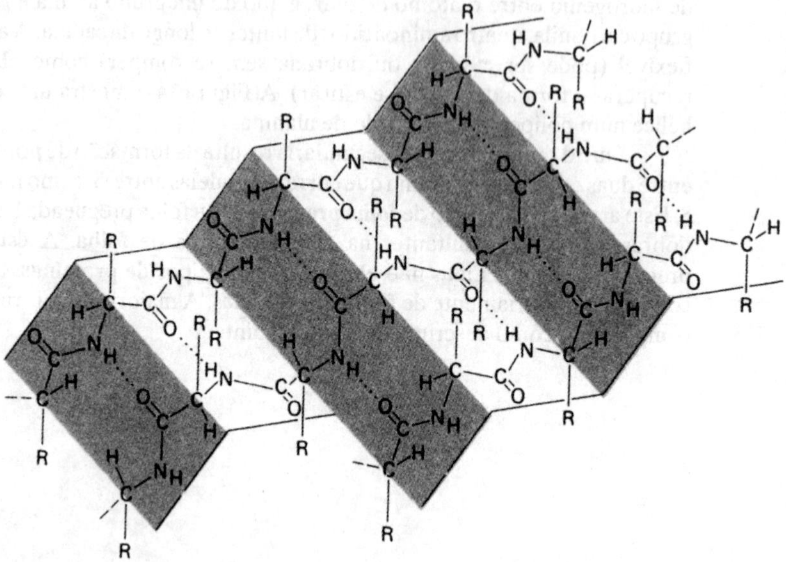

Figura 14-8
Folha pregueada formada de três cadeias polipeptídicas paralelas. As linhas pontilhadas indicam as ligações de hidrogênio; R representa as cadeias laterais dos aminoácidos. (Adaptado de P.Karlson, "Kurzes Lehrbuch der Biochemie", 11ª ed., Stuttgart: Georg Thieme Verlag, direitos autorais 1980. Reimpresso com permissão.)

14.5 Estrutura Terciária de Proteínas

Objetivo: Para demonstrar entendimento desta seção, você deverá ser capaz de explicar os fatos que mantêm a estrutura terciária de uma proteína.

Estrutura terciária de uma proteína é a sua complexa forma tridimensional, ou conformação, resultante das dobras da cadeia polipeptídica. A interação entre as cadeias laterais dos aminoácidos dentro da proteína determina as ligações e propriedades que mantêm íntegra a estrutura terciária.

Pontes dissulfeto se formam através da oxidação dos grupos sulfidrila (tiol), —SH, das cadeias laterais de duas cisteínas:

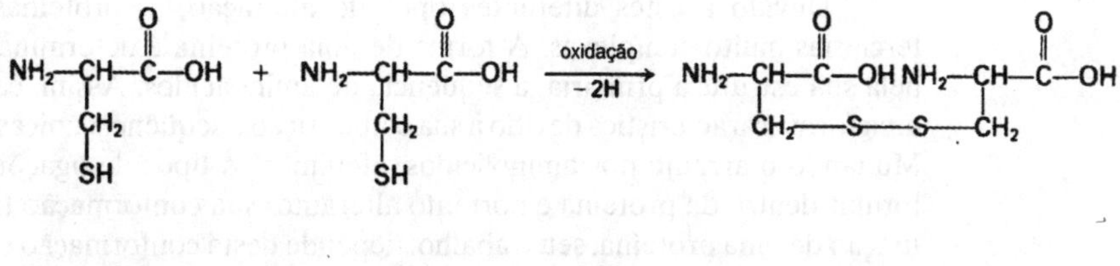

Uma ligação tipo dissulfeto resulta, formando-se cistina. Este tipo de ligação *covalente* cria ligações cruzadas que unem firmemente diferentes regiões da cadeia protéica. Estas ligações são cerca de dez vezes mais fortes do que as ligações *não covalentes* descritas nos parágrafos seguintes.

Ligações hidrofóbicas são extremamente importantes na determinação da estrutura terciária. A palavra "hidrofóbica" significa literalmente "com medo da água". Ela se refere ao empacotamento de cadeias laterais *não polares* de aminoácidos (como alanina, valina, leucina, isoleucina e fenilalanina) formando ligações fracas. Elas se afastam das moléculas polares da água, que estão altamente associadas (através de pontes de hidrogênio). Por causa destas interações hidrofóbicas muitas proteínas assumem formas em dobras, nas quais grupos não polares ficam no "interior". Cadeias laterais polares e carregadas, tais como aquelas que contêm grupos carboxílicos, hidroxila e amina são conhecidas como "hidrofílicas", que significa "que gostam da água". Elas permanecem na superfície "exterior" da proteína onde podem interagir com as moléculas da água através da formação de pontes de hidrogênio.

Pontes de hidrogênio também se formam entre as cadeias laterais dentro da proteína de modo diferente daquele das estruturas em alfa-hélice ou folha pregueada. Por exemplo, o átomo de hidrogênio de um grupo hidroxila pode ser atraído pelo átomo de oxigênio de um grupo carbonila de outro aminoácido da proteína.

Além disto, atrações iônicas formam **pontes salinas** entre grupos carregados positiva e negativamente dentro da molécula. Estes diferentes tipos de força dentro de uma molécula de proteína estão resumidos na Figura 14-9. Embora sejam todas fracas (exceto as da ponte dissulfeto), muitas destas ligações mantêm a estrutura terciária agindo em conjunto. Como analogia, embora um único fio seja fraco, muitos fios reunidos são muito mais fortes e difíceis de serem rompidos.

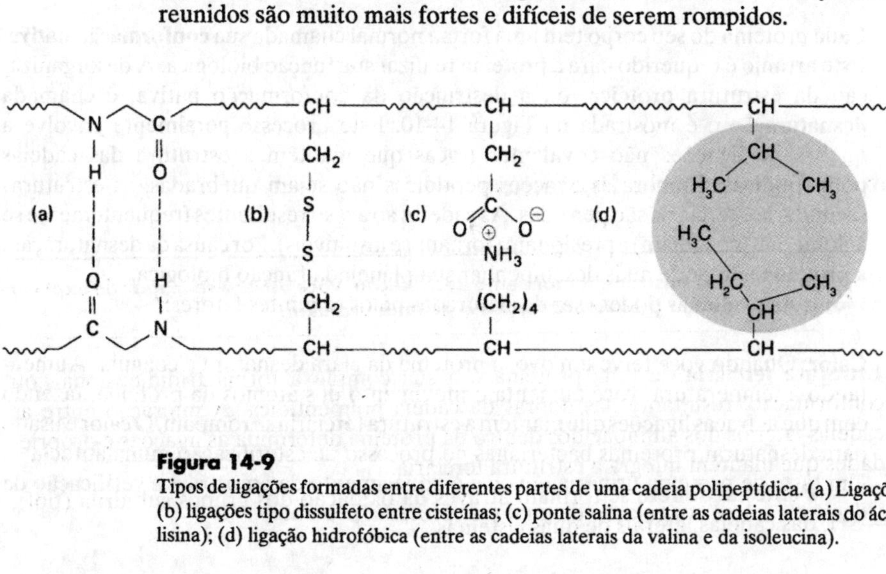

Figura 14-9

Tipos de ligações formadas entre diferentes partes de uma cadeia polipeptídica. (a) Ligações de hidrogênio; (b) ligações tipo dissulfeto entre cisteínas; (c) ponte salina (entre as cadeias laterais do ácido aspártico e da lisina); (d) ligação hidrofóbica (entre as cadeias laterais da valina e da isoleucina).

Devido a estes diferentes tipos de interação, as proteínas têm estruturas terciárias muito complexas. A forma de uma proteína é determinada grandemente pela sua estrutura primária, a seqüência de aminoácidos. Assim, cada proteína tem uma forma característica devido à sua composição e seqüência únicas de aminoácidos. Mudando o arranjo dos aminoácidos, afetamos os tipos de ligações que podem se formar dentro da proteína e portanto alteramos sua conformação tridimensional. A função de uma proteína, seu trabalho, depende desta conformação e freqüentemente da presença de certos aminoácidos em locais particulares da molécula. *Uma vez que a função das proteínas está baseada na sua conformação, a qual por sua vez depende da estrutura primária, é realmente a seqüência de aminoácidos que, em última análise, determina como a proteína atua.*

Algumas proteínas são ainda mais complicadas porque contêm mais do que uma cadeia polipeptídica. Cada cadeia isolada de aminoácidos é chamada uma subunidade. A **estrutura quaternária** de uma proteína descreve a maneira pela qual as subunidades estão arranjadas. Um importante exemplo, a hemoglobina, consiste de quatro subunidades. Sua estrutura está descrita na Seção 14.7

14.6 Propriedades das Proteínas

Objetivo: Para demonstrar entendimento desta seção, você deverá ser capaz de explicar a desnaturação e a hidrólise de proteínas.

Cada proteína do seu corpo tem uma forma normal chamada sua **conformação nativa**. Este arranjo é requerido para a proteína realizar sua função biológica. A desorganização da estrutura protéica, ou a destruição da conformação nativa, é chamada **desnaturação** e é mostrada na Figura 14-10. Este processo geralmente envolve a quebra de ligações não covalentes fracas que mantêm a estrutura das cadeias polipeptídicas. Embora as ligações peptídicas não sejam quebradas, as estruturas secundária e terciária são perdidas. As cadeias ao acaso resultantes freqüentemente se aglomeram (coagulam) e precipitam (tornam-se insolúveis). Por causa da desnaturação, a proteína não pode mais desempenhar sua planejada função biológica.

As proteínas podem ser desnaturadas pelos seguintes fatores:

Calor: Quando você ferve um ovo, a proteína da clara desnatura e coagula. Aumentando a temperatura, você aumenta o movimento dos átomos da proteína, fazendo com que as fracas ligações que mantêm a estrutura terciária se rompam. O calor é usado para desnaturar proteínas bacterianas no processo de esterilização numa autoclave. Um teste de proteína urinária envolve o aquecimento da amostra e a verificação da desnaturação e coagulação de qualquer proteína presente.

Álcoois e outros solventes orgânicos. Solventes que se dissolvem na água desnaturam proteínas porque provocam mudanças no meio aquoso normal. Numa concentração de 50% a 60%, o álcool etílico ou o isopropílico são desinfetantes eficientes. Eles destroem bactérias penetrando-as e desnaturando suas moléculas protéicas. Tintura de iodo (iodo a 2% com 2,4% de NaI em álcool a 50%) faz uso deste efeito, além da capacidade da molécula do iodo de reagir com certos grupos laterais das proteínas.

Ácidos e bases. Causam desnaturação por alterarem a distribuição de cargas positivas e negativas na proteína. O efeito da mudança de pH varia com o tipo de molécula protéica. Poucas podem suportar exposição a condições fortemente ácidas (abaixo de pH 2) ou fortemente básicas (acima de pH 12). O baixo pH do suco gástrico do estômago auxilia na digestão desnaturando proteínas ingeridas. Suas ligações peptídicas ficam mais expostas, permitindo que a hidrólise ocorra.

Íons metálicos. Íons de mercúrio, prata e chumbo podem se ligar fortemente a certos grupos nas proteínas, rompendo as fracas ligações normais presentes. "Sais" insolúveis da proteína podem se formar, resultando em precipitação. Compostos destes metais "pesados" são venenosos porque destroem proteínas necessárias às células do organismo.

Agentes oxidantes e redutores. Estes agentes usualmente desnaturam proteínas afetando os grupos sulfidrila do aminoácido cisteína. Este efeito é a base da "ondulação permanente" porque a queratina, a proteína do cabelo, contém uma grande quantidade de cisteína. Um agente redutor (tioglicolato de amônio) quebra primeiro as ligações dissulfeto existentes na proteína. Depois de dar ao cabelo a forma desejada com roletes, novas ligações dissulfeto são formadas usando-se um agente oxidante (bromato de potássio). A queratina conserva agora esta conformação, mas, naturalmente, à medida que novo cabelo cresce, a "permanente" deverá ser repetida.

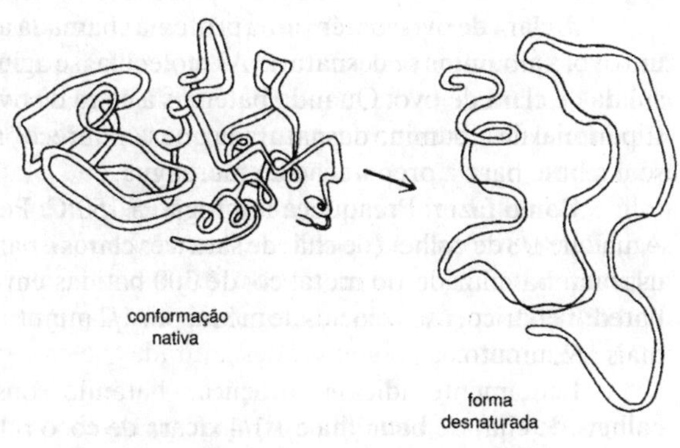

Figura 14-10
A desnaturação de uma proteína. A conformação nativa é perdida, produzindo uma cadeia ao acaso.

Desnaturação pode ser produzida de outras maneiras. Agitação violenta, como quando se batem claras, produz desnaturação e, neste caso, um merengue. Experimente o Faça-o Você Mesmo 14 para preparar o seu. Certos compostos, como o ácido pícrico, causam precipitação de proteínas. Eles têm sido usados em queimaduras para formar camada protetora que exclue o ar.

Embora a desnaturação produza mudanças importantes na estrutura de uma proteína, ela não é necessariamente permanente. Em muitos casos, se as condições voltam lentamente ao "normal", a proteína volta à sua conformação nativa. Este processo é conhecido como renaturação. Ele demonstra que a seqüência de aminoácidos (estrutura primária) gera a conformação tridimensional (estrutura terciária) de uma proteína.

Outras importantes propriedades das moléculas de proteínas resultam de seu grande tamanho. Por exemplo, as proteínas formam colóides antes que soluções com a água. Elas são muito grandes para passar através dos poros das membranas celulares, e por isto contribuem para manter a pressão osmótica dos fluidos corporais. Quando as membranas são lesadas, porém, como em doenças renais, as proteínas podem passar do plasma sangüíneo para a urina.

Faça-o Você Mesmo 14

BOLINHOS DE MERENGUE

Se você modifica o meio ambiente de uma molécula de proteína mudando a temperatura, aumentando ou diminuindo o pH, ou adicionando certos compostos químicos, a proteína pode perder sua estrutura tridimensional normal. Este processo é chamado desnaturação da proteína. Quando a proteína perde sua forma regular, ela também perde suas propriedades características.

A clara de ovo contém uma proteína chamada albumina. Quando você ferve um ovo, a albumina se desnatura. As moléculas se aglutinam, formando uma massa sólida de clara de ovo. Quando batemos a clara de ovo original, criamos um filme superficial de albumina desnaturada que "endurece" a clara. Este segundo processo é a base para a preparação de merengue.

Como fazer: Preaqueça um fogão a 150°C. Peneire uma xícara de açúcar. Adicione 1/8 de colher (de chá) de sal a três claras e bata-as a ponto de neve. Se você usar um batedor de fio metálico, dê 300 batidas em 2 minutos. Se você usar um batedor elétrico, use velocidade média por 1/2 minuto, e depois alta velocidade por mais 1/2 minuto.

Lentamente adicione o açúcar, batendo constantemente. Adicione uma colher (de chá) de baunilha e 1 1/4 xícara de coco ralado.

Despeje uma colher (de chá) da mistura de uma só vez numa assadeira previamente lubrificada e enfarinhada. Asse por 30 minutos.

Albumina desnaturada é um dos principais ingredientes destes deliciosos bolinhos de merengue.

Pelo fato de conter muitos grupos ácidos ou básicos que se ionizam na água, a molécula como um todo pode estar carregada. Se a carga é positiva ou negativa dependerá do pH e das espécies de aminoácidos presentes na proteína. Como vimos para os aminoácidos individuais na Seção 14.2, as moléculas de proteína como um todo têm um ponto isoelétrico. Num certo pH, a proteína é eletricamente neutra - ela contém um mesmo número de cargas positivas e negativas. Se colocada num campo elétrico (como no processo de eletroforese), ela não seria atraída nem para o pólo positivo e nem para o negativo. (Veja a Figura 14-11 e o Teste Clínico 14.) Também devido aos seus grupos fracamente ácidos e básicos, as proteínas podem atuar como soluções tampão. As presentes no sangue ajudam os sistemas tampão bicarbonato e fosfato na manutenção do pH em 7,4.

A reação química mais fundamental sofrida pelas proteínas é a **hidrólise**, a quebra das ligações peptídicas pela adição de moléculas de água. A hidrólise completa de uma proteína produz aminoácidos livres. A hidrólise de um dipeptídio é mostrada na seguinte equação:

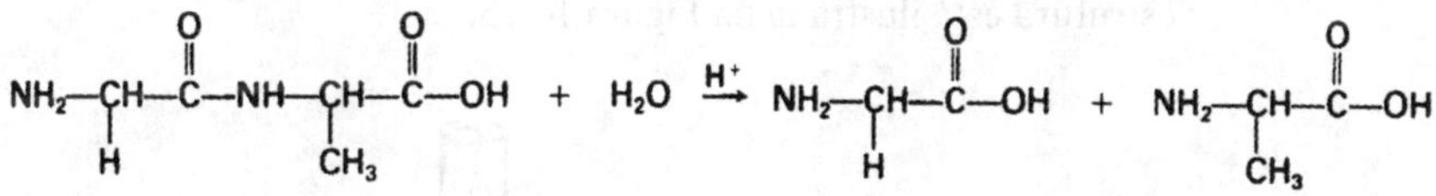

dipeptídio água aminoácido livre aminoácido livre

Note que esta reação é exatamente o inverso de outra mostrada antes neste capítulo para a formação de uma ligação peptídica. A hidrólise ocorre quando você digere proteínas no intestino delgado. Os aminoácidos são então utilizados pelo seu corpo para sintetizar suas próprias proteínas. Eles podem também prover uma fonte de energia, aproximadamente a mesma quantidade daquela oriunda dos carboidratos, 4 kcal/g (17 kJ/g). Além disto, eles constituem a principal fonte de nitrogênio do nosso corpo.

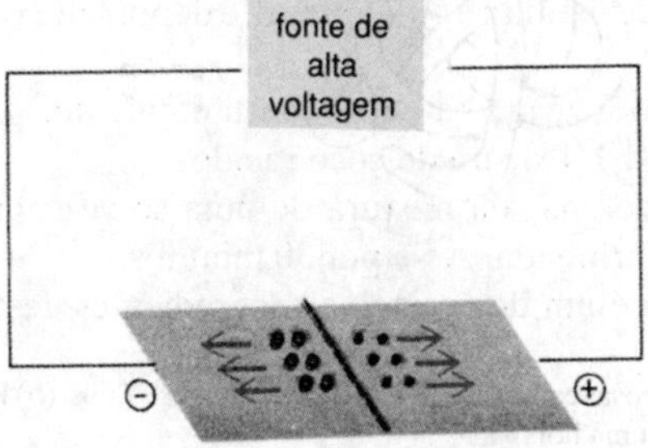

Figura 14-11
Eletroforese. A mistura a ser separada é colocada no meio do papel ou gel contendo um tampão num pH particular. Uma corrente contínua faz com que moléculas de proteína negativamente carregadas migram em direção ao eletrodo positivo. Semelhantemente, moléculas positivas carregadas movem-se em direção ao eletrodo negativo.

14.7 Tipos de Proteínas

Objetivo: Para demonstrar entendimento desta seção, você deverá ser capaz de classificar as proteínas de acordo com sua forma, solubilidade e função.

As proteínas podem ser classificadas em grupos, de várias maneiras. Um conjunto de categorias baseia-se em sua forma, solubilidade em água e composição. (Veja a Figura 14-12.)

Proteínas fibrosas são insolúveis em água e resistentes à digestão. Elas freqüentemente consistem de várias cadeias polipeptídicas paralelas que estão espiraladas e esticadas. Examinemos em detalhe a estrutura de um importante exemplo, o colágeno. O colágeno é a proteína mais abundante do seu corpo, compondo cerca de 30% da proteína total. É o principal componente do seu tecido de sustentação e conjuntivo — a pele e a parte orgânica dos ossos e dentes. A composição desta proteína é incomum porque enormes quantidades de três aminoácidos estão presentes: glicina (33%), prolina (e seu derivado hidroxiprolina, 21%) e alanina (11%). Sua estrutura está ilustrada na Figura 14-13.

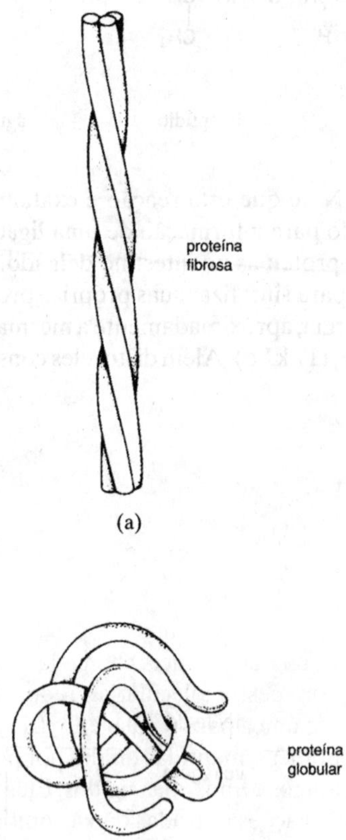

Figura 14-12
Formas de proteínas. (a) Proteínas fibrosas como o colágeno são fios longos e finos. (b) Proteínas globulares como a hemoglobina têm a forma de uma bola.

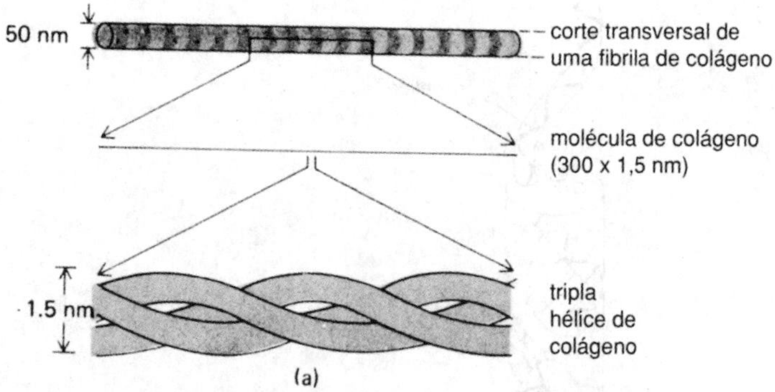

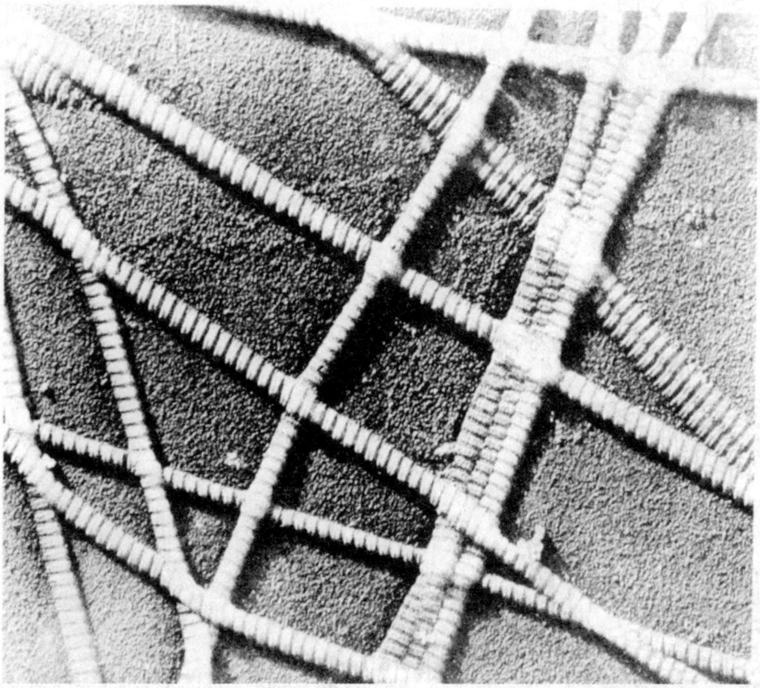

Figura 14-13
Colágeno. (a) Esta proteína é uma tripla hélice formada por três cadeias estendidas orientadas em paralelo. Muitas moléculas de colágeno filiformes são cruzadas para formar fibras resistentes. (b) Fibras de colágeno vistas através de um microscópio eletrônico. (Cortesia do Dr. Jerome Gross.)

A unidade básica, chamada tropocolágeno, é também incomum — uma tripla hélice com peso molecular ao redor de 300000. Esta estrutura não é igual à da alfa-hélice e é única para o colágeno. Ela é formada pelo entrelaçamento de três cadeias polipeptídicas, mantidas unidas por pontes de hidrogênio. Os "cabos" resultantes são muito longos e finos, mas rígidos. Eles se orientam no sentido longitudinal para formar fibras. Ligações cruzadas dão à combinação resultante uma força extra.

Queratinas são proteínas fibrosas que fornecem proteção à sua camada externa de pele, pêlos e unhas. Elas compõem a lã, as penas, garras, cálamos das penas, escamas, chifres, e cascos dos animais. A forma alfa, que é baseada na alfa-hélice, tem grande força física, é insolúvel em água, e pode esticar-se. O cabelo, que contém alfa-queratina, é mostrado na Figura 14-14.

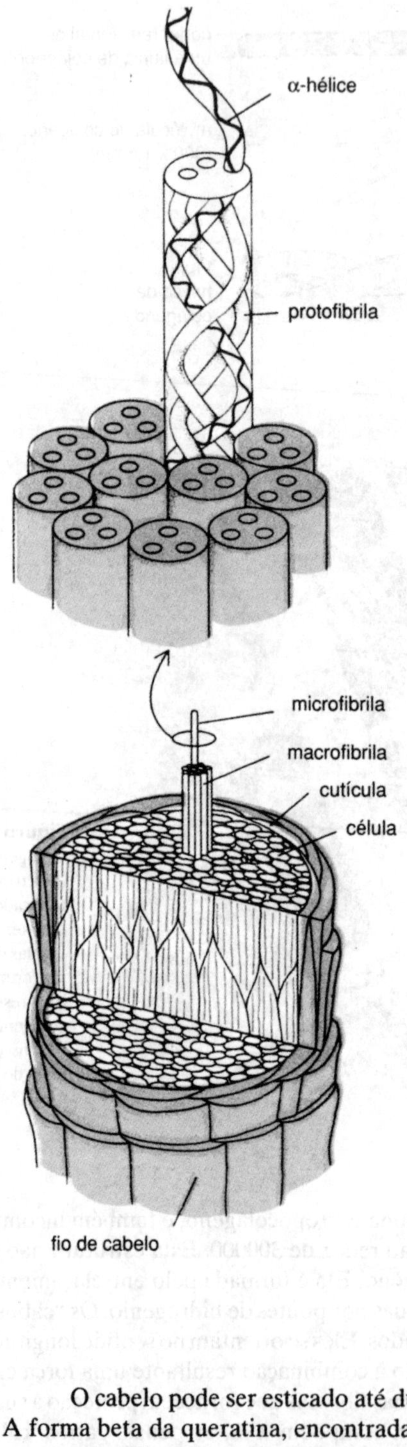

Figura 14-14
A estrutura do cabelo. A unidade estrutural básica é uma cadeia polipeptídica de α-queratina. Três cadeias α-helicoidais formam uma "corda" de três fitas, ou protofibrila, e 11 destas cordas compõem uma microfibrila, o elemento estrutural básico da fibra do cabelo. (De Lehninger, "Principle of Biochemistry", Worth Publishers, New York, 1982, pg. 154.)

O cabelo pode ser esticado até duas vezes seu comprimento com calor úmido. A forma beta da queratina, encontrada na seda e nas teias de aranha, contém folha pregueada. Ela é flexível, mas não se estica. A elastina é outra proteína fibrosa. Segunda proteína do tecido conjuntivo em importância, é encontrada nas estruturas elásticas como a dos vasos sangüíneos e ligamentos.

Teste Clínico 14

PROTEÍNAS SÉRICAS

O plasma sangüíneo contém centenas de diferentes proteínas. As classes primárias são a albumina, as globulinas e o fibrinogênio. O soro sangüíneo é preferido para a maioria dos testes de proteínas porque ele não contém fibrinogênio, que se precipita no processo de coagulação que forma o soro. O soro sangüíneo normal contém de 6,0 a 8,0 g de proteína total para 100 mL.

A albumina perfaz mais da metade deste total. Ela controla a distribuição de água entre o plasma sangüíneo e os tecidos e responde por 75% da pressão osmótica do plasma. A albumina também transporta moléculas que são insolúveis em água. Valores para a albumina e proteína total são baixos em casos de doença renal e desordem hepática, e também em desidratação prolongada.

As globulinas são divididas em quatro tipos: $\alpha 1$, $\alpha 2$, β e γ. As alfa e beta-globulinas transportam moléculas no sangue, enquanto que as gama-globulinas são anticorpos. A quantidade de globulina pode ser determinada subtraindo-se a quantidade de albumina da proteína total sérica. A razão normal de albumina para globulina é de cerca de dois para um.

A **eletroforese** é o método mais útil de análise de proteína sangüínea. (Veja a Figura 14-11.) A amostra de soro é colocada num campo elétrico que separa a mistura de proteínas em diferentes componentes com base na sua carga, peso molecular e forma. A Figura CT 14-1 mostra um perfil normal de frações geradas por este processo. Muitas condições mudam a distribuição e as quantidades das cinco principais frações protéicas. Por exemplo, a cirrose hepática faz a albumina diminuir e a gama-globulina aumentar. Se necessárias para estudos subseqüentes, as gama-globulinas podem ser separadas por uma técnica chamada imunoeletroforese. O perfil das imunoglobulinas (IgG, IgA, IgM, IgD, IgE) fornece informação diagnóstica adicional.

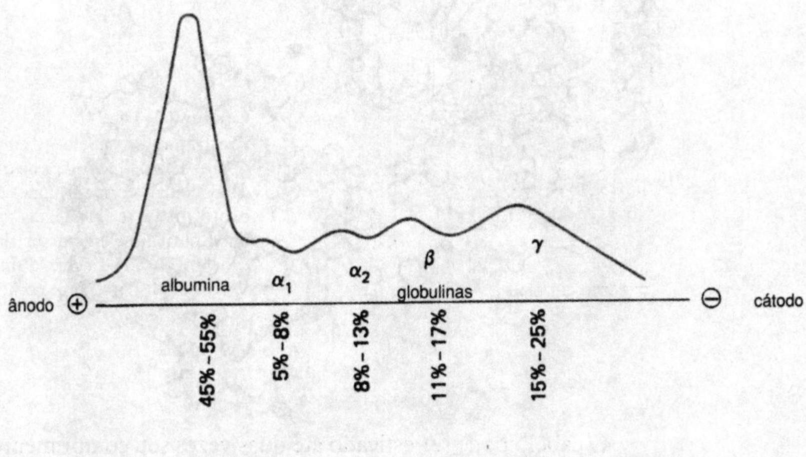

Figura CT 14-1
Perfil eletroforético das proteínas do sangue. Este perfil resultou da eletroforese do plasma sangüíneo em pH 8,6. Cada "pico" representa proteínas que migraram juntas no campo elétrico. As alturas indicam as concentrações dos tipos de proteína presentes.

Proteínas globulares consistem de polipeptídios firmemente dobrados na forma de uma "bola" e solúveis em água. Cada proteína globular tem uma estrutura terciária própria que lhe permite realizar sua função biológica única. As proteínas globulares incluem a maioria das proteínas que realizam processos químicos no nosso corpo, tais como as enzimas. As albuminas, como a ovalbumina, são proteínas globulares que se dissolvem em água pura e são coaguladas, gelificadas ou solidificadas pelo calor. As globulinas, que incluem as gama-globulinas do sangue, podem também ser coaguladas mas requerem a presença de pequenas quantidades de um sal para se dissolverem. As histonas são hidrossolúveis e básicas, contendo grandes quantidades de lisina ou arginina. Protaminas são proteínas globulares básicas de baixo peso molecular.

A hemoglobina é um importante exemplo de proteína globular. É o transportador de oxigênio das hemácias. Uma vez que sua função é diferente daquela do colágeno, você esperaria uma estrutura também diferente Como você pode ver na Figura 14-15, a composição e forma da proteína não são nada parecidas com as do colágeno. A hemoglobina consiste de quatro cadeias polipeptídicas separadas (designadas α1, α2, β_1, β_2), cada uma consistindo de cerca de 150 aminoácidos. Além disto, cada cadeia forma uma "bolsa" contendo um heterociclo nitrogenado chamado heme. Um íon ferroso, Fe^{2+}, no centro do grupo heme, pode fixar uma molécula de oxigênio, transportando-a dos pulmões aos tecidos. Note que esta proteína está compactamente dobrada. Suas cadeias, algumas das quais contêm regiões de alfa-hélice, são mantidas unidas por pontes de hidrogênio, ligações salinas e hidrofóbicas. A estrutura quaternária da hemoglobina, a relação entre as subunidades, está estreitamente ligada à capacidade desta proteína tanto em fixar como em liberar o oxigênio molecular. Como no caso do colágeno, a estrutura desta proteína está bem adequada à sua função.

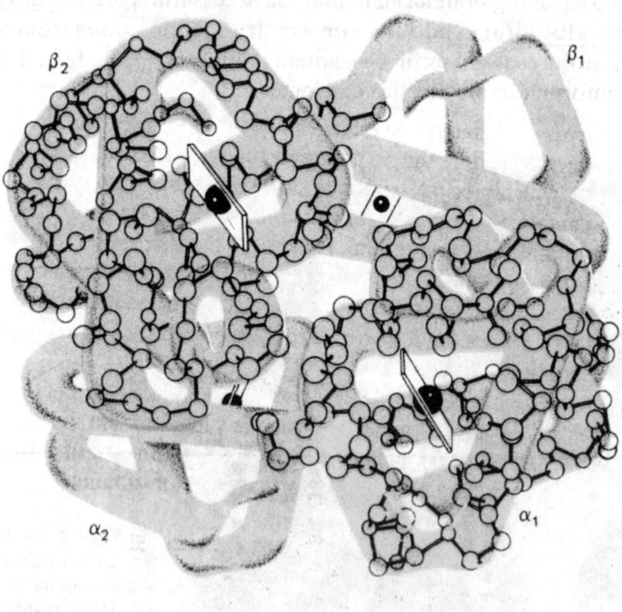

Figura 14-15
Hemoglobina. As dobras e o empacotamento de suas quatro cadeias são mostrados. (De Dickerson and Geis, "The Structure and Action of Proteins", Benjamin/Cummings Publishing Company. Direitos autorais 1969).

Tabela 14-2 Grupos Prostéticos de Proteínas Conjugadas

Classe	Grupo prostético
glicoproteína	carboidrato (pequena quantidade)
hemoproteína	heme
lipoproteína	lipídios
metaloproteína	íon metálico
mucoproteína (mucóide)	carboidrato (grande quantidade)
nucleoproteína	ácido nucléico
fosfoproteína	fosfato

A hemoglobina é também um exemplo de **proteína conjugada**. Ela contém outra substância que não é feita de aminoácidos, além da porção peptídica. A parte não protéica, heme neste caso, é chamada **grupo prostético**. Como mostra a Tabela 14-2, outros grupos prostéticos incluem carboidratos e lipídios, assim como íons metálicos. (Nós discutiremos lipoproteínas no Capítulo 17.)

Podemos também classificar proteínas de outra maneira, com base na sua função – seu efeito ou seu papel no organismo. **Enzimas** são proteínas essenciais que permitem que todas as reações químicas dentro de você ocorram numa velocidade adequada. Estes catalisadores biológicos são descritos em detalhe no próximo capítulo.

Proteínas estruturais incluem o colágeno, a principal proteína do tecido conjuntivo e dos ossos. Esta categoria contém também outras proteínas fibrosas como as queratinas e as proteínas estruturais de membranas, que estão entre as mais abundantes na célula.

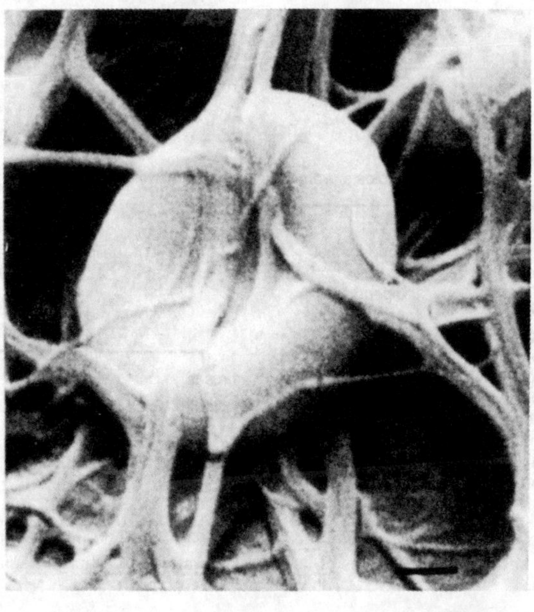

Figura 14-16
Uma hemácia (eritrócito) enredada em fibrina. (De "Scanning Electron Micrograph of Erythrocyte Enmeshed in Fibrin", por Bernstein, E., e Kairinen, E., *Science*, vol. 173, Figura 27, Agosto de 1971. Direitos autorais 1971, American Association for the Advancement of Science.)

Proteínas de transporte, como a hemoglobina, transportam pequenas moléculas através da corrente sangüínea. Um segundo exemplo é a soroalbumina, que leva ácidos graxos do tecido adiposo para vários órgãos. Outras proteínas transportam lipídios e ferro.

Hormônios podem consistir de moléculas de proteínas e peptídios. Eles são secretados em pequenas quantidades pelas glândulas endócrinas para regular processos químicos no organismo. A insulina, que controla a utilização de glicose, é um exemplo. A Seção 14.9 trata destes hormônios com maiores detalhes.

Proteínas de armazenamento agem como reservatórios de substâncias químicas essenciais. Por exemplo, a ferritina armazena ferro, que é necessário para fabricar hemoglobina no baço.

Proteínas de defesa incluem os anticorpos como as gama-globulinas. Estas proteínas, que estão descritas na próxima seção, inativam proteínas estranhas, chamadas antígenos. Outras proteínas de defesa são o fibrinogênio e a trombina, ambas envolvidas no processo da coagulação sangüínea. A fibrina, formada a partir do fibrinogênio, é a proteína fibrosa que forma o coágulo sangüíneo, aprisionando hemácias, como mostra a Figura 14-16. Os interferons são glicoproteínas que ajudam a proteger o organismo contra vírus.

Toxinas são proteínas prejudiciais ao organismo, tais como a toxina do *Clostridium botulinum*. Esta proteína causa um tipo de envenenamento alimentar bacteriano. Outros exemplos são a toxina diftérica e várias toxinas de peçonhas ofídicas.

A Figura 14-17 apresenta um quadro sinóptico de peptídios e proteínas.

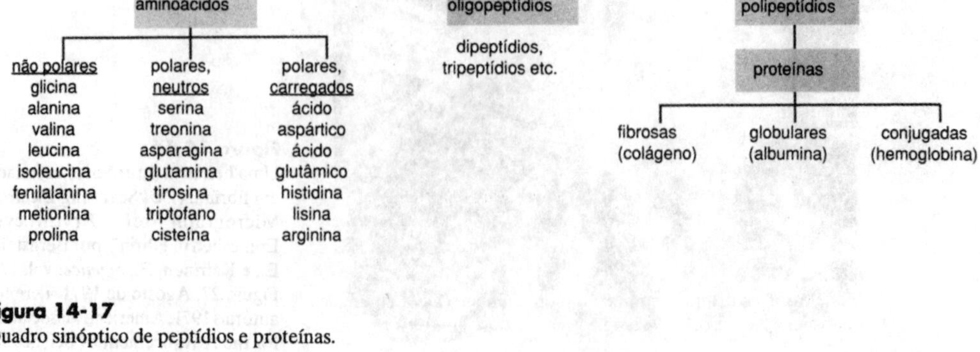

Figura 14-17
Quadro sinóptico de peptídios e proteínas.

14.8 Anticorpos

Objetivo: Para demonstrar entendimento desta seção, você deverá ser capaz de descrever como os anticorpors protegem nosso corpo.

Os **anticorpos** desempenham um papel essencial no sistema de defesa do nosso corpo. Eles o protegem contra macromoléculas e microorganismos estranhos, conhecidos como **antígenos**. A "resposta imune" gera um anticorpo diferente para cada antígeno. Assim, nosso organismo pode formar milhões de diferentes tipos de anticorpos em resposta a milhões de possíveis antígenos aos quais ele é exposto.

Como mostra a Figura 14-18, os anticorpos são complexas proteínas em forma de Y. Estas imunoglobulinas consistem de quatro cadeias polipeptídicas interligadas por pontes dissulfeto. Um peso molecular típico é cerca de 160000. A molécula de anticorpo tem dois sítios de ligação. Cada um está destinado a casar com uma porção da estrutura da molécula do antígeno que causou a formação do anticorpo. Como ilustra a Figura 14-19, as moléculas do anticorpo se combinam com moléculas do antígeno para formar um complexo antígeno-anticorpo tridimensional. O complexo se precipita ou de alguma forma torna o antígeno biologicamente inativo.

A maioria dos anticorpos circulantes do sangue são gama-globulinas. Cada 100 mL do plasma sangüíneo contém normalmente 700 mg a 1500 mg destas imunoglobulinas. Pacientes com doenças por imunodeficiência têm quantidades reduzidas e podem necessitar de imunoterapia. Eles recebem anticorpos, tais como imunoglobulina G (IgG) por injeção intramuscular ou endovenosa.

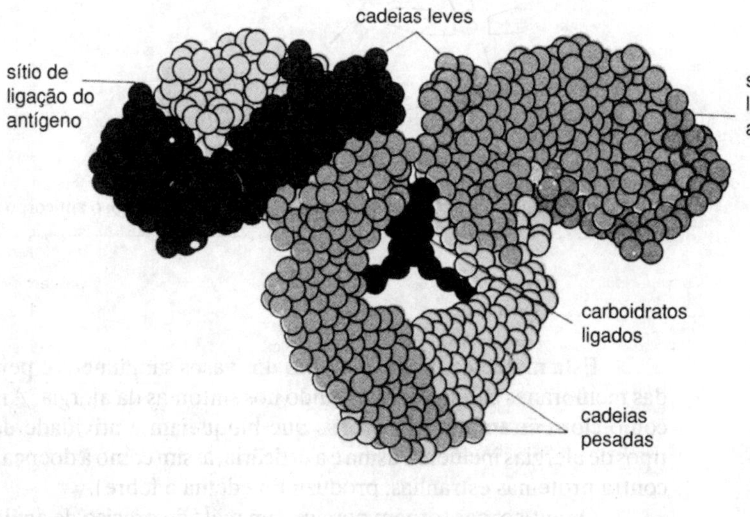

Figura 14-18
Modelo da estrutura de uma imunoglobulina. (De Lehninger, "Principles of Biochemistry", Worth Publishers, New York, 1982, pg. 928.)

Imunidade artificial a doença infecciosa pode ser produzida injetando-se uma pequena quantidade de um antígeno inofensivo, tal como o microorganismo morto. Os anticorpos se desenvolvem e ficam então prontos para defender nosso corpo contra a doença. A vacina da poliomielite é um exemplo. O tipo Salk consiste do poliovírus inativado, enquanto que o tipo Sabin contém partículas do vírus vivo mas enfraquecido.

As alergias são efeitos colaterais da imunidade. Certos tipos de alergia, tais como a febre do feno, resultam de uma imunidade anormal a substâncias comuns como pólens de plantas. Uma pessoa alérgica forma anticorpos que reagem com estes antígenos, liberando a substância histamina:

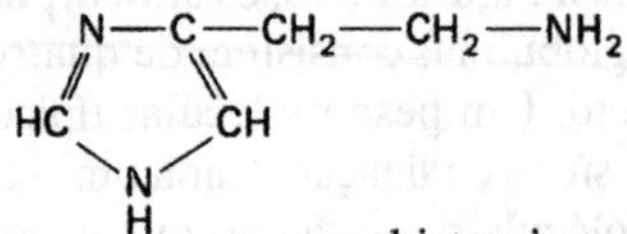

histamina

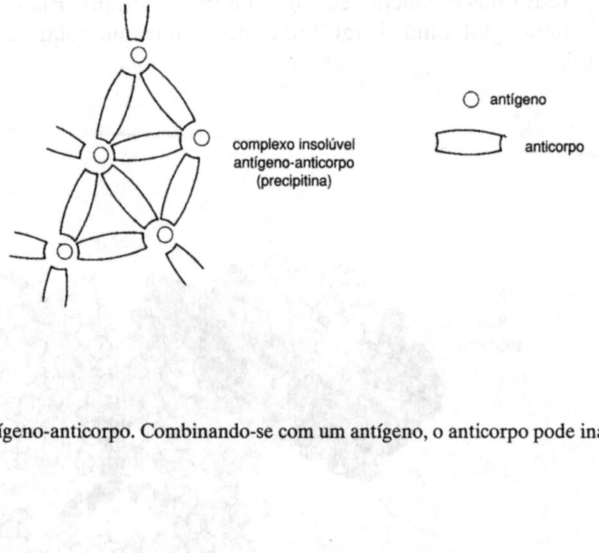

Figura 14-19
A interação antígeno-anticorpo. Combinando-se com um antígeno, o anticorpo pode inativá-lo.

Esta molécula causa dilatação dos vasos sangüíneos e perda de fluido através das membranas capilares, resultando nos sintomas da alergia. Anti-histamínicos (tais como clorfeniramina) são drogas que bloqueiam a atividade da histamina. Outros tipos de alergias incluem a asma e a urticária, assim como a doença do soro (uma reação contra proteínas estranhas, produzindo edema e febre).

Os anticorpos tornam possível um método preciso de análise clínica conhecido como imunoensaio. Ele é usado para se detectar e determinar a quantidade de um antígeno particular num espécime do paciente porque forma um complexo antígeno-anticorpo. Veja Saúde em Notícia 14 para uma discussão sobre anticorpos monoclonais.

Saúde em Notícia 14

ANTICORPOS MONOCLONAIS

Desde 1975, uma nova técnica poderosa está disponível para diagnosticar e tratar doenças. Ela permite a formação de anticorpos específicos, chamados **anticorpos monoclonais**, destinados a atingir um alvo específico no organismo. Anteriormente, somente misturas variáveis de anticorpos produzidos por animais de laboratório eram disponíveis. Anticorpos monoclonais são para estas misturas como um rifle comparado a uma metralhadora.

Eles são preparados da seguinte maneira. O antígeno alvo (um vírus, bactéria, célula ou macromolécula) é injetado num camundongo. O baço do camundongo desenvolve leucócitos (linfócitos) que produzem anticorpos contra o antígeno. Depois de vários dias, o baço é removido para se obterem estas células. Elas são então fundidas com células cancerosas (mieloma) de camundongo que têm a capacidade de se reproduzirem rapidamente. As células combinadas são chamadas hibridomas. Elas têm a propriedade tanto de manufaturar anticorpos como de se reproduzirem rapidamente. Os hibridomas resultantes são selecionados e aqueles desejados são separados. A célula selecionada e seus descendentes - chamados clones - produzem cópias idênticas de anticorpo puro. Este processo está resumido na Figura HN 14-1.

Anticorpos monoclonais fornecem métodos de análise clínica rápida, sensível e precisa. Eles tornam possível técnicas diagnósticas simples e não dispendiosas das quais nenhuma era disponível antes. Anticorpos monoclonais são usados para se detectar câncer de próstata, dar acesso a lesões causadas por ataques cardíacos, teste de gravidez, monitorar níveis de drogas e diagnosticar várias infecções bacterianas e virais.

A aplicação mais promissora de anticorpos monoclonais é o tratamento de doenças. O anticorpo apropriado pode atacar e destruir um alvo específico no organismo. Anticorpos monoclonais têm sido usados na terapia do câncer e no combate à rejeição nos transplantes de rim e às reações a transfusões de sangue. Pesquisas atualmente em andamento estenderão ainda adiante os usos destes "projéteis mágicos" que revolucionaram o campo da imunologia.

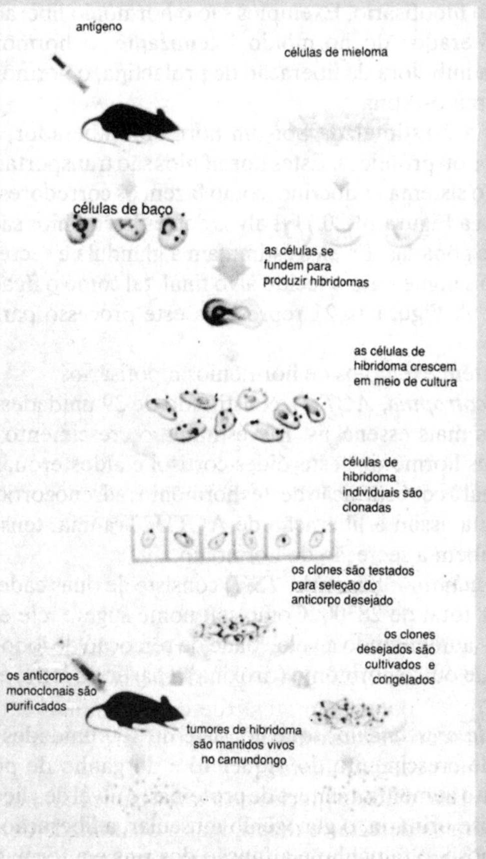

Figura HN 14-1
Produção de anticorpos monoclonais. A produção começa quando um antígeno é injetado num camundongo. O antígeno estimula células produtoras de anticorpos, que são removidas do baço do camundongo. Estas células são fundidas com células cancerosas para formar hibridomas, que são clonados e separados para se selecionarem aqueles que produzem os anticorpos monoclonais desejados. George V. Kelvin, © DISCOVER Magazine 6/83, TIME, Inc.

14.9 Hormônios Peptídicos e Protéicos

Objetivo: Para demonstrar entendimento desta seção, você deverá ser capaz de identificar hormônios que são peptídios ou proteínas.

Como vimos no Capítulo 13, **hormônios** são mensageiros químicos. Eles são secretados por glândulas endócrinas em mínimas quantidades e transportados pelo sangue para os seus tecidos alvos. Lá eles estimulam uma atividade bioquímica ou fisiológica específica. O nome hormônio vem de uma palavra grega que significa "incitar" ou "pôr-se em movimento". Os hormônios pertencem a três grupos químicos. Nós já vimos dois deles: hormônios tipo aminas, como a epinefrina (Seção 11.1), e hormônios esteróides, como a testosterona (Seção 13.10). O maior grupo porém são os hormônios peptídicos, consistindo de 3 até mais de 200 unidades de aminoácidos. Os hormônios peptídicos e protéicos mais importantes são descritos nesta seção.

O hipotálamo, uma porção do cérebro, é o centro coordenador do sistema endócrino. Em resposta a mensagens do sistema nervoso central, ele produz hormônios hipotalâmicos reguladores. Estes hormônios são peptídios que contêm de 3 a 15 unidades de aminoácidos. Eles viajam até a glândula pituitária (hipófise), localizada logo abaixo do hipotálamo. Cada hormônio hipotalâmico regula a secreção de um hormônio específico pela glândula pituitária. Alguns estimulam, enquanto outros inibem a liberação de um hormônio hipofisário. Exemplos são o hormônio liberador de corticotropina, o hormônio liberador do hormônio luteinizante, o hormônio liberador de tirotropina, a proteína inibidora da liberação de prolactina, o hormônio liberador de somatotropina, e a somatostatina.

Quando a glândula pituitária é estimulada por um hormônio liberador, ela secreta outros hormônios peptídicos ou protéicos. Estes hormônios são transportados pelo sangue para o próximo nível do sistema endócrino, como fazem os corredores de uma corrida de revezamento. (Veja a Figura 14-20.) Os alvos destes hormônios são o córtex adrenal, pâncreas, tireóide e gônadas. Lá eles estimulam a glândula a secretar ainda outro hormônio, que viaja no sangue para o tecido alvo final, tal como o fígado, músculos ou órgãos reprodutores. A Figura 14-21 representa este processo para a liberação do hormônio tireoidiano.

Os parágrafos seguintes contêm exemplos de hormônios hipofisários.

Corticotropina (*adrenocorticotropina, ACTH*), constituído de 39 unidades de aminoácidos, é um dos hormônios mais essenciais. Ele estimula o crescimento do córtex adrenal e a liberação de seus hormônios esteróides-cortisol e aldosterona. A secreção é inversamente proporcional à concentração destes hormônios adrenocorticais no sangue. Um baixo nível estimula assim a liberação de ACTH. Trauma, tensão, drogas e bactérias influenciam também a secreção do hormônio.

Tirotropina (*hormônio estimulador da tireóide, TSH*) consiste de duas cadeias polipeptídicas com peso molecular total de 28300. Como seu nome sugere, ele está envolvido com a glândula tireóide - aumentando a velocidade de remoção de iodo do sangue pela tireóide, de formação de outro hormônio (tiroxina) a partir do iodo, e de secreção deste hormônio.

Somatotropina (*hormônio de crescimento*), que consiste de 190 unidades de aminoácidos, afeta a velocidade de crescimento do esqueleto e do ganho de peso corporal. O hormônio de crescimento aumenta a síntese de proteínas, o nível de glicose sangüínea, a concentração de glicose urinária, o glicogênio muscular, a liberação de ácidos graxos livres do tecido adiposo, o tamanho e a função dos rins e a formação óssea. (Veja a Figura 14-22.)

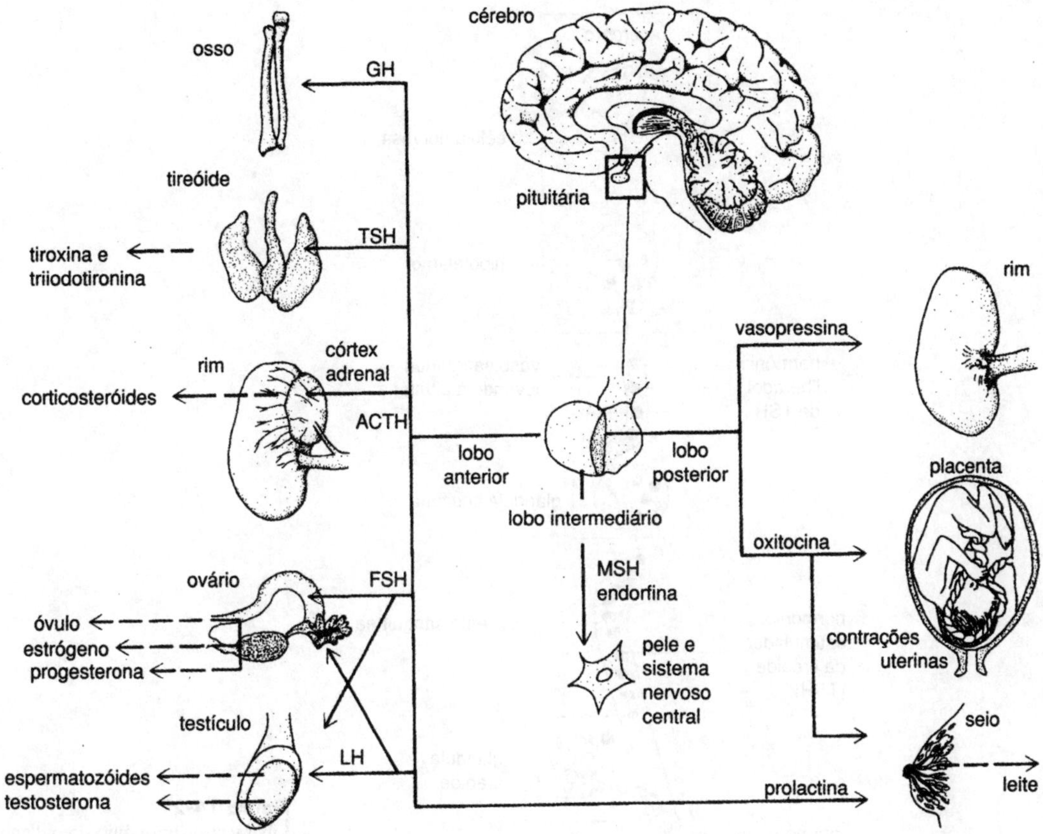

Figura 14-20

Hormônios do sistema endócrino. A glândula pituitária desempenha uma função central liberando hormônios que fazem com que glândulas alvo liberem seus hormônios. (Reimpresso com permissão, *American Scientist*, Journal of Sigma Xi. "Hormônios Hipotalâmicos: A Ligação Entre Cérebro e Corpo," Andrews V. Schally, 65: 712 (1977).

Os *hormônios gonadotrópicos* receberam este nome porque seu alvo são as gônadas — o ovário na mulher e os testículos no homem. O hormônio estimulador do folículo (FSH) provoca o crescimento dos folículos ovarianos na mulher e a espermatogênese, formação de esperma, no homem. O hormônio luteinizante (LH) promove a secreção de estradiol e progesterona, a ovulação e o amadurecimento dos folículos ovarianos. Ele estimula a secreção de testosterona nos homens. Ambos os hormônios são necessários para a reprodução e o desenvolvimento sexual. Eles são liberados quando o nível de hormônio sexual diminui. A prolactina age com o estrógeno para promover o crescimento da glândula mamária. Ela também estimula a lactação, a formação e secreção do leite.

Oxitocina, um peptídio de 9 unidades de aminoácidos não é um hormônio, mas suas atividades são relacionadas. Ela provoca fortes contrações uterinas, tal como a contração que ocorre durante o início do trabalho de parto. Além disto, ela estimula os músculos do intestino, vesícula biliar, ureter e bexiga, e provoca a ejeção do leite, também por contração muscular. Ela pode ser usada para induzir trabalho de parto nos estágios terminais da gravidez.

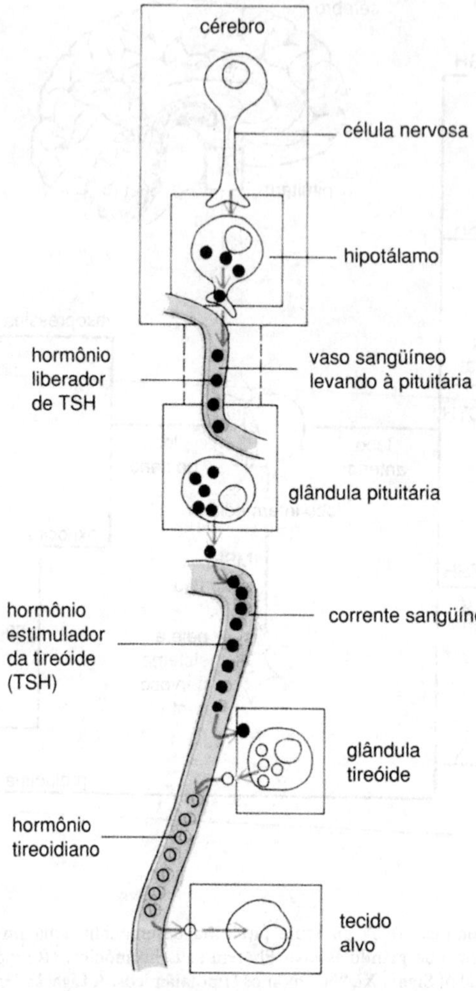

Figura 14-21
Liberação do hormônio tireoidiano. Seqüência de etapas levando à liberação do hormônio tireoidiano. (De Alberts *et al.*, "Molecular Biology of the Cell", Garland Publishing, Inc., pg. 719, figura 13-3. Direitos autorais 1983).

Vasopressina, um peptídio de 9 unidades de aminoácidos, difere da oxitocina em dois aminoácidos apenas, embora tenha efeitos bem diferentes.

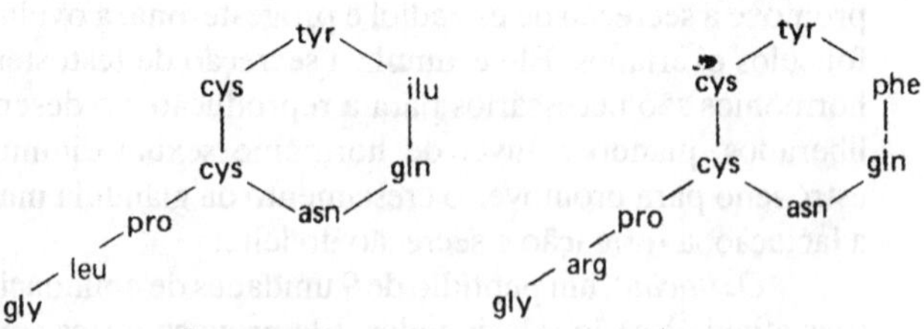

oxitocina vasopressina

Figura 14-22
O "General" Tom Thumb (à direita) era provavelmente deficiente em secreção de somatotropina. Ele aparece ao lado de P.T.Barnum, que apresentava Tom em seu circo. (The Bettmann Archive, Inc.)

A secreção de vasopressina é estimulada por emoção, dor e trauma. A velocidade de sua liberação é controlada pelo volume e pressão osmótica do sangue. O papel deste hormônio é o de aumentar a pressão sangüínea contraindo as artérias. Ele também regula o equilíbrio hídrico através do seu efeito antidiurético - aumentando a velocidade de reabsorção da água pelos rins, desta maneira diminuindo o volume de urina excretada. Assim, as causas mais importantes da liberação de vasopressina são hemorragia, desidratação e excesso de ingestão de sal.

O grupo final de hormônios é constituído por aqueles que podem ser estimulados pelos hormônios hipofisários. Vários deles já foram discutidos (hormônios sexuais, esteróides adrenocorticais, epinefrina). Talvez o mais importante exemplo seja a *insulina*, uma proteína secretada pelo pâncreas. A insulina consiste de duas cadeias polipeptídicas unidas por pontes dissulfeto com um total de 51 unidades de aminoácidos. Sua secreção pelo pâncreas é controlada pelo nível de glicose sangüíneo. Mais dela é liberada quando a concentração de açúcar é alta. A insulina é chamada "fator hipoglicêmico" porque reduz a quantidade de glicose no sangue aumentando sua entrada nas células. Este hormônio aumenta a síntese de glicogênio, a formação de proteína a partir de aminoácidos, e a formação de lipídios a partir de carboidratos. Todos estes processos diminuem o nível de glicose sangüínea.

Quando insuficiente insulina é secretada, ou quando sua função é inibida, diabetes mellitus resulta. Diabetes é a desordem endócrina mais comum. Cerca de 5% da população dos Estados Unidos têm esta doença em algum grau. Ela é lá a terceira causa de óbitos. Uma forma de diabetes mellitus pode freqüentemente ser controlada com a ajuda de injeções diárias de insulina. O hormônio não pode ser tomado oralmente porque a insulina é uma proteína e seria digerida. Há diversos tipos de insulina comercialmente disponíveis: de ação lenta, intermediária e rápida em concentrações de 40 a 80 unidades/mL (1 unidade = 0,0417 mg). A forma mais comum (insulina "NPH") dura de 28 a 30 horas com pico após 8 a 12 horas. A quantidade necessária para o controle depende de vários fatores: dieta, tempo da injeção, tipo de insulina, peso corporal e severidade da doença.

Se o paciente tomar insulina demais ou não ingerir suficiente alimento, choque insulínico resulta. Esta condição é a hipoglicemia, resultando em fraqueza, fome, sudação e nervosismo causados por um baixo nível de glicose sangüínea. Lesão neural pode resultar se o cérebro permanecer muito tempo sem glicose suficiente. Um paciente diabético tomando insulina deve levar sempre consigo açúcar ou bombom de modo que ele os possa ingerir imediatamente quando os sintomas iniciais de fraqueza, tontura ou visão obscurecida são percebidos. O diabetes mellitus será discutido mais adiante em Saúde em Notícia 16.

O *glucagon* é um hormônio peptídico de 29 unidades de aminoácidos que também pode ser secretado pelo pâncreas. Ele tem um efeito exatamente contrário ao da insulina. O glucagon é secretado quando o nível de açúcar do sangue é baixo. Ele assim ajuda a manter concentrações normais durante o jejum aumentando o nível de glicose sangüínea.

Outro importante hormônio é secretado pela glândula tireóide. A tetraiodotironina (T_4), ou *tiroxina*, é produzida pela adição de iodo ao aminoácido tirosina nesta glândula. Ao lado da triiodotironina (T_3), que contém um átomo de iodo a menos, a tiroxina é a única molécula do organismo que contém iodo. Transportada no sangue por proteínas de transporte ela afeta todos os órgãos e tecidos. Ela acelera as reações celulares e estimula a síntese de proteínas, especialmente no fígado e nos músculos. Hipertireoidismo, uma tireóide superativa, produz um excesso de tiroxina, aumentando a velocidade de reações corporais básicas de 30% a 60%. A condição resultante é chamada doença de Grave ou bócio tóxico. O termo bócio se refere ao aumento resultante da glândula tireóide (Figura 14-23).

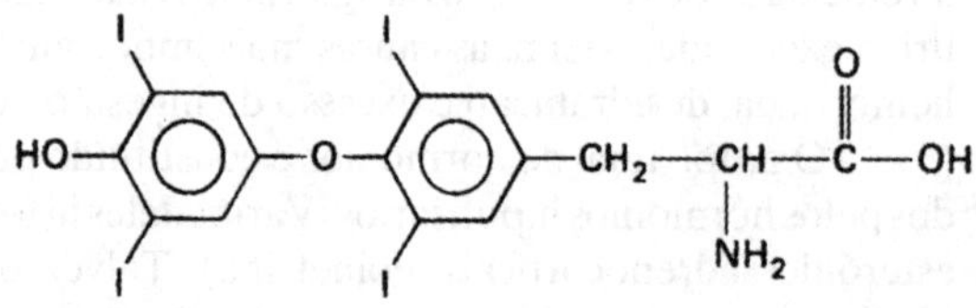

tiroxina

A Tabela 14-3 resume as propriedades destes hormônios, ao lado daqueles que são esteróides e aminas.

Um grupo de peptídios cerebrais que agem como hormônios foi descoberto recentemente. Eles são chamados **endorfinas**, termo que significa substâncias endógenas (que se originam no corpo) semelhantes à morfina. Como as drogas opiáceas, elas regulam internamente a percepção da dor ligando-se a receptores especiais do cérebro. Elas estão sendo estudadas para um possível uso no controle terapêutico da dor.

Tabela 14-3 Resumo dos Principais Hormônios

Hormônio	Glândula endócrina	Estrutura molecular[a]	Ações primárias
aldosterona	córtex adrenal	esteróide	regula o equilíbrio salino e hídrico
calcitonina (tirocalcitonina, TCT)	paratireóide, tireóide	peptídio (32 aa)	baixa o nível de cálcio sangüíneo
corticotropina (adrenocortico-tropina, ACTH)	pituitária (anterior)	peptídio (39 aa)	funcionamento do córtex adrenal
cortisol	córtex adrenal	esteróide	reações dos carboidratos
epinefrina (adrenalina)	medula adrenal	amina	quebra do glicogênio, "luta ou fuga"
estradiol	ovários	esteróide	ciclo menstrual, caracteres sexuais femininos
hormônio estimulador do folículo (FSH)	pituitária (anterior)	proteína (236 aa)	crescimento dos folículos
glucagon	pâncreas (células α)	peptídio (29 aa)	quebra do glicogênio para aumentar o açúcar sangüíneo
insulina	pâncreas (células β)	proteína (51 aa)	reduz o açúcar sangüíneo, regula carboidratos, gorduras e proteínas
hormônio luteinizante (LH)	pituitária (anterior)	proteína (215 aa)	ovulação, formação dos hormônios sexuais
norepinefrina (noradrenalina)	medula adrenal	amina	vasoconstrição, mantém a pressão sangüínea
oxitocina	pituitária (posterior)	peptídio (9 aa)	contração uterina, ejeção do leite
hormônio paratireoidiano (PTH)	paratireóide	proteína (84 aa)	aumenta o cálcio sangüíneo, excreção de fosfato
progesterona	ovários	esteróide	caracteres sexuais femininos
prolactina	pituitária (anterior)	proteína (198 aa)	crescimento da glândula mamária e produção de leite
somatotropina (STH; hormônio de crescimento,GH)	pituitária (anterior)	proteína (191 aa)	crescimento de órgãos e ossos
testosterona	testículos	esteróide	caracteres sexuais masculinos
tirotropina (hormônio estimulador da tireóide,TSH)	pituitária (anterior)	proteína (209 aa)	funcionamento da glândula tireóide
tiroxina (T_4)	tireóide	amina	crescimento e desenvolvimento, velocidade de reações básicas
vasopressina	pituitária (posterior)	peptídio (9 aa)	contração dos vasos sangüíneos, reabsorção de água pelos rins

[a]Número de unidades de aminoácidos entre parênteses para os hormônios peptídicos e protéicos.

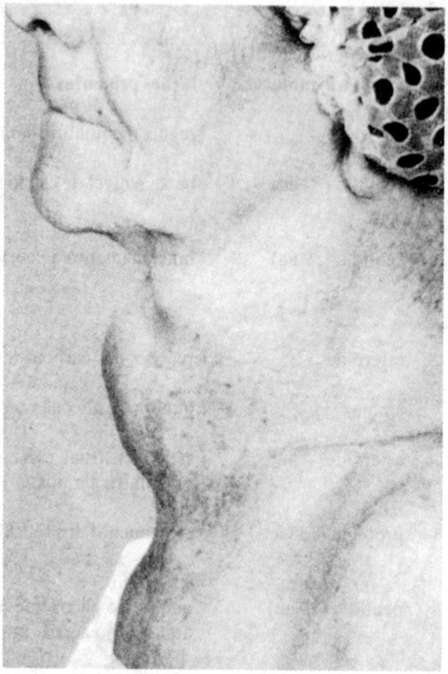

Figura 14-23
O pescoço de uma pessoa com bócio. Esta condição resulta do hipertireoidismo, uma glândula tireóide superativa. (Foto por cortesia de Martin M. Rotker.)

14.10 Proteína e Mineral: Ossos e Dentes

Objetivo: Para demonstrar entendimento desta seção, você deverá ser capaz de descrever a composição dos ossos e dentes.

Os ossos contêm uma combinação única de proteína e mineral. *Colágeno*, a proteína fibrosa descrita na Seção 14.7, compõe a armação estrutural ou "matriz" e a maior parte do volume. *Hidroxiapatita*, um sal complexo de composição $Ca_5(PO_4)_3OH$, forma cristais dentro da fibra de colágeno. O colágeno fornece a resistência e a elasticidade do osso, enquanto que a hidroxiapatita fornece dureza e rigidez.

Como mostra a Figura 14-24, a parte principal de um dente é feita de dentina, que é semelhante ao osso em composição. Devido ao seu alto conteúdo mineral (75%) porém, ela é mais densa e portanto mais dura. O esmalte, que recobre a parte externa exposta da dentina, tem um conteúdo mineral ainda maior (96%) e é ainda mais duro. A raiz do dente, a parte abaixo da gengiva, é coberta de cemento. Esta substância, que também tem por base a hidroxiapatita, ajuda a manter o dente fixo.

Ossos e dentes são formados por **mineralização**, a deposição de minerais no tecido. Especificamente, o processo é conhecido como **calcificação**, uma vez que o cálcio (em conjunto com o fosfato) é a base para a sua estrutura. As vitaminas A, C e D (descritas na Seção 15.3) são necessárias para a formação dentária e óssea.

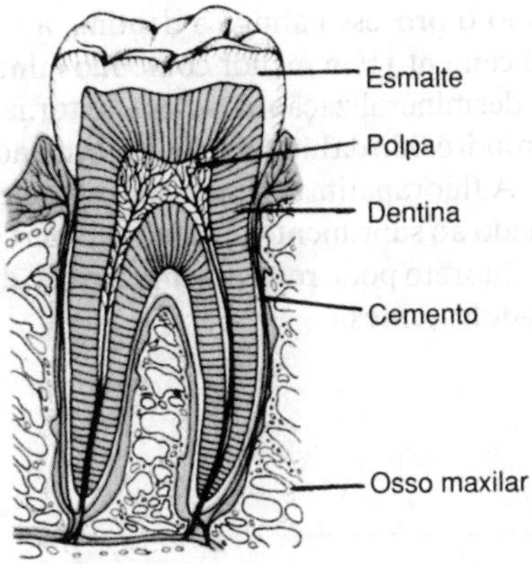

Figura 14-24
As partes de um dente.

Trabalhando em conjunto, dois hormônios polipeptídicos da glândula paratireóide desempenham sua função no processo regulando os níveis sangüíneos de cálcio e fosfato. O *paratormônio*, proteína de 84 unidades de aminoácidos, eleva os níveis de cálcio por aumento da absorção intestinal, liberação de cálcio dos ossos e aumento da reabsorção pelos rins. *Calcitonina*, peptídio de 32 unidades de aminoácidos, age na direção oposta para diminuir os níveis sangüíneos de cálcio. (Veja o Teste Clínico 3.)

O processo reverso é a **descalcificação**, ou remoção de sais de cálcio. Ela resulta de cáries dentárias, a desordem orgânica mais comum no homem depois do resfriado comum. As cáries dentárias causam a desintegração e a dissolução do esmalte e da dentina, com possível envolvimento da polpa. O processo da cárie requer certas bactérias bucais e monossacarídeos ou dissacarídeos que são decompostos por enzimas bacterianas. Estas enzimas produzem ácidos orgânicos, principalmente ácido lático, que desmineraliza a superfície exposta do esmalte do dente. (Veja a Figura 14-25.) A *placa*, combinação de bactérias, polissacarídeos e glicoproteínas salivares, serve como

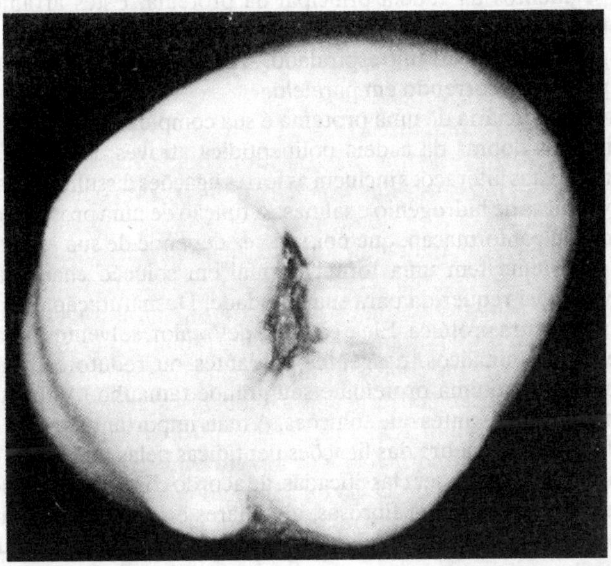

Fig 14.25
Cáries dentárias. Um dente com cárie numa fissura. [Foto por cortesia de WHO (World Health Organization).]

sítio de produção de ácido. Quando o processo atinge a dentina, a cárie se espalha rapidamente porque a dentina e o cemento têm menor conteúdo mineral.

O *íon fluoreto*, F^-, inibe a desmineralização dos dentes, tornando-os menos suscetíveis à cárie. Ele substitui o íon hidróxido da hidroxiapatita, formando fluorapatita, que tem a composição $Ca_5(PO_4)_3F$. A fluorapatita é menos solúvel e mais resistente ao ataque por ácido. Quando adicionado ao suprimento de água de uma comunidade na concentração de cerca de 1 ppm, o fluoreto pode reduzir o número de dentes cariados ou perdidos a menos de 50% em adolescentes.

SUMÁRIO

14.1 Aminoácidos são as unidades básicas das moléculas de proteínas. Eles contêm tanto um grupo amina, $-NH_2$, como um carboxílico, $-COOH$, além de um outro átomo ou grupo de átomos, a cadeia lateral, ligada ao carbono alfa. Esta cadeia lateral é o que faz um aminoácido diferente do outro. Existem cerca de 20 aminoácidos principais.

14.2 As cadeias laterais dos aminoácidos são não polares, polares, neutras ou carregadas. Todos os aminoácidos do organismo (exceto glicina, que não tem enantiômeros) têm a configuração L. Eles podem existir como moléculas duplamente carregadas chamadas *zwitterions*. Dez são conhecidos como aminoácidos essenciais porque não podem ser sintetizados pelo nosso corpo mas são necessários para a saúde, de modo que eles precisam ser incluídos na dieta.

14.3 Dois aminoácidos podem reagir entre si para formar uma ligação amida entre o grupo carboxílico de uma molécula e o grupo amina da outra. Uma molécula de água é liberada e um dipeptídio se forma. As proteínas consistem de grandes polímeros de condensação de aminoácidos, polipeptídios. A estrutura primária descreve a seqüência de aminoácidos interligados.

14.4 A estrutura secundária de uma proteína descreve as formas regulares tomadas por segmentos da cadeia principal da proteína. Estes arranjos resultam de pontes de hidrogênio. A alfa-hélice consiste do enrolamento de uma cadeia polipeptídica num arranjo espiralado. A cadeia pregueada é formada de cadeias polipeptídicas correndo em paralelo.

14.5 Estrutura terciária de uma proteína é sua complexa forma tridimensional que resulta das dobras da cadeia polipeptídica através da interação das cadeias laterais. Estas interações incluem as fortes ligações dissulfeto e as fracas ligações hidrofóbicas de hidrogênio e salinas. A função de uma proteína depende de sua forma, ou conformação, que por sua vez depende de sua estrutura primária.

14.6 Cada proteína tem uma forma normal em solução chamada conformação nativa, que é requerida para sua atividade. Desnaturação é a desorganização desta estrutura protéica. Ela é causada pelo calor, solventes orgânicos, ácidos e bases, íons metálicos, e agentes oxidantes ou redutores. Uma importante propriedade de uma proteína é seu grande tamanho. As proteínas portanto formam colóides antes que soluções. A mais importante reação das proteínas é sua hidrólise, a quebra das ligações peptídicas pelas moléculas da água.

14.7 As proteínas podem ser classificadas, de acordo com sua forma, solubilidade em água e composição, em fibrosas, globulares e conjugadas. Com base em sua função, elas podem ser divididas em enzimas, proteínas estruturais, proteínas contráteis, proteínas de transporte, hormônios, proteínas de armazenamento, proteínas de defesa e toxinas. Exemplos importantes são o colágeno e a hemoglobina. O colágeno é a proteína mais abundante do seu corpo. É o principal componente do tecido de suporte e do tecido conjuntivo. A unidade básica consiste de uma tripla hélice, formada pelo entrelaçamento de três cadeias polipeptídicas. A hemoglobina, transportadora do oxigênio das hemácias, contém quatro cadeias separadas, cada uma com um grupo heme.

14.8 Anticorpos são proteínas tipo globulinas que protegem nosso corpo contra organismos estranhos e macromoléculas. Eles são gerados pela resposta imune e são destinados a inativar o antígeno invasor. Os anticorpos podem ser usados para imunoterapia e imunoensaio.

14.9 Alguns peptídios e proteínas servem como hormônios, mensageiros químicos que estimulam atividades bioquímicas ou fisiológicas específicas. Eles são secretados pelo hipotálamo, glândula pituitária e glândulas endócrinas do nosso corpo. A Tabela 14-3 resume as propriedades mais importantes dos principais hormônios.

14.10 Os ossos e os dentes têm como base uma combinação única da proteína fibrosa colágeno com o mineral hidroxiapatita $Ca_5(PO_4)_3OH$. Eles são formados por calcificação, uma forma de mineralização. As cáries dentárias resultam em descalcificação, a remoção de sais de cálcio da estrutura dentária.

EXERCÍCIOS

Exercício sobre Casamento de Palavras-Chave

Para cada termo à esquerda, escolha a frase da coluna à direita que mais se aproxima do seu significado.

1. aminoácido	a. pequeno polipeptídio
2. cadeia lateral	b. ligação amida
3. íon dipolar	c. forma tridimensional
4. ligação peptídica	d. unidade básica de proteína
5. peptídio	e. não polar
6. proteína	f. cistina
7. estrutura primária	g. grande polipeptídio
8. estrutura secundária	h. perda da conformação nativa
9. estrutura terciária	i. grupo R nos aminoácidos
10. estrutura quaternária	j. polar
11. ponte de hidrogênio	k. globulina
12. hidrofóbica	l. alfa-hélice ou folha pregueada
13. hidrofílica	m. proteína estrutural
14. ponte dissulfeto	n. arranjo de subunidades
15. desnaturação	o. atração fraca
16. proteína fibrosa	p. forma compacta
17. proteína globular	q. zwitterion
18. proteína conjugada	r. macromolécula estranha
19. anticorpo	s. seqüência de aminoácidos
20. antígeno	t. tem grupo prostético

Exercícios por Tópicos

Aminoácidos (14.1)

21. Que características todos os 20 aminoácidos protéicos têm em comum?
22. Quais aminoácidos têm cadeias laterais que são
    a. aromáticas?
    b. hidrocarbonetos?
    c. aminas?
    d. ácidos carboxílicos?
    e. álcoois
    f. derivados sulfurados?
    g. heterociclos?
23. Dê o nome dos seguintes aminoácidos:
    a. Arg
    b. Thr
    c. Gln
    d. Trp
    e. Pro
24. Qual é a relação química entre ácido glutâmico e glutamina?

Propriedades dos Aminoácidos (14.2)

25. Quais aminoácidos têm cadeias laterais que são:
    a. eletricamente carregadas?
    b. não polares?
    c. polares e neutras?
26. O que é um íon dipolar?
27. O que é ponto isoelétrico?
28. Qual é a configuração dos aminoácidos quirais?
29. Quais são os aminoácidos essenciais? O que os faz essenciais?

Estrutura Primária de Proteínas (14.3)

30. O que é ligação peptídica?
31. Escreva quantos isômeros você puder para o seguinte tetrapeptídio: Asp-Gly-Thr-Phe.
32. Escreva uma equação para a reação da serina com valina para formar um dipeptídio.
33. O que é proteína?
34. O que é estrutura primária de uma proteína? Qual é seu significado?

Estrutura Secundária de Proteínas (14.4)

35. O que é ligação de hidrogênio? Como ela se compara com uma ligação covalente?
36. O que você entende por estrutura secundária?
37. Em que a folha pregueada difere da alfa-hélice?
38. Por que os átomos de hidrogênio ligados aos átomos de carbono não formam ponte?

Estrutura Terciária de Proteínas (14.5)

39. O que você entende por estrutura terciária? Em que ela difere da secundária?
40. Em que a ligação dissulfeto difere das outras ligações descritas nesta seção?
41. Identifique o tipo de interação que pode ocorrer entre as cadeias laterais dos seguintes pares de aminoácidos:
    a. isoleucina e fenilalanina
    b. serina e ácido aspártico
    c. cisteína e cisteína
    d. ácido aspártico e lisina
42. Quais cadeias laterais de aminoácidos são hidrofóbicas?
43. Explique esta afirmação: A função de uma proteína é determinada pela sua estrutura primária.

Propriedades das Proteínas (14.6)

44. O que você entende por conformação nativa?
45. Descreva o processo de desnaturação em geral.
46. Como cada um dos seguintes agentes causa desnaturação?
    a. íons metálicos
    b. ácidos e bases
    c. solventes orgânicos
    d. calor
47. Escreva uma equação para a hidrólise da Gln-Val.
48. Por que as proteínas formam colóides?

Tipos de Proteínas (14.7)

49. Em que uma proteína fibrosa difere de uma globular?
50. Descreva cinco funções que as proteínas desempenham no nosso corpo.
51. O que é proteína conjugada? Dê dois exemplos.
52. Como a estrutura molecular do colágeno se relaciona com sua função?

Anticorpos (14.8)

53. O que é anticorpo? e antígeno?
54. O que é resposta imune?
55. Como um anticorpo exerce seu papel?

56. O que é imunoterapia? imunoensaio?
57. O que é alergia?

Hormônios Peptídicos e Protéicos (14.9)

58. Resuma a série de eventos que ocorrem entre um estímulo pelo sistema nervoso central e a chegada de um hormônio no seu tecido alvo.
59. Que hormônio
    a. reduz o açúcar sangüíneo?
    b. contém iodo?
    c. regula o volume de fluido corporal?
    d. controla o crescimento corporal?
60. Por que é o iodo adicionado ao sal de cozinha?
61. O que é choque insulínico?

Proteína e Mineral: Ossos e Dentes (14.10)

62. Qual é a composição dos ossos e dentes?
63. Descreva o processo da cárie dentária.
64. Explique o efeito inibidor do fluoreto sobre a cárie dentária.

Exercícios Adicionais

65. O que são anticorpos monoclonais? Explique sua importância.
66. O que é único para o aminoácido prolina?
67. Que aminoácido
    a. tem um anel imidazólico?
    b. contém um grupo tioéter?
    c. tem um grupo alcoólico secundário?
68. O que torna possível a grande variedade de função de proteínas comparadas aos carboidratos e lipídios?
69. O que são toxinas?
70. Como os anti-histamínicos atuam?
71. O que são endorfinas?
72. Explique como a natureza de um aminoácido e o pH determinam as formas nas quais o aminoácido existe em solução.
73. Escreva uma equação para a formação de um tripeptídio de ácido glutâmico, tirosina e leucina.
74. Por que são importantes as ligações de hidrogênio, mesmo sendo fracas?
75. Como as cadeias laterais hidrofóbicas ajudam a determinar a forma de uma proteína?
76. Explique como uma "permanente" de cabelo funciona.
77. Escreva uma equação para a hidrólise da Thr-Asn-Gly-Leu.
78. Qual é a função de uma proteína como albumina na manutenção do equilíbrio hídrico do nosso corpo?
79. O que é renaturação? Como pode ocorrer?
80. O que é eletroforese? Como é usada?
81. Dê um exemplo de uma proteína cuja forma é bem adequada à sua função no organismo. Explique.
82. Quais são as principais categorias de proteínas presentes no sangue?
83. O que você entende por estrutura quaternária? Dê um exemplo.

Capítulo 15

Enzimas

As enzimas constituem um grupo especial de moléculas de proteínas. Cerca de 2000 diferentes enzimas são conhecidas. Sem elas, a maioria das reações do organismo ocorreriam lentamente demais para manter a vida. A falta de uma única enzima pode trazer sérias e até fatais conseqüências porque uma reação indispensável pode não ocorrer com rapidez suficiente. O Capítulo 15 descreve como as enzimas atuam e alguns dos importantes papéis que elas desempenham.

15.1 Ação Enzimática

Objetivo: *Para demonstrar entendimento desta seção, você deverá ser capaz de explicar o que uma enzima faz e como ela atua.*

Enzimas são catalisadores biológicos. Elas aceleram a velocidade das reações do nosso corpo por um fator de milhões de vezes ou mais. Uma das mais rápidas enzimas (anidrase carbônica) faz com que uma reação ocorra até 600.000 vezes por segundo! Esta velocidade é cerca de dez milhões de vezes mais rápida do que aquela da reação não catalisada. Como outros catalisadores, a enzima se mostra inalterada depois que a reação ocorreu. Assim, apenas quantidades muito pequenas dela são necessárias.

Em contraste com a maioria dos catalisadores, as enzimas são altamente específicas. Por exemplo, elas podem identificar as pequenas diferenças entre alfa-glicose (no amido) e beta-glicose (na celulose), e entre os enantiômeros D e L de uma molécula. Esta especificidade é possível graças à complexa conformação tridimensional da molécula enzimáica. Cada enzima tem uma fenda especial na qual uma parte ou toda a molécula do reagente pode se adaptar, como mostra a Figura 15-1.

A molécula do reagente que é alterada pela reação química catalisada pela enzima é chamada **substrato**. A região especial da superfície da enzima que casa com ela é conhecida como o sítio de ligação do substrato. Quando o substrato lá se fixa, forma uma combinação temporária chamada complexo enzima-substrato. Como mostra a Figura 15-2, você pode imaginar uma enzima como uma fechadura e o substrato como a chave. Somente certos substratos ("chaves") têm a forma correta para adentrar o sítio de ligação ("fechadura") da enzima.

Figura 15-1
Modelo compacto da lisozima. A seta indica a fenda da molécula. Esta "brecha" forma o sítio ativo. (Foto por cortesia do Dr. John A. Rupley.)

Quando o substrato se liga à enzima, ele fica exposto ao **sítio ativo** da enzima. Sítio ativo é aquele onde grupos funcionais das cadeias laterais de aminoácidos da enzima podem agir sobre a molécula do substrato. A reação é catalisada pelo "ataque" destas cadeias laterais da enzima numa ligação ou átomo do substrato.

A catálise pode ocorrer de várias maneiras. Freqüentemente, o sítio ativo pode não estar inteiramente formado antes que o substrato se ligue. A interação do substrato com a enzima induz uma mudança na conformação da enzima. Esta mudança "induzida" posiciona cadeias laterais apropriadas da enzima no sítio ativo. Ao mesmo tempo, a mudança na conformação da enzima "contorce" o substrato. Ela força a forma da molécula do substrato a se aproximar daquela do produto, enfraquecendo ligações e tornando a reação mais fácil. Além disto, as cadeias laterais da enzima podem doar ou receber prótons, ou formar temporariamente ligações covalentes.

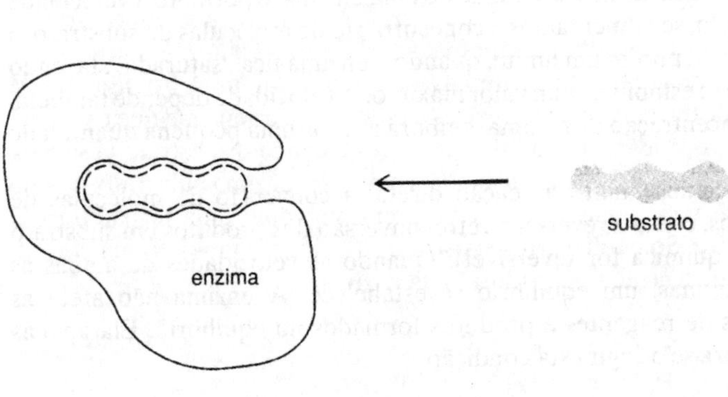

Figura 15-2
Representação simplificada de uma enzima e seu substrato. O substrato deve possuir estrutura adequada para se ligar e ser trabalhado pela enzima.

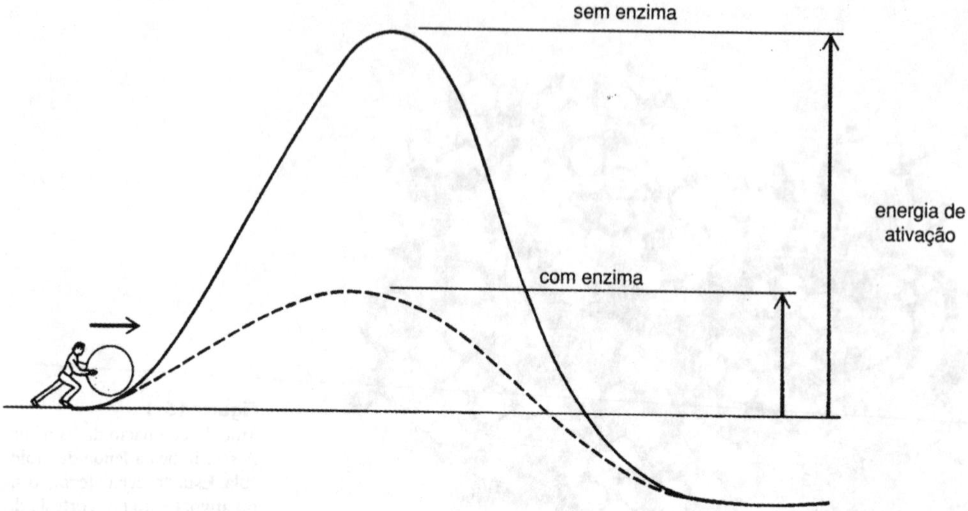

Figura 15-3
Uma representação da diminuição da energia de ativação por uma enzima. Com a diminuição da energia de ativação, a enzima acelera a velocidade da reação.

Todos estes fatores reduzem a energia necessária para a reação ocorrer, a **energia de ativação**. Como mostra a Figura 15-3, a catálise enzimática diminui a barreira energética ou "morro" entre os reagentes e produtos. Como resultado, mais moléculas reagentes podem ser convertidas em moléculas do produto num dado espaço de tempo. Em outras palavras, a velocidade da reação aumenta.

Para ver um exemplo, examine novamente a ação da enzima lisozima mostrada na Figura 15-4. Você pode perceber que a gigantesca molécula tem uma fenda bem formada na qual um substrato tipo polissacarídeo se encaixa. A lisozima, encontrada na maioria das secreções corporais, mata as bactérias, rompendo as ligações que mantêm íntegros os polissacarídeos de suas paredes celulares. O átomo de hidrogênio do ácido glutâmico (aminoácido numero 35) "ataca" o átomo de oxigênio que faz ponte entre duas unidades "contorcidas" de monossacarídeos do substrato. Depois que a ligação glicosídica é rompida, os dois fragmentos do substrato deixam o sítio ativo, liberando-o para catalisar novamente a reação de hidrólise.

Vários fatores influenciam a atividade de uma enzima, e portanto a velocidade de reação. Por exemplo, se aumentamos a concentração de moléculas do substrato, a velocidade aumenta. Há porém um limite, quando a enzima fica "saturada", fazendo com que a velocidade se estabilize num valor máximo. A velocidade depende também, em certo grau, da concentração da enzima, embora apenas uma pequena quantidade dela seja necessária.

Uma enzima catalisa tanto a reação direta, a conversão de moléculas de substrato em produtos, como a reversa, a retroconversão dos produtos em substrato (se a transformação química for reversível). Quando as velocidades de ambas as reações forem as mesmas, um equilíbrio se estabelece. A enzima não afeta as quantidades relativas de reagentes e produtos formados no equilíbrio. Ela apenas acelera o processo para se atingir esta condição.

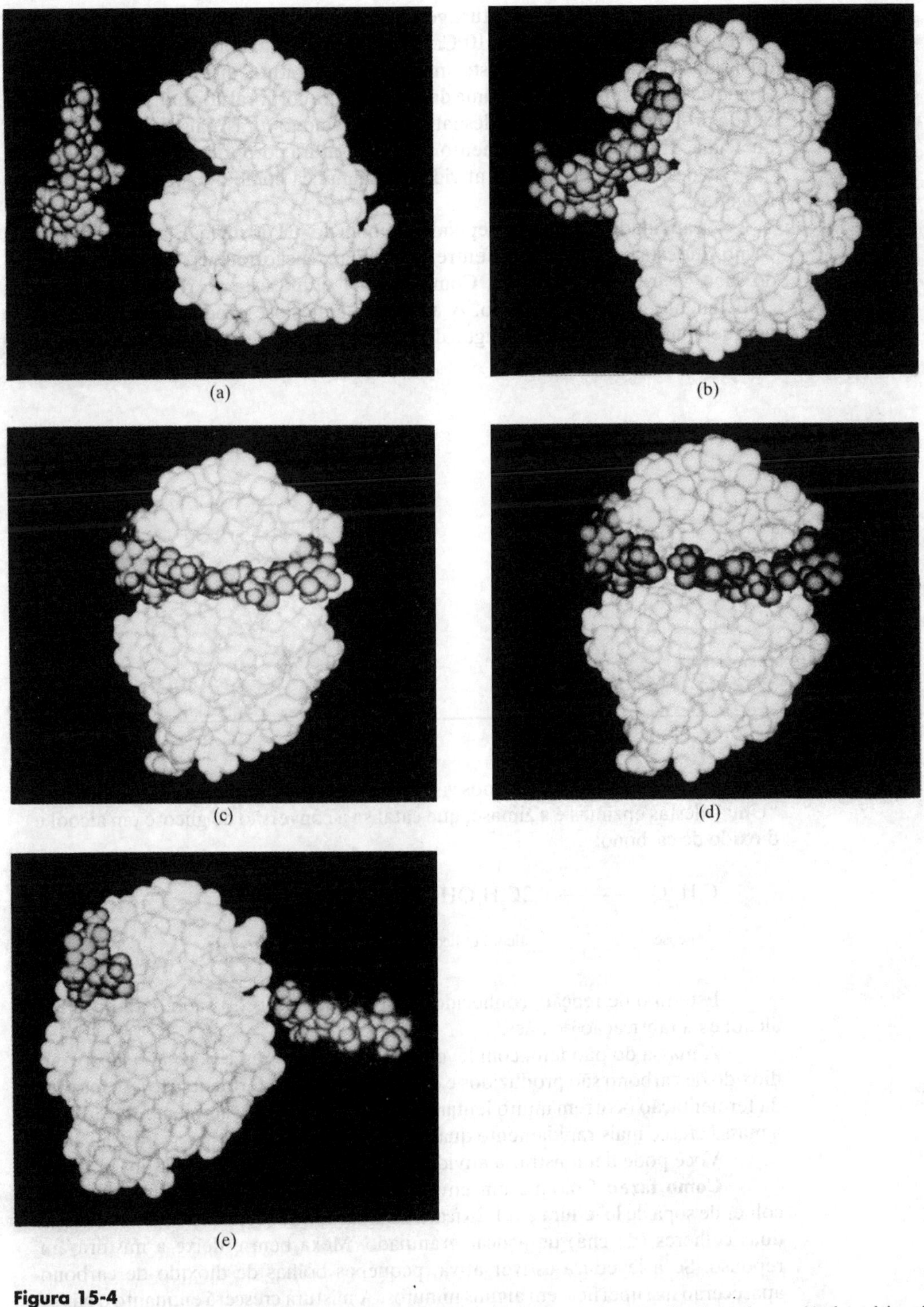

Figura 15-4
Ação da lisozima. O substrato aparece movendo-se no sítio ativo da enzima, sendo então clivado em duas moléculas e deixando o centro ativo. Note que o aspecto da molécula da enzima muda de (a) até (e). (Fonte: Richard Feldman, National Institutes of Health.)

Um aumento de temperatura geralmente aumenta a velocidade de reação de 1,1 a 3 vezes para cada aumento de 10°C. Mas as enzimas têm uma temperatura ótima, na qual sua atividade é máxima. Esta "melhor" temperatura, que é de 40°C a 45°C para a maioria das enzimas, está próxima da temperatura corporal normal, 37°C (ou 98,6°F). Sendo proteínas, as enzimas se desnaturam em temperaturas mais altas, tal como 60°C ou acima. Hipotermia, abaixamento da temperatura corporal, diminui a velocidade das reações reduzindo tanto a atividade enzimática como a energia das moléculas reagentes.

A atividade enzimática depende também do pH do meio. Ela é máxima no pH ótimo, que está freqüentemente entre 6 e 8. Uma exceção notável é a pepsina, a enzima do suco gástrico do estômago. Como seu pH ótimo está ao redor de 2, ela atua efetivamente neste fluido ácido. A acidose e a alcalose produzem efeitos danosos porque mudanças do pH do sangue diminuem a atividade de enzimas fundamentais.

Faça-o Você Mesmo 15

ENZIMAS DA LEVEDURA

As leveduras são microorganismos vivos. Elas contêm enzimas que são úteis a nós. "Uma" destas enzimas é a zimase, que catalisa a conversão de glicose em álcool e dióxido de carbono:

$$\underset{\text{glicose}}{C_6H_{12}O_6} \longrightarrow \underset{\text{álcool etílico}}{2C_2H_5OH} + \underset{\text{dióxido de carbono}}{2CO_2}$$

Este tipo de reação, conhecido como fermentação, é usado para produzir álcool e na fabricação de pães.

A massa do pão feita com levedura (fermento) cresce porque o álcool e o dióxido de carbono são produzidos e expulsos durante a fermentação. As reações da fermentação ocorrem muito lentamente em temperatura ambiente, e portanto a massa cresce mais rapidamente quando é aquecida.

Você pode demonstrar a atividade enzimática da levedura assim:

Como fazer: Coloque um envelope de "fermento seco ativo"", ou uma colher de sopa de levedura em 1/2 xícara de água morna (cerca de 40°C). Adicione duas colheres (de chá) de açúcar granulado. Mexa bem e deixe a mistura em repouso. Se a levedura estiver ativa, pequenas bolhas de dióxido de carbono aparecerão na superfície em alguns minutos. A mistura crescerá enquanto o gás se desprender.

15.2 Tipos de Enzimas

Objetivo: Para demonstrar entendimento desta seção, você deverá ser capaz de classificar as enzimas de acordo com sua função ou seu substrato.

As enzimas recebem nomes com base em seus substratos ou tipo de reação que catalisam. Na maioria dos casos, os nomes terminam em "ase". Por exemplo, lipase é uma enzima cujo substrato é um lipídio. Oxidase é uma enzima que catalisa uma reação que envolve oxidação de um substrato.

Como mostra a Tabela 15-1, as enzimas são divididas em seis categorias principais. As oxidorredutases catalisam reações de oxidorredução que envolvem a perda ou ganho de elétrons. As transferases catalisam a transferência de um grupo funcional, tal como um grupo amina, de uma molécula para outra. As hidrolases catalisam hidrólise, a reação de um substrato com água. As liases catalisam a quebra (ou formação) de ligações duplas, tais como aquelas entre dois átomos de carbono, um átomo de carbono e um de oxigênio (grupo carbonila), ou um átomo de carbono e um de nitrogênio. As isomerases, como seu nome indica, catalisam reações de isomerização, tal como a conversão de glicose em frutose. As ligases catalisam a formação de uma ligação entre um átomo de carbono e outro átomo — oxigênio, enxofre, nitrogênio ou um segundo átomo de carbono.

Tabela 15-1 Classificação de Enzimas

Classe	Exemplos	Função
oxidorredutases (catalisam reações de oxidorredução)	desidrogenase	remove hidrogênio
	oxidase	adiciona oxigênio
transferases (catalisam transferências de grupos funcionais)	metiltransferase	transfere grupos metila
	transaminase	transfere grupos amina
hidrolases (catalisam reações de hidrólise)	carboidrase	cliva carboidratos
	esterase	cliva ligações ésteres
	lipase	cliva lipídios
	fosfatase	cliva ésteres fosfóricos
	protease	cliva ligações peptídicas
liases (catalisam a quebra de ligações duplas)	descarboxilase	remove CO_2
	aldolase	quebra ligações aldeído
isomerases (catalisam isomerizações)	*cis-trans* isomerase	converte formas *cis* e *trans*
	mutase	transferência intramolecular
ligases (catalisam a formação de ligações)	sintetase	combina 2 grupos
	carboxilase	forma ligação C–C

O nome da enzima pode também indicar o quanto ela é específica. Por exemplo, a urease é uma enzima com apenas um substrato principal, a uréia. A hidrólise de moléculas relacionadas não é catalisada pela urease, mesmo tendo estruturas semelhantes. A maioria das enzimas são um tanto menos específicas. Elas catalisam certos tipos de reação, tais como os dados como exemplos na Tabela 15-1. Algumas agem em grupos específicos. Uma descarboxilase remove grupos carboxila, e uma metiltransferase transfere grupos metila. Outras envolvem reações que envolvem ligações específicas. Uma peptidase, por exemplo, rompe ligações peptídicas.

Algumas enzimas necessitam uma parte não protéica, chamada **cofator**, para a sua atividade. Nem a parte protéica (a apoproteína) e nem o cofator sozinhos podem agir como catalisadores nestes casos. Somente sua combinação (a holoenzima) pode desempenhar esta função. O cofator é conhecido como **grupo prostético** se estiver firmemente ligado à proteína.

Se o cofator for uma molécula orgânica ele é chamado **coenzima**. Como descrito na seção seguinte, muitas das vitaminas que você ingere viram coenzimas. As coenzimas ajudam freqüentemente a transferir átomos ou elétrons à ou da molécula do substrato.

A maioria das enzimas não pode funcionar sem um cofator inorgânico, um íon metálico. O cátion, tal como magnésio, zinco, manganês, cobalto, ferro, cobre ou molibdênio, está freqüentemente localizado no sítio ativo. As enzimas que requerem a presença de um íon metálico são conhecidas como metaloenzimas. Exemplos estão listados na Tabela 15-2. (Algumas enzimas só são ativas quando um ânion específico está presente, tal como o íon cloreto no caso da amilase.) Note que os metais da Tabela 15-2 são identificados em Saúde em Notícia 2 como microelementos. Estes cofatores são necessários na faixa de miligramas ou microgramas diários como parte dos "minerais" da dieta.

Tabela 15-2 Cofatores Tipo Microelementos

Elemento	Metaloenzima
cobre	citocromo oxidase
ferro	hemoenzimas
manganês	arginase, piruvato oxidase
molibdênio	xantina oxidase
níquel	urease
zinco	anidrase carbônica, desidrogenases, carboxipeptidases

15.3 Vitaminas

Objetivo: Para demonstrar entendimento desta seção, você deverá ser capaz de explorar o papel das vitaminas no organismo.

Vitaminas são substâncias orgânicas biologicamente ativas necessárias em ínfimas quantidades para a saúde e crescimento normais do organismo. Elas não são produzidas pelo nosso corpo e devem ser obtidas da dieta. Das vitaminas cuja forma ativa é conhecida, quase todas são partes de coenzimas ou grupos prostéticos de importantes enzimas. (Veja a Tabela 15-3.) Juntamente com a enzima na qual elas funcionam, os cofatores vitamínicos participam de reações químicas mas se mostram inalterados em seguida. Portanto, somente pequenas quantidades são necessárias.

As estruturas das vitaminas diferem muito. Algumas são moléculas polares e são portanto hidrossolúveis. Outras são lipossolúveis. Elas são absorvidas do intestino com os lipídios da dieta e podem até ser armazenadas no fígado por vários períodos de tempo. Nem todas as vitaminas estão presentes nos alimentos na forma usada pelo seu corpo. Algumas existem como provitaminas, que devem ser antes modificadas por uma reação química.

A Tabela 15-3 lista as cotas diárias recomendadas de vitaminas. Cada cota representa o nível considerado adequado para suprir as necessidades nutricionais conhecidas de quase todas as pessoas.

Cada pessoa tem necessidades vitamínicas ligeiramente diferentes. As cotas diárias recomendadas (RDA) provêem suficiente excesso para cobrir este tipo de variação na população em geral. Alguns destes números são estimativas, uma vez que é freqüentemente difícil determinar a quantidade requerida exata. As necessidades de niacina, folacina, biotina e vitamina K são inteiramente ou parcialmente supridas por bactérias intestinais.

Uma doença por deficiência pode resultar quando uma vitamina está em falta (avitaminose) ou então presente em quantidade insuficiente (hipovitaminose). A pele parece ser especialmente sensível à falta de vitaminas. Deficiências ocorrem principalmente em populações onde a escolha de alimentos disponíveis é limitada. Excesso de uma vitamina (hipervitaminose) pode também ser perigoso. Como são armazenadas nos depósitos gordurosos, as vitaminas lipossolúveis (A, D, E e K) podem atingir concentrações tóxicas. O uso de certas vitaminas em grandes doses para tratamento de doenças (terapia megavitamínica) está atualmente sendo investigado.

Os parágrafos seguintes contêm uma breve descrição do papel das vitaminas hidrossolúveis.

A *tiamina* (B_1), em sua forma ativa, tiamina pirofosfato, atua como coenzima das descarboxilases, que removem CO_2 de moléculas na quebra de carboidratos.

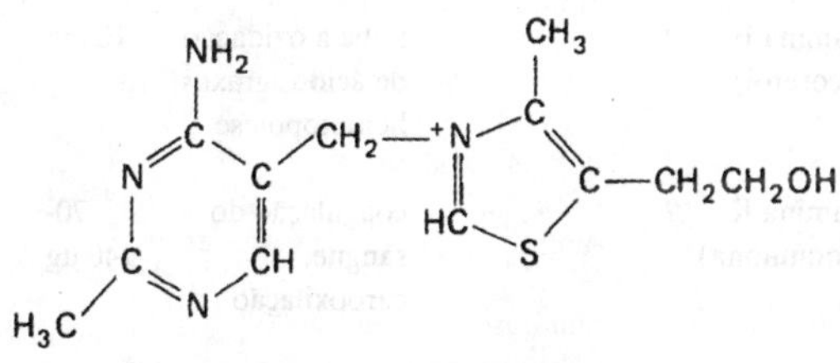

tiamina

Tabela 15-3 Quadro Sinóptico das Vitaminas

Nome	Coenzima ou forma ativa	Função	Cota diária recomendada	Fontes	Doença por deficiência
tiamina (B_1)	tiamina pirofosfato	descarboxilação de ácidos	1,4 mg	sementes, carne de porco, pão de trigo integral	beribéri
riboflavina (B_2)	flavina adenina dinucleotídio (FAD); e mononucleotídio (FMN)	desidrogenação (oxidação-redução)	1,6 mg	vísceras, levedo, germe de trigo	quelose, "couro de cação"
niacina (ácido nicotínico)	nicotinamida adenina dinucleotídio (NAD^+)	desidrogenação (oxidação-redução)	18 mg	carne, levedo, legumes	pelagra
ácido fólico (folacina)	tetraidrofolato	transportador de radical de 1C	400 µg	vegetais de folhas verdes, fígado	anemia, alterações gastrointestinais
ácido pantotênico	coenzima A	transportador de grupo acila	4-7 µg	levedo, fígado, ovos	distúrbio neuromotor
vitamina B_6 (piridoxina)	piridoxal fosfato	transportador de grupo amina	2,2 mg	fígado, nozes, germe de trigo	lesões da pele, anemia
vitamina B_{12} (cobalamina)	coenzimas da cobamida	redução, desidratação, transmetilação	3,0 µg	bactérias, órgãos	anemia perniciosa
ácido ascórbico (vitamina C)	?	oxidação-redução, tecido conjuntivo	60 mg	frutas, vegetais	escorbuto
biotina (vitamina H)	biocitina	carboxilação (transferência de CO_2)	100-200 µg	fígado, levedo, grãos	dermatite
vitamina A (retinol)	retinal	regenera pigmento para a visão	1 mg	fígado, frutas, verduras	"cegueira noturna", xeroftalmia
vitamina D (calciferol)	diidroxi-colecalciferol	transporte de cálcio	5 µg	óleo de fígado de peixe	raquitismo
vitamina E (tocoferol)	?	inibe a oxidação de ácidos graxos, hematopoiese	10 mg	óleos vegetais	hemólise
vitamina K (filoquinona)	?	coagulação do sangue, carboxilação	70-140 µg	vegetais de folhas verdes	perda de sangue

Falta de tiamina suficiente resulta em beribéri. Esta doença é encontrada em áreas tais como partes da Ásia onde arroz polido, que contém muito pouco da vitamina, é o principal alimento.

A *riboflavina* (B_2) é convertida às coenzimas flavina adenina dinucleotídio (FAD) e flavina mononucleotídio (FMN).

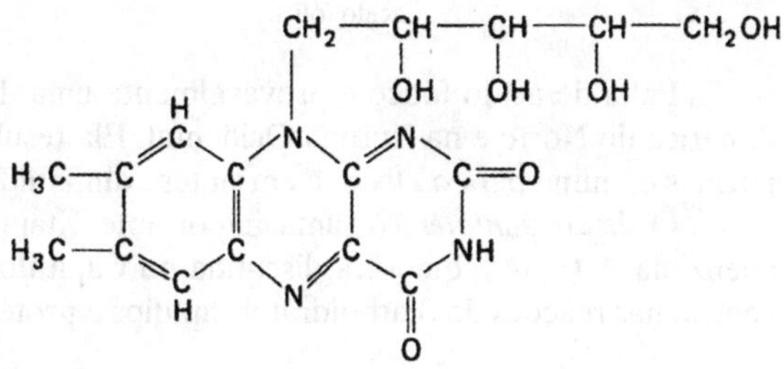

riboflavina

A coenzima FAD atua como transportadora de átomos de hidrogênio e elétrons no ciclo do ácido cítrico (descrito no Capítulo 16). As coenzimas da flavina são também necessárias para outras oxidases e desidrogenases nas reações dos carboidratos e aminoácidos. Deficiência em riboflavina leva a desordens na pele.

A *niacina (ácido nicotínico)* é utilizada para a produção de duas importantes coenzimas, a nicotinamida adenina dinucleotídio (NAD^+) e seu derivado fosfatado ($NADP^+$). Estas moléculas desempenham importante papel em reações de transferência de hidrogênio.

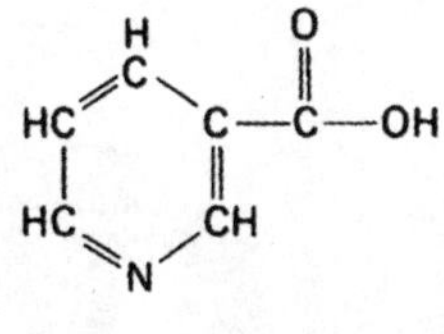

niacina

Insuficiente niacina resulta em pelagra, a doença dos "3D": dermatite, diarréia e demência. Durante a primeira parte deste século, nada menos de 170000 casos foram registrados anualmente no sudeste dos Estados Unidos. Ela ainda ocorre em regiões do mundo onde a dieta é pobre em carne, leite e ovos. (Veja a Figura 15-5.)

No caso do *ácido fólico (folacina)*, duas ligações duplas (no anel heterocíclico) são hidrogenadas para produzir ácido tetraidrofólico, a forma biologicamente ativa da vitamina. Ele atua como transportador de grupos de um carbono (tal como o formila,

$$\overset{\displaystyle O}{\overset{\|}{-\text{CH}}}$$

) em reações que envolvem aminoácidos e nucleotídios.

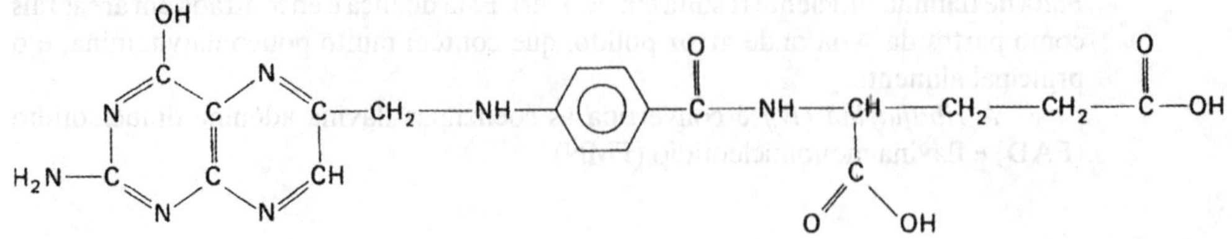

ácido fólico

Falta de ácido fólico é provavelmente uma das deficiências mais comuns na América do Norte e na Europa Ocidental. Ela resulta na incapacidade de produzir purinas e timina para o DNA, e em síntese diminuída de porfirinas.

O *ácido pantotênico*, uma importante vitamina, é usado para a síntese da coenzima A (CoA), que será discutida no Capítulo 17. Ele desempenha um papel central nas reações dos carboidratos, lipídios e proteínas.

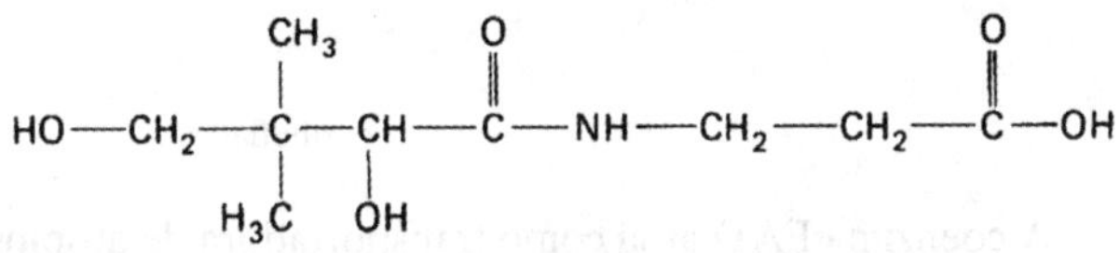

ácido pantotênico

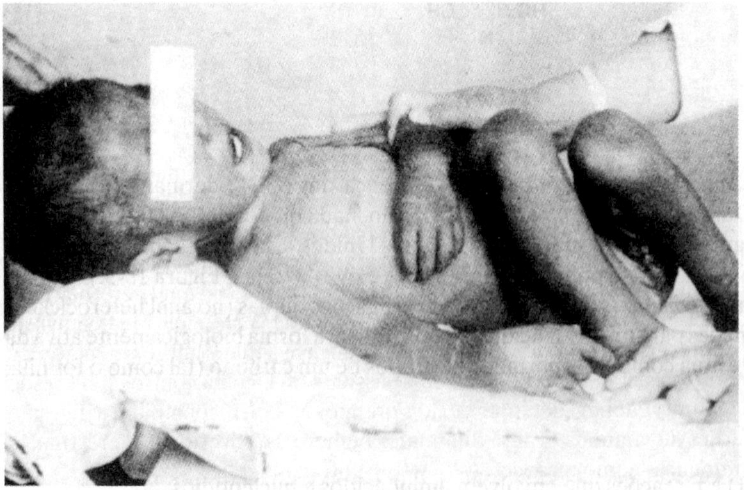

Figura 15-5
Uma criança com pelagra. Esta condição resulta de insuficiente niacina. (Foto por cortesia do Center for Disease Control, Atlanta, Georgia 30333.)

A *vitamina B_6 (piridoxina)* existe em três formas: piridoxina, piridoxal e piridoxamina. Qualquer destas moléculas pode ser usada para a produção da coenzima piridoxal fosfato, que é o transportador do grupo amina nas transaminações.

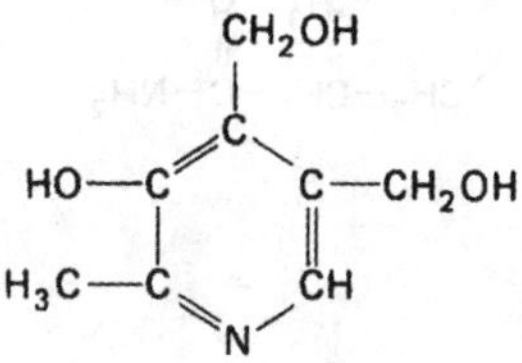

piridoxina

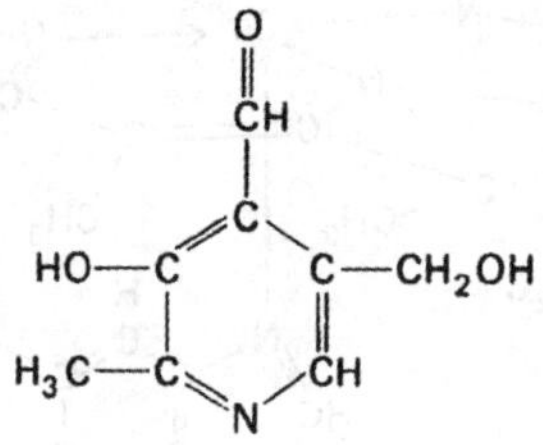

piridoxal

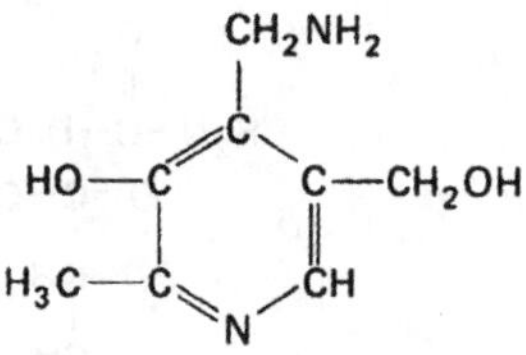

piridoxamina

A *vitamina* B_{12} *(cobalamina)*, como você pode ver na Figura 15-6, é a mais complexa das vitaminas. Ela atua com enzimas que catalisam reduções, desidratações e transferências de grupo metila em carboidratos, lipídios, proteínas e ácidos nucléicos. Pessoas com distúrbios gástricos desprovidas do "fator intrínseco" (uma mucoproteína) não podem absorver esta vitamina e desenvolvem assim a anemia perniciosa. A vitamina B_{12} é a única vitamina manufaturada em grandes quantidades por microorganismos (solo e bactérias intestinais). Apenas ínfimas quantidades são necessárias, mas pessoas estritamente vegetarianas, assim como aquelas que tiveram partes do seu intestino delgado removidas cirurgicamente, podem desenvolver uma deficiência.

O *ácido ascórbico (vitamina C)* e seu derivado, ácido deidroascórbico, participam de oxidações e reduções biológicas através da perda ou ganho de átomos de hidrogênio.

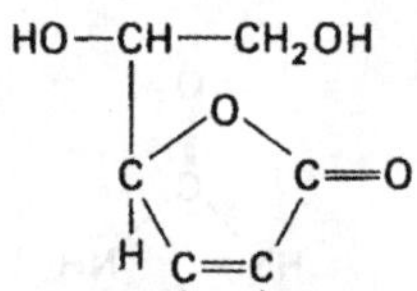

ácido ascórbico

O ácido ascórbico atua também como coenzima em reações de hidroxilação, a adição de grupos hidroxila, como na formação de hidroxiprolina a partir de prolina, uma etapa na síntese do colágeno.

Deficiência de vitamina C resulta em escorbuto, uma doença que causa gengivas inflamadas, dentes frouxos, hemorragias, edema, dor nas juntas, anorexia (perda do apetite) e anemia. O ácido ascórbico tornou-se assunto de alguma controvérsia desde que o químico Linus Pauling, detentor de dois prêmios Nobel, recomendou a ingestão de grandes doses de vitamina C para diminuir o número e a severidade de resfriados e para tratar doenças como o câncer.

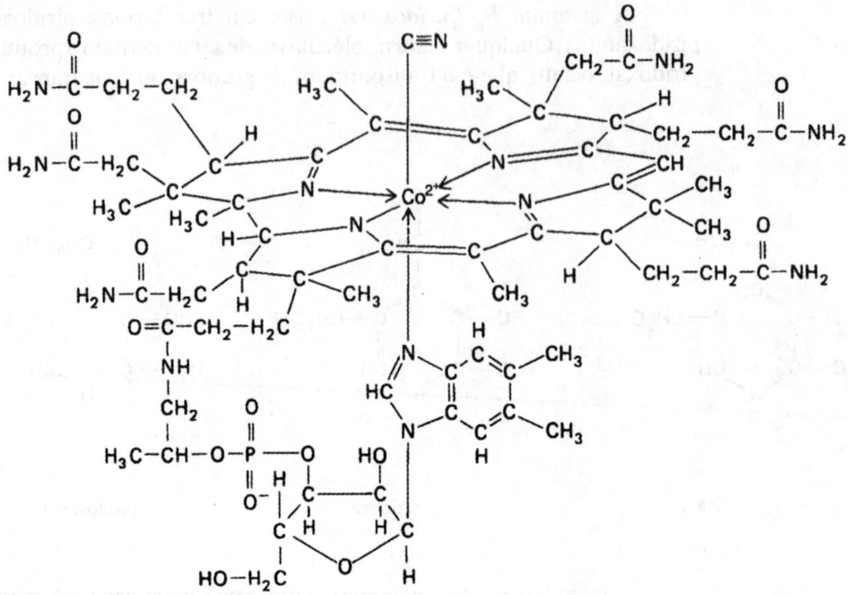

Figura 15-6
Vitamina B_{12}. Esta vitamina tem a estrutura química mais complexa e é a única que contém um íon metálico (cobalto).

A *biotina (vitamina H)* é uma coenzima para as carboxilases, que unem CO_2 a moléculas orgânicas, e para as transcarboxilases, que transferem CO_2. A biotina é necessária para a síntese de carboidratos, aminoácidos e ácidos graxos.

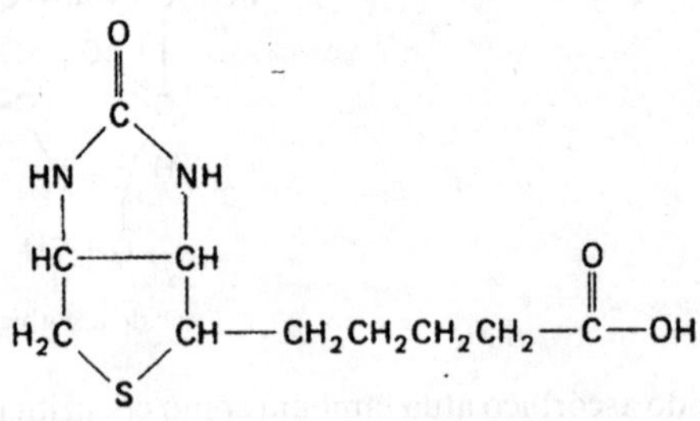

biotina

A seguir, uma breve discussão das vitaminas hidrossolúveis.

A *vitamina A (retinol)*, depois de convertida a um aldeído, retinal, tem como função primária a regeneração da rodopsina (púrpura visual). Este pigmento protéico torna-se incolor quando a luz incide no olho, parte essencial do processo da visão. A vitamina atua também como coenzima de várias outras reações.

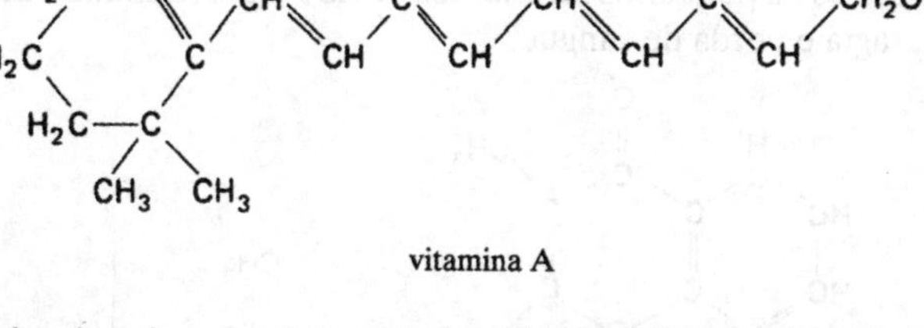

vitamina A

Deficiência de vitamina A afeta todos os órgãos. O primeiro sinal é a "cegueira noturna", a incapacidade de ver sob baixos níveis de luz. Um efeito mais sério é a xeroftalmia, uma das principais causas de cegueira em crianças de algumas partes da Ásia, África e América do Sul.

A *vitamina D (calciferol)* tem duas formas, D_2 (ergocalciferol) e D_3 (colecalciferol). (Se você estiver surpreso, descobriu-se que D_1 é uma mistura e este símbolo não é mais usado.)

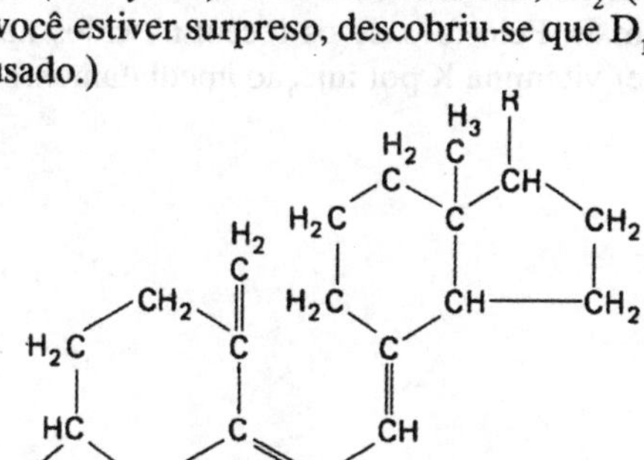

(R = C_9H_{17} em D_2 e R = C_8H_{17} em D_3)

vitamina D

Esta vitamina esteróide está envolvida na síntese de proteínas e no transporte de cálcio. É uma coenzima para fosfatos e fosforilases. A deficiência desta vitamina lipossolúvel leva ao raquitismo, que causa malformação óssea e retarda o crescimento. A vitamina D é encontrada em poucos alimentos. Óleo de fígado de peixe é uma notável exceção. Felizmente, ela pode ser produzida a partir das provitaminas ergosterol (para a D_2) das plantas e 7-deidrocolesterol (para a D_3), que é encontrado na pele, pela ação da luz solar. O leite, importante fonte de cálcio, é agora enriquecido com vitamina D, o fator necessário para sua utilização.

A *vitamina E (tocoferol)* previne a oxidação de ácidos graxos insaturados. (Lembre-se que devido às ligações duplas, os ácidos graxos são facilmente oxidados.) A vitamina E é também necessária para preservar membranas celulares e manter o crescimento normal.

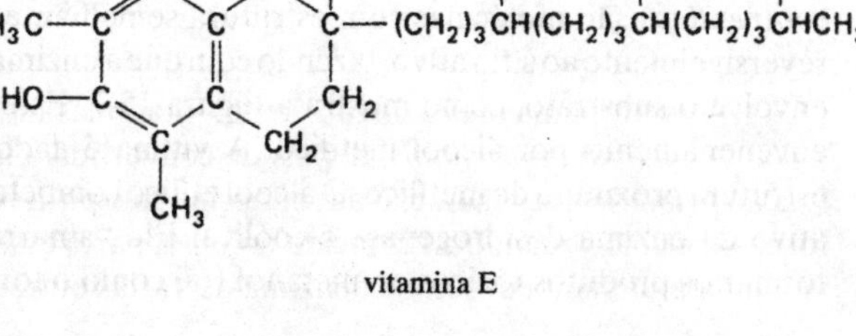

vitamina E

A *vitamina K (filoquinona)* tem duas formas K_1 (filoquinona), que está presente em plantas, e K_2 (menaquinona), encontrada nas bactérias intestinais. Falta de vitamina K prolonga o tempo necessário para que o sangue coagule, tornando mais sérios os pequenos ferimentos devido à possibilidade de choque e morte por hemorragia e perda de sangue.

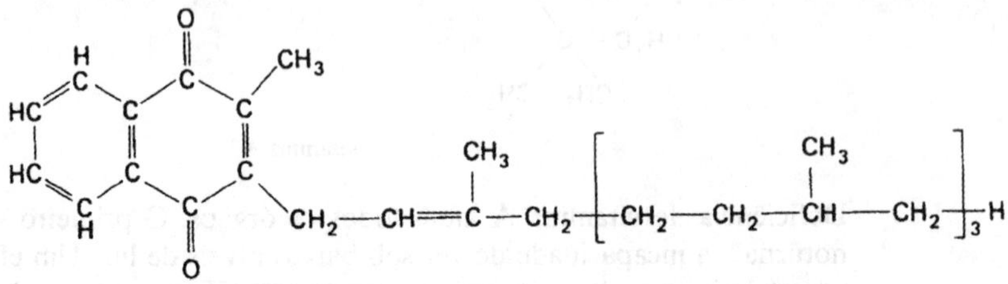

vitamina K_1

Deficiências são raras, uma vez que a vitamina K pode ser produzida por bactérias intestinais. Pelo fato de os recém-nascidos não terem estas bactérias, eles podem receber vitamina K por injeção imediatamente após o nascimento.

15.4 Regulação e Inibição Enzimáticas

Objetivo: Para demonstrar entendimento desta seção, você deverá ser capaz de explicar como a atividade enzimática é regulada.

Nem todas as cerca de 2000 espécies de enzimas do organismo catalisam reações ao mesmo tempo. As necessidades do nosso corpo por produtos das reações enzimáticas variam muito. Portanto, o corpo precisa estar apto a regular a atividade das enzimas, "ligando-as ou desligando-as".

Um método consiste no controle da síntese de enzimas. A liberação de um hormônio, por exemplo, pode tanto estimular como suprimir a síntese de moléculas de enzimas específicas. Outro método é limitar a quantidade de substrato disponível para a enzima. Na célula, as reações enzimáticas ocorrem em "compartimentos" distintos, tal como as mitocôndrias (veja o Apêndice F). O controle do transporte de substrato através das membranas dos compartimentos provêem esta forma de regulação.

A atividade da própria enzima pode também ser controlada. Certas substâncias, conhecidas como **inibidores** impedem ou retardam a ação de uma enzima. Inibidores *competitivos* são moléculas com estrutura semelhante à do substrato. Eles se ligam reversivelmente ao sítio ativo, fazendo com que a enzima pare de catalisar a reação que envolve o substrato, como mostra a Figura 15-7. Este processo é usado no caso de envenenamento por álcool metílico. À vítima é dado álcool etílico, que tem uma estrutura próxima à do metílico. O álcool etílico compete então com o veneno pelo sítio ativo da enzima desidrogenase alcoólica. Ele "amarra" a enzima, impedindo-a de formar os produtos tóxicos do metanol (tal como o formaldeído).

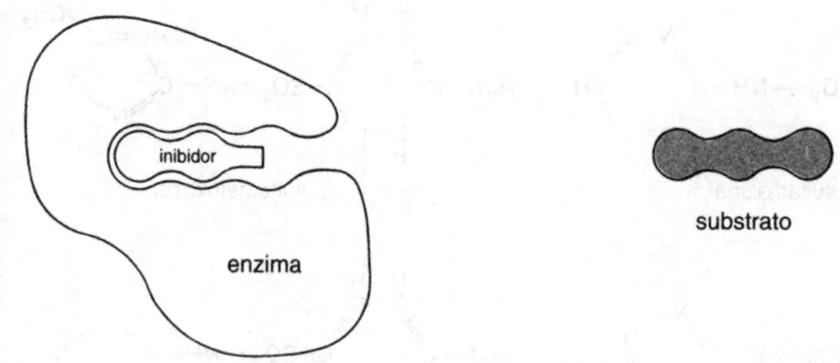

Figura 15-7
Inibição competitiva. Pelo fato de o inibidor ter uma forma semelhante àquela do substrato, ele pode se ligar (reversivelmente) ao sítio ativo, impedindo o substrato de entrar.

Muito da terapia por droga está baseado na inibição competitiva de uma específica enzima do organismo invasor por drogas que se assemelham ao substrato. Por exemplo, as sulfas agem através de inibição competitiva de uma enzima-chave necessária a certas bactérias para o crescimento e a reprodução. A estrutura química destas sulfonamidas se assemelham àquela do substrato de uma enzima bacteriana, ácido *p*-aminobenzóico. Esta molécula é um metabolito, uma substância essencial necessária para que as bactérias produzam um composto, o ácido fólico, requerido para seu crescimento.

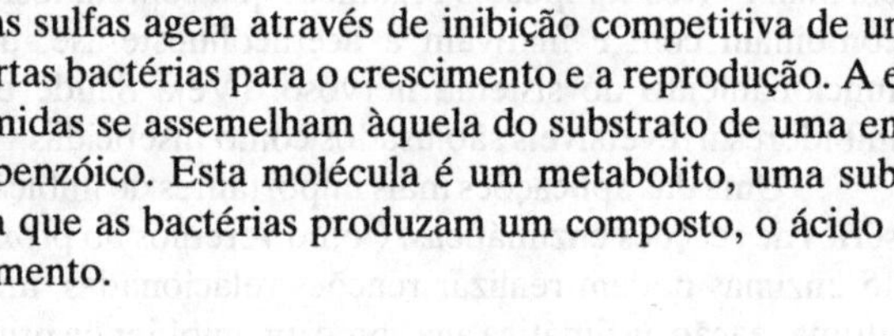

ácido p-aminobenzóico uma sulfonamida

As sulfonamidas são conhecidas como antimetabolitos porque impedem as enzimas bacterianas de sintetizar ácido fólico a partir do metabolito ácido *p*-aminobenzóico. Exemplos de sulfas são mostrados na Figura 15-8. Suas estruturas básicas são semelhantes, mas os diferentes grupos terminais as tornam ativas contra diferentes cepas de bactérias.

Na maioria dos casos, a droga inibe também uma enzima das células do paciente. Os efeitos são mais danosos ao organismo invasor porém, porque ele precisa se multiplicar rapidamente para sobreviver, e a enzima usualmente é necessária para a reprodução. Este princípio de maior dano para o organismo estranho do que para o paciente é conhecido como "toxicidade seletiva".

Inibidores *não competiti os* se ligam reversivelmente a uma enzima num local diferente do sítio ativo, mudando a estrutura da enzima de modo que ela não pode realizar sua função. Os exemplos mais comuns são os de íons de metais pesados, tais como Hg^{2+}, Ag^{+}ou Cu^{2+}, que se combinam com os grupos sulfidrila, –SH, do aminoácido cisteína. O íon cianeto, CN^{-}, atua como um veneno ligando-se ao ferro e inibindo assim as enzimas envolvidas na respiração.

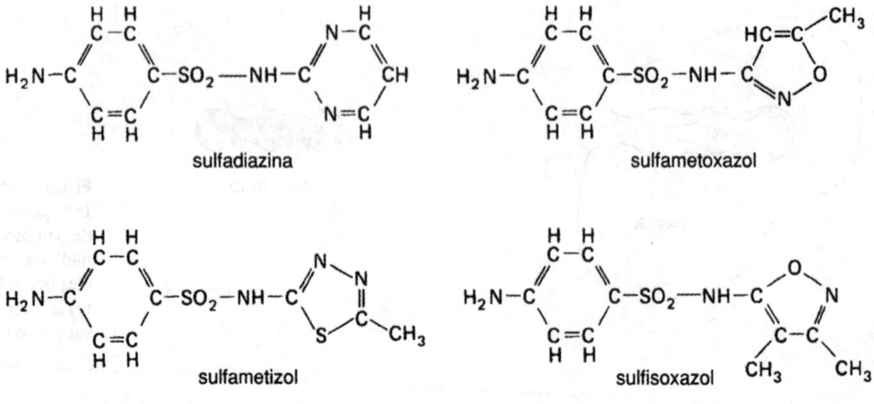

Figura 15-8
Exemplos de sulfas. Estas moléculas são sulfonamidas: elas são inibidores competitivos para o ácido *p*-aminobenzóico, um metabolito bacteriano.

Um inibidor *irreversível* modifica permanentemente ou destrói parte de uma enzima. Certos compostos orgânicos que contêm fósforo são neurotóxicos porque se combinam com e inativam a acetilcolinesterase, uma enzima necessária para o funcionamento do sistema nervoso. (Veja Saúde em Notícia 15.) Alguns destes inibidores irreversíveis são usados como inseticidas.

Uma das aplicações mais importantes de inibição no seu corpo é a regulação de séries de reações enzimáticas. Como veremos no próximo capítulo, seqüências de até 15 enzimas podem realizar reações relacionadas, uma após a outra. O produto da última reação enzimática age como um inibidor da primeira, como mostra a Figura 15-9. Assim, quando suficiente produto foi sintetizado, o sistema todo "desliga" porque a etapa inicial é inibida. Este processo é chamado inibição por "feedback". Naturalmente, uma vez que seu corpo usou o produto e reduziu seu suprimento, menos dele estará presente para atuar como inibidor, e a série de enzimas começa a funcionar novamente.

A primeira enzima na seqüência, que é aquela que está sendo controlada, é chamada enzima reguladora. Esta enzima chave funciona como um "marcapasso" para toda a série de reações. Ela é freqüentemente um tipo especial de enzima chamada **enzima alostérica** (palavra derivada de raízes gregas que significam "outra" e "região"). Sua superfície contém uma região especial, o sítio alostérico ou regulador. Esta "outra região" é diferente do sítio de ligação do substrato ou sítio ativo. Certas moléculas "moduladoras" ou "efetoras" podem se ligar neste sítio alostérico. (No caso da inibição por "feedback", o modulador é o produto final.) A ligação produz uma mudança na conformação e na atividade da enzima. Se ela ocorrer num sítio de inibição, a atração pelo substrato diminui e a enzima "desliga". Por outro lado, a ligação num sítio de ativação resulta numa maior atração pelo substrato, "ligando" a enzima.

As enzimas reguladoras podem também ser controladas por modificação covalente. Neste caso, a estrutura da enzima é modificada por uma reação química. O exemplo mais comum é a adição de um grupo fosfato (fosforilação) ou sua remoção (defosforilação). Outro tipo de modificação envolve a remoção de um grupo de aminoácidos. Este processo converte a forma inativa de uma enzima, chamada **zimogênio** ou proenzima, à forma ativa. Ela é importante na coagulação sangüínea (veja o Teste Clínico 15) e na digestão, que serão discutidas nas seções seguintes.

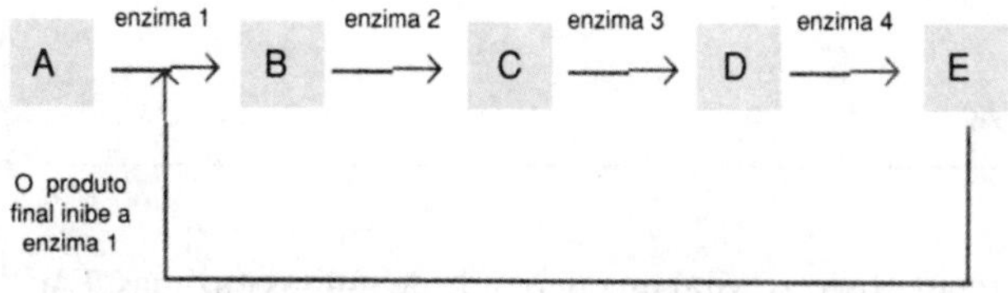

Figura 15-9
Inibição por "feedback". Nesta série de reações, o produto final E inibe a enzima que catalisa a etapa inicial (A a B).

Saúde em Notícia 15

ENZIMAS E IMPULSOS NERVOSOS

Nosso sistema nervoso baseia-se em sinais que são enviados ao longo e entre as células nervosas, ou neurônios. As enzimas desempenham um papel vital neste processo. Como descrito na Seção 13.8, as enzimas da membrana celular realizam uma função especial chamada transporte ativo. Uma enzima considerada "uma bomba de sódio-potássio", "bomba" para dentro íons de potássio e, para fora, íons de sódio. Como resultado, suas células contêm uma alta concentração de íons de potássio e baixa de sódio. A diferença na concentração dos dois cátions cria aquilo que é conhecido como um "potencial" elétrico. Esta diferença em carga elétrica através da membrana dá ao interior uma carga negativa quando comparada com o exterior, como mostra a Figura HN 15-1.

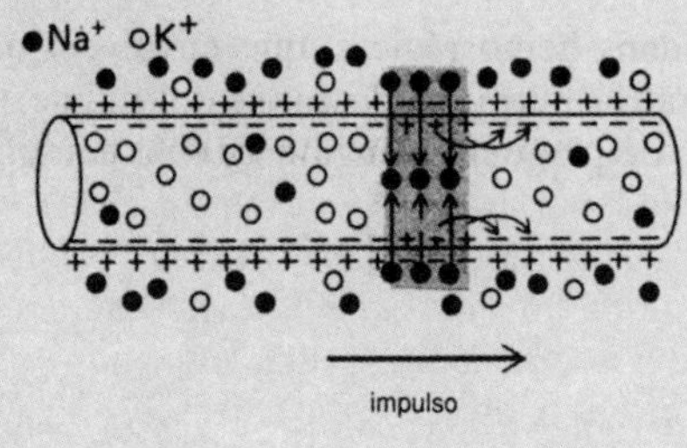

Figura HN 15-1
Uma representação do processo de condução ao longo da célula nervosa. Veja o texto para detalhes.

Esta diferença de carga (polarização) é a base para a condução, a passagem de impulsos ao longo de uma célula nervosa numa velocidade de até 500 impulsos por segundo. Quando um nervo é "excitado", a membrana se modifica, deixando rapidamente íons de sódio entrar, o que altera o potencial elétrico. Esta mudança local ocorre muitas vezes ao longo da célula nervosa. Ela leva o sinal (potencial de ação) ao longo de todo o neurônio, porque cada região "excita" a seguinte desta maneira. Assim que cada impulso passa, a "bomba" de sódio-potássio restabelece a distribuição original de íons e o potencial elétrico "de repouso". Assim, mudanças na permeabilidade da membrana do neurônio e o resultante movimento de íons entre os fluidos de cada lado conduzem os impulsos nervosos.

Substâncias químicas chamadas neurotransmissores passam adiante o sinal elétrico depois que este atinge o terminal de um neurônio. Estas moléculas levam a "mensagem" através dos intervalos, chamados sinapses, entre células nervosas e células musculares, por exemplo. Uma molécula, como a acetilcolina, é liberada de seu depósito pelo processo da "excitação". Ela atravessa a sinapse para interagir com as células do outro lado. Assim que o sinal é transmitido, o neurotransmissor é destruído por uma enzima neste fluido, acetilcolinestare neste caso. Esta enzima restabelece a condição de repouso. Compostos que inibem esta enzima, tais como inseticidas fosforados, são venenos muito potentes. Outras neurotoxinas que interferem neste processo incluem a toxina botulínica e a atropina.

Teste Clínico 15

COAGULAÇÃO SANGÜÍNEA

A coagulação sangüínea é um processo vital que depende de muitas enzimas. É a defesa do organismo contra a perda de sangue que se segue a um ferimento. A coagulação resulta na formação de um "tampão" gelatinoso feito da proteína fibrina. (Veja a Figura 14-16.)

O mecanismo da coagulação, resumido na Figura CT 15-1, é complexo. Uma série de reações (a via intrínseca) envolve normalmente proteínas do sangue. Uma outra série (a via extrínseca) envolve também uma proteína tecidual, a tromboplastina. Ambas as vias resultam na conversão de protrombina, um zimogênio inativo, em trombina, uma enzima ativa. A trombina catalisa a conversão de fibrinogênio, uma proteína muito solúvel, em fibrina, a proteína insolúvel que forma o coágulo (trombo).

Muitos testes seletivos são usados para se detectarem anormalidades no sistema de coagulação sangüínea. Os mais comuns estão listados na seguinte tabela:

Teste	Valor normal	Explicação
tempo de sangramento	1 a 4 minutos	tempo para picada na pele parar de sangrar
contagem de plaquetas	200000 a 350000 por microlitro	número de plaquetas (trombócitos) no sangue
retração do coágulo	começa em 30 a 60 minutos; completo em 12 a 24 horas	tempo para o coágulo se separar do sangue em tubo de ensaio
tempo de protrombina (PT)	11 a 16 segundos	tempo para coagular quando tromboplastina é adicionada ao sangue
tempo parcial de tromboplastina (PPT)	22 a 37 segundos (ativado)	tempo para coagular quando substituto de plaquetas é adicionado ao sangue

Estes testes ajudam a identificar desordens hemorrágicas, que envolvem uma tendência ao sangramento. Exemplos são a púrpura (descarga de sangue nos tecidos), a trombocitopenia (diminuição de plaquetas sangüíneas) e a hemofilia (desordem hemorrágica hereditária).

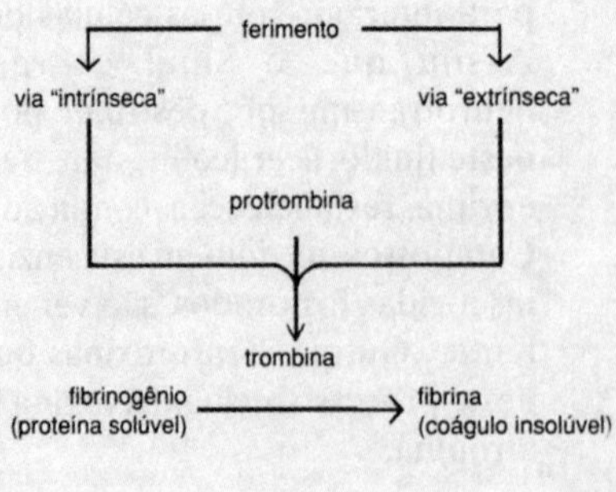

Figura CT 15-1
O processo da coagulação sangüínea. A formação de fibrina, através destas duas reações enzimáticas, produz o coágulo sangüíneo.

15.5 Enzimas na Digestão de Carboidratos

Objetivo: Para demonstrar entendimento desta seção, você deverá ser capaz de descrever o papel das enzimas na digestão de carboidratos.

Digestão é o processo pelo qual as complexas moléculas dos alimentos que você come são degradadas a moléculas mais simples. Ela ocorre em vários pontos do sistema digestivo, como mostra a Figura 15-10.

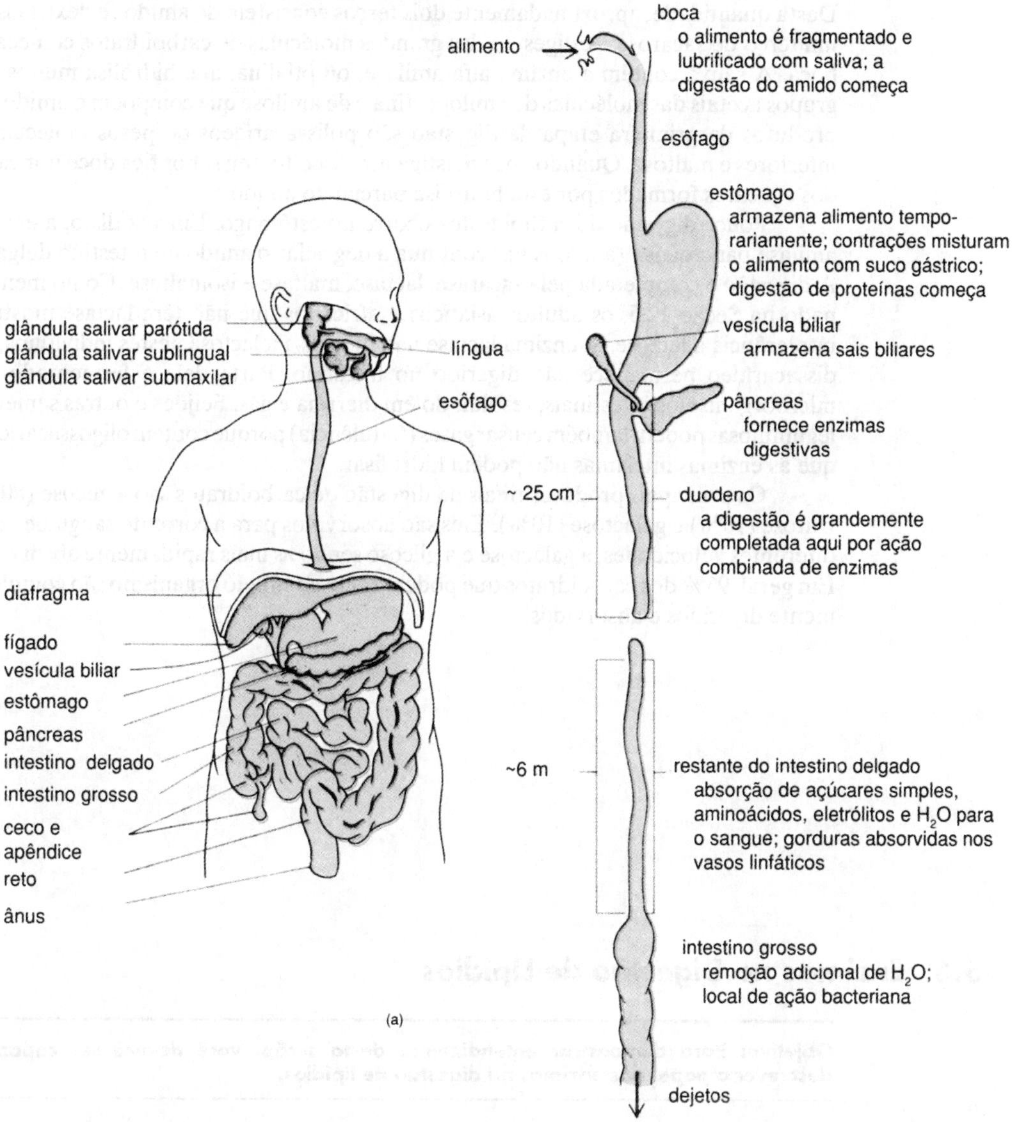

Figura 15-10
Um diagrama do sistema digestivo. (a) Diagrama anatômico. (b) As funções dos principais órgãos digestivos.

Os produtos finais da digestão de carboidratos, lipídios e proteínas são absorvidos através das paredes intestinais para o seu sangue. Algumas substâncias, tais como sais inorgânicos e vitaminas, não requerem digestão. Aquelas substâncias que não podem ser digeridas, como a celulose, são excretadas pelos intestinos nas fezes.

As enzimas são a base da digestão. Elas catalisam a hidrólise das moléculas dos alimentos, reação com água que rompe as ligações químicas para formar moléculas menores. Os sucos secretados pelos órgãos ao longo do trato digestivo — saliva, suco gástrico, suco pancreático e suco intestinal — contêm enzimas. A maioria destas enzimas são fabricadas no pâncreas.

Cerca de 60% de sua dieta, 400 a 500 gramas por dia, consistem de carboidratos. Desta quantidade, aproximadamente dois terços consistem de amido (e dextrinas), e um terço de sacarose. A digestão das grandes moléculas de carboidratos começa na boca. A saliva contém a enzima alfa-amilase, ou ptialina, que hidrolisa muitos dos grupos acetais das moléculas de amilopectina e de amilose que compõem o amido. Os produtos da primeira etapa da digestão são polissacarídeos de pesos moleculares inferiores e maltose. Quando você mastiga um biscoito, seu sabor fica doce por causa dos açúcares formados por esta hidrólise parcial do amido.

Pouca digestão de carboidratos ocorre no estômago. Em vez disto, a enzima amilase pancreática (amilopsina) continua a degradar o amido no intestino delgado. A digestão é completada pela sacarase, lactase, maltase e isomaltase. Como mencionado na Seção 12.5, os adultos asiáticos e africanos que não têm lactase mostram intolerância à lactose. A enzima lactase não hidrolisa a lactose nestes indivíduos, e o dissacarídeo permanece não digerido no intestino. Parte dele é fermentado por microorganismos intestinais, resultando em diarréia e gás. Feijões e outras sementes leguminosas podem também causar gases (flatulência) porque contêm oligossacarídeos que as enzimas intestinas não podem hidrolisar.

Os principais produtos finais da digestão de carboidratos são a glicose (80%), frutose (10%) e galactose (10%). Eles são absorvidos para a corrente sangüínea com diferentes velocidades, a galactose e a glicose sendo as mais rapidamente absorvidas. Em geral, 95% dos carboidratos que podem ser usados pelo organismo são completamente digeridos e absorvidos.

15.6 Enzimas na Digestão de Lipídios

Objetivo: Para demonstrar entendimento desta seção, você deverá ser capaz de descrever o papel das enzimas na digestão de lipídios.

Você ingere cerca de 100 g de lipídios por dia, a maior parte na forma de triacilgliceróis. Eles passam inalterados pela boca e estômago. Sua presença no estômago, porém, diminui a velocidade com que ele se esvazia, fazendo com que você se sinta "saciado".

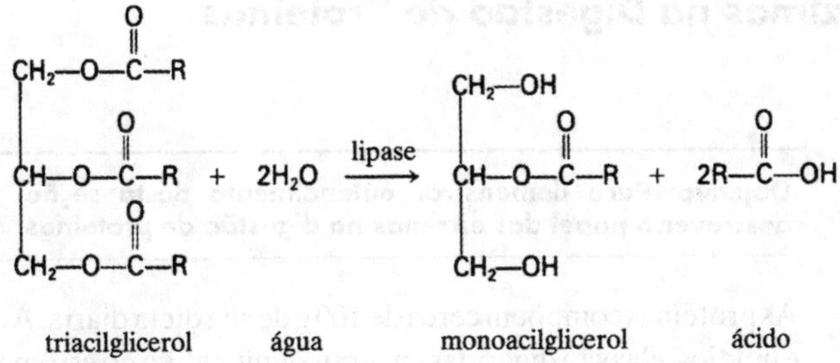

O principal sítio de digestão de lipídios é o intestino delgado, que contém uma lipase pancreática (esteapsina). Esta enzima hidrolisa pelo menos 50% a 75% da gordura da dieta, rompendo as ligações éster que ligam os ácidos graxos ao primeiro e terceiro carbonos do glicerol.

O monoacilglicerol resultante, com um ácido graxo no átomo de carbono central do glicerol, é depois clivado por uma esterase. Os fosfolipídios são também digeridos no intestino por enzimas tais como fosfatases e fosfolipases.

Antes de serem digeridos por estas enzimas, os lipídios devem primeiro ser emulsionados pela bile, uma secreção da vesícula biliar. Este fluido contém os sais biliares glicocolato de sódio e taurocolato de sódio. São sais formados pelo esteróide ácido cólico acoplado, por uma ligação amida, à glicina, como mostra a fórmula estrutural a seguir, ou então à taurina, $NH_2CH_2CH_2SO_3H$.

Estes sais atuam como detergentes porque diminuem a tensão superficial do fluido intestinal, ajudando a emulsionar os lipídios. Como a bile é alcalina, ela neutraliza o quimo, a mistura ácida de alimento parcialmente hidrolisado e suco gástrico do estômago, auxiliando o processo digestivo do intestino delgado.

Os principais produtos da digestão de lipídios são os ácidos graxos (70%) e monoacilgliceróis, que alcançam depois a corrente sangüínea através do sistema linfático. (Esta rede carrega fluido tecidual, chamado linfa, dos tecidos para as vias do sistema circulatório.)

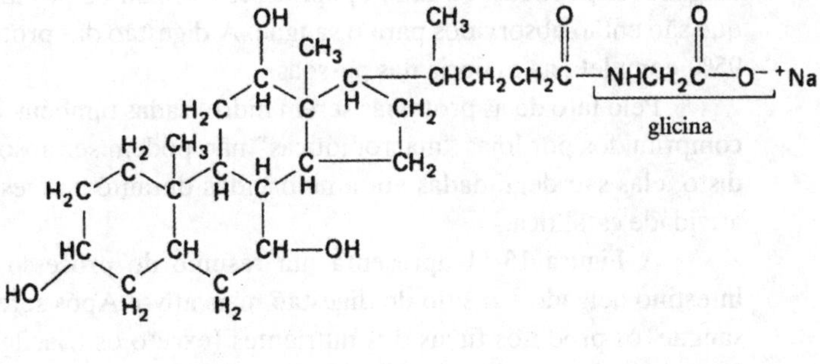

glicocolato de sódio

15.7 Enzimas na Digestão de Proteínas

Objetivo: Para demonstrar entendimento desta seção, você deverá ser capaz de descrever o papel das enzimas na digestão de proteínas.

As proteínas compõem cerca de 100 g de sua dieta diária. Ao contrário dos carboidratos e lipídios, elas são digeridas em grau significativo no estômago. O suco gástrico, o fluido digestivo do estômago, contém aproximadamente 0,5% (0,15 *M*) de ácido clorídrico. Seu pH é de 1 a 2. A presença de um ácido forte auxilia a digestão de proteínas fazendo-as com que se desnaturem e expondo suas ligações peptídicas. Ele também destrói a maioria das bactérias.

O ácido clorídrico ativa o pepsinogênio. Este zimogênio é a forma inativa da enzima pepsina. O ácido promove a remoção de 42 unidades de aminoácidos do pepsinogênio, expondo o sítio ativo. Se a pepsina fosse produzida inicialmente numa forma ativa, a enzima digeriria as glândulas que a liberam. A pepsina hidrolisa ligações peptídicas, formando peptídios de vários tamanhos a partir da proteína original. Um importante aspecto da pepsina é sua habilidade em digerir o colágeno, a proteína do tecido conjuntivo.

A principal digestão de proteínas ocorre depois no intestino delgado. O suco pancreático provê outro zimogênio, o tripsinogênio. Ele é convertido em sua forma ativa, tripsina, pela enzima enteroquinase (das membranas da mucosa intestinal). A tripsina prossegue na hidrólise dos produtos da digestão de proteínas, vindos do estômago, a peptídios menores.

A enzima quimotripsinogênio é ativada por tripsina para formar quimotripsina. Esta enzima produz peptídios ainda menores e aminoácios. Carboxipeptidase, uma zinco-metaloenzima, hidrolisa dipeptídios e separa o último aminoácido (o da carboxila terminal) de uma cadeia polipeptídica mais longa. A elastase, também liberada como zimogênio, ataca a elastina assim como outros tipos de proteína. Os papéis de cada uma destas enzimas são complementares — as ligações não hidrolisadas por uma são rompidas por outra enzima.

A digestão das proteínas é completada por enzimas secretadas pelo intestino delgado. Dipeptidases e aminopeptidases formam os produtos finais, aminoácidos, que são então absorvidos para o sangue. A digestão das proteínas em aminoácidos é 95% completa na maioria das pessoas.

Pelo fato de as proteínas serem hidrolisadas também, as enzimas vendidas em comprimidos por lojas "macrobióticas" não podem ser absorvidas intactas. Em vez disto, elas são degradadas em aminoácidos durante a digestão e perdem qualquer atividade catalítica.

A Figura 15-11 apresenta um resumo do processo digestivo. Note que o intestino delgado é o sítio de digestão mais ativo. Após serem absorvidos lá para o sangue, os produtos finais dos nutrientes (exceto os triacilgliceróis) passam para o fígado. Lá eles são "processados" e depois distribuídos aos outros órgãos e tecidos do corpo.

Os três capítulos seguintes discutirão algumas destas modificações subseqüentes que ocorrem com os produtos da digestão.

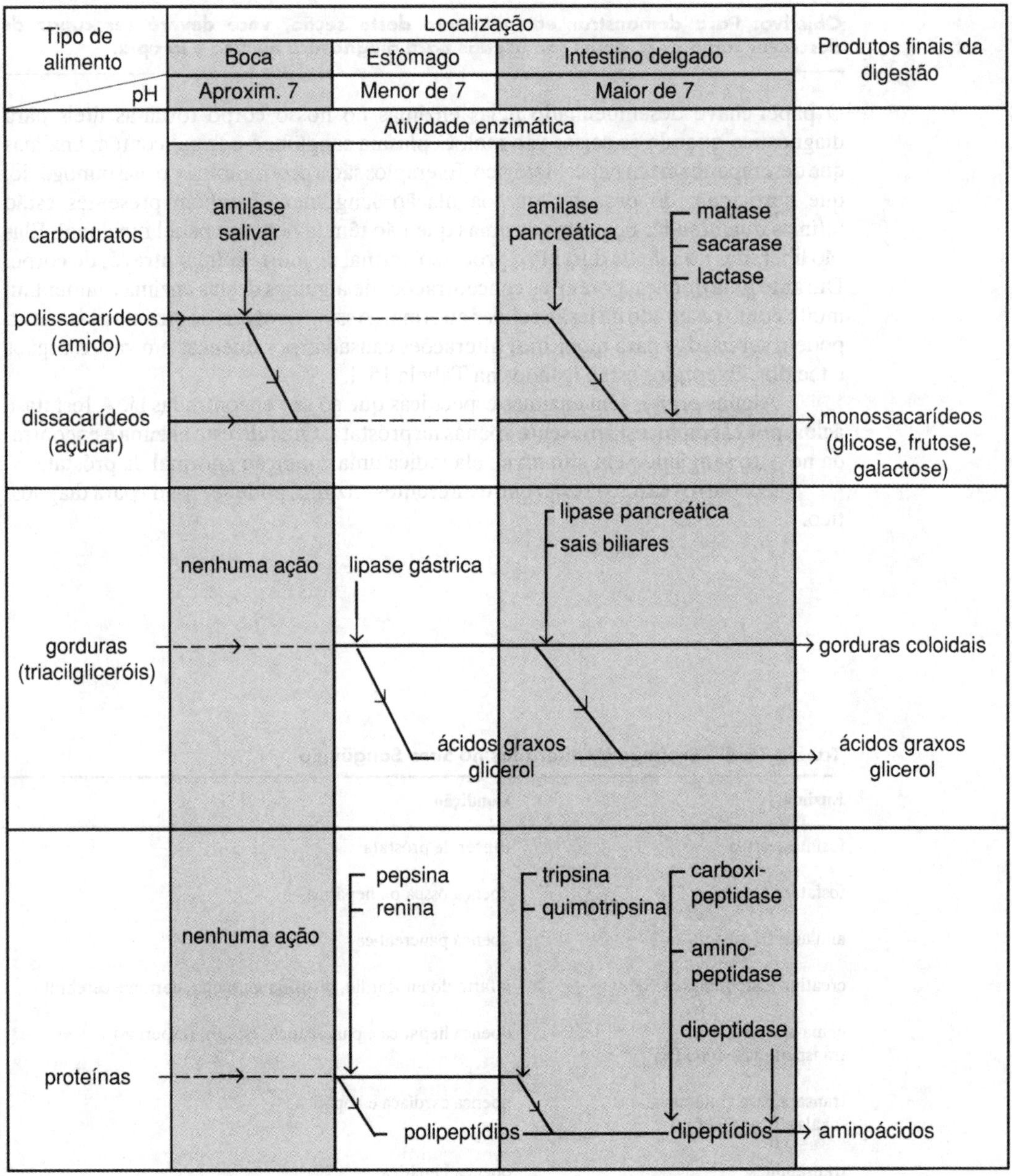

Figura 15-11
Resumo da digestão. (De V.L. Parsegian, P.R.Shilling, F.V. Monaghan e A.S. Luchins, *Introduction to Natural Science, Part 2: The Life Sciences,* New York: Academic Press, 1970. Reimpresso com permissão.)

15.8 Enzimas na Medicina

Objetivo: Para demonstrar entendimento desta seção, você deverá ser capaz de descrever como as enzimas são usadas para diagnóstico médico e terapia.

O papel-chave desempenhado pelas enzimas no nosso corpo torna-as úteis para diagnóstico quando as coisas vão mal. O plasma sangüíneo normal contém enzimas que desempenham um papel biológico. Exemplos são a protrombina e o plasminogênio, que participam do processo da coagulação sangüínea. Também presentes estão ínfimas quantidades de outras enzimas que não têm lá nenhum papel funcional. Elas são liberadas no sangue durante o processo normal de morte celular através do corpo. Durante uma doença, porém, as concentrações de algumas destas enzimas aumentam muito como resultado de lesão celular anormal. Assim, os níveis de enzima plasmática podem ser usados para monitorar alterações causadas por doenças em vários órgãos e tecidos. Exemplos estão listados na Tabela 15-4.

Alguns órgãos têm enzimas específicas que só são encontradas lá. A fosfatase ácida, por exemplo, está presente apenas na próstata. Quando esta enzima é encontrada no soro sangüíneo em alto nível, ela indica uma condição anormal da próstata.

Em outros casos, a razão entre diferentes enzimas pode ser usada para diagnóstico.

Tabela 15-4 Enzimas Monitoradas no Soro Sangüíneo

Enzima	Condição
fosfatase ácida	câncer de próstata
fosfatase alcalina	doença óssea ou hepática
amilase	doença pancreática
creatina fosfoquinase CPK	infarto do miocárdio, distrofia muscular, derrame cerebral
gama-glutamil transpeptidase (GGTP)	doença hepática e pancreática, estupro (esperma)
transaminase glutâmico-oxalacética (GOT)	doença cardíaca e hepática
transaminase glutâmico-pirúvica (GPT)	doença hepática
desidrogenase hidroxibutírica (HBDH)	infarto do miocárdio
desidrogenase lática (LDH)	doença cardíaca e hepática
lipase	doença pancreática

A Figura 15-12 mostra as alterações nas enzimas do soro sangüíneo após um infarto do miocárdio, um ataque cardíaco. As enzimas mais úteis para diagnosticar um ataque do coração e monitorar seu progresso são a creatina fosfoquinase (CPK) e a desidrogenase lática (LDH). Ambas as enzimas ocorrem no organismo em diferentes locais em formas que diferem ligeiramente entre si. Formas de uma enzima que diferem em sua composição ou arranjo de aminoácidos, mas catalisam a mesma reação são conhecidas como isoenzimas, ou **isozimas**. Neste caso, uma isozima da creatina fosfoquinase (CPK_2) é encontrada normalmente apenas no miocárdio, a espessa camada muscular da parede do coração. Se porém um ataque do coração ocorreu, ela aparece no sangue. A desidrogenase lática tem duas isozimas (LDH_1 e LDH_2) que são, semelhantemente, diagnóstico para lesão cardíaca.

Muitos testes clínicos fazem uso de enzimas para determinar outras substâncias, tais como glicose, colesterol, nitrogênio uréico sangüíneo, ácido úrico e dióxido de carbono. Por exemplo, um teste comum para glicose utiliza a enzima glicose oxidase. Ela catalisa a seguinte reação:

$$\text{glicose} + O_2 + H_2O \xrightarrow[\text{oxidase}]{\text{glicose}} \text{ácido glicônico} + H_2O_2$$

O peróxido de hidrogênio produzido oxida depois uma molécula orgânica, formando um produto colorido. A intensidade da cor (lida num colorímetro ou espectrofotômetro) depende da quantidade de peróxido de hidrogênio, que por sua vez é determinada pela quantidade de glicose originariamente presente.

Outro uso de enzimas em diagnósticos se baseia no método de imunoensaio descrito na Seção 14.8. Nesta abordagem, um antígeno é medido após ser combinado com um anticorpo. No **imunoensaio enzimático** (EIA), um segundo anticorpo é usado, como mostra a Figura 15-13. Ele tem uma enzima ligada. Esta combinação anticorpo-enzima se liga também ao antígeno. A enzima atua agora como um marcador para o antígeno a ser determinado. O substrato da enzima é então adicionado, e seus produtos coloridos são medidos. A cor é proporcional à concentração original de antígeno. A Figura 15-13 ilustra um tipo de imunoensaio enzimático no qual o primeiro anticorpo é "ancorado" a um suporte sólido, usualmente pérolas de poliestireno. Este método, chamado ELISA ("***e***nzyme ***l***inked ***i***mmuno***s***orbent ***a***ssay"), torna fácil a remoção por lavagem de todo o material não ligado, sem perda de antígeno.

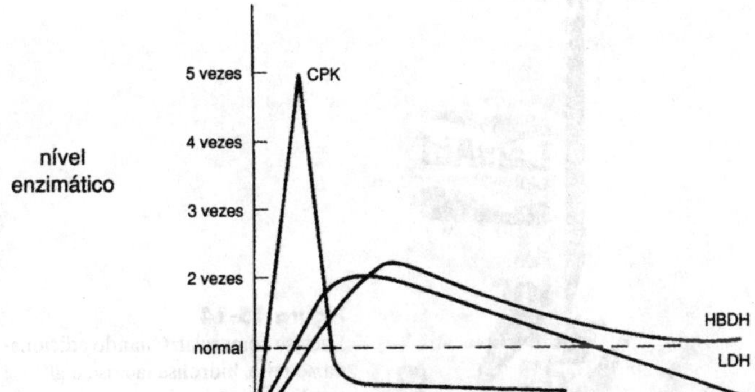

Figura 15-12
Liberação de enzimas cardíacas após um ataque do coração. Note que a creatina fosfoquinase (CPK) aparece primeiro, seguida pela desidrogenase lática (LDH) e a desidrogenase hidroxibutírica (HBDH).

Enzimas são também usadas em terapia médica. A enzima hialuronidase é usada como um agente de espalhamento para ajudar a absorção de drogas ou fluidos injetados. Ela hidrolisa o ácido hialurônico, um polissacarídeo complexo encontrado no tecido conjuntivo. Duas enzimas, estreptodornase e estreptoquinase, ajudam a liquefazer sangue coagulado, a remover coágulos, a dissolver material fibroso e a eliminar acúmulo de pus depois de uma infecção ou ferimento. A tripsina, que hidrolisa ligações peptídicas, age no sangue coagulado e tecido morto para liquefazer hematomas, tais como contusões ou olho preto. A quimotripsina atua de modo semelhante no tratamento de inflamações que causam dor e do escape de fluidos oriundos de contusões e fraturas. Pelo fato de certas células cancerosas necessitarem o aminoácido asparagina para crescimento, a enzima L-asparaginase é usada no controle de algumas células, tais como certos tipos de leucemia. Ela destrói a asparagina que é absorvida da dieta, retardando o crescimento de células cancerosas. Células normais sobrevivem porque elas podem fabricar sua própria asparagina. Lactase, a enzima que hidrolisa lactose aos monossacarídeos glicose e galactose, é disponível comercialmente. (Veja a Figura 15-14.) Pessoas com intolerância à lactose podem adicioná-la diretamente ao leite para hidrolisar as moléculas de lactose.

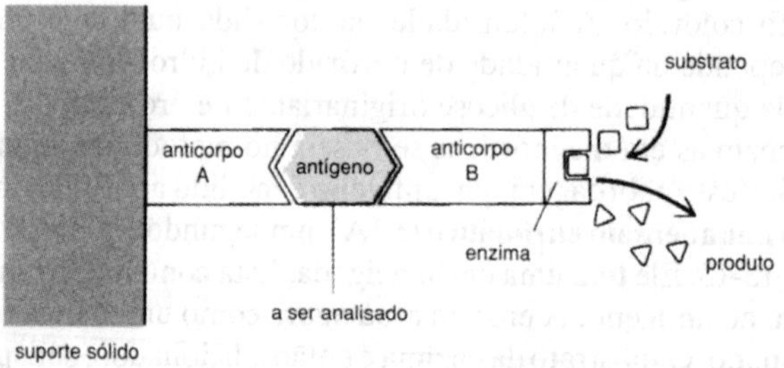

Figura 15-13
Imunoensaio enzimático. O antígeno a ser medido liga-se ao anticorpo "A". Um segundo anticorpo com uma enzima ligada, "B", também se liga ao antígeno. Um substrato enzimático que fica colorido é adicionado. A cor é proporcional à concentração da enzima, e portanto, do antígeno.

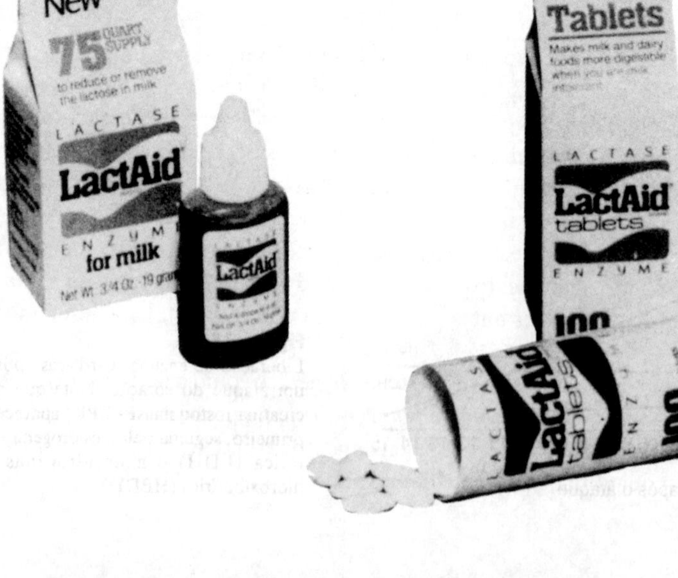

Figura 15-14
Lactase comercial. Quando adicionada ao leite, hidrolisa lactose a glicose e galactose. A enzima permite aquelas pessoas com intolerância à lactose de tomar leite. (Fotografia fornecida por LactAid, Inc.)

SUMÁRIO

15.1 Enzimas são catalisadores biológicos, moléculas que aumentam a velocidade de uma reação mas não são consumidas no processo. Sem enzimas, as reações químicas vitais das células ocorreriam lentamente demais para sustentar a vida. A molécula modificada por uma reação química catalisada por uma enzima é o substrato. Ele sofre uma reação química no sítio ativo da enzima. O produto é depois liberado, deixando livre a enzima para repetir o processo. As enzimas provêem uma maneira para que as reações ocorram com uma menor energia de ativação.

15.2 As enzimas são divididas em seis categorias principais: oxidorredutases, transferases, hidrolases, liases, isomerases e ligases. O nome da enzima, com base em seu substrato ou no tipo de reação catalisada, dá uma indicação de quanto sua atividade é específica. Algumas enzimas requerem uma molécula não protéica especial, um cofator, para sua atividade. Se o cofator for uma molécula orgânica, ele será chamado coenzima. Um grande número de enzimas, conhecidas como metaloenzimas, contém um íon metálico como ativador inorgânico.

15.3 Vitaminas são substâncias orgânicas biologicamente ativas necessárias em ínfimas quantidades para a saúde e o crescimento normais. Quase todas são partes de coenzimas. A Tabela 15-3 resume as funções e as cotas recomendadas na dieta das principais vitaminas.

15.4 O organismo regula a atividade de suas cerca de 2000 enzimas, "ligando-as" ou "desligando-as" conforme as necessidades. A atividade enzimática pode ser controlada por inibidores, que podem ser competitivos, não competitivos ou irreversíveis. Muito da terapia por drogas é baseada na inibição competitiva, pela droga, de uma enzima bacteriana. Na inibição por "feedback", o produto de uma série de reações inibe a primeira enzima, que é conhecida como enzima reguladora.

15.5, 15.6, 15.7 Digestão é o processo pelo qual as complexas moléculas dos alimentos que você come são degradadas a moléculas mais simples. As enzimas são a base da digestão. Elas catalisam a hidrólise das moléculas de alimentos, formando moléculas menores que podem ser absorvidas para o sangue através das paredes intestinais. A digestão de carboidratos ocorre principalmente no intestino delgado, produzindo glicose, frutose e galactose. A digestão de lipídios ocorre lá também. Ela é auxiliada pelos sais biliares e resulta em ácidos graxos e monoacilgliceróis. A digestão de proteínas ocorre no estômago e intestino delgado, formando aminoácidos. As formas inativas de várias enzimas, chamadas zimogênios, devem ser antes ativadas para que a digestão das proteínas ocorra.

15.8 As enzimas são usadas tanto para diagnóstico médico como para tratamento. A presença de uma enzima no sangue pode confirmar a presença da doença. No imunoensaio enzimático (EIA), uma enzima atua como um marcador para se determinar a quantidade presente de um antígeno.

EXERCÍCIOS

Exercício sobre Casamento de Palavras-Chave

Para cada termo à esquerda, escolha a frase da coluna à direita que mais se aproxima do seu significado.

1. enzima	a. parte não protéica da enzima
2. substrato	b. reações de hidrólise
3. sítio ativo	c. reagente
4. energia de ativação	d. cofator orgânico
5. cofator	e. agente emulsionante
6. coenzima	f. catalisador biológico
7. vitamina	g. impede a atividade enzimática
8. inibidor	h. a catálise ocorre
9. digestão	i. necessário na dieta
10. bile	j. barreira para a reação

Exercícios por Tópicos

Ação Enzimática (15.1)

11. Qual é o papel desempenhado pelas enzimas no organismo?
12. Por que são as enzimas tão importantes?
13. Em que as enzimas diferem dos catalisadores comuns?
14. O que é sítio ativo?
15. Descreva o processo pelo qual uma enzima catalisa uma reação.
16. Qual é a relação entre energia de ativação e uma enzima?
17. Que fatores afetam a catálise enzimática?

Tipos de Enzimas (15.2)

18. Qual é o substrato ou reação catalisada por cada uma das seguintes enzimas?
    a. urease
    b. sacarase
    c. desidrogenase
    d. fosfatase
    e. lipase
19. O que é cofator? coenzima? grupo prostético?
20. Qual é o papel fundamental dos "minerais" em sua dieta?
21. Qual é a relação entre maltase e maltose?

Vitaminas (15.3)

22. O que são vitaminas? Como estão relacionadas com as enzimas?
23. O que são cotas recomendadas na dieta?
24. Que vitamina
    a. se transforma em coenzima A?
    b. impede o escorbuto?
    c. transporta grupos de um carbono?
    d. contém cobalto?
    e. é necessária para a visão?
25. Por que é o leite fortificado com vitamina D?

Regulação e Inibição Enzimática, (15.4)

26. Por que é necessária a regulação enzimática?
27. Qual é a diferença entre inibidores competitivos, não competitivos e irreversíveis?
28. Como as sulfas atuam?
29. Como a inibição por "feedback" opera?
30. Descreva como uma enzima alostérica funciona como reguladora?
31. Como uma modificação covalente regula a atividade enzimática?

Enzimas na Digestão de Carboidratos (15.5)

32. Que modificação química é a base da digestão?

33. Por que são as enzimas necessárias à digestão?
34. Resuma as etapas da digestão de carboidratos.
35. Por que alimentos amiláceos têm sabor doce depois de mastigados?
36. Descreva a relação entre lactase e intolerância à lactose.

Enzimas na Digestão de Lipídios (15.6)

37. Qual é o papel da bile na digestão de lipídios?
38. Que modificações químicas ocorrem na digestão de um triacilglicerol?

Enzimas na Digestão de Proteínas (15.7)

39. Qual é o papel do suco gástrico?
40. Por que é necessário que a pepsina, tripsina e quimotripsina sejam secretadas como zimogênios?

Enzimas em Medicina (15.8)

41. Por que pode ser útil analisar enzimas no soro sangüíneo?
42. Descreva como enzimas podem ser usadas para estudar doenças cardíacas.
43. Dê um exemplo de uso de enzimas em análise clínica.
44. Como são as enzimas usadas em terapia médica?

Exercícios Adicionais

45. Por que são as enzimas necessárias apenas em pequenas quantidades?
46. Você acha que um carboidrato ou lipídio poderia atuar como catalisador a exemplo de uma enzima? Explique.
47. Como a hipotermia afeta a atividade enzimática?
48. Identifique as seis principais categorias de enzimas através de suas funções.
49. Por que apenas pequenas quantidades de vitaminas são necessárias ao organismo?
50. O que é uma doença por deficiência? Dê um exemplo.
51. Que vitamina
    a. é produzida na pele?
    b. é necessária para a coagulação sangüínea?
    c. é produzida por microorganismos?
    d. previne o beribéri?
    e. transporta grupos amina?
52. Que vitamina você necessita em maior quantidade?
53. Quais vitaminas são tóxicas em grandes doses?
54. Qual é o princípio da toxicidade seletiva? Por que é ela importante?
55. O que é metabolito? e antimetabolito?
56. O que são zimogênios? Por que são importantes?
57. O que pode indicar a presença de fosfatase ácida no sangue? Explique.
58. Descreva o processo do imunoensaio enzimático?
59. Qual é o papel das enzimas na coagulação sangüínea?
60. Descreva a função das enzimas na condução e transmissão dos impulsos nervosos.
61. O que é neurotransmissor?
62. Quais são os principais materiais iniciais e produtos finais da digestão?
63. Por que é o glicocolato de sódio um bom agente emulsionante?
64. Quais são as principais reações que ocorrem
    a. na boca?
    b. no estomâgo?
    c. no intestino delgado?
65. Por que são inúteis os comprimidos de enzimas?

Capítulo 16

Energia e Metabolismo de Carboidratos

Em grande parte, você é o que você come. Os átomos que compõem as moléculas do seu corpo vêm dos carboidratos, lipídios, proteínas e outras moléculas alimentares. Através do alimento, você obtém matéria e, deste modo, energia do meio. O Capítulo 16 começa a descrever este complexo processo. Ele apresenta as principais reações químicas que o organismo usa para degradar os carboidratos dos alimentos e produzir outras moléculas.

16.1 Metabolismo e Energia

Objetivo: Para demonstrar entendimento desta seção, você deverá ser capaz de explicar a relação entre catabolismo, anabolismo e energia química.

Metabolismo é o complexo conjunto de reações químicas, catalisadas por enzimas, que ocorrem no organismo. Ele converte os cerca de 700 kg de alimentos que você ingere anualmente em energia e outras moléculas. A conversão dos alimentos em moléculas mais simples e energia é conhecida como **catabolismo**. A série de reações do catabolismo prossegue na degradação das moléculas alimentares depois que a digestão ocorreu. Outra parte do metabolismo é conhecida como **anabolismo**. As reações do anabolismo produzem as grandes moléculas necessárias às células a partir das pequenas moléculas e da energia liberada pelo catabolismo. O anabolismo é também conhecido como biossíntese porque sua seqüência de reações sintetiza moléculas biologicamente importantes.

Você pode imaginar o organismo como uma fábrica. Ele obtém matérias primas para iniciar o processo, e combustível como fonte de energia. Este processo corresponde ao catabolismo. A fábrica então manufatura seus produtos usando as matérias primas e a energia. Este processo corresponde ao anabolismo.

A energia das moléculas dos alimentos vem, no final das contas, do sol, fonte de energia para a vida. Através do processo de fotossíntese, as plantas usam a energia solar para converter dióxido de carbono, CO_2, e água em moléculas orgânicas tais como o carboidrato glicose, $C_6H_{12}O_6$:

$$\underset{\text{dióxido de carbono}}{6\,CO_2} + \underset{\text{água}}{6\,H_2O} \xrightarrow{\text{luz}} \underset{\text{glicose}}{C_6H_{12}O_6} + \underset{\text{oxigênio}}{6\,O_2}$$

Numa complexa série de reações, a energia luminosa é convertida em energia química que é armazenada sob forma de novas ligações numa molécula de carboidrato. Como energia é absorvida neste processo, ele é conhecido como endergônico. (Para cada mol de glicose formada, 686 kcal, ou 2870 kJ, são requeridos.) Em geral, energia é requerida para sintetizar uma molécula mais complexa, como a glicose, a partir de moléculas mais simples, como o dióxido de carbono.

A energia química presente nos carboidratos produzidos pelas plantas pode depois ser usada por organismos superiores que as ingerem. Os carboidratos liberam parte da energia contida em suas ligações numa série de reações químicas catabólicas. Este processo é exergônico, isto é, energia é liberada. Os carboidratos atuam como "combustíveis" e são quimicamente convertidos a moléculas mais simples, liberando sua energia.

Você sabe que uma maneira de se obter energia é através da combustão, queima de um combustível pelo oxigênio. A energia liberada neste processo é transferida principalmente sob forma de calor. A combustão, como tal, porém, não pode ocorrer em seu corpo. O calor produzido pela liberação de uma grande quantidade de energia numa única etapa destruiria as células. Em vez disto, a energia deve ser liberada num processo "sem chama" através de uma série de pequenas etapas.

Imagine uma rocha no topo de um morro íngreme. Ela tem muita energia potencial devido à sua posição, do mesmo modo que uma molécula de glicose também tem devido às suas ligações químicas. Se você empurrar a rocha além da beirada, ela liberará a grande quantidade de energia num tempo muito curto até chegar ao solo. Por outro lado se ela rolar em etapas, como mostra a Figura 16-1, a energia será liberada em unidades menores. A quantidade total de energia liberada é a mesma em ambos os casos. O metabolismo em etapas da glicose fornece semelhantemente energia em pequenas quantidades e não toda de uma vez como na combustão comum.

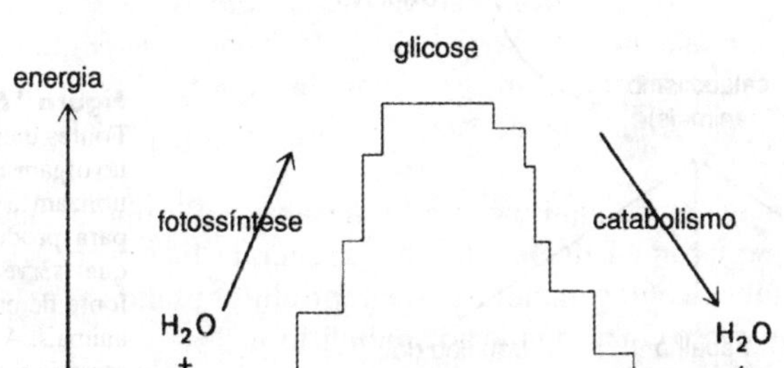

Figura 16-1
A glicose como composto de alta energia. A energia da luz solar converte o dióxido de carbono e a água em glicose nas plantas. Esta energia é liberada quando a glicose é degradada no corpo humano.

Você precisa desta energia para manter o organismo em funcionamento. Ela é necessária para realizar três tipos principais de trabalho. Um tipo, trabalho químico, é o processo anabólico que já discutimos. Além dele, você precisa de energia para realizar trabalho mecânico, tal como o da contração muscular. Trabalho de transporte, como o da condução de impulsos nervosos e da secreção urinária, requer também energia. A fonte e usos da energia estão resumidos na Figura 16-2.

Excesso de energia não armazenado ou usado em quaisquer destes processos é liberado como calor, parte do qual é usado para conservar constante a temperatura do seu corpo. A quantidade de calor que você libera em condições de repouso 12 a 15 horas após sua última refeição é o seu **metabolismo basal**. O metabolismo basal contribui com cerca da metade da energia total liberada num período de 24 horas para uma pessoa relativamente inativa. O calor liberado reflete as necessidades energéticas dos processos contínuos do organismo, tal como o metabolismo celular e a contração muscular da respiração e circulação sangüínea. Ela varia com o tamanho do corpo (sua superfície externa), assim como com o sexo, idade, dieta e condição física da pessoa. Um valor típico para o metabolismo basal de uma mulher de 20 anos de idade é de 35 kcal/m^2/hr (150 kJ/m^2/hr).

Um valor aumentado pode resultar de gravidez, hipertireoidismo, infecção, leucemia, parada cardíaca congestiva ou obstrução bronquial. Condições como subnutrição, choque, doença renal ou hipotireoidismo diminuem o metabolismo basal.

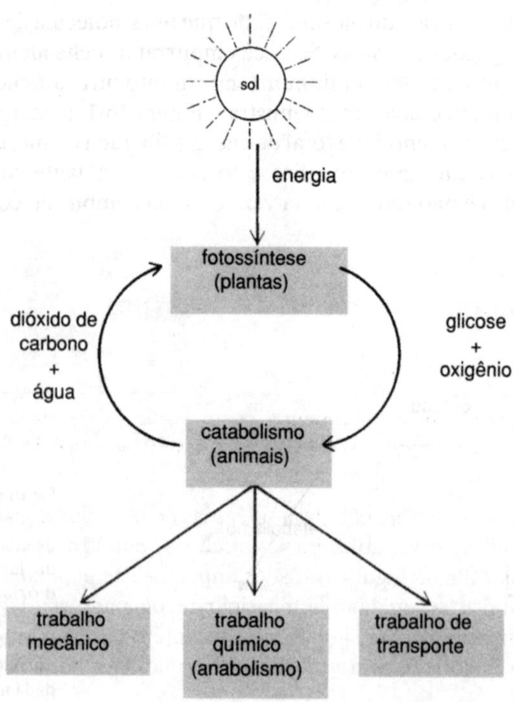

Figura 16-2
Fontes e usos da energia no organismo. As plantas utilizam a energia solar para produzir glicose, a qual serve depois como fonte de energia para os animais. A energia é necessária para a realização de trabalho mecânico, químico e de transporte.

Faça-o Você Mesmo 16

CONTANDO SUAS CALORIAS

A lista a seguir fornece os valores energéticos de um café da manhã em kcal:

	kcal aproximadas
suco de laranja natural (100 mL)	55
leite integral (3/4 xícara)	125
leite desnatado (3/4 xícara)	85
café ou chá, sem açúcar (xícara)	2
café ou chá, com açúcar (xícara)	20
café ou chá, com creme e açúcar (xícara)	65
cereal (xícara)	100
pão ou torrada (fatia)	65
manteiga ou margarina (naco)	50
geléia de frutas (colher de sopa)	50
bolo, tipo sonho ("muffin")	125
folhado dinamarquês ("danish pastry")	200
rosquinha de massa frita em banha de porco ("doughnut")	150
idem, com geléia de frutas	250
ovo, fervido	75
ovo, frito	100
ovo, mexido	125
toicinho defumado ("bacon"), torrado (3 fatias)	100
salsicha, de carne de porco (2)	150
panquecas com manteiga e melado (3)	470

Como fazer: Determine o valor energético do seu café da manhã, tanto em kcal (Calorias) como em kJ. Lembre-se de que 1 kJ = 0,239 kcal.

16.2 Transferência e Armazenamento de Energia

Objetivo: Para demonstrar entendimento desta seção, você deverá ser capaz de descrever como a energia química é armazenada e transferida em reações metabólicas.

A energia liberada pela degradação das moléculas de carboidratos deve ser armazenada numa forma que possa ser utilizada pelas células quando necessária. A adenosina trifosfato, ATP, ilustrada na Figura 16-3, desempenha este papel. Ela consiste de um monossacarídeo, ribose, ao qual um heterociclo nitrogenado, a adenina, está ligado. Este glicosídeo é chamado adenosina. A ribose contém também um grupo trifosfato ligado por uma ligação éster como mostrado, formando a adenosina trifosfato, ou ATP.

A energia é armazenada quando o ATP se forma pela adição de fosfato inorgânico, $H_2PO_4^-(P_i)$ à adenosina difosfato (ADP). Esta reação é chamada fosforilação.

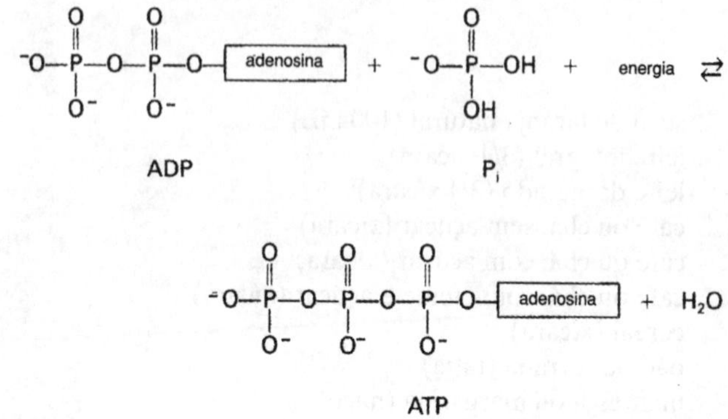

A adenosina trifosfato é uma molécula "rica em energia". A energia absorvida nesta reação endergônica é armazenada como energia química no ATP. Quando energia é necessária, o último grupo fosfato pode ser hidrolisado através da reação inversa:

$$ATP + H_2O \rightarrow ADP + P_1 + energia$$

A energia armazenada no ATP é depois liberada quando a ligação conectando o último fosfato é rompida. O ATP serve como um intermediário, captando a energia liberada pelo catabolismo de uma célula e transferindo-a aos processos celulares que a requerem para realizar trabalho (veja a Figura 16-4). Ele representa "dinheiro" energético que pode ser poupado ou gasto conforme as necessidades das células do organismo.

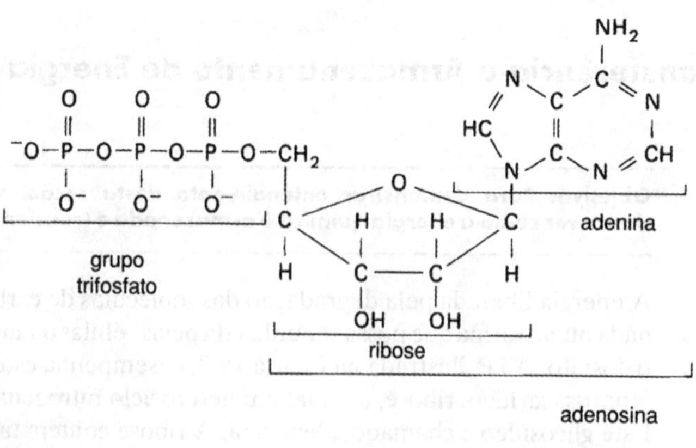

(a)

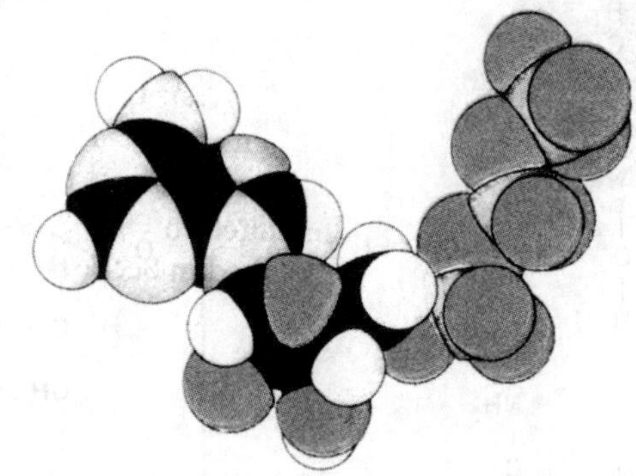

(b)

Figura 16-3
Adenosina trifosfato (ATP). (a) Componentes da molécula. (b) Estrutura molecular.

Formar ATP é como elevar água de um nível inferior a um superior. Energia é armazenada neste processo. Quando energia é necessária, a água pode ser liberada, realizando então trabalho à medida que ela flui do nível superior para o inferior.

Em geral, a formação de uma ligação fosfato requer energia, e sua hidrólise libera energia. Este princípio se aplica em muitas reações metabólicas, num processo chamado acoplamento energético. Reações endergônicas-chave, que requerem energia, estão acopladas a reações exergônicas, que liberam energia. O acoplamento energético é freqüentemente consumado através da formação do éster fosfórico de um substrato, usando ATP para prover a energia e o grupo fosfato. Depois sua reação para formar produtos de "baixa energia" é "direcionada" pela energia liberada da quebra da nova ligação fosfato. Veremos exemplos deste processo no decorrer deste capítulo.

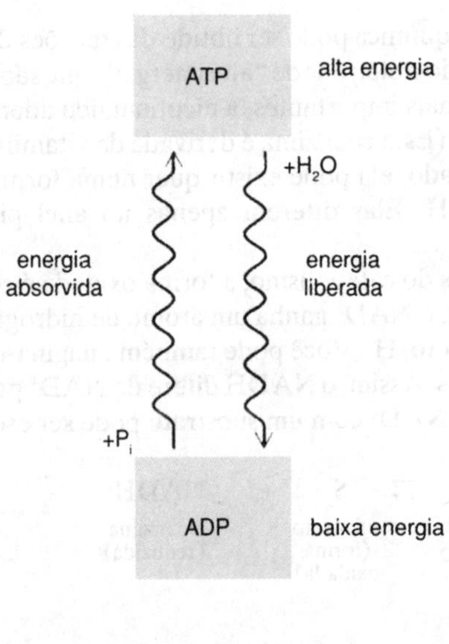

Figura 16-4
A relação entre adenosina trifosfato (ATP) e adenosina difosfato (ADP). Energia é armazenada quando o ATP é formado e liberada quando o ATP é convertido a ADP.

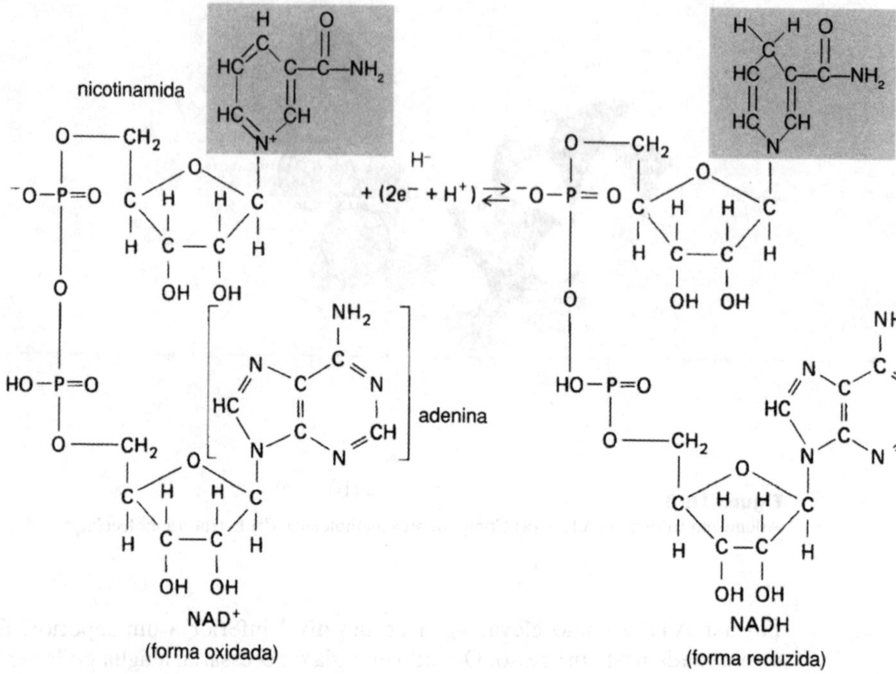

Figura 16-5
A estrutura da nicotinamida adenina dinucleotídio. A forma oxidada (NAD^+) e a forma reduzida (NADH) diferem apenas na parte nicotinamídica da molécula.

Outro tipo de energia química pode ser obtido das reações do catabolismo sob forma de átomos de hidrogênio e elétrons de "alta energia", que são transportadas por certas coenzimas. Uma das mais importantes, a nicotinamida adenina dinucleotídio, está ilustrada na Figura 16-5. (Esta coenzima é derivada da vitamina niacina, descrita na Seção 15.3.) Como mostrado, ela pode existir quer numa forma oxidada, NAD^+, quer numa reduzida, NADH. Elas diferem apenas no anel piridínico da parte nicotinamídica da molécula.

Durante certas reações do catabolismo, a forma oxidada é convertida à forma reduzida. Para ficar reduzido, o NAD^+ ganha um átomo de hidrogênio e um elétron. Esta combinação é o íon hidreto, H^-. Você pode também imaginá-lo como um íon de hidrogênio, H^+, e dois elétrons. Assim, o NADH difere do NAD^+ por um próton e um par de elétrons. A reação do NAD^+ com um substrato pode ser escrita

$$SH_2 + NAD^+ \rightleftarrows S + NADH + H^+$$

SH_2		NAD^+		S		NADH		H^+
substrato (forma reduzida)	+	coenzima (forma oxidada)	$\rightleftarrows$	substrato (forma oxidada)	+	coenzima (reduzida)	+	ion hidrogênio

Nesta reação de óxido-redução, o substrato se oxida enquanto que o NAD^+ se reduz. Uma desidrogenase contendo a coenzima NAD^+ transfere o íon hidreto do substrato para a coenzima. O NADH tem agora "poder redutor" porque pode doar seus elétrons recém-adquiridos (sob forma de H^-) para outra molécula. Outras coenzimas podem também armazenar e transferir esta forma de energia química. Exemplos são a nicotinamida adenina dinucleotídio fosfato ($NADP^+$), a flavina adenina dinucleotídio (FAD) e a flavina mononucleotídio (FMN). Suas formas oxidadas e reduzidas estão identificadas na Tabela 16-1. Logo mais, veremos os importantes papéis desempenhados por estas coenzimas.

Tabela 16-1 Formas Oxidadas e Reduzidas de Coenzimas

Forma oxidada: pode aceitar elétrons e hidrogênio	Forma reduzida: pode doar elétrons e hidrogênio
NAD^+	NADH
$NADP^+$	NADPH
FAD	$FADH_2$
FMN	$FMNH_2$

16.3 Glicólise

Objetivo: Para demonstrar entendimento desta seção, você deverá ser capaz de delinear as principais etapas da glicólise.

Os carboidratos compõem a maior parte da dieta da maioria das pessoas. (Veja a Figura 16-6.) Seu principal papel nutricional é o de servir como uma fonte de energia. Como vimos no Capítulo 15, os polissacarídeos e dissacarídeos são hidrolisados durante a digestão para formar monossacarídeos. A glicose é o monossacarídeo presente em maior quantidade, uma vez que é ela a unidade repetitiva do amido e um dos dois monossacarídeos da sacarose (açúcar comum). O catabolismo liberador de energia da glicose é uma das nossas mais importantes vias metabólicas.

A **glicólise** é o primeiro estágio da completa degradação da glicose durante o catabolismo. Ela consiste de uma via de dez etapas, uma série de reações, cada uma catalisada por uma enzima. A glicólise é um processo anaeróbico, o que significa que ela ocorre na ausência de oxigênio. É uma via que pode ser usada por todas as células do corpo para extrair parte da energia química das moléculas de glicose.

As células que possuem mitocôndrias (Veja o Apêndice F) podem degradar mais além o produto da glicólise na presença de oxigênio. Este processo aeróbico está descrito na próxima seção. Muitas células porém não têm mitocôndrias e dependem da glicólise para obter toda a sua energia. Exemplos são as hemácias e as células da córnea, cristalino, rins, testículos e fibras musculares brancas. Além disto, a glicólise provê um meio para a manutenção de um suprimento energético em ATP por um período curto quando o suprimento de oxigênio é interrompido.

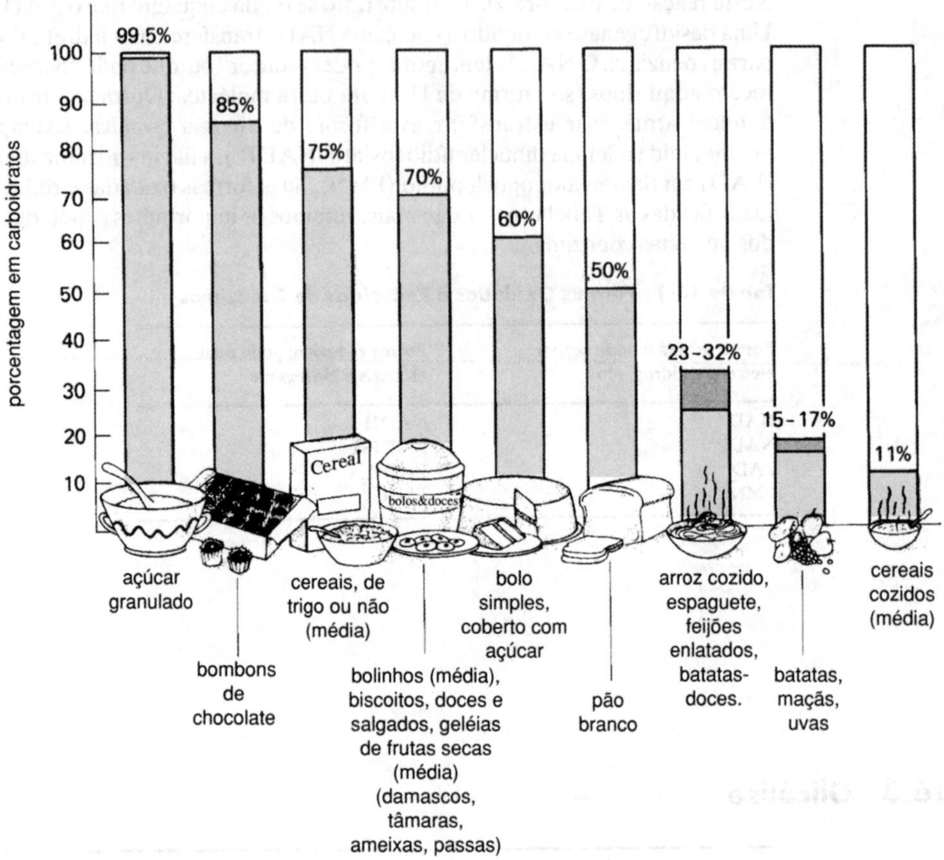

Figura 16-6

Conteúdo em carboidratos de alimentos comuns. Os carboidratos compõem a maior parte da dieta para a maioria das pessoas. (De Calloway e Carpenter, "Nutrition and Health", W.B.Saunders Co. Página 24, figura 2-3. Direitos autorais 1981.)

As reações da glicólise estão resumidas na Tabela 16-2 e ilustradas na Figura 16-7. No pH do organismo, a maioria destes compostos existem principalmente na forma ionizada. Por esta razão, os ácidos carboxílicos estão escritos como íons carboxilatos. (Por exemplo, ácido láctico é escrito lactato.) As moléculas de açúcar têm a configuração D, que ocorre naturalmente.

Você pode imaginar a glicólise como ocorrendo em três estágios. As reações 1 a 3 constituem o estágio da "aplicação" no qual o ATP é "investido". Na etapa 1, um grupo fosfato é adicionado à glicose utilizando uma molécula de ATP. A glicose 6-fosfato resultante isomeriza-se a seguir na etapa 2 para formar frutose 6-fosfato. Uma segunda molécula de ATP é utilizada na etapa 3 para formar frutose 1,6-difosfato.

O estágio seguinte consiste na "divisão" da molécula de seis carbonos em duas moléculas de três carbonos. Assim, na etapa 4a, a frutose 1,6-difosfato forma gliceraldeído 3-fosfato e diidroxiacetona fosfato. Esta última se isomeriza na etapa 4b para formar uma segunda molécula de gliceraldeído 3-fosfato.

Tabela 16-2 Reações da Glicólise

Etapa	Reação	Enzima
1	glicose + ATP → glicose 6-fosfato + ADP + H^+	hexoquinase
2	glicose 6-fosfato ⇄ frutose 6-fosfato	fosfoglicose isomerase
3	frutose 6-fosfato + ATP → frutose 1,6-difosfato + ADP + H^+	fosfofrutoquinase
4a	frutose 1,6-difosfato ⇄ diidroxiacetona fosfato + gliceraldeído 3-fosfato	aldolase
4b	diidroxiacetona fosfato ⇄ gliceraldeído 3-fosfato	triose fosfato isomerase
5	gliceraldeído 3-fosfato + P_i + NAD^+ ⇄ 1,3-difosfoglicerato + NADH + H^+	gliceraldeído 3-fosfato desidrogenase
6	1,3-difosfoglicerato + ADP ⇄ 3-fosfoglicerato + ATP	fosfoglicerato quinase
7	3-fosfoglicerato ⇄ 2-fosfoglicerato	fosfogliceromutase
8	2-fosfoglicerato ⇄ fosfoenolpiruvato + H_2O	enolase
9	fosfoenolpiruvato + ADP + H^+ → piruvato + ATP	piruvato quinase
10	piruvato + NADH + H^+ → lactato + NAD^+	desidrogenase láctica
Soma:	glicose + 2 ADP + 2 P_i → 2 lactato + 2 ATP + 2 H^+ + 2 H_2O	

O terceiro estágio é o do "resgate". Na etapa 5, as moléculas de gliceraldeído 3-fosfato ganham, cada uma, outro grupo fosfato para formar 1,3-difosfoglicerato. Nesta etapa-chave, o grupo aldeído é oxidado a ácido carboxílico. Um íon hidreto (dois elétrons e um próton) é liberado para o NAD^+, a coenzima da desidrogenase que catalisa esta reação. Depois, na etapa 6, cada molécula de 1,3-difosfoglicerato, rica em energia, transfere um grupo fosfato ao ADP, produzindo ATP. O ATP aqui e na etapa 9 armazena energia que é liberada pela oxidação de um grupo aldeído.

Na etapa 7, o 3-fosfoglicerato resultante é convertido a 2-fosfoglicerato, que perde água na etapa 8 para formar fosfoenolpiruvato. Esta reação de hidratação cria uma ligação dupla na molécula. Na etapa 9, outro fosfato é transferido ao ADP, novamente produzindo ATP. O piruvato resultante é reduzido na etapa 10 para formar lactato, o produto final da glicólise sob condições anaeróbicas. Note que, nesta etapa, NADH produzido na etap 5 usa seu íon hidreto para reduzir o grupo carbonila a grupo hidroxila. No processo, NADH é oxidado de volta à sua forma original, NAD^+.

A Figura 16-8 resume o processo em forma simplificada. A equação global é

$$\text{glicose} + 2\ \text{ADP} + 2\ P_i \rightarrow 2\ \text{lactato}^- + 2\ \text{ATP} + 2\ H^+ + 2\ H_2O$$

Três tipos de alterações ocorreram. Em termos de átomos de carbono, a molécula de glicose com seis carbonos foi convertida a duas moléculas de lactato com três carbonos. Em termos de grupos fosfato, duas moléculas de ATP foram geradas. (Quatro ATPs se formaram, mas dois foram consumidos inicialmente:) Em termos de transferência de elétrons e hidrogênios, duas moléculas de NADH se formaram a partir de NAD^+ (de 4 e^- + 2 H^+) mas foram também consumidas.

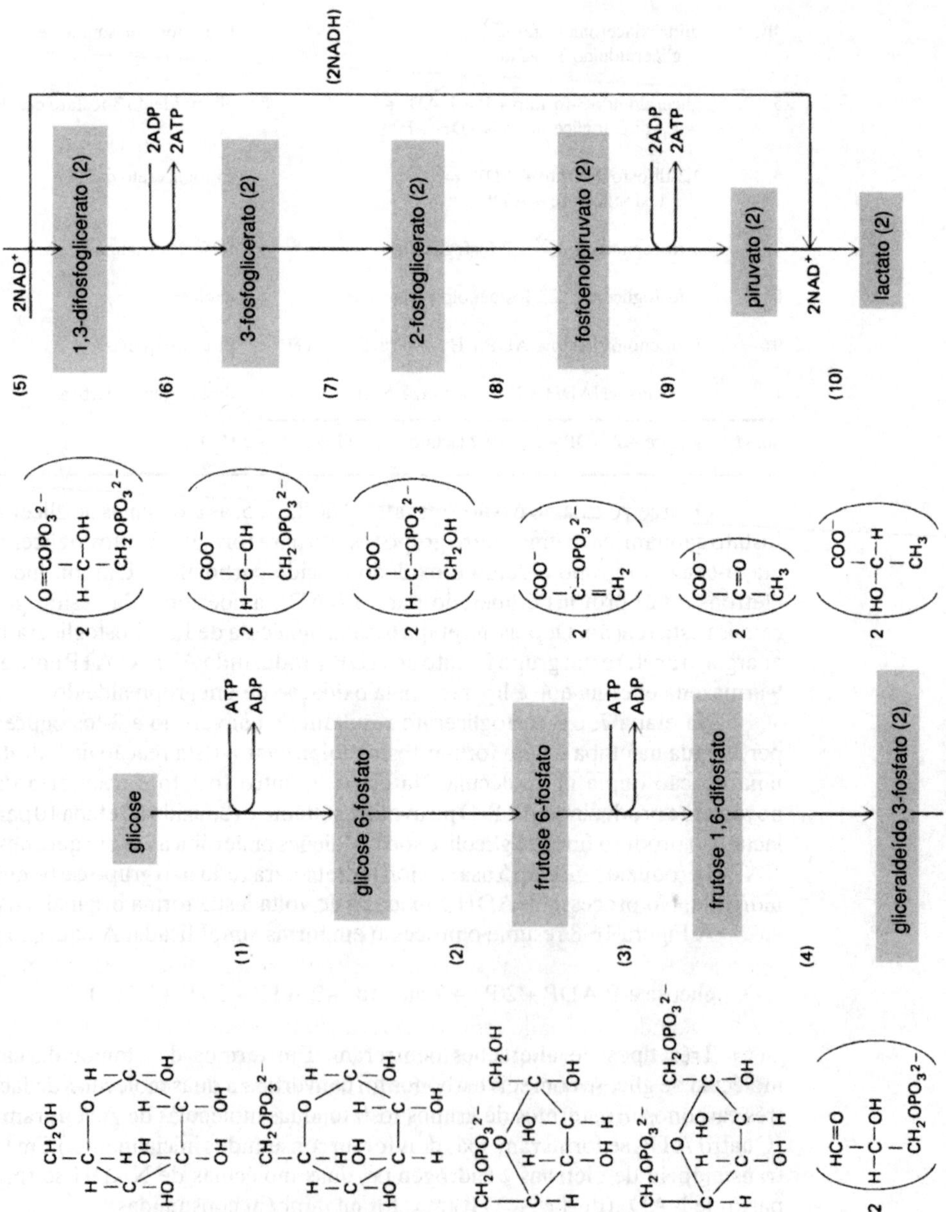

Figura 16-7
A via glicolítica. Neste processo anaeróbico, cada molécula de glicose é transformada em duas de lactato.

Figura 16-8
Visão geral da glicólise. No estágio de "aplicação", o ATP é "investido". No estágio de "divisão", a molécula de seis carbonos vira duas de três carbonos. No estágio de "resgate", a oxidação resulta na produção de ATP.

16.4 Ciclo do Ácido Cítrico

Objetivo: Para demonstrar entendimento desta seção, você deverá ser capaz de traçar as etapas principais do ciclo do ácido cítrico.

Pelo fato de o oxigênio estar disponível à maioria das nossas células, estas podem realizar um processo aeróbico chamado **respiração.** Aqui o termo respiração se refere aos processos moleculares pelos quais as células consomem oxigênio e formam dióxido de carbono. (No Capítulo 5, este termo foi também empregado no sentido comum de inalar O_2 e exalar CO_2.) A respiração (celular) permite às células obter muito mais energia dos "combustíveis" moleculares, como glicose, do que se obtém através da glicólise.

Quando o oxigênio está presente, a última reação da glicólise (etapa 10) não é mais necessária. Esta etapa regenerava NAD^+ pela redução do piruvato a lactato. Em vez disto, o piruvato passa a ser o produto final da glicólise e depois sofre subseqüentes reações de oxidação. Nestas condições, a equação resumida da glicólise fica

$$\text{glicose} + 2\ ADP + 2\ P_i + 2\ NAD^+ \rightarrow$$
$$2\ \text{piruvato}^- + 2\ ATP + 2\ NADH + 4\ H^+ + 2\ H_2O$$

As reações aeróbicas da respiração ocorrem depois nas mitocôndrias, as "usinas elétricas" da célula. Lá, o piruvato perde inicialmente um átomo de carbono (sob forma de CO_2) para formar um fragmento de dois carbonos, o radical acetila:

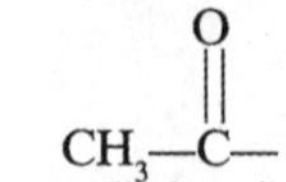

radical acetila

O radical acetila é ligado à coenzima A, abreviadamente CoA. Note que "Co" representa aqui a coenzima e não o elemento cobalto. Como mostra a Figura 16-9, o radical acetila está ligado à coenzima por uma ligação tioéster. O acetil CoA desempenha um importante papel no organismo porque ele também pode ser formado pela degradação de moléculas que não carboidratos. Veremos como no próximo capítulo.

A via final para a oxidação é conhecida como **ciclo do ácido cítrico** (também

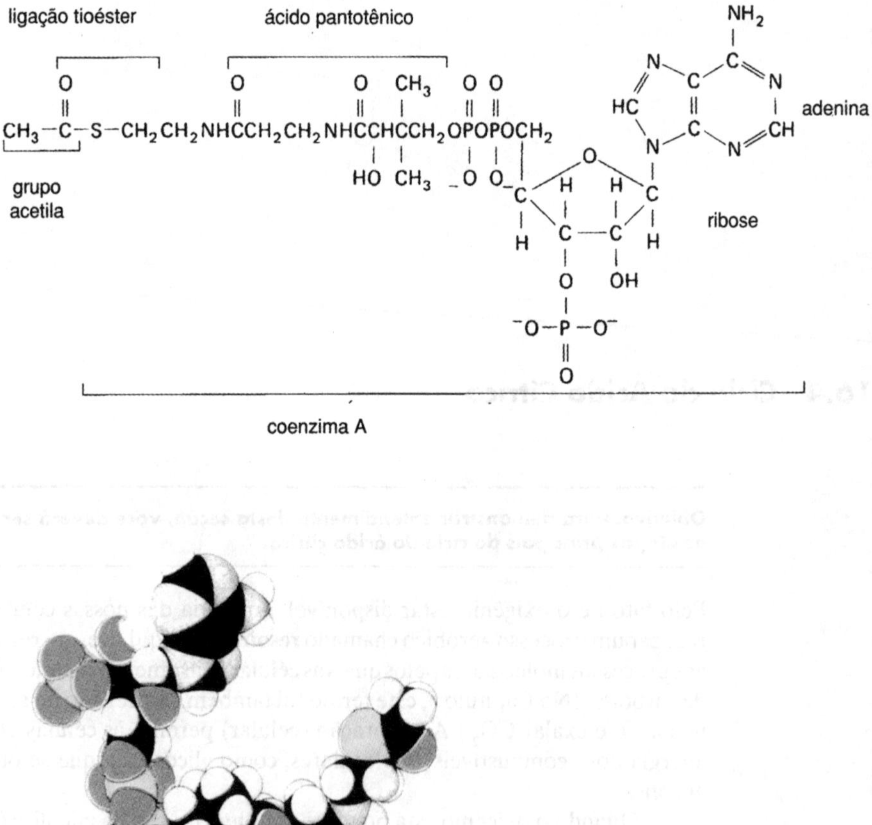

Figura 16-9
A estrutura do acetil Coenzima A (acetil CoA). (a) Componentes da molécula. (b) Estrutura molecular.

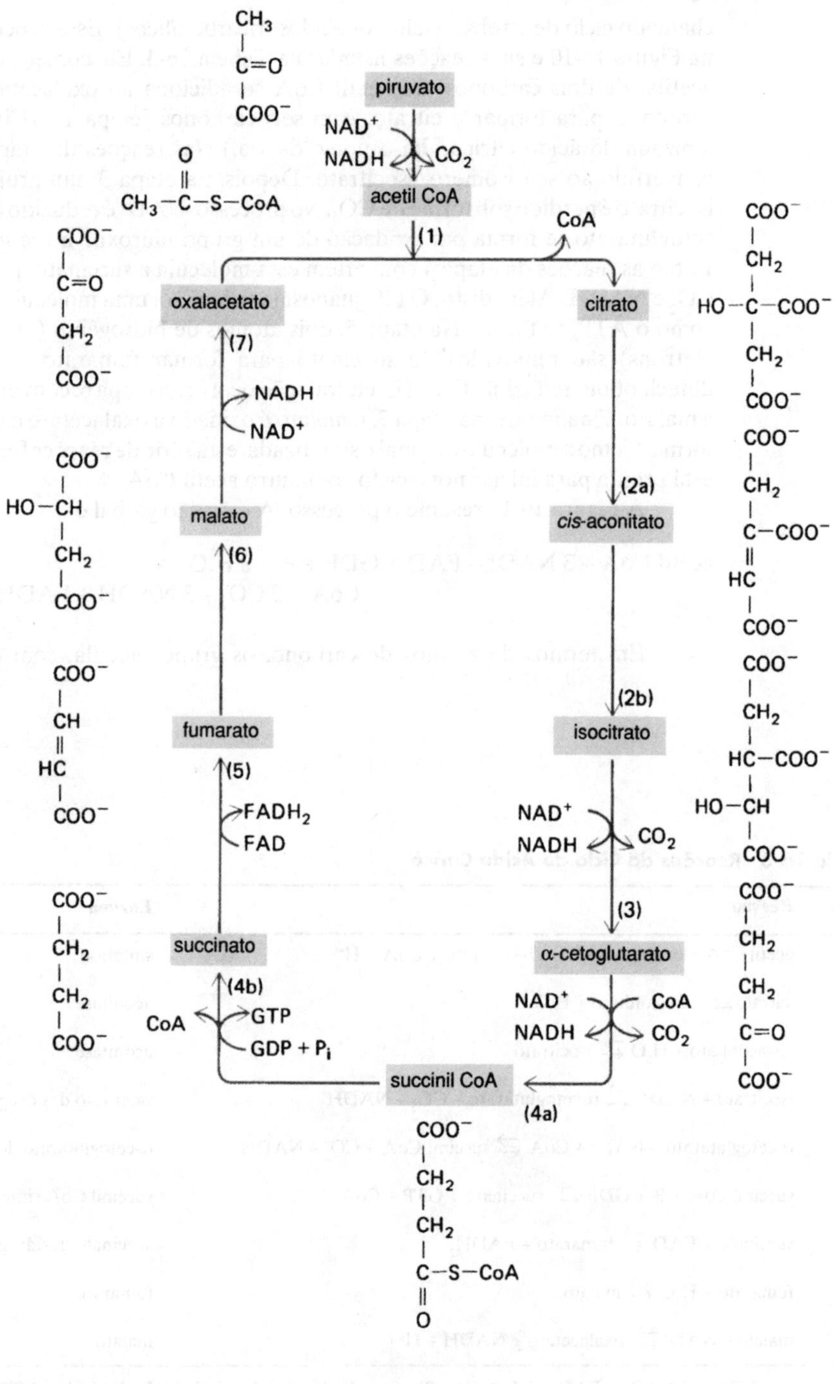

Figura 16-10

O ciclo do ácido cítrico (ciclo de Krebs). Este processo aeróbico produz 3 NADH, $FADH_2$ e GTP para cada grupo acetila, com dois carbonos.

chamado ciclo de Krebs e ciclo dos ácidos tricarboxílicos). Este processo é mostrado na Figura 16-10 e suas reações listadas na Tabela 16-3. Ele começa quando o grupo acetila, de dois carbonos, do acetil CoA se adiciona ao oxalacetato, com quatro carbonos, para formar o citrato, com seis carbonos (etapa 1). (Citrato é a forma ionizada do ácido cítrico, daí o nome da via.) Nas reações da etapa 2, o citrato é convertido ao seu isômero, isocitrato. Depois, na etapa 3, um grupo carboxila do isocitrato é perdido sob forma de CO_2. No processo, NAD^+ é reduzido a NADH, e alfa-cetoglutarato se forma por oxidação de um grupo hidroxila a um grupo carbonila. Então as reações da etapa 4 convertem esta molécula a succinato, produzindo outro CO_2 e NADH. Além disto, GTP, guanosina trifosfato, uma molécula rica em energia como o ATP, se forma. Na etapa 5, dois átomos de hidrogênio (incluindo seus dois elétrons) são removidos do succinato para formar fumarato e flavina adenina dinucleotídio reduzida, $FADH_2$. Hidratação ocorre na etapa 6, convertendo fumarato a malato. Finalmente, na etapa 7, o malato é oxidado a oxalacetato e outro NADH se forma. Como a molécula original é sintetizada, esta série de reações fecha um ciclo. Ela está pronta para iniciar novo ciclo com outro acetil CoA.

A Figura 16-11 resume o processo. A equação global é

$$\text{acetil CoA} + 3\,NAD^+ + FAD + GDP + P_i + 2\,H_2O \rightarrow CoA + 2\,CO_2 + 3\,NADH + FADH_2 + GTP + 2\,H^+$$

Em termos de átomos de carbono, os grupos acetila, com dois átomos de

Tabela 16-3 Reações do Ciclo do Ácido Cítrico

Etapa	Reação	Enzima
1	acetil CoA + oxalacetato + $H_2O \rightarrow$ citrato + CoA + H^+	sintetase
2a	citrato $\rightleftarrows$ *cis*-aconitato + H_2O	aconitase
2b	*cis*-aconitato + $H_2O \rightleftarrows$ isocitrato	aconitase
3	isocitrato + $NAD^+ \rightleftarrows$ α-cetoglutarato + CO_2 + NADH	isocitrato desidrogenase
4a	α-cetoglutarato + NAD^+ + CoA $\rightleftarrows$ succinil CoA + CO_2 + NADH	α-cetoglutarato desidrogenase
4b	succinil CoA + P_i + GDP $\rightleftarrows$ succinato + GTP + CoA	succinil CoA sintetase
5	succinato + FAD $\rightleftarrows$ fumarato + $FADH_2$	succinato desidrogenase
6	fumarato + $H_2O \rightleftarrows$ malato	fumarase
7	malato + $NAD^+ \rightleftarrows$ oxalacetato + NADH + H^+	malato
Soma:	acetil Coa + 3 NAD^+ + FAD + GDP + P_i + $2H_2O \rightarrow$ CoA + 2 CO_2 + 3 NADH + $FADH_2$ + GTP + 2 H^+	

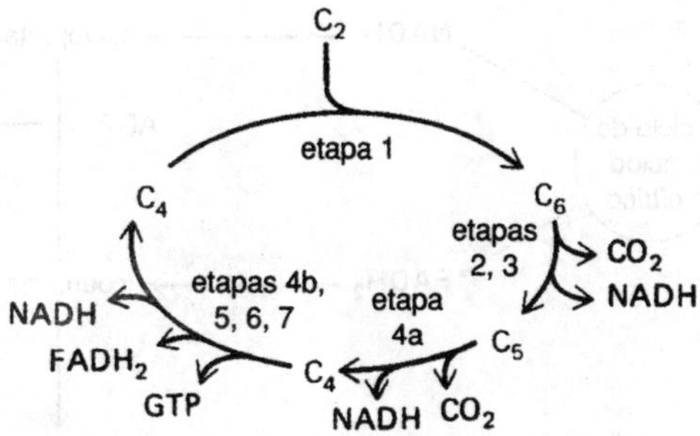

Figura 16-11
Visão geral do ciclo do ácido cítrico. Este diagrama enfatiza as mudançpas nos números de átomos de carbono no ciclo do ácido cítrico, assim como os produtos que são formados.

carbono, foram "cindidos" em duas moléculas de dióxido de carbono. Em termos de radicais fosfato, um GTP, rico em energia, se formou. Em termos de transferência de hidrogênios e elétrons, quatro pares de átomos de hidrogênio, com seus elétrons, foram removidos em reações de oxidação para formar 3 NADH (e 3 H^+) e um $FADH_2$. A próxima seção descreve como as coenzimas reduzidas produzem um grande número de moléculas de ATP.

16.5 Cadeia Respiratória

Objetivo: Para demonstrar entendimento desta seção, você deverá ser capaz de descrever o papel da cadeia respiratória no catabolismo.

A última etapa da oxidação completa dos carboidratos envolve os três NADH e um $FADH_2$ formados durante o ciclo do ácido cítrico. Os elétrons transportados por estas coenzimas são transferidos ao oxigênio num processo chamado **transporte de elétrons.** Eles se movem através de uma série de reações nas mitocôndrias conhecida como "cadeia respiratória". A Figura 16-12 apresenta seus aspectos principais.

Na cadeia respiratória, a transferência de elétrons está acoplada com a síntese de ATP. A seguinte equação representa este processo para o NADH:

$$NADH + H^+ + 3\,ADP + 3\,P_i + \frac{1}{2}O_2 \rightarrow NAD^+ + H_2O + 3\,ATP$$

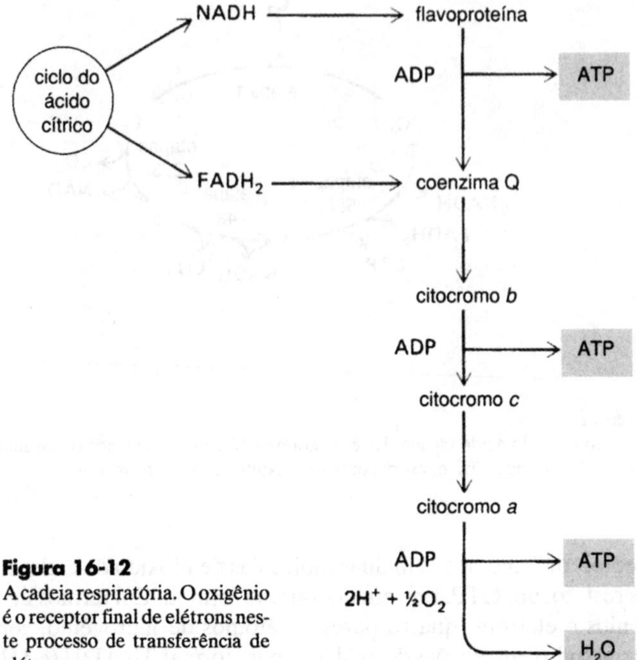

Figura 16-12
A cadeia respiratória. O oxigênio é o receptor final de elétrons neste processo de transferência de elétrons.

Assim, a energia usada para formar cada NADH durante o ciclo do ácido cítrico é canalizada para gerar três moléculas, ricas em energia, de ATP. O $FADH_2$ sofre processo semelhante mas gera apenas duas moléculas de ATP porque ele entra na cadeia respiratória mais adiante (veja a Figura 16-12). A equação é

$$FADH_2 + 2\ ADP + 2\ P_i + {}^1/_2\ O_2 \rightarrow FAD + 2\ ATP + H_2O$$

Note que, cedendo seus elétrons ao oxigênio através da cadeia respiratória, as coenzimas são regeneradas, produzindo suas formas oxidadas, que ficam prontas para serem utilizadas para outro ciclo.

A transferência de energia química do NADH e $FADH_2$ gerando ATP é chamada **fosforilação oxidativa** porque o fosfato é adicionado ao ADP enquanto a coenzima é oxidada. Admite-se que a reação de oxidação, liberadora de energia, "bombe" íons H^+ de um lado da membrana mitocondrial para o outro. Então, o fluxo de íons H^+ de volta através da membrana ativa a ATP sintetase que fosforila o ADP, formando ATP.

Agora estamos prontos para avaliar o número total de moléculas de ATP formadas a partir de uma molécula de glicose. A glicólise produz duas moléculas de ATP:

$$\text{glicose} + 2\ ADP + 2\ P_i + 2\ NAD^+ \rightarrow$$
$$2\ \text{piruvato} + 2\ ATP + 2\ NADH + 2\ H^+ + 2\ H_2O$$

Além disto, os dois NADH da glicólise são "removidos" para as mitocôndrias, onde cada um gera outros três ATPs (exceto no músculo esquelético e no cérebro, onde apenas dois ATP resultam). Aqui nós os vemos dando um total de seis ATPs:

$$2\ NADH + 6\ ADP + 6\ P_i + 2\ H^+ + O_2 \rightarrow 2\ NAD^+ + 6\ ATP + 8\ H_2O$$

Em seguida, a conversão de cada piruvato a acetil CoA forma dois NADHs, cada um fornecendo três ATPs na cadeia respiratória:

$$2\ \text{piruvato} + 2\ CoA + 6\ ADP + 6\ P_i + O_2 \rightarrow 2\ \text{acetil CoA} + 6\ ATP + 2\ CO_2 + 8\ H_2O$$

Finalmente, os dois acetil CoA (de uma só glicose) no ciclo do ácido cítrico resultam no seguinte:

Ciclo do ácido cítrico			Cadeia respiratória		
2 x 3 NADH	= 6 NADH	⇒	6 x 3 ATP	=	18 ATP
2 x $FADH_2$	= 2 $FADH_2$	⇒	2 x 2 ATP	=	4 ATP
2 x GTP	= 2 GTP	⇒	2 x ATP	=	2 ATP
					24 ATP

Assim, a equação combinando o ciclo do ácido cítrico com a cadeia respiratória é

$$2\ \text{acetil CoA} + 24\ ADP + 24\ P_i + 4\ O_2 \rightarrow 2\ CoA + 24\ ATP + 4\ CO_2 + 26\ H_2O$$

Somando-se estas quatro equações obtem-se:

$$\text{glicose} + 38\ ADP + 38\ P_i + 6\ O_2 \rightarrow 6\ CO_2 + 38\ ATP + 44\ H_2O$$

Vemos assim que para cada glicose que sofre oxidação completa, 38 ATP resultam. Note que a respiração fornece 19 vezes a quantidade de ATP produzida pela glicólise sozinha!

É útil examinar esta última equação em duas partes. Numa, a glicose é oxidada a dióxido de carbono e água, liberando energia:

$$\text{glicose} + 6\ O_2 \rightarrow 6\ CO_2 + 6\ H_2O + \text{energia}$$

O carbono da glicose é convertido ao produto completamente oxidado, dióxido de carbono, CO_2. O oxigênio, o receptor de elétrons, é reduzido, terminando em água, H_2O. Esta equação é a mesma da combustão completa, a "queima" de um combustível para fornecer energia. Note também que os materiais de partida são glicose e oxigênio, ambos produtos da fotossíntese. Os produtos finais do catabolismo da glicose, dióxido de carbono e água, são os materiais de partida para a fotossíntese. Esta relação entre plantas e animais formam parte do ciclo do carbono (Figura 16-13). Ele representa a conversão entre formas inorgânicas do carbono (tal como CO_2) e formas orgânicas do mesmo (tal como glicose).

Na outra parte da equação, a energia química liberada pela oxidação da glicose é usada para converter ADP a ATP:

$$38\ ADP + 38\ P_i + energia \rightarrow 38\ ATP + 38\ H_2O$$

A completa oxidação de um mol de glicose fornece 686 kcal (2870 kJ), a mesma quantidade de energia requerida na fotossíntese para a formação de um mol de glicose. Esta quantidade de energia é baseada em condições "padrões", 0,1 *M* em glicose. Calculada nesta base, a recuperação teórica da energia liberada pela formação de 38 ATP é de cerca de 40%. Dentro da célula, a concentração é muito menor e a energia liberada real difere do valor padrão. A eficiência real é próximo a 70% nas condições celulares. Assim, a maior parte da energia oriunda da oxidação é captada pelas moléculas de ATP e ficam disponíveis dentro das células para realizar trabalho.

Como mostra a Figura 16-14, tanto o ciclo do ácido cítrico como o transporte de elétrons ocorrem dentro das mitocôndrias. Estas funcionam como pequenas "usinas" produtoras de ATP. As mitocôndrias estão freqüentemente localizadas perto de estruturas que requerem ATP, ou, em alguns casos, como nas células hepáticas, que são capazes de se movimentarem. Neste sentido, as mitocôndrias atuam não apenas como "usinas elétricas" da célula, mas também como "centros de distribuição" de ATP.

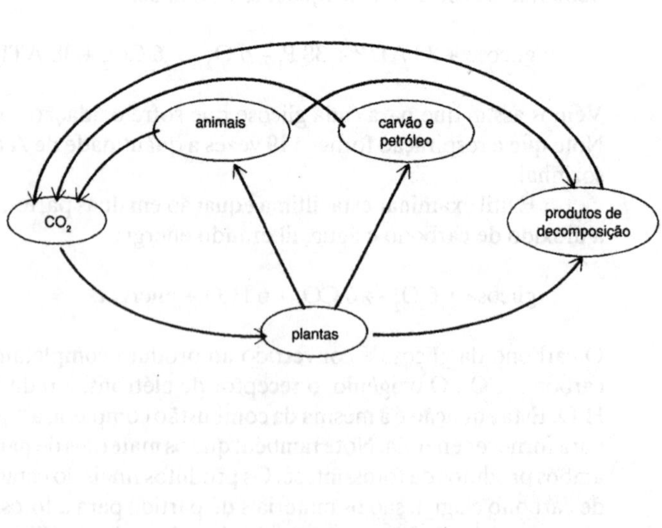

Figura 16-13
O ciclo do carbono. Glicose, o material de partida para o catabolismo, é o produto final da fotossíntese.

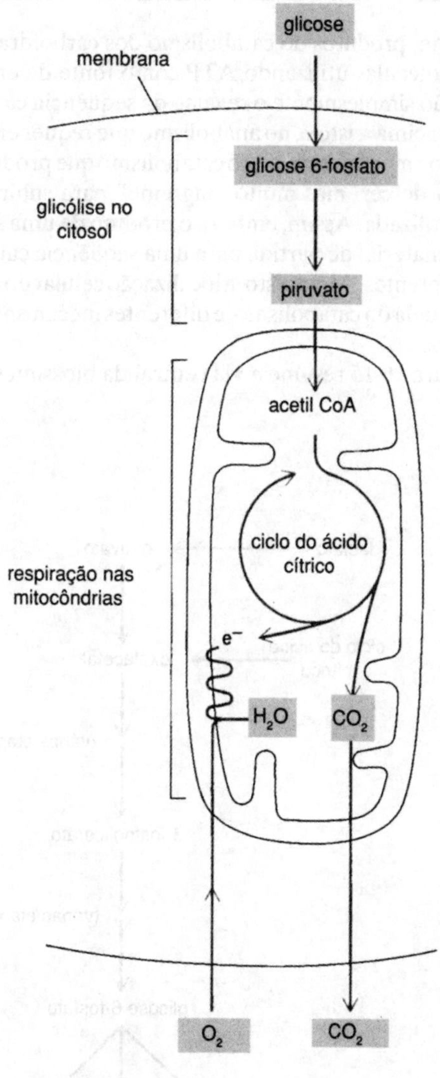

Figura 16-14
Catabolismo dos carboidratos na célula. A glicólise ocorre no citosol, parte aquosa do citoplasma. A respiração, incluindo o ciclo do ácido cítrico e o transporte de elétrons, ocorre nas mitocôndrias. (De Alberts, et al., "Molecular Biology of the Cell", Garland Publishing, Inc., Página 88, figura 2-41. Direitos autorais 1983.)

16.6 Anabolismo dos Carboidratos

Objetivo: Para demonstrar entendimento desta seção, você deverá ser capaz de descrever as diferenças entre catabolismo e anabolismo de carboidratos.

No anabolismo, produtos do catabolismo dos carboidratos são usados para produzir complexas moléculas utilizando ATP como fonte de energia. As etapas envolvidas, porém, não são simplesmente o reverso da seqüência catabólica. O caminho que você toma "morro acima", isto é, no anabolismo que requer energia, não é sempre o mesmo daquele usado "morro abaixo", no catabolismo que produz energia. Um caminho pode ser bom para descer, mas muito "íngreme" para subir, e uma via alternativa pode precisar ser utilizada. Assim, embora o produto de uma seqüência anabólica possa ser o mesmo do material de partida para uma seqüência catabólica, as reações e enzimas podem ser diferentes. Além disto, a localização celular do anabolismo é freqüentemente diferente daquela do catabolismo, e diferentes mecanismos reguladores são geralmente empregados.

A Figura 16-15 resume a via central da biossíntese de carboidratos.

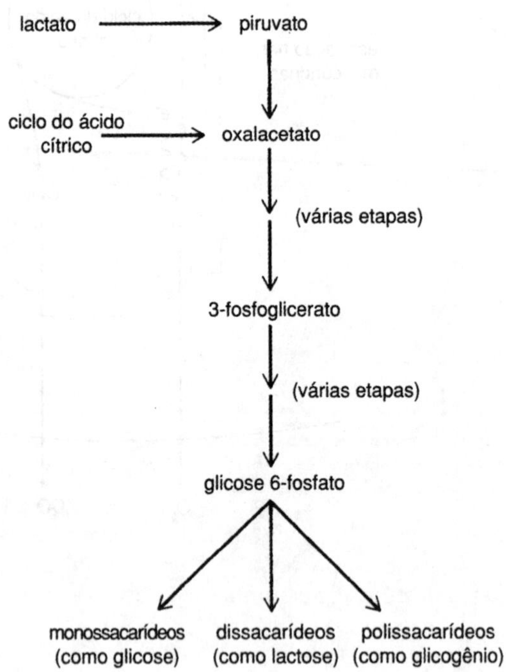

Figura 16-15
Via central do anabolismo de carboidratos. As reações não são simplesmente o reverso das reações catabólicas.

A maioria das etapas da via que leva piruvato até glicose ocorrem por reversão da seqüência da glicólise. Três etapas, porém, (1, 3 e 9 da Figura 16-7) são essencialmente irreversíveis. Elas são substituídas por reações alternativas, energeticamente mais favoráveis, para a síntese. É também possível a produtos do ciclo do ácido cítrico serem convertidos a glicose através do oxalacetato.

O processo geral é chamado **gliconeogênese**, formação de nova glicose a partir de moléculas mais simples. Começando com piruvato, as reações podem ser representadas pela seguinte equação:

$$2\ \text{piruvato} + 4\ \text{ATP} + 2\ \text{GTP} + 2\ \text{NADH} + 2\ \text{H}^+ + 4\ \text{H}_2\text{O} \rightarrow \text{glicose} + 2\ \text{NAD}^+ + 4\ \text{ADP} + 2\ \text{GDP} + 6\ \text{P}_\text{i}$$

Seis moléculas ricas em energia (4 ATP e 2 GTP) são consumidas, e duas da coenzima NADH são necessárias para a produção de uma molécula de glicose. Como você pode ver, esta equação é bem diferente do reverso daquela que representa a conversão de glicose a piruvato na seqüência catabólica.

A gluconeogênese é crucial para a manutenção dos níveis de glicose sangüínea depois de todo o carboidrato da dieta e o glicogênio armazenado terem sido completamente oxidados. Este processo nos permite produzi-la de refeição a refeição e através da noite sem ter que comer continuamente. É muito importante para os tecidos que contam com a glicose do sangue. Por exemplo, o cérebro sozinho requer cerca de 120 g de glicose por dia para preencher suas necessidades energéticas.

16.7 Metabolismo do Glicogênio

Objetivo: Para demonstrar entendimento desta seção, você deverá ser capaz de descrever as diferenças entre glicogênese e glicogenólise.

Em outra importante via anabólica, unidades de glicose se ligam entre si para formar glicogênio. Este processo, **glicogênese**, produz o polissacarídeo que serve como reserva de glicose. Sua formação pode ser representada pela equação:

$$(\text{glicose})_n + \text{glicose} + 2\ \text{ATP} \rightarrow (\text{glicose})_{n+1} + 2\ \text{ADP} + 2\ \text{P}_\text{i}$$

Esta equação mostra que 2 ATP são necessários sempre que outra glicose é adicionada ao polímero em crescimento (convertendo-o de glicogênio com n unidades de glicose a glicogênio com $n+1$ unidades).

O glicogênio é armazenado principalmente no fígado e no tecido muscular. As quantidades (numa pessoa de 70 kg) e seus valores energéticos são

	Massa	Valor energético
glicogênio hepático	70 g	280 kcal (1170 kJ)
glicogênio muscular	120 g	480 kcal (2010 kJ)

Estas quantidades são muito maiores do que os cerca de 20 g de glicose livre nos fluidos corporais. O glicogênio hepático serve como um reservatório de glicose para ajudar a manter o nível sangüíneo de glicose. A quantidade aumenta rapidamente depois de uma refeição, quando a glicogênese ocorre, e depois decresce lentamente, quando é utilizado. (Veja a Figura 16-16.) O glicogênio hepático pode durar de 12 a 24 horas durante condições de jejum.

O tecido muscular contém uma concentração de glicogênio menor do que o hepático. A massa muito maior de músculos do nosso corpo faz porém com que a quantidade total de glicogênio muscular seja maior. O glicogênio muscular serve como uma reserva de combustível, fornecendo glicose quando requisitada para produzir ATP.

O glicogênio produzido por anabolismo é glicose "potencial", que pode ser sacada, como numa conta corrente bancária. O processo de conversão de glicogênio de volta a glicose, por hidrólise das ligações acetal, é a **glicogenólise**. Ela pode ser representada pela seguinte equação:

$$(\text{glicose})_n \xrightarrow[\text{enzima}]{H_2O} n \text{ moléculas de glicose}$$

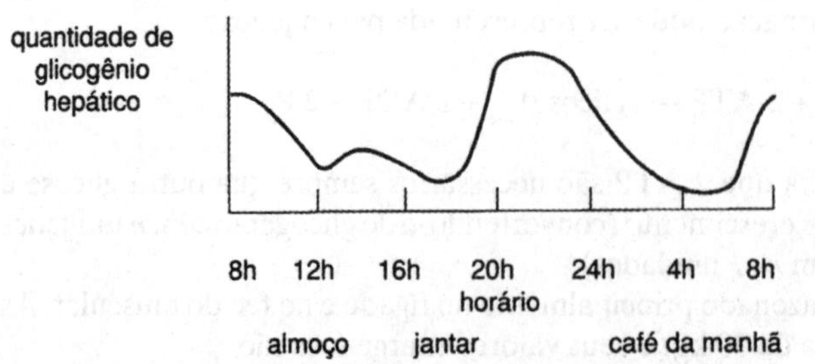

Figura 16-16
Nível hepático de glicogênio. A quantidade de glicogênio no fígado varia muito. Note o aumento após cada refeição, quando a glicose é convertida a glicogênio. A maior queda ocorre durante a noite quando nenhum alimento é ingerido.

Considere um exemplo específico do metabolismo do glicogênio. Durante exercício vigoroso, os músculos requerem grandes quantidades de energia num certo período de tempo. Como oxigênio e glicose suficientes não podem alcançar os músculos para gerar ATP, os músculos devem sacar seu suprimento de reserva de glicogênio e convertê-lo a glicose. A glicose sofre então o processo anaeróbico de glicólise, produzindo ATP para a contração muscular.

O produto final deste processo é o lactato, uma vez que o oxigênio não está disponível para subseqüente catabolismo aeróbico. Ele se difunde dos músculos ao sangue. Acidose temporária pode ocorrer, que aumenta a sensação de cansaço. Durante o repouso que se segue ao exercício, o lactato do sangue é lentamente convertido de volta a glicose pela gliconeogênese hepática. O excesso de oxigênio consumido durante este processo representa o reembolso de um "débito de oxigênio". Ele representa o oxigênio necessário para produzir o ATP requerido para repor o glicogênio "tomado emprestado" durante a atividade muscular.

A Figura 16-17 resume os processos que ocorrem.

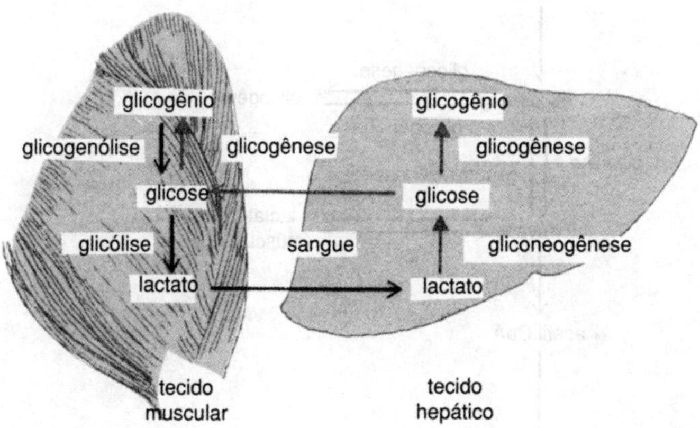

Figura 16-17
Metabolismo do glicogênio no tecido muscular e hepático. As setas em preto mostram os processos que ocorrem durante exercício vigoroso. As setas em cor mostram as mudanças durante o período de recuperação. Não confunda os termos glicólise, gliconeogênese, glicogênese e glicogenólise.

16.8 Metabolismo e Glicose Sangüínea

Objetivo: Para demonstrar entendimento desta seção, você deverá ser capaz de descrever a relação entre metabolismo de carboidratos e nível sangüíneo de glicose.

A quantidade de glicose no sangue é controlada muito rigorosamente. Este controle é necessário para prover um suprimento constante de glicose ao cérebro. Se o cérebro receber pouca glicose, coma ou morte poderá resultar por falta de produção de ATP.

Como descrito neste capítulo, a glicose pode ser utilizada ou produzida em diferentes maneiras. A Figura 16-18 resume as vias mais importantes. A lista seguinte descreve as reações que envolvem a glicose:

Utilizam glicose	Produzem glicose
glicólise — degradação da glicose para produzir energia	gliconeogênese — síntese de glicose a partir de moléculas mais simples
glicogênese — síntese do glicogênio	glicogenólise — degradação do glicogênio

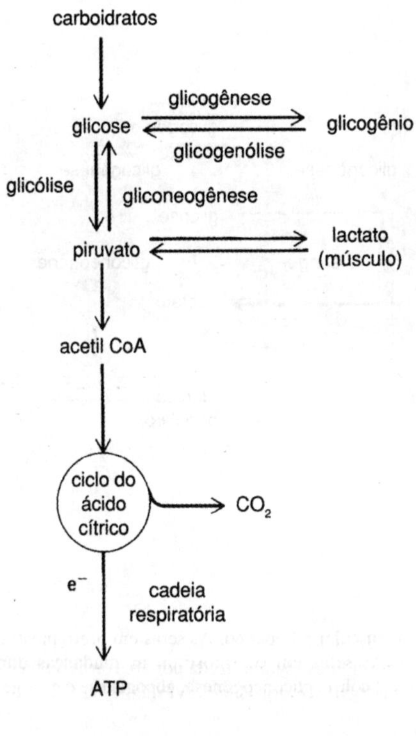

Figura 16-18
Resumo do metabolismo de carboidratos.

Regulando estes quatro processos, o organismo conserva constante o nível sangüíneo de glicose. Este é um exemplo de homeostase, a capacidade de manter um estado estável apesar das condições variáveis. Como mostra a Figura 16-19, a regulação da glicose sangüínea é complexa. Os hormônios, "válvulas" no diagrama, desempenham papel-chave.

O fígado é um órgão central na manutenção do nível sangüíneo de glicose. É o primeiro tecido a ter a chance de usar glicose da dieta depois da digestão. Ele pode degradar a glicose por glicólise ou armazená-la por glicogênese. Glicose da dieta é a principal fonte de glicose sangüínea. Quando ela é utilizada, a glicogenólise hepática adiciona glicose ao sangue. Quando o suprimento de glicogênio hepático diminui, a gliconeogênese hepática torna-se uma importante fonte de glicose sangüínea.

A quantidade normal de glicose no seu sangue é de cerca de 70 mg a 90 mg por 100 mL (8 a 12 horas depois de uma refeição). Um nível sangüíneo normal de glicose é conhecido como normoglicemia ou euglicemia. Em certas condições, tais como diabetes mellitus (veja Saúde em Notícia 16 e Teste Clínico 16), disfunção na regulação da glicose produz desvios do nível normal. (Veja a Figura 16-20)

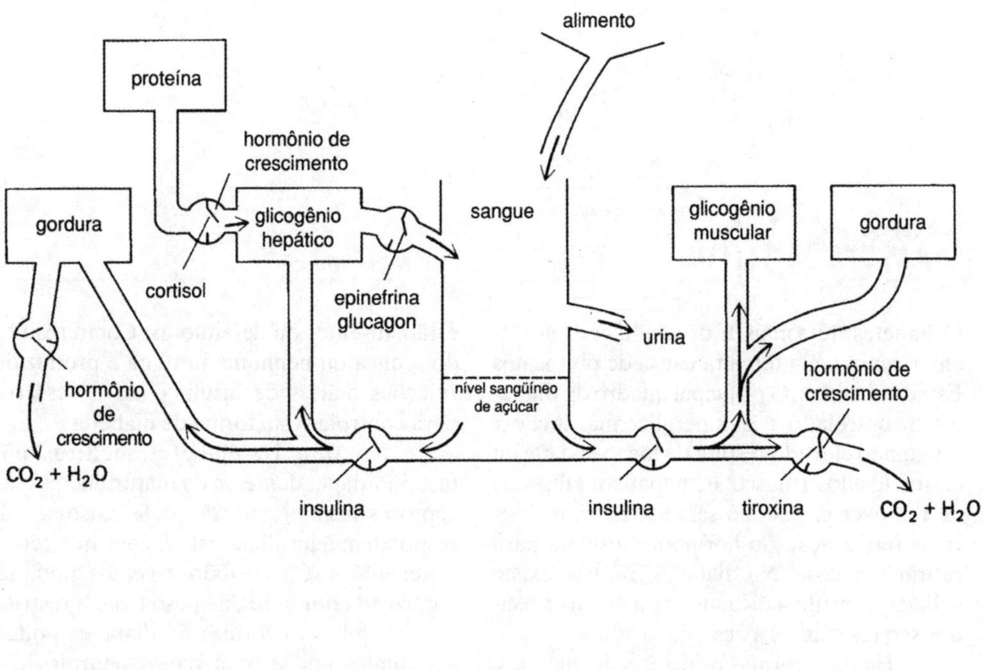

Figura 16-19
Modelo para a regulação da glicose sangüínea. A ação de hormônios é simbolizada por aberturas ou fechamentos de válvulas. (De P. Karlson, *Kurzes Lehrbuch der Biochemie*, 11a ed. Stuttgart: Georg Thieme Verlag, 1980.)

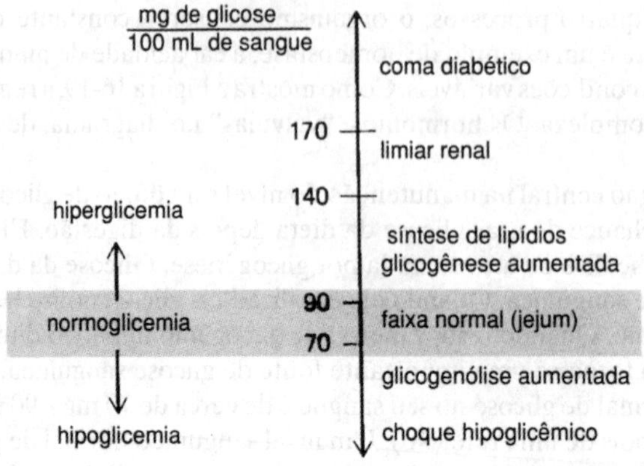

Figura 16-20
Níveis sangüíneos de glicose e seus efeitos no organismo.

No diabetes, a superprodução de glicose causada por uma deficiência do hormônio insulina resulta em **hiperglicemia**, excesso de glicose no sangue. A glicose é transferida à urina quando o limiar renal, concentração limite acima da qual os rins não podem mais filtrar e reabsorver a glicose sangüínea, é excedido. Esta condição resulta em glicosúria. Em vez de conter apenas 10 a 20 mg de glicose por 100 mL, a urina de uma pessoa diabética contém uma quantidade muito maior. As altas concentrações de glicose no sangue e na urina causam perda de fluido, por osmose, tanto intra como extracelular. A perda de fluido afeta o sistema nervoso central e reduz o volume sangüíneo, levando à hipotensão (baixa pressão arterial) e possivelmente à morte.

Saúde em Notícia 16

DIABETES MELLITUS

O diabetes afeta mais de dez milhões de norte-americanos e é a terceira causa de óbitos nos Estados Unidos. O principal quadro do diabetes incontrolado é a hiperglicemia. Açúcar sangüíneo elevado resulta da incapacidade de certos tecidos (muscular, hepático, adiposo) de remover glicose do sangue. Estes tecidos requerem a ação do hormônio insulina para retirar a glicose. No diabetes, ou não existe suficiente insulina disponível ou então os tecidos são resistentes à ação da insulina.

Há duas formas principais de diabetes. No tipo I, diabetes mellitus insulino-dependente ou juvenil, as células beta do pâncreas estão ausentes ou defeituosas. Como resultado, pouca ou nenhuma insulina é produzida. Injeções diárias de insulina são necessárias para controlar esta forma de diabetes.

No tipo II, diabetes mellitus não insulino-dependente ou da maturidade, os receptores insulínicos estão defeituosos e não respondem à insulina. Esta forma, que representa 80% a 90% de todos os casos, pode ser controlada por perda de peso e dieta restrita.

Ambas as formas de diabetes podem eventualmente levar a danos neurológicos, cegueira, colapso renal e doença cardiovascular.

Se o nível de glicose cai abaixo do normal, o resultado é uma **hipoglicemia**. Esta condição pode ocorrer como resultado de jejum, atividade extrema, convulsões ou irregularidades hormonais. Seu mais sério efeito é sobre o sistema nervoso central, causando coma e morte em casos mais severos.

Teste Clínico 16

TESTES DE GLICOSE PARA DIABETES

Testes de glicose sangüínea são usados para diagnosticar diabetes mellitus e outras condições. No teste de glicose sangüínea, ou açúcar sangüíneo, de jejum, um espécime de plasma é coletado antes que o paciente tenha tomado o café da manhã. Valores normais variam de 60 mg a 120 mg de glicose por 100 mL dependendo do método de análise utilizado. Se dois ou mais destes testes derem valores de 140 mg/100 mL, ou maiores, eles indicarão diabetes mellitus.

Tolerância à glicose, a capacidade do organismo de consumir glicose dada por via oral ou endovenosa, pode também ser medida. No teste oral de tolerância à glicose, a concentração de glicose sangüínea aumenta de cerca de 90 mg até 180 mg/100 mL de sangue 1 hora depois que uma dose de glicose é administrada. Num indivíduo normal, o nível sangüíneo de glicose volta ao seu valor original lá pelo fim da segunda hora devido à glicólise e à glicogênese aumentadas, que são estimuladas pela glicose adicionada e resultante aumento da secreção de insulina.

No indivíduo diabético, o já alto nível de açúcar sangüíneo aumenta inicialmente ainda mais depois da administração oral da glicose. O limiar renal pode ser ultrapassado, resultando em glicosúria. O declínio da concentração do nível sangüíneo de açúcar em função do tempo é lento. Um valor acima de 200 mg de glicose por 100 mL depois de duas horas é diagnóstico de diabetes. Diz-se que o paciente tem uma tolerância diminuída à glicose (Figura CT 16-1). Um indivíduo hipoglicêmico, por outro lado, mostra uma tolerância à glicose anormalmente alta. O nível inicial é baixo e cai ainda mais depois que a glicose foi administrada, freqüentemente a níveis tão baixos como 40 mg por 100 mL, devido à secreção de insulina.

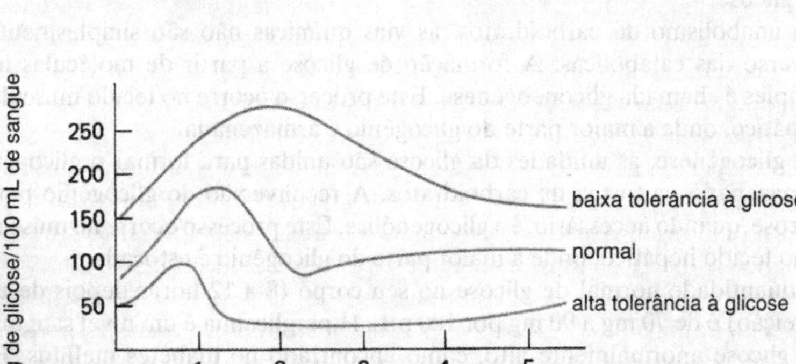

Figura CT 16-1
Curvas de tolerância à glicose. Elas indicam o nível sangüíneo de glicose por várias horas depois de uma dose inicial de glicose.

SUMÁRIO

16.1 Através dos alimentos você obtém matéria, e daí energia do meio. As complexas etapas químicas através das quais suas enzimas realizam esta transferência constituem o metabolismo. Ele inclui todos os processos químicos catalisados por enzimas que ocorrem no seu corpo. O sol é a fonte primária de energia para a vida. Numa série de reações, a energia da luz solar é convertida pela fotossíntese em energia química sob forma de novas ligações de moléculas de carboidratos. Esta energia química pode então ser usada por organismos superiores que se alimentam de carboidratos.

16.2 A energia obtida da degradação de carboidratos é transferida a moléculas de adenosina trifosfato, ATP. Ela é armazenada no ATP quando a ligação conectando o último grupo fosfato à molécula é feita. A quebra desta ligação libera depois a energia armazenada. Acoplamento energético é a ligação entre etapas endergônicas-chave, que requerem energia, e reações exergônicas, que liberam energia, como a hidrólise do ATP. O processo do catabolismo, degradação de complexas moléculas de alimentos, produz ATP para o anabolismo, síntese de grandes moléculas necessárias para as células.

16.3 As primeiras etapas do catabolismo de carboidratos ocorrem na ausência de oxigênio por um processo anaeróbico conhecido como glicólise. O resultado líquido é a degradação de uma molécula de glicose em duas moléculas de lactato. Duas moléculas de ATP são geradas por esta via.

16.4 Quando o oxigênio está presente, muito mais energia é liberada pelo processo aeróbico chamado respiração. Na etapa de preparo para o ciclo do ácido cítrico, parte do piruvato (grupo acetila) da glicólise é ligada à coenzima A, formando acetil CoA. Esta molécula entra na série de reações do ciclo, sofrendo transformações mas recuperando no final a molécula de partida. 3 NADH, $FADH_2$ e GTP são formados durante o ciclo.

16.5 Em vários estágios do ciclo do ácido cítrico, ocorre oxidação, resultando em elétrons que são transferidos a coenzimas. Estes elétrons "fluem" depois através de uma série de reações enzimáticas chamada cadeia respiratória, até que eles são transferidos ao oxigênio, o receptor final de elétrons. A transferência de elétrons está acoplada à síntese de ATP. A reação global do catabolismo de carboidratos é a conversão de glicose mais oxigênio a dióxido de carbono e água. Um total de 38 moléculas de ATP é produzido pela degradação de um mol de glicose.

16.6 No anabolismo de carboidratos, as vias químicas não são simplesmente o reverso das catabólicas. A formação de glicose a partir de moléculas mais simples é chamada gliconeogênese. Este processo ocorre no tecido muscular e hepático, onde a maior parte do glicogênio é armazenada.

16.7 Na glicogênese, as unidades da glicose são unidas para formar o glicogênio, armazenado na forma de carboidratos. A reconversão do glicogênio para a glicose, quando necessário, é a glicogenólise. Este processo ocorre no músculoo e no tecido hepático, onde a maior parte do glicogênio é estocada.

16.8 A quantidade normal de glicose no seu corpo (8 a 12 horas depois de uma refeição) é de 70 mg a 90 mg por 100 mL. Hiperglicemia é um nível sangüíneo de glicose anormalmente alto, como encontrado no diabetes mellitus. Esta condição pode ser acompanhada de glicosúria, quantidade anormalmente alta de glicose na urina. O outro extremo, hipoglicemia, é um nível sangüíneo de glicose anormalmente baixo.

EXERCÍCIOS

Exercício sobre Casamento de Palavras-Chave

Para cada termo à esquerda, escolha a frase da coluna à direita que mais se aproxima do seu sentido.

1. metabolismo	a. libera energia
2. catabolismo	b. requer energia
3. anabolismo	c. onde a respiração ocorre
4. fotossíntese	d. glicose a lactato
5. exergônico	e. via glicolítica aeróbica
6. endergônico	f. reações globais do organismo
7. ATP	g. transporte de elétrons
8. glicólise	h. degradação do glicogênio
9. mitocôndria	i. biossíntese
10. ciclo do ácido cítrico	j. síntese do glicogênio
11. cadeia respiratória	k. açúcar sangüíneo baixo
12. fosforilação oxidativa	l. degradação de moléculas
13. gliconeogênese	m. armazena e transfere energia
14. glicogênese	n. açúcar sangüíneo alto
15. glicogenólise	o. produz glicose nas plantas
16. hiperglicemia	p. síntese de glicose
17. hipoglicemia	q. produz ATP

Exercícios por Tópicos

Metabolismo e Energia (16.1)

18. Qual é o papel do metabolismo no organismo?
19. Como estão relacionados o catabolismo e o anabolismo entre si?
20. De onde vem a energia para a vida?
21. Por quê nosso corpo necessita energia?
22. Como obtemos energia?

Transferência e Armazenamento de Energia (16.2)

23. Que função desempenha o ATP?
24. Escreva uma equação para a hidrólise do ATP. Aí é a energia liberada ou absorvida?
25. O que é fosforilação?
26. Descreva o que significa "acoplamento energético"?
27. Como é armazenada e transferida a "capacidade redutora"?

Glicólise (16.3)

28. Qual é a função da glicólise?
29. Qual é o resultado líquido da glicólise de uma molécula de glicose?
30. Qual é a vantagem de termos um processo anaeróbico para o catabolismo da glicose?
31. Descreva brevemente as modificações químicas que ocorrem durante a glicólise.
32. Quais são os três estágios da glicólise?

Ciclo do Ácido Cítrico (16.4)

33. Qual é a relação entre o ciclo do ácido cítrico e a glicólise?
34. O que é respiração? Onde ocorre?
35. O que é acetil CoA? Como é formado?
36. O que faz do ciclo do ácido cítrico um "ciclo"?
37. Qual é o resultado líquido de uma "volta" do ciclo do ácido cítrico?

Cadeia Respiratória (16.5)

38. O que é cadeia respiratória? Que papel desempenha?
39. Como é a energia transferida para gerar ATP?
40. Escreva uma equação global para a completa oxidação de uma molécula de glicose. Explique-a em palavras.
41. Explique brevemente como 38 ATP são formados por oxidação de uma molécula de glicose.
42. Descreva o papel de coenzimas na transferência de elétrons.

Anabolismo dos Carboidratos (16.6)

43. Quais são as diferenças entre anabolismo e catabolismo?
44. O que é gliconeogênese?
45. Por que é importante a gliconeogênese?
46. Compare a equação da gliconeogênese com aquela da oxidação completa da glicose.

Metabolismo do Glicogênio (16.7)

47. O que é glicogênese?
48. O que é glicogenólise?
49. Qual é o papel do glicogênio hepático? do glicogênio muscular?
50. Descreva o que ocorre no tecido muscular durante exercício vigoroso.

Metabolismo e Glicose Sangüínea (16.8)

51. O que é homeostase? Como se relaciona com a glicose sangüínea?
52. O que é hipoglicemia? hiperglicemia?
53. Indique se cada um dos seguintes processos produz ou utiliza glicose:
   a. glicogênese
   b. glicólise
   c. gliconeogênese
   d. glicogenólise
54. Por que é importante que o nível sangüíneo de glicose permaneça constante?

Exercícios Adicionais

55. O que é metabolismo basal?
56. Relacione estes três itens: endergônico, exergônico, acoplamento energético.
57. Qual é o papel do oxigênio na catabolismo?
58. O que é ciclo do carbono?
59. Por que não são as reações do anabolismo simplesmente o reverso das reações catabólicas?
60. O que é "débito de oxigênio"?
61. Qual é o papel do fígado no metabolismo de carboidratos?
62. Como os hormônios afetam o metabolismo da glicose?
63. O que é diabetes mellitus?
64. Por que tanto a hipoglicemia como a hiperglicemia são perigosas?
65. O que é tolerância à glicose?
66. Qual é a função dos alimentos?
67. Descreva três diferenças entre glicólise e o ciclo do ácido cítrico.
68. Por que é a produção de ATP na cadeia respiratória chamada fosforilação oxidativa?

Capítulo 17

Metabolismo de Lipídios

Como discutimos no Capítulo 13, os lipídios desempenham importante função estrutural no nosso corpo formando membranas celulares. Sua segunda importante função, armazenamento de energia, é descrita a seguir neste capítulo. Como os lipídios são degradados durante o catabolismo e como são formados para reserva durante o anabolismo são assuntos do Capítulo 17. As relações de lipídios com dieta e doenças cardíacas são também discutidas.

17.1 Ciclo dos Ácidos Graxos

Objetivo: Para demonstrar entendimento desta seção, você deverá ser capaz de descrever o catabolismo dos ácidos graxos.

De todos os alimentos que você come, os lipídios fornecem a fonte de energia mais concentrada. Por grama eles produzem 9 kcal (38 kJ) comparadas com as 4 kcal (17 kJ) fornecidas tanto pelos carboidratos como pelas proteínas. A via catabólica que libera esta energia é chamada ciclo dos ácidos graxos. Como o ciclo do ácido cítrico, ele ocorre abundantemente nas mitocôndrias do fígado. Este processo provê mais da metade da energia requerida pelo fígado, assim como do coração e dos músculos esqueléticos em repouso.

A maioria dos lipídios, quer da dieta ou da reserva, existe como triacilgliceróis (triglicerídeos). Eles devem antes ser degradados a ácidos graxos e glicerol. Como vimos na Seção 15.6, os lipídios da dieta são hidrolisados no trato gastrointestinal. Cerca de 95% da energia disponível está contida nas três cadeias de ácidos graxos e apenas 5% no glicerol. (O glicerol pode ser convertido a diidroxiacetona fosfato e entrar na via glicolítica.)

Os ácidos graxos são degradados e parcialmente oxidados pela série de reações mostradas na Figura 17-1 e resumidas na Tabela 17-1. Este ciclo é na verdade uma espiral porque os ácidos graxos perdem dois átomos de carbono em cada "volta", até serem convertidos completamente a acetil CoA.

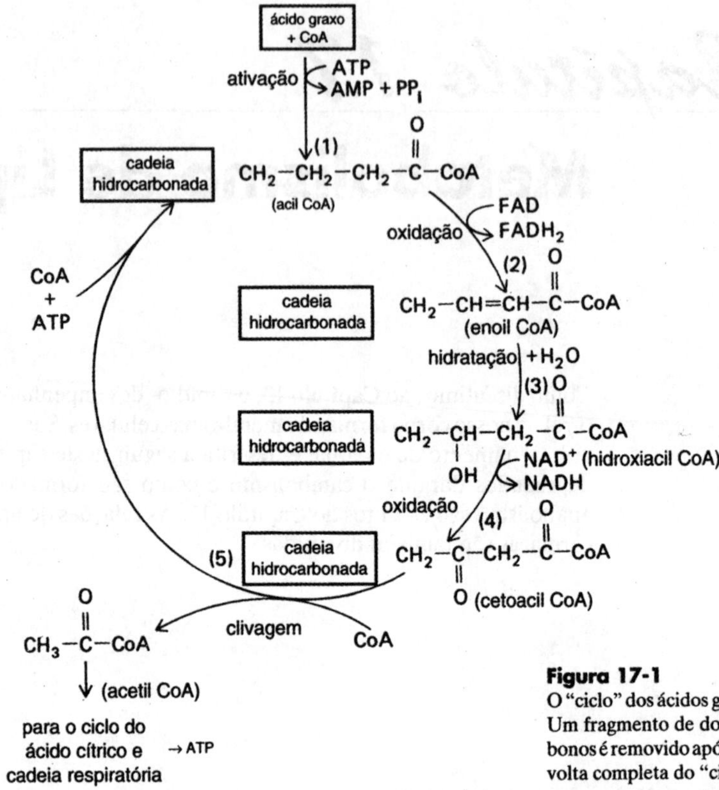

Figura 17-1
O "ciclo" dos ácidos graxos. Um fragmento de dois carbonos é removido após cada volta completa do "ciclo".

Na etapa 1, o ácido graxo é ativado formando um tioéster com a coenzima A, utilizando uma molécula de ATP. Dois grupos fosfato são perdidos do ATP nesta reação, formando adenosina monofosfato (AMP) e liberando pirofosfato (PP_i).

Em seguida, ocorre oxidação na etapa 2. Por meio de uma desidrogenase, dois átomos de hidrogênio (com os respectivos elétrons) são removidos, formando-se a coenzima reduzida $FADH_2$ e aparecendo uma ligação dupla no ácido graxo.

A etapa 3 envolve a adição de água, hidratação, gerando um grupo alcoólico.

Tabela 17-1 Reações do Ciclo dos Ácidos Graxos

Etapa	Reação	Enzima
1	ácido graxo + CoA + ATP $\rightleftarrows$ acil CoA + AMP + PP_i	acil CoA sintetase
2	acil CoA + FAD → enoil CoA + $FADH_2$	acil CoA desidrogenase
3	enoil CoA + H_2O $\rightleftarrows$ hidroxiacil CoA	enoil CoA hidratase
4	hidroxiacil CoA + NAD^+ $\rightleftarrows$ cetoacil CoA + NADH + H^+	hidroxiacil CoA desidrogenase
5	cetoacil CoA + CoA $\rightleftarrows$ acetil CoA + acil CoA (com 2 C a menos)	cetotiolase
Soma:	ácido graxo + CoA + ATP + FAD + NAD^+ + H_2O → acetil CoA + ácido graxo (menos 2C) + AMP + PP_i + $FADH_2$ + NADH	

Na etapa 4, o álcool é oxidado para formar um grupo funcional cetônico, enquanto que o NAD^+ é reduzido a NADH. Finalmente, na etapa 5, uma nova molécula de CoA entra e produz a clivagem, liberando acetil CoA e a CoA do ácido graxo agora com dois carbonos a menos. Este ácido graxo mais curto pode então correr através do ciclo novamente.

Em cada passagem pelo "ciclo", ou "espiral", dois átomos de carbono são cortados do ácido graxo, produzindo uma molécula de acetil CoA:

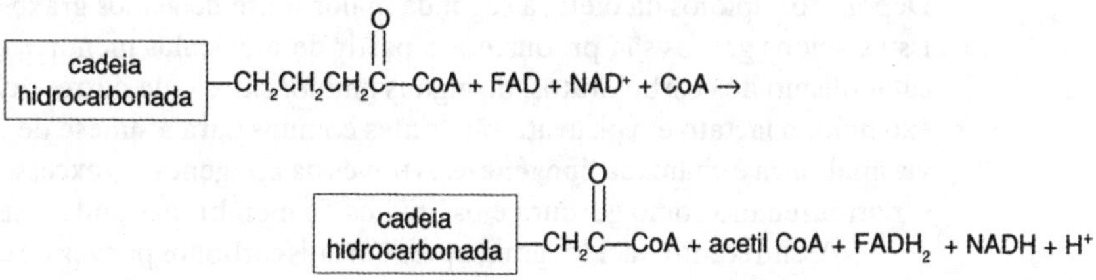

A produção total de energia a partir de uma molécula de ácido graxo, tal como o ácido palmítico com 16 carbonos, é tremenda. Percorrendo o "ciclo" dos ácidos graxos sete vezes, uma molécula de palmitoil CoA (o tioéster do ácido palmítico com coenzima A) é cortado em segmentos de dois carbonos sete vezes para produzir oito moléculas de acetil CoA:

$$\text{palmitoil CoA} + 7\,\text{CoA} + 7\,\text{FAD} + 7\,\text{NAD}^+ + 7\,\text{H}_2\text{O} \rightarrow 8\,\text{acetil CoA} + 7\,\text{FADH}_2 + 7\,\text{NADH} + 7\,\text{H}^+ \quad (1)$$

Voltando a examinar a cadeia respiratória (Seção 16.5), você notará que cada $FADH_2$ gera duas moléculas de ATP, e cada NADH produz três, dando um total de cinco moléculas de ATP, através da fosforilação oxidativa, para cada ciclo. Depois de 7 ciclos, 7 x 5 = 35 moléculas de ATP são produzidas:

$$\text{palmitoil CoA} + 7\,\text{CoA} + 7\,\text{O}_2 + 35\,\text{ADP} + 35\,\text{P}_i \rightarrow 8\,\text{acetil CoA} + 35\,\text{ATP} + 42\,\text{H}_2\text{O} \quad (2)$$

Além disto, as oito moléculas de acetil CoA entram no ciclo do ácido cítrico, gerando 8 x 12 = 96 moléculas de ATP.

$$8\,\text{acetil CoA} + 16\,\text{O}_2 + 96\,\text{ADP} + 96\,\text{P}_i \rightarrow 8\,\text{CoA} + 96\,\text{ATP} + 104\,\text{H}_2\text{O} + 16\,\text{CO}_2 \quad (3)$$

A equação global pode ser obtida somando-se as equações (2) e (3):

$$\text{palmitoil CoA} + 23\,\text{O}_2 + 131\,\text{ADP} + 131\,\text{P}_i \rightarrow \text{CoA} + 16\,\text{CO}_2 + 146\,\text{H}_2\text{O} + 131\,\text{ATP}$$

Como dois fosfatos ricos em energia foram usados para produzir o palmitoil CoA, um total líquido de 131 – 2 = 129 moléculas de ATP é produzido pela completa oxidação de uma molécula de ácido graxo típico. Esta quantidade é mais do que três vezes o número de moléculas de ATP produzidas pela oxidação de uma molécula de glicose. A completa oxidação do ácido palmítico produz 2340 kcal (9790 kJ) por mol em condições padrões. Dentro da célula, mais de 80% da energia liberada é recuperada sob forma de ATP.

17.2 Anabolismo dos Lipídios

Objetivo: Para demonstrar entendimento desta seção, você deverá ser capaz de confrontar lipogênese com o ciclo dos ácidos graxos.

Depois dos lipídios da dieta, a segunda maior fonte de ácidos graxos é a biossíntese. Estes ácidos graxos são produzidos a partir de moléculas menores que resultam do catabolismo dos carboidratos, de alguns aminoácidos e de outros ácidos graxos. Por exemplo, o lactato e o piruvato são fontes comuns para a síntese de ácidos graxos. A via anabólica é chamada **lipogênese**. Através da lipogênese, o excesso de glicose pode ser armazenado como gordura e os lipídios de membranas podem ser substituídos.

Assim como os ácidos graxos perdem dois carbonos por vez no catabolismo, eles são sintetizados durante o anabolismo pela contínua justaposição de unidades de dois carbonos. É por esta razão que os ácidos graxos que ocorrem naturalmente contêm número par de átomos de carbono. As reações anabólicas, porém, ocorrem no citoplasma celular e não nas mitocôndrias, onde acontece a oxidação dos ácidos graxos (veja o Apêndice F). O ácido palmítico, um ácido graxo de 16 carbonos, é geralmente sintetizado primeiro. Ele é produzido por meio das unidades de dois carbonos das moléculas de acetil CoA, que servem como fonte final de átomos de carbono para a lipogênese. Assim, outras fontes, tal como piruvato, devem ser antes convertidas a acetil CoA.

A reação global para a formação do ácido palmítico é:

$$\text{8 acetil CoA} + 14\ \text{NADPH} + 14\ \text{H}^+ + 7\ \text{ATP} \rightarrow$$

$$\text{ácido palmítico} + 8\ \text{CoA} + 14\ \text{NADP}^+ + 7\ \text{ADP} + 7\ \text{P}_i + 6\ \text{H}_2\text{O}$$

Assim, 8 fragmentos de dois carbonos de acetil CoA são unidos graças à energia química do ATP e do NADPH. Depois de formado, o ácido palmítico pode ser alongado por outras enzimas, se necessário. O grau de insaturação, número de ligações duplas do ácido graxo, é determinado por reações catalisadas por oxigenases.

Os triacilgliceróis podem então ser sintetizados pela reação de três ácidos graxos apropriados (ligados à CoA) com glicerol (sob forma de glicerol 3-fosfato). Os fosfoglicerídeos, componentes das membranas celulares, são formados do glicerol, dois ácidos graxos e uma base nitrogenada como a colina. Os esfingolipídios, usados pelos nervos e membranas cerebrais, são sintetizados a partir de uma molécula de ácido graxo e o aminoálcool de cadeia longa esfingosina no lugar do glicerol.

O colesterol (veja a Seção 13.9) é sintetizado por uma complexa série de reações começando com o acetil CoA, mas por uma via muito diferente daquela na qual os ácidos graxos se formam. Esta molécula serve depois como ponto de partida para a síntese de ácidos biliares e hormônios esteróides. O colesterol é também obtido diretamente da dieta. Quando a quantidade de colesterol da dieta é reduzida, a biossíntese aumenta no fígado e intestino para satisfazer as necessidades do organismo. Como foi discutido no Teste Clínico 13, níveis altos de colesterol no sangue estão relacionados com doenças cardiovasculares.

17.3 Acetil CoA e Corpos Cetônicos

Objetivo: Para demonstrar entendimento desta seção, você deverá ser capaz de descrever o papel do acetil CoA no metabolismo de carboidratos e lipídios.

Deve agora estar claro que o acetil CoA desempenha um papel central no metabolismo tanto de lipídios como de carboidratos. Como vimos no capítulo anterior, o acetil CoA pode ser formado a partir do piruvato e pode servir como o ponto de entrada no ciclo do ácido cítrico. Nós agora sabemos também que é ele o principal produto da oxidação de ácidos graxos e que está envolvido na síntese de ácidos graxos e de colesterol. Assim, o acetil CoA age como um elo de ligação entre carboidratos e lipídios. É através desta molécula que o excesso de glicose é convertido a gordura no seu corpo. Depois que a glicose é degradada até piruvato através da glicólise, o acetil CoA pode então ser usado para produzir ácidos graxos e triacilgliceróis se energia não for imediatamente requisitada do ciclo do ácido cítrico.

Entretanto, o acetil CoA não pode ser convertido nas moléculas de três carbonos necessários para a gliconeogênese. Portanto, *os lipídios não podem ser utilizados para produzir glicose*, embora o processo inverso seja possível.

Além do seu papel no ciclo do ácido cítrico e na síntese de ácidos graxos, existe um terceiro destino possível para o acetil CoA. (Veja a Figura 17-2.) Duas moléculas desta coenzima podem reagir para formar uma coenzima relacionada (acetoacetil CoA). Ela é convertida no fígado a ainda outro derivado (3-hidroxi-3-metilglutaril CoA, ou HMG CoA). Esta coenzima modificada pode então ser usada para a síntese de colesterol e outros esteróides. A quantidade que pode ser utilizada para este fim é geralmente limitada. Portanto, numa outra reação, a coenzima modificada (HMG CoA) forma ácido acetoacético, o qual por sua vez gera o ácido β-hidroxibutírico e, numa quantidade maior, a acetona. Estas três moléculas, formadas no fígado, podem então se acumular no sangue. Elas são chamadas **corpos cetônicos**.

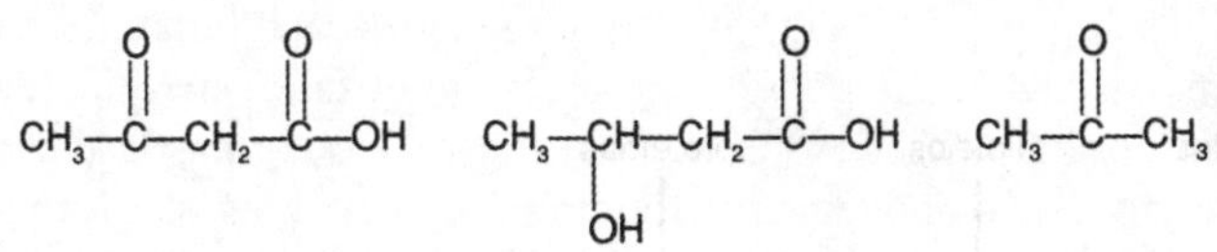

corpos cetônicos

ácido acetoacético — ácido *β*-hidroxibutírico — acetona

(Note que o ácido *β*-hidroxibutírico não é uma cetona, mas está intimamente relacionado com o ácido acetoacético.). Os corpos cetônicos são produzidos continuamente e estão assim presentes normalmente no sangue em pequenas quantidades. Eles são absorvidos pelos músculos cardíaco e esquelético como fonte de energia. (Os corpos cetônicos são as substâncias mais hidrossolúveis, utilizadas para produzir energia química, derivadas de lipídios.)

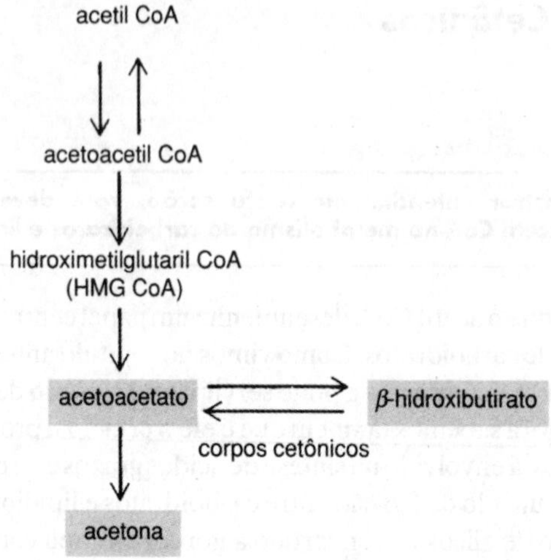

Figura 17-2
Síntese dos corpos cetônicos. Como mostrado, os três corpos cetônicos são formados por reações químicas que começam com o acetil CoA.

A produção de corpos cetônicos é uma maneira como o fígado impede oxidação subseqüente do acetil CoA. Em vez disto, ele é distribuído em forma de corpos cetônicos a outros tecidos para serem oxidados lá. Este mecanismo ajuda a conservação da glicose, que teria de outra maneira de ser usada como combustível por estes tecidos. A glicose é assim poupada para ser usada por tecidos, tais como os do cérebro, que são absolutamente dependentes de glicose como fonte de energia.

A Figura 17-3 resume o papel do acetil CoA no metabolismo. Como você pode ver, o acetil CoA pode também ser formado da degradação de proteínas, assim como de carboidratos e lipídios. Assim, o acetil CoA pode ser produzido a partir de qualquer um dos principais nutrientes durante o catabolismo. Ele é depois canalizado para a síntese de ácidos graxos ou colesterol no metabolismo, ou a geração de ATP para armazenar energia através do ciclo do ácido cítrico e da cadeia respiratória, ou a formação de corpos cetônicos.

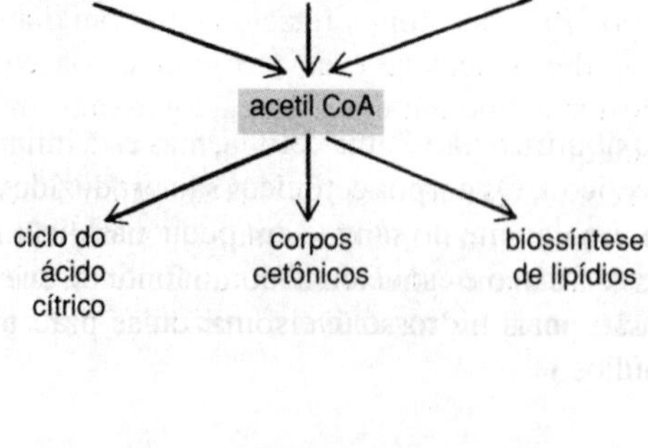

Figura 17-3
Papel do acetil CoA. Esta molécula desempenha um papel central no metabolismo dos principais tipos de nutrientes - carboidratos, lipídios e proteínas.

17.4 Cetose

Objetivo: Para demonstrar entendimento desta seção, você deverá ser capaz de descrever as causas e efeitos da cetose.

Sob certas condições, a velocidade de formação dos corpos cetônicos torna-se maior do que a capacidade dos tecidos corporais de absorvê-los. Isto acontece durante um catabolismo aumentado de ácidos graxos, quando quantidades excessivas de acetil CoA são produzidas.

Uma concentração anormalmente alta dos três corpos cetônicos no sangue chama-se cetonemia. Quando os níveis sangüíneos se tornam tão altos que ultrapassam o limiar renal, os corpos cetônicos aparecem na urina, resultando em cetonúria. (Veja o Teste Clínico 10.) É também provável que, quando ambas as condições existem, hálito de acetona apareça na respiração. O termo **cetose** descreve esta combinação de cetonemia, cetonúria e hálito de acetona.

Uma das possíveis causas de cetose é o jejum prolongado. Devido à ausência de carboidratos, a principal fonte de energia da dieta, o glicogênio é rapidamente utilizado, e o organismo deve então drenar sua reserva de gordura. Os ácidos graxos são liberados e oxidados no fígado, resultando numa alta concentração de lipídios no sangue, uma condição conhecida como **lipemia**. A produção de acetil CoA aumenta, e os corpos cetônicos formam-se assim em grandes quantidades. Qualquer dieta rica em lipídios e pobre em carboidratos (tal como a "dieta do Dr. Atkin") pode causar cetose por este mesmo processo.

A mais importante causa clínica da cetose é o diabetes mellitus. Num indivíduo diabético, a glicose está presente mas não pode ser usada normalmente (veja Saúde em Notícia 16). O efeito no metabolismo lipídico é semelhante àquele causado por uma pessoa que não come carboidratos, como no caso de um jejum prolongado. O paciente fica hiperglicêmico, mas os músculos e o fígado não podem fazer uso da glicose. Esta situação tem sido designada "jejum dentro da fartura". Lipídios de reserva devem então ser utilizados para fornecer energia, gerando acetil CoA em grande quantidade e resultando em cetose. Em casos severos, a concentração sangüínea de corpos cetônicos pode atingir 90 mg/100 mL, comparada com a concentração de 3 mg/100 mL numa pessoa normal. A excreção urinária pode atingir 5000 mg em 24 horas em vez de aproximadamente 100 mg.

Uma das sérias conseqüências da cetose resulta da natureza ácida de dois dos corpos cetônicos, ácidos acetoacético e β-hidroxibutírico. Sua presença no sangue leva a uma diminuição do seu pH do valor normal de 7,4, causando uma forma de acidose metabólica, cetoacidose (veja Saúde em Notícia 7). Esta condição é a complicação aguda mais séria do diabetes. Ela resulta num aumento dos sintomas da cetose-cansaço, desconforto, perda de apetite, sede, excreção urinária excessiva, assim como náusea, vômito, tontura, respiração profunda e eventualmente coma. A cetoacidose diabética é responsável por 70% dos óbitos relacionados com diabetes em crianças abaixo dos 10 anos de idade. A acidose é de tão grande conseqüência porque o funcionamento adequado dos componentes celulares, como suas enzimas, depende da manutenção de um pH adequado.

Numa tentativa de combater a acidose, os rins excretam os ácidos, que existem predominantemente como ânions na urina. Como sua carga negativa deve ser neutralizada, íons de sódio, Na^+, são eliminados concomitantemente. Além disto, grandes quantidades de fluidos são perdidos na urina, somando-se à acidose e à perda de eletrolitos a desidratação.

17.5 Lipídios Corporais

Objetivo: Para demonstrar entendimento desta seção, você deverá ser capaz de descrever a relação entre depósito gorduroso e metabolismo.

Mais de 10% do seu peso corporal é constituído de lipídios, principalmente triacilgliceróis. Os lipídios estão localizados em todos os órgãos, além de áreas especiais de reserva que formam o tecido adiposo. Neste tipo de tecido conjuntivo, muito do citoplasma celular é substituído por gotículas de lipídios. (Veja a Figura 13-3.) Estas áreas contêm o depósito lipídico ou gorduroso. Elas constituem os armazéns de energia química, que pode ser usada pelo organismo quando necessária.

O depósito gorduroso está no estado líquido e tão saturado quanto possível sem se tornar sólido na temperatura corporal. (Quanto maior o grau de saturação, mais ligações simples em relação às duplas estão presentes nos ácidos graxos e maior a quantidade de energia que pode ser produzida por oxidação.) Muito do depósito gorduroso está localizado sob a pele e age como isolante contra perda excessiva de calor corporal. Ele também serve como protetor contra golpes mecânicos agindo como uma espécie de almofada.

O feto contém pouco depósito gorduroso. Enquanto no útero, ele recebe continuamente alimentação através da placenta, da circulação sangüínea humana. Além disto, o feto está num local bem protegido dentro do corpo de sua mãe e não requer meios adicionais para resguardá-lo contra mudanças de temperatura ou choque mecânico. Assim, o feto não tem necessidade real de depósito gorduroso e ele o adquire apenas nas vésperas do nascimento. O adulto, por outro lado, alimenta-se apenas algumas vezes durante o dia mas utiliza energia a todo momento. Portanto, o depósito gorduroso é uma importante reserva de energia, assim como um "escudo" contra o meio ambiente.

O tecido adiposo absorve e armazena lipídios quase que exclusivamente sob forma de triacilgliceróis. Depois de absorvidas durante a digestão, as gorduras são transportadas do fígado ao tecido adiposo pelo sangue sob forma de lipoproteínas. Lá elas são degradadas em ácidos graxos e glicerol, e os triacilgliceróis são ressintetizados e armazenados. Além disto, as gorduras são formadas a partir de carboidratos através da lipogênese, uma vez que, como vimos, qualquer substância que produz acetil CoA pode servir como material de partida para a síntese de ácidos graxos. Esta capacidade é de grande importância porque os carboidratos compõem a maior parte de sua dieta, e a capacidade de armazenar glicogênio, a reserva energética formada a partir de glicose, é limitada. Os lipídios constituem uma reserva melhor do que o glicogênio porque fornecem muito mais ATP durante a oxidação.

A Tabela 17-2 mostra a enorme quantidade de energia disponível da gordura do tecido adiposo comparada com aquela de outras fontes do nosso corpo.A reserva de energia química armazenada como gordura pode suprir as necessidades energéticas do organismo em repouso por até oito semanas. Os lipídios provêem reserva energética a longo prazo quando comparados ao glicogênio, que supre necessidades a curto prazo entre as refeições. Os lipídios são a única fonte de energia em animais hibernantes e aves migratórias.

Quando necessário, o depósito gorduroso pode ser mobilizado, da mesma maneira como uma reserva do exército pode ser convocada e enviada para entrar em ação. O depósito gorduroso entra na corrente sangüínea sob forma de ácidos graxos ligados a uma proteína, a albumina sérica.

Tabela 17-2 Suprimento de Combustível de Reserva[a]

Combustível de Reserva	Suprimento (g)	Suprimento (kcal)	Suprimento (kJ)
gordura (tecido adiposo)	15000	141000	590000
proteína (músculos)	6000	24000	100000
glicogênio (músculos)	120	480	2000
glicogênio (fígado)	70	280	1200

[a] Para homens, peso corporal médio de 70 kg.

Cada molécula de proteína transporta cerca de 20 ácidos graxos para o fígado para serem degradados até acetil CoA antes de entrarem no ciclo do ácido cítrico. Quando quantidades excessivas de lipídios são transportadas para o fígado, como no jejum prolongado e no diabetes (assim como no alcoolismo), uma condição conhecida como "fígado gorduroso" se desenvolve (Figura 17-4).

A Figura 17-5 apresenta um resumo do papel dos lipídios no organismo.

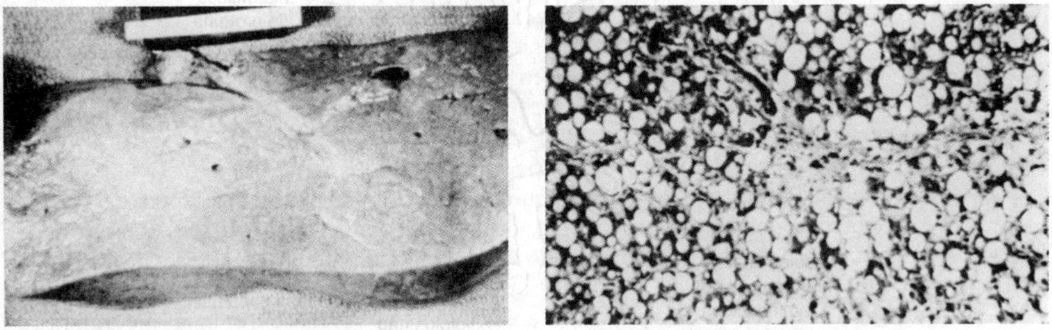

(a) (b)

Figura 17-4
Um fígado gorduroso. (a) Visão macroscópica; (b) Visão microscópica. Esta condição se desenvolve no jejum prolongado e no diabetes quando excesso de lipídio é transportado ao fígado. (Fotos por cortesia do Dr. Frank A. Seixas.)

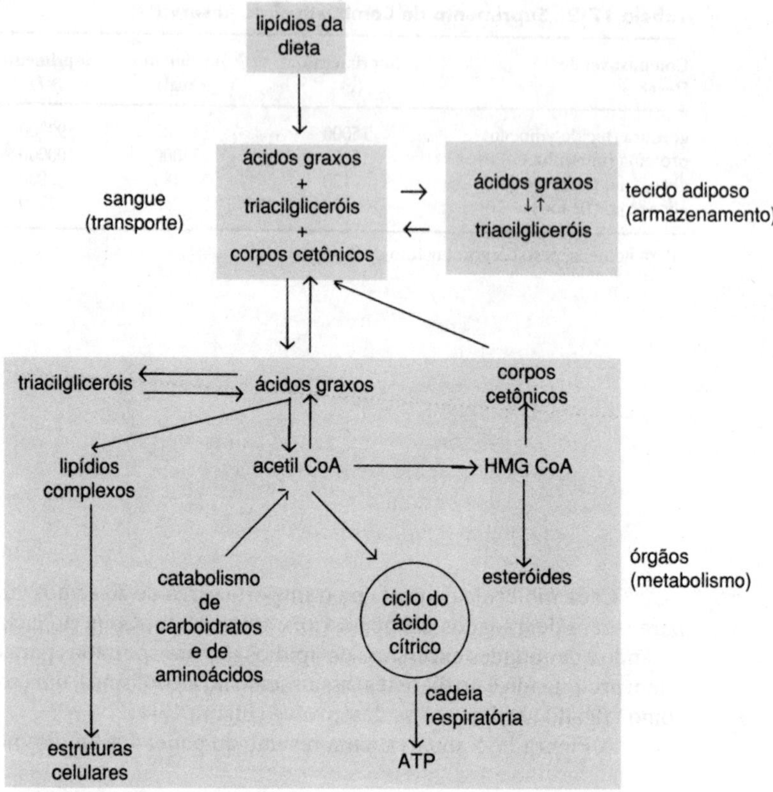

Figura 17-5
Resumo dos lipídios do organismo. Este diagrama mostra as principais reações dos lipídios dentro do organismo.

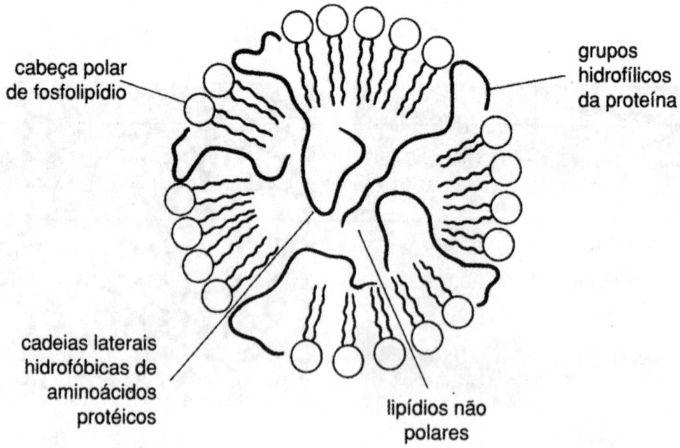

Figura 17-6
Diagrama de uma lipoproteína. Note que as regiões não polares estão no "interior" e as regiões polares no "exterior" da lipoproteína.

17.6 Lipídios Sangüíneos

Objetivo: Para demonstrar entendimento desta seção, você deverá ser capaz de descrever a composição dos lipídios do sangue.

O plasma sangüíneo contém normalmente cerca de 500 mg de lipídios por 100 mL. Aproximadamente 44% deste total é colesterol, 32% é fosfolipídeo e 24% triacilglicerol. Pelo fato de serem insolúveis em fluidos aquosos, os lipídios estão associados a proteínas que os tornam solúveis. Esta combinação é uma lipoproteína. Os lipídios não polares estão enterrados "no interior" da proteína globular, juntamente com as cadeias laterais hidrofóbicas dos aminoácidos da proteína. A "parte externa" contém as cabeças polares dos fosfoglicerídeos e as cadeias laterais hidrofílicas dos aminoácidos (Veja a Figura 17-6.)

A Tabela 17-3 reúne os principais tipos de lipoproteínas. Como mostrado, elas podem ser classificadas de acordo com sua densidade. Quilomicra são as menos densas e contêm a maior parte de lipídio. Elas transportam triacilgliceróis do intestino através dos sistemas linfático e circulatório, para os tecidos adiposo e muscular.

As lipoproteínas de baixíssima densidade (VLDL) servem uma finalidade semelhante, mas transportam triacilgliceróis sintetizados pelo fígado. Cerca de 70 g a 150 g de triacilgliceróis entram e deixam o plasma a cada dia. Elas constituem o principal lipídio transportado através do sangue.

As lipoproteínas de baixa densidade (LDL) transportam colesterol e cerca de 50% delas consistem de colesterol. Um alto nível deste tipo de lipoproteína no sangue está associado com risco aumentado de doença cardiovascular, a causa mais comum de óbitos em homens de meia-idade em todos os países ocidentais. A maioria destes óbitos estão ligados à aterosclerose. Como vimos no Capítulo 13, esta condição é um caso especial de arteriosclerose ("endurecimento das artérias") no qual a camada interna das paredes arteriais está aumentada por depósitos lipídicos chamados placas. Compostas grandemente de colesterol, elas são mostradas na Figura 17-7.

A aterosclerose interrompe a circulação do sangue da mesma maneira que um velho cano d'água. Se ele estiver parcialmente bloqueado por depósitos minerais, não irá também permitir um fluxo normal de água.

Tabela 17-3 Lipoproteínas Plasmáticas

			Composição			
Tipo	**Densidade (g/cm3)**	**Quantidade (mg/100 mL)**	**% de Proteína**	**% de Fosfo-glicerídeo**	**% de Colesterol**	**% de Tria-cilgliceróis**
quilomicra	abaixo de 0,95	100-250	2	7	8	83
baixíssima densidade (VLDL)	0,95-1,006	130-200	9	18	22	50
baixa densidade (LDL)	1,006-1,063	210-400	21	22	46	10
alta densidade (HDL)	1,063-1,210	50-130	33	29	30	8
altíssima densidade (VHDL)	acima de 1,21	290-450	57	21	17	5

Teste Clínico 17

Lipídios Plasmáticos

Os lipídios usualmente analisados no sangue são o colesterol e os triacilgliceróis (triglicerídeos), no soro, e as lipoproteínas no plasma. Nós já discutimos a medida do colesterol sérico no Teste Clínico 13. As determinações de lipídios são as mais comumente solicitadas para diagnosticar pacientes com suspeita de aterosclerose. Níveis elevados de lipídios, colesterol e triacilgliceróis séricos constituem um importante risco para desenvolver esta condição.

Os valores de triacilgliceróis séricos variam muito, dependendo da dieta e da hora da última refeição. Para os adultos, os valores variam de 10 mg a 190 mg para 100 mL depois de 12 horas de jejum. Valores acima de 200 mg indicam hipertrigliceridemia e podem resultar de uma desordem no metabolismo de lipídios ou carboidratos.

Diagnóstico subseqüente é possível através de eletroforese (mostrado na Figura 14-11) das lipoproteínas plasmáticas. As lipoproteínas se separam em quatro frações principais: alfa (alta densidade), beta (baixa densidade), pre-beta (baixíssima densidade) e quilomicra. As quantidades relativas destas frações auxiliam no diagnóstico de diferentes tipos de hiperlipoproteinemia. Por exemplo, no Tipo IV, a forma mais comum, a fração pre-beta, está elevada, correspondendo a um alto nível de VLDL.

Alta pressão arterial, conhecida como hipertensão, se desenvolve quando o sangue deve ser bombeado com mais dificuldade para fazê-lo circular através das artérias entupidas. A aterosclerose é o principal fator envolvido na maioria dos ataques cardíacos e outras doenças cardiovasculares, tais como angina pectoris. No caso de um ataque cardíaco, uma artéria do coração está bloqueada, causando dano ao mesmo.

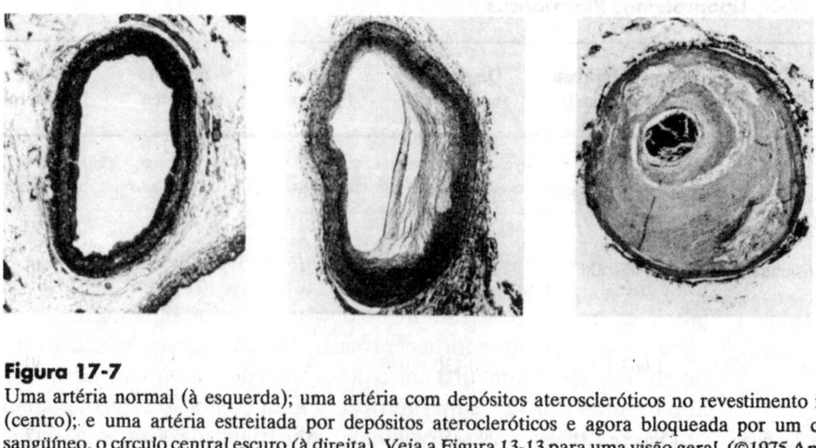

Figura 17-7
Uma artéria normal (à esquerda); uma artéria com depósitos ateroscleróticos no revestimento interno (centro); e uma artéria estreitada por depósitos ateroclerόticos e agora bloqueada por um coágulo sangüíneo, o círculo central escuro (à direita). Veja a Figura 13-13 para uma visão geral. (©1975 American Heart Association, Inc. Reimpresso com permissão.)

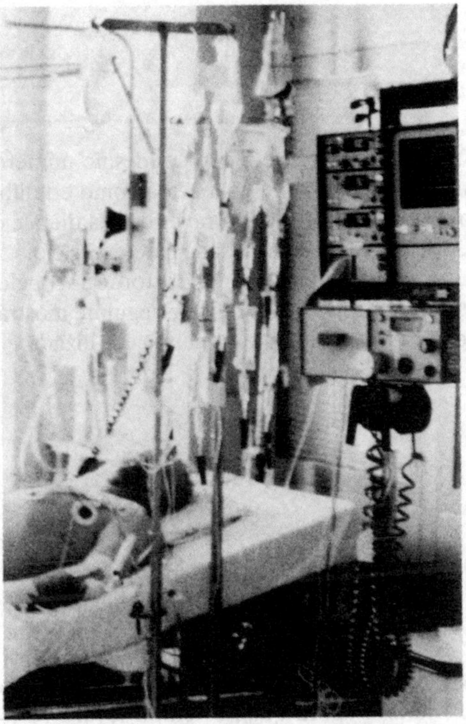

Figura 17-8
Uma unidade cardíaca de terapia intensiva. Doenças cardiovasculares são as causas mais comuns de óbitos em homens de meia-idade em todos os países ocidentais. (Direitos autorais para foto Leonard Kamsler/MediChrome.)

Num derrame cerebral, uma artéria do cérebro está bloqueada, causando agora dano ao cérebro. A angina pectoris resulta de um fluxo diminuído de sangue ao coração, criando dores no peito. (Veja a Figura 17-8).

17.7 Lipídios e Dieta

Objetivo: Para demonstrar entendimento desta seção, você deverá ser capaz de descrever a relação entre lipídios da dieta, lipídios corporais, sangüíneos e saúde.

Cerca de 40% das calorias que ingerimos vêm dos lipídios. Desta quantidade, aproximadamente um terço vem da carne, um terço da manteiga e óleos, um quinto de laticínios em geral e o restante de outros produtos alimentares. (Veja a Figura 17-9.) Uma vez que os lipídios fornecem mais calorias por grama (9 kcal/g) do que carboidratos ou proteínas, e foram uma parte tão grande de nossa dieta, os lipídios constituem um importante fator de "supernutrição". Esta condição tem sido chamada o principal problema nutricional da sociedade industrializada. Cerca de um terço de todos os norte-americanos tem excesso de peso num nível que diminui sua expectativa de vida.

Faça-o Você Mesmo 17
"Queime" Suas Calorias

Para manter um peso constante, você deve ingerir o mesmo número de calorias utilizadas pelo organismo. Esta condição é conhecida como equilíbrio calórico. Você controla o número de calorias ingeridas através de sua dieta e o número de calorias utilizadas através do seu nível de atividade e de exercício.

A rapidez com que você queima a energia fornecida pelos alimentos depende em parte do seu nível de atividade. A tabela seguinte mostra que quanto maior o nível de atividade, mais rapidamente a energia é utilizada.

Atividade	Energia utilizada (kcal/min) Homens	Mulheres
sono ou repouso	1,1	1,0
leve (caminhar)	3,7	3,0
moderada (andar de bicicleta)	6,2	5,0
pesada (nadar)	10,0	8,0

Como fazer: Use o valor energético do café da manhã que você obteve em Faça-o Você Mesmo 16. Calcule agora quanto tempo levará para queimar as calorias do seu café da manhã com atividade leve e pesada. Lembre-se que as calorias não utilizadas pelo seu corpo são armazenadas sob forma de gordura!

A Tabela 17-4 lista os pesos ideais em função da altura. Um peso 10% a 15% acima do indicado é geralmente considerado sobrepeso.

Tabela 17-4 Pesos Recomendados para Adultos[a]

Altura (cm)	Peso (kg)[b] Homens	Mulheres
152,4		51,3 - 57,2
154,9		52,2 - 58,5
157,5	59,4 - 64,0	53,5 - 59,9
160,0	60,3 - 64,9	54,9 - 61,2
162,6	61,2 - 65,8	56,2 - 62,6
165,1	62,1 - 67,1	57,6 - 64,0
167,6	63,0 - 68,5	59,0 - 65,3
170,2	64,4 - 69,9	60,3 - 66,7
172,7	65,8 - 71,2	61,7 - 68,0
175,3	67,1 - 72,6	63,0 - 69,4
177,8	68,5 - 73,9	64,4 - 70,8
180,3	69,9 - 75,3	65,8 - 72,1
182,9	71,2 - 77,1	67,1 - 73,5
185,4	72,6 - 78,9	
188,0	74,4 - 80,7	

[a] Fonte: Metropolitan Life Insurance Co., 1983.
[b] Pessoas de estatura média, vestindo roupa caseira (cerca de 2,3 kg para o homem e 1,4 kg para a mulher) e saltos de 2,5 cm.

A Tabela 17-5 fornece as ingestões calóricas diárias recomendadas com base na idade e sexo. Veja Saúde em Notícia 17 para uma discussão sobre obesidade.

Tabela 17-5 Ingestão Calórica Recomendada[a]

Idade (anos)	Necessidades energéticas (kcal)[b] Homens	Mulheres
1 - 3	1300	1300
4 - 6	1700	1700
7 - 10	2400	2400
11 - 14	2700	2200
15 - 18	2800	2100
19 - 22	2900	2100
23 - 50	2700	2000
51 - 75	2400	1800
acima de 76	2050	1600

[a] Fonte: National Academy of Sciences — National Research Council, 1980.

[b] Com base nos pesos desejáveis para a média das estaturas; gravidez, adicione 300 kcal; lactentes, adicione 500 kcal.

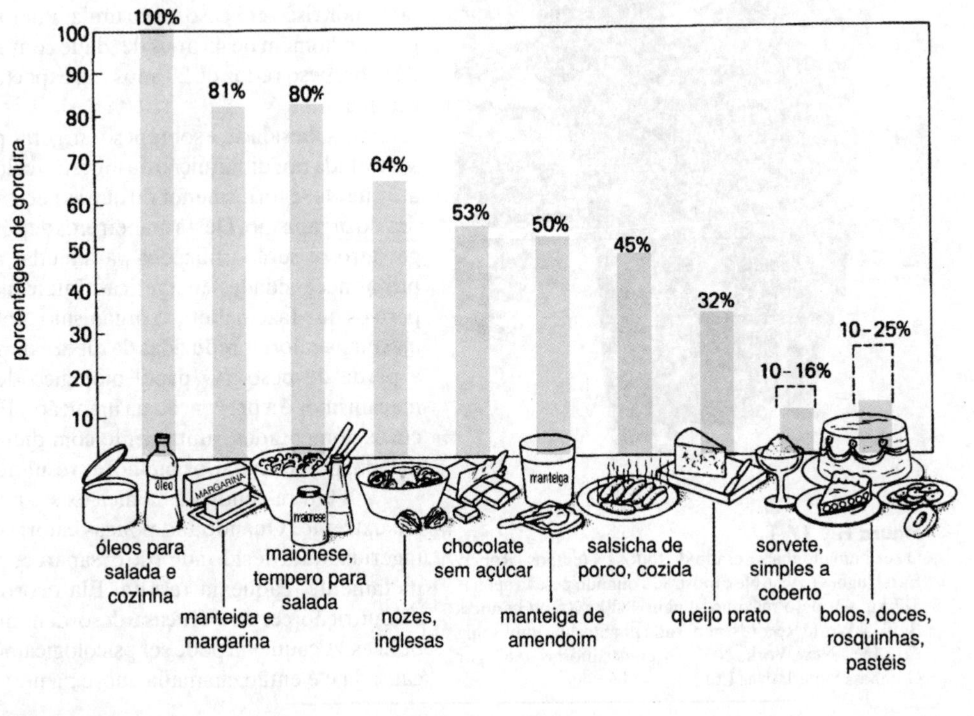

Figura 17-9
Gorduras nos alimentos. As barras mostram a porcentagem aproximada de gordura em cada tipo de alimento. (De Calloway and Carpenter, "Nutrition and Health", W.B. Saunders Co., pg.39, figura 3-6. Direitos autorais 1981.)

Saúde em Notícia 17

OBESIDADE

A obesidade é geralmente indicada por um peso 20% a 30% acima do valor desejável (Veja a Tabela 17-4). A causa básica é uma ingestão de calorias em excesso sobre as necessidades energéticas do organismo. Cerca de 15 milhões de norte-americanos sofrem de obesidade. A Figura HN 17-1 mostra um caso extremo.

Figura HN 17-1
O ser humano mais pesado de todos os tempos (Robert Earl Hughes). Aqui ele é mostrado quando pesava apenas 317 kg; seu peso máximo atingiu 485 kg. (Do Guinness Book of World Records, publicado por Sterling Publishing Co., Inc., New York, N.Y. Direitos autorais 1984 por Guinness Superlatives Ltd.)

Sob condições normais, novas gorduras são continuamente depositadas no tecido adiposo, e depósitos gordurosos são mobilizados. Como estes dois processos opostos se equilibram, a quantidade total de gordura corporal permanece geralmente constante. Se porém a dieta fornece mais calorias do que as necessárias para o metabolismo basal e outros tipos de trabalho do nosso corpo, o excesso formará depósito gorduroso extra. Cada kg de gordura corporal em excesso corresponde a uma ingestão extra de cerca de 7700 kcal (32.250 kJ).

Ao lado das desvantagens sociais e físicas da obesidade, este estado diminui a expectativa de vida da pessoa em virtude da tensão no organismo. Entre indivíduos obesos, a chance de desenvolver diabetes, ou doenças da vesícula, fígado e cardiovasculares é muito maior do que em outras pessoas, além do maior risco em caso de cirurgia. Por exemplo, um homem de 45 anos de idade com 13 kg de sobrepeso reduz de 20 anos sua expectativa de vida.

Obesidade, e sobrepeso em geral, pode ser tratada por diminuição da ingestão calórica até que ela se torna menor do que as necessidades do organismo. Desta maneira, os depósitos gordurosos serão utilizados para ajudar a suprir as necessidades energéticas. Infelizmente para os que fazem dieta, o organismo tenta se ajustar às calorias reduzidas da dieta e diminui a perda de peso. (O papel biológico destes mecanismos é a prevenção da inanição.) Exercícios aumentados, juntamente com dieta reduzida, parecem dar os melhores resultados.

Outra condição médica existe no outro extremo. Quando tão poucas calorias são ingeridas que o tecido adiposo desaparece completamente, caquexia resulta. Ela ocorre na subnutrição, certas doenças e desordens metabólicas. A caquexia pode ser psicologicamente causada e é então chamada anorexia nervosa.

A dieta parece também ser um importante fator determinante das lipoproteínas sangüíneas descritas na seção anterior. Evidências crescentes indicam que hiperlipoproteinemia, ou hiperlipemia, concentração muita alta de lipídios no sangue, e aterosclerose estão relacionadas com a dieta. Por exemplo, as pessoas que vivem em países menos desenvolvidos e que usam óleos vegetais como sua maior fonte de lipídios, têm uma concentração baixa de lipídios sangüíneos e pouca aterosclerose. Por outro lado, o povo dos Estados Unidos e o da Europa ocidental, que usam muito mais gordura animal, têm um nível mais elevado de lipídios sangüíneos e uma maior incidência de doenças ateroscleróticas. Naturalmente, existem outros fatores de risco envolvidos em doenças cardiovasculares, tais como falta de exercício, tendências genéticas, tabagismo e tensão emocional. Mas os alimentos que você come têm sua participação, especialmente porque uma alta concentração de lipídeos sangüíneos está freqüentemente associada com o depósito de placas lipídicas nas artérias.

A quantidade de lipídios no sangue reflete a contribuição relativa de ácidos graxos saturados e insaturados da sua dieta. Estudos mostram que hiperlipemia e aterosclerose podem ocorrer por causa de muito lipídio saturado e não suficiente lipídio insaturado ou poliinsaturado. Esta relação pode resultar do fato que quanto mais saturados os ácidos graxos que você ingere, mais altas as concentrações relativas de colesterol e lipoproteínas de baixa densidade no sangue. Lembre-se que é o colesterol, importante molécula necessária para a síntese de esteróides, que forma as placas que bloqueiam as artérias.

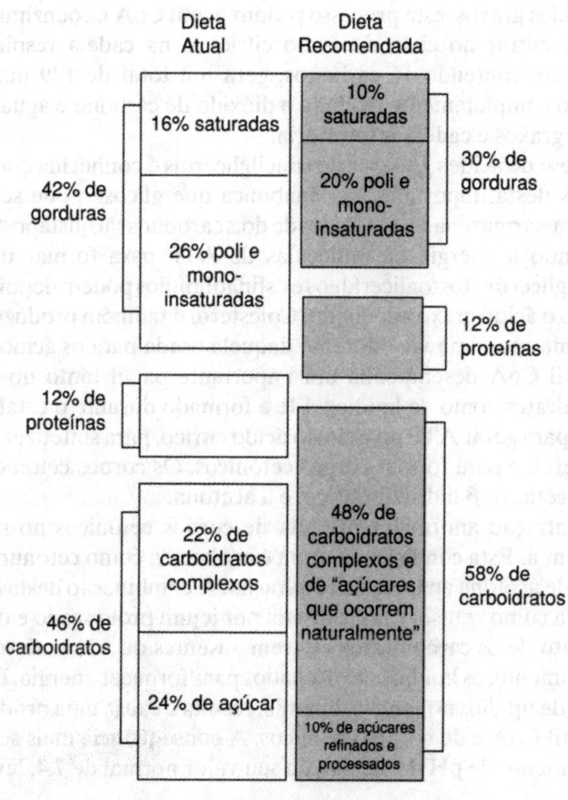

Figura 17-10
Comparação da dieta norte-americana com valores dietéticos recomendados pelo Senate Select Committee on Food and Nutrition. Note o deslocamento no sentido de menos gordura e mais carboidratos.

Embora a origem das doenças cardiovasculares não seja ainda completamente compreendida, a American Heart Association e outras recomendam a redução ou controle do consumo de gordura sob supervisão médica, com razoável substituição por gorduras poliinsaturadas, como um possível meio de prevenir a aterosclerose e de diminuir o risco de ataques cardíacos e derrames cerebrais. Óleos vegetais insaturados, como os de açafroa, milho, amendoim e semente de algodão, parecem ser os mais efetivos para se manter uma baixa concentração de lipídios no sangue.

O controle da quantidade total de lipídios é importante para manter o peso adequado e conseqüentemente diminuir o risco de doenças cardíacas. Muitas autoridades médicas recomendam reduzir a quantidade total de lipídios da dieta de maneira que eles forneçam apenas 30% de suas necessidades energéticas. (Veja a Figura 17-10.)

SUMÁRIO

17.1 Os ácidos graxos, produzidos por hidrólise de triacilgliceróis, são oxidados nas mitocôndrias por uma série de reações nas quais as longas cadeias hidrocarbonadas são encurtadas dois carbonos a cada ciclo. Chamado "ciclo" dos ácidos graxos, este processo produz acetil CoA e coenzimas reduzidas, que podem entrar no ciclo do ácido cítrico e na cadeia respiratória. O ácido palmítico, contendo 16 carbonos, gera um total de 129 moléculas de ATP quando completamente oxidado a dióxido de carbono e água pelo "ciclo" dos ácidos graxos e cadeia respiratória.

17.2 A síntese de ácidos graxos e de triacilgliceróis é conhecida como lipogênese. É através desta importante via anabólica que glicose pode ser convertida em gordura e armazenada. Unidades de dois carbonos são justapostas no citoplasma utilizando a energia de moléculas de ATP para formar os ácidos graxos. Triacilgliceróis, fosfoglicerídeos e esfingolipídios podem depois ser sintetizados usando o ácido graxo adequado. Colesterol é também produzido usando acetil CoA, mas por uma via diferente daquela usada para os ácidos graxos.

17.3 O acetil CoA desempenha um importante papel tanto no metabolismo de carboidratos como de lipídios. Ele é formado durante o catabolismo e depois usado para gerar ATP no ciclo do ácido cítrico, para sintetizar ácidos graxos ou colesterol, e para formar corpos cetônicos. Os corpos cetônicos são os ácidos acetoacético e β-hidroxibutírico, e a acetona.

17.4 Concentração anormalmente alta de corpos cetônicos no sangue chama-se cetonemia. Esta condição na urina é conhecida como cetonúria. Além disto, o hálito de acetona aparece na respiração. A combinação destas três condições é descrita como cetose. Ela é causada por jejum prolongado e diabetes mellitus. Pelo fato de os carboidratos estarem ausentes ou não poderem ser utilizados normalmente, os lipídios são drenados para fornecer energia. Uma alta concentração de lipídios no sangue, lipemia, resulta e causa uma produção aumentada de acetil CoA e de corpos cetônicos. A conseqüência mais séria da cetose é o abaixamento de pH do sangue do seu valor normal de 7,4, levando à acidose.

17.5 A reserva corporal de energia química, o depósito gorduroso, está contida no tecido adiposo, a maior parte sob a pele. Ele também serve de isolante contra perda de calor e choque mecânico. Sob condições normais, novas gorduras estão sendo continuamente depositadas no tecido adiposo, e depósitos gordurosos estão sendo mobilizados. Pelo fato de estes dois processos opostos se equilibrarem entre si, a quantidade total de gordura corporal permanece constante.

17.6 A composição e concentração de lipídios no sangue são de grande significado porque certas desordens, principalmente doenças cardiovasculares, parecem ser parcialmente determinadas por estes fatores. Aterosclerose é uma condição na qual a camada interna das pareces arteriais está espessada por depósitos lipídicos chamados placas, constituídas em grande parte de colesterol. Elas interrompem a circulação do sangue e se constituem no principal fator envolvido na maioria dos ataques cardíacos, derrames cerebrais e outras doenças cardiovasculares tais como angina pectoris e hipertensão arterial.

17.7 Os lipídios representam a fonte mais concentrada de energia entre todos os alimentos que você come. Se a dieta fornece mais calorias do que o corpo necessita, o excesso é armazenado como gordura. Se uma grande quantidade se forma, sobrepeso ou obesidade resulta. Esta condição leva a uma diminuição da expectativa de vida e risco aumentado de doenças cardiovasculares. Há evidências de que a hiperlipemia e a aterosclerose estão ligadas à dieta. A American Heart Association recomenda uma redução no consumo de gorduras e uma razoável substituição das gorduras saturadas por poliinsaturadas.

EXERCÍCIOS

Exercício de Casamento de Palavras-Chave

Para cada termo à esquerda, escolha a frase da coluna à direita que mais se aproxima do seu significado.

1. ciclo dos ácidos graxos	a. armazenamento de energia
2. lipogênese	b. doença cardiovascular
3. corpos cetônicos	c. transporta lipídios
4. cetose	d. nível lipídico sangüíneo elevado
5. depósito gorduroso	e. síntese de lipídios
6. lipoproteína	f. produzido a partir de acetil CoA
7. aterosclerose	g. produz ATP
8. hiperlipemia	h. resulta de catabolismo lipídico aumentado

Exercícios por Tópicos

Ciclo dos Ácidos Graxos (17.1)

9. Resuma brevemente o que ocorre no ciclo dos ácidos graxos.
10. Por que é o ciclo dos ácidos graxos uma espiral na realidade?
11. Compare a energia produzida de uma molécula de glicose com aquela produzida de uma molécula de ácido graxo, tal como uma molécula de ácido palmítico.

Anabolismo dos Lipídios (17.2)

12. O que você entende por "lipogênese"?
13. Qual é o papel biológico da lipogênese?
14. Em que o anabolismo de lipídios difere do seu catabolismo? Em que são semelhantes?
15. Quais as duas vias pelas quais o nosso corpo obtém colesterol? Como são relacionadas?

Acetil CoA e Corpos Cetônicos (17.3)

16. Como o acetil CoA liga o metabolismo de carboidratos ao de lipídios?
17. Quais são três possíveis destinos para o acetil CoA?
18. Escreva os nomes e fórmulas para os corpos cetônicos?
19. Que papel os corpos cetônicos desempenham?

Cetose (17.4)

20. Quais são as três condições que definem cetose?
21. Como o jejum prolongado produz cetose?
22. Como o diabetes mellitus produz cetose?
23. O que é cetoacidose? Como é causada?

Lipídios do Organismo (17.5)

24. O que é depósito gorduroso?
25. Qual é a função do depósito gorduroso?
26. Descreva o armazenamento e a mobilização do depósito gorduroso.
27. Por que precisamos do depósito gorduroso além do glicogênio?

Lipídios do Sangue (17.6)

28. Por que estão os lipídios do sangue sob forma de lipoproteínas?
29. Descreva a estrutura de uma lipoproteína.
30. Quais são os principais tipos de lipoproteína?
31. O que é aterosclerose?
32. Quais são as possíveis conseqüências médicas da aterosclerose?
33. Como está a aterosclerose relacionada com os lipídios sangüíneos?

Lipídios e Dieta (17.7)

34. Quais são as principais fontes de lipídios de nossa dieta?
35. O que tem sido chamado o "principal problema nutricional da sociedade industrializada"? Explique.
36. Qual parece ser a relação entre dieta e aterosclerose?
37. Que recomendações dietéticas podem reduzir o risco da aterosclerose?

Exercícios Adicionais

38. Em que o ciclo dos ácidos graxos é semelhante e diferente do ciclo do ácido cítrico?
39. Qual é a vantagem de se poder sintetizar lipídios a partir dos produtos do catabolismo dos carboidratos?
40. Explique o papel dos corpos cetônicos como fonte de energia para o organismo?
41. Escreva uma equação para a reação de ácido beta-hidroxibutírico com HCO_3^-. Qual é o significado desta reação?
42. Quais são as conseqüências da cetoacidose?
43. Por que o feto não precisa de depósito gorduroso?
44. Que lipídio é transportado no sangue em maior quantidade? Explique.
45. O que é "equilíbrio calórico"? Explique.
46. O que é obesidade?
47. Como pode o excesso de gordura ser perdido?
48. Quais são as funções do depósito gorduroso além de armazénar energia?
49. Qual é o papel das quilomicra?
50. Como estão as lipoproteínas de baixa densidade relacionadas com o colesterol?

Capítulo 18

Metabolismo de Proteínas

Como vimos nos Capítulos 14 e 15, as proteínas desempenham função crucial na estrutura e funcionamento do organismo. As proteínas do nosso corpo são produzidas a partir das proteínas que comemos. O Capítulo 18 descreve o que acontece com os aminoácidos obtidos das proteínas da dieta. O capítulo seguinte explicará então como as proteínas do nosso corpo são montadas.

18.1 Ciclo do Nitrogênio

Objetivo: Para demonstrar entendimento desta seção, você deverá ser capaz de descrever as fontes e usos do nitrogênio na natureza.

O elemento nitrogênio ocorre no meio ambiente sob forma de N_2, a molécula de nitrogênio que compõe até 80% do ar que respiramos. O NO_2 atmosférico é produzido por relâmpagos quando o N_2 e O_2 se combinam por descarga elétrica. Ele depois forma ácido nítrico, HNO_3, e assim íons nitrato quando dissolvido na água do solo. Nós não podemos usar estas formas de nitrogênio e dependemos de plantas e animais para obter nosso nitrogênio. Através de um processo chamado "fixação do nitrogênio", o N_2 é reduzido a amônia, NH_3, por microorganismos do solo. Outras bactérias convertem a amônia a nitratos, que podem ser absorvidos pelas plantas e convertidos em aminoácidos. Nós depois comemos as proteínas produzidas pelas plantas ou aquelas produzidas por animais que comeram as plantas.

Durante a digestão no trato gastrointestinal, as enzimas rompem as ligações peptídicas das moléculas protéicas que comemos. Os aminoácidos livres produzidos por este processo, chamado proteólise, são depois rapidamente absorvidos pelo intestino delgado. Eles entram na corrente sangüínea para serem transportados aos tecidos e órgãos. A maioria dos aminoácidos terminam no fígado, o principal sítio de seu metabolismo. É lá que muitos importantes compostos nitrogenados são formados. O fígado é também responsável pelo envio de uma mistura balanceada de aminoácidos para outros órgãos e pelo descarte de qualquer quantidade excedente.

Depois de metabolizar estas proteínas, excretamos dejetos nitrogenados, os quais eventualmente retornam ao solo par serem novamente utilizados. Esta série de eventos constitui parte do **ciclo do nitrogênio**, que está ilustrado na Figura 18-1.

As proteínas têm cerca de 16% de nitrogênio. (A porcentagem exata depende da composição em aminoácidos da proteína.) As proteínas da dieta são a única fonte importante de átomos de nitrogênio para o organismo. Ao contrário do que ocorre com excesso de carboidratos e de lipídios, excesso de proteína não pode ser armazenada pelo organismo para uso futuro. Parte da proteína que você come a cada dia é utilizada para a produção de energia, como acontece com os carboidratos e lipídios. A principal função das proteínas entretanto é a de fornecer os aminoácidos necessários para fabricar suas próprias proteínas e muitas outras importantes moléculas.

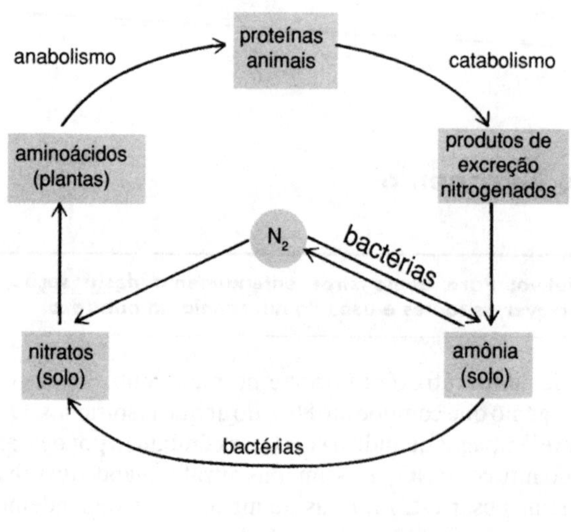

Figura 18-1
O ciclo do nitrogênio liga o metabolismo de animais, plantas e microorganismos.

18.2 Balanço Nitrogenado

Objetivo: Para demonstrar entendimento desta seção, você deverá ser capaz de descrever os possíveis destinos dos aminoácidos no organismo.

A Figura 18-2 resume as fontes e destinos de aminoácidos no organismo. Os aminoácidos resultam não apenas das proteínas da dieta. Quantidades bem maiores resultam da degradação normal das proteínas do organismo. A maioria destas proteínas estão constantemente sofrendo renovação, um processo de degradação e reposição. Uma vez que a quantidade total de proteína permanece constante, estes dois processos devem ocorrer com a mesma velocidade. A velocidade de renovação para diferentes proteínas pode variar desde vários dias, para as proteínas sangüíneas, até muitos meses para as musculares. A Tabela 18-1 apresenta os períodos de "meia-vida" de várias proteínas. Como no caso da radiatividade, a meia-vida mede o tempo para que metade da proteína se degrade.

Um adulto pesando cerca de 68 kg degrada e ressintetiza cerca de 400 g de proteína por dia. Desta quantidade, cerca de 33 g são perdidos por dia. Tensão extrema, tal como infecção, febre ou cirurgia aumentam esta perda. Não há um controle global do metabolismo protéico. Em vez disto, a síntese ocorre para cada proteína independentemente, numa velocidade que satisfaz as necessidades do organismo.

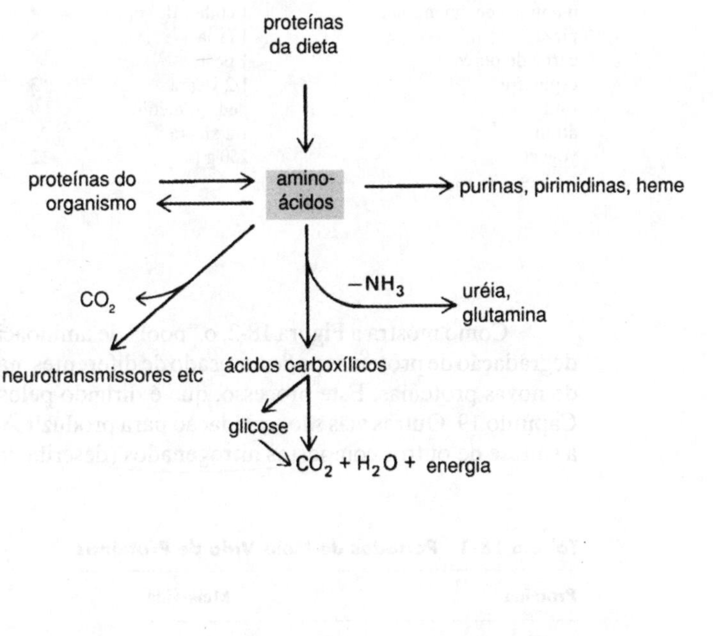

Figura 18-2
Metabolismo de proteínas. Os aminoácidos da dieta e da degradação de proteínas formam um "pool" que pode ser canalizado como mostrado.

Faça-o Você Mesmo 18

"SATISFAZENDO" AS NECESSIDADES PROTÉICAS

As proteínas constituem uma parte essencial da sua dieta porque são a única fonte de nitrogênio do organismo em forma de aminoácidos. Embora carência protéica seja um problema fundamental em muitas partes do mundo, a maioria dos norte-americanos come muito mais proteína do que o necessário.

Como fazer: A tabela a seguir indica o conteúdo protéico de alimentos selecionados ricos em proteína. Calcule quantos gramas de proteína você obtém destes alimentos comuns. Compare seus resultados com os valores recomendados na Tabela 18-5. Tenha em mente que você obtém proteínas de outros alimentos também, embora em menor quantidade.

Alimento	Quantidade	Proteína (g)
bacon	2 fatias	7
feijões	1/2 xícara	7
pão	1 fatia	2
cereal (trigo)	1 xícara	3
queijo (cheddar)	30 g	7
frango	1 coxa	12
ovo	um	6
salsicha	uma	5
hamburguer	110 g	20
sorvete	1/2 xícara	2
fígado	90 g	23
macarrão	1 xícara	6
leite	1 xícara	8
manteiga de amendoim	1 colher de sopa	4
pizza	1 fatia	8
carne de porco	1 posta	19
espinafre	1/2 xícara	3
tofu	pedaço médio	9
atum	1/2 xícara	28
yogurt	250 g	12

Como mostra a Figura 18-2, o "pool" de aminoácidos resultante da dieta ou da degradação de proteínas pode ser usado de diferentes maneiras. A principal é a síntese de novas proteínas. Este processo, que é dirigido pelos seus genes, está descrito no Capítulo 19. Outras vias são a oxidação para produzir ATP (descrita na Seção 18.3) e a síntese de outros compostos nitrogenados (descrita na Seção 18.5).

Tabela 18-1 Períodos de Meia-Vida de Proteínas

Proteína	Meia-vida
colágeno	300 dias
músculo	150 dias
fígado	10 dias
soro albumina	3,5 dias
ornitina descarboxilase	11 minutos

A contínua ingestão e perda de compostos nitrogenados criam um **balanço nitrogenado** no organismo. Nos adultos com proteína adequada na dieta, a quantidade de nitrogênio ingerido, a maior parte como aminoácidos, é igual à quantidade excretada, principalmente como uréia. Quando a ingestão de nitrogênio é maior do que a excreção, como ocorre durante a infância, convalescença de uma doença severa e gravidez, um balanço nitrogenado *positivo* resulta. A condição oposta, excreção maior do que ingestão, ocorre na velhice e na inanição, resultando em balanço nitrogenado *negativo*. O desbalanço em qualquer destes dois casos representa apenas uma pequena fração da quantidade total de nitrogênio metabolizado.

18.3 Catabolismo de Aminoácidos

Objetivo: Para demonstrar entendimento desta seção, você deverá ser capaz de descrever as relações entre catabolismo de aminoácidos e ciclo do ácido cítrico.

Para a maioria das pessoas, os carboidratos e triacilgliceróis da dieta preenchem quase todas as necessidades energéticas do organismo. Portanto, quase todos os aminoácidos gerados pela proteólise são utilizados para a síntese de proteínas. Mas quando excesso de aminoácidos é ingerido ou resulta da renovação de proteínas corporais, eles são degradados por reações catabólicas. O mesmo acontece durante o jejum prolongado e no diabetes mellitus, quando o organismo necessita "combustível" adicional. Normalmente, a degradação de aminoácidos fornece apenas 10% a 15% de nossas necessidades energéticas. Na dieta norte-americana típica, cerca de um quarto da proteína ingerida sofre este processo catabólico.

Existem 20 vias catabólicas, uma para cada um dos aminoácidos principais. Como ocorre na degradação da glicose e dos ácidos graxos, a energia química é liberada por reações de oxidação. Além disto, as moléculas produzidas pelo catabolismo exercem papel importante em outras vias metabólicas.

Os aminoácidos foram originariamente divididos em classes com base no produto formado pelo seu catabolismo. Alguns, capazes de gerar glicose, foram designados "glicogênicos". Outros, os aminoácidos "cetogênicos", podiam produzir corpos cetônicos sob certas condições. Uma terceira categoria consistia daqueles aminoácidos que podiam formar tanto glicose como corpos cetônicos. Os resultados estão resumidos na Tabela 18-2. (Se você quiser rever as fórmulas dos aminoácidos, elas poderão ser encontradas na Seção 14.1.)

Desde que esta classificação foi feita, mais tem sido descoberto sobre os produtos da degradação de aminoácidos. Aqueles que são transformados em piruvato ou em um dos intermediários do ciclo do ácido cítrico são geralmente glicogênicos, enquanto que aqueles que são convertidos a acetil CoA ou acetoacetil CoA durante o catabolismo são cetogênicos. A Figura 18-3 resume os pontos de entrada de cada um dos aminoácidos nas vias metabólicas dos carboidratos e lipídios.

Tabela 18-2 Aminoácidos Glicogênicos e Cetogênicos

Glicogênicos (produzem glicose)	Cetogênicos (produzem corpos cetônicos)	Glicogênicos e cetogênicos
alanina	leucina	isoleucina
arginina		lisina
asparagina		fenilalanina
ácido aspártico		tirosina
cisteína		
ácido glutâmico		
glutamina		
glicina		
histidina		
metionina		
prolina		
serina		
treonina		
triptofano		
valina		

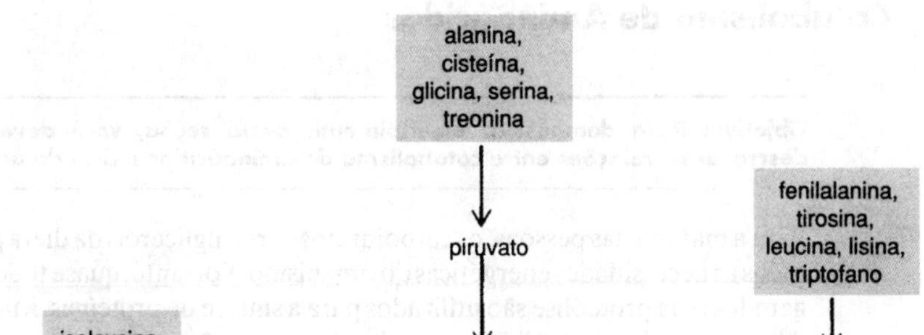

Figura 18-3
O catabolismo dos aminoácidos. Eles entram no ciclo do ácido cítrico nos pontos indicados, geralmente na sua forma ionizada.

A primeira etapa das vias catabólicas dos aminoácidos é a transaminação (uma reação encontrada também no anabolismo). Este processo envolve a remoção do alfa-amino grupo e sua transferência para outra molécula, geralmente o alfa-cetoglutarato, como segue:

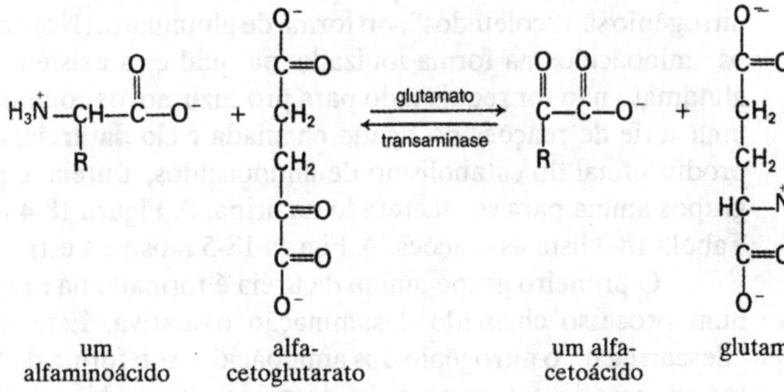

Um dos produtos desta reação é o ânion de um alfa-cetoácido. Ele tem um grupo carbonila no carbono alfa, que é o carbono vizinho do grupo carboxilato. (Note que o próprio alfa-cetoglutarato é o ânion de um alfa-cetoácido.)

A enzima para esta etapa, uma transaminase, requer a coenzima piridoxal fosfato, um derivado da vitamina B_6:

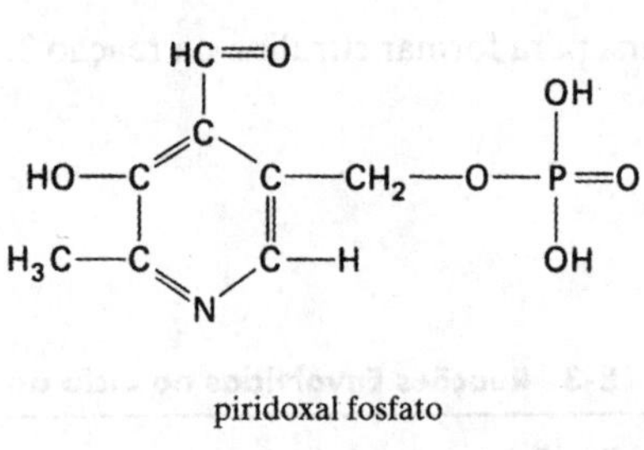

piridoxal fosfato

Esta molécula atua como transportadora do grupo amina do aminoácido para o cetoácido. A função da transaminase é transferir grupos amina de diferentes aminoácidos para formar um só, o ácido glutâmico. Ele é depois canalizado para a série final de reações que formam os produtos finais nitrogenados. O principal deles é a uréia, que é produzida pelas reações descritas na próxima seção.

Depois que outras reações subseqüentes degradam cada um dos aminoácidos, os esqueletos carbônicos que restam (como os alfa-cetoácidos) podem entrar no ciclo do ácido cítrico. A maioria dos aminoácidos entram no ciclo através da conversão em acetil CoA. Os restantes entram depois que várias reações os convertem a alfa-cetoglutarato, succinato, fumarato ou oxalacetato. Estas seqüências podem gerar ATP, enquanto oxidação ocorre e elétrons são canalizados para a cadeia respiratória. Eles podem também servir de material de partida para a gliconeogênese ou a síntese de outros compostos.

18.4 Ciclo da Uréia

Objetivo: Para demonstrar entendimento desta seção, você deverá ser capaz de delinear as etapas do ciclo da uréia.

Vimos na seção anterior que quando os aminoácidos são degradados, átomos de nitrogênio são "coletados" sob forma de glutamato. (Note que estamos representando os aminoácidos na forma ionizada, na qual eles existem no pH do organismo.) Se glutamato não for requisitado para produzir novos compostos nitrogenado, ele sofre uma série de reações no fígado chamada **ciclo da uréia**, ou ciclo da ornitina. Lá, o produto final do catabolismo de aminoácidos, a uréia, é produzido a partir de dois grupos amina para ser secretado na urina. A Figura 18-4 mostra o ciclo da uréia, e a Tabela 18-3 lista as reações. A Figura 18-5 mostra a estrutura molecular da uréia.

O primeiro grupo amina da uréia é formado na reação 1 a partir de glutamato num processo chamado desaminação oxidativa. Esta reação é uma maneira de "descarregar" o nitrogênio dos aminoácidos sob forma de NH_4^+. O alfa-cetoglutarato formado pode entrar no ciclo do ácido cítrico. Na reação 2, o íon amônio assim produzido reage com o íon hidrogenocarbonato para formar um composto rico em energia, carbamoil fosfato.

Este composto transfere então seu grupo carbamoil

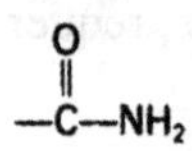

à ornitina para formar citrulina na reação 3.

Tabela 18-3 Reações Envolvidas no Ciclo da Uréia[a]

Etapa	Reação	Enzima
1	glutamato + NAD^+ + H_2O $\rightleftarrows$ α-cetoglutarato + NH_4^+ + NADH + H^+	glutamato desidrogenase
2	NH_4^+ + HCO_3^- + 2 ATP → carbamoil fosfato + 2 ADP + P_i + H^+	carbamoil fosfato sintetase
3	carbamoil fosfato + ornitina → citrulina + P_i + H^+	ornitina transcarbamoilase
4	glutamato + oxalacetato $\rightleftarrows$ α-cetoglutarato + aspartato	aspartato transaminase
5	citrulina + aspartato + ATP → arginina + fumarato + AMP + PP_i + H^+	argininossuccinato sintetase, argininossuccinase
6	arginina + H_2O → ornitina + uréia	arginase

[a]Veja a Figura 18-4 para a seqüência destas reações.

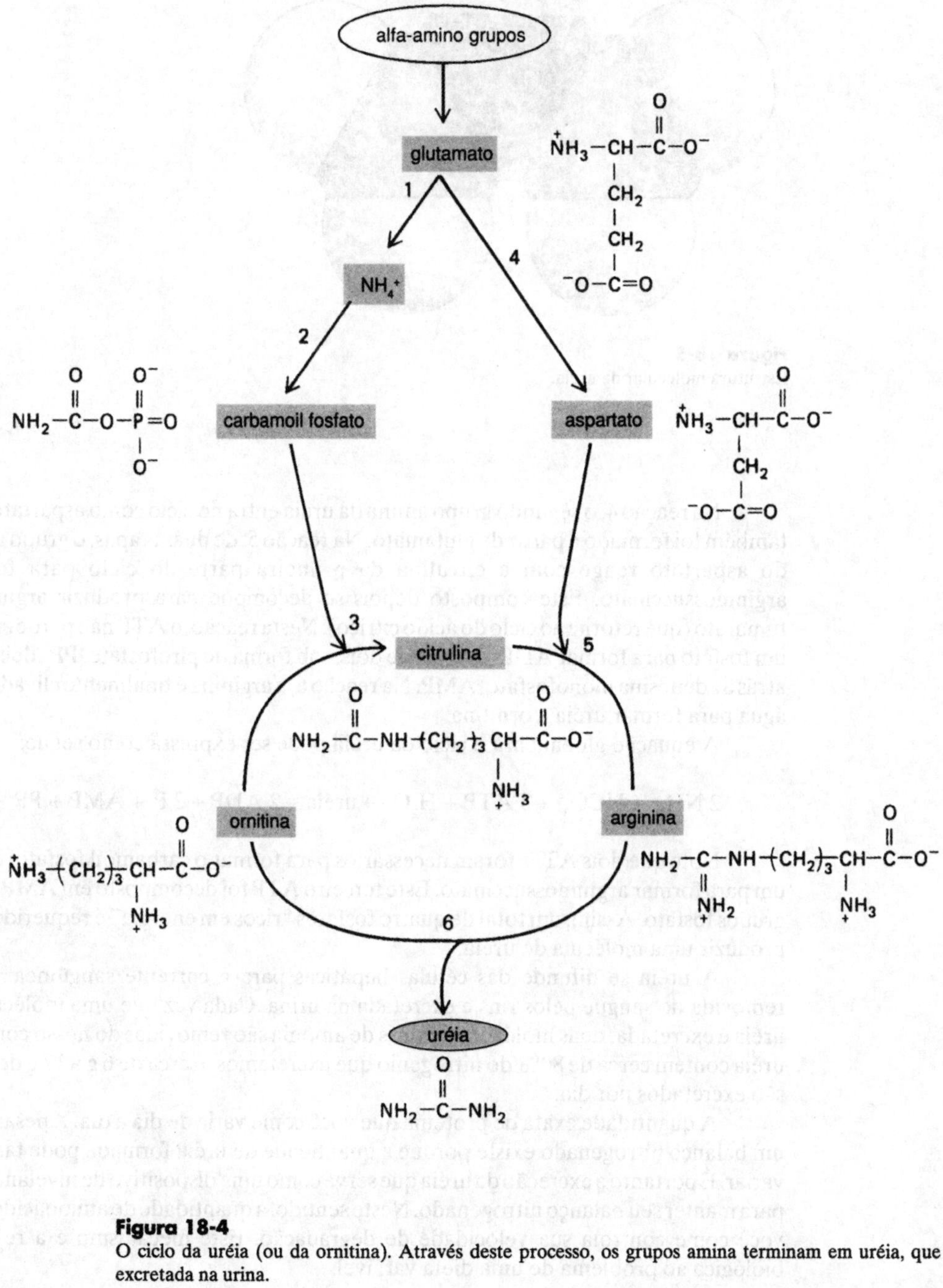

Figura 18-4
O ciclo da uréia (ou da ornitina). Através deste processo, os grupos amina terminam em uréia, que é excretada na urina.

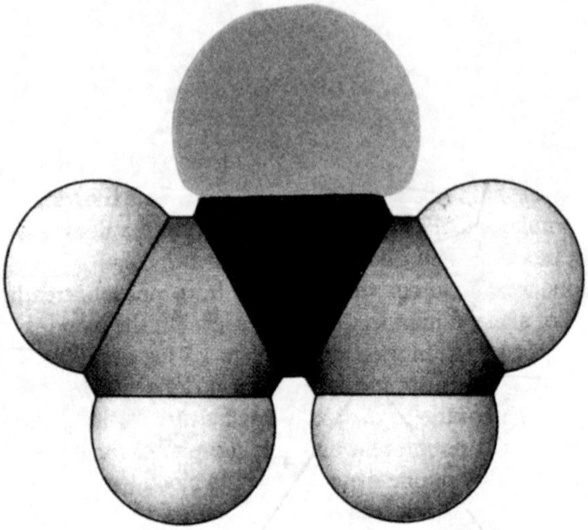

Figura 18-5
Estrutura molecular da uréia.

Na reação 4, o segundo grupo amina da uréia entra no ciclo como aspartato, que também foi formado a partir de glutamato. Na reação 5, de duas etapas, o grupo amina do aspartato reage com a citrulina da primeira parte do ciclo para formar argininossuccinato. Este composto depois se decompõe para produzir arginina e fumarato (que retorna ao ciclo do ácido cítrico). Nesta reação, o ATP não perde apenas um fosfato para formar ADP, mas perde dois, sob forma de pirofosfato, PP_i, deixando atrás a adenosina monofosfato, AMP. Na reação 6, a arginina é finalmente clivada pela água para formar uréia e ornitina.

A equação global para o ciclo da uréia pode ser expressa como segue:

$$2\,NH_4^+ + HCO_3^- + 3\,ATP + H_2O \rightarrow \text{uréia} + 2\,ADP + 2\,P_i + AMP + PP_i + H^+$$

Note que dois ATPs foram necessários para formar o carbamoil fosfato, e mais um para formar argininossuccinato. Este terceiro ATP foi decomposto em AMP e dois grupos fosfato. Assim, um total de quatro fosfatos "ricos em energia" é requerido para produzir uma molécula de uréia.

A uréia se difunde das células hepáticas para a corrente sangüínea. Ela é removida do sangue pelos rins e excretada na urina. Cada vez que uma molécula de uréia é excretada, duas moléculas tóxicas de amônia são removidas do nosso corpo. A uréia contém cerca de 80% do nitrogênio que excretamos. Cerca de 6 g a 17 g de uréia são excretados por dia.

A quantidade exata de proteína que você come varia de dia a dia. Apesar disto um balanço nitrogenado existe porque a quantidade de uréia formada pode também variar. É portanto a excreção da uréia que serve como um "dispositivo de nivelamento" para manter seu balanço nitrogenado. Neste sentido, a quantidade de aminoácidos que você come controla sua velocidade de degradação. Este mecanismo é a resposta biológica ao problema de uma dieta variável.

Teste Clínico 18

COMPOSTOS NITROGENADOS NÃO PROTÉICOS

Compostos nitrogenados não protéicos (NPN) são um grupo de produtos de excreção que resultam da degradação de proteínas da dieta e dos tecidos. Eles são transportados pelo sangue e removidos pelos rins. Quando os rins não funcionam normalmente, estes compostos se acumulam no sangue e mostram valores elevados. Nós já descrevemos um desses compostos, a uréia do sangue, no Teste Clínico 11, o teste BUN.

Outro deles é a creatinina, que resulta da fosfocreatina, a molécula armazenadora de energia do músculo esquelético. O nível de creatinina no sangue é proporcional à massa muscular corporal e varia de 0,6 mg a 1,5 mg por 100 mL. Doenças renais causam uma acentuada diminuição de creatinina porque ela não está mais sendo excretada na urina com sua velocidade normal. O teste de creatinina é mais específico e sensível do que o teste BUN.

O ácido úrico é um terceiro composto nitrogenado não protéico para o qual testes são freqüentemente realizados. É um produto final do metabolismo das purinas. Os níveis sangüíneos variam muito, de 2 mg a 8 mg por 100 mL. Valores elevados resultam não somente de doenças renais e função renal diminuída, mas também de desordens do metabolismo das purinas, tal como a gota. Veja Saúde em Notícia 11 para exame das estruturas destes compostos.

18.5 Anabolismo de Aminoácidos

Objetivo: Para demonstrar entendimento desta seção, você deverá ser capaz de descrever a síntese de aminoácidos não essenciais.

Durante a evolução, os seres humanos perderam a capacidade de fabricar alguns aminoácidos. Uma vez que você deve então incluí-los na sua dieta, eles são chamados **aminoácidos essenciais**. Os outros, que seu corpo pode sintetizar, são chamados não essenciais. Este termo não significa que eles não são importantes, porém. Os 20 aminoácidos são divididos nestas duas categorias como vimos no Capítulo 14:

Essenciais: arginina, histidina, isoleucina, leucina, lisina, metionina, fenilalanina, treonina, triptofano e valina.

Não essenciais: alanina, asparagina, ácido aspártico, cisteína, ácido glutâmico, glutamina, glicina, prolina, serina e tirosina.

A amônia (sob forma de NH_4^+), é a matéria prima para fabricar os aminoácidos não essenciais. Ela se adiciona ao alfa-cetoglutarato numa reação que é realmente o reverso da etapa que inicia o ciclo da uréia:

$$NH_4^+ + \text{alfa-cetoglutarato} + NADPH \underset{\text{desidrogenase}}{\overset{\text{glutamato}}{\rightleftarrows}} \text{glutamato} + NADP^+ + H_2O$$

A formação de glutamato é a única via significativa para a produção de alfa-amino grupos diretamente a partir de amônia (como NH_4^+). O glutamato serve depois como doador de grupo amina, transferindo-o a alfa-cetoácidos através de transaminação. Este processo representa a principal via para a adição de alfa-amino grupos durante a síntese da maioria dos aminoácidos.

A glutamina, por exemplo, se forma a partir da adição de uma segunda amônia (como NH_4^+) ao glutamato:

$$\text{glutamato} + NH_4^+ + ATP \underset{\text{sintetase}}{\overset{\text{glutamina}}{\rightleftarrows}} \text{glutamina} + ADP + P_i + H^+$$

A prolina é também derivada deste aminoácido. A alanina e o aspartato são produzidos por transaminação do piruvato e oxalacetato, respectivamente:

$$\text{glutamato} + \text{piruvato} \underset{\text{transaminase}}{\overset{\text{glutamato-piruvato}}{\rightleftarrows}} \text{alanina} + \text{alfa-cetoglutarato}$$

$$\text{glutamato} + \text{oxalacetato} \underset{\text{transaminase}}{\overset{\text{glutamato}}{\rightleftarrows}} \text{aspartato} + \text{alfa-cetoglutarato}$$

A asparagina se forma então da reação da amônia com aspartato:

$$\text{aspartato} + NH_4^+ + ATP \underset{\text{sintetase}}{\overset{\text{asparagina}}{\rightleftarrows}} \text{asparagina} + ADP + P_1 + H^+$$

A substituição por um grupo —OH, hidroxilação, converte o aminoácido essencial fenilalanina a tirosina:

$$\text{fenilalanina} + NADPH + H^+ + O_2 \underset{\text{hidroxilase}}{\overset{\text{fenilalanina}}{\rightleftarrows}} \text{tirosina} + NADP^+ + H_2O$$

A serina é gerada por uma série de reações a partir de 3-fosfoglicerato, um intermediário da glicólise. A glicina se forma a partir da serina por remoção de um carbono, juntamente com seu grupo hidroxila, pela coenzima ácido tetraidrofólico. A reação da serina com metionina, um aminoácido essencial, ocorre em várias etapas e leva à cisteína, substituindo o grupo hidroxila por um sulfidrila (–SH). A Figura 18-6 resume estas reações.

Além das vias para a síntese dos aminoácidos não essenciais, vias anabólicas adicionais são disponíveis para a produção de muitos compostos nitrogenados importantes. Os aminoácidos disponíveis da dieta ou da síntese são modificados através de uma série de reações até que o produto desejado é obtido. Por exemplo, uma possível modificação é a descarboxilação, remoção de um grupo carboxila sob forma de dióxido de carbono, CO_2, para formar uma amina. Esta reação ocorre na conversão de histidina a histamina. Através desta reação e outras, os aminoácidos são transformados em outras moléculas tais como hormônios, coenzimas, pigmentos, neurotransmissores e porfirinas. A Tabela 18-4 lista alguns dos muitos compostos formados a partir de aminoácidos.

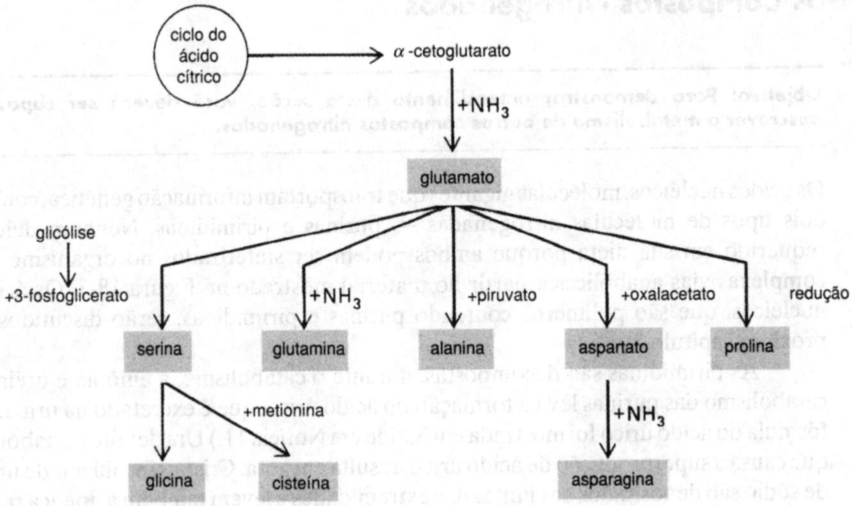

Figura 18-6
Síntese dos aminoácidos não essenciais. Os aminoácidos não essenciais se formam a partir do glutamato, como mostrado.

O principal destino dos aminoácidos é a síntese de proteínas, formação das proteínas específicas necessárias para o seu corpo. Este processo é muito mais complicado do que a síntese de carboidratos, nas quais mono ou dissacarídeos são interligados, ou a síntese de lipídios, na qual ácidos graxos são ligados a um álcool. Mesmo a síntese de um lipídio complexo como o colesterol é mais simples do que a fabricação de uma proteína. A razão é que as proteínas devem se formar a partir de 20 diferentes unidades, os aminoácidos, numa ordem muito específica. Centenas destas unidades devem de alguma maneira ser direcionadas para fazer ligações peptídicas de acordo com uma "receita" já fixada para cada proteína particular. Este processo, no qual as proteínas são produzidas a partir das "receitas" nos genes, será discutido em detalhe no próximo capítulo.

Tabela 18-4 Alguns Compostos Sintetizados a partir de Aminoácidos.

Aminoácidos	Compostos
ácido aspártico	pirimidinas, purinas
glicina	purinas, creatina, porfirinas
serina	esfingosina
tirosina	epinefrina, melanina
triptofano	escatol, serotonina, NAD^+

18.6 Outros Compostos Nitrogenados

Objetivo: Para demonstrar entendimento desta seção, você deverá ser capaz de descrever o metabolismo de outros compostos nitrogenados.

Os ácidos nucléicos, moléculas gigantes que transportam informação genética, contêm dois tipos de moléculas nitrogenadas — purinas e pirimidinas. Nenhum deles é requerido em sua dieta porque ambos podem ser sintetizados no organismo por complexas vias anabólicas a partir do material mostrado na Figura 18-7. Os ácidos nucléicos, que são polímeros contendo purinas e pirimidinas, serão discutidos no próximo capítulo.

As pirimidinas são decompostas, durante o catabolismo, a amônia e uréia. O catabolismo das purinas leva à formação do ácido úrico, que é excretado na urina. (A fórmula do ácido úrico foi mostrada em Saúde em Notícia 11.) Um defeito metabólico, que causa a superprodução de ácido úrico, resulta em gota. Cristais insolúveis de urato de sódio são depositados nas juntas das extremidades e levam também a doença renal.

O heme, mostrado na Figura 18-8, é outra importante molécula nitrogenada. É o grupo prostético da hemoglobina, o transportador de oxigênio das hemácias, que descrevemos na Seção 14.7. O heme, membro de uma classe de compostos chamados porfirinas, é produzido por uma complexa série de reações, resumidas na Figura 18-9.

O heme consiste de um cátion Fe^{2+} ligado aos quatro átomos de nitrogênio do sistema anelar de uma grande molécula orgânica. Este anel é sintetizado a partir de oito moléculas de glicina e succinil CoA. Ele tem por base quatro pirróis, o heterociclo nitrogenado de cinco membros mostrado na Seção 11.4.

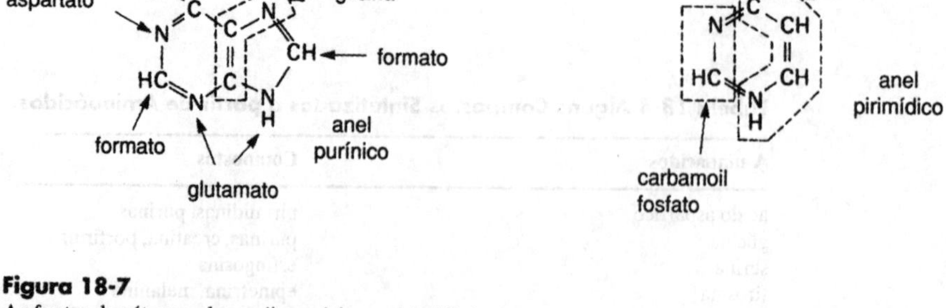

Figura 18-7
As fontes dos átomos dos anéis purínico e pirimidínico.

Figura 18-8
Estrutura molecular do heme.

Estes pirróis têm várias cadeias laterais ligadas (acetato e propionato) e são chamados porfobilinogênios. Eles são interligados formando o uroporfirinogênio. Esta molécula cíclica sofre reações que modificam as cadeias laterais e o grau de saturação até que a protoporfirina se forma. Adicionando-se ferro sob forma de Fe^{2+}, forma-se o heme. Além de estar presente na hemoglobina, o heme é o grupo prostético da mioglobina, citocromo c e várias enzimas.

O catabolismo do heme começa quando as hemácias se rompem no final dos seus 126 dias aproximados de vida. Primeiro, uma ligação é rompida num dos carbonos que fazem ponte entre os anéis pirrólicos (produzindo coleglobina). A remoção da parte protéica, a globina, deixa o verdoemocrômio, que é depois convertido a biliverdina. O ferro é removido e armazenado para futuro reaproveitamento. A porção globínica é decomposta em seus aminoácidos, que podem depois ser usados pelo organismo. A biliverdina é reduzida a bilirrubina e transportada do baço ao fígado e depois ao intestino. Lá ela é convertida a produtos (urobilinogênio e estercobilinogênio) que são oxidados pelo ar a pigmentos biliares vermelho alaranjados (urobilina e estercobilina), e estes, excretados, contribuem para a cor da urina e das fezes, respectivamente. Quando estes pigmentos se acumulam no plasma sangüíneo, dando à pele um tom amarelo, icterícia se desenvolve. Esta condição pode resultar de destruição aumentada de hemácias (icterícia hemolítica), doença hepática como a hepatite infecciosa e a cirrose, ou obstrução dos ductos biliares, o caminho para o intestino ("icterícia cirúrgica").

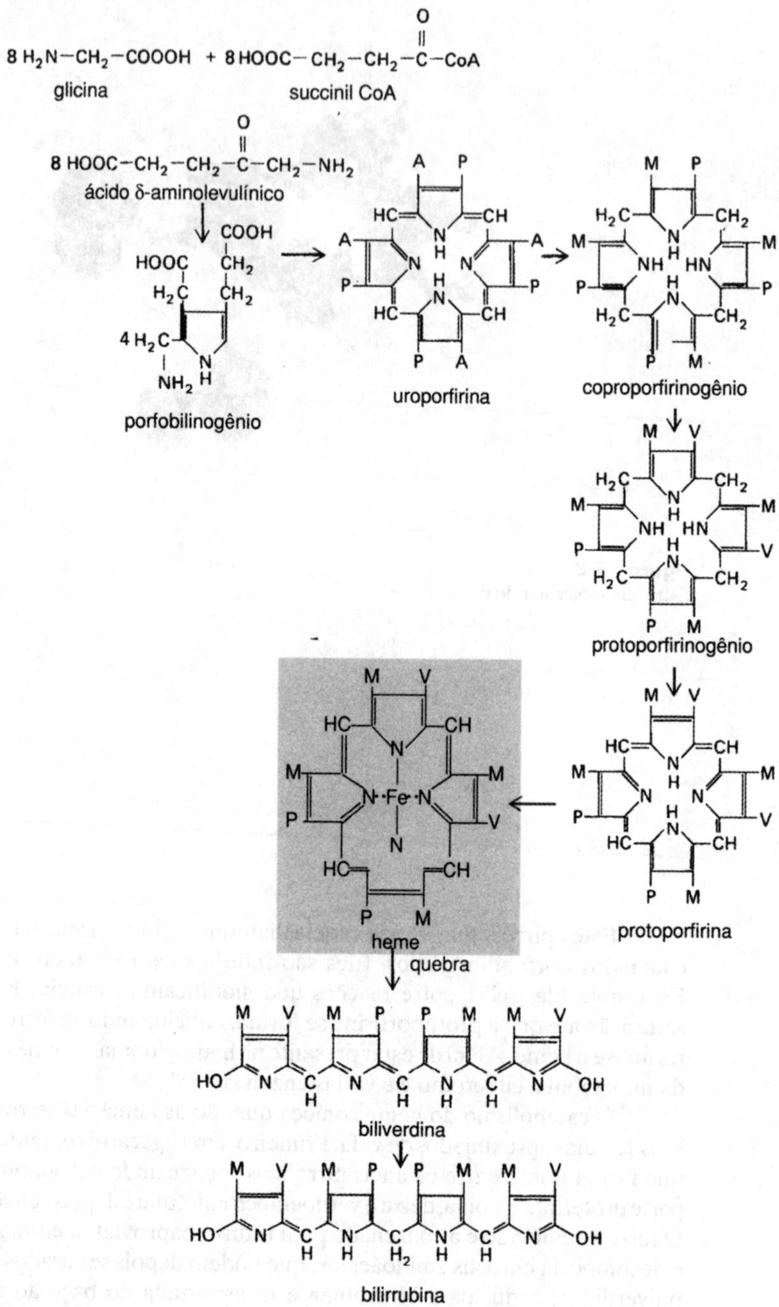

Figura 18-9
Síntese e degradação do heme.

As abreviações para as cadeias laterais são:
A = $—CH_2COOH$ (acetil)
M = $—CH_3$ (metil)
P = $—CH_2CH_2COOH$ (propionil)
V = $—CH_2{=}CH_2$ (vinil)

18.7 Proteínas da Dieta

Objetivo: Para demonstrar entendimento desta seção, você deverá ser capaz de descrever os fatores que determinam a "utilidade" de uma proteína da dieta.

Um adulto médio nos Estados Unidos come cerca de 100 g de proteína por dia. (Veja a Figura 18-10.) Esta quantidade é muito mais do que o necessário. A Tabela 18-5 fornece as quantidades diárias recomendadas em função da idade e sexo. Como descrito em Saúde em Notícia 18, carência protéica leva à subnutrição em muitas partes do mundo.

Tabela 18-5 Quantidades Protéicas Diárias Recomendadas[a]

Idade (anos)	Homens	Mulheres[b]
1– 3	23	23
4– 6	30	30
7–10	34	34
11–14	45	46
15–18	56	46
19–50	56	44
acima de 50	56	44

[a] De Recommended Dietary Allowances, National Academy of Sciences, National Research Council, 1980; valores baseados em pesos e compleições médias, NPU (veja abaixo) igual a 75% e ingestão calórica adequada.

[b] Na gravidez, adicione 30; na lactação, 20.

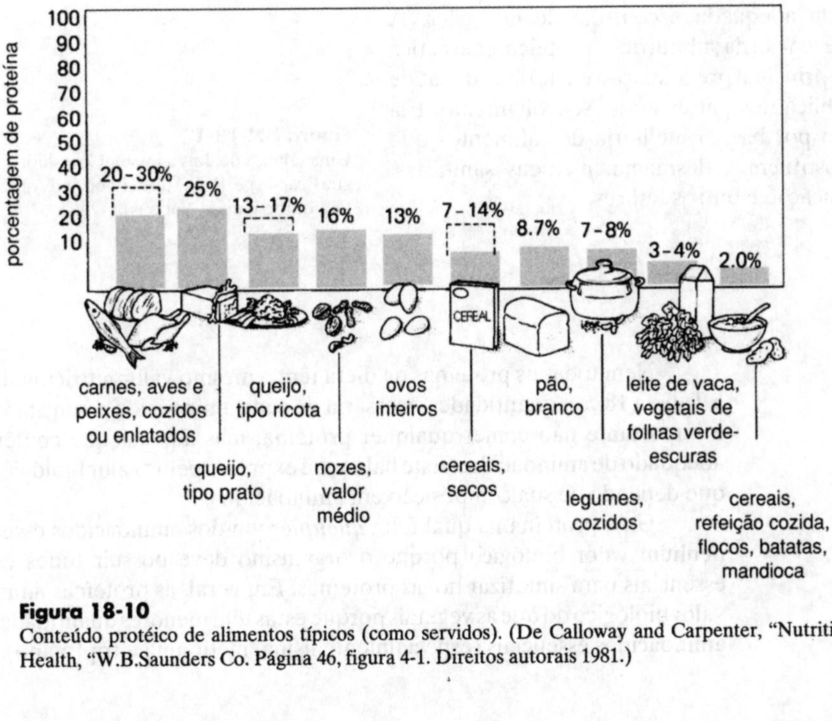

Figura 18-10

Conteúdo protéico de alimentos típicos (como servidos). (De Calloway and Carpenter, "Nutrition and Health, "W.B.Saunders Co. Página 46, figura 4-1. Direitos autorais 1981.)

Saúde em Notícia 18

SUBNUTRIÇÃO PROTÉICO-ENERGÉTICA

Subnutrição protéico-energética (PEM) é o mais sério problema nutricional mundial. Cerca de cinco milhões de crianças morrem anualmente desta condição. Ela afeta crianças de quase todos os países em desenvolvimento, particularmente da Ásia, mas também da África e América do Sul.

As crianças são mais afetadas por deficiência protéica porque o crescimento requer síntese contínua de proteínas. Elas são freqüentemente afastadas do seio materno para uma dieta a base de alimentos amiláceos como o milho. A dieta pode não conter proteína suficiente, principalmente se a criança ficar doente. Ela pode também não fornecer calorias suficientes. A maioria dos casos fica entre dois extremos, Um é conhecido como kwashiorkor e é caracterizado por edema. (Veja a Figura HN 18-1.) O outro, marasmo, envolve perda de gordura corporal e grande desgaste muscular. Em ambos os casos, o peso corporal é baixo para aquela idade. O resultado mais perigoso, em qualquer dos casos, é uma capacidade reduzida para combate às infecções.

O tratamento inclui previsões para uma dieta adequada e controle de infecções. A prevenção da subnutrição protéico-energética é a principal preocupação em termos de saúde pública nos países em desenvolvimento. Ela tem por base a melhoria dos alimentos que substituem a desmama, medidas sanitárias, educação e outros fatores.

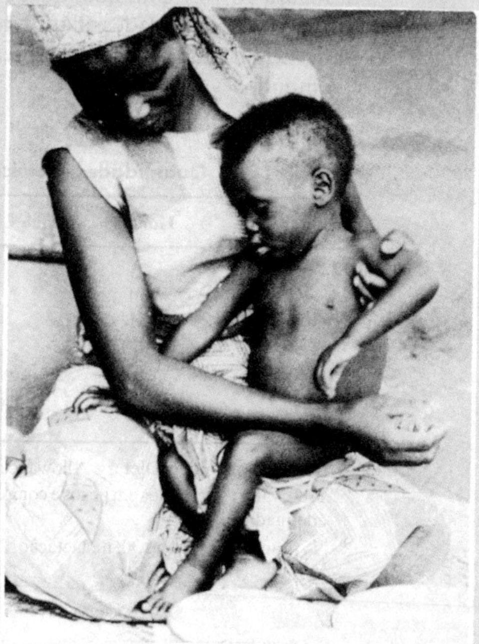

Figura HN 18-1
Uma criança de dois anos com kwashiorkor: ela não consegue ficar de pé. [FAO foto (Food and Agriculture Organization of the United Nations).]

Nem todas as proteínas da dieta têm o mesmo valor nutricional. Como mostra a Tabela 18-6, a quantidade necessária de cada aminoácido essencial varia. Portanto, é importante não comer qualquer proteína, mas aquelas que contêm um balanço adequado de aminoácidos. Este balanço é expresso pelo "valor biológico" da proteína, que depende de sua composição em aminoácido.

Uma proteína na qual falta *qualquer* um dos aminoácidos essenciais não tem nenhum valor biológico porque o organismo deve possuir todos os aminoácidos essenciais para sintetizar novas proteínas. Em geral, as proteínas animais têm maior valor biológico do que as vegetais porque estas têm menores quantidades de alguns dos aminoácidos essenciais (especialmente lisina, metionina e triptofano).

A "utilidade" de uma proteína depende também da sua digestibilidade. As proteínas vegetais, por exemplo, podem ser mais difíceis de ser digeridas do que as animais. A utilização líquida protéica (NPU) depende tanto da digestibilidade como da composição de uma proteína. Ela é definida assim:

$$\text{NPU} = \frac{\text{nitrogênio retido}}{\text{nitrogênio ingerido}} \times 100$$

Uma proteína alimentar "perfeita" teria um NPU = 100, e uma "inútil", um NPU = 0. Como mostra a Tabela 18-7, a maioria das proteínas tem valores intermediários. As proteínas animais têm os maiores NPU porque contêm todos os aminoácidos essenciais numa forma digerível. As necessidades protéicas dadas na Tabela 18-6 são baseadas num valor médio de NPU = 75 para as proteínas da dieta.

Uma dieta vegetariana pode fornecer proteína adequada por combinação de proteínas que se complementam na sua composição em aminoácidos. Por exemplo, a maioria dos grãos são pobres em lisina, e a maioria dos legumes são pobres em metionina. A tradicional combinação latina de arroz com feijão tem portanto um valor biológico mais elevado do que cada um isoladamente. Para serem eficazes, as proteínas devem ser comidas na mesma refeição, uma vez que os aminoácidos não podem ser armazenados. A adição de leite e ovos a uma dieta vegetariana simplifica a tarefa de satisfazer as necessidades protéicas.

Uma mistura vegetal que tem um valor biológico quase idêntico ao leite de vaca consiste principalmente de semente de algodão, milho integral e sorgo integral. Outra mistura contém fubá, farinha de soja e leite em pó desnatado. Estas combinações são usadas para suplementar a dieta em países onde a subnutrição está presente.

Tabela 18-6 Valores Calculados para as Necessidades em Aminoácidos Essenciais (g/dia)[a]

Aminoácido	g/dia
arginina	[b]
histidina	[b]
isoleucina	0,84
leucina	1,12
lisina	0,84
metionina[c]	0,70
fenilalanina[d]	1,12
treonina	0,56
triptofano	0,21
valina	0,98

[a] Do Nacional Research Council, National Academy of Sciences, 1974; valores baseados num adulto de 70 kg.

[b] Requeridos em pequenas quantidades pelas crianças; os adultos parecem sintetizar quantidades suficientes.

[c] Inclui a cistina.

[d] Inclui a tirosina.

Tabela 18-7 Valores de Utilização Líquida Protéica (NPU)

Proteína	NPU
leite humano	95
ovo	87
leite de vaca	81
arroz (polido)	63
amendoim	57
farinha de soja	54
trigo integral	49
milho	36

18.8 Resumo do Metabolismo

Objetivo: Para demonstrar entendimento desta seção, você deverá ser capaz de descrever as relações-chave entre os metabolismos de carboidratos, lipídios e proteínas.

Seu corpo pode ser imaginado como uma fábrica de processamento de alimentos. O material de consumo consiste de alimentos, mas precisa ser de alimentos "corretos", isto é, alimentos que contêm as matérias primas essenciais. As moléculas de alimentos são modificadas por um grande número de reações, que ocorrem em pequenas etapas, cada uma catalisada por uma enzima. Estas modificações químicas são a base do metabolismo. Elas servem duas finalidades: fornecer energia e suprir intermediários para a síntese de grandes moléculas. Os dejetos deste processo são excretados pela "fábrica".

A Figura 18-11 mostra um esquema muito simplificado das principais vias metabólicas. Um quadro completo seria extremamente complexo, uma vez que muitas das moléculas formadas em uma seqüência podem entrar em duas ou mais vias, dependendo das necessidades do seu corpo. Note neste diagrama as interconexões íntimas entre carboidratos, lipídios e proteínas. Este relacionamento permite a você fazer o mais eficiente uso do seu alimento.

O estágio 1 representa a digestão dos alimentos. Os polissacarídeos são hidrolisados a monossacarídeos, particularmente glicose. Os lipídios, principalmente triacilgliceróis, são hidrolisados a ácidos graxos e glicerol. As proteínas são hidrolisadas a aminoácidos.

No estágio 2, os produtos da digestão são transportados às células dos tecidos, onde sofrem reações subseqüentes. A molécula central neste estágio é o acetil CoA. Reações anabólicas no estágio 2 sintetizam os carboidratos, lipídios e proteínas necessários para a estrutura e o funcionamento do organismo.

O estágio final, respiração, ocorre nas mitocôndrias das células. Lá, unidades acetila são oxidadas no ciclo do ácido cítrico e elétrons alimentam então a cadeia respiratória. O resultado é a produção de ATP, que o organismo requer para armazenar energia.

A Figura 18-12 põe em evidência os órgãos envolvidos no metabolismo. As relações mostradas são aquelas que ocorrem após a digestão. O fígado desempenha um papel-chave na manutenção do suprimento de energia do nosso corpo. Após uma refeição, ele sintetiza glicogênio e triacilgliceróis para armazenar energia. Entre as refeições, ele forma glicose e corpos cetônicos para prover energia.

A Figura 18-13 resume as partes da célula nas quais os principais processos metabólicos ocorrem.

Agora você deve compreender melhor porque você é o que você come. Mas você deve também perceber que seu corpo não é simplesmente uma coleção de átomos obtidos dos alimentos. Os organismos vivos usam energia para se conservarem como sistemas organizados. Eles têm um alto grau de ordem. Neste importante sentido, você é muito mais do que os alimentos que você come.

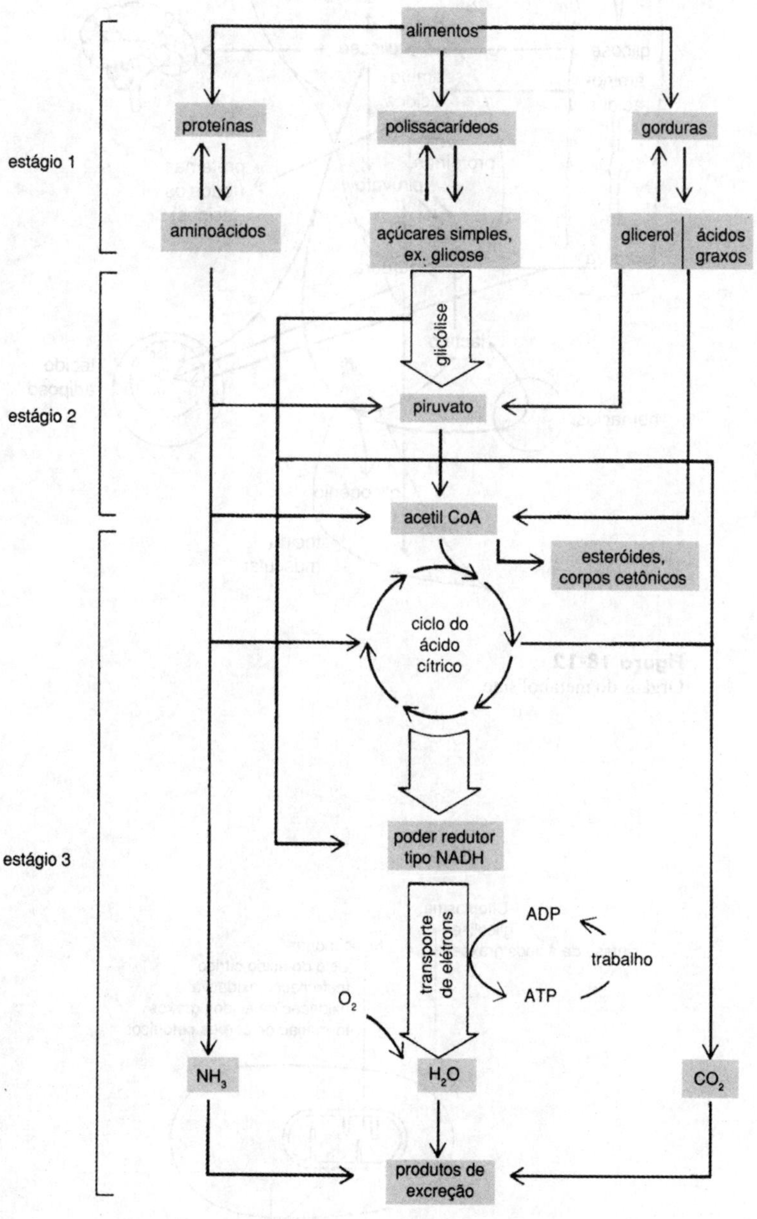

Figura 18-11

Resumo das principais vias metabólicas. O estágio 1 representa a interconversão entre macromoléculas e seus componentes. O estágio 2 consiste da degradação das unidades simples até acetil CoA. O estágio 3 envolve a completa oxidação do acetil CoA, liberando energia que é armazenada sob forma de ATP.

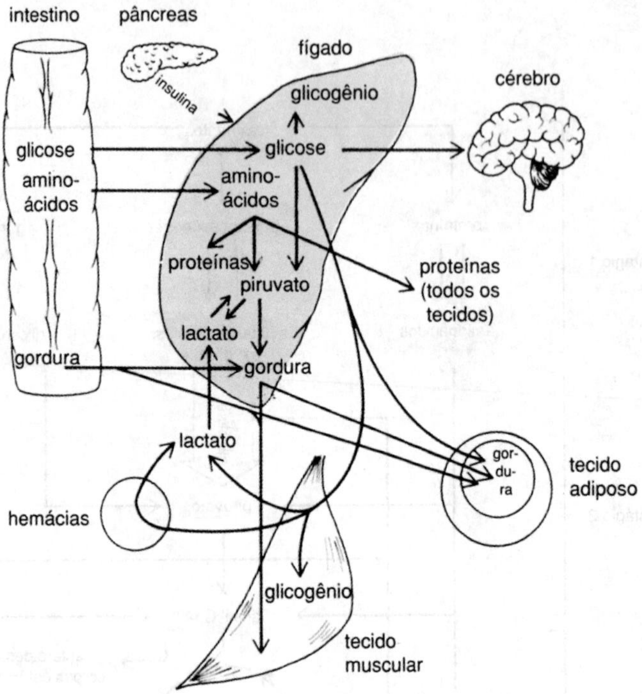

Figura 18-12
Órgãos do metabolismo.

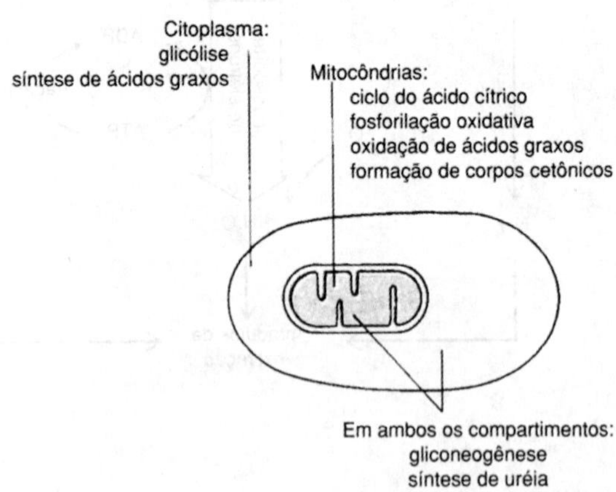

Figura 18-13
Compartimentização das principais vias metabólicas. Examine o Apêndice F para uma descrição das partes de uma célula.

SUMÁRIO

18.1 O nitrogênio elementar ocorre no meio ambiente sob forma de N_2. A molécula de nitrogênio é quimicamente convertida a diferentes formas através do ciclo do nitrogênio. Esta série de modificações interliga o metabolismo do nitrogênio dos microorganismos, plantas e animais. Embora parte das proteínas que você come seja usada para produzir energia, a maior parte delas é usada para prover os aminoácidos necessários para fabricar suas próprias proteínas e outras importantes moléculas. As proteínas da dieta são a maior fonte de nitrogênio para seu corpo.

18.2 Um "pool" de aminoácidos se forma a partir da dieta e da síntese de aminoácidos, assim como da degradação ("renovação") de proteínas. Os aminoácidos são usados para fabricar novas moléculas ou são degradados até uréia, seu esqueleto carbônico sofrendo novas reações ou entrando no ciclo do ácido cítrico. Um balanço nitrogenado resulta da entrada e perda contínuas de compostos nitrogenados. Quando a ingestão de nitrogênio é maior do que a quantidade excretada, um balanço nitrogenado positivo resulta. A condição oposta é um balanço nitrogenado negativo.

18.3 Durante o catabolismo, certos aminoácidos, rotulados como "glicogênios", são transformados em intermediários do ciclo do ácido cítrico. Outros, rotulados como "cetogênicos", são convertidos a acetil CoA ou acetoacetil CoA. A primeira etapa no catabolismo dos aminoácidos é a transaminação, remoção do alfa-amino grupo e sua transferência para um alfa-cetoácido, tal como o alfa-cetoglutarato. Os esqueletos carbônicos podem depois entrar no ciclo do ácido cítrico para gerar ATP.

18.4 O ciclo da uréia remove nitrogênio do organismo quando um excesso está presente. Os dois grupos amina da uréia são derivados do glutamato. No ciclo, a arginina é convertida em ornitina, sendo a uréia liberada excretada na urina.

18.5 Os aminoácidos que devem ser obtidos da dieta são chamados "essenciais". Os outros, "não essenciais", podem ser sintetizados no organismo. Moléculas nitrogenadas podem ser sintetizadas por reações tais como descarboxilação, perda de um grupo carboxila. Hormônios, vitaminas, coenzimas, alcalóides e outros compostos são produzidos através do anabolismo.

18.6 Purinas e pirimidinas são os heterociclos nitrogenados presentes nos ácidos nucléicos. Elas podem ser sintetizadas a partir de aminoácidos. A decomposição de purinas forma ácido úrico. (Um excesso leva à gota.) Heme, o grupo prostétido da hemoglobina, é sintetizado através de uma complexa série de reações formando um pirrol substituído e depois o anel porfirínico. Quando as hemácias se rompem, o heme é catabolisado a urobilina e estercobilina, pigmentos vermelho-alaranjados que contribuem para a cor da urina e fezes.

18.7 Para fornecer valor nutricional máximo, a dieta deve prover uma mistura balanceada de aminoácidos essenciais. O valor biológico de uma proteína mede a razão entre o nitrogênio retido e o nitrogênio absorvido pelo organismo. As proteínas animais têm geralmente um valor biológico mais alto do que as vegetais. As proteínas podem ser misturadas a partir de diferentes fontes e ser ingeridas juntas a fim de compensar a inadequabilidade de cada uma isoladamente.

18.8 O metabolismo pode ser visualizado como uma modificação das moléculas dos alimentos por um grande número de reações, que ocorrem em pequenas etapas, cada uma catalisada por uma enzima. A finalidade do metabolismo é fornecer energia e intermediários para a síntese de moléculas maiores. As vias metabólicas dos carboidratos, lipídios e proteínas estão intimamente interconectadas, permitindo ao organismo fazer uso eficiente dos alimentos que você come.

EXERCÍCIOS

Exercício de Casamento de Palavras-Chave

Para cada termo à esquerda, escolha a frase da coluna à direita que mais se aproxima do seu significado.

1. fixação de nitrogênio	a. elimina nitrogênio
2. proteólise	b. não pode ser produzido pelo organismo
3. balanço nitrogenado	c. heterociclo nitrogenado
4. transaminação	d. depende da composição
5. ciclo da uréia	e. conversão de N_2
6. aminoácido essencial	f. deficiência protéica
7. heme	g. "utilidade" de uma proteína
8. valor biológico	h. hidrólise de proteína
9. utilização líquida protéica	i. consumo e eliminação de nitrogênio
10. kwashiorkor	j. transferência de grupo amina

Exercícios por Tópicos

Ciclo do Nitrogênio (18.1)

11. O que é que as proteínas fornecem, enquanto que os carboidratos e lipídios não?
12. Qual é a principal forma ambiental do nitrogênio?
13. O que você entende por "ciclo" do nitrogênio?
14. Se tanto N_2 está disponível, por que é o nitrogênio um nutriente escasso?

Balanço Nitrogenado (18.2)

15. O que você entende por "renovação" das proteínas corporais?
16. O que é "pool" de aminoácidos?
17. Quais são os principais usos dos aminoácidos do "pool" corporal?
18. O que você entende por "balanço nitrogenado"?
19. Que fatores podem resultar em (a) balanço nitrogenado negativo e (b) positivo?

Catabolismo de Aminoácidos (18.3)

20. Que papel desempenham as proteínas para satisfazer as necessidades energéticas do organismo?
21. Qual é a diferença entre um aminoácido "glicogênico" e um "cetogênico"?

22. Descreva a primeira etapa do catabolismo dos aminoácidos.
23. Como está relacionado o catabolismo dos aminoácidos com o ciclo do ácido cítrico?

Ciclo da Uréia (18.4)

24. Que papel desempenha a uréia no catabolismo dos aminoácidos?
25. Resuma as principais etapas do ciclo da uréia.
26. Quanto ATP é necessário para remover nitrogênio do nosso corpo?
27. Como é que a formação de uréia serve como um dispositivo de controle ou "nivelamento"?

Anabolismo de Aminoácidos (18.5)

28. Qual é a diferença entre um aminoácido essencial e um não essencial?
29. Identifique os seguintes aminoácidos como essenciais ou não essenciais:
    a. metionina
    b. lisina
    c. glicina
    d. tirosina
    e. triptofano
30. Explique o que significa descarboxilação.
31. Por que é a síntese de proteínas mais complicada do que a de carboidratos ou lipídios?

Outros Compostos Nitrogenados (18.6)

32. Qual é o produto final do catabolismo das purinas?
33. Já que as purinas e pirimidinas são tão importantes, por que não precisamos obtê-las de nossa dieta? Explique.
34. Resuma brevemente a formação do heme.
35. O que ocorre durante o catabolismo do heme?

Proteínas da Dieta (18.7)

36. O que é valor "biológico" de uma proteína?
37. Por que uma proteína, na qual falta apenas um aminoácido essencial, não tem nenhum valor biológico?
38. O que é "utilização líquida protéica"?
39. Por que as proteínas animais têm um alto valor de NPU?
40. Pode uma dieta vegetariana satisfazer as necessidades protéicas? Explique.

Resumo do Metabolismo (18.8)

41. Em que aspecto é nosso corpo semelhante a uma fábrica de processamento de alimentos?
42. Descreva os três estágios principais do metabolismo como mostrado no Figura 18-11.
43. Quais são as principais relações entre os metabolismos dos carboidratos, lipídios e proteínas?
44. Qual é o papel do fígado no metabolismo?
45. Num parágrafo, resuma as principais finalidades do metabolismo e as mais importantes modificações que ocorrem.

Exercícios Adicionais

46. Qual é o mais sério problema nutricional mundial? Explique.
47. Qual é a principal função das proteínas que você come?
48. O que significa "meia-vida" de uma proteína?
49. Qual é o perigo, se existir, de um balanço nitrogenado (a) negativo e (b) positivo?
50. Qual é a relação entre vitamina B_6 e catabolismo de aminoácidos?
51. O que determina a quantidade de uréia que é excretada?
52. Que reação constitui a única via significativa para a produção de alfa-amino grupos diretamente da amônia?
53. Represente a estrutura do grupo guanidínico.
54. Qual é a relação entre ácido úrico e gota?
55. Relacione icterícia com o catabolismo do heme.
56. Em que a utilização líquida protéica difere do valor biológico?

Capítulo 19

Hereditariedade e Síntese de Proteínas

Nos capítulos anteriores, nós aprendemos porque somos o que comemos. Os processos do metabolismo explicam como os átomos dos alimentos se tornam parte das moléculas que compõem o nosso corpo. Mas este fluxo de matéria e energia não pode representar o quadro global. Muitos dos mesmos alimentos são ingeridos por tipos bem diferentes de organismos. Existe algo mais, um conjunto de circunstâncias, que determina se você cresce para se tornar um homem, uma mulher ou um camundongo. O Capítulo 19 explica como esta informação é armazenada na célula, como ela dirige as atividades do nosso corpo e como serve de base para a hereditariedade.

19.1 Nucleotídios

Objetivo: Para demonstrar entendimento desta seção, você deverá ser capaz de descrever os componentes do DNA e do RNA.

As grandes moléculas que armazenam e transmitem a informação são os **ácidos nucléicos**, polímeros cujos monômeros são chamados **nucleotídios**. Os nucleotídios consistem de três partes. Uma parte é um açúcar de cinco carbonos, ribose ou desoxirribose:

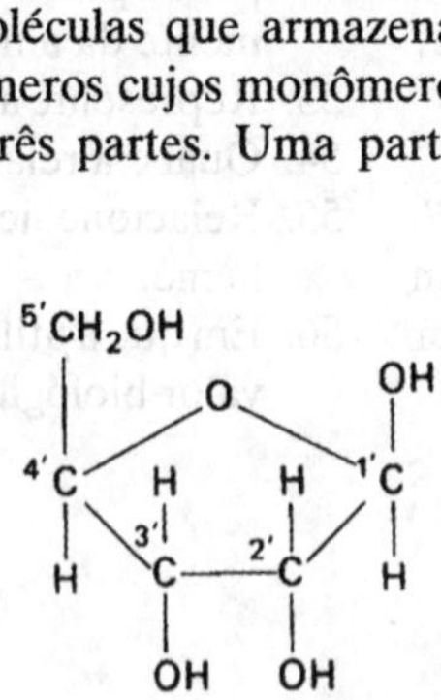

ribose

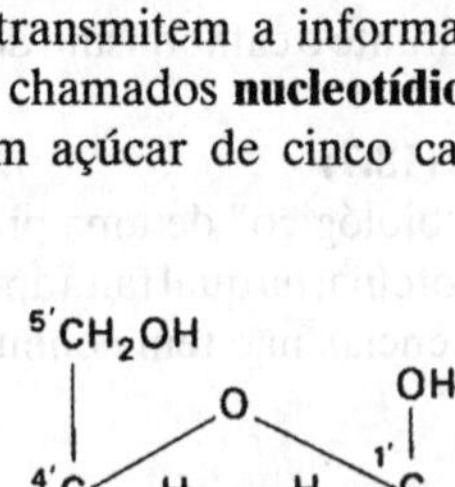

desoxirribose

A desoxirribose é idêntica à ribose, exceto que ela não apresenta átomo de oxigênio no carbono 2'. (O símbolo 2' identifica o segundo átomo de carbono na porção glicídica do nucleotídio.) O ácido nucléico que contém ribose é chamado **ácido ribonucléico**, ou **RNA.** Semelhantemente, aquele que contém desoxirribose é chamado **ácido desoxirribonucléico** ou **DNA**.

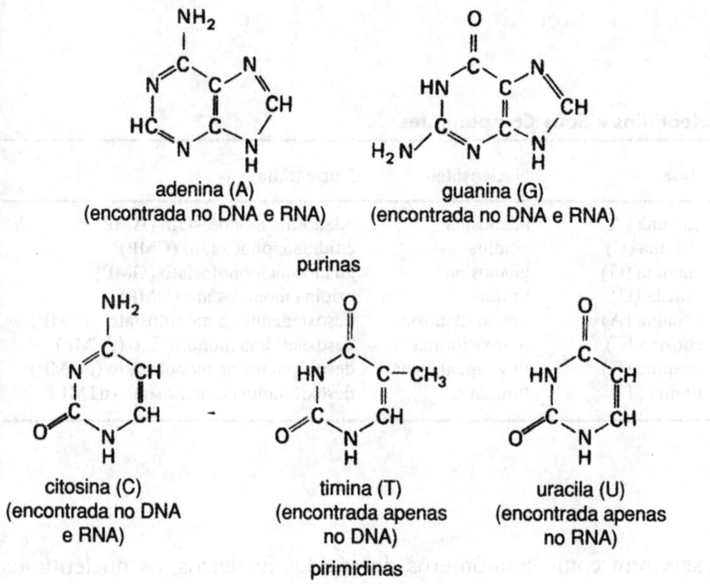

Figura 19-1
As bases do DNA e do RNA: o DNA contém A, G, C e T, enquanto que o RNA contém A, G, C e U.

Ligado ao açúcar está um heterociclo nitrogenado, a **base**. Esta pode ser uma purina ou uma pirimidina, ambas já descritas na Seção 11.4. As principais bases são mostradas na Figura 19-1. Cada tipo de ácido nucléico contém apenas quatro diferentes tipos de bases nitrogenadas: o DNA contém adenina, guanina, citosina e timina, enquanto que o RNA contém adenina, guanina, citosina e uracila. Quando uma das bases está ligada à ribose, o glicosídeo resultante é chamado **nucleosídeo**. Os nucleosídeos são chamados adenosina, guanosina, citidina, timidina e uridina.

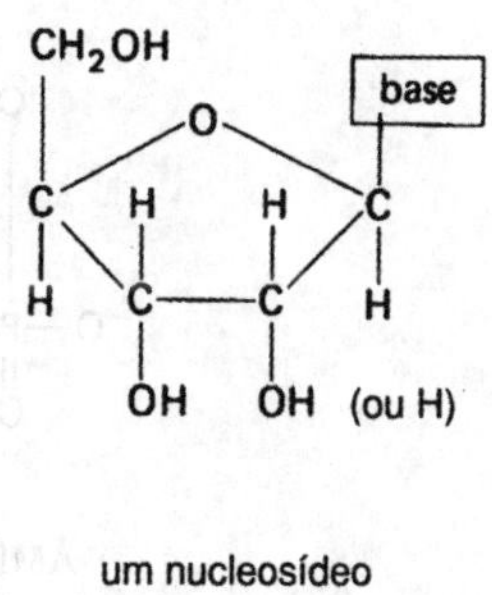

um nucleosídeo

A unidade repetitiva de um polímero tipo ácido nucléico é um nucleosídeo com um grupo fosfato ligado ao carbono 5'. A molécula é chamada nucleosídio monofosfato ou nucleotídio. (Como vimos no caso do ADP e ATP, um nucleotídio pode ter mais de um grupo fosfato.) *Nucleotídios são as unidades básicas formadoras dos ácidos nucléicos*, assim como os aminoácidos compõem as proteínas, e os monossacarídeos formam os polissacarídeos. Estas unidades fundamentais estão ilustradas na Figura 19-2 a, b. A Tabela 19-1 resume os nome dos nucleotídios e seus componentes.

Tabela 19-1 Nucleotídios e Seus Componentes

Açúcar	Base	Nucleosídeo	Nucleotídio
ribose	adenina (A)	adenosina	adenosina monofosfato (AMP)
ribose	citosina (C)	citidina	citidina monofosfato (CMP)
ribose	guanina (G)	guanosina	guanosina monofosfato (GMP)
ribose	uracila (U)	uridina	uridina monofosfato (UMP)
desoxirribose	adenina (A)	desoxiadenosina	desoxiadenosina monofosfato (dAMP)
desoxirribose	citosina (C)	desoxicitidina	desoxicitidina monofosfato (dCMP)
desoxirribose	guanina (G)	desoxiguanosina	desoxiguanosina monofosfato (dGMP)
desoxirribose	timina (T)	timidina	desoxitimidina monofosfato (dTMP)

Além de servirem como monômeros dos ácidos nucléicos, os nucleotídios desempenham outras importantes funções. Nós já sabemos um pouco sobre o ATP, adenosina trifosfato, a molécula armazenadora de energia do metabolismo. Ela consiste de adenosina monofosfato com dois grupos fosfato adicionais. Nós também já mencionamos as coenzimas nucleotídicas, tais como a coenzima A (CoA), a nicotinamida adenina dinucleotídio (NAD^+) e a flavina mononucleotídio (FMN).

Nucleotídios especiais, chamados nucleotídios cíclicos, participam como "segundos mensageiros" na transmissão de sinais químicos. Um exemplo é a adenosina 3',5'-monofosfato cíclica, ou AMP cíclico (cAMP).

A Figura 19-3 mostra o que ocorre quando o hormônio epinefrina (adrenalina) é liberado no sangue e alcança as células hepáticas. A molécula do hormônio liga-se a um receptor da membrana celular hepática e "aciona" uma enzima da superfície interna da membrana.

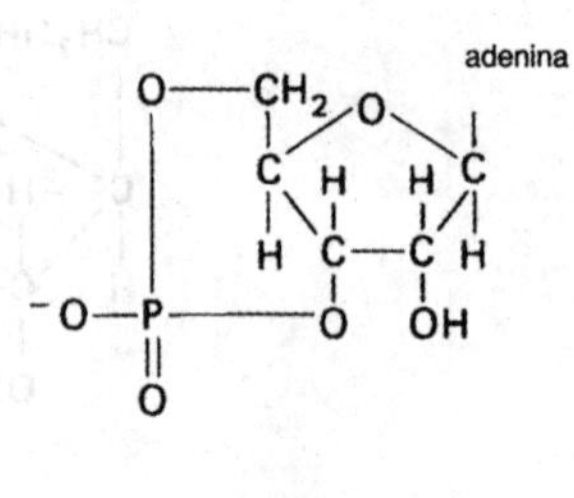

AMP cíclico (cAMP)

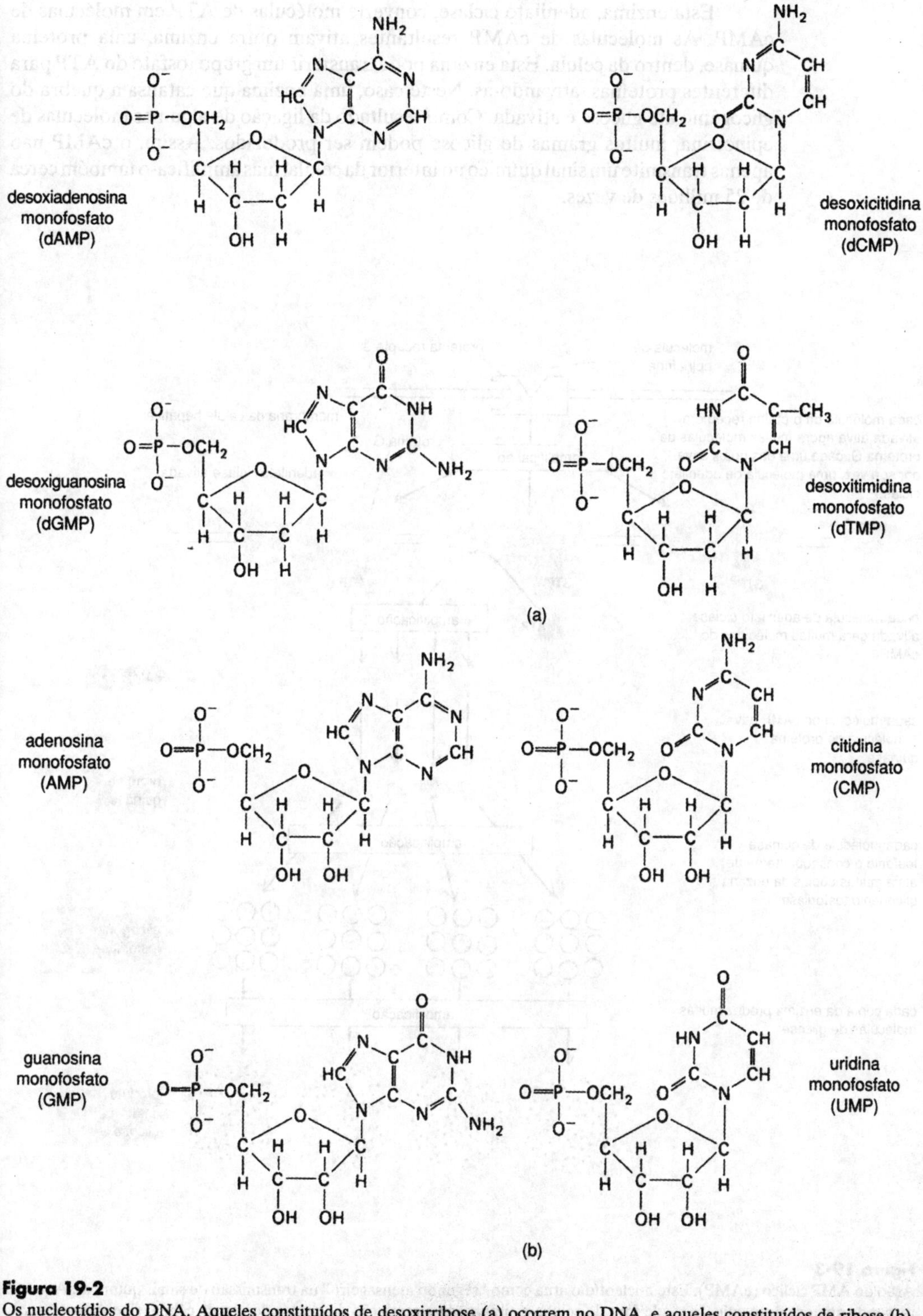

Figura 19-2
Os nucleotídios do DNA. Aqueles constituídos de desoxirribose (a) ocorrem no DNA, e aqueles constituídos de ribose (b) ocorrem no RNA.

Esta enzima, adenilato ciclase, converte moléculas de ATP em moléculas de cAMP. As moléculas de cAMP resultantes ativam outra enzima, uma proteína quinase, dentro da célula. Esta enzima pode transferir um grupo fosfato do ATP para diferentes proteínas, ativando-as. Neste caso, uma enzima que catalisa a quebra do glicogênio até glicose é ativada. Como resultado da ligação de algumas moléculas de epinefrina, muitos gramas de glicose podem ser produzidos. Assim, o cAMP não apenas transmite um sinal químico no interior da célula, mas amplifica-o também cerca de 25 milhões de vezes.

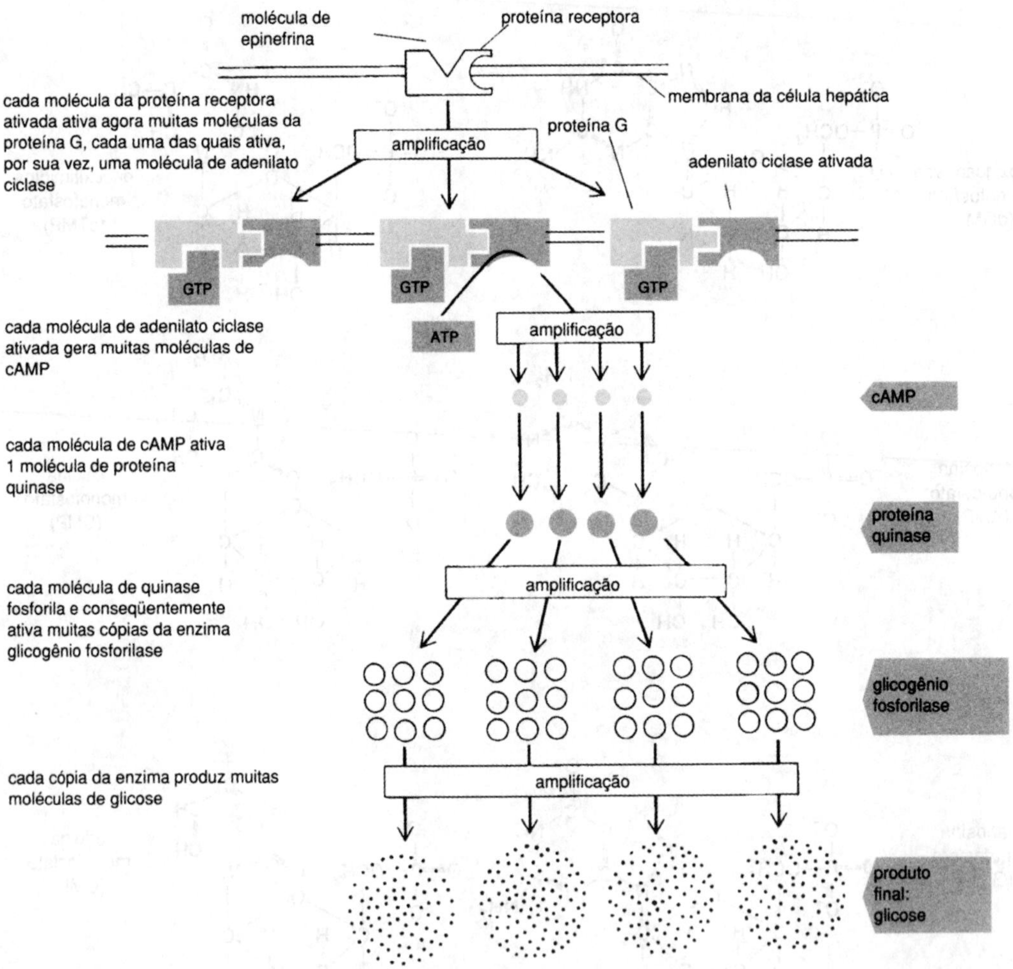

Figura 19-3
Ação do AMP cíclico (cAMP). Este nucleotídio atua como "segundo mensageiro" na transmissão de sinais químicos. Aqui ele responde ao hormônio epinefrina, de fora da célula, estimulando a produção de glicose dentro da célula. (De Alberts, *et al.*, "Molecular Biology of the Cell", Garland Publishing Inc., Página 759, figura 13-35. Direitos autorais 1983.)

19.2 Polinucleotídios

Objetivo: Para demonstrar entendimento desta seção, você deverá ser capaz de descrever a estrutura da molécula do DNA.

Para formar um ácido nucléico, um **polinucleotídio**, os nucleotídios são interligados por ligações diéster fosfato. Esta ligação é mostrada nas Figura 19-4. A ponte fosfato liga o carbono 3' de um nucleotídio ao carbono 5' de outro. A ligação diéster fosfato desempenha nos ácidos nucléicos o mesmo papel da ligação peptídica nas proteínas.

A cadeia polinucleotídica pode ser simbolizada da seguinte maneira:

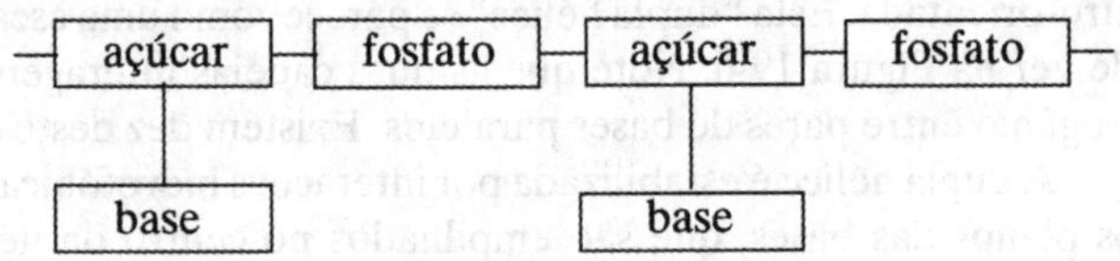

Ela consiste de uma "espinha dorsal" de açúcares interligados por grupos fosfato com diferentes bases emergindo da cadeia. Este arranjo é semelhante àquele com diferentes cadeias laterais emergindo da "espinha dorsal" polipeptídica de uma proteína. O RNA, ácido ribonucléico, consiste usualmente de uma cadeia polinucleotídica com este arranjo. Diz-se que ele possui "fita única".

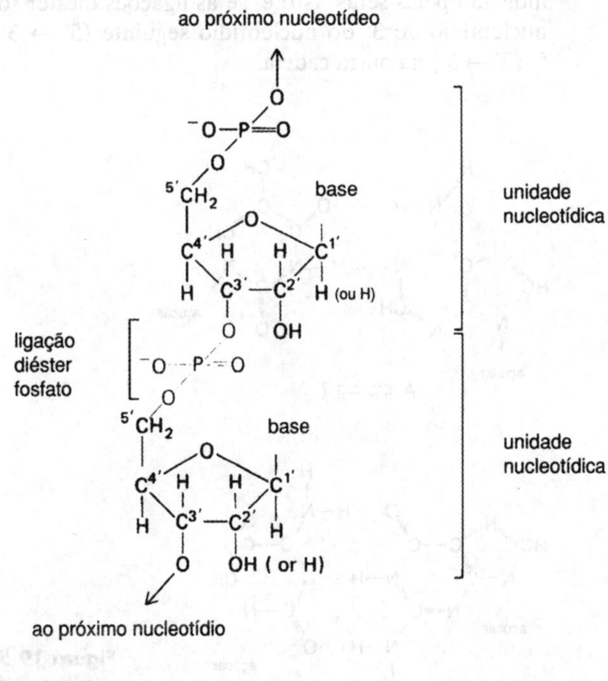

Figura 19-4
A ligação diéster fosfato numa cadeia polinucleotídica une o carbono 3' de um nucleotídio ao carbono 5' do nucleotídio seguinte.

Em contraste, o DNA, ácido desoxirribonucléico, consiste de duas cadeias polinucleotídicas separadas. Portanto ele possui "fita dupla".

A estrutura de uma molécula de DNA baseia-se na maneira pela qual as bases das duas fitas interagem entre si. Uma purina pode formar pontes de hidrogênio com uma pirimidina da cadeia adjacente. Devido porém à sua forma molecular, *a adenina pode interagir somente com a timina (ou uracila) e a guanina pode interagir somente com a citosina*, como mostra a Figura 19-5. Este tipo especial de pontes de hidrogênio constitui o **pareamento de bases**. Diz-se que a adenina é "complementar" a timina (ou uracila). A guanina e a citosina constituem também um par de bases complementares. Como veremos, estas interações fracas mas muito específicas formando apenas certos pares de bases fornecem a base para o funcionamento do DNA e do RNA.

As duas fitas do DNA correm em paralelo e se enrolam em forma de uma hélice dextro-orientada. Esta "dupla hélice" se parece como uma escada em espiral, como se pode ver na Figura 19-6. Note que as duas cadeias interagem através de pontes de hidrogênio entre pares de bases paralelos. Existem dez destes pares para cada volta.

A dupla hélice é estabilizada por interações hidrofóbicas entre os anéis aromáticos planos das bases, que são empilhados no centro da hélice. A hélice pode se desnaturar pelo calor, mudanças de pH, ou vários agentes químicos (tais como uréia ou formamida.)

Uma fita é exatamente complementar à outra. Quando uma guanina aparece de um lado, uma citosina deve estar na outra cadeia, o mesmo ocorrendo para a adenina e timina. Assim, se a hélice fosse desenrolada, as duas fitas ficariam como apresentadas na Figura 19-7. Se uma parte de uma cadeia tem a seqüência de bases mostrada, pTpCpGpA (onde o "p" minúsculo representa a ligação fosfato entre as unidades de desoxirribose que contêm as bases), a outra fita deve ter o arranjo complementar, pApGpCpT. Além disto, note que uma cadeia corre na direção oposta à outra, como indicado pelas setas. Isto é, se as ligações diéster fosfato vão do carbono 5' de um nucleotídio ao 3' do nucleotídio seguinte (5' → 3') na primeira fita, vão de 3' a 5' (3' → 5') na outra cadeia.

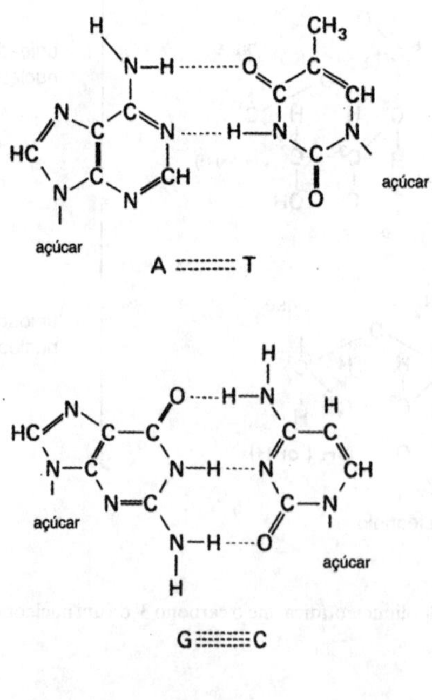

Figura 19-5
Pareamento de bases. Os únicos pares de base possíveis ocorrem entre adenina e timina (ou uracila) e entre guanina e citosina.

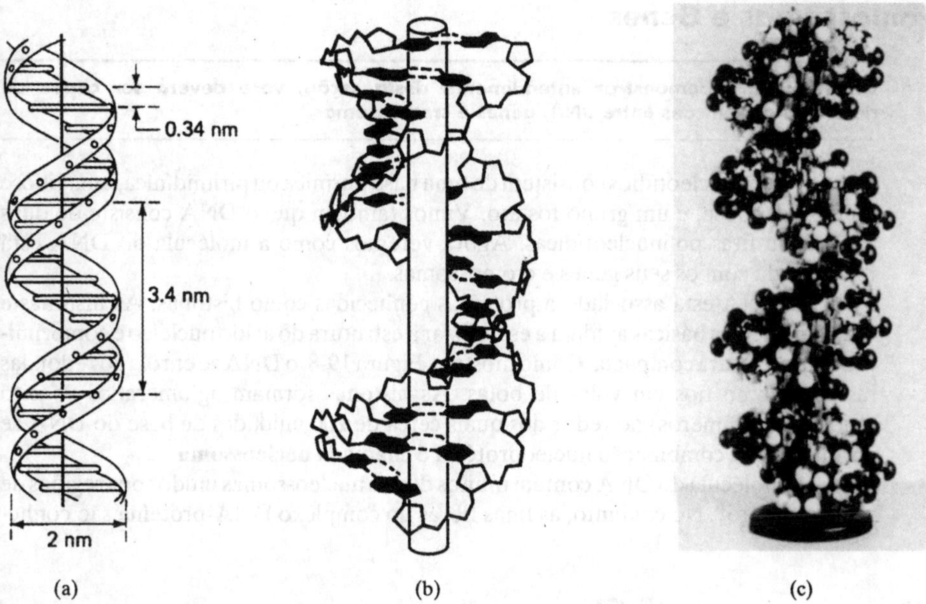

Figura 19-6
Representações da molécula de DNA. (a) As cadeias fosfato-açúcar são mostradas como fitas e os pares de bases como bastões horizontais. (b) Um modelo da hélice de DNA: as linhas interrompidas representam as pontes de hidrogênio entre as bases. (c) Estrutura molecular do DNA (Reimpresso com permissão de J.N.Davidson. *The Biochemistry of Nucleic Acids, 9ª ed.* Londres: Chapman and Hall, 1981.)

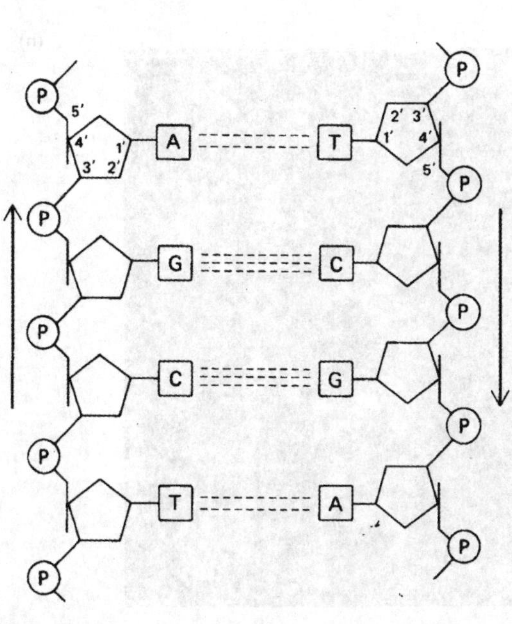

Figura 19-7
Representação de parte de uma molécula de DNA, mostrando os pares de bases complementares ao longo das duas fitas. (Reimpresso com permissão de J.N.Davidson. *The Biochemistry of Nucleic Acids,* 9ª ed., Londres: Chapman and Hall, 1981.)

19.3 Cromossomas e Genes

Objetivo: Para demonstrar entendimento desta seção, você deverá ser capaz de descrever as relações entre DNA, genes e cromossomas.

Vimos que os nucleotídios consistem de uma base purínica ou pirimidínica, uma ribose ou desoxirribose, e um grupo fosfato. Vimos também que o DNA consiste de duas cadeias ou fitas polinucleotídicas. Agora veremos como a molécula do DNA está relacionada com os seus genes e cromossomas.

O DNA está associado a proteínas conhecidas como histonas. As histonas e outras proteínas básicas ajudam a estabilizar a estrutura do ácido nucléico e comprimi-la numa estrutura compacta. Como mostra a Figura 19-8, o DNA se enrola ao redor das histonas como fios em volta de bolas. As histonas formam aglomerados de oito unidades (octâmeros) ao redor dos quais cerca de 200 unidades de base do DNA se enrolam. Esta combinação nucleoprotéica é chamada **nucleossoma**.

A molécula do DNA contém muitos destes nucleossomas unidos por regiões de "espaçamento". No conjunto, as finas fibras do complexo DNA-proteína são conhe-

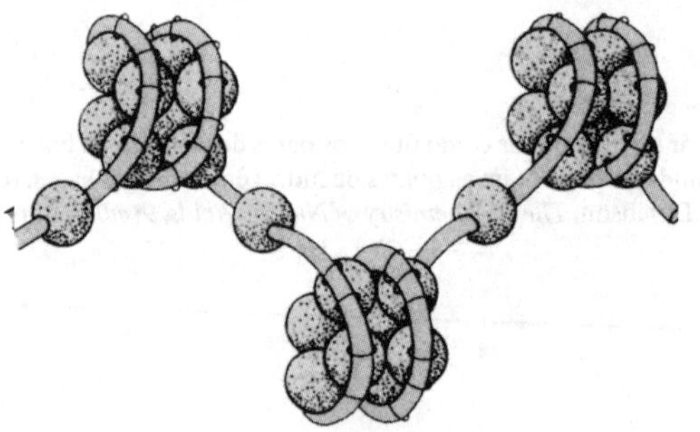

(a)

Figura 19-8
O nucleossoma. (a) A cadeia de DNA se enrola em volta de aglomerados de moléculas de histonas. (De ***New Scientist***, revista semanal de ciência e tecnologia.) (b) Fragmentos de cromatina distendidos para ilustrar os nucleossomas em forma de contas, aumentados 120000 vezes. (Foto por cortesia de J.T. Finch.)

(b)

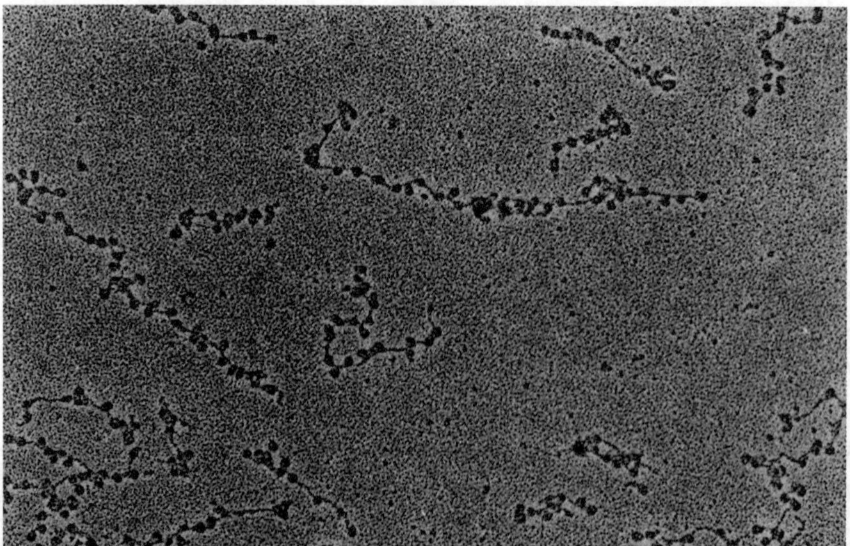

cidas como cromatina. Exatamente antes de uma célula se dividir, sua cromatina se organiza em unidades distintas chamadas cromossomas. As células humanas contêm 46 cromossomas em 23 pares. (Veja a Figura 19-9).

Se o DNA dos cromossomas do interior de uma única célula humana fosse esticado de ponta a ponta, ele teria cerca de 15 cm de comprimento! A molécula do DNA contém *bilhões* de unidades nucleotídicas, muito mais do que a maior molécula de proteína ou de carboidrato. Seria necessário um livro inteiro, contendo mais de um milhão de páginas, com 5000 letras por página, para escrever a seqüência de suas bases. O compacto empacotamento do DNA sob forma de nucleoproteína permite-o de se acomodar dentro das dimensões diminutas da célula.

O termo "gene" se refere a uma porção da molécula do DNA. Veremos nas seções seguintes como a maioria dos genes contém a informação que determina a composição das proteínas. São suas proteínas que determinam muitas das suas características, tal como a cor dos seus olhos. Como as enzimas são também proteínas, os genes controlam os processos que ocorrem no nosso corpo. Em outras palavras, os genes constituem as "plantas" para a construção das suas moléculas. Além disto, a informação contida dentro do DNA dos genes nos cromossomas é transmitida à prole como veremos mais adiante neste capítulo.

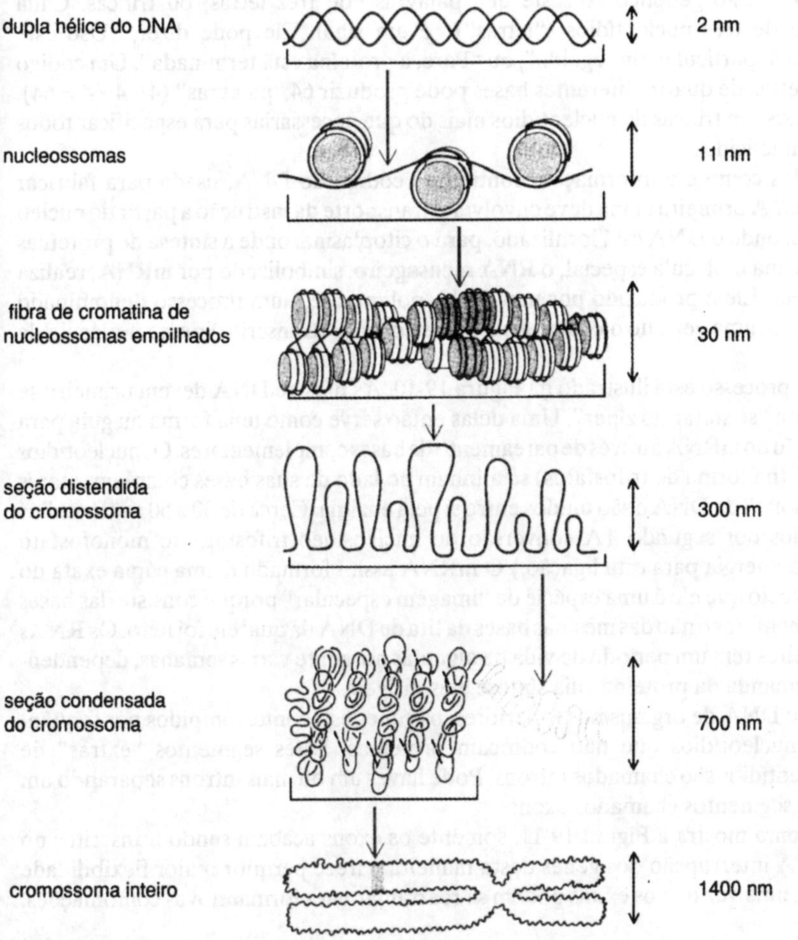

Figura 19-9
Estrutura da cromatina. O diagrama mostra como o DNA é compactado num cromossoma. (De Alberts *et al*, "Molecular Biology of the Cell." Garland Publishing Co. Página 399, figura 8-24. Direitos autorais 1983.)

19.4 Transcrição

Objetivo: Para demonstrar entendimento desta seção, você deverá ser capaz de descrever o processo da transcrição.

Na última seção, aprendemos que os genes contêm as instruções para a síntese de proteína. Como os genes consistem de DNA, devemos examinar a estrutura deste ácido nucléico para verificar como estas instruções estão armazenadas. As únicas diferenças entre os vários genes consistem na sua seqüência de nucleotídios, a ordem em que as bases estão arranjadas em cada fita de DNA. *Esta seqüência de bases determina qual proteína será sintetizada através do controle da ordem de seus aminoácidos.*

A descoberta que os genes, através da seqüência das bases de seu DNA, formam um código, o **código genético**, foi um dos mais importantes acontecimentos científicos deste século. Em conjunto com a elucidação da estrutura da molécula do DNA, ela revolucionou a biologia, formando um novo ramo chamado "biologia molecular". Pela primeira vez, a base química do armazenamento de informação genética foi compreendida em nível molecular.

O código genético consiste de "palavras" de três letras, ou trincas. Cada conjunto de três nucleotídios ("letras") é um sinal. Ele pode dizer, "Use este aminoácido particular em seguida", ou "Páre, a proteína está terminada". Um código de três letras de quatro diferentes bases pode produzir 64 "palavras" ($4 \times 4 \times 4 = 64$). Assim, existem trincas de nucleotídios mais do que necessárias para especificar todos os 20 aminoácidos.

Mas como é a informação, contida no código do DNA, usada para fabricar proteínas? A primeira etapa deve envolver o transporte da instrução a partir do núcleo da célula, onde o DNA está localizado, para o citoplasma, onde a síntese de proteínas ocorre. Uma molécula especial, o **RNA mensageiro**, simbolizado por **mRNA**, realiza esta tarefa. Ele é produzido por uma RNA polimerase, num processo denominado **transcrição**, uma vez que o código do DNA é copiado (transcrito) numa molécula de RNA.

O processo está ilustrado na Figura 19-10. As fitas de DNA devem primeiro se separar ou "se soltar do zíper". Uma delas então serve como uma forma ou guia para a formação do mRNA através de pareamento de bases complementares. Os nucleotídios do RNA (na forma de trifosfatos) se alinham ao lado de suas bases complementares da fita "solta" de DNA e são unidos entre si pela enzima. Cerca de 30 a 50 nucleotídios são unidos por segundo. (A conversão do nucleosídeo trifosfato ao monofosfato fornece a energia para esta ligação.) O mRNA assim formado é uma cópia exata do DNA, exceto que ele é uma espécie de "imagem especular" porque consiste das bases complementares e não das mesmas bases da fita de DNA da qual ele foi feito. Os RNAs mensageiros têm um período de vida de algumas horas até várias semanas, dependendo da demanda da proteína cuja síntese eles dirigem.

No DNA de organismos superiores, os genes estão interrompidos por seqüências de nucleotídios que não codificam proteínas. Estes segmentos "extras" de polinucleotídios são chamados introns. Pode haver um ou mais introns separando um gene em segmentos chamados exons.

Como mostra a Figura 19-11, somente os exons acabam sendo transcritos no mRNA. A interrupção dos genes desta maneira parece permitir maior flexibilidade genética, uma vez que os exons podem se rearranjar para formar novas combinações.

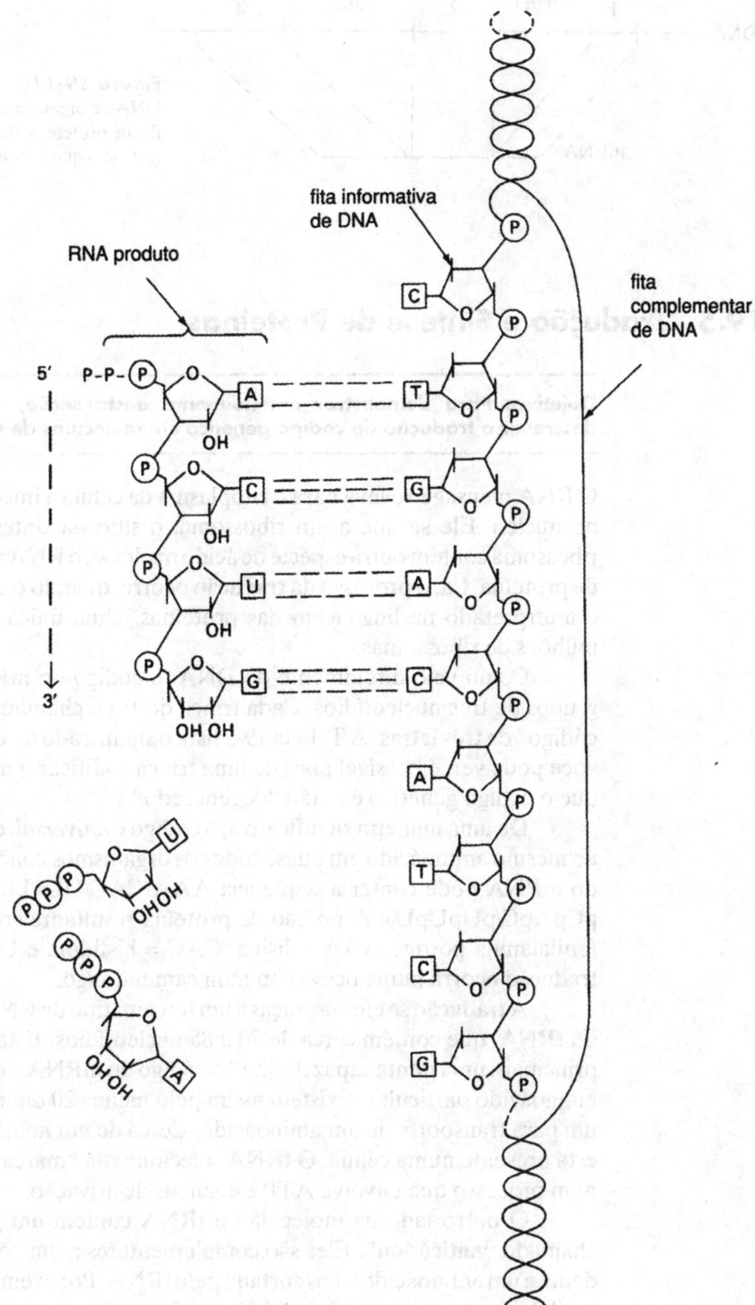

Figura 19-10
O processo da transcrição. Uma fita de mRNA se forma usando nucleotídios livres por pareamento de bases ao longo de uma cadeia de DNA. Note que "P" na figura representa um grupo fosfato. (Reimpresso com permissão de J.N.Davidson. *The Biochemistry of Nucleic Acids*, 9ª ed., Londres: Chapman and Hall, 1981.)

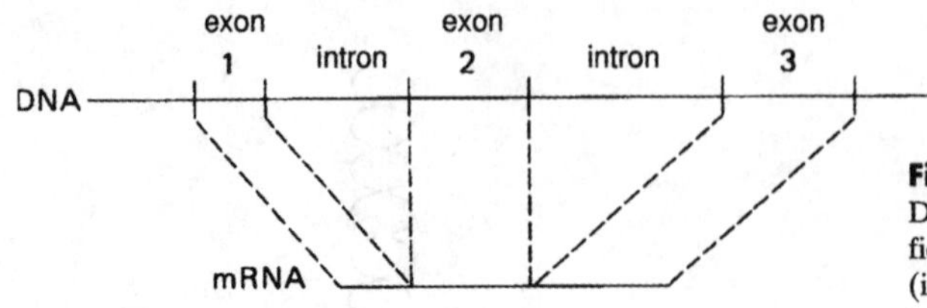

Figura 19-11
DNA de organismos superiores. As regiões que codificam proteínas (exons) são separadas por regiões (introns) que não são transcritas em mRNA.

19.5 Tradução e Síntese de Proteínas

Objetivo: Para demonstrar entendimento desta seção, você deverá ser capaz de descrever a tradução do código genético em moléculas de proteína.

O RNA mensageiro leva para o citoplasma da célula a informação transcrita do DNA no núcleo. Ele se une a um ribossoma, o sítio da síntese de proteína. O próprio ribossoma contém outra espécie de ácido nucléico, o RNA ribossomal, ou rRNA, além de proteína. Lá, o processo da **tradução** ocorre, quando o código é tomado do mRNA e interpretado na linguagem das proteínas. Uma única célula tem cerca de cinco milhões de ribossomas.

Como veio diretamente do DNA, o código do mRNA é também escrito em grupos de três nucleotídios. Cada trinca destas é chamada um **códon**, uma "palavra código" de três letras. A Tabela 19-2 lista o significado de cada código possível. Como você pode ver, é possível mais de uma trinca codificar o mesmo aminoácido. (Diz-se que o código genético é então "degenerado".)

De uma maneira significativa, o código é *universal*: estes códons correspondem ao mesmo aminoácido em quase todos os organismos conhecidos. Por exemplo, parte do mRNA pode conter a seqüência AAA/CAC/UUU (abreviação para pApApA/pCpApC/pUpUpU). A porção de proteína resultante consistirá de lisina-histidina-fenilalanina porque AAA = lisina, CAC = histidina e UUU = fenilalanina, quer a tradução ocorra numa pessoa ou num camundongo.

A tradução se efetua graças a um terceiro tipo de RNA, o **RNA de transferência**, ou **tRNA**, que contém cerca de 70 a 85 nucleotídios. Esta molécula tem duas partes principais: uma ponta capaz de "ler" o código do mRNA e outra que pode se ligar a um aminoácido particular. Existem assim pelo menos 20 diferentes tipos de tRNA, cada um para transporte de um aminoácido. Cerca de um milhão de cópias de cada tRNA está presente numa célula. O tRNA seleciona sua "marca registrada" de aminoácido num processo que envolve ATP e enzimas de ativação.

O outro lado da molécula de tRNA contém um grupo de três nucleotídios chamado **"anticódon"**. Eles são complementares a um códon do mRNA correspondente a um aminoácido transportado pelo tRNA. Por exemplo, o tRNA que transporta fenilalanina tem o anticódon AAG, que é complementar ao códon UUC da cadeia do mRNA. O RNA de transferência funciona como um "adaptador" no qual um aminoácido é encaixado a fim de ser adaptado ao código genético do mRNA. (Veja a Figura 19-12.)

O processo da síntese protéica está ilustrado na Figura 19-13. A parte A mostra um segmento de DNA e o mRNA produzido a partir de uma das fitas. Note, na parte B, que o ribossoma contém sítios de ligação para duas moléculas de tRNA - uma para

Tabela 19-2 O Código Genético

Códon do mRNA	Tradução
AAA, AAG	lisina
AAC, AAU	asparagina
ACA, ACC, ACG, ACU	treonina
AGA, AGG, CGA, CGC, CGG, CGU	arginina
AGC, AGU, UCA, UCC, UCG, UCU	serina
AUA, AUC, AUU	isoleucina
AUG	metionina (INÍCIO)
CAA, CAG	glutamina
CAC, CAU	histidina
CCA, CCC, CCG, CCU	prolina
CUA, CUC, CUG, CUU, UUA, UUG	leucina
GAA, GAG	ácido glutâmico
GAC, GAU	ácido aspártico
GCA, GCC, GCG, GCU	alanina
GGA, GGC, GGG, GGU	glicina
GUA, GUC, GUG, GUU	valina
UAC, UAU	tirosina
UGC, UGU	cisteína
UGG	triptofano
UUC, UUU	fenilalanina
UAA, UAG, UGA	TÉRMINO

a cadeia polipeptídica em crescimento (o sítio peptidil — tRNA) e uma para o novo aminoácido que está sendo adicionado (o sítio aminoacil — tRNA). O códon AUG do mRNA representa o sinal de iniciação para a síntese de proteína. Ele codifica um aminoácido especial, formilmetionina, abreviadamente fMet. O tRNA com este aminoácido encontra seu caminho para o primeiro sítio do mRNA.

A alanina-tRNA tem o anticódon correto para o próximo códon do mRNA. Portanto ela ocupa o segundo sítio. A alanina será então o aminoácido seguinte na cadeia. Os primeiros dois aminoácidos são assim unidos na ordem especificada pelo mRNA.

Na etapa C, o ribossoma se deslocou um códon para a direita num processo chamado translocação (que requer GTP, guanosina trifosfato, como fonte de energia). Através de uma enzima, a alanina formou uma ligação peptídica com a carboxila terminal do primeiro aminoácido, produzindo um dipeptídio, que está agora ligado ao códon 1. O primeiro tRNA, agora sem seu aminoácido, é expelido do ribossoma. O códon seguinte traz a serina-tRNA no sítio aminoacil-tRNA.

A parte D leva a síntese um passo adiante. Um tripeptídio se formou e o ribossoma se deslocou mais um código. Em E, sete aminoácidos foram unidos, com um oitavo, a serina, pronta para ser adicionada. Em cada etapa, o anticódon do tRNA reconhece o códon do mRNA e transporta o próximo aminoácido (contado a partir do grupo amina terminal) para seu local no ribossoma para ligá-lo à cadeia polipeptídica em crescimento. Este processo ocorre a uma velocidade de cerca de 1200 aminoácidos por minuto. Quando um dos códigos de terminação (UAA, UAG, UGA) é "lido", a síntese de proteína termina e o polipeptídio é liberado.

Quando ocorre a síntese de proteína na célula, mais de 80 ribossomas movem-se pela cadeia de mRNA ao mesmo tempo, cada um num estágio diferente. Esta coleção, chamada poliribossoma, ou polissoma, está ilustrada na Figura 19-14. Esta situação é similar a uma linha de produção numa fábrica.

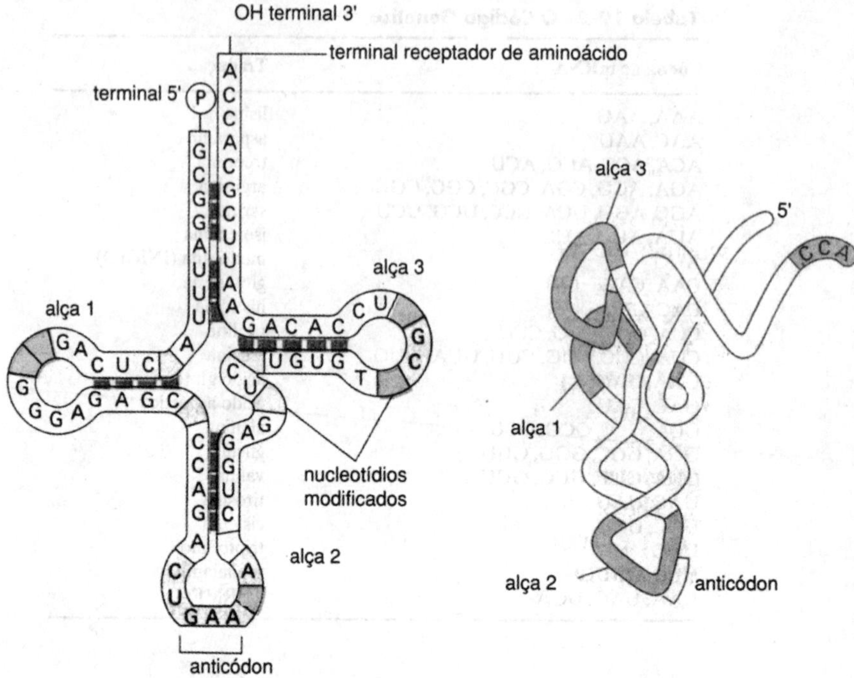

(a)

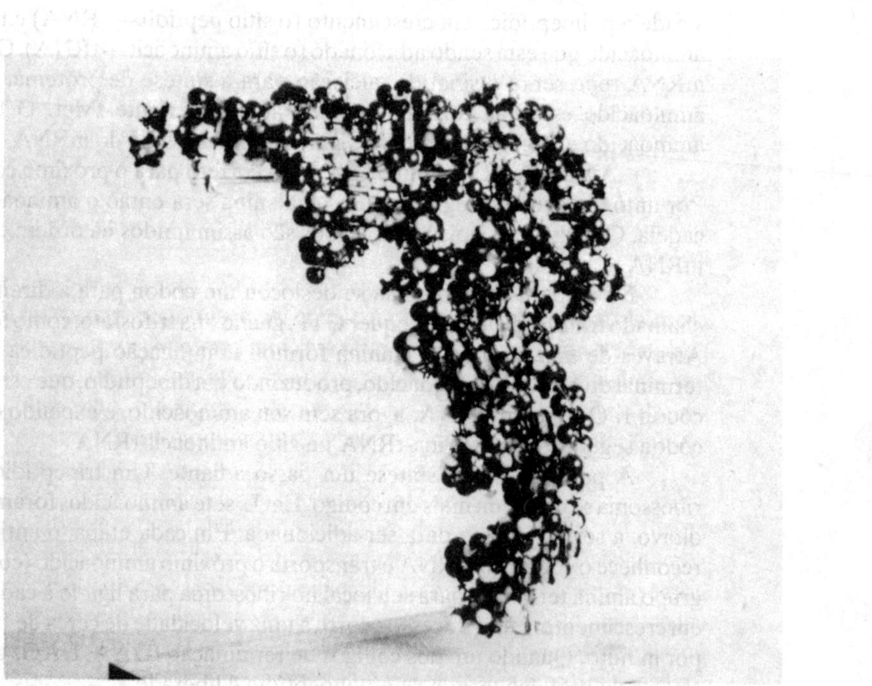

(b)

Figura 19-12

Estrutura de um RNA de transferência (tRNA). (a) Diagrama de estrutura e forma. (b) Modelo compacto. As duas regiões-chave são a parte que aceita um aminoácido particular e a que contém o anticódon. (Foto fornecida pela Academic Press, Inc.)

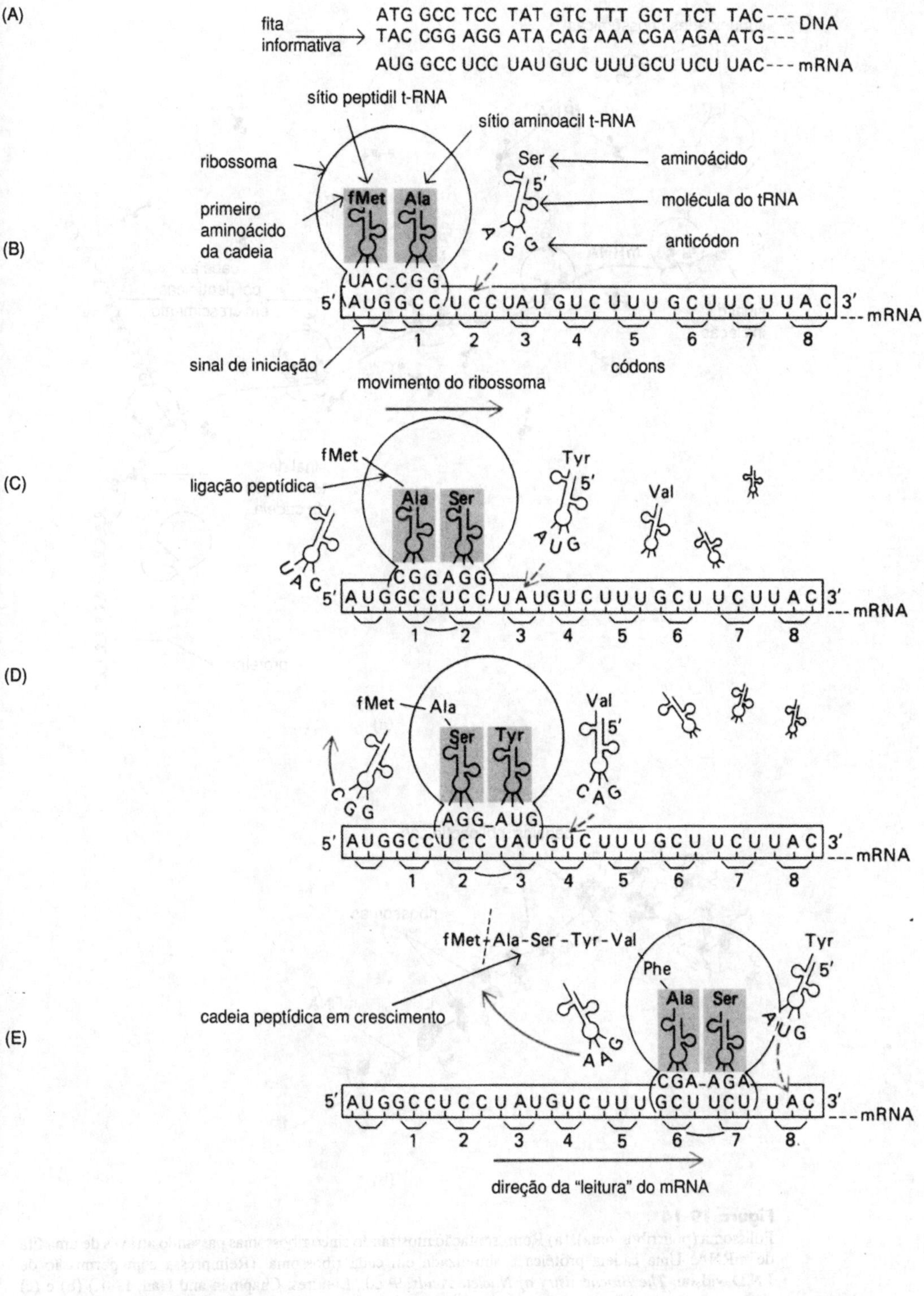

Figura 19-13
Síntese de proteína. Veja a p.590 para detalhes. (Reimpresso com permissão de J.N.Davidson, *The Biochemistry of Nucleic Acids*, 9ª ed. Londres: Chapman and Hall, 1981.)

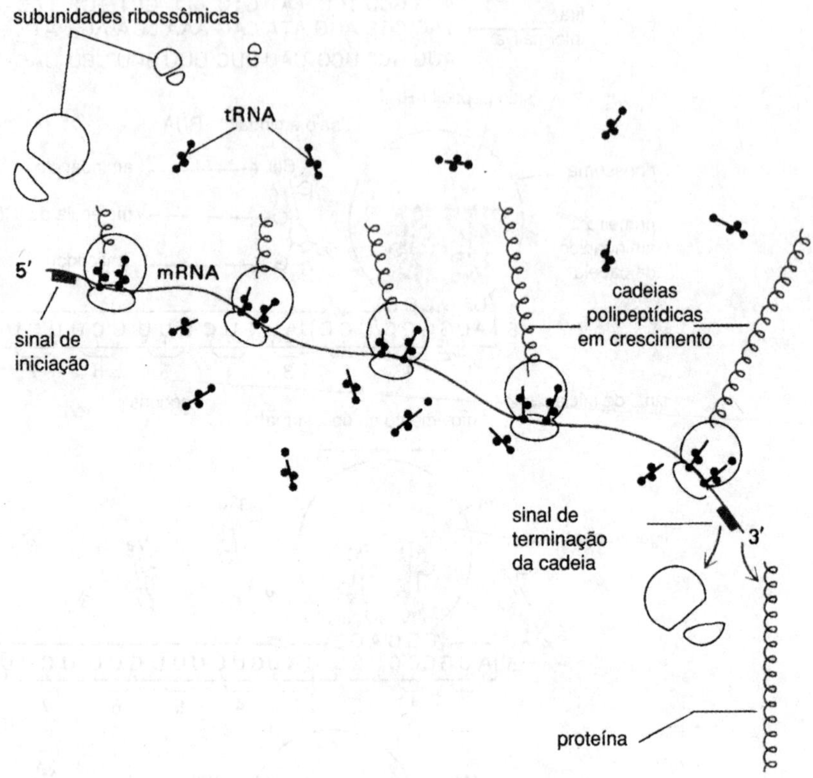

(a)

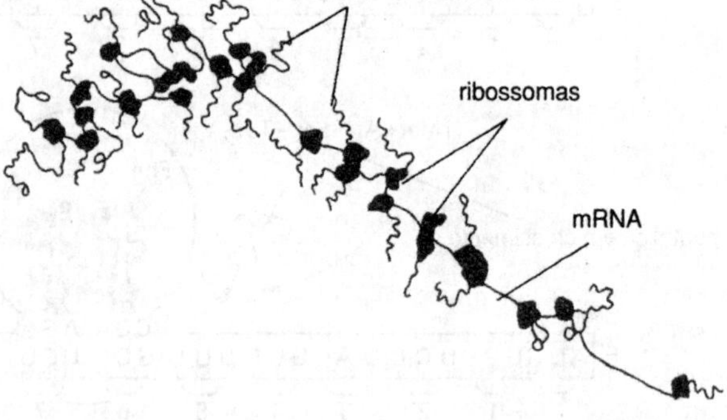

(b)

Figura 19-14

Polissoma (polirribossoma). (a) Representação mostrando cinco ribossomas passando através de uma fita de mRNA. Uma cadeia protéica é sintetizada em cada ribossoma. (Reimpressa com permissão de J.N.Davidson, *The Biochemistry of Nucleic Acids*, 9ª ed., Londres: Chapman and Hall, 1981.) (b) e (c) Diagrama explanatório e microfotografia eletrônica mostrando a síntese de proteína sobre um mRNA [(c) cortesia de Steven L., McKnight and Oscar L. Miller, Jr., Departamento de Biologia da Universidade de Virginia.]

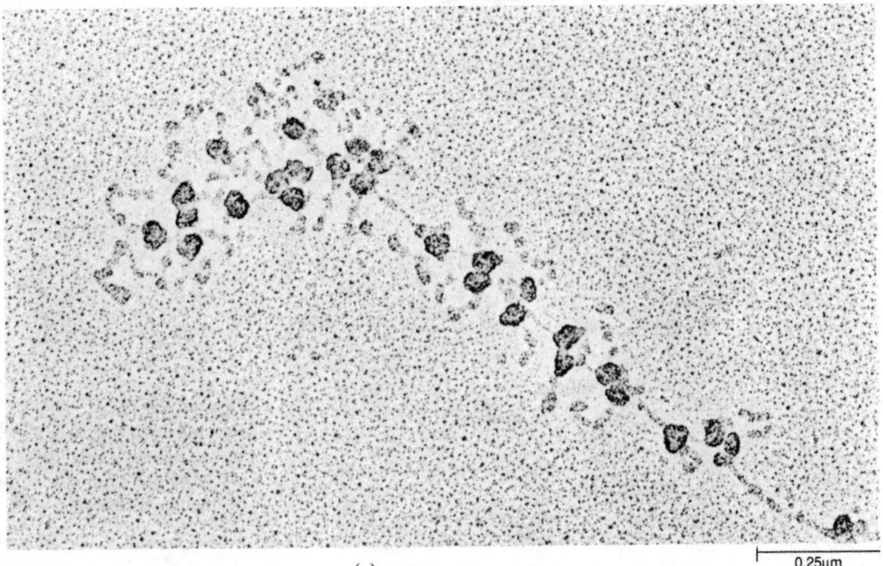

(c)

19.6 Regulação da Síntese de Proteínas

Objetivo: Para demonstrar entendimento desta seção, você deverá ser capaz de descrever como a síntese de proteínas é regulada.

A Figura 19-15 delineia os processos descritos nas Seções 19.4 e 19.5. Cada estágio sofre regulação para assegurar que proteínas apropriadas sejam sintetizadas. A regulação é crucial porque cada célula contém o mesmo DNA, com toda a informação genética sobre você. Apesar disto somente uma fração dos seus genes deve ser "expressa", isto é, sofrer transcrição e tradução para sintetizar proteína. Caso contrário, as células não poderiam desempenhar funções especializadas. Por exemplo, as células do fígado, músculos e cérebro devem fazer diferentes proteínas para exercer suas diferentes funções. Além disto, as proteínas devem ser sintetizadas apenas quando necessárias, e na quantidade certa no tempo certo.

A regulação genética nos organismos superiores não está ainda bem compreendida. Nas bactérias, acredita-se que o seguinte processo ocorra. (Veja a Figura 19-16.) Grupos de genes chamados **operons** são regulados e transcritos juntos. No operon, cada gene é conhecido como um gene "estrutural" e codifica uma cadeia polipeptídica. Os genes estão freqüentemente localizados juntos no DNA quando as proteínas que eles fabricam são requisitadas ao mesmo tempo pelo organismo. Nas vizinhanças há um sítio "operador" que pode "ligar" ou "desligar" o operon. Ele está "desligado" quando uma proteína especial, um "repressor", se liga ao sítio operador. O repressor impede a transcrição do operon a mRNA. Ele é fabricado por um gene "regulador" numa parte diferente do DNA. A síntese de proteínas ocorre somente quando o repressor está inativado. Este processo é chamado "indução". Quando suficiente proteína foi produzida, o repressor fica novamente ativo. Ele se liga ao operador, reprimindo o operon e interrompendo a síntese de proteína. Repressão é o estado normal para a maior parte do DNA.

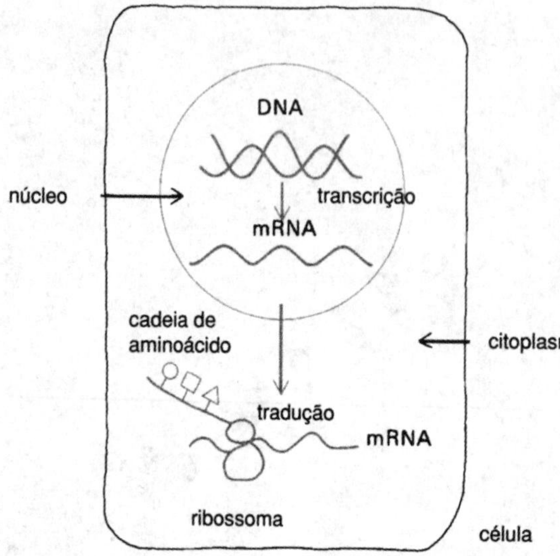

Figura 19-15
Resumo dos processo de síntese de proteínas dentro das células. Cada etapa sofre regulação para assegurar que a proteína apropriada seja produzida quando necessária.

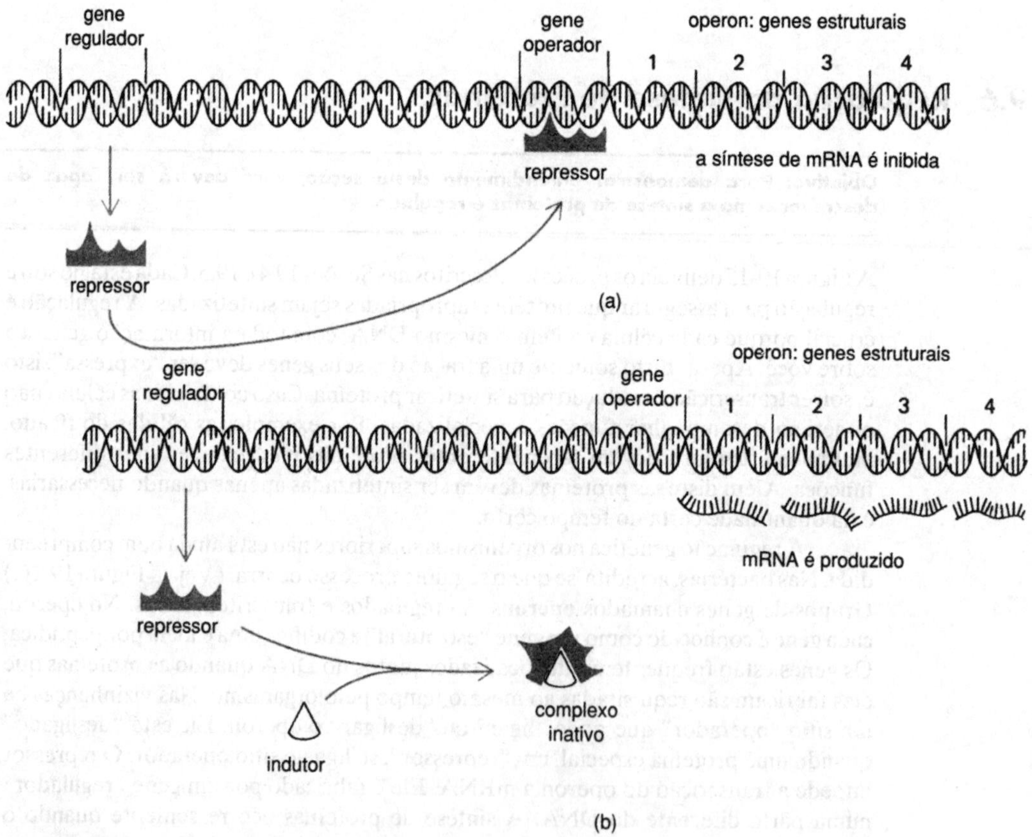

Figura 19-16
Regulação da síntese de proteínas. (a) Estado normal — repressão; nenhuma síntese. (b) Se o repressor é inativado, a síntese começa. (Adaptado de P.Karlson, *Kurzes Lehrbuch der Biochemie*, 11th ed., Stuttgart, Alemanha: Georg Thieme Verlag, direitos autorais 1980. Reimpresso com permissão.)

A regulação ocorre também no ribossoma. De fato, é lá que antibióticos importantes atuam. Por exemplo, a tetraciclina, estreptomicina e eritromicina interferem na síntese de proteínas nos ribossomas bacterianos. Elas impedem a produção de proteínas necessárias para as bactérias.

19.7 Replicação

Objetivo: Para demonstrar entendimento desta seção, você deverá ser capaz de descrever a replicação e seu papel na hereditariedade.

Você pode reconhecer em si próprio certos traços, tais como cor dos olhos, que foram herdados de seus pais. A capacidade inata de desenvolver caracteres de seus antepassados é conhecida como hereditariedade. Os traços são transmitidos porque o óvulo fertilizado a partir do qual você se desenvolveu continha 23 cromossomas de sua mãe e 23 de seu pai. Enquanto você se desenvolvia, mais células eram geradas através da divisão celular, cada uma contendo este idêntico conjunto de 46 cromossomas. Você viu na Seção 19.3 que os cromossomas transportam a informação genética. Eles contêm os genes, que consistem de porções da molécula do DNA.

Faça-o Você Mesmo 19

ÁRVORE GENEALÓGICA

O óvulo fertilizado do qual você se desenvolveu continha 23 pares de cromossomas, perfazendo um total de 46. Um conjunto de 23 veio do espermatozóide do seu pai, e o outro conjunto do óvulo de sua mãe. Os traços que você revela resultam da combinação única proporcionada pelos genes dos seus pais.

Um gene defeituoso deve provir de ambos os progenitores para que a maioria das desordens hereditárias se tornem aparentes. Quando existe apenas um, suficiente proteína normal pode ser geralmente sintetizada.

Como fazer: Construa um quadro ou tabela que lista seus pais e avós. (Você pode recuar mais além se tiver a informação.) Indique quaisquer desordens hereditárias para cada um dos seus antepassados. Esta árvore genealógica é útil quando você decide procriar. Comparando-a com uma árvore genealógica de seu esposo ou esposa, você pode determinar o risco de ter um filho com doença genética. Por exemplo, se ambos os pais têm o traço da anemia falciforme, há uma probabilidade de um para quatro de nascer uma criança com a doença. Conselheiros geneticistas fornecem orientação profissional para pais potenciais sobre possíveis defeitos hereditários.

O processo pelo qual uma molécula de DNA faz uma cópia de si mesma é chamado **replicação**, a produção de uma cópia ou réplica. Este processo transfere informação de uma célula já existente para uma nova. A replicação é complexa, envolvendo 20 ou mais enzimas e outros fatores que constituem o sistema DNA replicase, ou replissoma. O processo começa com o reconhecimento de um ponto de iniciação na molécula do DNA. As duas fitas são parcialmente desenroladas e mantidas separadas. Uma cópia de parte de uma das fitas é gerada através de pareamento de bases, numa maneira semelhante à formação do mRNA. (Veja a Figura 19-17.) Os desoxirribonucleotídios se alinham com as bases complementares de ambas as fitas. Eles são então unidos por uma DNA polimerase numa velocidade de 60 bases por segundo. Este processo ocorre em centenas de locais da molécula do DNA ao mesmo tempo. Assim que cada porção se completa, o DNA é reenrolado. Uma molécula de DNA humano inteira pode ser replicada em poucas horas. O resultado são duas duplas hélices completas, cada uma idêntica ao DNA original. Ambas consistem de uma fita da hélice original e uma fita nova, complementar à primeira.

A Figura 19-18 resume o que sabemos sobre o DNA. Este simples diagrama representa aquilo que é chamado "dogma central" da biologia molecular. Ele se baseia no DNA como molécula de armazenamento de informação hereditária. Na seqüência de seus nucleotídios, o DNA contém as "receitas" para fabricar todas as proteínas e enzimas necessárias para a vida. O fluxo de informação vai do DNA ao mRNA e depois para a seqüência de aminoácidos. Esta seqüência é tudo que é necessário porque, como já sabemos, a ordem dos aminoácidos determina completamente a estrutura tridimensional de uma proteína. Uma vez transferida para uma proteína, a informação não pode ser recuperada. A molécula de proteína não transporta informação genética. Somente o DNA pode desempenhar este papel no seu corpo. Através deste processo de replicação, o DNA transfere suas instruções para outras células e sua prole.

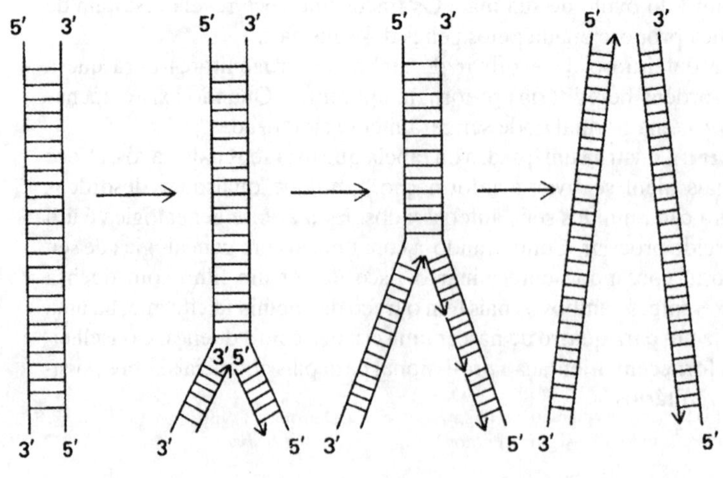

Figura 19-17
O processo da replicação do DNA. Uma nova fita se forma por pareamento de bases ao longo da cada uma das duas fitas originais do DNA. (Reimpresso com permissão de J.N.Davidson, *The Biochemistry of Nucleic Acids*, 9ª ed., Londres: Chapman and Hall, 1981.)

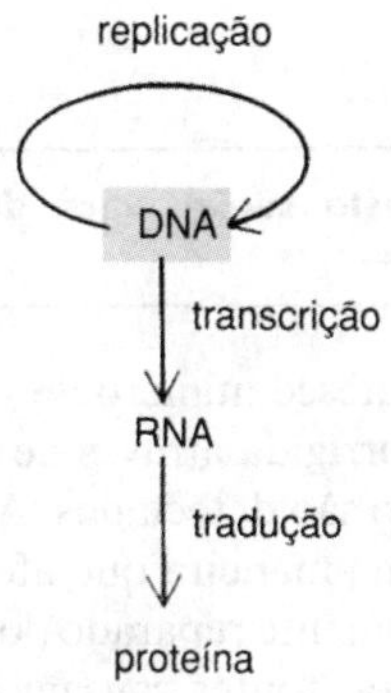

Figura 19-18
O dogma central da biologia molecular. O fluxo de informações começa no DNA.

As únicas exceções a este "dogma" envolvem certos vírus nos quais o RNA e não o DNA transporta a informação genética. Uma partícula viral é uma estrutura que consiste de um cerne de ácido nucléico envolto por uma capa protéica. Ele não é "vivo" no sentido de ter um metabolismo independente. Apesar disto, um vírus pode infectar quase todos os organismos, inclusive bactérias. O vírus se apodera de uma célula "hospedeira", forçando-a a fabricar mais vírus em vez dos componentes celulares normais. A produção de novas partículas virais geralmente mata a célula infectada, causando doenças como o resfriado comum, a poliomielite, a catapora, a caxumba, o sarampo, a varíola e a raiva. Os vírus são essencialmente genes "portáteis", que fazem suas cópias por replicação. Um exemplo é mostrado na Figura 19-19.

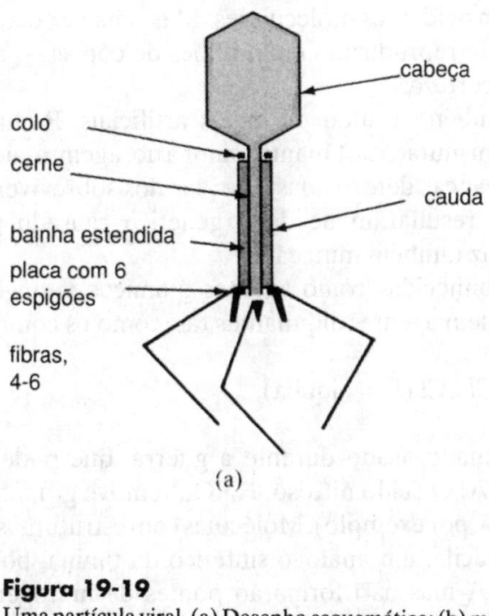

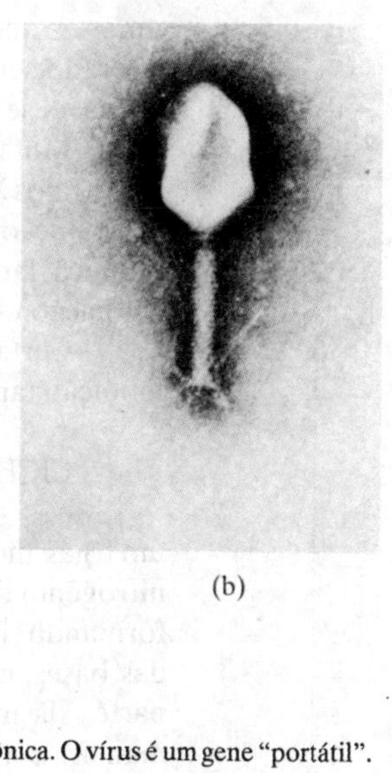

Figura 19-19
Uma partícula viral. (a) Desenho esquemático; (b) microfotografia eletrônica. O vírus é um gene "portátil". (Direitos autorais James Somers 1982/Taurus Photos.)

19.8 Mutação

Objetivo: Para demonstrar entendimento desta seção, você deverá ser capaz de descrever as causas e resultados das mutações.

Dada a complexidade da replicação e o gigantesco número de vezes que ela ocorre, erros às vezes ocorrem. A maioria deles é corrigida através de "revisão de provas" pelas DNA polimerases, mas alguns erros não são detectados. Além disto, o próprio DNA pode ser danificado ou alterado de uma maneira que afeta sua seqüência de bases. Novamente, embora tal dano seja usualmente reparado por enzimas de reparação, às vezes ele não é corrigido. Ambas estas fontes causam **mutação**, uma troca permanente na seqüência de bases da molécula do DNA. Esta modificação resulta numa mudança que será herdada porque ela será transmitida por replicação. Em muitos casos, o DNA alterado gerará uma mudança da seqüência de aminoácidos de uma proteína.

Mutação puntual resulta numa mudança de um único par de bases. Ela pode causar a substituição de um aminoácido por outro numa proteína. Mutações mais sérias envolvem a adição (inserção) ou remoção ("deleção") de um par de nucleotídios. Estas são conhecidas como mutação por "deslocamento", uma vez que elas fazem com que o DNA seja lido incorretamente. Todas as trincas depois da mutação ficam foram do registro. Por exemplo, se a seqüência original era AAT/GCA/TCA e depois um nucleotídio da primeira trinca, digamos T, foi suprimido, a fita será lida como AAG/CAT/CA. Este tipo de mutação é geralmente letal porque resulta na síntese de uma proteína completamente diferente. Felizmente, a maioria das mutações são do primeiro tipo, mutações puntuais.

Mutações, assim como recombinações gênicas normais, ocorrem expontaneamente. De fato, elas fornecem base para a evolução, a modificação das espécies. Elas constituem a fonte fundamental de todas as variações. Certas mutações podem resultar em proteínas que provêem um traço que dá a um indivíduo uma melhor perspectiva de sobreviver e reproduzir-se. Através da replicação, sua prole transportará também este traço adaptativo favorável. As mutações ocorrem imprevisivelmente, uma vez que elas constituem acidentes moleculares. Mas uma vez ocorridas, o DNA alterado será mecanicamente reproduzido em milhões de cópias — assim o evento provável se transforma em certeza.

Mutações podem também resultar de meios artificiais. Radiação ionizante como raios X ou gama causam mutações. Quanto maior a dosagem, maior a velocidade de mutação genética. As crianças deformadas nascidas dos sobreviventes da bomba atômica lançada no Japão resultaram de dano genético causado pela radiação. Radiação ultravioleta produz também mutação.

Certas substâncias conhecidas como agentes químicos **mutagênicos** causam mutação também. Eles incluem agentes alquilantes tais como os compostos do tipo

$$ClCH_2CH_2N(R)CH_2CH_2Cl \ (R = \text{alquila}),$$

um "gás mostarda" nitrogenado usado durante a guerra, que pode reagir com o nitrogênio das bases do DNA. O ácido nitroso, HNO_2, remove grupos amina (transformando citidina em uridina, por exemplo). Moléculas com estruturas semelhantes às das bases, como 5-bromouracila, um análogo sintético da timina, podem tornar-se parte da molécula do DNA mas não formarão pontes de hidrogênio da mesma maneira como o fazem as bases que estão sendo substituídas.

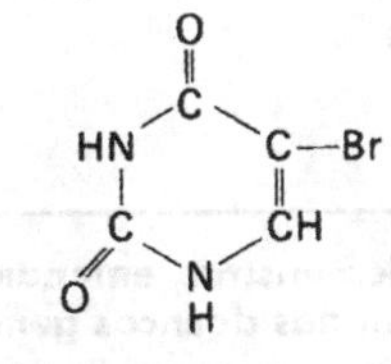

5-bromouracila

Alguns corantes como as acridinas podem deslizar entre os pares de bases (um processo chamado intercalação), causando erros durante a tradução. Todos estes agentes mutagênicos produzem modificações de diferentes severidades nas proteínas geradas a partir do DNA. Pelo fato de ser você uma criatura tão complexa dependente da interação de muitos processos bioquímicos, a maioria das mutações podem fazer com que alguma coisa falhe e possa portanto ser prejudicial ou letal. A Figura 19-20 mostra um exemplo de uma deformidade genética.

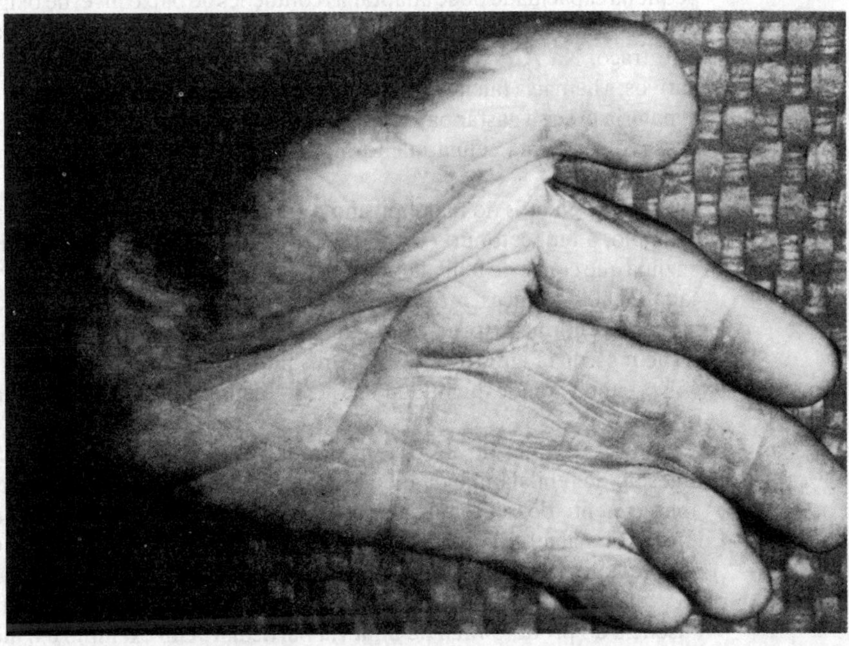

Figura 19-20
Uma deformidade genética: polissindactilismo (dedos palmados). (Foto por cortesia de Centers for Disease Control, Atlanta, Georgia 30333.)

19.9 Doença Genética

Objetivo: Para demonstrar entendimento desta seção, você deverá ser capaz de descrever a origem das doenças genéticas anemia falciforme e fenilcetonúria.

Como vimos na seção anterior, mutações no DNA podem resultar em alterações na seqüência de aminoácidos de uma proteína. Se a proteína modificada não mais funciona normalmente, **uma doença molecular** ou **genética** pode resultar. O erro hereditário é então transmitido por replicação de pais para filhos. Cerca de 3000 destas doenças existem. Doenças moleculares tendem a aparecer em grupos raciais particulares por causa de casamentos entre pessoas do mesmo grupo.

Na anemia falciforme, que ocorre principalmente entre os negros, uma porção do DNA que controla a síntese da hemoglobina pode conter uma única substituição, tal como adenina em vez de timina, numa trinca. Este defeito faz com que a valina substitua o ácido glutâmico num certo ponto da cadeia protéica. (Veja a Figura 14-4.) Devido a esta alteração da hemoglobina, as hemácias tomam a forma de foice, sob baixas pressões de oxigênio, como conseqüência da precipitação da proteína. (Veja a Figura 19-21). As células falciformes ficam então aprisionadas nos vasos sangüíneos pequenos, impedindo a circulação e danificando órgãos, especialmente os rins e os ossos, Elas são também frágeis e por isto hemolisam rapidamente, resultando em anemia.

Se uma pessoa tem o gene defeituoso de um de seus pais apenas, o indivíduo não tem anemia, mas tem o traço correspondente. Este resulta em distúrbios leves e uma pequena capacidade de se adaptar às condições de baixo nível de oxigênio, como a que ocorre durante um esforço físico. Cerca de 10% dos negros nos Estados Unidos têm este traço. Na África tropical, onde o traço aparece em cerca de 25% dos negros nativos, a hemácia falciforme protege da malária o portador. (O protozoário que causa a malária precisa gastar parte de seu ciclo vital dentro das hemácias, mas não pode se desenvolver numa célula falciforme.) Veja o Teste Clínico 19 para discussão mais avançada.

Erros inatos do metabolismo resultam da falta ou defeito de uma enzima. Por exemplo, a fenilcetonúria (PKU) é causada pela falta da fenilalanina hidroxilase, a enzima que converte fenilalanina em tirosina. Esta doenças é encontrada em uma para cada 20.000 crianças recém-nascidas. Outras vias metabólicas, pouco usadas nos indivíduos normais, tornam-se significativas quando o nível de fenilalanina aumenta como mostra a Figura 19-22. Como resultado, retardamento mental severo se desenvolve, e uma grande quantidade de ácido fenilpirúvico (até 1 a 2 g/dia) é excretada na urina.

Uma vítima de PKU é mostrada na Figura 19-23. Restrição cuidadosa na ingestão de fenilalanina da dieta da criança portadora desta doença pode impedir o aparecimento dos sintomas. Bebês com PKU são alimentados com um substituto do leite (Lofenalac). Ele contém proteína parcialmente digerida com quantidades mínimas de fenilalanina, além de lipídios, carboidratos, vitaminas e sais minerais.

Outras desordens metabólicas hereditárias podem ser causadas pela completa ausência do produto final de uma via particular. Um exemplo é o albinismo, no qual o pigmento melanina não está presente por causa de uma tirosinase defeituosa. Ou então um produto metabólico pode se acumular, como nas desordens oriundas de acúmulo de glicogênio, que resultam da falta de enzimas específicas do metabolismo do glicogênio.

As enzimas ou proteínas defeituosas de várias outras doenças moleculares estão apresentadas na Tabela 19-3. Além disto, a Tabela 19-4 lista algumas doenças genéticas e sua freqüência em populações particulares. Pelo fato de estas condições provirem de um DNA mutante, elas não podem ser curadas, mas apenas controladas em certos casos. A **engenharia genética**, descrita em Saúde em Notícia 19, oferece a esperança de algum dia corrigir os genes defeituosos.

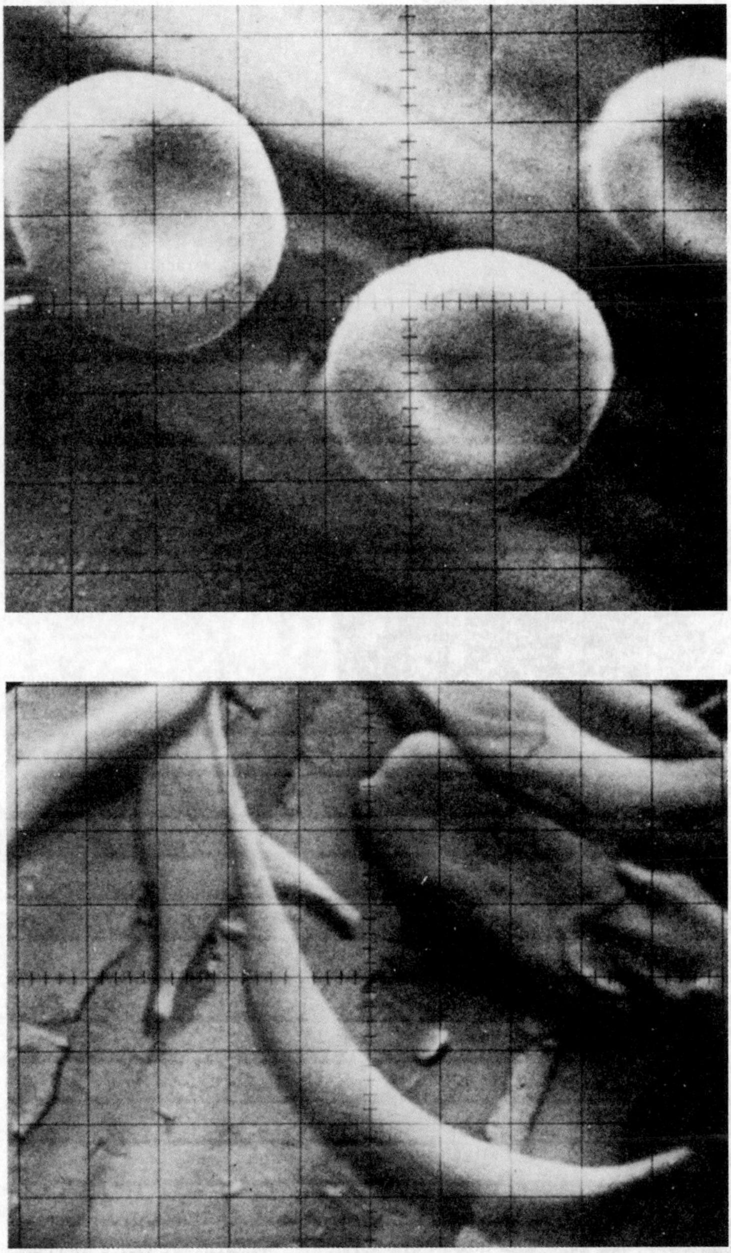

Figura 19-21
Comparação entre (a) hemácias normais e (b) falciformes. [Microfotografias (aumento de 5000 vezes) por cortesia de Philips Electronic Instruments, Inc.]

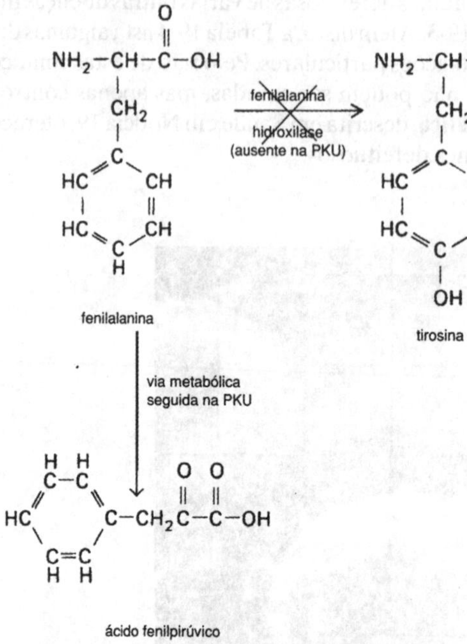

Figura 19-22
A alteração metabólica na fenilcetonúria (PKU), uma doença molecular (genética). O ácido fenilpirúvico aparece na urina da criança. Ele pode ser testado com cloreto férrico.

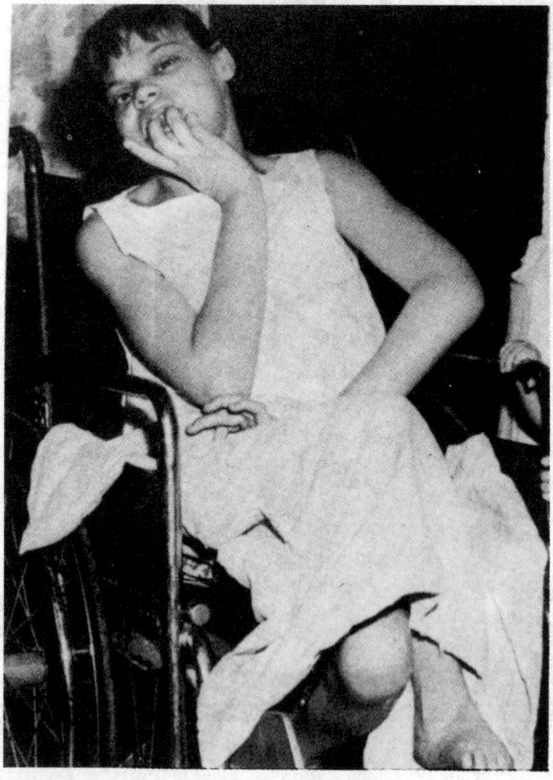

Figura 19-23
Uma vítima de PKU. (Foto por cortesia de March of Dimes Birth Defects Foundation.)

Teste Clínico 19

HEMOGLOBINA DA CÉLULA FALCIFORME

Existem cerca de 380 variações conhecidas na molécula de hemoglobina. Algumas, como aquela da hemoglobina anormal mais comum, hemoglobina da célula falciforme (HbS), produzem doenças hemoglobínicas, ou hemoglobinopatias. A hemoglobina S difere da hemoglobina normal por uma única substituição de aminoácido. Sua presença nas hemácias faz com que estas tomem forma de foice quando a quantidade disponível de oxigênio é reduzida.

Uma pessoa com anemia falciforme tem o gene da hemoglobina de ambos os progenitores defeituoso. Cerca de 80% a 100% das moléculas de hemoglobina são HbS. Um em cada 625 negros dos Estados Unidos é portador desta condição extremamente séria. Se uma pessoa tiver um gene de hemoglobina normal e um defeituoso, o traço falciforme estará presente. Esta condição é menos séria porque apenas 20% a 40% das hemoglobinas são HbS.

O teste para a célula falciforme é um processo para se detectar a presença da hemoglobina S. Num indivíduo normal, nenhuma HbS é detectada. Tanto o traço falciforme como a anemia falciforme porém dão um resultado positivo. Estas condições podem ser diferenciadas por eletroforese da hemoglobina. Como em outras análises eletroforéticas, este processo separa proteínas com base na sua composição e propriedades. As moléculas de hemoglobina são separadas em frações normais e anormais, e suas porcentagens podem ser determinadas

Tabela 19-3 Identidade de Proteínas Ausentes em Doenças Moleculares

Desordem	Enzima ou proteína ausente
galactosemia	galactose-1-fosfato uridiltransferase
doença de Gaucher	glicocerebrosidase
bócio (de família)	iodotirosina desalogenase
hemofilia	fator anti-hemofílico
icterícia neonatal	glutationa peroxidase
pentosúria	xilulose desidrogenase
enfisema pulmonar	antitripsina
doença de Tay-Sachs	hexosaminidase

Tabela 19-4 Freqüência de Doenças Moleculares em Certas Populações[a]

Condição	População	Freqüência (por 10.000)
porfiria variegata	brancos sul-africanos	30
síndrome adrenogenital	esquimós de língua yupik	20
distrofia miotônica	Nova Zelândia	9
deficiência de alfa-antitripsina	Escandinávia	8
fibrose cística (pâncreas)	Victória, Austrália	4,8
doença de Gaucher	Judeus Ashkenazes, Israel	4
distrofia muscular de Duchenne	Nordeste da Inglaterra	3,3
fenilcetonúria	Escócia	2,0 – 2,8
doença de Tay-Sachs	Judeus Ashkenazes, U.S.A.	1,7
coréia de Huntington	Tasmânia	1,7
tirosinemia	região de Chicoutimi, Canadá	1,5 – 1,8

[a]De D.J.H.Brock e O.Mayo, eds., *The Biochemical Genetics of Man*, Academic Press, New York, 1972. Reimpresso com permissão.

Saúde em Notícia 19

ENGENHARIA GENÉTICA

Através de procriação seletiva, inseminação artificial e outros métodos, nós já empregamos a "engenharia genética" desde longa data. Nos últimos 20 anos porém, novas técnicas laboratoriais tornaram possível a manipulação direta dos genes. A mais importante destas técnicas envolve o **DNA recombinante**. (Veja a Figura HN 19-1.) Ele se baseia em isolar uma porção desejada do DNA, tal como um único gene, e "inseri-la" no DNA de outro organismo. A técnica é conhecida como "inserção de gene" por esta razão. Quando o DNA é colocado em bactérias (tais como a *E.coli.*), muitas cópias podem ser replicadas rapidamente. A produção de múltiplas cópias ou "clones" do DNA original é conhecida como amplificação. Além disto, a proteína produzida pelo DNA pode depois ser obtida em larga escala.

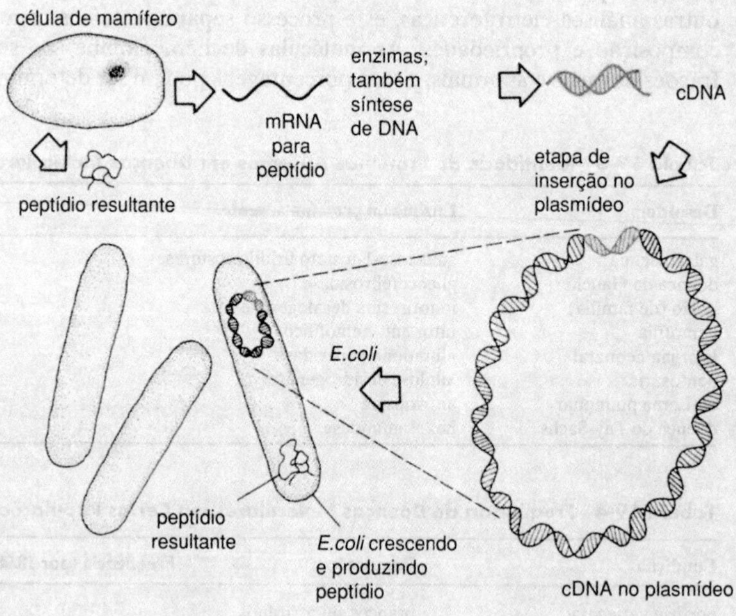

Figura HN 19-1
DNA recombinante. O RNA mensageiro (mRNA) para um peptídio particular de uma célula superior é obtido e isolado. DNA complementar (cDNA) é produzido, usando-se o mRNA como molde. O cDNA é unido ao plasmídeo, que é um segmento maior e circular de DNA, útil para deslocar o gene para o interior de uma célula bacteriana. Crescendo e replicando-se, a bactéria copia também o DNA do plasmídeo incluindo o cDNA. Mais importante, o peptídio especificado pelo cDNA é produzido, às vezes compondo cerca de 5% da proteína total da bactéria. (Reimpresso com permissão de *Chemical and Engineering News*, Março de 1980, p.21. Direitos autorais 1980 American Chemical Society.)

A tecnologia do DNA recombinante já tornou possível a produção de insulina humana (Humulin) sob forma de um produto farmacêutico comercial. Outros hormônios, assim como vacinas e produtos terapêuticos, estão sendo desenvolvidos. Um produto promissor em desenvolvimento é o interferon, uma glicoproteína com ação antiviral (ele inibe a tradução do mRNA viral)

Futuramente disporemos da "terapia por gene", o uso de genes humanos clonados para substituir genes defeituosos em pacientes com doenças genéticas. Além das aplicações em medicina, a pesquisa em DNA recombinante terá aplicações na agricultura, energia, química industrial, processamento de alimentos e outros campos.

A engenharia genética levanta importantes questões sociais e éticas. Por exemplo, algumas pessoas argumentam que ela adultera a natureza e remenda a herança humana. Temor tem sido manifestado sobre a possibilidade de se criar e liberar no meio organismos potencialmente perigosos. A maioria dos cientistas porém pensam agora que o uso inteligente da engenharia genética trará benefícios que de longe excedem os riscos.

SUMÁRIO

19.1 Ácidos nucléicos são polímeros nos quais a unidade repetitiva é um nucleotídio. Esta molécula consiste de três componentes: um açúcar de cinco carbonos, ribose ou desoxirribose; um entre quatro tipos de heterociclos nitrogenados, chamados bases — quer uma purina (adenina ou guanina), quer uma pirimidina (citosina ou timina); e um grupo fosfato.

19.2 O ácido ribonucléico (RNA) e o desoxirribonucléico (DNA) são polinucleotídios com açúcares e fosfato alternados e uma base nitrogenada em cada molécula de açúcar. As ligações na cadeia são do tipo diéster fosfato. A estrutura do DNA consiste de duas fitas polinucleotídicas enroladas uma na outra em forma de dupla hélice. As bases de uma fita são complementares àquelas da outra. Isto é, uma adenina sempre casa com uma timina, e uma guanina com uma citosina. Estas interações, chamadas pareamento de bases, resultam de pontes de hidrogênio específicas. As moléculas de RNA, que contêm o açúcar ribose em vez de desoxirribose, e a base uracila em vez de timina, possui fita simples.

19.3 A longuíssima molécula do DNA enrola-se em volta de proteínas básicas chamadas histonas. As finas fibras do complexo DNA-proteína são conhecidas como cromatina. Antes da divisão celular, a cromatina se organiza nos 46 cromossomas presentes nas células humanas. Genes são segmentos da molécula do DNA que determinam a composição das proteínas e seus caracteres hereditários.

19.4 A ordem dos nucleotídios na molécula do DNA determina a seqüência dos aminoácidos nas proteínas. O código genético consiste de grupos de três nucleotídios, cada uma destas trincas especificando um aminoácido particular. A primeira etapa na síntese de proteínas é a formação do RNA mensageiro pelo processo de transcrição. Através de pareamento de bases, o RNA mensageiro copia a seqüência do DNA e transporta a informação do núcleo aos ribossomas.

19.5 Os ribossomas constituem o sítio da síntese de proteínas. Tradução, que é o processo de interpretar o código genético através das moléculas de RNA de transferência, ocorre lá. Existe um tRNA específico para cada aminoácido. Cada um contém um anticódon que reconhece o códon apropriado (trinca de nucleotídio) no mRNA. O processo real de síntese ocorre quando duas moléculas de tRNA se ligam ao ribossoma. Uma contém a cadeia peptídica em crescimento, enquanto que a outra transporta o aminoácido seguinte a ser adicionado. O ribossoma se desloca um códon cada vez que uma ligação peptídica se forma. Quando um sinal de terminação é lido, a síntese pára, e o polipeptídio é liberado.

19.6 A regulação da síntese de proteína é crucial porque cada célula contém o mesmo DNA. Não obstante, somente uma fração dos seus genes deve ser expressa para produzir as proteínas apropriadas para uma célula em particular. Nas bactérias, a síntese é regulada por moléculas repressoras, que podem se ligar num ponto de controle do DNA e assim impedir a formação de mRNA. Durante a indução, o repressor é inativado e a síntese prossegue.

19.7 Hereditariedade é a capacidade inata de desenvolver os caracteres de seus antepassados. Ela se torna possível pela replicação do DNA, formação de uma cópia exata através do mecanismo de pareamento de bases. O DNA é a molécula de armazenamento de informação hereditária que contém as instruções genéticas. Através da replicação, o DNA transmite o código para outras células. A informação pode ser transferida do DNA ao RNA e depois à proteína. Estas relações representam o "dogma central" da biologia molecular.

19.8 Uma troca incorreta na seqüência dos nucleotídios do DNA é conhecida como mutação. Ela pode consistir de substituição, "deleção", ou adição. As mutações ocorrem naturalmente e provêem base para a evolução. As mutações podem ser causadas por radiação ionizante, radiação ultravioleta, ou agentes químicos mutagênicos, que são substâncias tais como agentes alquilantes, análogos estruturais ou corantes.

19.9 Doenças moleculares resultam de proteínas ou enzimas específicas defeituosas. Elas são hereditárias porque resultam de mutações do DNA. Exemplos são a anemia falciforme e a fenilcetonúria.

EXERCÍCIOS

Exercício sobre Casamento de Palavras-Chave

Para cada termo à esquerda, escolha a frase da coluna à direita que mais se aproxima do seu significado.

1. base	a. une nucleotídios
2. nucleosídeo	b. 23 pares na célula
3. nucleotídio	c. produz mRNA
4. ácido ribonucléico	d. açúcar + base + fosfato
5. ácido desoxirribonucléico	e. produz mRNA
6. ligação diéster fosfato	f. trinca
7. par de bases	g. purina ou pirimidina
8. nucleossoma	h. sítio da síntese de proteínas

9. cromossoma
10. gene
11. transcrição
12. código genético
13. tradução
14. ribossoma
15. códon
16. operon
17. replicação
18. replissoma
19. mutação
20. doença genética

i. tem fita simples
j. unidade reguladora
k. açúcar + base
l. sistema DNA replicase
m. segmento do DNA
n. tem fita dupla
o. desordem hereditária
p. seqüência de bases no DNA
q. nucleotídios complementares
r. cópia do DNA
s. complexo DNA-histona
t. troca no DNA

Exercícios por Tópicos

Nucleotídios (19.1)

21. Qual é a diferença entre desoxirribose e ribose?
22. Quais são os componentes de um nucleotídio?
23. Que bases estão no DNA? no RNA? Identifique cada uma como purina ou pirimidina.
24. Descreva três funções biológicas desempenhadas pelos nucleotídios.

Polinucleotídios (19.2)

25. Descreva as ligações entre as unidades num polinucleotídio.
26. O que é pareamento de bases? Liste todos os pareamentos possíveis.
27. Descreva a estrutura do DNA.
28. Escreva a seqüência da fita de DNA complementar a pGpCpCpApTpGpA.

Cromossomas e Genes (19.3)

29. Como está o DNA "empacotado" numa célula?
30. Qual é a relação entre DNA e
    (a) cromossomas? (b) genes?
31. O que é cromatina? nucleossoma?

Transcrição (19.4)

32. O que se entende por código genético?
33. Qual é a finalidade da transcrição?
34. Em que o mRNA se compara com o DNA do qual ele foi gerado?
35. O que é exon? intron?

Tradução e Síntese de Proteína (19.5)

36. O que é códon? anticódon?
37. Qual é a função do tRNA?
38. Que seqüência polipeptídica resulta do seguinte mRNA: CAU/UGG/AAA/CAG/GAU/GUG/CAA/AUA/ACC.
39. Escreva uma seqüência possível de mRNA que resultaria em arg-his-gly-tyr-val-phe-lys-leu.
40. Resuma brevemente o processo da síntese de proteína.

Regulação da Síntese de Proteína (19.6)

41. Em que etapa pode a síntese de proteína ser regulada?
42. Por que é tão importante regular a síntese de proteína?
43. Descreva como a regulação ocorre num operon.
44. Como o mecanismo de alguns antibióticos se relaciona com a síntese de proteína?

Replicação (19.7)

45. Qual é a relação entre DNA e hereditariedade?
46. Descreva brevemente o processo da replicação.
47. Qual é o "dogma central" da biologia molecular?
48. Por que é um vírus considerado um "gene portátil"?

Mutação (19.8)

49. O que é mutação?
50. Em que uma mutação puntual difere de uma mutação por deslocamento?
51. Por que é uma mutação por deslocamento freqüentemente letal?
52. O que é um agente químico mutagênico? Dê dois exemplos.
53. Para a seguinte seqüência de DNA: GCC/TAT/ATG/AGC/CCC, escreva o peptídio produzido (a) normalmente, (b) quando GCC é transformado a GCA, (c) quando A é inserido entre GCC e TAT.

Doença Genética (19.9)

54. É contagiosa uma doença molecular? Explique.
55. Descreva a origem e os efeitos da anemia falciforme.
56. O que é erro inato do metabolismo?
57. Qual é a base molecular da fenilcetonúria?

Exercícios Adicionais

58. O que é DNA recombinante? Como é ele produzido e usado?
59. Quais são as aplicações potenciais da engenharia genética?
60. Em que um nucleosídeo difere de um nucleotídio?
61. Como o AMP cíclico atua como "segundo mensageiro"?
62. Identifique os componentes da
    a. adenosina
    b. desoxitimidina monofosfato
    c. desoxicitidina
    d. guanosina
    e. uridina monofosfato
63. Para a seguinte seqüência de DNA; AGATCCTGCATA, escreva uma fita complementar de (a) DNA, (b) RNA.
64. Em que a estrutura do DNA se assemelha e difere daquela de uma proteína?
65. Por que não pode o código genético consistir de duplas ("palavras" de 2 letras) em vez de trincas?
66. Explique um possível papel biológico da quebra de genes em introns e exons.
67. Para a seguinte seqüência de DNA, CCT/ACG/GGA/TGC/TAG/AAC, determine o correspondente (a) mRNA e (b) peptídio.
68. Qual é a exceção ao "dogma central" da biologia molecular?
69. Como está a mutação relacionada com a evolução?
70. Por que são as mutações, na sua maioria, inofensivas?
71. Descreva a diferença entre traço falciforme e anemia falciforme.

Apêndice A

Revisão Aritmética

A.1 Operações Básicas com Números Relativos

Adição é o processo pelo qual somamos dois ou mais números. Ela pode ser representada como um deslocamento sobre uma escala numérica, mostrada abaixo. Por exemplo, a soma de dois mais três pode ser ilustrada da seguinte maneira:

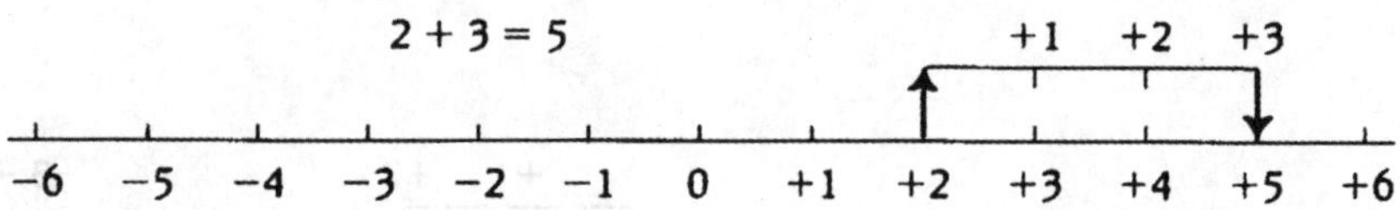

Subtração é o processo para se achar a diferença entre dois números. Por exemplo, três menos dois pode ser ilustrado assim

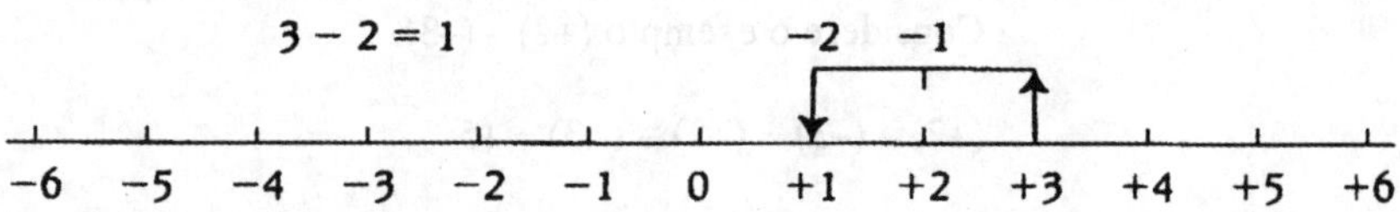

Números maiores do que zero são chamados **números positivos** e podem aparecer com um sinal positivo (+). Se nenhum sinal é mostrado, você pode assumir que o número é positivo. **Números negativos** (números menores do que zero) sempre aparecem com um sinal negativo (–).

Para somarmos dois números com o *mesmo sinal*, ambos positivos ou ambos negativos, simplesmente somamos os números e mantemos o sinal. Por exemplo, a soma de –2 e –3 é determinada como segue:

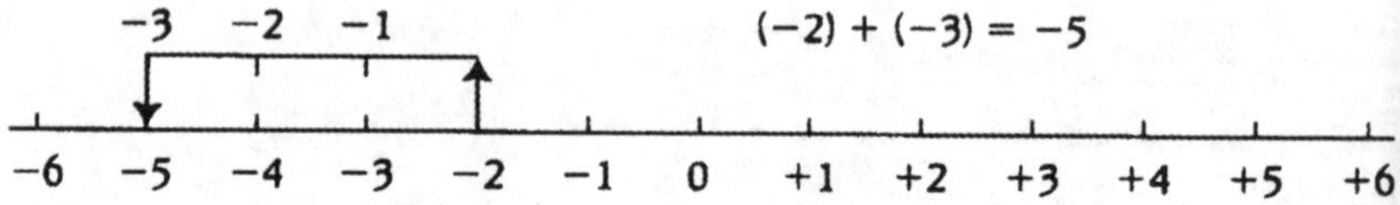

Para somarmos dois números com *sinais diferentes*, retiramos inicialmente os sinais e subtraímos o número menor do maior. Depois damos ao resultado o sinal do número maior. Por exemplo, para acharmos a soma de –3 e +2, retiramos os sinais e subtraimos 2 de 3.

portanto sposta será –1.

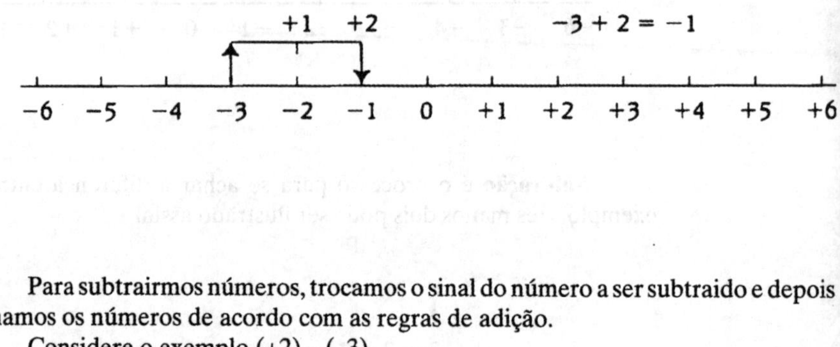

Para subtrairmos números, trocamos o sinal do número a ser subtraido e depois somamos os números de acordo com as regras de adição.

Considere o exemplo (+2) – (–3).

$$(+2) - (-3) = (+2) + (+3) = +5$$

Outros exemplos de subtração são:

$$(-5) - (+2) = (-5) + (-2) = -7$$
$$(-3) - (-4) = (-3) + (+4) = +1$$
$$(+1) - (+3) = (+1) + (-3) = -2$$

Multiplicação é também uma forma de adição. É a adição do mesmo número várias vezes. Por exemplo, três vezes cinco é o mesmo que 5+5+ 5 =15. Na multiplicação, um número (5) é o número a ser somado, e o outro (3) representa o número de vezes a somar.

Divisão é a subtração repetida de um número a partir de outro. Se subtrairmos um número de outro até obtermos zero, o número de vezes que realizamos a subtração é a resposta. Por exemplo, quinze dividido por cinco significa

$$15 - 5 = 10 \qquad 10 - 5 = 5 \qquad 5 - 5 = 0$$

Estas subtrações mostram que quinze "contém" três "cincos" e portanto quinze dividido por cinco é igual a três. Na divisão, o número que é dividido é chamado **dividendo**. O número que está fazendo a divisão é o **divisor**:

$$\underset{\text{divididendo}}{6} \div \underset{\text{divisor}}{3} = 2$$

Quando multiplicamos ou dividimos números que têm o *mesmo sinal*, realizamos a operação e damos à resposta um *sinal positivo*. Por outro lado, se os sinais forem *diferentes*, a resposta terá sinal *negativo*. Os seguintes exemplos ilustram estas regras:

$(-3) \times (-2)$	$= +6$	mesmos sinais, resposta positiva
$(+2) \times (-4)$	$= -8$	sinais diferentes, resposta negativa
$(+8) \div (-4)$	$= -2$	sinais diferentes, resposta negativa
$(-6) \div (-3)$	$= +2$	mesmos sinais, resposta positiva

Se um cálculo envolver várias operações diferentes, as operações devem ser realizadas numa certa ordem. Considere este exemplo:

$$(6 + 9) \div 5 + 2\,(-10 + 4)$$

A ordem é a seguinte. Calcule primeiro as expressões dentro dos parênteses:

$$15 \div 5 + 2\,(-6)$$

Execute agora as multiplicações e divisões indicadas, da esquerda para a direita:

$$3 + (-12)$$

Finalmente, execute as adições e subtrações, também da esquerda para a direita:

$$-9$$

A.2 Frações

Frações são usadas para representar *parte* de um número inteiro. Frações comuns são escritas sob forma de um número sobre outro. O número de cima é chamado **numerador**, e o de baixo **denominador**. A fração 1/2, um meio, significa uma parte de duas partes iguais.

$$\frac{1}{2} \quad \begin{array}{l}\leftarrow \text{numerador (dividendo)} \\ \leftarrow \text{denominador (divisor)}\end{array}$$

As frações representam razões, ou relações, entre dois números. Podemos também imaginar uma fração como uma divisão. Por exemplo, 1/2 significa um dividido por dois.

Para somarmos ou subtrairmos frações, devemos convertê-las ao mesmo denominador, chamado denominador **comum**. Se o denominador de uma fração é um múltiplo do denominador da outra, como em

$$\frac{1}{2} + \frac{1}{4}$$

usamos o número maior (4) como denominador comum. Convertemos então a segunda fração (1/2) a outra com o mesmo denominador comum, dividindo primeiro seu novo denominador (4) pelo denominador original (2):

$$4 \div 2 = 2$$

Multiplicamos depois este resultado pelo numerador original:

$$2 \times 1 = 2.$$

Assim,

$$\frac{1}{2} = \frac{2}{4}$$

Podemos agora realizar a adição ou subtração usando a fração com o novo denominador comum:

$$\frac{2}{4} + \frac{1}{4} = \frac{3}{4}$$

O numerador da resposta é a soma dos numeradores das frações a serem somadas. O denominador permanece o mesmo. Se estivéssemos *subtraindo* frações, o numerador da resposta seria a diferença entre os numeradores.

Se os denominadores originais *não* são múltiplos simples, como em

$$\frac{1}{2} - \frac{1}{3}$$

usamos então o produto dos denominadores (2 x 3 = 6) como denominador comum. Convertemos cada fração a outra que tem o denominador comum:

$$\frac{1}{2} = \frac{3}{6} \qquad \frac{1}{3} = \frac{2}{6}$$

Realizamos agora a adição ou subtração:

$$\frac{3}{6} - \frac{2}{6} = \frac{1}{6}$$

As frações podem ser multiplicadas e divididas, tenham ou não denominadores comuns. Para multiplicarmos frações, simplesmente multiplicamos os numeradores e denominadores:

$$\frac{2}{3} \times \frac{1}{4} = \frac{2 \times 1}{3 \times 4} = \frac{2}{12}$$

Depois simplificamos o resultado. Por exemplo, na fração 2/12, tanto o numerador como o denominador podem ser divididos por 2:

$$\frac{2}{12} = \frac{2/2}{12/2} = \frac{1}{6}$$

Esta divisão simplifica a fração. Note que dividindo (ou multiplicando) tanto o numerador como o denominador pelo *mesmo número* não alteramos o valor da fração. Quando uma fração não pode mais ser simplificada, diz-se que ela está nos *mínimos termos*. Por exemplo, a fração 1/6 está nos mínimos termos.

Para dividirmos frações, invertemos a segunda fração e multiplicamos depois a primeira fração por aquela invertida. Por exemplo,

$$\frac{3}{8} \div \frac{1}{4} = \frac{3}{8} \times \frac{4}{1} = \frac{12}{8}$$

O resultado, 12/8, pode ser simplificado dividindo-se o numerador e o denominador pelo fator comum 4. A fração resultante, 3/2, está nos mínimos termos.

A.3 Frações Decimais e Percentagem

Uma fração que tem um múltiplo de dez como denominador é chamada fração decimal ou número decimal. Como mostra a Figura A-1, as frações decimais podem ser representadas por algarismos escritos à direita de uma vírgula decimal. A posição de um algarismo em relação à vírgula decimal determina seu valor. Por exemplo, o número 0,5 significa cinco vezes um décimo (5 x 0,1 ou 5 x 1/10). Seu significado é exatamente o mesmo de um meio, porque a razão 1/2 é idêntica à razão 5/10.

Qualquer fração pode ser convertida a um número decimal, dividindo-se simplesmente o numerador pelo denominador. A Tabela A-1 lista os valores decimais das frações mais comuns. Note que um zero é geralmente colocado na frente de uma fração decimal para destacar a posição da vírgula decimal.

Tabela A-1 Valores Decimais de Frações Comuns

Fração	Decimal	Fração	Decimal
$\frac{1}{8}$	0,125	$\frac{3}{5}$	0,600
$\frac{1}{6}$	0,167[a]	$\frac{5}{8}$	0,625
$\frac{1}{5}$	0,200	$\frac{2}{3}$	0,667[a]
$\frac{1}{4}$	0,250	$\frac{3}{4}$	0,750
$\frac{1}{3}$	0,333[a]	$\frac{4}{5}$	0,800
$\frac{3}{8}$	0,375	$\frac{5}{6}$	0,833[a]
$\frac{2}{5}$	0,400	$\frac{7}{8}$	0,875
$\frac{1}{2}$	0,500		

[a]Valor decimal não exato.

Ao *somarmos* ou *subtrairmos* números decimais, alinhamos sempre os números em colunas, colocando as vírgulas decimais diretamente umas sob as outras:

$$\begin{array}{r} 56{,}73 \\ +\,230{,}15 \\ \hline 286{,}88 \end{array} \qquad \begin{array}{r} 1{,}789 \\ -\,0{,}151 \\ \hline 1{,}638 \end{array}$$

adição subtração

	3	1	8	9	•	2	1	3
	↑	↑	↑	↑		↑	↑	↑
	x1000	x100	x10	x1		x0,1	x0,01	x 0,001
valor:	3.000 +	100 +	80 +	9	+	0,2 +	0,01 +	0,003

Figura A-1
Um número decimal. O valor de cada dígito depende de sua posição em relação à vírgula decimal.

Desta maneira, somamos ou subtraimos dígitos que têm o mesmo *valor de posição* (ocupam a mesma casa decimal).

Ao *multiplicarmos* números decimais, não precisamos alinhar as vírgulas decimais. O número de casas decimais (números após a vírgula decimal) na resposta é igual à *soma* das casas decimais dos números multiplicados. Por exemplo,

$$\begin{array}{r} 3{,}21 \\ \times\, 0{,}8 \\ \hline 2{,}568 \end{array}$$

Como 3,21 tem duas casas decimais e 0,8 tem uma, o produto deverá ter três.

Ao *dividirmos* números decimais, deslocamos a vírgula decimal do divisor totalmente para a direita, tornando-o número inteiro. Depois deslocamos a vírgula decimal do dividendo exatamente o mesmo número de casas, como ilustrado no seguinte exemplo:

$$\frac{3{,}75}{1{,}5} = \frac{3{,}75}{1{,}50} = \frac{375}{150} = 2{,}5$$

Multiplicar ou dividir por 10 é particularmente fácil com números decimais. Multiplicar um número decimal por 10 envolve o deslocamento da vírgula decimal uma casa para a *direita* para cada múltiplo de 10. Estude estes exemplos:

$3{,}145 \times 10 = 31{,}45$
$3{,}145 \times 100 = 314{,}5$
$3{,}145 \times 1000 = 3145$

Dividir um número por 10 envolve o deslocamento da vírgula decimal uma casa para a *esquerda* para cada múltiplo de 10.

$18{,}5 \div 10 = 1{,}85$
$18{,}5 \div 100 = 0{,}185$
$18{,}5 \div 1000 = 0{,}0185$

O termo *percentagem* representa um tipo especial de fração na qual o denominador é 100. Cinquenta por cento, escrito 50%, significa 50 partes em 100 partes iguais, ou 50/100. Para converter um número decimal a percentagem, deslocamos a vírgula decimal duas casas adiante. Realizar este deslocamento é o mesmo que multiplicar por 100. Por exemplo,

Nº Decimal	*Percentagem*
0,75	75%
0,062	6,2%
2,51	251%

Para converter uma percentagem a um número decimal, deslocamos a vírgula decimal duas casas para a esquerda. A Figura A-2 resume as relações entre as frações comuns, frações decimais e percentagens.

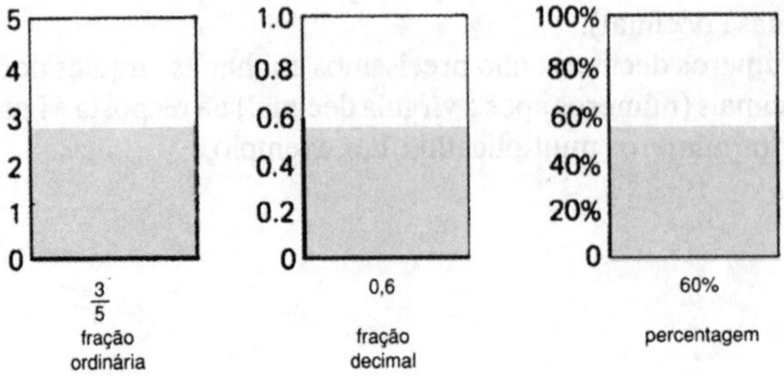

Figura A-2
Uma fração ordinária, uma decimal e uma percentagem. Cada uma representa parte de um todo.

EXERCÍCIOS

1. Execute os seguintes cálculos:
   a. – 5 + (–2)
   b. (+6) x (–5)
   c. (–10) ÷ (–2)
   d. +8 – (–3)
   e. (–16) ÷ 4
2. Faça estes cálculos:
   a. 20 ÷ 2 + 5 x (–3)
   b. (–3) x (–3) + 35 ÷ (–7)
   c. (–8) x (–2) ÷ (–4)
   d. (–12) + (–2) – (–5)
   e. (18 ÷ (–9)) : (–2)
3. Calcule:
   a. 1/4 + 1/8
   b. 1/4 x 1/8
   c. 1/4 ÷ 1/8
   d. 1/4 – 1/8
4. Para cada um dos seguintes pares de frações, qual é o menor denominador comum (mínimo múltiplo comum)?
   a. 1/9, 1/3
   b. 1/6, 1/4
   c. 1/3, 1/4
   d. 1/5, 1/10
   e. 1/7, 1/2
5. Converta as seguintes frações a números decimais:
   a. 3/10
   b. 1/9
   c. 4/7
   d. 1/11
   e. 8/8
6. Execute os seguintes cálculos:

   a. $\begin{array}{r} 89{,}71 \\ \underline{+\,16{,}53} \end{array}$

   b. 1,95 ÷ 7,2

   c. $\begin{array}{r} 1{,}376 \\ \underline{-\,0{,}988} \end{array}$

   d. $\begin{array}{r} 1{,}561 \\ \underline{\times\,3{,}2} \end{array}$
7. Converta as frações do Exercício 5 em percentagens.
8. Execute estes cálculos deslocando a vírgula decimal:
   a. 18,95 x 100
   b. 7,63 ÷ 1000
   c. 0,981 x 10
   d. 253,1 ÷ 100
   e. 0,035 ÷ 10
9. Qual é o maior: 14/19 ou 75%?
10. Faça o seguinte cálculo:

$$\frac{-(18{,}1) \times (9{,}31 - 5{,}18)}{(-0{,}731) \times (1{,}69)}$$

Apêndice B

Exponenciais e Cálculos

B.1 Notação Exponencial

A **notação exponencial** ou **científica** é uma maneira abreviada de representarmos tanto números grandes como pequenos, tais como os valores de algumas medidas. Ela tem por base a expressão de um número sob forma de uma potência de 10. Uma potência de 10 é 10 multiplicado por si mesmo um certo número de vezes, como mostra a Tabela B-1. O número que indica a potência, chamado **expoente**, indica quantos 10 são multiplicados. Por exemplo, 10^4 ("dez à quarta potência") = $10 \times 10 \times 10 \times 10$, ou 10.000, e 10^5 = 100.000. Note que 10^5 é dez vezes maior do que 10^4. Aumentando-se de uma unidade o expoente, aumenta-se o número dez vezes. Assim, 10^8 é dez vezes maior do que 10^7. Os números 10^2 e 10^3 têm nomes especiais: 10^2 é chamado "dez ao quadrado" e 10^3 é "dez ao cubo". A expressão 10^0 tem valor igual a 1.

Às vezes temos de escrever números pequenos como 1/1.000 ou 1/10.000. Podemos expressar estes números como $1/10^3$ e $1/10^4$, respectivamente. Esta notação porém é um pouco desajeitada. Em vez disto, expressamos $1/10^3$ como 10^{-3} ("dez à potência menos três"). Semelhantemente $1/10^4 = 10^{-4}$. Note que 10^{-3} é 1/1.000 e 10^{-4} é 1/10.000. Portanto 10^{-4} é 10 vezes menor do que 10^{-3}. Quando o expoente fica uma unidade mais negativa, o número fica 10 vezes menor.

Expressamos um valor em notação exponencial escrevendo um número entre 1 e 10 multiplicado por uma potência de 10. O número entre 1 e 10 é chamado **coeficiente**. A população dos Estados Unidos é cerca de $2{,}4 \times 10^8$; a distância até o sol é de $1{,}5 \times 10^8$ km; o número de segundos num ano é cerca de $3{,}15 \times 10^7$. Todos estes números são exemplos de notações exponenciais.

Número expresso em
notação exponencial: coeficiente $\times$ 10^{expoente}
potência de 10

Determinamos o coeficiente deslocando a vírgula decimal do nosso número original até obtermos um valor entre 1 e 10. Por exemplo, se o nosso número original é 1.450, a vírgula deve ser deslocada três casas:

1 4 5 0, (3 2 1) desloque a vírgula 3 casas à esquerda

Este deslocamento nos dá 1,450, um número entre 1 e 10. O número de casas que deslocamos a vírgula torna-se o expoente da potência de 10. O expoente é positivo se deslocarmos a vírgula à esquerda, isto é, o número original é maior do que um. Portanto, como deslocamos a vírgula três casas à esquerda, a potência de 10 é 10^3 e escrevemos

$$\underset{\text{coeficiente}}{1,45} \times \underset{\text{potência de 10}}{10^3}$$

Considere agora o número 0,00029, que é menor do que um. A fim de obtermos um coeficiente entre 1 e 10, devemos deslocar a vírgula 4 casas à direita:

0, 0 0 0 2 9 (1 2 3 4) desloque a vírgula 4 casas à direita

Neste caso, o expoente é negativo, –4, e o número é escrito:

$$2,9 \times 10^{-4}$$

Lembre-se apenas que um número maior do que um deve ter uma potência de 10 positiva e um número menor do que um deve ter uma potência de 10 negativa. A Tabela B-2 mostra exemplos adicionais.

O valor numérico do expoente nos mostra quantas casas devemos deslocar a vírgula no coeficiente. Suponha que queiramos converter o seguinte número à forma decimal: $3,75 \times 10^4$. Como o expoente é 4, deslocamos a vírgula quatro casas. E como o expoente é positivo, a vírgula é deslocada para a direita. O resultado é 37.500.

Tabela B-1 Potências de 10

Potência de 10	Significado
10^3	$10 \times 10 \times 10$ ou 1.000
10^2	10×10 ou 100
10^1	10
10^0	1
10^{-1}	$1/10^1$ ou 1/10 ou 0,1
10^{-2}	$1/10^2$ ou 1/100 ou 0,01
10^{-3}	$1/10^3$ ou 1/1.000 ou 0,001

Tabela B-2 Exemplos de Números em Notação Exponencial

Número	Notação
5.300.000	$5,3 \times 10^6$
39.800	$3,98 \times 10^4$
1.480	$1,48 \times 10^3$
56	$5,6 \times 10^1$
0,33	$3,3 \times 10^{-1}$
0,0067	$6,7 \times 10^{-3}$
0,0000051	$5,1 \times 10^{-6}$

Considere o seguinte número expresso em notação exponencial: $8{,}1 \times 10^{-3}$. Para convertê-lo à forma decimal regular deslocamos a vírgula do coeficiente *três* casas *à esquerda* porque o expoente é –3. O número fica 0,0081. Para praticar, cubra a primeira coluna da Tabela B-2 e tente reproduzir os números da segunda coluna na forma decimal.

B.2 Algarismos Significativos

Sempre que fazemos uma medida de massa, comprimento ou volume, o resultado nunca é exato. Ele depende do cuidado com que fazemos a medida e do tipo de equipamento utilizado. Por exemplo suponha que você esteja se pesando usando uma escala digital que dá leitura até o valor mais próximo em kg. Se a escala indica 77 kg, isto não significa que seu peso é exatamente 77 kg. Em vez disto, como a escala está graduada até o kg mais próximo e não mostra frações de um kg, o número 77 significa que seu peso está entre 76,5 kg e 77,5 kg. Fosse seu peso menor do que 76,5 kg, a escala indicaria 76 kg; se maior do que 77,5 kg, a escala indicaria 78 kg.

O número de *dígitos* que fazem sentido num valor medido é chamado número de **algarismos significativos**. A Figura B-1 mostra como o mesmo volume pode ser expresso com diferentes números de algarismos significativos, dependendo de como a medida foi feita.

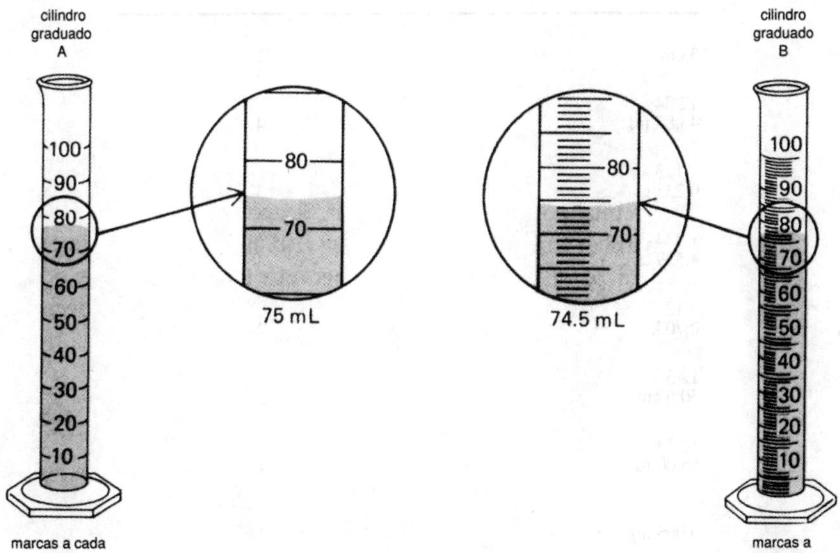

Figura B-1

Algarismos significativos. No cilindro graduado A, o nível do líquido está a cerca de meio caminho entre 70 mL e 80 mL. O volume é lido como 75 mL (2 algarismos significativos). No cilindro B, o mesmo nível aparece a meio caminho entre 74 mL e 75 mL. Este volume é lido como 74,5 mL (3 algarismos significativos).

O cilindro graduado A tem marcas a cada 10 mL. Nesta escala, podemos ver que o volume medido é maior do que 70 mL e menor do que 80 mL. Como o nível do líquido está mais ou menos a meio caminho entre estes dois valores, o volume é lido como 75 mL. Esta medida tem dois algarismos significativos; o 7 é exato, mas o 5 é uma aproximação. Usando-se o cilindro graduado B, que tem marcas a cada mililitro, podemos ver que este mesmo volume está entre 74 mL e 75 mL, novamente a meio caminho entre os dois valores. Neste caso, o volume é lido como 74,5 mL. Esta medida tem três algarismos significativos. O 7 e o 4 são exatos e o 5 é uma estimativa. Algarismos significativos são todos aqueles sobre os quais temos certeza, mais aquele que é aproximado.

A Tabela B-3 apresenta exemplos de medidas e o número de algarismos significativos em cada caso.

Note que os zeros iniciais, usados para "preencher casas decimais" antes do primeiro dígito diferente de zero, não são contados como algarismos significativos. Por exemplo, o número 0,005 contém apenas um algarismo significativo. Zeros que se seguem a outros dígitos são significativos se o número tiver uma vírgula decimal. Tais zeros mostram até que ponto a medida é confiável. Por exemplo, há quatro algarismos significativos no número 65,00. Os dois zeros após a vírgula mostram que a medida é confiável até a casa dos centésimos. Mas zeros que se seguem a outros dígitos e vêm *antes* da vírgula podem ou não ser significativos. Por exemplo, o número 500 pode ter um, dois ou três algarismos significativos, dependendo de como a medida foi feita.

Tabela B-3 Contando Algarismos Significativos

Valor medido	Número de algarismos significativos
1 3 cm	1
12 34 45,87 mL	4
123 0,223 g	3
1 234 4.529 cm	4
12 0,70 kg	2
12 3 30,6 cm	3
12 34 65,00 m^3	4
1 0,005 mg	1
1 2 $3{,}8 \times 10^3$ L	2
1 23 $1{,}05 \times 10^{-10}$ mm	3

Valor	Significado	Número de algarismos significativos
500	entre 450 e 550	1
500	entre 495 e 505	2
500	entre 499,5 e 500,5	3

Para mostrar se um zero é um algarismo significativo ou meramente preenche uma casa decimal, escrevemos a medida em notação exponencial. Por exemplo, os três valores na lista acima são escritos como 5×10^2, $5{,}0 \times 10^2$ e $5{,}00 \times 10^2$, respectivamente. Note que escrever o número como 500 (com uma vírgula decimal após o último zero), indica também três algarismos significativos.

Lembre-se que nem todos os números representam medidas. Por exemplo, há *exatamente* 10 milímetros em um centímetro, 12 objetos em uma dúzia, e assim por diante. Estes números são exatos porque resultam de definições e não de medidas. Precisamos ficar atentos aos algarismos significativos, porém, quando lidamos com medidas. Medidas são inexatas e requerem aproximação do último dígito.

Em resumo, aqui estão as regras para você determinar o número de algarismos significativos:

1. Os dígitos significativos de um número são aqueles conhecidos com exatidão mais o primeiro dígito cujo valor é uma estimativa.
2. Os zeros que se seguem a outros dígitos são contados como algarismos significativos se o número contém uma vírgula decimal. (Exemplo: 3,150 tem quatro algarismos significativos.)
3. Zeros na frente de um número não são contados como algarismos significativos. (Exemplo: 0,041 tem dois algarismos significativos.)
4. Zeros "dentro" de um número são contados como algarismos significativos. (Exemplo: 20,6 tem três algarismos significativos.)

B.3 Arredondando Números

Quando realizamos cálculos que envolvem valores de medidas, é freqüentemente necessário "arredondar" números. Caso contrário, a resposta poderá conter mais dígitos do que aqueles que são significativos. Arredondar significa reduzir o número de dígitos de acordo com certas regras. Estas regras têm por base o valor dos dígitos a serem removidos. Por exemplo, quando preenchemos formulários de declaração de imposto de renda, a Delegacia da Receita Federal permite-nos arredondar todos os valores para número inteiro de cruzeiros, eliminando assim os centavos. De acordo com suas instruções, qualquer quantia menor do que (mas não incluindo) Cr$ 0,50 pode ser omitida de um número maior. Assim Cr$ 20.184,37 são arredondados para Cr$ 20.184,00. Mas, para este privilégio, devemos elevar qualquer quantia até o valor inteiro mais próximo se seus centavos são 50 ou mais. Como resultado, Cr$ 20.184,57 viram Cr$ 20.185,00.

O arredondamento é particularmente importante quando usamos uma calculadora. Como mostra a Figura B-2, a maioria das calculadoras fornece uma resposta com oito dígitos. Em quase todos os casos, nem todos estes dígitos são significativos e a resposta deve portanto ser arredondada. (O Apêndice D contém informação adicional sobre como usar uma calculadora.)

Em geral, o valor do último dígito conservado, tal como os cruzeiros no exemplo do imposto de renda, depende do valor do dígito logo à sua direita, que é omitido. Mesmo se vários dígitos estão sendo eliminados por arredondamento, eles são removidos juntos e não um por vez. Suponha que queiramos arredondar o seguinte número até quatro algarismos significativos:

primeiro dígito a ser removido
↓
378,5134
↑
último dígito a ser removido

Comece a contar o número de algarismos significativos sempre a partir da esquerda. Se o último dígito a ser conservado muda ou não depende das seguintes regras:

Valor do primeiro dígito a ser removido		Efeito sobre o último dígito a ser conservado
Regra A	0, 1, 2, 3, 4 (menor que 5)	permanece o mesmo
Regra B	5, 6, 7, 8, 9 (maior ou igual a 5)	aumenta de 1 unidade

Assim, nosso número é arredondado a 378,5 pela Regra A. Outros exemplos são dados na Tabela B-4.

Figura B-2
Calculadora. Esta calculadora manual fornece um número com oito dígitos (123456,00). Em geral, o resultado mostrado numa calculadora deve ser arredondado a um número adequado de algarismos significativos. (Foto por cortesia da Texas Instruments.)

Tabela B-4 Exemplos de Números Arredondados

Número original[a]	Algarismos significativos desejados	Regra usada	Número final
1,67	2	B	1,7
521,1	3	A	521
4,565	3	B	4,57
351,53	3	B	352
1,568	1	B	2
16,043	3	A	16,0
$8{,}235 \times 10^3$	2	A	$8{,}2 \times 10^3$
7540,916	4	B	7541

[a] O primeiro algarismo a ser removido está sublinhado.

O número de dígitos que permanecem na resposta de um cálculo aritmético depende dos valores medidos envolvidos. Certas regras se aplicam à adição e à subtração, e outras à multiplicação e à divisão. Quando valores medidos são somados ou subtraídos, a resposta final arredondada deve ter tantas *casas decimais* quanto aquele valor com o menor número de casas decimais. Considere a adição:

$$\begin{array}{r} 14{,}57 \\ 1836{,}6 \\ 0{,}875 \\ \hline 1851{,}045 \end{array}$$

1851,0 é a resposta arredondada

Neste exemplo, o número com menos casas decimais é 1835,6. Como este número tem apenas uma casa decimal, a resposta não pode ser expressa com nenhuma aproximação além de uma casa decimal e deve ser arredondada como indicado.

Considere agora a subtração:

$$\begin{array}{r} 63{,}523 \\ -1{,}41 \\ \hline 62{,}113 \end{array}$$

62,11 é a resposta arredondada

Quando arredondamos resultados de multiplicações e divisões, nossa resposta deve conter o mesmo número de *algarismos significativos* (não casas decimais) do valor com o menor número de algarismos significativos. Considere a multiplicação:

$$\begin{array}{r} 5{,}87 \\ \times\ 2{,}3 \\ \hline 1761 \\ 1174 \\ \hline 13{,}501 \end{array}$$

14 é a resposta arredondada

Neste exemplo, o valor com menos algarismos significativos é 2,3. Como este número tem dois algarismos significativos, a resposta deverá também conter dois.

Considere agora a divisão:

0,348 : 6 = 0,058

0,06 é a resposta arredondada

Neste exemplo, o valor 6 (divisor) tem apenas um algarismo significativo. A resposta deverá também conter apenas um. Mais exemplos já computados são mostrados na Tabela B-5.

Tabela B-5 Exemplos de Cálculos com Algarismos Significativos

Expressão	Resultado
18,2 + 5,35 + 20,	44
15,02 + 0,003 + 700,1	715,1
7109,3 – 40,352	7068,9
1,521 – 0,81	0,71
38,2 × 0,95	36
17,32 × 1,66	28,8
182/32,800	5,55
0,881/5,2	0,17
$\dfrac{39{,}3 + 17{,}21}{190,}$	0,297
(58,1 × 0,82) – 1,19	46

B.4 Cálculos com Notação Exponencial

Muitos cálculos são simplificados quando números ou valores medidos são representados por notação exponencial. Para realizar estes cálculos, devemos operar separadamente sobre os coeficientes e sobre os expoentes dos números. Quando os números estão para ser multiplicados, por exemplo, a regra é *multiplicar* os coeficientes e *somar* os expoentes.

$$(3 \times 10^4) \times (2 \times 10^5)$$

$$= (3 \times 2) \times 10^{(4+5)}$$

multiplique os coeficientes ↗ ↖ some os expoentes

$$= 6 \times 10^9$$

Se um ou mais expoentes tiver sinal negativo, eles deverão ser somados algebricamente (veja o Apêndice A.1).

$$(4 \times 10^{-6}) \times (2 \times 10^3)$$
$$= (4 \times 2) \times 10^{(-6+3)}$$
$$= 8 \times 10^{-3}$$

A divisão é realizada pelo processo inverso. *Dividimos* os coeficientes (numerador ÷ denominador) e *subtraímos* os expoentes (numerador – denominador). Por exemplo,

$$\frac{6 \times 10^4}{2 \times 10^3}$$

$$= \frac{6}{2} \times 10^{(4-3)}$$

divida os coeficientes ↗ ↖ subtraia os expoentes

$$= 3 \times 10^1$$

Na divisão, ao contrário da multiplicação, a ordem em que realizamos a divisão e subtração é crítica. Note que o expoente do denominador é sempre subtraído do expoente do numerador. A subtração é feita levando-se em conta as regras para números relativos.

$$\frac{2 \times 10^5}{2 \times 10^{-3}}$$

$$= \frac{2}{2} \times 10^{[5-(-3)]}$$

$$= 1 \times 10^{(5+3)}$$
$$= 1 \times 10^8$$

Para somarmos ou subtrairmos números com notação exponencial, devemos antes expressar todos os números em termos da mesma potência de 10. A soma será então simplesmente igual à soma dos coeficientes, expressa nesta mesma potência de 10.

Considere esta adição:

$$\begin{array}{r} 7 \quad \times 10^3 \\ +\,2{,}0 \times 10^4 \\ \hline \end{array}$$

Os números não podem ser somados como estão escritos porque eles representam potências diferentes de 10. Neste caso, é freqüentemente mais simples transformar a menor potência de 10 à maior. Por exemplo, 7×10^3 pode ser escrito sob forma de algum coeficiente vezes 10^4. Como o valor da potência está sendo *aumentado* 10 vezes, o coeficiente deve ser *diminuido* 10 vezes para manter o número inalterado:

$$7 \times 10^3 = 0{,}7 \times 10^4$$

O coeficiente passa a 0,7 porque a potência passou a 10^4. Sempre que você alterar uma potência de 10, lembre-se que o coeficiente deve ser sempre alterado no mesmo valor mas na direção *inversa.* Agora a adição pode ser realizada:

$$\begin{array}{r} 0{,}7 \times 10^4 \\ +\,2{,}0 \times 10^4 \\ \hline 2{,}7 \times 10^4 \end{array}$$

Tratamos a subtração da mesma maneira. Primeiro expressamos os números na mesma potência de 10. Depois achamos a diferença entre os coeficientes. Por exemplo

$$\begin{array}{r} 3{,}0 \times 10^6 \\ -\,5 \quad \times 10^5 \\ \hline \end{array} \text{ fica } \begin{array}{r} 3{,}0 \times 10^6 \\ -\,0{,}5 \times 10^6 \\ \hline 2{,}5 \times 10^6 \end{array}$$

Cálculos mais complicados podem ser realizados usando-se várias regras na mesma expressão. Por exemplo,

$$\frac{8 \times 10^3 + 6{,}0 \times 10^4}{5{,}0 \times 10^{-9}}$$

$$= \frac{(0{,}8 \times 10^4) + (6{,}0 \times 10^4)}{5{,}0 \times 10^{-9}} \quad \text{transforme as potências de 10 para somá-las}$$

$$= \frac{6{,}8 \times 10^4}{5{,}0 \times 10^{-9}} \quad \text{realize a adição}$$

$$= \frac{6{,}8}{5{,}0} \times 10^{[4-(-9)]} \quad \text{realize a divisão}$$

$$= 1{,}4 \times 10^{13} \quad \text{resposta}$$

A tabela a seguir resume estas regras:

Operação	Coeficientes	Potências de 10
adição	some	iguale
subtração	subtraia	iguale
multiplicação	multiplique	some
divisão	divida	subtraia

A Tabela B-6 contém mais exemplos de cálculos usando-se notação exponencial. Execute-os para praticar, comparando suas respostas com aquelas fornecidas. Note que as regras para manipular algarismos significativos se aplicam aos coeficientes dos números escritos com notação exponencial.

Tabela B-6 Cálculos com Notação Exponencial

Cálculo	Resposta
$(3{,}4 \times 10^{-2}) \times (1{,}7 \times 10^{-5})$	$5{,}8 \times 10^{-7}$
$(6{,}8 \times 10^{12}) + (9{,}2 \times 10^{11})$	$7{,}7 \times 10^{12}$
$\dfrac{5{,}51 \times 10^{-3}}{8{,}93 \times 10^{-6}}$	$6{,}17 \times 10^{2}$
$(9{,}8 \times 10^{5}) - (1{,}20 \times 10^{6})$	$-2{,}2 \times 10^{5}$
$\dfrac{(7{,}40 \times 10^{3}) - (2{,}1 \times 10^{2})}{8{,}3 \times 10^{-4}}$	$8{,}7 \times 10^{6}$
$\dfrac{9{,}51 \times 10^{25}}{3{,}30 \times 10^{10}} - 1{,}1 \times 10^{15}$	$1{,}8 \times 10^{15}$
$(8{,}9 \times 10^{3}) + (9{,}2 \times 10^{2}) + (1{,}30 \times 10^{4})$	$2{,}3 \times 10^{4}$
$5{,}62 \times 10^{-10} + \dfrac{8{,}2 \times 10^{-14}}{1{,}9 \times 10^{-4}}$	$9{,}9 \times 10^{-10}$
$\dfrac{(4{,}3 \times 10^{8}) + (5{,}60 \times 10^{9})}{(6{,}51 \times 10^{-3}) - (1{,}8 \times 10^{-4})}$	$9{,}53 \times 10^{11}$
$\dfrac{1{,}00}{8{,}93 \times 10^{-19}}$	$1{,}12 \times 10^{18}$

B.5 Aproximando Cálculos

A aproximação de cálculos é útil porque ela o ajuda a detectar erros. Se você usa uma calculadora, a aproximação é especialmente importante porque ela o faz pensar sobre sua resposta. A aproximação envolve a simplificação de um cálculo. Cada quantidade é arredondada a um único algarismo significativo e depois escrita em notação exponencial, como mostra a Tabela B-7. Se o seu cálculo envolve resultados intermediários, eles também são arredondados, cada um a um algarismo significativo.

Considere a seguinte expressão:

$$\frac{8370 \times 0{,}092}{4{,}81}$$

Seu cálculo pode ser aproximado assim:

$$\frac{(8 \times 10^3) \times (9 \times 10^{-2})}{5}$$

Agora você pode facilmente calcular:

$$\frac{(8 \times 9) \times 10^{(3-2)}}{5}$$

$$= \frac{72 \times 10^1}{5}$$

O resultado intermediário é arredondado a

$$\frac{7 \times 10^2}{5}$$

$$= \frac{7}{5} \times 10^2$$

$$= 1 \times 10^2$$

A resposta aproximada para este cálculo é 100. Se você realmente realizasse o cálculo, encontraria 160, ou $1{,}6 \times 10^2$. Se tivesse obtido um número bem diferente do que aquele aproximado, digamos 16, você saberia que deveria conferir seu cálculo.

Tabela B-7 Aproximando Números

Número	Aproximação
529	5×10^2
0,1372	1×10^{-1}
8499	8×10^3
4,32	4×10^0 ou 4
0,0088	9×10^{-3}
25,9	3×10^1

Embora a aproximação de um número represente trabalho extra, a prática reduz o tempo que ele demanda. Estude o seguinte problema de amostragem:

$$9{,}12 \times \frac{8291}{0{,}63} \times \frac{50{,}3}{230,}$$

O resultado aproximado é

$$9 \times \frac{8 \times 10^3}{6 \times 10^{-1}} \times \frac{5 \times 10^1}{2 \times 10^2}$$

$$= \frac{9 \times 8 \times 5 \times 10^{(3+1)}}{6 \times 2 \times 10^{(-1+2)}}$$

$$= \frac{360 \times 10^4}{12 \times 10^1}$$

$$= \frac{4 \times 10^6}{1 \times 10^2}$$

$$= 4 \times 10^4$$

O resultado real é $2{,}6 \times 10^4$. Mais exemplos são dados na Tabela B-8. Tente resolvê-los.

Tabela B-8 Cálculos Aproximados

Cálculo	Montagem para aproximação	Resposta aproximada	Resposta real
$732 + 1526$	$(7 \times 10^2) + (2 \times 10^3)$	3×10^3	2258
$\frac{23{,}5}{0{,}0581}$	$\frac{2 \times 10^1}{6 \times 10^{-2}}$	3×10^2	404
852×21	$(8 \times 10^2) \times (2 \times 10^1)$	2×10^4	$1{,}8 \times 10^4$
$382 \times \frac{0{,}16}{7{,}32}$	$(4 \times 10^2) \times \frac{2 \times 10^{-1}}{7}$	1×10^1	8,3
$\frac{0{,}498}{53} \times \frac{651}{239}$	$\frac{5 \times 10^{-1}}{5 \times 10^1} \times \frac{7 \times 10^2}{2 \times 10^2}$	4×10^{-2}	0,026
$\frac{2{,}86 \times 0{,}0182 \times 460,}{39{,}3}$	$\frac{(3) \times (2 \times 10^{-2}) \times (5 \times 10^2)}{4 \times 10^1}$	8×10^{-1}	0,610

EXERCÍCIOS

1. Escreva os seguintes números em notação exponencial:
   a. 3785
   b. 0,093
   c. 19,2
   d. 552.000
   e. 0,00075
2. Expresse os seguintes números em forma decimal regular:
   a. $4,42 \times 10^2$
   b. $8,9 \times 10^{-3}$
   c. $3,01 \times 10^{-1}$
   d. $6,9 \times 10^4$
   e. $7,7 \times 10^0$
3. Estabeleça o número de algarismos significativos em cada uma das seguintes quantidades:
   a. 15,20 m
   b. 0,23 L
   c. 10,05 g
   d. $6,02 \times 10^2$ km
   e. 0,003 cm^3
4. Realize os seguintes cálculos e expresse os resultados com o número adequado de algarismos significativos:
   a. $77,2 \times 0,531 + 13,27$
   b. $68,3 \times 0,92$
   c. $0,815 - 0,2346$
   d. 1,594/6,23
   e. $\frac{2,151 - 1,30}{0,591}$
5. Arredonde cada um dos seguintes números a três algarismos significativos:
   a. 187,6
   b. 5281
   c. 1,0334
   d. 39215
   e. $8,346 \times 10^5$
6. Execute os seguintes cálculos:
   a. $(8,91 \times 10^{-2}) \times (1,2 \times 10^5)$
   b. $(1,15 \times 10^8) + (6,2 \times 10^7)$
   c. $\frac{5,09 \times 10^5}{8,2 \times 10^{-2}}$
   d. $(9,82 \times 10^4) - (1,35 \times 10^3)$
   e. $\frac{(2,731 \times 10^{-2}) \times (1,52 \times 10^9)}{8,3 \times 10^{14}}$
7. Aproxime os seguintes números:
   a. 93
   b. 0,0378
   c. 4521
   d. 1,25
   e. 0,0022
8. Dê respostas aproximadas para as seguintes expressões:
   a. 4251×837
   b. $\frac{76,8}{3,91}$
   c. $6956 - 5412$
   d. $\frac{18,2 \times 71,9}{0,553}$
   e. $\frac{391}{0,936 \times 12,2}$

Apêndice C

Revisão Algébrica

C.1 Resolvendo Equações

Equação matemática é uma afirmação segundo a qual duas quantidades numéricas são iguais.

$$2 + 2 = 4$$

$$\text{lado esquerdo da equação} = \text{lado direito da equação}$$

Equação algébrica é um tipo especial de equação matemática na qual símbolos são utilizados para representar um ou mais números. Por exemplo,

$$x + 5 = 8$$

é uma equação algébrica na qual o símbolo x representa algum número desconhecido. A resolução de uma equação algébrica envolve o rearranjo dos termos da equação de modo que a incógnita fique de um dos lados. Todos os outros termos, usualmente números, devem aparecer do outro lado da equação depois do rearranjo.

Ao rearranjar os termos de uma equação algébrica, *devemos realizar exatamente as mesmas operações em ambos os lados da equação*. Em outras palavras, qualquer adição, subtração, multiplicação ou divisão executada num dos lados da equação deve também ser executada no outro lado. Por exemplo, na equação $x + 5 = 8$, a incógnita pode ser calculada subtraindo-se 5 de ambos os lados:

$$x + 5 = 8$$

$$x + 5 - 5 = 8 - 5 \quad \text{5 subtraído de ambos os lados}$$

$$x + 0 = 3 \quad \text{subtração executada}$$

$$x = 3 \quad \text{adição executada}$$

A equação $2x = 60$ é resolvida dividindo-se ambos os lados da equação por 2:

$$2x = 60$$

$$\frac{2x}{2} = \frac{60}{2} \quad \text{ambos os lados divididos por 2}$$

$x = 30$ divisão executada

A equação $4x - 6 = 10$ requer tanto uma adição como uma divisão a fim de ser resolvida:

$4x - 6 = 10$	
$4x - 6 + 6 = 10 + 6$	6 adicionado a ambos os lados
$4x + 0 = 16$	adição executada
$4x = 16$	adição executada
$\frac{4x}{4} = \frac{16}{4}$	ambos os lados divididos por 4
$x = 4$	divisão executada

Para conferir a solução de uma equação algébrica, substituimos o valor encontrado para a incógnita na equação original. Se ambos os lados da equação forem iguais, a solução está correta. Por exemplo, a equação anterior é conferida como segue:

$4x - 6 \stackrel{?}{=} 10$	
$4\,(4) - 6 = 10$	x substituído por 4
$16 - 6 \stackrel{?}{=} 10$	multiplicação executada
$10 = 10$	subtração executada, a resposta confere

Técnicas adicionais são às vezes requeridas para se resolverem equações algébricas. Por exemplo, se a incógnita aparece em mais do que um termo, estes termos devem ser combinados, como mostramos abaixo:

$5x = 3x + 6$	
$5x - 3x = 3x + 6 - 3x$	$3x$ subtraído de ambos os lados
$2x = 6$	subtração executada
$\frac{2x}{2} = \frac{6}{2}$	cada lado dividido por 2
$x = 3$	divisão executada

Se a incógnita estiver entre parênteses, estes devem ser removidos antes de se resolver a equação. Examine o seguinte exemplo:

$4\,(x + 2) = 12$	
$(4)(x) + (4)(2) = 12$	cada termo entre parênteses multiplicado por 4
$4x + 8 = 12$	multiplicação executada
$4x + 8 - 8 = 12 - 8$	8 subtraído de ambos os lados
$4x = 4$	subtração executada
$\frac{4x}{4} = \frac{4}{4}$	cada lado dividido por 4
$x = 1$	divisão executada

C.2 Proporções

Proporção é uma equação que relaciona duas razões. Por exemplo, a equação

$$\frac{5}{25} = \frac{1}{5}$$

é uma proporção. *Os produtos dos termos em diagonal numa proporção são sempre iguais*: 5 × 5 = 25 × 1. Portanto, se apenas três dos termos de uma proporção são conhecidos, o quarto termo pode ser calculado usando-se esta relação.

Considere a seguinte proporção:

$$\frac{1}{2} = \frac{x}{100}$$

Para achar o valor de x, fazemos multiplicação cruzada e igualamos os produtos:

$$1 \times 100 = 2 \times x$$

Depois resolvemos esta equação para *x* usando os métodos descritos na seção anterior:

$$100 = 2x$$

$$\frac{100}{2} = \frac{2x}{2}$$

$$50 = x$$

A resposta pode ser conferida, substituindo-se *x* por 50 na proporção original, seguindo-se multiplicação cruzada:

$$\frac{1}{2} \stackrel{?}{=} \frac{50}{100}$$

$$1 \times 100 \stackrel{?}{=} 2 \times 50$$

$$100 = 100$$

O uso de proporção para a resolução de problemas é freqüentemente semelhante ao uso do método do fator de conversão descrito na Seção de Problemas 1. Por exemplo, nas seguintes equações, se *a* é a incógnita, e *b* é dado, a razão *c/d* corresponde ao fator de conversão:

$$\frac{a}{b} = \frac{c}{d}$$

$$ad = bc$$

$$a = \frac{bc}{d} = b \times \frac{c}{d}$$

C.3 Fórmulas

Fórmula é uma equação que estabelece a relação entre duas ou mais quantidades. Um exemplo simples de fórmula é

$$\text{cruzeiros} = \frac{\text{centavos}}{100}$$

Os termos de uma fórmula que podem ter diferentes valores, como "cruzeiros" e "centavos", são chamados "**variáveis**". Os termos que permanecem os mesmos, como 100, são chamados **constantes**. As variáveis, assim como as constantes, podem ser representadas por símbolos. Por exemplo, a fórmula da área de um círculo é

$$A = \pi r^2$$

O símbolo A representa uma variável, *área*. O símbolo r representa outra variável, o raio. A letra grega π (pi) simboliza uma constante, aproximadamente 3,14. Fórmulas, como equações algébricas, podem ser rearranjadas de modo que a variável desconhecida fique sozinha num dos lados da equação.

Os problemas são freqüentemente resolvidos introduzindo-se valores numéricos numa fórmula. É fácil porém você cometer um erro se "enfiar" números numa fórmula sem pensar. Esteja sempre certo que você entende o que a fórmula significa e porque você a está usando. Às vezes é útil você saber como a fórmula foi derivada. Por exemplo, nas fórmulas de conversão de temperatura, você pode confundir graus Fahrenheit com graus Celsius. Para evitar esta confusão, lembre-se dos tamanhos relativos dos graus em cada escala e dos diferentes pontos iniciais das escalas.

C.4 Gráficos

Gráfico é um traçado que mostra como duas variáveis estão relacionadas entre si. Ele mostra como uma variável muda quando a outra é mudada. A quantidade que está sendo mudada é chamada variável *independente*; ela pode ter qualquer valor razoável. A outra, variável *dependente*, depende do valor da primeira. Por exemplo, mudando-se o volume de um gás faz-se com que sua pressão se altere. Neste exemplo, a pressão é a variável dependente e o volume é a variável independente.

A Figura C-1 é o gráfico representativo. A variável independente (V) está escalonada na linha ou eixo horizontal, e a variável dependente (P) aparece no eixo vertical. A tabela mostra os valores reais de pressão e volume que foram medidos. Estes pares de valores são locados no gráfico; isto é, eles são colocados em posições correspondentes aos seus valores. Um gráfico é como um mapa; cada ponto tem um certo "endereço" dado pelos valores nos eixos horizontal e vertical. Vários pontos do gráfico já estão "rotulados". Você deverá ser capaz de rotular os demais.

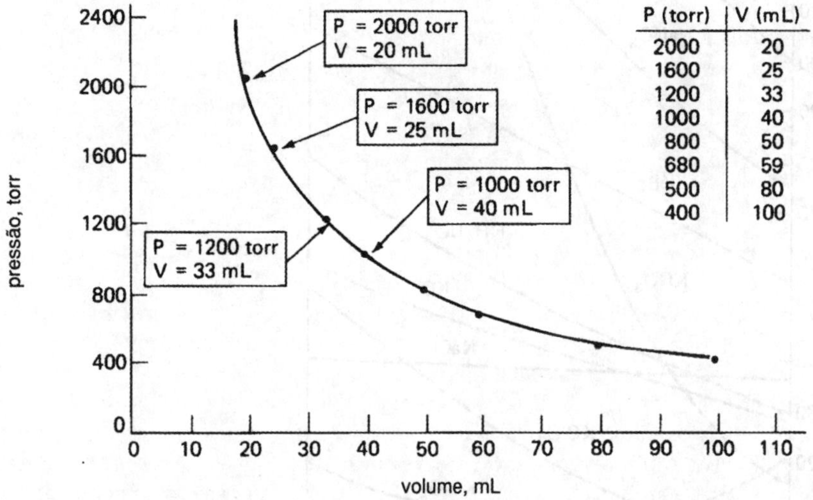

Figura C-1
Curva pressão-volume. O gráfico mostra como a pressão de um gás varia em função do volume (em temperatura constante). Cada ponto da curva corresponde a uma pressão e um volume particulares.

Quando a variável dependente e a variável independente variam da mesma forma (de modo que sua razão permanece a mesma), diz-se que elas são *diretamente proporcionais*. Por exemplo, o volume de um gás é diretamente proporcional à sua temperatura (em Kelvins) porque quando a temperatura aumenta, o volume também aumenta. Por outro lado, pressão e volume são *inversamente proporcionais*: quando uma variável aumenta, a outra diminui por um fator constante.

Os gráficos dão muitas informações numa forma compacta. A Figura C-2 mostra a solubilidade de compostos selecionados em água. Usando este gráfico, podemos determinar a solubilidade de qualquer destes compostos numa temperatura particular. Por exemplo, a solubilidade do KCl é de cerca de 50 g (em 100 g de H_2O) a 80ºC. Este gráfico indica também as *tendências* de como a temperatura afeta a solubilidade de cada composto. A solubilidade do $KClO_3$, por exemplo, aumenta dramaticamente com a temperatura. Esta informação é muito mais clara quando apresentada num gráfico do que quando listada numa tabela.

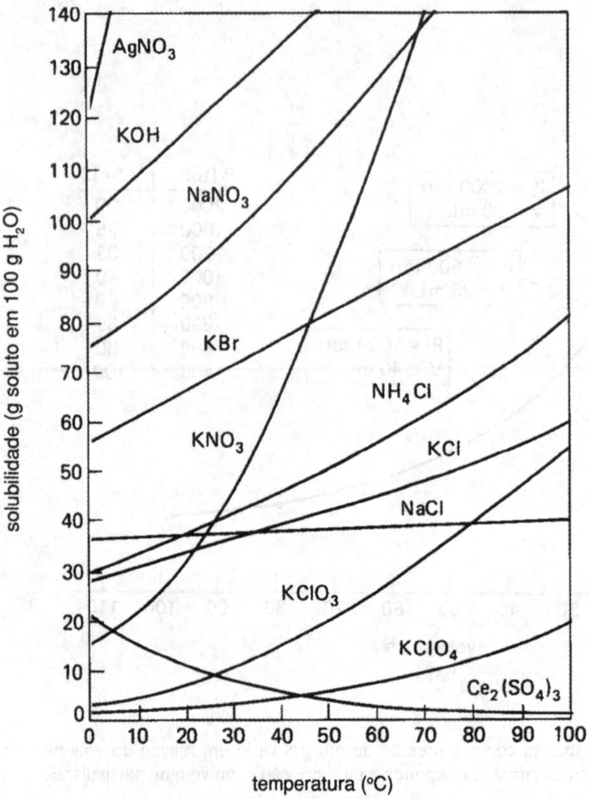

Figura C-2
Curvas de solubilidade. Este gráfico mostra como a solubilidade de diferentes compostos varia com a temperatura.

EXERCÍCIOS

1. Determine x:
   a. $2 + 3x = 11$
   b. $5x - 8 = 17$
   c. $2x = 18 - x$
2. Determine x:
   a. $5(x + 1) = 30$
   b. $(3 - x)2 = 4$
   c. $6(x + 1) = 3(4 + x)$
3. Determine x:
   a. $\frac{3}{15} = \frac{x}{10}$
   b. $\frac{2}{x} = \frac{5}{30}$ c. $\frac{9}{24} = \frac{27}{x}$
4. Considere a seguinte fórmula:

$$a = \frac{b}{c}$$

Reescreva a fórmula de modo que você possa achar b sendo dados a e c.

5. Na seguinte fórmula, ache o valor de P se $Q = 3, R = 2$ e $S = 5$

$$P = \frac{2{,}5\ QR}{S}$$

6. Na fórmula do Exercício 5, ache S se $P = 10$, $R = 2$, $Q = 4$.
7. Na Figura C-2, qual substância é mais solúvel a 80ºC, $NaNO_3$ ou KCl?
8. Qual é a solubilidade do
   a. $KClO_3$ a 70ºC?
   b. NaCl a 10ºC?
9. Determine x: $2x - 9 = \frac{3x + 9}{4}$
10. Determine x: $\frac{4x - a}{b} = \frac{cd}{e} + 1$

Apêndice D

Usando uma Calculadora

Calculadoras eletrônicas permitem-nos fazer cálculos aritméticos muito rapidamente. A menos que usemos as calculadoras pensadamente, porém, podemos chegar a resultados incorretos. É fácil apertar botões sem pensar sobre o que estamos fazendo. A técnica de aproximação, descrita na Seção B.5, é essencial quando usamos uma calculadora. Fazendo-se uma estimativa inicial da resposta, podemos dizer imediatamente se nossa resposta calculada faz sentido.

Na maioria das calculadoras damos entrada às operações na ordem em que elas são escritas. Considere a seguinte expressão:

[3] [×] [4] [=] 12

Pressionamos primeiro a tecla "3", depois "×" para a multiplicação, depois "4" e finalmente o sinal "=". A resposta 12 aparece no mostrador. Como a tecla "=" armazena o resultado, cálculos subseqüentes podem ser realizados se necessário, pressionando-se outra tecla operacional (tal como "dividido por"). A calculadora porém é automaticamente "zerada" se dermos entrada a outro número.

A maioria das calculadoras têm uma vírgula decimal "flutuante". Pressionando-se a tecla da vírgula na posição adequada enquanto registramos o número, posiciona-se automaticamente a vírgula corretamente na resposta. Note que zeros depois do último dígito à direita da vírgula são omitidos no mostrador. Assim, 18,100 aparece como 18,1.

Embora você possa nunca precisar, é possível dar entrada a um número de oito dígitos ou a um número decimal de sete dígitos. As respostas podem também aparecer com tantos dígitos. Nem todos os dígitos que aparecem no mostrador são necessariamente significativos, porém. Siga sempre as regras para os cálculos com algarismos significativos. Ao realizar cálculos que envolvem números muito grandes ou muito pequenos, use notação exponencial, descrita no Apêndice B.

Apêndice E

Cálculo de pH Usando Logaritmos

Na Seção de Problemas 8, realizamos conversões entre pH e concentrações de íons hidrônio que eram potências exatas de dez. Quando a concentração de íon hidrônio não é uma potência exata de dez, os cálculos se tornam algo mais complicados. Você precisa de uma calculadora que processa logaritmos "comuns" (base 10) ou uma tabela de logaritmos. Considere o seguinte exemplo.

Exemplo

Uma amostra da secreção do pâncreas de um paciente revelou uma $[H_3O^+] = 1{,}39 \times 10^{-8}$. Qual é o pH da solução?

Incógnita	Dado	Conexão
pH	$1{,}39 \times 10^{-8}$ moles/L = $[H_3O^+]$	$pH = -\log [H_3O^+]$

$$pH = -\log [H_3O^+] = -\log (1{,}39 \times 10^{-8})$$

Para acharmos o logaritmo deste número, devemos somar o log do coeficiente, log (1,39), ao log da potência de dez, log (10^{-8}). (A razão para esta regra é que o logaritmo de um produto, log ($A \times B$), é igual à soma dos logaritmos de cada fator, log A + log B.) A partir de uma tabela de logaritmos ou de uma calculadora, você pode verificar que o log (1,39) = 0,143. O resto do problema é então resolvido da mesma maneira como nos exemplos anteriores.

$$pH = -(\log (1{,}39) + \log (10^{-8}))$$
$$pH = -(0{,}143 + (-8)) = -(0{,}143 - 8)$$
$$pH = -(-7{,}857)$$
$$pH = 7{,}86$$

Em geral, o número de algarismos significativos num valor de logaritmo ou de pH é o número de dígitos após a vírgula decimal. Como o pH além da casa dos centésimos quase nunca tem sentido, ele é geralmente arredondado a duas casas decimais como mostrado.

O cálculo inverso, encontrar a $[H_3O^+]$ a partir de um pH dado, envolve o que é chamado "achar o antilogaritmo", isto é, determinar que número corresponde a um dado logaritmo. Como $pH = -\log [H_3O^+]$, então $\log [H_3O^+] = -pH$. A $[H_3O^+]$ é o número cujo logaritmo = −pH. Por exemplo, se o pH é 9, então $\log [H_3O^+] = -9$. O número cujo log = −9 é 10^{-9}, e portanto $[H_3O^+] = 10^{-9}$.

Quando o pH não é um número inteiro exato, ele é inicialmente separado em duas partes, um número inteiro e um decimal. Por exemplo, se o pH = 9,5, a etapa inicial é log $[H_3O^+]$ = –9,5 = –9 – 0,5. O número decimal deve porém ser positivo. Devemos mudar o valor do número inteiro –9 a –10, de modo que o número final permaneça igual a –9,5. O número decimal deve então ser +0,5. Agora temos –9,5 = –10 + 0,5.

Agora achamos o antilog de cada parte, isto é, o número cujo log tem este valor. O antilog de –10 é 10^{-10}. (Note que o log de 10^{-10} é –10.) O antilog de 0,5 é 3. Combinando-se os dois antilogs obtém-se a concentração de 3×10^{-10} moles/L. Podemos conferir a resposta achando seu log negativo e certificando-se que ele é igual ao número dado 9,5.

Exemplo

Quando um sabão é dissolvido em água, o pH = 11,1. Qual é a $[H_3O^+]$?

Incógnita	Dado	Conexão
$[H_3O^+]$	pH 11,1	pH = –log $[H_3O^+]$

log $[H_3O^+]$ = –pH = –11,1
log $[H_3O^+]$ = 0,9 – 12
$[H_3O^+]$ = antilog (0,9) × antilog (–12)
$[H_3O^+]$ = 8×10^{-12} moles/L

Pratique Problema

Uma amostra de suor tem uma $[H_3O^+]$ = $2{,}18 \times 10^{-5}$ moles/L. Qual é seu pH?
Resposta: pH 4,66

Pratique Problema

Um copo de suco de tomate tem um pH = 4,2. Ache sua $[H_3O^+]$.
Resposta: 6×10^{-5} moles/L.

Apêndice F

A Célula

Célula é a unidade estrutural básica de toda a matéria viva. Uma célula animal "típica" é mostrada na Figura F-1. Seus componentes e suas funções são definidas na seguinte lista:

membrana celular: envolve a célula, separando-a do meio ambiente

citoplasma: tudo da célula exceto o núcleo; inclui o citosol, fase aquosa na qual os componentes celulares estão suspensos

retículo endoplasmático: sistema de canais cobertos por membranas no citoplasma; via de passagem para o transporte interno

complexo de Golgi: envolvido no armazenamento e modificação de produtos de secreção celular

lisossoma: contém enzimas digestivas que degradam alimento ingerido

mitocôndria: local do processo aeróbico da respiração; contém muitos sistemas enzimáticos; centro da geração de ATP

nucléolo: envolvido na síntese de rRNA e na formação de ribossomas; associado com cromossomas

núcleo: parte da célula que contém cromossomas; sítio da síntese de DNA e RNA; envolvido por sua própria membrana

polissoma: complexo de mRNA e ribossomas envolvido na síntese de polipeptídios

ribossoma: sítio da síntese de proteínas

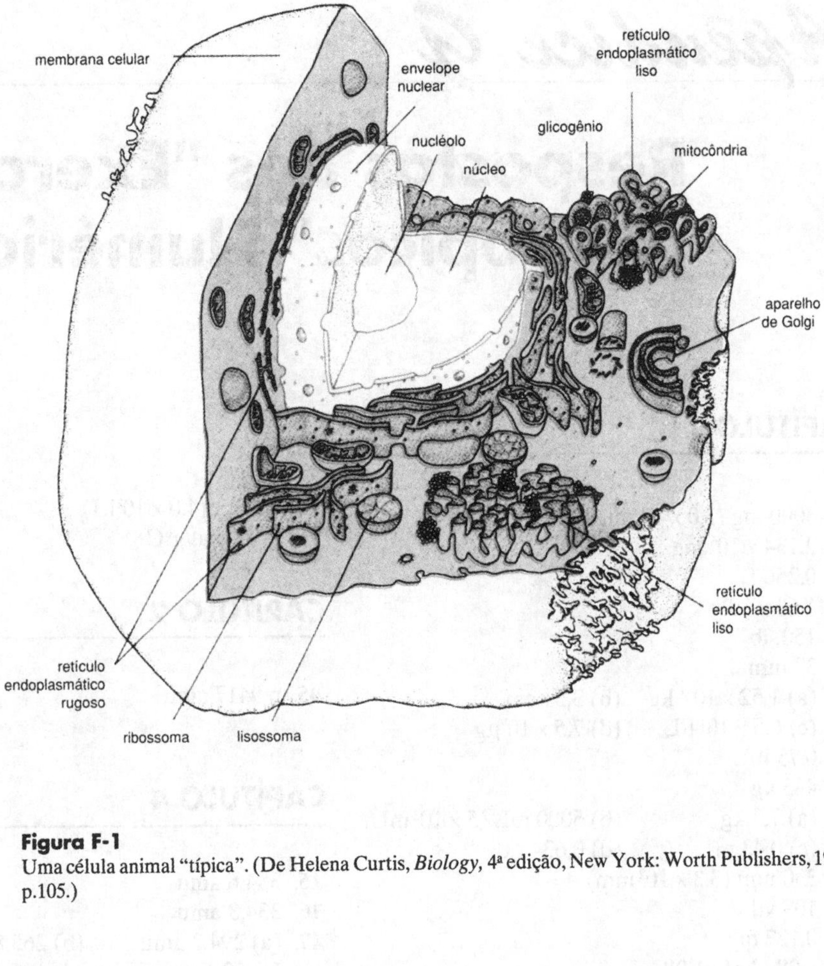

Figura F-1
Uma célula animal "típica". (De Helena Curtis, *Biology*, 4ª edição, New York: Worth Publishers, 1983, p.105.)

Apêndice G

Respostas aos "Exercícios por Tópicos" Numéricos

CAPÍTULO 1

33. 3000 mg ($3,0 \times 10^3$ mg)
34. $2,134 \times 10^6$ mg
35. 0,250 L
36. $1,63 \times 10^5$g
37. 150, lb
38. 33 mm
39. (a) $1,52 \times 10^{-5}$ kg (b) 3,51 cm
(c) $6,5 \times 10^4$ μL (d) $7,5 \times 10^7$μg
40. 0,75 mL
41. 485 kg
42. (a) 7,3 kg (b) 5000 mL (5×10^3mL)
(c) 0,43 m (d) 0,634 qt
43. 330 mm ($3,3 \times 10^2$ mm)
44. 109 yd
46. 0,122 qt
52. 1,08 g/mL; 1,08
53. 965 g
54. 238 cm^3
55. 1,0 L
56. 1 g
57. 1,03 g/mL
58. 379 cm^3
59. 1,59 g/cm^3
60. 209 g
61. 0,789
62. 163 g
64. 101°F
65. (a) 97,0°F (b) 37,6°C
(c) 102,6°F (d) 39,4°C
67. 38,6°C
68. 61°F
69. 64°F
70. 55°F
71. –23°C
74. 400 kJ ($4,0 \times 10^2$kJ)
76. 0,088 cal/g°C

CAPÍTULO 2

45. 6,9417 amu

CAPÍTULO 4

15. 354,6 amu
16. 334,3 amu
17. (a) 294,2 amu (b) 265,8 amu
(c) 59,1 amu (d) 183,5 amu
18. (a) 115,7 amu (b) 342,3 amu
(c) 46,1 amu (d) 164,1 amu
(e) 84,0 amu
22. (a) 197,0 g/mol (b) 64,1 g/mol
(c) 164,1 g/mol
23. 180,1 g/mol
24. (a) 164,0 g/mol Na_3PO_4
(b) 79,1 g/mol C_5H_5N
(c) 205,7 g/mol $Sr(C_2H_3O_2)_2$
25. 0,810 g Ni
26. (a) $1,8 \times 10^3$ g $Pb(NO_3)_2$
(b) 32,1 g KH_2PO_4
(c) 181 g $NaClO_4$
27. 53,5 g C_3H_8O
28. (a) $1,58 \times 10^3$ g $KMnO_4$
(b) 71,1 g $KMnO_4$ (c) 0,245 g $KMnO_4$

29. (a) $1{,}40 \times 10^3$ g $C_8H_{16}O_2$
(b) 1,5 g $HgCl_2$
(c) 24,2 g $Ca(C_2H_3O_2)_2$
30. $1{,}18 \times 10^3$ g $C_3H_5N_3O_9$
31. (a) 0,935 mol NH_4Cl
(b) 0,094 mol NH_4Cl
(c) 5,50 moles NH_4Cl
(d) $1{,}87 \times 10^{-4}$ mol NH_4Cl
32. $6{,}42 \times 10^{-2}$ mol $C_{10}H_{14}N_2$
33. 0,474 mol $Na_2S_2O_3$
34. (a) 0,343 mol $Mg(OH)_2$
(b) 0,0487 mol C_6H_6
(c) 1,20 mol $Al_2(SO_4)_3$
35. (a) 0,173 mol H_3PO_4
(b) $3{,}81 \times 10^{-3}$ mol $KAl(SO_4)_2$
(c) $2{,}28 \times 10^{-3}$ mol CH_4O
36. (a) 0,0532 mol I_2
(b) 0,0102 mol H_3PO_4
56. (a) 0,459 mol Mg
(b) 6,30 moles N_2
57. (a) 2,63 moles H_2S
(b) 1,6 moles Al_2S_3
58. (a) 63,0 g C (b) 2,71 moles HCl
59. (a) 5,39 moles H_2O
(b) 804 g H_3PO_4
60. (a) 165 kg O_2 (b) $2{,}9 \times 10^4$ g S
61. (a) 64,4 g SO_2 (b) $1{,}70 \times 10^4$ g Pb
62. (a) 15,8 g H_3PO_4 (b) 1,2 g Na_3PO_4

CAPÍTULO 5

13. 1,15
17. (a) $1{,}22 \times 10^4$ kPa
(b) $9{,}12 \times 10^4$ torr
(c) $1{,}76 \times 10^3$ psi
18. (a) 0,987 atm (b) 100, kPa
19. (a) 0,953 atm (b) 96,6 kPa
33. 25 L O_2
34. 7,44 L
35. 0,587 atm
36. 927 torr
37. –46,9°C
38. 2,12 L
39. 529 cm^3
40. 895 mL
41. 2,46 L
42. 124 L
43. $6{,}1 \times 10^2$ atm
45. 890 torr
46. 173 torr

CAPÍTULO 6

34. 18 g/100 mL H_2O
35. $2{,}30 \times 10^3$ g $NaNO_3$
49. 2,5 g $AgNO_3$
53. 35 g NH_4Cl
54. (a) 1,25 g KCl (b) 8,00 g KCl
55. 290, g NH_3
56. 67,0 g HCl
57. 15,8 mL
58. (a) 1,4 ppm (b) $1{,}44 \times 10^{-4}$% (m/m)
59. $2{,}5 \times 10^{-2}$ g Hg
60. (a) 6,0 g $KMnO_4$ (b) 0,38 g $KMnO_4$
(c) $1{,}3 \times 10^{-3}$ g $KMnO_4$
61. KI 0,753 M
62. Na_2SO_4 0,084 M
63. (a) 2,41 g $LiNO_3$ (b) 85,3 g $LiNO_3$
64. (a) 13,9 g CsCl (b) 1,24 g CsCl
65. 320 mL ($3{,}2 \times 10^2$ mL)
67. 25 mL
68. 0,96 M
69. 63 mL
70. 22 mL
71. 0,13 L de $AgNO_3$ 3,0 M

CAPÍTULO 7

33. $1{,}0 \times 10^{-10}$M
36. (a) 9 (b) 3
(c) 7 (d) 1
(e) 5
38. (a) $[H_3O^+] = 1 \times 10^{-4}$ M, $[OH^-] = 1 \times 10^{-10}$M
(b) $[H_3O^+] = 1 \times 10^{-8}$ M, $[OH^-] = 1 \times 10^{-6}$ M
(c) $[H_3O^+] = 1 \times 10^{-13}$ M, $[OH^-] = 1 \times 10^{-1}$ M
39. (a) 7,46 (b) 2,15
(c) 4,30
40. (a) 5×10^{-3} M (b) 3×10^{-14} M
(c) 2×10^{-7} M
41. 3×10^{-12} M
47. H_3BO_3 0,0227M
48. $Ca(OH)_2$ 0,173M
49. 1,40 M
50. (a) 63,0 g (b) 85,65 g
51. 2,8 g
52. (a) H_2SO_4 0,20 N (b) KOH 2,1 N
53. 0,224 N
54. NaOH 0,181 N

CAPÍTULO 8

26. (a) $2{,}9 \times 10^{17}$ J (b) $1{,}0 \times 10^{-10}$ kg
34. 5,0 μg
35. 5,0 μg

APÊNDICE A

1. (a) –7 (b) –30
(c) 5 (d) 11
(e) –4
2. (a) –5 (b) 4
(c) 4 (d) –9
(e) 1
3. (a) 9/24 (b) 1/32
(c) 2 (d) 1/8
4. (a) 9 (b) 12
(c) 12 (d) 10
(e) 14
5. (a) 0,3 (b) 0,1
(c) 0,6 (d) 0,09
(e) 1
6. (a) 106,24 (b) 0,27
(c) 0,388 (d) 4,9952
7. (a) 30% (b) 10%
(c) 60% (d) 9%
(e) 100%
8. (a) 1895 (b) 0,00763
(c) 9,81 (d) 2,531
(e) 0,0035
9. 75%
10. 60,3

APÊNDICE B

1. (a) $3{,}785 \times 10^{3}$ (b) $9{,}3 \times 10^{-2}$
(c) $1{,}92 \times 10^{1}$ (d) $5{,}52 \times 10^{5}$
(e) $7{,}5 \times 10^{-4}$
2. (a) 442 (b) 0,0089
(c) 0,301 (d) 69,000
(e) 7,7
3. (a) 4 (b) 2
(c) 4 (d) 3
(e) 1
4. (a) 91,0 (b) 63
(c) 0,580 (d) $2{,}56 \times 10^{-1}$
(e) 1,44
5. (a) 188 (b) $5{,}28 \times 10^{3}$
(c) 1,03 (d) $3{,}92 \times 10^{4}$
(e) $8{,}35 \times 10^{5}$
6. (a) $1{,}1 \times 10^{4}$ (b) $1{,}8 \times 10^{8}$
(c) $6{,}2 \times 10^{6}$ (d) $9{,}68 \times 10^{4}$
(e) $5{,}0 \times 10^{-8}$
7. (a) 90 (b) 0,04
(c) 5000 (d) 1
(e) 0,002
8. (a) $3{,}2 \times 10^{6}$ (b) 20
(c) 1600 (d) 2500
(e) 33

APÊNDICE C

1. (a) 3 (b) 5
(c) 6
2. (a) 5 (b) 1
(c) 2
3. (a) 2 (b) 12
(c) 72
4. $b = ac$
5. 3
6. 2
7. KCl
8. (a) 31,7 g/100 g H_2O
(b) 35,5 g/100 g H_2o
9. 9
10. $\frac{b[(cd)/e + 1] + a}{4}$

Índice Remissivo

A

B

C

D

E

F

G

H

M

N

O

P

Q

R

S

Tabela de Peso Atômico

Em relação ao ^{12}C, massa atômica relativa 12 exatamente. Valores expressos com até seis algarismos significativos. Números entre parênteses representam o número de massa do isótopo mais estável ou mais conhecido.

Elemento	Símbolo	Número atômico	Peso atômico
Actínio	Ac	89	227,028
Alumínio	Al	13	26,9815
Amerício	Am	95	(243)
Antimônio	Sb	51	121,75
Argônio	Ar	18	39,948
Arsênico	As	33	74,9216
Astato	At	85	(210)
Bário	Ba	56	137,33
Berílio	Be	4	9,01218
Berquélio	Bk	97	(247)
Bismuto	Bi	83	208,980
Boro	B	5	10,81
Bromo	Br	35	79,904
Cádmio	Cd	48	112,41
Cálcio	Ca	20	40,08
Califórnio	Cf	98	(251)
Carbono	C	6	12,011
Cério	Ce	58	140,12
Césio	Cs	55	132,905
Chumbo	Pb	82	207,2
Cloro	Cl	17	35,453
Cobalto	Co	27	58,9332
Cobre	Cu	29	63,546
Criptônio	Kr	36	83,80
Cromo	Cr	24	51,996
Cúrio	Cm	96	(247)
Disprósio	Dy	66	162,50
Einstêinio	Es	99	(252)
Enxôfre	S	16	32,06
Érbio	Er	68	167,26
Escândio	Sc	21	44,9559
Estanho	Sn	50	118,71
Estrôncio	Sr	38	87,62
Európio	Eu	63	151,96
Férmio	Fm	100	(257)
Ferro	Fe	26	55,847
Flúor	F	9	18,9984
Fósforo	P	15	30,9738
Frâncio	Fr	87	(223)
Gadolínio	Gd	64	157,25
Gálio	Ga	31	69,72
Germânio	Ge	32	72,59
Háfnio	Hf	72	178,49
Hélio	He	2	4,00260
Hidrogênio	H	1	1,0079
Hólmio	Ho	67	164,930
Índio	In	49	114,82
Iodo	I	53	126,905
Irídio	Ir	77	192,22
Itérbio	Yb	70	173,04
Ítrio	Y	39	88,9059
Lantânio	La	57	138,906
Laurêncio	Lr	103	(260)
Lítio	Li	3	6,941
Lutécio	Lu	71	174,967
Magnésio	Mg	12	24,305
Manganês	Mn	25	54,9380
Mendelévio	Md	101	(258)
Mercúrio	Hg	80	200,59
Molibdênio	Mo	42	95,94
Neodímio	Nd	60	144,24
Neônio	Ne	10	20,179
Neptúnio	Np	93	237,048
Níquel	Ni	28	58,69
Nióbio	Nb	41	92,9064
Nitrogênio	N	7	14,0067
Nobélio	No	102	(259)
Ósmio	Os	76	190,2
Ouro	Au	79	196,967
Oxigênio	O	8	15,9994
Paládio	Pd	46	106,42
Platina	Pt	78	195,08
Plutônio	Pu	94	(244)
Polônio	Po	84	(209)
Potássio	K	19	39,0983
Prasecodímio	Pr	59	140,908
Prata	Ag	47	107,868
Promécio	Pm	61	(145)
Protactínio	Pa	91	231,036
Rádio	Ra	88	226,025
Radônio	Rn	86	(222)
Rênio	Re	75	186,207
Ródio	Rh	45	102,906
Rubídio	Rb	37	85,4678
Rutênio	Ru	44	101,07
Samário	Sm	62	150,36
Selênio	Se	34	78,96
Silício	Si	14	28,0855
Sódio	Na	11	22,9898
Tálio	Tl	81	204,383
Tântalo	Ta	73	180,948
Tecnécio	Tc	43	(98)
Telúrio	Te	52	127,60
Térbio	Tb	65	158,925
Titânio	Ti	22	47,88
Tório	Th	90	232,038
Túlio	Tm	69	168,934
Tungstênio	W	74	183,85
Unilhéxio	Unh	106	(263)
Unilpêntio	Unp	105	(262)
Unilquádio	Unq	104	(261)
Unilséptio	Uns	107	(262)
Urânio	U	92	238,029
Vanádio	V	23	50,9415
Xenônio	Xe	54	131,29
Zinco	Zn	30	65,39
Zircônio	Zr	40	91,224